油田企业强“三基”实战型培训系列教材

油藏开发技术

丛书主编　张庆生
本书主编　李中超　余传谋

中国石化出版社
·北京·

内 容 提 要

本书为《油田企业强“三基”实战型培训系列教材》之一，系统总结了中原油田近50年开发经验，聚焦高含水后期的稳产增效技术体系，是国内首部针对复杂断块老油田可持续开发的实战型专著；从油藏研究、动态分析、方案编制、开发规划等方面全流程介绍了油藏开发的技术方法，为油田技术工作者提供可借鉴的“工作手册”；集成地质－工程－经济一体化解决方案，为同类油田提供可复制的“中原模式”。

本书可作为油藏开发技术和管理人员培训或继续教育的教材使用，也可供石油工程专业相关科研工作者、生产管理人员以及石油院校师生学习参考。

图书在版编目(CIP)数据

油藏开发技术 / 李中超，余传谋主编. --北京 : 中国石化出版社，2025. 8. --(油田企业强“三基”实战型培训系列教材). --ISBN 978－7－5114－8070－5

Ⅰ. TE34

中国国家版本馆 CIP 数据核字第 2025QD4409 号

中国石化出版社出版发行

地址：北京市东城区安定门外大街 58 号

邮编：100011　电话：(010)57512500

发行部电话：(010)57512575

http://www. sinopec-press. com

E-mail：press@ sinopec. com

北京科信印刷有限公司印刷

全国各地新华书店经销

*

787 毫米×1092 毫米 16 开本 20 印张 429 千字

2025 年 8 月第 1 版　2025 年 8 月第 1 次印刷

定价：98. 00 元

编写指导委员会

主　任： 张庆生

副主任： 蔡东清　王　飞　王德宇　李中超　曹英斌　段金宝

成　员： 陈东升　朱机灵　章　胜　祖钦先

编写委员会

主　任： 李中超

副主任： 余传谋　贾云超　王羽君

成　员： 吕伯强　熊运斌　罗波波　赵嘉斯　孙全元　樊继宗　刘云华　徐之国

主　　编： 李中超　余传谋

编写人员： 吕伯强　孙全元　樊继宗　刘云华　张雪松　高江博　梁绍洪　盛卫华　李良华　马艳艳　王鑫敏　徐之国　田　巍　郭立强　刘峰刚　苏标瑾　陈道远　孔海瑞　吴　蕾　杨　龙　张　宁　赵玉臣　杨祖贵　任　杰　彭有聪　黄盛波　王自立　黄　莉　郑晶晶

序 言

习近平总书记指出，“能源的饭碗必须端在自己手里”。中国石化牢记殷切嘱托，大力实施人才强企战略，聚焦人才布局与业务发展，加快打造能源化工领域重要人才集聚中心和创新高地，以人才大发展支撑引领公司建设世界领先企业。

中原油田作为国有特大型能源企业，自1975年发现以来，始终胸怀“国之大者”，坚定扛起保障国家能源安全核心职责，加大油气勘探和增储上产力度，加强复杂断块油田及高含硫气田开发技术研究和难题攻关，形成一批关键核心技术和创新成果。为系统总结各专业领域的核心技术和实践经验，推动技术转化与经验传承，在油田发现50周年之际，中原油田组织编写了这套《油田企业强“三基”实战型培训系列教材》。谨以本套丛书向油田献礼！

本套丛书集中了中原油田各专业技术领域多年来的研究成果，是历代专业技术技能人员智慧的结晶，内容涉及油田地质勘探、油藏开发、工程技术，以及高含硫气田开发等领域，围绕科研、生产实际业务和操作项目设置，涵盖技术规范和操作规程，大量引用实例分析，写我所干、干我所写，体现了实战化特点，具有鲜明的中原特色。本套丛书既可以作为岗位工作人员的工具书和操作规范，也可以用作青年人才提升实际工作能力的培训教材。

国以才立、企以才兴。本套丛书是推动产业链、人才链、培训链“三链”融合的重要载体，是人才培养和人才梯队建设的重要基础，是聚力建设“人才支撑型”油田的重要抓手。希望广大读者能够借助本丛书深入掌握油田技术精髓，传承实践经验，在学习与实践中不断探索创新，助力油田在奋进50载，取得辉煌成果的基础上，百尺竿头更进一步，启航新征程，推动油田高质量发展行稳致远。

沉淀镌刻匠心，精工擘画宏图。本套丛书要根据油田发展需要在实践中不断丰富完善，为人才职业成长与行业技术发展赋能，为端牢能源饭碗与保障能源安全再立新功、再创佳绩。

张庆生

2025年5月

前　言

1975年9月7日，部署在文留构造带上的濮参1井发生强烈井喷，喷出大量轻质原油，标志着中原油田的发现。经过50年数万石油职工的艰苦奋斗、技术攻关，发展为中原腹地大型油气田。

中原油田所辖探区主要包括东濮老区、川东北工区和内蒙古探区（简称内蒙古探区）。原油勘探开发区域主要分布在东濮老区和内蒙古探区，具有油藏类型多、地质条件复杂、勘探开发涉及领域广、技术系列多的特点。自20世纪80年代开始，中原油田先后3次组织“三年科技攻关”，大规模引进国外先进技术、优良装备，大力开展重点技术攻关，解决了油田快速建产、增储上产的“卡脖子”难题，成为我国现代石油工业发展的“试验田”，把油气勘探开发理论和石油工程技术推向了新的高度，形成了以复杂断块高效开发技术为主的一系列科研成果、文章和专著等。但这些成果总结往往偏重单项技术层面，没有系统性地总结编制适合中原油田特色的开发技术系列培训教材。为系统总结油田各开发阶段形成的核心技术和实践经验，构建具有中原油田特色的开发技术体系，促进技术的传承与发展，成立了中原油田油藏开发技术编写委员会，汇聚各领域专业技术专家，开展开发技术教材编制工作。

恰逢中原油田发现50周年，油田组织编写《油田企业强“三基”实战型培训系列教材》，旨在固化成果，传承经验，培养人才，推动创新。本书基于中原油田开发实践的成果和技术集成所得首次编写，注重实用性和指导性，重点阐述油田开发工作方法，详细介绍关键技术应用，凝聚了中原油田广大科研人员的集体努力与贡献，是一套体现油藏开发思维逻辑与专业技术水平的功能性书籍。本书可作为油田开发专业技术人员培训或继续教育的教材使用，也适用于相关科研工作者、生产管理人员以及石油院校师生学习参考。

由于编写人员水平有限，书中或存错漏，望读者多提意见以完善。

本书编写委员会

2025年5月

目　　录

第一章　中原油田地质及开发概况

中原油田所辖探区包括东濮凹陷、四川盆地、白音查干凹陷、查干凹陷、二连盆地、银额盆地和三水盆地，拥有探矿区块11个，面积13656.2232km^2，采矿权43个，面积2072.2690km^2。原油开发区域主要分布在东濮老区和内蒙探区。

原油生产的主体东濮凹陷，位于中原地带豫鲁两省交界处的黄河两岸，地跨河南省濮阳、新乡、安阳、开封和山东省菏泽、聊城6市12个县(区)；位于中纬地带，海拔为44.5~61.8m；整个地区平原占全部面积的70%左右，黄河以北地区地势西高东低、南高北低，黄河以南地区地势西高东低、北高南低。该地区属暖温带半湿润季风性大陆性气候，四季分明，气候宜人，年均气温13.3℃，无霜期一般为205天，年均降水量为502.3~601.3mm。土壤类型以潮土为主，占总土地面积的97.2%，适合栽种多种作物，是农业生产的理想土壤。

中原油田总部基地所在地——濮阳市，位于黄河下游北岸，冀、鲁、豫3省交界处，交通便利，承东启西，连南贯北，四周均有铁路通过。汤(阴)濮(阳)台(前)铁路从油区内穿过，西连京广、东接京九两大铁路干线，济(南)郑(州)高铁斜穿而过，北京、上海、广州和成都等东西南北一线城市皆可直达。公路交通条件优越，大广、台辉和濮卫等多条高速公路从境内穿过，106国道纵穿南北，晋鲁公路横贯东西，油气区内县、乡公路形成网络，居民出行更加便捷。

第一节　地质特征

中原油田原油开发区主体以稀油油藏为主，油藏具有构造复杂、埋藏深、低渗透和低产能等特点，东濮和内蒙油区地质特征有一定差异。

一、东濮凹陷地质特征

东濮凹陷位于渤海湾盆地南段，区域构造上位于鲁西隆起区、太行山隆起带、秦岭隆起带三大构造体系交汇处，是基底构造背景上发育起来的新生代沉积盆地，经历了由沉降到抬升两大沉积旋回的演化过程。北部以北西向的马陵断层与莘县凹陷相连接，南部以封丘-兰考断层与开封坳陷为界，西侧毗邻内黄隆起，东部以兰聊大断裂为界，凹陷面积5300km^2，南北长约150km，北窄(约20km)，南宽(约60km)，走向北东，呈琵琶形，剖面呈箕状，东陡西缓。自东到西分为东部洼陷带、中央隆起带、西部洼陷带和西部斜坡带，构造格局为“两洼一隆一斜坡”，具有物源近、方向多和环境复杂等沉积特点(图1-1)。

东濮凹陷属于陆相湖盆沉积，以入湖三角洲和扇三角洲为主，主要含油层位为新近系沙河街组。油气藏围绕沙三段-沙四段生油凹陷呈环带分布，中央隆起带为大型复式油气聚集带，油藏具有“三多一碎、三高一低”和“油轻气富”的特点。

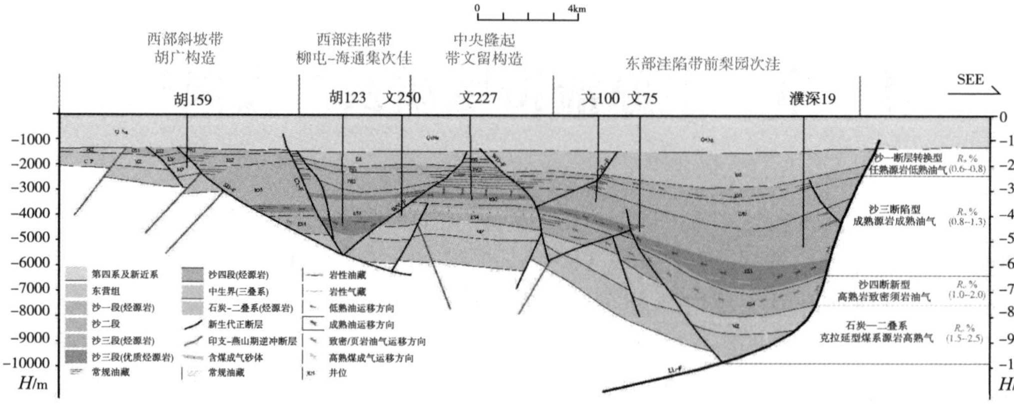

图1-1　东濮凹陷沙河街组油气藏剖面

类型多：具有多种油气藏类型，复杂断块、构造-岩性、砂岩裂缝油气藏均有发育，以复杂断块油藏为主，富油含气。

层系多：油层埋藏深，含油井段长、层系多。东濮凹陷由北到南油藏埋深呈逐渐加大的趋势。埋藏较浅的文明寨油田和卫城浅层油藏，油藏中深约1650m。埋藏较深的文东盐间油藏和文南深层异常高压油藏，油藏中深大于3000m，一般油藏埋深在2700m左右。大于2500m的储量占62.3%，其中超过3000m的占28.8%，小于2000m的储量仅占7.6%。古近系东营组、沙河街组及三叠系均有油气藏发育，沙河街组为主，含油井段长，井段一般为600~800m，最长达1400m，以薄互层为主，各油藏含油小层一般在60个左右，最多达150个。

盐层多：东濮凹陷沉积地层发育多套盐层，沙一段、沙三上亚段、沙三中亚段、沙三下亚段和沙四段等层系均有盐层发育。其中文留地区盐层最为发育，主要有沙一盐、文9盐和文23盐3套盐层。沙一盐沉积厚度约70m；文9盐沉积厚度为200~400m，一般分布于沙三上下部或沙三中上部；文23盐沉积厚度约为600~700m，最厚可达1000m以上，一般分布于沙三中亚段底部或沙三下亚段。

断块破碎：东濮凹陷由于经历了由沉降到抬升两大沉积旋回的演化过程，断裂活动强烈，盆地内断层异常发育。内部被次级断层切割成许多北东-南西向条带。由北向南构造趋于更加复杂化。已动用石油地质储量中，含油面积大于1.0km^2的简单断块储量只占27.8%，含油面积在0.5~1.0km^2的复杂断块储量占42.3%，含油面积小于0.5km^2的极复杂断块储量占29.9%，总体属于复杂断块油田，连通率低，200m井距连通率65%左右。

高温：东濮凹陷由于油藏埋藏深，地层温度较高。地温梯度约为3.8℃/100m，地层温度在75~140℃，温度高于90℃的储量占66.2%。

高压：东濮凹陷地层压力系统比较复杂，原始地层压力在18~70MPa，包括常压、高压和超高压系统。常压系统，压力系数在1.2以下，高压系统，压力系数在1.2~1.6，超高压系统，压力系数在1.6~2.0，其中压力系数大于1.2的地质储量占31.8%。油藏饱和压力高，一般为10~25MPa，其中文东盐间油藏高达32MPa。

高盐：东濮凹陷由于受多套盐层的影响，地层水矿化度普遍较高，矿化度大于15×10^4mg/L的地质储量占82.8%，钙镁离子质量浓度大于3000mg/L储量占比75.6%。北部地区地层水矿化度一般在(25 ~ 32) × 10^4mg/L，向南有降低的趋势，南部地区(桥口、马厂油田)地层水矿化度一般在(7 ~ 15) × 10^4mg/L。水型均为 $CaCl_2$ 型。

低渗：东濮凹陷储层变化大、物性较差，以中、低渗透性为主，属于陆相湖盆沉积，沉积相以入湖三角洲和扇三角洲为主，沉积微相类型多，储层变化大。平面上沉积砂体变化快，储层分布不稳定。渗透率大于 500mD 的高渗透油藏储量仅占已开发总储量的 2.1%，渗透率在 50 ~ 500mD 范围的中渗透油藏储量占 50.6%，渗透率小于 50mD 的低渗、特低渗储量占 47.4%。

油轻气富：东濮凹陷原油、天然气性质好，已开发油藏基本为稀油，平均地面原油密度 0.85g/cm^3 左右，地下原油密度在 0.66 ~ 0.76g/cm^3 之间。原油地下黏度大部分在 0.5 ~ 5.0mPa · s 之间，一般小于 2.5mPa · s，原油地下黏度大于 20mPa · s 的地质储量仅占已开发储量的 2.4%。天然气富集、气藏类型多，原始气油比高(一般 80 ~ 200m^3/t)。发育气顶、低渗砂岩气藏、凝析气藏和复杂小断块气藏等多种类型气藏。

二、内蒙地区地质特征

内蒙地区白音查干凹陷为以中生界白垩系为主的沉积盆地，断裂系统走向以北东东(NEE)向为主。已发现的含油层系为下白垩统的腾格尔组和都红木组。凹陷内部分为东部洼陷、西部洼陷。西部洼陷是白音查干凹陷的主体，可划分为塔拉断裂构造带(北斜坡带)、西部洼陷带、白音断裂构造带(南斜坡带)。构造特点是断层多、断块小，近物源沉积、砂体规模小，油层埋藏浅，含油层系单一，多数井油层较薄，主要为低幅度油藏。油藏具有“三小一低一复杂”的地质特点(图 1 - 2)。

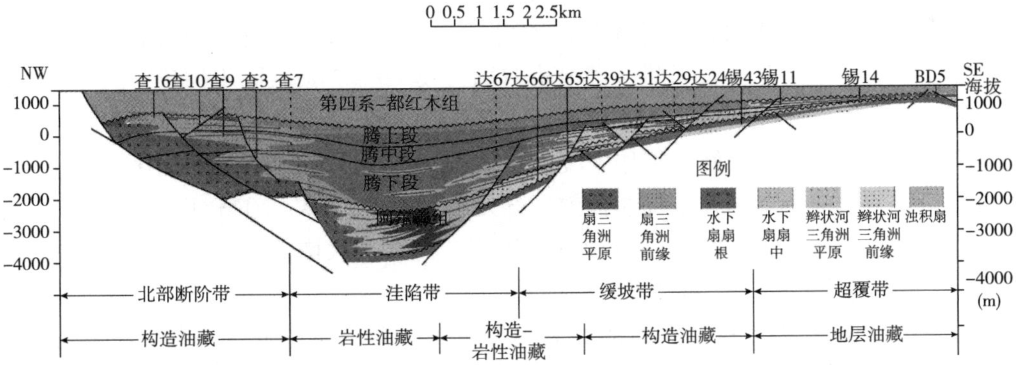

图 1 - 2　白音查干凹陷油藏剖面

断块小：构造格局受多期构造运动控制，构造复杂，断块小。已投入开发断块含油面积在 0.15 ~ 0.55km^2，平均 0.29km^2，断块储量一般在(10 ~ 30) × 10^4t。

条带宽度小：油层埋藏浅，含油层系单一，多数井钻遇油层较薄。已发现的油藏条带宽度一般小于 300m；埋深在 500 ~ 1200m，单井钻遇油层厚度在 2.6 ~ 25.3m，平均 11.8m，含油井段在 20 ~ 100m。

含油高度小：一般在 20 ~ 30m。

含油饱和度低：原始含油饱和度在 55% ~ 60%；原油密度及黏度变化大，地面原油密度在 0.83 ~ 0.88g/cm^3，原油黏度在 5.4 ~ 106.9mPa · s，原始气油比低，平均为 14m^3/t。

岩性复杂：储层变化大，储层分选差。主要砂体类型有水下河道砂、前缘席状砂等，储层岩性有砂砾岩、砂岩、粉砂岩、火成岩，泥质白云岩等；储层物性为中孔、中渗，平均孔隙度20.3%，平均渗透率185.7mD，渗透率层间级差为17～114倍；压汞曲线多呈斜线，平台段短，分选性差，孔隙结构不均匀；岩石润湿性表现为弱亲水。

第二节　开发阶段

中原油田于1975年发现，1979年投入开发。针对东濮凹陷极其复杂的地质特点，初期即按照“总体部署，分步实施，及时调整，逐步完善”的程序进行滚动勘探开发一体化开发，组织第一次三年科技攻关会战，采取以断块为单元，早期注水保持地层能量的快速开发方针，使油田开发呈现出储量探明快、储量动用快、产量增长快、采油速度高的“三快一高”的发展态势，采油速度连续9年大于2%，最高时达到2.8%，比全国平均速度1.24%高出1倍多，原油产量1988年最高上升至722×10^4t。

随着主力层逐步水淹和井况恶化等因素影响，产量逐步递减，“九五”期间重点针对平面剩余油富集区进行调整挖潜，“十五”以来，调整开发思路，针对油藏开发中的瓶颈问题，开展了第二次科技攻关会战，攻克了一些关键技术难题，同时通过油藏精细描述、加大了老区分类调整治理力度，重点开展了井网恢复和优化重组以及以井组为中心的精细注采调整，老油田开发状况逐步改善，水驱动用程度不断提高，综合含水率基本稳定，递减逐步减缓。

2015年油价断崖式下跌，开发通过优化措施结构调整，减少高投入措施占比，加大动态调配力度，关闭特高含水井、低无效注水井，水驱效果保持平稳。2018年油价恢复以来，开发工作量逐步恢复，新区坚持富油构造周边及“三新”领域同步评价，持续扩大滚动增储阵地和效益建产规模；老区持续推进区块目标化管理，加大注水示范区引领力度，深化分类治理，持续加大井筒修复工作力度，持续精细深度水驱，进一步优化注采结构和措施结构调整，全面推进老区开发提质提效，开发状况逐步改善。2023年以来开展第三次科技攻关，围绕七大领域实施“三增两攻两扩”工程，持续加大增储上产降本力度，着力推动储量产量、效率效能、盈利水平“三个稳增长”。

中原油田经过40多年持续有效的发展，形成了一套具有中原油田特色的复杂断块油气藏开发配套技术体系，经历了7个开发阶段(图1－3)。

1979—1983年为开发建设初期阶段，1984—1988年为快速上产阶段，1989—1995年为产量递减阶段，1996—2002年为强化调整硬稳定阶段，2003—2014年为精细调整阶段，2015—2020年为调结构低成本开发阶段，2021年至今为精细挖潜治理恢复阶段。截至2023年12月，已投入开发油气田20个，其中东濮探区17个(图1－4)，内蒙探区3个，采油速度0.22%，剩余可采储量采油速度11.20%，可采储量采出程度93.67%，综合含水率94.72%，采收率27.97%。其中：东濮凹陷采收率28.61%，采油速度0.22%，剩余可采储量采油速度11.80%，可采储量采出程度94.23%，综合含水率94.89%；内蒙油区采收率13.00%，采油速度0.27%，剩余可采储量采油速度4.21%，可采储量采出程度52.30%，综合含水率83.91%。主力油田已进入“高含水、高采出、高耗水量”开发后期。

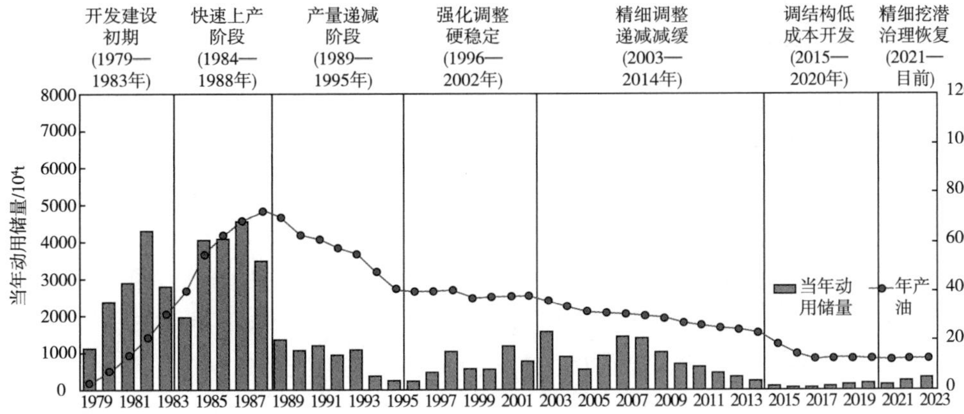

图1-3 中原油田开发历程

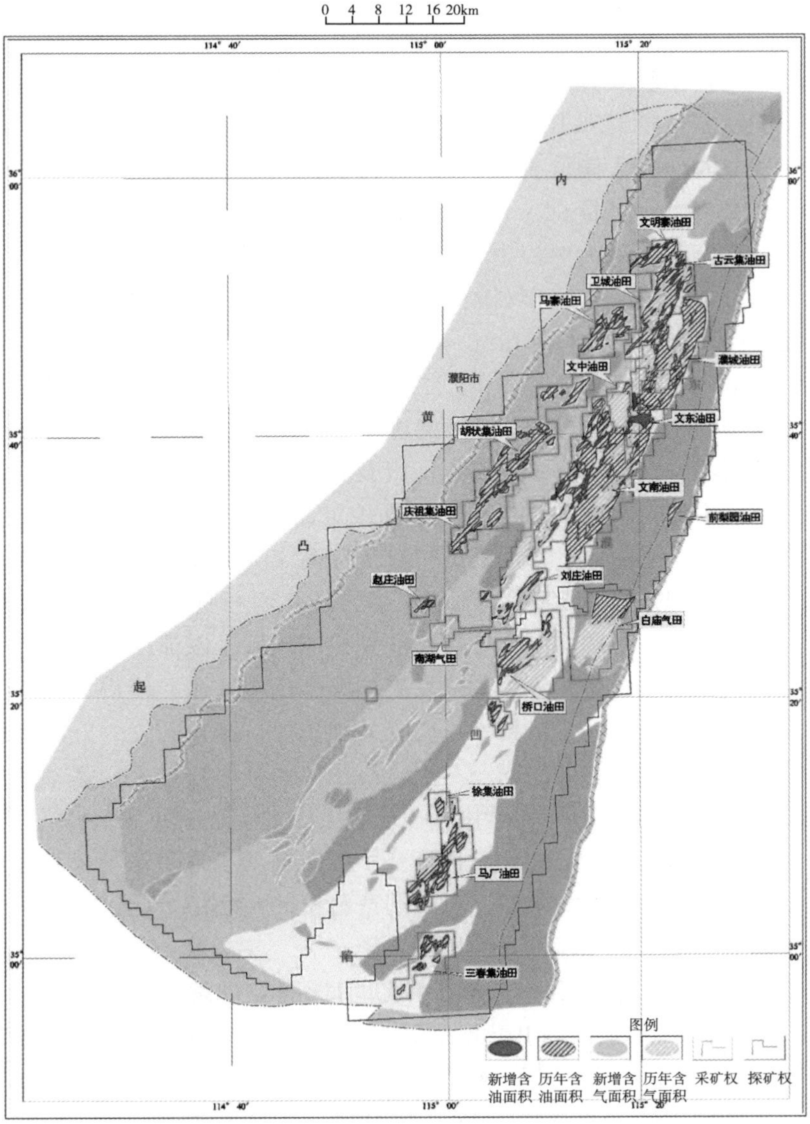

图1-4 东濮凹陷油气田分布

一、开发建设初期

针对中原油田极其复杂的地质条件，采取了滚动勘探开发方式，按照“整体部署，分步实施，及时调整，逐步完善”的开发程序，一是优先动用埋藏浅、渗透性好、认识程度高的优质储量；二是开发与详探相结合，边开发边认识，兼探深部层系、滚动扩边，逐步完善井网扩建产能；三是油井不断放大生产压差，提高采油速度。

5 年时间 5 个主要油田(濮城、文中、文南主体、文明寨和卫城)投入了开发，动用石油地质储量 13533×10^4t，建成原油生产能力 300×10^4t。截至 1983 年年底，油水井总数 715 口，其中采油井 603 口，年产油 303.37×10^4t，采油速度达 2.24%，注水井 112 口，年注水 $315\times10^4m^3$，综合含水率 22.2%。

二、快速上产阶段

此阶段的特点是储量探明快、动用快、产量上升快。随着濮城、文南、文明寨油田的扩建，文东、胡状集、桥口油田投入开发，油田建设规模迅速扩大，5 年共投入储量 18086×10^4t，平均每年投入储量 3617×10^4t，5 年累计建产能 762×10^4t，平均每年建产能 152×10^4t，平均每年增加产量 84×10^4t，1988 年产油达到 722×10^4t，采油速度 2.3%，连续 10 年油田采油速度保持在 2% 以上，是当时国内陆上油田开采速度最高的油田之一。

这一阶段，开展了第一次三年科技攻关会战(1983—1985 年)。一是引进三维地震技术加快探明复杂断块油藏。1983—1985 年平均每年探明石油地质储量 5142×10^4t，对加快储量增长高峰期的到来起到了关键作用。二是突破文东、文南深层高压低渗油藏的钻井难关。从而使文南油田深层油藏 1983 年开始逐步投入开发，文东油田 1986 年全面投入开发。三是根据断块小、含油层位多的特点，以及开发过程中不断加密井网、细分开发层系和完善注采井网的需要，引进了 RFT 测试、斯伦贝谢测井等先进技术，加快了注采井网完善，强化了注采系统，使得储量动用程度得到了提高。为中原油区复杂断块油田高速开发打下了良好的基础。四是引进 1000 型压裂设备，逐步将一些低渗透、开发难度大的储量投入了开发。压裂方式由初期的混合压裂发展到投球压裂、限流压裂、卡封分层压裂和填砂压裂等方式，改造技术由单井压裂改造发展到整体压裂改造，使得低渗透油藏开发水平不断提高。五是发展配套注采工艺技术，已开发油田保持高速开发。应用高压泵站增注技术，解决了部分低渗透油藏的欠注问题。引进高压单体泵增注技术，基本解决了特低渗和深层低渗油藏的注水问题。发展和应用封隔器分注技术，解决了中高渗油藏的分注问题。引进了电潜泵采油技术，满足了油藏的提液要求。引进了水力活塞泵采油技术，在文明寨油田建立了全国最大的水力活塞泵站，对文明寨油田的初期稳产起到一定的作用。六是应用单管密闭常温输送技术，提高了原油集输效率。

经过 3 年生产建设技术攻关，东濮凹陷新增探明石油地质储量 1.54×10^8t，增加近 60%，年产油量从 1982 年的 215×10^4t 增加到 1985 年的 550×10^4t，年平均增加 110×10^4t，年采油速度达到 2.82% 的历史最高水平。截至 1988 年 12 月，累计动用石油地质储量 31619×10^4t，中原油田油水井总数 2518 口，其中采油井 1842 口，年产油 722×10^4t，采油速度 2.3%，注水井 676 口，年注水 $2366\times10^4m^3$，综合含水率 55.7%。

三、产量递减阶段

此阶段新探明储量大幅度减少、品位低，老油田含水上升快，自然递减率(简称自然递减)居高不下，油田稳产基础差，油水井损坏进入高峰期，注采系统遭到严重破坏，产量大幅度递减，由1988年的722×10^4t下降到1995年的410×10^4t。

一是新增探明储量大幅度减少，新增动用储量少、品位低，储采平衡系数大幅度下降。阶段探明石油地质储量只有3995×10^4t，新增动用石油地质储量6126×10^4t，新增可采储量2756×10^4t，储采平衡系数由1.2以上降到0.8以下，连续多年储采失衡。二是已探明储量落实程度低，由于油藏认识变化大，部分油田产量储量存在矛盾，该阶段开展了大规模储量复算工作，经过储量复算，减少了2.22×10^8t。三是老油田水驱状况差。油藏构造复杂、储层变化大，注采完善难度大；层系划分粗，分层工艺不适应开发的需要，层间矛盾突出；深层低渗油藏注水难度大，严重非均质油藏注入水短路循环，注入水利用率低；油水井损坏进入高峰期，注采系统遭到严重损坏；水质不达标，低渗层能量补充不足。

面对油田存在的主要问题，开发工作主要内容是深化油藏认识，加强对老油田调整挖潜：一是开展“油藏、井筒、地面”三位一体大调查；二是细分开发层系，提高中差层动用程度；三是低渗油藏实施水体改造和高压增注，改善注水状况；四是加大调剖堵水力度，同时加大采油工艺配套应用；五是加强井况防治。

同时，为改善水驱状况，开展了多项探索。中渗透油藏开展了高含水期的间歇注水、分注合采、平面注水调整、注差层等试验，达到了日产油量上升，综合含水率下降的“控水稳油”效果；严重非均质油藏开展了抽稀井网、周期注水、整体调剖堵水、封堵大孔道改善剖面、全井封堵重射孔、套管补贴高渗透层和周期注水等试验，取得了较好的开发效果；低渗透油藏开展了小井距加密试验、高压注水、分层改造和深抽等，通过采油工艺技术进步，开展了综合治理措施缓解产量递减，增加水驱控制和水驱动用储量；异常高压油藏实施逐层上返开采，其中文13－128块逐层上返试验效果最为明显，用一套密井网(井距150～180m)，分4个层段进行逐层段上返注水开发试验，采收率为38.74%，比同类油藏提高18个百分点。该阶段新投入开发了马寨、古云集、三春集、徐集和赵庄等5个油田，投入开发的油田累计达到15个。整体开发状况有所好转，含水率上升速度得到遏制，但仍未能走出产量继续下降的困境。

截至1995年12月，累计动用石油地质储量37745×10^4t，可采储量11384×10^4t，采收率30.15%。油水井总数3964口，其中采油井2499口，年产油410×10^4t，采油速度1.09%，注水井1465口，年注水$4148\times10^4m^3$，综合含水率85.1%。

四、强化调整硬稳定阶段

该阶段通过积极调整开发策略，快速发展开发技术，实现了前3年400×10^4t稳产、后4年原油产量保持基本稳定。阶段末年产油380×10^4t，采油速度0.9%。

为了扭转产量连续下滑的不利局面，一是加大滚动勘探和未动用储量评价，新增动用储量大幅增长，当年新增动用储量由上阶段末的240×10^4t上升到2001年的1154×10^4t。

二是强化老区调整挖潜，开发对象向二三类层转移，加大新井投资，4 年投产 1430 口，年均投产 358 口，新井平均当年产油 42.12×10^4t。三是通过改善水质、降压增注、高压分注，油田水驱状况有所改善，年产液由 2560×10^4t 上升到 2779×10^4t。四是通过加大压裂、下电泵、跨层系补孔等措施，措施年产油占比保持在 14%。

开发技术得到较大发展。一是发展开窗侧钻及水平井技术。1996 年 2 月，油田第一口 5.5in(1in = 25.4mm)套管开窗侧钻井侧明 151 井顺利完钻。2003 年引进外部侧钻井队伍，促进了规模应用，成为目前油藏开发的主要技术之一。2001 年 6 月，中原油田第一口水平井云 2 - 平 1 井成功投产。二是发展注入水水质达标技术。1996 年 7 月，油田注水水质改性技术通过总公司组织的专家鉴定，注入水水质普遍达到 A2 标准。1999 年出站水质达到了 100% 稳定达标，注水系统腐蚀速率减缓，穿孔次数明显下降。三是发展调剖堵水技术。1996 年引进 PI 决策区块调剖技术，在濮城、马厂等油田得到规模应用，取得了良好效果。四是优化注水开发及配套工艺技术。1996—1997 年在文东油田大力实施降压增注，解决欠注问题。2000 年以后，文南超高压注水、高压分注得到研究应用。五是探索三次采油技术。“十五”期间加强油田开发先导试验，发展适合中原油田油藏特点的三次采油提高采收率新技术、新方法，进一步提高油田采收率。2001 年合成聚合物驱进入现场并逐步扩大先导试验及应用规模，2002 年气驱开展先导试验，“十五”末形成一定规模。

截至 2002 年 12 月，累计动用石油地质储量 42372×10^4t，可采储量 13719×10^4t，采收率 32.38%。中原油田油水井总数 5215 口，其中采油井 3265 口，年产油 380×10^4t，采油速度 0.90%，注水井 1950 口，年注水 $4020\times10^4m^3$，综合含水率 88.15%。

五、精细调整递减减缓阶段

针对后备储量接替不足、新增探明储量动用率低、注采井网损坏严重、配套技术不完善、稳产基础薄弱、产量递减大等主要问题，及时调整开发管理思路，以增强油田稳产基础，提高油田开发水平和开发效益为目的，深入贯彻“四三三”开发思路，深化水驱，探索气驱，整体开发水平稳步提升，自然递减得到有效控制，水驱动用程度不断提高。阶段末，累计动用石油地质储量 56100×10^4t，年产油 231×10^4t，采油速度 0.41%。

针对油藏开发中的瓶颈问题，2003—2005 年开展了第二次科技攻关会战，攻克了一些关键技术难题：一是地质建模技术逐步完善配套，形成了中渗复杂断块油藏、低渗油藏、严重非均质油藏等 3 类油藏精细描述技术系列；二是采用油藏工程分析与数值模拟研究相结合的方法，引入非达西渗流理论改进了低渗油藏、复杂断块油藏数模技术，量化认识剩余油分布规律，有效地指导了油田调整挖潜；三是逐步形成了不同类型油藏调整治理的技术政策和经济技术界限，特别是中渗油藏井网优化重组技术、低渗油藏缩小井距逐层上返开发技术；四是完善了 8 项提高采收率工艺技术系列。

为缓解东濮老区进入高含水开发后期带来的困难和矛盾，2009 年围绕勘探、开发和生产中的重点、难点问题，整合技术力量，组建了油气藏精细描述、层间动用状况监测、高精度三维地震应用、高分辨率测井、中渗油藏精细注水开发、低渗油藏逐层上返注水开发、侧钻水平井、小井眼开窗侧钻、复杂井况修复、分层压裂、水平井油层改造、找水找窜卡堵水、油水井防砂固砂和不压井作业等 14 个项目组，形成了适合不同类型油藏高效挖潜关键配套技术系列，确保了储量动用程度和采收率稳步提高。

此阶段整体上加大了老区分类调整治理力度，重点开展井网恢复和优化重组，实现开发对象的转移。同时，深化滚动勘探开发一体化，加大油藏评价及新区产能建设力度，新区产能建设规模逐步扩大。其次，不断扩大气驱试验规模，积极探索提高采收率新途径。

1. 老油田实施精细挖潜

老区加大了分类调整治理力度，立足水驱，以油藏精细描述为基础，以工艺技术集成为手段，精细层间注采调整，实现分类油藏精细注水，开发状况逐步改善，双递减逐步减缓。一是针对高含水期剩余油分散、井况复杂，整体调整难度大、效益差的问题，开展了以井组为单元的“压缩井段，减少层数”细分重组调整治理；二是通过优化薄差层压裂设计，实现低渗、特低渗油藏有效开发；三是优化高投入措施，开展低无效措施作业治理提高有效率，加强控躺管理控制维护工作量，压减作业井次。

2. 积极推进滚评及产能建设

深化滚动勘探开发一体化，加大油藏评价及新区产能建设力度，新区产能建设规模逐步扩大，每年新区动用储量从2005年的不足500×10^4t最高上升到2011年的1344×10^4t，新建产能从2005年的3.8×10^4t提高到2011年的16.5×10^4t，相继投入刘庄、赵庄、桑合、白庙、吉祥和如意等油气田。一是攻关推广高精度三维地震，实现复杂断块群的精细刻画。二是应用裂缝识别技术，砂岩裂缝型潜山勘探开发取得突破。三是内蒙查干实现了巴二段、苏一段稀油资源发现的突破；白音查干实现了腾下段滚动勘探新发现。四是新区加大水平井应用力度，提高单井产能；老区应用侧钻井，提高单井效益，该阶段老区侧钻井井数占比由32%上升到81%。

3. 积极开展气驱试验

针对高气油比油藏、注水困难油藏、水驱废弃油藏和严重非均质油藏水驱提高采收率难度大、开发效果差的问题，开展不同类型气驱先导试验，积极探索提高采收率新途径。一是天然气驱，2006年在文88块沙三中8－10油藏开展先导试验，逐步完善了天然气驱提高采收率技术，沙三中10采出程度提高22个百分点，换油率0.46t/t。二是二氧化碳驱，2008年在水驱废弃油藏濮城沙一下开展二氧化碳/水交替驱先导试验，实施10个注气井组，累计注入量较大的3个井组，对应油井均持续见效。在14个低渗注水困难油藏实施36个井组开展规模应用，覆盖地质储量2211×10^4t，阶段换油率0.02～0.32t/t，二氧化碳驱效果逐步显现。三是空气泡沫驱，在中渗严重非均质油藏4个区块12个井组，开展空气泡沫驱先导试验，试验见到了初步效果。

截至2014年12月，累计动用石油地质储量56100×10^4t，可采储量16228×10^4t，标定采收率28.93%。油水井总数8033口，其中采油井4583口，年产油231×10^4t，采油速度0.41%，注水井3450口，年注水$3523\times10^4m^3$，综合含水率91.4%。

六、调结构低成本开发阶段

2015—2017年油价断崖式下跌，开发以效益为中心，大幅压减工作量，2016年新钻井6口，产量连续两年下跌20%。重点开展3个结构调整，持续优化措施结构调整，减少高投入措施占比，择优实施投资少、效果好的措施，突出少井高产，提升单井措施效益；加快注水结构调整，不断攻关研究低成本水驱技术及措施，加大动态调配力度，提升水驱效果；加强产液结构调整，关闭特高含水井、低无效注水井，增加整体有效注水量，保持水驱效果整体平稳。

面对油价大幅下降、东濮人多油少、成本高的突出问题，按照股份公司整体部署，积极探索低成本开发的有效途径。通过精细油藏研究、精细水驱治理、精细注采调控、精细开发管理、精细工艺配套等“五个精细”，着力夯基础、控递减、提效益。2017 年随着油价的回升，以“提高发展质量和效益”为中心，逐步加大开发投入，加强结构优化调整，油田开发形势趋于稳定并逐步好转。原油产量实现 125×10^4t 左右稳产，自然递减控制在 10% 左右。

1. 精细油藏研究

发展完善相控油藏精细描述技术，持续深化以剩余油为核心的基础研究。形成了基于构造沉积演化的井震结合构造精细解释技术、基于区域沉积模式指导下的沉积微相刻画技术、基于单期次沉积演化的构型解剖及相控建模技术和基于不同微相渗流特征的数值模拟技术等 4 项技术，相控约束下的剩余油分布更加明晰，剩余油饱和度精度提高到 85%，为效益开发提供了有效的技术支撑。

2. 精细水驱治理

一是强化示范引领，综合应用井网优化、流场优化、注采优化等低成本技术，一体化部署治理 28 个单元，覆盖地质储量 2.13×10^8t，增加可采储量 1620×10^4t，保持了主力油藏开发形势稳定；二是针对老油田井网密、事故井多的现状，充分利用侧钻井承担滚动勘探、油藏评价、新老区产能建设功能，实施侧钻井 201 口，恢复可采储量 78.34×10^4t，累计恢复产能 14.41×10^4t，占老区产能的 82.2%，实现增能提效；三是针对地面情况复杂，井场选择难度大的问题，采用小型井工厂模式设计压缩投资。

3. 精细注采调控

一是针对复杂断块油藏地质特点，深化水动力学机理研究，强化低成本水驱开发政策研究，加大流场流线调整力度，初步建立了不同类型驱替方式的政策界限，平均当年增油达 4×10^4t。二是强化 3 个结构调整，进一步降本提效。措施结构重筛选、细评价、优决策、精设计和简工序，措施单井年增油量提高 47t；注水结构加强流场流线、注采层段、注水方式优化和压减低无效注水量，注水有效率提升 6.5 个百分点；产液结构应用“三线四区”模型，一井一策优化开采方式，调整注采结构，自然递减持续减缓，降本提效 4.36×10^8元。

4. 精细开发管理

一是建立完善技术决策优化机制、效益决策优化机制、开发动态管控机制及精细注采管理机制 4 项配套机制，确保储量、投资、成本、产量、效益“五位一体”效益开发目标；二是制定油田开发分级管理办法，压实分级管理责任，确保“一块一策”效益开发理念落地生根，措施见到实效；三是建立“水驱工作月报、新井月报、SEC 储量月报及对标对表五项指标统计表”四张报表制度，月度跟踪公报主要开发管理指标和工作量运行的变化情况，及时预警和优化整改强化，抓实效益开发过程管控。

5. 精细工艺配套

一是配套深层低渗油藏高压分注、中渗油藏多级分注及特殊井有效分注技术，改善开发效果；二是攻关套管整形系列技术、开窗换井底系列技术及复合解卡修井技术，提高修井成功率；三是推广凝胶颗粒调驱技术、复合交联聚合物调驱技术、改性污泥调驱技术及低成本无机封堵技术，缓解开发矛盾；四是推广复杂井况压裂、分层压裂、薄互层多层压裂等成熟技术，增加储量动用；五是坚持“串、撤、并、分、简”原则，持续推进地面系统整体优化，提升系统效能。

截至2020年12月，累计动用石油地质储量57160×10^4t，可采储量15872×10^4t，标定采收率27.77%。油水井总数1986口，其中采油井4518口，年产油125.11×10^4t，采油速度0.22%，注水井3468口，年注水$2809\times10^4m^3$，综合含水率94.6%。

七、精细挖潜治理恢复阶段

随着油价的回升，开发工作量逐渐恢复，聚焦“寻找突破点、扩大增长点、夯实稳定点、培育潜力点”4个方向，攻克“增动用、提产能、强水驱、扩三采”4个硬仗，大力提升上市储量，降低原油盈亏平衡点，全面推进开发效益最大化，原油产量由125.1×10^4t稳步上升到128.8×10^4t，自然递减持续控制在10%以下，开发状况逐步改善。

1. 增动用

滚动增储以“扩充规模增储区带，加快储产转化”为方向，坚持富油构造周边及“三新”领域同步评价，分层系分区带，精雕细刻，勘探开发一体化部署，地质工程协同优化，落实马东断阶带、濮城近洼带、文留构造带和拐子湖等4个百万吨增储建产区带，新增落实可动用储量1056×10^4t，并呈逐年上升态势。

2. 提产能

产能建设按照超前研究、超前部署、超前实施的“三超前”工作思路，执行纳入月度井位库的新井加快培养完善、研究到位的新井加快方案编制、注水培养到位的新井加快运行实施的“三加快”运行模式，坚持精细油藏研究、精准方案设计、精攻配套工艺和精算开发效益的“四精”建产理念，推进地质工程一体化实施，确保少井高产。新老区产能达标率持续提升至103%，百万吨产能投资稳步降至57.9×10^8元。

3. 强水驱

老区治理持续推进区块目标化管理，加大注水示范区引领力度，深化分类治理，持续加大井筒修复工作力度，持续精细深度水驱，进一步优化注采结构和措施结构调整，全面推进老区开发提质提效，开发状况逐步改善，含水率连续5年保持基本稳定，自然递减连续4年控制在10%以内。

4. 扩三采

CO_2驱针对不同类型油藏，完善注采优化、安全注入及防腐技术，实施8个单元，覆盖储量512×10^4t；聚合物驱持续开展明16块高温高盐聚合物驱先导试验，阶段吨聚增油34.9t；内蒙稠油通过联合攻关，针对毛8块低温低压强水敏稠油，优选油溶降黏剂+CO_2复合吞驱协同体系，制定“降黏+补能”的技术对策，已初步见到效果。

截至2023年12月，油水井总数7933口，其中采油井4435口，采油速度0.22%，注水井3498口，年注水$3062.51\times10^4m^3$，综合含水率94.72%。

扫一扫
获取更多资源

第二章　油藏精细描述技术及应用

油藏描述(Reservoir Description)是通过多学科综合方法对油气藏的构造、储层、流体等特征进行三维定量表征和预测的技术体系，其核心目标是通过多维度数据融合为油田开发提供地质模型和科学依据，为高效开发调整、降低开发成本提供科学支撑，是贯穿油气田全生命周期的核心技术。油藏描述以沉积学、构造地质学等理论为基础，结合地震、测井、岩心等数据，揭示油藏的三维空间分布规律，涵盖构造形态、储层参数和流体性质等关键要素。在油田开发不同的阶段侧重点又不同，在早期阶段(油田发现至全面开发前)，侧重于构造和储层基本特征；中期阶段(开发实施期)，聚焦储层参数动态变化；精细阶段(高含水期后)，以储层微观结构及剩余油分布量化为主。

油藏精细描述是在油田开发中后期，结合动静态数据(如地质、测井、地震和生产动态等)，对油藏构造、储层物性和流体分布等进行精细化建模与分析的技术，重点解决高含水油田的剩余油分布预测、低渗透储层开发优化等难题，为油气的二次开发和三次采油提供技术支持，延长油田的开采寿命，实现油气的可持续利用。此外，油藏精细描述在推动石油工业技术进步和创新方面也具有重要意义。

本章内容主要利用 8 个小节系统论述油藏描述的各项技术方法及原理，并结合中原油田典型区块的实例进行解剖分析，进一步阐明各项技术的应用方法。

第一节　地层划分与对比技术

地层划分与对比是指在一个勘探或开发的区域将收集到的地震、钻井、录井和测井等各项地质资料，通过单井地质剖面的综合分析和对比，找出层位相当的地层，把各井地质剖面联系起来，整体上认识沉积地层在纵横向上的分布与特征，其目的是建立具有等时性各级地层格架单元。在油田进入高含水后期，地层对比的要求从划分小层、识别断层精细到单砂体、层内韵律段和识别微小断层(断距小于 10m)。地层对比是地层模型建立的首要步骤，地层模型是精细油藏描述的基础。因此，地层划分的细致程度、对比的可靠程度是油藏描述成败的关键。

一、技术方法

(一)基本原则

地层对比划分的基本原则是以层序地层学、测井地质学和储层地质学的理论为指导，依据“区域标准层”，选择“相标志段”，并依据地震和油藏动态资料作为参考，进行等时对比。在地层对比之前，要初步确定沉积微相类型，以沉积微相概念模型做宏观控制，确定相应的对比方法。

选择对比标志层的原则：同时性是指标志层的沉积时间是同时的，稳定性是指标志层的分布稳定而广泛，特殊性是指标志层的岩性、电性特殊易辨认，综合性是纵向上要用一组岩性组合，横向上要用一组测井曲线组合来确定。从精细描述剩余油的最终目的出发，地层对比单元要求精细划分到相对于准层序的时间单元或单砂层。用1：500测井曲线控制砂层组(简称砂组)和单砂层，用1：200测井曲线劈分不同时间单元沉积的侧向或垂向加积的砂体。

首选本区有代表性的系统取心井作为标准井，建立网格骨架剖面，以标准井为中心，选取一定数量的井，均匀地分布在区块的各个部位，建立层组及单层对比的网格骨架剖面。点线面相结合，全区铺开，联网闭合，统层对比。并充分利用新的地质认识和生产动态资料，不断修改和完善对比成果。地层划分与对比流程见图2－1。

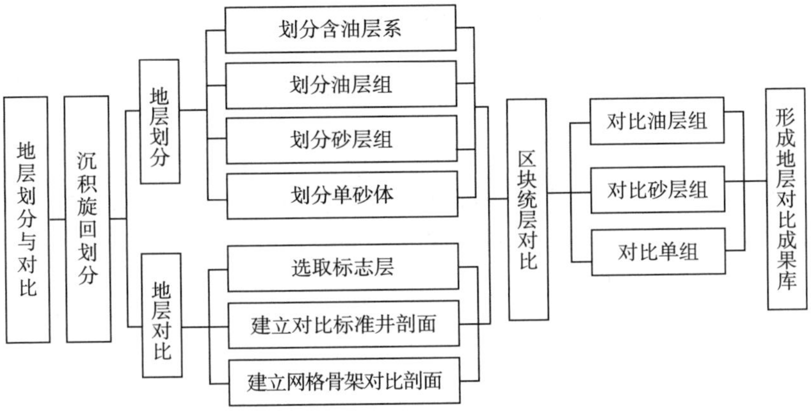

图2－1　地层划分与对比流程

(二)沉积旋回的划分

选用岩心资料齐全的井或井段，结合测井资料，依据岩性在垂向上的组合类型和层间接触关系，划分出正旋回、反旋回和复合旋回等不同类型的沉积旋回，同一旋回内必须是连续沉积，沉积旋回一般可划分为五级。

一级旋回：是反映不同构造阶段的沉积层，相当于生油层与储油层，储油层与盖层的地层组合，在盆地内有广泛的分布，可以在盆地范围内对比，各个一级沉积旋回之间以不整合或沉积间断的方式相接触，一级旋回代表不同层系。

二级旋回：是在盆地的沉降与抬升背景上所形成的次一级旋回，一级旋回包含多个二级旋回，二级旋回间沉积相类型有明显变化或不整合，二级旋回是形成该层系生储组合的基础。

三级旋回：是代表湖盆水域的扩张与收缩，不同三级旋回之间地层是连续的，三级旋回是形成油组的基础。

四级旋回：是沉积条件变化所形成的沉积层，四级旋回相当于开发地质研究中的砂组。

五级旋回：是同一环境下形成的微相单元，五级旋回相当于开发地质研究中的单砂层。

（三）地层划分

1. 含油层系划分的依据

含油层系划分的依据主要包括3个方面：一是依据油气层的沉积环境、分布状况、岩石性质及储层物性等油气层特征；二是依据油气层之间的隔层厚度、分布范围、岩性特征等分隔条件；三是依据油气层内的流体性质及压力系统。

2. 划分油层组

三级沉积旋回中油气层沉积环境、分布状况、岩石性质、物性特征和油气性质比较接近的含油气层段，划为一个油层组，一个油层组可由一个或几个砂岩组组成。油层组之间应有相对较厚且稳定分布的隔层分隔开，其分界线应尽量与沉积旋回的分界线相一致。

3. 划分砂岩组

以油层组内相邻近的油气层集中发育段划分为一个砂岩组，划分的砂岩组应尽量与四级沉积旋回的层位相一致，一个砂岩组内可包含数个单层，同一油气田范围内砂岩组的数目和界线应统一。

4. 划分小层

划分小层时上下以非渗透性岩层分隔开的油气层划分为一个小层，划分的小层界线应尽量与五级沉积旋回的界线相一致，各区块的小层数目和分层界线应一致，只要是同一时期沉积的地层，砂层可以和泥岩对比。

（四）地层对比

1. 选取标志层

岩性稳定、特征突出、分布广泛和测井曲线形态易于辨认的岩层，选作对比标志层。常用的标志层有化石层、油页岩、碳质页岩、石灰岩、白云岩和纯泥岩等特殊岩层。岩性组合特征明显和测井曲线形态特征易于辨认的层段或上下区别明显的层面可选作对比标志层。应在沉积旋回分界线附近和不同岩相段分界线附近选取对比标志层，同时识别出局部地区分布的辅助标志层。

2. 建立对比标准剖面

根据对比地区的面积大小和油气层在平面上分布的稳定程度，建立1条或数条不同方向的油气层对比标准剖面，对比标准剖面应贯穿整个对比地区，并充分选用取心井作为对比标准剖面的井或井段，沉积层序不应有地层重复或缺失，通过对比确定标准剖面上各井的分层界线。

3. 对比各井的层组界线

依据标准井的层组划分结果，通过井间对比划分其他井的油层组、砂岩组及单层的界线，并用邻井进行验证。通过油气层对比确定出钻遇断层井点的断点深度、断失厚度和断失层位等，并标明所依据的井号和断失深度段。

4. 区块统层

应在区块范围内按照一定方向和顺序对各单井进行统层，使得区块内各井的层组界线达到一致。在复杂断块区，应利用三维地震资料，在合成地震记录的基础上，做好相应的强反射相位标定，然后进行平面上的横向追踪，以保证在油田或区块范围内不同井点层组界线划分的一致性。

5. 对比油层组

在对比标志层或辅助标志层的控制下，依据岩性组合、测井曲线形态特征以及油层组厚度在平面上的变化规律，在三级沉积旋回内部对比油层组的界线。

6. 对比砂岩组

在油层组界线的控制下，依据四级沉积旋回的性质、岩性组合特征、测井曲线形态及厚度变化规律对比砂岩组的界线。

7. 对比小层

在砂岩组界线的控制下，依据五级旋回对比划分出单层界线，按照沉积旋回的不同成因，分别采用不同的具体对比方法。

湖相沉积的油气层，岩性和厚度在平面上具有渐变的特征，采用相邻井同一小层的旋回性和岩性相近、曲线形态相似及厚度大致相等的对比方法划分小层的界线。若个别井点小层的旋回性不明显，应按照各小层在砂岩组内的厚度比例确定小层界线。

河流沉积的油气层，岩性和厚度在侧向上具有突变性，应依据河流沉积旋回具有起伏冲刷底界的沉积特征，按照同一小层旋回顶界大致水平的原则，采用不等厚对比方法划分小层界线。

二、技术要求和标准

（一）技术要求

在完成各单井的小层对比后，在单井测井组合图上用红色铅笔标注出砂组名称位置及垂深、断层位置及垂深（断层对比井、缺失段长度和断距），采用普通 HB 铅笔标注小层号及顶底界线，并按照标准井的标注用不同颜色彩色铅笔标注出典型对比标志，方便地质和油藏技术人员快速识别醒目标志。读取单井小层分层数据，形成目标区块小层分层数据成果库。

（二）技术标准

小层对比技术标准主要参考《油藏描述方法　第 2 部分：碎屑岩油藏》（SY/T 5579.2）及《油田开发地质基础图件编制技术规范》（Q/SH 1025 1043）里的 4.6 小层对比图编制技术方法。

编制小层对比图时，选择测井曲线以选取的测井曲线易对比为原则。一般选择为左：自然电位和自然伽马，右：感应电导率、4m 梯度和 2.5m 梯度；剖面线根据作图需要在井位图上画出剖面线，剖面的规定为以南北子午线为界，南北子午线以西为左、以东为右，南北子午线正南为左、正北为右；根据小层对比结果将砂组界线用粗实线连接，将小层界线用细实线连接。

编制小层对比图时，如果对比井有断点，则应在断点处按断距拉开，当应用测井曲线进行地层对比难以划分地层时，应参考地震剖面，对比剖面图不考虑比例尺大小，左右井间以能容下测井曲线为原则。

三、实例分析

（一）东濮凹陷地层情况

东濮凹陷形成早期，各个油田层序划分从底部到上分别为三叠系、沙四下、沙四上、沙三下、沙三中和沙三上亚段地层，中间还发育 3 套不稳定的盐岩（文 23 盐、卫城下盐和文 9 盐）。东濮凹陷形成早期地层变化层序示意见图 2－2。

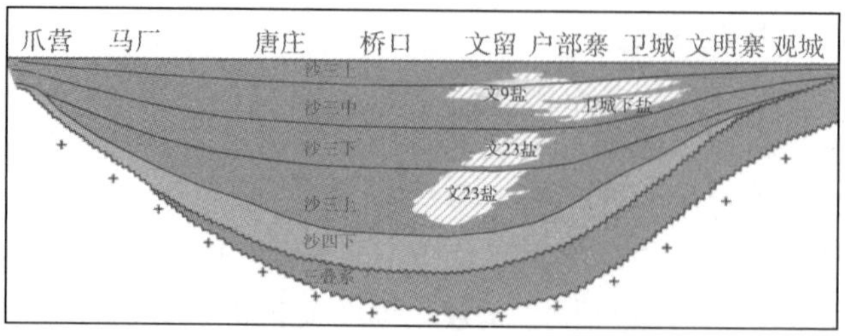

图 2－2　东濮凹陷形成早期地层变化层序示意

从东濮凹陷油田地层层序表中可以看到每套地层的厚度、基本岩性特征、古生物化石和典型油藏区块的对比标准井（表 2－1）。

表2－1　东濮凹陷油田地层层序

地层						基本岩性特征	古生物化石	典型油藏区块标准井
界	系	统	组/段	符号	厚度/m			
新生界	第四系	更新统	平原组	Q	300 ±	土黄色黏土、棕红色砂质黏土及砂岩		
	新近系	上新统	明化镇组	Nm	800~1000	棕黄、棕红色泥岩与灰色砂砾岩互层		
		中新统	馆陶组	Ng	250~400	以棕黄色、浅灰色细砂岩、含砾砂岩为主，灰棕红色泥岩		文明寨（明48井）
	古近系	渐新统	东营组	Ed	500~700	浅灰色细砂岩、粉砂岩与棕红色、灰泥岩等互层	辛店华星介、乌尔姆梅球轮藻	濮城油田（濮22井）、户部寨（部5井）
			沙一段	Es_1	200~250	上部是灰色泥岩、夹薄层碳酸岩、油页岩、含膏泥岩；下部是灰白色盐岩、石膏夹泥岩	惠民小豆介、亚拉形钻头轮藻	文明寨（明19井、明48井）和濮城油田（濮25井）
			沙二段	Es_2^u	200~300	紫红色泥岩、灰色含膏泥岩及泥膏岩夹薄层灰岩、泥质粉砂岩，中部含膏纯	肖庄美星介	文明寨（明70井、明73井）和濮城油田（濮37井）
				Es_2^d	250 ±	紫红色泥岩、浅灰色粉砂岩，棕褐色含油气粉砂岩，夹薄层灰质粉砂岩	伸长似轮藻	文南油田（文33－56井）和濮城油田（濮31井）

续表

地层						基本岩性特征	古生物化石	典型油藏区块标准井
界	系	统	组/段	符号	厚度/m			
新生界	古近系	渐新统	沙三段	Es_3^u	350 ±	主要为灰色泥岩，与含油较强的灰色粉砂岩、棕褐色含油粉砂岩互层，下部夹薄层油页岩、膏泥岩和盐岩	中国华北介	文明寨（明73井）和濮城油田（濮120井）
				Es_3^m	750 ±	上部为灰白色盐岩、泥膏岩，含膏泥岩韵律层；下部为深灰色油页岩，膏泥岩渐变为盐岩；中部为灰色粉砂岩与深灰色泥岩呈互层，有成组油页岩出现	中国华北介、小型似星介、惠东华北介	文南油田（文72-417井、文72-97井）和文东油田（文13-85井、文13-293井）
				Es_3^d	350 ±	深灰色泥岩、灰色粉砂岩、夹薄层油页岩，灰质泥岩钙质页岩、盐岩	隐瘤华北介、美星介	文明寨（明35井、明175井）和濮城油田（濮39井）
			沙四段	Es_4^u	400 ±	深灰色泥岩、灰色粉砂岩、夹薄层油页岩，灰质泥岩钙质页岩、盐岩	美星介、金星介	
				Es_4^d	300 ±	紫红色砂泥岩互层，低阻红层	金星介	胡状集胡24块
中生界	三叠系	中统		Mz	200 ±	紫红色砂泥岩互层，高阻红层，河流相		

依据东濮凹陷的综合录井图、取心资料及电测资料等划出各层段的沉积相及沉积微相，结合沉积和电性特征判断每个组段的背景特征。

东濮凹陷主要目的层地层对比标志层的归类划分为3个级别：一级标准层为东濮凹陷大部分地层共有，岩电特征突出；二级标准层为黄河北或南大部分地区存在的标准层，岩电性特征显著；三级标准层为各个断块区分别存在的标志。

例如，典型区块文33断块区的地层层序与东濮凹陷全区相似，根据钻井所揭示的地层资料分析，文33断块区沉积了一套新生界地层，从下往上依次为古近系、新近系和第四系。其中，文33块沙二下测井资料对岩性有很好的反映。泥岩一般具有含盐度高、质纯、含有机质低等特点，电性上表现出高导性，与油层的电性差别大，极易识别。对于不同时期，不同级次的泥岩标志层来讲，由于组成的岩矿成分和水介质的差异，虽然多数为高导性，但曲线形态仍可以区别。而对于同一时期同一级次的泥岩层，其表现出的测井曲线特征有较好的相似性。

(二)文33块沙二下地层对比

1. 各级标志层

文33块沙二下共划分为8个砂组，每个砂组包含多次沉积事件形成的砂泥岩互层，储层砂岩顶底均由沉积稳定的湖相泥岩层相隔。这些泥岩层沉积稳定、分布广泛，电性特征明显、可比性强。其中沙二下1砂组中部、4砂组底部、8砂组底部为一级标志层，沙二下1、2、3、5砂组底界为二级标志层，沙二下6、7砂组底界稳定性较差，为三级标志层(图2-3)。

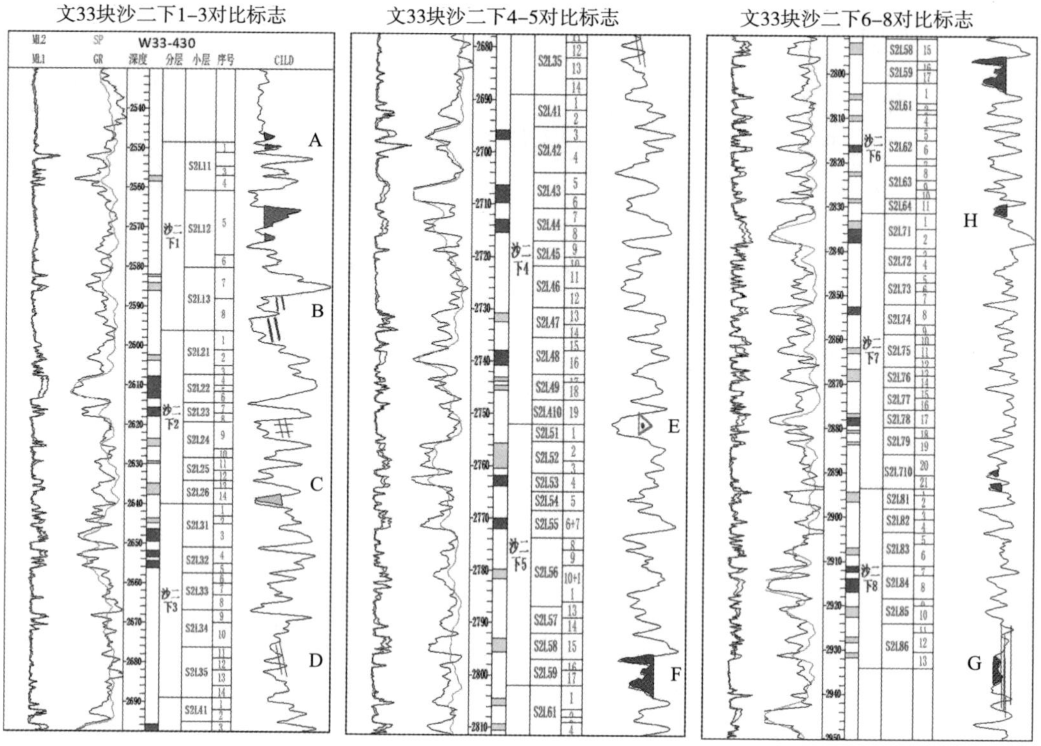

图 2-3　东濮凹陷文南油田文 33 块沙二下地层对比标志

(1)一级标志层

低平台厚层泥岩标志层(A)：厚度约 25m，是沙二下 1 砂组上部特有的标志，由 2 套砂体控制，泥岩中部具有一低电导平台为特点。

锹状高导泥岩标志层(E)：厚度 3m，下端出现 3 个小的高导尖以中间一个最高，形状似一把铁锹，标志层以上为一套砂泥岩互层段。沙二下 4 砂组底界就划在标志层中间的高导尖上。

鼓包状高导泥岩标志层(G)：厚度约 10m，泥岩中有一个反韵律低电导鼓包，标志层顶以上为一套反旋砂岩体。沙二下 8 砂组底部界线就划在标志层顶部高导尖上。

(2)二级标志层

反韵律高导泥岩标志层(B)：厚度约 6m，由上而下泥岩变纯，电导变高具反韵律特点。沙二下 1 砂组底界就划在该标志层上部的高导尖上。

指状高导泥岩标志层(C)：厚度约 22m，在泥岩中夹有几层薄层状灰质砂岩。电性上为低电导，而泥岩为高电导。这种形态具指状特点，该标志层以上为一套砂岩体。沙二下 2 砂组界线就划在第 3 指状高导尖上。

(3)三级标志层

厚层块状高导泥岩标志层(D)：厚度约 20m，中部夹一层薄层灰质砂岩，高阻尖(不稳定)。标志层顶以上发育一套砂岩体，沙二下 3 砂组底界就划在标志层底部的高导尖上。

锯齿状高导泥岩标志层(F)：厚度约 20m，泥岩中夹薄层泥质粉砂岩，形如锯齿，沙二下 5 砂组底界就划在该标志层底部锯齿高导尖上。

沙二下 6-7 砂组底的界线没有划分与对比标志，具体界线采用厚度对比法与邻井追层对比综合分析划界，必要时用旋回对比法解决。

2. 小层划分

按小层划分对比原则和方法，根据取心井岩性和电性特征，结合地震资料、测井资料、动态资料，在划分砂层组的基础上，再从沉积特点出发，采取旋回－厚度法，进行全区小层的划分与对比。

例如，东濮凹陷文南油田文33块沙二下小层对比见图2－4。由图可以看出，文33块沙二下地层展布情况，从北向南厚度基本一致。

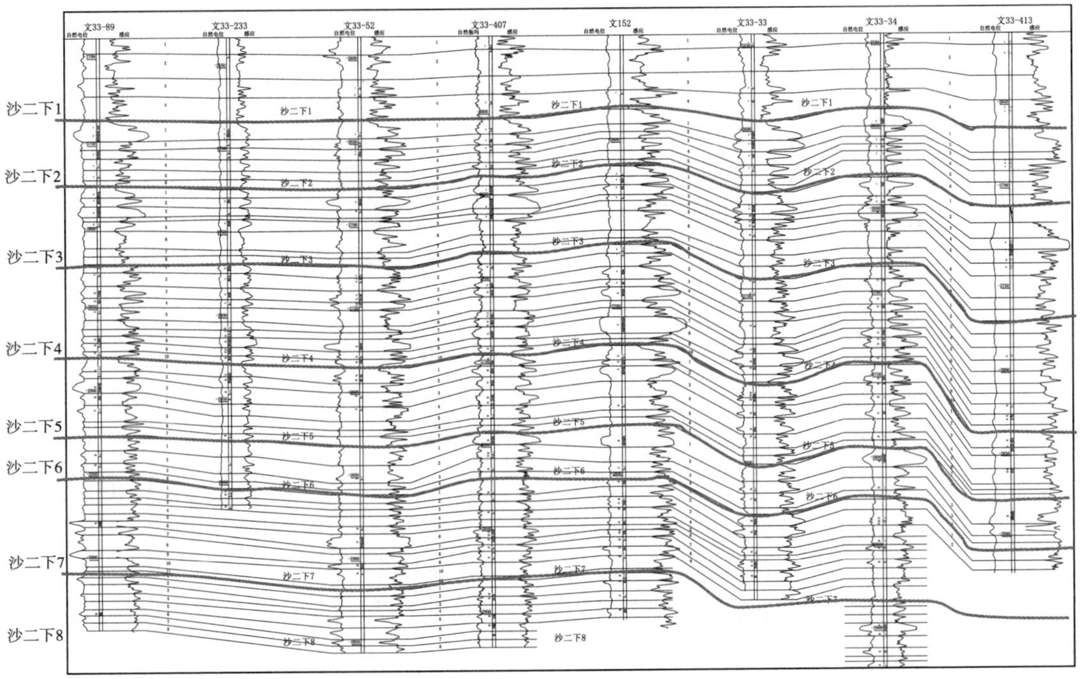

图2－4　东濮凹陷文南油田文33块沙二下小层对比

通过精细对比文33块539口井，文33块沙二下油藏共划分为53个小层(表2－2)。

表2－2　文33块沙二下小层对比划分结果

层位	砂组	厚度/m	小层/个
沙二下亚段	沙二下1	55	3
	沙二下2	40	6
	沙二下3	45	5
	沙二下4	80	10
	沙二下5	45	9
	沙二下6	30	4
	沙二下7	55	10
	沙二下8	35	6
	沙二下1－8砂组合计		53

3. 成果库建立

小层划分对比完成后，读取每口井的流动单元储层参数，包括小层的顶底深度、砂层厚度及砂层顶底面，并确定每口井小层的沉积微相类型和油层有效厚度，然后建立小层基础数据库。地层对比成果库主要应用于构造和储层研究。

第二节 构造描述技术

构造描述是对油气藏地质构造特征的系统性解析，旨在明确构造形态、断层分布、圈闭范围及构造演化规律，为油气勘探开发提供地质依据。油气田勘探阶段构造研究的重点是构造与油气聚集的关系，而进入油气田开发后，构造研究的内容更多更细，主要是进行微构造的分析，以便对构造进行精细描述，准确掌握地下构造的性质、形态特征及分布范围等。构造描述的意义是通过多学科技术融合，实现油气藏空间形态与动态演化的精准表征，为储量评价、开发方案制定、动态分析、风险防控及效益提升提供关键地质支撑。

一、技术方法

油气田地下构造特征的研究有多种手段，各有其特点，取决于各种研究手段所获得的资料途径不同，其构造解释成果的精度存在差异。因此，油气藏构造特征的分析往往是采用多种手段进行综合研究，这样才能使研究成果与真实情况接近或吻合。根据可用资料的不同，目前主要有以钻井测井资料为主的构造研究方法和以三维地震解释为主的构造解释方法。具体来说，矿场 2 种方法并不互相排斥，更多的是融合应用，在新区以三维地震解释方法为主，钻井测井资料约束；在老区以钻井测井资料为主，三维地震为辅解释断点和断层的组合关系。

(一)钻井、测井资料为主的构造研究方法

通过钻井能够得到各井各层的分层数据、岩性特征、层位的重复与缺失和断层断点的深度等资料，利用这些资料不仅可以建立起钻井地层剖面，还可恢复地下构造。由于钻井资料可靠，用它去校正地震构造图，就能为详探和开发提供与实际情况相吻合的构造特征图件。在钻井资料较多的情况下，通过钻井剖面的地层对比，可获得各地层界面的实际高程、起伏状况、岩性特征、含油、气、水情况及断点的位置、层位和落差等资料。据此绘制而成的构造图件，能进一步加深对地下构造的认识，工作流程参考图 2 - 5。

1. 资料准备

1)地震资料。如测线位置图、剖面图、水平切片。

2)分层资料。分层数据库、钻井基本数据表、井斜数据表和井斜水平投影图。

3)测、录井资料。如常规测井图、录井图、岩心录井图。

4)特殊测井资料。如 RFT、HDT。

5)动态资料。如测试、试采、投产情况。

6)图件。如标准井位图。

2. 编绘油藏剖面图

目的：分析构造趋势以及油气水分布关系，确定断点组合关系。

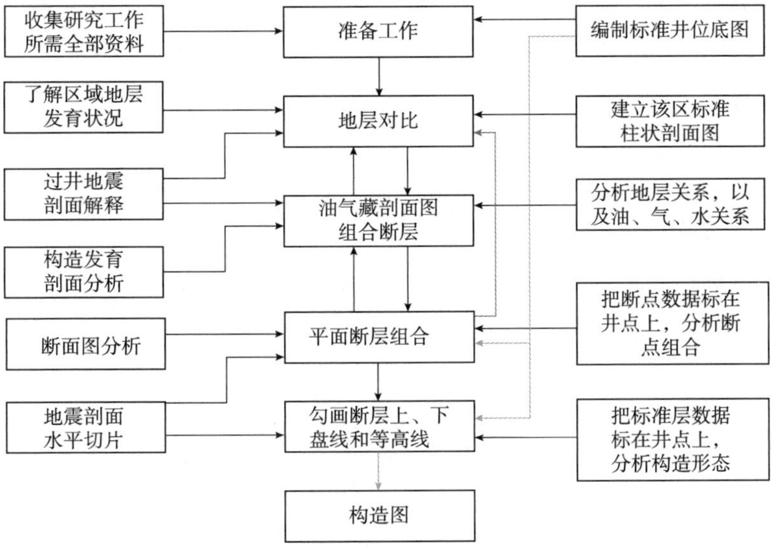

图 2－5　以钻、测井资料为主的构造描述技术流程

1)选择剖面要求。对于简单构造，要求纵剖面图和横剖面图 2 幅，沿构造长轴方向纵剖面；对于复杂构造，要求多条垂直主断层和通过每个构造高点的剖面；对于其他剖面图，要求控制各级断层。

2)作图层。以油气层所在层位为中心。

3)比例尺。纵、横向应一致，尽可能与构造图一致，也可放大。

4)剖面方向。以南北子午线为界，南北子午线以西为左、以东为右，南北子午线正南为左、正北为右。

5)组合断层，给出剖面构造形态。

3. 平面断层组合

在标准井位底图上，综合地层对比、构造剖面、油藏剖面等研究组合平面断层：

1)断点数据组合。把断点数据标在标准井位底图上进行断点组合。

2)油藏剖面图分析。通过油藏剖面图组合同类型断层。

3)断面图分析。基于单断点区域数据，建立断层面等值线图，确定断层走向、倾向及空间延伸范围，逐步向复杂区延伸组合多断点。

4)地震切片辅助分析。根据相干体等地震属性切片分析，辅助断层组合。

4. 编绘构造等值线图

构造图是在平面上用等高线反映地下某一层面构造形态的投影图。

1)作图层选定。选择油气层附近或内部的稳定标准层、含油气层系或油层组的顶底面和特殊层面(不整合面)。

2)准备工作。确定比例尺、井斜校正、海拔校正、井位、井号、作图层的海拔和断层。

3)绘图。勾绘断层上下盘线和构造等高线。

(二)三维地震解释方法

三维地震解释技术主要以地层精细对比结果为基础，综合三维地震数据、测井曲线数据等多种资料，通过井震标定，骨干剖面分析，断层、层位追踪和解释，断裂系统分析以及变速度成图等研究形成目的层构造顶面图，同时结合动态资料进行验证研究，具体流程见图2-6。

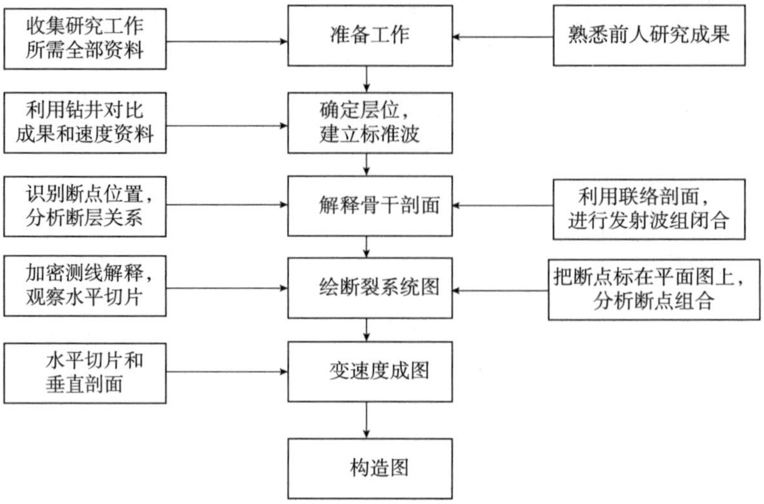

图2-6　以三维地震资料为主的构造描述技术流程

1. 资料准备

收集目标区分层数据库、三维地震数据体(成果带与纯波带)、钻井资料(测井曲线、岩性数据)和地质背景信息等，确保数据格式统一且质量符合解释要求。

2. 层位标定

利用测井资料制作合成地震记录，将地质层位与地震反射同相轴对应，建立井震匹配关系。

3. 地震层位解释

在层位标定的基础上，沿主测线和联络测线对研究区内主要反射层进行剖面解释，结合波组特征与相位连续性完成区域标志层追踪与闭合。

4. 断层解释

以“体-面-线”解释模式替代传统“线-面-体”流程，通过三维数据体空间分析与多学科融合，提升复杂构造表征精度。

5. 变速度成图

利用叠加速度谱、井震时深关系或层析反演方法构建三维速度场，消除地层速度横向变化对构造形态的影响。将时间域解释成果转换为深度域，生成构造等高线图，并利用网格化技术(如克里金插值)绘制精细构造图。

二、技术要求和标准

地震构造解释技术流程参考《地震勘探资料解释技术规程》(GB/T 33684)执行；构造井位图的绘制按照《油田开发地质基础图件编制技术规范》(Q/SH 1025 1043)执行。

针对构造井位图，需要注意的是：各井位位置以地下井位目的层位置为准，编制油气、油水界面要编制与作图层位相对应的界面，所完成的断层位置、层位深度等在不同方向的地震剖面上、油藏剖面上要完全闭合，构造井位图的构造形态要与水平切片所反映的构造形态相吻合，作图比例尺以 1∶10000 或 1∶5000 为宜，图例包含图幅范围内所有元素，绘图责任表包含单位、时间和责任人，都是必不可少的元素。

针对砂体顶面构造图(微构造图)，需要特别注意的是：各井位位置以相应砂体的地下井位位置为准，确保层位及单砂体对比成果准确，采用 1～5m 小间距等高线用内插法作图。

三、实例分析

(一)钻井和测井方法构造研究实例

本节主要以中原油田文明寨油田卫 7 块和文留油田文 33 块为目标油藏，简述利用钻井和测井为资料基础的构造研究方法。

1. 地层对比

地层对比参考第二章第一节，本部分需要明确落实钻遇断层井每一个断点的位置、断距信息，目的是为下一步绘制油藏剖面图准备充分的基本数据。

2. 编绘油藏剖面图

根据测井组合图获取的分层信息、断点信息，结合过井地震信息，井点油气水发育情况，绘制油藏剖面图，能够有效组合断层断点，确定断层性质(如正断层、逆断层)、延伸方向及断距变化，明确断层对油气藏的分割和封堵作用。

(1)设计剖面线

绘制油藏剖面的目的是落实构造，因此设计剖面线需要控制住所有的构造高点，以及所有的构造变化部位，才能保证有效控制住整体构造形态以及各级断层，如图 2－7 所示。

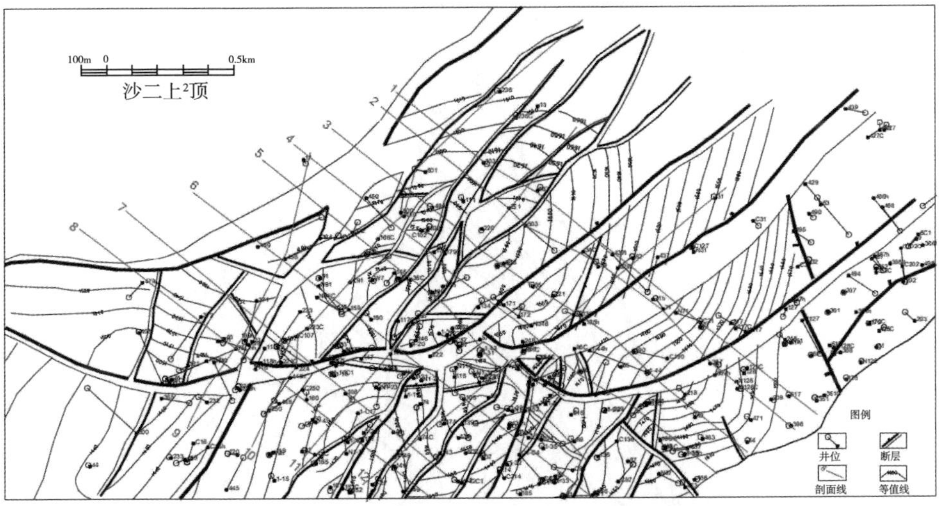

图 2－7　文明寨油田卫 7 块构造(带设计剖面线)

(2)绘制油藏剖面图

综合钻、测、录信息以及地层对比成果，绘制油藏剖面图(图 2－8)。编制时断层要分级，并标示断层的走向，突出油层及油水界面，含油边界深度应与相应的平面图吻合，根据钻井分层标注砂层组(或油层组)界线，依据油层对比结果，标注各井之间油层的连通性。

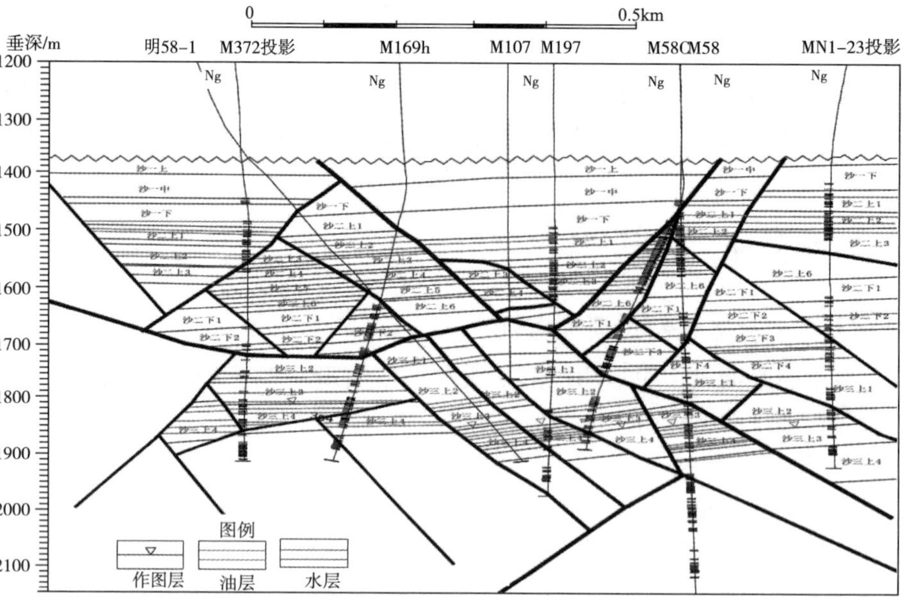

图 2－8　文明寨油田明 58－1 井～明 58 井油藏剖面

3. 平面断层组合及平面成图

平面和剖面相互对应，对同一剖面上相邻两口井上的断点开展断点组合，同时对相邻两条剖面的相似部位断层进行组合和分类。通过断点和断层的组合，在平面图上逐一标注并用颜色区分，落实断层的延伸方向以及合理性。图 2－9～图 2－13 为不同油藏剖面上断层的组合以及平面构造图上对应断层的展布情况，在平剖对应情况良好的情况下，根据井点海拔深度在落实的断层图上勾画等值线，形成构造井位图。

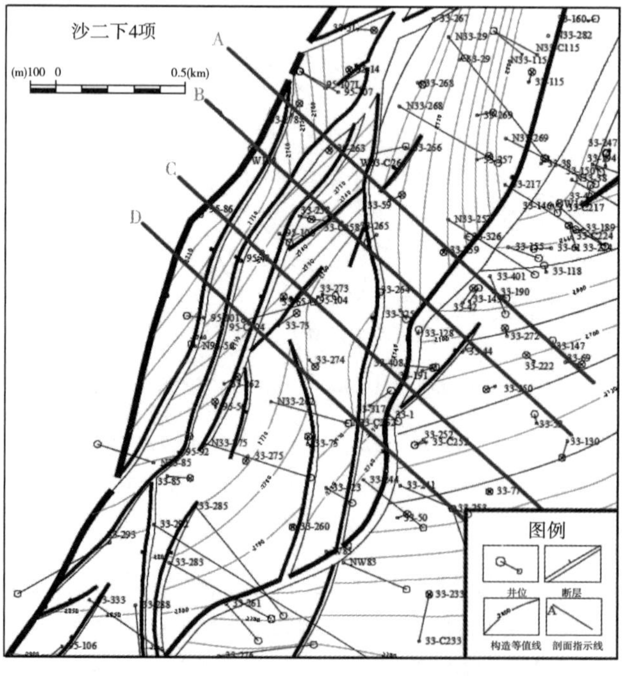

图 2－9　文 33 块沙二下 4 砂组顶面构造

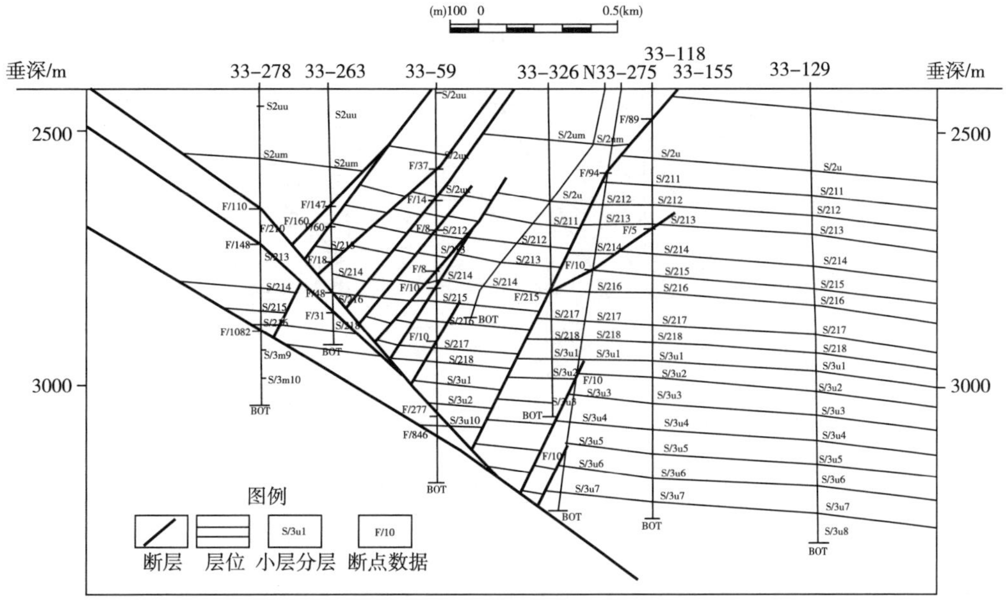

图 2-10　文 33-278～文 33-129 井油藏剖面

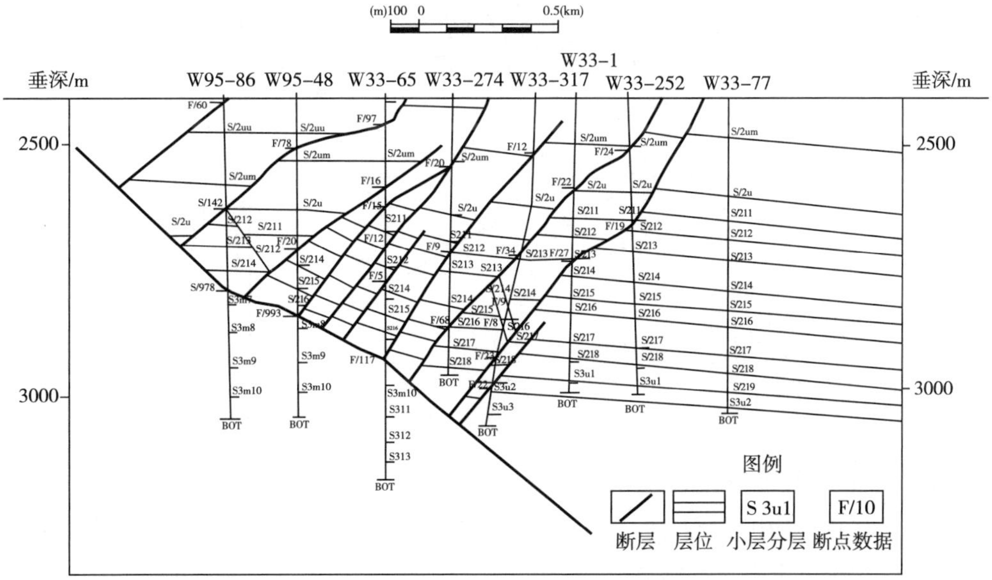

图 2-11　文 95-86～文 33-77 井油藏剖面

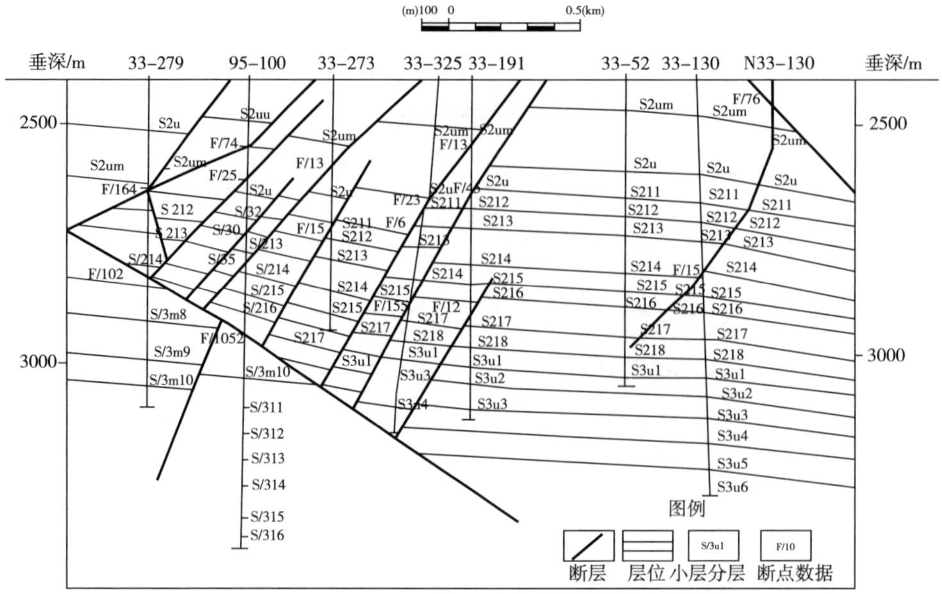

图 2 - 12　文 33 - 279 ~ 新文 33 - 130 井油藏剖面

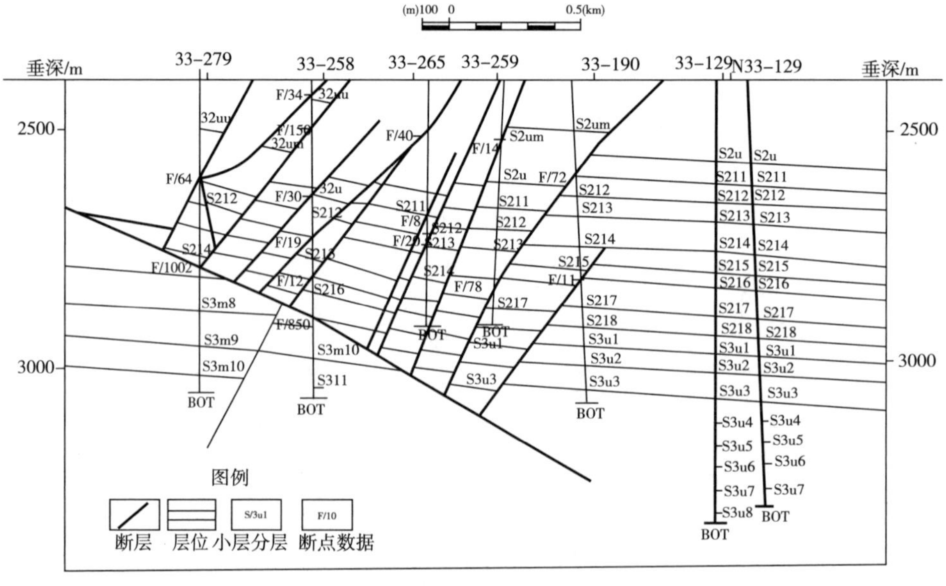

图 2 - 13　文 33 - 279 ~ 新文 33 - 129 井油藏剖面

(二)三维地震解释方法构造研究实例

本节主要以濮城油田文 51 沙二下为目标油藏(沙二下 1 - 8 砂组为目的层)，简述三维地震构造解释具体技术方法和流程。

1. 层位标定

通常层位标定主要有 2 种方式：一种是通过 VSP 资料进行标定，另一种是合成地震记录的标定方法。本文描述的是利用 VSP 的时深对应关系合成地震记录的标定方法。标定的步骤如下：

(1)选择标准声波曲线

选择经环境校正和标准化处理后的声波测井曲线用于合成地震记录的制作工作。

(2)确定制作合成记录的主频

首先提取地震资料目的层段的主频，例如文 51 块纯波地震资料的有效频宽在 10 ~ 60Hz 之间，主频约为 30Hz 左右。

(3)选取合适的子波

制作合成记录时子波的选取一般有 2 种方法：一是直接利用 Ricker 子波；二是利用井旁地震道提取子波。2 种方法效果都较好，但为了便于井间的地层对比，统一选用与地震资料主频相当的 30Hz 的 Ricker 子波。图 2－14 为利用 Ricker 子波制作选取的标准井濮 42 井合成记录。

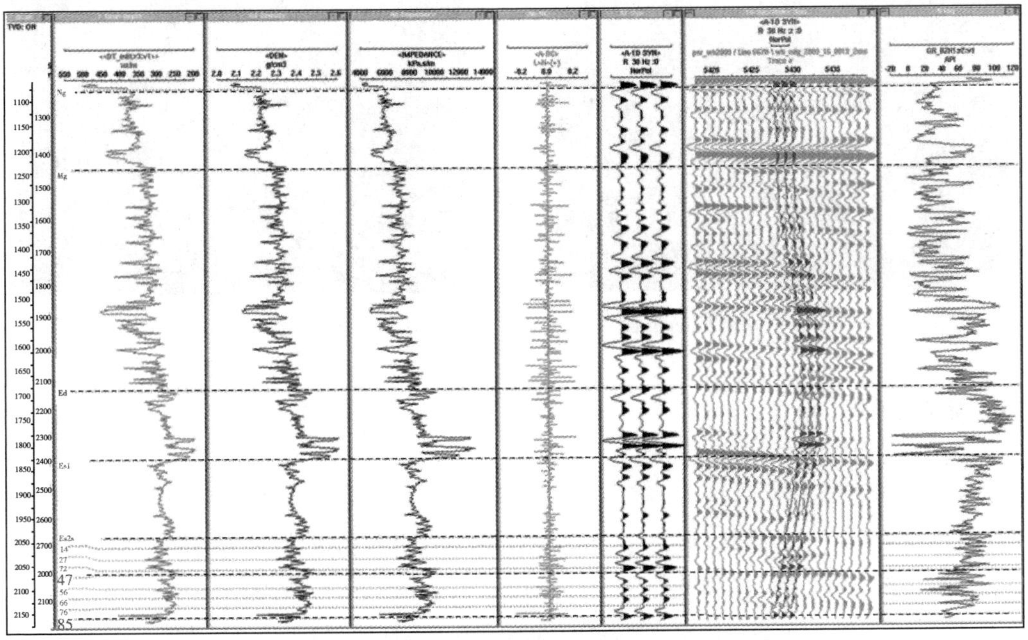

图 2－14　濮 42 井合成地震记录层位标定

2. 地震层位解释

在层位标定的基础上，地震层位解释对研究区内主要反射层进行了对比追踪与闭合，并绘制了相应反射层 T_0图和构造图(即：沙二下顶面、沙二下底界和沙二下 2 砂组顶面等)。

目前在三维地震构造解释方面主要有 2 种解释思路：一种是以剖面解释为主的，是从线到面的研究方法；另一种是从空间入手，进行三维数据体解释。本文主要介绍应用 Geo-Frame 解释系统，以沙二下 1 砂组顶面为例，对本次层位解释和质控方法做一简要叙述。

(1)井震格架的建立与解释

建立井震格架是在前期单井精细标定的基础上选择控制井，控制井主要是选择资料较全的探井。本次解释研究区内钻井数量众多，文 51 块在沙一段有一套较为稳定的岩盐层，其测井特征明显，因而研究中尽量选择测井曲线在沙一到沙二下齐全井作为控制井，在研究区共选取了 150 口井。图 2－15 是本次建立的井震格架骨干剖面解释位置图，分布较均匀，通过对过这些地震格架进行连井的测井－地震相互标定，确定解释方案，为全区开展层位追踪对比建立基础。

(2)8×8 测网剖面解释与质控方法

在井震格架剖面解释的基础上开展 8×8 控制网的对比解释，这一阶段的主要任务是形成较大的解释控制网，进一步确定解释对比方案，并进行较大尺度的闭合。同时对边界断层及研究区主要断层进行解释，确定边界断层的位置及研究区内部断层模式。图 2－16 是本区沙二下 1 砂组顶面反射层 8×8 测网的解释闭合结果。

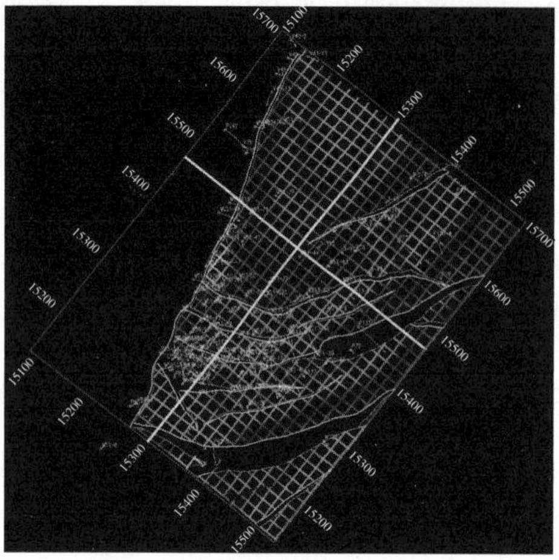

图 2－15 井震格架解释网位置

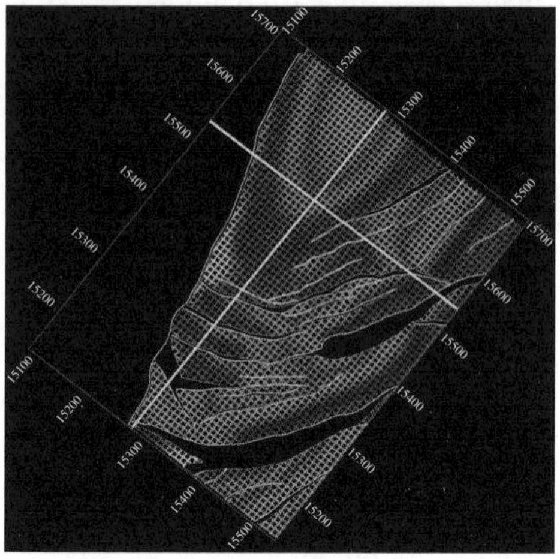

图 2－16 8×8 沙二下 1 砂组顶面反射层层位解释网格

3. 断层解释

(1)常规剖面断层解释与闭合

在区域构造及断层发育特征研究和认识的基础上，开展断层的剖面解释和闭合。首先是建立基干剖面网并进行断层解释。图 2－17 是其中的 1 条主干剖面的断层解释剖面，在解释中要对不同的断层进行命名和用不同颜色区分，使之能达到分级管理。

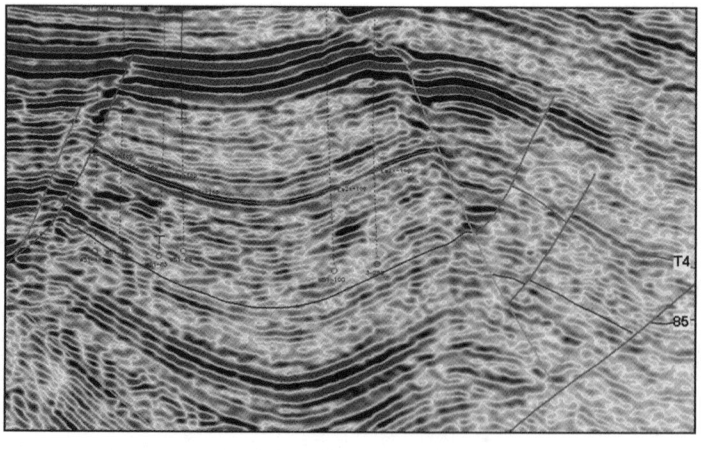

图 2－17 断层骨架剖面解释(Line6624)

(2)平面、剖面断层联合解释

由于本区断裂发育，基于上述常规地震剖面断层解释与闭合工作量大，断面闭合难度大，解释精度难以保证。为了保障断层解释的合理性，在断层解释中引入了相干数据体时间切片，利用其对断层解释的优势，通过平面、剖面断层联合解释描述断层的空间分布位置和发育规律，实现断层断面的闭合。图 2－18 为相干数据体时间切片与剖面断层的联合解释结果，相干数据体时间切片既可以为断层的解释和组合提供一种技术手段，同时也是一种重要的质量监控方式。

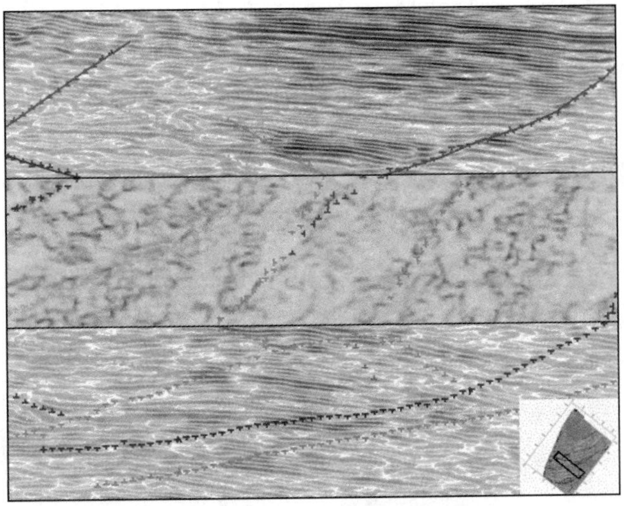

图 2－18　沿层相干体切片

(3) 断层平面组合与质量监控

断层剖面解释完成后，一项重要工作是断层平面组合。根据断裂系统的形成机制，依据地质规律进行合理的断层平面组合。为了保证断层平面组合的精度，利用相干体属性切片和相位属性切片用于指导和监控断层平面组合，图 2－19、图 2－20 分别是研究区沙二下 1 砂组顶面反射层的沿层相干体和相位属性切片图，由图可以看出断层的延伸方向比较清晰。

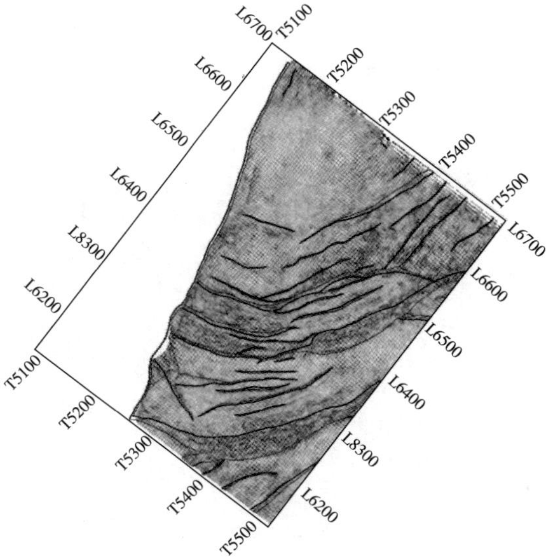

图 2－19　沿层相干体切片与断层平面组合的质量监控

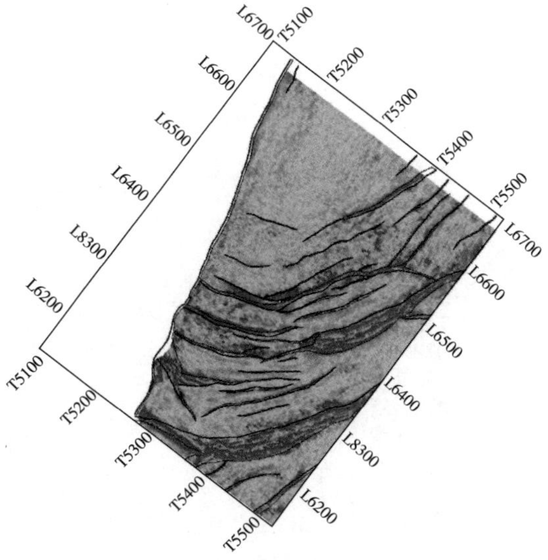

图 2－20　沿层瞬时相位属性断层解释

(4)低序级断层的识别

断层精细解释技术是复杂断块解释技术的核心，而低序级断层的识别、展布方向及其空间的接触关系是断层解释的重点。低序级断层由于延伸短、落差小和数量多，组合难度大，对断层的认识确定性差。因此依托高精度三维地震，引入地震正演的方法来建立低序级断层识别标志，为地震精细解释奠定基础。

1)地震同相轴产状变化。地震同相轴的变化受多种因素影响，文中地垒带地震同相轴发生产状明显变化可以作为识别低序级断层的主要标志。由图2－21可以看出，断层左侧地层平缓，断层右侧地层倾角增大，说明地层由于断层作用产状发生了明显变化，可作为识别低序级断层的依据。

2)地震同相轴微扭动。由图2－22可以看出，地震同相轴发生扭动时同相轴连续性发生明显变化，同时同相轴有落差，该部位为低序级断层发育引起。

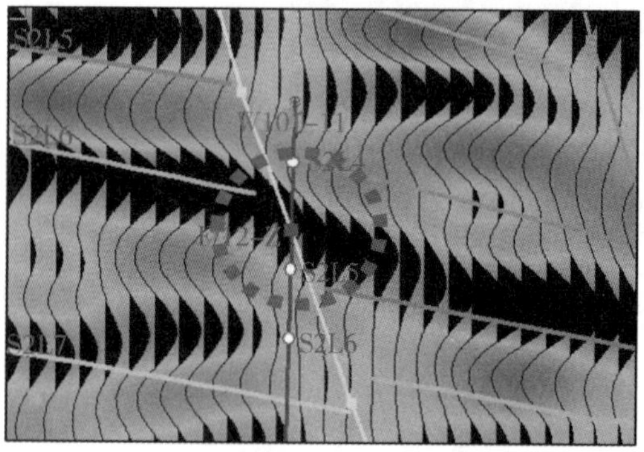

图2－21　地震同相轴产状发生变化示意

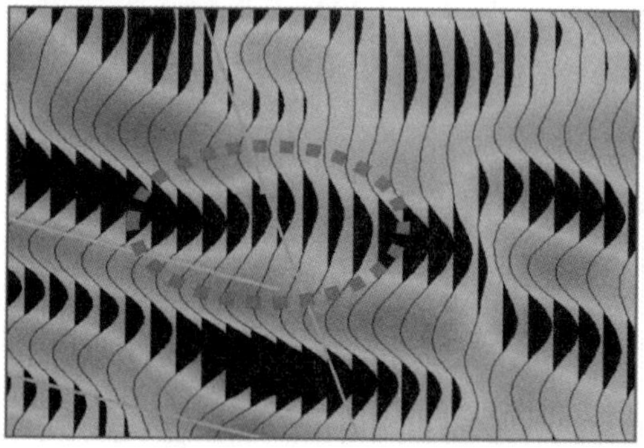

图2－22　地震同相轴微扭动示意

3)同相轴振幅变化。地震的同相轴连续性尚可，产状未发生明显变化，由图2－23可以看出，地震同相轴振幅发生较大变化，上下多个同相轴均发生变化且振幅变化趋势一致，这种现状可以是识别低序级断层较好的指示。

4)地震同相轴合并。地震同相轴合并多发生在断层末端，此时断层断距较小，不足以引起同相轴错断或扭动，多为2个同相轴合并为1个，将图2－24所示现象结合下部同相轴特征，可以判断断层向上延伸距离。

图2－23　地震同相轴振幅能量变化示意

图2－24　地震同相轴合并示意

4. 变速度成图

研究区形成的等 T_0 构造图需要把时间域转换为深度域。单一的速度作时深转换或简单的常规变速成图技术不能比较好地反映速度横向变化的规律，也不能满足研究区油气田勘探开发构造成图精度要求，因此需要针对文 51 研究区进行变速构造成图工作，保障成图的准确性。

(1)速度谱处理

在处理所提供常规地震速度谱的基础上，对其空间采样点进行加密(图 2－25 左图)。结合地震地质解释所提供的地震层位，沿地质层位进行速度拾取，并且空间上的采样间隔也进行了加密。图 2－25 右图为沿层地震叠加速度与常规地震叠加速度拾取结果的散点对比情况，图中较大的黑色圆点为常规地震速度谱点，较小的彩色点为沿层叠加速度谱点。由图可以看出，常规地震叠加速度的散点范围明显在时间和速度方向大于沿层地震叠加速度的散度，这表明沿层地震叠加速度拾取精度更高。

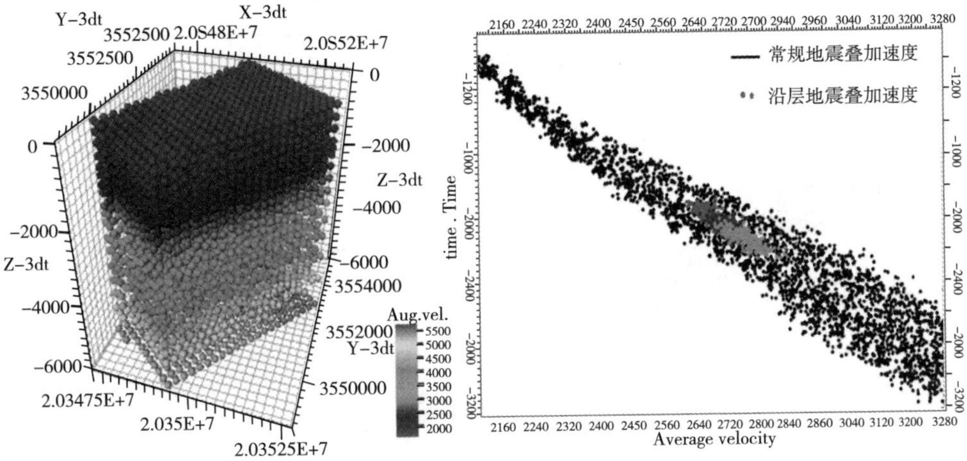

图 2－25　沿层地震速度质控分析

(2)建立平均速度场

在以上工作基础上进行模型层析法处理，计算得到了研究区的平均速度场，利用沙二下 1 砂组顶面的 T_0 从平均速度场提取沿层平均速度，并对其进行质量监控。图 2－26 左图为沙二下 1 砂组顶面原始平均速度的结果，由图可以看出其规律性不太好。为了更好地控制构造趋势和构造形态，有必要对全区速度进行平滑处理，平滑处理的目的是使等值线的走向和构造形态更趋于合理，如果不经过速度谱光滑处理直接应用，会带来一定的误差。速度谱曲线光滑只是在垂直方向上的光滑，不能反映速度的空间变化规律，因此速度谱光滑应该从整体一致性出发，在空间三维上进行光滑。图 2－26 右图为沙二下 1 砂组顶面插值平滑后速度平面分布结果，由图可以看出，形态与 T_0 具有较好的一致性。

(3)井震时深转换宏观速度校正

基于时间域地震资料和深度域测井信息的标准参考层解释基础上，基于井旁井震拟合平均速度曲线对地震速度场进行了 V_0 和 β 校正(图 2－27)。从 VTI 校正前后的地震平均速度可看出，地震速度场与井点拟合平均速度间存在一定的趋势差异，通常这个差异是由 VTI 各向异性因素引起的，且在地震和测井速度间是普遍存在的。因此，宏观速度趋势校正是十分必要的。

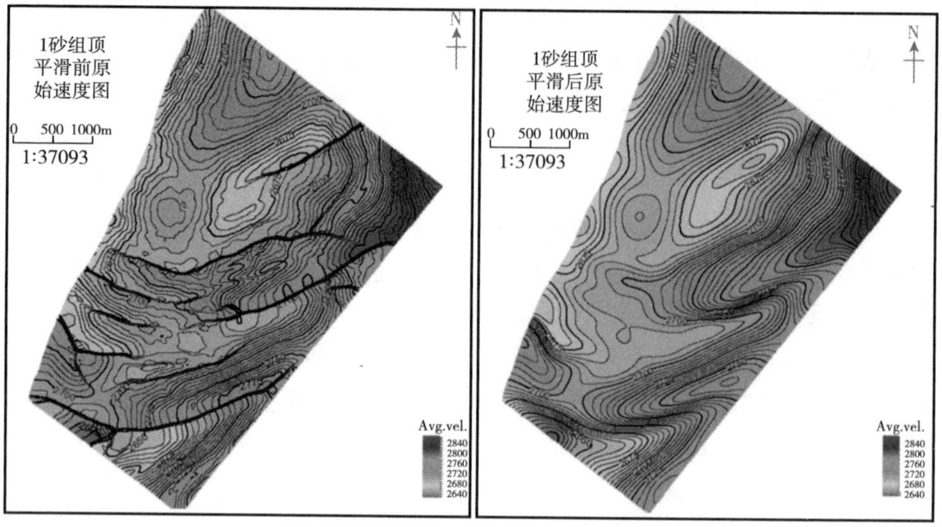

图 2－26　原始沿层速度平面对比质控

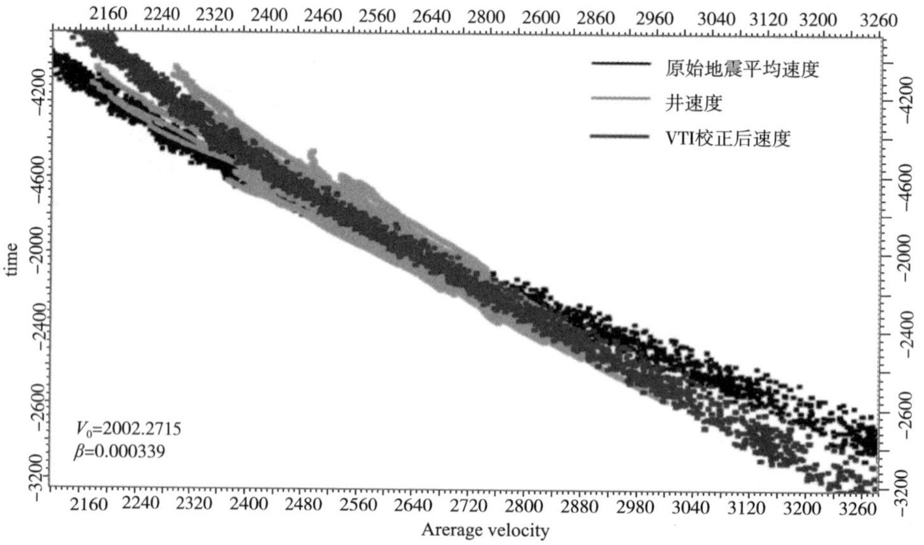

图 2－27　地震速度 V_0 和 β 趋势校正

第三节　储层描述技术

储层描述是指利用各种地球物理、油田地质、油藏监测和生产动态数据，通过特定的技术和方法，对地下储层的地质特征、物理性质和流体特性进行详细的分析和解释。储层描述在油气勘探和开发中起着至关重要的作用，它帮助技术人员理解地下储层的结构和性质，从而优化钻探位置和开采策略。储层描述内容主要包括油藏的岩性特征、沉积相及微相的类型和展布、裂缝特征及储层分布特征、储层微观孔隙结构、储层物性及渗流特征、储层非均质性和流体分布及性质等。

一、岩性描述技术

(一)技术方法

储层岩性描述主要包括岩矿组分、岩石结构和岩石分类及命名，储层岩性描述流程见图2－28。利用已有的岩心分析资料对储层的岩石类型、泥质含量、矿物成分、粒度中值、胶结物含量、胶结类型、成分和结构成熟度再认识。

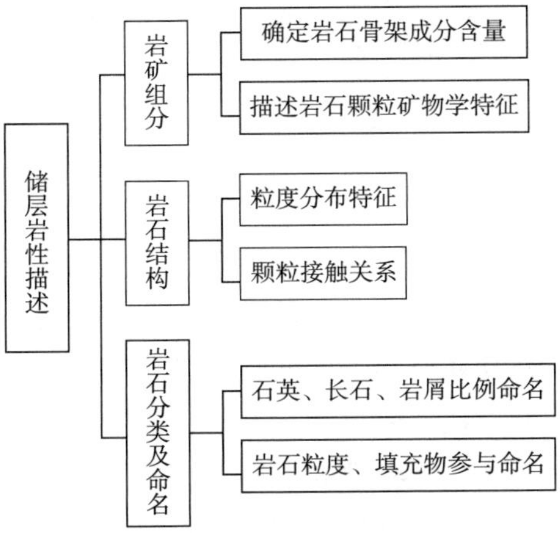

图2－28 储层岩性描述流程

岩矿组分是确定岩石骨架的成分及相对含量，描述岩石颗粒矿物学特征，确定岩石骨架间填充物的成分及相对含量，并描述胶结物的胶结类型及胶结程度。

岩石结构是通过粒度分析求出各项粒度参数(平均粒径、分选系数、偏度、峰态)和粒度分布曲线，描述粒度分布特征，描述颗粒圆度、球度、表面特征和颗粒接触关系。

岩石分类及命名是以石英、长石、岩屑三者相对比例为分类依据，砂岩分类见图2－29，砂岩分类见表2－3。分类结果：Ⅰ—石英砂岩；Ⅱ—长石石英砂岩；Ⅲ—岩屑石英砂岩；Ⅳ—长石砂岩；Ⅴ—岩屑长石砂岩；Ⅵ—长石岩屑砂岩；Ⅶ—岩屑砂岩。此部分岩石分类及命名的内容，主要参考《油藏描述方法 第2部分：碎屑岩油藏》(SY/T 5579.2)里的3.3储层描述的岩石分类及命名。

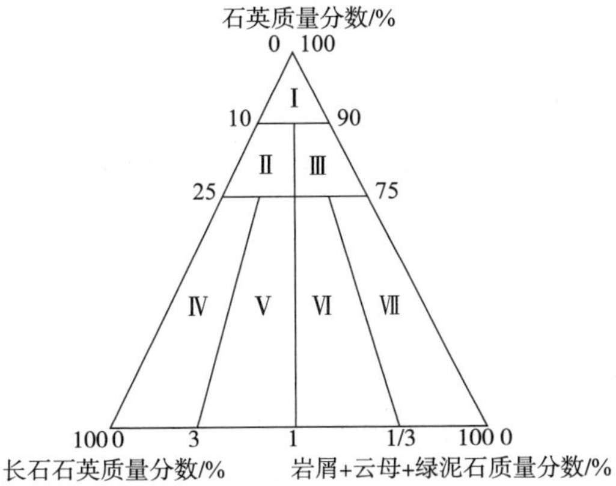

图2－29 砂岩分类三角图

表2－3 砂岩分类

分类图位置	岩类	石英＋燧石质量分数/%	长石/岩屑比
Ⅰ	石英砂岩	≥90	
Ⅱ	长石石英砂岩	75～90	>1
Ⅲ	岩屑石英砂岩	75～90	<1
Ⅳ	长石砂岩	<75	≥3
Ⅴ	岩屑长石砂岩		1～3
Ⅵ	长石岩屑砂岩		1/3～1
Ⅶ	岩屑砂岩		<1/3

(二)技术要求及标准

1. 技术要求

岩性观察描述是野外地质观察描述工作的基础，只有在详细观察岩性特征、正确确定岩石名称后，才能进一步研究其在空间上的变化及其与其他地质体的关系。为确保描述准确性和一致性，需要遵循一定的技术要求和标准。首先，岩性描述应由具有相关专业知识和经验的人员负责，以确保描述的准确性和可靠性；然后，在进行岩性描述时，应使用放大镜、双目镜等专业工具，以及必要的试剂和简易鉴定方法，以辅助观察和判断。

2. 技术标准

岩性描述的技术标准主要按照岩性描述的实际工作流程要求总结而得，目前没有可以具体参考的行业标准。岩性描述应遵循“大段综合、分层描述”的原则，确保描述的全面性和系统性。同时，应剔除泥皮、掉块等假屑，目估各种岩屑百分含量变化，并遵循逐包鉴定、上下对比、大套观察和分层描述的原则。

(1)岩性描述内容

1)岩石颜色。描述颜色时，应以干燥和新鲜面为准，采用“复合色”的描述方法(主要颜色在前，次要颜色在后)。

2)岩石结构、构造。碎屑岩结构如粗、中、细粒砂状、粉砂状和泥质结构等，并描述胶结类型、胶结成分和层理等特征；变质岩如变余结构、粒状变晶结构、鳞片变晶结构等，变余构造、片麻状、片状、千枚状、板状和条带状构造等。

3)矿物成分及结晶状态、粒度形态、含量及变化。一般按主要成分在前，次要成分在后的顺序描述，注意目估矿物含量总和不能大于100%。对于斑(玢)岩，首先描述斑晶成分、含量、形态、大小及变化情况，然后描述基质，碎屑岩、火山碎屑岩按碎屑物和胶结物的顺序描述。

4)蚀变、矿化。蚀变包括蚀变部位、蚀变矿物和残留矿物；矿化包括金属矿物种类、目估含量和集合体形式等。正确定名蚀变和矿化，切忌印象描述。

(2)岩层(岩体)观察描述

在岩性观察的基础上，向周围扩大观察范围，描述岩层、岩体在空间上的总体特征。描述内容包括岩相划分情况，岩性变化及互层情况，层理、片理产状及变化，包体特征和化石产出情况。

(3)接触关系观察描述

描述不同岩层和岩体之间的相互关系，描述内容主要包括接触带类型和特征，按接触界线的明显程度分为急变和渐变，按成因分为沉积(超覆)、断层、侵入(脉动、涌动)、整合、平行不整合和角度不整合等，以及接触带侵入岩岩相变化、原生构造、内外接触带的变化特点和接触带产状变化，基本要求是要正确识别接触面类型。

3. 实例分析

储层岩石学特征决定了油藏类型，其矿物成分也影响开发。例如，文 33 块沙二下储集岩主要为长石粗粉砂岩，颗粒多呈次棱角状，黏土矿物以伊利石为主，高岭石和绿泥石次之，文 33 沙二下储层岩性分析见表 2-4。

表 2-4 文 33 沙二下储层岩性分析

层位	石英占比/%	长石占比/%	胶结物占比/%	碳酸盐矿物占比/%	黏土矿物占比/%			
					蒙脱石	伊利石	绿泥石	高岭石
沙二下 1-3	75.6	20.4	7~29	12.0	0	60.3	11.0	28.7
沙二下 4-5	72.8	21.4	5~41	9.5	0	40.5	40.8	18.6
沙二下 6-8				10.9	0	44.8	36.0	19.2

根据文 152 和文 140 井岩心分析，粒径中值在 0.072~0.094mm，分选系数在 1.21~1.31，粒度区间分布曲线均为正态分布，主峰位在 0.05~0.10mm，主峰值在 42%~59%，粒度累积分布曲线均为规则的 S 形。不均质系数在 0.36~0.63。文 33 沙二下储层岩性粒度分析统计见表 2-5，文 152 井薄片分析数据统计见表 2-6。

表 2-5 文 33 沙二下储层岩性粒度分析

层系	峰值/%	峰位/mm	不均质系数	分选系数	粒度中值/mm
沙二下 1-3	42.0	0.05~0.10	0.36	1.31	0.094
沙二下 4-5	59.0	0.05~0.10	0.63	1.31	0.072
沙二下 6-8	59.0	0.05~0.10	0.56	1.38	0.084

表 2-6 文 152 井薄片分析数据

编号	井深/m	距顶/m	碎屑占比/%			胶结物占比/%				岩石定名
			石英	长石	岩屑	泥质	灰质	白云质	硬石膏	
1	3558.24~3564.81	0.15	65.2	25.0	9.6		15			棕褐色含灰质长石粗粉砂岩(油迹)
3	3558.24~3564.81	2.46	66.0	25.0	9.0		15			棕褐色含灰质长石粗粉砂岩(油侵)
6	3558.24~3564.81	4.12	65.0	26.0	9.0	8	3			棕褐色长石粉砂岩(油侵)
12	3558.24~3564.81	4.77	65.0	25.0	10.0	1	20		2.0	棕褐色含灰质长石粗粉砂岩(油侵)

续表

编号	井深/m	距顶/m	碎屑占比/%			胶结物占比/%				岩石定名
			石英	长石	岩屑	泥质	灰质	白云质	硬石膏	
18	3558.24～3564.81	5.25	66.0	26.0	8.0	5	5	5	3.0	棕褐色长石粗粉砂岩(油侵)
25	3564.81～3570.18	4.8	67.7	25.0	7.3	1	7	1	3.0	棕褐色长石细砂岩(油斑)
27	3570.18～3575.38	0.18	60.3	31.6	8.0	2	4	1	3.0	棕褐色长石细砂岩(油侵)
31	3570.18～3575.38	1.14	65.0	25.0	10.0	3	4	1		棕色长石粗粉砂岩(油斑)
37	3570.18～3575.38	1.61	65.0	26.0	9.0	1	4	1	2.0	棕色长石粗粉砂岩(油斑)
38	3570.18～3575.38	2.02	69.0	22.0	9.0	1	7	1	1.0	棕色长石质硬砂质粗粉砂岩(油斑)
41	3570.18～3575.38	2.68	66.0	27.0	7.0		10	1	3.0	棕褐色含灰质长石细砂岩(油侵)
44	3570.18～3575.38	3.15	65.0	27.0	8.0	1	3		12.0	棕褐色长石含硬石膏细砂岩(油侵)
47	3570.18～3575.38	3.55	65.0	27.0	8.0	7	4	2		棕褐色长石粉砂岩
49	3570.18～3575.38	4.52	67.5	26.0	6.5	2	5	3	0.5	棕褐色长石粗粉砂岩(油侵)
53	3570.18～3575.38	5.08	67.0	25.0	8.0	1	10	3	0.5	棕褐色含灰质长石粗粉砂岩(油侵)
54	3575.38～3580.92	1.49	65.0	25.0	10.0	1	8	1	2.0	棕褐色长石细砂岩(油侵)
59	3575.38～3580.92	2.07	67.0	25.0	8.0	2	5	1	2.0	棕褐色长石细砂岩(油侵)
63	3575.38～3580.92	2.53	65.0	26.0	9.0		5	1	2.0	棕褐色长石细砂岩(油侵)
68	3575.38～3580.92	3.19	65.0	25.0	10.0	1	5	1	0.5	棕褐色长石粗粉砂岩(油侵)
71	3575.38～3580.92	3.78	64.0	25.0	11.0		15	1	1.0	棕褐色含灰质长石粗粉砂岩(油斑)
平均值			65.6	25.7	8.7	2.4	7.6	2.6	2.5	

二、沉积微相描述技术

描述沉积亚相和微相变化情况，确定分层的沉积微相展布特征，重新绘制微相平面图，在此基础上分析不同微相在开发过程中对油水分布的影响。

(一)技术方法

沉积微相是指在亚相带范围内具有独特岩石结构、构造、厚度和韵律性等剖面上沉积特征及一定的平面配置规律的最小单元。在区域沉积背景分析的基础上，利用岩心资料建立标准微相柱状剖面图，结合测井相分析，建立岩性和电性之间的对应关系，最终实现根据测井曲线判别岩性和沉积相，编制小层微相平面图(图2－30)。

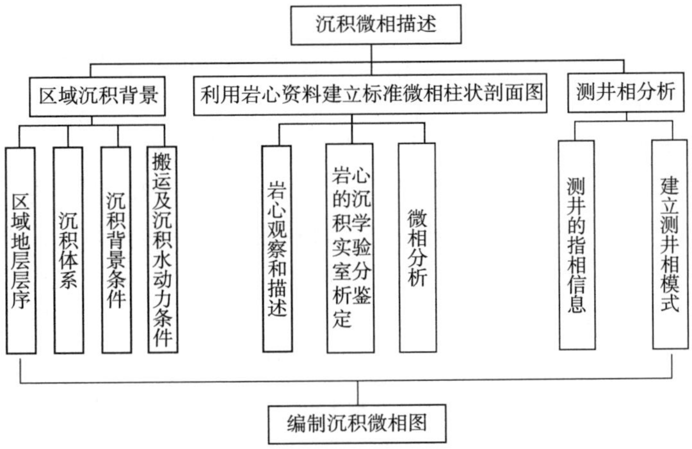

图2－30　沉积微相描述流程

1. 区域沉积相背景

区域沉积背景分析是对研究目的层沉积时古地理、古气候、古环境及古构造的了解，以便确定目的层沉积时大相类型。在区域沉积相带划分基础上，确定研究工区所处沉积部位，所属沉积相类型，为微相研究提供宏观控制。

2. 利用岩心资料建立标准微相柱状剖面图

单井相分析就是对取心井的岩心进行细致的观察描述、分析鉴定，提供各种相信息，进行综合分析，建立起单井相分析柱状图。单井相分析柱状图主要反映砂层的定向标志，确定相类型和在纵向上的相序以及选定指相测井曲线。

(1)岩心观察和描述

1)颜色。颜色是沉积岩最直观、最醒目的标志，它是沉积环境的良好指标。水体较浅或氧化环境中形成的岩石，其颜色多为浅色及氧化色，主要表现为灰白色、浅灰色、黄色和紫红色等；水体较深或还原环境中形成的岩石，其颜色多为深色或还原色，主要表现为灰绿色、深灰色、灰褐色、灰黑色和黑色等。河流、三角洲和浅湖的砂岩水体较浅，一般为浅灰色和灰色；而半深湖或分流间湾处的粉砂质泥岩和泥岩一般处于还原环境，多为灰绿色、灰黑色或黑色。

2)岩性标志。岩性是地质学中描述和分类岩石的基本属性，对于理解岩石的形成环境、地质历史和潜在用途至关重要。

3)沉积构造。沉积构造记录了地层在初始沉积时的环境、气候等多方面的因素。因此，对其进行研究对于确定沉积环境，划分沉积微相具有十分重要的作用。

对研究区取心井进行岩心观察，可见到多种沉积构造。在岩心中可见平行层理、水平层理、大型交错层理、砂纹交错层理、板状交错层理、槽状交错层理、羽状交错层理、变形层理、包卷层理、扰动构造和冲刷面等。层理的多样性说明水流动荡多变，是河湖交汇区的沉积特征。层理规模自下而上，反映了水动力由弱到强三角洲进积过程。

沉积物在搬运和沉积时，由于介质(如水、空气)的流动，在沉积物的内部以及表面形成的构造属于流动成因的构造，主要有各种层理构造、上层面及底层面构造。流动成因的沉积构造主要分为两大类：一是层理构造，二是层面构造。

(2)岩心沉积学实验室分析鉴定

1)粒度特征。沉积物的粒度分布主要是受沉积物物源和沉积时的水动力条件两方面因素的影响，它是反映原始状态的重要标志。一般认为不同的沉积环境有着不同的水动力条件，从而造成不同的粒度分布。

由于不同的沉积环境有着不同的水动力条件，而不同的水动力条件会造成不同的粒度分布，从而形成与水动力条件相应的概率累积曲线，所以不同的水动力条件和不同的颗粒搬运方式在粒度概率累积曲线上有不同的形态和截点。砂体的搬运方式可以分为滚动，跳跃和悬浮 3 类，在概率累积曲线上分别连成各自的线段组成 3 个次总体线段的斜率反映了该次总体的分选性。斜率陡，分选好；斜率缓，分选就差。牵引次总体与跳跃次总体的焦点称为粗截点，跳跃次总体与悬浮次总体的交点称为细截点，截点的粗细反映了水动力条件的强弱，所以概率累积曲线可以较好区分砂体的搬运性质和水流强弱。

2)岩矿组分。碎屑岩的岩矿组分主要包括碎屑颗粒(Grain)、杂基、胶结物、孔隙、重矿物、颗粒支撑性质和结构成熟度等，这些组分共同构成了碎屑岩的岩矿组分，它们对储层物性的影响不同，例如石英砂岩通常比长石砂岩储集物性好。研究这些组分有助于理解碎屑岩的形成环境、沉积过程和地质历史。

3)微量元素分析。在沉积学中，微量元素分析是一种重要的地球化学方法，用于识别和恢复古沉积环境。微量元素在沉积物中的分布和变化能够反映沉积环境的物理化学条件，如水动力、介质性质、温度、压力和生物作用等。这些因素影响了微量元素的迁移、转化、组合和分散过程，从而使得微量元素成为识别不同沉积环境的有效工具。

微量元素分析通常涉及多种元素，如硼(B)、锶(Sr)、钡(Ba)、钛(Ti)、铁(Fe)、磷(P)和锰(Mn)，这些元素对水文变化非常敏感。例如，在封闭盐湖中，硼和锶的含量变化可以反映河水补给、蒸发、沉淀和渗透之间的平衡作用，进而导致湖平面的变化和湖岸线的频繁迁移。

在具体应用中，微量元素分析方法包括元素含量法和元素比值法。元素含量法通过测定特定元素的浓度来判断沉积环境，而元素比值法则通过比较不同元素之间的比例来揭示环境特点。例如，Sr 含量常被用作判别咸水或淡水环境的指标，Li 含量和 Ni 及 Ga 比值则用于识别海水或淡水来源。

此外，微量元素还可以用于古气候和古环境的研究。例如，Sr 含量低通常指示潮湿气候背景，而高含量则可能指示干旱气候背景。稀土元素(REE)分析则有助于识别沉积岩相古地理，如古盐度、古水深、水体的 pH 值和氧化还原条件等。

4)薄片、铸体薄片鉴定。薄片鉴定是通过显微镜观察岩石薄片来识别矿物成分、颗粒大小、形态和排列方式等特征。这种方法广泛应用于地质调查、矿产资源评价和工程地质勘察等领域。在沉积岩的研究中，薄片鉴定可以用于确定岩石的类型、成因分析以及命名。例如，在沉积岩中，可以通过偏光显微镜观察矿物的颜色和形态等二维特征。

5)重矿物鉴定。在沉积学中，重矿物的鉴定是研究沉积岩形成、成矿过程以及地质资源评价的重要手段。

(3)微相分析

1)划分岩石相。岩石相是指在一定沉积环境中形成的岩石或岩石组合，它是沉积相的主要组成部分。岩石相的划分依据包括岩石的物质成分、结构组成、沉积环境、气候、温度、地层和地质时代等。

中原油田泥页岩段的矿物组成主要为石英、长石、碳酸盐矿物和黏土矿物，还有少量的黄铁矿。岩相分类根据总有机碳含量(TOC)，可将泥页岩分为高有机质、中有机质和低有机质3类；根据沉积结构构造，可划分为块状构造、层状构造和纹层状构造3种类型。

2)垂向层序分析。垂向层序分析是指在地质学中，通过分析地层在垂直方向上的顺序和相互关系，来研究地层的沉积环境、沉积过程和地质历史。这种分析有助于理解地层的叠加样式、沉积相特征以及地层之间的不整合关系。

3)沉积旋回分析。沉积旋回是指沉积作用和沉积条件按相同的次序不断重复沉积而组成的一个层序。这种旋回规模较大，常表现为岩性岩相的交替变化。当海退序列紧接着一个海进序列时，就形成地层中沉积物成分、粒度和化石等特征有规律的镜像对称分布现象，这种现象称为沉积旋回。在柱状图中，它表现为岩性由近岸沉积转变为远岸沉积，再由远岸沉积转变为近岸沉积的发展过程。

3. 测井相分析

(1)测井的指相信息

测井相分析就是利用测井响应的定性方面的曲线特征以及定量方面的测井参数值来描述地层的沉积相。测井相通常包括自然伽马(GR)、自然电位(SP)、井径(CAL)、声波时差(AC)、密度(DEN)、补偿中子(CNL)、微球形聚焦电阻率(R_{xo})、中感应电阻率(RIM)和深感应电阻率(RID)等测井参数。测井相与沉积相相当，不同的沉积相因其成分、结构、沉积构造、粒度分析及垂向序列的特征而差别明显。通过分析取心井中典型沉积微相类型对应的测井曲线响应，建立岩性和电性之间的对应关系，最终实现根据测井曲线判别岩性和沉积相。

(2)建立测井相模式

在开发阶段密井网细分沉积微相研究中，地下最直观准确的岩心，其数量及分布有限，而井内垂向上连续的测井信息能够间接地反映纵向上的沉积特征，如测井曲线的幅度、形态以及组合特征等。

1)曲线的幅度。自然电位及视电阻率曲线的幅度越高，所对应的沉积物粒度越粗；反之，所对应的沉积物的粒度越细。中高幅多反映分流河道、河口坝等沉积，低幅则反映低能量的分支水道侧缘、席状砂等沉积。

2)曲线的形态。自然电位及视电阻率曲线有钟形、箱形、指形及其相互组合，不同的曲线形态反映沉积物不同的旋回特征。钟形曲线表明粒度在垂直方向向上逐渐变细，反映了沉积碎屑物质的供应速度和强度由下向上逐渐减弱，它是水道迁移和冲刷的产物，常为分流河道；箱形曲线形态反映水流能量和物源供应相对稳定，曲线上下幅度变化不大，为多次水道沉积的叠加，或较厚的分流河道沉积；指形曲线与低幅平直曲线段相伴出现，反映能量较强的均匀沉积，常为席状砂或相对细粒且分选好的薄层砂(表2-7)。

3)曲线的齿化-光滑程度。曲线齿化严重，光滑程度差，代表沉积物砂砾与泥混杂的程度高；曲线光滑，指化程度高则说明混杂的程度低，分选较好(表2-8)。

4)曲线顶底接触关系及变化幅度的快慢程度。如果出现突变，则说明沉积环境发生了比较剧烈的变化。如果是渐变，则说明能量变化不大，沉积环境渐变。水下分流河道底部多以突变接触为主。

此外，还存在曲线的组合形态，如箱形-钟形和漏斗形-箱形等，反映向上变细或变粗的复合韵律特征(表2-9)。

表2-7　钟形、漏斗形、箱形单层测井曲线形态与代表相

形态	典型曲线(GR、SP)	水流能量	物源供应	代表相
钟形	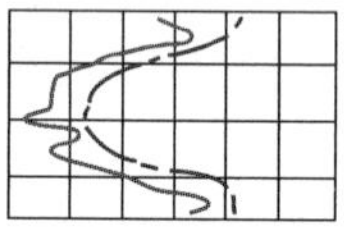	逐渐减弱	不断减少	曲流河点砂坝、正韵律、水进层序
漏斗形		由弱渐强	不断增多	三角洲前缘砂体或岸外砂坝，反粒序、水退层序
箱形	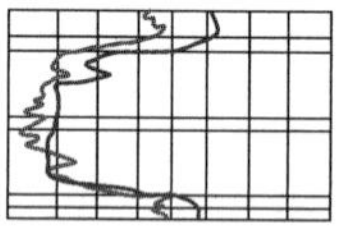	稳定	稳定	风成沙丘、上下幅度变化不大

表2-8　齿形单层测井曲线形态与代表相

形态分类	形态类型	典型曲线(GR)	粒序类型	代表相
齿形	正向齿形		正粒序	水下冲刷充填
	反向齿形		反粒序	水道末梢前积席状砂
	对称齿形	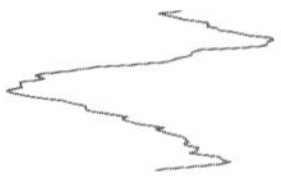	稳定粒序	急流作用下席状沉积
指形				强能量作用下均匀粗粒沉积——沙滩

表2－9　多层测井曲线形态与代表相

形态类型	典型曲线(GR、SP)	沉积环境	代表相
漏斗形—箱形	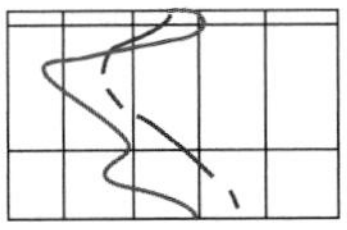	反映物源供应丰富条件下的水下砂体堆积	河口砂坝
箱形—钟形	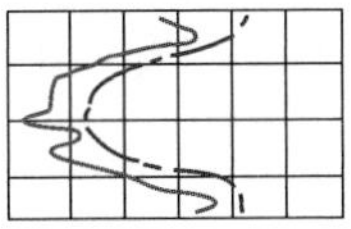	反映物源丰富，但后期由于河道迁移或废弃，导致能量减弱	废弃河道沉积

4. 编制小层沉积微相平面图

小层沉积微相分析的目标是要在单井划相的基础上，完成小层平面上沉积微相展布的分析，编制出小层沉积微相平面图，作为储层描述和建立地质模型的基础。小层以最小沉积旋回为编图单元，或以包含一个主体砂层的旋回为单元，应与层组划分相一致。可以单层或砂组为单元，视资料条件及油藏描述精度要求而定。所有开发井都进行单井划相，取心井及取心井段依据岩心划相，未取心井依据测井曲线划相。最后在砂岩厚度等值线图指导下编制小层沉积微相平面图。

(二)技术要求及标准

1. 技术要求

沉积微相技术要求涉及多个方面，主要包括以下几个关键点：

(1)单井相分析

对取心井的岩心进行观察描述是单井相分析的基础，包括岩性、沉积构造和生物遗迹等相标志，含油产状、岩石物性、裂缝、断层和地层产状等构造现象。结合测井曲线、试油和试采资料，在岩心归位的基础上编制单井相图，确定纵向上的沉积微相类型。

(2)测井微相分析

利用测井曲线形态反映沉积微相类型进行沉积微相分析。不同形状的自然电位、自然伽马曲线对应不同相带的砂体。地层倾角测井能较好地识别各类沉积层理，如三角洲水下分流河道自然电位为中高幅钟形式箱形，河口坝则为漏斗形等。通过重点井(取心井)分析、对比，确定区域内测井相电性标准，建立测井相图版，划分研究区内每口井的每个小层的沉积微相。

(3)剖面和平面沉积微相分析

在单井相分析基础上，应用测井相分析得到的非取心井上的微相类型，对研究区顺沉积水流方向和垂直水流方向进行沉积微相剖面分析，指明微相和砂体的变化规律。沉积微相平面图是油藏地质的重要内容，通常以单井相为基础，作出某一沉积时间单元的砂岩等厚图或砂岩百分含量等值线图，将同一微相展布规律勾绘在平面图上。

2. 技术标准

编制沉积微相图时，首先确定成图范围、比例尺大小和单元名称，按成图单元校准平面井位，井圈左侧标明相应相类型，分析海浸及碎屑物质来源方向，分别用空心及实心箭头表示，标明古剥蚀区，恢复古气候和古沉积环境，以相模式及现代沉积资料为指导勾绘相同类型的相范围。

技术标准主要参考《油藏描述方法　第2部分：碎屑岩油藏》（SY/T 5579.2）及《油田开发地质基础图件编制技术规范》（Q/SH 1025 1043）。

编制小层沉积微相平面图时，首先利用测井相图版指导小层沉积微相划分，其次编制沉积微相平面图时注意平面相带组合关系合理性，沉积相带的划分不能出现“跳相”的现象，即相带可以缺失，同时沉积后期发育的相带不能早于前期发育的相带出现。

（三）实例分析

1. 区域沉积相背景

东濮凹陷是一个多旋回沉积的新生代陆相断陷－坳陷盆地，经沙四和沙三段的裂陷期、沙二段的萎缩期到沙一段稳定下沉的弱断陷期，盆地以缓慢沉积为特征，湖相沉积体系十分典型。自下而上划分为两大沉积旋回：第一个大旋回是孔店组加沙四段红层、沙四段高阻灰色页岩段、沙三段巨厚的暗色沉积和沙二下段以红色为主夹灰色的砂泥岩互层；第二个大沉积旋回由沙二上段、沙一段和东营组组成。与下部旋回相比，沉积的厚度较薄，最厚为2200m，以红色沉积厚度较大为特征，灰色沉积厚度仅为500m。

东濮凹陷具有沉积厚度变化大、岩性变化大和相带窄的特点，并有膏盐、碳酸盐岩和砂泥岩等岩性组合。沉积相主要有三角洲相、湖相和浊积相，沉积体系具有纵向上的继承性和平面上叠置连片的分布特点，自西而东有文明寨－卫城、胡状集－文留和海通集－桥口3个主要沉积体系，自西南而来的有马厂－徐集沉积体系，自东而西的有濮城、前梨园和白庙沉积体系。构造作用形成的古地貌对沉积建造起着明显控制作用，在凹陷形成的不同的演化阶段发育不同的沉积体系和相带分布，古近系阶段，东濮凹陷的沉积体系可分为5个带：东部陡坡带沉积体系、东部半深湖－深湖沉积体系、中央构造带多类型沉积体系、西部浅湖－深湖沉积体系和西部斜坡带冲积扇沉积体系。

2. 利用岩心资料建立标准微相柱状剖面图

对岩心进行以下几个方面的观察和描述：

（1）颜色

例如文33块岩心主要为灰白色、深灰色、棕色、褐色和褐灰色；泥岩颜色主要为浅灰绿色、灰色、深灰色、褐色和紫红色等。而泥岩颜色反映该区具有弱还原和弱氧化两种沉积环境，体现了海陆过渡相带特征（图2－31）。

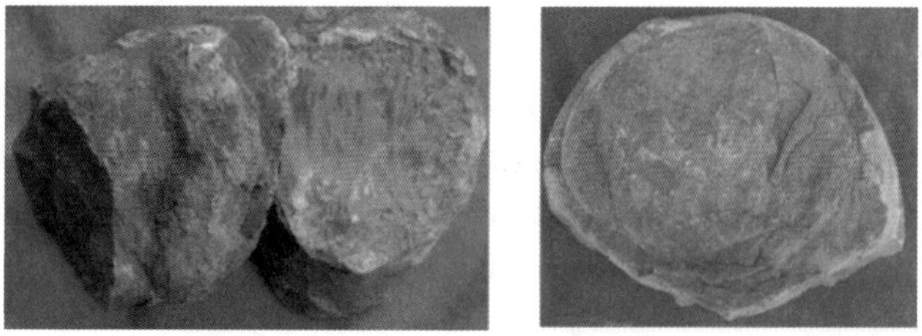

新文72-99, 2878m, 紫红色泥岩　　文33-226, 2581.68m, 灰绿色泥岩

图2－31　文33断块沙二下岩心照片示意

（2）岩性标志

沉积环境研究中通常将岩石类型作为水动力条件的良好标志，不同沉积体系的岩石类型及其组合特征各不相同。

以文 79 块沙二下为例，在描述 8 口取心井的岩性特征得出：研究区沙二下亚段主要发育泥岩发育量最大，含量超过 60%，其次为由泥质、灰质混合的粉砂岩，以及砂质泥岩等。砂岩粒度主要有粉砂级、细砂级和中粗砂级，只有在冲刷面出现少量砂砾级。其中粉砂岩高达 90% 以上的发育量，其次见少量的细砂岩，约占 10%。岩性特征在一定程度上反映了碎屑沉积物经过远距离搬运远离物源的沉积特征。

（3）沉积构造

以文 33 块为例，通过对 7 口岩心井的观察和描述表明，研究区沉积构造类型丰富，发育了悬浮物质的快速沉积形成的块状层理，沉积介质波浪震荡形成的波纹层理，水下分流河道水流形成的交错层理、平行层理等类型，反映研究区较复杂的交替变化水动力条件（图 2－32）。

新文72-99, 2866.6m, 平行层理　　新文33-50, 2715.6m, 冲刷面

新文33-66, 2642.3m, 碳质泥岩　　文33-226, 2773.05m, 波纹层理

图 2－32　储层沉积构造岩心观察照片

3. 岩心沉积学实验室分析鉴定

（1）粒度特征

例如根据文 33 块 3 口井的 68 个样本点分析，目的层粒度概率曲线相对单一，主要呈现两段式（图 2－33），由跳跃和悬浮 2 个总体组成，滚动组分不发育，表明沉积时水体能量相对较弱，主要为牵引流沉积。

（2）薄片、铸体薄片鉴定

本区储层岩石成分和结构上表现出较高的成熟度，反映搬运距离较长，比较稳定的沉积环境（表 2－10）。

（3）重矿物鉴定

根据东濮凹陷重矿物分布总的特征，推断胡状集地区有较大的物源供给文留和文南地区（表 2－11）。

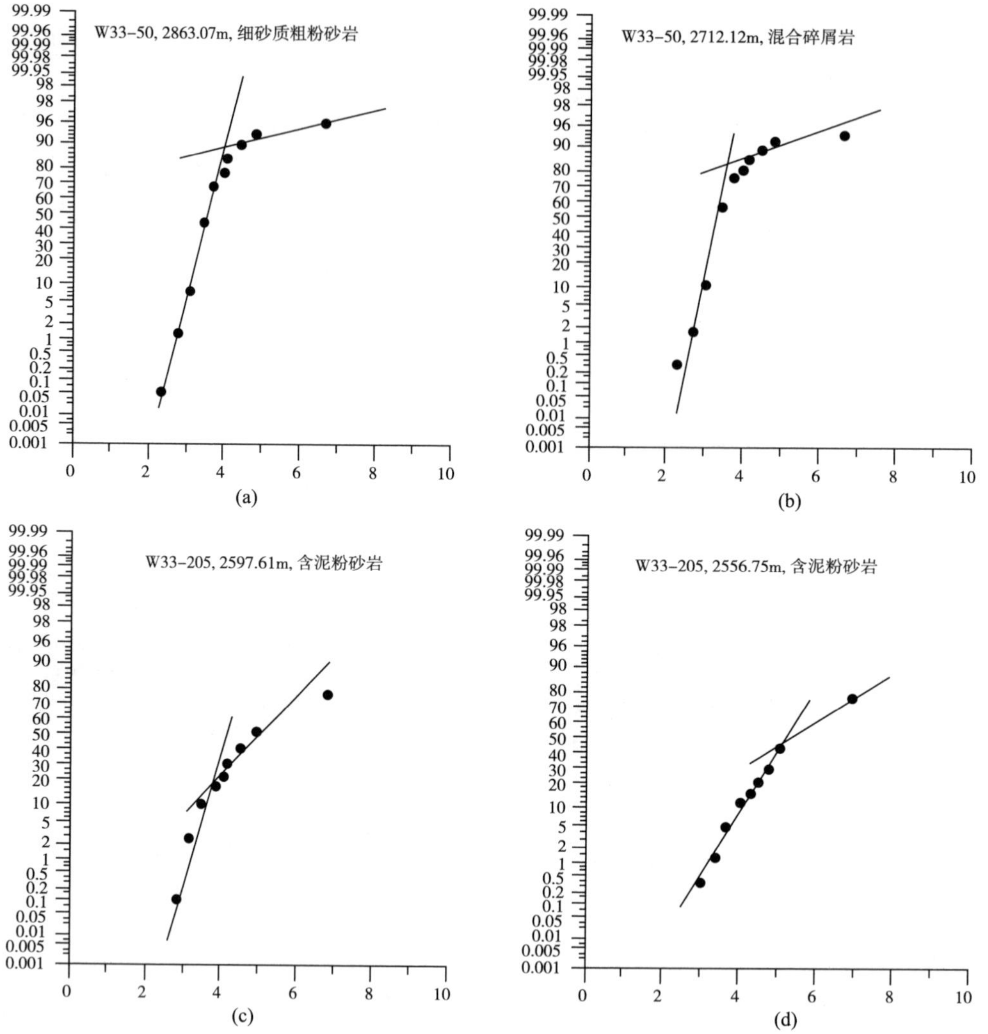

图 2-33　文 33 断块沙二下厚油层粒度概率累积曲线

表 2-10　文中地区岩石特征

层位	石英占比/%	长石占比/%	岩屑占比/%	胶结物			致密性	磨圆度	分选性
				泥质占比/%	灰质占比/%	类型			
沙二下 1-3	69.2	26.4	4.4	12.5	5.2	孔隙-接触式	致密、疏松、中等	次棱	好
沙二下 4-5	71.0	25.4	3.6	7.3	3.8	接触式	疏松	次棱	好
沙二下 6-8	70.3	26.7	3.0	10.7	9.2	孔隙式	致密	次棱	好
沙二上 1	74.0	24.0	2.0	9.5	6.1	孔隙式	中等	次棱	好

表 2－11　沙二下亚段重矿物组成

重矿物组成	明 9 井		濮 22 井			文 152 井				文 79－26 井				
	1738.3m	1717.5m	2841m	2761.5m	2699m	2879m	2737m	2690m	2679m	3168m	3137.3m	3108.5m	3230m	
陆源碎屑矿物占比/%	锆石	2.2	12.7	3.2	3.2	7.1	20.0	3.9	9.7	4.8	12.1	7.8	31.9	5.5
	电气石	7.1	5.1	2.4	5.7	3.5	14.5	8.7	6.0	9.6	9.9	18.4	5.3	12.1
	绿廉石	1.1	0.8	0.4	0.6	0.2	1.4	0.4	0.4	0.2	8.8		0.9	0.5
	黝帘石		0.8	0.4	0.3			0.4						0.5
	石榴石	60.1	57.3	6.5	53.9	31.9	24.6	39	59.5	33.6	8.8	17.4	4.6	36.3
	磁铁矿	5.5	2.5	60.4	1.4	35.7	1.4	1.3	5.2	2.7	8.6	2.9	18.3	1.6
	赤褐铁矿	1.6	1.7	10.5	1.6	3.1	1.4	1.3	0.8	0.4	19.8	1.0	5.5	1.1
	白钛矿	18.6	15.3	14.1	28.6	0.8	33.5	43.3	15.5	47.1	39.5	46.1	24.8	25.5
	绿泥石	1.1			0.3	0.2		0.4	0.4	0.4		0.5		1.1
	角闪石					0.2		0.4				0.5		
	榍石													
	金红石	1.6	1.7	1.2	1.0	0.5	2.7	0.9	1.6	0.4	2.2	2.9	1.8	2.2
	锢石	0.5		0.4	0.3				0.1	0.2		0.5	0.9	
	十字石									0.2		0.1		0.5
	红钛矿/板磷矿			0.2					0.4					
自生矿物占比/%	黄铁矿	41.8		0.3	1.9	0.5	36.5	0.4	23.4	1.6	0.3	2.5	0.9	0.5
	硬石膏	0.3				0.2	0.5	0.4	16.4	0.2		3.2		
	重晶石	5.9		24.3	11.9	7.4	4.5	0.8	0.2	24.5	70.0	7.1	57.3	7.5
	锐钛石	0.8		1.1	1.1	0.5	0.3	2.9	0.9	0.7	0.6	5.2	0.3	1.5

4. 微相分析

(1)垂向层序分析

以文南油田文33块沙二下亚段为例，根据该块沉积类型和成因组合，并从重点解剖储层砂体出发，沙二下亚段沉积序列可概括为以下几种类型。

1)水下分流河道垂向沉积序列。以水下分流河道为代表的垂向沉积序列，是本区沙二下亚段浅三角洲中最发育的一种类型。其沉积厚度大(2～4m)、分布广，并构成本区油气主力储层。具体又可根据沉积速率与可容空间增长的速率关系，分为3种垂向沉积序列类型：

① 加积型(图2－34)。代表沉积速率与可容空间增加速率大致相等，反映沉积过程中物源丰富和水动力条件稳定，砂体的主要部分粒度变化不大，近于均质体，但有时也受砂体多次叠加，影响局部层的粒度变化沉积构造表现以块状为主或宏观上呈“隐层理砂岩”，但实际上仍有层理发育，代表着一个快速堆积过程，底为突变(冲刷)或迅速渐变接触，顶部迅速变为细粒的水下分流河道侧翼与天然堤－决口扇沉积。其曲线特征：自然电位显示对称箱形，幅度大，光滑，声波时差曲线反映均质，微电极曲线有较大的离差值，显示有较好的渗透性。

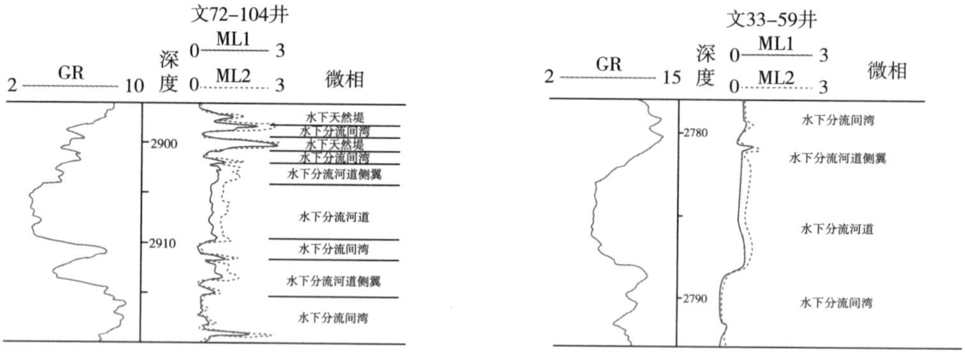

图2－34　水下分流河道加积型沉积序列(T)

②退积型(图2－35)。退积型亦称侧积型，代表沉积速率与可容空间增加速度之比小于1，反映沉积过程中物源碎屑物供应不足水流动能条件较弱。形成的砂体在剖面上表现出粒级逐渐向上变细的正韵律结构，但这种结构不一定都是单一的，常因砂体的叠加而呈复式正韵律结构。沉积构造，比加积型发育，底为冲刷面或下伏层呈迅速渐变接触，向上主要为平行层理，大型板－槽状交错层理、逐渐变为小型的板状－槽状交错层理，顶部为小型沙波纹层理和水平层理，代表水动能逐渐减弱的过程；相序也比较连续，常由水下分流河道沉积，向上逐变为水下分流河道侧翼(或分流次河道)、水下决口扇和天然堤、末端砂坝或滨浅湖沉积，代表着浅水三角洲水进型序列。其曲线特征：自然电位为底部突变的钟形曲线，自然伽马显示底部突变上部渐变为钟形，同时又显示内部的非均质性，由多期正韵律组成的侧积层序。

③前积型(图2－36)。代表沉积速率与可容空间增加速度之比大于1，反映沉积过程中物源供应物质充分和水流动能逐渐增强。形成的砂体，在剖面上表现粒级向上逐渐由细变粗的反韵律结构，它与由前积三角洲前缘砂体以河口坝为主组成的反韵律结构不同，是由分流河道向前加积增强，或分流河道侧向迁移堆积而成。这类韵律结构在现代类似环境

中也时有发现，特别是在浅湖沉积的基底上由水下分流河道迁移至此更为常见。它与河口坝为主组成的反韵律结构区别是，尽管随着能量增强，剖面上粒级向上变粗，但各段落又由多个次级河道或侧翼沉积组成的，甚至还包括若干内部冲刷面存在，明显代表着水下分流河道前积式横向迁移演变的结果。沉积构造，常见的类型组合：下部代表静水或弱水动能条件形成的水平层理、沙波纹层理，但向上则由小型渐变为大型的板状－槽状交错层理；反映在相序上，下部弱能的支流间湾、水下天然堤－决口扇沉积，中上部则逐渐过渡为水下分流河道侧翼（水下次河道）至水下分流河道沉积，常组成水退型序列。其曲线特征：自然电位曲线显示为漏斗形曲线，内含若干夹层，底部渐变；自然伽马曲线也显示为漏斗形曲线，反映向上泥质成分较少。

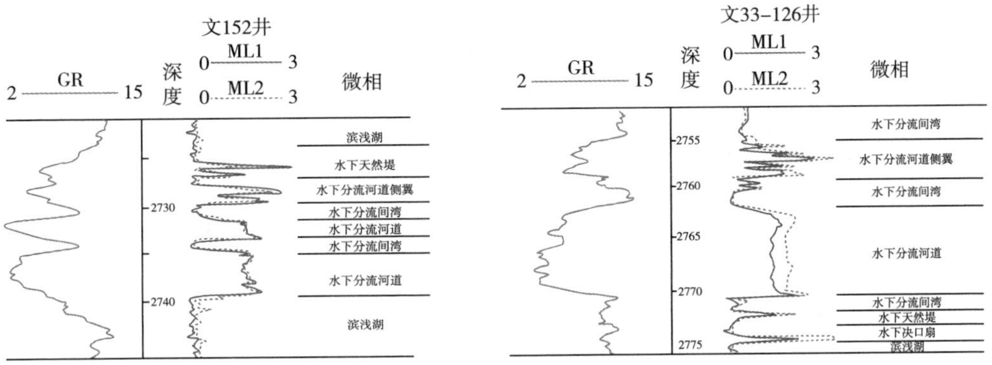

图2－35　水下分流河道退积型沉积序列（SH）

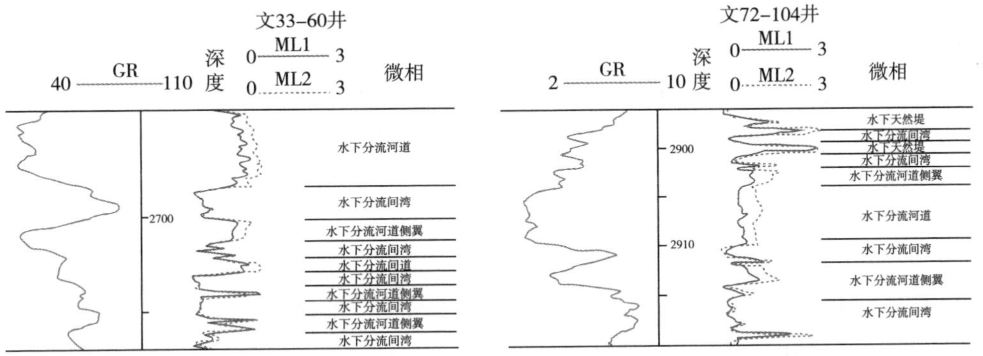

图2－36　水下分流河道前积型沉积序列（H）

2）河口坝垂向沉积序列。以河口坝为代表的垂向沉积序列，本区沙二下亚段并不发育，仅在该亚段底部或下部八砂组才发育较好（图2－37），在垂向剖面上，呈反韵律结构。河口坝组成的相序，大体上有2种情况：一种与厚层的水下分流河道沉积共生，分布在河道的底部或顶部，但发育得并不好，与其说河口坝沉积还不如称受波浪改造的河道砂。另一种情况，则河口坝多以水下分流河道末端形式出现，并与前缘末端砂等组成共生序列，代表沙二下早期在水下分流河道发育的背景下，所形成的一种河口坝沉积序列。

研究区南部滨—浅湖沉积发育，并分别形成滨湖砂、浅湖泥以及浅湖砂泥混合沉积的共生垂向序列（图2－38）。

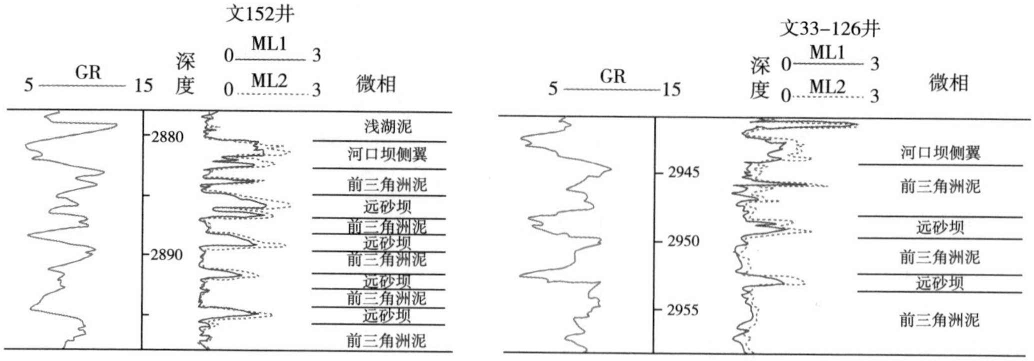

图 2-37　河口坝垂向沉积序列

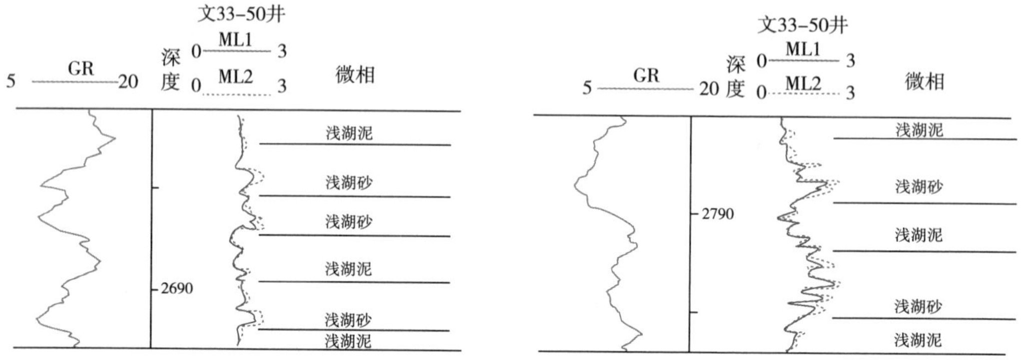

图 2-38　滨浅湖砂型垂向沉积序列

(2)粒度分析

文中地区粒度分析资料表明，该区沙二下砂岩由前引流沉积而成，其粒度概率曲线类型单一，在粒度分析概率图上为跳跃和悬浮 2 个总体组成，曲线表现为两段式。所做的 3 个样品描述如下：

1 号样品(图 2-39)，以单跳跃总体为主，占 80% 以上，属于含油粉砂-粗粉砂岩，为水动力强的水道环境的产物。

2 号样品(图 2-40)，由跳跃总体和悬浮总体组成，跳跃总体占 70%，为水下分流河道及其侧翼沉积环境的产物。

3 号样品(图 2-41)，由跳跃总体和悬浮总体组成，跳跃总体占 50% ~70%，为远砂坝环境的产物。

总之，这 3 种样品都具有较强的规律性，即都是以跳跃总体和悬浮总体组成，少有滚动总体，其中部分跳跃总体由 2 个次总体组成，总体上反映出较好的分选性，属于牵引流沉积的特征。

综上研究分析，通过对取心井的岩心进行观察描述、分析鉴定，提取岩性和岩性组合特征、原生沉积结构和构造、生物化石特征、粒度分析结果、相序特征等指相信息，进行综合分析，建立起单井相分析柱状图(图 2-42)。

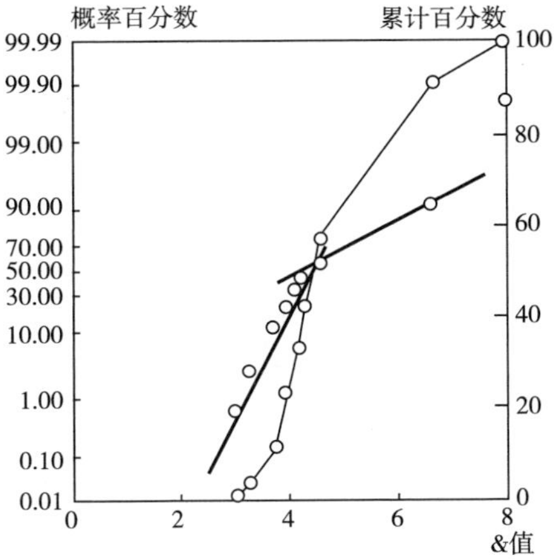

图 2－39　1 号样品粒度曲线

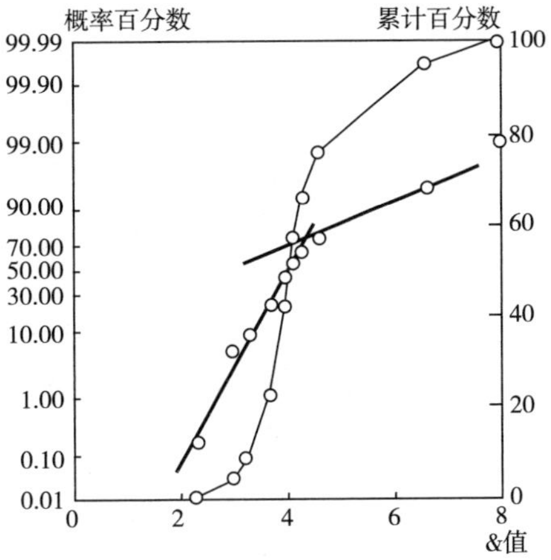

图 2－40　2 号样品粒度曲线

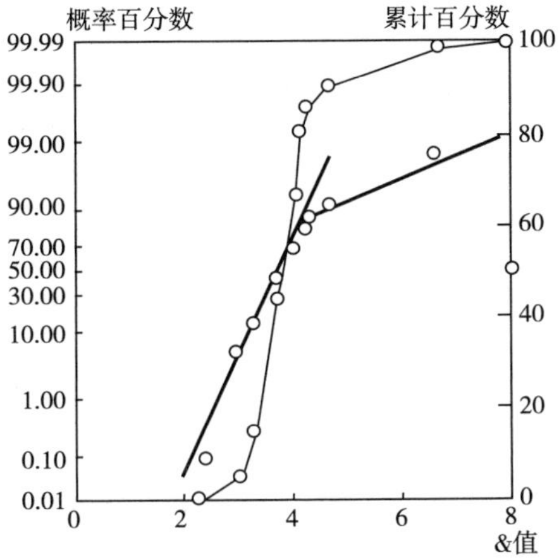

图 2－41　3 号样品粒度曲线

(3)测井相分析

以文 79 南块沙二下为例，选取了对岩性变化具有灵敏反应的自然伽马测井(GR)、自然电位测井(SP)和声波时差测井(AC)，将不同微相的沉积砂体在测井曲线上呈现的不同表征，作为地下沉积储层特征研究的关键手段。研究区自然伽马响应效果最佳，因此以其为主要分析目标，从曲线的光滑度、摆动幅度以及形态等方面入手开展工作，首先对取心井微相分析，其结论必须与测井曲线对照解释得到一致，再对相标志进行综合分析，因此需要在建立沉积微相知识库的基础上刻画沉积微相(表 2－12)。

表 2－12　沉积微相类型知识库

微相类型	砂岩厚度/m	自然伽马/自然电位曲线形态	顶(底)接触关系
水下分流河道(SH)	>2	以正韵律为主(钟形、箱形)	底部突变
分流河道侧翼(Q)	1～2	以反韵律为主(漏斗形)	底部突变或渐变
分流次河道(T)	1～2	正韵律、复合韵律	底部突变或渐变
席状砂或远砂坝(Y)	<1	锥形、漏斗形	底部渐变
分流河道间(M)	泥岩	微小锯齿状、平直	顶部突变

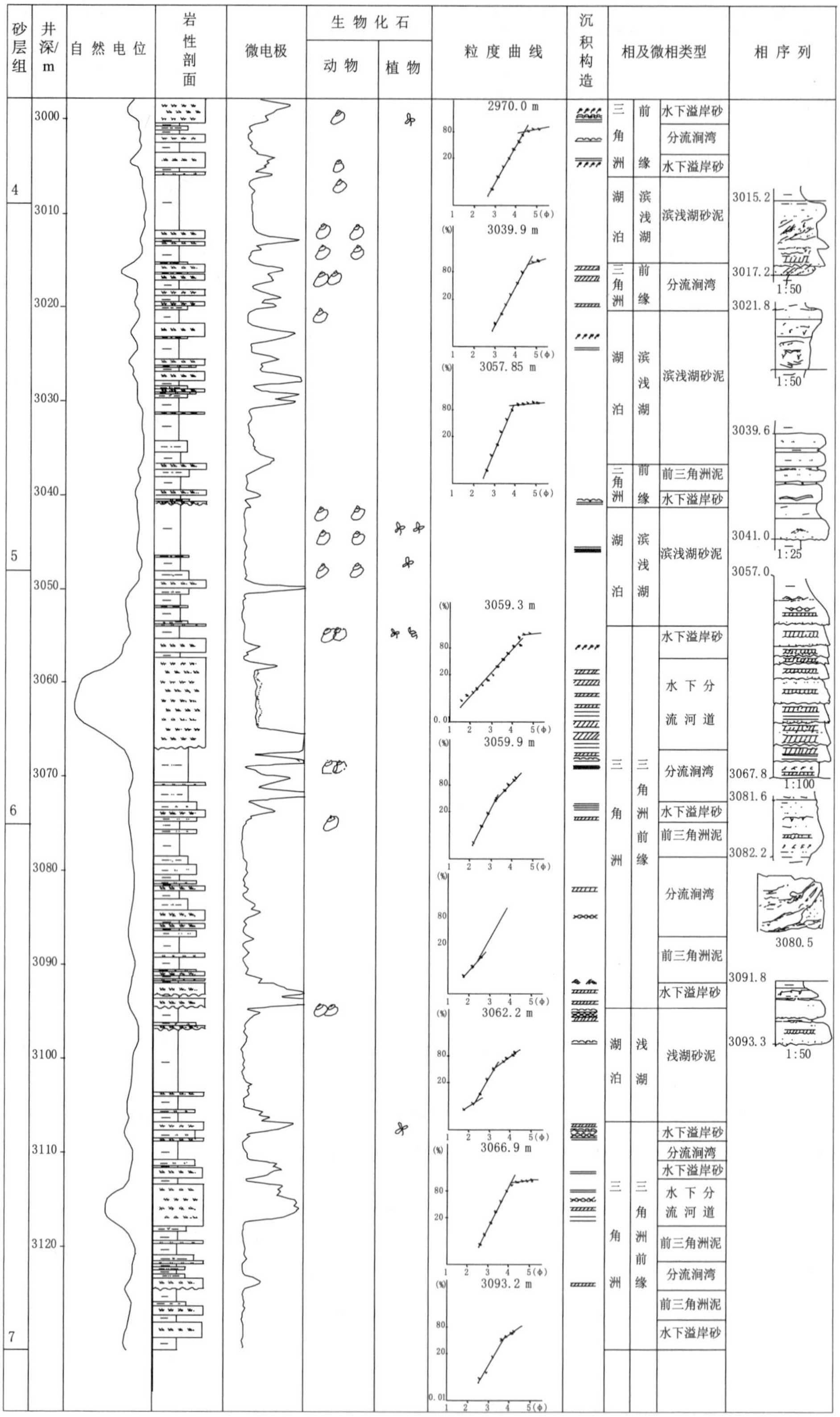

图 2－42　文 72－104 井单井相分析剖面

本区的测井曲线分为单一型和复合型两大类曲线类型。其中单一型包括箱形、钟形、漏斗形、锥形、锯齿形和线形。通过分析这些曲线的组合形态，对研究区浅水三角洲沉积体系划分出7种测井相模式(图2-43)，为精细划分沉积微相及研究沉积相的平面展布与对比奠定了基础。

箱形曲线：GR曲线形态宽度大，幅度相对较高，顶、底接触的起伏程度基本一致，反映稳定的水下分流河道沉积，沉积过程多出现在强水动力条件和充足稳定的物源供给。

钟形曲线：GR曲线形态呈下高上低，多出现于水体能量逐渐减退的环境中，由于水体介质能量降低，较细的沉积物逐渐在较粗的沉积物之上堆积，该区主要代表水下分流河道沉积。

漏斗形曲线：该类型GR曲线形态呈上高下低漏斗状。多出现于水体能量逐渐增强、物源逐渐丰富的环境中。有时因泥质含量变化而齿化。一般对应三角洲前缘分流河道侧翼、河口砂坝或远砂坝。

锥形曲线：该类型GR曲线形态呈中间高两边低锥形，岩性主要为粉砂质泥岩。对应席状砂、远砂坝沉积，本工区主要为席状砂。

齿化曲线：该类型曲线幅度为低幅，齿中线大多呈水平状，反映时常变化的水流能量。图中所示为齿化箱形曲线。

线形曲线：曲线形态呈平直或近于平直，泥岩、粉砂质泥岩两者间互沉积。对应河道间、前三角洲泥微相沉积。

复合型曲线：表示2种或2种以上曲线形态的随机组合，反映出了沉积环境的连续变化和物源供给的持续改变。图例中复合型曲线，代表水动力逐渐减小或沉积物供应减少，沉积过程中，后期砂体向上建造时水动力能量加强，出现粒度变粗，分选性变好的沉积状态。

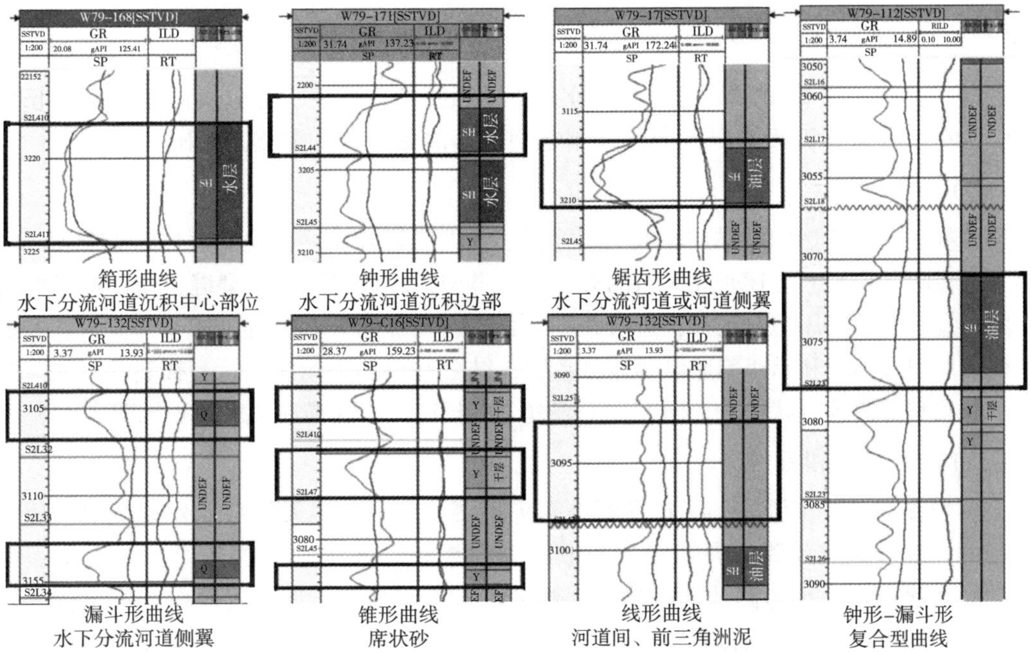

图2-43 文79南沙二下沉积微相测井解释模式

(四)编制小层沉积微相平面图

在岩心观察、单井相和测井相分析的基础上，结合研究区的沉积背景、物源方向、沉积相的研究成果，在分析沉积相及其演化的基础上，预测不同层序地层单元内储层砂体的平面分布，绘制小层沉积微相平面图，如胡 5 块沙三下 4 砂组 11 小层沉积微相平面展布图(图 2－44)。

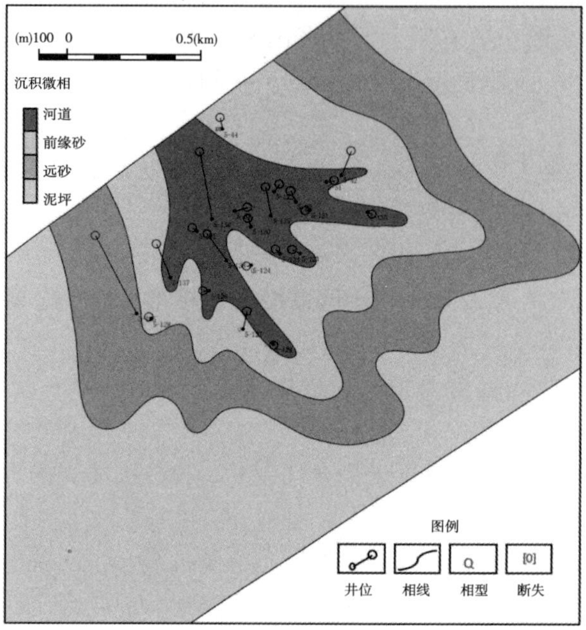

图 2－44 胡 5 块沙三下 4 砂组 11 小层沉积微相展布

三、裂缝描述技术

裂缝描述技术主要用于描述裂缝的分布特征、密度、开度、方位、倾角和延伸长度等信息，为分析裂缝对开发效果的影响及制定裂缝型油藏开发方案奠定基础。

(一)技术方法

裂缝描述包括天然裂缝描述和人工裂缝描述，天然裂缝描述首先要通过露头观察、岩心描述和成像测井识别，描述研究区域的天然裂缝类型，统计井点处的裂缝方位、倾角和缝高等产状信息，然后应用地震资料，进行井震结合，预测井间天然裂缝分布规律。人工裂缝描述主要应用裂缝监测和示踪剂监测等监测数据，结合井组动态响应分析，描述井点人工裂缝方位、倾角和缝高等产状信息，研究人工裂缝分布规律。裂缝描述技术流程见图 2－45。

(二)技术要求和标准

天然裂缝描述要加强岩心描述和野外露头观察，准确描述天然裂缝发育规律，成像测井解释的裂缝和地震预测的裂缝要进行取心井点校正。人工裂缝描述要加强人工裂缝监测，同时要通过示踪剂监测及动态响应分析等对人工监测结果进行质检和校正。

裂缝描述技术参考《油藏描述方法　第 2 部分：碎屑岩油藏》(SY/T 5579.2)中的 3.3.3 裂缝描述。

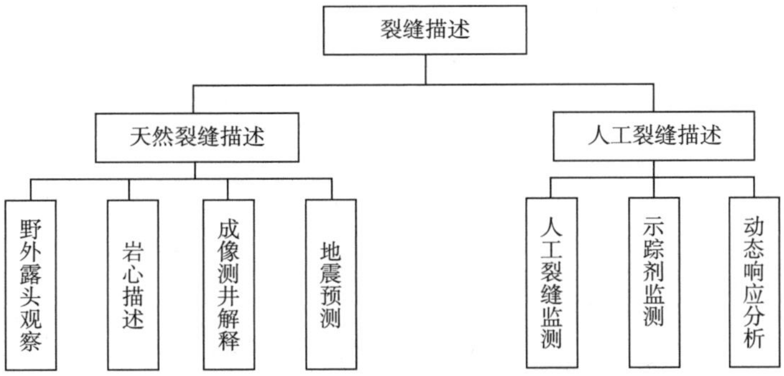

图 2－45　裂缝描述技术流程

(三) 实例分析

1. 天然裂缝描述——卫 77 三叠系油藏

卫 77 三叠系油藏天然裂缝发育，为描述该油藏裂缝发育规律，先后进行野外露头观察(与油藏地层一致)和岩心观察。从野外露头观察结果看(图 2－46)，砂岩节理、裂缝发育和泥岩裂缝不发育。从岩心裂缝图(图 2－47)，可以看出该油藏裂缝含油基质不含油。

图 2－46　河南登封中生界三叠系剖面

图 2－47　卫 77－4 井岩心裂缝

应用成像测井资料研究井点的裂缝方位和倾角等产状信息(图 2－48)，并进行全区统计。分析后认为，该油藏的裂缝走向以近平行和垂直主断层走向为主，倾向为西北和东南两组(图 2－49)，以高角度裂缝为主，倾角一般为 60°～90°，40°～60°的低角度裂缝次之，水平方向裂缝较少(图 2－50)。

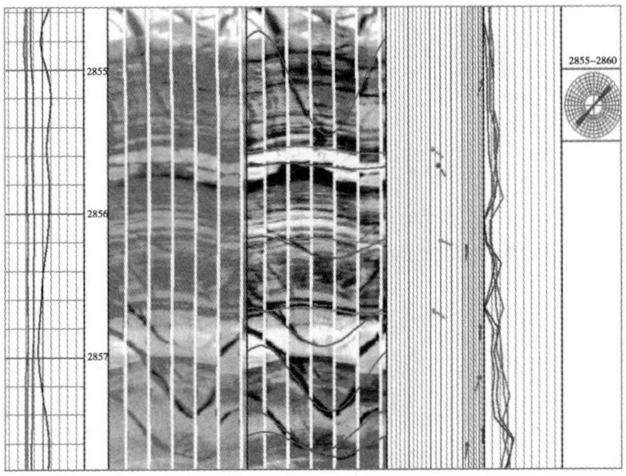

图 2－48　卫 77－4 井成像测井天然裂缝识别

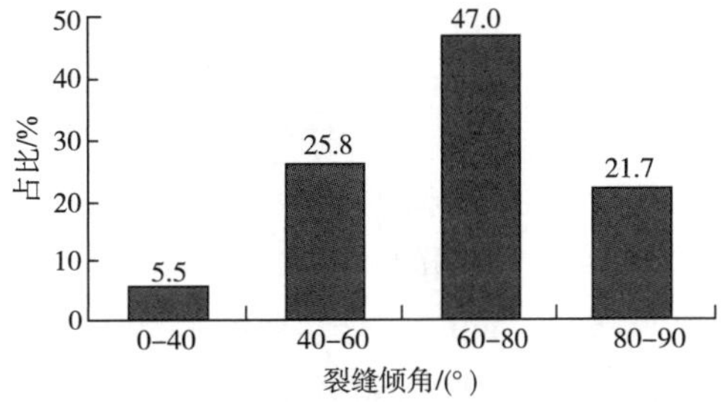

图 2－49　卫 77 三叠天然裂缝倾角分布

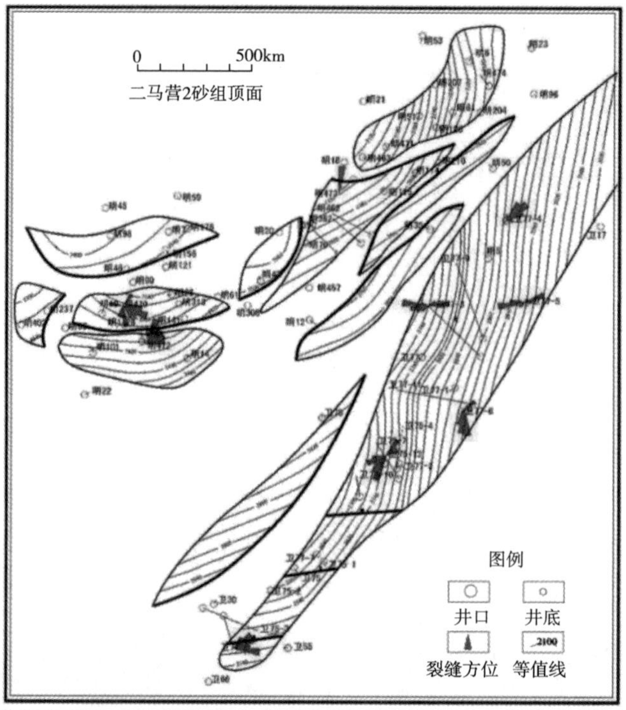

图 2－50　二马营 2 砂组天然裂缝方位分布

在井震结合基础上，开展天然裂缝地震预测，预测结果显示(图 2－51)，该区域一、二类裂缝较发育，裂缝基本上大面积均匀分布。

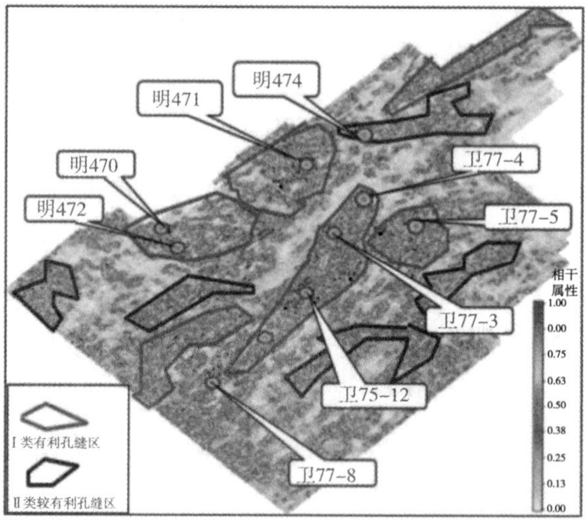

图 2－51　二马营 3 砂组地震相干属性天然裂缝评价

2. 人工裂缝描述——文 13 东油藏

应用人工裂缝监测技术监测人工压裂产生裂缝的方位、两翼翼长、缝高等产状信息(图 2－52)，同时配合示踪剂监测及动态响应分析，进一步确定井组间的裂缝的方位。从卫 42 块人工裂缝监测数据表可以看出(表 2－13)，卫 42 块裂缝产状以垂直缝为主，裂缝东翼长度介于 37.9～91.1m，裂缝西翼长度介于 34.8～111.4m，东西两翼长度近似相等；

裂缝高度介于 15 ~ 31m，平均缝高 22m。

表 2 - 13　卫 42 块人工裂缝监测数据

井号	压裂层位	方位/(°)	东翼长度/m	西翼长度/m	裂缝高度/m	产状
42 - 1	沙三中 4	39.8	70.6	48.5	26	直立
42 - 3	沙三中 4	38.6	80.6	89.5	15	直立
42 - 12	沙三中 4	52.6	53.7	37.1	29	直立
42 - 13	沙三中 3	45.5	42.8	78.7	31	直立
42 - 15	沙三中 3	36.8	80.6	34.8	23	直立
42 - 17	沙三中 4	42.5	85.3	58.7	19	直立
42 - 17	沙三中 3	35.8	91.1	58.4	20	直立
42 - 18	沙三中 4	45.6	72.3	49.7	28	直立
42 - 19	沙三中 4	47.9	60.3	48.4	26	直立
42 - 20	沙三中 3	49.2	59.03	43.95	20	直立
42 - 22	沙三中 4	36.3	37.9	62.9	20	直立
42 - 26	沙三中 4	36.2	45.7	65.3	24	直立
42 - 28	沙三中 3	58.7	91.1	111.4	23	直立
42 - 36	沙三中 3	38.4	41.6	43.8	17	直立

将所有监测井的人工裂缝方位信息与构造图进行叠合显示，研究人工压裂的缝的产生规律，从卫 42 块人工裂缝方位分布图中可以看出(图 2 - 52)，卫 42 块人工裂缝方向与该块西侧卫东大断层走向基本一致，裂缝方位介于 NE35.8° ~ 58.7°，主要方位在 NE43.1°左右。

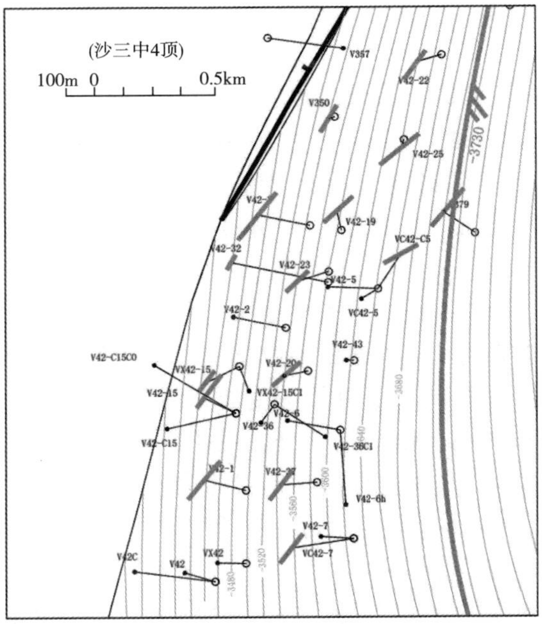

图 2 - 52　卫 42 块人工裂缝方位分布

四、储层分布特征描述技术

（一）技术方法

储层分布特征描述技术主要是研究各小层的空间发育和展布特征，对砂体的形态、大小、连续性、平面和纵向分布特征等认识的变化情况进行描述。储层分布特征描述流程见图2－53。

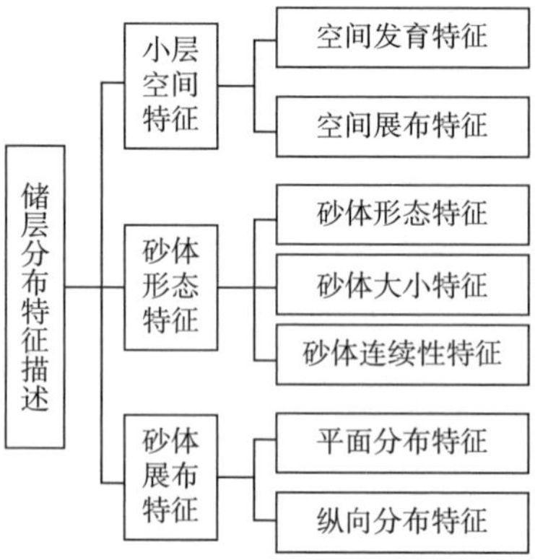

图2－53　储层分布特征描述流程

以岩心资料为基础，测井解释为依据，结合地震预测结果，在相模式指导下分层（单元）绘制储层分布平面图（砂岩厚度等值图、含油气面积图、小层有效厚度等值图）和剖面图（砂层对比图、储层对比图、栅状连通图），从储层砂体的几何形态、展布规模、横向连续性等方面描述储层砂岩空间展布特征，为储层分布特征及连通性评价提供地质基础。

（二）技术要求及标准

编制砂岩对比图技术标准主要参考《油田开发地质基础图件编制技术规范》（Q/SH 1025 1043）里相应图件的编制技术方法。

1. 编制砂层对比图

编制砂层对比图时，选择典型的对比剖面、层位及井号，剖面的方向规定为左西右东、左南右北，选用标志层明显以及能反映流体特征的测井曲线绘制柱状图，一般井柱左侧绘自然伽马或自然电位曲线，井柱右侧绘电阻率曲线或感应电导率曲线，井柱内用颜色标明油、气、水层及干层，在柱子上标明电测解释序号、小层号、砂层厚度和有效厚度。

根据小层对比结果将相同的小层界线和单砂体进行连接，根据油气水层的颜色进行填充，在剖面图的下方标注图例、制图单位、编图、审核人及编图日期。编制砂层对比图时，选择电测曲线必须注意既能反映油层的岩性、物性，又能反映其含油性，一般选用2条曲线，特殊情况可酌情增加，电测曲线刻度值范围可视具体情况设置（图2－54）。

2. 编制栅状连通图

编制栅状连通图时，根据作图区的大小，油、水井的数量，小层单层厚度图的研究目的等，选择适当的纵、横比例尺，根据地层厚度选择适当的纵向作图单元（一般以一套开发层系或一个砂层组作为一个单元），在不改变原井网相对位置前提下，绘图井距可调。

根据纵向单元的厚度和纵向比例尺，绘出各井的井柱，井柱宽度一般2cm左右，可根据图幅调整大小，写明井号。按深度标出各单层的顶底界线，井柱左侧标出各单层的电测解释序号、小层编号，井柱右侧标出各单层的砂层厚度、有效厚度（或孔隙度值、渗透率值），并在层柱内标上电测解释结果。

连接对应小层界线和砂层组界线，其方法是从图幅下端开始连接井间对应小层的对比线，逐次向上连接井间对比线，向上连线遇到下边层间连线，被遮挡部分不连（避免交错，失去立体效果），对于井间对应小层尖灭，应根据油藏地质特征、电测曲线形态，判断小

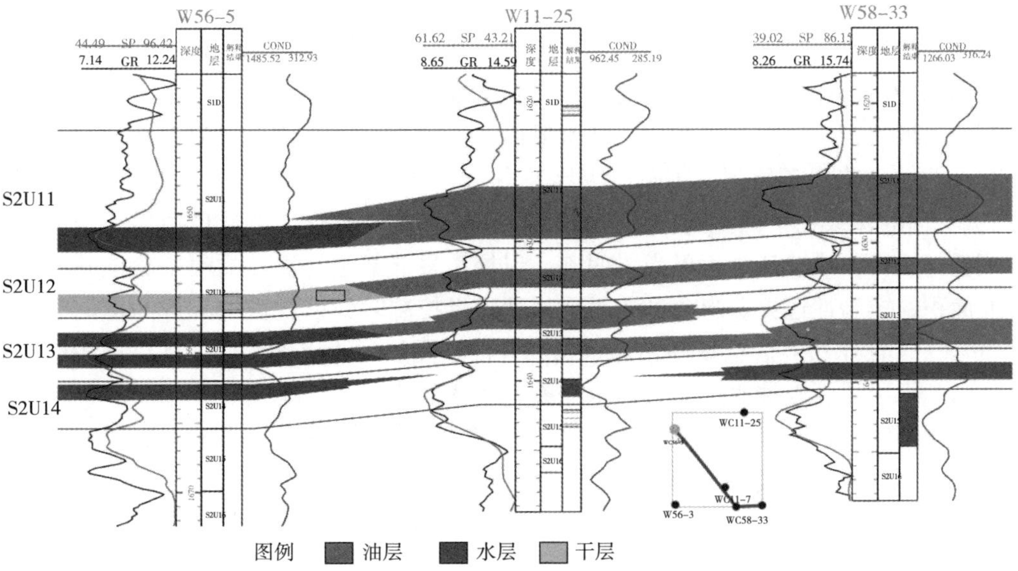

图 2－54　××油田过××井砂层对比

层是上尖灭还是下尖灭，并用相应符号标明。写明图名、比例尺、图例、制图单位、制图人、审核人和制图时间等。

编制油层栅状连通图需要注意，一般以注水井为中心，选择作图井组，井间对应小层连通顺序，上下连线相互切割关系要明确(图 2－55)。

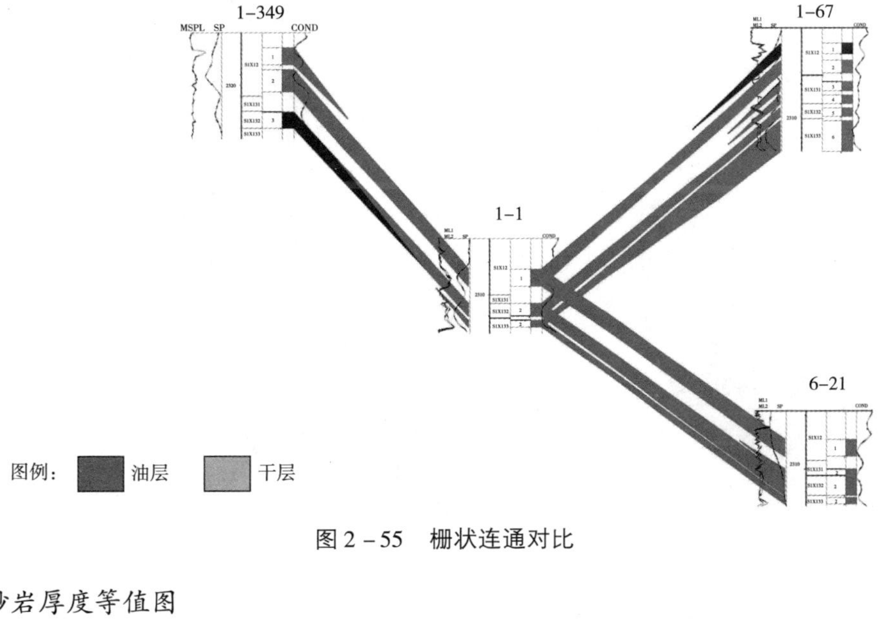

图 2－55　栅状连通对比

3. *砂岩厚度等值图*

编制砂岩厚度等值图时，将砂岩厚度及尖灭标志标明在井圈左侧，确定等值线区间，依据尖灭标志绘制尖灭线，依据砂岩厚度勾绘等值线，参考相应砂组或小层的沉积微相图变化趋势，修改砂岩等厚图的等值线，砂岩厚度须校正到垂直厚度，勾绘砂层尖灭线位于砂层发育井与砂层尖灭井间的 1/2 处。隐藏不必要显示的信息，保持图形整体美观，写明图名、图幅比例尺、图例、编图单位、编图人、绘图人、审核人和编图时间等(图 2－56)。

4. 含油气面积图

编制含油气面积图时需要收集构造井位图、地层分层资料、测井资料，测井解释的油层底部和水层顶部深度，油藏构造地质资料和试油、试采资料。

断块油藏的含油面积是受断层、油水界面、岩性边界、计算边界等因素控制，其油气(油水)界面确定有4条原则：①断层边界。当含油边界受断层控制时，以油层顶面(或底面)与断层面的交线在平面上的投影外边界圈定最大含油面积。②计算边界。当钻井未钻遇油藏低部位时，或油气水边界尚未明确，以构造最低部位的油井的集中含油井段外推圈定含油面积。③岩性边界。当含油边界受岩性边界控制时，以岩性边界线为依据圈定含油(气)面积。④油水边界。当钻井钻遇水层或者油水同层时，以油水同层深度或者油底水顶之半作为油水边界，以油水边界线为依据圈定含油面积。

编制含油气面积图时，井位必须经过实测(复测)校正，深度必须经过井斜校正，应根据地层倾角画出内外油气(油水)边界线(图2-57)。

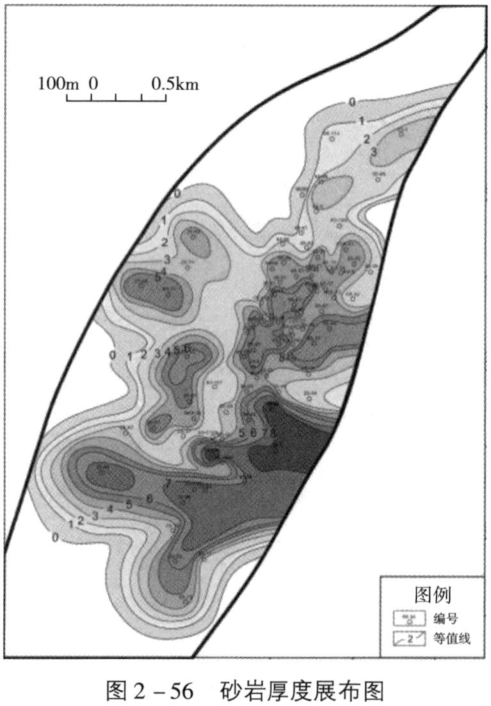

图2-56 砂岩厚度展布图

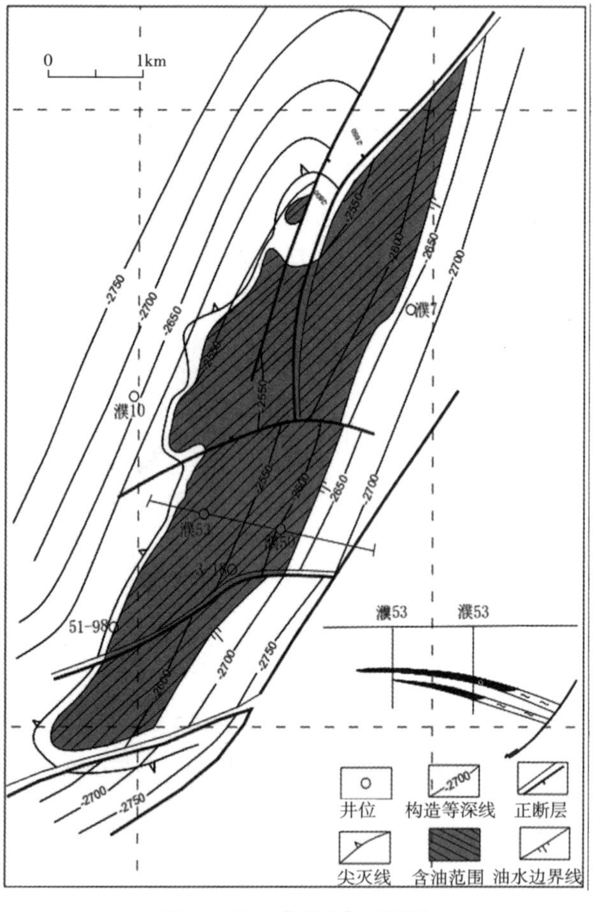

图2-57 含油(气)面积

5. 小层有效厚度等值图

根据岩心、测井、试油等资料的综合分析所解释的油气层单层的有效厚度值及有效厚度分级，编制小层数据表。

编制有效厚度等值图时，选用作图层位的顶面构造井位图做底图，井号写在井圈右侧，用分子式的形式把目的层内的砂层厚度和油层有效厚度写在井圈左边，分子为油层有效厚度值，分母为砂层厚度值。根据砂层厚度、有效厚度数据、构造及油水关系等地质资料确定出砂层尖灭线和有效厚度“0”线，确定等值线间距；用内插法勾绘有效厚度等值线，并标明数值。小层有效厚度等值图编制步骤如下：

(1)勾画尖灭线

取砂岩尖灭井点到有砂岩厚度井点之间1/2处，对于分区断层，砂岩尖灭线圆滑交上；对于区内断层，砂岩尖灭线可以任意穿过。

(2)勾绘有效厚度零线

取砂岩尖灭线到有效厚度井之间1/3处，其中尖灭线占1/3，有效厚度井点占2/3；取有效厚度为零的井与有效厚度不为零的井间1/2处；油干二类视有效厚度为零，与相邻有效厚度井间1/2处；对于分区断层，有效厚度零线圆滑交上；对于区内断层，若一盘为油层，一盘为水层，则有效厚度零线应交于断层，即有效厚度零线被断层错开，若两盘均为油层，可视为断层不存在；在油水过渡带的井点，若具一类有效厚度，有效厚度零线与外油水边界重合，若具二类有效厚度，有效厚度零线与内油水边界重合。

(3)勾画有效厚度等值线

利用三角网等值内差法勾画有效厚度等值线(图2-58)。

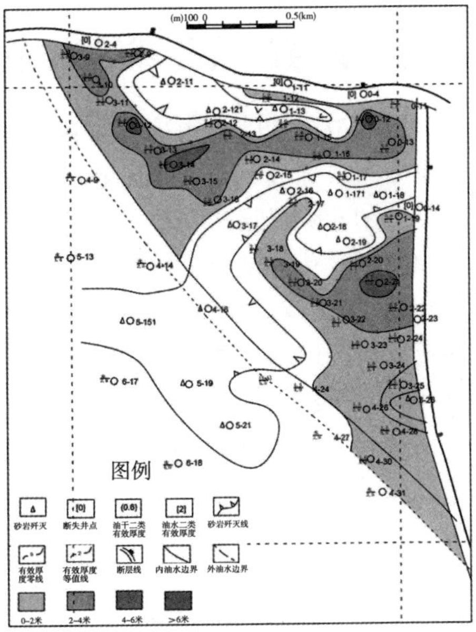

图2-58　有效厚度展布图

(三)实例分析

例如，文33块沙二下亚段油藏是受构造和岩性双重作用控制的复合油藏，平面上，油层主要在文33、文140断层下盘构造高部位发育，向东、向南和构造低部位逐渐变差，北部复杂带和西部复杂带地层断缺严重，油层在各小断块不同层位出现，属零星分布，东南部与文133结合部附近，黑油砂发育较多。在200m左右的井距下，砂层层数连通率在64%~66%，厚度连通率76%~80%，油层层数连通率在48%~56%，厚度连通率62%~70%，其连通情况在沿构造方向和垂直构造方向有所差别。文33块沙二下油层连通率统计见表2-14。

纵向上，该区沙二下4砂组油层最发育，其次为沙二下2、3、5、7，而沙二下1油层发育最差，多呈透镜体或局部发育，储层物性差，储量少，只是零星分布。其中沙二下6-8层系油层主要在文33小块和文140块发育。

表2-14　文33块沙二下油层连通率统计　%

砂组	井距200m				井距400m			
	Ⅰ类层	Ⅱ类层	Ⅲ类层	合计	Ⅰ类层	Ⅱ类层	Ⅲ类层	合计
沙二下1								
沙二下2	67.99	33.06	35.21	52.86	50.44	61.54		53.94

续表

砂组	井距200m				井距400m			
	Ⅰ类层	Ⅱ类层	Ⅲ类层	合计	Ⅰ类层	Ⅱ类层	Ⅲ类层	合计
沙二下3	84.84	47.01		81.52	71.54			65.10
沙二下1-3	81.41	39.75	22.62	72.91	68.74	25.60		56.97
沙二下4	81.89	32.47		72.55	82.17			69.00
沙二下5	79.13	59.26		69.17	74.71	54.39		67.01
沙二下4-5	80.97	47.88		71.21	79.54	21.02		68.26
沙二下6		45.38		39.38		62.96		55.74
沙二下7	48.08	49.74	14.41	43.81	25.00	6.30		13.48
沙二下8	95.53	38.3	35.26	73.10	100.74			70.66
沙二下6-8	70.68	46.33	18.64	52.42	66.35	30.57		41.74
沙二下1-8	78.62	46.34	17.21	64.57	73.34	27.88		55.44

五、储层微观孔隙结构描述技术

储层的微观孔隙结构是影响储层物性和油气储集的重要因素，是储层微观非均质性研究的重要组成部分，它直接影响注入水的微观驱替效率。微观非均质性亦称孔隙非均质，是指砂体的孔隙喉道的大小及均匀程度、孔隙与喉道的配置关系和连通程度。

储层微观孔隙结构描述包括孔隙类型和孔喉分布特征两部分：

孔隙类型：对孔隙类型组合、孔隙度及裂缝填充物的成分、填充物性质及填充程度认识的变化情况进行描述，确定对储层储集和渗流起主导作用的孔隙类型。

孔喉分布特征：利用毛管压力曲线和铸体图像资料，对排驱压力、中值压力、最大孔喉半径、孔喉半径中值、喉道直径中值、相对分选系数、孔喉体积比和各级喉道所占百分数等孔隙结构特征参数的变化情况进行描述。

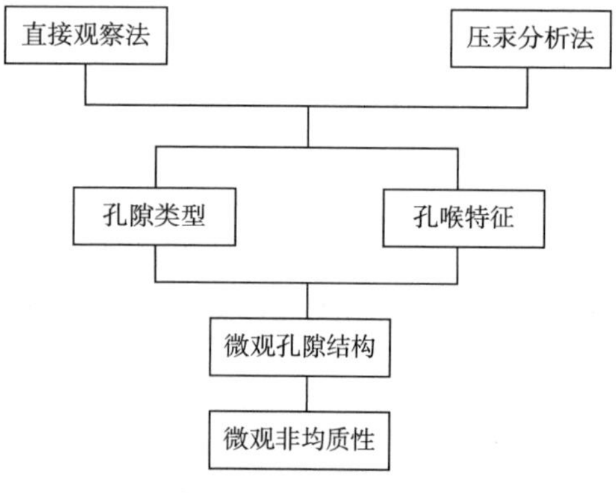

图2-59　储层微观孔隙结构描述技术流程

(一)技术方法

研究微观孔隙结构的方法较多，归纳起来可分两大类，一类为间接测定法，即毛细管压力法，主要为压汞分析法；另一类为直接观察法，包括薄片法、扫描电镜法及图像分析法等。应用取心井薄片、CT、电镜、压汞资料和黏土矿物分析资料，主要包括孔隙类型描述和孔喉分布特征描述，对区块储层微观孔隙结构特征进行研究，进而明确区块微观非均质性特征(图2-59)。

(二)技术要求及标准

储层微观孔隙结构描述技术参考《油藏描述方法第2部分：碎屑岩油藏》(SY/T 5579.2)。

开展孔隙类型描述重点描述常规薄片、铸体薄片和扫描电镜照片；孔喉特征分析重点是分析压汞曲线形态特征、孔喉大小参数(最大喉道半径 R_d、喉道中值半径 R_{50}、平均喉道半径 R_p)、孔喉分选的参数(喉道分选系数 S_P、相对分选系数 D、峰态 K_p、歪度 S_k)及孔喉连通性和渗流能力的参数(排驱压力 P_d、中值压力 P_{50}、结构系数 FF、特征系数 TT、退贡效率 W_e)，其余参数不做重点分析。

(三)实例分析

下述以文 33 块沙三上油藏为例简述微观孔隙结构描述技术。

1. 孔隙类型及特征描述

通过对研究区的普通岩石薄片、铸体薄片及扫描电镜资料分析，描述文 33 块孔隙类型可按成因可分为以下 3 种类型：原生孔隙、次生孔隙和混合孔隙。

2. 孔喉特征

利用毛管压力曲线和铸体图像资料，对排驱压力、中值压力、最大孔喉半径、孔喉半径中值、喉道直径中值、相对分选系数、孔喉体积比和各级喉道所占百分数等孔喉结构特征参数认识的变化情况进行描述。

(1)压汞曲线及其形态分析

压汞曲线反映了在一定驱替压力下水银饱和度可能进入的孔隙喉道的大小及这种喉道所连通的孔隙体积。应用压汞曲线可以对储集层的孔隙结构进行定量研究。通过对取心井压汞资料分析，认为文 33 块沙二下压汞曲线分为 3 种类型，即长平台Ⅰ型、短平台Ⅱ型和斜坡Ⅲ型(图 2－60)。

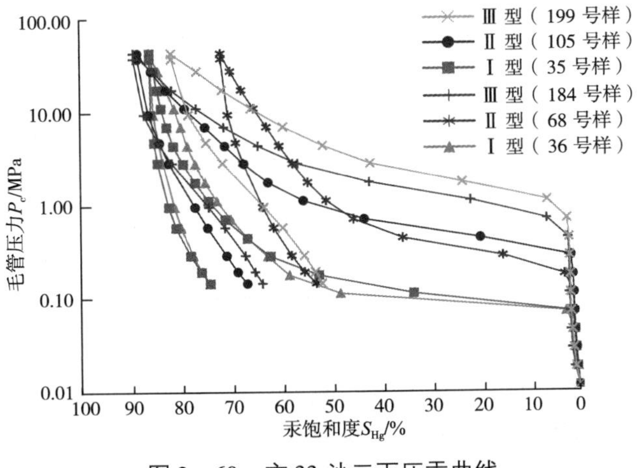

图 2－60　文 33 沙二下压汞曲线

Ⅰ型：毛管压力曲线呈长平台型，分选性好，呈粗歪度，排驱压力小(0.1MPa 左右)，最大连通孔喉集中程度高、孔隙结构均匀。

Ⅱ型：毛管压力曲线呈短平台型，分选中等，呈细歪度，排驱压力 P_d为 0.7～1MPa，最大连通孔喉集中程度一般、孔隙结构相对均匀。

Ⅲ型：毛管压力曲线呈缓坡或陡坡型，分选差，呈粗歪度，排驱压力 P_d >2MPa，最大连通孔喉集中程度低、孔隙结构极不均匀。

(2)孔隙结构的定量特征参数

对文 152 井的压汞资料做了压汞分析图和计算了上述的孔隙结构特征参数(表 2－

15)。以此数据库为基础对孔隙结构特征做分析研究和分类评价。

1)反映孔喉大小的参数。①最大喉道半径 R_d：与排驱压力相对应的孔喉半径。②喉道中值半径 R_{50}：指非润湿相饱和度为50%时，相应的喉道半径。文33块沙三上孔喉中值范围0.12~2.91μm，平均为1.07μm。③平均喉道半径 R_p：表示岩石全部孔隙平均孔喉大小的参数。该块的孔喉均值在0.92~4.69μm，平均值为2.49μm，属于小孔喉储层。

表2-15 文33块沙三上孔隙结构参数统计

样号	小层号	深度/m	微相	孔隙度/%	渗透率/mD	结构系数	特征系数	孔喉中值/μm	孔喉均值/μm	分选系数	相对分选系数	排驱压力/MPa	排驱效率/%	>0.1μm累积进汞量/%
620	1^3	2916.1	SH	20.7	70.4	3.60	0.93	1.38	3.16	0.94	0.30	0.095	62	90.9
630	1^3	2918.1	SH	22.2	124	1.84	1.51	0.85	2.9	1.04	0.36	0.13	68	91.5
643	1^4	2919.9	Q	23.8	223	2.84	1.80	2.28	4.66	0.91	0.20	0.085	53.1	94
667	1^4	2927.6	SH	12.5	6.1	26.03	0.12	1.6	3.22	1.02	0.32	0.2	39.9	84.6
695	2^3	2962.3	Y	17	6	21.69	0.12	0.4	2.5	0.95	0.38	0.21	37.2	64.4
696	2^3	2963.1	Y	10.3	1.3	15.44	0.11	0.47	1.28	0.74	0.58	0.65	38.3	88.7
703	2^4	2966.3	Q	13.6	0.81	17.41	0.08	0.17	0.92	0.64	0.70	1.06	38.8	63
704	2^4	2966.6	Q	12	1.3	14.70	0.11	0.11	1.14	0.7	0.61	1.8	35.4	54.6
724	3^3	2996.9	Q	19.3	45	8.49	0.55	2.69	4.02	0.86	0.21	0.11	49	87.3
745	7^2	3177.7	T	12.7	2.1	19.20	0.11	0.71	1.61	0.75	0.47	0.29	32.5	81.5
755	7^2	3177.8	T	13.6	6.7	6.37	0.47	0.32	1.6	0.53	0.33	0.18	57.2	92.3
760	7^2	3179.2	T	17.7	22.7	4.01	0.81	0.84	2.05	0.63	0.31	0.11	81.3	82.6
765	7^2	3179.8	T	18.4	39.6	7.05	0.72	2.6	3.52	0.69	0.20	0.11	44.4	86.3
769	7^4	3195.8	Y	16.1	29.8	11.23	0.45	2.91	4.12	0.82	0.20	0.1	43.7	87.3
775	7^5	3202	T	12.2	0.69	41.85	0.04	0.19	1.39	0.88	0.63	0.95	42.4	66.8
795	7^5	3206.5	T	17.5	46.3	3.28	1.08	1.8	2.66	0.75	0.28	0.19	39	80.1

2)反映孔喉分选的参数。①孔喉分选系数 S_p。该参数反映孔喉大小分布的集中程度，表示孔喉大小均匀程度的指标。计算公式：$S_p=(D_{84}-D_{16})/4+(D_{95}-D_5)/6.6$，并且 S_p 值越小，表示孔喉大小均匀，分选好，相反则差。一般认为分选系数 $S_p<0.35$ 为分选极好，S_p 为0.84~1.4，分选中等，$S_p>3$ 分选级差。文33块的孔喉分选系数在0.27~1.23，平均值为0.77，属于分选较好—中等。②相对分选系数 D。它是分选系数与喉道半径均值之比，$D=S_p/R_p$。该参数反映孔喉分布均匀程度，相对分选系数越小，孔喉分布越均匀。文33块相对分选系数0.16~0.7之间，平均值为0.38。③峰态 K_p。反映喉道分布频率陡峭程度的参数。$K_p=1$，为正态分布曲线；$K_p>1$，为高尖峰曲线；$K_p<1$，为缓峰或双峰曲线。文33块沙三上峰态为1.27~6.37，平均值为2.43。④峰值。孔喉分布频率曲线上最高峰的百分比。反映某连通喉道区间所控制的孔喉体积的最高峰。⑤歪度 S_k。又称偏态，表示喉道大小分布的对称性参数。$S_k=0$，为对称分布；$S_k>0$，为对正偏态；$S_k<0$，为负偏态。文33块沙三上偏态1.77~18.38，平均值为8.44。

3）反映孔喉连通性和渗流能力的参数。①结构系数 *FF*。该参数反映储集岩孔隙结构的好坏以及允许油气流动的难易程度。结构系数数值越大，储层物性越差，驱油效率越低。文 33 块沙三上储层孔隙结构系数分布在 1.47 ~41.85，平均值为 13.24，表明孔隙结构中等—较好。②特征系数 *TT*。特征系数是相对分选系数和孔隙结构系数乘积的倒数(1/*DQ*)，该值越大，储层的孔隙结构越好，储层的水驱油效率越高，文 33 块沙三上储层的孔隙特征系数在 0.0153 ~2.536，平均值为 0.53，表明孔隙结构中等。③排驱压力 P_d。表示非润湿相开始进入岩石孔隙的启动压力，即岩石最大连通孔喉中，连续流所需的最小压力，也称门槛压力。排驱压力越小，岩样的孔隙度、渗透率越大。文 33 块沙三上储层的排驱压力在 0.08 ~2.69MPa 之间，平均值为 0.49MPa。④排驱效率 W_e。也称退贡效率，它是在限定压力范围内，从最大注入压力降到最小压力时，从岩样中退出的汞体积占降压前注入汞总体积的百分数，称为排驱效率，它反映了非润湿相毛细管效应采收率。由于排驱效率是润湿相排驱非润湿相时所排出的非润湿相的相对值，因此对于水湿油层，它相应为水驱油的驱油效率。

压汞实验结果表明，排驱效率在 29.8% ~57.0% 范围内，平均值为 47.42%，也就是说水驱油的驱油效率为 29.8% ~57% 范围内，平均值为 47.42%。从以上孔隙结构参数统计结果分析，文 33 块沙三上储层孔隙结构具有小孔喉、分选较好、排驱压力较高、驱油效率中等的特点。

六、储层物性描述技术

储层物性描述是油藏描述的一项关键技术，通过取心井各类岩心分析资料对测井曲线的标定和建模，实现对储层地质关键参数的定量评价，测井信息及通过这些信息所求取的地质参数几乎应用于油藏描述的全部领域和贯穿油藏描述的全过程，同时根据新的资料开展测井二次精细解释，主要是泥质含量、孔隙度、渗透率和含油饱和度。图 2－61 为储层物性及渗透特征描述技术流程图。

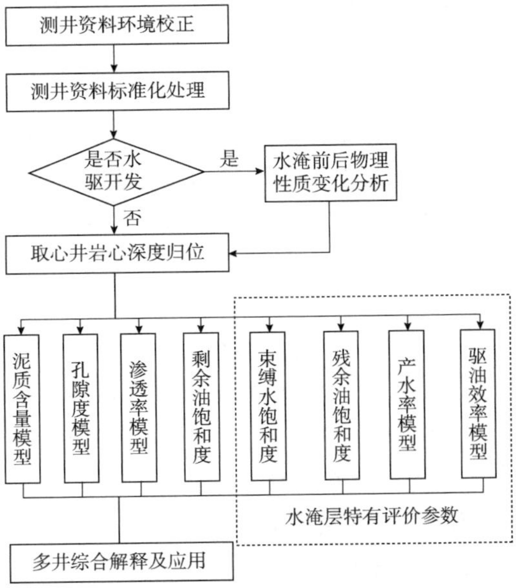

图 2－61　储层物性及渗透特征描述技术流程

（一）测井资料环境校正及标准化

泥质含量、孔隙度、渗透率及含油气饱和度等是反映储层岩性、物性和含油性最基本的参数，也是油藏储层物性及渗流特征描述的重要内容，这些参数虽然可通过取心分析获取，但取心资料往往相对有限，最终还得依赖测井资料来确定连续的参数。在测井储层参数评价前需对测井资料做有关的环境校正及标准化处理，其目的就是使全油藏范围内所有测井曲线具有统一的刻度，以保证测井资料及所计算的储层参数具有较高的精度和可比性，把可能影响原始资料响应值的各种系统误差减小到最低程度。

1. 测井资料环境校正

测井作业通常是在井筒中进行的，测井信息主要来自近井地层及井眼的贡献，因此，井眼条件的优劣是测井环境因素的重要研究内容，它会对测井曲线带来非地层因素的干扰，影响测井资料的品质，对后续研究和参数计算带来不利影响。测井资料环境校正，就是通过校正图版或校正公式，消除井眼、钻井液等测井环境对测井曲线的非地层因素影响，以提高测井资料的品质。

测井服务公司技术人员在单井获取原始测井曲线后，首先对该井的测井曲线进行回放，开展测井曲线进行深度和幅度检查，对有深度不匹配的曲线进行深度校正，然后利用各井采用的测井仪器对应生产厂家提供的图版或公式进行自然伽马和电阻率曲线环境校正，通常油田（油公司）研究人员拿到的数据已经是进行过初步环境校正后的数据，此时的声波时差、密度和补偿中子等与孔隙度参数求取密切相关的测井曲线还因井眼垮塌和钻井液气侵等造成部分井段对应测井曲线异常，通常采用优选部分质量较好的曲线，采用一元或多元线性拟合的方法对失真曲线段进行重构，实现对局部失真曲线的环境校正，下面以密度曲线井眼环境校正为例进行说明。

图 2－62 为濮 3－227 井密度曲线井眼环境校正图，图中 2770.0～2805.0m 井段存在井眼的明显垮塌，使得密度测量值严重失真，数值明显下掉，不能客观地反映地层的真实密度值，故需对井眼垮塌处的密度进行校正。选取密度曲线基本不受井眼环境影响的井段，优选相关性较高的如补偿中子、深感应电阻率等曲线采用测井曲线局部二元拟合的方法，对受扩径影响严重的密度曲线层段进行校正，以改善曲线的响应特征，为储层参数的精准评价奠定了基础。

除此之外，在东濮老油田部分井采用 74 型感应电阻率测井仪，由于感应电阻率测井按照其测量原理都是需要采用均质校正获取地层的真实电阻率，现阶段通常采用感应测井测井仪已在仪器的电子线路中做过了均质校正，而 74 型感应电阻率测井仪是没有设计均质校正电路，由此测得的视电导率值比实际值要小。因此，对早期 74 型感应电导率需进行均质校正：

$$CC = \lg CA \tag{2-1}$$

$$FC = 0.7067 - 1.7389CC + 4.0746\,CC_2 - 3.0177\,CC_3 + 1.1956\,CC_4 - 0.2425\,CC_5 + 0.0199\,CC_6 \tag{2-2}$$

$$COND = 10FC \tag{2-3}$$

式中 CA——早期 74 型感应测井仪实测视电导率，mS/m；

$COND$——校正后感应电导率，mS/m。

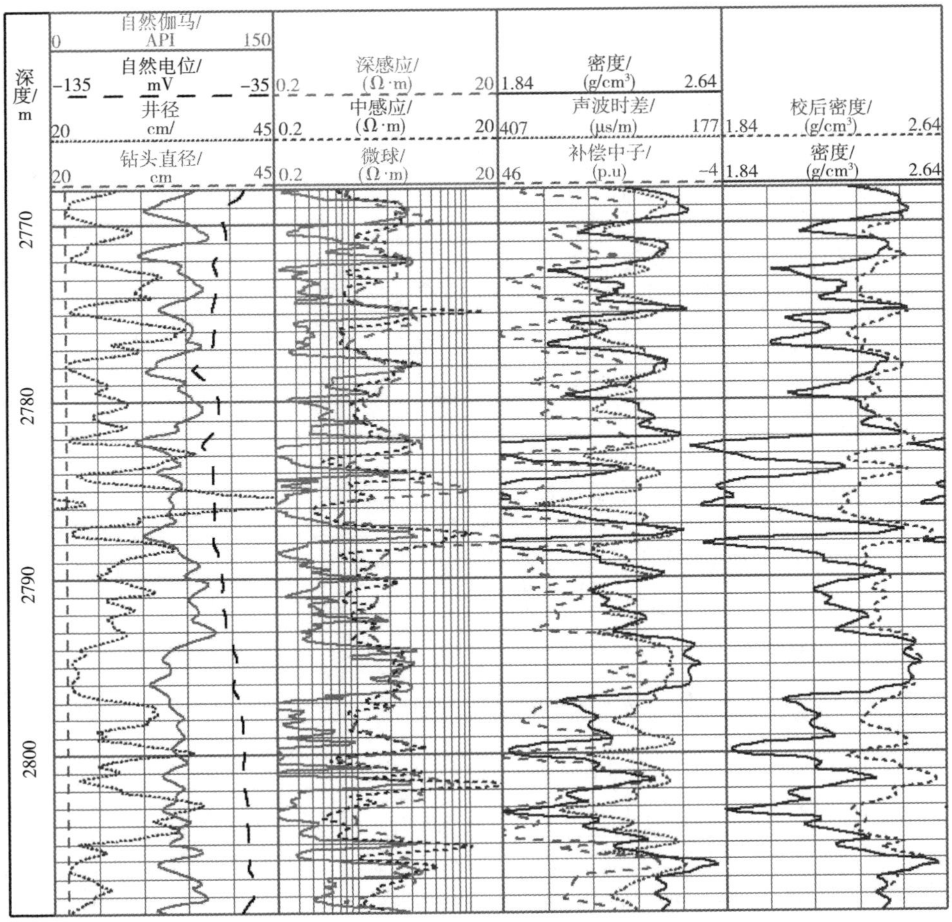

图 2－62　濮 3－227 井密度环境校正图

图 2－63 为文 79－26 井感应电导率均质校正图，图中均质校正后的感应电导率值大于校正前的值，电导率越大这种差异越明显，即水层的电导率经均质校正后数值增大明显，而油层的电导率增大幅度小，因此，均质校正后的感应电导率其油、水层的差异增大，这更有利于油水层的识别。另外，感应测井还存在井眼、薄互层的层厚围岩等校正，对应的测井仪器一般有各自的校正图版。

测井资料的环境校正不限于上述几条曲线，侧向等测井曲线也可能存在环境校正的问题，详细情况查阅有关的测井资料解释处理文献。如何判断测井资料是否受环境因素的影响，可以借助各种交会图、曲线重叠图开展分析，积累不同研究区、不同层位测井曲线响应特征的认知，不断提高对测井曲线质量的分析判断能力。

2. 测井资料标准化处理

由于不同时期使用的测井仪器型号不尽相同，即使同一时期还存在国产仪器和国外不同公司的测井仪器，不同的测井仪器系列间存在差异，每次测井刻度的误差也存在差异，加之测量环境等诸多因素的共同影响，必然会给测井数据带来一些非地层因素误差，为了消除上述诸多因素造成的井间测井数据不统一现象，在测井建模或储层参数解释前，有必要对储层参数计算有重要影响的声波时差、密度、中子等测井资料进行标准化处理，使井间的测井资料有良好的可对比性。

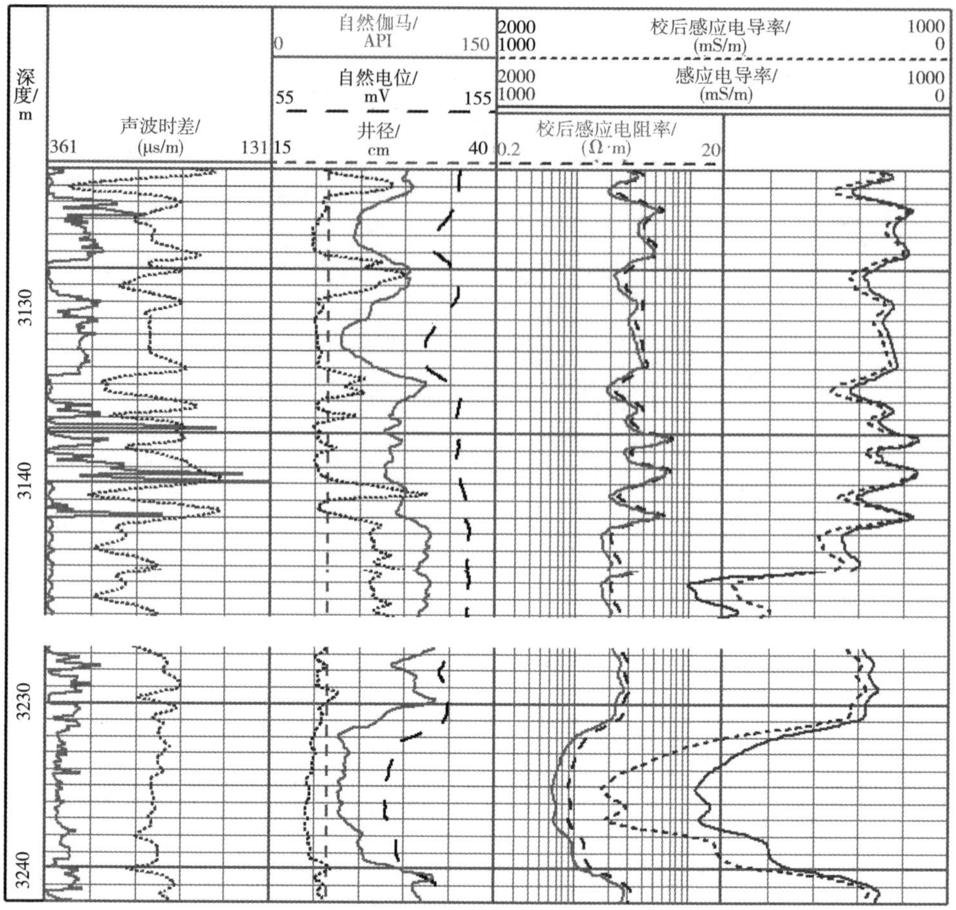

图 2－63　文 79－26 井感应电导率均值校正图

测井资料标准化处理的实质是依据一个油田或一个断块的同一层段一般具有相似的地质地球物理特征的原理，目前一般采用的标准化方法有二维直方图、频率交会图、多维直方图、趋势面分析法和均值－方差法等。对于陆相沉积地层且研究区测井资料较丰富时，一般可选用趋势面分析法进行声波时差、密度、中子和电阻率测井资料的标准化处理。具体步骤如下：

1）选取沉积稳定和分布范围广且有一定厚度的泥岩作为标准化层，并要求标准化层的测井读值可靠，进而通过标准化层的测井数据来衡量本井与其他井的数据是否偏大或偏小。

2）根据标准化层各井的测井数据，采用高斯正态分布法分别对声波时差、密度和补偿中子等测井数据进行拟合，获得概率最高的测井曲线的峰值，不同曲线的峰值作为相应测井曲线的特征值。

3）根据标准化层各井同一测井曲线的特征值，采用趋势面分析法得到研究区标准化层各井点该测井曲线的标准值。

4）标准值与实测值之差即为各井相应曲线的标准化校正量。如图 2－64 为文 33 块沙二上底部泥岩作标准层标准化后的声波时差等值图，标准化后的声波时差等值图与文 33 断块构造形态是基本吻合的，这实际上也反映了岩性相对稳定的地层声波时差值与地层的埋深有关，构造低部位的地层埋藏越深，地层的声波传播速度越快，对应地层的声波时差值越小，反之，处于构造高部位地层的声波时差越大，但这种差异变化是缓慢的、小幅度的。

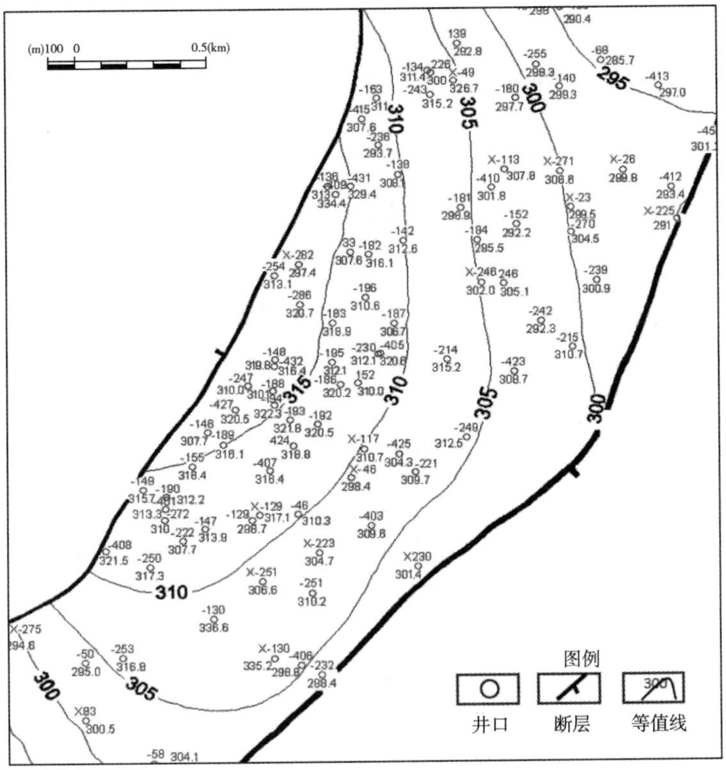

图 2－64 文 33 块标准化后的声波时差

(二)油层水淹前后物理性质变化分析

水驱开发油藏由于注入水的影响，地层发生了与原始的或开发初期的不同变化，表现在岩石的电学性质、孔隙结构、水动力学系统等均处于动态的变化过程中，但变化程度或变化大小与岩性本身有着密切的关系，不同地区或层位的储层变化也不尽相同。河南油田相邻的两口井，水洗后油层岩心资料与相同层位的原始状态油层岩心资料对比表明，粒度中值在 0. 15mm 以下、渗透率小于 65mD 的含油细砂岩、粉砂岩，水洗前后油层的渗透率、孔隙度无明显变化。大庆油田的研究结果也表明类似的特点，粒度中值小于 0. 10mm、空气渗透率小于 150mD 的低渗透性细砂岩，水驱前后岩石渗透率基本相同，而粒度中值为 0. 15mm 时，水驱后岩石的孔隙半径约为水驱前的 2. 86 倍。

为了利用测井资料研究油层水淹前后储层的物性、电性变化情况，以原始状态或开发初期邻井测井资料为参照值，以开发检查井的地层厚度和测井值为基准，对邻井测井资料的地层厚度进行拉伸或压缩，并以整体的泥岩层段为标准对邻井测井资料进行严格的标准化处理，以消除井间测井资料的系统误差。图 2－65 所示的是濮检 3 沙二下亚段的物性、电性等与 2 口邻井的对比图，濮 3－58、濮 3－185 和濮检 3 井分别为开发初期、中期、中后期完钻的井，声波时差曲线的变化比较小，电导率的变化幅度比较大，油层水淹后电导率数值变大，即电阻率值变小，并随着水淹程度的增强而增大，这对定性判别水淹层有着重要作用。

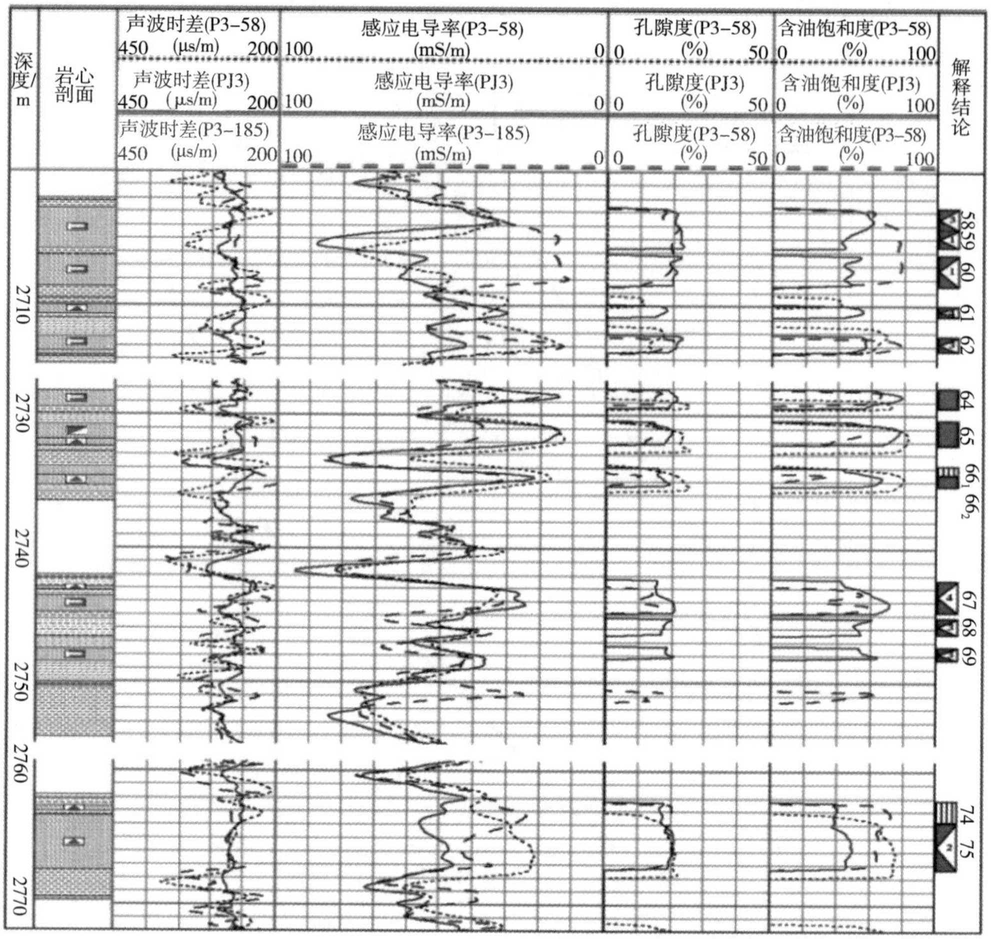

图2-65 濮检3与濮3-58、濮3-185井综合资料对比

1. 地层水矿化度和电阻率的变化特征

油层水淹后，注入水与原始地层水相混合。混合地层水矿化度(P_{wt})和电阻率(R_Z)的大小将取决原始地层水和注入水的矿化度以及注入水量。相对于原始地层水矿化度来说，注入水有淡水、地层水(盐水)和污水，相应地有淡水型、盐水型和污水型水淹层。地层水型(如边水、底水)水淹层中，混合地层水矿化度变化不大。污水型水淹层混合地层水矿化度有一定的变化，其大小视注入水的污水矿化度及注入量而变。淡水型水淹层混合地层水矿化度变化最大。

从电阻率来看，与原始地层水电阻率R_W相比，混合地层水电阻率R_Z也有3种可能：淡水型水淹层，R_Z增高明显，$R_Z>R_W$；地层水型水淹层，R_Z近似不变，$R_Z\approx R_W$；污水型水淹层，由于中原油田的原始地层水矿化度高，因此，污水的矿化度小于原始地层水矿化度，即$R_Z>R_W$，但电阻率的差别明显小于淡水型水淹层，中原油田目前的水淹层主要表现为污水型水淹。

2. 孔隙度的变化特征

不同开发阶段或水洗程度的岩心分析孔隙度与测井资料进行相关性分析表明，中高孔隙强水洗冲刷储层的孔隙度会增大，声波时差值与其对应的孔隙度而言是偏低的，即这类层的声波时差不能真实反映孔隙度的大小，而高孔隙未强水洗或中低孔隙储层其孔隙度变化不明显，声波时差值能较好地反映孔隙度的大小。文检 3 是处于油藏开发中后期的一口水淹检查井，图 2－66 为该井沙二下亚段测井综合图，第 26 号层为强水洗冲刷的水淹层，声波时差曲线在分析孔隙度包络线的右侧，表明声波时差反映的储层孔隙度较岩心分析偏小，第 32. 2 号层弱水淹，声波时差曲线能够很好的包络岩心分析孔隙度。

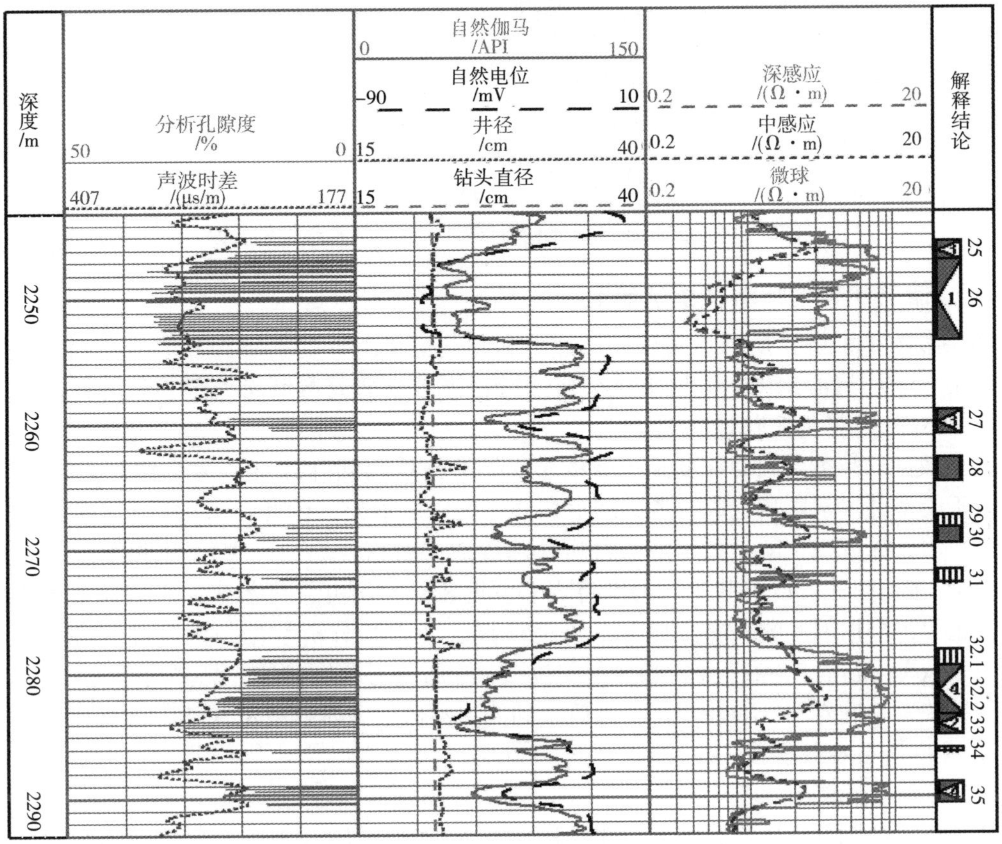

图 2－66　文检 3 井测井综合图

3. 渗透率的变化特征

油层水淹后其渗透率既受注入水冲刷的影响，又受储层泥质中的黏土矿物遇注入水膨胀的影响，二者对渗透率的影响往往是反向的。从水洗前后储层岩心渗透率与孔隙度的关系分析来看，在中低孔隙度段，渗透率的值稍小于水淹前的值，在中高孔隙度段，渗透率与孔隙度关系变化不大，只在中高孔隙强水洗冲刷储层，水淹后的渗透率是增大的，但渗透率的增大率小于孔隙度的增大率。图 2－67 为文检 3（WJ3）井区沙二下亚段不同开发期储层岩心分析渗透率与孔隙度散点关系图，开发中后期的文检 3 井孔隙度在 20%～30% 范围内渗透率与孔隙度的关系与初期井的差异不大，中低孔隙度水淹后的渗透率稍低于开发初期的，在孔隙度大于 30% 的高孔隙段，对应第 26 号强水洗冲刷层，其渗透率与孔隙度的关系线斜率变小，渗透率的增大率小于孔隙度的增大率。水洗后储层的渗透率除受水洗冲刷程度影响外，还与注入水和地层的配伍性有关，在岩性相对复杂的区块，渗透率与孔隙度的关系还受岩性的影响。

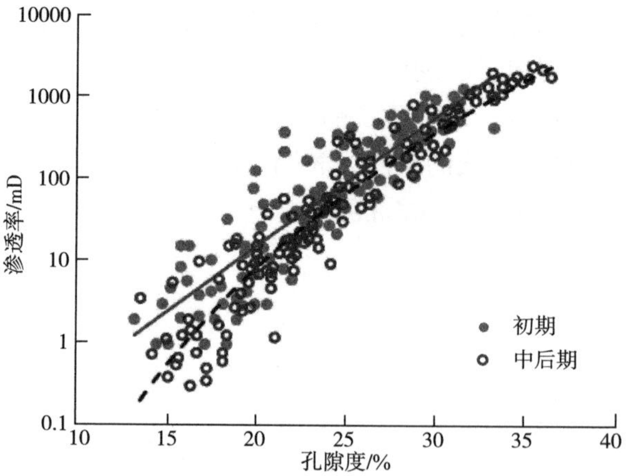

图 2-67　文检 3 井区不同开发期渗透率与孔隙度的关系

(三)储层参数精细解释模型研究

储层参数精细解释模型是实现储层评价和测井定量解释的基础。在岩心资料深度归位的基础上，采用岩心刻度测井的方法分区、分层系建立研究区储层关键参数解释模型。

1. 取心井岩心深度归位

岩心数据的深度与钻井深度是一致的，而钻井深度与测井深度是两个独立的深度系统，通常由于受多种因素影响造成两者之间存在一定的深度误差，因此，必须对岩心资料进行深度归位。岩心深度归位就是利用岩心分析孔隙度或岩石密度等与孔隙度测井曲线(声波、密度、中子)进行对比，以测井深度为准将岩心深度校正到测井深度上来。一般是先做系统的深度校正，再根据取心收获率做部分的深度微调，使岩心分析数据与测井曲线在深度上一致。图 2-68 为新濮 3-227 井岩心深度归位图，通过岩心深度归位，测井曲线的形态和数值能真实反映岩心的岩性、物性变化，为后续的储层参数模型研究奠定基础。

2. 通用储层参数模型

(1)泥质含量模型

几乎所有的测井方法都要受到泥质含量的影响，因而用来求泥质含量的测井方法也有多种，但每种方法都有其适用条件，最常用的是通过自然伽马测井来计算，在砂泥岩地层中，一般砂岩的自然伽马为低值，泥岩的为高值。在高自然伽马储层，则考虑用无铀伽马、补偿中子或自然电位等曲线计算泥质含量，各种测井方法定量计算泥质含量的经验公式如下：

$$\Delta SH = \frac{SH_{\log} - G_{\min}}{G_{\max} - G_{\min}} \tag{2-4}$$

$$V_{sh} = \frac{2^{GCUR \cdot \Delta SH} - 1}{2^{GCUR} - 1} \tag{2-5}$$

式中　$SH_{\log}$——解释井段内用于计算泥质含量的测井曲线(如 GR)值；

$G_{\min}$——计算泥质含量的测井曲线(如 GR)在纯砂岩处的测井值；

$G_{\max}$——计算泥质含量的测井曲线(如 GR)在纯泥岩处的测井值；

ΔSH——计算泥质含量的测井曲线(如 GR)相对值；

$GCUR$——地区经验系数，古近系、新近系地层取值 3.7，白垩系及其下部的地层取值 2.0；

V_{sh}——泥质含量。

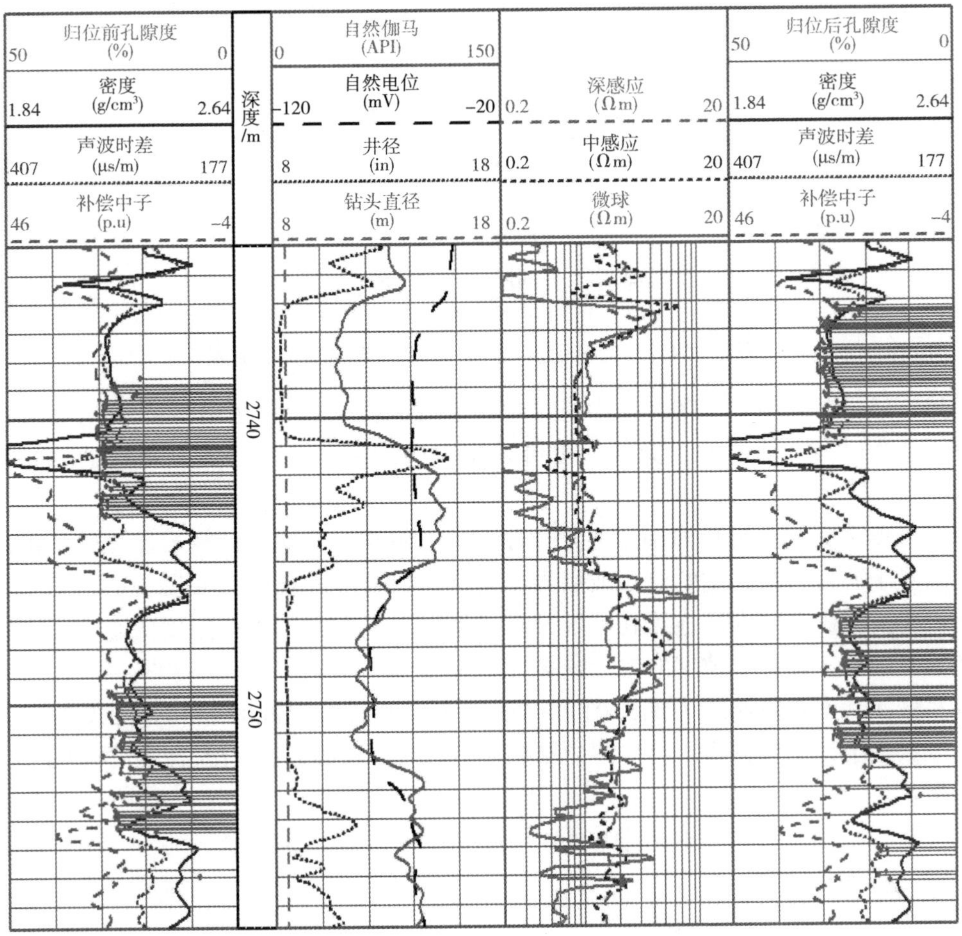

图 2－68　新濮 3－227 井岩心深度归位

如果研究区块有实验室测定的泥质含量数据，则可利用实验室测定的泥质含量数据与测井曲线(如 *GR*)相对值建立研究区块的经验关系式计算泥质含量。

(2)孔隙度模型

孔隙度参数在测井资料上主要通过声波时差、密度和中子孔隙度来反映，同时还与泥质含量等参数有关，通常采用岩心标定测井的方法，在建立储层孔隙度一元测井解释模型的基础上，进一步建立孔隙度多元测井解释模型。

1)孔隙度一元测井解释模型。在东濮凹陷各油气藏中，声波、密度、中子三孔隙度测井曲线中声波测井资料最为丰富，利用声波时差资料计算储层孔隙度是最常用的一种方法，图 2－69 为濮城东区沙二下亚段层点孔隙度－声波时差关系图，随着声波时差值的增大，储层的孔隙度也随之增大。通过数理分析，声波时差计算孔隙度的测井解释模型如式(2－6)所示，因此，该模型只适合岩性单一且较纯的储层，受压实影响的层段跨度不能太大。

$$\phi = 0.02267\Delta t - 39.703 \tag{2-6}$$

式中　ϕ——孔隙度，%；

　　Δt——声波时差，μs/m。

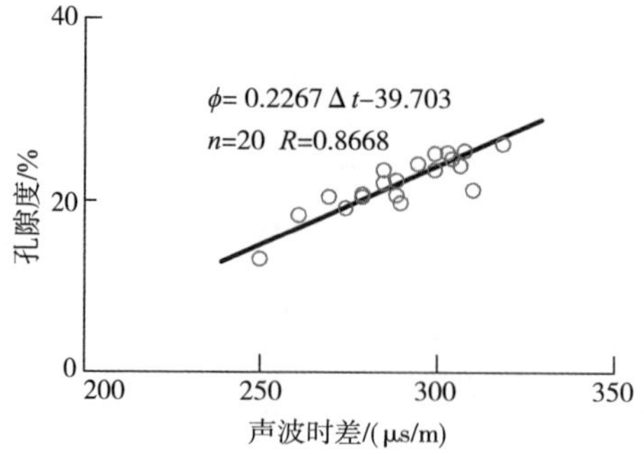

图2－69　濮城东区沙二下孔隙度与声波时差的关系

当然，如果单井测量了密度、中子等测井曲线，通过密度、中子和岩心分析孔隙度的交会分析认为也具有良好的相关性，也可采用对应的密度、中子建立对应的一元孔隙度模型。

2)孔隙度多元测井解释模型。通常孔隙度一元解释模型适合计算岩性比较质纯的储层孔隙度，对于泥岩含量偏重的储层或层界面附近的层是不适合用一元模型的，为了给油藏描述随机建模提供高精度的连续孔隙度计算成果，需考虑泥质对孔隙度的影响，在一元关系模型的基础上，建立孔隙度的二元或多元解释模型。

以濮城沙二下亚段储层为例，图2－70为该目的层段声波时差和孔隙度的交会关系图，通过数理统计交会分析，可以建立孔隙度(ϕ)与声波时差(Δt)及泥质含量的二元测井解释模型：

$$\phi = 0.1934\Delta t - 0.1887V_{sh} - 28.624 \qquad (2-7)$$

式中　V_{sh}——泥质含量，%。

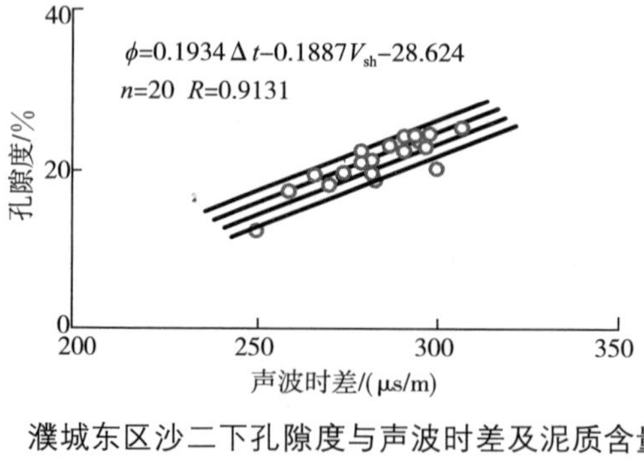

图2－70　濮城东区沙二下孔隙度与声波时差及泥质含量的关系

从图2－70可见，同一声波时差对应一组孔隙度值，随着泥质含量的增大孔隙度是降低的，因此要想利用测井资料获得泥质含量变化范围较宽的连续孔隙度值，必须考虑泥质含量的校正。

多元模型的相关性多好于一元模型，但考虑密度曲线受井眼环境影响可能明显，通常选用声波时差和泥质含量二元模型计算孔隙度。

(3)渗透率模型

实验室确定的岩样渗透率是空气渗透率，它的大小与岩石的孔隙结构密切相关，在测井资料评价中，常通过孔隙度和泥质含量来建立关系。为了提高模型的计算精度，结合取心物性分析资料的丰度，有条件时尽量分区块、分层系分别建立储层渗透率解释模型。对于长期注水开发老区，可以考虑按初期、中期、后期分别建立解释模型，以提高水淹储层渗透率的解释精度。

同样以濮城沙二下亚段储层为例，图2－71为该目的层段的孔隙度(ϕ)和渗透交会关系图，通过数理统计交会分析，可以建立渗透率与孔隙度的一元测井解释模型：

$$\lg K = 0.1554\phi - 1.4179 \tag{2-8}$$

式中 K——储层渗透率，mD。

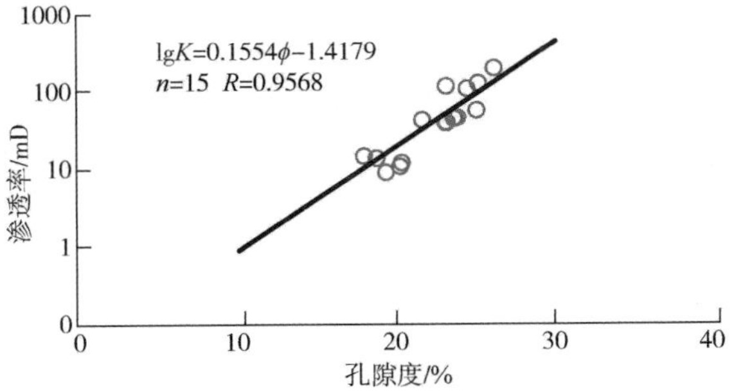

图2－71 濮城东区沙二下渗透率与孔隙度的关系

在一元关系模型的基础上，因目标段储层渗透率和泥质含量(V_{sh})具有较好的相关关系，因此可建立二元渗透率模型：

$$\lg K = 0.1434\phi - 0.01259V_{sh} - 1.0301 \tag{2-9}$$

(4)含油饱和度模型

对于东濮凹陷和内蒙探区油藏储层孔隙类型主要为孔隙型的砂岩储层，且地层水的矿化度整体较高，一般采用阿尔奇公式即可计算出相对准确的储层含水饱和度，进而可计算出含油饱和度或剩余油饱和度，即：

$$S_w = \sqrt[n]{\frac{abR_z}{R_t\phi^m}} \tag{2-10}$$

$$S_o = 1 - S_w \tag{2-11}$$

式中 S_w——含水饱和度；

S_o——含油饱和度或剩余油饱和度；

a、b、m、n——岩电系数；

R_z——混合液电阻率，原始状态或开发初期则为地层水电阻率，Ω·m；

R_t——地层电阻率，Ω·m。

3. 水淹层特有参数模型

在水驱开发的油藏中，水淹后的储层孔隙中，通常包含束缚水、可动水、可动油和残余油四部分，束缚水和可动水这两部分构成了上述基于阿尔奇公式计算的含水饱和度，可动油和残余油这两部分构成了上述基于阿尔奇公式计算的剩余油饱和度，但在水淹层中为准确评价出水淹层的水淹状况，必须对四部分流体各自对应的饱和度分别予以求取。

(1)束缚水饱和度模型

大量的研究成果表明，在同一油气藏内，束缚水饱和度与岩性、物性有密切关系，同时还与油藏高度有关，通常在油藏水淹区中岩心束缚水饱和度常采用3种方法确定：一是利用油藏未注水开发初期的油层密闭取心分析的含水饱和度作为束缚水饱和度；二是利用岩心压汞实验确定束缚水饱和度；三是利用相渗资料确定束缚水饱和度。通常储层的束缚水饱和度和孔隙度、渗透率呈较好的负相关关系，据此可利用岩心分析资料建立束缚水饱和度的解释模型，以文33块沙三上为例，利用文152井密闭取心资料建立的束缚水饱和度的模型表达式：

$$S_{wi}=48.17-0.4253\phi-7.3433\lg K \tag{2-12}$$

式中 S_{wi}——密闭取心样确定的束缚水饱和度，%；

ϕ——孔隙度，%；

K——渗透率，mD。

通常在未水淹的油层利用该方法计算的束缚水饱和度结果与阿尔奇公式计算结果有较好的一致性，因此这也作为验证模型可靠性的一种手段。在水淹层中进而可计算出可动水饱和度：

$$S_{wf}=S_w-S_{wi} \tag{2-13}$$

式中 S_{wf}——可动水饱和度，%。

(2)残余油饱和度模型

残余油是指注水开发结束时，注入水在波及区或孔道内已扫过区域仍然残留、未能被驱走的原油，残余油饱和度是储集层进行水淹层解释时的一个重要参考值，它除受岩性、物性等方面因素影响外，还与采油配套工艺技术有关。在相渗实验中，通常将水驱油过程中岩样产水为100%时的含油饱和度称为残余油饱和度。在此研究的残余油饱和度是指通过水驱油实验计算残存在油层中的最小含油饱和度值，即水驱开发油层的残余油极限最小值。通过大量的交会分析发现，残余油饱和度与孔隙度、渗透性以及束缚水饱和度有密切的关系，通常孔隙度越大，残余油饱和度越小，另在孔隙度相同情况下，束缚水饱和度越大，对应的残余油饱和度也越大，除此之外残余油饱和度还与粒度中值和泥质含量等有关。通常因受资料的限制，选用孔隙度和渗透率参数来反映残余油饱和度的变化，以文东沙三中油藏为例，利用岩心分析资料建立的残余油饱和度计算模型：

$$S_{or}=36.651-0.04787\phi-5.2791\lg K \tag{2-14}$$

式中 S_{or}——残余油饱和度，%。

在水淹层中进而可计算出可动油饱和度：

$$S_{of}=S_o-S_{or} \tag{2-15}$$

式中 S_{of}——可动油饱和度，%。

(四)多井解释及成果应用

利用研究工区确定的储层参数解释模型，对研究工区的井进行测井资料储层参数处理解释，由此可提供连续的储层泥质含量、孔隙度、渗透率和含油饱和度(剩余油饱和度)等计算结果，为后续的油藏精细描述提供重要的输入参数。

1. 编制孔隙度等值图

将前期研究解释的孔隙度值加载到相关绘图软件，在二维图上显示井位和孔隙度值，参考岩相分区图、砂岩厚度等值图变化趋势，并确定等值线区间，采用手工绘制或者软件自动绘制等值图。检查确保等值图的最大和最小值在合理区间，绘制时应参考沉积微相平面的展布。孔隙度等值图的典型图件见图2-72。

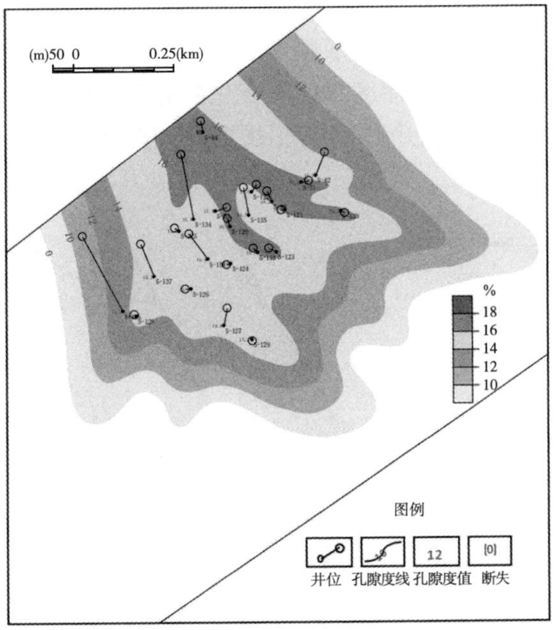

图 2－72　胡五块沙三下 4 砂组 11 小层孔隙度分布

2. 编制渗透率等值图

将统计的渗透率统计值加载到相关绘图软件，在二维图上显示井位和渗透率值；参考岩相分区图、砂岩厚度等值图和孔隙度等值图，并确定等值线区间，采用手工绘制或软件自动绘制等值图，检查确保等值图的最大和最小值在合理区间，渗透率值不应出现负值，绘制时应参考沉积微相及孔隙度的展布。渗透率等值图的典型图件见图 2－73。

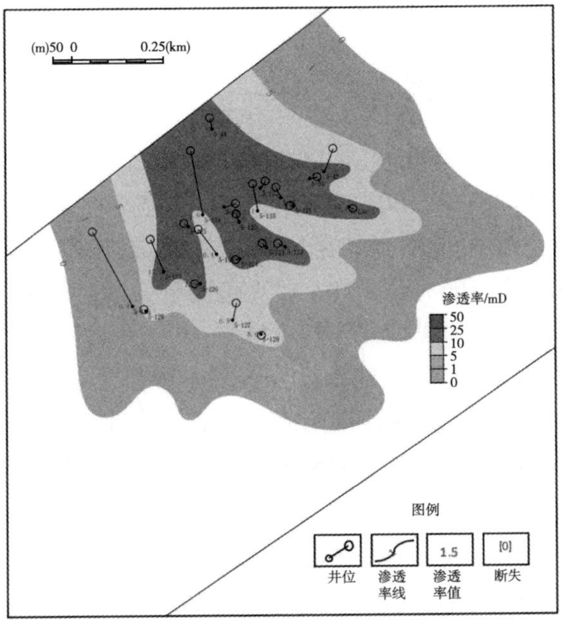

图 2－73　胡五块沙三下 4 砂组 11 小层渗透率分布

3. 编制剩余油饱和度等值图

将前期研究解释的剩余油饱和度值加载到相关绘图软件，在二维图上显示井位和含油饱和度值，参考岩相分区图、砂岩厚度等值图变化趋势，并确定等值线区间，采用手工绘制或软件自动绘制等值图。剩余油饱和度等值图的典型图件见图 2－74。

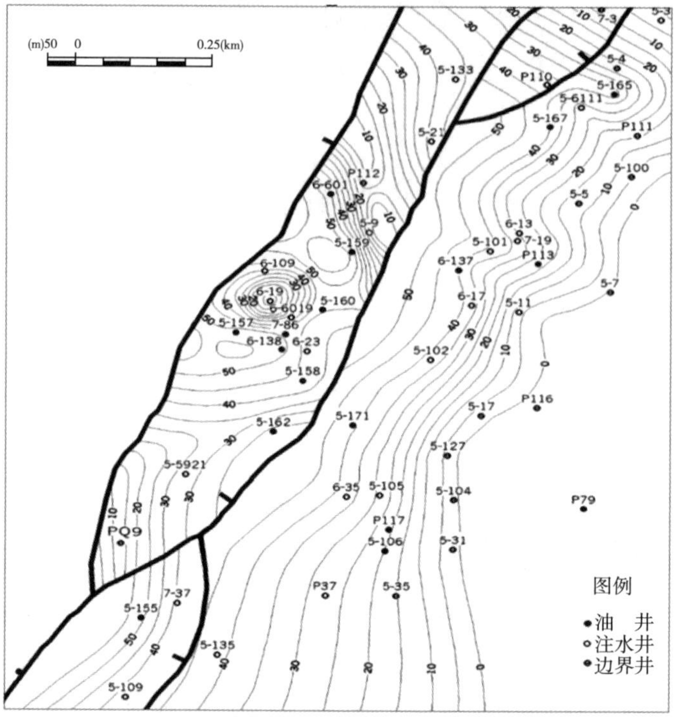

图 2－74　剩余油饱和度等值图

七、储层非均质性描述技术

储层非均质性是指油气储层在漫长的地质历史中，经历了沉积、成岩及后期构造作用的综合影响，使储层的空间分布及内部的各种属性都存在极不均匀的变化。在油田开发中，储层非均质性会导致多种问题，如层间干扰、单层突进和注采不平衡等。这些问题不仅影响油田的开发效率，还可能导致最终采收率的降低。通过研究，揭示研究区储层在岩性、物性和含油性等方面的各向异性或非均质特征，揭示砂体展布、连通程度在纵横向上的变化规律，即在三维空间的非均质性特征，有利于分析了解流体在储层中的运动规律，合理调整开发层系及注采系统，预测产能与生产动态，为改善油田的开发效果提供可靠的地质依据，因此储层非均质性的研究是油藏描述和表征的核心内容。

(一) 技术方法

储层非均质性描述主要是利用已有的岩心观察资料、分析化验资料、测井数据和单砂体物性数据等数据，通过数据统计计算、绘图等形式，对储层的粒度韵律、渗透率的大小、隔夹层的分布、钻遇率和各层级的非均质系数的计算等开展研究。图 2－75 为储层非均质性描述的技术流程图。

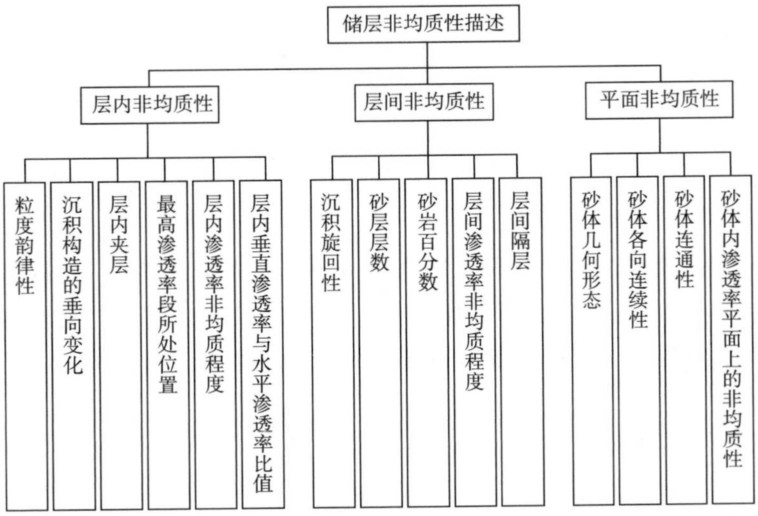

图2－75　储层非均质性描述的技术流程图

1. 层内非均质性

层内非均质性研究主要关注单一油层内部垂向上储层性质的变化，主要包括渗透率、粒度和夹层分布等因素的垂直变化。

(1)粒度韵律性

粒度韵律性是描述一个单砂层内部碎屑颗粒粒度大小在垂向上的变化序列，主要是利用储层岩性和测井曲线等资料通过地质绘图软件绘制柱状图开展研究。粒度韵律性分3种类型：

1)正韵律　碎屑颗粒粒度具有底部粗，向上依次变细的粒序特征；

2)反韵律　碎屑颗粒粒度具有底部细，向上依次变粗的粒序特征；

3)复合韵律　上述两者的不同组合，由多个渗透率从低到高(或相反)交错叠合，有2个(或以上)的高渗部位。

(2)沉积构造的垂向变化

利用岩心资料描述单砂层内各种层理类型，比如交错层理、波状层理和平行层理等，以及各沉积构造纵向变化规律，反映沉积环境的变化，如水动力条件的变化、沉积速率的变化以及沉积物的来源和性质的变化，进一步帮助开展非均质性研究。

例如，在河流环境中，交错层理和斜层理可能交替出现，反映出水流方向和强度的变化；而在潮汐环境中，波状层理和透镜状层理可能共同出现，显示潮汐作用的交替影响；在快速流速条件下，可能会形成交错层理；而在低能环境中，则可能形成平行或水平层理。

(3)层内夹层

夹层主要由沉积作用和成岩作用形成。由沉积作用形成的隔夹层主要有以下3种类型，前三角洲泥质隔夹层：这种隔夹层厚度大且较稳定，多数形成小层间的稳定隔层，在测井曲线上表现为泥岩特征；侧翼沉积泥质隔夹层：这类隔夹层泥质较薄，分布不稳定，在测井曲线上，其自然电位幅度低，自然伽马值升高，微电极曲线无幅度差；物性隔夹层：这类隔夹层具有一定孔隙度和渗透率，但未达到有效厚度物性下限，在测井曲线上，其自然电位幅度低，自然伽马值比有效砂岩略升高，微电极曲线介于泥岩和砂岩之间，有一定幅度差。

由成岩作用形成的隔夹层最常见的就是钙质砂岩，它是砂质沉积物在成岩作用过程中，有机质热演化产生的大量 CO_2 与地层水中的 Ca^{2+}、Mg^{2+} 离子结合形成的碳酸盐胶结致密层，物性较差。

目前碎屑岩研究中，国内学者采用最多的分类方案是将夹层分为泥质、物性以及钙质夹层 3 类。

1）夹层的识别。夹层的识别主要是以岩心精细观察描述为基础，统计取心井夹层的自然电位、自然伽玛、声波和密度等测井曲线值，制作交会图，优选对夹层较敏感的测井曲线，建立不同类型夹层的测井曲线响应特征，绘制夹层电性交会图版，依据图版结合测井曲线数据识别夹层。

2）井间夹层预测。进行井间夹层预测时，首先要在前文夹层级次划分的前提下进行，相同级次的夹层才能进行井间对比连接，体现了沉积等时性原则；其次，考虑夹层的成因进行夹层的井间展布预测，同一个夹层其形成时的水动力条件、成岩环境基本一致；另外，当 2 口井同一级次隔夹层的岩性不同时，可对比性低，岩性相同时，对比性较高；同时，在隔夹层的井间预测时，还要考虑相对高程的变化。如果相邻井钻遇的同一级次的隔夹层出现较大的高程差异，且井间距离较大，应该认为其属于不同的隔夹层，在井间对比的时候认为其可对比性较低。利用上述方法进行隔夹层的井间预测仍然具有一定的不确定性，如果研究区具有水平井资料，可以考虑水平井井眼轨迹，对井间隔夹层进行更为精确的预测。老区开发时间长，具有丰富的开发动态资料，夹层的展布对于生产具有明显的影响。因此，可以通过生产动态资料对井间夹层预测结果进行验证，能够对夹层影响下的油水运动和剩余油分布规律具有实际的指导意义。

3）夹层的延伸长度。夹层的延伸长度可以通过夹层井间精细对比分析及统计，获取平行物源方向和垂直物源方向不同沉积微相夹层的厚度与延伸长度的关系图来表征。

4）夹层分布特征描述。夹层剖面分布特征可以结合单一厚砂体内部夹层发育模式来进行研究。通过描述单一厚砂体内部夹层发育模式，明确夹层纵向分布特征。

夹层的平面分布特征与沉积微相具有相关性，不同的沉积微相内部发育的夹层类型也有所差异，统计不同沉积微相内部夹层的厚度和个数，绘制单砂体内部夹层密度分布图和频率分布图，以此表征油藏夹层平面分布特征。夹层密度指单位岩层发育的夹层厚度，夹层频率指单位岩层厚度内发育的夹层个数，夹层频率越大，说明夹层越发育，储层非均质性越强。频率计算式(2－16)如下：

$$P = N/H \tag{2-16}$$

式中 P——夹层频率，个/m；

N——小层内夹层个数，个；

H——地层厚度，m。

结合研究区沉积相分布特征、夹层最大厚度与最大延伸长度的关系绘制夹层厚度、频率等分布图以及不同小层夹层密度、频率分布平面图。

(4)最高渗透率段所处位置

主要描述层内最高渗透率段是处于砂层底部、顶部还是中部，并分析最高渗透率段所处位置与粒度韵律性关系。

(5)层内渗透率非均质程度

层内渗透率非均质程度主要是通过分析取心井的非均质参数来研究的，其中非均质参数主要包括渗透率变异系数、渗透率级差和渗透率突进系数等(参数的算法与层间非均质性部分的非均质参数算法一致)。一般与沉积微相相结合，反映层内渗透率非均质程度，也可以绘制岩心综合柱状图以直观地表示其非均质程度。

(6)层内垂直渗透率与水平渗透率比值

垂直渗透率与水平渗透率的比值通常用来描述油层的非均质性，这种差异对油层注水开发中的水洗效果有显著影响。具体来说，当垂直渗透率与水平渗透率的比值较小，即流体在垂直方向上的渗透能力较低时，层内水流波及厚度可能较小。这意味着在注水开发过程中，水流在垂直方向上的扩散受限，导致水洗效果不佳。在一些块状裂缝性油藏中，由于高角度裂缝发育，垂直渗透率与水平渗透率的比值较高，这可能导致注水开发中底水锥进快，从而影响开发效果。

2. 层间非均质性

层间非均质性是指砂体的层间差异，包括沉积的旋回性、砂层间渗透率的非均质程度、隔层分布等。主要包括以下几个方面的研究：

(1)沉积旋回性

沉积旋回性或宏观的沉积层序，是不同成因、不同性质储层砂体和非储层隔层按一定规律排序叠置的表现，是储层层间非均质性的沉积成因。

通过高分辨率层序地层学研究来识别和量化层间非均质性的沉积旋回性，可以采用以下方法：建立高分辨率层序地层格架，通过识别不同级别的基准面旋回(如四级、五级和六级层序)，更精确地划分和量化沉积旋回。

(2)砂层层数

统计研究区内所有单井钻遇的砂层，以平均单井钻遇砂层层数表示(钻遇砂层总层数/统计井)。

(3)砂岩百分数

计算砂岩百分数，一般采用垂向剖面上砂岩总厚度与地层总厚度之比，以百分数表示。

(4)层间渗透率非均质程度

层间渗透率非均质程度描述，一般利用物性解释成果统计研究区各小层的渗透率范围，通过计算层间的平均渗透率、渗透率的变异系数、渗透率级差及渗透率单层突进系数等参数来表征。

1)平均渗透率。如果渗透率的分布规律属对数正态分布，则用几何平均方法求得一个层组或一个区块的渗透率平均值。如果渗透率的分布规律既不是正态分布，又不是对数正态分布，则需用调和平均法。

2)渗透率级差。渗透率级差，是指同一种岩性或同一层位的最大渗透率与最小渗透率比值，其值越大，单层非均质性越强。但这种方法只考虑了最大值与最小值，忽略了中间数值对储层非均质性的影响，因此还需结合其他参数进行综合评价。

3)单层突进系数。渗透率单层突进系数是指同一种岩性或同一层位的最大渗透率与平均渗透率比值，其值越大，非均质性越强。

4)渗透率变异系数。渗透率变异系数 V_k 是用于度量统计的若干数值相对于其平均值的分散程度，数值越大，非均质性越强，一般是通过计算某一层段中渗透率标准偏差与平均渗透率比值来表示，见式(2－17)。按中原油田的划分标准一般认为 $V_k<0.5$ 为均质，V_k 介于 0.5～0.7 为较均质，$V_k>0.7$ 为不均质。

$$V_k=\frac{\delta}{\bar{K}} \qquad \delta=\sqrt{\sum_{i=1}^{n}(K_i-\bar{K})^2/n} \tag{2-17}$$

式中 V_k——渗透率变异系数；

δ——渗透率的均方差，mD；

K_i——第 i 个渗透率样本值，mD；

$\bar{K}$——渗透率样本的平均值，mD；

n——样本数量。

(5)层间隔层

层间隔层的描述内容主要包括：隔层的岩性及物性标准、隔层在剖面上的分布(位置)、隔层的厚度及其在平面上的变化、隔层的分隔性、渗透性、膨胀性和裂缝发育状况。

3. 平面非均质性

储层平面非均质特征是指砂体在平面上的几何形态、连通性、连通程度、砂体孔隙度和渗透率的平面变化及渗透率的方向性等。平面非均质直接关系到开发过程中开发井网的布置、注入剂的平面波及效率及残余油的平面分布。

(1)砂体几何形态

砂体的几何形态是其各向大小的反映，一般以长宽比及宽厚比分类。例如，席状砂体的长宽比近似于1∶1，宽厚比大于1000；土豆状砂体的长宽比小于3∶1，宽厚比大于100；而条带状砂体的长宽比大于3∶1，宽厚比大于30。砂体越不规则，其非均质性越强。

(2)各向连续性

砂体的各向连续性描述内容包括：砂体各向长度(m)、一定井网下的控制程度(2口井或2口以上井同时钻遇砂体厚度占砂体总厚度的百分数)、钻遇率(钻遇砂体井数占总井数的百分数)、宽厚比、砂体实际宽度与既定井距之比。

(3)砂体连通性

砂体连通性研究，首先要对连通状况进行分类。各种成因单元砂体在垂向上和平面上相互接触连通所形成的复合砂体称“连通体”，根据砂体的连通状况可将砂体的连通类型分为以下几类：

1)多边式。侧向上相互连通为主。

2)多层式(或称叠加式)。垂向上相互连通为主。

3)孤立式。未与其他砂体连通者。

在砂体连通状况分类的前提下，开展对连通性的描述，其内容包括：

1)砂体配位数。与一个砂体接触连通的砂体数。

2)连通程度。一个砂体与另一个砂体连通部分的面积占该砂体总面积的百分数，或以连通井数占砂体控制井数百分数表示。

3)连通体大小。指一个连通体内包括多少个成因单元砂体及连通体的总面积或总宽度。

4)砂体接触处的渗透能力。

(4)砂体内渗透率平面上的非均质性

砂体内渗透率平面上的非均质性研究主要包括宏观渗透方向性和微观渗透方向性。

宏观渗透率方向性：指砂体内岩性变化引起的方向性。描述内容包括：主体带与边缘带的差别、沉积高能带与低能带的差别和砂体几何形态引起的方向性(描述其具体方向性，以方位角表示)。

微观渗透率方向性：指砂体内沉积构造和结构因素引起的渗透率方向性，即各向异性，以各向渗透率之间的比值表示。

砂体总体上的平面非均质性应描述以下内容：井点渗透率变异系数的平面变化、不同等级渗透率的面积(井点或体积)的分布频率、在注采井网确定条件下注入井与各采出井之间连通渗透率的差异程度。

(二)技术要求及标准

1. 技术要求

储层非均质性研究中，需要充分利用现代技术手段，如高分辨率层序地层学和储层流动单元分析等，通过数据统计计算和绘图等形式开展研究，研究过程中应根据研究区的具体特征着重研究，如对于厚油层，应着重开展层内非均质性，尤其是夹层的研究。对于砂泥薄互层，应着重开展层间非均质性研究，尤其是隔层的研究。

2. 技术标准

非均质研究技术标准参考《油田开发地质基础图件编制技术规范 & 附图》(Q/SH 1025 1043)相关图件编制技术方法。

制作岩心综合柱状图时，一般将作图范围内的取心资料拼接成完整的岩心剖面，若某些层位缺乏取心井，要选用能代表本油田本层位地质特征的典型井的地质录井资料和取心资料一起拼接成完整的岩性、电性剖面；岩心综合柱状图左侧为相应的地层所属的界、系、统、组、段和砂层组等；柱状图中间井柱左侧为相应层段的微电极、自然伽马和自然电位曲线(或选其中1~3种)，井柱中为岩性剖面，井柱右侧为电阻率曲线或感应电导曲线；柱状图右侧为储层厚度、储层物性资料、试油资料以及选用井号、井段；开展隔夹层研究时，应用井位坐标、分层数据及井斜数据校准地下井位，根据取心资料，确定隔(夹)层的岩性、电性和物性，通过岩电对比，建立隔(夹)层的电性标准，在测井组合图上读取隔(夹)层的厚度数据，厚度起算标准为0.2m，整理成表；计算非均质系数时，一般非储层(干层)的渗透率不参与计算。

(三)实例分析

1. 层内非均质性

以文33块沙二下油藏夹层的描述和层内渗透率非均质程度为例。通过对取心资料的研究，结合测井曲线，建立文33块沙二下油藏不同类型夹层的测井曲线响应特征，绘制夹层电性交会图版，依据图版结合测井曲线数据识别夹层，图 2－76 为文 33 块沙二下隔夹层电性界限。

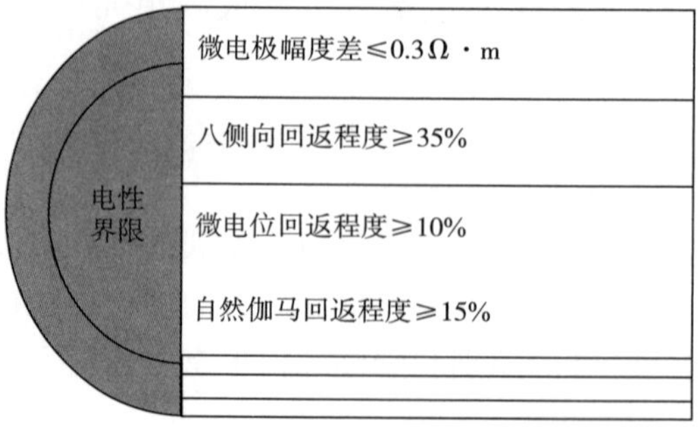

图 2－76　文 33 块沙二下隔夹层电性界限

通过对工区夹层的井间预测及延伸长度的研究，绘制夹层的平面展布图，明确文 33 块沙二下油藏的夹层主要具有以下特征：主力砂体的隔夹层平面展布不稳定，以零散分布型和断续分布型为主；河道内夹层厚度平均 0.8m，垂直河道方向延伸 40～110m，顺河道延伸低于 300m；侧翼及前缘席状砂夹层厚度平均 1.2m，垂直河道方向延伸 150～300m，顺河道方向延伸低于 600m；河道侧翼及前缘席状砂相带夹层较河道发育；同一相带内，顺河道方向为夹层展布优势方向。

统计分析工区所有取心井的分析化验资料，分沉积微相研究各储层的粒度分布、渗透率突进系数、级差及变异系数，进而表征研究区的层内非均质程度，如表 2－16 所示。

表 2－16　文 33 块层内非均质定量评价

微相	变异系数	渗透率极差	突进系数	层内非均质强度
水下分流河道	0.7～0.8	88～120	3.1～5.6	强
水下分流河道侧翼	0.8	93	3.2	较强
前缘席状砂	0.5	64	2.5	中等
远砂	0.7	82～80	2.3～2.8	中等—强

岩心综合柱状图可以直观地表示层内非均质程度(图 2－77)。

2. 层间非均质性

以胡 12 块沙三中油藏层间渗透率非均质程度及隔层描述为例。分小层统计工区沙三中 9－10 砂组所有单砂体储层的渗透率值，通过上述方法，分别计算各小层的渗透率级差、突进系数和变异系数，然后绘制直方图(图 2－78)。由图可知，沙三中 9－10 砂组的单井层间突进系数主要大于 15，占总数的 50.2%；单井层间级差很大，主要分布在 250～500；单井层间变异系数主要分布范围 0.7～0.9，变异系数大于 0.7 的占 86.6%，因此认为该块层间非均质性严重。

通过绘制和分析研究区各砂组间及各流动单元间的隔夹层厚度等值线图，分析认为胡 12 块沙三种油藏各砂组间隔层厚度的变化范围一般为 3～10m，而流动单元间隔夹层厚度较小，一般为 0.5～5.0m。

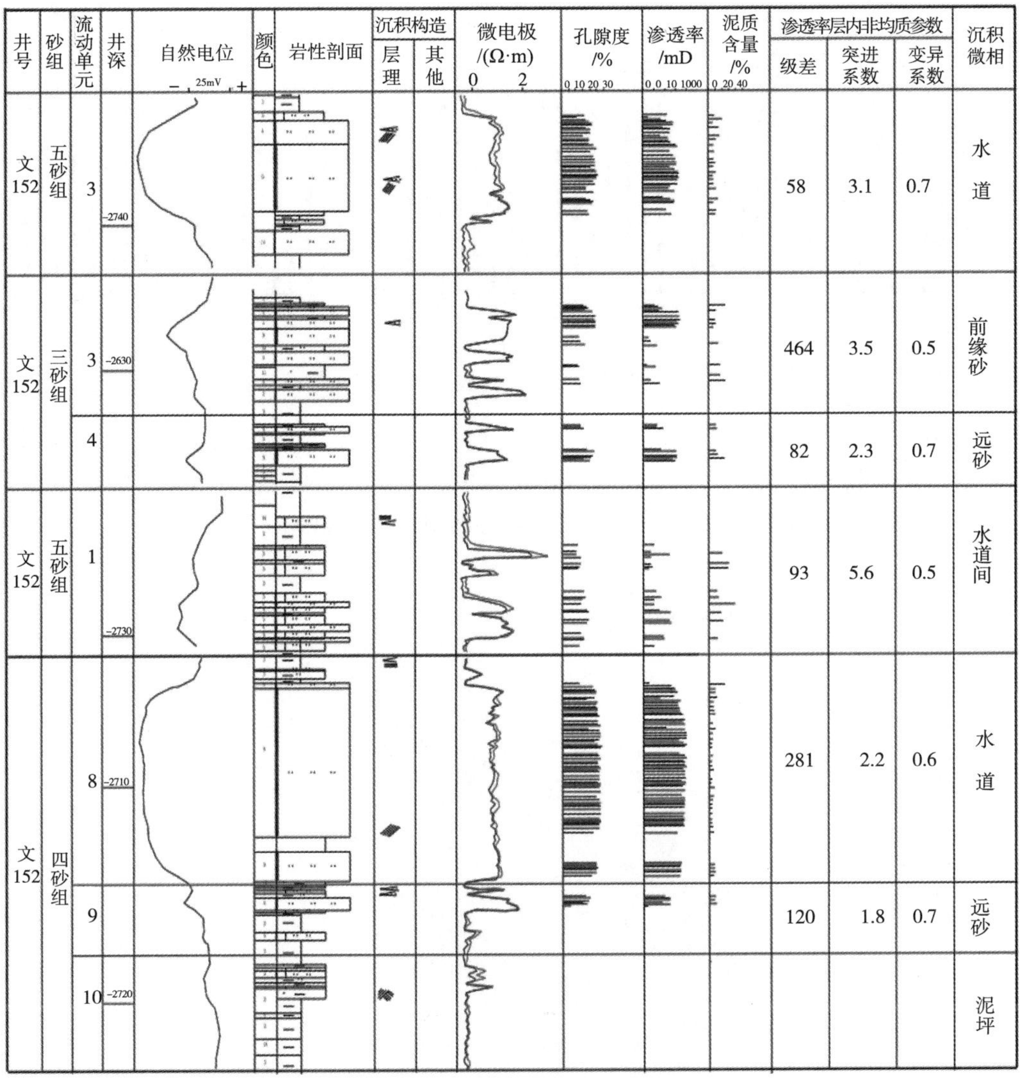

图 2－77　文 33 块沙二下油藏岩心综合柱状图

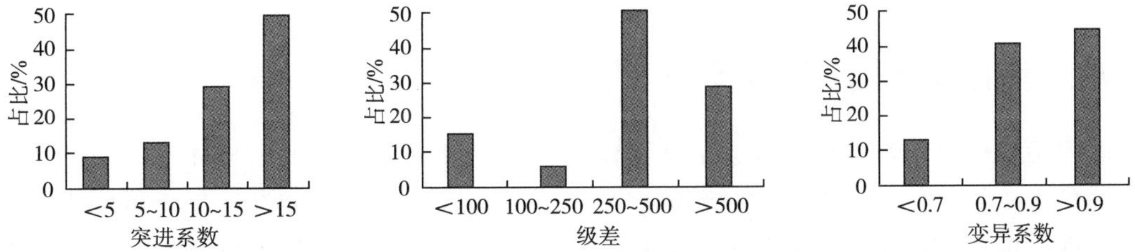

图 2－78　胡 12 块沙三中 9－10 砂组油藏层间突进系数(左)、渗透率级差(中)和变异系数(右)

3. 平面非均质性

以文 33 块沙二下油藏砂体钻遇率和渗透率平面展布特征为例。统计该块所有小层的砂体钻遇井数百分比(图 2－79)，最小为 5.1%，最高为 77.7%，平均为 48.6%；钻遇率大于 50% 的小层占 48.3%，小于 50% 的占 51.7%，砂体钻遇率低到中等，变异系数在 0.5～0.7 之间的小层占 10.3%，≥0.7 的小层占 89.7%，因此平面非均质性强。

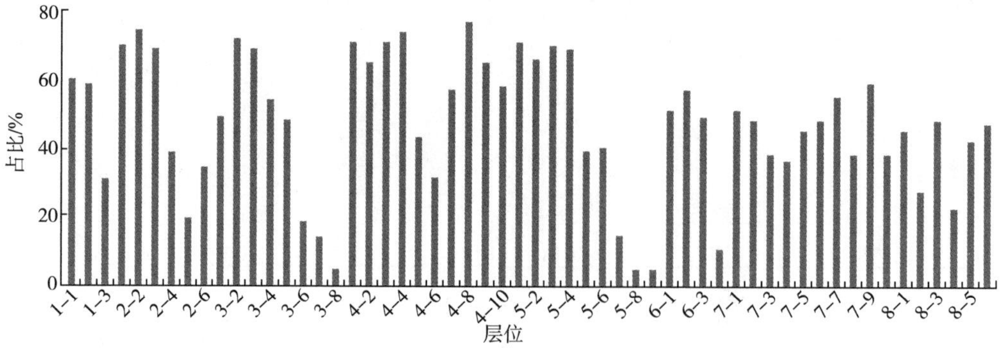

图 2 – 79　文 33 块沙二下各小层砂体钻遇井数百分数

以明 433 块沙三上油藏为例(图 2 – 80)，经过计算统计，沙三上 1 砂组渗透率变异系数小于 0. 5 的占比 48. 3%，0. 5 ~ 0. 7 之间的占 41. 4%，大于 0. 7 的占 10. 3%，因而认为该砂组平面上非均质性弱 – 中等，该砂组变异系数分布见图 2 – 80。

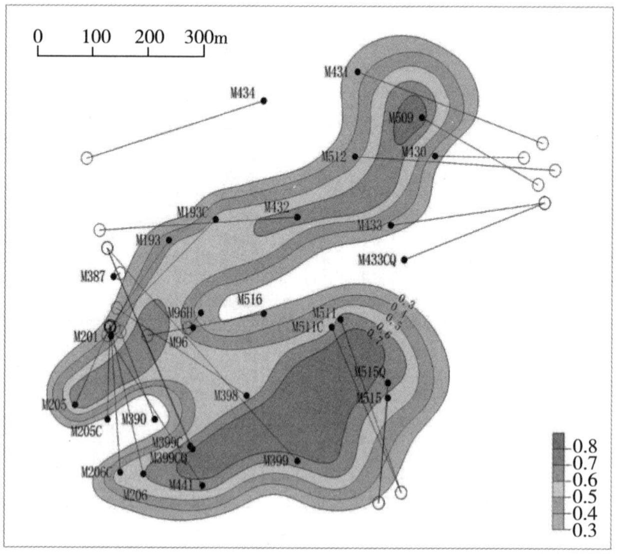

图 2 – 80　明 433 块沙三上 1 砂组变异系数分布

八、储层敏感性描述技术

储层敏感性是指当储层与外来流体接触时，由于外来流体与地层流体不配伍而造成储层中的黏土矿物水化膨胀、微粒迁移或产生沉淀并堵塞孔道从而使渗透率降低的现象。储层敏感性表现为储层渗透率的降低。储层损害是由内部潜在因素与外部条件共同作用的结果。内部潜在损害因素主要指储层岩石骨架颗粒和填隙物的成分及含量，储层内流体性质，以及岩石孔隙结构等可能受外部条件的作用而发生变化的因素。外部条件主要指引起储层微观孔隙结构或流体原始状态变化的各种外部作业条件。

储层敏感性描述对储层的水敏、酸敏、碱敏、盐敏、速敏和压敏等特性认识的变化情况进行描述，确定这些敏感性对油田开发的影响。

(一)技术方法

根据达西定律，在实验设定的条件下注入各种与地层损害有关的流体，或改变渗流条件(流速、净围压等)，测定岩样的渗透率及其变化，以评价储层渗透率损害程度。主要通过岩心取样实验测试水敏指数、酸敏指数、碱敏指数、临界流速、临界盐度和临界压力等参数来评价储层的水敏、酸敏、碱敏、速敏、盐敏和压敏等特性进行描述(图2－81)，确定这些敏感性对油田开发的影响。

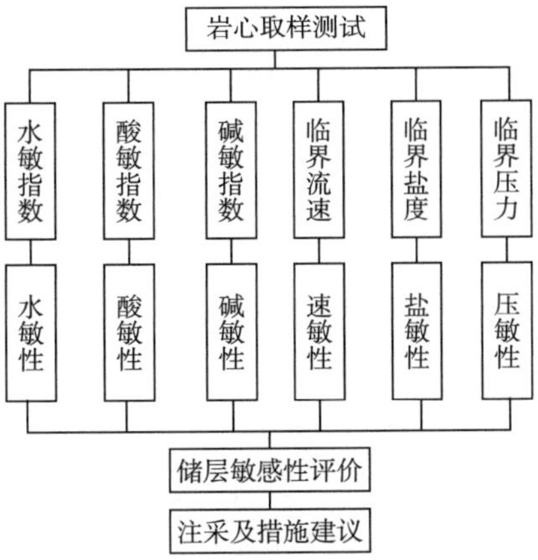

图2－81　储层敏感性描述技术流程

(二)技术要求及标准

储层敏感性描述主要通过实验测试储层敏感性参数进而根据参数标准确定敏感性强弱，实验测试及分析流程参考《储层敏感性流动实验评价方法》(SY/T 5358)。

需要特别注意的是：①临界流速所反映的只是储层岩石颗粒发生明显运移时所反映的流速，研究人员或实验人员需要根据速敏实验结果并结合实际情况，合理选择生产流速或实验流速；②针对水敏分析，高黏土矿物含量的岩样会产生初始渗透率偏低的现象，对最终水敏感性实验结果的判断造成一定的偏差，因此当岩样初始渗透率与岩样渗透率比值较小时，可认定该岩样为水敏性岩样，研究人员与实验人员应在测试报告中对这一现象进行论证；③针对盐敏分析，当水敏感性实验岩样初始渗透率与气体渗透率比值较小时，应适当提高初始测试流体的矿化度；④酸敏、碱敏分析时，要充分考虑由于实际油藏油水性质与室内实验流体性质的差异性，实验所得的结果与实际有一定偏差；⑤应力敏感性评价实验中岩样受净应力压缩有所变形，而计算渗透率时仍然按照未压缩前岩样参数进行，因此实验所得渗透率要小于实际岩样的渗透率，这种情况对于疏松岩样尤为明显。

(三)实例分析

1. 水敏性评价试验

储层中水敏性黏土矿物在遇到低于地层水矿化度的流体时可能产生水化膨胀，堵塞孔隙喉道，从而降低储层的渗透率，这就是储层的水敏性。

水敏试验是通过三种不同盐度的流体(饱和盐水、次盐水和淡水)在流动试验中渗透率的变化来确定水敏程度。水敏程度用水敏指数(I_w)来评价：

$$I_w = \frac{K_i - K_w}{K_i} \qquad (2-18)$$

式中 K_i——用标准盐水或地层水测定的岩心渗透率，mD；

K_w——用蒸馏水测定的岩心渗透率，mD。

根据水敏指数大小，对储层损害程度分为6级：极强(大于0.9)、强(0.70～0.90)、中等偏强(0.50～0.70)、中等偏弱(0.30～0.50)、弱(0.05～0.30)、无损害(小于0.05)。

文33块水敏性试验结果及试验曲线见图2－82、图2－83和表2－17，图中K为不同阶段渗透率，PV为注入体积，下同。从试验结果看，水敏指数为0.28～0.48，反向注液后渗透率有较大程度恢复，说明该区水敏中等。

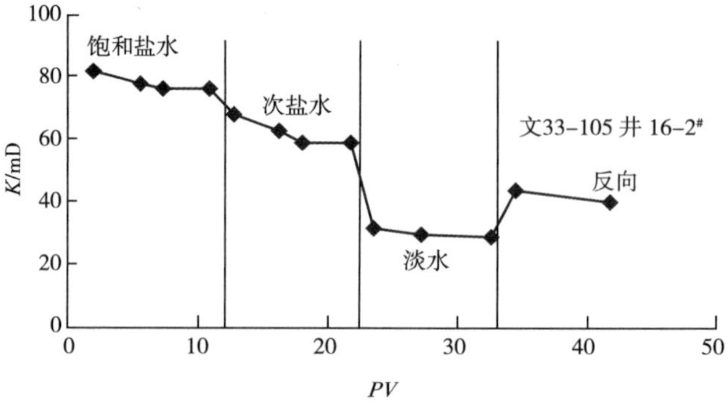

图2－82 水敏分析曲线

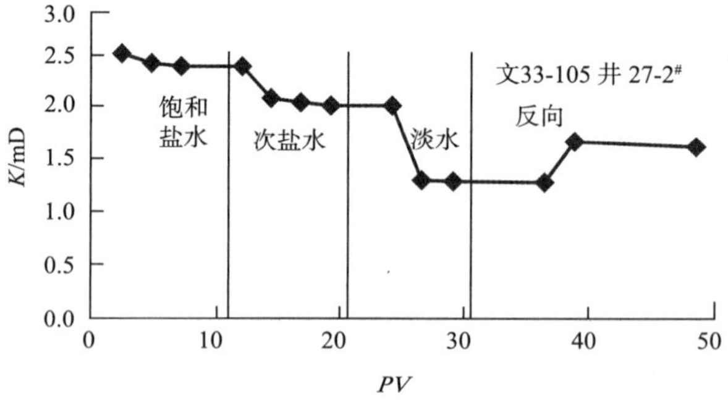

图2－83 水敏分析曲线

表2－17 水敏试验结果分析

井号	样品号	K_i	K_w	I_w	备注
文33－105	16－2#	58.86	30.82	0.48	中等偏弱
	27－2#	1.79	1.28	0.28	

2. 速敏性评价实验

流速敏感性是指在采油和注水等过程中，当流体在地层中流动速度达到或超过临界流速时，引起地层中微粒运移并堵塞于细小喉道处，造成渗透率下降的现象。流速敏感性实验是测定不同流速下岩石的渗透率，通过实验结果，找出由于流速影响导致微粒运移从而发生油气层损害的临界流速，以及流速敏感性引起的油气层损害程度。

为了解储层渗透率变化(用渗透率变化率K_n/K_i表征，下同)与储层中流体流动速度的关系，并找到临界流速，进行了速敏性评价实验。实验假设选取注入水矿化度为80000mg/L，实验注入流速从小到大依次递增，分别选取注入流速为 0.10mL/min、0.25mL/min、0.50mL/min、0.75mL/min、1.00mL/min、1.50mL/min、2.00mL/min、3.00mL/min、4.00mL/min 和 5.00mL/min。选取中原油田某块岩心开展速敏实验，实验数据分析知，速度敏感性渗透率损害程度都是"弱"，渗透率为 38mD 的岩心的伤害程度为 25.70%，渗透率为 45mD 的岩心的渗透率伤害率为 26.18%，如图 2-84 和图 2-85 所示。

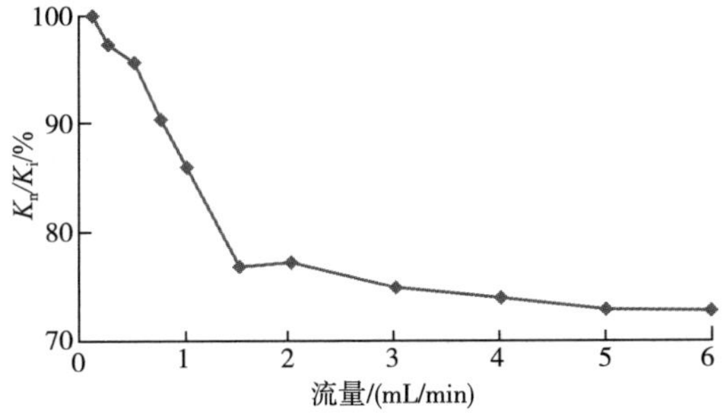

图 2-84 岩心 38mD 注液渗透率随流量变化

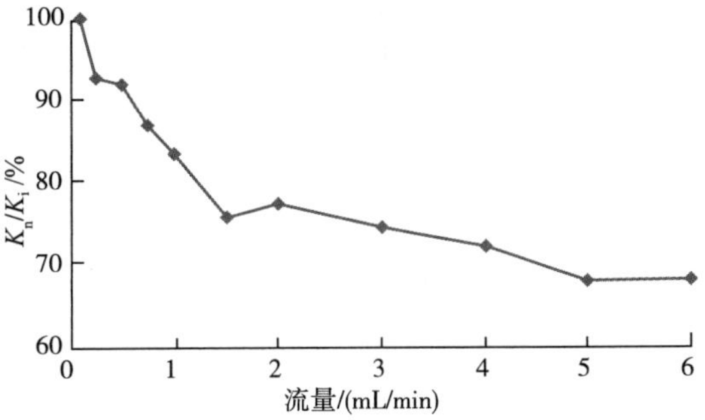

图 2-85 岩心 45mD 注液渗透率随流量变化

3. 酸敏性评价实验

酸敏性是指酸液进入储层后与储层中的酸敏矿物(主要是绿泥石)发生反应，产生沉淀[$Fe(OH)_3$]或释放出颗粒，导致储层渗透率下降的现象，通过酸敏试验来研究分析储层的酸敏性。

酸敏试验是通过注入酸液与岩样进行反应，排出残酸，测定岩样在反应前后的渗透率。酸敏程度用酸敏指数 I_a 来评价：

$$I_a = \frac{K_i - K_{ia}}{K_i} \tag{2-19}$$

式中 K_i——酸化前用标准盐水(或地层水)测定的岩样渗透率，mD；

K_{ia}——酸化后用标准盐水(或地层水)测定的岩样渗透率，mD。

根据酸敏指数大小，对储层损害程度分为 4 级：强(大于 0.7)、中等(0.30~0.70)、弱(0.05~0.30)、无损害(小于 0.05)。

从文 33 块酸敏试验结果看，酸化前后渗透率变化很小(图 2-86、图 2-87 和表 2-18)，但不能说明不存在酸敏，根据黏土矿物 X-衍射分析结果，该区绿泥石含量为 7%~48%(其中 75%以上含量大于 15%)，因此酸敏性对油层的伤害不能忽视。

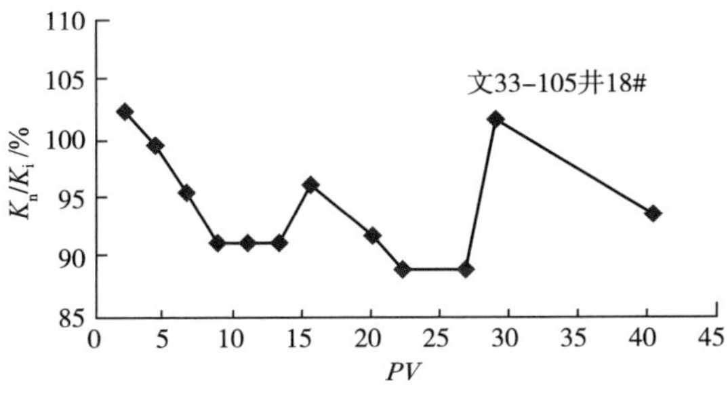

图 2-86 酸敏分析曲线

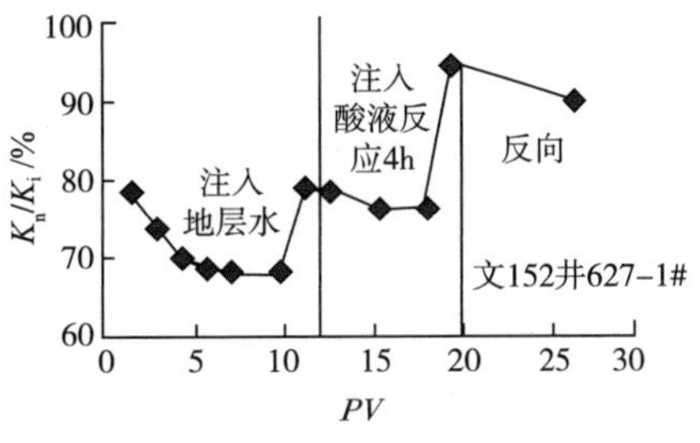

图 2-87 酸敏分析曲线

表 2-18　酸敏试验结果分析

井号	样品号	K_i	K_{ia}	I_a	$K_反$	备注
文 33-105	18	95.20	91.51	0.04	97.65	弱酸敏
文 152	627-1	70.91	77.29	-0.09	92.31	弱酸敏

4. 盐敏性评价实验

盐敏性是指不同矿化度的外来水与黏土矿物相互作用对储层渗流能力的影响程度。盐度主要影响储集层中的黏土矿物。当流体流经含黏土微粒或胶结物的多孔介质且流速不变时，随着含盐量减少，黏土膨胀从而引起渗透率下降。在钻井、完井和其他作业中各种工作液具有不同的矿化度，当高于地层水矿化度的工作液滤液进入油气层后，就可能引起黏土矿物的收缩、失稳或脱落；当低于地层水矿化度的工作液滤液进入油气层后，则可能引起黏土的膨胀和分散。这些都将导致油气层的孔隙空间和喉道的缩小与堵塞，引起渗透率下降。

盐敏性实验通过向岩心注入不同矿化度的盐水，并测定各矿化度下盐水的岩石渗透率，根据渗透率与矿化度的变化来评价盐敏损害程度，找出盐敏损害发生的条件。盐敏性分析是指引起地层伤害大于 20% 的矿化度，即临界盐度。根据临界盐度(S_c)的高低可对储层进行盐敏性评价。

选取某储层岩心开展盐敏性实验，实验分别采取地层水矿化度按照一定的比例降低作为注入流体，分别以相同的流量注入岩心，按照实验标准，选取的注入流速为 0.8mL/min，地层水矿化度为 5500mg/L，注入流体矿化度分别为地层水、2/3 地层水(3666.67mg/L)、1/2 地层水(2750mg/L)、1/4 地层水(1375mg/L)、1/8 地层水(687.5 mg/L)、1/16 地层水(343.75mg/L)、1/32 地层水(171.875mg/L)、1/64 地层水(85.94 mg/L)、1/128 地层水(42.87mg/L)、1/256(21.48mg/L)地层水、去离子水，实验按照从大到小的矿化度依次注入岩心，分别测定在注入压力稳定的液测渗透率，根据液测渗透率与最初渗透率比较来判断岩心渗透率受到的伤害程度，测定结果见图 2-88、图 2-89。

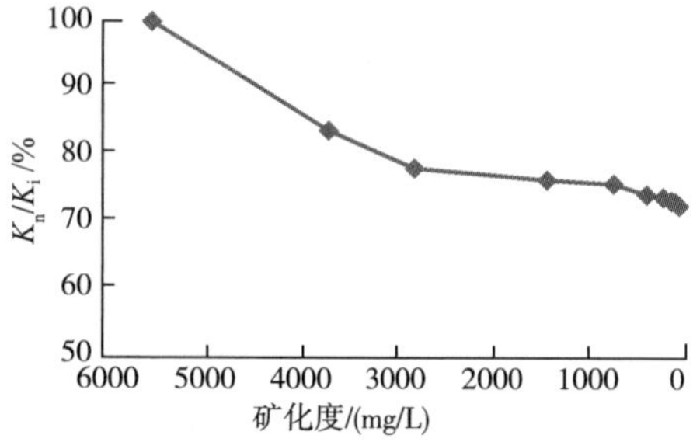

图 2-88　岩心 55mD 渗透率随矿化度变化

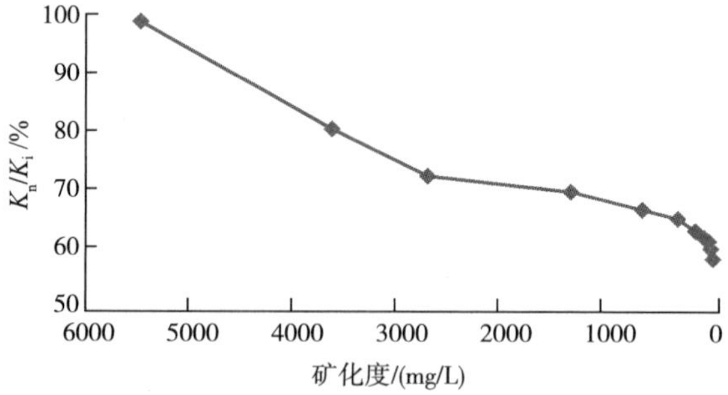

图 2-89　岩心 43mD 渗透率随矿化度变化

5. 碱敏性评价实验

碱敏性是指碱性液体与储层矿物或流体接触发生反应，产生沉淀或释放出颗粒，导致岩石渗透率或有效渗透率下降的现象。地层水的 pH 值一般呈中性和弱碱性，而大多数钻井液的 pH 值在 8~13.5 之间，采油中的碱水驱也有较高的 pH 值，当高 pH 值流体进入油气层后，将造成油气层中黏土矿物和硅质胶结的结构破坏，从而造成油气层的堵塞损害；

此外，大量的氢氧根与某些二价阳离子结合会生成不溶物，造成油气层的堵塞损害。碱敏实验的目的是了解外来流体的 pH 值改变时储层渗透率发生的变化情况。损害程度用碱敏指数来评价。碱敏实验是按地层水的总矿化度配制 KCl 溶液，通过加入 NaOH 逐级提高 KCl 溶液的 pH 值，测定不同 pH 值下岩石的渗透率。

选取某储层岩心实验按照 80000mg/L 的矿化度配制相同矿化度的 KCl 盐水，用稀 HCl 或稀 NaOH 溶液调节其 pH 值，使其达到 6～7，本实验选取 pH 值大小为 7.0、8.5、10、11.5、12.0 和 13.0，注入时按照从小到大的顺序依次注入，注入速度为 0.8mL/min，直到测出临界碱度为止，碱敏实验为各种工作液 pH 值的确定提供依据。随着气测渗透率的升高，碱敏指数越来越大，随着注入流体 pH 值的升高，碱敏指数越来越高，地层所受到的渗透率伤害越大。图 2－90 和图 2－91 为碱敏实验渗透率随 pH 值变化曲线，从曲线上可以看出，随着注入流体 pH 值的升高，岩心渗透率受到不同程度的伤害，渗透率下降，注入 pH 值为 10 的时候，岩心渗透率伤害率超过 20%，说明在这个 pH 值点上渗透率受到伤害较大，根据标准，则有 pH 值为 8.5 即为该部分岩心 pH 值的临界点。

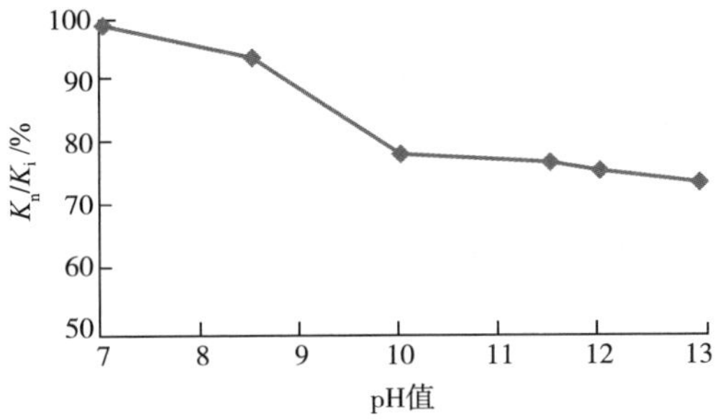

图 2－90 岩心渗透率 299mD 随 pH 值变化

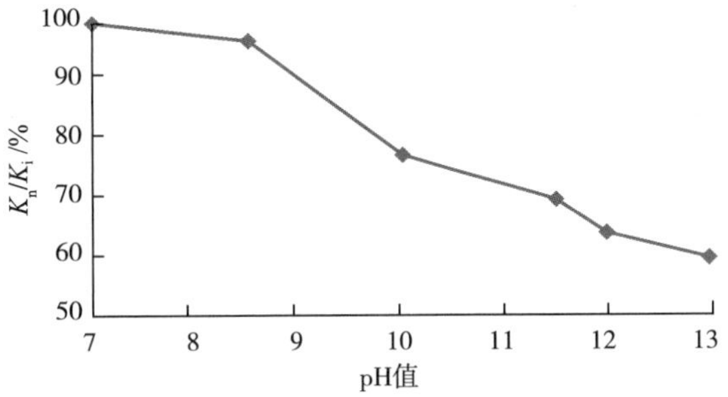

图 2－91 岩心渗透率 89.8mD 随 pH 值变化

6. *应力敏感性评价实验*

储层的压力敏感性是由于压力变化而使渗透率发生改变的现象。在油井开发过程中，随着油气的产出使储层孔隙压力逐渐下降，导致有效压力(上覆岩层压力与孔隙流体压力之差)增加，破坏储层中原有压力平衡。有效压力的增大对岩石产生压实作用，使储层中的微孔隙被压缩，从而使储层渗透率明显下降。对于低渗储层，压敏损害表现更明显。由于储层胶结物一般为塑性体，受压缩后不能恢复原状，所以，储层岩石中的胶结物在受到压力的作用下会发生非弹性形变，从而使岩石孔隙变小，从而储层渗透率降低，导致储层压敏损害。

选取中原油田某储层岩心开展应力敏感性实验，实验采用常规的“压差－流量法”，采用回压阀控制岩心出口端压力，通过改变回压来实现岩石净应力的变化，设定回压值分别为 68MPa、64MPa、60MPa、56MPa……28MPa、24MPa，注入压力和围压分别为 68MPa 和 71MPa 恒定。孔隙内压取进口压力与出口压力的平均值，净应力取上覆压力与孔隙内压的差值，选取岩心长度为 10cm 左右 3 块岩心，岩心液测渗透率分别为 2.56、8.23、15.72，模拟注入水矿化度为 20×10^4 mg/L。图 2－92 为实验所测得的 3 块岩心的应力敏感曲线。渗透率保持率随着净应力的增加先是急剧降低，而后降低的速度放缓，并逐渐趋于稳定，整个应力敏感曲线具有明显的两段式特征，可以将整个应力敏感曲线以 11MPa 为分界点分为 2 个阶段，第一阶段渗透率保持率近乎线性急速降低，渗透率越低的岩心，渗透率保持率下降幅度越大，渗透率伤害越严重，渗透率的降幅均超过45%，分别为45.71%、56.01%、63.11%；第二阶段，渗透率保持率变化幅度较小，渗透率伤害也逐渐趋于稳定，渗透率保持率下降幅度均低于15%。

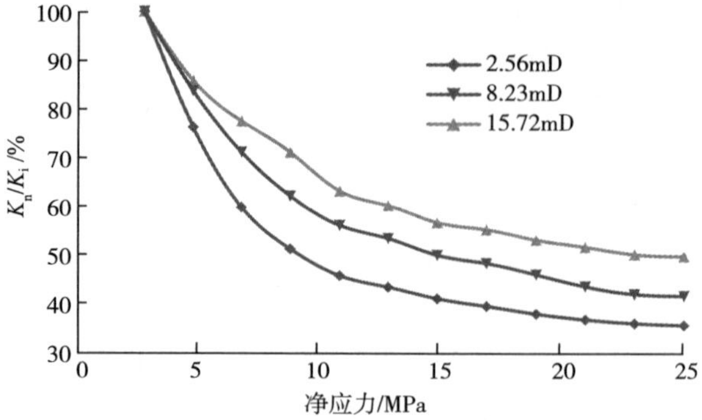

图2-92　应力敏感性曲线

第四节　流体分布及性质描述技术

储层的流体分布及性质描述技术主要是对油藏的油、气、水界面及分布特征进行描述和刻画，并确定油、气、水分布的控制因素。对油、气、水的化学组成、物理性质以及原油黏度特征和油、气、水相态特征认识的变化情况进行描述。流体分布与性质描述流程见图2-93。

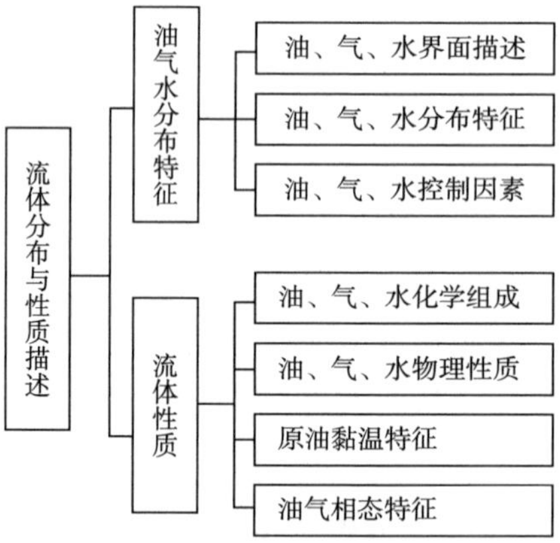

图2-93　流体分布与性质描述流程

一、技术方法

(一)油、气、水分布特征

1. 油、气、水层的识别

油、气、水层判别要以试油资料为依据，以岩心资料为佐证，以测井资料为手段，建立油气藏适用的岩心和测井油、气、水层判别标准。取心井段以岩心判别标准为主，未取心井段以测井判别标准为依据，对各层进行判别解释。

用测井资料判别油、水层主要是选取反映油、水层敏感的测井曲线(如自然电位、感应视电阻率、深浅侧向视电阻率、长电极视电阻率或特种测井等)，用试油或测试资料证实的油层、油水同层和水层，分别读取相应井段的测井参数值，编制测井参数判别油水层的交会图版，确定判别精度高的油层、油水同层和水层的测井参数判别标准。

2. 油、气、水分布特征

(1)油、气、水组合系统

以构造因素控制为主的油气藏，依据单井油、气、水层解释成果，在纵向上要弄清油、气、水层的组合关系。

(2)用油、气、水层压力与深度的关系划分油气水系统

对以构造因素控制为主的油气藏，编制油、气、水层原始地层压力与深度的关系曲线。关系曲线为1个转折点，属1套油气水组合系统；关系曲线为2个或多个转折点，属2套或多套油气水组合系统。

(3)用油、气、水层解释划分油气水系统

在油、气、水层解释和油气水组合关系划分的基础上，在油气藏范围内，结合地质特征研究成果，划分统一的油气水组合系统，确定2套以上的油气水组合系统的界限位置。

3. 油气、油水界面确定

(1)用油、气、水层压力与深度关系确定油、气、水界面

对油气藏不同油、气、水组合系统，分别编制水层原始地层压力、油气层原始地层压力与深度的关系曲线。油水层、油气层2条地层压力与深度关系曲线的交点深度，分别为油气藏油水界面深度和油气界面深度。

(2)用油、气、水层解释确定油、气、水界面

对油气藏不同油气水组合系统，分别用油、气、水层综合解释成果，编制构造两翼边部井油气水界面分布图。纵坐标为海拔深度，横坐标为沿构造长轴方向单井排列顺序。每口井标出油层和气层底界面海拔深度，水层和油层的顶界面海拔深度。以试油或测试资料证实的油层和气层底界面海拔深度为依据，将90%以上的气层划在油气界面以上，90%以上的油层划在油气界面以下和油水界面以上，90%以上的水层划在油水界面以下，确定出构造两翼、不同区块的油气界面和油水界面的海拔深度。油水、油气界面分析见图2－94。

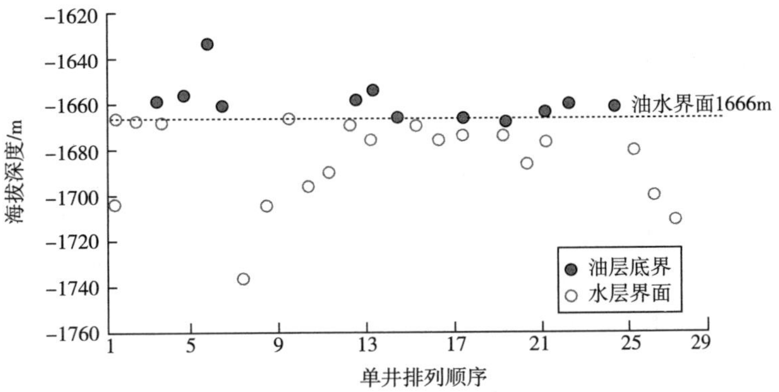

图2－94　油水、油气界面分析

(3)断块油气藏，油、气、油水界面确定

依据主要断层对构造的切割状况及对油、气、水分布的控制程度，分别确定出不同含油气断块的油气界面和油水界面海拔深度。

油水边界：当钻井钻遇水层或者油水同层时，以油水同层深度或者油底水顶之半作为油水边界，以油水边界线为依据圈定含油面积。

油气(油水)界面勾绘法主要有2种方法：一是统计勾绘法，依据油气(油水)界面选值表确定的油气(油水)深度，直接勾绘在相应层系的构造图上。内界面线以内为纯油、气区。内界面线与外界面线之间为油气或油水过渡带，外界面线以外为水区；二是剖面投影法，把油气藏剖面图上确定的油气(油水)界面深度，垂直投影到油藏构造的平面图上，按构造图的海拔等值线，勾绘出油气、油水界面线。

(二)流体性质

1. 原油性质

原油性质主要描述原油化学组成、地面原油物理性质、地层原油物理性质、原油黏温特征和原油性质分类。

2. 地层水性质

地层水性质主要描述地层水化学性质及分类，其包括地层水中的重碳酸根、碳酸根、硫酸根、氯根，钾、钠、钙和镁等离子的成分及其当量百分含量，微量元素的成分及其百分含量。描述共生矿床溴、碘、锂、硼和钾的百分含量。确定属重碳酸钠、硫酸钠、氯化钙或氯化镁等地层水水型。

地层水物理性质描述，主要包括地层水的密度、黏度、矿化度、硬度、酸碱度、氧化还原性以及温度、压缩系数、体积系数、电阻率、溶解气体及含量、细菌种类及含量、有机成分和界面张力等物理性质。

3. 流体纵向分布和流体性质变化

油田在开发过程中，对水驱油藏要描述油层水淹状况、油气水界面的变化，对高饱和油藏要描述是否形成次生气顶，以及原油、天然气和地层水性质的变化和差异。油田在开发过程中，还要描述底水、边水、注入水横向推进状况及相应的原油、天然气和地层水性质的变化和差异。

二、技术要求和标准

编制油水、油气界面图需要收集的资料：测井、试油(气)资料、构造和地层对比资料。技术要求及标准主要参考《油田开发地质基础图件编制技术规范 & 附图》(Q/SH 1025 1043)里的3.17 油水、油气界面图分析图的编制技术方法。

根据测井解释和试油(气)水资料，统计出每个油水系统中各井最低一个油(气)层底界和最高一个水层或油水(气)同层顶界的海拔，找出每个油(气)水系统的相应界面深度。

编制油水、油气界面分布图时，选一张直角坐标纸，横坐标为井号，纵坐标为海拔深度，在直角坐标图上分别标出各井的油层底界和水层顶界的深度位置，根据试油资料，主要界线层的单层试油资料，综合分析研究油水分布规律，在油底和水顶之间划分出油水界面值。

编制油水、油气界面分析图时需要注意，根据本油区油水界面的深度和井点的多少，选定比例尺。油、气、水层顶、底深度要进行井斜校正，统一校正到垂直深度上。

三、实例分析

选取文 33 块沙三中 2 油藏为典型区块进行分析，文 33 块沙三中 2 油藏含油面积见图 2－95。

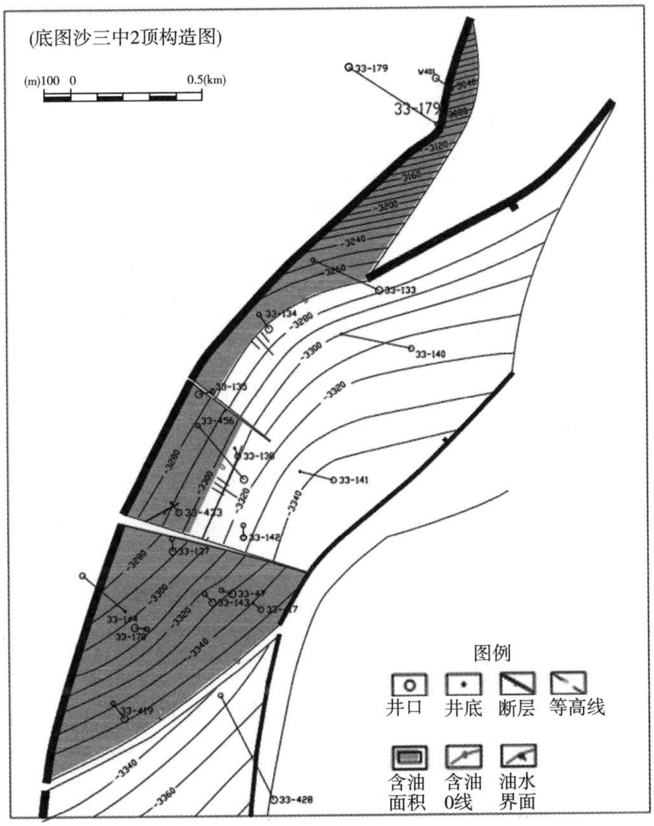

图 2－95　文 33 块沙三中 2 砂组含油面积

(一) 油藏类型

文 33 块沙三中 2 油藏油水分布主要受构造控制，在北部砂体及物性控制油层分布明显。构造高部位为油，构造低部位为水，不同断块油水界面不同，文 33－138 块油水界面为－3324m 高于文 33－47 块，文 33－47 块目前尚未见到油水界面。根据该块油井生产特点分析，构造腰部的文 33－47 井及文 33－143 井长期试采不见水，说明含油高度较大，根据储量规范推测油水界面在构造最低含油井外 1 个井距，暂定为－3390m。据此认为，文 33 块沙三中油藏类型为构造层状油藏。

(二) 流体性质

原油性质：根据文 33 块沙三中 2 油藏原油分析，该块原油性质较好。地面原油密度 0. 8280～0. 8401g/cm^3，地面原油黏度 5. 30～6. 78mPa·s，凝固点 26～29℃，初馏点 72℃

左右，含硫 0.15% ~ 0.20%，气油比 152.4 ~ 189.8 m^3/t；地下原油密度 0.6520 ~ 0.6928g/cm^3，地层原油黏度小于 1.53mPa·s，原油压缩系数(18.4 ~21.8) $\times 10^{-5}MPa^{-1}$，体积系数为 1.24 ~1.41。

地层水性质：根据文 33 块沙三上水分析资料，地层水总矿化度约(26 ~30) $\times 10^4$mg/L，氯离子含量(16 ~19) $\times 10^4$mg/L 左右，水型为 $CaCl_2$型。

第五节　油藏温度压力系统描述技术

一、技术方法

油藏温度压力系统(简称温压系统)描述是论证油藏开发方式的重要内容，一个油藏初期的温压系统描述主要是通过应用在早期探井中测量的温度曲线和压力曲线来确定该油藏的温度和压力。

二、技术要求和标准

要通过同区块多井温度曲线和压力曲线互相对比的方式进行实测数据质量检查，优选实测数据可靠的井进行该块温压系统分析和描述。

油藏温压系统描述参考《油藏描述方法　第 2 部分：碎屑岩油藏》(SY/T 5579.2)中的 3.5 油藏温度、压力系统描述。

三、实例分析

明 1 东油藏位于文明寨油田东部，含油层位沙二下至沙三上，油藏埋深 1600 ~ 2000m，中深 1800m。文明寨油田早期在明 101 井进行了地温测量，在明 188 井进行了油藏压力测量。从地温曲线图中可以看出(图 2 -96)，1800m 处对应温度 80.2℃，从压力曲线图可以看出(图 2 -97)，1800m 对应的压力为 18.13MPa，该深度静水柱压力为 17.64 MPa，压力系数为 1.03。因此，确定该油藏温度为 80.2℃，压力为 18.13MPa，为常压油藏。

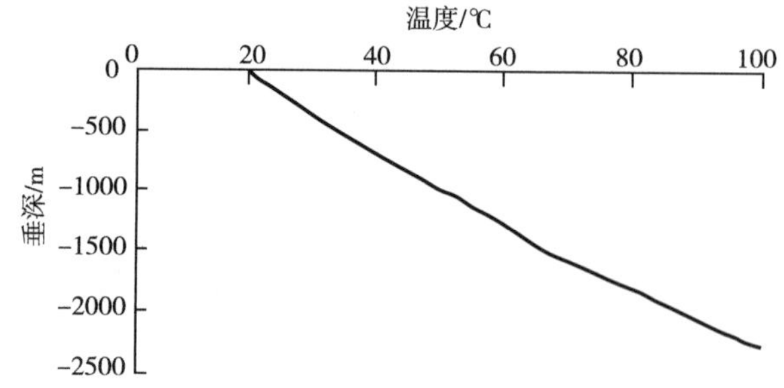

图 2 -96　明 101 井实测地温曲线

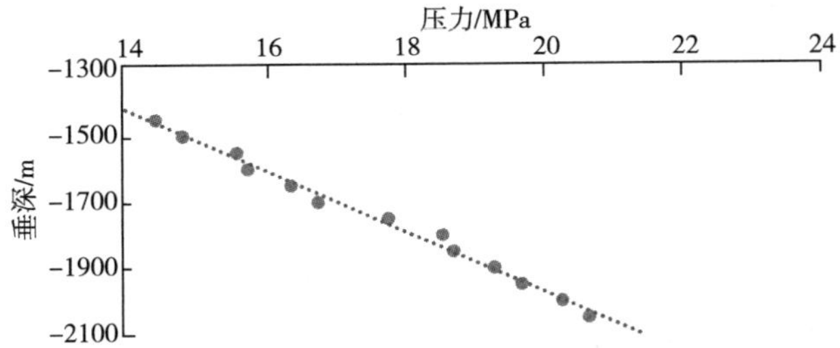

图 2－97　明 188 井实测地层压力曲线

第六节　驱动能量和驱动类型描述技术

油藏开发前，需要明确油藏开采方式。为确定是否应采用天然能量开采，能否达到预期效果，需要确定断块的天然能量。油藏驱动能量主要描述油藏天然驱动能量，包括弹性能量，溶解气能量，气顶能量以及边、底水能量。油藏驱动类型主要为气顶气和溶解气能量驱动、弹性能量驱动和边底水能量驱动。

一、技术方法

通过油藏特征分析，明确油藏可能天然驱动能量类型，进一步通过计算该类型天然能量大小来确定油藏采用的开发方式，以及是否需要补充油藏能量(图 2－98)。

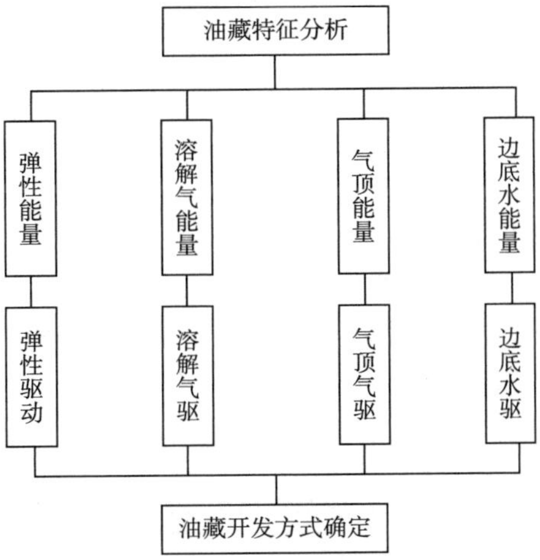

图 2－98　油藏驱动能量和驱动类型分析流程

二、技术要求和标准

驱动能量和驱动类型描述技术参考《油藏描述方法　第一部分：总则》(SY/T 5579.1)，其中水体能量、弹性能量等在计算时若采用非稳定状态物质平衡方程法，参考标准之附录 C、附录 D 和附录 E，涉及 2 种或 2 种以上能量的油藏，计算方法参考标准附录 F。采用容积法计算水体体积时，由于水体边界附近一般欠缺钻井导致水体边界以及边界附近物性的不确定性，需要借助储层预测的方法确定水体边界和物性数据。

三、实例分析

中原油田油藏单元多、油藏类型也较多，油藏天然能量类型也呈现多元化分布。弹性能量、溶解气能量、气顶能量和边底水能量型油藏均有发育，目前已知具有天然能量开采的油藏主要为弹性能量，其余油藏天然能量相对较弱。

中原油田多数油藏发育边底水，因此边底水水体体积计算以及边底水能量分析是油藏特征分析的重要内容。据统计，边底水能量可以分为 3 种类型：活跃型、比较活跃型和不活跃型。其中：活跃型的水体较大，水体体积比在 100 倍以上，其采收率在 16% ~55% 之间，平均 36.5%；比较活跃型的边底水油藏水体体积比一般在 10 ~100 倍之间，其采收率在 20% ~28%，平均 23%；不活跃的边底水油藏的水体体积比较小，一般小于 10 倍，其天然水驱采收率在 10% ~21% 之间，平均仅 16%。

水体体积计算方法主要有 2 种：第一种为容积法，第二种为非稳定状态物质平衡方程法。下文以文 88 油藏为例，采用容积法计算水体体积比及水体能量分析，描述天然能量大小。

根据文 88 油藏构造及储层分析，认为该块油层均沿徐楼断层上升盘分布在西部构造高部位，向东逐渐变为水层，水域较为广阔。由于边水的驱动，使得该块数口井自喷期较长，产量稳定。因此有必要对该区的水体体积进行估算，水体体积采用容积法计算，水体体积比为水体体积与石油地质地面储量比值。

水体体积计算见式(2 -20)：

$$N_w = 100 \times A_w \times h \times \Phi \qquad (2-20)$$

式中 N_w——水体地质体积，$10^4 m^3$；

A_w——含水面积，km^2；

h——平均有效厚度，m；

Φ——平均有效孔隙度，%。

鉴于文 88 断块区油藏油水关系复杂，具有多套油水系统，因此估算出该区分砂层组的水体体积大小以及体积比。根据水体体积比分析认为文 88 油藏多数砂组边水能量处于不活跃状态，仅 2 个砂组体积比处于较活跃区间，体积比数值也处于最低值，整体评价文 88 块边水能量较不活跃，该块边水能量不能作为该块开发的天然能量(表 2 -19)。

表 2 -19　文 88 块水体体积及水体体积比结果

砂组	水体体积/($10^4 m^3/km^2$)	水体体积比	水体能量类型
沙三中 5	117	11.4	比较活跃型
沙三中 6	90	9.7	不活跃
沙三中 7	24	6.2	不活跃
沙三中 8	198	10.2	比较活跃型
沙三中 9	64	7.0	不活跃
沙三中 10	120	8.2	不活跃

第七节　储量核算技术

石油地质储量计算的计算方法一般有容积法、二维网格法和三维网格法，目前计算石油地质储量常用容积法计算，以容积法为例介绍储量的计算方法。

一、技术方法

容积法，是一种利用油气田静态资料和参数，以确定油气层的油气体积来计算孔隙储层油气储量的方法。是在油田投产前唯一可利用静态资料计算储量的方法。它适用的油藏类型广泛，对不同圈闭类型、储集类型和驱动方式的油藏均可使用。它沿用的时间长，从发现油田到开发中期都可使用。所以容积法是国内外储量计算中使用最广泛的一种方法。这次储量计算是在地质综合研究的基础上，采用容积法进行储量计算(图 2－99)。

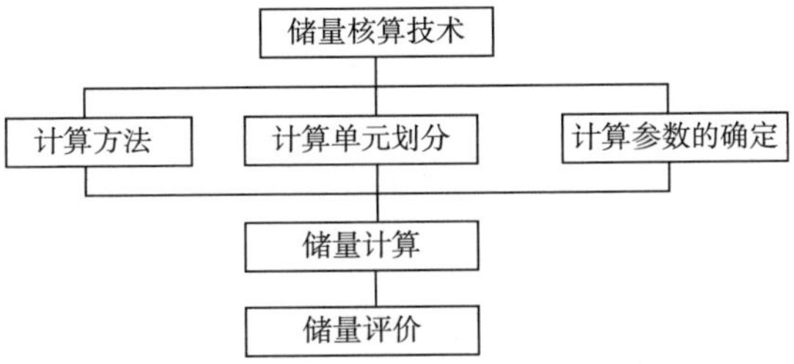

图 2－99　储量核算技术流程

(一)计算方法

容积法计算油气储量的实质是计算地下岩石孔隙中油气所占的体积，然后用地面的重量单位或体积单位表示。计算公式为：

$$N_z = 100A_o \cdot h \cdot \phi \cdot S_{oi} \cdot \rho_o / B_{oi} \qquad (2-21)$$

式中　N_z——石油地质储量，10^4t；

A_o——含油面积，km^2；

h——有效厚度，m；

ϕ——孔隙度，%；

S_{oi}——平均油层原始含油饱和度，%；

ρ_o——地面原油密度，t/m^3；

B_{oi}——平均原始原油体积系数。

(二)计算单元的划分及计算参数的确定

依据《石油天然气储量估算规范》(DZ/T 0217)确定各参数。

二、技术要求和标准

容积法计算储量各参数需符合《石油天然气储量估算规范》(DZ/T 0217)要求。

三、实例分析

以文 101 块为例实例分析。

(一)储量计算单元

根据储量规范要求，原则上以油气藏为单元，结合文 101 地质特征，划分如下：

平面上：按目前构造认识程度，将文 101 块作为一个计算单元。

纵向上：按有效的流动单元 69 个为计算单元。

(二)计算参数选择

1. 有效厚度

根据文 101 块编制小层平面图，利用面积权衡结果作为有效厚度选值依据。

2. 有效孔隙度

根据文 101 块内部取心井建立解释图版，贴近油藏实际，计算结果与采用 RFT、不间断试井手段获得的资料比较接近，因此孔隙度选值以图版解释结果为依据，最终确定沙二下 1－3 取值为 21%，沙二下 4－5 取值为 24%，沙二下 6－8 取值为 22%。

3. 原始含油饱和度

文 101 采用多参数法饱和度计算，由于考虑了多种影响因素，其结果更为可靠(表 2－20)。

表 2－20　原始含油饱和度选值依据

层位	孔隙度/%	渗透率/mD	油藏高度/m	取心井 $(1-S_{wi})$/%	电测油层 S_o/%	图版解释饱和度		多参数法解释 S_o/%	相渗解释 S_o/%	综合选值/%
						层平均/%	面积权衡/%			
沙二下 1－3	21	66.8	250	62.5	60	68.5	69.5	70.2	67	70
沙二下 4－5	24	221.5	140	62.4	61	73.3	78.5	73.5	74	75
沙二下 6－8	22	99.6	190	66.0	59	69.2	72.0	71.0	74	70

4. 原油密度

收集文 101 块原油分析资料和投产的原油分析资料，以试油和投产统计结果加权平均值作为选值依据(表 2－21)。

表 2－21　文 101 块原油密度选值依据

层位	试油密度/(g/cm^3)	投产油分析值/(g/cm^3)	试油和投产平均值/(g/cm^3)	综合选值/(g/cm^3)
沙二下 1－3	0.8616	0.8486	0.8564	0.856
沙二下 4－5	0.8517	0.8513	0.8515	0.852
沙二下 6－8	0.8469	0.8459	0.8466	0.847

5. 原始气油比及体积系数

文 101 块有高样井 3 口(文 101－14、文 101－20 和新濮参 1)，分布于沙二下 4 和沙二下6－7，由于资料丰度低，分布不均，在使用高样资料的同时，考虑流体性质借用图版依据密度选值计算各单元的油气比和体积系数(表2－22)。

表2－22　文101块体积系数选值依据

层位	实测资料		图版解释		综合选值	
	气油比/(m^3/t)	体积系数	气油比/(m^3/t)	体积系数	气油比/(m^3/t)	体积系数
沙二下1－3	—	—	78.8	1.2283	75	1.228
沙二下4－5	80.5	1.2401	82.5	1.2366	80	1.240
沙二下6－8	99.1	1.2687	87.8	1.249	100	1.269

6. 含油面积

本次储量计算所使用的构造图是根据三维地震资料、大量钻井资料并结合油田生产动态资料而研制，与1993年复算时对比，构造更加准确可靠，含油面积是由各小层平面图叠合而成，除局部由于断层位置的变化有小的变化外，没有大的变化。

(三)计算结果

采用容积法计算。计算结果见表2－23。

表2－23　文101块储量计算结果

砂组	面积/km^2	厚度/m	有效孔隙度/%	含油饱和度/%	原油体积系数	地面原油密度/(g/cm^3)	单储系数/[10^4t/(km^2·m)]	石油地质储量/10^4t
沙二下1	0.5	4.08	21	70	1.22	0.856	10.3	21.01
沙二下2	1.296	5.05	21	70	1.22	0.856	10.3	67.47
沙二下3	1.001	6.4	21	70	1.22	0.856	10.3	66.04
沙二下4	0.852	15.8	24	75	1.24	0.852	12.37	166.52
沙二下5	0.309	8.4	24	75	1.24	0.852	12.37	34.31
沙二下6	0.262	8.23	22	70	1.269	0.847	10.3	22.20
沙二下7	0.203	10.8	22	70	1.269	0.847	10.3	22.59
沙二下8	0.065	7.58	22	70	1.269	0.847	10.3	5.07
合计								405.21

(四)储量评价

本次储量计算与1993年储量复算对比，计算参数如原油密度、孔隙度、含油饱和度和体积系数无变化，含油面积和有效厚度变化较大。整体储量由449×10^4t减少至405.21×10^4t，减少43.79×10^4t，整体误差为9.7%，本次计算采用的资料更为丰富，并采用了部分新方法计算储量参数，分析原因为细分小层后有效厚度变化引起。结合区块生产情况，认为此次计算结果比较可靠。

第八节 油藏三维地质建模技术

油藏三维地质模型集中体现和深化了前期油藏描述成果，是油藏描述的最终表现形式，综合反映了油藏的构造形态、砂体空间分布及储层物性和含油性的空间非均质性，通过建立三维地质模型能够对整个油藏有更直观更深入的认识。油田进入高含水中后期开采阶段，剩余油高度分散且厚油层内无效注采循环严重，需要更精细准确的地质模型和数值模拟，刻画出单砂体空间分布形态，预测出层内剩余油分布特征及优势渗流通道位置，为油田高效调整挖潜提供依据。因此，学习并掌握油藏三维地质建模技术对深化油藏认识和提升油藏开发水平具有重要意义。

一、技术方法

三维地质建模的目标是建立出构造模型、沉积微相模型、孔隙度模型、渗透率模型和含油饱和度等模型，用以描述油藏未开发原始状态下的构造、储层、油气分布等特征。地质模型是以构造模型为载体，将油气藏的不同属性通过多个属性模型进行表征的模型集合体，因此构造建模是整个三维地质建模的基础。三维地质建模按照构造建模、沉积微相建模、孔隙度建模、渗透率建模、含油饱和度建模、净毛比建模和储量计算的流程顺序开展。三维地质建模技术流程见图 2－100。

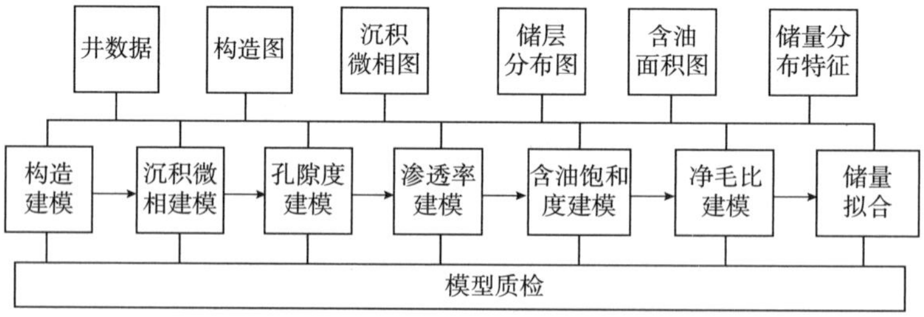

图 2－100 三维地质建模技术流程

(一)构造建模

构造模型包括断层模型和地层模型，构造建模就如同楼房建造，断层就像是楼房的骨架，地层就像是楼房的楼层。构造模型搭建了目标区块的构造格架，为后续沉积微相、储层物性和油气分布建模提供构造格架基础。搭建好的三维构造模型能够形象细致地描述断层的空间展布和地层构造特征。目前构造建模方法主要有三类，分别是 Make simple grid、Corner point gridding、Structural framework。

1. Make simple grid *构造建模方法*

Make simple grid 是一种无断层构造建模方法，适合于断层不发育油藏和数模理论模型的创建。在创建无断层油藏的构造模型时，只需要边界线和构造等值线数据就可以建立砂组构造模型，然后用小层数据进一步将地层模型细分。该方法省去了建立断层和调整断层处构造线的时间，建立构造模型速度较快。

2. Corner point gridding 构造建模方法

Corner point gridding 是传统构造建模方法，应用的区块较多，包含 5 个步骤，分别是 Fault model、Pillar gridding、Make horizon、Make zone 和 Make layering。该方法创建断层用 Pillar 断柱，断柱的点数有 2 点、3 点和 5 点，受限于断柱点数的数量，无法创建断层曲面产状变化的断层，同时在处理断层切割关系时，复杂断层切割关系处的网格质量较低，影响后期数值模拟，断层位置和构造认识的偏差也较大，因此，该方法适用于没有断层切割只有断层连接的断块。

3. Structural framework 构造建模方法

Structural framework 是一种复杂构造建模方法，包含 5 个步骤，分别是 Fault modeling、Model construction、Model refinement、Depospace calculation 和 Structural gridding。该方法在解决复杂断层切割关系方面取得了较大进步，可直接应用地震解释数据进行断面建模，相比于传统的用 Pillar 建断面法，断面建模的精度得到了较大提高，同时花费在复杂断层切割关系处理上的时间也大幅缩减，提高了复杂断块建模的效率。

（二）沉积微相建模

沉积微相建模是在构造模型的基础上，模拟地层不同位置的沉积微相，从成因上确定地层不同位置的沉积环境。不同的沉积环境造成储层物性大小存在差异，沉积微相的分布控制着储层物性的分布特征，因此，沉积微相建模是储层物性建模和含油饱和度建模的基础。

鉴于沉积微相分布的复杂性和单一模拟算法的局限性，沉积微相建模采用由粗到细逐级建模的流程，在每一级次的建模中，采用确定随机相结合及井震结合的思路模拟沉积微相分布。如三角洲前缘沉积环境发育泥坪、远砂、前缘和水下分流河道微相，在模拟该沉积环境的沉积微相时，采用 3 个级次，首先，应用储层预测的结果或相分析的结果，确定砂泥岩边界；其次，在砂岩范围内采用序贯指示模拟算法随机模拟远砂及前缘微相；最后在前缘微相内根据水下分流河道物源方向的认识，采用多点地质统计学算法模拟水下分流河道的展布。

（三）储层属性建模

储层属性建模包括建立孔隙度模型、渗透率模型及初始含油饱和度模型等，储层属性的空间展布都受到沉积微相的控制和约束。

1. 孔隙度建模

孔隙度建模通常先于其他储层属性建模，这是因为渗透率和初始含油饱和度往往与孔隙度相关，可以在孔隙度模型构建后根据它们之间的关系进行建模。鉴于沉积微相在很大程度上控制着储集层属性参数场的展布方向和分布规律，因此沉积微相建模采用相控建模的方法模拟孔隙度的分布，即拿沉积微相模型作为分区，采用序贯高斯算法进行分区模拟，每一个相带的孔隙度分布范围则通过分区统计分析确定。

2. 渗透率建模

渗透率建模通常有 2 种方法：一是用渗透率和孔隙度间的数学关系式通过计算器计算得到；另一种是采用同位协同模拟的方法，将孔隙度模型作为趋势变量，进行协同模拟，在用同位协同模拟时，应分析主变量和次变量之间的关系，当对趋势用较小的权重时，趋势的影响会较低，而当使用较大权重时，趋势的影响会更大。

3. 初始含油饱和度建模

目前初始含油饱和度场建模方法主要有4种：一是选用单一相渗曲线，建立初始饱和度场；二是不同的沉积相带，选用相应的相渗曲线，建立初始含油饱和度场；三是应用油藏开发初期井数据，进行相控模拟；四是应用J函数法建立初始含油饱和度场。

（1）单一相渗曲线法

整个油藏选用一条相渗曲线，根据油水相对渗透率曲线端点值确定出的原始含水饱和度和原始含油饱和度，建立初始含油饱和度场，这种方法产生的初始含油饱和度比较均质，油藏范围内都是一个值，优势是在数模运算时速度较快，存在的问题是与油藏实际情况严重不符，实际油藏的初始含油饱和度受储层非均质及构造起伏的变化影响，都是非均质的。

（2）分区相渗曲线法

根据沉积相带进行分区，不同的沉积相带，选用相应的相渗曲线，建立初始含油饱和度场，这种方法相比于第一种方法有所改进，不同相带的含油饱和度值体现出差异，但同一沉积相带内，含油饱和度仍是一个值。

（3）随机模拟法

应用油藏开发初期井数据，进行相控模拟，这种方法模拟出的含油饱和度值可以与储层物性的分布规律有较好的吻合性，但是没有体现出含油高度对初始含油饱和度的影响，即同样的储层物性区域，初始含油饱和度会随着含油高度的增加而增大。

（4）J函数法初始含油饱和度场建模

J函数值与储层孔隙度、渗透率、油藏油水性质及油柱高度有关，综合反映储层物性及油藏高度的变化，是含水饱和度的函数。该方法首先应用油藏化验分析数据拟合出J函数与含水饱和度的关系式，然后应用孔隙度、渗透率及油藏高度模型，通过J函数公式计算出J函数值的三维分布场，最后根据拟合出J函数与含水饱和度的关系式及含水饱和度与含油饱和度的关系，反求出初始含油饱和度场。J函数法建立的初始含油饱和度场综合反映出含油高度和物性变化情况，具有明显的非均质性，更接近于油藏的实际。

（5）净毛比建模

净毛比模型用来计算每个网格的有效砂岩体积，确立有效数模网格的分布，为储量计算奠定基础。当孔隙度等参数采用随机模拟，且模型的纵横向网格精度较高，则可以根据储量报告中油层的下限标准，将下限标准以上的网格赋值1。当采用确定性建模建立孔隙度等参数，且小层的纵向网格只有一个时，这时要用该网格的有效厚度值除以该网格的厚度来得到该网格的净毛比参数。

（四）储量计算

储量计算是油藏地质建模的重要部分，储量失真的地质模型将会影响后续的数值模拟和开发方案指标预测，同时储量失真的地质模型也间接地反映了含油面积、孔隙度和含油饱和度等储量计算参数存在问题，需要返回去修正，直至与上报储量拟合上。因此，模型的储量与上报处理的吻合程度也是评价模型质量的重要指标。

1. 模型储量计算方法

地质模型是由一个个网格组成，油藏也是由一个个含油的网格组成，模型储量计算方法是先把每个含油网格的含油体积计算出来，然后将所有网格含油体积累加，最后乘上原油密度得到模型的地质储量。模型储量计算的输入参数有5个，分别是净毛比、孔隙度、含油饱和度、体积系数和油水界面。

2. 模型储量计算优势

(1)储量计算精度更高

传统容积法计算地质储量时，油层厚度、孔隙度和含油饱和度都是一个平均值，采用模型计算储量时，由于孔隙度和含油饱和度等参数都是一个三维的模型，每一个网格的值都是变化的，体现出了油层的非均值性，计算出的储量精度更高。

(2)储量分布情况更容易获得

地质模型具有层位、断块和微相等分区信息，在计算模型储量时，可以根据各种分区得出相应的地质储量，如可以得出各小层的总储量、每个小层内各个断块和各个微相的储量、各断块总储量和各微相总储量，也可以根据闭合的线计算出感兴趣区域的地质储量，还可以计算出每口井控制储量。应用这些功能可以快速得出总储量的分布情况，如快速得出哪个断块储量最多、哪个层位储量最多、哪个相带的储量最多等信息。

(五)模型检验

1. 构造模型检验

构造模型重点检查断层和断点是否吻合，层位和井分层是否吻合，这些如果不匹配，将影响油层的断块归属和层位归属。因此，首先要确保断层穿过断点，避免本属于上升盘的油层跑到下降盘或下降盘的油层跑到上升盘，从而影响数模结果，然后确保模型中分层与井分层一致，避免在数模射孔时射错层。

2. 属性模型检验

属性模型的质检主要用以下几种方法从不同角度检查模型的可靠性：一是用模型储量与地质储量的吻合度；二是岩性和孔隙度等数据的直方图对比法；三是模型砂岩厚度与手绘砂岩厚度对比法，四是抽稀井检验。

(1)储量吻合度法

用模型储量与地质储量的吻合度来检查模型的可靠性，当模型储量与地质储量吻合度低时，反映出的是模型中的孔隙度参数、含油饱和度参数及净毛比参数可能与实际不吻合，通过调整这些参数，不断迭代计算，直至模型储量与地质储量达到高度吻合。

(2)数据直方图对比法

通过查看属性模型中原始数据与离散化数据、模拟数据的对比直方图，可以检查3类数据的分布是否一致。当离散化数据与原始数据的分布不一致时，说明离散化过程中出现了信息丢失，需要调整离散化参数直至两者分布一致；当模拟数据与原始数据的分布不一致时，说明在随机模拟时，模拟参数设置的不合理，造成模拟结果的数据分布偏离了原始数据的分布特征，需要调整模拟参数直至两者分布一致。

(3)砂岩等厚图对比法

在进行岩相模拟时，通常会用砂岩厚度图控制岩相的随机模拟，为了检测随机模拟的结果与地质认识是否符合，需要从模型中根据模拟结果提取每个小层的砂岩厚度图，将其与地质认识的砂岩厚度图进行对比，当两者的分布趋势误差较大时，需要不断调整模拟参数直至两者的分布趋势吻合度较高。

(4)抽稀井检验法

在进行随机模拟时，可以不用所有的井参与计算，而是只用一部分参与计算，另一部分井作为检验井，当检验井的实钻情况与模拟结果误差较大时，需要调整模拟参数，直至检验井的实钻情况与模拟结果的吻合度较高。

二、技术要求和标准

(一)技术要求

油藏地质建模前要进行各种基础数据的质检，例如质检井位、井斜、测井曲线和分层数据，检查上下砂组构造等值线数据是否穿层，检查导入建模工区中的砂岩厚度等值线、孔隙度等值线及有效厚度等值线等数据。

在三维地质建模过程中，按照模型建立顺序，逐个对模型进行质检，在构造建模时，要检查断点和断面是否一致，分层和层面是否一致，属性模型的三维分布与前期地质认识是否一致，模型储量与上报储量是否一致。

(二)技术标准

油藏三维地质建模技术参考《油藏描述方法　第2部分：碎屑岩油藏》(SY/T 5579.2)中的3.8 油藏地质模型建立。同时对标准中没有具体要求的地方，进行了细化和具体化。

三维地质建模中的各种井数据要确保与实测数据保持一致，构造等值线、断层线、砂岩厚度等值线和有效厚度等值线等前期地质认识数据，要确保模型和地质图件上的数据保持一致。

油藏三维地质建模建立的各种模型要与前期地质研究成果的认识保持一致，例如构造模型要与各层位构造图的构造格局一致，断层与断点匹配，层位与分层匹配，模型中沉积微相的分布形态与地质图件上的保持一致，模型中砂岩厚度的分布形态与地质图件保持一致，模型中有效厚度的分布位置、范围和大小要与地质图件保持一致。

三、实例分析

(一)构造建模

明14块位属极复杂断块油藏，该块平面上为被断层复杂化的穹隆状构造，纵向上被明5、明7和明14三条大断层所夹持，油藏顶部部分地层被明7断层所削截，底部部分地层被明14断层削截，油藏内部被大量低序级小断层复杂化。

该块采用常规角点建模法无法精细建立地质模型，如图中的顶削和底削结构，常规建模方法无法建立。通过应用复杂构造建模方法精细建立复杂断层切割关系和断面位置，精细表征复杂断块空间构造特征。明14块剖面及三维构造模型见图2-101。

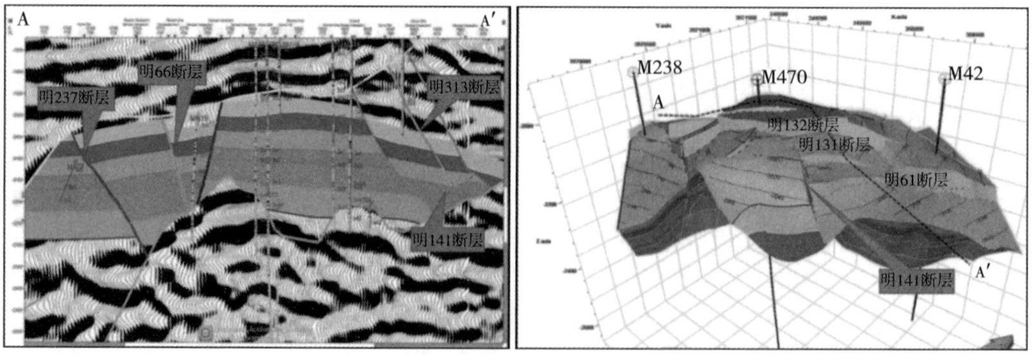

图2-101　明14块剖面(左)及三维构造模型(右)

(二)沉积微相建模

文51块沙二下为三角洲前缘沉积环境，薄砂体发育，局部发育水下分流河道。在沉积微相建模时，采用上述沉积微相建模方法，分3个级次，将确定与随机、井数据与地震数据进行融合，开展精细建模。模拟结果从宏观上既继承了地震储层预测的砂岩边界，细节上通过多点统计等随机模拟算法，又精细刻画出符合自然规律的水下分流河道分布形态，文51沙二下储层预测与沉积微相模型对比见图2－102。

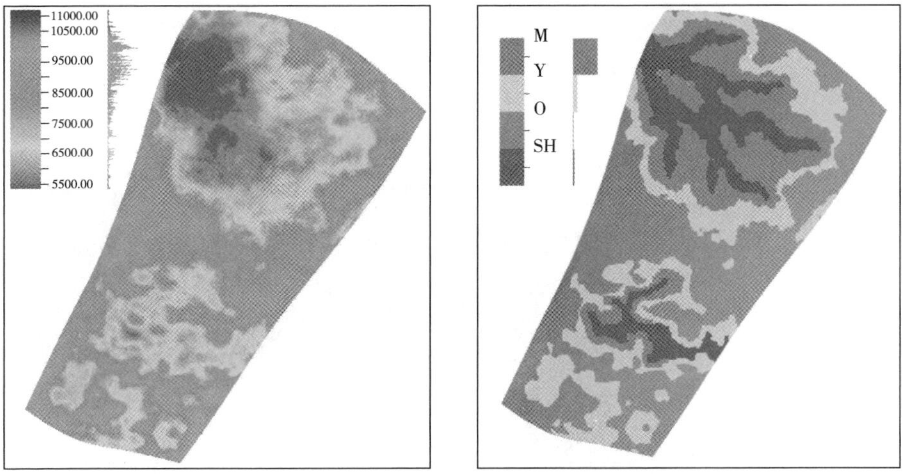

图2－102　文51沙二下储层预测(左)与沉积微相模型(右)对比

(三)孔隙度建模

文79南块孔隙度模型采用相控随机模拟方法建立，孔隙度模拟结果与沉积微相的分布趋势一致，体现出了相带的差异性，符合沉积规律和孔隙度差异分布规律，沉积微相模型与孔隙度模型对比见图2－103。

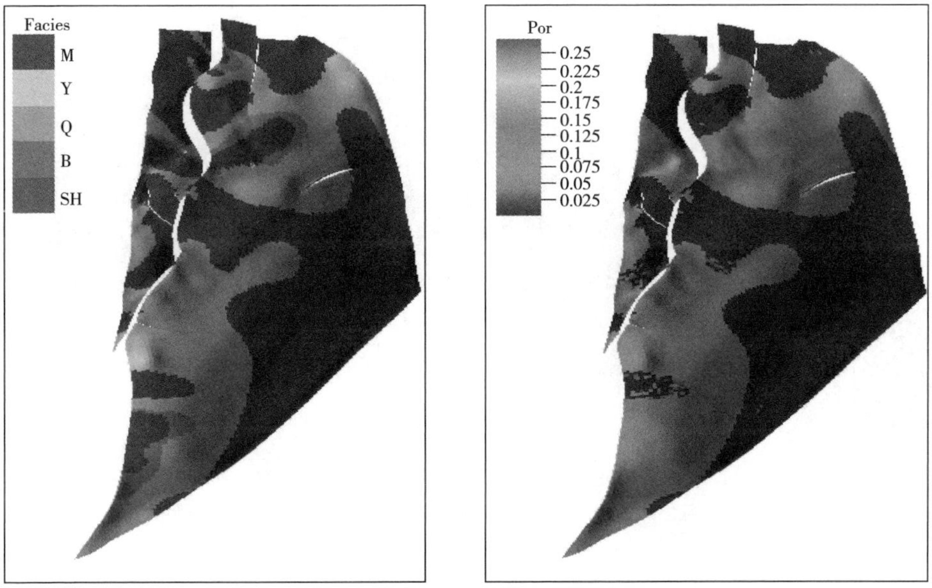

图2－103　沉积微相模型(左)与孔隙度模型(右)对比

(四)初始含油饱和度建模

图2－104是濮6块采用J函数法建立初始含油饱和度模型，从图中可以看出，初始含油饱和度模型综合反映出含油高度和物性变化情况，整体上同等储层物性下，随着含油高度的增加，初始含油饱和度增大，如图中的2区域；在油藏高处，若储层物性较差，则会出现高处的含油饱和度低于低处的初始含油饱和度，如图中的1区域。

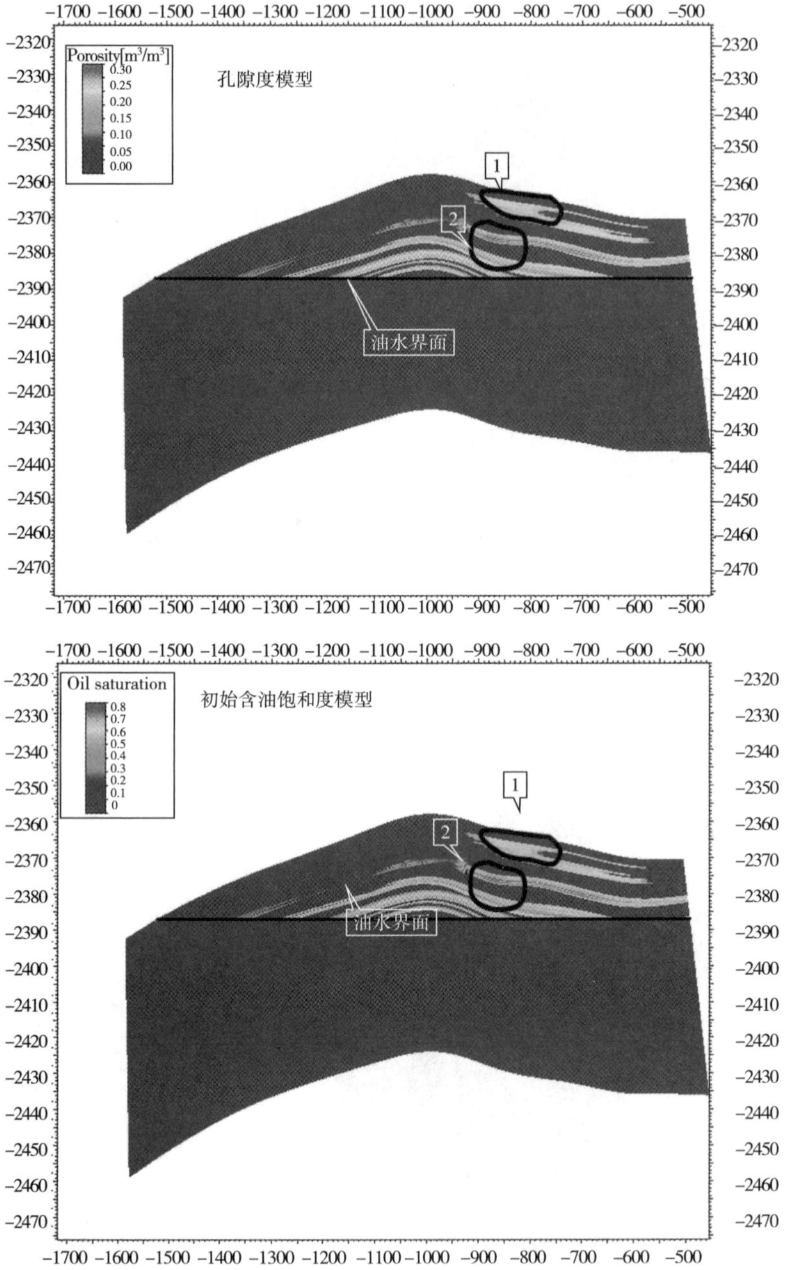

图2－104　初始含油饱和度模型(下)与孔隙度模型(上)剖面对比

第三章　油藏开发部署技术

油田开发是一个“实践 – 认识 – 优化 – 再实践 – 再认识 – 再优化”不断深入的过程，需要遵循此规律编制合理的油田开发方案。中国石油化工股份有限公司(简称中国石化)《油田开发管理纲要》规定，开发方案是指导油田开发的重要技术文件，是产能建设、开发调整和生产管理的基本依据。必须切实、完整地对各种开发方案进行详细编制、评价和全面对比，然后确定出符合油田实际、技术上可行、经济上合理的最优方案。

中原油田以中低渗复杂断块油藏为主，地质条件复杂，包括简单断块油藏、复杂断块油藏、极复杂断块油藏、深层高压低渗油藏、严重非均质油藏等多种油藏类型，开发难度大。为科学高效开发油田，实施滚动勘探开发模式，坚持“先浅层后深层，先高产后低产，先简单后复杂，先低油气比后高油气比”的产能建设原则，在整体解剖油田或构造带的同时，优先开发认识程度较高的富集区块，深入了解油藏的地质特点和开发特点，取得经验，以指导其他富集区块的开发。经过多年的勘探开发实践，针对不同油藏类型，采用不同的编制思路，逐步探索出一套适合中原油田不同类型油藏特点的开发方案设计与实施方法，编制了上百个开发方案，指导了各类油藏的开发。

第一节　储层渗流室内评价技术

油藏开发过程中，地下储层及流体特性不断发生变化，应用物理实验技术及时、准确获取储层相关参数，深化油藏认识，为油田制定开发及调整挖潜方案等提供依据，是搞好开发的重要基础工作。

中原油田地质条件复杂，油藏类型多，相似类型可供借鉴的油田开发经验缺乏，油藏投入开发前需要进行一系列室内实验。先后开展流体高压物性、岩石物理性质、渗流物理特征等相关实验研究工作，这些实验为油田各种类型油藏的开发提供了技术支撑。

一、地层流体高压物性分析实验技术

参照《油气藏流体物性分析方法》(GB/T 2698)要求，原油性质评价用到的组分、密度、黏度、气油比、体积系数等参数，是储层评价、开发方案设计等必须确定的参数，这些参数的获取一般通过高压物性分析来实现，通常情况下，通过单次脱气实验，测定地层流体组成、气油比、体积系数、密度、气体偏差系数等参数，通过 PV 关系实验，测定地层流体泡点压力、压缩系数、相对体积、Y 函数以及凝析气露点压力、偏差系数等参数，通过黏度测定，测定地层条件及不同脱气压力下的原油黏度参数，通过多次脱气实验，测定地层流体各压力下的溶解气油比、体积系数、密度、气偏差系数、相对密度等参数。为

此，原油高压物性分析实验主要分为以下4类。

1. 单次脱气实验

实验过程中，保持油气分离过程中体系的总组成恒定不变，将处于地层条件下的单相地层流体通过节流膨胀的方式瞬间闪蒸到大气条件，测定其体积和气液量变化。对于地层原油，实验目的是测定油气组分组成、气油比、体积系数和地层油密度等；对于凝析气，实验目的是测定凝析油气组分组成、凝析气藏流体的偏差系数等参数。

实验仪器与流程：实验仪器主要包括高压计量泵、PVT容器筒、恒温浴、分离瓶、气量计等。详细流程见图3－1。

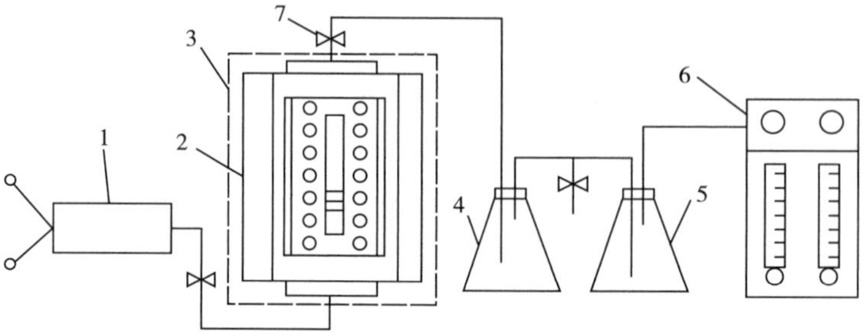

图3－1　单次脱气实验流程

1—高压计量泵；2—PVT容器；3—恒温浴；4—分离瓶；5—气体指示瓶；6—气量计；7—阀门

实验步骤为：1)将仪器按要求连接就绪后，升温至地层温度，将样品加压至高于饱和压力，充分搅拌使其成为单相，然后将上述单相流体样品转入PVT分析容器中；2)压力稳定后，记录压力值和样品体积；3)用计量泵保持压力，将一定体积的地层流体样品缓慢均匀地放出，在大气压力和室温条件下计量脱出气体积，称量油质量，记录样品体积。4)取油气样分析其组分组成；5)测定脱气原油密度和平均相对分子质量；6)将脱气原油进行切割蒸馏，测定C_{7+}馏分的平均相对分子质量和密度；7)按照步骤2)～6)平行测定3次以上，要求对地层原油测定的气油比相对误差小于2%，体积系数相对误差小于1%，凝析气地层流体测定的偏差系数相对偏差小于1%。

表3－1列出了濮新6－17井地层流体的单次脱气实验数据(为地层温度102℃和地层压力34.001 MPa下的地层原油的实验数据)。

表3－1　地层原油单次脱气实验数据

参数	数值
溶解气油比 $GOR/(m^3/m^3)$	147.81
溶解气油比 $GOR/(m^3/t)$	175.17
地层体积系数 B_o(102.0℃，34.001MPa)	1.4371
地层油平均溶解气体系数/[(m^3/m^3)/MPa]	5.833
地层油体积收缩率/%	30.42
地层油密度(102.0℃，34.001MPa)/(g/cm^3)	0.6947
脱气原油密度(20.0℃，0.101 MPa)/(g/cm^3)	0.8438
天然气相对密度(20.0℃，0.101MPa)/(g/cm^3)	0.8680
脱气原油相对分子质量	233.3

2. PV 关系实验

PV 关系实验即恒质膨胀实验，是在模拟地层温度下测定恒定质量流体压力与体积的关系。对于地层原油流体，得到的是地层流体的泡点压力、压力系数、不同压力下流体的相对体积和 Y 函数等参数；对于凝析气流体，可通过该实验获取流体的露点压力、气体偏差系数和不同压力下流体的相对体积等参数。

实验步骤为：1)在地层温度下，将 PVT 容器中的地层流体样品加压到地层压力或高于泡点压力，并充分搅拌稳定；2)对于原油地层流体，在泡点压力以上按照逐级降压法测试(固定压力读体积)，每级降 1～2MPa。在泡点压力以下按照逐级膨胀体积法测试(固定体积读压力)，每级膨胀 0.5～20.0cm^3。每级降压膨胀后应搅拌均匀并稳定，读取压力和样品体积，膨胀至原始样品体积的 3 倍以上时为止。在算术坐标系上，以压力为纵坐标，样品体积为横坐标，做出 PV 关系曲线，曲线的拐点即为泡点压力。

对于凝析气流体，首先测定其露点压力。测试方法是采用逐级降压逼近法，当液滴出现与消失之间的压力差小于 0.1MPa 时为止，取这两个压力值的平均值为第一露点压力。露点确定后，采用逐级降压的方式进行压力与体积关系测定。在露点压力以上时每级压力取 0.5～2.0MPa，平衡 0.5h 后记录压力和样品体积；在露点压力以下时每级压力下应搅拌 0.5h 并静置 0.5h 后再记录压力、样品体积和凝析液量，膨胀至原始样品体积的 3 倍以上时结束实验。

表 3－2 列出了濮新 6－17 井地层流体的恒质膨胀实验数据。在地层温度 102℃的条件下，地层流体 PV 关系测试饱和压力为 25.341MPa，远低于地层压力(34.001MPa)，属低饱和黑油油藏。

表 3－2　地层原油恒质膨胀实验数据

参数	数值
饱和压力 P_b(102.0℃)/MPa	25.341
压缩系数(102.0℃下 34.001MPa 至 25.341MPa)/(10^{-3}/MPa)	1.856
饱和压力下地层油密度(102.0℃)/(g/cm^3)	0.6837

表 3－3 列出了中原油田某黑油油藏测试 PV 关系数据。从表中得出如下认识：在降压过程中相对体积随着压力的降低逐渐增大。在饱和压力以上随着压力的降低体积系数逐渐增加，当压力降至饱和压力体积系数达到最大，由地层压力下的 1.4300 达到饱和压力下的 1.4602。地层油的密度随压力的降低而降低，地层油密度由 37.101MPa 时的 0.6981g/cm^3 下降至饱和压力 25.341MPa 下的 0.6837g/cm^3。单位压差下的压缩系数随着压力的降低逐渐增大。

3. 地层油黏度测定

一般液相油黏度测定多使用高压落球黏度计，实验测定仪器分为带脱气室和不带脱气室两种类型，其工作原理是基于 Stokes 定律，通过该实验可获得地层条件和不同脱气压力级下的单相油黏度数据。

表 3-3　恒质膨胀压力与体积的关系数据(102℃)

压力/MPa	相对体积(1)/(V_i/V_b)	Y 函数	体积系数	油密度/(g/cm^3)	压缩系数 C_o/10^{-3}
37.101	0.9793		1.4300	0.6981	1.5647
36.044	0.9809		1.4324	0.6970	1.5945
35.030	0.9825		1.4347	0.6958	1.6303
34.001	0.9842		1.4371	0.6947	1.6710
33.000	0.9858		1.4395	0.6935	1.7147
32.030	0.9875		1.4419	0.6924	1.7559
31.063	0.9891		1.4444	0.6912	1.7982
30.119	0.9908		1.4468	0.6900	1.8369
29.101	0.9927		1.4495	0.6887	1.8836
28.261	0.9942		1.4518	0.6876	1.9254
27.363	0.9960		1.4543	0.6865	1.9758
26.502	0.9977		1.4568	0.6853	2.0190
25.341	1.0000		1.4602	0.6837	
25.197	1.0013	4.4240			
24.966	1.0035	4.2911			
24.736	1.0058	4.2362			
24.274	1.0106	4.1494			
23.481	1.0196	4.0174			
22.053	1.0385	3.8555			
20.595	1.0617	3.7161			
18.412	1.1067	3.5083			
16.000	1.1757	3.3026			
13.777	1.2675	3.1146			

实验用到的仪器包括控制器、阀门、高压落球黏度计、恒温浴、储样器和高压计量泵等。仪器与流程见图 3-2。

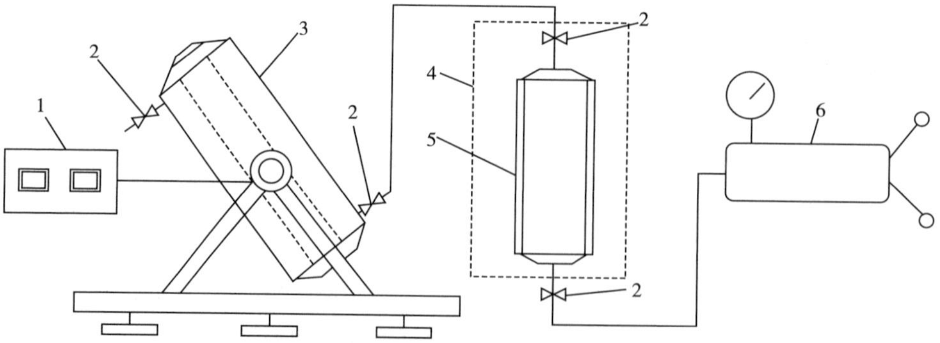

图 3-2　原油黏度测定仪器与流程

1—控制器；2—阀门；3—高压落球黏度计；4—恒温浴；5—储样器；6—高压计量泵

带脱气室落球黏度计的测定步骤为：1）将黏度计清洗干净，选择合适尺寸钢球放入测定腔内；2）将黏度计升温地层温度4h以上，抽空黏度计至200Pa后继续抽30min；3）将地层条件下的原油样品转入落球黏度计中，调整到测定压力；4）反复翻转落球黏度计，搅拌油样使其达到单相平衡，关闭脱气室阀门；5）选定测角，按照测定规程测定落球时间，落球时间介于10～80s为宜；6）每个压力级至少测定两个角度，每个角度平行测定5次，要求相对偏差小于1%；7）将脱气室朝上，打开脱气室阀门，缓慢降压脱气至下一级压力，关闭脱气室阀门，反复翻转黏度计，搅拌油样使其达到平衡，重复步骤5）和6）测定；8）要求泡点压力以上至少测定四个点，泡点压力以下测定6～12个点一直进行到大气压力级。

不带脱气室落球黏度计测定过程中，各级压力的脱气均在PVT筒中进行，将脱气后的单相原油转入落球黏度计中并保持压力冲排2倍以上黏度计容积，使新鲜的单相油样充满黏度计。表3－4列出了濮新6－17井地层流体测定结果。

表3－4　地层温度下地层流体黏度测试数据(102.0℃)

压力/MPa	原油黏度/(mPa·s)	气体黏度/(mPa·s)	油/气黏度比
37.101	0.608		
35.520	0.592		
34.001	0.577		
32.498	0.564		
30.863	0.551		
29.101	0.540		
27.204	0.529		
25.341	0.521		
19.158	0.593	0.019491	30.42
14.437	0.715	0.017194	41.58
9.496	0.903	0.015278	59.10
4.634	1.168	0.013743	84.99
1.810	1.525	0.012655	120.55
0.101	2.021	0.010084	200.42

注：地层压力计算值34.001MPa；饱和压力计算值25.341MPa。

4. 多次脱气实验

多次脱气实验是在地层温度下，将地层油分级降压脱气、排气，测量油、气性质和组成随压力的变化关系。本项实验是为了测定各级压力下的溶解气油比、饱和油的体积系数和密度、脱出气的偏差系数、相对密度和体积系数，以及油气双相体积系数等参数。根据泡点压力的大小，确定分级压力的间隔，脱气级数一般均分为3～12级。

实验步骤为：1）在地层温度下，将PVT容器中的地层原油样品加压至地层压力，充分搅拌并恒温平衡4h后，30min内体积变化小于1%，读取样品体积；2）降压至第一级脱气压力，搅拌稳定后静止，读取样品体积；3）打开样品端阀门，保持压力缓慢排气，气体排完后迅速关闭阀门。注意排气过程中不能有油排出。记录排出气量、室温和大气压力，取气样分析其组分组成；4)重复步骤2)和步骤3)，逐级降压脱气，一直进行到大气压力级；5)将残余油排出称质量，测定残余油组成、平均相对分子质量和20℃下的密度。

采用濮新6－17井地层流体，模拟黑油油藏衰竭式开采过程，研究地层流体体积和井流物组成变化以及不同分级压力下的采收率，开展多次脱气实验。在地层温度下，将地层油分级降压脱气、排气、测量油、气性质和组分随压力的变化关系，测定各级压力下的溶解气油比、饱和油的体积系数和密度、脱出气的偏差系数、相对密度和体积系数，以及油气两相体积系数等参数，本次实验分5级。

表3－5和表3－6为地层原油多次脱气实验数据，通过多次脱气实验得到以下认识：随着分级压力的降低，溶解气油比不断降低，至大气压0.101MPa，气油比降为0。随着分级压力的降低，地层油体积系数不断降低。随着分级压力的降低，地层油的密度逐渐升高。多次脱气实验中甲烷的含量随着脱气压力的下降呈逐渐下降的趋势；乙烷呈逐渐上升的趋势。在饱和压力以上时，地层原油黏度随压力的降低而略有下降，在饱和压力以下时，随着压力的下降地层油的黏度逐渐增加。

表3－5　地层原油多次脱气实验数据(102℃)

压力/MPa	溶解气油比/(m^3/m^3)	地层油体积系数	两相体积系数	油密度/(g/cm^3)	气体偏差系数 Z	气体体积系数	气体相对密度(空气为1)
25.341	149.96	1.4707	1.4707	0.6837			
19.158	115.25	1.3886	1.6003	0.7029	0.9045	0.00610	0.7058
14.437	89.81	1.3286	1.5382	0.7184	0.9023	0.00824	0.7005
9.496	64.32	1.2693	1.5952	0.7348	0.9128	0.01278	0.7109
4.634	39.17	1.2114	1.8951	0.7509	0.9394	0.02719	0.7603
1.810	22.63	1.1649	2.4053	0.7653	0.9611	0.07496	0.9119
0.101	0.00	1.0832		0.7784	0.9903		1.7731

注：脱气原油密度为0.8432g/cm^3(20℃，0.101MPa)。

表3－6　地层流体多次脱气井流物组分数据(102℃)

组分占比/mol%	分级压力/MPa						
	25.341	19.158	14.437	9.496	4.634	1.810	0.101
氮气	0.579	1.582	1.401	0.931	0.539	0.236	0.032
二氧化碳	0.703	0.951	0.997	1.101	1.267	1.462	0.631
甲烷	46.632	85.321	85.501	84.483	79.893	67.351	12.323
乙烷	5.091	5.309	5.567	6.346	8.416	12.303	14.453
丙烷	3.166	2.243	2.258	2.568	3.676	6.754	18.743
异丁烷	2.181	1.258	1.206	1.332	1.888	3.652	15.235
正丁烷	1.446	0.720	0.671	0.737	1.039	2.077	10.214
异戊烷	3.335	1.531	1.425	1.566	2.210	4.408	21.996
正戊烷	0.468	0.154	0.131	0.135	0.177	0.348	1.892

续表

组分占比/mol%	分级压力/MPa						
	25.341	19.158	14.437	9.496	4.634	1.810	0.101
己烷	1.149	0.284	0.236	0.215	0.250	0.444	1.912
庚烷以上	0.579	0.646	0.608	0.587	0.645	0.967	2.569
小计	100.00	100.00	100.000	100.000	100.000	100.000	100.00
平衡气相分子量		20.450	20.295	20.598	22.028	26.422	51.372
平衡气相相对密度		0.7058	0.7005	0.7109	0.7603	0.9119	1.7731
平衡气相偏差系数		0.9045	0.9023	0.9128	0.9394	0.9611	0.9903
累计采出百分数	0.000	23.503	40.734	58.004	75.031	86.239	100.00

二、岩石中的两相相对渗透率实验技术

参照现行相对渗透率测定标准，两相相对渗透率分为稳态法和非稳态法，由于稳态法操作较为复杂，实验不便于操作，这里介绍非稳态法两相相渗测定方法。非稳态油水相对渗透率测定是以一维水驱油基本理论(即贝克莱－列维尔特前沿推进理论)为出发点，在水驱油过程中，认为水、油饱和度在多孔介质中的分布是距离和时间的函数，油水在孔隙介质中的渗流能力，即油水的相渗透率也随饱和度分布的变化而变化，油水在岩石某一横断面上的流量也随时间而变化，只要在水驱油过程中能准确地测量出恒定压力时的油水流量或恒定流量时的压力变化，即可计算出两相相对渗透率随饱和度的变化关系。由于油、水饱和度的大小及分布随时间和距离而变化，整个驱替过程为非稳态过程，所以该方法被称为非稳态法(亦即不稳定法)。按照模拟条件的要求，在油藏岩样上进行恒压差或恒速度的水驱油实验，在岩样出口端记录每种流体的产量和岩样两端的压力差随时间的变化，用“J. B. N.”方法整理实验数据，得到油水各自相对渗透率，并可绘制油、水相对渗透率与含水饱和度的关系曲线。

非稳态法测定岩心中油水两相相对渗透率曲线的基本步骤：1)驱替开始前，首先把饱和水的岩心放入夹持器里，围压为上覆岩石压力，并将岩心加热至地层温度，测定岩心的绝对渗透率 K；2)接着用10倍孔隙体积的油在恒速下进行油驱水实验，实验结果得到驱替过程的相对渗透率曲线，实验的终点则是束缚水饱和度，并测定束缚水饱和度下油相渗透率(即油相端点渗透率)；3)紧接着再用10倍孔隙体积的水在恒速下进行水驱油实验，实验结果可得到吸入过程的相对渗透率曲线。实验的终点是残余油饱和度，并测定残余油饱和度下水相的端点渗透率。

采用中原油田某区块岩心按照非稳态法开展油水相渗实验，实验结果见图3－3和图3－4。当含水饱和度小于50%时，其水相渗透率随含水饱和度的增加而缓慢增加，当含水饱和度大于50%后，水相渗透率迅速增加。

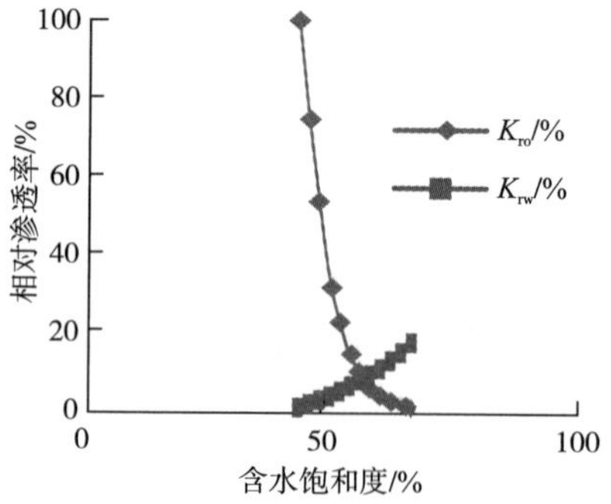

图 3－3　渗透率 0. 153mD 的相渗曲线

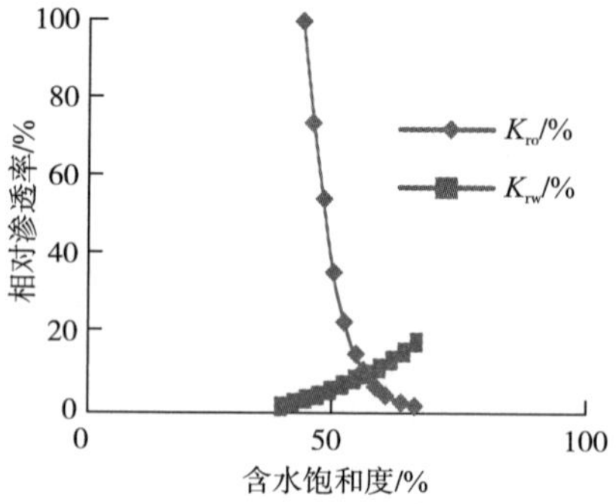

图 3－4　渗透率 7. 396mD 的相渗曲线

从图 3－5 的压裂前后相渗曲线对比可以看出，裂缝型岩心相渗曲线形态与基质岩心相渗形态有明显的区别。造缝后两相共渗区变窄，等渗点的相对渗透率变大了，且该点含水饱和度变小，相渗曲线抬升(降低)幅度变大，残余油饱和度变大，驱油效率变小。岩心见水后水相相对渗透率曲线迅速上升，含水率上升很快。由于人造裂缝贯穿于整个岩心，裂缝渗透率比基质渗透率大许多，水窜现象严重。裂缝对水驱油效率有明显影响，裂缝型油藏一旦水淹后，很难继续开采，过早水淹会导致较多的剩余油不能开采出来，不利于油田的合理可持续开发。

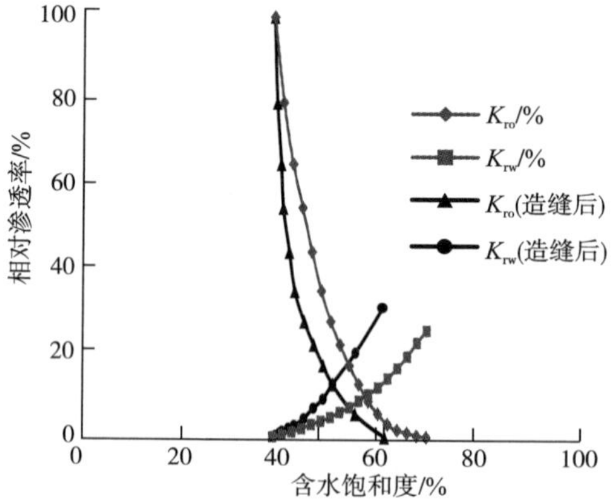

图 3－5　渗透率 11. 571mD(压裂后 38. 72mD)的相对渗透率曲线

三、低渗储层启动压力实验技术

多孔介质的孔喉大小、孔隙喉道几何结构及其分布都会影响气体的渗流，低渗油藏储层孔喉狭窄、渗透性差，造成流体的渗流出现明显区别于中高渗储层中流体渗流的规律，最明显最本质特点之一是不再符合线性达西定律，流动存在启动压力梯度，只有当驱动压差高于启动压力，流体才能被动用，这是低渗储层最关键的参数之一。

在低渗透多孔介质中，单相流体一维流动时，其压力梯度与流速之间的关系曲线一般有如下特征。总结分析低渗透储层单相流体的渗流规律，低渗透储层非达西渗流的主要特征一般表现在以下 3 个方面：1) 当压力梯度低于某一界限时，流体不能克服流动的阻力，不发生流动，也就是说存在启动压力梯度；2) 当压力梯度大于启动压力梯度时，压力梯度与流量之间的关系不是简单线性关系，而是复杂的非线性渗流；3) 当压力梯度继续增大到某一数值时，压力梯度与流速之间的关系呈线性关系。其延长线的截距(流速为零时的压力梯度)被称为拟启动压力梯度。

结合孔隙结构分析，不同的压力梯度下流体流动的特征有其一定的规律性。图3－6中*A*、*B*、*C*、*D*、*E*等5点的含义分别是：*A*点是最大半径毛管对应的启动压力梯度；*C*点对应的是平均半径毛管的启动压力梯度；*B*点是最小可流动孔喉半径的毛管对应的启动压力梯度；*A*、*C*两点对应的压力梯度分别被称为真实启动压力梯度和拟启动压力梯度；*D*点对应的是渗流由非线性渗流到拟线性渗流的过渡点；直线*DE*对应的渗流过程称为拟线性渗流；曲线*AD*对应的渗流过程称为非线性渗流。原点与*A*点可能一致，也可能不一致。从测量和实用的角度看，拟启动压力的测量简单方便，且基本能够描述清楚低渗透储层的特征。因此，低渗透储层启动压力测试的研究一般多集中在*C*点对应的拟启动压力。渗流曲线从*A*～*D*的过程就是流体在多孔介质中非线性流动的过程。因此研究和测试其变化的规律及影响因素可以揭示低渗透储层流动中有实际意义的问题。

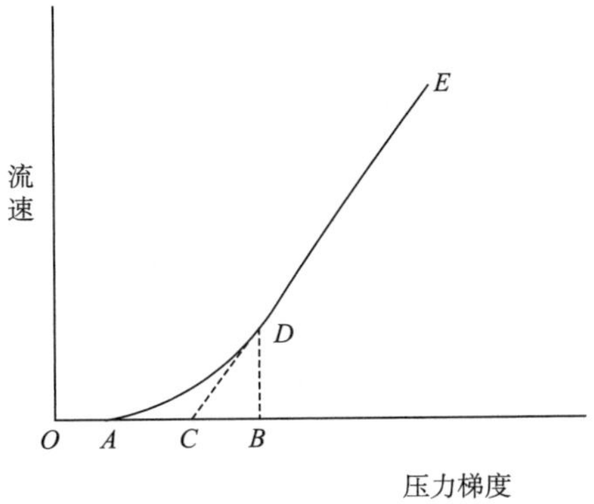

图3－6　低渗多孔介质单相渗流动态曲线

实验设计步骤为：1)将岩心置于干燥恒温箱中，在108℃下烘干48h以上，分别测定各岩心的长度、直径、渗透率等数据；2)将岩心置于真空瓶中，将真空瓶与装注入水容器的顶部连通，抽真空至－0.1MPa后持续抽气1h，停泵，将注入水容器倒置，使注入水倒吸入真空瓶中并没过岩心，接着抽真空8h，之后将岩心浸泡于模拟地层水中待用；3)将饱和水的岩心装入真三轴岩心夹持器中，接通仪器流程，对仪表显示初始值调零，设定系统净围压为3MPa，并缓慢对夹持器施加围压至初始值3MPa；4)打开驱替泵，恒流量注入，升高注入压力和回压直至达到实际地层压力数值，关闭回压和注液入口阀门；5)设定注入压力数值，使进出口压差为设定压差数值，恒压驱替注入模拟地层水，产出端计量产出液量，直至相同的时间端产出量相等，则渗流稳定；6)更换下一压力数值，重复步骤5)；7)直至测完所有设定压差数值，更换下一个岩心，重复步骤3)～6)，直至测定完成所有岩心，结束实验。

采用中原油田卫42区块岩心开展启动压力实验，图3－7和图3－8是其中两块岩心的实验结果，图3－9给出启动压力梯度与渗透率的关系曲线，从图3－9可以看出，不同类型储层启动压力梯度相差较大，是导致层间干扰严重的根本原因。渗透率在45mD时，启动压力梯度为0.0194MPa/cm；渗透率在14.6mD时，启动压力梯度为0.0339MPa/cm；渗透率小于5mD时，启动压力梯度为0.0575MPa/cm。

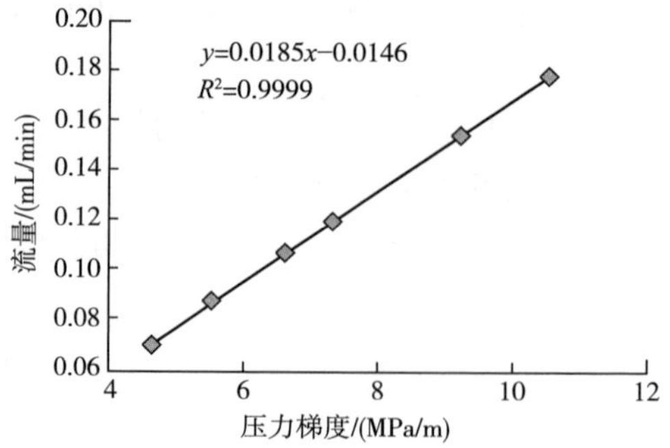

图 3－7　渗透率 0.153mD 压力梯度与流量曲线

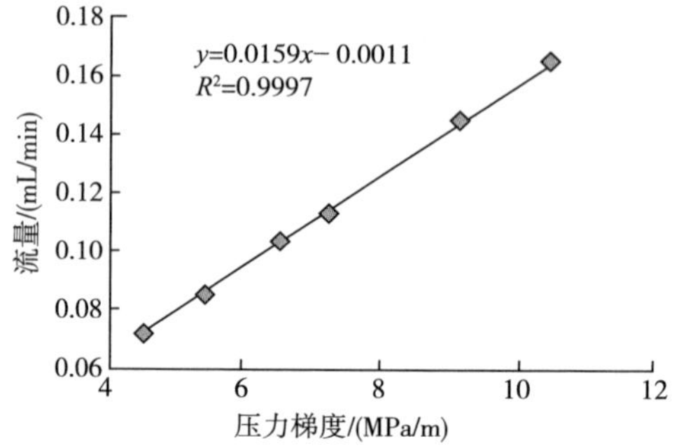

图 3－8　渗透率 1.774mD 压力梯度与流量曲线

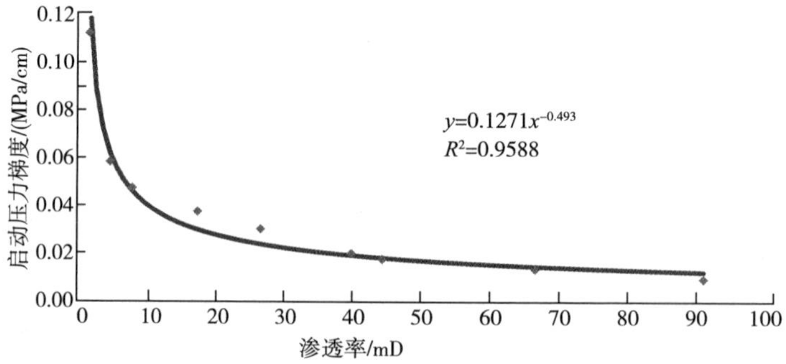

图 3－9　启动压力梯度与渗透率的关系曲线

四、开发驱油实验技术

原油动用规律是个复杂的过程，需要通过多种手段来研究和表征，通过微观分析可直观对比原油是如何动用的，通过中观和宏观不同维度实验分析，可分析不同条件下的驱油规律，为方案设计提供重要的技术支撑。对于微观驱油机理的研究，目前主要集中在微观可视化方面，借助高倍显微镜对微观可视模型中流体的驱替过程录像，选取相同视域对比分析；中观和宏观不同维度实验方面主要集中在不同长度岩心试验和填砂模型试验，通过对比不同实验条件下的驱油效果，优选最佳注入条件；储层流体再注入气体后通过传质作用发生物质交换，产生组分变化、原油性质的变化，这些都需要通过室内试验进一步明确。本部分内容主要包括微观驱油机理实验技术、多维物模实验技术。

(一)微观驱油机理实验技术

微观驱油机理实验技术是一项比较成熟的技术，通过借助现有技术手段，如 CT 扫描成像技术、核磁共振技术、光学透视技术来表征注入流体驱动原油作用规律，达到研究原油微观动用规律的目的，研究时应根据需要设计不同的实验类型。根据现有在用技术手段的成像机理进行分类，分为微波法和光学透视法两类实验技术。

1. 基于微波技术的微观驱油机理实验技术

应用微波技术研究微观驱油动用规律是近些年新发展起来的一门技术，具有成像精度高、不破坏岩心等特点，被广泛应用于油气开发室内基础研究中，通过对比同一断面不同时刻油水气分布，可直观地表征原油动用规律，目前在用的技术主要为 CT 扫描成像技术和核磁共振成像技术。

(1)CT 扫描成像驱油机理实验

CT 扫描系统主要由 X 射线源、数据采集系统、控制系统和成像系统 4 部分组成，进行 CT 扫描时，X 射线源按照设定的速度围绕被扫描样品旋转，全方位测量某一固定横截面 X 射线强度，通过数据处理系统得到单个横截面的空间图像，再通过一系列横截面图像叠加，最终得到样品的三维扫描图像，CT 基本原理见图 3－10。

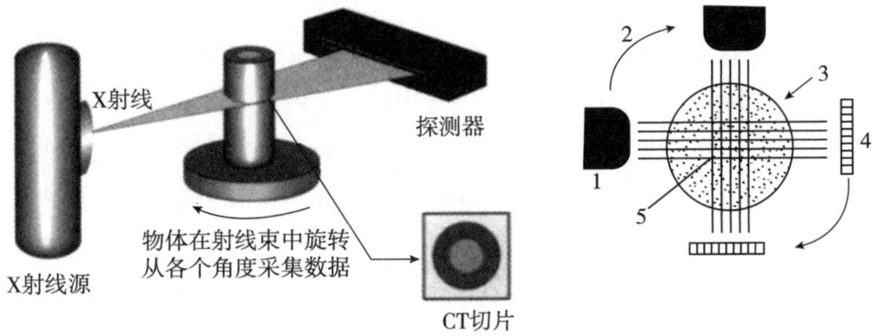

图 3－10　CT 扫描技术基本原理

1—X 射线源；2—扫描旋转；3—岩心；4—探测器系统；5—体积元

CT 扫描步骤：1)将岩心样本放入 CT 设备中，调节设备参数进行扫描；2)将扫描完毕的数据用软件重建数字三维模型。软件重建时，可对即将要重建的数据调节几何校准值，改善射束硬化；3)使用专业的数据处理软件，对重建好的三维数字模型进行分析处理，展示三维内部视图(图 3－11)，提取岩心孔隙喉道模型。

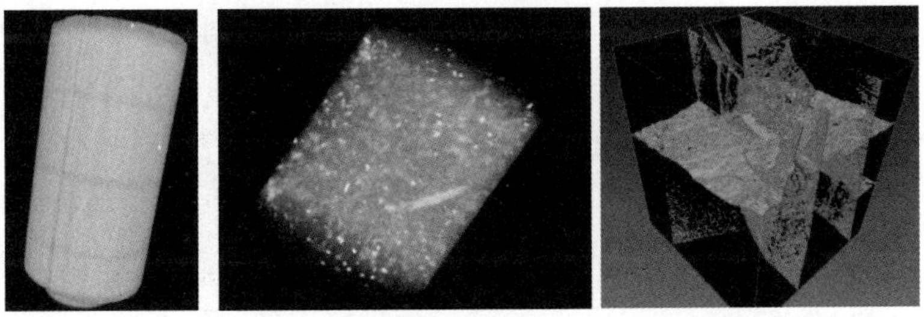

(a)重构后的岩心　(b)孔隙网络结构　(c)裂缝空间结构

图 3－11　重构后岩心三维内部视图

选取油田某储层岩心开展 CT 扫描驱油机理研究，岩心长度 5cm，直径 2.5cm，实验在地层温度压力条件下进行。饱和水注烟道气，使二氧化碳-地层水-岩石相互作用，二氧化碳溶解于地层水后产生的碳酸对岩石孔隙结构有一定的影响。对比图3-12(b)注10PV烟道气和图3-12(c)注100PV烟道气的岩心样品发现，烟道气对天然岩心微观孔隙结构变化影响不明显，可能是因为烟道气中的二氧化碳含量较少且二氧化碳产生的碳酸对地层的影响需要漫长的时间以及温度的催化，短时间内对岩心孔隙结构变化影响不大。

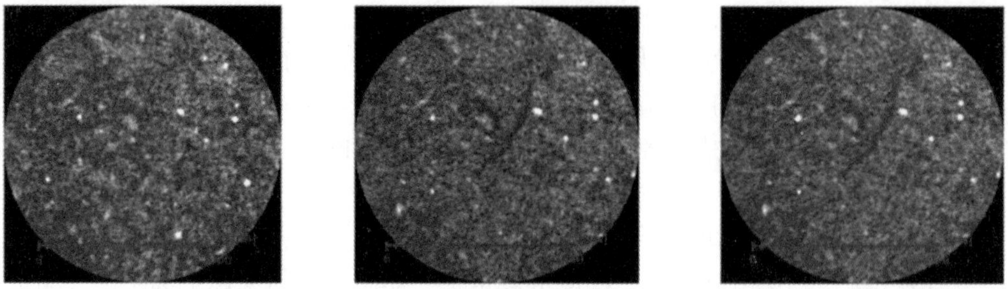

(a)干岩心　(b)注10PV烟道气　(c)注100PV烟道气

图3-12　不同扫描阶段岩心样品对比

(2)核磁共振微观驱油机理实验

核磁共振是利用氢原子核自身的磁性及其与外加磁场相互作用的原理，测量岩石孔隙流体中氢核核磁共振弛豫信号的幅度和弛豫速率，建立 T_2 谱来研究岩石孔隙结构的技术。通过接收线圈可以接收核磁共振信号，通过专用设备将核磁共振信号转换为核磁共振图像。当自旋值 $L=1/2$ 的原子核置于外磁场中时，自旋核有两种取向，对应两个能级，能级间能量差别为 ΔE。此时若有射频脉冲照射，而射频脉冲的能量刚好等于自旋核能级间能量差别时，就会发生核磁共振现象。如果再在 x 方向、y 方向和 z 方向施加线性梯度磁场，就可以对信号进行频率或相位编码，从而确定信号的空间位置。信号记录下来后经过系列数学运算，就可以得到断面扫描的图像，如质子密度图像。NMRI 核磁共振成像仪可以在实验过程中对岩心进行实时动态观测，得到纵向及横向扫描图片。

核磁共振测试的为流体中的氢原子核，岩心在饱和水以及注水驱替的过程中由于水中的氢核具有核磁矩，核磁矩在外加静磁场的作用下产生能级分裂，此时对岩心施加一定频率的射频场，核磁矩就会发生吸收跃迁，产生核磁共振。随后撤掉射频场，可以接收到一个幅度随时间以值函数衰减的信号。横向弛豫时间 T_2 代表孔隙半径的大小。该方法具有无损、精准的优点，可以快速获取岩石的孔隙结构参数和各种物性参数。核磁共振 T_2 弛豫时间与喉道半径成正比。为了便于分析，根据下列公式提到的方法将 T_2 弛豫时间转换成喉道半径：

$$r=\frac{0.735\,T_2}{C} \tag{3-1}$$

式中　r——喉道半径，μm；

T_2——弛豫时间，ms；

C——转换系数，ms/μm。

其中，转换系数为14.1ms/μm，在该转换系数下，核磁共振 T_2 谱与常规压汞曲线拟合得较好，相关性较高。

核磁测量分为以下5个步骤(根据研究的需要，实验步骤可以调整，核磁共振根据需要调整测试次数)：1)对目标岩心进行洗油、烘干，测得目标岩心的长度、直径、孔隙度、渗透率。抽真空，使实验岩心充分饱和地层水，称湿重后计算孔隙体积，得到岩心孔隙度；做第一次核磁测量；2)用 Mn^{2+} 浓度 15000mg/L 的 $MnCl_2$ 溶液(在模拟地层水中添加)驱替模拟水，充分置换，做第二次核磁测量；3)油驱水饱和油建立束缚水，老化 12h 以上，进行核磁共振 T_2 测试与核磁共振成像，获取饱和油岩心的 T_2 谱以及纵剖面图像；4)按照一定速度注水，进行水驱或在二氧化碳气驱最终状态下，进行核磁共振 T_2 测试与核磁共振成像，获取驱后岩心的 T_2 谱以及纵剖面图像；5)以上述相同的注水速度，进行后续水驱，控制出口端含水率为98%时停止实验，进行核磁共振 T_2 测试与核磁共振成像，获取后续水驱后岩心的 T_2 谱以及纵剖面图像。

通过核磁共振成像图和 T_2 谱可以直观地反映岩心水驱转气驱、水驱转气水交替驱的驱油特征及剩余油分布(图 3－13)。岩心中的成像信号来自原油，信号值随着驱替过程进行而减小，表明岩心含油饱和度减少。多孔介质内气水交替注入的流动机理与两相流(气水或水油)截然不同。对于水驱，小孔隙内主要发生活塞式驱替，而非活塞式驱替主要发生在大孔隙。对于气驱油，只要黏性力能够克服毛管力，孔隙中均产生活塞式驱替。对于三相流动，油为中间相，气为非湿相，而水为湿相。取决于毛管力的作用，水相更容易占据小孔隙，而气占据大孔隙。油相处于不连续的状态且以油膜或油段塞的形式在气水之间流动。

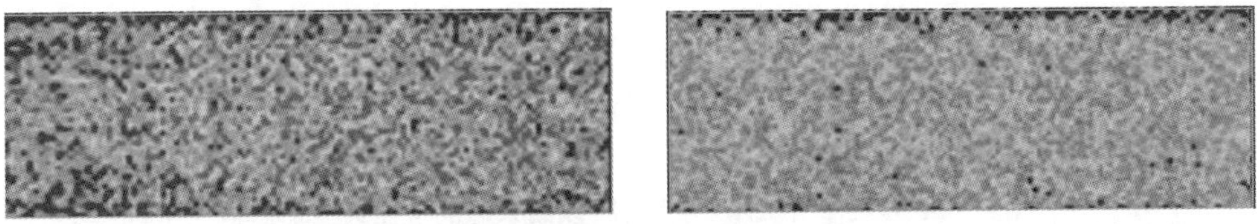

测试时间点①：饱和油

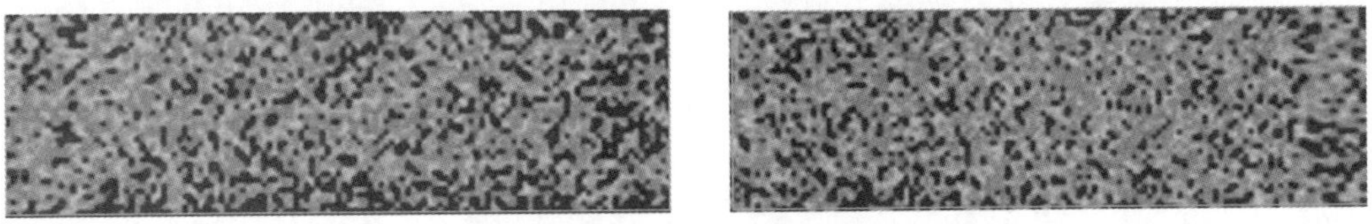

测试时间点②：水驱结束

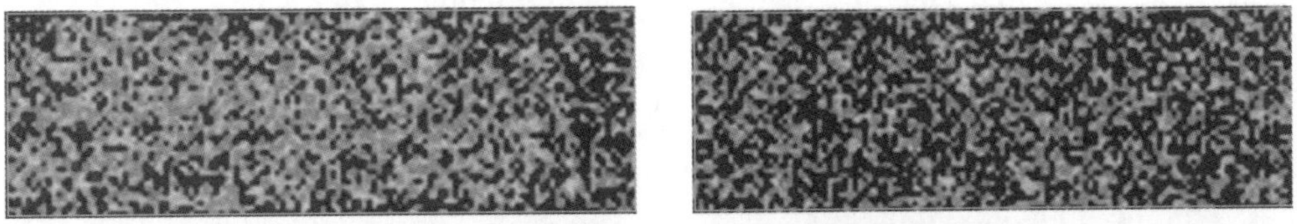

测试时间点③：烟道气驱结束（左），气水交替驱结束（右）

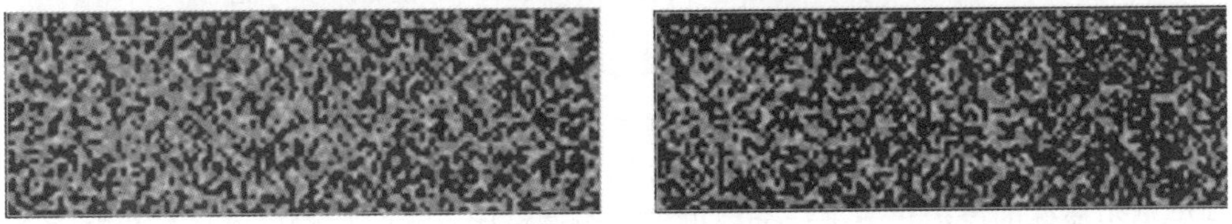

测试时间点④：后续水驱结束

(a)1#岩心　　(b)2#岩心

图 3－13　中低渗岩心不同驱替阶段结束时核磁共振纵剖面成像

通过核磁共振图像和 T_2 谱可以直观反映驱油特征，分析岩心饱和油、水驱阶段结束、烟道气驱(气水交替驱)结束以及后续水驱结束的核磁共振 T_2 谱可以看出不同尺寸孔喉的动用程度。由图 3－14 可知，对于中低渗岩心 $1^{\#}$、$2^{\#}$，岩心饱和油与后续水驱阶段的 T_2 谱曲线特征走势几乎完全一致，且水驱阶段也相差不大，孔喉动用程度基本相似。对比 $1^{\#}$ 岩心的烟道气驱阶段和 $2^{\#}$ 岩心的气水交替驱阶段 T_2 谱曲线可看出，气水交替驱相对于烟道气驱可将水驱后赋存在中、小尺寸孔喉的剩余油驱替出来，而且效果明显，但气水交替后岩心的孔隙结构更加复杂，孔隙、喉道的非均质性增强。由图 3－15 可知，对于低渗 $3^{\#}$、$4^{\#}$ 岩心，低渗岩心的核磁共振成像信号整体弱于中低渗岩心的核磁共振信号。通过核磁共振图像和 T_2 谱可以直观反映驱油特征。在水驱过程中，水会优先将大尺寸孔喉中的油驱出，小尺寸孔喉中油的动用程度相对较低；水驱转烟道气驱阶段，一部分剩余油被挤压到更小孔隙中，后续水驱阶段又将小孔隙剩余油推回较大孔隙中；烟道气驱阶段，主要进一步动用大孔隙中原油。气水交替驱替阶段按照某一方式重新分布剩余油，部分通过单独水驱无法采出的残余油将重新流动而被采出，可以动用更多中小尺寸孔隙内的剩余油。

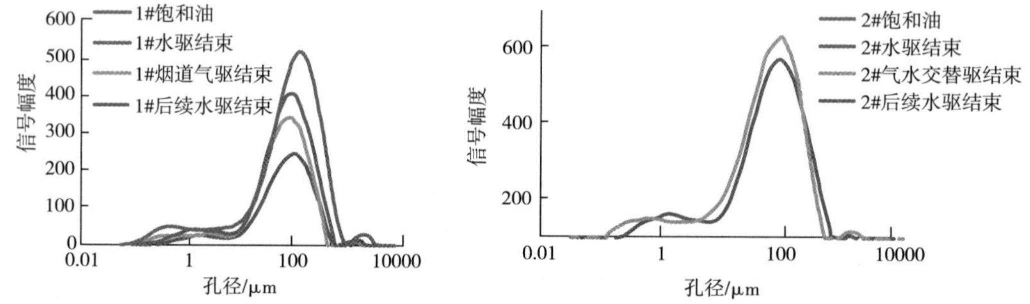

图 3－14　$1^{\#}$、$2^{\#}$岩心不同驱替阶段结束时的核磁共振 T_2 谱

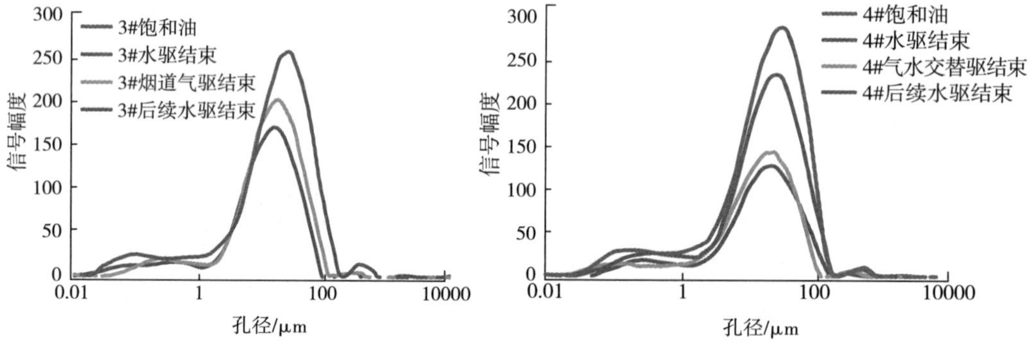

图 3－15　$3^{\#}$、$4^{\#}$岩心不同驱替阶段结束时的核磁共振 T_2 谱

2. *基于光学透视的微观驱油机理实验技术*

充分利用微观可视模型的透明性和可视性，在施加上覆压力的基础上可实现低压和高压下的驱油机理实验，微观可视模型下部有投射光源，模型的上部布设高速摄像机，对微观可视模型中流体的流动状态进行全程拍摄，通过对比不同驱替阶段流体赋存状态的图像来分析微观驱油机理。通常采用高温高压微观可视化实验装置，在玻璃刻蚀的仿真多孔介质模型上，开展注入气与地层流体间的微观作用过程研究。该模型突破了一维长岩心模型实验周期长、驱替过程不可视的局限，克服了二维填砂气驱模型耐压条件低、饱和度监测标定难的问题，实现了高温高压实验全程实时可见，图 3－16 为高温高压微观驱油装置流

程图，图3－17为微观可视化实验装置，图3－18为微观可视化模型。

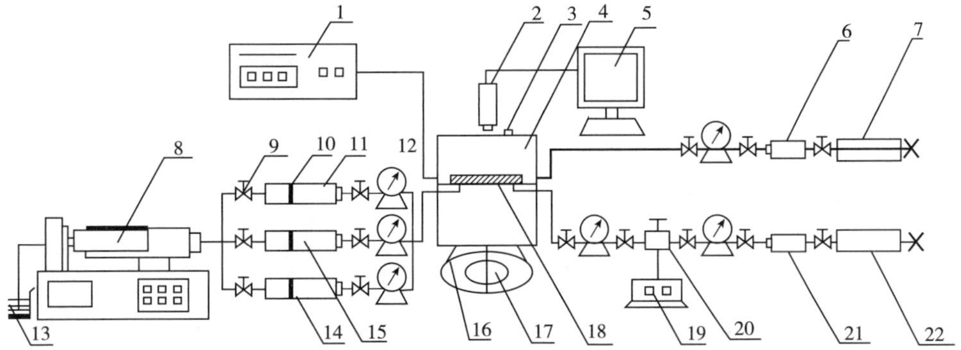

图3－16　高温高压微观驱油装置示意

1—温度控制器(即温度控制系统)；2—CDD录像仪；3—放空阀；4—模型夹持器；5—图像显示器；
6—第一储液罐(内含水，即第三水泵入机构)；7—手动泵；8—驱替泵；9—调节阀；10—活塞；
11—第一中间容器(内含模拟油，即油泵入机构)；12—精密压力表；13—烧杯(内含水)；
14—第二中间容器(内含水，即第一水泵入机构)；15—第三中间容器(CO_2)；16—支架；17—平面光源；
18—微观可视模型；19—微量计量器；20—回压阀；21—第二储液罐(内含水，即第二水泵入机构)；22—手动泵

图3－17　微观可视化实验装置

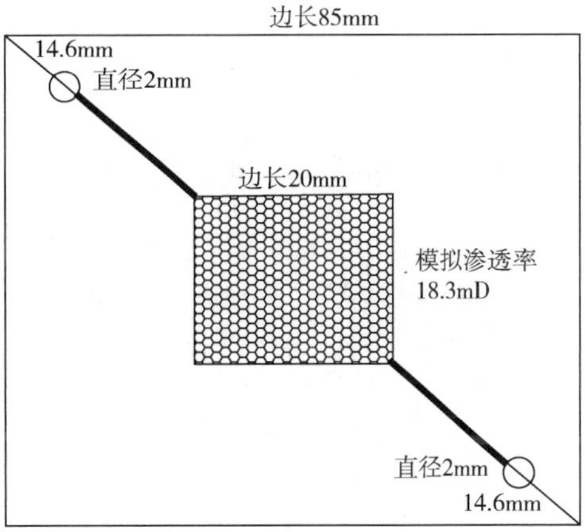

图3－18　微观可视化模型

微观驱油气水交替实验具体步骤为：1)将模型安装到夹持器内，关闭放空阀。2)向模型中注水，同时调整环压和回压，对模型加热、加压。3)向模型中注入原油直至饱和状态。4)一次水驱，注入地层水，驱替速度为0.05mL/min，水驱1.2倍孔隙体积(PV)后结束，对剩余油分布、剩余油形态以及标注的重点区域拍照。5)进行二氧化碳气体(0.2PV)－水－二氧化碳气体(0.2PV)交替驱后，对剩余油分布、剩余油形态以及标注的重点区域拍照。6)后续水驱，注入地层水，驱替方法和速度交替驱时保持一致，水驱结束后，对剩余油分布、剩余油形态以及标注的重点区域拍照，实验结束；观察记录实验现象，并用同样的方法进行水、CO_2驱油对照实验。

以中原油田某区块原油为例，开展天然气驱微观驱油机理实验，实验结果见图3－19。从原始地层压力衰竭至目前地层压力(30MPa)，进行天然气驱。衰竭后注气过程中未形成混相，注入气首先在优势通道中流动，并逐渐聚并附近衰竭过程中形成的气泡，缓解了贾敏效应给原油流动带来的影响，在优势通道附近，驱油机理以驱替作用为主，溶解抽提作

用为辅；在未波及区，驱油机理以溶解抽提作用为主，但仍有部分剩余油分布在小孔隙中。

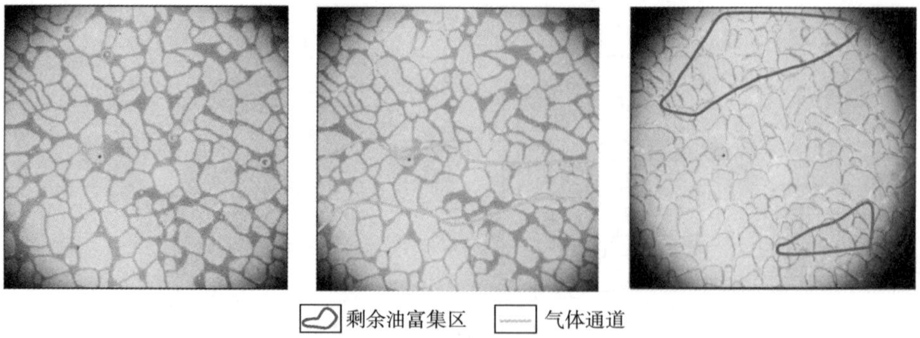

(a)衰竭至泡点压力　(b)注气初期　(c)注气结束

图 3－19　注气前后不同阶段流体分布规律

注水微观驱油机理实验中，注水开发后的剩余油主要为网状、柱状和孤岛状 3 种类型，油膜、油斑和盲端等类型剩余油占比极少，这主要与水驱动用的微观界限相关，水能动用的微观空间冲刷倍数高，水驱后油膜状剩余油极少，有少量油斑和盲端剩余油。以 0.01mL/min 的速度注入，水驱初期连片的网状剩余油占比最大，水驱后期网状剩余油占比显著降低，柱状与孤岛状剩余油占比较大，如图 3－20～图 3－22 所示。

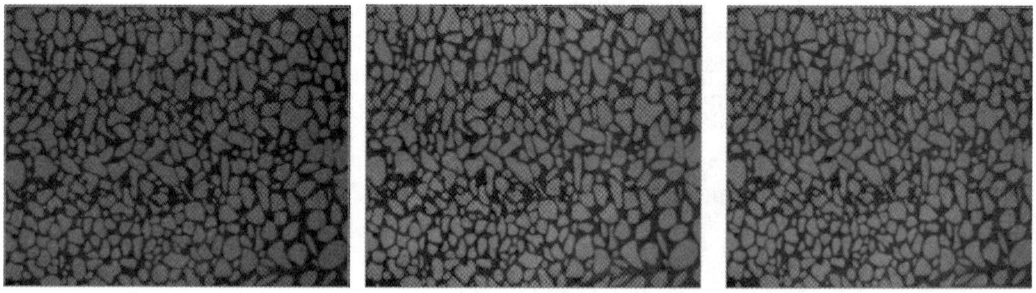

(a)0.087PV，S_o=87.61%　(b)0.22PV，S_o=41.26%　(c)8.89PV，S_o=16.46%

图 3－20　注水不同阶段剩余油分布

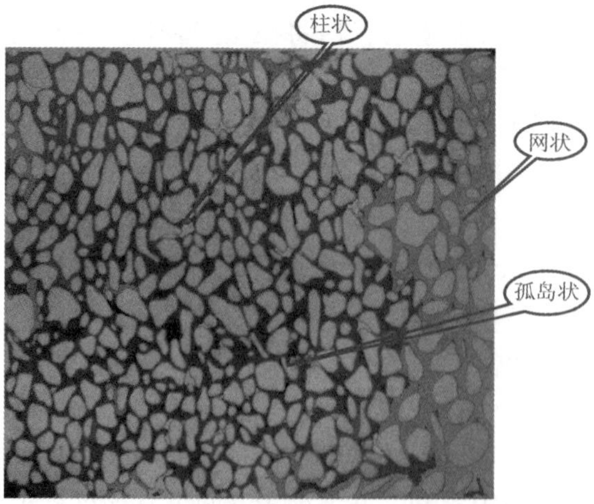

S_o=0.4126

图 3－21　注水开发剩余油赋存状态

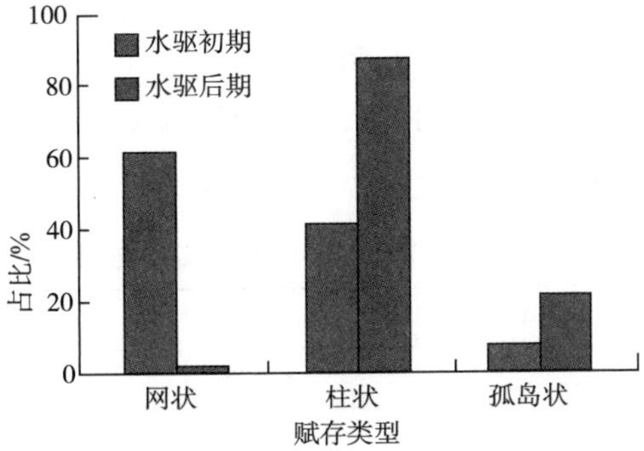

图 3－22　注水开发不同阶段剩余油赋存状态统计

(二)驱油效率波及特征物理模拟实验技术

物理模拟室内实验技术是试错成本最低的一项技术，如果一项技术在室内实验验证其不可行，则无中试和推广的必要，否则就会浪费大量的人力物力得不到回报，可见物理模拟实验技术在科技发展中的地位是非常重要的。不同尺度的物理模拟实验所表征的规模和精度也存在差异，通常物理模型的尺寸越大，模拟的精度越高，参考价值越大，提供的参数也越准确。在油气开发行业，按照模拟尺度的不同，物理模拟实验通常分为一维物理模拟、二维物理模拟和三维物理模拟 3 类，不同类别的实验模拟所达到的效果是不同的，要根据不同的实验目的设计不同类型的试验，通常采用多维度结合的实验更能验证某种开发方式的效果。本节重点讲述前两类物理模拟实验的原理和方法，并结合实例进行验证。

1. 一维物理模拟实验技术

一维物理模拟实验通常为柱状岩心试验或柱状填砂模型试验，根据试验介质和目的的不同分为短岩心试验、长岩心实验、非均质储层物模实验 3 类，其中，短岩心试验通常用于水驱、化学驱等的驱替规律的研究；长岩心实验通常用于气驱研究，可以模拟油气多次混相接触过程，模拟精度高；非均质储层物模又分为层内非均质物理模拟和层间非均质物理模拟两类，目的是要量化不同非均质下的注入介质对开发效果的改善情况。研究时应根据需要设计不同的实验类型，本部分按照 3 类实验分别展开讲述。

(1)短岩心驱油实验

基于实验模型与实际流动相似的准则(相似准数相等)，利用各种实验设备和仪器测定表征流体流动及其同其他流体及固体边界相互作用的各种物理参量，并对测定结果进行分析和数据处理，以研究各种参量之间的关系。实验的目的是揭示各种流体运动规律和机理，验证理论分析和数值计算结果，为工程设计和建设提供科学依据，并综合检验工程设计质量和工作状态。

实验步骤为：1)选定岩心，经洗油烘干后，测定常规孔渗；2)将岩心抽真空 4h，浸水后继续抽真空 8h，测定有效孔隙度；3)将岩心装入岩心夹持器，调整围压和温度，用模拟油驱替饱和水的岩心，直至不出水为止，在地层压力下老化 12h 以上；4)以设定的速度用地层水驱替，直至含水达到 98% 以上，记录时间、压差、采液量等数据；5)更换下一块岩心，重复步骤 1)至步骤 4)。

采用中原油田某块岩心开展水驱实验，实验结果见表 3－7、表 3－8 和图 3－23，分析发现岩心驱替一旦见水后含水率就迅速上升，渗透率大于 2mD 的岩心含水率在 50% 左右，小于2mD的岩心含水率在70%左右。当注入孔隙体积为1PV时，综合含水率都在95%左右，采出程度均达40%以上。当含水率达到100%时所需的驱替孔隙体积倍数，渗透率为1.12mD的岩心最大，为8.17PV，而其他渗透率的岩心所需驱替孔隙体积倍数均在4～5PV。

表3-7　岩心水驱油实验结果

序号	岩心号	空气渗透率/mD	原始含油饱和度/%	残余油饱和度/%	最终采收率/%
1	5-1	2.35	66.25	26.4	60.15
2	8-5	1.12	64.37	29.3	54.48
3	4-4	0.83	62.37	30.9	50.45
4	1-2	0.38	59.38	33.5	43.60
平均值		1.17	63.09	30.03	52.17

表3-8　各岩心水驱油实验结果对比

序号	岩心号	空气渗透率/mD	初始见水后				注入孔隙体积1PV时		含水率100%	
			注入孔隙体积倍数	含水率/%	对应采出程度/%	对采收率贡献率/%	含水率/%	采出程度/%	采收率/%	对应采收率下注入总的孔隙体积PV数
1	5-1	2.35	0.381	49.3	47.8	79.4	97.8	53.6	60.15	4.35
2	8-5	1.12	0.413	80.0	38.6	70.8	95.7	45.5	54.48	8.17
3	4-4	0.83	0.368	76.1	31.6	62.6	93.9	41.3	50.45	5.58
4	1-2	0.38	0.307	70.0	29.1	66.7	95.8	40.0	43.60	4.04
平均值		1.17	0.367	68.9	36.8	69.9	95.8	45.1	52.2	5.54

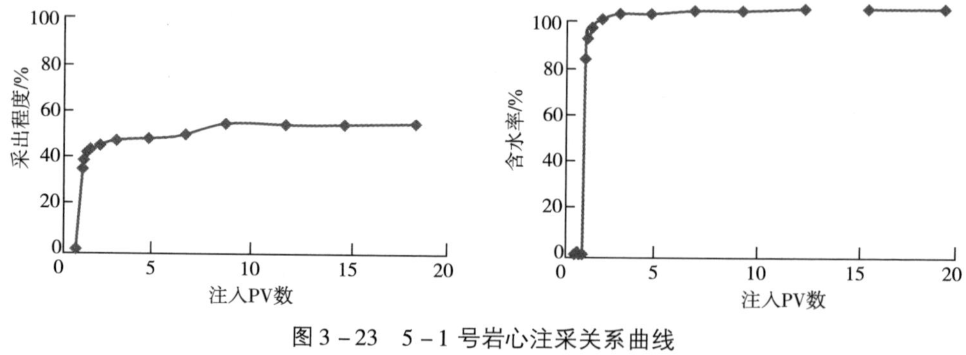

图3-23　5-1号岩心注采关系曲线

(2)长岩心驱油实验

长岩心驱替实验是更接近于地层的实际情况相似物理模拟实验。同时，长岩心实验可以模拟现场驱替条件，并且可以模拟不同的注气方式以及研究驱替过程中发生沥青沉降或溶解矿物质时对油层渗透率的影响问题。

长岩心排列按照布拉法则：每块岩心的排列顺序按下列调和平均方式排列。由下式调和平均法算出 $\bar{K}$ 值，然后将 $\bar{K}$ 值与所有岩心的渗透率作比较，取渗透率与 $\bar{K}$ 最接近的那块岩心放在出口站第一位；然后将剩余岩心的 $\bar{K}$ 再求出，将新求出的 $\bar{K}$ 值与所有剩下的岩心($n-1$)作比较，取渗透率与新的 $\bar{K}$ 值最接近的那块岩心放在出口端第二位；然后以此类推便可得出岩心排列顺序。

$$\frac{\bar{L}}{\bar{K}} = \frac{L_1}{K_1} + \frac{L_2}{K_2} + \cdots + \frac{L_i}{K_i} + \cdots + \frac{L_n}{K_n} = \sum_{n}^{i} \frac{L_i}{K_i} \tag{3-2}$$

式中　$\bar{L}$——岩心的总长度，cm；

$\bar{K}$——岩心的调和平均渗透率，μm^2；

L_i——第 i 块岩心的长度，cm；

K_i——第 i 块岩心的渗透率，μm^2。

实验所用的长岩心模型由长度为7cm左右、直径为2.5cm的天然岩心，按布拉法则拼接而成。天然岩心的拼接处加上滤纸消除端面效应。长岩心模型采用热密封和硬密封来达到实验要求。热密封是指将拼接长岩心装入内径为45mm的热缩管，热缩管受热情况下收缩成形。硬密封是指将热缩管包裹的长岩心模型置于直径为38.5mm、长度为2100mm的铅管内，再装入岩心夹持器，通过围压的高压氮气对铅管挤压变形实现二次密封。长岩心驱替实验装置由注入系统、岩心夹持器系统和计量监测系统组成，3个系统为独立的板块结构。岩心夹持器长2m，能旋转不同角度以模拟地层倾角；计量监测系统内有一套录像系统，能够对高压观察窗内岩心流出物的相态摄录保留。实验装置最大工作压力为60MPa，最高工作温度为150℃，控温精度为±1℃。关键设备与实验流程见图3－24、图3－25。

图3－24　高温高压长岩心驱替实验设备

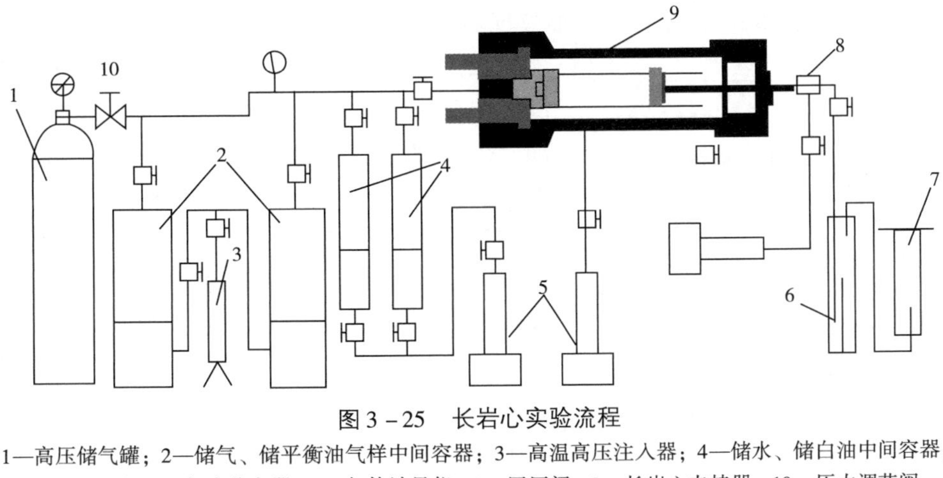

图3－25　长岩心实验流程

1—高压储气罐；2—储气、储平衡油气样中间容器；3—高温高压注入器；4—储水、储白油中间容器；5—注入泵；6—气液分离器；7—气体计量仪；8—回压阀；9—长岩心夹持器；10—压力调节阀

实验步骤为：1)岩心经过前处理后，将岩心烘干，测定孔隙度渗透率等基础数据；按照布拉法则对岩心排列顺序；2)按照上述计算的排列方式将岩心装填入热缩塑料筒内，岩

心之间夹3层滤纸，加热岩心侧面使塑料箍紧岩心，并保持整个长岩心排列整齐，而后将热塑封装好的长岩心装填入铅管中，最后装入长岩心夹持器，接通仪器流程，加围压，测定装置密封性；3)对岩心系统抽空，随后注模拟地层水饱和岩心，饱和时间长短视饱和体积和孔隙体积的差值确定，在实验温度和压力条件下稳定一段时间，使岩心得到充分饱和后，记下饱和量；4)用脱气原油或白油驱替岩心中的水，直到不出水为止，稳定一定时间，继续驱，直到不出水，记录驱出水量，老化12h以上，计算束缚水饱和度及含油饱和度；5)然后用配制的油样驱替岩心中的脱气原油或白油，直到入、出口端原油气油比一致，稳定一段时间后，再驱替，达到入、出口端原油气油比一致，到此完成原始状态恢复过程；6)接着进行地层温度和压力下设计的气驱或水驱实验；7)实验中记录好驱替时间、泵读数、注入压力、注入速度、环压和回压，监测采出气油比和分离出的油量、气量和水量，并适当取气样作色谱分析；8)每组实验结束后清洗岩心：先用石油醚和无水酒精清洗岩心，接着用氮气吹，并烘干岩心系统，然后重复步骤1)～步骤7)，形成原始状态后，进行下一组实验。

采用文72块沙三中天然岩心开展一维长岩心水驱实验和一维长岩心天然气驱实验，净覆压5MPa，实验温度130℃，回压46MPa。两组岩心驱替实验，一组为天然气驱替实验(注气压力未达最小混相压力)，另一组为水驱实验，实验结果见图3－26，实验具有如下特征：1)注气/注水的注入压力、注采压差不同，在相同的回压条件下，水驱的注入压力比气驱注入压力可高出3.41MPa，注采压差最高可达到5.64MPa，是注气注采压差的2.53倍；2)注水0.428PV时，采出端见水。注气0.434PV时采出端见气。水驱见水、气驱见气的注入倍数在0.43PV左右，注入量基本一致，这主要是由于一维实验岩心注水和注气波及效率高，气驱气窜的影响可以忽略；3)水驱和气驱的驱替效率曲线均为两个阶段：快速上升阶段和缓慢上升的平缓阶段；水驱采收率曲线出现拐点时间为0.415PV，驱替效率61.04%，气驱出现拐点时间为0.539PV，驱替效率77.43%；4)在水驱达到拐点前，二者驱替效率和注入倍数关系基本一致，即达到相同采收率，注水注入孔隙体积倍数相当于注气注入孔隙体积的倍数；5)注入介质0.95PV情况下，水驱的驱替效率64%，已达到极限含水率；气驱的驱油效率达到85%，继续气驱，驱替效率还有上升的空间。

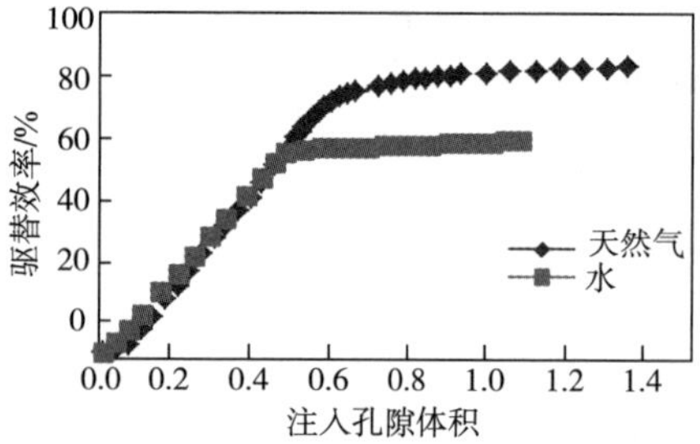

图3－26　长岩心驱替实验注入孔隙体积倍数与原油采出程度的关系

在黑油、挥发性油藏、凝析气藏3种油气藏开展了注二氧化碳、天然气、氮气对比实验，其中黑油、挥发油注二氧化碳的压力达到最小混相压力之上。实验结果见图3－27～图3－30，结果表明：1)注二氧化碳驱油效率最高；特别是黑油油藏二氧化碳驱油效率要比氮气驱高出近40个百分点，比天然气驱高出25个百分点；挥发性油藏二氧化碳驱与天然气驱驱油效果接近。2)在黑油、挥发性油藏、凝析气藏中注氮气效果均较差。黑油油藏氮气驱采收率比天然气驱低15个百分点；挥发性油藏氮气驱采收率比天然气驱低17个百分点；凝析气藏氮气驱采收率比天然气驱低25个百分点。3)天然气驱更适合于挥发性油藏和凝析气藏开发，在黑油油藏中天然气驱效果较差。

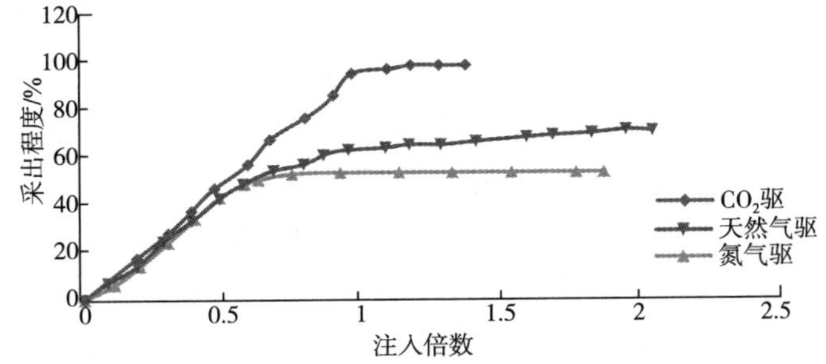

图3－27　黑油油藏不同注气介质对比

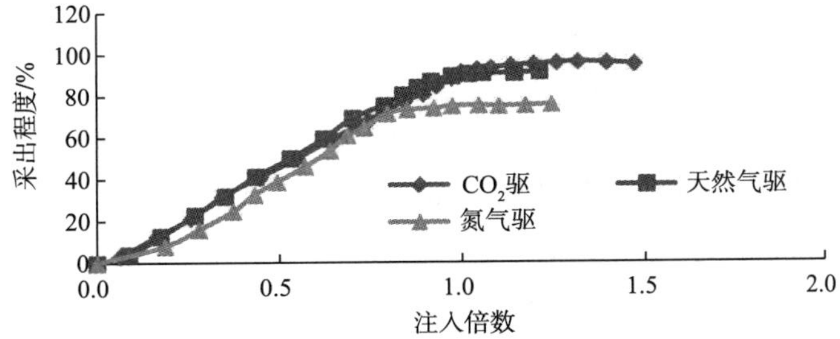

图3－28　挥发性油藏不同注气介质对比

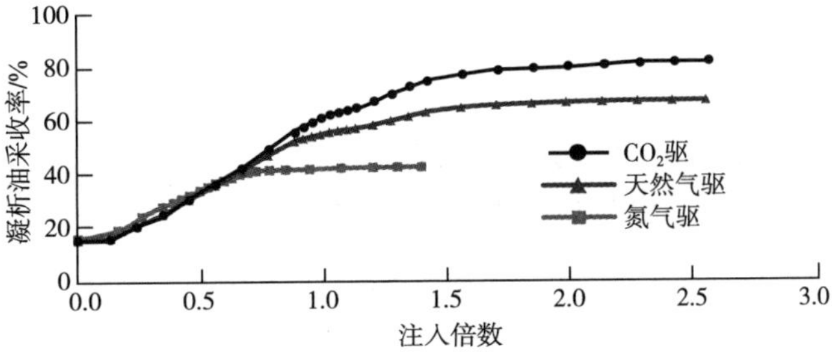

图3－29　凝析气藏不同注气介质对比

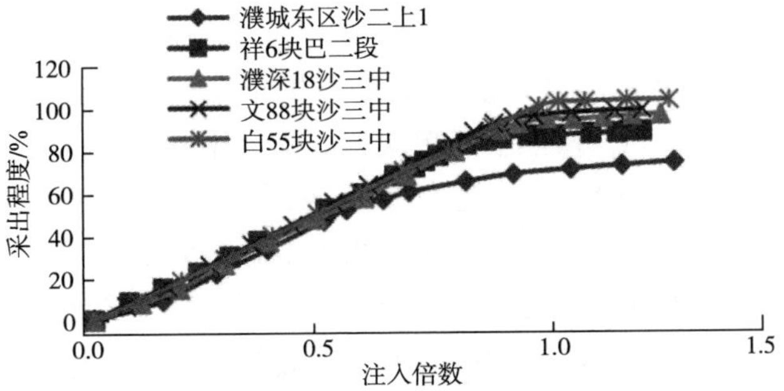

图3－30　不同类型油藏天然气驱开发效果

（3）非均质性储层物理模拟实验

采用长岩心实验，通过将不同渗透率的岩心，按照布拉法则组合在一起，还原地层条件，分别按照注入压力为超临界压力以下、超临界压力、混相压力条件开展气驱驱油实验，对比驱替压力对驱油效率的影响。

储层宏观的非均质，包油层平面、纵向上的非均质，一般认为宏观非均质性对注入工作剂的波及系数影响很大。陆相油藏储层物性差别大，宏观非均质即层内、层间和平面非均质性较强，开发效果差别很大。油层渗透率在纵向上的非均质性，往往会导致油层水淹厚度上的不均一。因为注入水或化学剂沿不同渗透率层段推进的速度快慢并不相同。当渗透率的级差(最大渗透率值与最小渗透率值之比)增大时，常会出现明显的单层突进，高渗透率层段见水过早，造成水淹厚度小，波及效率低；渗透率在平面上的非均质性，会导致平面上水线推进不均匀，使得有的生产井过早见水或水淹。

平面非均质模型：采用岩心串联组合实验技术，将岩心放入长岩心夹持器(忽略端点效应的影响)，构成线性渗流模型。串联岩心等效渗透率为：

$$\overline{K} = \frac{\sum_{i=1}^{n} L_i}{\sum_{i=1}^{n} \frac{L_i}{K_i}} \qquad (i = 1,2,3,\cdots n) \tag{3-3}$$

式中 $\overline{K}$——平面非均质模型等效渗透率，mD；

K_i——第 i 块岩心的渗透率，mD；

L_i——第 i 块岩心的长度，cm；i 为编号。

纵向非均质模型：将多个岩心并排放入岩心夹持器，构成并联状态。该模型的等效渗透率采用几何平均方法计算，其等效渗透率应为：

$$\overline{K} = \prod_{i=1}^{n} K_i^{\frac{1}{n}} \qquad (i = 1,2,3,\cdots n) \tag{3-4}$$

式中 $\overline{K}$——纵向非均质模型等效渗透率，mD。

渗透率级差：最大的渗透率与最小的渗透率之比。即：

$$K_{ai} = \frac{K_{max}}{K_{min}} \tag{3-5}$$

渗透率突进系数：最大的渗透率与平均的渗透率之比，也称非均质系数。即：

$$K_{aa} = \frac{K_{max}}{\overline{K}} \tag{3-6}$$

实验步骤为：1)岩心经过前处理后，将岩心烘干，测定孔隙度渗透率等基础数据；2)若并联的两组岩心为长岩心，按照上述单块岩心渗透率数据初选岩心，按照布拉法则计算调和渗透率，直至两组岩心的调和渗透率级差或变异系数符合实验参数设计需要，计算每组长岩心中单块岩心的排列顺序；若并联的两组岩心均为单块岩心，所选两组岩心的渗透率级差或变异系数符合实验参数设计需要即可；3)若并联的两组岩心为长岩心，按照上述计算的排列方式将岩心装填入热缩塑料筒内，岩心之间夹 3 层滤纸，加热岩心侧面使塑料箍紧岩心，并保持整个长岩心排列整齐，而后将热塑封装好的长岩心装填入铅管中，最后装入长岩心夹持器；若并联的两组岩心均为单块岩心，则直接装填入小型皮套式夹持器即可。而后接通仪器流程，加围压，测定装置密封性；4)对岩心系统抽空，随后注模拟地层水饱和岩心，饱和时间长短视饱和体积和孔隙体积的差值确定，在实验温度和压力条件下稳定一段时间，可采取分别饱和的方式饱和水，使岩心得到充分饱和后，记下饱和量，计算各组岩心的有效孔隙体积；5)采取分别驱替饱和的方式，关闭一组饱和另一组，然后再关闭另一组饱和原来关闭的组，用脱气油或白油驱替岩心中的水，直到不出水为止，稳定一定时间，继续驱，直到不出水，记录各组岩心驱出水量，老化12h以上，计算各组岩心束缚水饱和度及含油饱和度；6)用配制的油样驱替岩心中的脱气油或白油，直到入、出口端原油气油比一致，稳定一段时间后，再驱替，达到入、出口端原油气油比一致，到此完成原始状态恢复过程，采取分别驱替饱和的方式，关闭一组饱和另一组，然后再关闭另一组饱和原来关闭的组，分别记录不同时刻采出的水量、油量和气量；7)接着进行地层温度和压力下设计的气驱或水驱实验；并联实验采用合注分采的方式，分别记录各个时间段单个岩心夹持器的驱替时间、泵读数、注入压力、注入速度、环压和回压，监测采出气油比和分离出的油量、气量和水量，并适当取气样做色谱分析；8)直至产出物不产油，结束实验。更换下一组岩心，重复步骤2)至步骤7)进行下一组实验。

采用中原油田某区块单块岩心开展并联实验，按照上述设定的实验步骤，实验结果见表3-9。从实验数据可以看出，随着渗透率级差的增加，采收率越来越小。渗透率级差越大，其非均质性越严重，水驱采收率越小；级差越小或者越接近于1，说明岩心的均质性较好，其水驱的采收率越高。

表3-9 岩心并联组合实验结果

序号	岩心编号	渗透率/mD	含油饱和度/%	渗透率级差	采收率/%	总采收率/%
并1	1-1	312.2	73.6	8.21	45.7	39.3
	2-3	38	58.7		32.3	
并2	1-2	269	72.2	5.49	44.3	40.4
	2-4	49	56.9		33.3	
并3	3-1	292	59.7	2.98	44.2	42.1
	3-2	98	55.4		37.3	
并4	2-1	303	62.6	1.05	44.8	43.5
	2-2	289	62.4		42.9	

实验注采关系曲线见图3-31～图3-34，在水驱过程中，含水率缓慢上升，但在相同的注入PV数下，各不同渗透率级差岩心组合的含水率并不相同，因为在注水过程中，非均质较强的岩心组合，渗透率较高的岩心优先被水波及，内部的可动油会被水驱动出来，很快内部可动油的空间就被水占据，形成水可以顺利流动的通道，而渗透率较低的，由于其毛管力较大，水驱过程需要较大的驱动力才能驱动，所以使得水从高渗的岩心通过，而在低渗区却波及很少，所以见水很快，但是总采收率不高，非均质性越弱，含水率上升较快，见水越快。

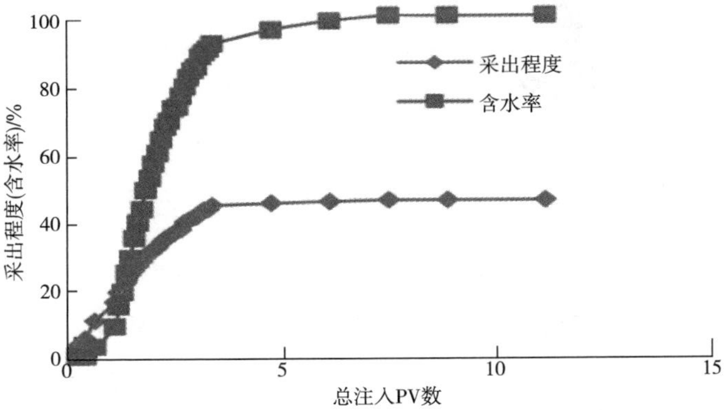

图3-31 渗透率312.2mD注入曲线

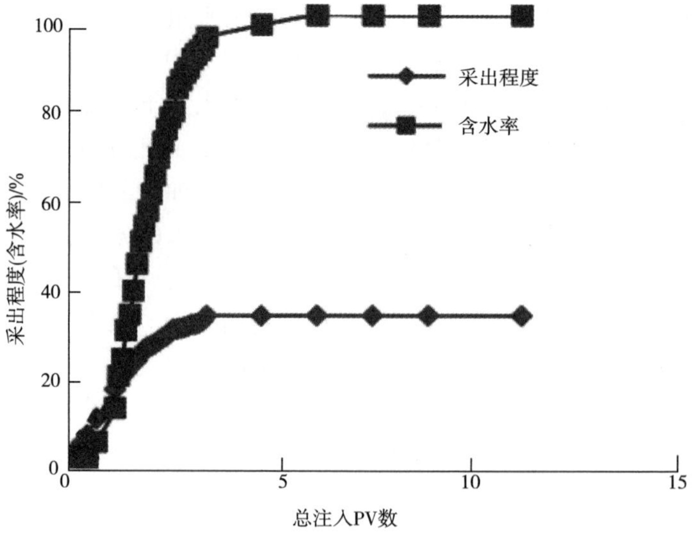

图 3－32　渗透率 38mD 注入曲线

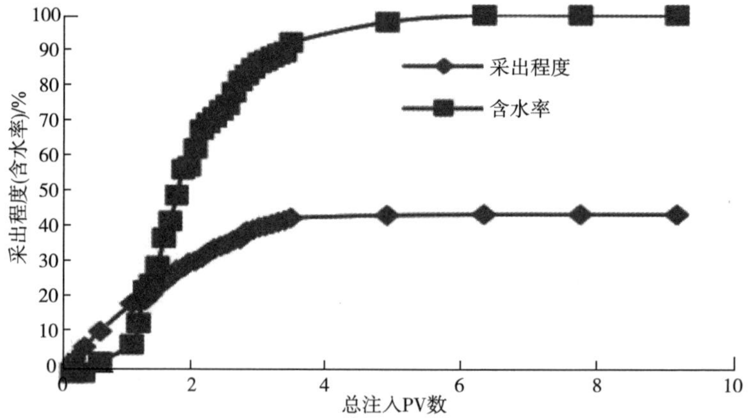

图 3－33　渗透率 269mD 注入曲线

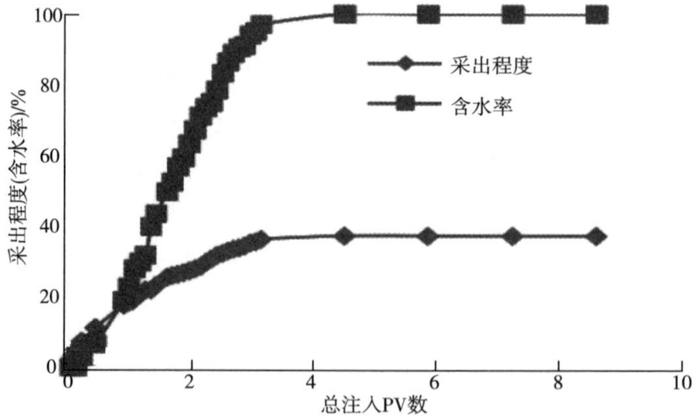

图 3－34　渗透率 98mD 注入曲线

综上可知，串联岩心的采收率随渗透率级差变化和并联岩心的采收率随渗透率级差的变化是不相同的。如图 3－35 所示，串联岩心渗透率级差的变化与采收率的变化关系是直线型的，而并联岩心是抛物线型的，其随着渗透率减少的幅度要比串联岩心的大。

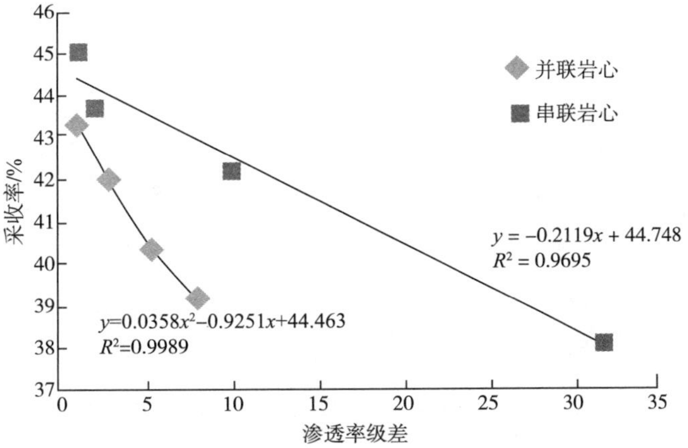

图 3－35 渗透率级差与串并联采收率的关系曲线

2. 二维物理模拟实验技术

阿尔奇公式[第二章式(2－10)]明确了岩石含油－水两相流体时，岩石电阻率与含水饱和度之间的关系。测得小块岩板在不同含水饱和度下的电阻率值，作出电阻率比值 I 和对应含水饱和度在半对数坐标下的关系曲线，使用幂函数拟合出电阻率比值 I 和含水饱和度间的关系式，从而得到饱和度指数 n 和系数 b。

含气饱和度的确定采用声波技术，通过声波在岩石中的传播速度换算来反映岩石中气体含量的大小。通过电阻率探头确定含水饱和度，再通过声波测定装置确定含气饱和度，这样含油饱和度的数值就很清楚了。

实验步骤为：1)采用小型填砂模型，测定两种情况下不同含水饱和度下的电阻率数值，得到电阻率与含水饱和度的关系；检查二维模型中各个探头运行是否正常；2)根据实验的需要选取合适粒径的沙粒多次填充压实后，盖上盖板，并加上覆压力，升温至实验温度，通过气体渗流法测定计算孔隙度渗透率；3)饱和水，对填砂模型系统抽空饱和地层水，然后水驱进一步饱和，使岩心得到充分饱和后，记下饱和水量；4)饱和油老化，用模拟油驱替填砂模型中的水，直到不出水为止，记录驱出水量，老化 12h 以上，计算束缚水饱和度及含油饱和度；5)水驱，用地层水驱替岩心中的模拟油，直到产出液不含油为止，电脑自动采集驱替时间，泵读数，注入压力，注入速度，出的油量、气量和水量，并适当取气样作色谱分析；6)气驱，进行地层温度和压力下设计的气驱实验，以一定的注入速度向水驱后的填砂模型注入实验气体，直至不产油为止，电脑自动采集驱替时间，泵读数，注入压力，注入速度，出的油量、气量和水量，并适当取气样作色谱分析；7)转注后续水驱，直至不产油为止，结束实验，电脑自动采集驱替时间，泵读数，注入压力，注入速度，出的油量、气量和水量，并适当取气样作色谱分析。

以中原油田中高含水油藏为研究目标层，开展二维物理模拟实验研究，分别研究高注低采和低注高采两种开发模式的水驱开发流线剩余油分布情况及波及规律，结果见图 3－36 和图 3－37。两种水驱模式下不同区域渗流阻力不同，水驱含水上升过程和采出程度差异明显。“低注高采”模式下，由于低渗区渗流阻力较大，压力衰减集中于低渗区，富集大量剩余油，低渗区无水采收率仅为 8. 64%，含水上升快；“高注低采”模式下，注入水在低渗区驱替能量充足，低渗区采出程度较高，其无水采收率为 22. 22%，最终采出程度高于

“低注高采”的模式；油藏平面非均质性制约着水驱压力衰减过程和分布，对低渗区剩余油形成和驱动有直接关系。

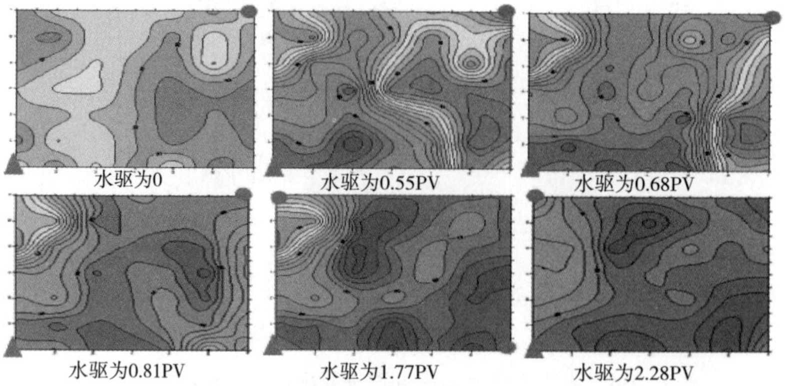

(a)“低注高采”模型

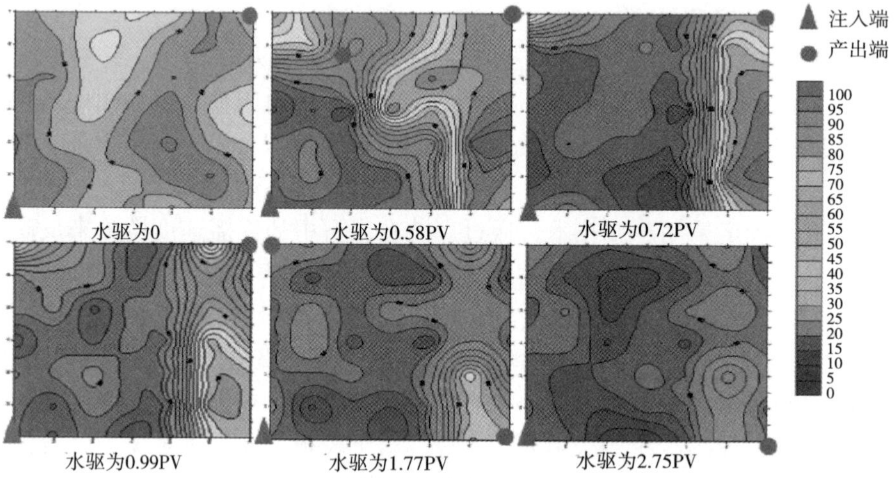

(b)“高注低采”模型

图 3－36　不同非均质模型水驱剩余油饱和度分布

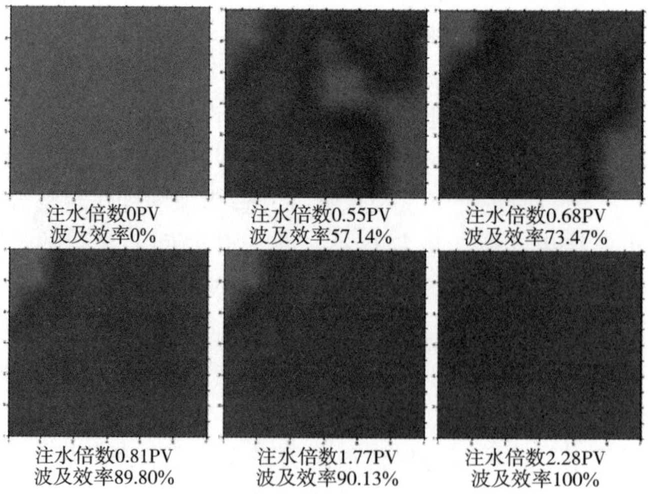

(a)“低注高采”模型

图 3－37　不同非均质模型不同驱替倍数下的波及规律

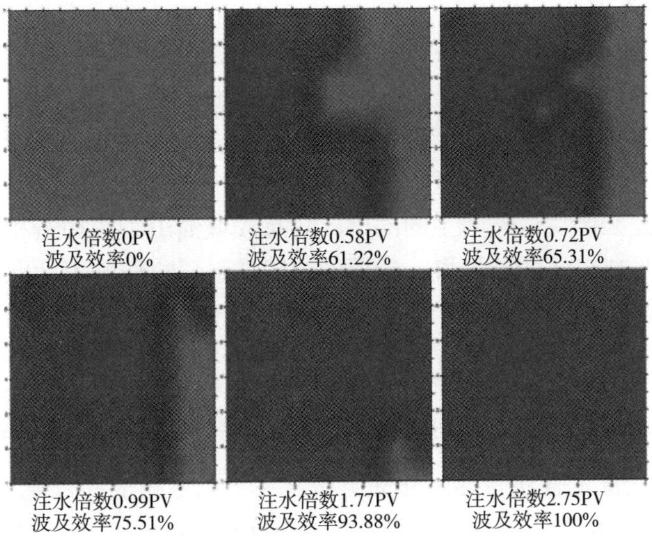

(b)“高注低采”模型

图 3－37　不同非均质模型不同驱替倍数下的波及规律(续)

第二节　油藏开发策略

中原油田是以复杂断块油藏为主的油田，油藏埋深，含油气层位多，沉积环境复杂，储层变化大。油藏条件的复杂性决定了对地下情况不可能一次认识清楚，储量随着地质认识的加深不断发现和落实，井网及层系随着认识的深化不断进行调整。

复杂断块油藏开发方案编制和实施不同于其他整装油田开发，当油田储量基本探明后，即从整体出发编制初步开发方案，按“整体部署、分步实施”的滚动勘探开发步骤实施。在整体部署方案的基础上抽稀井网部署一套“基础井网”，落实主力断块(层系)的储量和井网适应性、层系划分的合理性，同时探明其他断块(层系)的含油气情况。基础井网实施过程中进一步深化油藏地质认识及开采特征，然后确定实施或调整初步开发方案的井网部署和层系划分。因此，在做油藏开发方案部署时，必须对开发方式、层系划分与组合、开发井网等做出明确规定。

一、开发方式

油藏开发方式是指油层在开发过程中主要依靠哪一种能量来驱油。一般情况下，开发方式基本有两种，即天然能量开发和人工补能开发。开发方式的选择取决于油藏主要驱动能量方式。中原油田多数油藏在开发初期，采用弹性和溶解气两种天然能量驱动方式进行短期的开发，许多油井投产后自喷生产，能够取得较好的开发效果，但普遍存在天然能量随着开发下降较快的问题。中原油田开发过程中主要以注水开发方式补充地层能量为主，后期有二氧化碳驱和天然气驱等三次采油方式补充地层能量。

（一）天然能量开发

天然能量开发是一种传统的开发方式。按照设计的生产井网钻井后，不需要增加另外的采油设备，只靠油层自身的能量就可将原油采出地面。

天然能量开发的主要驱油动力为五种：边底水压能和弹性能、液体和岩石弹性能、气顶气膨胀能、溶解气膨胀能、原油重力能。

中原油田是以复杂断块油藏为主的油田，只有濮城油田主体构造相对简单。由于断层发育，使各类油藏形成较小的断块群。断层的封闭性强，边底水不活跃。油藏埋藏深，一些区块地层压力较高，压力系数大于1.2。油井生产气油比较高，个别油藏含有气顶，溶解气较多。中原油田天然能量驱动方式主要为弹性驱动和溶解气驱动两种，一般采出程度3%～12%。

例如：文中油田老三块复杂断块油藏埋深2000～2450m，储层渗透率113～347mD，地层压力系数1.21，原油性质较好。开发初期，一半以上的油井依靠天然能量自喷生产，自喷期较短，一般3～6个月。在弹性开采开发阶段，统计15口井生产情况，平均油嘴4.6mm，弹性阶段初期与末期对比，油压由4.44MPa下降至2.74MPa，套压由4.4MPa下降至3.3MPa，日产油量由627t下降到408t，产量阶段递减34.9%，流压由21.8MPa下降到19.3MPa，弹性产率553～431t/MPa。显示仅仅依靠天然能量开发，采收率低。

文东沙三中深层高压低渗油藏埋深3300～3900m，储层渗透率23.3mD，原始地层压力61MPa，地层压力系数1.78，饱和压力35MPa，原油性质较好。开发初期，考虑油藏异常高压，地饱压差较大，弹性能量较足，采用天然能量开采方式，油井普遍获得较高的产能。但由于构造比较复杂，断块小，边底水不活跃，随着地层压力的下降，表现为油井产能递减速度较快的开发特点。深层高压油藏地层压力高，地饱压差大，初期充分利用天然能量开发取得较好的效果。

个别边底水较充足的区块，依靠边底水的驱动方式经历天然能量开发阶段。如文266块，1995年4月至1996年10月为天然能量开发，区块产量出现下降趋势后实施注水开发。注水开发前油井平均单井产量一直保持在10t/d以上。

（二）注水开发

注水开发就是在油田开发过程中，用人工的方法把水注入油层中或底水中以保持或者提高油层压力。中原油田除了挥发性油藏注天然气和个别高压低渗油藏注二氧化碳外，二次开发一般采用注水开发。中原油田原油性质较好，黏度低，油水黏度比小，水驱油效率较高，适合注水开发，如1978年8月，在文中油田文10块首先进行注水开发试验获得成功。对于注水开发油藏，选择合理的时机补充能量是开发方案研究的核心问题之一。

1. 注水时机

按照注水时间可分为超前注水、早期注水、中期注水、后期注水4种方式。

（1）超前注水

油井投产之前，注水井开始进行投注，补充地层能量。有利于保持地层压力，提高单井产能。适用于低渗透、特低渗透油藏。中原油田历史上没有对这类油藏进行过整体超前注水开发，在部分低渗透油藏个别井组进行超前注水开发。

如胡2块胡47－5井组，有效渗透率16.25mD，提前15个月注水，注水层位沙三下6－

9砂组，初期注水压力20.3MPa，日注水量$20m^3$，对应油井投产后日产油2.5t，注水强度与采液强度比值为2.1：1，油井稳产3年。对于低渗油藏，在开发初期应实施超前注水，渗透率越小，超前注水时间越早；注水见效后，应该保持一定的注水强度，且做到稳定注水。

(2)早期注水

油田投产同时注水或在压力下降到饱和压力之前就及时注水，保持地层压力处于饱和压力以上。油层内只有油水两相流动，油井有较高的产能，由于有生产压差，调整余地大，有利于保持较高的采油速度和较长稳产期。其优点是地层能量足、产量高、调整余地大，注水时机一般$0 \leq (P_{地} - P_b)/P_b \leq 0.1$。

中原油田不同类型油藏在开发过程中，一般实施早期注水开发，但是根据各自的油藏特点，注水开发的思路和做法存在一定的差别，以文中老三块为例，1979年投入开发后，实施早期注水开发，地层压力逐渐回升，油井一般3个月左右见到注水效果。至2005年，其标定水驱采收率达48.13%，在国内外复杂断块油藏开发中居于较高开发水平。

(3)中期注水

介于早期注水和后期注水之间，即在投产初期依靠天然能量开采，当油层压力下降到饱和压力以后，在生产气油比上升到最大值之前进行注水。

使油层压力保持在饱和压力或略低于饱和压力，形成水驱混气油驱动方式，对开发有利；如果油层压力略低于饱和压力(一般在15%以内)，从原油中析出的气体尚未形成连续相，这部分气体有较好的驱油作用，通过注水将压力恢复到饱和压力以上，脱出的游离气可以重新溶解到原油中，虽然不能恢复到原始状态，但生产压差可以大幅度提高，仍然可以获得较高的产量。其优点是既能利用天然能量，又能保证水驱的开发效果，采收率较高，缺点是原油性质变差、油气水三相流动，油相流动阻力增大、稳产和自喷开采期短，界限不好把握。适用于地饱压差大和异常高压油藏。

如深层高压低渗油藏文13东原始地层压力61MPa，地层压力系数1.78，饱和压力35MPa。1988年年底，区块地层压力下降至32.96MPa，低于饱和压力(35MPa)，实施注水开发6～8个月后油井见效，平均单井日增油23.8t，平均流压由11.28MPa上升到15.96MPa。

(4)后期注水

油田利用天然能量开发枯竭后进行注水，这时的天然能量将由弹性驱转化为溶解气驱，溶解气驱之后注水，称为后期注水。

溶解气驱以后，原油脱气严重，原油密度增加，采油指数下降，产量下降，注水以后，虽然压力回升，但一般只是在低水平上保持稳定。由于大量溶解气被采出，在压力恢复以后，只是少量游离气重新溶解到原油中去，溶解气和原油性质不能恢复到原始值。因此，在注水以后，采油指数不会有大的提高，此时，注水将形成油气水三相，渗流过程更加复杂。但晚期注水方式可以使初期投入少，原油成本低，对原油性质好，面积不大且天然能量比较充足的油田可以考虑。其优点是初期投资小，天然能量利用得比较充分，原油成本低，投资回收期短。缺点是地层原油脱气后油气水三相流动，油相流动阻力增大，稳产和自喷开采期短。其适用于天然能量比较好，溶解气油比高的油藏。如文269块沙三中2油藏属于高气油比油藏，利用天然能量开发，采出程度12%左右进行注水开发，取得良好开发效果。

要确定注水时机，需要考虑以下 4 个方面影响因素：

1) 天然能量大小，要充分利用天然能量，提高效益；

2) 储量规模大小和对产量要求；

3) 油田开采特点和开采方式；

4) 考虑油藏经营管理者追求的目标。

2. 注水方式

注水方式是指注水井在油藏中所处的部位和注水井与生产井之间的排列关系。一般有边缘注水法、切割注水法、面积注水法、不规则注水法四种方法。

(1) 边缘注水法

边缘注水根据油水过渡带的情况分为缘外注水、缘上注水、缘内注水三种方式。一般适用条件为油田面积不大，构造比较完整，油层结构单一，油层稳定；边部与内部连通性好，流动系数高；注水井吸水能力好，保证压力传递，能使油田得到良好的注水效果，油藏原始油水边界位置清楚。

中原油田含边水油藏油水过渡带比较小，一般采取缘外注水或缘外注水和缘内注水相结合的方式，如文 101 块，初期基本采用低注高采的缘外注水方式，到开发后期，根据剩余油高部位富集的特点，缘外注水方式转换成切割注水方式重新调整注采井网，扩大扫油面积，改变和增加油井受效方向，取得较好水驱效果。

(2) 切割注水法

切割注水就是利用注水井排将油藏切割成较小单元，每一块面积可以看成一个独立的开发单元，分区进行开发和调整的注水方式。其适用条件是油层大面积分布，切割区部署的生产井和注水井有较好的连通性，油层具有一定的流动系数。

切割注水的类型有横向切割注水、纵向切割注水和环向切割注水 3 种方式，一般论证内容为裂缝的主要方位、切割距的大小、井距排距大小、生产井排数等参数。

(3) 面积注水法

面积注水是将油水井按一定的几何形状和一定的密度布置在整个开发区，同时进行注水和采油的注水方式。其适用条件是油层分布不规则，延伸性差，多呈透镜状分布；油层的渗透性差，流动系数低；油层面积大，构造复杂；可用于油田开发后期的强化采油。

其开发特点是采油速度高，但见水时间早，原因是所有生产井均可受到注水井的直接影响，注水井到生产井距离较近，吸水能力好，产液能力高；注采井网可调性差。

面积注水根据油井和水井的相互位置及构成的井网形状不同可分为正对式排状、交错排状、五点法、正七点法、反七点法、九点法和反九点法等。

(4) 不规则注水法

油田面积小，油层分布不规则，构造极其复杂时，则采用不规则井网注水方式。这种注水方式比较灵活，根据需要，局部(平面非均质性很强，渗透率相对较低)可采用此方式强化注水。

以文明寨为例，其构造复杂，以不规则的点状注水方式为主，标定采收率达 39.65%，成为集团公司“八五”到“十三五”期间极复杂断块油藏高效开发的典型油田。

3. 油田注水方式选择的基本原则

适应油层分布特点，注水井与生产井能控制 80% ~90% 的面积和储量；达到较大的波及系数，并获得较高的最终采收率；充分利用油藏的有利因素(如渗透率差异、裂缝方位、地层倾角、断层等)，并使采出的水量最少；采油速度和稳产期满足要求，经济效益较好；便于开发过程中调整措施和生产管理。

(三)开发方式的优选

选择开发方式的原则是既要合理地利用天然能量，又要有效地保持油藏能量，以确保油田具有较高的采油速度和较长的稳产时间。

采用人工注水、注气，还要考虑注入剂的来源及处理问题。注入水涉及水质是否与储层配伍及环保等问题。注水可能会对地下温度、原油物性及黏土矿物产生影响，需要考虑是否要加添加剂等。

二、层系划分与组合

中原油田大部分油藏属于层状砂岩油藏，含油层系多、井段长，储层非均质性严重。油层非均质性是影响多油层开发部署和开发效果的最主要因素，为减少层间矛盾影响，必须合理划分开发层系。划分开发层系就是把特征相近的含油小层组合在一起，与其他层分开，用单独一套井网开发，以减少层间干扰，提高注水纵向波及系数及采收率，并以此为基础，进行生产规划、动态分析和调整。各类油藏在开发过程中，随着开发阶段的不同和层间矛盾的不同反映状况，开发层系经历了不断细分和重组的过程。

(一)层系划分的条件

中原油田含油气层位多，含油气小层一般为 60 个左右，最多达 150 个。含油井段长，含油井段一般 600 ~800m，最长达 1400m。如文中油气田从下至上发育沙四段、沙三中、沙三上、沙二下、沙二上、沙一段和东营组 7 套含油气层系，21 个含油砂组 127 个小层。纵向上层间渗透率级差比较大，一般 10 ~40 倍，有的可达几百倍以上。渗透率变异系数大于 0.7，纵向上储层非均质性严重。因此，合理划分和组合开发层系，减小油藏层间干扰，减缓油田综合含水上升速度，提高各类油层储量动用程度，扩大注入水的波及体积，增加可采储量，则是提高油藏开发水平的关键，必须重视对开发层系的划分。

开发层系的划分需要满足以下条件：

1) 作为一套层系，纵向具有叠合性，能形成井网和注采系统；

2) 各层系具备独立开发的物质基础，具有一定的可采储量，原则上单井控制剩余可采储量应大于经济界限，以保证调整井具有经济效益；按拟定的开发层系分析统计各个小层的物质基础(小层个数、含油面积、有效厚度、地质储量等)，一套开发层系主力小层个数一般不多于 3 个；

3)能使各类油层发挥最大的生产能力；

4)一套开发层系应是油水边界、压力系统、油层沉积类型和原油性质比较接近的油层的组合；按油层组统计油藏物性及原油物性，如果层间差别较大则需要分层系开发，差别较小则不需要分层系开发(开发初期渗透率级差控制在 5 以内，开发后期精细划分到 2 以内，原油黏度级差一般在 2 以内)；

5）开发层系间应具有良好的隔层条件，根据泥岩隔层等厚度，泥岩隔层应连续稳定分布，隔层厚度一般不小于3.0m；

6）同一油藏中相邻油层应尽可能组合在一起，以便进行井下工艺措施，尽量发挥工艺措施的作用。

（二）划分与组合原则

层系划分主要根据油藏地质条件和开发特征。开发层系划分得合理与否，直接关系到油藏的开发效果。根据国内外划分开发层系的经验教训，结合中原油田开发实际，合理组合与划分开发层系的一般原则是：

1）同一层系应属同一压力系统；

2）一套开发层系内油层沉积条件相同、分布形态和分布面积应大体上接近，以求得较高的钻遇率（大于60%）和水驱控制程度（大于80%）；

3）一套层系内的油层渗透率应相近，原油性质相近；

4）层间渗透率级差小于4～5倍，各小层地下原油黏度差异小于3倍；

5）一套开发层系应控制一定储量，油井具有一定的单井产能，开发上经济可行；

6）一套开发层系要有良好的上、下隔层，以保证开发层系具备独立开采的条件，一般大于2m；

7）一套开发层系内油层的井段应比较集中，对开采方式最好有相同的要求；

8）一套层系内的油层层数不宜过多，以利于充分发挥分层调整的作用，主力油层不宜超过3～4层；

9）在分层工艺所能解决的范围内，开发层系不宜划分过细，以便减少建设工作量，提高经济效益。

开发层系的划分，应根据油田开发的方针原则，结合油田的具体情况来确定，并不是越细越好。结合中原油田实际情况，参考相似油田开发经验，通过油田的开发实践，中原油田一套层系中油层渗透率级差不宜大于5倍，单井控制储量10×10^4t左右，主力层不宜超过3～4层，小层不宜超过10层，有效厚度不宜超过20m，可以达到较好的开发效果。但在各类油藏开发初期，鉴于获取资料有限，层系划分相对较粗。

（三）开发层系划分的做法

根据我国的油田开发实践，在进行非均质多油层开发层系划分时，具体做法一般有两种：一是开发初期层系就细分，多套井网分采不同的油层，少分层作业，实现较高的波及系数；二是初期层系划分得粗一些，少钻井，多分层作业，提高注水波及体积。后期根据需要，多井网分采各层。

如以文中老三块为代表的复杂断块油藏，1979年开发初期均按1套层系开发。随着开发，层间矛盾日益突出，1985年开始细分层系，其中文10西块细分为4套层系：沙二下～沙三上、沙三中6－8、沙三中9、沙三中10－11。文10东块分2套层系：沙二下和沙三中。文15西块细分为4套层系：沙二下、沙三上1－2、沙三上3、沙三上4－7。文15东块分2套层系：沙二下和沙三上。文25东块细分为3套层系：沙二下1－3、沙二下4－5、沙二下6－8～沙三上1。通过细分调整，文中老三块开发效果明显改善，产量实现了翻番，采油速度由低于1.5%提高到2.27%；新增动用储量251×10^4t，综合含水率基本保持

26%左右。

如以文33沙三上为代表高压低渗油藏，一开始按照沙三上1－3和沙三上4－10两套层系开发，但由于沙三上4－10层间物性差别较大，开发效果不理想，由于储量丰度略差，但在纵向上各砂组重叠性好，后期对沙三上4－10砂组采用一套层系逐层段上返注水开发方式，解决了井深、钻井难度大，投资大等突出矛盾，提高水驱动用程度。开发层段划分界限组合如下：纵向上将沙三上4－10砂组分为沙三上4－6、沙三上7、沙三上8、沙三上9－10四段逐段上返开发(图3－38)，含油井段小于80m；隔层厚度大于15m；层数不超过10层，有效厚度小于15m；渗透率级差小于5倍。实施后水驱开发效果大幅度改善，水驱动用程度由44.5%上升到62.4%，采收率由17.9%上升到39.6%，提高了21.7个百分点，采油速度由调整前的0.27%提高到2.0%以上，实现了油藏的高速、高效注水开发。

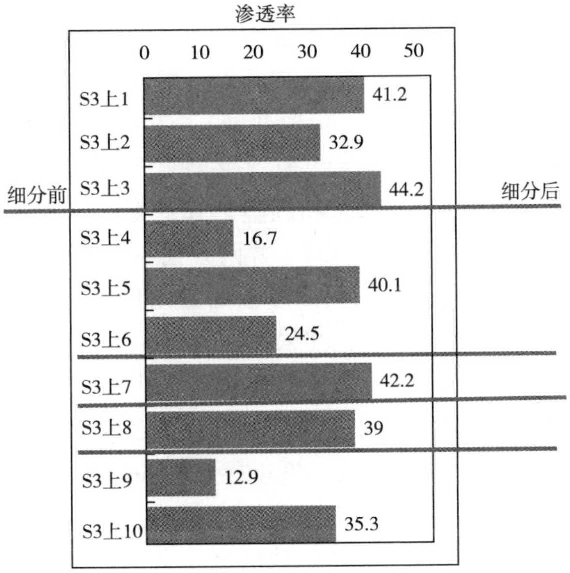

图3－38　文33沙三上开发层系划分

如以胡7南为代表的严重非均质油藏，1986年3月划分为3套层系开发：沙三中、沙三下上、沙三下下；1989年因沙三下层系划分过粗影响开发效果，依据流体性质、储层物性的差异，将油藏划分为沙三中、沙三下4上、沙三下4下、沙三下5－8四套开发层系。至注水开发后期(2000年)，因主力油层水淹严重，部分二、三类油层基本未动用。结合油水井井况，打破纵向上层段划分的界限，重组井网和层系，形成针对相对差层的注采井网，发挥二、三类油层潜力，重组原则为：每套开发层系必须有一定的储量基础，平均单井控制地质储量7×10^4t以上；层系内渗透率级差小于6倍；小层启动压差小于6MPa；高渗层层系注采井距300～350m，中低渗层层系注采井距200～250m；一套层系内有效厚度控制在10m左右；2套开发层系之间有比较稳定的隔层，一般要达5m以上；平面上尽量采取河道注水、边滩采油的注采井网。油层重组后，注水井吸水剖面有所改善，水驱控制程度增加8.8百分点，水驱动用程度增加10.9个百分点。采收率由23.2%提高到27.2%。

三、开发井网

井网部署主要是调整平面矛盾，通过井网的合理部署，减少平面矛盾和井间干扰。开发井网的部署是否合理，是能否实现合理开发油田的关键问题之一。

在井网部署时，一般论证布井方式、井网密度、一次布井与多次布井等三方面的问题，布井方式已有较成熟的意见，一般采用注水方式或注气方式。井网密度目前先期采用稀井网，后期加密的形式。在布井次数上，基本倾向于多次布井。

（一）井网形式

井网形式就是注入井和采油井按照一定的形状和密度布置在开发区上进行注入和采油。分为排状井网、环状井网、面积井网等几种井网形式。

其中面积井网分成多种形式，常用 N 点井网表示，一般分为正 N 点与反 N 点井网，其中：正 N 点井网一般是以生产井为中心，周围有 $N-1$ 口注入井。注采井数比为 N 点井网的采油井数/注入井数 $=(N-3)/2$，反 N 点井网一般是以注入井为中心，周围有 $N-1$ 采油井。面积井网主要有四点法井网（三角形井网）、五点法井网（正方形井网）、七点法井网（等边三角形井网）、反九点井网、点状注采井网等几种形式。

在油气田生产中，井网的选择、部署和调整是开发方案的重要内容。在现场生产中，井网形式主要受油气田的地质特点控制。对于井网方式一般大致参考以下原则：

1）中、高渗透复杂断块油藏一般采用四点法的三角形井网，注采井数 1：2，注水后其注水能力能够满足开发的需要，因此，注采井网形式采用以四点法三角形井网或五点法井网为主。含油面积大于 $1km^2$ 的断块可以按较规则的四点法三角形井网布井；对于构造较陡的断块应采用切割构造的交错行列注采井网布井；含油面积小于 $1km^2$ 的断块可以按不规则的四点法三角形井网布井；对于含油宽度较窄的条带形断块，则应沿断块的构造高部位采用排状布置生产井，构造较低部位的油水边界附近布置注水井的井网形式。

2）低渗透油藏开发初期一般采用反九点法的面积井网，注采井数 1：3，其注水能力能够满足开发的需要，不再调整，如果注水量不能满足开发需要，或压裂裂缝导致边井水淹，可以把反九点井网的角井改成注水井，反九点井网即变成了五点井网。

中原油田低渗透油藏，尤其是特低渗透油藏因储层沉积特点与中渗油藏不同，宏观上通过井网配置实现储量最大控制，微观上通过沉积微相分布形态、裂缝发育模式、渗流势场进行注采井网配置和优化。大部分低渗油藏天然裂缝不发育，以人工裂缝为主，东濮低渗油藏人工裂缝方位一般在北偏东 30°～70°，研究显示，当压裂裂缝与注采主流线夹角为 0°时，水驱波及面积最小；当压裂裂缝与注采主流线夹角为 90°时，水驱波及面积最大；当压裂裂缝与注采主流线有一定夹角时，水驱波及面积介于二者之间。因此在井网部署时，最大主应力方向与裂缝延展方向垂直较好。但在方案部署时，还要综合考虑地层倾角、沉积微相等因素。

中原油田开发井网的部署主要结合油藏构造形态，以不规则面积井网为主，有利于提高储量的控制程度，满足一定采油速度要求。开发中后期针对注水开发过程中暴露出来的问题，根据构造和储层变化特点适当加密井网，缩小井距，提高水驱控制程度和水驱动用程度，以获得较好开发效果。

（二）合理井网密度

科学合理的井网密度应既能使储量损失较小、采收率和采油速度较高，又能取得较好的经济效益。因此井网密度是关系到开发成功与否的关键问题。油藏开发阶段不同，井网密度会发生变化，其主要受地层物性及非均质性、原油物性（原油黏度）、油藏埋藏深度、开采方式与注水方式以及其他地质原因等因素影响。

断块油藏由于构造的复杂性及储层的非均质，在一定井网条件下，会造成一定的储量损失，随着井网密度的增加，油层连通系数和平面水驱控制程度不断增加，尤其是对那些不吸水或吸水较差的低渗透区域通过加密井网可以有效地改善注入水波及体积，提高油田最终采收率。

合理的井网密度必须满足两个条件：一是井网密度必须适应储层连通性，尽可能提高水驱控制程度和采收率。储层连通性是优选井网密度的首要条件，连通性越小，要求注采井距越小，即井网密度越大，才能达到一定的水驱控制程度和水驱采收率；相反，砂体分布越稳定，面积越大，连通性越好，要求井网密度越低。二是井网密度保证足够的单井控制储量。尤其是对于低渗油藏，由于储量品位较低，经济极限井网密度将极大地制约井网密度的选择。其经济极限井网密度直接受油价和钻井成本的制约。

计算井网密度的方法较多，主要从经济和地质因素两个方面考虑。中原油田开发前期主要应用谢尔卡切夫公式法，中后期以水驱控制程度法、最终采收率法、数值模拟法为主。

1. 中国石油勘探开发研究院经验公式

中国石油勘探开发研究院根据中国144个油田或开发单元的实际资料，按流度（K/μ）分为5个区间，归纳出最终采收率与井网密度的关系式（表3－10）。

表3－10　国内不同类型油田井网密度与采收率的关系

类别	流度	油藏个数	表达式
1	300～600	13	$E_R = 0.6031e^{-0.02012s}$
2	100～300	27	$E_R = 0.5508e^{-0.02354s}$
3	30～100	67	$E_R = 0.5227e^{-0.02635s}$
4	5～30	19	$E_R = 0.4832e^{-0.05423s}$
5	<5	18	$E_R = 0.4015e^{-0.10148s}$

2. 数值模拟方法

通过生产历史拟合后，地质模型能很准确地反映真实油藏的地下特点；通过设计不同的井距、不同的注采关系，计算出不同条件下的开发指标，对比各种生产指标。

3. 井网密度和采收率的关系

最终采收率与生产井井网密度的关系如下：

$$R = (0.742 + 0.19\lg K/\mu_{oi})e^{-1.125/f}(K/\mu_{oi})^{-0.148} \tag{3-7}$$

式中　R——最终采收率，f；

f——生产井井网密度，口/km²；

K——有效渗透率，mD；

μ_{oi}——地下原油黏度，mPa·s。

4. 井网密度经济界限

在一定的油价和财税政策及规定的开发条件下，井网密度存在一个合理的经济界限，即净现值必须大于零，同时达到储量损失最小、开发速度合理、较高的采收率。具体井网密度的选择，则要视开发时的政治、经济形势及开发条件而定。

(1)极限井网密度

极限井网密度，即净现值为零时的井网密度：

$$NPV = \sum_{t=1}^{T}(C_i - C_o)_t/(1+i_c)^t = 0 \tag{3-8}$$

式中 $(C_i - C_o)_t$——第 t 年的净现金流量，万元；

C_i——现金流入，10^4 元；

C_o——现金流出，10^4 元；

T——投资回收期，年；

i_c——基准收益率，f；

t——时间，年。

(2)谢尔卡乔夫经验公式

根据谢尔卡乔夫采出程度与井网密度的关系，并依据投入产出原理，考虑油藏埋藏深度、钻井成本、地面建设投资、投资贷款利率、驱油效率、采收率和原油价格，将谢尔卡乔夫公式进行变换后得出计算合理井网密度的经验公式。

$$\sum_{t=1}^{n}(f_{max} - f_o)\cdot A\cdot N_w\cdot V_t\cdot\frac{p-O}{(1+i_c)^t} = (f_{max} - f_o)\cdot A\cdot I_o \tag{3-9}$$

$$N_w = \frac{N}{A}\cdot\frac{E_D\cdot e^{-100a/f_{max}} - R_c}{f_{max}} \tag{3-10}$$

式中 f_{max}——极限井网密度，口/km^2；

f_o——目前井网密度，口/km^2；

N——油田地质储量，10^4t；

N_w——单井控制剩余储量，10^4t；

V_t——剩余可采储量各年采油速度，%；

I_o——单井基建投资，10^4 元；

E_D——水驱油效率，%；

p——原油销售价格，元/t；

t——预测年相距基础年的年数，a；

A——含油面积，km^2；

R_c——目前采出程度，%；

a——井网指数，与原油物性和油层性质有关的系数。

该方程比较适用于连通性较好的油藏。

(3)合理井网密度

合理井网密度是每平方千米加密到最后一口井时的井网密度，在这个井网密度条件下，最后一口加密井所增加的可采储量的价值等于这口井的基建总投资和回收期内经营费用的总和，即投入等于产出。这个单井新增可采储量称为经济合理产量或经济合理可采储量，根据这一思路可得出合理井网密度计算公式。

最优井网密度，即净现值最大时的井网密度：

$$\max NPV = \max \sum_{t=1}^{T} (C_{\mathrm{i}} - C_{\mathrm{o}})_t / (1 + i_{\mathrm{c}})^t \tag{3-11}$$

经济评价方法有很多种，总体可分为静态投入产出分析法和现金流分析法，都是研究在一定开发条件下、一定的生产经营条件下，一定时间内的盈亏或收支平衡问题，并且考虑的因素不同或者考虑某些因素重要程度不同，导出的方法不同，这样计算结果就不同，而且有一些方法的结果相差比较大，因此在应用过程中要进行筛选。

(三)合理注采井距

1. 不同渗透率储层最大注采井距的理论计算

根据渗流理论，等产量一源一汇稳定径向流的水动力场中，所有各流线中主流线上的渗流速度最大；而在同一流线上，与汇、源等距离处的渗流速度最小。实际油藏的注采井连线为其主流线，在主流线中点处渗流速度最小，压力梯度亦相应最小(图3－39)。

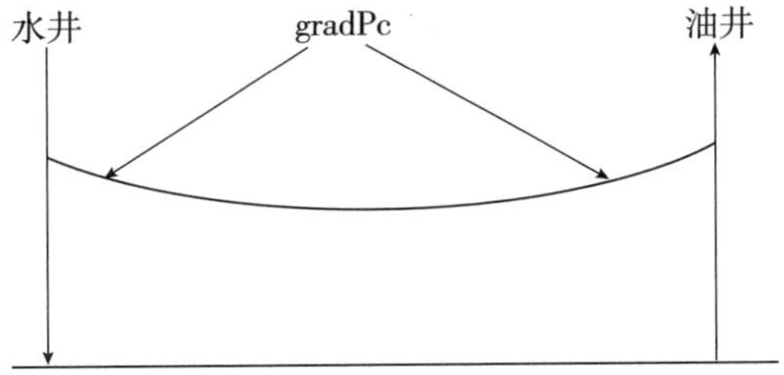

图3－39　注采井间压力梯度分布示意

由产量公式推导出主流线中点处的压力梯度为：

$$\frac{\mathrm{d}p}{\mathrm{d}r} = \frac{P_{\mathrm{H}} - P_{\mathrm{W}}}{\ln \frac{R}{r_{\mathrm{w}}}} \cdot \frac{2}{R} \tag{3-12}$$

式中　P_{H}——注水井井底流压，MPa；

P_{W}——采油井井底流压，MPa；

R——注采井距，m；

r_{w}——井筒半径，一般取0.1。

根据中原回归的启动压力梯度经验公式，若要中点处的油流动，驱动压力梯度必须大于该点处的启动压力梯度。

实际低渗油藏渗流并不遵循达西渗流规律，根据中原油田回归的启动压力经验公式，理论计算推导可得到启动压力梯度规律形式如下：

$$\lambda = \frac{0.0024\mu}{k} \tag{3-13}$$

令式(3－12)与式(3－13)两式相等，则可求出给定注采压差和油层渗透率条件下的极限注采井距，即：

$$\frac{P_{\mathrm{H}}-P_{\mathrm{W}}}{\ln\frac{R}{r_{\mathrm{w}}}}\cdot\frac{2}{R}=\frac{0.0024\mu}{K} \tag{3-14}$$

根据式(3－14)便可计算出不同注采压差、不同渗透率条件下的最大注采井距。

以文188为例，文188块原油地下黏度为0.595mPa·s，注入水黏度约为0.23mPa·s。当注采压差分别为10MPa、20MPa、30MPa时，不同油层空气渗透率对应的极限注采井距，如图3－40所示。

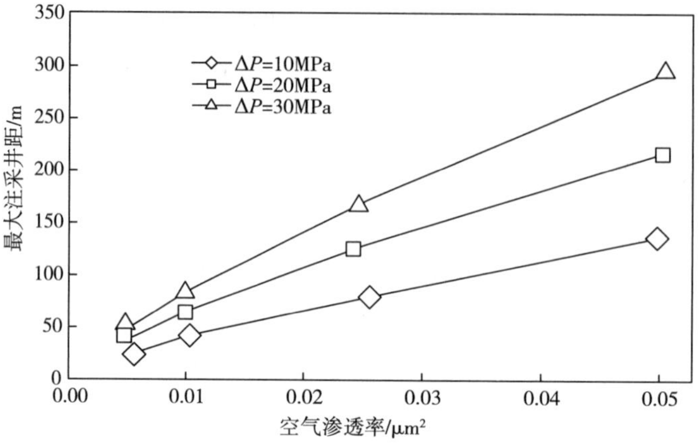

图3－40　文188块最大注采井距图版

2. 数值模拟计算合理井距

应用油藏数值模拟技术计算合理注采井距。如文33沙三上油藏(图3－41)，采用与本油藏相似的理论模型，用五点法布井，当生产压差为15MPa时，1.0%的采油速度稳产到含水率(f_w)70%时的合理井距为200～230m。

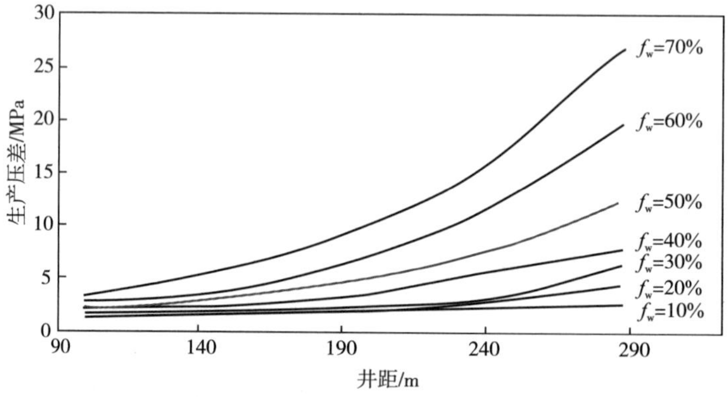

图3－41　生产压差与注采井距的关系曲线

在实际确定合理井距时还应考虑到砂体的连通状况，不必刻意追求均匀井网。如文南油田高压低渗油藏基本上南北方向砂体连通性较好，井网部署时可适当拉大注采井距；东西方向延伸宽度较窄、储层变化大，可适当缩小井距。

(四)井网部署

合理的井网部署以提高采收率为目标，力争较高的采油速度和较长的稳产时间，以达到较好的经济效果。确定合理井网部署首先应从本油田的油层分布状况出发，综合运用油田地质学、流体力学、经济学等方面的理论和方法，分析不同布井方案的开发效果，以便选择最好的布井方案。

1. 井网部署原则

中原油田构造复杂、断块小，沉积环境复杂、储层变化大，平面上多种沉积环境形成的砂体相嵌，纵向上多旋回沉积叠加。储层分布不稳定，横向变化大，300m 井距连通率只有 60% 左右；储层物性差，以中、低渗透油藏为主，渗透率在 50 ~ 500mD 的储量占 50.6%，渗透率小于 50mD 的低渗、特低渗储量占 47.4%。

结合油田地质特点，注水开发后，主要考虑注采井之间油砂体的连通状况，这是直接影响注水波及系数和油田开发效果的关键。因此，井网部署原则为：

1)适应油藏的地质条件。注采井网部署的核心任务是使注采井网最大限度地适应砂体的分布状况，获得尽可能大的水驱体积，保证尽可能多的油水井能对应连通，使更多的油井有效地见到注水效果。一套井网的水驱控制程度要达到 80% 以上。

2)保持一定的采油速度。注采井网要保证达到一定的采油速度，有利于全油藏建成一定的生产规模和保持一定的稳产期。保证油井具有较高的生产能力，使绝大部分油层都能得到较好的动用。选择的注采井网具有较高的面积驱油系数、厚度驱油系数及驱油效率，能获得较高的采收率。

3)具有一定的灵活性。油藏的开发过程就是一个不断认识油藏，分阶段调整的过程，随着油藏开发生产的进程和不同开发阶段油藏开发调整的要求，油藏的注采井网需要不断调整。因此，井网部署要为开采过程中注采系统的调整和井网的加密留有余地。

4)具有较好的经济效益。井网选择的原则，除满足上述各项技术条件外，更重要的还要满足经济效益的要求，投入产出达到一定的目标，经济上合理，使油藏开发获得较好的经济效益。

5)利于工艺技术发挥。实施的布井方案要采用切实可行的先进采油工艺技术，以保障工艺措施有效落地。

开发井网还有基础井网、正式井网和加密井网之分。正式井网是根据对油藏地质条件的认识和经济评价的结果而部署的井网，但在实施时，考虑到地质认识的局限性和片面性，为规避投资风险，往往将正式井网按照一定的比例进行抽稀，作为油田开发的基础井网实施。基础井网建设完毕并进行短暂生产之后，根据所获得的地质认识对井网再做适当的调整。一种可能是需要继续实施原设计正式井网，另一种可能是基础井网成为正式开发井网。

2. 油田开发井网部署步骤

1)划分开发层系。在进行油砂体和隔层研究的基础上，划分开发层系，确定开发区上开发井网的套数。

2)确定油井数。根据开发区的采油速度 V_o、地质储量 N、含油面积 A、试油资料确定的平均单井日产油量 q，计算出生产井数 n 和生产井的井网密度 D：$n = NV_o/300q$，$D = n/A$。

3)根据设计的注采井网(注采系统)确定的注采井数比，可计算出注水井数。

4)布置开发井网(确定井网、井距)。

3. 中原油田开发井网井距部署

中原油田以断块油田为主，开发单元含油面积小，形状极不规则，有时一口井可以穿过两个以上的断层，按一般正规均匀井网布井，注采对应程度差，有不少油层控制不住，同时油层物性差，砂体连通性差，在较大井距条件下，油水井间油层对应差，水驱控制程度低。因此，应根据断块形状，大小和油层分布特点，采取比常规油田较密的不规则井网，点状面积注水，提高水驱控制程度，最大限度地提高储量动用。

油藏开发初期，简单断块油藏构造相对清楚，可利用排状注水开发，形成产能；复杂断块油藏各断块之间含油层位、储量分布、生产能力大小不同，不可能部署规则的注采井网，一般采用不规则三角形稀井网，尽可能利用已钻探井、评价井。开发中后期，充分考虑储层的物性与展布特点，以完善注采关系为目的部署加密井网。油藏进入高含水开发阶段后，剩余油分布更加零散，根据剩余油分布特点和油水井井况，以断块或井区为单元，进行局部加密调整。

如以濮城油田沙一下为代表的简单断块油藏，初期开发井网基本上按方形井网格局布井，井距500～600m，点状面积注水。然后又对井网进行加密调整，注采井距由500～600m缩小到450m。仍采用点状面积注水方式。

如以文明寨油田为代表的复杂—极复杂断块油藏，初期以井距350～400m的相对均匀的三角形井网作为基础井网。然后按300m井距、大致均匀三角形井网、分5套层系正式注水开发。

第三节　油藏数值模拟技术

油气藏开发过程中，流体在油气藏内不断运动，可以通过数值模拟方法来认识油气藏内流体运动的规律。油气藏数值模拟是以渗流力学、数学物理方程和计算方法为理论基础，集石油地质、油气储层、油层物理、油藏工程、计算机软件等多学科于一体的综合性工程应用学科。多年的应用证明，油气藏数值模拟技术是一项将油气田开发重大决策纳入严格科学管理轨道的关键性技术，是开发方案设计、动态跟踪、机理研究、剩余油分布研究、提高采收率的关键手段，能为油气田开发中各种技术措施的制定提供理论依据。油气藏数值模拟技术的应用，不仅能提高油气田开发的技术水平，而且可以获得少投入、多产出的经济效益。

中原油田无论是油气藏描述，产量预测，还是开发方案优化，都运用了数值模拟方法。通过数值模拟，再现油气田的生产历史，为开发决策提供科学依据。数值模拟技术伴随着油气田开发的过程不断地发展完善。

一、油藏数值模拟模型

油藏所面临的问题就是油藏不确定性，即地下储层的构造不确定、油气资源储量不确定、生产动态不确定等，这些不确定性问题造成了开发生产的不确定。那么什么样的开发手段和途径能得到更高的最终采收率，就成为油藏研究最终需要解决的问题。而这个问题是经典的手段——油藏工程方法不能解决的，因此需要借助数值模拟的方法来研究。油藏数值模拟是一种应用计算机技术和数学模型对油藏的动态特性和开发过程进行研究的方法；通过构建油藏模型，对油藏的储层、流体性质和动态变化等进行详细描述，从而为油藏开发和管理提供科学依据。油藏数值模拟方法相比传统的模拟方法有其显著的优势：它考虑的问题更全面，预测的结果更接近实际情况；借助计算机技术可以形成数值模拟器，使工作流程得以简化、模拟过程更为高效，同时可以实现不同条件下的油藏动态预测。基于以上优势，油藏数值模拟在油藏实际开发中占有不可替代的地位。由于油藏工程学科、应用数学和计算机技术的迅速发展，油藏数值模拟软件应运而生。利用模拟软件可以重复进行油气田的参数处理、模拟和结果分析等过程，同时能实现可视化，从而将抽象的数据形象化，将繁杂的工作简单化。油藏数值模拟是目前最先进的进行油藏动态研究的工具，主要流程见图 3－42。

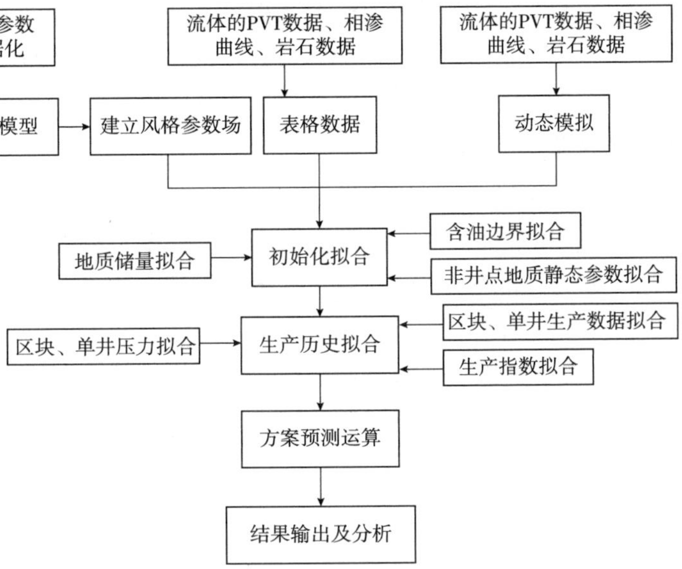

图 3－42　油藏数值模拟主要流程

(一) 油藏数值模拟基本原理

油藏数值模拟是一门综合性技术，融合了油藏地质学、油藏工程学、计算数学、计算机等多学科知识，以油藏地质和渗流机理研究为基础，建立描述油藏中流体渗流规律的数学模型，并借助计算机技术求得油藏内压力及各相流体饱和度等相关物理量随时间变化的数值分布。油藏数值模拟技术利用质量守恒定律、能量守恒定律建立流动方程和辅助方程，充分考虑了油藏中多相的存在性、相间能量传递、岩石和流体相互作用等方面的实际情况。在准确认识油藏实际的基础上，建立尽可能充分描述油藏流体渗流规律的数学模型。油藏数值模拟还利用离散化方法，将由偏微分方程组、初始值、边界值条件组成的定解问题转化为较易求解的数值模型，虽然这种数值方法是一种近似求解方法，但随着数值技术的不断发展，求得具有足够精度的数值解是可以做到的，这使得很多复杂的油藏工程问题迎刃而解。

油藏数值模拟模型主要包括：地质模型、流体模型、渗流模型、边界条件和初始化条件、数值求解方法、模拟结果评估。地质模型是以地质数据为基础构建的地下储层的数值模型，包括储层的几何形状、岩石状态、孔隙结构和渗透性等参数；这个模型需要提供关键的地下信息，如沉积相、构造、岩性、孔隙度等，在实际中通常通过地震数据、钻井岩心数据等多种地质勘探技术获取。流体模型包括相态模型和相渗模型；相态模型是指地下流体物性，直接决定着油藏类型以及数值模拟模型类型，通常通过室内实验获取，如黑油油藏、凝析气藏、干气藏等；相渗模型是指地下流体流动特性，油藏中通常存在多相流体，为了精确描述不同流体相的运移，需要采用油气、油水相对渗透率模型，即根据饱和度确定渗透率，进而计算不同流体相的渗透率。渗流模型是通过对油藏中的质量守恒和动量守恒进行数值离散；质量守恒方程用于描述质量的积累和消耗，动量守恒方程描述流体在不同流动条件下的运动和力学特性。边界条件是指油藏与外界环境的物理和化学交换，如油藏与井筒之间的流体交换；初始条件则是模拟开始时的油藏状态，通常包含压力分布、饱和度分布、流体组分分布等。数值求解方法是指采用有限差分、有限元和有限体积等方法，将连续的渗流微分方程离散为代数方程组，并通过迭代求解获得数值解。模型评估是指通过比较模拟结果和实际观测数据的吻合程度，评价模型的可靠性和准确性；如果模拟结果和实际相吻合，可以利用模型进一步预测和优化决策。

（二）油藏类型及模型分析

油藏类型根据流体特征可以划分为黑油油藏、轻质油油藏；黑油油藏又可以划分为重油油藏、一般油藏；轻质油油藏又可以划分为高收缩油藏、挥发油藏；按照开发类型可以划分为：衰竭式开发、注水开发、注气开发、聚合物驱、热力驱等。本书主要讲解注水开发，就不再介绍注气开发。

衰竭式开发油藏通常采用黑油模型来模拟，根据流体特性选择合适的流体模型，轻质油藏一般气油比较高，可以选择 PVTO 来表征流体物性；黑油油藏一般气油比较低，可以选择 PVDO 来表征流体物性。

在注水开发模拟中，由于注入水不会影响油气流体组成，因此通常使用黑油模型；在 SCHEDULE 部分设置 WCONINJE 的生产措施时需要注意控制注入流体为“WATER”。

（三）数值模拟技术主流应用软件

目前，国内外广泛应用的商业数值模拟软件有 ECLIPSE、PETREL－RE、INTERSECT、tNavigator 和 CMG 等。

1. ECLIPSE——*广泛应用于油气田开发的数值模拟工具*

ECLIPSE 油藏数值模拟软件由美国斯伦贝谢公司 1983 年研发并不断升级，支持从简单的黑油模型到复杂的多组分、多相流动模型的各种模拟需求。它能够在各种不同的油藏条件下准确地模拟油藏的行为，支持大量的操作与优化算法。通过敏感性分析、不确定性分析和风险评估，帮助工程师制定更为科学合理的油藏管理策略。

2. PETREL－RE——*勘探开发一体化油藏数值模拟工作平台*

PETREL－RE 是一个全方位、综合的油藏数值模拟软件，提供具有综合性、易用性和可重复性的油藏数值模拟工具。在同一个界面环境下，可以完成从地震解释到油藏数值模拟的油气藏研究整个工作流程，使得地球物理、测井、建模、油藏数值模拟等各领域专家们得以把他们丰富的专业知识综合在一起，形成一个统一的地下油藏模型，对油气藏进行综合研究。其强大的可视化功能更加清晰有效地突出油藏模型的特征，帮助用户更为直观地认识油藏，同时兼容 ECLIPSE 家族的所有模拟器。

3. INTERSECT——新一代大规模非均质油藏数值模拟器

INTERSECT 是斯伦贝谢公司与美国雪佛龙公司、法国道达尔公司共同开发的新一代油气藏数值模拟软件，2010 年推出第一个商业化版本，实现大规模非均质油气藏精细数值模拟计算，提供精细研究复杂构造、高度非均质及复杂完井方式下油气藏数值模拟的技术手段，可以在同一模拟器中实现黑油、组分和热采模型的模拟，在并行计算方面，实现了全新高效的并行分区技术和方程解法，极大地提高了数值模拟的运算速度。

4. tNavigator——GPU 级精细油藏智能高效建模数模一体化技术领航者

tNavigator 是俄罗斯 Rock Fluid Dynamics(RFD)公司研发的一款 GPU 级高性能数值模拟软件，采用多核“CPU + GPU”协同并行计算技术、Full GPU 并行模式、集群 MPI 并行算法、混合并行加速技术等，有效利用 CPU 和 GPU 进行协同并行计算，所有数据传递和处理都支持并行化，大幅提升运算速度，使得超大网格节点(千万 ~ 10 亿级)油藏模型数值模拟成为可能。

其特色功能主要包括 Full GPU 并行、交互性显示及实时结果监测、AI 智能历史拟合及方案预测、水力压裂模拟、物性参数时变模拟、水驱优化及流线模拟、模型自动劈分与合并、启动压力梯度模拟等。

5. CMG——复杂油藏类型数值模拟软件

CMG 是加拿大 CMG 公司于 1978 年开始研发的一款功能强大的数值模拟软件，作为提高采收率模拟的标准，在稠油热力采油、化学驱、非常规油气以及新兴能源开发数值模拟领域具有领先技术，并得到了全球的认可。

其 CMOST AI 模块是一款强大的敏感性分析、历史拟合、方案优化及不确定性分析工具，能够最大限度地提高各类油藏的采收率和净现值；GEM 组分模型模块是一款世界领先的状态方程模拟器，适用于组分、化学驱以及非常规油气藏模拟；IMEX 黑油模型模块可以快速精确地模拟常规和非常规油气藏的衰竭和二次开采过程并进行预测；STARS 热采及化学驱模块能够准确模拟矿场提高采收率机理，热采、化学驱及其他 EOR 技术；BUILDER 前处理模块提供交互式、直观和易于使用的操作界面，为 CMG 模拟器快速和高效地准备模型；RESULTS 后处理模块为更加深入地理解油藏特征、提高采收率过程以及油藏性能等提供了先进的可视化和分析工具；WINPROP 相态模拟模块可为 CMG 模拟器创建流体模型，并为第三方油藏模拟软件提供黑油模型。

(四) 中原油田特色数值模拟技术

中原油田油藏类型复杂，结合油藏实际需求，经过多年技术应用及攻关，形成了相控数值模拟、时变数值模拟等一系列特色的油藏数值模拟技术。

1. 相控数值模拟技术

相对渗透率的准确性是影响模型精准性的重要因素，中原油田早期数值模拟研究中，油藏模型均采用一条相渗，此方法无法体现不同相带相渗的差异，影响模型的准确性。“十二五”开始，为提高油藏数值模拟研究精度，攻关形成了相控数值模拟研究技术。其主要原理是在模型中，根据不同的沉积微相应用不同的相渗曲线及毛管压力曲线。以卫 42 块为例，根据取心井的相对渗透率曲线数据，不同沉积微相选用不同的相渗曲线，并且不同的相渗曲线选取不同的毛管压力曲线来控制束缚水饱和度，具体相渗曲线和毛管压力曲线选择见图3－43、图3－44（图中K_r为相对渗透率，S_w为含水饱和度，K_{ro}为油相渗透率，K_{rw}为水相渗透率）。

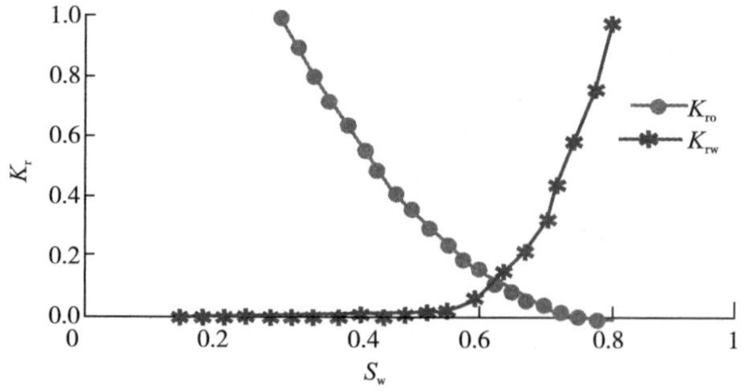

图3－43　卫42块选用相渗曲线一（河道）

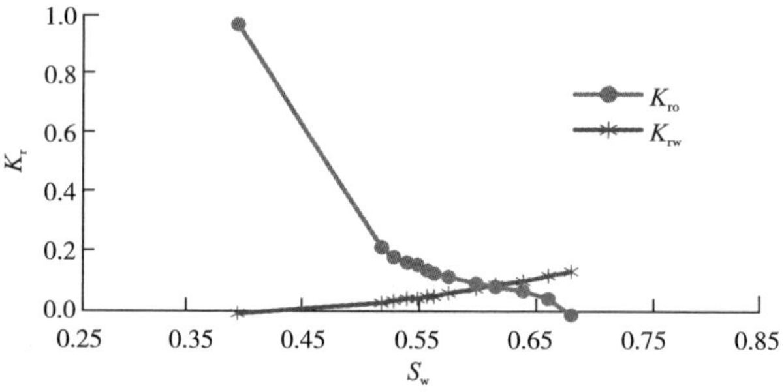

图3－44　卫42块选用相渗曲线二（远砂）

通过对比图3－45，可以看出采用不同微相、不同相渗曲线及毛管力数据的方法来控制原始含油饱和度的分布更符合地质规律，对油藏开发方案的编制提供更加准确的依据。

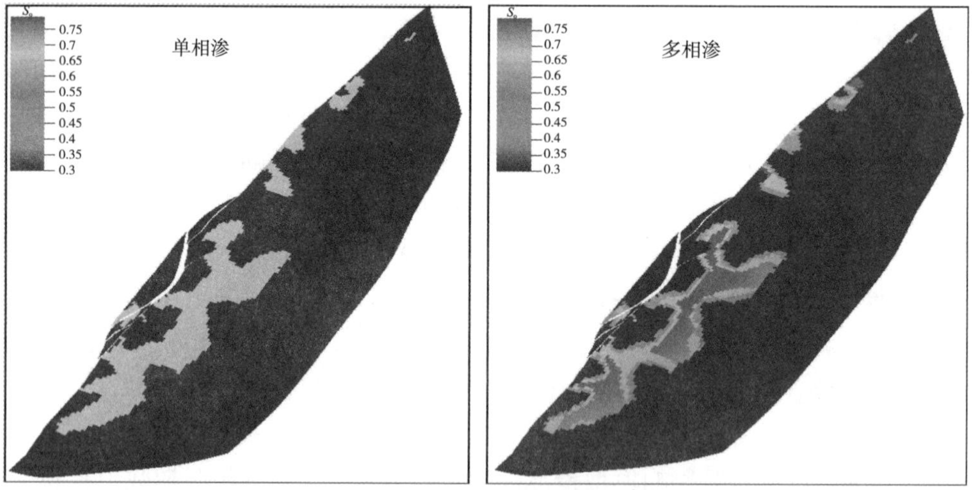

图3－45　原始油藏含油饱和度初始化对比

2. 时变数值模拟技术

特高含水油藏，随注水开发及长期冲刷，油藏的孔渗、相渗及流体性质持续变化，如图3－46所示。通过研究明确此类油藏属性随开发的动态变化规律，并把认识应用到油藏数值模拟中，可得到更准确的剩余油分布，对油藏开发的优化调整具有重要意义。

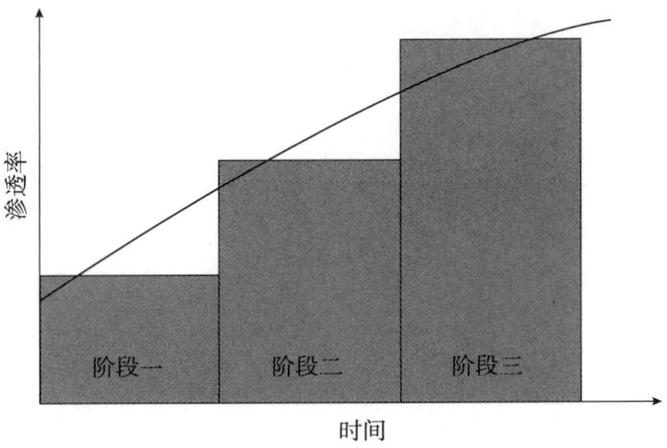

图 3－46　台阶状时变技术思路示意

该方法描述出油藏不同开发阶段储层、流体、相渗特征，建立不同时期油藏模型，在不同开发阶段模拟时，调用不同油藏模型。采用差分化的目标逐步逼近，可充分利用现有的商业软件，避免在算法研究、代码编写上投入大量资金与人力，可较快应用。但由于其差分化特点，与实际油藏变化无法实现无缝拟合，存在误差。

通过研发实时外挂监控、读取 Eclipse 运算输入输出文件，判断 Eclipse 主运算程序运算时间步。流程见图 3－47，调用 Eclipse 计算模型后，开启 Eclipse 输出文件循环监测，每隔 200ms 监控 1 次，开展逻辑判断，对新的输出文件进行解码，获取对应的时间，输出当前计算到的时间步，处理完成，继续监控。

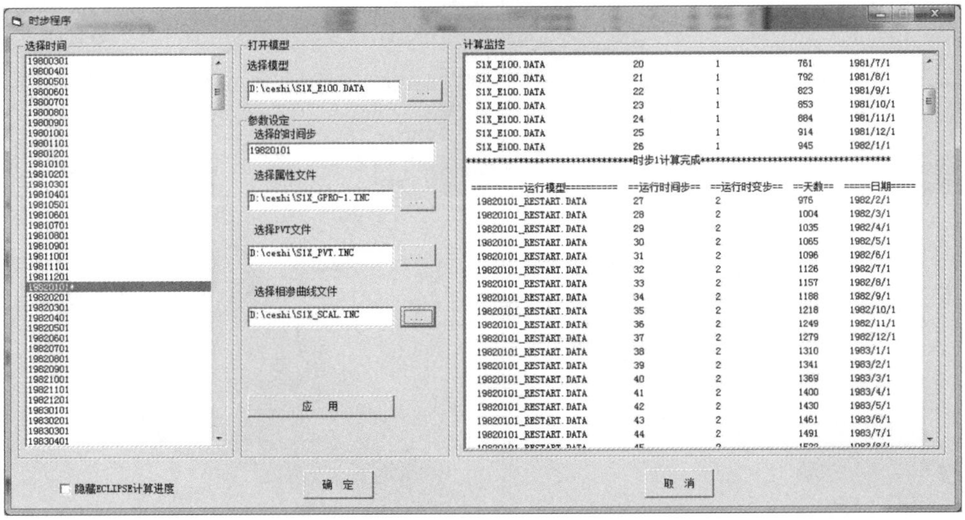

图 3－47　自动化监控 Eclipse 运算文件流程及界面

3. 自动化模型更新

运算至不同开发阶段，自动切入主程序，如图 3－48 所示，保留多相流体、压力场分布数据，变更油藏孔渗、相渗、流体性质模型后继续运算。

以胡 7 北块强非均质性油藏模型为例，考虑储层物性时变后，剩余油分布描述更加精细，更符合油藏认识，如图 3－49 所示。

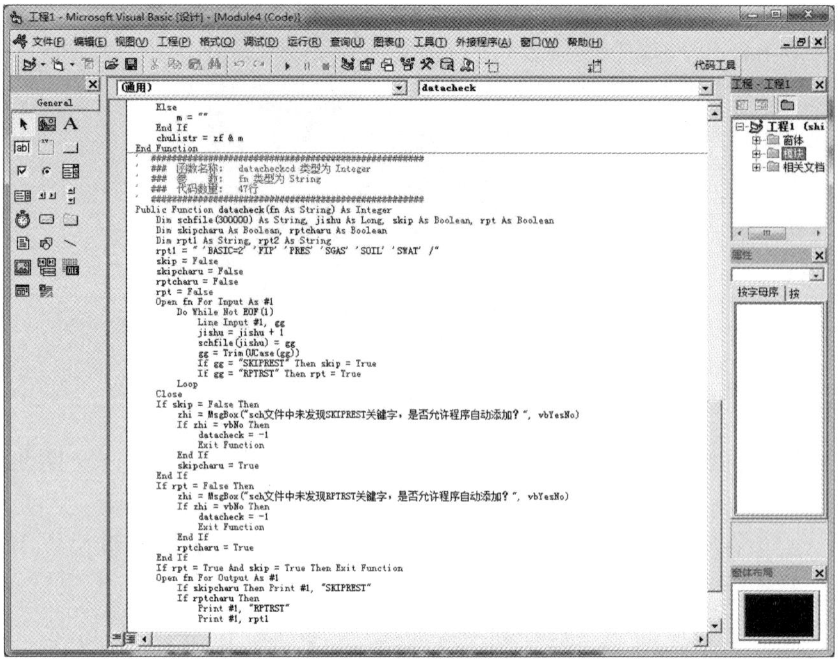

图 3 - 48　自动化模型更换流程及示意

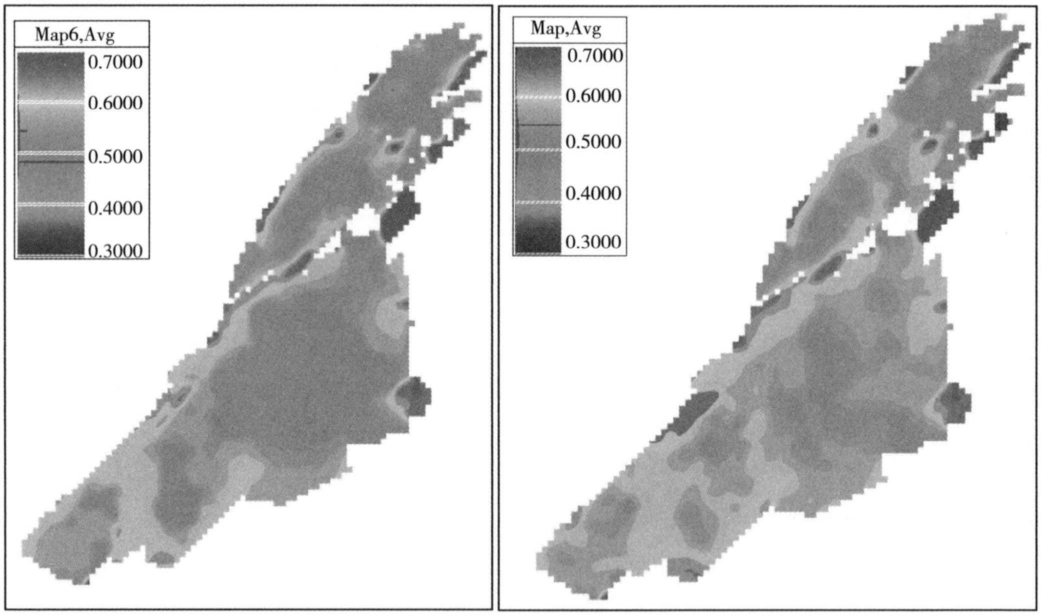

图 3 - 49　考虑物性时变(左)与不考虑物性时变(右)剩余油对比

二、历史拟合

(一)历史拟合简介

油藏生产历史拟合，就是通过调整油藏模型中的静态参数(如渗透率、孔隙度、相对渗透率等)，使模型计算的动态指标(压力、产量、含水率等)与油藏实际开发动态数据达到一致，从而修正油藏静态参数或流体特性的过程。该过程的核心是解决“逆问题”，即利用油田开发历史数据反推油藏未知属性参数，确保数学模型能够准确反映油藏真实动态特征。

历史拟合的目的是建立一个相对可靠的动态模型，该模型体现了油藏当前获取的所有类型的生产数据、监测数据。利用该模型可以对油藏未来的开发趋势进行相对可靠的预测。这对于油水井措施效果评价与优化、油藏生产动态分析、油藏开发方案设计与优化均具有重要意义。

在模拟的过程中，需要根据油藏地质条件、流体条件、开发特征来选择合适的油藏数值模拟模型。衰竭式开发选择黑油模型；水驱开发选择黑油模型；页岩油藏选择双重孔隙介质模型，并且考虑吸附扩散效应；注气开发选择组分模型；化学驱选择黑油模型；凝析气藏开发选择组分模型；裂缝性油藏选择双重孔隙介质模型等。

(二)历史拟合步骤

1. 前期数据准备

(1)模拟工作的基本信息

设定是进行黑油模拟，还是热采或组分模拟；模拟采用的单位制(米制或英制)；模拟模型大小(模型在 X、Y、Z 三方向的网格数)；模拟模型网格类型(角点网格，矩形网格，径向网格或非结构性网格)；模拟油藏的流体信息(是油、气、水三相还是油、水或气、水两相，还可以是油或气或水单相，有没有溶解气和挥发油等)；模拟油田投入开发的时间；模拟有没有应用到一些特殊功能(局部网格加密、三次采油、端点标定、多段井等)；模拟计算的解法(全隐式、隐压显饱或自适应)。

(2)油藏模型

模型在 X、Y、Z 三方向的网格尺寸大小，每个网格的顶面深度、厚度、孔隙度、渗透率、净厚度(或净毛比)，网格是死网格还是活网格，断层走向和断层传导率。

(3)流体 PVT 属性

油、气、水的地面密度或重度；油、气的地层体积系数，黏度随压力变化表；溶解油气比随压力的变化表；水的黏度、体积系数、压缩系数；岩石压缩系数。如果是组分模型，需要提供状态方程。

(4)岩石属性

相对渗透率曲线和毛管压力曲线。如果是油、气、水三相，需要提供油水，油气相对渗透率曲线和毛管压力曲线(软件会自动计算三相流动时的相对渗透率曲线)；如果是油、水两相或气、水两相，只需要提供油水或气水两相相对渗透率曲线和毛管压力曲线。

(5)油藏分区参数

如果所模拟的油田横向或纵向流体属性，岩性变化比较大，或者存在不同的油水界面，需要对模型进行 PVT 分区(不同区域用不同的 PVT 流体参数表)，岩石分区(不同区域用不同的相对渗透率曲线和毛管压力曲线)或者平衡分区(不同平衡区用不同的油水界面)。另外如果想掌握油藏不同断块的储量或采收率，可以对模型进行储量分区(不同储量区可以输出不同的储量，产量，采收率，剩余储量等)。

(6)初始化计算参数

油藏模型初始化即计算油藏模型初始饱和度，压力和油气比的分布，从而得到油藏模型的初始储量。这部分需要输入模型参考深度，参考深度处对应的初始压力，油水界面以及气水界面；油气比或饱和压力随深度的变化；如果是组分模型，需要输入组分随深度的变化。

(7)输出控制参数

即要求软件在计算时输出哪些结果参数。比如要求输出模型计算油田的油、气、水产量变化曲线；油田压力变化曲线；单井油、气、水产量变化曲线；单井井底压力变化曲线；单井含水、油气比变化曲线等。

(8)生产参数

对于已开发油田，这部分的数据量非常大。包括油田每口井的井位、井轨迹、井的射孔位置、井的生产或注入历史(油、气、水产量、注入量，井底压力和井口压力等)、井的作业历史等。

2. 储量及生产历史拟合

在模型初始化研究完成后，即可开始进行历史拟合的相关研究，对模型中一些不确定性参数进行合理修改，以实现对生产历史的重复再现，为下一步生产预测和油藏方案研究提供基础。油藏动态历史拟合是动态模型研究的关键环节，是验证历史认识、加深目前认识、深化将来认识的主要渠道。因此，历史拟合也是油藏再认识的过程，需要把地质、测井、动态监测等不同方面的成果资料信息集中综合分析，是经验、认识和技巧的融合。

(1)储量拟合

在完成数据准备基础上应用 ECLIPSE 或 PETREL 等数值模拟前处理软件组建油藏数值模拟模型，基本组建过程包括加载流体模型、加载岩石物理参数、设置初始化参数及加载生产数据等几个部分，主要依据软件进行操作完成，最终建立油藏数值模拟模型。

完成模型建立后，即可运行模型，进行储量计算，通常情况下，模型各部分取值合理的情况下，数值模拟计算的储量和地质建模储量是一致的，如果出现相差较大的情况，需要依次从以下几个方面对模型进行检查：

数模模型初始平均含油饱和度是否存在问题；检查数模模型油藏有效孔隙体积是否有问题，如果有效孔隙体积和油藏实际有效孔隙体积差别较大，需要检查平均孔隙度、平均有效厚度、各个层含油面积，查找导致有效孔隙体积差别的原因，然后进行修正；检查流体模型体积系数、原油密度是否存在问题。

从以上几个方面进行排查，能够解决模型储量的问题，完成储量拟合，流程见图 3－50。

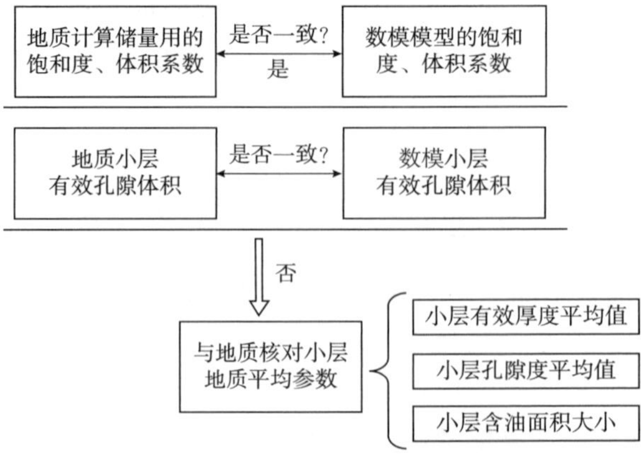

图 3－50　储量拟合的一般流程

(2)历史拟合

在完成动态模型初始化后，即开始模型历史拟合的工作。历史拟合可以看作对油藏描述成果进行调整，从而使动态模型可以重现油藏生产历史的过程。历史拟合的工作是一个迭代的过程，在这一过程中，动态模型模拟结果不断接近油藏真实开发历程。当数值模拟器能够重现重要的生产历史，可以体现油藏产量、压力、含水率等参数的变化特征和趋势时，历史拟合工作即结束。由于多种原因，生产历史数据存在一定的不确定性，在某些时间段甚至可能存在错误，所以历史拟合结果并不一定与实际生产历史数据完全一致。

历史拟合的目的是建立一个相对可靠的动态模型，该模型体现了油藏当前获取的所有类型的生产数据、监测数据。利用该模型可以对油藏未来的开发趋势进行相对可靠的预测。在此基础上，油藏工程师可以进行新井部署、开发调整及开发方案优化等方面的工作。

1)历史拟合的指标要求。历史拟合精度应与模型精度、资料完善程度相匹配。指标拟合精度需满足以下要求：

①单井拟合率应大于85%；

②油气藏拟合精度高于单井拟合精度；

③产量拟合精度高于压力拟合精度；

④主力层拟合精度高于非主力层拟合精度；

⑤拟合后期拟合精度高于初期和中期拟合精度；

⑥生产历史长、单井产量高的井拟合精度高于其他井拟合精度。

2)历史拟合的顺序。系统的历史拟合过程通常可以得出符合研究目的的动态模型，如开发方案编制、生产预测或EOR等。历史拟合过程可以看作3个方面的拟合，即油藏物质平衡过程的拟合、油藏能量的拟合和地层流体运移的拟合，以下分别进行介绍：

①油藏物质平衡过程的拟合。历史拟合最为重要的是油藏物质平衡过程的拟合，油藏的总产液量和油气水三相的生产速率必须完全拟合。在操作中可以设置油井定液或定油生产。在这一步骤中，流体比(气油比和产水率等)和油藏压力不一定能够完全符合生产历史数据，可通过下述研究改善拟合效果。

②油藏能量的拟合。拟合好油藏总产液量和油气水三相的生产速率后，将进一步开展油藏能量的拟合。为了拟合油藏的压力趋势，可能需要对模型的不确定性参数进行修改，例如渗透率、K/K、孔隙体积、可压缩性、水体的范围和能量等。

③地层流体运移的拟合。完成压力拟合后，最后需要对油藏中的流体运动进行拟合。这一部分需要拟合的生产数据主要包括流体比(气油比和含水率)、气或水突破时间以及油藏监测数据(RST、PLT和RFT等)。油藏流体的流动是指在油藏存在生产行为的情况下(存在生产井和注入井)，不同相态流体在油藏中的流动过程，对其进行准确描述具有重要意义。拟合中在对上述数据进行较好拟合的基础上，还需要具有该时间段内油藏流体流动的准确认识。

(三)历史拟合技巧

历史拟合是一个多解性问题，因此不同的油藏工程师可能拟合得到的剩余油分布特征差异较大，无法真实表征地下剩余油分布情况，影响后续方案挖潜。国内外学者一直研究高效的历史拟合方法，提高历史拟合的准确性。总体而言，推荐的油藏拟合工作流程包括

3 个步骤：

1）进行历史拟合模型的初步检查，运行基础方案模型，分析初始拟合结果，确定现有静态模型有无进一步历史拟合的意义，确保模型不存在根本性问题；

2）对模型进行基础方案模型整体改进，通过动静态综合分析，列举模型所有的不确定性变量，以及不确定性变量的分布范围、分布模式，然后采用实验设计方法，建立不同的参数组合，并进行模型运算，根据结果筛选出主要的不确定性变量，最后根据分析结果明确基础方案模型存在的问题，对其进行改进；

3）按照前述历史拟合的研究顺序，分别对各个待拟合参数进行智能辅助历史拟合；对每一个待拟合参数，具体研究步骤包括不确定性参数的确定、利用实验设计方法进行不确定性参数筛选、确定主要不确定性参数、设置目标函数和模型优化；最后，根据发现的模型局部问题进行模型微调。当所有参数拟合完成后，即完成油藏的历史拟合研究。

除了历史拟合的研究流程外，还需要了解油藏压力拟合、流体拟合等常见的历史拟合策略。

1）油藏压力拟合。油藏压力的拟合是历史拟合的重要方面，需要从全油藏平均地层压力、区域平均地层压力、单井油藏压力等几个角度进行分析，保证拟合效果。对于全局的压力拟合，主要分析方法包括物质平衡分析、水体流量分析等，一般影响较大的参数包括油藏连通性、水体的体积和连通性、孔隙体积和岩石压缩性参数（图 3－51）等。对于区域地层压力的拟合，主要的影响参数包括水体连通性、全油藏的渗透率倍乘、区域的渗透率倍乘、水体的体积和连通性、区域的孔隙体积倍乘和断层传导率等。对于单井的压力拟合，主要的影响参数包括区域的渗透率倍乘、小层的渗透率倍乘、水体的体积和连通性、孔隙体积倍乘、传导率倍乘和油水井干扰等。

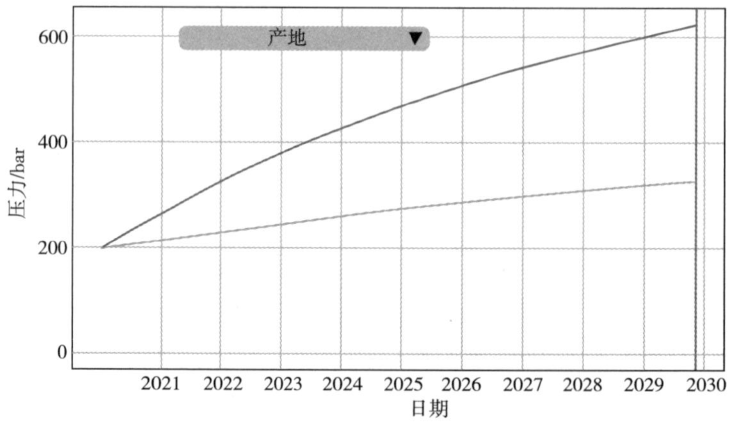

图 3－51　通过调大岩石压缩系数降低压力敏感性

2）产液量拟合。油藏历史拟合多采用定液拟合控制，通常情况下在储量拟合的基础上，模型其他参数误差不大的情况下，定液一般能够定住。但仍有部分模型可能会出现定液无法定住的问题，一般需要从以下 3 个方面进行检查：

①首先需要明确产液拟合偏差是存在于整个油藏还是仅个别单井，进而初步确定液量拟合差异的原因；

②如果整体拟合不上，需要针对两种情况排查原因，一是模型能量下降太快，二是模型有能量但是采不出来。对于能量下降太快的原因，一般是由注采比低、射孔数据与模型

不匹配、水体能量太小以及岩石压缩系数设置太小等几个方面原因造成的；模型有能量但是采不出来，一般是由储层物性太差或井的生产指数太差等原因造成的；

③如果部分井液量拟合不上，需要考虑这些井的射孔层匹配性、周边注水井能量供给、井周储层物性、边水以及井生产指数等因素，通过检查调整将这些井拟合上，整体产液量即能拟合好。

3）含水率拟合。含水率拟合（图3－52～图3－55）中，模型计算结果整体低于实际生产数据，可能是由于原油黏度过小、水体过小、油藏连通性差或水相相对渗透率偏小造成的。含水整体高于实际生产数据，可能是由于原油黏度过大、水体过大或水相相对渗透率偏大造成的。

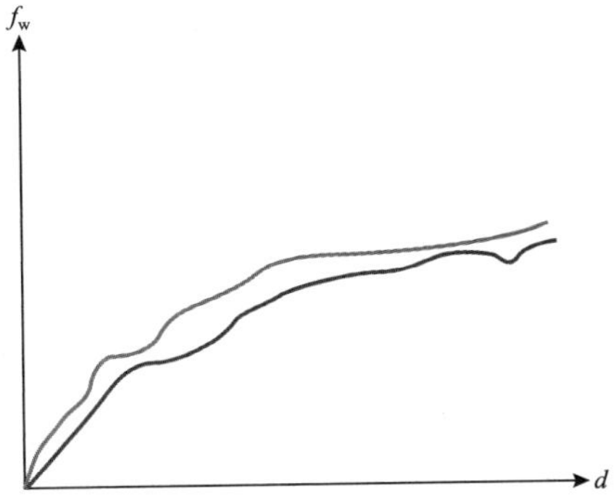

图3－52　含水变化趋势一致

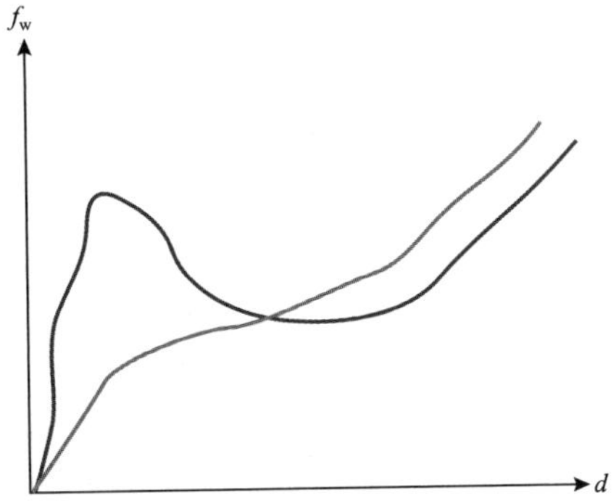

图3－53　前期含水偏低

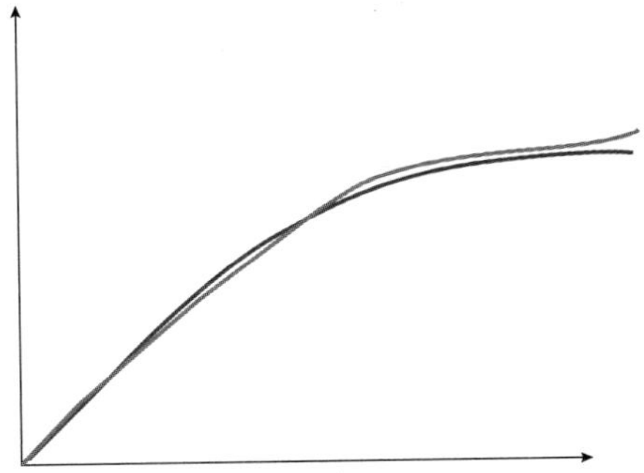
图3－54　后期含水偏低

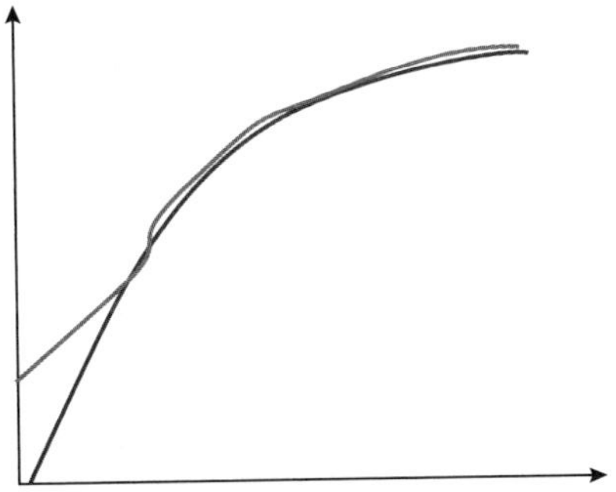
图3－55　见水时间拟合不上

前期弹性开采阶段含水偏低，后期注水开采阶段含水偏高，一般认为可能是由于给定的水体过小或水相相对渗透率偏小造成了前期含水偏低，而随着注水开发的进行，如果给定的原油黏度过大或水相相对渗透率偏大，必然造成注入水指进或舌进现象的出现，导致含水率偏高。

前期弹性开采阶段含水率偏高，后期注水开采阶段含水率偏低，可能是由于给定的水体大或水相相对渗透率偏大造成了前期含水率偏高，而随着注水开发的进行，如果原油黏度过小或水相相对渗透率偏小，必然导致含水偏低。单井含水率相关参数的拟合，除了需要考虑以上因素外，还需要考虑油水井之间的干扰。对于水锥，主要的影响参数为垂直渗透率、隔夹层和相对渗透率曲线。对于横向流体流动，主要的影响因素包括模型的小层划分方案、区域的渗透率倍乘、小层的渗透率倍乘、区域的孔隙体积倍乘和相对渗透率曲线。

注水突破时间拟合的影响因素一般为油藏连通性、水体、束缚水饱和度、初始含水饱和度或水相的相对渗透率。

4)气油比拟合。单井的气油比拟合，包括突破时间、气油比变化趋势等，主要涉及气锥和横向流体流动两种情况。对于气锥，主要的影响参数为垂直渗透率、隔夹层和相对渗透率曲线。对于横向流体流动，主要的影响因素包括模型的小层划分方案、区域的渗透率倍乘、小层的渗透率倍乘、区域的孔隙体积倍乘、相对渗透率曲线和储层流体参数。

以水驱开发油藏历史拟合为例(图 3－56、图 3－57)，通过调整局部渗透率、相渗曲线端点标定完成生产历史拟合。

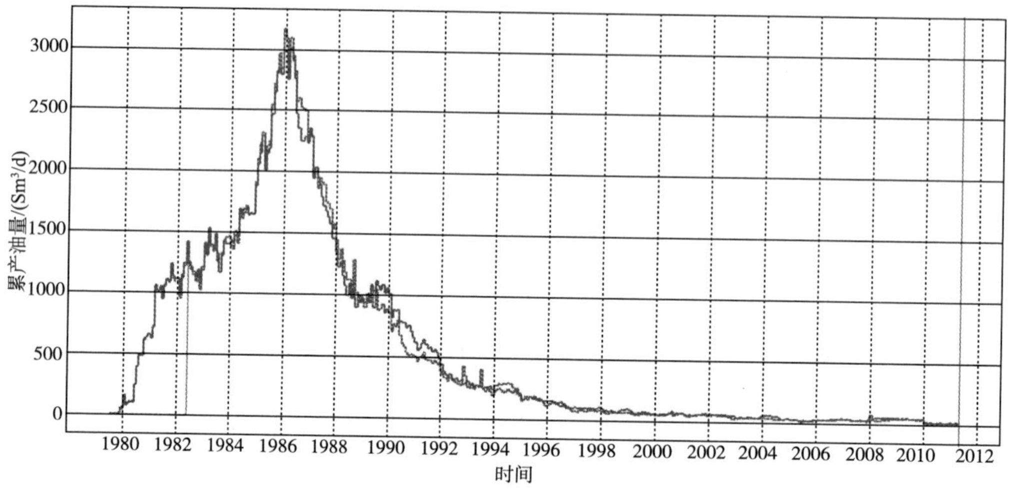

图 3－56　累产油量历史拟合

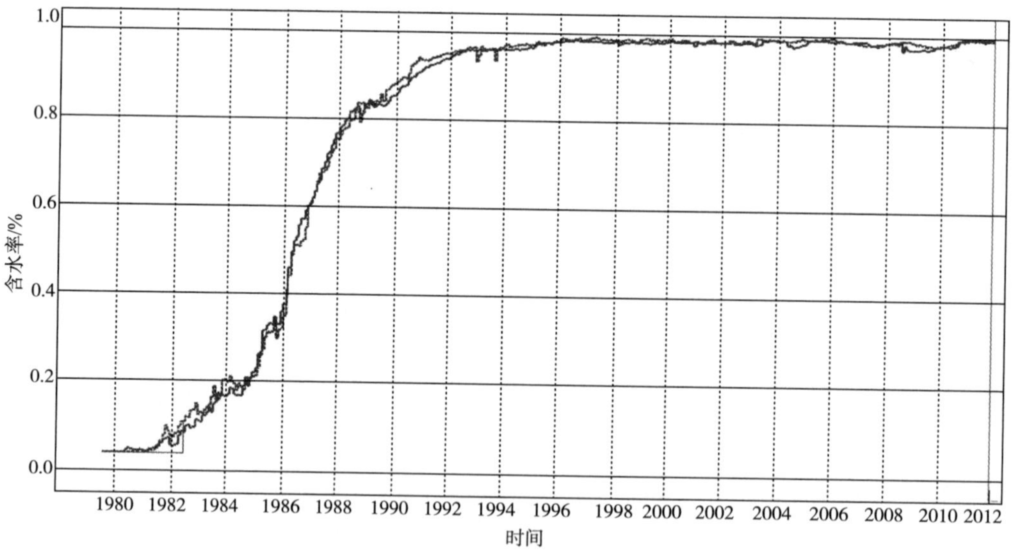

图 3－57　含水率历史拟合

(四)历史拟合技术的发展

历史拟合技术的发展主要包含 3 个阶段，下面将分别展开说明。1)采用人工迭代模拟的手段来进行历史拟合工作。此种方法需要人为调整大量参数来模拟地下真实情况，但是需要丰富的经验，才能保证调整模型的流场相对合理。这导致历史拟合工作难度大，相同的油藏数值模拟模型可能经验不同的油藏工程师模拟得到的结果差异巨大。2）自动历史拟合模拟阶段。此种方法主要是将模拟器作为一个求解工具，将模拟结果与真实历史生产动态数据的损失函数作为优化目标，设置各个调整参数的约束范围，采用最优化算法自动寻优完成历史拟合。该方法虽然可以实现无人值守、自动进行历史拟合，但依然存在很大的缺陷，由于缺乏人工经验的调整，模拟次数非常多，这对于网格数量多或者求解速度慢的模型是非常致命的。最优化模拟次数可能会达到成百上千，对于网格数量多或者求解速度慢的模型，历史拟合时间成本无法承受，因此该方法并未被广泛认可。3）目前主要是代理模型阶段。代理模型是通过神经网络算法，通过大量的历史模型样本学习，训练一套可以表征真实油藏的神经网络模型。因为神经元内部都是简单的加减乘除公式，计算机几秒就可以完成，因此可以大大提升历史拟合的速度。然而这套方法依然存在缺陷，需要大量的历史模型，而同样针对网格数目多或者求解速度慢的模型，这一缺陷的时间成本也是不可接受，因此代理模型目前仍处于发展阶段，并未被广泛应用。

目前主流的历史拟合手段依然是根据人工经验调整模型来完成历史拟合工作，针对大模型而言依然是最经济、省时的手段。自动历史拟合研究的瓶颈均集中于传统的油气模拟，主要以渗流力学、油层物理学为基础，研究油气开发过程中油、气、水的运移规律和驱替机理；当开发区块较大、开采条件较复杂时，需要使用大量网格块来捕获储层模型的综合信息（如孔隙度、渗透率、压力分布和饱和度分布等），大量的网格块与大量需要同时求解的质量平衡方程相关联，从而增加了求解这些方程所需的计算时间，带来巨大的计算代价；如果能够减少单次模拟时间，自动历史拟合可以获得大范围的推广。

三、成果输出

基于生产历史拟合，可以明确油藏储量的动用状况及剩余潜力，同时也可以配合主流作图软件实现剩余油饱和度及储量丰度的三维展示，实现剩余油、地层能量在平面、纵向上的差异化精细表征，为下一步精细挖潜提供直观的参考。

（一）剩余油潜力成果输出

生产历史拟合完成后，可以实现油藏从发现到目前任意一个时间点不同区域、不同小层的储量动用状况及剩余潜力的量化输出，明确了油藏的下一步挖潜方向。主要步骤是基于二维平面图（2D），在“储量（Fluid - in - place）”目录下，通过“统计（Statistics）”选项，实现油、气、水三相流体的量化输出（基于 tNavigator 软件，见表 3 - 11）。

（二）剩余油潜力图件输出

在模型生产历史拟合的基础上，可以应用后处理软件生成剩余油相关图件。主要步骤为首先在历史拟合模型中，导出饱和度、丰度等图件所需的散点数据，再利用出图软件成图，目前主流软件为 Petrel、GPTmap 等。

主要剩余油图件：分油藏、分层系、分砂组、分小层剩余油饱和度图；分油藏、分层系、分砂组、分小层剩余可动油饱和度图；分油藏、分层系、分砂组、分小层剩余油储量丰度图；分油藏、分层系、分砂组、分小层剩余可动油储量丰度图。根据这些剩余油分布图可明确具体的剩余油潜力平面和纵向上的方位，指导流线调整。

表 3-11 明 16 块分小层剩余油潜力统计(2020 年 12 月)

砂组	小层号	地质储量/10^4t	累产油量/10^4t	采出程度/%	剩余储量/10^4t	剩余可动储量/10^4t
沙二下 2	1-1	1.63	0.12	7.63	1.51	0.86
	3	11.43	4.25	37.15	7.18	5.55
	4	10.61	2.08	19.64	8.53	4.78
	5	19.59	9.21	47.02	10.38	8.86
	小计	43.26	15.66	36.20	27.6	20.05
沙二下 3	1-1	8.16	2.73	33.46	5.43	3.88
	1-2	0.82	0.21	26.28	0.6	0.4
	2	4.7	0.8	17.07	3.9	2.32
	小计	13.68	3.74	27.34	9.93	6.6
合计		56.94	19.4	34.07	37.53	26.65
沙三上 3	1-1	1.63	0.16	9.73	1.47	0.72
	1-2	8.16	1.21	14.85	6.95	5.1
	2	5.71	0.97	16.89	4.75	2.97
	3	8.16	2.5	30.57	5.67	4.1
	4	3.26	0.97	29.77	2.29	1.76
	小计	26.92	5.81	21.58	21.13	14.65
沙三上 4	1	17.14	4.64	27.09	12.5	8.71
	2	13.88	3.15	22.72	10.72	6.37
	3	2.45	0.47	19.06	1.98	1.34
	4	2.45	0.21	8.52	2.24	1.16
	5	4.08	0.41	10.02	3.67	2.09
	小计	40.00	8.88	22.20	31.11	19.67
合计		66.92	14.69	21.95	52.24	34.32

(三)其他属性分布特征

通过历史拟合工作，可以根据地层压力分布图，明确地层压力保持情况，指导开发方式的调整方向；根据水窜、气窜的窜流通道图，明确水窜、气窜位置，指导调剖、封堵的层位；根据连井剖面，明确井与井之间的连通程度，指导后续压裂、补孔等措施的调整。此外还包括单井生产动态、井组生产动态曲线的输出，为开发效果提供评价依据。

四、成果应用

油藏开发方案优化和预测是油藏投入开发生产的总体部署和设计，是指导油藏开发工作的纲领性文件。开发方案技术政策的优化及预测通常采用数值模拟来完成，此处介绍数值模拟在油藏工程方案预测研究中的应用。

(一)剩余油分布应用

在模型生产历史拟合的基础上，需要应用后处理软件生成剩余油相关图件。主要剩余油图件：基于油藏工程研究认识，综合剩余地质储量丰度图、剩余可动地质储量丰度图、剩余油(可动)饱和度图等油(气)藏数值模拟成果，如图3-58~图3-61所示，分析剩余油(气)分布特征，明确潜力区域(具体参考第五章第二节油藏潜力技术内容)。

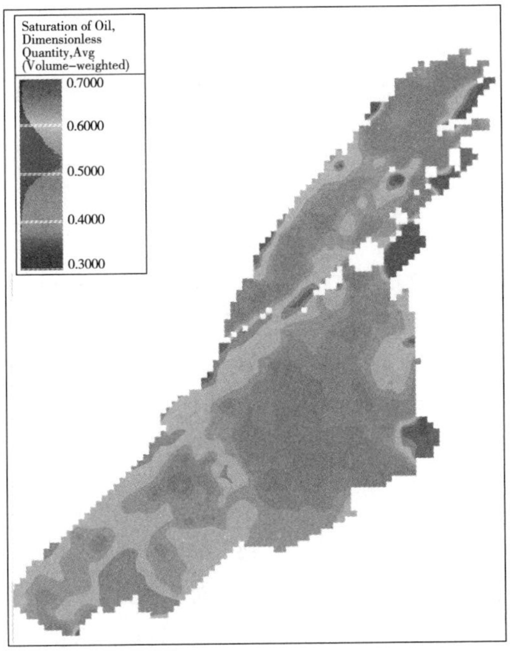

图3-58 剩余油饱和度

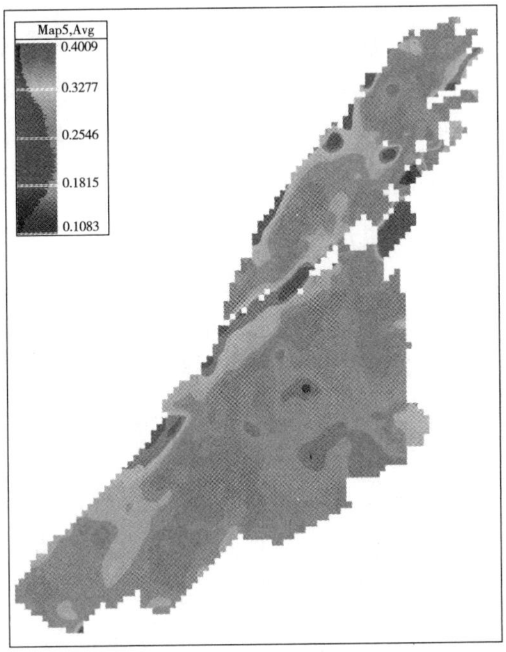

图3-59 剩余可动油饱和度

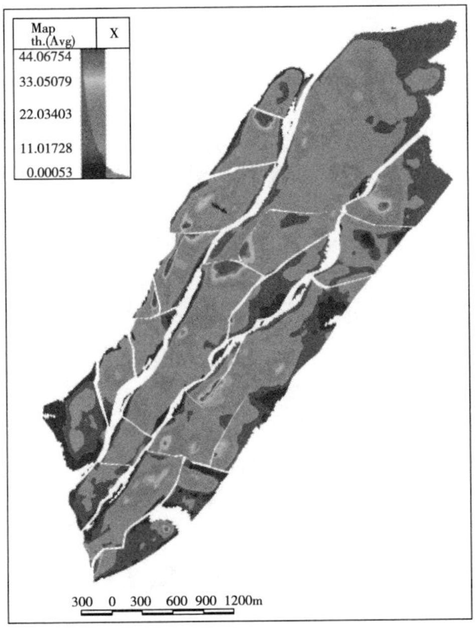

图3-60 剩余油丰度

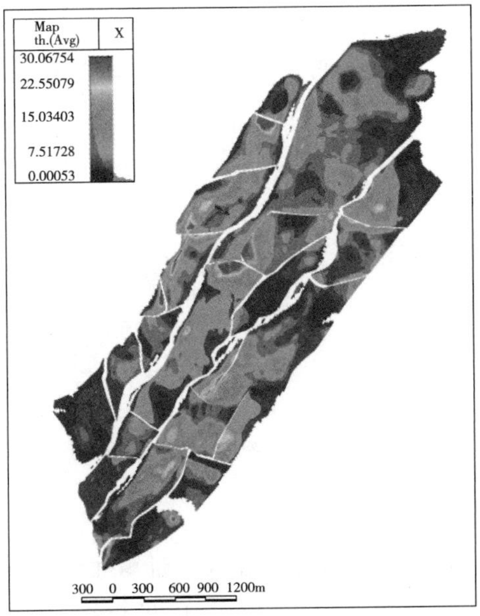

图3-61 剩余可动油丰度

运用数值模拟软件直接计算出的小层含油饱和度值即为开发至目前地下重新分布的剩余油。应用剩余地质储量分布图来描述地下剩余油的分布综合考虑了有效厚度、孔隙度、含油饱和度、原油密度、原油体积系数等各参数对计算地质储量的影响，克服了应用剩余油饱和度描述剩余油的片面性，可以反映出地下剩余可采储量富集分布。纵向上，将每一流动单元的剩余地质储量相加，就可得到整个油藏地下剩余地质储量的分布，为油藏今后的开发调整提供准确依据。

由于数值模拟采用非均匀角点网格系统，有时为了照顾开发井位而网格大小不一，因此采用剩余地质储量不能准确反映地下剩余油的富集分布，剩余油地质储量丰度克服了网格面积大小的影响，采用剩余油地质储量丰度能更准确反映地下剩余油的分布。

(二)油水井措施效果预测

针对油藏开发过程中出现的新问题，需要对现行油藏开发方案进行及时优化调整，其中对单个油水井进行措施调整就是方案优化调整中最为基础且重要的工作。油水井措施主要包括常规维护性措施、增产类措施、恢复性措施以及特殊工艺措施等。其中常规维护性措施有清砂与防砂、清蜡与防蜡、水质管理等内容；增产类措施有酸化压裂、分层注水、调剖堵水等内容；恢复性措施有套损修复、补孔与调层、提压增注等内容，特殊工艺措施主要有智能分采分注等内容。

在油水井措施投入前，需要对其效果进行提前研究预测，为措施优选、优化提供依据。基于油藏数值模拟技术，通过对油水井有、无措施，该井(组)未来一段时间内开发关键指标(产液、产油、含水率、增油等)进行科学合理预测，明确措施效果，为油藏经营管理者决策提供支撑。下面通过模拟明侧16换井补孔效果来说明该技术的方法和步骤。

明侧16换井目前生产层位沙三上3－4砂组，基于井组数模模型，补开沙二下2－3砂组合采，采用定压生产方式，预测未来8个月时间内有、无补孔措施的各自产油效果。补孔后，阶段产油1210t，与不采取补孔措施相比，增油580t(图3－62)。

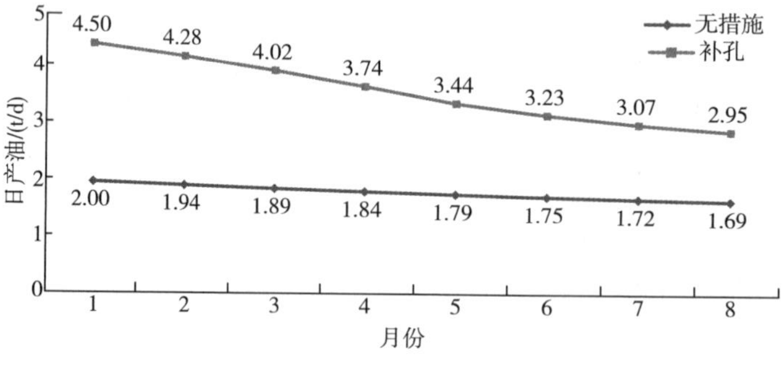

图3－62　明侧16换井有无补孔措施产油量预测曲线

(三)注采参数优化

油藏工程论证主要是应用油藏工程和数值模拟等方法，以采出程度最大化、累产量最大化或经济效益最大化等指标进行约束，确定开发方式、井网井距、注采参数等技术政策。数值模拟方法进行开发技术政策论证，通常采用单因素方法，建立不同方式、井网井距及注采参数等数值模拟模型，模拟对比最终增油效果，确定最佳的方式和注采参数。

井网设计中，需要确定井型、注采井网、井距、水平井水平段的走向和长度、油水井在油藏中的纵向位置等内容。生产政策包括高峰产量、注入能力、开发界限等内容。需要注意的是，以上每一项内容均需要进行参数敏感性研究或者参数对比分析，选取开发效果较好的参数数值。下面通过典型例子来说明注采方式的论证方法和步骤。

1. 注采井距优化

注采井距的确定主要考虑能够建立有效的注采系统，同时保证油藏有较高的水驱动用程度，本次以东区沙二下油藏井距优化论证为例，应用模型进行合理井距论证。首先在拟合好东区沙二下油藏模型基础上，截取局部模型；然后分别针对一类层和二三类层，建立井距为350m、300m、250m、200m、150m，5套方案模型，模拟10年；最后分析对比不同井距下，采出程度提高幅度，确定合理井距。该油藏井距模拟结果表明，随着注采井距的减小，油井采出程度呈上升趋势，但提高采出程度幅度差异较大，一类层井距在300m时采出程度提高幅度最高(图3－63)，二三类层井距在200m时采出程度提高幅度最大(图3－64)。

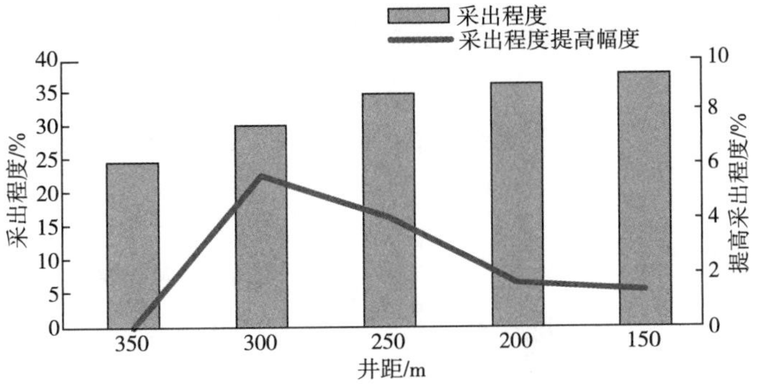

图3－63　一类层不同井距采出程度对比

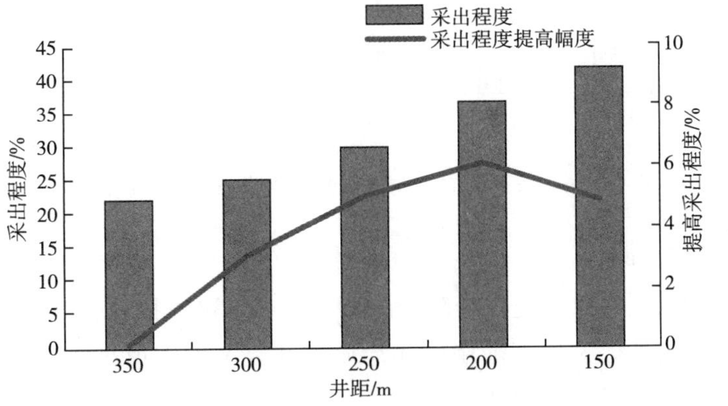

图3－64　二三类层不同井距采出程度对比

2. 合理注水强度

不同注水强度的开发效果差异较大，相同时间内，注水强度越小，波及体积越大，开发效果越好，但同时注水强度越小，采油速度越低，经济效益越差。为此需要设定合理的开发效果界限和经济效益界限，从而求取合理的注水强度范围。基于数值模拟，对东区沙二下油藏一类层、二三类层典型井组建立注水强度分别为 $2m^3/(d \cdot m)$、$4m^3/(d \cdot m)$、$6m^3/(d \cdot m)$、$8m^3/(d \cdot m)$、$10m^3/(d \cdot m)$、$12m^3/(d \cdot m)$、$14m^3/(d \cdot m)$、$16m^3/(d \cdot m)$、$18m^3/(d \cdot m)$、$20m^3/(d \cdot m)$的模型，10 套方案分别开采 10 年后的井组采出程度关系，得出不同储层合理的注水强度范围。

通过注水强度与采出程度的关系图(图 3－65 和图 3－66)可以看出，东区沙二下油藏一类储层合理的注水强度应控制在 $8m^3/(d \cdot m)$左右，二三类储层合理注水强度应控制在 $6m^3/(d \cdot m)$左右。

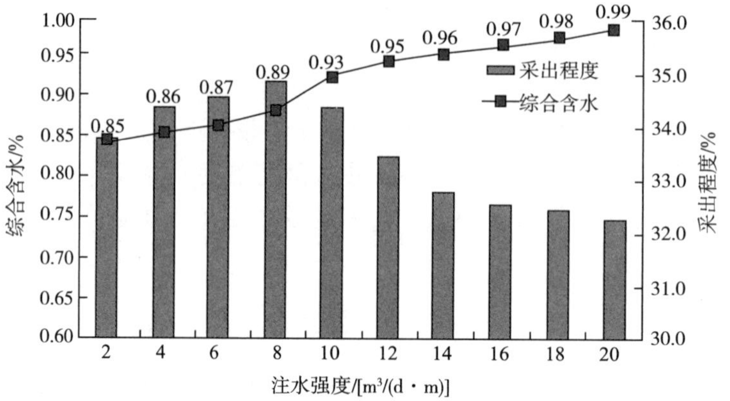

图 3－65　一类层不同注水强度含水与采出程度的关系

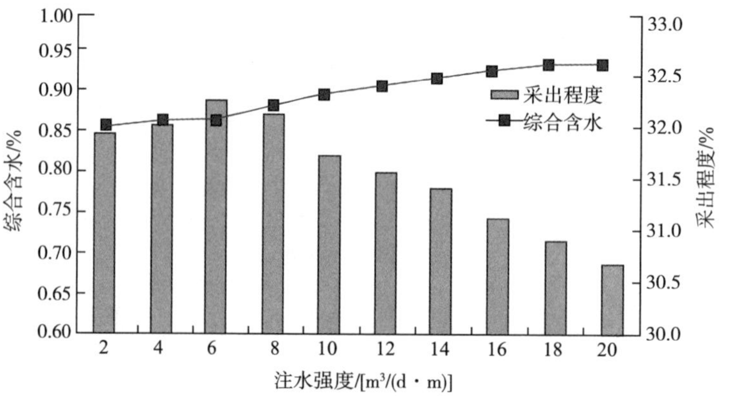

图 3－66　二三类层不同注水强度含水与采出程度的关系

(四)方案指标预测

油藏模拟模型虽然经过历史拟合阶段的调整，基本可以描述油气田历史生产状况，但由于历史拟合的多解性以及地下油藏的非均质性和复杂性，很难做到中、长期精确预测，尤其是对复杂油气藏以及非常规油气藏。因此在进行数值模拟预测时，应该把参数不确定分析和风险分析作为预测流程中重要的一步，因此通常需要考虑不同因素，设计多套方案，通过模拟指标进行对比，为油藏投产或开发调整提供参考。

1. 不确定性方案设计

油藏开发不确定性及优化的研究主要包含如下步骤：

1)对比高低方案模型，确定总体生产特征的不确定性；2)综合分析，确定不确定性参数；3）不确定性参数的敏感性分析；4）开发指标的不确定性研究；5）针对不确定因素，建立多套方案以及对应的模型，开展模拟研究，考虑效果及效益因素，以确定最合理的方案。

2. 模型指标预测

在方案模拟对比预测阶段，生产、注入控制设置是影响模拟预测结果合理性的重要因素。产油井或产气井可以采用以下几种产量控制方式：定油量生产，定水量生产，定气量生产，定液量生产，定油藏产液量，定井底压力，定井口压力，定井组产量控制。

在设定预测产量控制时，流体产量设定值是上限值，而压力设定值为下限值。也就是说模型在预测计算过程中井的产量不会大于设定的上限值，而压力不会小于设定的下限值。如果产量达到上限值或压力达到下限值，那么这个上限值或下限值则成为目标值。比如设定一口井定油量生产，油量目标值为20t，最大产水量设定为150t，最小压力设定为3MPa。一开始该井定油量每天20t进行生产，由于底水水侵，含水逐渐升高，在生产118d后，产水量达到150t时，水量达到上限值，该井改为定水量生产，产油量开始下降。这个过程中，井底压力一直在下降，生产730d后，井底压力降到3MPa，井底压力到达下限值，压力不再下降，该井改为受井底压力限制，产水量和产油量不断下降。

对于注入井，可以采用以下几种注入控制方式：定地面注入量，定油藏注入量，定井底压力，定井口压力，定井组注入控制。这里注入量控制值为最大值，压力控制值也是最大值。也就是说模型在预测计算时注入量不会大于设定的注入量，压力也不会大于设定的压力值。

下面以濮城沙一下二氧化碳驱方案优化预测为例，简要说明方案优化预测步骤。

濮城沙一下二氧化碳驱方案立足老井，依据剩余油分布情况，考虑不同井网形式，设计三套方案进行对比优选（图3－67、表3－12）。

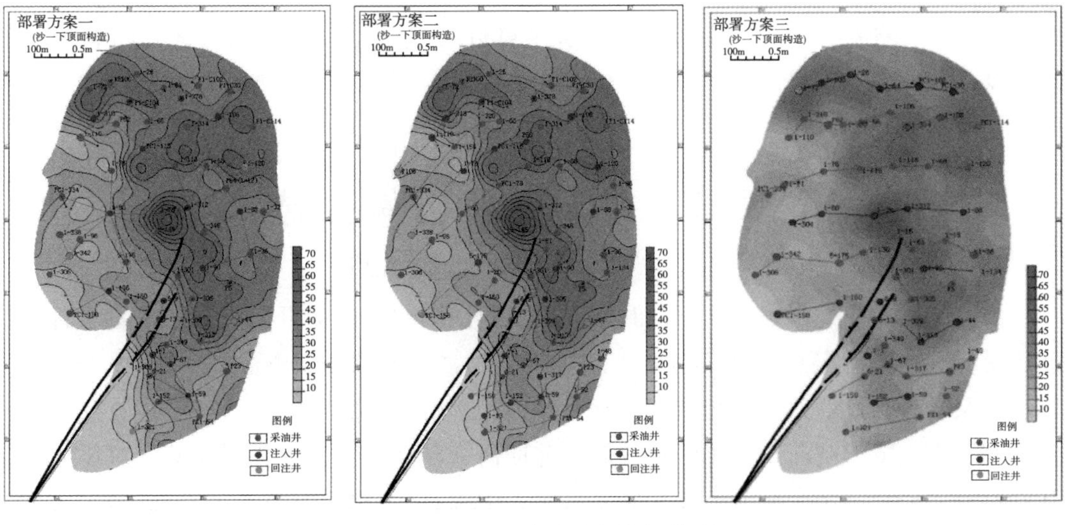

图3－67　不同方案井网部署情况

表 3－12　不同方案指标预测情况

参数	方案一	方案二	方案三
注气井数/口	18	25	22
采油井数/口	38	38	38
注气量/10^4t	169.92	169.32	169.14
见效高峰期单井日产油量/(t/d)	5.86	5.1	5.2
平均单井日产油量/(t/d)	3.19	3.07	3.31
12 年累计产油量/10^4t	53.02	51.12	55.14
12 年换油率/(t/t)	0.312	0.302	0.326
12 年单井累产量/10^4t	1.4	1.35	1.45
实验区提高采收率/%	5.6	5.4	5.9

方案一：以现有老井为基础，不规则井网，设计注气井 18 口、采油井 38 口。该方案实施工作量较少，同井组井距相对均匀。注入方式为气水交替驱，总注气量 169.9×10^4t (0.25PV)。

方案二：部署环状井网，注气井与注水井交错排列，设计注气井 25 口、采油井 38 口。注采井排与等高线大致平行；受可利用井限制，部分注采井距不均衡。注入方式为气水交替驱，总注气量 169.3×10^4t(0.25PV)。

方案三：部署东西走向的排状井网，注气井与采油井交错排列，注气井 22 口、采油井 38 口。相同区域注采井距大致相等，驱替前缘易均匀推进；但均匀推进导致注气时间延长。注入方式为气水交替驱，总注气量 169.1×10^4t(0.25PV)。

经济评价(表 3－12)结果显示，在评价油价 3575 元/t(70 $/bbl)的条件下，方案二(增量)税前经济指标未达到行业标准，经济不可行。方案一(增量)与方案三(增量)均达到行业基准收益要求，经济可行，但从经济指标上看，方案三优于方案一。

第四节　油藏工程方案优选

在油藏全生命周期过程中，不同时期需要针对性编制对应的开发方案。方案设计要尽可能满足实际情况的需要，但又必须保证能够实现。方案设计既要讲究科学性、严格性、逻辑性，又要有对比性，合理组合，优化设计。

油藏工程方案编制前要开展资料录取、前期研究和必要的开发先导试验，其中包括部署开发资料井和开辟生产试验区进行先导试验。中国石化《油田开发管理纲要》规定方案井网要有效控制地质储量 90% 以上，开发指标设计周期(不含建设期)一般不低于 10 年，不超过 20 年。对于新投入开发的地质储量大于 5000×10^4t 或产能规模大于 50×10^4t 的大型油藏、特殊类型油藏和开发难度大的油藏要开辟矿场先导试验区，将矿场先导试验成果作为油田开发方案设计依据。

《纲要》规定在部署方案时，通过采用不同井网、井距、井型等方式设计不少于三种可能的技术上可行的方案，并对各个方案进行指标预测，结合经济效益，综合优选技术先进、经济有效、生产合理、抗风险能力强的方案，作为推荐方案。

一、油藏工程方案设计

参照《砂岩油田开发方案编制技术要求》(SY/T 5842)和《油田开发调整方案编制技术要求》(SY/T 5851)，本节列举了油藏开发初期油藏工程方案和开发中后期调整方案的主要研究内容。

(一)油藏工程初期开发方案

油藏工程初期开发方案主要包括油藏地质特征研究、试油试采试注评价、开发技术政策论证、方案部署及优化、指标预测、实施要求等内容。

1)油藏地质特征研究应综合地质、地震、录井、测井、岩心分析、试油试采等多方面的资料，开展构造特征、储层特征、流体性质、流体分布、渗流特性、压力和温度、驱动能量和驱动类型、油藏类型研究及储量计算，建立三维地质模型等工作。

2)应用试油试采试注资料，综合分析产能、含水、压力、气油比、递减率等指标，开展生产参数、油藏能量、改造工艺、注入能力和产能的综合评价。

3)开发技术政策论证包括确定开发层系、开发方式、井型井网井距、注采参数、注入能力和生产能力、采油速度等。要充分考虑不同类型油藏地质特点和流体性质，应用先进开发技术，充分动用地质储量，充分利用地层能量，采用数值模拟方法进行优化，确定经济、有效开发政策。

4)方案部署应多套方案比选，采用数值模拟方法进行开发指标预测及部署优化，结合钻采、地面工程和经济评价结果给出推荐方案。

5)方案实施应明确井位实施顺序，对测录井、完井、投产投注、资料录取等提出要求。

(二)油藏开发调整方案

开发调整方案编制主要包括概况(地质概况、开发历程、开发现状)、地质特征再认识(在以往地质认识的基础上，利用新增加的各种动静态资料，针对开发过程中出现的问题，开展油藏精细描述，进行地质特征再认识)、开发效果评价(生产动态及开发指标评价、储量动用状况评价、储量控制状况评价、能量保持与利用状况评价、采收率评价、层系井网适应性评价)、剩余油研究、调整必要性及原则、调整方案部署(开发调整技术经济政策、调整方案设计及优化)、实施要求等内容。

在编制调整方案时，重点加强以下工作：

1)综合应用地震、钻井、取心、动态监测等新资料进行精细油藏描述。深化油藏地质特征认识，完善油藏地质模型，复算地质储量，分析变化原因。采用数值模拟、室内实验、油藏工程等多种方法对剩余油进行定量描述，分级分类表征潜力。

2）对开发方式、层系井网适应性、储量动用状况、能量利用状况、采收率等进行评价，分析存在问题，明确调整潜力。

3）调整部署应保证注采井网完整性，充分考虑井网、流线和水淹特征，根据剩余油分布，合理改变液流方向，有效增加多向多层受效。

老区开发调整方案根据目前剩余油分布及井网状况，确定调整思路，至少提出3种有较大差异的方案进行比选，通常利用油藏工程方法和经验进行优缺点评价，并对开发指标和投资进行比对。具体工作量所需表格有好几种，调整工作量部署见表3－13。

表3－13　调整工作量部署

开发层系（自然断块）	新钻井工作量						老井工作量																合计
							油井老井工作量/口								水井老井工作量/口								
	油井/口	其中水平井/口	其中侧钻井/口	水井/口	油水井合计/口	进尺/10^4 m	补改	压裂	酸化	卡堵	防砂	大修	…	小计	老井转注	增注	调配	调剖	分注	大修	…	小计	

二、开发指标预测

开发指标预测方法较多，根据基本原理可以分为五类，包括经验公式（采收率预测公式、水驱特征曲线、产量递减方程）、水动力学公式、物质平衡方程、油藏数值模拟、通用预测法（时间序列分析法、灰色预测法、神经网络法、功能模拟法）等。

中原油田在开发初期编制方案时，由于对油田认识不清，相关资料少，往往采取类比法、经验公式法等粗略预测有关开发技术指标。早期开发方案设计中油井产能主要是根据油井稳定生产的采油强度确定的，并应用流管法进行开发指标预测。

编制正式的开发方案、注采方案时，用多种经验公式进行优选计算采收率，产能主要根据初期试采井试采情况确定，注水量根据注采平衡原则进行整体配水，应用递减法、驱替系列法进行开发指标预测。用油藏数值模拟法进行产量、注入量、含水、采收率等指标的动态预测。

开发中后期的老油田编制调整方案时，油水井多，油藏地质情况认识更加清楚，主要根据油水井生产情况确定油井产能和水井注水量，油藏数值模拟法成为最重要的方案指标预测方法。

（一）开发指标

1. 开发基础指标

主要包括分开发层系统计分断块（井区）的含油面积、地质储量、储量控制程度、储量动用程度、井网完善程度、注采对应率、井网密度、单井控制地质储量、水驱控制程度、水驱动用程度、压力保持水平等指标（表3－14）。

表 3-14 区块调整方案开发基础指标对比

开发层系	断块/区块		含油面积/km^2	地质储量/10^4t	储量控制程度/%	储量动用程度/%	井网完善程度/%	注采对应率/%	井网密度/(口/km^2)	单井控制地质储量/10^4t	水驱控制程度/%	水驱动用程度/%	压力保持水平/%
		调前											
		调后											
	小计	调前											
		调后											

2. 开发生产指标

主要包括分开发层系统计分断块(井区)的设计井数(总井数、生产井、注水井、利用老井、新钻井)、新钻生产井产能(新钻井数、日产油、平均单井日产油)、老井产能(老井数、日产油、平均单井日产油)、设计产能〔日产油、平均单井日产油、年产油、采油速度、新增产能(新井产能、老井减缓递减产能)〕,注水能力(日注水量、平均单井日注水量、年注水量、年注采比)(表 3-15)。

表 3-15 ××区块调整方案开发生产指标对比

开发层系	断块/区块		开油井/口	开水井/口	日液能力/t	日油能力/t	综合含水/%	日注能力/m^3	月注采比	年产油/10^4t	新井产能/(t/d)	新增产能/10^4t	综合递减/%	自然递减/%
	小计													

3. 开发效果效益指标

主要包括分开发层系统计分断块(井区)的可采储量、采收率、十五年累增油、累计百万吨产能投资、税后内部收益率等指标(表 3-16、表 3-17)。

表 3-16 区块调整方案开发效果效益指标对比

开发层系	自然断块		可采储量/10^4t	采收率/%	十五年累增量油/10^4t	十五年累计注气量/t	累计油气比/(t/m^3)	百万吨产能投资/10^8 元	税后内部收益率(50 $/bbl)/%
	自然断块 1	调前							
		调后							
	自然断块 2	调前							
		调后							
	…								
小计	调前								
	调后								

表 3-17 区块不调整开发(有、无项目)方案 15 年指标综合测算

时间/年	总井数/口	油井数/口		水井数/口		单井日产油量/t	单井日产液量/t	年产油量/10^4t	累计产油量/10^4t	采油速度/%	采出程度/%	含水率/%	地层压力/MPa	单井日注水量/m^3	年注水量/10^4m^3
		总井数	开井数	总井数	开井数										
1															
2															
…															
15															

(二)主要开发指标预测方法

1. 单井日产液

对于单井日产液一般用以下 5 种方法确定：

1)根据近几年(最后 3 年内)本区块内新投产井投产初期的产液量情况进行统计，求其平均值作为新井产液量的参考值；

2)统计目前方案区块同层系老井的产液量，求其平均值作为新井产液量的参考值；

3)利用油藏数值模拟方法预测新井产液量；

4)统计出目前方案区块产液量与生产压差的比值，计算出最大生产压差后再算出新井最大产液量，根据最大产液量和老井产液量估算出新井产液量范围；

5)根据方案区无因次采油采液指数曲线，参照达到经济极限含水时的无因次采液指数，结合开发实际确定合理的无因次采液指数；根据预估新井的射开厚度，计算出新井最大产液量。

2. 单井日产油

(1)新钻井单井日产油

1)新钻水井新增产能。统计近几年油藏新投注水井对应老油井见效后日增油量，再统计方案新钻水井对应老油井井数，然后计算新增日产能力、年产能力。

2)新钻油井产能。

①采油强度法。产能 q 公式：

$$q = I_o \cdot h = \frac{q_i}{h_i} \cdot h \tag{3-15}$$

式中 h_i——统计的近几年新钻调整井初期射开厚度，m；

q_i——统计的近几年新钻调整井单井初期日产油，t/d；

h——结合新井投产射开厚度预计的油藏平均有效厚度，m。

②无因次采液(油)指数法。根据室内实验做的油藏油水相渗透率数据，建立无因次采液(油)指数公式：

$$j_L = K_{ro} + \frac{B_o \mu_o}{\mu_w r_o} \times K_{rw} \tag{3-16}$$

$$j_o = j_L \times (1-f) \tag{3-17}$$

绘制无因次采油指数与含水率的关系曲线并建立公式：$j_o = a + bf + cf^2$

$$q = a_y \cdot h_y \cdot \Delta P_y \tag{3-18}$$

其中：$a_y = j_y \cdot j_c$；$j_y = \alpha + bf_y + cf_y^2$；$j_c = \frac{a_j}{j_i} = \frac{q_i}{h_i \Delta p_i} \cdot \frac{1}{a + bf_i + cf_i^{\ 2}}$

式中　h_y——统计的新钻油井射开厚度，m；

ΔP_y——依据开发技术政策论证确定的新钻油井生产压差，MPa；

f_y——预计新钻油井含水率，%，一般按射开层位对应老井含水情况预测；

q_i、h_i、ΔP_y、f_i——统计的近几年新钻调整井初期指标。

(2)老生产井单井日产油

①用采油指数法在保持压力水平情况下计算最大生产压差、最大日产液量、最大日产油量。

②统计老生产井目前日产液量、日产油量、含水率。

③根据以上计算参数，合理确定老生产井单井设计日产油量。老生产井单井设计日产油量原则上不大于最大日产油量，在保持压力水平情况下不小于目前日产油量。

3. 单井最大日注水能力

1)计算理论吸水指数。其公式为：

$$I_w = \frac{0.543kh}{\mu \lg \frac{r_e}{r_w}} \tag{3-19}$$

式中　I_w——理论吸水指数；

μ——地下水黏度，mPa·s；

k——储层有效渗透率，mD；

r_e——供油半径，m；

h——注水井有效厚度，m；

r_w——井眼半径，m。

2)统计矿场实际计算吸水指数、启动压力。

3)根据压力保存水平和最小启动压力，确定最大注水压差。

4. 新增年产油能力(包括新井产能和老井减缓递减增加产能)

(1)新井产能

根据油藏近几年生产稳定、生产时间较长的投产新井无因次日产油变化规律，绘制曲线，回归计算无因次日产油预测公式，根据新钻油井初期日产能力论证结果计算无因次今后月度产油，进而求出年产油。或者，根据无因次采液指数与含水的关系曲线确定15年的年均单井日产液量(给定生产压差)；计算15年年均单井日产油量及递减类型和递减率；结合近期已投产新井的初期日产油能力确定新井前3年年均单井日产油能力；油井开井率按100%算，生产时率按每年300d。

(2)老井产能

老井产能预测一般使用数值模拟法、递减曲线法、统计法等3种方法。

不调整递减率预测：除了数值模拟法以外，对于出现递减规律的油藏，使用递减法：根据近几年产量时间变化规律，用Arps递减法确定递减率，计算15年每年年产油量。对于未出现递减规律的油藏，一般使用统计法：根据油藏持续生产时间较长的单采井月度无因次日产油量(与初期)变化规律，绘制曲线，回归计算无因次日产油预测公式，根据目前油藏日产油量计算今后月度产油量，进而求出年产油。

调整后递减率预测：采用先液后产法预测年产油量。第一步，年产液量的确定，单井日产液量(考虑合理的提液时机及最大产液量的限制预测单井产液量)；开井率(统计矿场实际开井规律进行预测，或考虑经济极限含水确定合理的关井时间)；第二步，含水上升规律(见第五章第一节开发效果评价中的含水上升曲线)；第三步，迭代法预测年产油量。

老井减缓递减增加产能预测：调整与不调整前3年年产油能力的差值。

(3)调整方案增加能力

调整方案增加能力 = 新井产能 + 老井产能

5. 年注水量

根据合理地层能力保持水平，分析确定分年的注采比，结合年液量和注采比计算年注水量，水井注水时率按300天计算。

6. 递减率

选取单元规律性较强的递减值作为指标预测的递减值，进行15年产量预测(图3-68)。

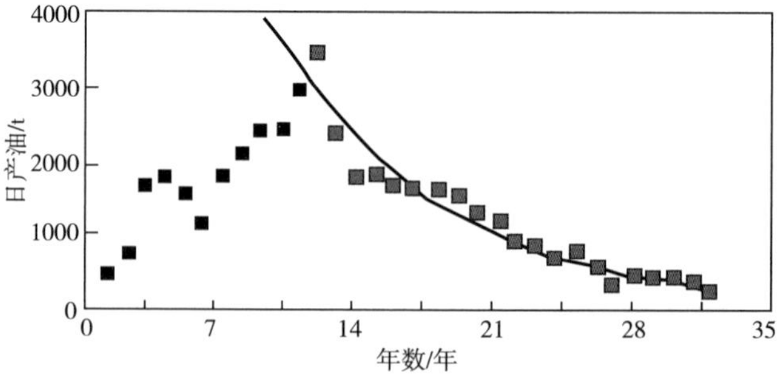

图3-68　日产油变化曲线

7. 含水率

含水率预测一般使用水驱曲线法、含水采出程度法和逻辑斯蒂旋回模型预测3种。

(1)水驱曲线法

先拟合水驱规律，利用迭代法计算含水率(表3-18)。

(2)含水采出程度法

结合相渗资料及实际生产资料预测含水上升率与采出程度的关系曲线拟合含水规律，选择最佳关系作为预测模型(表3-19)。

一般有3种典型曲线：

凹形 $\lg R = A + Bf_w$

凸形 $\lg R = A + B\lg(1 - f_w)$

S形 $R = A + B\lg\dfrac{f_w}{1 - f_w}$

4种过渡型曲线：

凸S形 $\lg(1 - R) = A + B\lg(1 - f_w)$

凹S形 $\lg R = A + Bf_w$　$R = A + B\lg(1 - f_w)$　$\lg(1 - R) = A + Bf_w$

表3-18 水驱曲线表达式

名称	基本关系式	累计产油量和含水率的关系式
马克西莫夫—童宪章	$\lg W_p = a + bN_p$	$N_p = \frac{1}{b}\left[N_s\left(\frac{0.4343}{b}\frac{f_w}{1-f_w}\right) - a\right]$
沙卓诺夫	$\lg W_p = a + bN_p$	$N_p = \frac{1}{b}\lg\left[\frac{0.4343}{b}\left(\frac{f_w}{1-f_w}\right) - a\right]$
西帕切夫	$\frac{L_p}{N_p} = a + bL_p$	$N_p = \frac{1}{b}\left[1 - \sqrt{a(1-f_w)}\right]$
纳札洛夫	$\frac{L_p}{N_p} = a + bL_p$	$N_p = \frac{1}{b}\left[1 - \sqrt{(a-1)\left(1 - \frac{1-f_w}{f_w}\right)}\right]$
张金庆	$\frac{W_p}{N_p} = -a + b\frac{W_p}{N_p}^2$	$N_p = b\left[1 - \sqrt{\frac{a(1-f_w)}{f_w + a(1-f_w)}}\right]$
俞启泰	$\lg N_p = a - b\lg\left(\frac{L_p}{W_p}\right)$	$N_p = 10^a\left(\frac{2bf_w}{1-f_w+b(1+f_w)+\sqrt{[1-f_w+b(1+f_w)]^2-4b^2f_w}}\right)^b$

注：W_p——累计产水量，10^4t；N_p——累计产油量，10^4t；L_p——累计产液量，10^4t；a——常量系数；b——常量系数；f_w——含水率。

表3-19 中原油田部分单元含水变化规律

单元名	生产层位	含水规律	相关系数	标定技术采收率/%
文13东	沙三中4-10	$\lg R = -1.423 + 0.815f_w$	0.8454	27.85
文13西	沙三中5-9	$R = 0.068 - 0.2072 \cdot \lg(1-f_w)$	0.7909	36.46
文101	沙二下1-8	$\lg R = -1.6603 + 1.152f_w$	0.9032	29.23
文25东	沙二下1-8	$R = 0.1146 + 0.2159 \cdot \lg\left(\frac{f_w}{1-f_w}\right)$	0.8515	46.79
明1东	沙二上—沙三下	$\lg(1-R) = -0.0021 + 0.1838 \cdot \lg(1-f_w)$	0.8058	46.00
文79-133	沙二下	$R = 0.0811 + 0.0394 \cdot \lg\frac{f_w}{1-f_w}$	0.8231	19.06
胡5块	沙三上—沙三下	$\lg(1-R) = -0.0156 + 0.0656 \cdot \lg(1-f_w)$	0.8961	31.25
胡7南	沙三中、沙三下	$\lg R = -2.5181 + 1.9223f_w$	0.8481	27.33

8. 其他生产指标

通过以上指标计算表内其他剩余指标。

单井日产油能力 = 年产油量/(300 × 油井数)

单井日产液能力 = 日产油能力/(1 - 含水率)

年产液量 = 年产油量/(1 - 含水率)

累产油量 = 上年累产油量 + 当年年产油量

采油速度 = 年产油量/地质储量 ×100%

采出程度 = 累产油量/地质储量 ×100%

日注水能力 = 年注水量/300

年注水量 = 注采比 ×(年产油量 ×体积系数 + 年产水量)

9. 采收率和新增可采储量

关于采收率的计算，一般参照《石油可采储量估算方法》(SY/T 5367)要求，在方案编制中，预测采收率一般采用数值模拟、井网密度法、产量递减规律和水驱特征曲线法 4 种方法：

(1)数值模拟方法

目前认为，单元含水 98% 时的采出程度为该井网的最终采收率。利用油藏数值方法对多套调整方案进行指标测算，并优化出含水 98% 时经济指标和开发指标最佳的方案，确定该方案的最终采收率。与不调整对比，采收率增加的值与地质储量的乘积为新增可采储量。

(2)井网密度法

应用井网密度为参数的采收率计算经验公式有很多，常用的有全国储量委员会推荐的公式：

$$E_R = 0.058419 + 0.084612\lg(K/\mu_o) + 0.3464\phi + 0.0003871f \tag{3-20}$$

式中 E_R——原油采收率，无量纲；

K——空气渗透率，mD；

μ_o——地层原油黏度，mPa · s；

ϕ——有效孔隙度，f；

f——井网密度，口/km^2。

式(3 -20)适用的参数分布范围见表 3 -20。

表 3 -20　式(3 -20)中各项参数分布范围

参数	地层原油黏度 μ_o/(mPa · s)	空气渗透率 K/mD	有效孔隙度 ϕ	井网密度 f/(口/km^2)
变化范围	0.5 ~154.0	4.8 ~8900.0	0.15 ~0.33	3.1 ~28.3
平均值	18.4	1269.0	0.25	9.6

新增可采储量 = 调整后井网密度测算的可采储量 - 调整前井网密度测算的可采储量

(3)产量递减规律法

Arps 将产量递减划分为指数递减、双曲递减和调和递减 3 种类型，其递减类型及产量递减规律表达式见表 3 -21。

根据表中所列的不同递减类型的递减规律表达式可知，对于指数递减在半对数坐标系中产量 Q 与时间 t 呈线性关系，对于调和递减在半对数坐标系中产量 Q 与累计产量N_p呈线性关系，而双曲递减两者均不呈现线性关系。依此特性来判断递减类型。

表 3-21 Arps 递减类型及产量递减规律表达式

递减类型	指数递减	双曲递减	调和递减
递减指数	$n=0$	$0<n<1$	$n=1$
递减率	$D=D_i=$常数	$D=D_i(1+nD_it)^{-1}$	$D=D_i(1+nD_it)^{-1}$
产油量与时间	$Q=Q_ie^{-D_i}$ $\lg Q=\lg Q_i-\frac{D}{2.303}t$	$Q=Q_i(1+nD_it)^{-1/n}$ $\left(\frac{1}{Q}\right)^n=\left(\frac{1}{Q_i}\right)^n+\frac{nD_i}{{Q_i}^n}t$	$Q=Q_i(1+nD_it)^{-1}$ $\frac{1}{Q}=\frac{1}{Q_i}+\frac{D_i}{Q_i}t$
产油量与累计产油量	$Q=Q_i-DN_P$ $N_P=\frac{Q_i-Q}{D_i}$	$N_P=\frac{Q_i^n}{D_i}\left(\frac{1}{1-n}\right)(Q_i^{1-n}-Q^{1-n})$	$N_P=\frac{Q_i}{D_i}\ln\frac{Q_i}{Q}$ $\lg Q=\lg Q_i-\frac{D_i}{2.303Q_i}N_P$

注：Q——产油量，10^4t/a 或 t/mon；Q_i——递减阶段的初始产油量，10^4t/a 或 t/mon；D——递减率，1/a 或 1/mon，f；D_i——递减阶段的初始递减率，1/a 或 1/mon，f；N_P——累计产油量，10^4t；n——递减指数，无量纲，f；t——生产时间，a 或 mon。

使用递减法的注意事项：

油藏或油井以一定的稳定条件生产；当资料不足以求得递减指数 n 时，可与邻近油田进行类比求得；当油藏进行调整时，即使递减趋势拟合良好，也不能把预测结果直接作为评价结果；需要把新、老井分别进行递减分析，计算其代数和作为该油藏单元的预测结果；如果双曲递减曲线变得很平缓时，不宜继续采用双曲递减进行预测，而应将递减率取一个定值，采用指数递减曲线进行预测。

(4) 水驱特征曲线法

水驱特征曲线法是在油藏开发中后期，水驱特征曲线出现明显直线段时，根据累计产量与含水率等变量的统计关系，计算达到技术极限含水率时的累计产油量，即为技术可采储量。

水驱特征曲线是水驱油藏累计产油量与累计产水量、累计产液量等之间的关系曲线。油藏开发进入开发中后期以后，曲线末端出现直线段，利用该直线段回归出线性关系式，得到斜率、截距，再带入含水率，求取技术极限含水率时的累计产油量，作为技术可采储量。水驱特征曲线法是天然水驱和注水开发油藏计算可采储量的特有实用方法，适用于水驱油藏进入中、高含水率期后，水驱规律明显的油藏。

目前水驱特征曲线多达上百种，SY/T 5367 推荐了 7 种，比较常用的有 4 种，即累计产水量与累计产油量的关系曲线(甲型)、累计产液量与累计产油量的关系曲线(乙型)、累计液油比与累计产液量的关系曲线(丙型)和累计液油比与累计产水量的关系曲线(丁型)，这 4 种水驱特征曲线是累计产油量、累计产水量、累计产液量、累计液油比之间所建立的线性或半对数线性回归关系(表 3-22)。

根据含水率关系式，表 3-22 中公式变形后得到累计产油与含水率关系式，如表 3-23 所示。

表3－22　4种常用水驱特征曲线表达式及适用条件

水驱曲线类型	曲线别称	表达式	适用的原油黏度/(mPa·s)	适用的油藏类型
甲型	马克西莫夫－童宪章	$\lg W_P = a + bN_P$	3～30	层状油藏
乙型	沙卓诺夫	$\lg L_P = a + bN_P$	>30	层状油藏
丙型	西帕切夫	$L_P/N_P = a + bL_P$	3～30	层状油藏
丁型	纳扎洛夫	$L_P/N_P = a + bW_P$	<3	层状油藏和碳酸盐底水油藏

表3－23　4种水驱特征曲线下累计产油量与含水率关系式

水驱曲线类型	累计产油量与含水率的关系式
甲型	$N_P = \left\{\lg\left(\frac{f_W}{1-f_W}\right) - [a + \lg(2.303b)]\right\}\frac{1}{b}$
乙型	$N_P = \left\{\lg\left(\frac{f_W}{1-f_W}\right) - [a + \lg(2.303b)]\right\}\frac{1}{b}$
丙型	$N_P = [1 - \sqrt{a(1-f_W)}]\frac{1}{b}$
丁型	$N_P = \left[1 - \sqrt{(a-1)\left(\frac{1-f_W}{f_W}\right)}\right]\frac{1}{b}$

三、经济效益评价

（一）定义

技术经济界限是指在一定技术及经济条件下，当影响项目经济效益的因素(初期产量、经济可采储量(累产量)、成本、油(气)价、稳产年限)达到一定数值时，所获得的收益恰好能弥补全部投资、经营成本及税金，则该项目在经济上是可行的，这一数值即为界限值。即在项目经济寿命期内，使累计净现值为零时的各项经济指标值。通常我们计算的界限主要有初始产量界限、经济可采储量界限、投资界限等。

初始产量界限是指在现有油田开发技术和财税体制下，能让项目有经济效益的最低初始产量。当项目的初始产量高于这一界限时，项目在经济上具有可行性。

经济可采储量界限是指在现有油田开发技术和财税体制下，能让项目有经济效益的油气储量下限。当项目的累计产量高于这一界限时，项目在经济上具有可行性。经济可采界限的确定对于评估油田开发项目的经济效益和制定开发策略具有意义。

投资界限是指在现有油田开发技术和财税体制下，能让项目有经济效益的最高投资。当项目的投资低于这一界限时，项目在经济上具有可行性。投资界限的确定有助于投资者在决策过程中控制风险，确保项目的经济效益。

油气价格界限是指在现有油田开发技术和财税体制下，能让项目有经济效益的最低价格。当项目的投资高于这一界限时，项目在经济上具有可行性。

（二）项目经济效益的判别标准

项目经济效益的判断通过进行项目经济评价，计算项目的内部收益率、项目净现值等。当项目内部收益率大于等于基准收益率或者净现值大约等于0，项目是经济可行的。

内部收益率是确认经济可采储量的唯一评价指标，净现值不作为经济可采储量判断的依据，只作为经济效益大小的判断指标。

内部收益率(Internal Rate of Return，记为IRR)就是能够使投资项目的净现值等于零的折现率。内部收益率估算公式如下：

$$\sum_{t=1}^{n}(CI-CO)_t(1+IRR)^{-t}=0 \tag{3-21}$$

净现值(Net Present Value，NPV)，是反映投资方案在计算期内获利能力的动态评价指标。投资方案的净现值是指用一个预定的基准收益率 i_c，分别把整个计算期间内各时点所发生净现金流量都折现到建设期初的现值之和。净现值估算公式如下：

$$NPV=\sum_{t=1}^{n}(CI-CO)_t(1+i_c)^{-t} \tag{3-22}$$

(三)项目经济界限计算

项目的经济界限采用动态法计算。采用项目经济寿命期内的数据，通过反算(目标寻求)项目的财务内部收益率等于基准收益率时产品的价格、产量、投资、经济可采储量等因素，这个时候的各变化因素数据就是项目的经济界限。

$$\sum_{t=1}^{n}(CI-CO)_t(1+IRR)^{-t}=0 \tag{3-23}$$

油气价格界限计算：在现有技术经济条件下，项目的产量、投资、成本不变，变化油气价格求取项目内部收益率等于基准收益率时的油气价格，即为项目的油气价格界限。

初始产量界限计算：在现有技术经济条件下，项目的价格、投资、成本不变，产量递减规律不变，变化初始产量求取项目内部收益率等于基准收益率时的初始产量价格，即为项目的初始产量界限。

经济可采储量界限计算：在现有技术经济条件下，项目的价格、投资、成本不变，产量递减规律不变，变化累产量，求取项目内部收益率等于基准收益率时的累产量，这时候求出的经济可采储量即为项目的经济可采储量界限。

投资界限计算：在现有技术经济条件下，项目的价格、产量、成本不变，变化项目投资，求取项目内部收益率等于基准收益率时的投资，即为项目的投资界限。

(四)经济评价指标

根据从钻井到开发过程中的工作量、投入费用及因调整获得的收入情况，计算不同方案10~15年的经济指标。根据钻井工程、采油工程、地面工程的总投资和增产油量，测算原油成本、内部收益率、投资回收期、净现值、贷款偿还期、投资利润率、投资利税率、盈利率等经济指标，并进行敏感性分析。

四、油藏工程方案优选

(一)油藏工程方案优选

应用油藏工程方法(含水率与采出程度的关系曲线、储量控制程度)、油藏数值模拟和经济分析方法(百万吨产能投资)对所设计的各种方案进行指标测算和对比，或应用“油田开发总体设计最优控制法”进行井网的优选，确定最佳方案作为推荐方案，并对推荐方案加以论述，指出方案的优缺点。根据经济效益、开发指标情况，综合优选技术先进、经济有效、生产合理、抗风险能力强的方案作为实施方案。

(二)实例分析

以中原油田文88块为例，区块为一宽缓的鼻状构造，具有高压、低渗、层状特点。含油层位沙三中3－10，其中沙三中7－10储层物性差、气油比高采用天然气驱开发；沙三中3－6储层物性相对较好，采用水驱开发，为本次方案目的层位。目标油藏纵向上含油小层多，层间动用差异大；局部构造高部位注采井网完善，动用程度较高；剩余油呈“局部分散、整体富集”的特征。

1. 方案设计

根据开发政策论证，采用一套层系开发，注采井网采用不规则三角形面积井网，层段内组合渗透率级差应控制在4倍以内，合理井距应控制在200～250m。

方案一：一套层系按砂组分三段逐段上返开发，进行注采完善调控。

1)第一层层段为沙三中6砂组。部署油水井27口(其中：油井15口、水井12口)，平均井距225m，注采井数比1∶1.25。新钻井8口(其中：油井6口，水井2口)，老井利用19口(其中：油井9口、水井3口、转注井7口)。

2)第二层段为沙三中5砂组。部署油水井27口(其中：油井15口、水井12口)，注采井数比1∶1.25。新钻井1口(油井)、老井利用2口(其中：油井1口、转注1口)、第一层段上返井24口(其中：油井13口、水井11口)。

3)第三层段为沙三中3－4砂组。部署油水井20口(其中：油井12口、水井8口)，均为第一、二层段井网上返利用井，注采井数比1∶1.5。

方案二：按储层物性划分一类层、二三类层单独井网开发，充分动用层间

1)一类层。部署油水井25口(其中：油井14口、水井11口)，注采井数比1∶1.27，注采井距230～250m。新钻井13口(其中：油井10口、水井3口)，利用老井12口(其中：油井4口、水井8口)。

2)二三类层。部署油水井16口(其中：油井10口、水井6口)，注采井数比1∶1.7，注采井距200～230m。新钻井7口(其中：油井3口、水井4口)，利用老井9口(其中：油井7口、水井2口)。

方案三：在方案二的基础上，以井组为单元，融合方案一局部井区层间接替或细分，进一步优化平面、层间井网配置，立体挖潜

1)一类层。部署油水井25口(其中：油井14口、水井11口)，注采井数比1∶1.27，注采井距230～250m。新钻井9口(其中：油井7口、水井2口)，利用老井16口(其中：油井7口、水井9口)。

2)二三类层。部署油水井22口(其中：油井12口、水井10口)，注采井数比1∶1.2，注采井距200～230m，油井合采，水井单注二类层7口，与一类层卡封分注3口。新钻井3口(其中：油井1口、水井2口)，利用一类层井网新钻井5口(其中：油井4口、水井1口)，与一类层井网共用老井8口(其中：油井6口、水井2口)。

2. 指标预测

采用数值模拟法对区块沙三中 3－6 设计的方案进行模拟，根据其模拟结果，设计的 3 套开发方案开发 15 年累计产油量、含水和采出程度对比图分别见图 3－69 ~ 图 3－71。

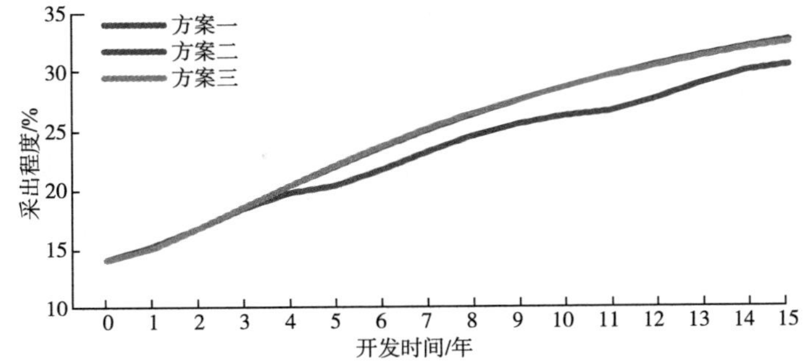

图 3－69 文 88 块 3 套方案开发 15 年采出程度对比曲线

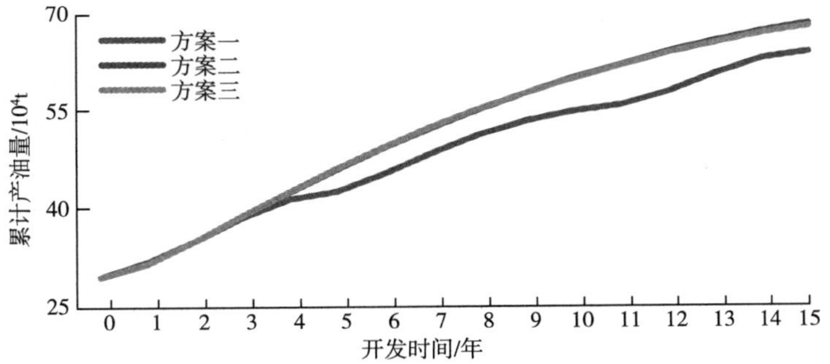

图 3－70 文 88 块 3 套方案开发 15 年累计采油量对比曲线

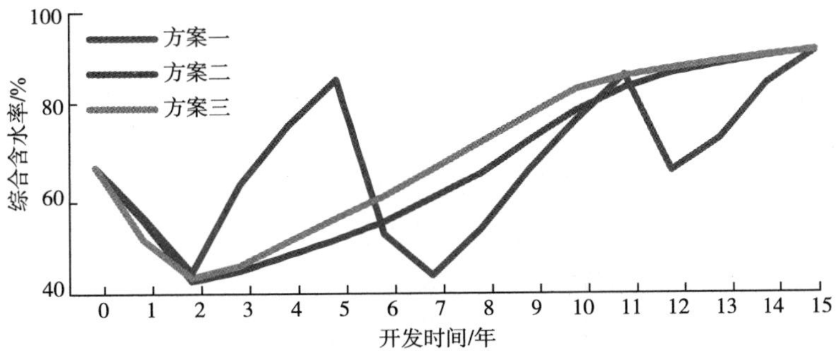

图 3－71 文 88 块 3 套方案开发 15 年综合含水对比曲线

3. 油藏工程方案优选

文 88 沙三中 3 套开发方案 15 年采出程度与含水率主要开发指标对比见表 3－24。

从时间与采出程度的关系可以看出，设计的 3 套方案比基础方案采出程度高出 18% 左右，方案二采出程度最高，其次为方案三。从含水率与采出程度的关系曲线可以看出，达到最后采出程度时方案二的含水率最低，方案三的次之。因此，方案二为最优方案，方案三为次优方案。

表 3-24 文 88 块 3 套方案的开发指标

开发时间	方案一		方案二		方案三	
	采出程度/%	含水率/%	采出程度/%	含水率/%	采出程度/%	含水率/%
0	13.75	68.9	13.75	68.9	13.75	68.9
1	14.9	57.9	14.7	57.1	14.7	52.9
2	16.4	45.7	16.4	43.8	16.4	44.5
3	18.1	65	18.2	46	18.2	47.2
4	19.4	78	20	49.5	20	52.5
5	20	88	21.6	52.9	21.7	57.6
6	21.3	54	23.2	56.8	23.3	62.4
7	22.8	45	24.7	62	24.8	68.3
8	24.2	55	26	67.3	26.1	74.2
9	25.2	68	27.2	74.5	27.2	80.1
10	25.9	79	28.3	81.1	28.3	85.8
11	26.3	89	29.3	86.1	29.3	88.7
12	27.3	68	30.2	89.3	30.1	90.4
13	28.6	75	31	91.3	30.9	91.9
14	29.7	87	31.7	93	31.6	93.2
15	30.2	94.1	32.3	94.4	32.1	94.3

五、油藏工程方案实施要求

(一)钻井测井录井实施要求

1)根据油藏构造特点及油层分布特点提出钻井顺序，复杂地区应在实施中根据新的认识及时调整部署；

2)根据开发方式、井别、油层情况，设计合理的井身构造及完井方法；

3)采用适合于保护油气层的钻井液和完井液；

4)根据油层、地层及钻井液特点，选定测井系列；

5)在具有多套层系的老区钻井过程中，周围注水井或注气井要停注。

(二)新井投产投注施工要求

1)根据油层特点采用相应的保护油层的压井液；

2)根据油气层特点采用合适的射孔方式、射孔枪、射孔弹、射孔密度及油层射开程度。

(三)采油、注入工艺设计要求

1)采油、注入工艺应满足调整方案设计的各阶段开发指标；

2)根据油层特点及配产要求，选择合理生产方式；

3)采油、注入生产过程中应保护储层、改善油层开发效果；

4)针对油气藏特点，为改善开发效果，应采用新的工艺技术；

5)低渗透油田注入水质要达到行业标准。

(四)采油、注入地面建设工程设计要求

1)油、气、水集输工程及注入剂配套工程，应满足调整方案设计的各阶段开发指标要求；

2)提出对油、气、水计量精度及注入蒸汽质量等要求。

(五)方案实施中的地质工作要求

1)现场落实新井井位，新井完钻后要进行精细地层对比，及时修改构造图，并对原设计方案进行相应调整；

2)调整井中如发现新的油层，应尽快试油试采，进行滚动开发；

3)调整方案设计新井完钻后，要按新的认识修改地质模型，调整注采井别，编制配产、配注方案。

(六)健康安全和环境要求

按 SY/T 6102 的规定执行。

(七)油藏动态监测方案

为监控油藏开发状况确保方案实施效果，合理设计动态监测方案，动态监测方案设计的资料井必须布局合理，有代表性，保证足够的数量。一般主要监测以下数据：油水井压力监测；油水井产出、注入剖面监测；饱和度监测；油水井井下技术状况监测；流体性质监测；其他监测工作量。

第四章　油藏动态分析技术

油田开发的过程是一个不断认识和调整的过程。油田投入注水开发后，地层中的流体在压力的作用下流动和重新分布，并处于不断变化之中。油藏动态分析是指通过油田生产数据和相关测试资料，分析研究开采过程中地下油、气、水的运动规律，分析油藏在开发过程中的各种变化；把这些变化有机地联系起来，解释现象、发现规律，检验开发方案及有关措施的实施效果，预测开发生产指标，明确调整挖潜方向，并为方案制定及采取措施提供依据。油藏动态分析技术标准主要参考《油田动态分析技术要求》(SY/T 6225)、《中国石化油田开发管理纲要　第七章：开发生产》及《中原油田油田开发管理细则　第8部分：油藏开发动态》。

第一节　概述

油藏动态分析是认识油藏、科学高效开发好油藏的重要手段，科学全面的动态分析利于及时发现开发中存在的矛盾，制定和实施有针对性的措施，进一步提高油藏开发管理水平。本节主要包括油藏动态分析的目的、相关要求及常用资料。

一、油藏动态分析的目的

油藏动态分析的目的就是通过对油水井在生产过程中注水量、产液量、产油量、含水率和压力等情况的变化进行对比分析，发现问题、找出原因并提出解决措施。通过持续不断地进行注采调整，保证油水井在产油量、注水量、含水率和压力相对稳定合理的情况下进行生产，使油藏保持稳产增产、达到较高的采收率、取得较好的经济效益。

二、动态分析的相关要求

油藏开发动态分析包括单井动态分析、井组动态分析和区块(油田)动态分析。按照单井及井组实施“日观察、旬分析”，区块(油田)进行“月总结、季评价”的要求开展分级动态分析。

油井单井动态分析主要通过对油井压力、产液量、产油量、含水率和动液面等指标的日常变化分析，判断工作制度是否合理、生产状况是否正常等。注水井单井动态分析是通过分析注水压力、注水量及吸水能力、吸水层位等变化情况，判断井筒状况、注水状况等是否正常。井组动态分析是通过对井组注采对应状况、见效见水水淹情况、阶段生产指标变化、注入采出匹配情况等进行分析，提出井组下步调控的措施与建议。

区块(油田)动态分析，按月度、季度、年度和阶段4个层次开展。月度和季度动态分析，主要是在总结月度和季度开发工作量实施情况及效果评价的基础上，分析区块地层压力变化情况和注采动态变化对开发生产的影响，找出存在的主要矛盾，提出下步保持油藏高产稳产或改善开发状况需采取的措施和建议。年度动态分析要围绕各项开发指标对区块(油田)开展全面系统的分析，认清开发动态变化规律，指导下一年度的配产、配注和调整治理方案编制。阶段动态分析主要根据阶段开发中所反映出的问题，进行专题分析研究，为制定不同开发阶段的经济技术政策、综合调整治理方案和编制各类开发规划提供依据。

单井与井组动态分析的责任主体为采油管理区，区块(油田)月度、季度和年度开发动态分析的责任主体为各采油厂，阶段开发动态分析的责任主体是勘探开发研究院。

三、动态分析常用资料

(一)常用静态资料

1)储层资料。主要包括测井解释成果图、小层数据表、射孔数据表和储层连通状况资料等。

2)油藏构造资料。主要包括油藏构造形态及油藏断层资料。

3)油藏性质资料。主要包括油层物性、原油性质和油田水性质等资料。

4)油藏描述图幅。主要包括油藏构造图(构造平面图和构造剖面图)、油层平面图(等厚图、等渗图等)、油层剖面图和沉积相带图等。

(二)常用动态资料

1)生产动态资料。其中油井生产动态资料包括工作制度、产液量、产油量、含水率、动液面、压力和产出水矿化度等；水井生产动态资料包括注水方式、油压、套压、注水量和分层测试资料等。针对油藏开发，按月整理上述综合开采数据，逐月、逐年归档，这些数据是评价油藏开发效果和制定油藏调整方案的主要依据。

2)油水井措施资料。油藏在开发过程中经常对油水井采取各种措施，各项措施数据都是动态分析的重要资料，必须从单井到区块进行整理分析。其中单井措施资料包括采油井措施(压裂、酸化、堵水、补孔、自喷井改变油嘴、自喷井转抽和调参等)及注水井措施(转注、酸化、补孔、分注、调配、调剖调驱和单井增压等)。区块措施资料包括历年投产新井的情况、各项油井措施的构成数据、各项水井措施的实施效果等，运用这些数据可以整体评价区块调整挖潜的效果，评价递减的变化趋势，为后期调整治理提供依据。

(三)常用油藏监测资料

1)试井资料。包括压力恢复、压力降落、产能试井、干扰试井等。

2)生产测井资料。包括油井产出剖面、水井吸水剖面、示踪剂监测、剩余油监测和工程测井(固井质量、井况监测)等。

第二节　油藏动态分析方法

油藏动态分析方法是通过多种手段对油藏开发过程中的各类数据进行综合分析，以判断油藏的动态变化和开发趋势。本节包含动态变化的判别和油藏动态分析内容与方法两部分，其中动态变化的判别包括油井见效的判别、平面见效见水方向的判别、纵向见效见水层位的判别，油藏动态分析内容按单井、井组、区块分别进行剖析。

一、主要动态变化的判别方法

（一）油井见效的判别

油井注水见效主要表现为液量上升、动液面上升、工况变好、地层能量上升以及综合含水率的变化(含水率上升或含水率下降)。在分层注水条件下，如果注采基本平衡，水线推进较均匀，压力和产量多呈缓慢上升或稳定。在笼统注水条件下，高渗透层或厚度大的油层吸水量大，能量补充快，与水井连通性好的油井先见效，表现为地层压力明显上升，流压或动液面上升，产量增加。

油井见效特征的表现形式多样，既包括压力和产量的变化，也与注水条件和油藏特性有关，大致分为以下 5 种见效类型。

1)增液增油型。原来不见效的油井见到注水效果后，表现为产液量上升、产油量上升、综合含水率稳定、油井压力或动液面上升。

2)降水增油型。原来见效的油井，当有新的层位或新的方向再次见效时，表现为油井产液量基本不变、综合含水率下降、产油量明显上升。

3)增液增水型。储层非均质强的油藏，注水后较易形成优势通道，油井见效后表现为产液量上升、综合含水率上升、产油量不增加或者反而减少。

4)弱见效型。在注水后较长时间内，油井的压力和产量上升幅度较小。

5)产量稳定型。注水后油井的压力和产量由下降转为稳定，或者产量递减速度明显减小。

（二）平面见效见水方向的判别

一口油井受到多口注水井影响时，由于平面上渗透率的差异，各注水井的注入不能均匀地向油井推进，注入水向油井突进的方向叫油井来水方向。

1)根据水井转注时间先后、累计注水量的多少进行判断。若其中一口井注水时间早、累计注水量多、连通关系好，则该井为主要见效见水方向。

2)通过水井的配注调整，观察对应油井的能量变化情况进行判断。当某一口水井上调配注，对应油井液量上升，下调配注，液量下降，注采反应匹配关系明显，则该井为见效见水方向。

3)当存在多方向难以分析判断或构造连通关系不清楚时，可通过注示踪剂进行验证。

（三）纵向见效见水层位的判别

在确定见效见水方向的基础上，进一步分析判别见效见水层位。一般通过以下 5 个方面进行分析：一是对比储层物性，一般渗透率高、与水井连通的层先见水；二是射开时间较早、开采强度较大的层位易见水；三是离油水边界较近的地层易见水；四是对应的注水井，累计吸水量大，往往先见水；五是其他特殊情况，如地层有裂缝则先见水。具体判别方法如下：

1）单层注水，则该层即为见效见水层。

2）多层注水时，首先判断每个小层的连通关系，有多个小层对应连通的情况下，结合吸水剖面监测资料，主力吸水小层先见效；后续根据是否有二次见效过程，判断次要吸水层的见效。

3）通过产出剖面资料判别见效见水层位。产出剖面定量解释各小层出油出水情况，能够很好地判断出见效见水层位。

4）通过机械找堵水、智能分采等手段验证出水层位。

二、油藏动态分析内容与方法

（一）单井动态分析

1. 单井分析的基本程序

主要包括3方面内容。

1）收集资料、绘制图表和曲线。对静态资料、生产资料、完井数据、施工作业情况和井史等资料收集齐全，绘制出必要的曲线和图表，如油水井连通图、注采反应曲线、吸水剖面和产出剖面等。

2）开展单井动态分析。主要包括工作制度变化、生产数据变化、压力变化、油层发育状况、井下管柱结构、井下技术状况、地面流程和清蜡热洗等。

3）通过分析对比，提出单井下步措施方案。

2. 采油井动态分析的主要内容

油井生产过程中的动态变化，主要表现在地下、井筒和地面3个方面的动态变化。

1）地下动态变化分析。主要包括产液量、产油量、含水率和地层压力5个方面内容。

①分析产液量、产油量变化情况并找到原因。

②分析含水率变化情况，如含水上升太快，要和注水井的注水状况联系起来分析，判断是否有严重水窜层或是水井配注量过高等。

③分析油层压力变化情况，如有上升或者下降，则要检查与其连通的注水井是否超注或欠注，还是封隔器失效等原因。

④分析气油比变化情况，是否超过油层原始气油比，如气油比远远超过了原始气油比数值，应研究恢复油层能量的措施，或调整油井工作制度，合理控制生产压差。

⑤分析各小层动用状况，并根据分析结果采取相应措施。

2）井筒动态变化分析。包括自喷井及机采井的动态变化，其中自喷井井筒动态变化包括油层堵塞、油管存在问题、油嘴不合适以及其他情况引起的井筒动态变化；机采井井筒动态变化重点分析抽油井泵效及动液面（沉没度）变化。

3）地面管理状况分析。主要包括工作参数、热洗、洗盐、加药、清蜡、合理油套压的控制等。

3. 注水井动态分析的主要内容

注水井按油田开发方案要求注够水、注好水。注够水，就是要保持一定的注水能力，按照配注量要求完成注水量，达到注采平衡；注好水，就是尽可能分层注水，保持较高的注水合格率，按照分层配注的要求完成分层注水量，相同性质的油层尽可能达到吸水均衡。所以，要求对每一口注水井的注水量变化情况、完不成配注量的原因、每个小层的注水量变化情况、注采比结合油层压力的变化情况、周围生产井的产量及含水率变化情况，进行经常性的动态分析，及时提出调配注水量的措施，达到改善注水质量，最大限度地提高水驱采收率的目的。

(1)地下动态变化分析

主要包含以下 5 方面内容。

1)油层堵塞情况分析。由于注入水质不合格，水中的含油、杂质及悬浮物固体颗粒会对油层炮眼及渗滤面产生堵塞，或注入水与地层及其流体不配伍，造成层内黏土不稳定或产生化学沉淀堵塞油层孔隙，甚至有的发生细菌增殖堵塞等，导致注水井的注水压力上升，吸水指数下降，注水量明显下降或者注不进。这时应及时检测化验，找出原因，采取相应对策。

2)注水量变化情况分析。注水量上升且注水压力下降造成水量超注，则应进行测试，检查井下封隔器是否失效、浅部套管是否漏失、水嘴是否刺大等。注水井欠注，应分析是否井下水嘴堵塞，还是由于水质差、作业压井液使用不当污染油层，或者另有其他原因。

3)注水井分层吸水量变化情况分析。为了提高注入水的波及体积，应尽量保证各小层都能比较均匀地吸水。需做好以下工作：

①根据各层吸水情况，进一步调整注水层段，把吸水较差的小层，尽可能地单卡出来，通过提高注水压力加强注水。

②对一些与周围油井主产层连通的欠注层，应通过分层酸化等措施增加注水量。

③对超注层，通过调配水嘴等措施，把注水量降到合理范围；对严重超注而且造成油井水淹严重的层，可实施停注。

④对层数过多、油层物性差异大、在目前工艺管柱条件下无法满足各油层注水需要的注水井，可考虑通过打塞、填砂、封堵、下 4in(1in = 25.4mm，下同)套等措施来简化注水层段，加强潜力层的注水。

4)注采比和油层压力变化情况分析。为保持油藏的注采平衡，一般要求注到地下水的体积等于采出液体的地下体积。无论全井还是分层或单砂体，都要达到注采平衡要求。然而由于油层的非均质性，使得平面、层间、层内吸水状况不均匀，造成油层压力分布状况的不均匀。所以，要通过注采比和油层压力的经常性分析，及时做好注采调整，以达到控强扶弱、均衡驱替、增加动用的目的。

5)周围生产井的含水率变化分析。由于注入水在油层内推进的不均匀性，必然造成周围生产井见水时间和含水率变化的差异。通过各生产井含水变化分析，对见水快和含水上升快的油井，要找出其水窜层位和来水方向。对含水上升快的产液层，一方面在水井控制注水量，另一方面在油井上择机封堵特高含水层。对平面矛盾大的井组，可通过注水井之间配注量的调整来解决。如 1 口生产井受 2 口以上注水井的影响时，在确定来水方向的前提下，适当降低主要来水方向的注水井水量，同时提高次要来水方向的注水量，以改变液流方向，形成新的压力场，控制油井含水上升。

(2)井筒动态分析

注水井的井筒动态分析是指对注水井井筒中的封隔器、配水器、水嘴等井下工具的工作状态，在注水过程中的变化情况进行分析。这些部件出现故障或工作状态发生变化，都可以通过井口的油压、套压变化和系统测试指示曲线的变化反映出来。部件出现故障将导致注入水无法准确注到目的层中。所以应对其进行经常性的观察和及时分析，并采取措施。主要包括油压、套压、注水量及测试成果等资料的分析。

1)油压、套压和注水量变化的一般表现及其原因。当油管穿孔漏失、第一级封隔器失效或套管外水泥窜槽时，油压、套压和注水量都会有明显变化。如第一级封隔器以上油层吸水量大，则会出现明显的套压上升、油压下降、注水量上升。当第二级、第三级封隔器失效时，油压下降，注水量上升。水嘴堵塞或脱落，油压和水量会有明显变化，其中油压上升、注水量下降，说明水嘴堵塞；油压下降、注水量上升，说明水嘴脱落。

2)测试资料的分析。有时只用油压、套压的变化情况，不能确切地分析出井筒故障，需要用测试资料绘制出指示曲线，结合起来进行分析。

(3)地面管理状况分析

注水设备状况分析、水质监测、地面管网状况等。单井动态分析必须立足于地下，做到地下、井筒、地面三位一体，综合分析各项生产参数的变化及其原因，找出它们之间的内在联系和规律，并制定相应的对策，改善生产状况。

4. 单井分析典型井例——明36侧井

明36侧井2004年投产，生产层位沙二下2砂组，正常生产日产液26.1t，日产油1.3t，综合含水率95.0%，动液面1259m。2023年9月3日产液量由26.1t上升至48.0t，含水率由95.0%上升至100%，动液面由1259m上升至138m，分析矿化度1.25×10⁴mg/L，远低于正常生产时产出水矿化度5.7×10⁴mg/L，分析该井上部浅层可能存在套管漏失。9月25日作业找漏，证实1355.13～1360.10m套管漏失，实施挤堵漏失段。措施后日产液26t，日产油1.5t，综合含水率94.3%，动液面1230m，恢复正常生产(图4－1)。

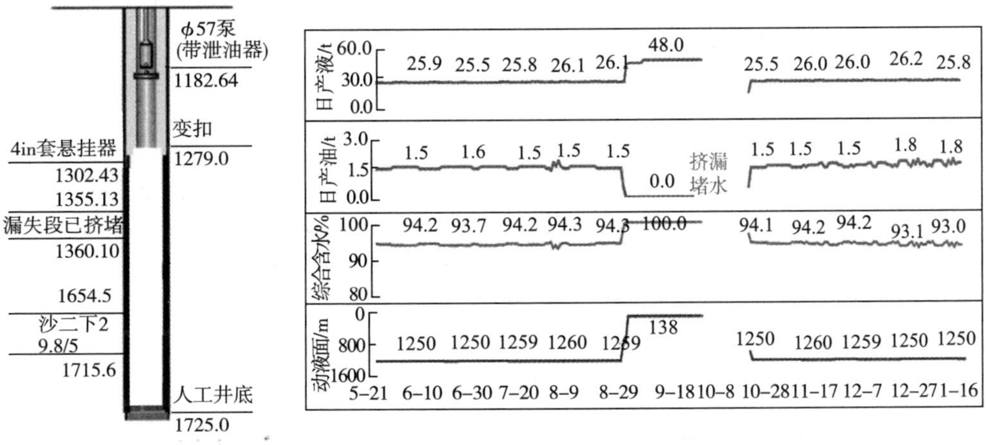

图4－1 明36侧井管柱(左)及采油曲线(右)

注水井单井分析井例：注水井 A 于 2023 年 4 月转注，全井笼统注水。2023 年 9 月 6 日及 2024 年 9 月 10 日分别测试注水指示曲线(表 4－1、图 4－2)。

表 4－1　A 井注水指示曲线测试数据

2023 年 9 月 6 日				2024 年 9 月 10 日			
注水层位	日配注量/m^3	注水压力/MPa	日注水量/m^3	注水层位	日配注量/m^3	注水压力/MPa	日注水量/m^3
全井	100	18.0	123	全井	100	18.0	58
		17.5	101			17.5	42
		17.0	80			17.0	31
		16.5	58			16.5	17

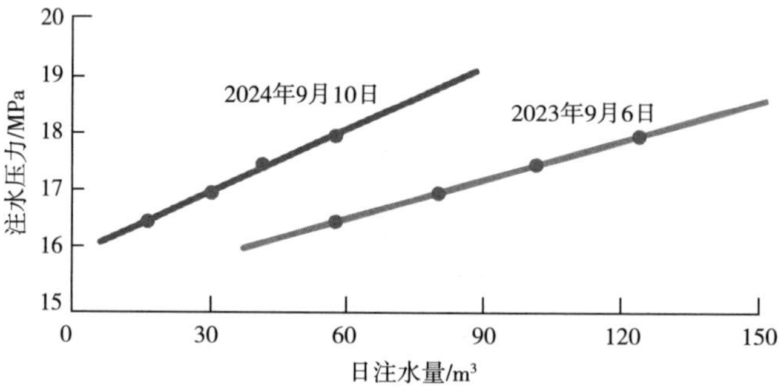

图 4－2　A 井注水指示曲线

分析压力、注水量变化：在相同注水压力下，注水量降低，注水指示曲线左移，斜率变大，说明吸水指数变小，地层吸水能力变差。分析变化原因：一是可能水嘴堵塞；二是注入水质不合格，油层出现污染堵塞现象。如果水嘴堵塞，需要对其进行更换或清洗重新测试；若油层污染，则需要采取解堵措施。

首先检查井口水嘴，发现水嘴不存在堵塞现象。2024 年 10 月 4 日该井实施酸洗油层解堵，措施后注水压力 17.5MPa，日注水 112m^3，恢复正常注水，2024 年 10 月 22 日测注水指示曲线显示与解堵前相比明显变好(图 4－3)。

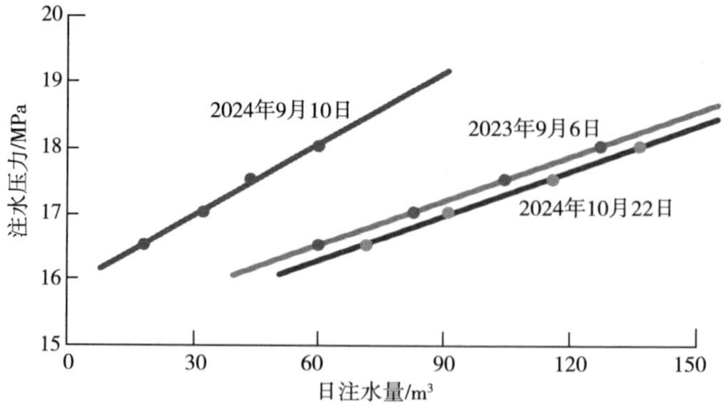

图 4－3　A 井注水指示曲线

(二)井组动态分析

注采井组是指以注水井为中心、平面上可划分为一个注采单元的一组油水井。一个油田或一个开发区块是由许多个相互联系的井组构成的，经验丰富的油藏工程师是从变化较大、矛盾突出的典型井组入手，由点及面地开展分析，从而掌握油田开采的状况。

注入水在油藏中的流动，必然引起井组生产过程中与驱替状态密切相关的压力、产量、含水等一系列动态参数的变化。除了油井本身井筒工作状态的因素外，引起这些变化的主要因素是与之对应的注水井。因此，研究注采井组的注采动态，应把注水井的注水状况和吸水能力及与其周围有关油井之间的注采关系分析清楚，并分别提出具体的调整措施。主要分析内容包括注采井组连通状况、注采状况及综合含水率变化等。

1. 注采井组连通状况分析

连通状况分析首先要分析每个油层岩性、厚度和渗透率在纵向及平面上的变化，并绘制油层栅状连通图。连通图是井组动态分析的重要资料，其可以直观地反映注采井组内各个油层的厚度、油层物性在空间的分布和变化状况。

由于沉积程序的不同造成各油层内岩性和物性分布状况的不同，不同类型的油层一般具有不同的水淹特点。

正旋回油层：注入水沿底部快速突进，油层底部含水饱和度迅速增长，水淹较早。

反旋回油层：注入水一般在油层内推进比较均匀。

复合旋回油层：注入水在油层中的推进状况，具备正、反旋回油层的共同特点，水淹状况较复杂，总体上储层物性好的部位水淹相对严重。

2. 井组注采状况分析

油田注水的主要目的，一是通过改善注入水的水驱效果不断提高各类油层的水驱效率和波及系数，从而提高油田的水驱采收率；二是保持油层能量，确保采油井具有足够的生产能力。要通过经常性的注采分析，并及时调整，实现井组注采平衡，合理开采。井组注采状况分析主要包括以下 4 个方面。

1)分析注水井全井注入水量是否达到配注水量的要求，分析各采油井采出液量是否达到配产液量的要求，并计算出井组注采比。

2)分析各层段是否按分层配注量进行注水。在有条件的情况下，层状砂岩油藏应尽可能采取分层注水开发，以利于改善层间矛盾。一口分层注水井往往分若干个层段注水，且每个层段按油层物性情况和采液量要求进行配水；根据采油井产液剖面资料，计算出注水井对应层段的产液量，然后计算出分层段注采比，进行分层段注采状况的分析。

3)对井组内各油井采出液量进行对比分析，尽量做到各油井采液强度与其油层条件相匹配。

4)对井组内的油层压力状况进行分析。压力平衡，一是指通过注水保持井组油层压力总体稳定；二是指各生产井之间，油层压力比较均衡，在很大程度上，压力平衡也反映了注采平衡问题。油井在自喷生产阶段，是用定期测试油层静压和流压来进行对比分析；当转入机械采油生产阶段后，则通过定期监测静压和动液面来进行对比分析。通过油水井取得的压力资料和液面资料定期进行油层压力状况分析，从中找出矛盾，提出配产配注的调整意见。

3. 井组综合含水状况分析

水驱开发油藏在不同含水阶段有着不同的含水上升规律。通过室内实验和矿场实践的统计分析，可以得到油藏的含水上升率随含水变化的关系曲线，其变化趋势是油藏开发初期到低含水阶段，含水上升速度呈逐渐加快趋势；含水率达到50%左右时，上升速度最快；进入高含水阶段，含水上升速度逐渐减缓。一般情况下，油层非均质程度越严重、存在明显的高渗透层或大孔道时，含水上升速度较快。另外，原油黏度越高，含水上升越快。

井组综合含水状况分析的目的：通过定期对综合含水变化的分析，与油藏所处开发阶段含水上升规律对比，判断综合含水上升是否正常，如果超出规律，上升过快，则应根据注水井的吸水剖面和采油井产液剖面资料，结合各层的油层物性情况进行综合分析，找出原因。分析是水井层段配注不合理，还是注水井井下封隔器不密封造成窜漏；是某口油井产水量过高，还是某个油层注入水严重水窜，或其他原因。

一般情况下，注采井组动态变化反映在油井上，大致有下列几种情况：

1)注水效果较好，油井产量、油层压力稳定或者上升，含水上升比较缓慢；

2)有一定注水效果，油井产量、油层压力稳定或缓慢下降，含水呈上升趋势；

3)无注水效果，油井产量、油层压力下降明显，气油比明显上升；

4)油井很快见水而且含水上升快，产油量下降快，则反映井组注采不合理。

每个注采井组，可通过对注采平衡、压力平衡、含水上升变化情况，结合油层物性和连通状况的综合分析，从中找出存在于油水井之间的各种矛盾及其原因，再结合油藏开发不同阶段合理开采界限的要求进行注采系统调整，实施转注、分注、封堵、增注等相应的措施，并落实到井和层。对注水井低渗透欠注层采取增注措施、对高渗透水淹层控制水量、对油井严重水窜层采取封堵、对注水见效井放大生产压差等，合理解决井与井、层与层之间的矛盾，协调好井组内各层、各井之间的注采关系，使井组的开发状况尽量达到最佳效果，从而提高油藏整体开发水平。

4. 井组分析典型井例——明241井组动态分析

(1)井组基本概况

明1西块位于东濮凹陷中央隆起带北部文明寨油田中西部，是一个埋藏浅、常温常压中渗极复杂断块油藏。明241井组位于该块南部，含油层位沙二下1－2砂组，含油面积0.12km^2，石油地质储量24.95×10^4t，一注三采注采井网(图4－4)。

(2)地质特征

井组储层物性好，平均孔隙度23%，平均渗透率115.4mD。油层埋藏浅，埋深为1400～1500m，油层厚度15m，原始地层压力18.0MPa，原始压力系数1.0，原始饱和压力8.8MPa，地层温度69℃，地层原油黏度7.6mPa·s，原始气油比41m^3/t，地面原油密度0.912g/cm^3，地层水矿化度6.72×10^4mg/L，水型为$CaCl_2$。

(3)开发状况

明241井组1999年8月投入开发，先后投产明237、明239和明241井，井组初期新建产能26.0t/d，天然能量弹性开采，能量快速下降，产能逐渐下降至8.0t/d。为提高地层能量，2003年5月转注明241井形成一注二采的井网，井组见效初期日产油从8.0t上升到14.2t，日增油6.2t。2016年因油井明237、明239井先后事故关井，井组有注无采，

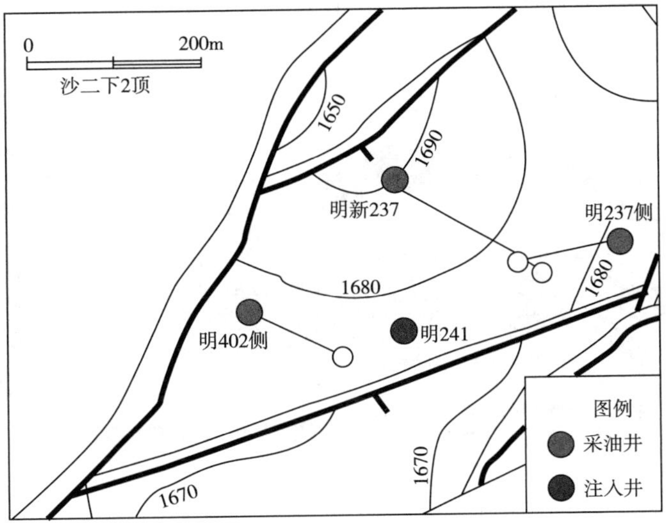

图 4－4　明 241 井区构造

注水井明 241 井下返沙三下注水。2017 年通过技术改造，注采井网逐渐恢复，先后实施侧钻、调整井 3 口(明 237 侧、明 402 侧、明新 237)，注水井明 241 井重新上返，形成一注三采的注采井网，对应油井明 402 侧、明 237 侧先后见效，井组日产油量从 4.0t 上升到 10.2t。2018 年 10 月对应油井见效见水，受含水上升影响，井组日产油量由 10.2t 下降至 6.2t，井组开发形势变差。

至 2018 年底，明 241 井组共有油水井 4 口(油井 3 口，水井 1 口)，注采井数比 1∶3。油井开井 3 口，井组日产液 30.3t，日产油 4.1t，综合含水率 86.5%，采油速度 0.48%，采出程度 18.72%；水井开井 1 口，日注水量 45m³，自然递减 10.14%，综合递减 8.76%(表 4－2)。

表 4－2　明 241 井组基础数据

水井井名	开始注水时间	泵压/MPa	油压/MPa	套压/MPa	日配注量/m³	日注水量/m³	累计注水量/10^4m^3
明 241	2018－01	16.5	7.2	11	45	45	32.29
油井井名	投产(措施)日期		日产液量/t	日产油量/t	含水率/%	动液面/m	累计采油量/10^4t
明 402 侧	2017－08		10.1	2.0	80.2	1385	0.22
明 237 侧	2017－12		18.2	1.1	94.0	1121	0.31
明新 237	2017－12		2.0	1.0	50.0	1559	0.02
老油井 3 口							4.12
合计			30.3	4.1	86.5		4.67

(4)井组动态分析

主要分析井组连通状况、注水状况、吸水状况、井组注采平衡及压力平衡状况等。

1)井组连通状况分析。井组物源主要来自西北方向，属于扇三角洲前缘亚相沉积，从油水井连通状况来看，连通性整体较好，井组连通率85.0%(图4－5)。

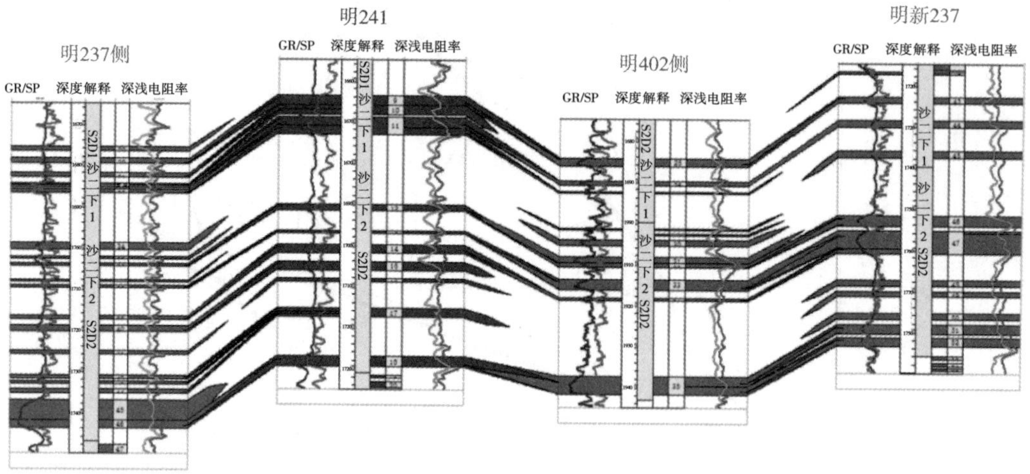

图4－5 明241井组连通情况

2)注水井注水状况、吸水状况分析。注水井明241井2018年1月上返沙二下，完善注采井网。注水层位沙二下1－2砂组，1663.6～1729.5m，注水泵压15.0MPa，油压7.2MPa，日注水量$45m^3$，注水强度2.3m^3/(d·m)，累计注水32.29×10^4m^3。明241井一级两段分注，偏1，沙二下1－2砂组，1663.6～1717.5m，日配注$30m^3$；偏2，沙二下2砂组，1726.9～1729.5m，日配注$15m^3$。从分层测试成果和吸水指示曲线来看：偏1，启动压力5.44MPa，在8.2MPa下满足地质配注需求日注$30m^3$；偏2，启动压力4.44MPa，在6.4MPa下满足地质配注需求日注$15m^3$；全井在7.98～8.35MPa下注水全井合格，在该压力下全井日注水量为：40.5～49.5m^3/d(表4－3、图4－6)。

表4－3 明241井分层测试成果

层位	级别	水嘴	日配注量/m^3	层性	油压/MPa	套压/MPa	日注水量/m^3	结论
沙二下1－2	偏1	恒流	30	均衡		9.0	38	
						8.5	33	合格
						8.0	28	
						7.5	23	
沙二下2	偏2	恒流	15	限制	8.0		27	
					7.0		20	合格
					6.0		13	
					5.0		6	

明241井2018年9月2日测吸水剖面显示，注水厚度层数19.5m/8n，吸水厚度层数11.6m/4n，吸水厚度、层数百分数分别为59.5%、50.0%，吸水强度3.87m^3/(d·m)，其中$18^{\#}$层主吸水相对吸水50.1%，$9^{\#}$～$10^{\#}$层次吸水相对吸水25.5%，$11^{\#}$层次吸水相对吸水24.4%，其他层不吸水，层间分层动用不均(图4－7)。

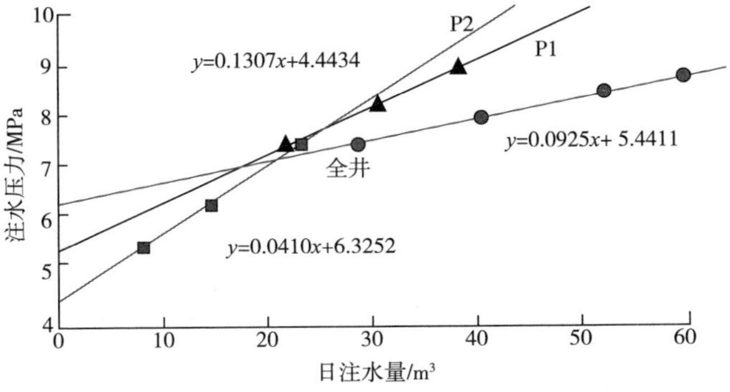

图 4－6　明 241 井分层吸水指示曲线

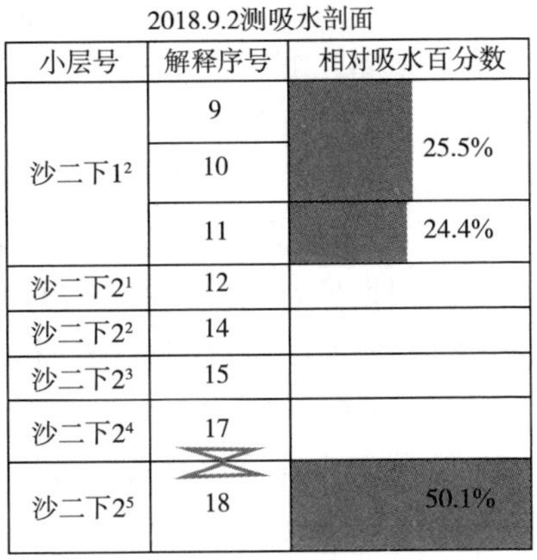

图 4－7　明 241 井吸水剖面

3)井组注采平衡、压力平衡状况分析。明 241 井组沙二下 1－2 共发育 6 个小层，地质储量 24.95×10^4t，目前累计采油 4.67×10^4t，累计注水 $32.29\times10^4m^3$，采出程度 18.72%，累计注采比 0.98，注采基本保持平衡。

从分层动用状况看，Ⅰ类层沙二下 1^2、2^5动用程度较高，采出程度大于 24%，综合含水率在 85% 以上，累计注采比高于 1.1，能量保持状况好，特别是 2^5小层注水单层突进严重，是井组含水率上升的主要因素，Ⅰ类层剩余可采储量 3.67×10^4t，仍具有较大的剩余油潜力；Ⅱ类层沙二下 2^3 动用程度中等，目前采出程度 16.38%，综合含水率 72.0%，累计注采比 0.76，注采比、能量保持状况相对较低，目前剩余可采储量 1.66×10^4t；Ⅲ类层沙二下 2^1、2^2、2^4 动用较差，采出程度小于 10%，综合含水率在 40% 以下，累计注采比小于 0.5，能量保持状况差，水驱动用程度低，目前剩余可采储量 3.39×10^4t，是下步挖潜的重点(表 4－4)。

表 4－4　明 241 井区分小层储量动用状况评价

小层	类别	电解序号	地质储量/10^4t	可采储量/10^4t	累计注水量/10^4m^3	累计采液量/10^4t	累计采油量/10^4t	采出程度/%	剩余可采储量/10^4t	累计注采比
沙二下 1^2	Ⅰ	9	2.05	1.10	1.3205	1.92	0.38	18.65	0.72	0.72
		10	2.56	1.38	2.82	3.02	0.58	22.77	0.79	0.97
		11	4.44	2.38	10.60	9.67	1.24	27.86	1.15	1.13
小计			9.06	4.86	14.74	14.61	2.20	24.33	2.66	1.04
沙二下 2^1	Ⅲ	12	2.56	1.38	0.00	0.55	0.18	7.02	1.20	0.00
沙二下 2^2	Ⅲ	14	2.56	1.38	0.33	0.77	0.17	6.57	1.21	0.44
沙二下 2^3	Ⅱ	15	4.44	2.38	3.00	4.12	0.73	16.38	1.66	0.76
沙二下 2^4	Ⅲ	17	2.22	1.19	0.00	1.54	0.21	9.31	0.99	0.00
沙二下 2^5	Ⅰ	18	4.10	2.20	14.22	12.36	1.18	28.88	1.02	1.17
合计			24.95	13.39	32.29	33.95	4.67	18.72	8.72	0.98

4）见效见水方向分析。平面上从3口对应油井产状来看，明237侧井日产液18.2t，日产油1.1t，综合含水率94.0%，动液面1121m，注水见效好，能量充足；明新237井日产液2.0t，日产油1.0t，综合含水率50.0%，动液面1559m，呈现低液量、低含水率，注水见效差，能量低；明402侧井日产液10.1t，日产油2.0t，综合含水率80.2%，动液面1385m，与井组其他井相比液量中等，处于中高含水开发期，注水井见效后能量基本保持稳定。根据见效情况绘制明241井组小层流线分布图，平面上明新237与明237侧井、明新237与明402侧之间剩余油相对富集。

（5）开发存在问题

1）层间非均质性严重，分层动用不均。井组储层非均质性严重，统计明241井吸水剖面，吸水厚度百分比仅为59.4%，其中18#层为强吸水层，相对吸水占全井的50.1%，而吸水厚度仅占全井13.3%，单层突进严重，分层动用不均。

2）平面非均质性严重，流线固化。明241井与明237侧井之间见效好，含水率上升快，目前含水率达到94.0%，远远高于井组的其他油井，形成了优势流场区，注水低效循环，驱油效率低；对应油井明新237井日产液2.0t，含水率仅50.0%，该方向未见效，低能生产。该井组目前注采井网与剩余油分布不匹配，井网适应性较差，急需调整流场。

（6）井组治理对策

针对井组平面矛盾、层间矛盾导致的综合含水率高、动用不均衡、产能下降快的问题，实施注采井网调整，新建流线调流场，强化滞留区剩余油动用，同时精细层间调整，强化潜力层注水。

1）转注明新237，强化滞留区剩余油动用。通过对井区储层沉积微相研究，明新237井位于水下分流河道，明402侧、明237侧位于河道侧翼。为了进一步优化井网，调整流场，对明新237井实施转注，对应明402侧、明237侧2口油井，新增2条流线，构建河道注水侧翼采油的差异井网（图4－8）。

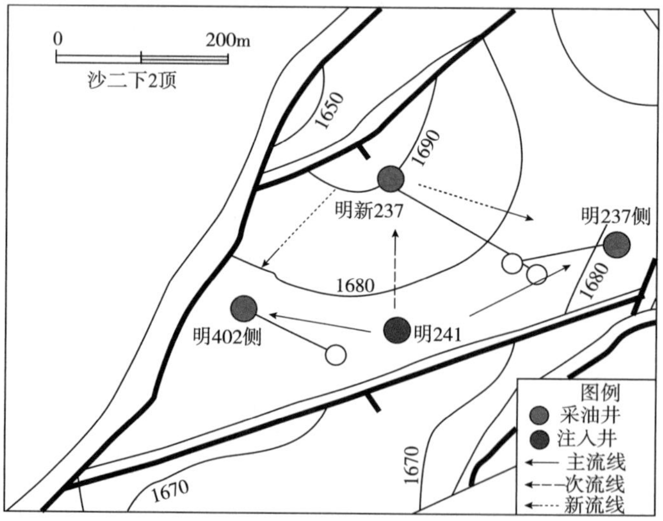

图4－8　明241井区井网调整

2）明241井细分注水，实现层层水驱。明241井重组细分，由一级二段细分为二级三段。偏1：沙二下1砂组，1663.6～1673.1m，9.0m/3n；偏2：沙二下2砂组，1690.1～

1717.5m，7.9m/4n；偏 3：沙二下 2 砂组，1726.9～1729.5m，2.6m/1n。控制主吸水层偏 1($9^{\#}$～$11^{\#}$层)、偏 3($18^{\#}$层)注水，加强偏 2($12^{\#}$、$14^{\#}$、$15^{\#}$和 $17^{\#}$层)注水。

(7)井组治理效果

通过实施平面注采调整和水井层间治理，取得较好效果。明 241 井 2019 年 1 月重组细分后吸水剖面得到明显改善，新增吸水厚度 5.7m/3n，增加水驱动用储量 0.6×10^4t；明新 237 井 2019 年 5 月转注，增加水驱控制储量 3.2×10^4t，增加水驱动用储量 1.8×10^4t。对应油井明 402 侧、明 237 侧井先后见效，日增油量 4.1t，综合含水率下降 8.6 百分点，平均动液面由 1257m 上升至 1180m，地层能量呈现上升趋势，同期对比自然递减由 10.14% 下降至 -22.33%，减缓 32.47 个百分点，井组开发上呈现日产液量、日产油量、日注量上升、综合含水率下降、自然递减大幅减缓的良好开发态势(图 4-9)。

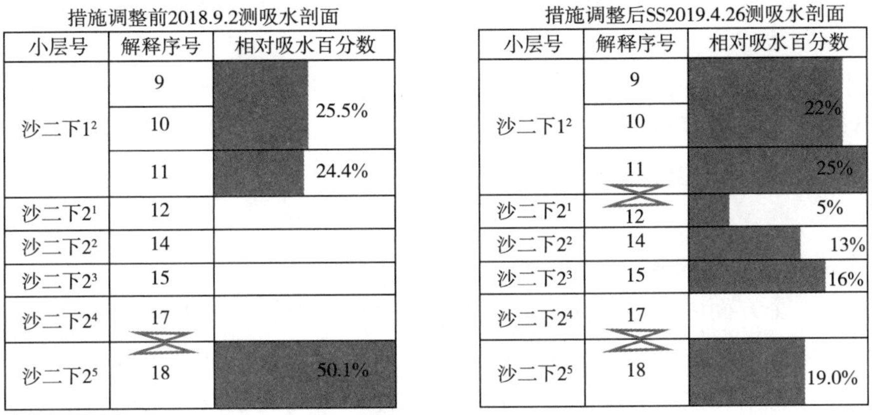

图 4-9a　明 241 井组治理前后吸水剖面

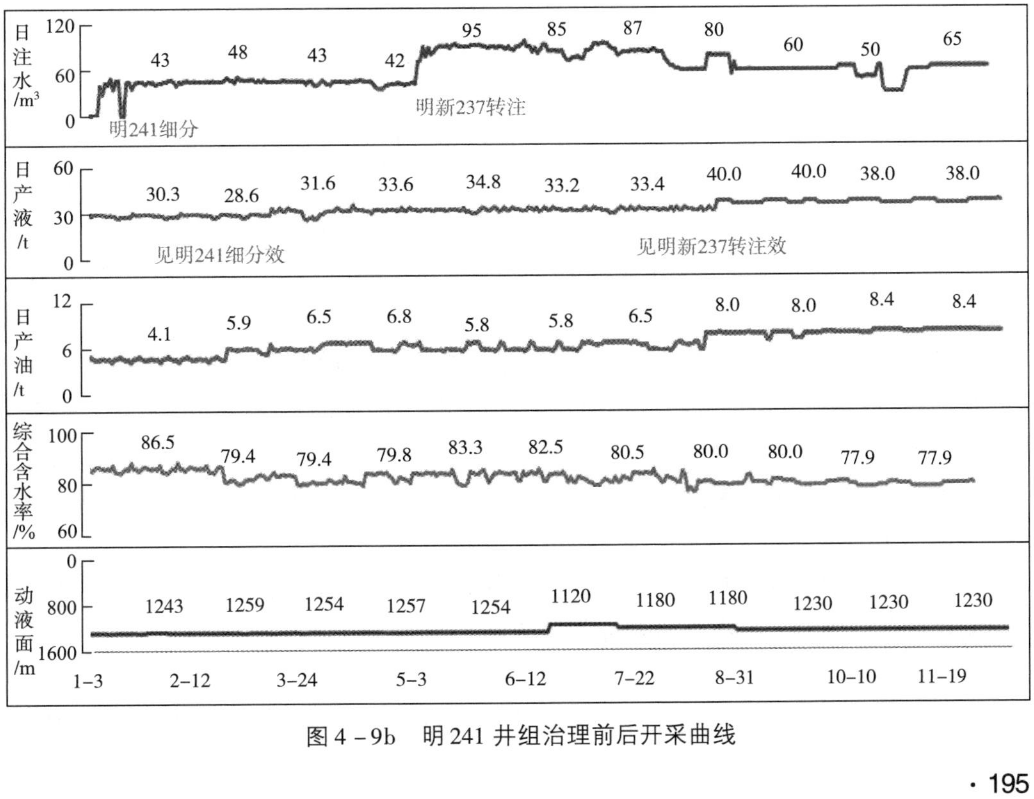

图 4-9b　明 241 井组治理前后开采曲线

（三）区块动态分析

区块动态分析，就是在注采井组分析的基础上，依据油藏的方案设计指标，检查开发方案的实施情况及效果，针对注采出现的矛盾和问题，及时编制注采调整方案和措施以改善开发效果。区块动态分析的主要内容包括以下几个方面。

1. 区块动态分析涉及的主要开发指标

1）与产量有关的指标。主要有日产液、日产油；采液指数、采油指数、采油速度、综合含水率、含水上升速度；自然递减和综合递减等。

2）注水状况指标。主要有注水压力、注水量、注水强度、分注率、注水层段合格率、水质情况等。

3）水驱状况指标。主要有水驱控制程度、水驱动用程度、水驱指数、耗水指数、存水率、水驱采收率等。

4）井网适应性指标。主要包括井网控制程度，单向受控、双多向受控及不受控油井比例，注采井数比及注采井距等。

5）地层能量指标。主要有地层压力、油井动液面、生产压差、地层总压差、地饱压差等。

2. 阶段主要工作及效果分析

主要包括 5 个方面内容：新井投产效果、注水调整效果、油井措施效果、监测工作量完成及应用、阶段油藏研究成果。其中注水调整效果部分，要重点分析在注水结构调整方面所做的工作，包括转注、分注、对应补孔、增注、调剖调驱以及水动力学调整等，总结通过精细的注水调整对应油井的见效情况，以及整个油藏水驱状况的改善情况。新井投产、油井措施效果部分，重点分析工作量实施情况、方案符合情况以及分类型措施挖潜效果等。在此基础上总结好的做法、剖析差的原因，提出下步改进对策。

3. 产液量及产油量分析

1）产液量分析。一是要分析区块各层系、各单元产液量的变化，找到重点变化的单元；二是针对重点单元进行产液量增减原因分析，其中增加因素主要有：新井、补孔、压裂、提液、注水见效、工况变好、套漏、水窜等；减少因素主要有：转注、能量下降、封堵、工况变差、对应水井损坏（欠注）等；三是制定相应对策，保持区块产液量合理稳定。

2）产油量分析。一是要分析区块各层系、各单元产油量的变化，找到重点变化的单元；二是针对重点单元进行产油量增减原因分析，其中增产因素主要有：新井、措施、注水见效、工况变好、时率增加等；减产因素主要有：能量下降、含水上升、工况变差、井况影响、水井欠注等；三是制定相应对策，保持区块产油量稳定上升。

4. 综合含水率分析

造成含水下降因素主要有：转注见效、水井分注见效、流线调整见效、封堵高含水层等；影响含水上升因素主要有：天然能量井边底水影响、封堵层段失效、见效层水淹、水井分注失效等。

控制好综合含水率指标，是保证产量稳定的关键。在采油井工作制度不变的情况下，产液量基本变化不大。综合含水上升，产油量下降，综合含水上升越快，产油量下降越快。但是综合含水上升又是注水油藏开发的必然规律，油藏动态分析的任务，就是在注采平衡和压力状况分析的基础上，重点针对综合含水上升过快的单元、井组和小层，及时分类制定相应注采调整对策，把含水上升速度控制在合理范围内。

5. 能量保持状况分析

1)地层压力分析。统计全井次油井静压资料，并与区块原始地层压力及饱和压力对比，分析地层压力保持水平；分阶段对比相同井号(相同层位)静压资料，评价地层压力变化状况。

2)油井动液面分析。统计全井次油井动液面资料，数据要注意剔除工况不正常的油井以及受气体影响不准确的油井。对比相同井号动液面资料，分析动液面及油井沉没度的变化。

3)注采平衡分析。结合注水和采油数据，计算区块注采比和累计亏空。用地层压力保持水平、油井沉没度、累计注采比等指标来全面评价区块能量保持状况。

6. 区块潜力分析

潜力分析就是对各油层内剩余油总量和分布状况的分析。分析的内容包括：

1)各单元累计采油量、采出程度、剩余可采储量状况的分析。

2)各小层水淹状况和剩余油分布状况的分析。

3)通过调整治理，增加水驱控制、水驱动用储量潜力分析。

4)油水井增产潜力分析。

7. 区块分析典型实例——文51油藏年度动态分析

(1)基本概况

濮城油田文51断块区位于东濮凹陷中央隆起带北部—濮城、文留构造的结合部，北与濮城主体南区相连，西以文51断层为界，东、南以文128断层为界，南北长约6km，东西宽约2.5km，构造面积近15km^2。含油层位为沙二段，分为沙二上、沙二下2个亚段。区块含油面积9.3km^2，石油地质储量939.2×10^{4}t，其中：沙二下亚段含油面积8.7km^2，石油地质储量818.21×10^{4}t，为文51块主力含油层段；沙二上亚段含油面积2.4km^2，石油地质储量121×10^{4}t(表4-5)。本文主要对文51沙二下开展动态分析。

表4-5　濮城油田文51油藏基础参数

<table>
<tr><th colspan="2">含油层系</th><th>砂层组数/个</th><th>含油面积/km^2</th><th>有效厚度/m</th><th>平均孔隙度/%</th><th>平均渗透率/mD</th><th>石油地质储量/10^{4}t</th></tr>
<tr><td colspan="2">沙二上亚段</td><td>6</td><td>2.4</td><td>4.7</td><td>22.0</td><td>153.0</td><td>121.00</td></tr>
<tr><td rowspan="3">沙二下亚段</td><td>南块</td><td rowspan="3">8</td><td>2.8</td><td>12.4</td><td rowspan="3">19.9</td><td rowspan="3">65.6</td><td>316.21</td></tr>
<tr><td>北块</td><td>6.2</td><td>10.2</td><td>502.00</td></tr>
<tr><td>小计</td><td>8.7</td><td>10.9</td><td>818.21</td></tr>
<tr><td colspan="2">全区合计</td><td>14</td><td>9.3</td><td>13.1</td><td>20.2</td><td>77.0</td><td>939.21</td></tr>
</table>

1)区块地质概况。构造上，文51断块区总体呈NNE向的向斜构造，其北部向斜形态

清楚，构造简单。南部(濮 24 断层以南)由于多期断层作用使其复杂化，主要由向斜构造和单斜构造所组成。纵向上，沙二下亚段分为 8 个砂层组，地层厚度约为 320～440m，岩性主要为紫红色泥岩与棕褐色含油粉砂岩呈不等厚互层，沙二下 2－7 砂层组砂层厚度较大。储层物性中等，非均质性强，平均孔隙度 19.9%，平均渗透率 65.6mD。

研究区原油性质较好，地面原油密度为 0.8353～0.8792g/cm^3，地面原油黏度为 9.6～78.6mPa·s，地层原油密度为 0.6769～0.7536g/cm^3，地层原油黏度为 1.01～3.22mPa·s，油藏温度为 91～100℃，原始地层压力 22.86～28.35MPa，原始压力系数为 1.0～1.06，属正常压力系统。地下水总矿化度(29～32)×10^{4}mg/L，氯根含量(17～19)×10^{4}mg/L，水型为 $CaCl_2$。

研究区由于断层分割作用，不同断块不同层位的油气水界面有一定差异。油水分布以构造控制为主，少量受岩性控制，油水关系复杂。北块沙二下油层主要分布于向斜构造两翼高部位。其中，沙二下 1－2 砂组油层主要受岩性控制，沙二下 3 砂组及沙二下 4 砂组顶部(1～4 小层)油层为一套油水系统，油水界面为－2800～－2810m，沙二下 4 砂组下部与沙二下 5－7 砂组油水界面在－2700～－2720m 之间。南块沙二下油层主要分布在靠近文 51 断层的断阶块内，东部单斜断阶块内含油面积较小，其油水界面多在－2750m 附近，少数断块油水界面为－2800～－2820m。

2)区块开发历程。濮城油田文 51 块发现于 1983 年，1985 年开始滚动开发，1987 年开始注水开发，至今油藏已经历 34 年的勘探开发历程，其开发历程大致可划分初步建产、产能扩建、注采完善、技术改造、精细注采调整 5 个开发阶段(图 4－10)。

2016 年开始创建濮城油田文 51 块中国石化精细注水示范区，阶段采收率提高 1.2 个百分点。文 51 块虽然经历了多次调整治理，每次调整治理的侧重点不同，但目前油藏层间和平面矛盾仍较突出，油水关系复杂，剩余油分布规律认识不清，挖潜难度逐年增大。

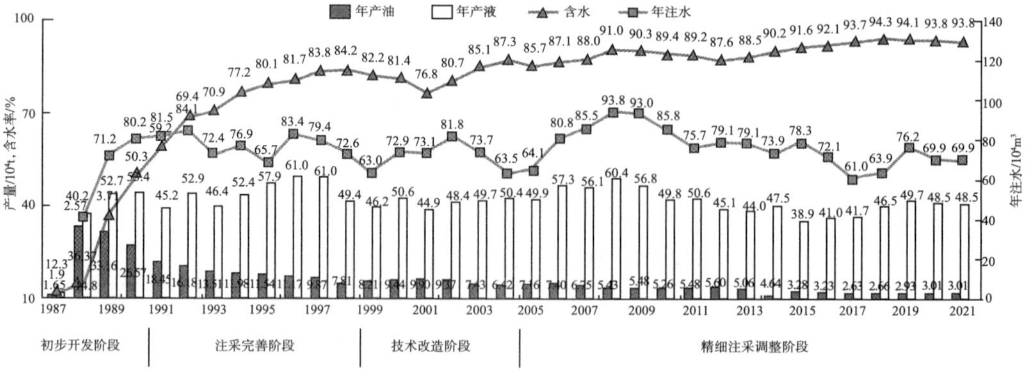

图 4－10　濮城油田文 51 油藏开发曲线

3)区块开发现状。截至 2021 年 12 月共有油水井 177 口(油井 94 口、水井 83 口)，注采井数比 1∶1.13；油井开井 61 口，日产液 1318t，日产油 74.6t，综合含水率 94.3%，采油速度 0.3%，地质采出程度 34.92%，自然递减 9.29%，综合递减 7.1%；水井开井 53 口，日注水 1765m^3，累计注采比 1.33。

(2)区块开发形势分析

1)开发指标变化分析。2021 年 8 月份以来，油藏产液量下降、产油量下降、综合含水上升、递减幅度加大，开发形势呈变差趋势(图 4－11)。

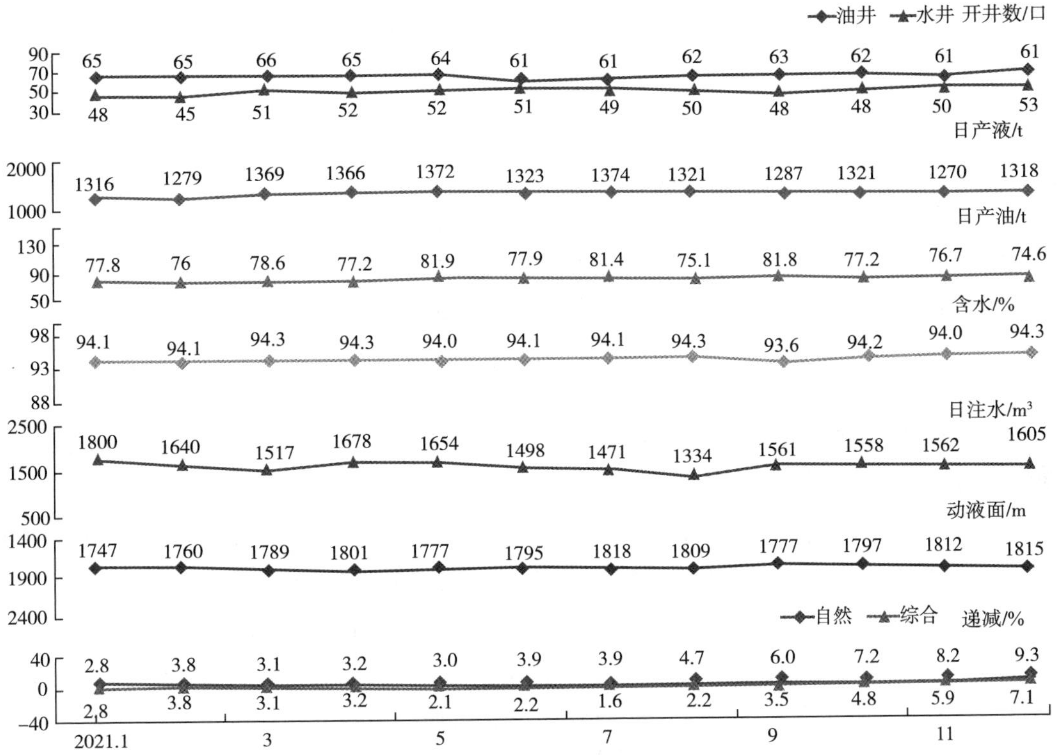

图 4－11 文 51 块 2021 年开采曲线

通过单井对比分析，找出各指标变化影响主要因素，便于下步采取针对性措施。

①产液量变化分析。产液量下降 56t，变化主要原因：封堵 2 井次，日减液量 61t；

②产油量变化分析。产油量下降 6.8t，变化主要原因：一是井况影响 1 井次，日减油量 1.5t；二是含水上升 2 井次，日减油量 3.8t；三是工况变差 1 井次，日减油量 1.6t。

③综合含水率变化分析。综合含水上升 0.2 个百分点，变化主要原因：一是见效层水淹导致含水上升 2 井次，二是工况影响检泵未恢复 1 井次。

④注水量变化分析。日注水量上升 $134m^3$，变化主要原因：一是流线调整调配开井 3 井次，日增注水量 $62m^3$；二是钻关井开井 1 井次，日增注水量 $33m^3$；三是开井时率增加 1 井次，日增注水量 $80m^3$。

⑤动液面变化分析。动液面回升 3m，基本稳定。

⑥递减分析。自然递减加大了 5.39 个百分点。变化主要原因：一是见效层水淹含水上升，二是问题水井导致能量下降，三是井况影响。

2)井网适应性分析。至 2021 年底，井网密度 18 口/km^2，油井开井率 95.3%，水井开井率 63.85%，事故油水井共 52 口，损失水驱控制储量 96.6×10^4t。

①受控状况分析。油井受控比例 88.3%，其中双向和多向受控占 46.8%，由于受井况、构造复杂和储层非均质影响，单向受控占比 41.5%，单向受控井及未受控井占比偏

高，注采井网完善程度有待进一步提高(表4－6)。

表4－6　文51块油井受控状况

受控状况	井数/口	井数比例/%	单井日产液量/t	单井日产油量/t	含水率/%
单向受控	39	41.5	9.5	0.9	90.5
双(多)向受控	44	46.8	21.1	0.8	96.1
受控小计	83	88.3	15.6	0.9	94.5
未受控	11	11.7	2.6	0.4	85.4
合计	94	100	14.1	0.8	94.3

②水驱控制和动用程度评价。区块目前水驱控制程度92.9%，水驱动用程度74.7%，对标行业标准，目前水驱控制处于一类水平、水驱动用处于二类水平，水驱动用状况有待进一步提高。

3)储量动用及剩余油分布状况评价。包括吸水层数和厚度分析、分层动用状况和水淹状况分析。

①吸水层数和厚度。自2017年精细注水示范区创建以来，加大了井网的恢复力度，区块吸水层数、厚度百分数有所增加，目前分别为42.6%、46.5%。

②分层动用状况和水淹状况。2014—2021年28口新钻井主要分布在南部复杂带及文51断块高部位，统计强水淹厚度占51.6%，弱水淹厚度占23.1%，油层厚度占25.3%，沙二下2－4砂组弱水淹、油层厚度相对较大，剩余油潜力较大。

统计124井次吸水剖面资料，各小层吸水相差较大，层间动用不均。分层系来说，沙二下1－4砂组相对吸水为67.81%，沙二下5－8砂组相对吸水为32.19%；分小层看沙二下2^3、2^4、3^3、3^4、5^1等一类小层吸水相对较多，沙二下3^2、4^2、4^4等小层次之。

剩余可动油各小层分布差异较大(图4－12)，主要分布在沙二下2^3、5^1、5^2等17个小层中，占剩余可动油储量的76.1%。

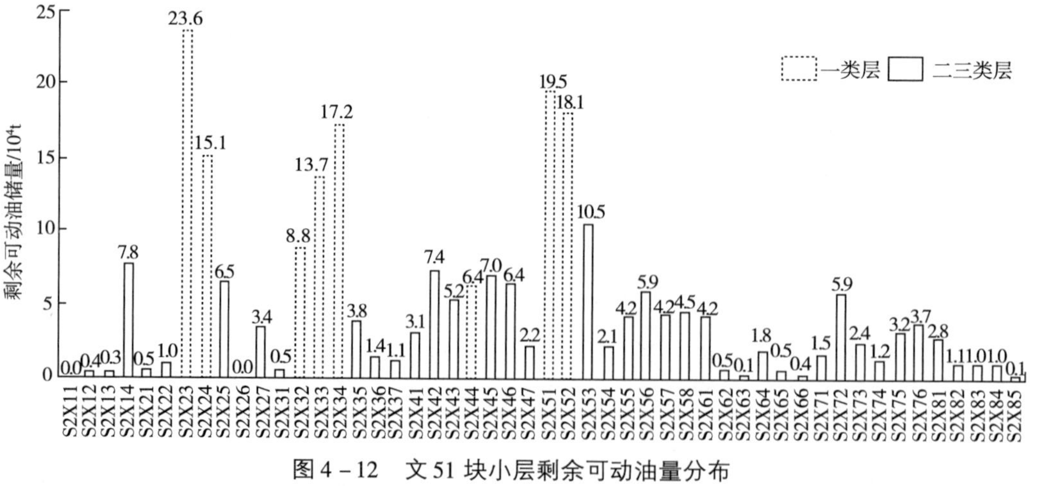

图4－12　文51块小层剩余可动油量分布

4）地层能量保持及利用状况评价。统计近2年测压数据得出平均地层压力22.96MPa，总压降3.94MPa，地层压力保持水平为85.4%；动液面由1747m下降至1815m，下降68m；生产压差由2015年的11.6MPa下降至2021年的10.8MPa，下降0.8MPa。

5）驱油效率分析。近2年累积存水率有所下降，目前累计存水率0.46，驱油效率有变差趋势，需加强精细注水。

6）注采系统适应性分析。区块注采对应率91.5%，采油速度0.3%，地质采出程度34.92%，月注采比1.29，累计注采比1.33，自然递减9.29%，综合递减7.1%。注水井分注率由59.6%上升至81.2%，注采系统在注水示范区创建以来适应性提高，但分注层段主要以两段为主，需加强多段分注。

7）新井和措施增产效果分析。2021年油井措施工作量实施13井次，年增油1268t，以差异相带补孔效果最好。水井措施工作量实施9井次，以分注、转注、补孔为主，新增注水层段22个，对应油井见效年增油916t。油井新投5口井，以文51－31侧2挖潜相变层剩余油效果最好，该井2021年9月投产，日产油8.3t，年产油1221t。

（3）治理前存在的主要问题

1）层间差异大，水驱动用不均衡。渗透率级差大，层间矛盾突出；水井分注率虽然较高，但以两段为主，需加强多段分注，进一步提高各小层水驱动用程度。

2）平面上沉积微相变化快，矢量井网完善难度大。水下分支河道展布存在不确定性，在平面上单成因砂体窄、薄，井间河道描述及预测难度大，相控剩余油分布模式还有待细化研究。

（4）油藏治理的主要做法

1）通过调整、侧钻重构井网，挖潜相控剩余油。在井间薄砂体研究的基础上，应用相控注采调整技术，建立单砂体相控井网，有效解决相变快、注采完善难度大的问题。逐步在濮24断层高部位建立沙二下5^5小河道注采井网，配套完善水井5口，实施侧钻井5口，平均单井日产油12.6t，累计增油8510t。

2）应用三级细分技术，重组开发层系。细分重组一类层、二三类层2套井网，渗透率级差由8～14倍减小到5～7倍，层间剩余油得到有效动用。实施细分注水15井次，其中4in套同心测调6井次，对应油井含水率下降1.2个百分点，累计增油1206t。

（5）治理效果分析

整体开发形势呈现“两升、三降、两减缓”，即日产液量、日产油量上升，含水率、日注水量、动液面下降，双递减大幅减缓（图4－13）。

水驱开发效果变好，注采对应率提升1.9个百分点，分注率提升4.4个百分点，水驱控制程度增加1.7个百分点，水驱动用程度增加3.4个百分点；含水率与采出程度的关系曲线向45%的理论采收率偏移，油藏注水利用率大幅提升（图4－14，图中*ER*为采收率）。

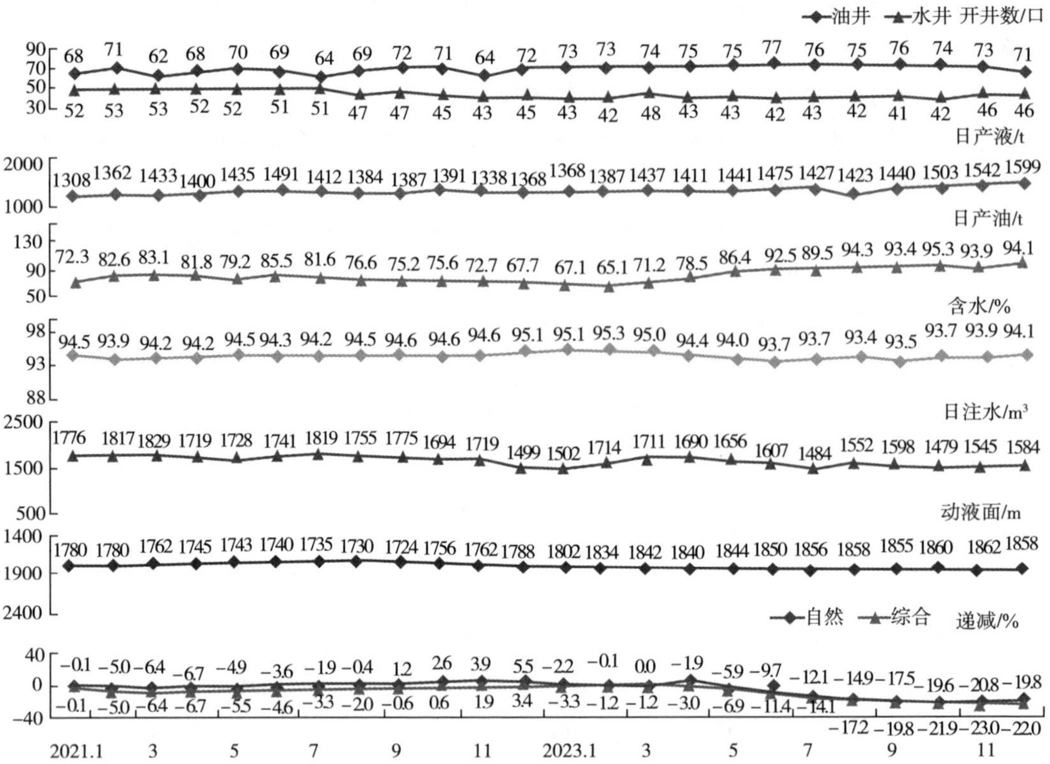

图 4－13　文 51 块 2022—2023 年开发曲线

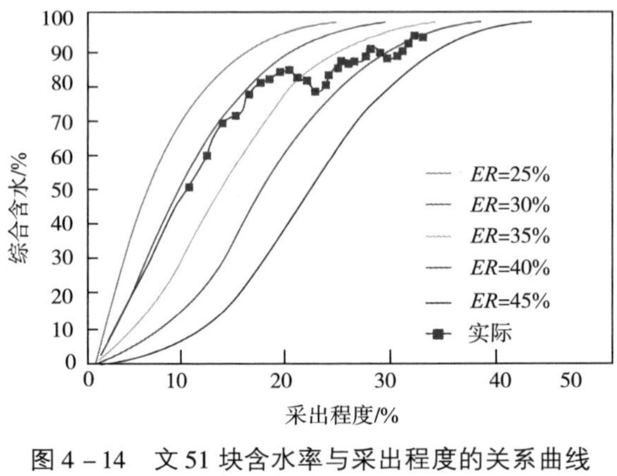

图 4－14　文 51 块含水率与采出程度的关系曲线

第三节　油藏动态监测

油藏动态监测是指运用测量、测试、测井、密闭取心、分析化验等手段和方法，获取油藏开发过程中静态和动态信息，为油藏开发动态分析、调整挖潜和提高油田开发效果提供第一手资料。油藏动态监测资料是通过生产试井、生产测井、流体性质监测录取的，其中生产测井又称开发测井，是指开发井在开发过程中采用各种测试仪器进行井下测试以获取地层信息，主要包括吸水剖面测井、产出剖面测井、剩余油饱和度测井、工程测井及地层参数测井等5项内容。

一、水井吸水剖面监测

吸水剖面测井是指为了解注水井每个注水层段或单层的吸水状况等，在一定的注水压力和注水量的条件下而进行的测井。主要采用同位素示踪测井、中子氧活化测井等方法测得每个小层(层段)的吸水量，一般用相对吸水量表示，即用分层吸水量与全井吸水量的比值表示，通常把每次吸水剖面成果绘制成柱状图形式表示，方便直观展示及多次吸水剖面吸水情况对比。

同位素示踪测井针对不同渗透率地层选择不同的测井系列。常压中渗储层(注水量大于30m³/d，注水压力小于25MPa)注水井进行吸水剖面测井时，一般采用三参数(磁定位、井温、自然伽马)同位素进行测井；中压低渗储层(注水量小于等于30m³/d，注水压力在25～35MPa)注水井进行吸水剖面测井时，采用五参数(磁定位、井温、自然伽马、压力、流量计)同位素进行测井；高压低渗储层(注水压力在35MPa以上)的注水井，由于井口压力大的原因，一般采用存储式三参数组合测井仪进行测井。图4－15a为文56－8井同位素测吸水剖面成果，通过测井前监测自然伽马本底，释放同位素后再监测放射性同位素，计算两者之间的包络面积，包络面积的大小即反映相对吸水量多少。

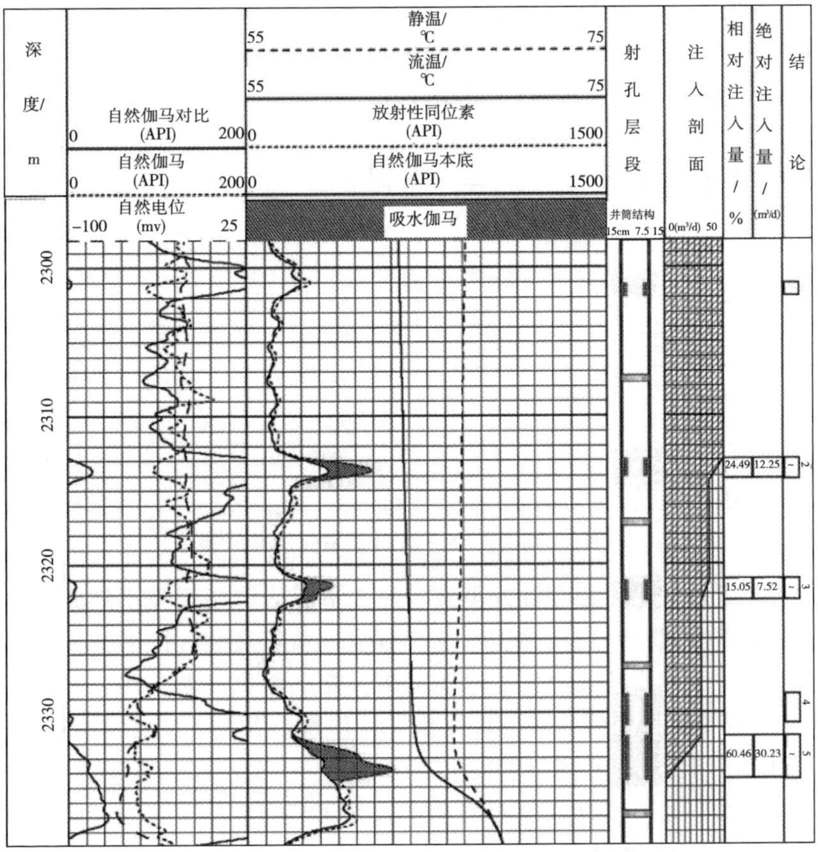

图4－15a　文56－8井同位素测井成果

氧活化测井主要为注水井水流测井，能同时测量油管和套管内的水流速度以及水流方向，主要用于吸水剖面测量、大孔道层定量解释、检查封隔器的密闭性或检查漏失、管外窜等。图 4－15b 为文 65－18 井氧活化测吸水剖面成果，通过定点监测井筒内水流情况，确定某一个层的吸水状况，全井注入量为 170.6m³/d，在 3 号层以上及以下定点测得流量均为 170.6m³/d，说明该层不吸水；在 6 号层以下定点测得流量为 0，说明水量全部进入 6 号层。

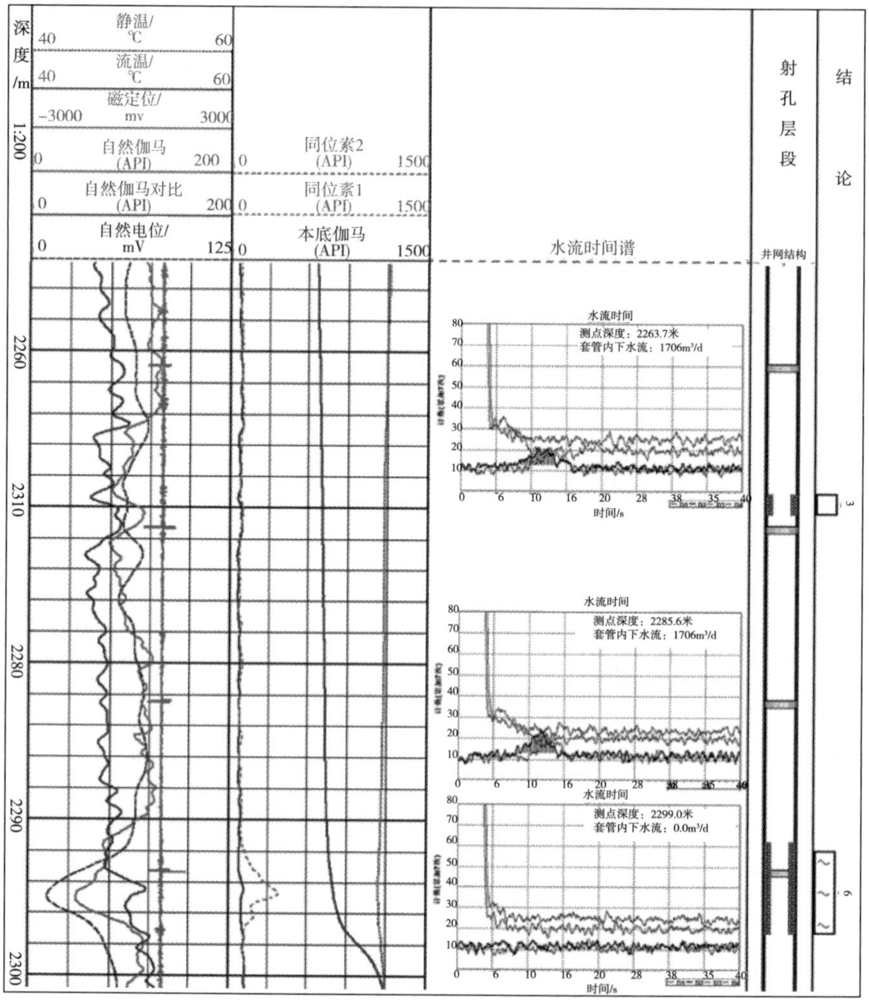

图 4－15b　文 65－18 井氧活化测井成果

在油藏注水开发过程中，根据油井见效、见水情况，定期测吸水剖面，掌握分层水驱动用状况，及时调整分层注水层段和注水量，对强吸水层采取调控措施，对动用程度低的层加强注水，不断扩大注水波及，增加水驱动用，控制油井含水上升。

典型井例 1：明 498 井为明 6 块一口注水井，注水层位沙三上 1 砂组，29.9m/9n，一级二段注水，2022 年 12 月 5 日同位素吸水剖面显示，主吸水层为沙三上 1(33#)相对吸水 66%。依据吸水剖面，2023 年 7 月 9 日对明 498 井实施细分，调整为二级三段注水，控制沙三上 1(33#)注水量，强化沙三上 1 弱吸水和不吸水层注水，调整后吸水剖面明显改善，对应油井明 487 侧 1、明 6 侧 1 先后见效，井组日增油 3.8t(图 4－16)。

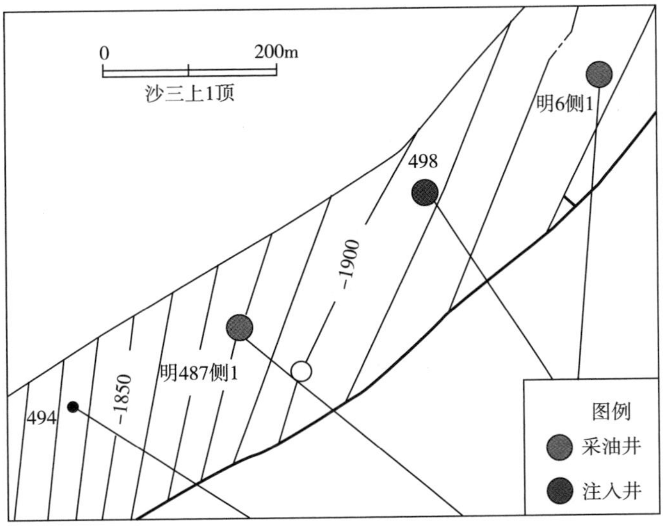

图 4－16a　明 498 井区构造

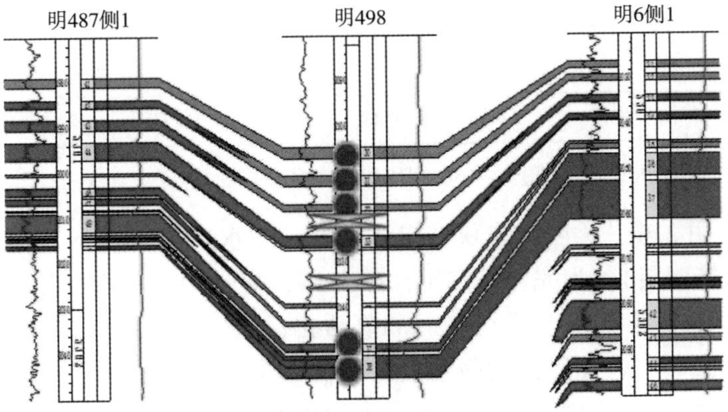

图 4－16b　明 498 井组连通情况

层位	电解序号	测试日期：2022.12.5 油压/MPa：14 日注／m^3：50	测试日期：2023.9.13 油压/MPa：19 日注／m^3：30
三上1	30		
三上1	31	10.29%	21.40%
三上1	32	23.71%	19.70%
三上1	33	66%	15.46%
三上1	34		
三上1	35扩		
三上1	36		
三上1	37		16.50%
三上1	38		26.94%

图 4－16c　明 498 井措施前后吸水剖面

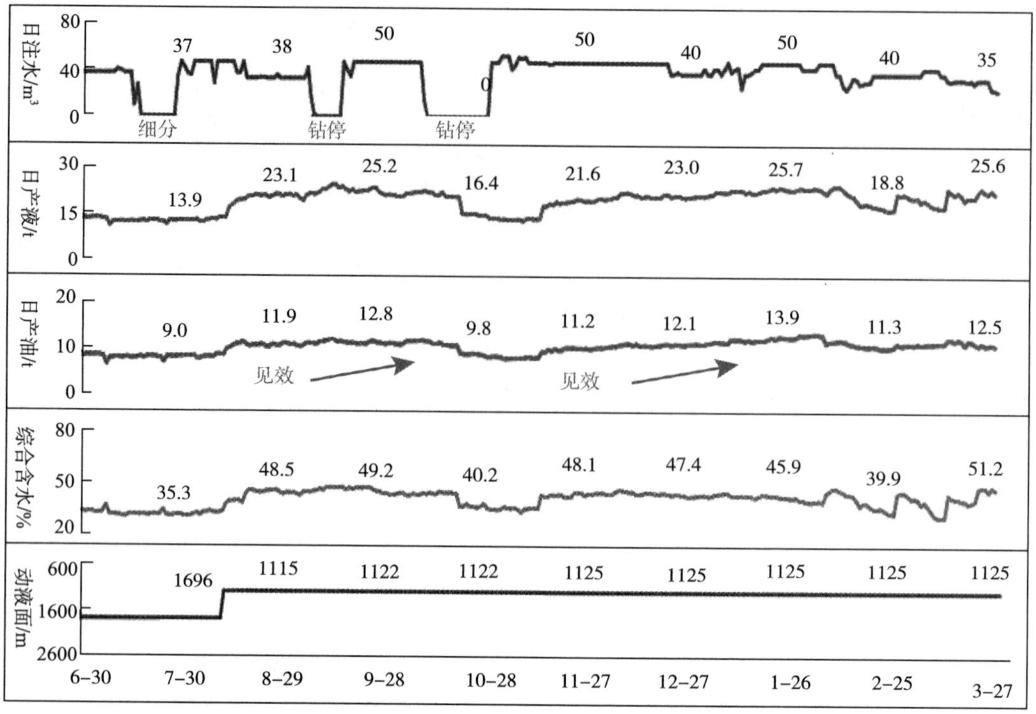

图 4－16d　明 498 井组注采曲线

典型井例 2：明 216 井为明 1 东块一口注水井，注水层位沙二下 2 砂组，4.4m/2n(沙二上 2－6 砂组为挤堵层)。为完善沙二上注采井网，需利用该井恢复沙二上注水，形成二注三采注采井网。2018 年 4 月作业分注时测氧活化，发现原挤堵层失效，挤堵层沙二上 3 砂组相对吸水 74.52%，依据氧活化吸水资料变更原分注方案，由一级二段变更为二级二段，卡封封堵沙二上 3－6 砂组，28.6m/10n，加强偏 1 沙二上 2 砂组，6.6m/4n 注水。实施后对应油井明侧 1－侧 4、明 185 井分别见效，井组见效日增油 3.2t，累计增油 413t(图 4－17)。

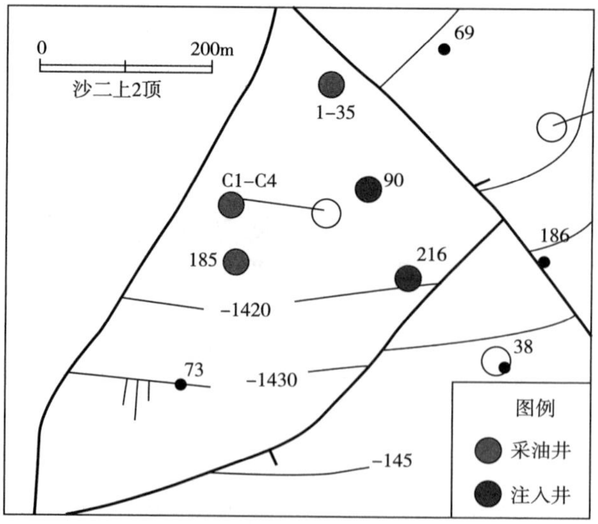

图 4－17a　明 216 井区构造

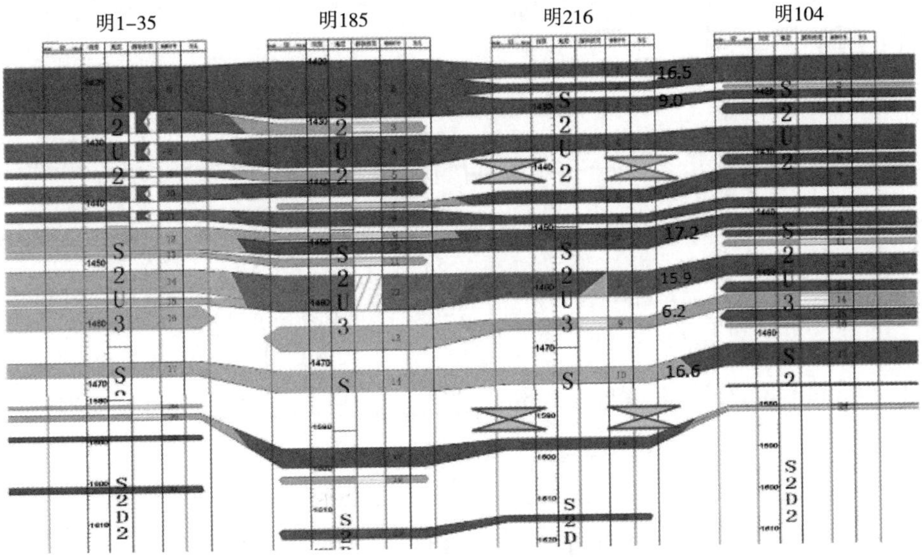

图 4－17b　明 216 井组连通情况

层位	电解序号	备注	测试日期：2018.4.24	测试日期：2018.8.31
			油压/MPa：6.0 日注 / m³：103.6	油压/MPa：13.0 日注 / m³：60
二上$^{2-3}$	1	原挤堵层		20.10%
	2	原挤堵层		8.20%
	3	原挤堵层		
	4	原挤堵层		
	5	原挤堵层		10.20%
	6	原挤堵层		16.50%
	7	原挤堵层		
	8	原挤堵层		
	9	原挤堵层	74.52%	
二上^{4}	10	原挤堵层		
	未解	原挤堵层		
	未解	原挤堵层		
	11	原挤堵层		
二上^{5}	未解	原挤堵层		
	未解	原挤堵层		
	未解	原挤堵层		
	未解	原挤堵层		
沙二下^{2}	11			45%
	12		25.48%	

图 4－17c　明 216 井措施前后吸水剖面

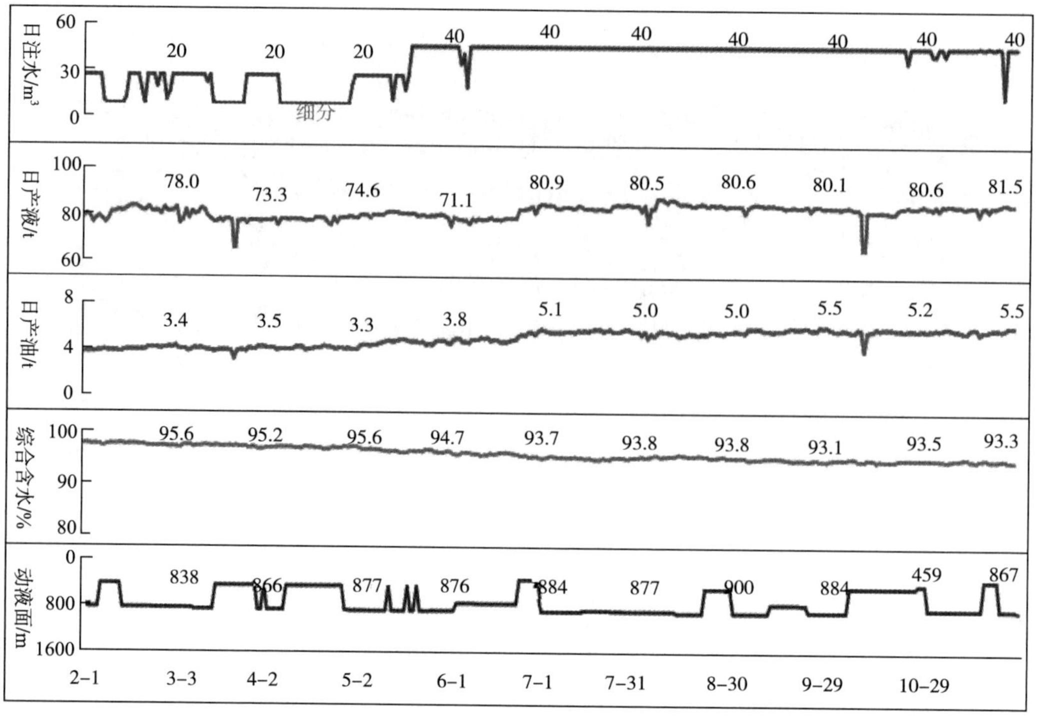

图 4－17d　明 216 井组注采曲线

二、油井产出剖面监测

产出剖面测井是指在采油井生产过程中，为了解每个小层的出油情况、见水状况及压力变化所进行的测井。测量的基本参数为流量和持水率，根据各层间流量和持水率观测值可以分别算出各层的产油量和产水量。根据生产井的产出剖面，可以判断出水层段及产水能力，监测生产层的动用和水淹情况，为油井采取措施(如堵水、压裂等)和对应水井调整配注方案提供依据。主要有自喷井产出剖面测井、抽油机井产出剖面测井、气举找水测井等。

典型井例 1：抽油机井产出剖面测井。明 380 井为明 6 块一口油井，生产层位沙三上 4 砂组沙三中 1－5 砂组，29.0m/14n，日产液量 61.8t，日产油 1.8t，含水率 97.2%。2008 年 8 月 1 日测产出剖面，资料显示 30#～31#、36#层主产水，15#、24#层是次产层液量较低，其余层不产。依据产出剖面资料实施打塞堵水，封堵沙三中 5 砂组，30#～32#、35#～36#层，12.1m/5n，实施后油井日产液 8.8t，日产油 3.6t，含水率 58%，取得了较好的降水增油效果(图 4－18)。

层位	解释层号	测井日期：2008.8.1			
		产油/t	产水/t	产液/t	评价结果
三上^4	14				不产
三上^4	15	0.2	5.50	5.70	微产
三中^1	18				不产
三中^1	20				不产
三中^4	24	0.5	4.20	4.70	微产
三中^4	25				不产
三中^4	26				不产
三中^4	27				不产
三中^4	28				不产
三中^5	30	0.5	19.80	20.30	主产
三中^5	31	0.6	17.40	18.00	主产
三中^5	32				不产
三中^5	35				不产
三中^5	36		22.80	22.80	产水
	小计	1.8	60.00	61.80	

图 4-18a 明 380 井产出剖面

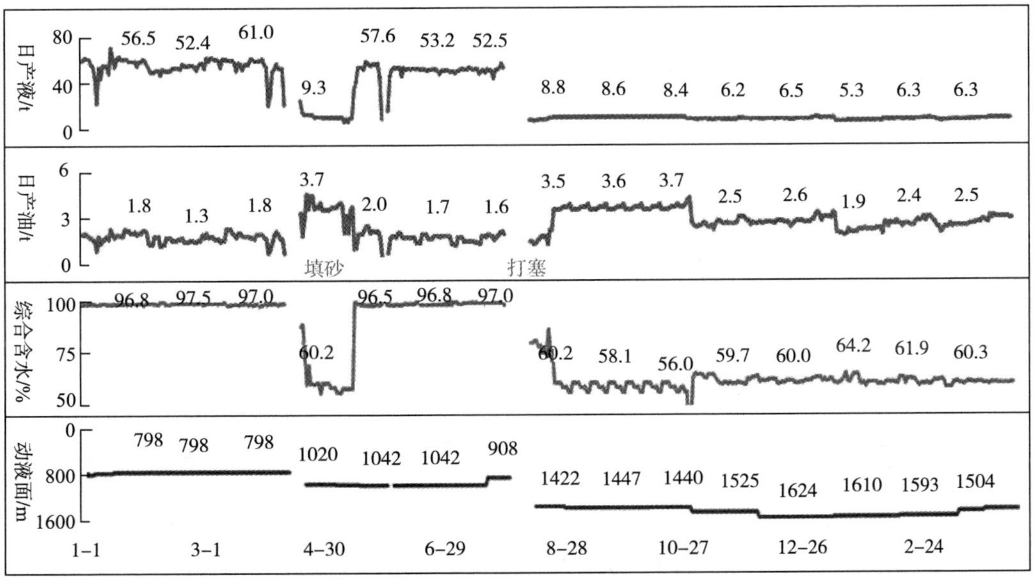

图 4-18b 明 380 井采油曲线

典型井例 2：气举找水测井。卫 77-11 井为卫 77 块三叠系油井，生产层位三叠系，日产液 50.8t，日产油 0.9t，含水率 98.2%。2008 年 8 月作业氮气气举找水，资料显示下部的 41$^{\#}$ ~47$^{\#}$层是主产层，而上部的 36$^{\#}$ ~38$^{\#}$层受层间干扰不产。依据产出剖面资料实施打塞堵水，封堵三叠系 41$^{\#}$ ~47$^{\#}$层，19.5m/7n，重炮 36$^{\#}$ ~38$^{\#}$层，6.8m/3n，实施后日产液 25.2t，日产油 13.6t，含水率 46%，降水、增油效果显著(图 4-19)。

层位	解释层号	测井日期：2008.8.12			
		产油/t	产水/t	产液/t	评价结果
三叠系	36				
三叠系	37				
三叠系	38				
三叠系	40				
三叠系	41	0.5	12	12.5	主产
三叠系	42				
三叠系	43	0.4	11.2	11.6	主产
三叠系	44				
三叠系	45		6.2	6.2	产水
三叠系	46		12.4	12.4	产水
三叠系	47		8.0	8.0	产水
	小计	0.9	49.8	50.7	

图 4－19a　卫 77－11 井气举产出剖面

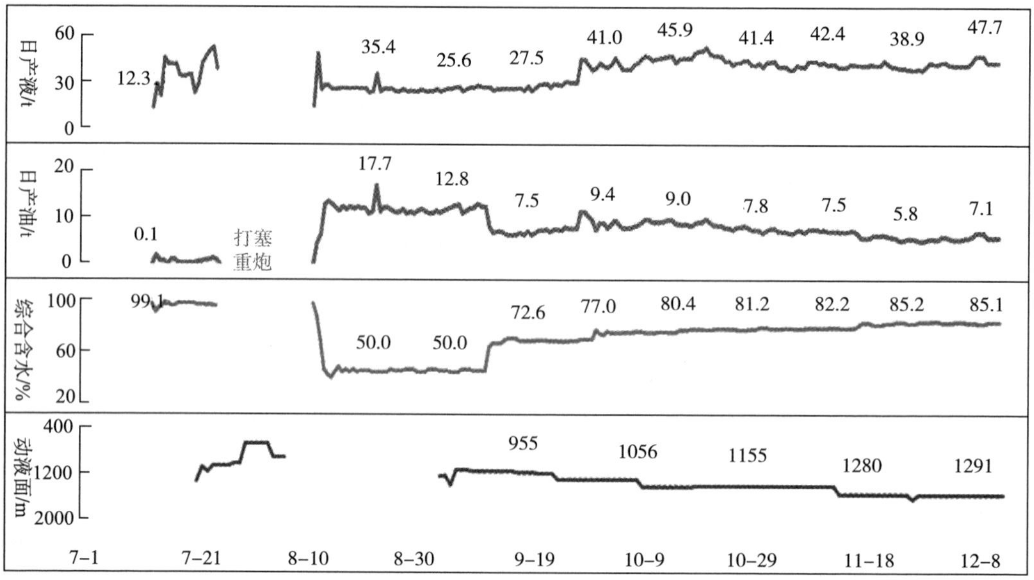

图 4－19b　卫 77－11 井采油曲线

三、剩余油监测

随着油田注水开发时间的延长，采出程度的提高，油层逐步水淹，需要开展加密调整、措施挖潜来提高最终采收率，要详细分析油层水淹情况，精细剩余油认识，因此，剩余油监测工作尤为重要。目前常用的剩余油监测技术包含 TNIS 技术、PNN 测井技术、PSSL 测井技术和四中子技术、高精度碳氧比（C/O）测井技术等。

1. 过套管成像

过套管成像测井仪（TNIS）以探测发射到地层中的快中子热化为热中子而未被地层俘获的热中子计数率，以此可以分析地层中不同岩性、流体对于热中子的俘获能力，即可评价出地层岩性、辨析流体性质、评价储层含水饱和度等地质特征。该技术主要应用于新、老井在“套后”进行饱和度监测，可以采用过油套管来评价储层的物性、岩性和含油性。TNIS技术是生产测井中核谱成像的开端，可应用于气井、油井(稠油井)、水平井、特殊岩性(致密砂岩、碳酸盐岩、火成岩)井中。

2. PNN测井

PNN测井仪是脉冲中子－中子测井仪的简称，是一种用于油田开发生产的饱和度测井仪器。PNN测井技术的原理是通过中子发生器向地层发射快中子，这些快中子与地层中的各种元素发生非弹性、弹性散射后被慢化为能量为0.025eV左右的热中子。PNN仪器利用2个探测器记录从快中子束发射后的热中子衰减过程中的剩余热中子数，生成热中子时间衰减谱，从而有效地求取地层的宏观俘获截面。该项技术在低矿化度、低孔隙度油藏的应用中有一定的优势。

3. 脉冲中子全谱饱和度(PSSL)

脉冲中子全谱饱和度(PSSL)测井技术是一种套管井剩余油饱和度测井技术，通过PSSL测井仪向地层发射高能快中子，并测量地层元素释放出的不同伽马射线来评价地层及流体的构成。其工作原理基于中子与岩石的相互作用，通过测量地层元素释放出的伽马射线，可以分析地层的岩性、孔隙度以及含油饱和度等关键参数。此外，该仪器还能提供岩性分析、孔隙分析信息，以及地层水矿化度识别信息，为油田开发提供重要的地质资料。

4. 四中子测井技术

四中子测井技术的测量原理是利用AmBe241中子源，结合中子－中子和中子－伽马测量双物理过程，探测地层和流体信息。主要应用于裸眼数据补充、套后储层评价、油田开发动态监测(剩余油评价)等。

5. 高精度碳氧比(C/O)测井技术

高精度碳氧比(C/O)测井技术是通过探测地层中碳元素和氧元素的中子伽马射线能谱特征差异，结合先进的地层物理模型，能够定量计算含油饱和度。其原理基于中子与地层元素发生非弹性散射和俘获反应后释放特征伽马射线的能谱差异。通过向地层发射快中子束，仪器探测中子与地层中碳、氧等原子核相互作用产生的非弹性散射伽马射线。由于碳元素主要存在于油气中，而氧元素富集于水相，通过分析碳(C)和氧(O)特征能量窗口的伽马射线计数比(C/O比)，可间接反映储层含油饱和度。实际应用中需结合井径、岩性等环境校正，并利用时间谱分析技术消除井内流体干扰，最终通过解释模型将C/O比转化为含油饱和度参数，为剩余油分布评价和开发调整提供依据。

典型井例1：PSSL全能谱饱和度测井。濮气10井位于濮城油田西区沙二下，通过研究认为濮气10井沙二下5(33#～34#)小层发育窄小河道，且井区濮2－侧71井该小层历史上吸水，分析认为剩余油较为富集，能量比较充足，同时结合PSSL全能谱饱和度测井资料，对濮气10井的该小层实施补孔挖潜，实施后初期日产油稳定在7.1t左右，累计增油503t(图4－20)。

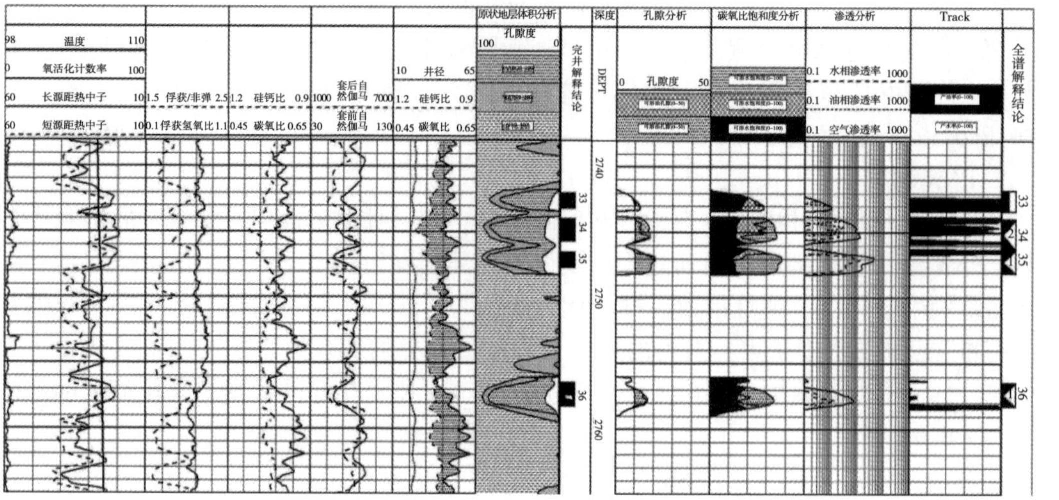

图 4－20a　濮气 10 井全能谱饱和度测井成果

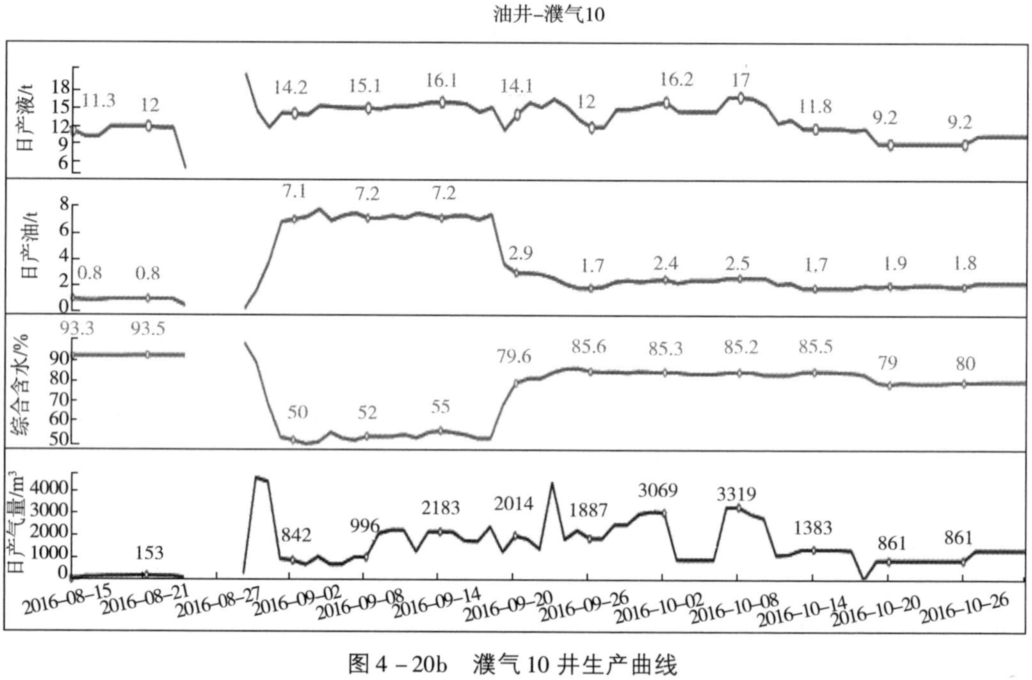

图 4－20b　濮气 10 井生产曲线

典型井例 2：PNN 饱和度测井。濮 3－411 井组位于濮城油田南区沙二下油藏，井组内低效油井新濮 3－54 转注培养沙二下 3 砂组，对应油井濮侧 3－96 和濮 3－175 先后见效日增油 1.7t，濮 3－411 井 PNN 饱和度测井资料显示沙二下 3(26#～31#) 为二、三级水淹层，具备补孔潜力，对其实施补孔措施，初期自喷生产，日产油 7.0t(图 4－21)。

典型井例 3：高精度 C/O 测井。油井明 385 井位于明一西南部，生产层位沙三上 4 沙三下 2 砂组，13.9m/4n，日产液 36.2t，日产油 0.2t，综合含水率 99.5%。2008 年 3 月测高精度 C/O 资料，进行剩余油解释，解释显示目前生产层沙三上 4 砂组(50#～53#)、沙三下 2 砂组(72#)层为高含水层，而沙三中 7 砂组(62#)原电测解释的 1 级水淹层，高精度 C/O 资料解释为 4 级水淹，顶部剩余油富集。2008 年 3 月 7 日打塞封堵沙三下 2，7.2m/

1n，卡封封堵沙三上4，6.7m/3n，射孔62#顶部，2.7m/1n，措施后日产液20.5t，日产油5.1t，综合含水率75.1%，日增油4.9t(图4-22)。

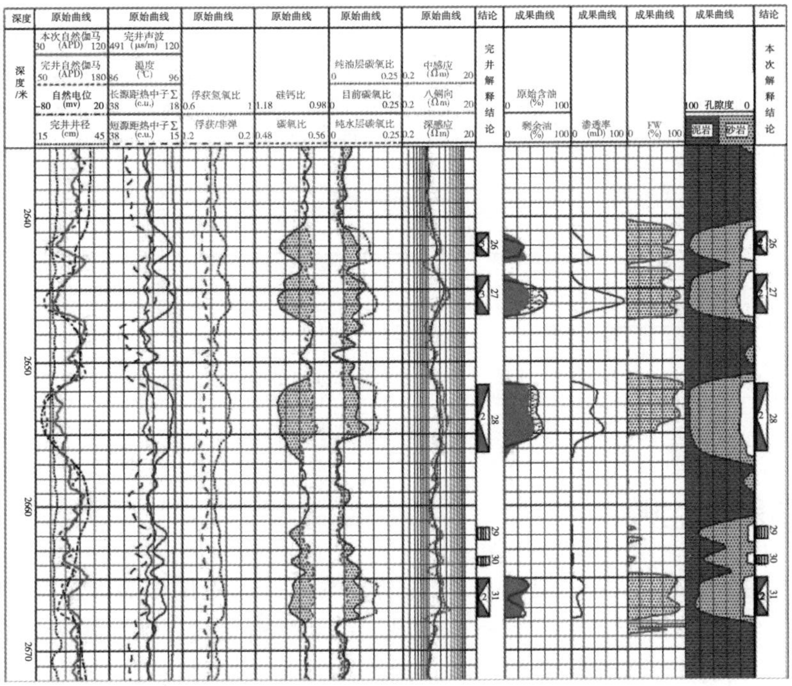

图4-21　濮3-411井PNN饱和度测井成果

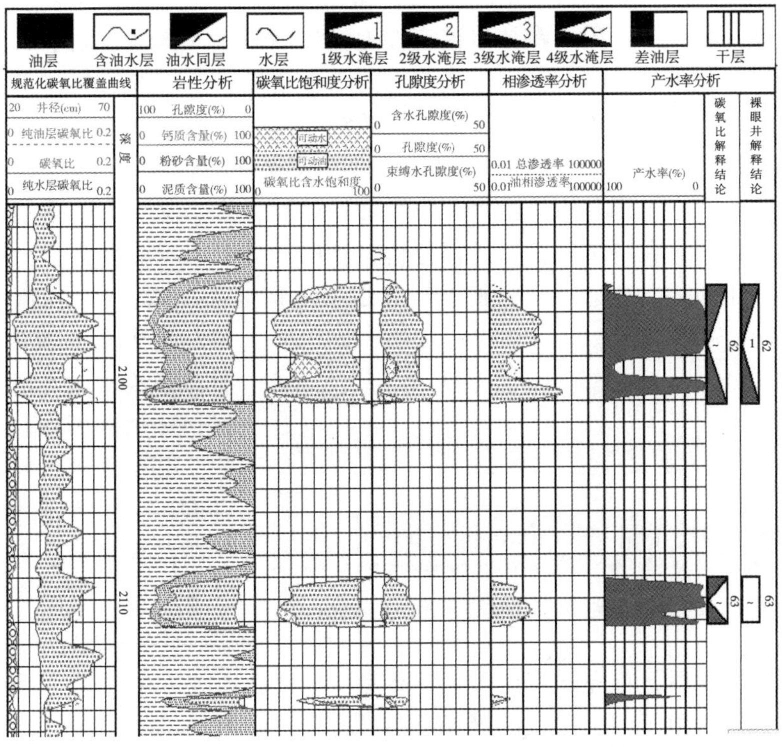

图4-22a　明385井高精度碳氧比能谱测井成果

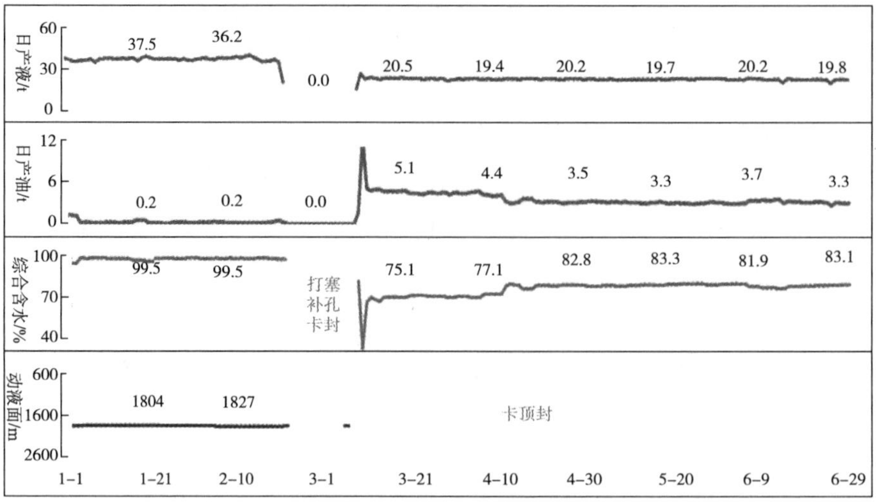

图 4 - 22b　明 385 井采油曲线

四、示踪剂监测

示踪剂监测技术是指从注入井注入示踪剂，然后按一定的取样规定在周围产出井取样，监测其产出情况，对样品进行分析，得出示踪剂产出曲线，然后进行拟合，反映注水开发过程中油水井的连通情况，掌握注入水的推进方向、驱替速度、波及面积以及储层非均质性和剩余油饱和度分布等，从而指导井组和油藏开发后期的调整治理。为准确判断复杂断块油藏的注采对应关系以及调剖(调驱)、堵水工作的开展，示踪剂监测技术在中原油田得到广泛应用。早期的油田示踪技术仅定性地描述油藏注入流体在地下运动方向和储层非均质特性，随着技术的进步和油田开发需求的日益增加，示踪剂监测技术已逐步成为油田二次采油和三次采油过程中一种重要的油藏监测手段。

井间监测技术的基本原理是参照监测井组的有关动静态资料，设计监测方案，选择、制备合适的示踪剂，在监测井组的注水井中投加示踪剂，按照制定的取样制度，在周围生产油井中取样、制样，在特定实验室进行分析，获取样品中的示踪剂含量，同时绘制出生产井的示踪剂采出曲线，通过综合分析监测井组的示踪剂采出曲线和动静态等相关资料，最终得到注入流体的运动方向、推进速度、波及情况等信息。并通过数值分析求取油层的物性参数，利用得到物性参数可以描述油藏，分析确定油层内有无高渗条带或大孔道，为选择适用的堵剂和制定合理的调堵方案提供依据(图 4 - 23)。

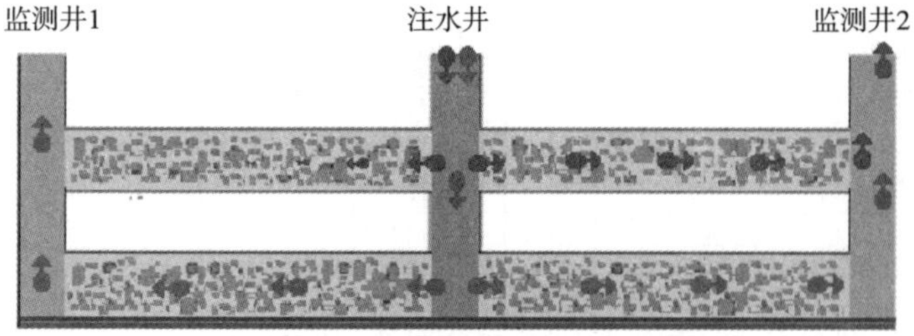

图 4 - 23　井间监测测试过程示意

示踪剂注入水井后，首先随着注入水沿高渗层或大孔道突入生产井，示踪剂的产出曲线会出现峰值，同时由于储层参数的展布和注采动态的不同，曲线的形状也会有所不同。典型的示踪剂产出曲线如下(图 4 - 24)。

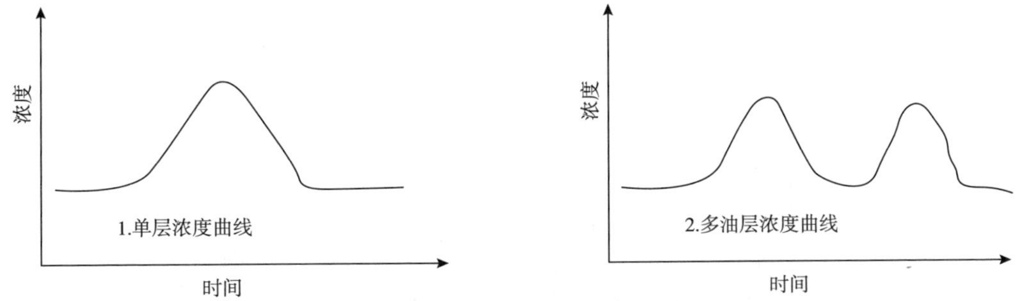

图 4－24　典型的示踪剂产出曲线

示踪剂的选择应满足以下条件：在地层中的背景浓度低，滞留量少，化学稳定性与生物稳定性好，与地层流体配伍性好，检测分析简单，灵敏度高，安全无毒，对测井无影响，货源广、成本低。

典型井例：文 10 块文侧 10－12 井组

1）监测区域基本情况（表 4－7、图 4－25）。井组位于文 10 西块北部，含油层位沙三中 8－11 砂组，含油面积 0.13km^2，对应油井 3 口，井区地质储量 9.42×10^4t，可采储量 4.24×10^4t。2020 年 8 月，文侧 10－12 井注水压力 11.5MPa，日注水量 90m^3，累计注水 24.34×$10^4$$m^3$，井组累计产油 3.64×$10^4$t，剩余地质储量为 5.78×$10^4$t。

表 4－7　监测油井生产现状

井号	工作制度 [泵径 mm×冲程 m×冲次（r/min）]	日产液量/ t	日产油量/ t	含水率/ %	累计产油量/ t	累计产水量/ t
新文 10－79	50×4.8×4.6	40.9	0.9	97.7	8471	144370
文 10－9h	50×4.8×3.6	33.5	0.8	97.6	6679	42280
新文 10－88	57×4.8×3.2	36.9	0.8	97.7	25633	234580

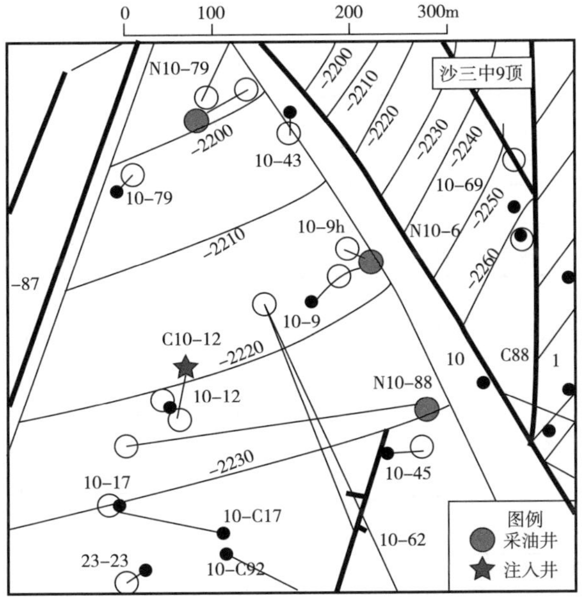

图 4－25a　文侧 10－12 井区构造

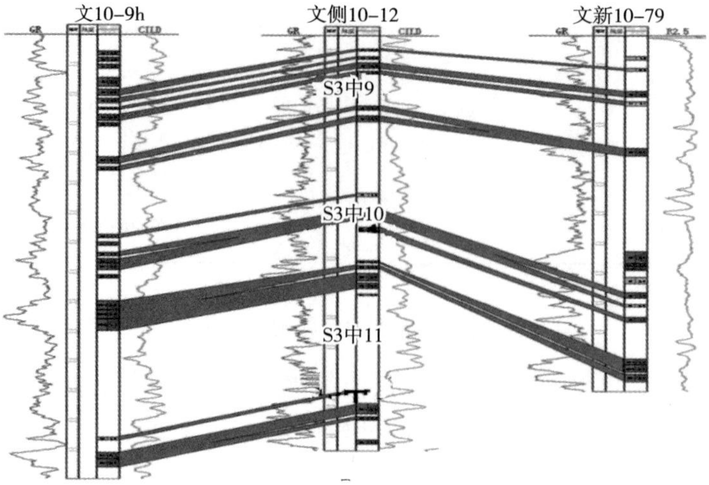

图 4-25b　文侧 10-12 井组连通情况

井组内油井普遍特高含水，产量低，开发效益差。采用示踪剂判断见水方向，对储层的特征进行再认识，对注水后井组的水驱特征进行描述，为后期水井调驱提供依据。

2）示踪剂监测结果。经过为期 62d 的监测，文侧 10-12 井组对应 3 口油井均见到明显的示踪响应（表 4-8、表 4-9 和图 4-26）。

表 4-8　文侧 10-12 注水井组示踪剂响应情况

井组	采油井	井距/m	示踪剂突破时间/d	见剂峰值时间/d	推进速度/(m/d)
文侧 10-12	新文 10-79	225	18	19	12.5
	文 10-9h	190	32	34	5.9
	新文 10-88	280	18	19	15.6

表 4-9　文侧 10-12 井组注入水分配情况

注水井	采油井	注入水分配比例/%	注入水分配量/(m^3/d)
文侧 10-12	新文 10-79	38.2	34.4
	文 10-9h	23.7	21.4
	新文 10-88	38.1	34.2

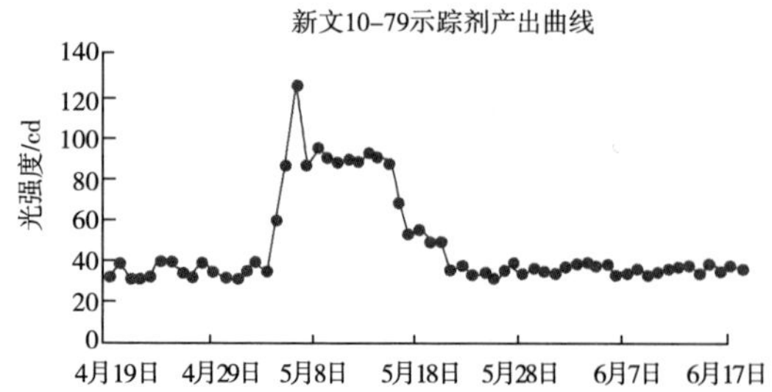

图 4-26a　新文 10-79 井示踪剂产出曲线

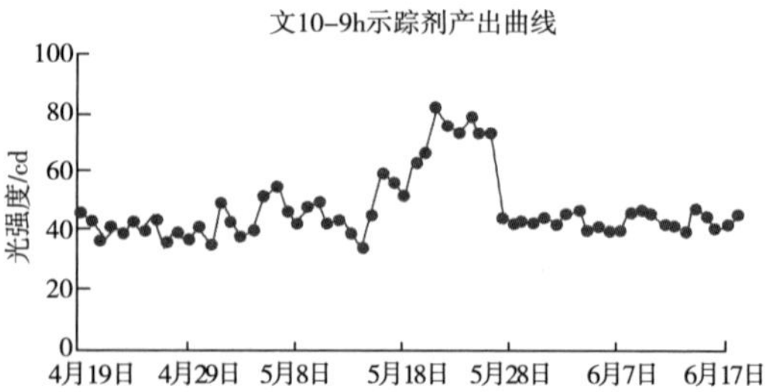

图 4-26b　文 10-9h 井示踪剂产出曲线

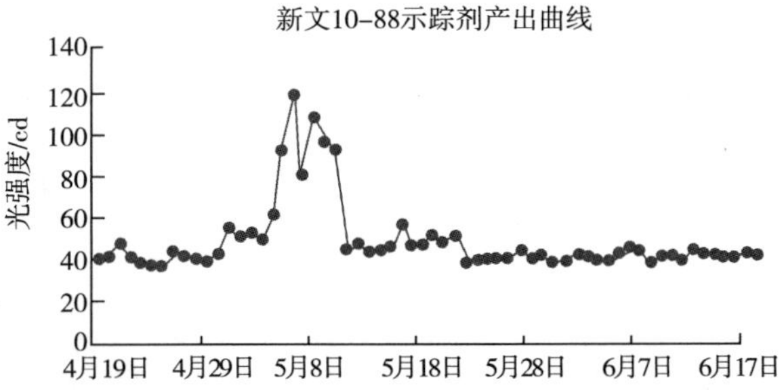

图 4-26c　新文 10-88 井示踪剂产出曲线

3)监测结论。一是水井文侧 10-12 与周围 3 口油井(新文 10-79、文 10-9h、新文 10-88)均有示踪剂动态响应，表明均连通；二是分析认为该井组长期注水冲刷后已形成高渗透条带，即注水优势通道；三是建议对该井组实施深度调驱，抑制高渗透通道的导流能力，扩大注水波及，改善水驱效果。

4)现场应用。2020 年 9 月水井文侧 10-12 井开始调驱，注水压力由 6.0MPa 逐步上升为 13.3MPa，最高为 15MPa，对应油井于 10 月份陆续见效，其中油井新文 10-79 见效后日产油量由 0.9t 升至 4.2t，日增油量达 3.3t。12 月 9 日测吸水剖面显示，剖面得到明显改善，该井组调驱有效期长达 9 个月，井组累计增油 480t(图 4-27)。

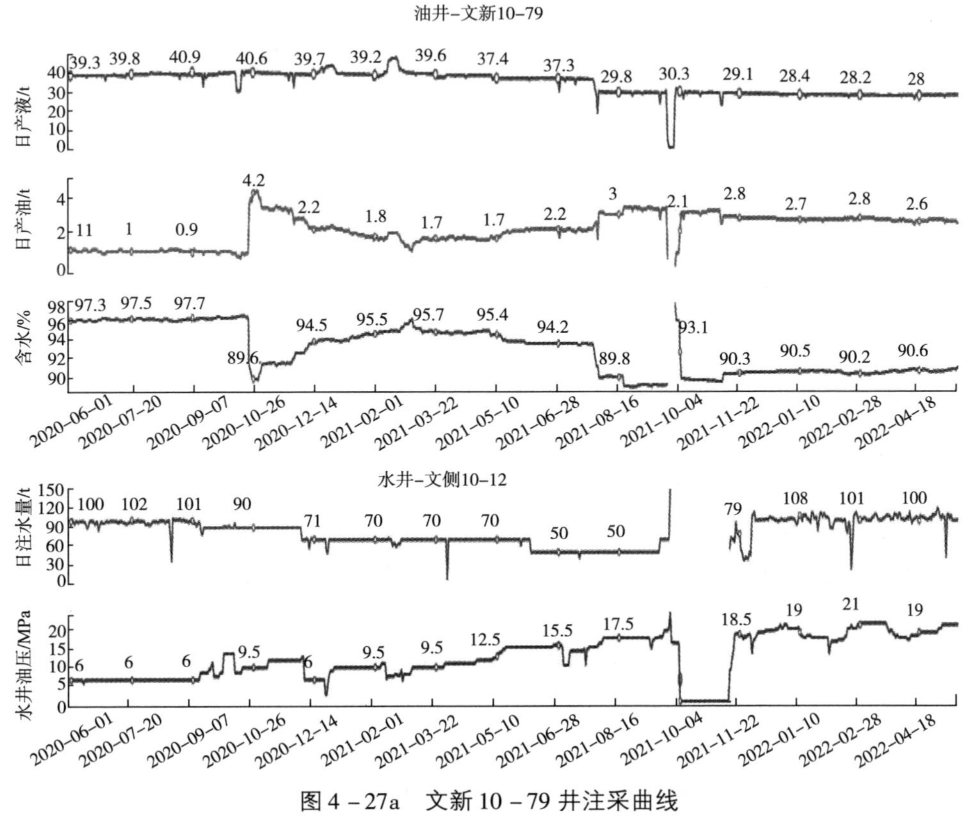

图 4-27a　文新 10-79 井注采曲线

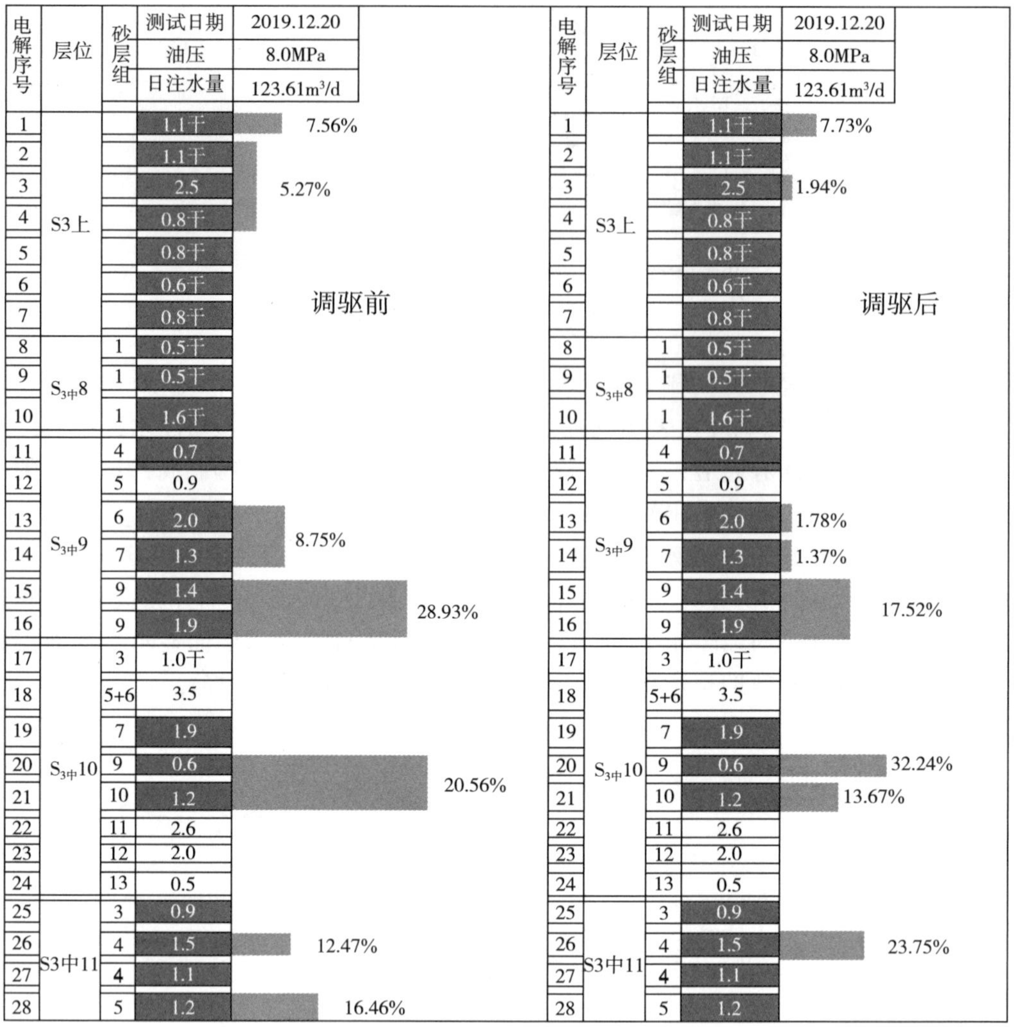

图 4－27b　文侧 10－12 井调驱前后吸水剖面对比

五、能量保持状况监测

油层压力是反映油藏驱动能量大小及分布的重要指标，在实施有效的油藏管理过程中发挥重要作用，油层压力监测和控制在油田开发的整个过程中占有重要地位。压力监测的主要技术方法是压力恢复测试，也是井下各层之间的流动状态达到动态平衡的最终表现。

典型井例：卫 360－79 井组是低渗透油藏压驱先导试验的一个井组。注水井卫 360－79 井压驱注水，注入渗吸剂、转向剂段塞，累注水 10803m^3，压驱后焖井，对应油井卫 360－侧 25 井油压由 8.6MPa 上升至 15.6MPa，套压由 15.3MPa 上升至 21MPa，放喷后压力快速降低，通过压力恢复测试，解释地层压力 34.63MPa，压力系数 1.04，表皮系数 2.15。依据压力恢复测试成果，对应油井卫 360－侧 25 井实施酸化解堵后日增液 17.5t，日增油 2.3t(图 4－28)。

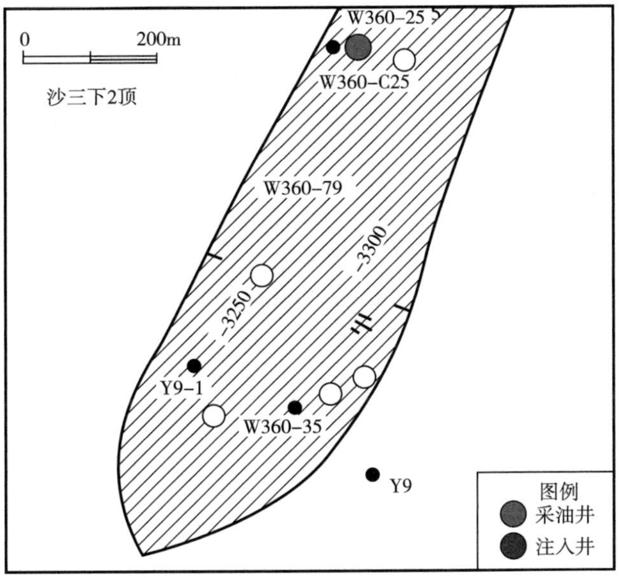

图 4－28a　卫 360－79 井区构造

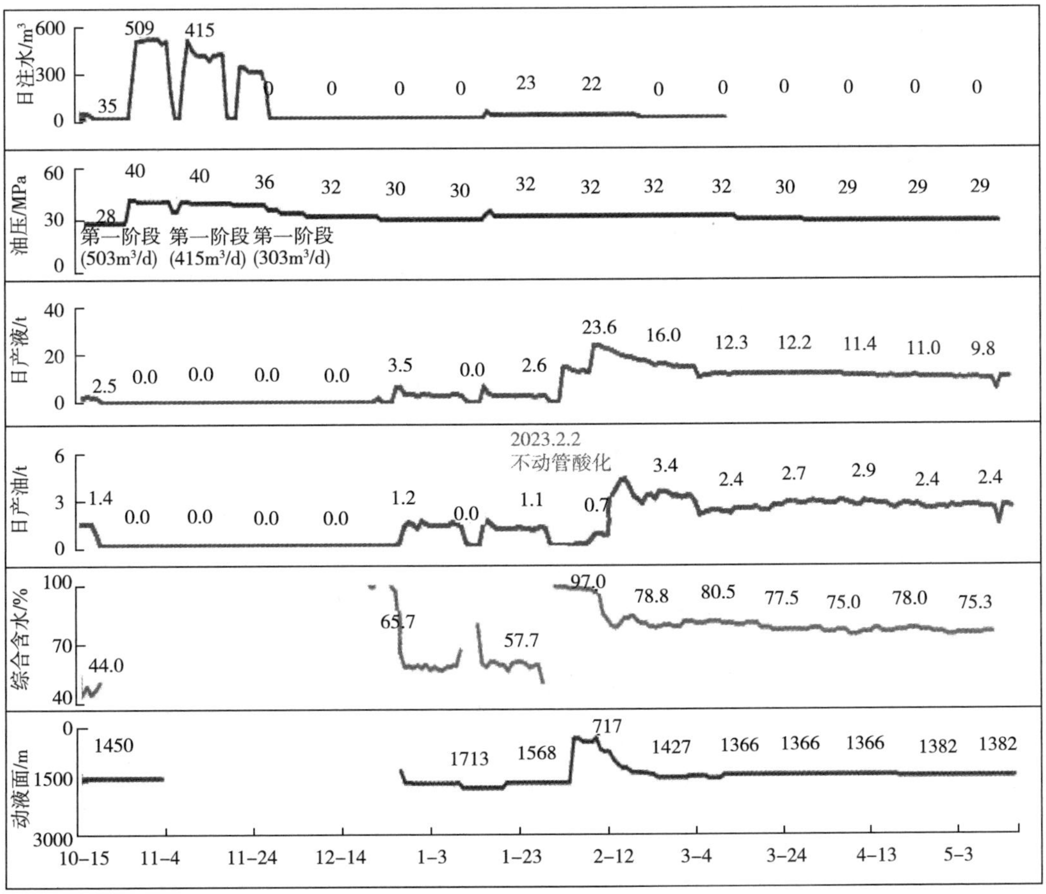

图 4－28b　卫 360－79 井组注采曲线

六、井下技术状况监测

井下技术状况监测是为了确保油、气、水井的正常运行和生产效率，通过测量和分析井下的各种技术参数，及时发现并解决潜在的问题。测井内容主要包括管柱(井下工具等)深度、套管损坏(包含井径变化、套管腐蚀等)、射孔质量、固井质量、管外窜槽位置等。目前主要应用的测井技术有磁定位、井温、自然伽马、流量计、氧活化、同位素或化学示踪剂、电磁探伤、多臂井径、SBT 固井质量测井、井下电视、裂缝监测等，这些技术通常进行组合应用，获取更多的资料信息，提升资料精度和准确性。

1. 管柱(井下工具等)深度监测

为确保井下管柱的位置和深度正确，需要进行管柱(井下工具等)深度的测量。包括管柱深度、井下封隔器位置、油管或套管节箍位置、射孔深度和质量检测、井底或砂面深度等，应用主要技术为磁定位测井、自然伽马测井，这两项技术也是目前油藏动态监测资料深度校正的基础，应用非常成熟普遍。

2. 套管损坏监测

套管损坏包括变形、腐蚀、磨损、孔洞、破裂、错断和漏失等，这些损坏可能会影响井的正常生产和安全性。主要应用的监测技术有多臂井径、电磁探伤、井下电视等，对于是否存在漏失，可采用井温、流量计、同位素示踪、氧活化、频谱噪声测井等技术。

(1)臂井径和电磁探伤测井

该技术是目前应用于套管损坏监测的主要技术。多臂井径(16 臂、18 臂、24 臂、36 臂和 40 臂)成像测井技术 + 电磁探伤组合测井，优势互补，全面、快速提高井况检测准确性和检测效率。能有效提供套管内壁技术状况资料，对套管损坏状况给出评价，为油气水井利用、作业大修和实施分采分注提供技术支持。

典型井例：文 13 - 65 井储气库拟利用井，测试结果显示拟利用井段 3157.0 ~ 3163.0m 套管变形严重，分析下一步有错断风险，后该井由利用措施变更为封井(图 4 - 29)。

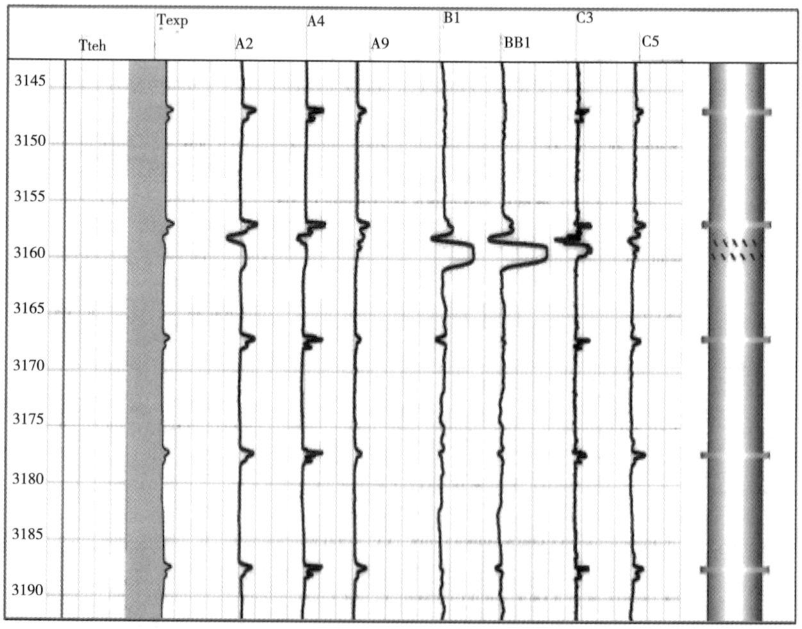

图 4 - 29a　文 13 - 65 井电磁探伤测井

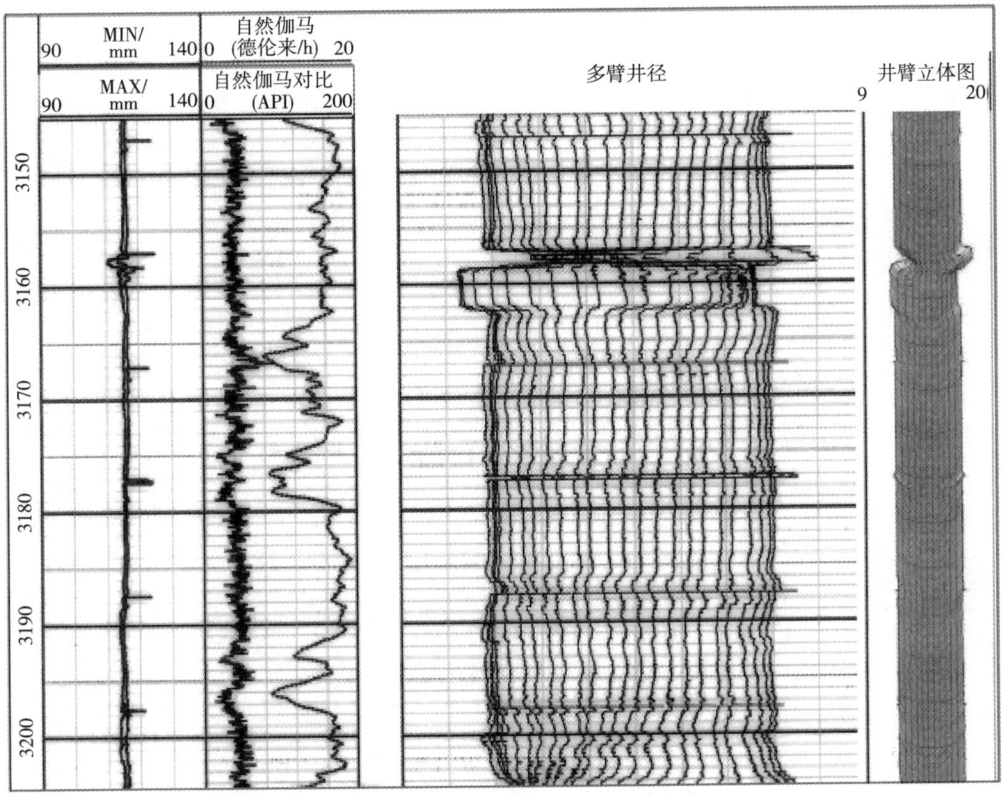

图4－29b 文13－65井多臂井径测井

(2)井下电视

它是基于现代井下高清视频采集、编码、存储以及测井电缆高速传输技术实时获取井下彩色高清视频，通过直接观测和视频分析掌握井下真实状况的一种井筒检测智能视觉技术。其核心技术特征表现在智能目标识别、智能分析测量、智能实景三维建模。

(3)固井质量监测

该技术包含新井(侧钻井)、下4in套固井后射孔前固井质量检查评价和生产中进行固井质量复测检查。主要方法有水泥胶结测井(CBL)、声波变密度测井(VDL)、扇区水泥胶结测井(SBT)方法。目前主要应用SBT测井方法，它除了具有常规CBL/VDL测井的全部功能外，还具有(声幅或衰减率)扇区成像功能。能够直观详细展现纵向与横向水泥胶结细微变化情况，SBT测井不受水泥空隙、快速地层、外层套管、泥浆性能变化等诸多因素的影响，且能了解水泥沟槽大小、形状、相对位置，克服了常规声幅和变密度测井评价固井质量时的多解性，有效地提高固井质量解释的准确性(图4－30)。

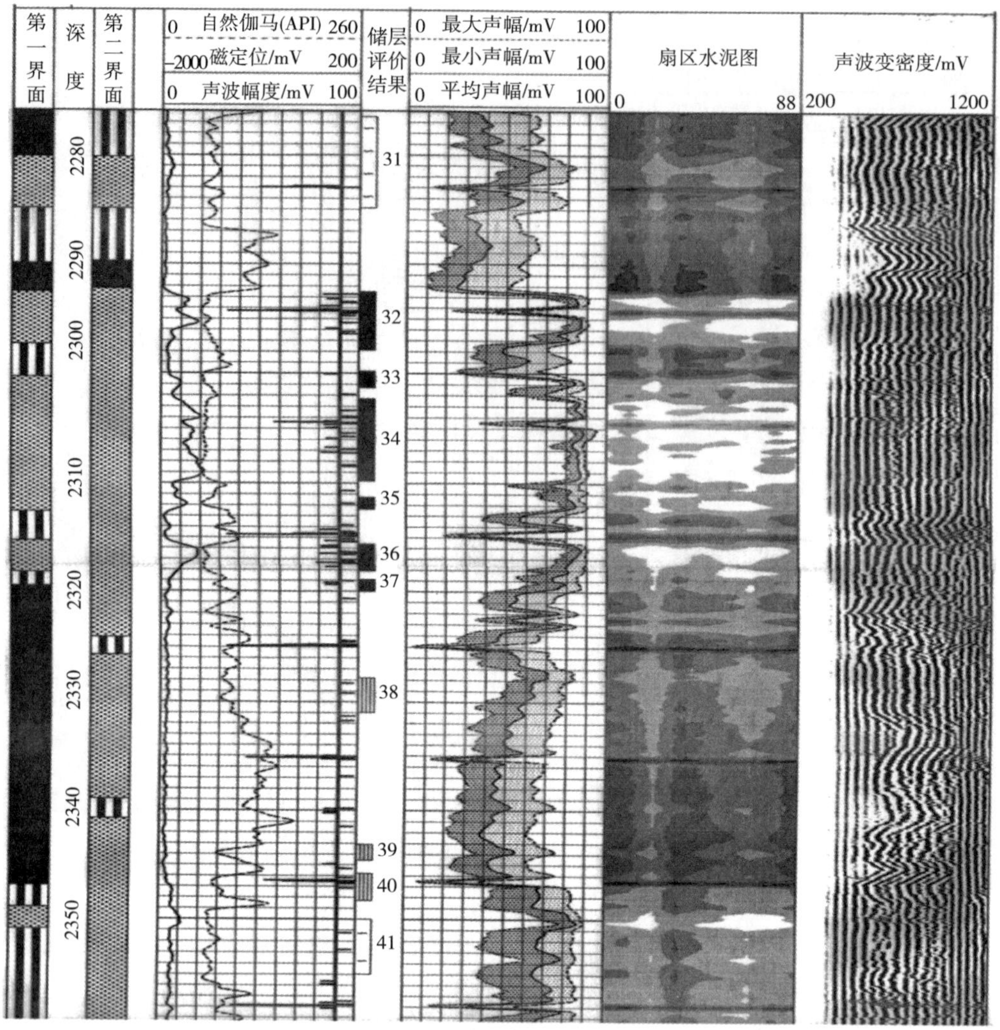

图 4－30　SBT 固井质量成果

扇区水泥胶结测井(SBT)固井质量评价图自左向右分为 8 道。第 1 道：显示第一界面(套管与水泥环)的胶结质量；第 2 道：显示测井资料深度；第 3 道：显示第二界面(地层与水泥环)的胶结质量；第 4 道：显示 GR、CAL、CCL、CBL 曲线。GR 曲线用于与裸眼资料校深确定深度，CAL 为裸眼所测曲线，CAL 与钻头直径分析井眼扩径与变化情况，CCL 曲线主要用于了解套管的连接情况，CBL 曲线用于判定第一界面的总体胶结情况；第 5 道：显示裸眼井的储层评价结果、序号；第 6 道：显示 SBT 的最大声幅、最小声幅、平均声幅，主要用于分析水泥环胶结质量状况，指示水泥环胶结的均匀性与非均匀性；第 7 道：显示扇区水泥图，形象直观展现水泥环的胶结充填情况，指出胶结的均匀性与非均匀性。第 8 道：显示 VDL(波型)曲线，主要用于评价分析第一、第二界面固井质量状况。固井质量资料对于评价固井质量、确定自由套管、水泥返高及混浆带、射孔生产层(或工程孔)优选等都非常重要，是固井完井后必须录取的井下技术状况监测资料。

典型井例：依据固井资料，评价二次固井质量，确保潜力层挖潜到位。胡 39－10 井是胡 39 块一口生产井，日产液 2t，日产油 0.5t，含水率 75%，动液面 1860m。开发分析沙二上2砂组有2个未解储层为潜力层，但由于该井固井差，决定对该井实施二次固井。射工程孔井段：1730.0～1731.0m，1.0m/1n；2010年4月24日挤水泥30t，测固井质量显示，挤堵未达效果，分析认为挤入水泥大部分从工程孔位置进入附近地层。依据资料重新进行了二次固井，射工程孔井段1679.0～1716.0m，2.0m/2n，进行了再次固井后，射开潜力层沙二上2砂组，1694.0～1708.3，3.2m/2n，下泵生产，日产液11.1t，日产油4.3t，含水率61%，日增油3.6t。

3. 找漏找窜监测

(1)井温找漏

根据井温曲线反映的温度异常来判断漏失点。优点：工艺简单，费用低、易实施。缺点：只能定性解释，受影响因素较多，判断成功率低。该方法是一种常用的经济有效的找漏方法。

(2)流量计找漏

应用五参数测量仪或电磁流量计测量套管内的流量变化，判断漏失点位置。优点：结合井温判断准确率较高，是一种常用的找漏方法。缺点：对管外窜无法监测。

(3)同位素找漏

向井筒内注入放射同位素，测得放射曲线，套管破漏处放射强度将异常增加从而准确判断漏失位置。优点：成功率高；缺点：存在放射性污染和同位素漏失，定量精度不够，同时对于遇阻位置吸水量不能定量识别。

(4)氧活化找漏

向井内注水或自喷情况下，测得活化水的流速，判断漏失位置。优点：能定量测得油套环空上水流和下水流并定量解释；定量解释遇阻点下流量；定性判断套管外是否窜流。缺点：需要稳定的水流。

(5)氧活化+同位素组合找漏窜

综合井温、同位素、氧活化的优点，能准确判断漏失点位置和漏失量，并能定性判断套管外是否窜槽。该方法的组合应用，大幅提升了近年来油、水井找漏找窜资料的准确性，同时根据注入压力、漏窜资料解释综合分析，对于未窜漏井出水层进行分析，提升措施的针对性和效果。该方法已成为油田油水井主导找漏找窜测试方法。

典型井例1：庆85－17井2009年5月26日投产射孔沙三下1砂组电测解释油水同层(18#～20#)和薄油层(10#)，投产后自喷生产日产液15t，含水率100%。决定进行氧活化+同位素组合找漏窜测井，自喷状态下氧活化测试显示主出水层为18#～20#层，20#层与未射孔层22#层间窜槽。依据找漏窜结果，结合PNN剩余油饱和度资料，进行打塞封18#～20#层，补孔沙三中12的8#～12#层，措施后日产液18t，日产油2.1t，含水率88.6%，日增油2.1t(图4－31)。

典型井例2：马10－C1井是一口侧钻井，2024年1月13日投产沙三中4沙三下1－2砂组，2637.9～2867.1m，18.6m/12n，投产后日产液23t，含水率100%。动态分析认为可能存在窜漏，决定进行氧活化+同位素组合找漏窜测井。找漏窜资料显示射孔层沙三中4的29#层为主吸水层，相对吸水90%，套管未发现漏失，依据监测资料及剩余油综合分析，认为该主吸水层为出水层，决定对该层实施挤堵措施，生产沙三中4沙三下1-2砂组，2671.8~2867.1m，15.4m/11n，措施后日产液20t，日产油4t，含水率80.7%，效果较好。

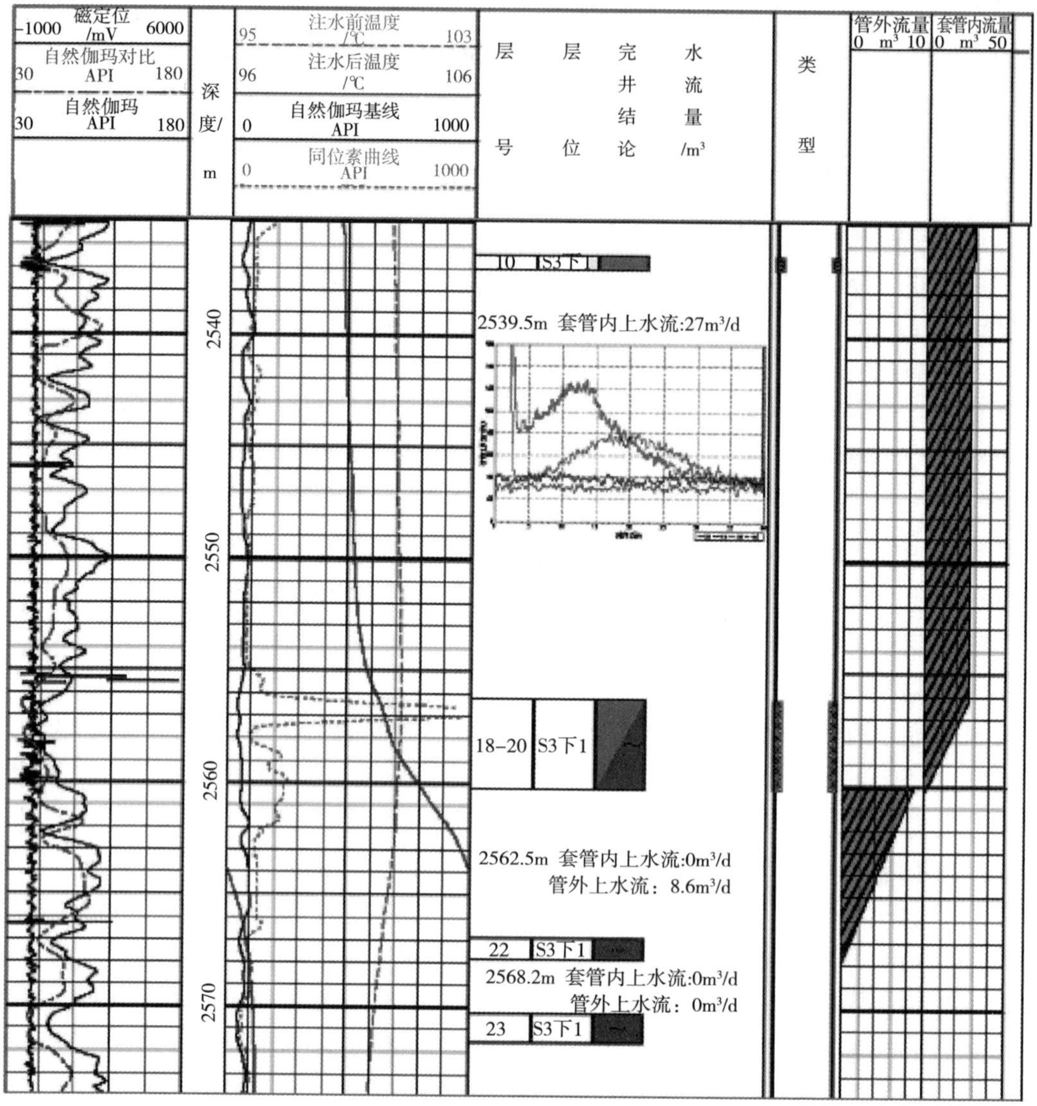

图4-31 庆85-17井氧活化+同位素组合找漏窜成果

扫一扫
获取更多资源

第五章　油藏开发调整技术

中原油田地质条件复杂，开发过程中，开发调整工作显得尤为重要。开发方案实施后，针对暴露出来的突出问题，利用日益丰富的各种资料，重建油藏地质模型，合理进行开发调整，使各类油藏的开发水平不断提高。

简单断块油藏以储层描述为基础，进行层系细分、注采调整、储层改造，开展多次综合治理，发挥二、三类层潜力。复杂断块油藏在构造精细研究的基础上，通过层系细分、注采调整，不断提高水驱控制和动用程度。极复杂断块油藏运用RFT资料结合动态分析成果，细化研究单元，进行加密调整，完善注采井网；开展层间细分重组，寻找动用油田周边及复杂带储量，使文明寨油田在国内外同类油藏开发中居于领先的开发水平。深层高压低渗油藏针对层间动用差，储层吸水能力低，钻井费用高，开展以分注合采、细分层系为主的开发调整，并提出逐层上返的注水开发新思路，解决层间、平面矛盾，提高二三类层动用程度，开发效果不断改善。严重非均质油藏建立油藏精细地质模型，纵向上开展了单注单采差层，平面上“河道注水、边滩采油”为主的开发试验，进行层系细分；开展以重组细分为主的针对性调整，开发水平也不断得到提高。在此过程中，采用的各种开发技术针对性也不同，在技术的迭代升级中，形成了不同类型油藏不同开发阶段的开发技术。

中国石化《油田开发管理纲要》规定老区开发调整对象包括常规水驱、天然能量开发的油田，目的是改善油藏水驱开发效果、增加可采储量。三次采油指化学驱、气驱和热力驱油等大幅度提高采收率技术。

油田开发过程中需要编制的方案见图5－1。

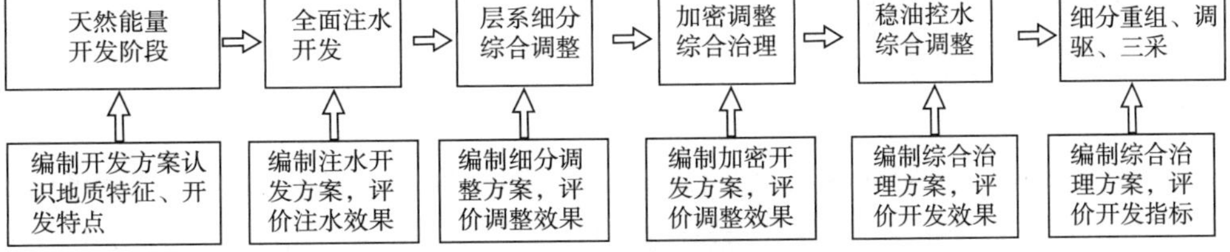

图5－1　油田开发过程中需要编制的方案

第一节　开发效果评价技术

油田开发是一个由粗到细、由浅入深的过程，在开发过程中，需要总结不同含水阶段油水运动基本规律，合理评价油藏开发效果和开发水平，针对暴露的问题和矛盾及时调整，达到改善油藏开发效果和提高采收率的目的。

开发效果评价包含储量动用状况评价、水驱效果评价、能量保持与利用状况评价、采收率评价、层系井网适应性评价等内容。

一、储量动用状况评价

储量动用状况主要是评价目前已探明或动用储量的利用程度，主要为储量控制程度、储量动用程度，水驱控制及动用程度，单井控制剩余储量等指标。

通过评价储量动用状况，分析储量失控的原因及过程，为下步开发提供支持。通过分析水驱控制储量及程度、水驱动用储量及程度等，评价水驱状况(表 5－1)。

表 5－1　区块(单元)储量动用程度状况分析

<table>
<tr><td rowspan="4">开发层系地质储量</td><td colspan="7">目前井网控制</td><td rowspan="4">井网对储量的控制程度/%</td><td colspan="9">目前井网未控制</td></tr>
<tr><td rowspan="3">地质储量</td><td colspan="5">水驱控制储量/10^4t</td><td rowspan="3">非水驱控制储量</td><td rowspan="3">地质储量</td><td colspan="6">未水驱控制(已采过)/10^4t</td><td colspan="2">从未动用(无井控制)</td></tr>
<tr><td colspan="3">水驱动用储量</td><td rowspan="2">未动用储量</td><td rowspan="2">水驱控制程度/%</td><td colspan="3">有潜力</td><td colspan="3">无潜力</td><td rowspan="2">有潜力储量</td><td rowspan="2">无潜力储量</td></tr>
<tr><td>完善(两向及以上对应)</td><td>不完善</td><td>水驱动用程度/%</td><td>地质储量</td><td>剩余可采储量</td><td>累积产油</td><td>地质储量</td><td>剩余可采储量</td><td>累积产油</td></tr>
<tr><td></td><td></td><td></td><td></td><td></td><td></td><td></td><td></td><td></td><td></td><td></td><td></td><td></td><td></td><td></td><td></td><td></td><td></td></tr>
<tr><td></td><td></td><td></td><td></td><td></td><td></td><td></td><td></td><td></td><td></td><td></td><td></td><td></td><td></td><td></td><td></td><td></td><td></td></tr>
</table>

水驱控制程度是指在现有的井网控制条件下与注水井连通的油井射开有效厚度与油井射开总有效厚度之比。水驱动用程度可通过注水井的总吸水厚度与总射开连通厚度的比(采油井的总产液厚度与总射开厚度的比值)求得。

水驱控制储量＝水驱控制程度×开发层系地质储量，水驱动用储量＝水驱动用程度×开发层系地质储量。

以文 33 沙二下 2022 年井网为例。目前水驱控制程度 82.7%，水驱动用程度 63.9%。水驱动用储量中不完善的水驱动用储量 187.3×10^4t，控制未动用储量 240×10^4t，占比 33.5%，平面水驱动用不均衡。

二、层系井网状况评价

层系井网状况评价是分析层系及井网适应性，明确层系、井网调整方向及提高水驱储量波及体积的潜力。主要从单井控制储量、水驱控制程度、井下技术状况和注采对应率等方面评价井网完善状况；从井网方式、井网现状和层系划分的合理性等方面评价目前井网的适应性。

(一)层系适应性评价

1. 层系状况

调查目前开发层系的砂组数、小层数、有效厚度和渗透率级差等指标，同时调查产液厚度百分数(采油井产液剖面监测结果)和吸水厚度百分数(注水井吸水剖面监测结果)，分析目前水驱储量控制程度(表5－2)。

表5－2　单元层系状况

层系	主力小层数量/厚度/(个/m)	小层数量/厚度/(个/m)	渗透率范围/mD	渗透率级差	渗透率变异系数	突进系数	原油黏度级差	采液强度/[t/(d·m)]	吸水强度/[m^3/(d·m)]	单井控制储量/10^4t

2. 层系适应性评价

定性评价目前开发层系的适应性以及是否划分较粗，通过油层对比、细分沉积相、结合生产动态反应等评价层系划分的合理性。例如，层间渗透率级差较大(大于5)，各小层地下原油黏度差异大，造成层间干扰严重，研究进一步细分层系的可行性。

开发初期重点评价内容：同层系内油层分布范围及边界条件是否相近；一套开发层系是否有一定油层厚度(单井控制储量、产能)；同层系内各小层沉积相是否相同；同层系内各小层渗透率级差(一般不超过5倍)；各层系之间泥岩隔层的稳定性。

开发后期重点分析内容：动用状况是否均匀，是否需要细分重组；二三类能否单独组网；井网对剩余油的控制作用；井网部署是否有滞留区、死油区；注水井是否连片。

(二)井网方式及井距评价

对目前各个小层、独立砂体的分布情况进行分析井网完善程度(只注不采、只采不注、注采不完善、注采相对完善)；分析不同井网密度条件下各类油层的水驱控制程度，将目前井网密度和合理井网密度进行对比，分析井网适应性；同时依据油层水驱控制程度、油层动用程度、注入水纵向和平面波及系数等资料，分析井网密度与最终采收率的关系，为下步井网调整潜力提供依据，统计结果见表5－3。

表5－3　单元井网状况

层系	面积/km^2	地质储量/10^4t	井网密度(口/km^2)	单井控制储量/10^4t	油井利用率/%	水井利用率/%	井网完善程度	井层注采对应率/%	厚度注采对应率/%	水驱控制程度/%	采收率/%	单井控制剩余可采储量/10^4t

1. 井距适应性评价

应用井网密度法、技术极限井距法(适用于低渗透油藏)计算层系井网技术极限井距、经济极限井距(具体计算方法见第三章第二节)，分析现井网的合理性。

2. 井网方式适应性评价

根据第三章第二节论证井网密度的方法评价目标油藏的井网密度(含经济井网密度、

合理井网密度、技术极限井距)，结合现井网密度，评价现井网密度的适应性。

(三)井网完善程度

井网完善程度(两向以上注采对应的完善井组占总井组的百分数)、油水井数比、注采对应状况等。以油井为中心，一般两向以上水井对应为完善井组，一至两向对应为较完善井组。根据井网方式不同应有所差别。统计表格见表5－4、表5－5。

表5－4　单元井网完善程度统计

开发层系	小层	统计井组/个	完善井组/个	较完善井组/个	不完善井组/个	井网完善程度/%

表5－5　单元注采对应率统计

开发层系	小层	统计		注采对应率/%		一向对应		二向对应		三向对应		四向对应		四向以上对应		只采不注		只注不采	
		井层/个	厚度/m	井层/个	厚度/m	井层/个	厚度/m	井层/个	厚度/m	井层/个	厚度/m	井层/个	厚度/m	井层/个	厚度/m	井层/个	厚度/m	井层/个	厚度/m
	小计																		

以文33沙二下2022年井网为例，通过文33沙二下油藏受控井数统计可以看出主块油井多向受控比例55.1%，双向受控比例22.4%，单向受控比例22.5%；复杂带油井单向受控比例54.5%，双向受控比例18.2%，不受控比例27.3%。主块油井受控见效井数占比96.7%，受控不见效占比3.3%；复杂带油井受控见效井数占比55.7%，受控不见效占比44.3%。

三、水驱效果评价

水驱效果综合评价是水驱油藏动态分析的重要内容，通过含水上升率、存水率、水驱指数、注水利用率等开发指标的分析，反映出水驱效果和开发水平。

(一)含水上升规律评价

1. 含水率与采出程度关系

理论含水率与采出程度的关系曲线可以通过相渗资料获取：

$$R = E_d \cdot E_v \tag{5-1}$$

$$R = \left\{\frac{1}{b(1-S_{wi})}\left[\ln\left(a\frac{\mu_w}{\mu_o}\right)-\ln\left(\frac{1}{f_w}-1\right)\right]-\frac{S_{wi}}{1-S_{wi}}\right\}\left[e^{-\frac{1.125}{f}}\left(\frac{K_e}{\mu_o}\right)^{-0.148}\right] \tag{5-2}$$

式中　R——采出程度，%；

S_{wi}——平均束缚水饱和度，%；

E_D——驱油效率，%；

f_w——含水率，f；

E_v——波及系数；

K_e——有效渗透率，mD；

S_w——平均含水饱和度，%；

μ_o——地层原油黏度，mPa·s；

f——井网密度，口/km^2。

而矿场中的含水率与采出程度的关系曲线直接用开发数据做出。以濮城西区沙二上2+3油藏为例，从含水率与采出程度的关系曲线(图5-2，图中百分数为含水率)看，整体呈现凸S形，低含水期、特高含水期是油藏的主要采出阶段，注水开发后，中高含水期时间短，开发效果差，主要是优势渗流通道发育、含水上升快。“十三五”期间开始综合调整治理，含水有所下降，含水率与采出程度曲线向“35%”线发展，开发趋势转好。

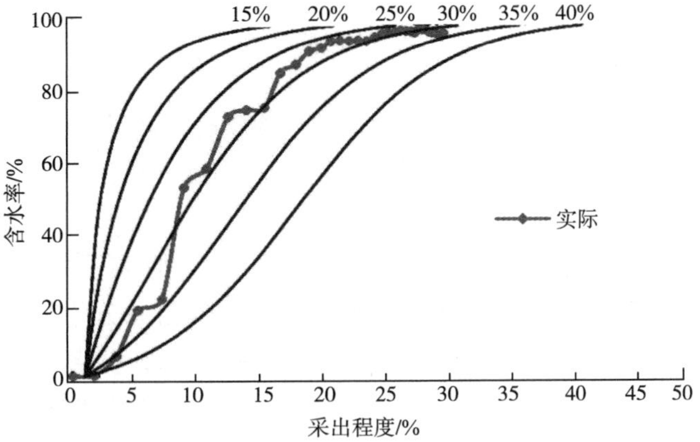

图5-2　濮城西区沙二上亚段含水率与采出程度的关系曲线

2. 含水上升率

含水上升率指每采出1%的地质储量时含水率的上升值。理论含水上升率可以通过相渗资料可以计算出含水与采出程度，应用实际资料绘制的含水率与采出程度的关系曲线与理论曲线对比，可评价油藏在目前开采条件下含水上升是否正常。

注水开发油藏，影响含水上升率的因素较多，主要取决于油水黏度比和油层渗透率级差，因此不同地质条件的油藏含水上升规律各不相同。含水上升率公式如下：

$$m=\frac{f_2-f_1}{R_2-R_1}\times 100\% \tag{5-3}$$

式中　m——含水上升率，%；

f_2、f_1——末期和初期的含水率，%；

R_2、R_1——末期和初期的采出程度，%；

含水上升率是水驱油藏的重要开发指标。含水上升率低，说明油藏水驱效果好，每采出1%的地质储量含水上升不多；反之，若含水上升率高，则说明油藏水驱效果差。水驱油藏在低含水或高含水生产时，其含水变化缓慢；但在中含水阶段(25%~75%)，含水上升较快，由于在油田开发过程中实施了大量增产或稳产措施，使得生产数据并不能反映油藏的真实状况(图5-3)。

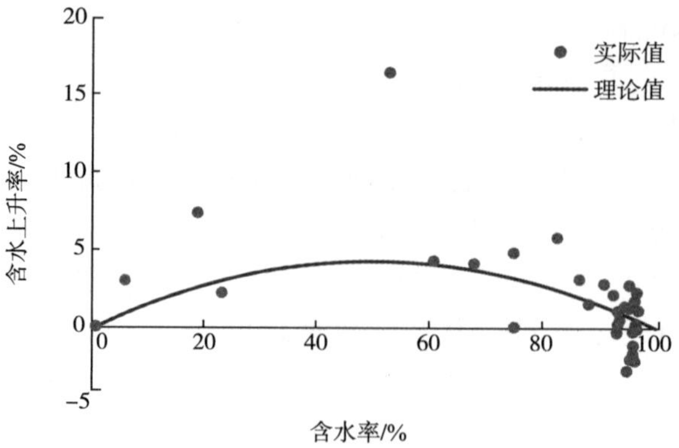

图 5－3　濮城西区沙二上 2＋3 含水率与含水上升率曲线

（二）油藏驱替效果评价

水驱指数、存水率是评价油田注水开发效果的重要指标。通过将存水率和水驱指数与含水率的实际变化曲线与理论曲线对比，进而评价注水开发效果，为油田今后开发调整提供指导。

1. 水驱指数

水驱指数是存入地下水量与采出地下原油体积之比，它表示每采出 1t 原油与地下存水量的比例关系，指数越大，需要的注水量也越大。水驱指数分为累积水驱指数和阶段水驱指数，累积水驱指数＝（累积注水量－累积采出水量）×100%／累积采油量，阶段水驱指数＝（阶段注水量－阶段采出水量）×100%／阶段采油量。理论水驱指数利用相渗资料取得，矿场中水驱指数多用开发数据计算得出。

以文 33 沙二下为例（图 5－4），从累计水驱指数与采出程度的关系曲线对比分析来看，采出程度在 15%～20% 左右时间段（1990—1996 年），水驱指数大幅度上升，这是由于期间油水井长井段合采合注，致使层间矛盾加剧，水驱动用状况难以改善，综合含水上升过快，产量递减幅度急剧加大，区块开始进入递减阶段。2008 年 7 月至 2018 年水驱指数上升，主要是由于高含水井转注、间开导致低无效产液量降低，水驱指数上升。目前水驱指数为 2.4 左右，均与目前注采比为 1.5 条件下的理论曲线比较符合，表明注水利用率较好。

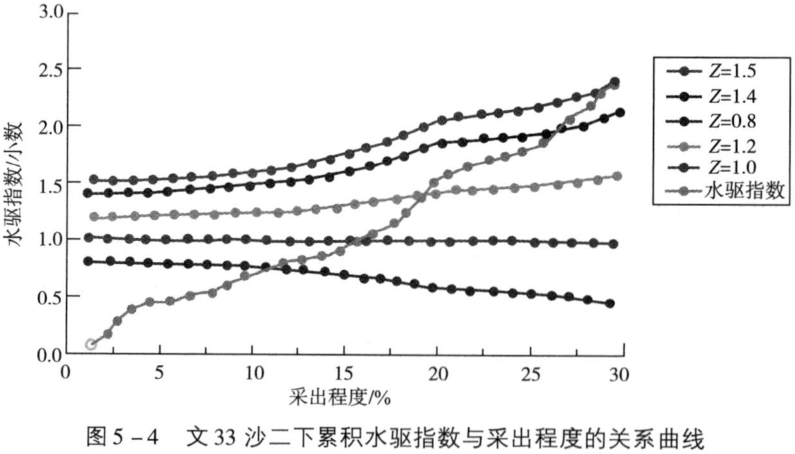

图 5－4　文 33 沙二下累积水驱指数与采出程度的关系曲线

2. 存水率（注水利用率）

存水率是反映注水能量利用、评价开发效果的重要指标。它的变化与注水量多少、含水率高低等因素有直接的关系。存水率越大，累计注入的水量中就有更多的部分存留在地层中，在一定的油藏压力和边界条件下，会使注入水波及体积增大，开发效果也就越好。因此，存水率不仅是一个计算指标，更是评价注水开发油田注水状况及注水效果的重要依据。其计算公式为：存水率 =（累积注入量 - 累积产水量）/累积注水量 ×100%。以濮城西区沙二上2+3为例（图5-5），从存水率与采出程度的关系曲线上分析，存水率先下降后趋于稳定，但仅0.3左右，分析认为由于油藏非均质性严重，随水驱开发，优势通道逐渐发育形成，存水率呈下降态势，后期通过精准调堵，存水率趋于稳定并有所回升，注水利用率变好。

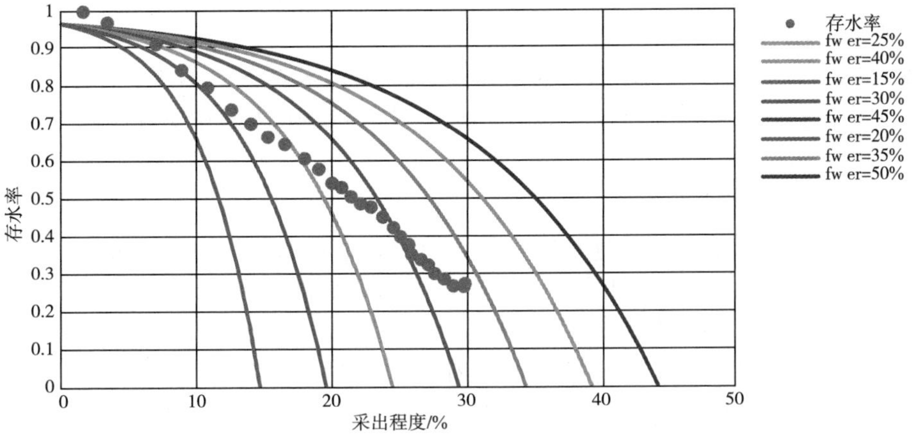

图5-5　濮城西区沙二上2+3存水率与采出程度关系曲线

3. 耗水指数

耗水指数为每采出单位体积的原油消耗的注水量。即耗水指数 = 阶段注水量/阶段采油量，值越大，说明每注1m^{3}水采出的油就越多，不同开发阶段耗水指数不同。狭义注水利用率随着含水和注采比的上升而下降，随着含水和注采比的下降而上升，这说明高含水开发后期狭义注水耗水指数较前期要低。综合上述分析结合矿场实际得出水驱效果结论。

以濮城西区沙二上2+3块为例（图5-6），从耗水指数曲线看，在开发初期，由于弹性能量较充足，耗水指数小，1988年注采井网完善后，实际耗水指数沿采收率45%的线上升，耗水指数快速增大；“十三五”开始综合调整治理以后，注水利用程度有所好转，耗水指数趋于稳定且下降趋势。

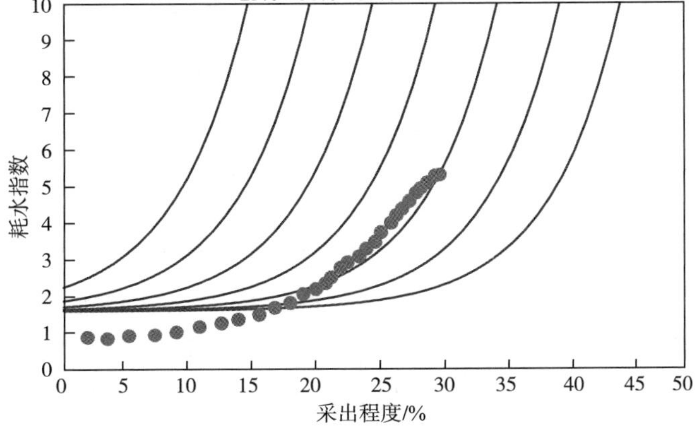

图5-6　濮城西区沙二上2+3耗水指数与采出程度的关系曲线

四、能量保持与利用状况评价

分析评价油藏能量状况，可以明确提高、协调油藏注采关系，是降低递减、提高产能的方向。

(一)合理地层能量保持水平

1. 油藏工程方法确定合理地层压力水平

合理压力水平是指既能满足油田提高排液量对地层能量的需求，又不会造成原油储量损失、降低开发效果的压力水平。

目前合理压力水平的确定方法主要有最小流压法、采收率表示法、注采系统平衡法、地层原油损失函数法、物质平衡法，以及其他一些间接法(合理井底流压法、合理生产压差法)等。

2. 地层能量保持水平分类

按照石油行业标准，将能量保持水平分为下列3类：一类是地层压力保持在原始地层压力水平的85%以上，高于饱和压力，能满足油井放大生产压差需要的；二类是地层压力保持在饱和压力附近，但没有放大生产压差潜力的；三类是地层压力低于饱和压力的。

能量利用程度分为3类：一类是油井平均生产压差逐年增大的；二类是油井平均生产压差基本稳定(±10%以内)的；三类是油井平均生产压差逐年减小的。

应用各种压力资料，计算目前地层压力占原始地层压力百分数和地层总压降，将其与能量保持水平分类标准对比，判断其所属类别；对抽油机采油井根据目前泵挂深度、平均动液面、沉没度，分析放大生产压差的潜力；对于自喷井，将实际生产压差与方案设计值进行对比，评价其能量利用程度。通过分析能量利用、保持是否合理，提出调整配产配注方案和改善注水开发效果的措施。

3. 合理压力保持水平

1)地层压力低于饱和压力注水开发，最终采收率降低。根据黑油模型模拟和变泡点三相剖面数值计算地层压力对最终采收率的影响结果。认为地层压力低于饱和压力注水开发，最终采收率降低，这是因为低于饱和压力后原油中出现气泡对驱油有利，但脱气使原油变稠又不利于驱油。如表5-6所示。

表5-6 某区块地层压力与最终采收率的关系

黑油模型(μ为47.5mPa·s)		变泡点模型(μ为25mPa·s)	
地饱压差/饱和压力/%	最终采收率下降/%(含水率97%)	地饱压差/饱和压力/%	最终采收率下降/%(含水率98%)
-6.9	2.92	-10	0.8
-25.5	4.12	-20	1.5
		-30	2.2
		-37	2.5

2)地层压力或流动压力低于饱和压力，采油指数下降，生产能力变差。通过黑油模型模拟不同地层压力和不同流动压力下生产，油井采油指数的影响因素：含水、地层压力、流动压力大小等。压力水平高，采油能力强，放大压差增产效果好。压力水平低，要生产同样的油量需要更大的生产压差。

(二)能量保持状况评价

1. 压力资料分析

通过统计调整区各个层年度或月度的测压或动液面资料，绘制压力随时间变化曲线(动液面随时间变化曲线)，分小层和平面不同区域分析生产井压力变化反映调整区整体和层间能量保持状况(表5－7)。

表5－7　某区块层(砂体)压力数据

时间	层系	测压井数/口	压力最大值/MPa	压力最小值/MPa	压力平均值/MPa	压力取值/MPa	备注

通过统计区块各目的层单井压力或压力变化资料(动液面资料)，绘制压力或压降等值图(动液面等值图)，反映调整区平面上能量保持状况。以文33沙二下为例(图5－7)，原始地层压力34MPa，饱和压力22.5MPa，目前平均地层压力28.9MPa，总压降5.1MPa，高于饱和压力，地层压力保持水平为85.0%。生产压差由2011年的10.78MPa上升至2020年的11.91MPa，上升1.13MPa。

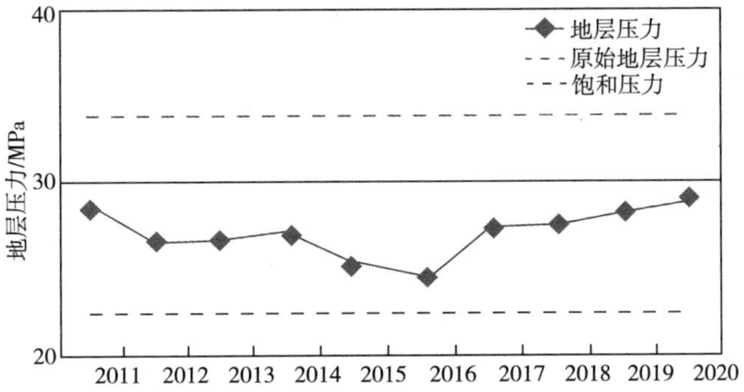

图5－7　文33沙二下近几年地层压力变化曲线

2. 地层压力与月注采比分析

通过统计区块月度注采比和地层压力资料，绘制月度地层压力与月注采比曲线，反映保持不同地层压力水平所需的注采比。

3. 弹性产率评价

根据开发数据绘制油藏累计亏空与总压降的关系曲线(图5－8)，通过坐标原点作曲线的切线，其曲线斜率即为弹性产率。通过弹性产率大小，对照中原油田不同驱动类型油藏弹性产率分类表(表5－8)判断水侵强弱和地层能量状况。

表5－8　不同驱动类型油藏弹性产率分类

类型		弹性产率/(10^4t/MPa)
		标准
天然能量充足		>10
边底水活跃		>10
有一定边底水能量(水体较小)		1.0～5.0
天然能量不足	弹性封闭	0.2～0.8
	弹性边部有稠油	0.3～1.2

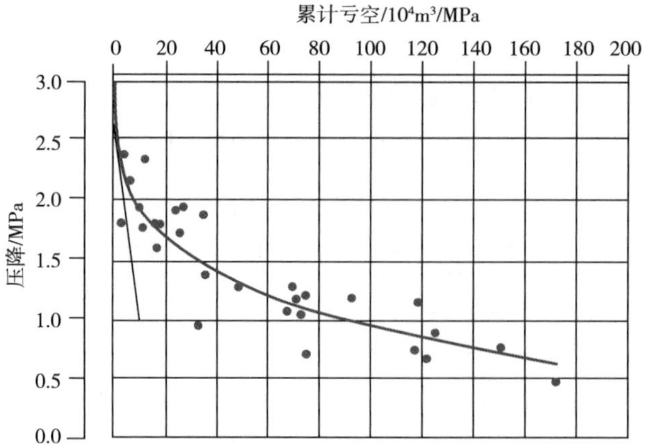

图 5 - 8　某区块累计亏空与总压降的关系曲线

五、采收率评价

分析影响油藏可采储量的因素，计算不同阶段可采储量，对比实际结果和理论计算的差距，对比该阶段技术可采储量及经济可采储量变化，综合评价分析提高采收率潜力。主要方法有两类，一是利用第三章第四节采收率相关公式计算采收率，二是利用现井网条件下评价采收率状况。下面介绍现井网条件下采收率评价方法。

(一)水驱特征曲线法评价采收率

水驱特征曲线是一种应用生产资料计算可采储量的方法，对于已进入高含水开发阶段的油田，应用水驱特征曲线法计算目前开发状况下的采收率比较适合。选取合适的水驱曲线，取极限含水率或极限水油比时的累计采油量为油田目前开发状况下的可采储量，对应的采出程度就是油田目前开发状况下的最终采收率。

以文 101 块为例(图 5 - 9 ~ 图 5 - 11)，通过甲型、丙、丁型水驱特征曲线等 3 种方法预测可采储量，预测可采储量分别为 149.2 $\times 10^4$t、148.9 $\times 10^4$t 和 148.2 $\times 10^4$t，其最终采收率分别为 32.79%、32.73% 和 32.57%。

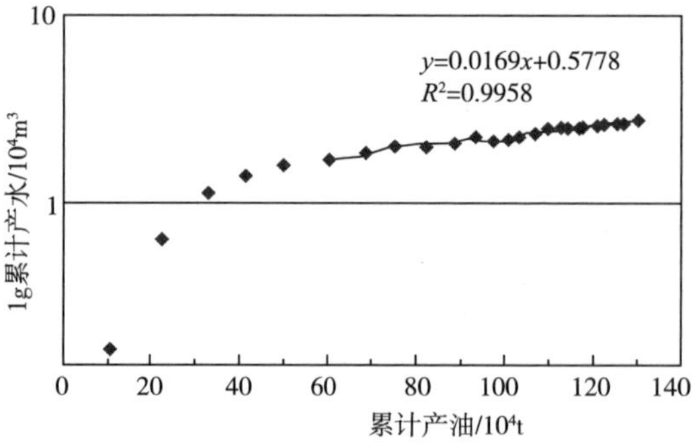

图 5 - 9　文 101 块甲型水驱特征曲线

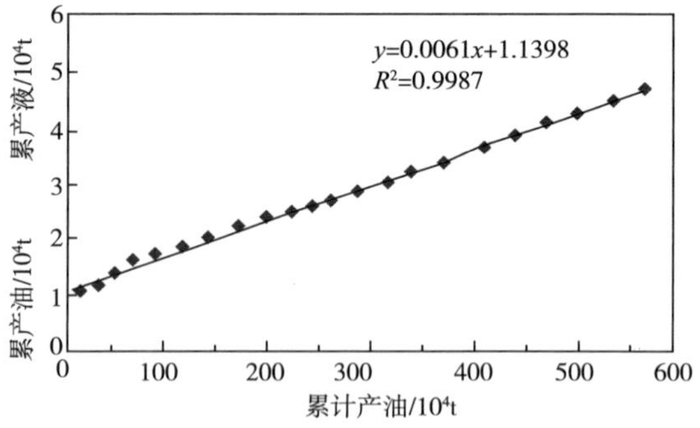

图 5 - 10　文 101 块丙型水驱特征曲线

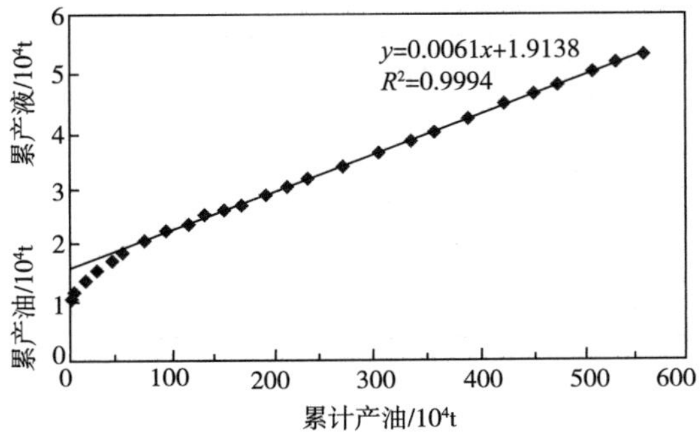

图 5－11　文 101 块丁型水驱特征曲线

(二)经验公式法评价采收率

经验公式主要有陈元千经验公式、俞启泰经验公式、美国 API 经验公式和俄罗斯 Kokaknh 经验公式等 4 种方法(表 5－9)。

表 5－9　经验公式

类型	公式
陈元千经验公式	$Er=0.2143\cdot\left(\frac{K}{\mu_o}\right)^{0.1316}$
俞启泰经验公式	$Er=0.274-0.1116\lg\mu_r+0.09746\lg K-0.001802h_s^*-0.06741V_k+0.0001675T$
美国 API 经验公式	$Er=0.11403+0.2719\lg K-0.1335\lg\mu_o+0.255695S_{wi}-1.538\phi-0.00115h$
俄罗斯 Kokaknh 经验公式	$Er=0.3225\left[\frac{\phi(1-S_{wi})}{B_{oi}}\right]^{0.0422}\times\left(\frac{K}{\mu_r}\right)^{0.027}\times(S_{wi})^{-0.1903}\times\left(\frac{P_i}{P_a}\right)^{-0.2159}$

以文 33 沙二下为例，应用以上 4 种经验公式计算的采收率分别为 40.38%、40.85%、39.74%、38.51%。

(三)递减法评价采收率

当油田开发进入递减期之后，产量递减法是预测油田可采储量的重要方法之一，也是西方国家较为常用的预测方法。

对于水驱开发的油田来说，采出油藏可采储量 60% 左右的原油，油田就有可能进入递减期。具体方法参考第三章第四节可采储量递减法计算方法。

以濮城沙一下油藏为例，目前标定采收率 53%，应用表 5－10 中 6 种方法计算的采收率与目前标定采收率接近。

表 5－10　濮城沙一下不同采收率预测结果统计

预测方法	地质储量/10^4t	采收率/%	可采储量/10^4t	目前采出程度/%
甲型水驱曲线	1074	53.28	572.3	51.3
乙型水驱曲线	1074	52.41	562.9	51.3

续表

预测方法	地质储量/10^4t	采收率/%	可采储量/10^4t	目前采出程度/%
丙型水驱曲线	1074	50.48	542.2	51.3
丁型水驱曲线	1074	50.43	541.6	51.3
童式模板	1074	53.00	569.2	51.3
Arps 指数递减	1074	52.44	563.2	51.3

第二节 油藏潜力评价技术

油藏潜力描述就是采用数值模拟、室内实验、油藏工程等多种方法对剩余油宏观分布、微观赋存状态进行描述，总结剩余油分布规律。在此基础上量化剩余油潜力，确定剩余油富集区及潜力区，指导油藏精细调整挖潜工作。

一、剩余油研究方法

剩余油分布规律研究就是利用油水井生产动态资料、测井资料、检查井密闭取心资料、数值模拟资料进行大量的统计分析，并结合油藏工程方法，全面研究平面、层间、层内剩余油分布及其规律。剩余油研究方法主要有定性法(新钻井水淹层测井解释方法、动态监测方法、油藏工程计算方法)和定量法(油藏数值模拟方法)。

剩余油研究的主要指标包括剩余油饱和度、剩余可动油饱和度、剩余储量丰度、采出程度、含水、剩余油饱和度与剩余储量分布规律、剩余油富集区分布规律。剩余油描述精度根据研究及挖潜需要，平面上剩余油可以定量描述到井点，纵向上可以定量描述到韵律段。剩余油研究主要成果图包括累采累注量图、剩余油饱和度图、剩余储量丰度图、含水分级图、剩余可动油饱和度图、剩余可采储量图；分层水淹状况统计表、单井分层剩余油指标统计表、分层剩余油饱和度分级统计表、厚油层层内水淹状况统计表、分层不同沉积相带剩余油富集区统计表。

(一)定性法剩余油研究

剩余油定性研究方法是采用动静态相结合的研究方法，以流动单元有效厚度等值图、渗透率等值图、沉积微相分区图等油藏描述成果为基础，应用新钻井水淹层解释、吸水和产出剖面以及油藏动态分析成果等资料综合分析小层注入、产出及水淹状况，在流动单元有效厚度等值图上以注水井为中心，绘制小层含水分级等值图，并对各小层水淹状况进行综合分析评价，计算小层开发指标。主要包括新钻井水淹层测井解释方法、动态监测方法、油藏工程计算方法。

1. 新钻井水淹层测井解释方法

利用新钻井测井解释结果及生产效果评价小层水淹状况，研究分析剩余油分布及富集情况。

中国石油天然气公司对水淹级别有统一规定（以含水率f_w划线），其标准如下：

$f_w \leq 10\%$为未水淹，$10\% < f_w \leq 40\%$为四级水淹，$40\% < f_w \leq 60\%$为三级水淹，$60\% < f_w \leq 80\%$为二级水淹，$f_w > 80\%$为一级水淹。

统计濮城油田南区沙二下油藏2005—2011年34口新钻井，共钻遇小层820.7m/290层，其中油层270.7m/106层，3～4级水淹层275.7m/105层，1～2级水淹层274.3m/79层，如表5-11所示。

表5-11　濮城油田南区沙二下亚段新钻井水淹状况统计

小层	油层		3～4级水淹		1～2级水淹		合计	
	厚度/m	层数	厚度/m	层数	厚度/m	层数	厚度/m	层数
沙二下1^1	1.4	1			2.2	1	3.6	2
沙二下1^3	4.5	3	5.4	2	20.9	6	30.8	11
沙二下1^4	16.7	5	5.0	2			21.7	7
沙二下2^1	1.5	1	2.4	1	8.3	3	12.2	5
沙二下2^2	4.3	2	13.8	4	27.0	6	45.1	12
沙二下2^3	10.9	6	4.0	2			14.9	8
沙二下2^4	24.2	9	24.8	10	19.5	5	68.5	24
沙二下2^5	9.1	4			3.4	2	12.5	6
沙二下2^6					3.0	1	3.0	1
沙二下2^7	1.7	1					1.7	1
沙二下3^2	12.4	5	28.4	11	3.4	2	44.2	18
沙二下3^3	7.2	4	16.1	7	20.2	5	43.5	16
沙二下3^4	19.6	9	37.0	14	13.9	5	70.5	28
沙二下3^5	10.7	4	11.1	7	0.7	1	22.5	12
沙二下3^6	1.5	1					1.5	1
沙二下3^7	0.7	1	2.1	1	2.2	1	5.0	3
…								
沙二下7^2	11.4	2			4.8	1	16.2	3
沙二下7^3			7.8	1			7.8	1
沙二下8^1								
沙二下8^2	1.4	1.0					1.4	1.0
沙二下8^3								
沙二下8^4								
沙二下8^5								
合计	278.3	109.0	277.0	106.0	275.3	80.0	830.6	295.0

2. 动态监测方法

动态监测方法就是利用动态监测资料，分析油层水淹状况。动态监测资料主要包括剩余油饱和度、吸水剖面和产液剖面等。

(1)剩余油饱和度监测资料分析

应用C/O、PND、硼中子等饱和度测井解释结果，综合分析层间、层内剩余油富集情况，结合储层沉积发育情况研究剩余油分布规律；对同一口井在不同时期剩余油饱和度监测结果以及监测井在平面上的分布情况，可以做剩余油饱和度的时间推移剖面，进一步论证剩余油饱和度的变化及目前剩余油的分布规律。

统计文33块沙二下44口井53井次的剩余油饱和度测井资料，共解释小层1618.7m/905层，其中油层387.6m/308层，水淹层1231.1m/597层。其中60%＜含水≤90%的小层厚度占比25.4%；含水＞90%的小层厚度占比51.1%。各砂组水淹状况存在差异。沙二下4砂组水淹最严重，含水＞90%的小层层数占比50.5%、厚度占比59.6%；其次是沙二下2、3、5砂组，如表5－12所示。

表5－12　文33块沙二下油藏各砂组水淹状况

砂组	水淹层								油层		合计	
	含水率＞95%		90%＜含水率≤95%		80%＜含水率≤90%		60%＜含水率≤80%		含水率≤60%			
	层数	厚度/m	层数	厚度/m	层数	厚度/m	层数	厚度/m	层数	厚度/m	层数	厚度/m
沙二下1	6	8.8	1	2.7	4	7.3	2	4.4	9	10.0	22	33.2
沙二下2	39	81.7	12	30.6	18	33.0	16	17.2	22	32.3	107	194.8
沙二下3	55	127.2	29	60.2	27	60.2	14	16.6	46	58.6	171	322.8
沙二下4	89	214.3	61	110.0	50	53.9	21	14.5	48	86.0	269	478.7
沙二下5	34	64.0	29	45.0	25	41.4	7	10.4	43	58.8	138	219.6
沙二下6	12	28.1	5	8.8	6	13.9	2	8.2	20	26.5	45	85.5
沙二下7	23	38.9	18	43.2	7	10.5	11	11.1	40	72.5	99	176.2
沙二下8	15	34.3	8	18.2	9	23.4	10	12.5	12	19.5	54	107.9
合计	273	597.3	163	318.7	146	243.6	83	94.9	240	364.2	905	1618.7

(2)吸水剖面资料分析

应用吸水剖面资料，研究层间、层内吸水状况，根据油井的含水情况，研究确定剩余油的分布规律。首先劈分每口注水井的小层累计注水量，单井汇总后得到整个油藏的小层(砂组)累计注水量，计算出小层(砂组)的吸水厚度(吸水层数)比例、吸水强度等参数。

统计卫城油田卫360块历年吸水剖面资料，吸水厚度占总射孔厚度的百分数为47.2%，吸水层数占总射孔层数的百分数为44.2%，如表5－13所示。

表 5－13　卫 360 块历年吸水状况统计

砂组	吸水		吸水强度小于 $5m^3/(m \cdot d)$			吸水强度 $5 \sim 10m^3/(m \cdot d)$			吸水强度 $10 \sim 15m^3/(m \cdot d)$			吸水强度大于 $15m^3/(m \cdot d)$		
	吸水厚度占比/%	吸水层数占比/%	吸水厚度占比/%	吸水层数占比/%	吸水量占比/%	吸水厚度占比/%	吸水层数占比/%	吸水量占比/%	吸水厚度占比/%	吸水层数占比/%	吸水量占比/%	吸水厚度占比/%	吸水层数占比/%	吸水量占比/%
沙三上 1	81.8	86.7	37.8	40	16.3	19.1	20	19.3	13.8	13.3	27.3	11.1	13.3	37
沙三上 2－4 沙三中 1	51.0	46.9	33.1	28.9	37.1	13.2	10.8	32.5	2.7	4.1	12.3	2	3.1	18
沙三中 2－5	42.9	38.6	35.6	31.8	57	5.6	5.1	26.8	1.5	1.4	14.1	0.2	0.3	2.2
沙三中 6－7	52.3	49.0	44.8	38.1	61.4	5.5	7.8	20.5	1.2	1.2	8.9	0.7	1.9	9.3
沙三下	45.1	43.4	35	33.9	42.6	7.8	6.4	30.2	0.6	1	4.6	1.6	2.1	22.7
合计	47.2	44.2	37.3	33.5	48.4	7.4	7.1	27.4	1.3	1.7	9.3	1.2	1.9	14.9

油藏吸水强度小于 $5m^3/(m \cdot d)$（包括不吸水层）的小层吸水厚度和吸水层数占比分别为 90.1% 和 89.3%、吸水量占比相对较小（48.4%），因吸水强度较小，动用程度较差，油井见效困难。沙三上 1 砂组吸水强度大于 $15m^3/(m \cdot d)$ 的吸水厚度和吸水层数占比分别为 11.1% 和 13.3%，吸水量占比相对较高（37.0%），说明单层突进严重，含水上升较快。

3. 油藏工程计算方法

油藏工程计算方法包括水驱特征曲线法、相渗曲线法、无因次注入采出曲线法、物质平衡法、水线推进速度法等方法。水驱特征曲线和物质平衡法可以计算区块、井组或单井的剩余油饱和度、可动油饱和度、水驱储量、可采储量等指标，该方法对没有进行数值模拟研究的油田或区块适用性更大，可以利用动态资料随时进行井点剩余油饱和度、剩余可采储量的计算。相渗曲线法就是根据相渗曲线及分流量方程，计算剩余可动油饱和度。

应用油藏工程方法研究剩余油，依据大量的油藏动态监测、水淹层解释资料和单井开发数据，进行综合分析，劈分小层的累计注水量、累计产油量和累计产水量，勾绘小层水淹分级图、开采现状图、流线图，编制小层累计注采状况表，研究剩余油分布规律。

下面以卫城油田卫 360 块为例，采用相渗曲线法计算不同含水级别的剩余油储量。

1）收集整理基础资料，并建立数据库。将历年吸水剖面、产出剖面、新井 RFT 及压力资料、油水井生产数据、油藏开发数据、剩余油饱和度测井资料、油水井射孔数据及卡堵水等资料进行系统整理分析，建立基础资料数据库。

2)劈分小层注水量。根据注水井历年吸水剖面资料，将注水井的累积注水量劈分到小层，对相渗曲线进行归一化处理，得出油水相对渗透率比值的一般表达式，结合油水两相分流量方程，建立综合含水和含油饱和度的相互关系式。

3)在小层有效厚度等值图上标注相关数据。将准备好的射孔数据、注水井小层累积吸水量、C/O 测井水淹数据、调整井的压力系数、水淹解释小层含水等资料全部标注上去，然后全面综合分析研究。

4)勾绘小层水淹图。绘制每个含油小层的水淹图。

5)利用油层水淹分布图，计算小层剩余油分布状况。为了准确地研究剩余油分布，挖潜油藏潜力，必须对水淹级别进行研究。先将区块油水相对渗透率资料进行处理，在直角坐标轴上作出 K_{ro}/K_{rw} 与 S_w 的关系曲线，回归出 K_{ro}/K_{rw} 与 S_w 的关系式，得出 f_w 与 S_w 的关系式：

$$f_w = 1/(1 + \frac{K_{ro}}{K_{rw}} \cdot \frac{\mu_w}{\mu_o}) \tag{5-4}$$

式中 f_w——含水率，%；

K_{ro}——两相流动条件下油的相对渗透率；

K_{rw}——两相流动条件下水的相对渗透率；

μ_w——水的黏度，mPa · s；

μ_o——原油的黏度，mPa · s。

图 5－12 是卫城油田卫 360 块的含水率 f_w 与含水饱和度 S_w 的关系曲线(分流量曲线图)，从图中可以看出：含水率大于 80% 的储层，含油饱和度界限为小于 47%；含水率在 40%～80% 之间的储层，含油饱和度界限为 47%～51%；含水率在 10%～40% 之间的储层，含油饱和度界限为 51%～56%，含水率小于 10% 的储层，含油饱和度界限为大于 56%。

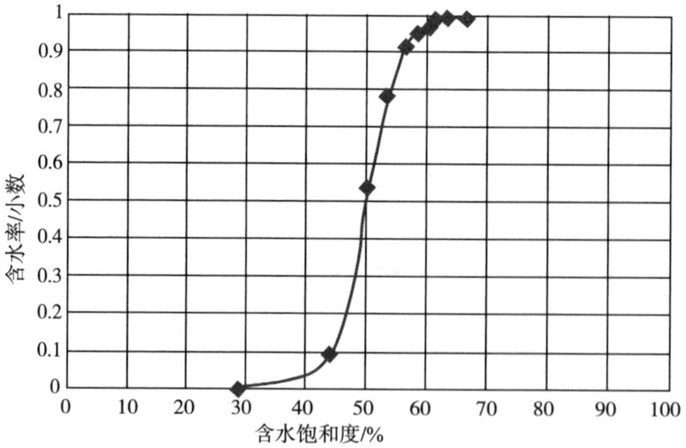

图 5－12　卫 360 块油藏分流量曲线

根据各小层水淹级别的划分统计，计算出各砂组(小层)不同水淹级别的剩余油分布状况(表 5－14)。

表 5-14　卫 360 块小层剩余油分布状况统计

小层号	地质储量/10^4t	剩余油储量/10^4t				
		含水率大于 80%	含水率介于 60% ~80%	含水率介于 40% ~60%	含水率小于 40%	合计
沙三上 1^1	6.49	0.00	0.00	0.31	5.94	6.25
沙三上 1^2	14.84	0.00	0.00	1.02	13.62	14.64
沙三上 1^3	29.08	1.31	0.52	0.26	24.14	26.24
沙三上 1^4	0.86	0.00	0.00	0.00	0.82	0.82
沙三上 3^1	8.53	1.30	0.65	0.65	3.91	6.52
沙三上 3^2	1.42	0.07	0.01	0.01	1.30	1.40
沙三上 3^3	2.37	0.45	0.11	0.11	1.57	2.24
沙三上 3^4	1.67	0.00	0.00	0.00	1.63	1.63
沙三上 3^5	0.09	0.00	0.00	0.00	0.09	0.09
沙三上 3^6	7.89	1.45	0.72	0.72	4.34	7.24
沙三上 3^7	9.45	3.00	1.50	0.75	2.25	7.49

（二）定量法剩余油研究

定量法剩余油研究就是通过油藏数值模拟方法量化油藏平面、层间及层内剩余油分布状况，确定剩余油富集区或剩余油潜力区带。油藏数值模拟操作流程参照第三章第三节油藏数值模拟技术内容。油藏数值模拟方法得到的各小层的剩余油分布和油藏工程方法确定的水淹状况分析应该是一致的，如表 5-15 所示。

表 5-15　卫 360 块小层开发指标及剩余油分布状况统计

小层号	地质储量/10^4t	累计产油量/10^4t	采出程度/%	剩余油储量/10^4t
沙三上 1^1	6.49	0.23	3.54	6.26
沙三上 1^2	14.84	0.20	1.35	14.64
沙三上 1^3	29.08	2.84	9.77	26.24
沙三上 1^4	0.86	0.04	4.65	0.82
沙三上 3^1	8.53	2.01	23.56	6.52
沙三上 3^2	1.42	0.02	1.41	1.40
沙三上 3^3	2.37	0.13	5.49	2.24
沙三上 3^4	1.67	0.04	2.40	1.63
沙三上 3^5	0.09	0.00	0.00	0.09
沙三上 3^6	7.89	0.65	8.24	7.24
沙三上 3^7	9.45	1.96	20.74	7.49

（三）剩余油研究方法总结及认识

剩余油分布研究是一项十分复杂的工程，必须充分利用油藏工程、地质、测井等各项资料，采用动静结合、多学科综合分析的方法，才能精准描述剩余油分布规律及潜力。

剩余油定量研究方法是多学科结合的油藏数值模拟方法，可以计算出小层剩余油饱和度分布，有很大的实用价值。该方法可以实现快速地输出任何时刻、任何位置的剩余油饱和度值，但在使用过程中会受到一定的限制，主要在于地质模型的精度和模拟运算需要大量的动、静态数据，历史拟合时间长，对计算机和技术人员的要求比较高。

各研究方法之间要互相印证，剩余油描述结果应该是一致的，不能互相矛盾。

二、剩余油潜力评价及控制因素分析

（一）剩余油潜力评价

根据以上研究结果，应用分小层的含水分级等值图、剩余可动油饱和度等值图、剩余地质储量丰度等值图、剩余可动油储量丰度等值图，小层水淹状况统计表、小层剩余可动油储量统计表等研究成果得出综合结论（图 5－13、图 5－14 和表 5－16），全方位、多指标来描述剩余油潜力。

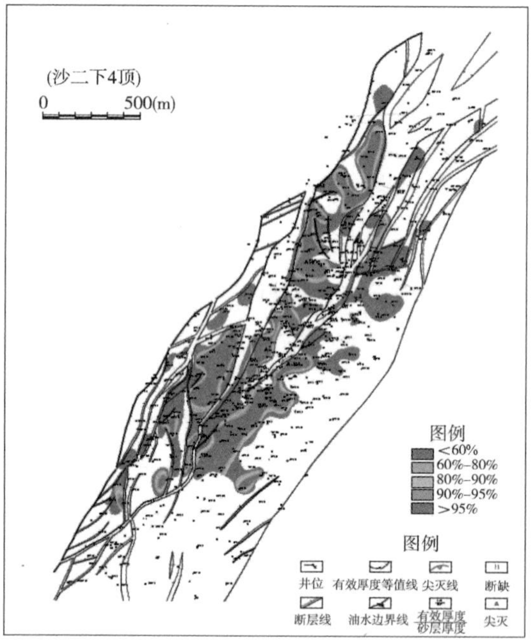

图 5－13　文 33 块沙二下 4^4 小层含水率分级等值图

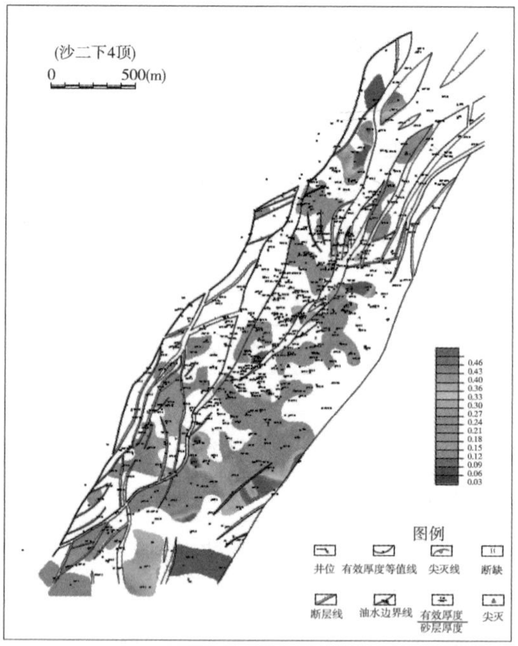

图 5－14　文 33 块沙二下 4^2 小层剩余可动油饱和度等值图

层间剩余油评价就是综合研究描述层间差异和各小层剩余油情况；平面剩余油评价就是描述各小层平面剩余油分布和不同区域（井组）剩余油分布情况；层内剩余油评价就是描述各小层层内剩余油分布情况。

表 5 –16 文 33 块沙二下剩余可动油储量统计

砂组	地质储量/10^4t	累产油量/10^4t	采出程度/%	剩余地质储量/10^4t	剩余可动油储量/10^4t
沙二下 1	31.58	4.76	15.07	26.82	10.68
沙二下 2	205.40	73.67	35.87	131.73	61.23
沙二下 3	241.14	87.25	36.18	153.89	72.82
沙二下 4	390.46	125.52	32.15	264.94	128.75
沙二下 5	145.71	40.60	27.86	105.11	56.93
沙二下 6	65.63	18.29	27.87	47.34	24.65
沙二下 7	143.86	33.47	23.27	110.39	52.30
沙二下 8	51.22	7.39	14.43	43.83	17.64
合计	1275.00	390.96	30.66	884.04	424.99

为定量描述剩余油潜力，在小层剩余油饱和度表达的基础上，采用剩余地质储量丰度等值图、剩余可动油储量丰度等值图描述小层的剩余油潜力。

1. 剩余地质储量丰度等值图

根据油藏数值模拟研究的网格剩余油饱和度，利用储量丰度计算式[式(5 –5)]，可以计算小层各网格节点上的剩余地质储量丰度，纵向上，将各小层对应网格的剩余地质储量丰度相加，可以得到不同砂组、不同层系和区块的剩余地质储量丰度 I_{os}(图 5 –15)：

$$I_{os} = 100 \cdot h \cdot S_o \cdot \phi \cdot \rho / B_o \qquad (5-5)$$

式中 h——网格有效厚度，m；

S_o——目前网格含油饱和度,%；

ϕ——网格储层的孔隙度,%；

ρ——原油密度，g/cm^3；

B_o——原油体积系数。

2. 剩余可动油储量丰度等值图

定量描述剩余油分布方法的图件主要有剩余油饱和度等值图、剩余地质储量丰度等值图、剩余可动油储量丰度等值图等。其中剩余油饱和度是一种相对值，代表了模拟层平面上水淹状况及潜力的品位，反映剩余油开发的难度；剩余地质储量丰度等值图只能代表剩余地质储量的分布状况，不能准确定量描述剩余油潜力；剩余可动用油储量丰度等值图综合考虑了有效厚度、剩余油饱和度、原油体积系数等参数的影响，准确定量地反映剩余油潜力的富集分布，纵向上将各模拟层剩余可动油储量丰度相加，得到砂组、层系和区块的剩余可动油储量丰度分布。具体做法如下：

根据含水率与含油饱和度的关系曲线，把含水率 98% 对应的含油饱和度定为残余油饱和度，利用模拟小层网格剩余油饱和度计算各模拟小层网格剩余可动油饱和度；利用模拟小层网格计算剩余可动油储量丰度。在纵向上将小层储量丰度相加组成不同砂组、不同层系和区块网格剩余可动油储量丰度，如图 5 –16 所示。

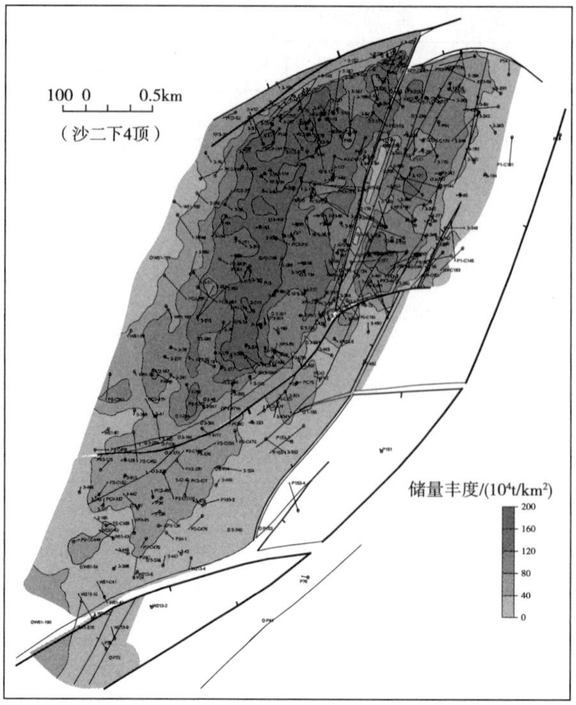

图 5－15　濮城油田南区沙二下 1－8 油藏剩余地质储量丰度等值图

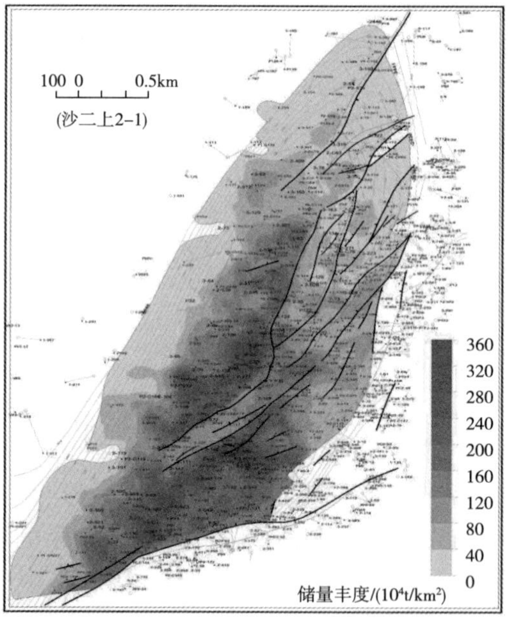

图 5－16　濮城油田西区沙二上 2＋3 油藏剩余可动油储量丰度等值图

（二）剩余油控制因素

剩余油分布控制因素包括油藏非均质性和开发非均质性，上述两个方面造成非均匀驱油。油藏非均质性主要包括构造、储层以及流体等方面；开发非均质性主要从注采状况体现，包括层系组合、井网部署、注采对应状况、注采强度等。由于油藏非均质和开发非均质的影响，形成了剩余油富集区。

三、剩余油分类及挖潜对策

(一) 剩余油分类

根据剩余油控制因素以及中原油田油藏精细描述研究，剩余油大体分为平面和纵向(层间和层内)两大类型。平面剩余油可分为三种，包括构造控制型剩余油(构造高部位、断层遮挡区等)、储层差异型剩余油(储层变差、沉积微相控制型等)和井网控制型剩余油(注采井网不完善、水驱滞留、水驱未动用等)。剩余油在纵向上的分布与储层非均质性密切相关，主要包括层间干扰、厚油层内部隔夹层或非均质性形成的剩余油。因油藏特点和开发阶段不同，具体油藏剩余油分类不同。表 5－17 是卫 360 块不同类型剩余油统计表，剩余油主要类型分别为构造高部位和断层遮挡、注采不完善、井网未控制、层间干扰、水驱滞留型。

表 5－17　卫 360 块剩余油储量统计

层系	剩余油储量/10^4t	不同类型剩余油									
		构造高部位和断层遮挡		注采不完善		井网未控制		层间干扰		水驱滞留	
		剩余储量/10^4t	占比/%	剩余储量/10^4t	占比/%	剩余储量/10^4t	占比/%	剩余储量/10^4t	占比/%	剩余储量/10^4t	占比/%
沙三上 1	47.7	7.6	16.0	4.5	9.5	22.0	46.1	8.2	17.1	5.4	11.3
沙三上 3－4 沙三中 1	71.1	23.4	32.9	8.0	11.3	5.9	8.3	25.3	35.6	8.4	11.9
沙三中 2－5	226.0	58.8	26.0	68.3	30.2	8.2	3.6	56.8	25.1	34.0	15.0
沙三中 6－7	92.2	21.2	23.0	20.9	22.7	4.2	4.6	23.0	25.0	22.8	24.8
沙三下	200.1	40.5	20.2	76.5	38.2	40.4	20.2	23.5	11.8	19.3	9.6
合计	637.1	151.5	23.8	178.3	28.0	80.7	12.7	136.8	21.5	89.9	14.1

(二) 剩余油挖潜对策

针对不同类型的剩余油有不同的挖潜对策。1)构造控制型剩余油分布在构造高部位和断层遮挡区，通过部署新井(调整井、侧钻井和更新井)以及大修等油水井配套措施完善注采井网挖潜；2)储层差异型剩余油分布在储层变差和沉积微相控制处，通过压裂、酸化等储层改造措施挖潜；3)井网控制型剩余油分布在井网不完善、水驱未动用和水驱滞留区，井网不完善和水驱未动用型剩余油通过完善注采井网挖潜；4)水驱滞留型剩余油通过优化注采井网实现液流转向、改变注水方式(如周期注水)扩大波及体积；5)层间干扰型剩余油通过分注、打塞、封堵等措施精细层间调整，减小层间差异，实现差层的有效动用；6)层内剩余油分布受厚油层内部隔夹层或层内非均质性影响，通过水井调剖调驱和油井堵水、选择性射孔等措施挖潜。

下面举例说明剩余油挖潜对策应用效果。文 33 块沙二下油藏 2012—2020 年通过选择性补孔等措施，实施厚油层层内剩余油挖潜，共实施 19 口油井，初期平均单井日增油 6.5t，平均单井累增油 810t，措施效果较好。该块 2008—2013 年通过河道注水补充能量、侧翼微相油井压裂引效等措施，开展储层差异型剩余油挖潜，共实施油井压裂 5 口，初期平均单井日增油 6.0t，平均单井累增油 1674t。

第三节　水驱油藏开发调整技术

中原油田水驱开发区域主要包括东濮和内蒙，已投入开发油田 23 个，以断块和低渗油藏为主，地质条件复杂。开发方案实施后，针对暴露出来的突出问题，重新建立油藏精细地质模型，采取针对性调整技术，使各类油藏的开发水平不断提高。断块油藏调整技术包括层系细分重组、小断块立体组合、相控单砂体注采调整、流场均衡动用、水动力学等技术；低渗油藏调整技术包括缩小井距逐层上返、缝控矢量注采调整等技术。

一、层系调整技术

（一）缩小井距、逐层上返技术

低渗油藏储层物性差、渗透率低，驱替压力随井距的增大而变大，大井距无法建立有效的驱替压差，导致水驱动用程度低。缩小井距可以减小驱替压力，实现低渗储量的有效动用，大量生产实践和研究证明，油田最终采收率与井网密度的关系密切，井距缩小、井网密度加大之后，采收率明显提高，但并不是井距越小越好，而是要在追求较高采收率的同时，考虑经济效益，达到较好的开发效果。多层组合水驱时，受层间干扰的影响，渗透率级差越大，渗透率低的层采收率越低，渗透率高的层采收率越高，但高不过单层水驱开采时的采收率。在相同注入倍数条件下，单层水驱时均能获得较高的采收率。因此，缩小井距、减小渗透率级差，是低渗油藏提高采收率的重要措施。

1. 逐层上返技术界限

综合考虑储层、注入和产出流体的物性、油水井间可以建立的最大注采压差，应用极限注采井距计算公式，计算极限水井注水半径和油井泄油半径，从而确定合理的注采井距；建立渗透率级差与吸水厚度百分数图版，确定最优的渗透率级差控制范围。在合理井距和渗透率级差政策的指导下，开展缩小井距、逐层上返调整治理研究。

（1）合理井距优化

一是砂体的连通程度。在注水开发油藏中，注采井之间砂体连通程度的大小是决定注水开发效果好坏的因素之一，如果井距太大，连通程度太低，水驱控制储量太少，就无法满足注水开发的需要；如果由于井距很小，连通程度满足了注水开发的需要，但由于单井控制储量太少，无法满足收回投资的需要。因此，合理井距条件下的连通程度不仅要满足注水开发的需要，还要满足经济条件的要求。

以文 13 东油藏为例，主要储层发育呈南北条带状分布，垂直于断层方向延伸宽度较窄，连通性较差，故在该方向要求注采井距较小，而在平行于文 13 断层方向的砂体连通性较好，该方向注采井距可相对大些。在 250 ~ 300m 井距条件下，二类储层连通率低于 75%；在 180 ~ 200m 井距条件下，二类储层连通率大于 80%，综合考虑砂体连通状况及构造因素，200m 井距左右可满足动用二类储层的需要。

二是有效驱替压差。低渗透油藏的储层具有启动压力梯度，注采压差梯度必须大于启动压力梯度，才能注进水，驱动原油流向油井井底。

从低渗储层单相渗流机理室内研究可以看出：在某一流度条件下，随着驱替压力梯度的逐渐增大，低渗储层的流体会出现不流动、非线性渗流和拟线性渗流三种渗流流态。在实际油藏中，在一定生产压差下，当油井以一定产量生产时，相应地会出现不流动、不易流动和易流动区等3种不同的渗流区域。

利用极限注采井距公式，计算不同物性、不同生产压差下的极限注采井距，以文13东为例，技术极限井距见表5－18。

表5－18　文13东极限井距计算结果

层系	平均渗透率/mD	不同生产压差下的极限注采井距/m					
		10MPa	12MPa	14MPa	16MPa	18MPa	20MPa
沙三中5－7	20.6	190	228	266	304	342	380
沙三中8	12.3	139	167	195	223	251	279
沙三中9	11.2	132	158	185	211	237	264

(2)逐层段上返降低层间级差

多层合采合注的油藏开发中，层间非均质性是造成层间干扰和单层突进的内在因素，而且层间渗透率级差越大，低渗透层受干扰的程度也就越严重，表现为层间水驱动用状况极不均衡，相对高渗透层水驱动用好，中低渗透层吸水能力差或根本未水驱动用，地层能量严重不足，潜力得不到发挥，原有的开发层系不能满足开发的需要。现有的分层工艺适应性差，层间矛盾非常突出，不能满足油藏开发的需要。因此，必须找到一个细分与加密的平衡点，既能有效减小层间差异，又能使注采井距达到注水开发的要求。逐层上返是把开发层系划分得更细一些，先开发最下面的一套层系，然后逐层上返。

根据文东油田沙三中油藏吸水剖面，研究吸水剖面渗透率级差与吸水厚度百分数的关系，建立渗透率级差与吸水厚度百分数图版。当层间渗透率级差小于2倍，吸水厚度百分数达到了64.5%；渗透率级差在2～3倍时，油层吸水厚度百分数为56.1%；渗透率级差在5～10倍时，油层吸水百分数为33.8%；当渗透率级差大于10倍时，只有个别高渗透油层吸水。因此，层系内渗透率级差越小，吸水厚度比例越大，水驱动用状况越好。级差在4倍以内，吸水剖面比例变化不大，进一步降低渗透率级差，吸水厚度比例增加缓慢。因此，要使大部分砂体得以动用，渗透率级差应控制在4倍以内(图5－17)。

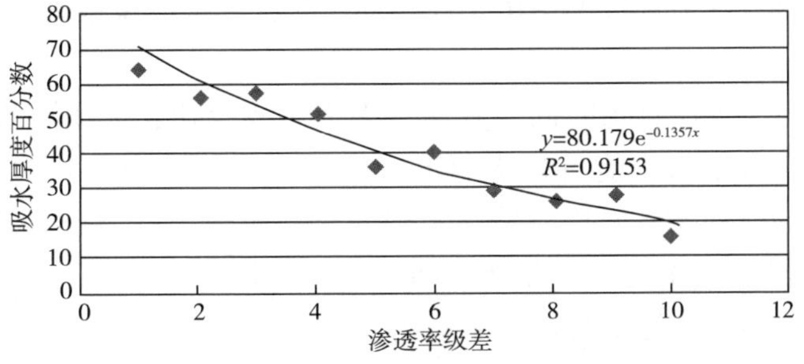

图5－17　渗透率级差与吸水厚度百分数的关系曲线

2. 典型实例

1993 年在文 13 东开展矿场先导试验，选择文 13－128 块，利用一套密井网开展逐层段上返注水开发、细分层系先导试验。试验层段的沙三中 8－10 砂组渗透率级差 38 倍，重新细分组合为沙三中 10＋9 下、沙三中 9 上、沙三中 8 下、沙三中 8 上 4 段，使每个试验层段纵向厚度小于 80m，井距 150m，渗透率级差小于 10 倍，自下而上逐层段上返注水开发，第一试验层开发结束后，注灰封堵上返第二层段开发，至四个层段开发完毕后，将四层段钻塞合采，进一步提高采收率。试验取得显著效果，注水利用率提高，水驱状况得到根本性改变(表 5－19)，与文东油田同期相比：采油速度高，单层段开采的最高采油速度达到 21.26%，折算到全试验层段的平均采油速度高出 2.2 个百分点；厚度吸水百分数达到 78.9%，水驱动用程度提高 41.2 个百分点；采收率提高 10.5 个百分点；第一试验层段收回了钻井及地面建设的投资，具有显著的经济效益。

表 5－19　文 13－128 块试验数据

试验层	层位	渗透率/mD	渗透率级差	采出程度/%	采收率/%	试验时间
第一层	沙三中 $9^{下}$ +10	6.11	3.9	35.59	46.5	1993－06—1995－12
第二层	沙三中 $9^{上}$	4.18	2.0	17.85	23.7	1996－01—1996－12
第三层	沙三中 $8^{下}$	15.23	6.3	33.86	41.6	1997－01—2001－12
第四层	沙三中 $8^{上}$	18.56	5.7			2002－01—

(二)层系细分重组技术

根据油藏目前开发层系的砂组数、小层数、有效厚度、渗透率级差等指标，依据采油井产液剖面和注水井吸水剖面测试结果分析目前水驱储量控制程度。在层系状况调查的基础上，对比开发层系划分原则，评价目前开发层系是否适应，如层系间渗透率级差、原油黏度过大，造成层间干扰严重，研究进一步细分层系的可行性。若由于纵向和平面上非均质因素影响导致油藏层间动用不均衡，且无法通过工艺措施进行改善时，应重新划分开发层系。

1. 层系细分政策界限

(1)渗透率组合界限

根据油藏储层物性、层间渗透率级差及层系组合的实际情况，设计了五组不同渗透率的岩心 18 种组合方式，利用天然长岩心多层多渗透率组合物理模拟实验技术，综合研究不同渗透率级差组合条件下各层的动用条件、动用状况、水驱采收率的变化及其主要影响因素(表 5－20)。

不同组合条件下，各层见水时间与其渗透率大小成反比，采出程度与渗透率成正比，高渗层无论在何种组合下，均能首先水驱突破且动用良好，产出状况不受其他油层的影响，而低渗层产出特征受高渗层影响较大，层间级差越大，低渗层动用状况越差(表 5－21)。低渗层在渗透率级差较小的情况下，可以建立起较高的注采压差，使差层充分动用，但级差达到一定程度后，低渗层难以水驱动用，影响最终采收率。实验证实渗透率级差控制在 4 倍以内，可以获得 40% 以上采收率，控制在 5 倍以内，可以获得 35% 以上的采收率(图 5－18)。

表5-20　水驱油实验不同渗透率模拟层组合方式

一层	组合方式	Ⅰ	Ⅱ	Ⅲ	Ⅳ	Ⅴ	
	渗透率/mD	32.14	74.02	151.83	447.08	1487.2	
两层	组合方式	Ⅰ+Ⅱ	Ⅰ+Ⅲ	Ⅰ+Ⅴ	Ⅱ+Ⅲ	Ⅱ+Ⅳ	Ⅱ+Ⅴ
	平均渗透率/mD	53.08	91.99	759.67	112.92	260.55	780.61
	渗透率级差	2.303	4.724	46.273	2.051	6.04	20.09
三层	组合方式	Ⅰ+Ⅱ+Ⅲ		Ⅰ+Ⅱ+Ⅴ		Ⅱ+Ⅳ+Ⅴ	
	平均渗透率/mD	86		531.12		669.43	
	渗透率级差	4.724		46.273		20.092	
四层	组合方式	Ⅰ+Ⅱ+Ⅲ+Ⅳ		Ⅰ+Ⅱ+Ⅳ+Ⅴ		Ⅱ+Ⅲ+Ⅳ+Ⅴ	
	平均渗透率/mD	176.27		510.11		540.03	
	渗透率级差	13.91		46.273		20.092	
五层	组合方式	Ⅰ+Ⅱ+Ⅲ+Ⅳ+Ⅴ					
	平均渗透率/mD	438.45					
	渗透率级差	46.273					

表5-21　不同组合方式采收率

两层	组合方式	Ⅰ+Ⅱ	Ⅰ+Ⅲ	Ⅰ+Ⅴ	Ⅱ+Ⅲ	Ⅱ+Ⅳ	Ⅱ+Ⅴ
	渗透率级差	2.303	4.724	46.273	2.051	6.04	20.09
	单注采收率/%	49.44	49.27	46.24	54.47	57.75	50.28
	合注采收率/%	44.27	32.86	33.2	40.6	44.68	31.83
	差值	5.17	16.41	13.04	13.87	13.07	18.45
三层	组合方式	Ⅰ+Ⅱ+Ⅲ		Ⅰ+Ⅱ+Ⅴ		Ⅱ+Ⅳ+Ⅴ	
	渗透率级差	4.724		46.273		20.092	
	单注采收率/%	51.13		48.61		53.55	
	合注采收率/%	33.56		27.17		30.5	
	差值	17.57		21.44		23.05	
四层	组合方式	Ⅰ+Ⅱ+Ⅲ+Ⅳ		Ⅰ+Ⅱ+Ⅳ+Ⅴ		Ⅱ+Ⅲ+Ⅳ+Ⅴ	
	渗透率级差	13.91		46.273		20.092	
	单注采收率/%	53.98		51.75		53.7	
	合注采收率/%	33.68		24.37		23.74	
	差值	20.3		27.38		29.96	
五层	组合方式	Ⅰ+Ⅱ+Ⅲ+Ⅳ+Ⅴ					
	渗透率级差	46.273					
	单注采收率/%	52.19					
	合注采收率/%	20.36					
	差值	31.83					

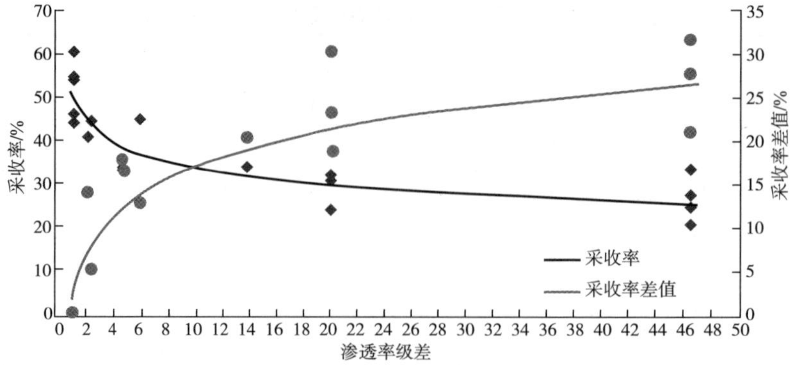

图 5－18　渗透率级差与采收率的关系

(2)启动压力差界限

为真正实现认识到层，进一步改善吸水剖面，有效增加水驱动用储量，为重组细分开发层系提供可靠依据，在注水井上应用“投球管柱法”和“五参数测试法”进行分层启动压力测试。通过这一工艺技术，能够录取到每个小段吸水指示曲线和启动压力，直观反映了各小层随压力变化动态吸水趋势和层间干扰，掌握不吸水层启动条件。

通过对测试资料的分析，部分层段随着注水压力升高，吸水指示曲线发生弯曲，吸水指数变大，分析认为启动新层导致吸水厚度增加所致。当启动压力差值在 6MPa 以内，可以通过增加注水压力增加吸水厚度，有效增加水驱动用储量。

从启动压力与砂体渗透率的关系曲线显示两者之间存在较强的相关性，即砂体渗透率越高其启动压力越低。当渗透率级差在 5 倍时，启动压力差为 6.9 倍；当渗透率级差为 6 倍时，启动压力差为 8.5 倍(图 5－19～图 5－22)。

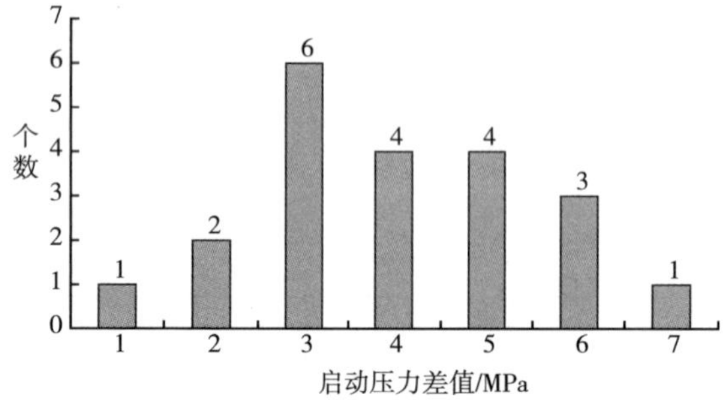

图 5－19　吸水指数变大注水压力差值分布

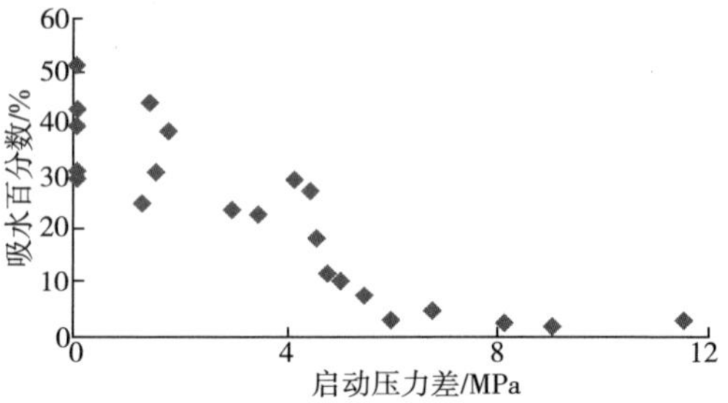

图 5－20　启动压力差与吸水百分数的关系

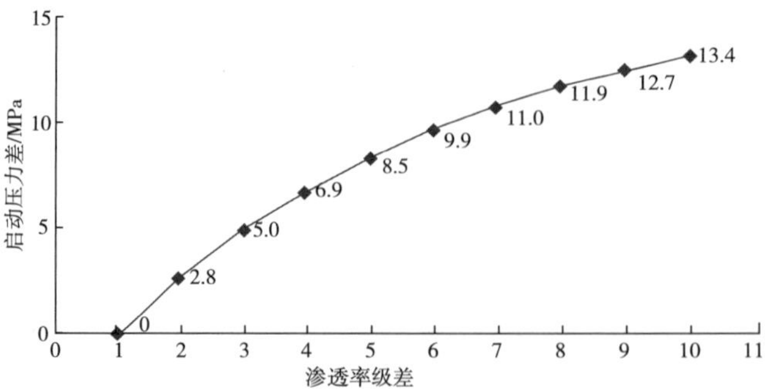

图 5－21　渗透率级差与启动压力差的关系

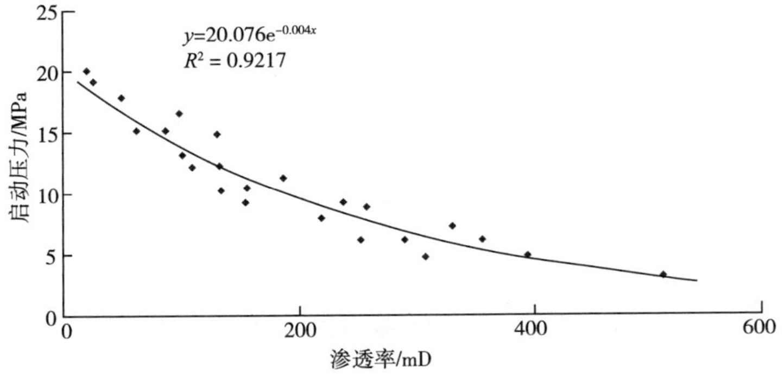

图 5-22 渗透率与启动压力的关系

(3)小层层数与厚度界限

统计油藏注水井历年吸水剖面，建立注水厚度、注水层数与吸水厚度百分数、吸水层数百分数之间的关系曲线(图 5-23、图 5-24)，当吸水层数百分数和吸水厚度百分数要达到一类水驱动用水平(水驱动用程度不小于 75%)时，确定为合理界限。

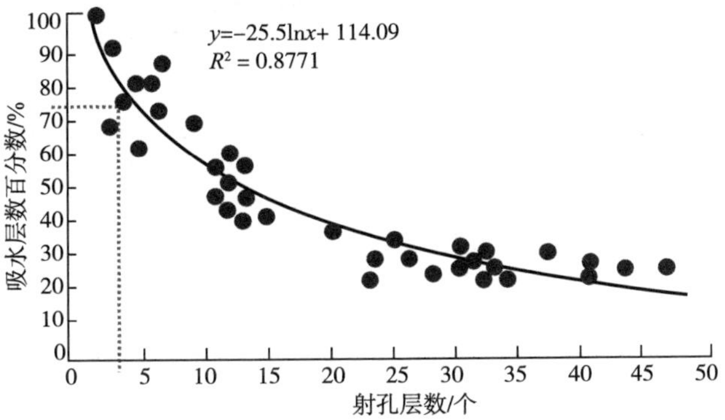

图 5-23 注水层数与吸水层数的关系

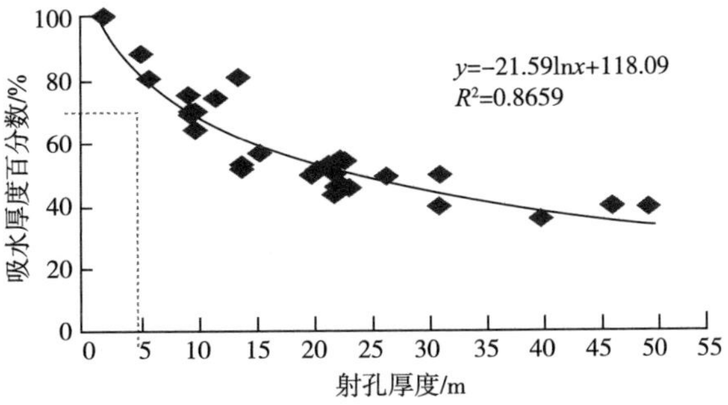

图 5-24 注水厚度与吸水厚度的关系

(4)注采井距及井网密度界限

单套层系内合理的注采井距应能够建立有效的注采压力系统，且能保证油藏有较高的水驱控制程度。以胡状集油田为例，其原油黏度为 23mPa·s，注采压差 28MPa，根据极限注采井距公式计算，保持 28MPa 的注采压差，当渗透率为 100mD 时，极限注采井距为 218m，当渗透率为 200mD 时极限注采井距为 330m，当渗透率为 500mD 时极限注采井距为 570m(图 5-25～图 5-28)。

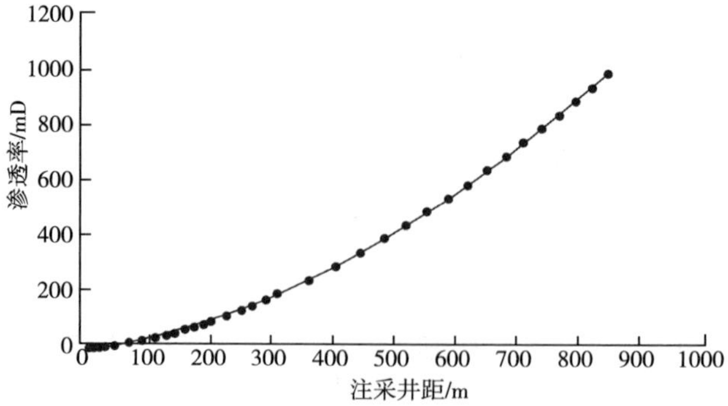

图 5-25　注采井距与渗透率的关系曲线

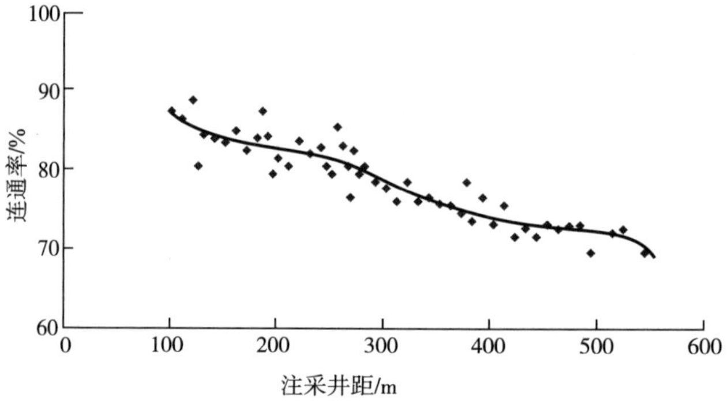

图 5-26　中渗层注采井距与连通率的关系曲线

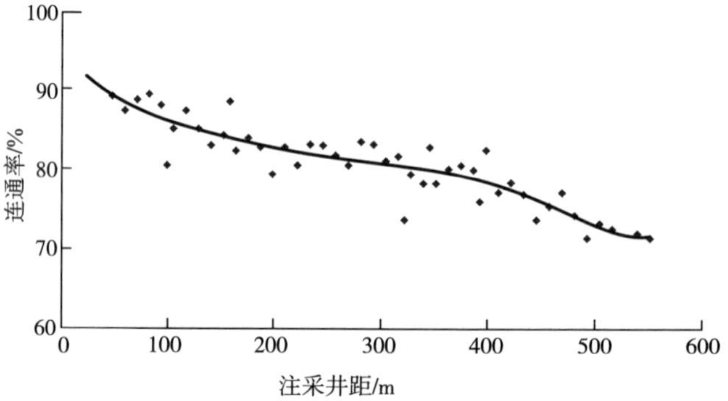

图 5-27　低渗层注采井距与连通率的关系曲线

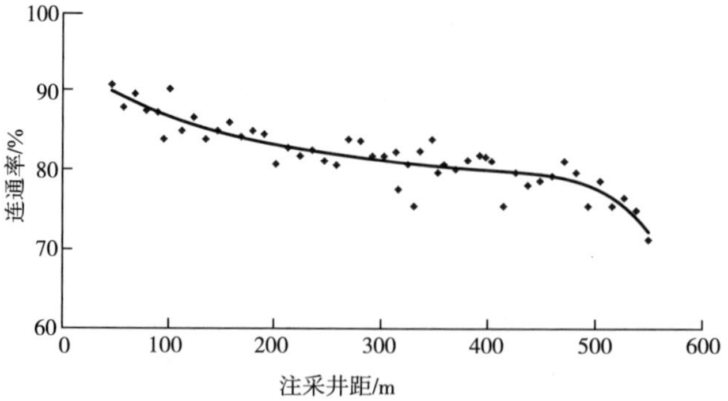

图 5-28　高渗层注采井距与连通率的关系曲线

统计胡状集油田 100～500m 之间不同井距下有效厚度连通率可以得出，中渗层注采井距控制在 260m 以内、低渗层在 220m 以内、高渗层在 320m 以内，油层连通率达到 85%。随着井距的增大，连通率下降明显，控制程度下降。

在满足油藏注采压力系统及较高连通率的条件下，中渗层采取 260m 的注采井距，井网密度为 15 口/km^2；低渗层采取 220m 的注采井距，井网密度为 28 口/km^2；高渗层采取 320m 注采井距，井网密度为 13 口/km^2。

2. 典型实例

胡状集油田 2002—2003 年编制实施了整体细分重组方案（表 5－22），方案设计层系内渗透率级差小于 6 倍，Ⅰ类主力层注采井距拉大至 300～500m，Ⅱ、Ⅲ类层注采井距控制在 200m 左右。方案设计主体工作量 149 井次，实施 146 井次，实施率 97.9%。开发单元日产油水平上升 83t，自然递减由 27.48% 下降到 16.24%，下降 11.24 个百分点；综合递减由 18.39% 下降到 5.08%，下降 13.31 个百分点。层系内渗透率级差基本控制在 6 倍以内，层间矛盾在一定程度上得到改善。吸水厚度百分比由细分前的 47.6% 提高到 59.4%。水驱控制储量和水驱动用储量增加，水驱控制程度增加 8.8 个百分点，水驱动用程度增加 10.9 个百分点。重组细分单元采收率由 23.2% 提高到 27.2%，可采储量增加 63.5×10^4t，为胡状集油田长期稳产起到了重要作用。

表 5－22　胡状集油田重组细分开发层系情况

类型	年份	单元	细分前		细分后		
			储量/10^4t	渗透率级差	单元	储量/10^4t	渗透率级差
重组细分	2002	胡 7 南块沙三中 6－10	264	17.06	好层	145.0	1.46
					差层	119.0	2.40
细分	2003	胡 5 块沙三上 3～沙三中 2	309	21.00	沙三上 3－4	132.0	6.50
					沙三中 1－2	177.0	5.40
重组细分	2003	胡 12 块沙三中 4－5	155	29.60	好层	84.0	3.10
					差层	71.0	4.70
细分	1996	胡 12 块沙三中 6－8	468	39.00	沙三中 6	112.0	6.10
					沙三中 $7^1\sim8^5$	235.0	5.20
					沙三中 8^{6-8}	121.0	4.00
重组细分	2003	胡 12 块沙三中 9－12	320	19.40	沙三中 9－10 好层	126.1	3.90
					沙三中 11－12 好层	92.8	4.00
					沙三中 9－12 差层	101.1	5.00
重组细分	2003	胡 7 南沙三下 5－6	101	15.00	好层	55.1	3.20
					差层	45.9	4.60
合计			1617			1617	

(三) 小断块立体组合技术

调查极复杂构造区各小断块地质储量井网控制状况、水驱储量控制及动用程度、剩余储量规模，评价目前开发适应性。若由于井网控制程度低或各断块间非均质因素影响，导致部分小断块无法有效动用，且通过工艺措施仍不能进行改善时，应重新组合各小断块。

1. 立体组合原则

各断块具有一定的剩余储量基础，断块间不同程度叠置或接触，组合起来剩余可采储量应达到复杂结构井的经济动用界限。立体组合的各断块油层纵向应具有叠合性，利用多靶定向井能形成井网和注采系统。组合动用的各断块压力系统、油层沉积类型和原油性质应比较接近。按断块统计储层物性及流体性质，如果断块间差别较大则需要细分层段开发。满足上述条件的断块可重新立体组合，不同类型断块相关组合动用条件应视具体情况而定。

2. 立体组合政策界限

小断块立体组合开发政策界限主要考虑地质、油藏和经济三方面因素，新钻油水井数在评价期限内经济可行。应用油藏工程方法，建立不同油价、不同井型下新钻井数与多(单)个小断块剩余可采储量的关系式：

$$\Delta N_{\mathrm{P}} = N\Delta E_{\mathrm{R}} = N\left(E_{\mathrm{D}}\mathrm{e}^{-\frac{a\phi S_{\mathrm{o}}h}{K_{\mathrm{e}}{}^{1.5M0.5A_{\mathrm{c}}}}/f} - R_{\mathrm{T}}\right) \tag{5-6}$$

式中 E_{R}——采收率，f；

E_{D}——驱油效率，f；

ϕ——孔隙度，f；

S_{O}——含油饱和度，f；

h——有效厚度，m；

K_{e}——渗透率，μm^2；

M——注采井数比；

A_{c}——井网指数，f；

R_{T}——采出程度，f；

f——井网密度，口/km^2。

井网密度与地质储量、有效厚度关系式如下：

$$S = \frac{(X+Y+n)hq_{\mathrm{oi}}}{N} \tag{5-7}$$

式中 f——井网密度，口/km^2；

X——新钻油井数，口；

Y——新钻水井数，口；

n——现状油水井数量；

q_{oi}——单储系数，$10^4 t/(km^2 \cdot m)$。

以目标区明一西块为例，据统计高含水期开发期新钻井产油量随时间呈指数递减规律变化，初始年产油量为 q_{o}，开发年限 T 内的累产油量可表示为：

$$\Delta N_{\mathrm{P}} = \frac{q_{\mathrm{o}}}{D_{\mathrm{c}}}[1-(1-D_{\mathrm{c}})^{T} \tag{5-8}$$

式中 q_{o}——初期产量，$10^4 t$；

D_{c}——初始年递减率，f；

T——开发年限，年。

当新钻井开发年限内累产油量、经济评价期限内界限产量与多(单)个小断块剩余可采储量相同时即为断块立体组合政策界限，依据上述原则，应用油藏工程方法可以建立不同油价、不同井型下小断块立体组合政策界限图版见图5-29~图5-32，指导小断块井网加密、调整或恢复。

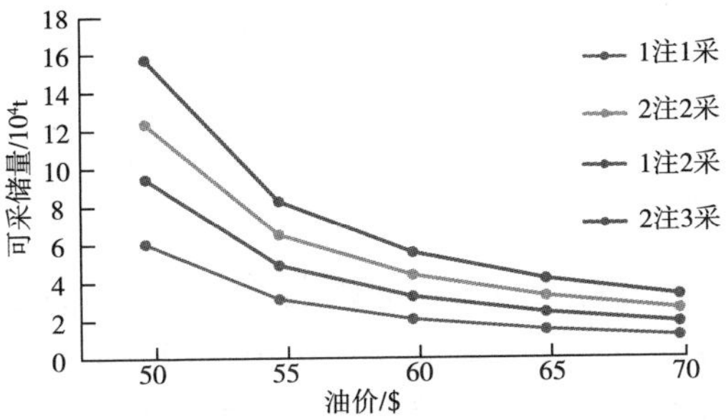

图5-29 不同油价新区调整井界限图版

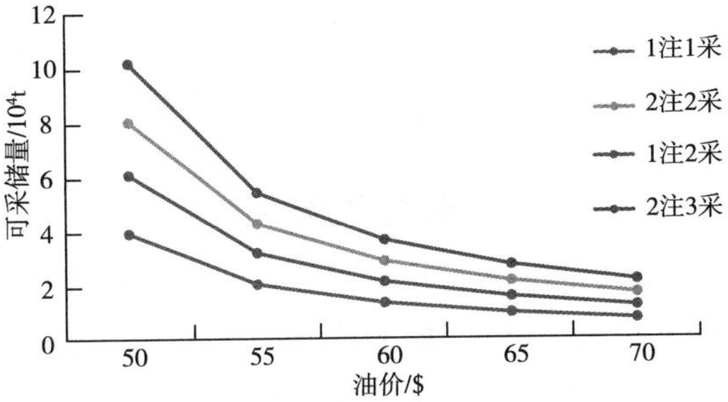

图5-30 不同油价新区侧钻井界限图版

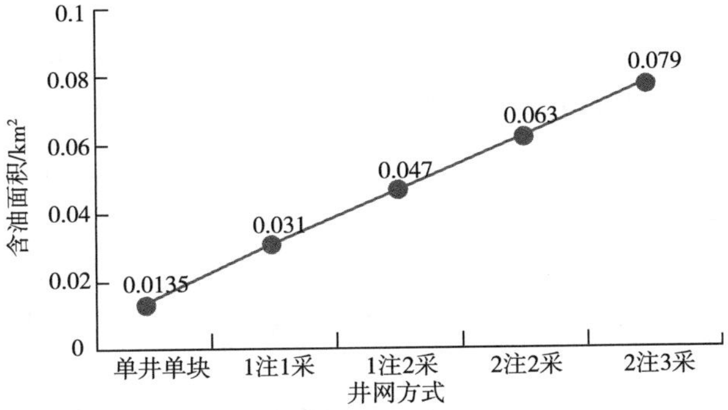

图5-31 不同井网方式下含油面积界限图版

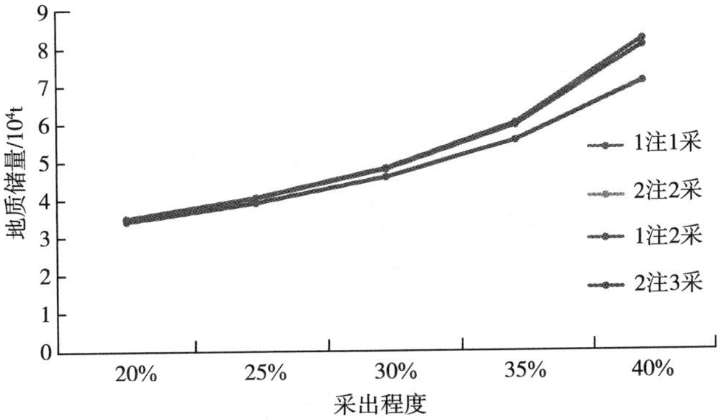

图5-32 已开发断块调整井储量界限图版

以明一西块为例，在60＄/bbl油价下，单个断块动用含油面积界限为0.03km^2，侧钻井动用可采储量界限为1.5×10^4t，调整井动用可采储量界限为2.3×10^4t。

3. 实例分析

文明寨油田明六块2003年编制实施了立体开发方案，以小断块为挖潜单元，在新认识小断块区部署调整井；对极复杂多油层难认识区带，缩小井距打加密井，提高连通率；对难以形成注采关系的含油小断块，采取补孔、深抽提液挖潜剩余油；对井网较完善的剩余油富集区，加强事故油水井侧钻及报废井利用，进一步完善注采井网，提高水驱控制程度、动用程度，断块区有注无采、有采无注的状况得到改善。2004 年底，新钻井 10 口，建成产能 1.62×10^4t，年产油由 3.4×10^4t 增加到 4.9×10^4t，综合含水率由 91.9% 降低到 83.8%；水驱控制程度达到 82.3%，水驱动用程度达到 69.2%，采收率提高 2.63%，达到了方案设计目标。

二、井网调整技术

(一)缝控矢量注采调整技术

低渗油藏储层物性差，常规生产产能低，大部分井都进行过压裂改造，人工裂缝普遍分布，加剧了储层的非均质，导致注入水沿人工裂缝突进，水驱波及体积小，水驱动用程度低。缝控矢量注采调整是通过矢量化的注采调整，减小人工裂缝造成的非均质性，实现均衡水驱的目的。

1. 技术政策论证

根据油藏精细描述的人工裂缝的分布特征，结合剩余油的分布规律，开展矢量化注采调整，通过调整井网、控制压裂缝长，转变液流方向，减小人工裂缝造成的注入水突进现象，提高水驱动用程度。

(1)压裂改造参数优化

基于目标油藏实际参数，建立油藏模型，结合矿场统计，分析注采井网与沉积微相匹配关系、注采方向与人工裂缝的配置关系，明确合理注采相带、注采井距、注采方向的矢量井网调整技术政策界限。

在文 13 东油藏开展不同沉积微相下注采井距研究，利用数值模拟方法，设置沟道注水－沟道采油、沟道注水－侧翼采油、侧翼注水－沟道采油和侧翼注水－侧翼采油等 4 种井网配置模式，分别模拟 50m、100m、150m、200m、250m 和 300m 注采井距下累产油量、含水率、采出程度变化规律。研究结果表明，随着井距增加，水驱波及体积扩大，采出程度逐渐增加，但增加幅度逐渐减小。当油水井同处于相同相带下，以沟道注水－沟道采油效果较好；当油水井处于不同相带下，以沟道注水－侧翼采油累产较高，效果较好。当油水井同在沟道相时，注采井距为 250m 采出程度较高；当沟道注水－侧翼采油时，注采井距为 200m 采出程度较高；当侧翼注水－侧翼采油时，注采井距为 150m 采出程度较高，效果较好(图 5－33)。

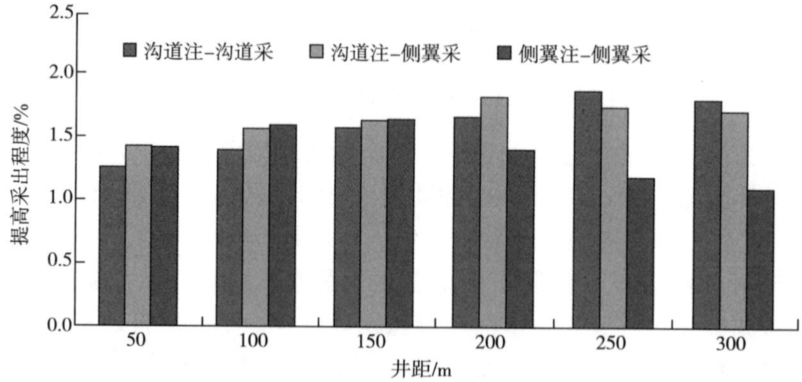

图 5－33　不同相带注采井距采出程度对比

(2)矢量化缝控流线调整

在井网与沉积微相匹配优化的基础之上，加入人工裂缝，研究注采井网与人工裂缝、沉积微相的配置关系。研究不同注采方向与人工裂缝夹角的合理夹角，分别设置0°、45°、90°等3种方案，优化确定合理的夹角，进行数值模拟论证，然后根据油水井在不同相带，论证不同注采方向与人工裂缝夹角下合理的注采井距。注采方向与人工裂缝夹角越大，水驱波及面积越大。通过数值模拟可以看出，注采方向与人工裂缝夹角45°时提高采收率效果好，累产油较高，开发效果较好(图5－34)。

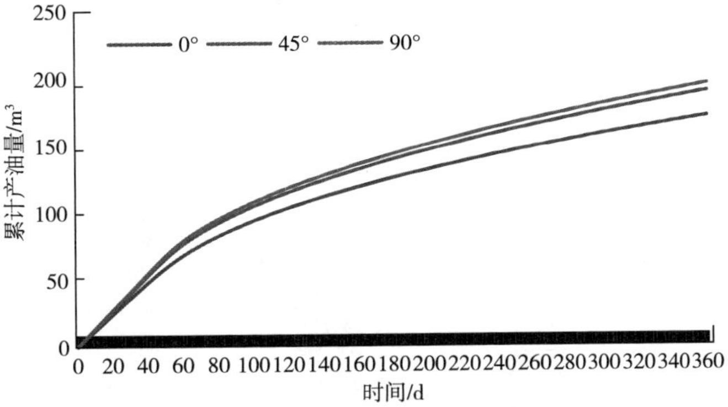

图5－34　注采方向与人工裂缝夹角采出程度对比

注采方向与人工裂缝夹角90°时，当油水井同处于沟道相，合理的注采井距应为250m；当油水井分别处于不同相带，合理的注采井距应为200m；当油水井同处于侧翼相，合理的注采井距应为150m。注采方向与人工裂缝夹角0°时，当油水井同处于沟道相，合理的注采井距应为400m；当油水井分别处于不同相带，合理的注采井距应为300m；当油水井同处于侧翼相，合理的注采井距应为250m。

(3)重复压裂方式与时机优化

重复压裂技术是目前低渗油藏低产井提高单井产量的主要措施之一，而重复压裂时机的选择是保证改造效果的关键。

根据油藏实际参数，建立产能预测模型，利用数值模拟方法，研究低产井在不同压裂方式下增产改造效果，在确定最优重复压裂方式的基础上，研究不同重复压裂时机的增产改造效果。

一是重复压裂方式。根据初次压裂水力裂缝参数和剩余油分布，提出3种针对性重复压裂方式：重压老缝、缝内转向、老缝加长，以恢复老缝导流能力和增加新缝的方式沟通更多的剩余油区域，实现增产效果。

利用基础压裂模型，进行重复压裂模拟预测，对比不同重复压裂方式增产改造效果，可以看出，3种重复压裂方式都可以提高单井产能，压裂初期日产油量较高，其中缝内转向的效果优于其他几种方式。但随着生产时间的增加，部分水力裂缝失效，在8年以后，各曲线几乎重合在一起，生产水平相同(图5－35)。

由于缝内转向方式沟通了未改造区的剩余油，对产能贡献最大，与未重复压裂对比，提高采出程度幅度最大，其次为老缝加长方式，改造后产能有所提高，重压老缝方式对产能贡献有限，因此，最优重复压裂方式为缝内转向(图5－36)。

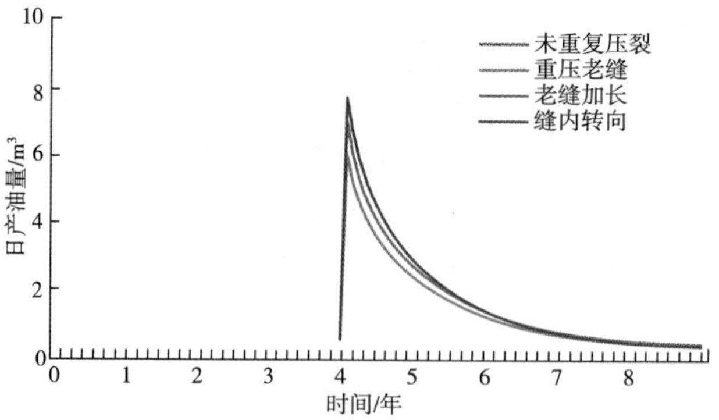

图 5－35　不同重复压裂方式的日产油量对比曲线

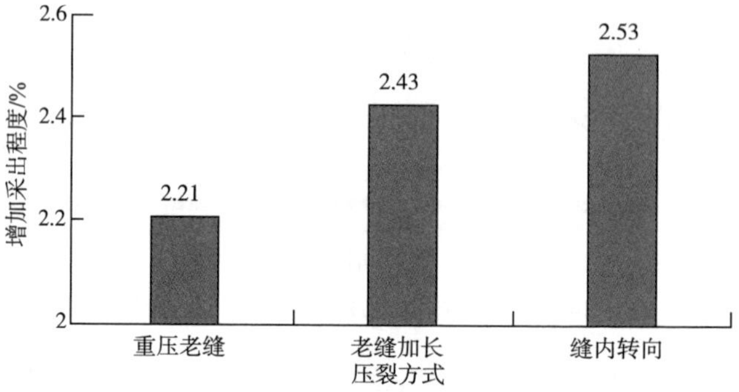

图 5－36　不同重复压裂方式增加采出程度对比

二是重复压裂时机优化。由于低渗油藏裂缝存在导流能力时变性，不同裂缝导流能力下重复压裂效果差异较大，研究不同裂缝导流能力下重复压裂的增产效果，选取裂缝导流能力动态损伤值(C/C_0)为 0.8、0.7、0.6、0.5、0.4、0.3、0.2、0.1、0 进行模拟，分析不同裂缝导流能力下重复压裂效果。前期累计产油量大幅度提高，后期随着生产时间的增加，地层压力降低，裂缝导流能力降低至失效，累计产油量增加幅度减缓。

相比未重复压裂方式，前期($C/C_0<0.4$)增加采出程度幅度逐渐增大，由于开发后期开发井无法补充地层能量，虽然在 C/C_0下降到 0.2 进行重复压裂后提供高渗流通道，但由于地层能量较低，原油无法流动到裂缝内，导致重复压裂效果不佳，所以重复压裂最优时机在 C/C_0降到 0.3～0.4 时进行重复压裂效果最好(图 5－37)。

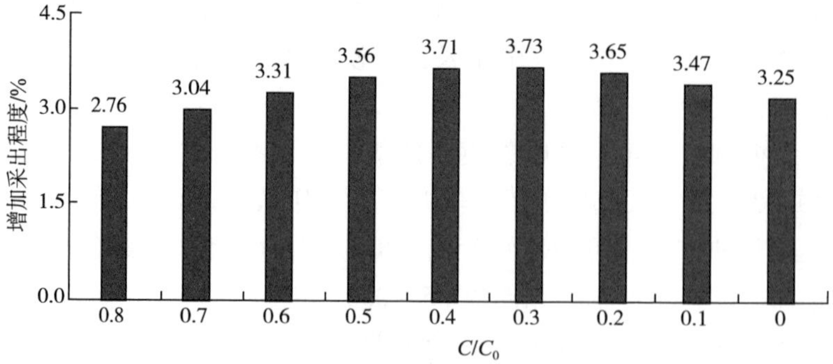

图 5－37　不同裂缝导流能力衰减下重复压裂增加采出程度对比

2. 典型实例

该项技术2021—2023年在文13东块应用后，通过矢量化注采调整，建立了不同相带的注采配置关系，油水井同在沟道相时，注采井距控制在240～280m，沟道注水、侧翼采油注采井距控制在180～220m，侧翼注水、侧翼采油注采井距控制在140～170m；注采方向与人工裂缝夹角的合理夹角转变了，实现了液流转向，增大了剩余油潜力的水驱动用；在二三类层注水培养的基础上，40°～60°油井通过优化合理的压裂裂缝参数，人工裂缝长度控制在140～220m左右；重复压裂配套缝内转向压裂工艺，裂缝方位转变了20°～30°，实现了二三类层的有效改造增产。综合治理后，区块产量提升了17.1%，自然递减大幅下降，同比减缓了16.07个百分点，新增可采储量5.62×10^4t，开发效果明显改善，开发趋势变好。

(二)相控单砂体注采调整技术

中原油田中渗油藏主要以河流三角洲沉积为主，河道砂体发育，储层非均质性强，平面相变快，常规井网控制程度低。长期水驱后，剩余油分布规律也不一样，I形单一河道砂体，剩余油主要分布在河道侧翼边缘，随河道宽度增加，剩余油分布范围越大、分布特征越明显；S形河道砂体剩余油主要分布在河道拐弯的外侧，而且随河道曲率增大，其分布特征越明显；“枝杈”形河道砂体剩余油主要集中在河道的尖灭端及河道侧翼。随着注采井组所在河道的弯折度增大，在河道分叉处也出现剩余油的富集；差异相带区域，河道—前缘相变的剧烈程度对剩余油分布影响较大；注入水沿着相带好的区域条带状推进，剩余油主要分布在相带差的区域。剩余油受沉积相的变化影响，分布差异大，水驱动用不均，需要开展基于相控的单砂体注采调整，提高剩余潜力的动用程度。

1. 技术政策论证

在油藏描述的基础上，基于单砂体展布特征和剩余油分布规律认识，立足现有井网，考虑不同相带的组合关系及剩余油分布特点，通过建立相控注采井网转流场，拉大井距有效提液，扩大水驱波及体积。

(1)相控注采调整

结合矿场资料，应用数值模拟和油藏工程技术，分析注采井网与沉积匹配关系，明确高含水期矢量井网调整技术政策界限。对于不同沉积微相下注采井距研究，利用数值模拟方法，首先设置河道注水－河道采油、河道注水－侧翼采油、侧翼注水－河道采油、侧翼注水－侧翼采油四种井网配置模式，分别研究不同注采井距下累产油、含水、采出程度变化规律，当油水井同处于相同相带下，以河道注水－河道采油效果较好，当油水井处于不同相带下，以河道注水－侧翼采油累产较高，效果较好(图5－38)。

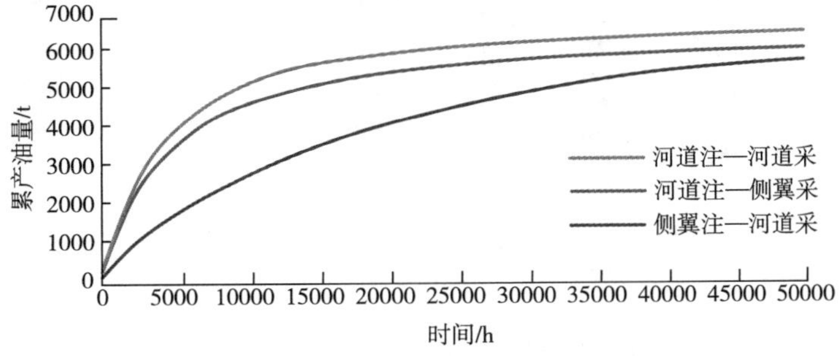

图5－38　不同相带注采关系累计产油量

(2)高含水期有效提液优化

室内实验研究表明，特高含水期强化注采可以提高采收率，提液仍是特高含水期增加产油量和可采储量的有效调整措施，有效提液改善油藏开发效果是完全可行的。

一是渗透率级差，利用数值模拟手段，建立不同渗透率级差概念模型，研究了不同渗透率级差条件下提液效果。在渗透率级差较小时，提液增大了生产压差，低渗层可以克服启动压力参与生产，提高了低渗层动用程度；当渗透率级差较大时，高渗透层生产指数增大，生产压差的增加值高于低渗层，低渗层动用效果变差，提高了高渗层的驱油效率(图5-39)。

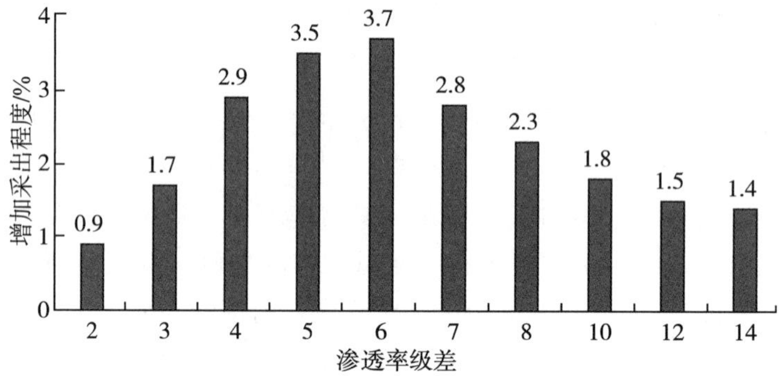

图5-39　不同渗透率级差模型的提液效果

从数值模拟结果来看，随着渗透率级差的增大，模型的最终采收率逐渐减小，提液提高采收率幅度呈现先增大后减小的趋势。级差增大，高低渗层生产差异变大，低渗透层贡献增油量比例增大，当级差大于一定程度后贡献增油量比例逐渐减少。特高含水期提液，层间渗透率级差5~6倍时效果最佳。

二是合理的提液时机，不同时机提液开发效果均优于不提液开发效果，当含水大于90%以后，提液提高采收率幅度随含水率的增大而减小，高渗层渗流阻力减小使得生产压差逐渐减小，提液效果变差。提液时机越早，越有利于调整各层的产液比例，越有利于发挥低渗透率层的生产能力(图5-40)。

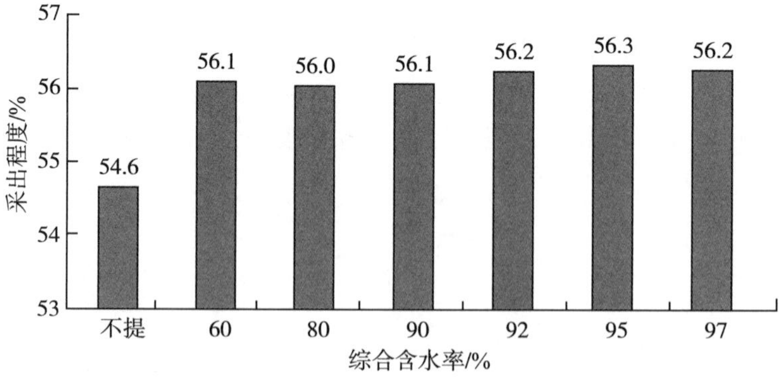

图5-40　不同含水阶段提液效果

当含水为90%时，在相同的渗透率级差和提液时机下，当渗透率级差为2~10倍时，最佳采液速度为10%~14%，级差越大需要采液速度越高（图5-41）。

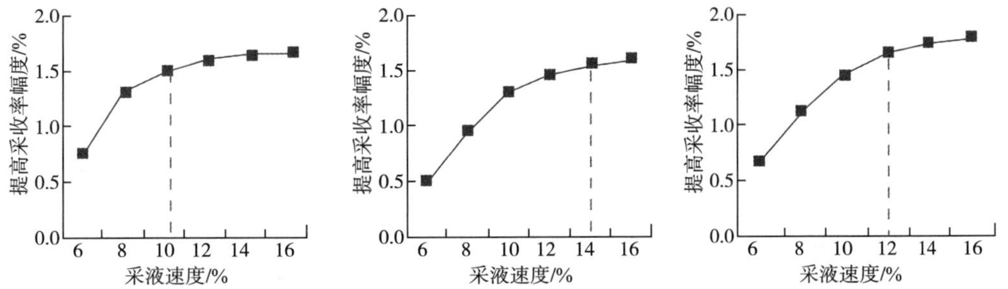

图 5-41　不同采液速度下的提高采出程度幅度(级差 2、6、10 倍)

2. 典型实例

该项技术 2021—2022 年在濮城东区沙二下油藏应用后，通过抽稀井网、拉大井距，建立单砂体相控注采井网，河道砂体范围内注采井距拉大到了 300～500m，通过侧钻、大修等手段挖潜构造高部位相控剩余油；在注采完善的基础上，通过潜力方向有效提液，采液速度提升到 6% 左右，实现了提液和提效的双增长。东区沙二下油藏相控调整治理后，日产油量上升 36%，综合含水降低 0.46 个百分点，自然递减保持在 -9.8% 以内，同比减缓 32.6 个百分点，新增水驱动用储量 55.8×10^4t，新增可采储量 9.64×10^4t，提高采收率 1.21 个百分点，盈亏平衡点下降 3.3 $/bbl。

三、流场调整技术

(一)整装油藏流场均衡动用技术

老油田经过长期的水驱开发后，流线固化，局部形成高渗条带，注入水低效循环，水驱动用程度低，水驱效果差。针对这个问题，通过流场模拟研究，结合现场动态分析，识别高效和低效驱替方向，结合剩余油潜力分布，通过增大非主流线方向的驱替压力梯度，降低主流线方向的低效驱替梯度，来优化调整流场；通过改变流线场，实现均衡驱替和弱动用潜力的有效动用。主要有 3 个方面；一是通过井网完善，增强弱动用区流线，提高水驱动用；二是通过拉大井距，抽稀井网，改变流线，提高水驱波及；三是通过优化注采参数，改变驱替强度，抑制强驱，强化弱驱，均衡流场，提高水驱效率。

1. 流线流场调整技术

(1)井网完善增流线

通过新增注采井点，实现转流线方式进行井网调整；通过侧钻、大修、转注、上返等方式完善注采井网，在新增井点方向提高压力场，改变井组流线方向，增大弱势流线方向液流，实现井组转流线开发，挖潜弱水淹区剩余油，井网完善增流线对比见图 5-42。

(2)拉大井距扩流线

油井之间油水处于水动力滞流状态，注入水很难驱替，流场相对较弱，但剩余油富集。通过拉大井距、抽稀井网，调整注水角度，二线井转一线将流线转向弱动用潜力区，达到扩大水驱波及的目的，挖潜井间剩余油(图 5-43)。

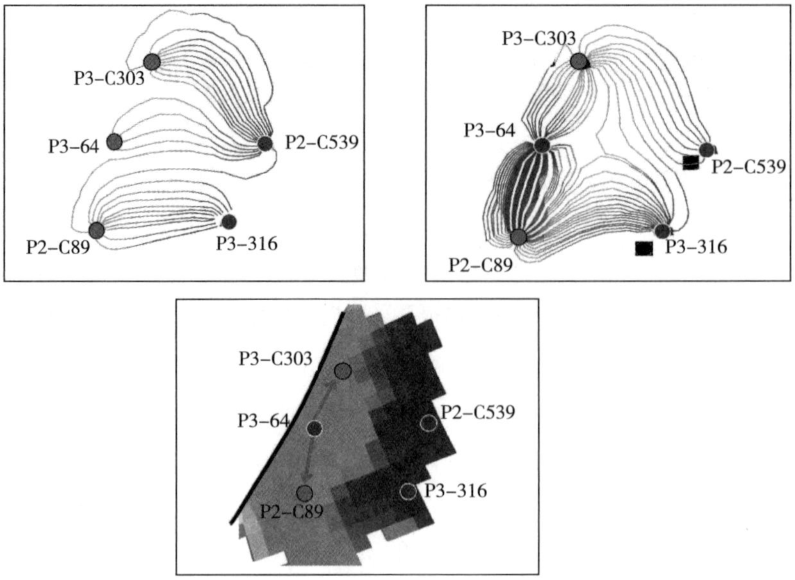

图 5－42　井网完善增流线对比

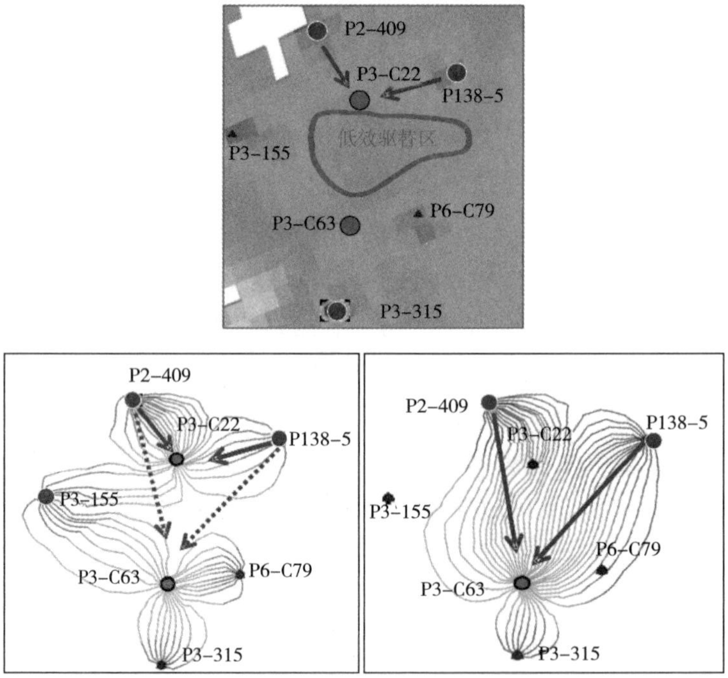

图 5－43　拉大井距扩流线对比

（3）注采参数调整优化流线

立足现有井网，以井组为单元，通过调整油井生产参数、水井注入参数等，抑制低效高含水方向流场，增大低含水潜力方向流场，优化注采流场，实现均衡驱替。

（4）调剖堵水扩流线

通过数值模拟方法，开展不同调剖深度、注入浓度和注入量对比优化研究，筛选出提高采收率最佳的方案，形成不同级别优势通道调剖技术政策。

一是注入深度优化。优势通道级别越高，受注入深度影响越大，一级优势通道调剖深度距离注入井越近效果越好，小于1/3；二级优势通道距离油井越近，效果越好，介于1/2～2/3；三级优势通道随注入位置增大效果越来越好，大于1/2。

二是注入浓度优化。优势通道级别高，注入浓度高，效果好。一级优势通道注入浓度为8000～10000mg/L、二级优势通道注入浓度为5000～6000mg/L、三级优势通道注入浓度为5000mg/L。

三是注入PV数优化。随注入PV增大，增油效果变好，但增加到一定程度，增油趋势减缓一级优势通道合理注入PV为0.03左右、二级优势通道合理注入PV为0.02左右、三级优势通道合理注入PV为0.01～0.02。

2. 典型实例

该项技术2020—2023年在文33沙二下、濮城沙二上2+3、文25东等区块进行应用，通过调整井网转角度改变注采流线，调整注水角度30°～60°，有效动用弱流线、高产油潜力；通过交替注采侧向驱替优化流线，注水井交替注水周期在20～30天、注水强度在16～18[m^3/(d·m)]，有效挖潜主流线侧翼剩余油；通过深度调剖调驱，封堵高渗条带，扩大水驱波及，调剖处理半径从30m提高至50m，深度水驱挖潜层内剩余油。创建了文25东块深度调堵注水示范区，深度调堵后，吸水厚度百分数增加6.8个百分点，采收率从45.98%提升至46.83%，单位操作成本下降21.1%。

(二)复杂断块油藏水动力学技术

1. 选区选块

井网和注采系统相对完善，注水压力有提升空间；区块压力保持水平在0.85以上；储层连通性好，油水井注采反应明显；储层非均质性强，二三类层动用程度低；层段内小层启动压力差在6MPa以内，低渗层的启动压力在注水系统所能承受压力范围内。

2. 技术模式

(1)极复杂断块注采联动调控模式

极复杂断块油藏单块含油面积小、注采关系单一，开发中面临连续注水含水上升快，为实现断块边部、低渗区剩余油动用，建立注采联动技术模式。在恒速注水的基础上提压增注，扩大水驱波及面积，油井下调生产参数，降低生产压差，控制水线突进，同时引导流线外扩；在水线即将突破时，水井大幅降压，增加反向流线，油井上调参数，放大生产压差，进一步扩大流线波及范围，有效动用断块边部剩余油。

(2)多层复杂断块强注缓采调控模式

多层非均质油藏含油小层多、层间非均质性强，开发中产吸剖面相对固定，注入水沿高渗层突进，为实现层间均衡动用，建立强注缓采技术模式。在恒速注水的基础上提压强注，启动非主力层，短时注入，控制高渗层突进；在高渗层即将突破时，水井大幅降压形成差异驱动，油井缓采提高非主力层有效驱替时间，优化调整产出剖面，高效驱动非主力层剩余油。

(3)厚层非均质油藏高频脉冲技术模式

厚层非均质油藏油层单一、厚度大、层内非均质性强，开发中注入水沿高渗段形成高耗水带，注水低效循环，为有效动用低渗段剩余油，建立高频脉冲技术模式。在恒速注水的基础上升压脉冲，增加厚层吸水厚度；加大波动振幅，增加层内垂向流线，同时消除油水重力分异的影响；短周期高频次，控制高耗水带突进，增加层内窜流流量，有效动用厚层韵律段剩余油。

3. 主要参数确定方法

升压阶段需建立低渗层带有效驱替，因此注入压力要保持在低渗层的启动压力以上，不同井组可根据水井的分层启动压力测试中低渗层的测试结果来设计升压阶段时的注水压力；升压阶段注水周期不宜过长，防止高压条件下高渗层带水窜造成无效循环，合理注水时长为周期注水后高渗层的水驱前缘波及油井所需时间，可建立升压周期经验计算公式，实现该参数的定量设计。

$$T=0.12\frac{\mu_o h}{k\Delta S_o}(1+\sqrt{f_w}) \tag{5-9}$$

式中 μ_o——原油黏度，mPa·s；

h——有效厚度，m；

k——渗透率，mD；

ΔS_o——可动油饱和度；

f_w——含水率。

降压阶段平面上需增加低渗区指向油井的流线，层间上需实现分类层差异驱动改善产出剖面，因此水井应大幅降压，停止注水；降压阶段应充分利用高渗层有效生产压差下降速度快、低渗层有效压差下降速度慢的特点，延长时间，合理周期为低渗层压力下降至启动压力所需时间，可建立降压周期计算公式，实现该参数的定量设计。

$$T_{lw}=\frac{T_{up}(r_{iwu}-r_{pro})}{(r_{pro}-r_{iwl})R_{IP}} \tag{5-10}$$

式中 T_{up}、T_{lw}——升降压周期时间，d；

r_{iwu}、r_{iwl}——升降压周期日注水量，m^3；

r_{pro}——生产井日产液量，m^3。

4. 实例分析

明204断块位于明1西块，断块内1注1采，含油面积0.05km^2，地质储量14.8×10^4t，主要生产层位为沙三中2^2，油层厚度8.2m，平均渗透率330mD，调整前井组综合含水93.4%，采出程度38.4%。由于层内非均质性较强，发育高耗水带，恒速注水条件下低渗段剩余油难以有效动用。根据水动力学主要参数确定方法，水井分层启动压力测试结果显示低渗段启动压力为9MPa，对应注水量50m^3/d，高渗层突破时间计算结果为5天，降压周期计算结果为10天。按照上述参数设计，对应油井明84侧第二个周期见到了注水效果，日产油上升2.1t，综合含水率下降2.8个百分点，年增油183t。后应用至文明寨油田5个区块，调整37个井组，年增油0.44×10^4t，年降无效注水11.83×10^4m^3，年降无效产液8.09×10^4t。

胡7南沙三中6-8层系优选了3个井组进行周期注水试验，根据水动力学主要参数确定方法，升压阶段注水周期设计为注2个月，注水量从50m^3/d提升至80m^3/d，降压阶段水井停注，周期为1个月，方案实施后对应4口油井中3口井见到效果，单井增油300t。后推广应用至13口井，第一个周期后油藏便见到效果，综合含水率由84%下降到79%，日产油量上升38t，当年增油2180t。

第六章 油田开发规划技术及应用

油田开发规划技术及应用主要包括规划部署、产能核定及日产油水平标定、可采储量标定及上市储量评估等内容，系统介绍了油田开发规划日常工作所涉及的主要技术、主要工作内容、工作流程及工作方法。

第一节 规划部署技术及应用

油田开发规划是一项综合性、前瞻性和战略性工作，是油田企业系统总结开发历史、正确评价现状、科学预测未来、制定开发策略、明确发展方向和发展目标、指导生产实践的综合研究成果，是规划时间段内油田开发指导性文件。油田开发规划使油田开发既遵循自身的规律，又能够实现高效、可持续发展。

按照规划时间的长短和规划目的特点，油田开发规划分为中长远规划、滚动调整规划和年度计划。本次规划编制技术方法的介绍主要针对油田中长远开发规划。

油田开发规划一旦确定，其制定的开发策略、开发思路、开发指标、开发工作量具有严肃性，在油田开发状况没有大的变化的情况下，油田开发工作应该在规划指导下组织实施，并努力完成规划目标。

一、油田开发规划技术方法

油田开发规划涉及内容多、范围广、技术性、综合性强。科学合理编制油田开发规划，要充分考虑到油田的开发形势、开发类型、开发阶段、勘探开发技术的发展状况、国内外经济、政治、市场环境，为规划编制提供技术理论依据。

(一)开发状况分析方法

油田开发状况分析主要是指油田地质开发特点、开发历程及开采现状等内容的分析。

1. 油田地质开发特点

在油田阶段规划中必须对油田或不同类型油藏地质开发特点进行必要的描述，并根据所掌握的变化情况提出新的认识。主要包括：

1)油田所处地理位置、基本地理条件、人文及经济环境概况；

2)油田地质构造位置，含油面积、地质储量、可采储量等资源状况；

3)油田基本地质概况，包括油藏的构造、地层和油水分布状况，储集层的性质，储层流体特性，油层压力和油层温度，油藏驱动类型和驱动能量以及油藏类型等。

2. 开发历程

阐述油田投入开发的时间、所经历的开发阶段、不同开发阶段主要矛盾、主导技术措施以及阶段末开发指标情况。

油田开发阶段的划分方法一般有以下3种：

1)根据油田主要开采对象或采取的主要工艺措施划分开发阶段。即对注水开发的砂岩油田，开采过程大体可以分为3个大的开发阶段：第一阶段是以主力油层为主要开采对象的高产稳产阶段，第二阶段是中低渗透率油层接替稳产阶段，第三阶段是高含水率开采阶段。这种方法，因为没有明确的划分指标，划分界限不具体。

2)根据含水率或含水上升率变化划分开发阶段。油藏开发阶段的划分根据含水率可以分为无水采油期、低含水采油期、中含水采油期、高含水采油期和特高含水采油期。无水采油期含水率小于等于2%，低含水采油期含水率介于2%～20%，中含水采油期含水率介于20%～60%，高含水采油期含水率介于60%～90%，特高含水采油期含水率大于90%。根据含水率划分开发阶段，不能直观地反映出不同阶段油田产量的具体状况。

3)根据油田产量变化划分开发阶段。根据产量变化可以分为上产期、稳产期、递减期和衰竭期。上产期的特点是年产油量一直在上升，可采储量采出程度较低(<20%左右)；稳产期的特点是年产油量基本稳定，无因次采油速度一般在0.8以上，可采储量采出程度一般在20%～60%；递减期的特点是年产油量呈明显的递减趋势，无因次采油速度一般在0.3～0.8，可采储量采出程度一般在60%以上；衰竭期的特点是无因次采油速度一般在0.3以下，可采储量采出程度80%以上，表现出速度低，剩余可采储量少的双重特点。这种方法，比较直观地反映出一个油田开发效果好坏的主要指标——采油量的变化过程，但没有反映出影响开发效果的主要因素——油田含水率的变化状况。

因此，最为合理的划分方法就是以上3种方法相互结合，用多种指标反映出每一个开发阶段的特点。

3. 开发状况分析

针对不同类型油藏目前所处的开发阶段，从层系、井网、储量动用、地层能量状况等方面入手深入剖析指标变化状况及存在的问题，为挖潜和开发部署提供可靠依据。

层系状况分析主要指标包括层系划分状况、层系细分状况，层系内小层数、主力小层数、小层有效厚度、层间渗透率级差以及分注率等，评价层系适应性。

井网状况分析主要是从井网密度、井距、单井控制储量、油水井数比、注采对应率、停产停注井等指标情况分析井网对剩余油的控制程度，评价井网适应性。

储量动用状况主要是利用生产测试和分析资料，结合水驱曲线和经验公式，从水驱储量控制程度和储量动用程度等方面分析评价目前注采井网下的储量动用状况。主要指标包括采出程度、可采储量采出程度，水驱、弹性和损失储量状况等。

油藏能量保持和利用状况主要是利用动态监测资料(如吸水剖面、压力监测等)及开发动态数据，结合各单元的天然能量状况进行评价分析。评价指标包括地层压力、总压降、动液面、注采比、泵效等。

(二)规划执行情况分析方法

研究油田开发规划执行情况，就要对上一阶段的开发指标进行跟踪分析。一是通过与上一阶段开发规划方案对比，检查上一阶段实施结果与规划方案设计指标的差异，反映在原规划的编制过程中对油田开发规律的把握情况，对与规划方案有较大差距的地方要重点分析，以便为新的规划编制提供借鉴；二是与前几个阶段实际资料进行对比，宏观评价、分析指标的变化，总结上一开发阶段成功做法及效果，分析存在的问题，总体掌握油田开发趋势，提出今后油田开发的对策。

1. 评价对比的主要指标

评价对比的主要指标包括储量指标、开发指标、工作量指标。

储量指标主要包括新增探明储量、阶段动用未开发储量、新增动用储量、新老区增加可采储量、老区提高采收率等。

开发指标主要包括新老区产油量、产液量、注水量、含水率、含水上升率、递减率等。

工作量指标主要包括新老区钻井工作量、进尺、老井措施工作量、新建(增)产能、万米进尺建产能、产能速度等。

2. 主要指标跟踪分析方法

油田开发规划的跟踪分析主要从阶段新区和阶段老区 2 个方面入手。

阶段新区是指每一五年阶段内新投入开发的储量。如“十四五”新区是指 2021—2025 年投入的储量总和。新区指标主要包括：新增探明储量、阶段动用未开发储量、新增动用储量、可采储量、采收率、产油量、产液量、含水率、新建产能、钻井工作量，进尺、万米进尺建产能、产能速度等。

阶段老区是指上一个五年阶段末投入开发的储量。如“十四五”老区是指 2020 年年底投入开发的储量部分。老区指标主要包括老区增加可采储量、老区提高采收率、老区产油量、产液量、含水率、含水上升率、钻井工作量、钻井进尺、新增产能、措施工作量、措施增油量等。并且对新井及措施效果进行跟踪分析，包括新井初产、初含水率、单井增加可采储量、措施有效率、单井次措施年增油量等。

下面分别介绍主要指标的意义及跟踪方法。

1)阶段新增探明储量、新增动用储量及新增可采储量的跟踪计算方法。新增探明储量主要是统计规划执行期间每年实际上报新增探明地质储量。新增动用储量主要是统计规划执行期间每年实际上报动用储量或建产能对应动用储量。

新增可采储量分老区新增可采储量和新区新增可采储量。新区新增可采储量主要是根据规划执行期间的新增动用储量采收率标定结果进行统计；老区新增可采储量计算方法是跟踪规划执行开始前一年底以前投入开发的单元在规划执行期间可采储量的变化。

2)产量、液量和含水率的跟踪方法。产油量是所有指标中最重要的指标，它与规划指标的符合程度反映对上一阶段开发规律的掌握程度和规划编制水平。它受储量、工作量投入规模及开发政策等多种因素的影响。对超产和欠产原因应重点分析。产液量和含水率的变化对产量的变化有较大影响。在产液量没有大幅上升的情况下，如果含水率上升较快，必然导致产油量的递减加大，特别是在油田进入高含水率后期。

跟踪要从单井数据库入手，因此跟踪前要收集整理好老区和新区的井号。老区跟踪包括老区老井和老区新井跟踪。老区老井的跟踪，统计规划执行开始前一年底以前投入开发所有井号，对其在规划执行期间的生产数据进行跟踪，然后汇总成开发数据(如产油量、液量、含水率等)。老区新井的跟踪，对规划执行开始前一年底以前投入开发的单元在规划执行期间新钻的开发井，分别跟踪到规划执行终止期，然后汇总成开发数据。新区的跟踪，首先整理规划执行期间每年投产新区新建产能对应井号，形成每年每一单元的井号库，然后分别跟踪到规划执行终止时间，最后汇总成开发数据。

3）钻井及措施工作量跟踪方法。钻井工作量的跟踪，一是统计出阶段新区每年新钻井数，二是统计上一阶段末老区在规划执行期间的钻井工作量。措施工作量的跟踪，主要是统计规划执行期间每年各类措施的总井次和增油量，并计算各类措施的有效率和单井次措施年增油量，分析措施效果变化。

3. 主要成果总结评价方法

系统总结上一阶段油田开发所做的主要工作和取得的新认识、新成果。包括基础研究方面、开发工作思路与做法创新方面、新技术应用方面、组织实施方面等。总结要做到有点有面。有面就是要有整体全面的数据统计说明，有点就是要有典型实例解剖，要求有相关的数据表格和曲线等。

1）滚动增储方面。主要包括滚动勘探开发所采用的新技术、新方法，取得的效果。

2）新区产能建设方面。分析新区产能建设的主要特点、做法及效果。包括开发方案优化调整情况及实施效果，产能建设中所采用的有效管理方法及新技术、新工艺。

3）老油田提高采收率方面。通过开发指标的变化分析总结老油田在上一个五年阶段的主要做法及取得的开发效果，同时重点分析老油田在精细挖潜和夯实稳产基础方面所做的一系列工作。主要从以下几个方面来分析：

一是精细油藏描述技术的进展情况、技术水平、规模及效果，剩余油分布规律研究；二是不同类型油藏综合调整的做法、特点、规模、效果，典型实例（重点分析整装、断块、低渗透、稠油热采等方面）；三是老油田技术改造的特点、主要做法、规模及效果分析；四是三次采油的规模及效果分析。

4）技术应用方面。基础研究、理论创新以及新技术、新工艺、新方法的发展应用（包括低渗透油藏渗流机理研究、稠油油藏开采技术、三次采油技术、水平井技术等）及在油田开发中的效果。

5）油藏经营管理方面。分析总结油田在油藏管理制度、组织形式、成本控制等生产管理方面的主要做法和措施，以及取得的效果。

（三）提高采收率潜力评价技术

1. 未开发储量潜力评价

（1）未开发储量分类

未开发储量潜力评价可以分 3 个层次：首先是地质评价，按储量的落实程度将未开发储量分为待核销储量、待落实储量和落实储量；其次是动用程度评价，将落实储量划分为实际动用储量和落实未动用储量；最后是经济效益评价，采用方案经济评价法或经济界限法确定落实未动用储量的可动用条件。

（2）未开发储量潜力评价方法

根据储量的品位，类比类似已开发油田的投资和成本，考虑到油价的波动性较大，分别评价在不同油价下未动用储量的基本经济效益，然后根据行业基准收益率排队列出不同油价下未动用储量的可动用性；同时还考虑在规划阶段由于新技术、新方法的应用和管理水平的提高，使成本下降的可能性，同样也列出不同成本条件下未动用储量的可动用性。

未开发储量潜力评价通常有 2 种方法：方案经济评价法和单井经济界限法。

方案经济评价法是针对未开发储量区块根据其地质特点、试油试采资料、可能采取的采油工艺等编制开发方案，预测评价期的开发指标，运用现金流法测算其在不同油价条件下的经济指标，以内部收益率大于8%为主要指标确定区块可动用的油价。

方案经济评价法适用于面积、储量比较大，能够部署比较完善井网的未开发储量区块。评价结果的可靠性取决于经济参数(投资、成本等)和方案预测指标的可靠程度。

单井经济界限法中常用的方法是测算经济极限初产油量，其基本原理是测算在不同条件下达到盈亏平衡时区块的最低单井初期日产量(投产第一年的平均产量)。对总体落实未动用储量来讲，可以测算不同油藏类型在不同油价、不同井深条件下的经济极限初产油量；对某个特定区块来讲，可以测算其在不同油价、不同递减条件下的经济极限初产油量。通过与区块可能达到的初产量对比，可以确定区块的可动油价。

经济界限法适用于面积、储量比较小，难以部署开发井网的未开发储量区块。

通过对落实未动用储量区块进行技术经济评价，可以初步得出在不同技术经济条件下可动用的储量规模，为产能建设安排和开发攻关指出方向。

2. 已开发油田潜力评价

(1)已开发油田潜力评价的目的

已开发油田潜力分析主要是从精细地质研究、动态监测、密闭取心以及新井、措施效果变化等方面，深入开展不同开采方式、不同类型油藏方向性、主导性潜力区的描述研究和挖潜，提出提高采收率、增加可采储量的主导措施及潜力目标，对明确和部署规划期提高采收率的工作及攻关方向具有指导意义。

(2)已开发油田潜力评价的内容与方法

已开发油田潜力主要从以下5个方面分析：

1)重建地质模型。重建地质模型就是应用测井、钻井、地震、取心等资料建立精细地质模型，对剩余油空间分布规律重新认识的一种手段，为精细挖潜、潜力分析提供依据。不同类型油藏开展精细地质研究的方向不同，如整装油藏开展不同韵律层的细分描述和隔夹层分布规律、流动单元划分研究以及大孔道影响因素研究；中高渗透复杂断块油藏加强低级序断层的识别与描述，深化断层封堵性研究，进一步提高构造断裂系统研究的精细程度和准确性，建立纵向上层系细分的静态标准；低渗透油藏深化渗流机理研究，以相控精细油藏描述为重点，开展储层展布规律及矢量井网调整研究。

2)调整治理潜力。针对开发单元存在的主要矛盾，如注采不完善、层系划分较粗等进行相应的调整，主要潜力方向是井网优化调整、细分开发和井网重组等。

一是井网优化调整潜力。不同类型油藏井网优化的侧重点不同。整装油藏主要是通过主力层、非主力层、小油砂体及韵律层的井网适应性评价，分析非主力层、潜力韵律层井网完善的潜力；断块油藏主要是通过层间及小断块水驱储量控制程度评价，分析井网适应性及相应的井网完善潜力；低渗透油藏主要分析目前注采井距大小，能否建立有效驱替压差，分析小井距加密调整的潜力；稠油热采油藏主要通过目前井网井距下储量动用状况评价，分析井间加密调整的潜力。根据井网密度与水驱采收率关系结合经济界限，计算油藏的井网调整潜力。二是细分开发潜力。细分开发是提高储量动用程度，改善开发效果的重要手段。细分开发包括细分韵律层、细分层系和细分注水等3个方面，不同类型油藏根据目前层系划分状况及开发矛盾的差异，采取相应的细分方式。三是井网重组潜力。针对高含水率多层整装、中高渗透断块油藏，打破以往纵向上按小层划分开发层系的传统模式，根据剩余油富集规律，按储层物性、储量控制程度等因素，优化、重组开发井网，挖掘层间剩余油、提高储量动用程度的潜力。

3）老井措施潜力。对于注水开发油田油井措施，主要包括大修措施，放大压差提高液量的措施，压裂酸化、补孔改层、防砂等油层改造和堵水关井等降低产水量的措施。

措施潜力分析主要是统计油田历年来各类措施的构成变化，措施总井次、措施有效率及单井次措施年增油量的变化，从而了解不同开发阶段油田的主导措施构成，措施工作量幅度变化及其效果变化，为下一阶段措施的主要方向和有效途径提供依据。

4）技术改造潜力。技术改造工作涉及油田开发、地面工程、采油工艺、钻井工程等多个专业技术领域。开发上通常所讲的技术改造一般包括油水井更新、侧钻、扶停等工作。通过技术改造，可恢复油井产能，恢复水驱控制和可采储量，增强油田开发基础。

一是扶长停井的潜力。由于大量停产停注井、套损井的存在，造成一些区块注采井网不完善，水驱储量控制程度降低，削弱了老油田稳产基础。首先要调查停产停注井，主要从砂体发育、开采状况、注采关系、井筒状况、井史资料、剩余油分布、停产原因等方面进行综合评价，然后统计分析不同类型油藏停产停注井状况（停产停注大于6个月以上），按照高含水率、套坏、不供液、低效等停产停注原因分类，分析通过各种技术措施扶停挖潜以及重新认识油层的潜力。二是钻更新、侧钻井的潜力。针对部分井况严重、已报废、待报废井，分析通过更新或侧钻以恢复或增加可采储量的潜力。

5）三次采油潜力。三次采油潜力分析包括两个方面的内容：一是根据适用条件及筛选标准，评价气驱、化学驱等三次采油资源潜力；二是三次采油增加可采储量潜力。三次采油增加可采储量潜力分析一般采取类比法，即剩余资源提高采收率幅度类比已标定增加可采储量的三次采油覆盖储量提高采收率幅度。

气驱潜力，根据二氧化碳驱、天然气驱筛选标准及取得的效果，评价目前技术经济条件下适合气驱可动用的储量潜力以及气驱新技术的储量潜力。化学驱潜力，根据化学驱筛选标准及取得的效果，评价目前技术经济条件下适合化学驱可动用的储量潜力以及化学驱新技术的储量潜力。稠油冷采潜力，考虑黏度、储层、技术发展等因素，评价稠油降黏冷采可动用的储量及增加可采储量潜力。

（四）开发趋势分析及指标预测技术

通过已投入开发油田开发指标变化规律的分析，考虑储量及工作量等因素对开发指标的影响，预测油田开发指标的变化趋势，有效支撑开发规划方案的编制。

油田开发趋势研究的内容包括液量、含水率、产量、开井率、时率、地层压力、年注采比、注水量以及储采平衡变化等多项指标。

1. 液量变化趋势研究方法

研究液量变化趋势有两种方法：增液速度法和液量构成法。

增液速度法主要是根据近年增液速度的变化，综合考虑提液的可行性，在油田最大单井液量的控制下对液量进行预测。该方法主要应用于液量处于上升阶段的油田，根据对油田提液潜力的分析，并考虑高含水率阶段控水稳油，配合有效提液，确定液量年增液速度。

液量构成法可分为新老区液量构成、新老井液量构成、不同含水率级别液量构成以及不同产量级别液量构成等多种构成形式。研究不同层次液量变化趋势，采用不同的液量构成方法。如研究“十四五”期间油田液量的变化趋势，首先按照新老区液量构成，分别研究“十四五”新区和“十四五”老区液量变化规律；在“十四五”老区液量变化趋势研究中，又采用了新老井液量构成法，分别研究“十三五”老井(2020 年底井)和“十四五”新井(2021—2025 年分年投入新井)液量变化趋势；由于“十三五”老井不同含水率级别油井液量变化规律不同，因此分别研究不同含水率级别液量的变化趋势—不同含水率级别液量构成法。

不同含水率级别液量构成法预测的步骤为：第一步，含水率分级，通常分为 <80%、80%~90%、90%~95%、>95%等 4 个级别，处于不同含水率阶段的油田所分的级别不同；第二步，分析不同含水率级别油井的单井液量变化趋势；第三步，研究不同含水率级别油井的开井数、开井率的变化趋势；第四步，根据单井液量和开井数的变化趋势，预测不同级别油井的液量变化趋势，汇总得到老区老井总的预测指标。

2. 产量变化趋势研究方法

在油田开发规划中，产油量的变化规律是油田发展趋势的最核心规律，产油量的趋势变化与所选用的产量预测方法有直接的关系，因此产量趋势预测方法在油田开发中占有相当重要的位置。

产量预测方法有 Arps 递减法、水驱特征曲线法、模型法(AR 模型、Logistic 模型、灰色模型等)、产量构成法以及剩余速度法等多种方法。

(1)递减曲线法

国内外大量的统计资料和研究结果证明，油田的产量递减规律一般都遵守 Arps 递减，计算方法见第三章第四节主要开发指标预测方法相关内容。

(2)水驱特征曲线法

计算方法见第三章第四节主要开发指标预测方法相关内容。

(3)模型法(以 Logistic 模型为例)

Logistic 模型曲线是一种增长曲线，广泛应用于具有“成长”趋势的预测，应用于预测累计产量可写为：

$$N_{\mathrm{p}}=\frac{N_{\mathrm{pmax}}}{1+\alpha \mathrm{e}^{-\beta t}} \tag{6-1}$$

将上式对时间求导，得到预测产量的公式为：

$$Q=\beta\alpha N_{\mathrm{pmax}}\frac{\mathrm{e}^{\beta t}}{(1+\alpha \mathrm{e}^{-\beta t})^{2}} \tag{6-2}$$

式中　N_{p}——累计产油量，10^4t；

N_{pmax}——最大累计产油量，10^4t；

Q——年产油量，10^4t；

t——时间；

α、β——模型参数。

Logistic 模型曲线既可作为全程预测也可以截选递减阶段数据作递减拟合，既可用于产量预测，也可用于高含水期油田的含水率预测。

(4)剩余速度法

剩余速度法是从油田的物质基础出发，按一定的剩余速度条件预测年产油量，该方法不仅反映了油田的开发程度，而且与油田的稳产形势密切相关。在预测时要考虑剩余速度的变化规律及每年增加可采储量的大小，预测的经验性强。

剩余可采储量采油速度表示为当年产油量与当年剩余可采储量之比。

$$V_{R}=\frac{Q_{o}}{N_{Ri}-(N_{pi}-Q_{o})}=\frac{Q_{o}}{N_{R(i-1)}+\Delta N_{Ri}-N_{p(i-1)}} \tag{6-3}$$

$$Q_{o}=V_{R}[N_{R(i-1)}+\Delta N_{Ri}-N_{p(i-1)}] \tag{6-4}$$

式中 V_R——剩余可采储量采油速度；

Q_o——当年年产油，10^4t；

N_{Ri}——当年年末可采储量，10^4t；

N_{pi}——当年年末累计采油量，10^4t；

$N_{R(i-1)}$——上年年末可采储量，10^4t；

ΔN_{Ri}——当年增加可采储量，10^4t；

$N_{p(i-1)}$——上年年末累计采油量，10^4t。

(5)产量构成法

产量构成法是考虑了油田实际的措施、新井效果及投入的工作量，以及自然递减的变化趋势预测年产油量。

新区新井产油量：依据历年产能建设项目实施当年的实际产量所占当年新建生产能力比重的规律，给出当年新井的产油量。

老区新井产油量：根据新井潜力研究成果，并根据历年实施情况，给出规划期内每年的新井工作量规模，单井产量通过分析历年新井单井产油量的变化规律进行预测。

措施增油量：根据措施潜力研究成果，并根据各项措施工作量历年实施情况，给出规划期内每年的措施工作量规模，单井措施增油量通过分析历年单井措施产量的变化规律进行预测。

自然递减率预测：油田开发过程中产量递减受多种因素影响，主要分解为含水率的影响和液量的影响，由预测的液量和含水率可以预测自然递减。

由措施总井次、单井次年增油、新井投产井数、新井单井年增油以及老井自然产量，即可得到年产油量。

中原油田目前常用的产量指标预测方法主要是 Arps 递减法、水驱特征曲线法、产量构成法。在油田开发指标趋势分析过程中，应考虑到开采方式、油藏类型、储量及工作量投入等因素对开采规律及开发趋势的影响，分类、分不同构成分别预测油田指标的变化趋势。

3. 含水率预测方法

(1)含水上升率法

阶段末含水率为阶段初含水率与阶段含水率上升值之和，见式(6-5)；阶段含水率上升值为阶段含水上升率与阶段末、初采出程度之差的乘积，见式(6-6)。阶段含水上升率的预测方法可以通过相对渗透率曲线、相关预测模型以及童氏标准曲线图版法获得。

$$f_{w末}=f_{w初}+\Delta f_{w} \tag{6-5}$$

$$\Delta f_{w}=\Delta R\cdot I_{NW} \tag{6-6}$$

式中 $f_{w末}$——阶段末含水率，%；

$f_{w初}$——阶段初含水率，%；

Δf_w——阶段含水率上升值，%；

ΔR——阶段末、初采出程度之差，%；

I_{NW}——阶段含水上升率，%。

(2) 数值模拟法

油藏数值模拟方法是在建立三维定量地质模型的基础上，通过渗流力学方程，借助计算机求解，重现油田开发的整个过程，按现开采方式预测油藏开发过程中含水率的变化规律。

油藏数值模拟法适合任何类型油藏，开发初期可用简单模型，不历史拟合；开发中后期必须进行油藏动态历史拟合。

二、开发规划及部署编制技术

油田开发规划方案编制一般包括规划的指导思想及原则目标、规划方案编制、方案经济评价、风险分析、保障措施及远景目标等内容。

(一) 指导思想及原则目标制定方法

规划的指导思想是在国家宏观形势与中国石化发展战略的总体调控下，各油田根据各自的实际情况制定。

规划部署原则是在充分掌握油田开发状况和潜力的基础上，根据经济发展需要和可持续高质量发展的要求制定，体现油田未来的工作重点和发展目标。

根据开发原则确定油田在规划阶段内的主要技术经济目标。这些目标包括产油量、新区动用储量、老区增加可采储量、油田含水率、含水上升率、产量递减率、采油速度、剩余可采储量采油速度、注水压力、地层压力、流动压力、最大产液量、采液速度、注采比和注采井数比等。由于油田开采阶段不同，技术界限也不相同，要求必须根据油田具体情况进行分析论证。

(二) 方案编制基本内容和方法

考虑规划阶段新增探明储量的品位、新增探明储量的可能性、老区开发调整的力度以及油田长期稳定发展的需要，进行不同倾向性的安排，一般编制多个对比方案。

每一规划方案通常由新区方案和老区方案组成。按照开采方式或油藏类型的不同，新区方案一般又由常规开采新区方案和稠油热采新区方案组成；老区方案由常规开采老区方案、稠油热采老区方案和三次采油方案组成。具体内容可分为两个方面：一是工作量安排；二是开发指标安排。

1. 新区方案编制内容和方法

新区方案编制的内容主要为新增动用储量、新建产能、新区产量及工作量等指标的部署安排。

一是在新增探明储量和未开发储量等资源潜力分析的基础上安排规划期间新增动用储量；二是根据产能速度的大小安排规划期间新建产能；三是由产能系数变化规律预测规划期间新区产量；四是根据万米进尺建产能及规划期间新建产能，测算总进尺，进而由平均单井进尺测算规划期间新区钻井工作量。

下面重点介绍规划期间新增动用储量、新建产能及钻井工作量的安排方法。

（1）新增动用储量安排方法

搞清规划阶段油田新增探明地质储量的动用情况和规划前未开发地质储量的动用规律，是编制好油田开发规划的重要保证。常用的方法是参照前几个阶段规划内新增探明储量的动用规律和未开发储量的动用状况，确定本次规划的储量动用率。

1）阶段探明储量动用率。由于受技术、经济条件及初始认识程度的限制，探明地质储量不可能一次全部动用。某一阶段探明地质储量的动用程度通常用阶段探明储量动用率表示，阶段探明储量动用率是指阶段动用的探明地质储量与对应的探明地质储量的比值。

根据实际状况和计算方法，探明地质储量动用率有两种表示形式，一是某年探明的地质储量在以后几年内的动用状况，用当年动用率、前两年动用率等来表示，它反映了储量的品位和动用难易程度，动用率高，说明品位好。二是5年累计探明地质储量动用率，这是编制油田开发规划最常用的表示方法，它主要为规划期内探明地质储量动用程度提供依据，根据历史上每5年时间段内探明与动用的地质储量求得。

在编制油田开发规划方案时，规划期内动用的新探明地质储量为所探明的地质储量与累计动用率之积。

2）未开发储量动用率。未开发储量动用率是指上一阶段末已动用未开发地质储量与上一阶段未开发储量的比值。通过研究未开发地质储量动用状况及历史上每一阶段未开发地质储量动用率的变化，在编制油田开发规划方案时，规划期内动用的未开发地质储量为规划初期未开发地质储量与未开发地质储量动用率之积。

根据探明和未开发地质储量以及探明和未开发地质储量动用率可以计算出规划期内的动用地质储量。

（2）产能安排方法

新区产能是规划新区开发指标的基础。通过研究新区产能建设规律，为新区规划提供重要依据，其中最重要的有两个指标：建产能速度、产能系数。

1）建产能速度。是指新建产能区块的产能与动用地质储量的比值，主要用来规划新区的产能。建产能速度的高低反映了区块能达到的生产能力，通过研究历年建产能速度的变化状况，为规划新区产能提供依据。规划期内的产能即为建产能速度与动用地质储量的乘积。

2）产能系数。产能系数是指新建产能区块历年实际产油量与建产能的比值，主要用来规划新区的产油量。产能系数的大小反映了产能区块的上产及稳产状况，通过研究新区历年产能系数的变化，为规划新区产油量提供依据。规划期内的年产油量即为产能与当年产能系数的乘积。

（3）工作量安排方法

在产能安排的基础上，根据万米进尺建产能规划新区的钻井工作量。万米进尺建产能是指新建产能区块建产能与钻井进尺的比值。

它反映了新井所达到的生产能力，分析历年万米进尺建产能变化状况，为规划钻井工作量提供依据。规划期内的年钻井工作量为钻井总进尺与新井单井平均井深的比值；钻井总进尺则为建产能与万米进尺建产能的比值。

除了上面提到的3个重要参数外，与新区规划有关的参数还有新井单井平均井深、注采井数比、注采比等。

2. 老区方案编制内容和方法

老区产量及工作量部署包括老区老井产量部署、老区工作量部署及老区新井产量部署。

其中老区老井产量部署主要是根据老区老井产量变化规律及趋势预测确定；老区产能及工作量通常是根据老区钻加密井和措施的潜力，考虑钻井和作业的施工能力以及油田长期稳定发展的需要来安排产能和工作量；老区新井产量部署则是根据老区新井效果分析及趋势预测，结合老区钻井工作量安排确定的。

3. 其他开发指标安排

在安排了储量、产能和工作量，同时应用一系列方法预测产油量和产液量等之后，其他需要安排部署的开发指标包括：含水率、含水上升率、注水量、地质储量采油速度、剩余可采储量采油速度、地质储量采出程度、可采储量采出程度、储量替代率、储采比等，可以通过相应的计算得到。

4. 开发指标合理性分析基本方法

在对阶段规划内的各项开发指标安排后，需要对各项指标的合理性进行分析，主要从以下几个方面来分析：

1) 分析推荐方案的总产量变化趋势能否实现油田的长远发展目标，同时分析推荐方案的经济效益能否达到较好的水平；

2) 新增动用储量、新区新建产能、新区工作量、新区产量之间是否相互匹配、合理；

3) 老区钻加密调整井潜力、老区新增产能、老区工作量、老区新井产量之间是否相互匹配、合理；

4) 老区措施潜力、老区措施工作量、单井次措施增油量、措施有效期、措施产量之间是否相互匹配、合理；

5) 本阶段的总递减以及老区产量年递减率，自然递减、综合递减与前几个规划阶段实际发生的递减率进行比较，分析递减率是否符合油田的整体开发趋势。

(三) 方案经济评价

对所提出的各方案进行经济评价，确定出一个既具有挑战性，又有可操作性；既可以取得较好油田开发效果，又可以获得较好经济效益的方案作为推荐方案。推荐方案应符合下列要求：

1) 符合企业长远发展战略；

2) 投资最优、成本最低，经济效益最好；

3) 主要开发指标好，且控制在技术政策界限之内；

4) 措施安排均衡合理；

5) 潜力应用合理，认识程度不高的潜力在时间上留有余地。

(四) 宏观发展战略及保障措施

宏观发展战略及保障措施主要是在油田开发形势及规划目标风险分析的基础上提出规划实施的具体条件和措施要求，并根据规划的需要确定规划期间理论技术攻关及先导试验项目。它是规划目标实现的根本保证，对规划期间油田开发具有重要的指导意义。

具体内容包括：

1)资源保障措施；

2)新区产能建设重点方向、重点项目、开发准备、前期研究、开发先导试验、技术准备；

3)老油田开发调整思路、分类油藏分步实施计划、重点项目；

4)老油田技术改造思路、重点解决的问题、分步实施计划；

5)基础理论研究；

6)主导推广技术及重点攻关技术；

7)重点开展的先导试验；

8)油藏经营管理及降本增效采取的措施。

(五)远景目标规划方法

在本次阶段规划的基础上，对未来2个以上阶段的目标提出初步的设想。规划方法基本同上。随着中原油田步入“三高”开发阶段，规划工作被赋予了引领未来、谋篇布局的深远使命。尽管中长远规划一般为5年，但鉴于国家能源安全的需求及油田自身持续繁荣的愿景，战略视角必须超越这一时限，向10年乃至更远的未来延伸。在资源与技术接续方面，油田将当前和长远结合，采取更为前瞻性的布局，不仅要确保5年稳健运营，而且要为油田长远发展超前谋划，在规划编制中加强前瞻性技术、新兴领域的投入和探索，为油田的长远发展夯实基础。

第二节　产能核定和日产水平标定技术及应用

原油生产能力核定和日产水平标定是油田开发的重要任务，一般于开发过程中的每年年底完成。应用产能核定和日产水平标定技术，核定当年产能建设效果，评价油田开发形势和开发趋势，判断油田保持的年度原油生产能力和水平，发现生产过程中存在的问题，制定计划和采取措施，提高产能建设的质量，指导下年度新井措施工作量、递减率和产量安排，确定配产配注指标，为规划部署和运行管理奠定基础，改善已开发油田的开发效果。

一、原油生产能力核定技术

原油生产能力，指核定单元(开发单元、区块、油田、油区、分公司、股份公司)在一定剩余经济可采储量和既定生产条件下所能达到的相对稳定的年产油量。

原油生产能力的核定技术贯穿应用于油田开发全过程。它包括新建、新增和恢复原油产能的核定技术和已开发油田产能的核减技术两部分内容，通过新建、新增和恢复产能的核定可以评价产能建设的效果；通过产能的核减可以评价已开发油田的开发形势和开发趋势。实际年末原油生产能力，即核定单元上年末核定的原油生产能力加上本单元当年新建原油生产能力、新增原油生产能力，减去核减原油生产能力。

原油生产能力核定是建立在对原油生产能力实行动态管理基础之上，是随着地下剩余经济可采储量、生产设施的变化而变化。通过产能的整体核定，可以确定油田的生产能力，发现问题，制定计划和采取措施，提高产能建设的质量，改善已开发油田的开发效果。

原油生产能力核定技术，指导和规范年度产能核定工作，服务于当年投资效果评价及下一年度油田配产、指标计算、中长期规划、考核管理等。

(一)新区新建产能核定技术

新区新建原油生产能力，指新区新投入开发的储量建成投产后所形成的原油生产能力。通过应用新区新建产能核定技术，在新区产能建设阶段的投产当年年末对新区产能建设项目进行产能核定，评价投资效果。

1. 核定技术应用原则

新建原油生产能力核定以调整后的年度油田开发计划确定的钻井工作量为基础，单井日产能力根据开发(调整)方案及实施情况综合确定。

1)采油井工作量核定原则。新区新建原油生产能力核定以油田开发年度计划确定的新钻井及利用的老井(未上报产能的探井、滚动勘探井及油藏评价井、开发准备井等)上报新建原油生产能力，跨年项目按年度计划实施情况分年上报。与油田开发年度计划对应的新钻井，包括已投产、已完钻未投产、未完钻、待上钻等状态。

2)探转采核定原则。以新增和落实探明储量为目的的探井、资料井、前期评价井，试采阶段暂不单独计算原油生产能力，在油田(区块)投入开发时一并上报。

3)滚动勘探井上报产能核定原则。在已开发油田内部及周边，以发现和增加可动用储量为目的的滚动勘探井，原则上不上报产能，在区块投入开发时一并上报。但近期不再投入新的工作量、不再实施产能建设的滚动区块可以按照滚动转采的方式上报产能，一并上报动用储量。

4)油藏评价井上报产能核定原则。针对控制储量或预探新发现区，以落实可动用储量为目的的油藏评价井原则上不上报产能，在油田(区块)投入开发时一并上报。但近期不再投入新的工作量、不再实施产能建设的油田(区块)其油藏评价井可以按照油藏评价转采的方式上报产能，一并上报动用储量。

5)开发准备井上报产能核定原则。针对探明未开发储量，以落实产能和主导开发技术为目的的开发准备井原则上不上报产能，在油田(区块)投入开发时一并上报。但近期不再投入新的工作量、不再实施产能建设的油田(区块)其开发准备井可以上报产能，一并上报动用储量。

6)上报产能取值原则。产能核定区块第二年要有较高的达产率，原则上要求第二年达产率为100%，单井产能要根据开发方案及产建、生产情况综合确定。

①对储量和钻遇油层厚度同方案设计一致、投入开发(试采)3个月以上、单井产量相对稳定且已达到或超过方案设计指标的区块，根据实际生产情况确定单井产能后进行区块产能标定。

②对储量和钻遇油层厚度同方案设计一致，但因方案设计措施工作量未全部实施完毕或新井未投产完毕，区块日产油能力未达到方案设计，仍按方案设计标定生产能力。

③对储量和钻遇油层厚度同方案设计相比发生一定变化的区块、预计通过措施仍不能达到设计指标的区块，按实际生产情况进行标定。

2. 核定方法

新建原油生产能力核定按式(6-7)计算：

$$Q_{p1}=\frac{n\times q_i\times t}{10000} \tag{6-7}$$

式中 Q_{p1}——新建原油生产能力，10^4t；

n——采油井总数，口；指按设计建成具备生产条件或已投产的全部采油井数(含没有报过产能的利用老井)；排液井不能作为采油井计算原油生产能力；若地质、开采情况复杂，至年底上报原油生产能力时仍不能全部确定注采井井别，则按设计注采井比例计算采油井数；

t——生产天数；按不同油藏类型及油井不同的开采方式确定，油藏分类可参见SY/T 6169。常规开发油藏自喷井330d、抽油井(包括电潜泵、水力泵井)300d；

q_i——平均单井产油量，t/d，采用归一化方法进行求取。

归一化方法，即将不同日历时间投产的采油井按照相对生产时间对单井日产油量进行算术平均的方法。由归一化方法得到的月平均单井日产油量曲线称为归一化曲线。所有采油井都要预测生产到第二年年末，所有的采油井都要参与到归一化，取第二年全年平均日产油量标定平均单井日产能力。

1)投产时间3个月以上、目前产量相对稳定的井取稳定段平均值。

2)投产时间3个月以上、产量呈明显递减的井，要参考开发方案设计，结合下一步措施、能量补充状况等预测产量。

3)投产时间3个月以上、产量波动幅度大、没有趋势规律的井以及投产时间短的井，可采用类比法进行预测或取值。

4)对于未完钻井、未投井、开发准备井以及探转采井要根据钻遇情况、方案设计，结合试油试采资料进行取值。要充分应用试油试采资料计算生产能力作为取值的参考和依据。对于有产能试井资料的井，应充分应用产能试井资料，应用Vogel流入动态曲线法、采油指数法、理论公式法、统计经验规律等综合确定单井产能。

(二)老区新增产能核定技术

老区新增原油生产能力，指已开发油田进行开发层系调整、注采井网调整、转变开发方式等调整措施后所增加的原油生产能力。

1. 核定技术应用原则

老区新增原油生产能力核定与新区新建原油生产能力相同，以调整后的年度油田开发计划确定的钻井工作量为基础，单井日产能力根据开发(调整)方案及实施情况综合确定。

1)采油井工作量核定原则。老区新增原油生产能力核定以油田开发年度计划确定的钻井工作量上报新增原油生产能力，核定原则与新区新建原油生产能力采油井工作量核定原则相同。

2)开发调整上报产能核定原则。已开发油田进行开发层系、注采井网调整的单元(区块)，在对实施效果评价的基础上，按当年实际新增原油生产规模上报新增原油生产能力。

3)一般调整措施报新增产能核定原则。以提高注采井数比或改变液流方向为主要措施的调整单元不上报新增原油生产能力，其效果可以体现在减缓老区递减上。

4）三次采油上报产能核定原则。实施三次采油（化学驱、二氧化碳驱）的单元（区块），原则上当年不上报产能，当见效后按照实际产量增加值计算新增原油生产能力。

5）侧钻井上报新增产能核定原则。承担原开发井的作用、恢复生产的侧钻井核定并上报恢复原油生产能力，不上报新增原油生产能力。

但如果侧钻井承担了滚动勘探井、油藏评价井、老区调整井等作用，滚动扩边、动用了新的层位，增加了新的动用储量，或者距离老井底一个井距或之上，挖掘井间、层间、近断层等剩余油富集区，增加可采储量，提高采收率，计算并上报新建新增原油生产能力。

6）上报产能取值原则。老区新增产能上报产能取值原则与新区新建产能相同。

①方案设计的新、老井工作量实施完毕，单元和新井日产油能力达到方案设计指标，按实际生产情况进行新增产能核定。

②方案设计的新、老井工作量实施完毕，目前单元和新井日产油能力均达不到方案设计的指标要求，但下一步通过做工作可以达到方案设计指标的单元，仍按方案设计的新增能力进行产能核定。

③方案设计的新、老井工作量实施完毕，新井和单元指标均达不到方案设计指标要求，且近期所能做的工作有限，此类单元按新井实际达到的能力进行产能的核定。

2. 核定方法

新增原油生产能力核定按式（6－8）计算：

$$Q_{p2} = \frac{n \times q_i \times t}{10000} \qquad (6-8)$$

式中 Q_{p2}——新增原油生产能力，10^4t；

n——新增采油井总数，口，与新区新建产能相比，不含利用老井，全部为当年新钻的采油井；

t——生产天数，取值方式见新建原油生产能力的核定计算方法；

q_i——平均单井产油量，t/d，取值方式见新建原油生产能力的核定计算方法。

（三）老区恢复产能核定技术

老区恢复原油生产能力，指在已开发油田范围内，实施更新井、侧钻井、恢复长停井生产等综合措施后所恢复的原油生产能力。

1. 核定技术应用原则

老区恢复原油生产能力核定与新区新建原油生产能力、老区新增原油生产能力相同，以调整后的年度油田开发计划确定的钻井工作量为基础，单井日产能力根据开发（调整）方案及实施情况综合确定。

1）采油井工作量核定原则。老区恢复原油生产能力核定以油田开发年度计划确定的钻井工作量上报新增原油生产能力，核定原则与新区新建原油生产能力采油井工作量核定原则相同。

2）老油田技改上报恢复产能备案原则。更新井核定并上报恢复原油生产能力；承担原开发井的作用、恢复生产的侧钻井核定并上报恢复原油生产能力。恢复的原油生产能力不纳入新建新增原油生产能力合计。

其中符合上报新增产能原则的侧钻井，计算并上报新建新增原油生产能力。

3）上报产能取值原则。老区恢复产能取值原则与老区新增产能取值原则相同。

2. 核定方法

恢复原油生产能力核定按式(6－9)计算：

$$Q_{p3}=\frac{n\times q_i\times t}{10000} \tag{6－9}$$

式中 Q_{p3}——恢复原油生产能力，10^4t；

n——更新、侧钻井总数，口；侧钻井数不含承担新增产能的侧钻井数；

t——生产天数；取值方式见新建/增原油生产能力的核定计算方法；

q_i——平均单井产油量，t/d；取值方式见新建/增原油生产能力的核定计算方法。

(四)老区核减产能核定技术

核减原油生产能力，指已开发油田由于含水率上升、驱替能量下降、生产井数减少等因素而导致减少的原油生产能力。

通过原油生产能力核减，可以使核定单元真实反映其实际生产能力，也就是在一定剩余经济可采储量和既定生产条件下所能达到的相对稳定的年产油量。

1. 核减技术应用原则

为了排除人为因素、偶然因素影响，真实反映开发单元内在的递减规律及油田实际生产能力，原油生产能力核减以独立的开发单元进行；原油生产能力核减应有充分的依据，由于自然灾害、人为因素等造成的短期内原油生产能力下降不能核减原油生产能力。

1)对于常规开发油藏，因含水率上升、驱替能量下降、采油井数减少等原因进入递减开采阶段的开发单元，依据实际递减规律对单元原油生产能力进行核减。

2)由于生产设施老化、报废造成原油生产能力下降的，根据产量下降幅度核减相应生产能力。

3)由于自然保护区退出、矿权流转变更等原因造成原油生产能力下降的，根据涉及区块或井的实际生产影响进行核减。

2. 核减方法

符合产能核减的开发单元根据不同开发方式进行核减计算，基本思路即上年年末核定的原油生产能力减去本年度保有的生产能力。

对于常规开发油藏原油生产能力核减。原油生产能力核减按式(6－10)计算：

$$Q_{\Delta}=Q_0-\frac{qt}{10000} \tag{6－10}$$

式中 Q_{Δ}——核减原油生产能力，10^4t；

Q_0——上年末核定原油生产能力，10^4t；

q——年末老井日产水平，t；对于开发单元的年末老井日产水平可分为3种情况：一是当区块日产水平呈上升趋势时，取年末稳定段日产水平平均值作为年末标定日产水平，当区块日产水平总体呈现上升趋势，产量达到最高峰后出现递减，取12月份日产水平作为年末标定日产水平；二是当区块日产水平保持稳定时，取年末稳定段平均值作为年末标定日产水平；三是当区块日产水平出现递减趋势时，对区块递减段进行拟合，回归出年末日产水平作为年末标定日产水平；

t——日历天数。

原油生产能力核减率即老井核减原油生产能力与上年底核实原油生产能力的百分比值，原油生产能力核减可靠程度是老井原油生产能力核减率与同一开发单元老井综合递减率的比值，可用式(6－11)和式(6－12)计算：

$$D=\frac{Q_\Delta}{Q_0}\times 100\% \tag{6-11}$$

式中　D——原油生产能力核减率，%；

Q_Δ——核减原油生产能力，10^4t；

Q_0——上年末核定原油生产能力，10^4t。

$$f=\frac{D}{D_r} \tag{6-12}$$

式中　f——原油生产能力核减可靠程度，无量纲；

D_r——综合递减率，%。

原油生产能力核减率与自然递减率没有直接的关系。在一般情况下，自然递减率是综合递减率的2倍；而在措施产量很少、综合递减率接近自然递减率的情况下，原油生产能力核减率会高于综合递减率。

(五)技术应用实例

1. 产能核定技术应用实例

20××年，濮X块投产2口新区产能井，应用新区新建产能核定技术对该区块当年新建产能进行标定。

油藏基本情况：濮X块主要含油层位为沙二上1砂组，油藏埋深在2425～2440m。平均孔隙度22.3%，平均渗透率405.1mD，属于高孔中渗油藏。地层压力为25～26MPa，压力系数为1.03，油藏温度80℃，属常温常压油藏。

方案部署：20××年部署评价井濮C井探索深层沙三中5－7砂组含油气情况，同时兼探沙二上，落实储量边界，跟踪部署新区井2口，濮1－A井和濮1－B。方案设计含油面积0.52km²，动用石油地质储量21.75×10^4t，方案部署3口井，2口油井(濮1－A井、濮1－B)，利用水井濮C井(评价井，待转注)，单井日产能力3.5t，建产能0.21×10^4t。

实施情况：濮1－A井于20××年3月29日完钻，完钻层位沙二上，钻遇油藏9.6m/9层，20××年4月投产沙二上砂组，油、干层、油水同层共9.0m/4层。初期日产液10.9t，日产油10.3t，含水率5.4%，动液面1311m。年末参与标定时日产液5.9t，日产油5.1t，含水率12.8%，动液面降至1542m，累计产油1675t。

濮1－B井于20××年9月5日完钻，完钻层位沙二上，钻遇油藏9.3m/6层，12月投产沙二上1砂组，初期日产液12.4t，日产油9.7t，含水率21.6%，动液面1311m。年末参与标定时日产液9.9t，日产油8.0t，含水率19.5%，动液面降至1542m，累产油804t。

邻井产状：濮X块投产初期整体具有稳定产能，平均日产油6.7t，平均单井累计产油1.30×10^4t。以濮D井为例，20××年3月投产后日产油4t，稳产3年。下步将对两口新井注水补充能量，注水效果参考濮1－E井对应濮138－F井注水见效井组，日产油由4.6t上升至6.2t，累计产油1.29×10^4t。

产能核定：标定时投产9个月的濮1－A井和投产4个月的濮1－B井都根据递减规律外推到第二年年末。濮C、濮1－A、濮1－B井投产初期均获得高产，区块具有较好储量、产量基础，考虑下步转注濮 C 井，参考邻井见效增油和递减状况，取第二年全年平均日产油量作为平均单井生产能力，濮 1－A 井取值 6t，濮 1－B 井取值 7t，濮 X 块新投 2 口井平均取值 6.5t(图 6－1)。

$$濮X块核定产能\ Q_p = \frac{2 \times 6.5 \times 300}{10000} = 0.39 \times 10^4 t$$

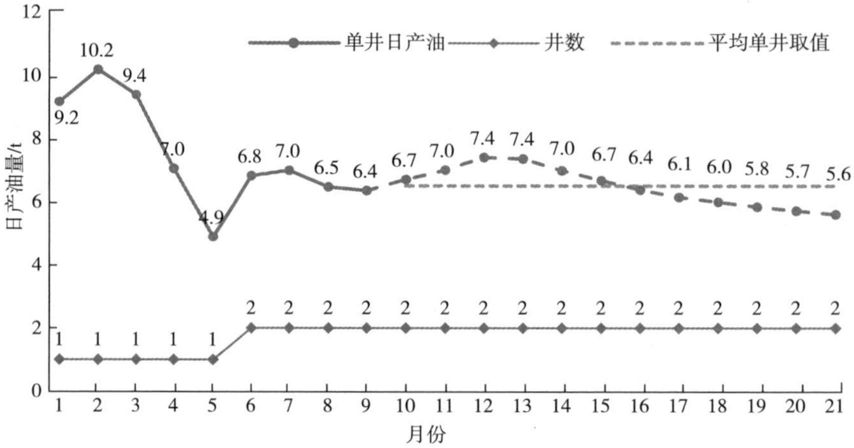

图 6－1　濮 X 块投产平均单井日产能力曲线

核定结果：濮 X 块新增动用石油地质储量 $21.75 \times 10^4 t$，建产井 2 口，平均单井取值 6.5t，新建产能 $0.39 \times 10^4 t$。其中，濮 1－A 井单井取值 6t，核定产能 $0.18 \times 10^4 t$，濮 1－B 井单井取值 7t，核定产能 $0.21 \times 10^4 t$。

2. *产能核减技术应用实例*

20××年，文×块与上年对比产量下降，含水率上升明显，应用老区产能核减技术对该区块产能进行核减。

油藏概况：文×块动用含油面积 $5.84 km^2$，石油地质储量 $409.03 \times 10^4 t$，标定可采储量 $187.04 \times 10^4 t$，标定采收率 45.73%。油藏含油层位沙三上 1—10，油藏类型属高压低渗油藏。

截至核减时，共有油水井 124 口(其中油井 69 口，注水井 55 口)，油水井数比 1.25。油井开井 43 口，日产液 732t，日产油 33.8t，综合含水率 95.4%，平均单井日产液 17.0t，平均单井日产油 0.79t，采油速度 0.32%，剩余可采储量采油速度 10.31%，地质采出程度 42.92%，可采储量采出程度 93.87%；注水井开井 42 口，日注水 $858 m^3$，平均单井日注水 $20.4 m^3$。

从近 3 年的开发趋势得出，油井开井数略有下降，从 2 年前的 46 口左右下降到核减时的 43 口，日产油量持续下降，从 2 年前的 45t 左右下降到核减时的 34t，综合含水率由 94% 左右上升到 95.4%，日注水量从 $1300 m^3$ 左右下降到 $850 m^3$。近 3 年老井递减持续加大，2 年前综合递减 8.03%，1 年前达到 10.89%，核减当年 20××年老井综合递减加大到 15.05%。

核减原因：一是油井见效后含水率上升，产能下降。由于区块油井见效方向单一，高含水率高采出井见效后期含水率上升，产油量下降，6 口油井平均含水率由 92.0% 上升到 95.3%，上升 3.3 个百分点，日产油量减少 5.7t；二是注水压力高，注水状况差，驱替效果差。目前区块注水井总井数55口，开井43口，其中油压大于35MPa井32口，占开井数的74.41%；水井因压力高注不进或无法达到配注要求的井有12口，占总井数的21.8%，日欠注水量218m^3，油藏驱替能量不足。

核减结果：文×块上年核定原油生产能力1.63×10^{4}t，20××年当年根据老井含水率上升情况以及产油量变化趋势，核减原油生产能力0.38×10^{4}t，产能核减率23.4%。

二、日产油水平标定技术

油田实际日产量的平均值被称为日产水平，用当月实际产油量与当月日历天数的比值表示。由于油井间隔一定时间需要在短期内检修或进行增产措施的施工等，每天并不是所有的油井都在采油，所以日产水平要低于日产能力。

年末水平标定要能够反映企业实际生产状况与态势，并与企业实际的生产能力相匹配，真实反映原油起步水平。每年末标定不同区域、油田和单元的日产油水平，一方面计算下一年度的递减率和其他开发指标，确定老井的自然产量和实际产量递减状况；另一方面合理确定下年度的配产配注指标，预测下年度老井自然产量和递减状况，指导下年度新井措施工作量和产量安排，对开发生产过程具有重要意义和作用。

（一）分单元、分油田、分地区日产油水平标定技术

为客观评价油田开发效果，准确掌握油田产量自然和实际递减状况，科学合理地制定生产经营考核指标，有必要应用日产油水平标定技术分单元、分油田、分地区进行标定。

1. 递减率及计算方法

年末日产水平标定过程中需要应用Arps递减理论，计算方法具体见第三章第四节中主要开发指标预测方法部分。标定结果应用于油田或单元当年及下一年度自然递减率和综合递减率的计算。

（1）计算递减率的意义

递减率是单位时间的产量变化率。递减率的概念及计算方法是根据油田开发生产分析和开发规划工作中遇到的实际问题，通过对递减率计算方法及递减理论的研究而建立起来的一种集递减分析、递减率计算、产量和产能建设工作规划及规划方案经济评价于一体的一种油藏工程方法。一方面用于油藏开发评价，另一方面运用于年末日产水平标定和产量预测。

（2）自然递减率和综合递减率

1）自然递减率指扣除新井投产及各种增产措施情况下的产量递减率，反映油气田产量自然递减状况。自然递减率的大小和变化趋势是油藏地质条件的表现，是最具规律性的指标。

2）综合递减率指扣除新井投产情况下的产量递减率，反映油气田产量的实际递减情况。自然递减率和综合递减率是开发规划部署、油藏开发评价、产能建设和产量预测中常用的指标，实际开发过程中还会用到总递减率衡量开发稳产状况。

3）总递减率指油田包含新井，措施产量后的年产油量与上年产油量对比的增减情况，可以用年度产量总递减和产能总递减来衡量油田在投入开发工作量后的稳产状况。总递减指标是油田或单元通过新井产能接替后稳产状况的体现，如果产量总递减和产能总递减在

0 值附近波动，表明油区稳产形势较好；如果其值一直大于 0，表明油区稳产工作量不足，总产量、产能处于递减状态。

2. 日产油水平标定对象

日产油水平标定的对象因管理层次不同而异，对股份公司而言日产油水平标定的对象为各分公司，对分公司而言日产油水平标定的对象为各采油厂或油田，采油厂标定的对象要到每一个开发单元(图 6－2)。

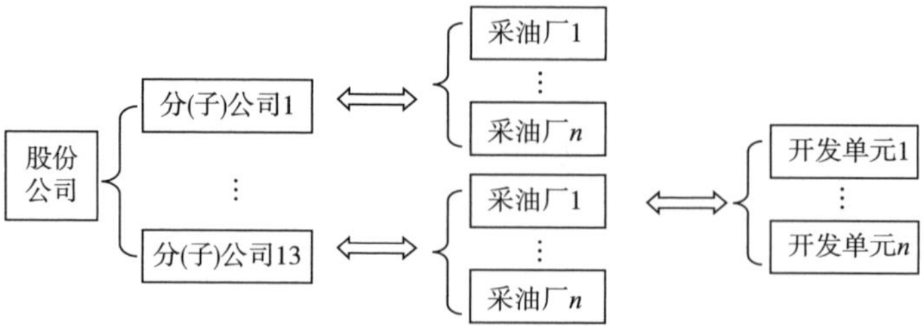

图 6－2　分级标定对象框架示意

日产油水平标定的级次越高，可靠性越大。级次越低，由于单井的因素对小开发单元影响越大，准确度相对较低。但分单元开发数据计算时，不可回避要对小开发单元日产油水平进行标定。

在实际标定工作中，可以先对分公司及各个采油厂的日产油水平进行标定，确定日产油水平宏观指标；再分开发单元进行标定后汇总，对比两者差异进行细微调整，达到数据闭合。

标定方法以产量构成法和增存量法为主，在实际标定工作中，可以分别用产量构成法和增存量法对分公司油田分区域整体标定，再分开发单元标定汇总，得出 4 套标定结果，互相验证标定的科学和准确性。

(二)产量构成法日产水平标定技术

产量构成法主要是通过分析历年老井自然产量、新井产量、措施产量的变化规律，结合区块年度部署工作量，分别标定老井自然日产量、新井日产量、措施日产量的年末水平，预测老井自然产量、新井增油量、措施增油量，最终得到预测油田或区块的年产油量。

产量构成法日产水平标定按式(6－13)计算：

$$q = q_a + q_b + q_c \qquad (6-13)$$

式中　q——年末日产水平，t；

q_a——年末自然日产水平，t；

q_b——年末措施日产水平，t；

q_c——年末新井日产水平，t。

产量构成法能够体现新井、措施工作量运行实际与产量的匹配关系，对短期产量预测较为合理。

1. 自然产量日产水平标定

1) 自然日产水平标定。对于自然日产油水平进行标定时，主要采取以下两种方法：一是对于日产油水平曲线比较平缓、日产水平保持相对稳定的，取稳定段平均值；二是对于日产油水平呈现递减趋势的，对递减段进行回归。

2)自然产量预测。根据近年老井自然产量的递减趋势，预测下一年度油田老井递减规律，按照年末区块标定日产油水平，预测下一年度分月老井日产油水平，得到全年老井自然产量。

2. 新井产量日产水平标定

对于新井日产油水平进行标定一般取年末值或回归值。产量预测方面，根据近年产建工作量安排、新井产油量的效果、产能产油量转化率及新井日产油水平的运行规律，预测下一年度油田的新井产量运行规律。

3. 措施产量日产水平标定

对于措施日产油水平进行标定一般取年末值或回归值。产量预测方面，根据近年措施增油量的效果分析，结合下一年度油田的措施工作量安排，进行措施增油量预测。

(三)增量存量法日产油水平标定技术

增量存量法是以某一阶段末为节点，阶段期末老井产量为存量，后续新投产井产量为增量，结合趋势分析，分别标定阶段末存量井、后续每一年增量井生产到目前的年末水平，预测存量井和增量井递减到目前的产量，最终得到预测油田或区块的年产油量。

以“十四五”规划的第四年为例，即2024年，标定时选取预测油田或区块“十三五”末投产井作为存量井，则2020年以前投产井持续生产并预测到2024年年末即“十三五”存量产量或2020年存量产量，2021年当年投产新井持续生产并预测到2024年年末即2021年增量产量，同理，2022年、2023年和2024年投产新井分别持续生产并预测到2024年年末即这三年的增量产量，将2020年存量产量、2021年增量产量、2022年增量产量、2023年增量产量和2024年增量产量加和，最终得到预测油田或区块的年产油量。

增量存量法日产水平标定按式(6-14)计算：

$$q = q_0 + q_1 + q_2 + \cdots + q_n \tag{6-14}$$

式中　q——年末日产水平，t；

q_0——存量产量年末日产水平，t；

q_1、$q_2 \cdots q_n$——分别为第1、2…n年增量年末日产水平，t。

增量存量法运用历年投产井自身产量规律预测未来变化趋势，一般应用于中长期规划中，也可以在日产水平标定中应用于短期预测，与产量构成法互相验证。

1. 存量产量日产水平标定

存量井一般投产时间较长，已普遍进入递减开发阶段，通过对油田或区块递减段进行拟合，回归出年末日产油水平作为年末标定日产油水平。

2. 增量产量日产水平标定

根据油田或区块增量井实际日产油水平曲线形态，分3种类型即上产型、稳产型、递减型来分别标定。

1)上产型。总体来看区块日产油水平呈上升趋势。根据上产型曲线形态又可分为3种类型，第一种类型为日产油水平总体上升，年末保持稳定，对于这一类型区块，取年末稳定段的日产油水平平均值作为年末标定日产油水平；第二种类型为日产油水平持续上升，对上升段进行回归后取值作为标定日产油水平；第三种类型为日产油水平总体上升，产量达到最高峰开始出现递减，取12月份日产油水平作为年末标定日产油水平。

2）稳产型。总体看区块日产油水平保持稳定，取年末稳定段的平均值作为年末标定日产油水平。

3）递减型。总体来看区块日产油水平呈递减趋势，通过对区块递减段进行拟合，回归出年末日产油水平作为年末标定日产油水平。

对于生产时间较短的增量井，可借鉴其他年份的增量产量规律，结合当年新投井工作量安排进行预测。

（四）技术应用实例

1. *产量构成法日产水平标定实例*

采用产量构成法标定2023年年末A油田日产水平，标定时间为当年11月，当年11—12月数据为预测数据。

对于自然日产量，根据A油田当年整体变化趋势，对递减段进行回归，标定年末自然日产水平为2830t（图6－3）。

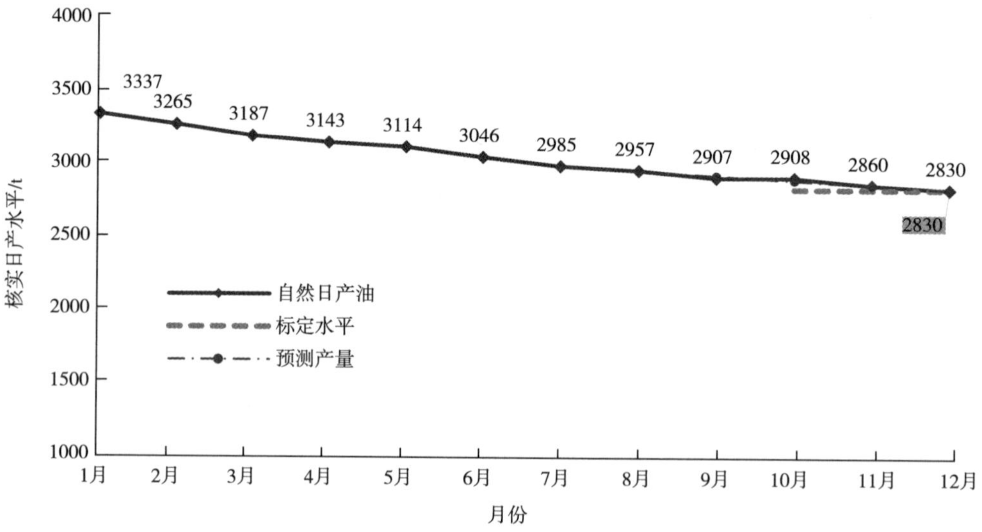

图6－3　A油田20××年自然日产标定曲线

对于新井日产量，根据工作量运行情况和产量趋势综合标定为342t。

对于措施日产量，根据月度工作量运行情况和单井变化规律综合标定，标定结果为178t。

A油田应用产量构成法标定日产水平为自然日产量、新井日产量和措施日产量的和，标定值为3350t（图6－4）。

2. *增量存量法日产水平标定实例*

采用增量存量法标定2023年末A油田日产水平，标定时间为当年11月，当年11—12月数据为预测数据。

以2019年以前投产井产量为存量，2020年及以后投产井产量为增量，用增量存量法进行标定。对于2019年存量井和2020—2022年增量井采用自身规律测算，递减段进行回归，2023年当年增量参考下半年投产井预测产油量进行标定（图6－5、图6－6）。

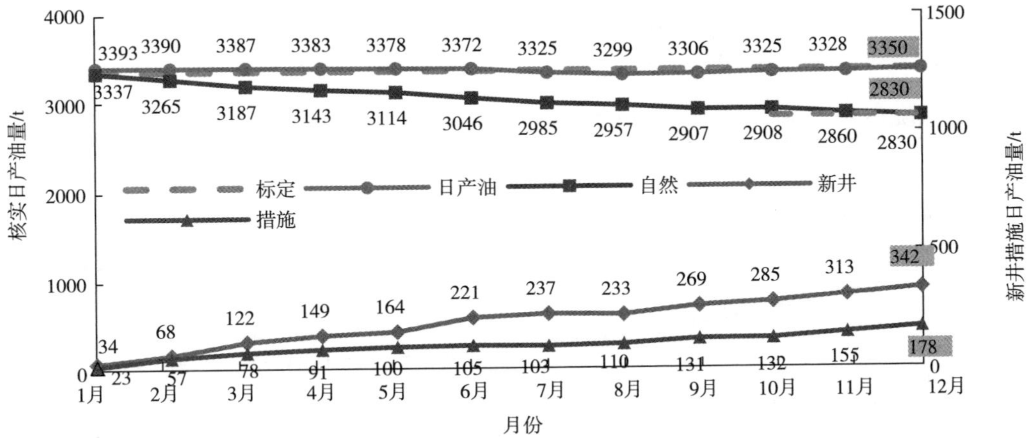

图 6－4　A 油田 20××年产量构成法标定曲线

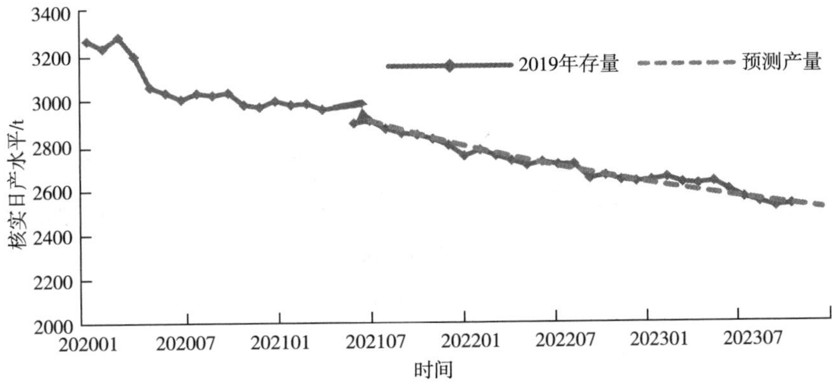

图 6－5　A 油田 2019 年存量日产标定曲线

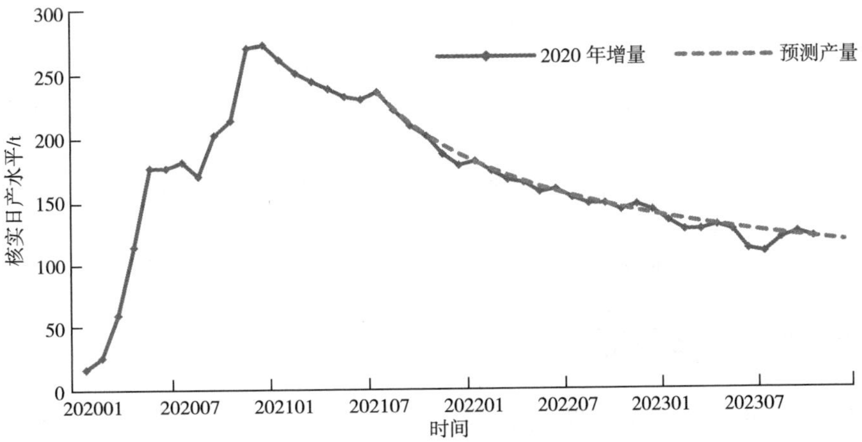

图 6－6　A 油田 2020 年增量日产标定曲线

应用增量存量法，标定 A 油田 2023 年年末的 2019 年存量日产 2541t，2020 年增量日产 118t，2021 年增量日产 116t，2022 年增量日产 236t，2023 年增量日产 342t，合计标定年末日产水平 3353t(图 6－7)。

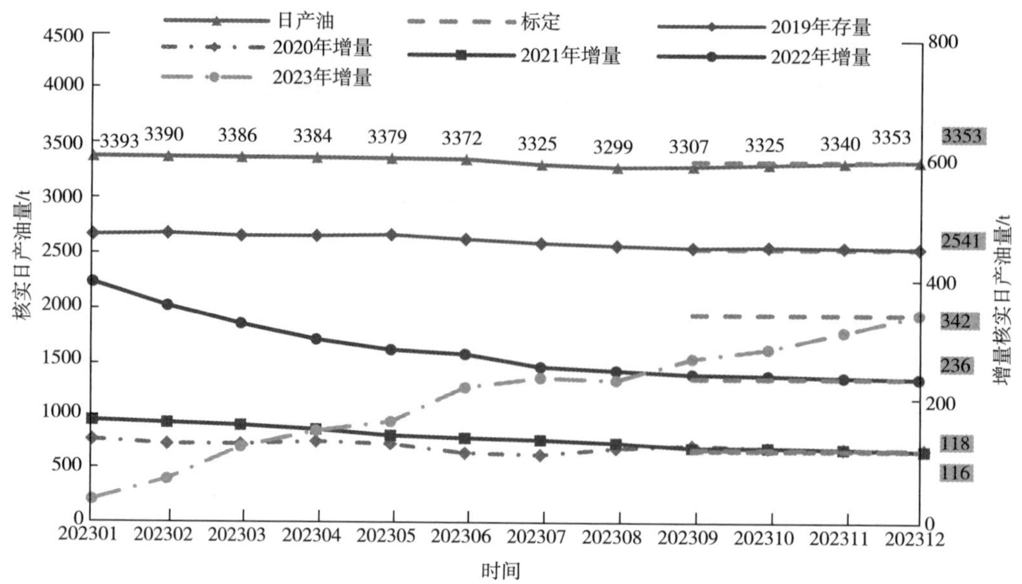

图 6－7　A 油田增量存量法日产标定曲线

第三节　可采储量标定及上市储量评估技术

石油可采储量是制定油田开发规划的物质基础，是评价油田开发效果、编制调整方案的依据。石油可采储量标定是国内石油可采储量科学规范管理的要求，石油可采储量实行动态管理，通常包含年度标定和阶段(5 年)标定。不断提高石油可采储量，追求更高的采收率是油田开发技术的体现和目标。

石油可采储量包括技术可采储量和经济可采储量，随着技术条件、经济条件的变化而变化。石油技术可采储量是在现有技术条件下计算的最终可采出的石油数量，石油经济可采储量是在石油技术可采储量中按当前的经济条件(如价格、成本等)计算的可经济采出的石油数量。

上市储量则更关注储量的商业性，即剩余经济可采储量及其价值。剩余经济可采储量是截至评估基准日，预计未来可采出的经济可采储量。上市储量评估国际上通常遵循 SEC (美国证券交易委员会)准则及 SPE(石油工程师协会)准则。

一、技术可采储量标定

在油田开发过程中，受各种因素的影响，油田产油量及其发展趋势是不断变化的，也就是说开发生产状态并非稳定的，为了准确评价油田开发状况，合理制定开发调整措施，每年末要对油田技术可采储量进行计算，或根据需要在某一阶段末对油田技术可采储量进行计算，这项工作称之为技术可采储量标定。

(一)计算方法分类及主要应用特点

技术可采储量计算方法分为静态法及动态法两类。静态法包括理论公式法、经验公式法、类比法等；动态法包括递减曲线法、水驱特征曲线法、童宪章图版法、注采关系法和数值模拟法等。

静态法用于未开发油田或开发初期的油田，因缺乏开发生产动态资料或开发动态尚未呈现一定规律，不能利用开发生产数据直接计算技术可采储量，一般采用理论公式、经验公式、类比等方法先确定采收率，再与地质储量相乘计算技术可采储量。

动态法是开发中后期油田技术可采储量计算常用的方法，是根据油藏的开采历史动态资料及其变化规律，预测未来开发动态趋势，计算技术可采储量。动态法的选择及准确度取决于开发历史动态资料的数量、质量及油藏的成熟度。

动态法因其可以对未来的开发动态做出比较可靠的预测，故其优于静态法。

中原油田目前主要使用的方法为：未开发油田或开发初期的油田，采用经验公式、类比法；开发中后期油田，采用递减法为主导，水驱特征曲线法、童宪章图版法等多方法辅助印证，并根据油藏开发实际综合分析，优化计算结果。

递减法计算技术可采储量利用专门软件进行计算（目前中国石化推广应用 R3 软件）。

（二）经验公式法

经验公式法是油田还未投入开发或者在开发初期评价采收率的最简易的一种方法。该方法是利用油藏地质参数和开发参数，采用经验公式先确定采收率，再与地质储量相乘计算技术可采储量。采收率计算经验公式较多，都是根据与采收率相关的油藏地质、开发特征参数，采用多元回归的数理统计方法建立而成。

国内普遍使用的是《石油可采储量估算方法》（SY/T 5367）推荐的采收率估算经验公式。

通过研究中原油田已开发单元孔隙度、渗透率、地层原油黏度、井网密度、束缚水饱和度、变异系数和采收率的关系，摸索总结出符合中原油田不同构造带油藏开发规律的采收率计算经验公式（表 6－1），在实践应用中继续完善。

表 6－1　中原油田计算水驱采收率经验公式

编号	适用区域	经验公式	样品数/个
1	中央隆起带北部	$E_R = -0.065057 + 0.018963\lg\dfrac{K}{\mu_o} + 1.182349\phi + 0.008264f$	58
2	中央隆起带北部	$E_R = 0.038671 - 0.003391\lg\dfrac{K}{\mu_o} + 0.009852\phi + 0.00082S_{wi} - 0.039876V_K$	58
3	中央隆起带北部	$E_R = 0.027893 + 0.007561\lg\dfrac{K}{\mu_o} + 0.008458\phi + 0.000550S_{wi}$	47
4	中央隆起带南部	$E_R = 0.001640 + 0.008527\lg\dfrac{K}{\mu_o} + 0.008400\phi + 0.000410S_{wi}$	9
5	西部斜坡带	$E_R = 0.005500 + 0.024805\lg\dfrac{K}{\mu_o} + 0.006125\phi + 0.001194S_{wi}$	28

注：E_R——原油采收率，f；K——空气渗透率，mD；μ_o——地层原油黏度，mPa·s；ϕ——有效孔隙度，f；f——井网密度，口/km²；S_{wi}——原始含水饱和度，f；V_K——渗透率变异系数，f。

经验公式法计算的采收率是唯一的，不受操作者经验影响，然而经验公式源于油田的实际资料，其局限性在所难免，使用时应严格遵守适用范围。

(三)理论公式法

理论公式法是利用油藏地质参数和开发参数，采用理论公式先确定采收率，再与地质储量相乘计算技术可采储量。该方法是油田还未投入开发或者在开发初期评价采收率的常用方法。SY/T 5367 推荐的采收率计算理论公式有 2 个，其中弹性驱动油藏采收率计算理论公式在中原油田比较常用。

理论公式与经验公式应用场景相似，理论公式与经验公式的区别在于：理论公式是在理想状态下用油藏工程理论推导出来的公式，在现场运用中可能会显现出严重的繁杂性，不免会出现困难；经验公式来源于生产实践，是在理论基础上通过拟合得到的，没有完整的理论推导过程，在一定范围内，用经验公式可以计算得到近似实际的结果。

(四)类比法

类比法是对刚投入开发的新油田或老油田中新投入开发的储量，根据其地质特点、地质参数及拟采取的开发方式，选取地质特征、开发参数相似或相近的已开发油藏作为类比油藏，参照类比油藏确定采收率，再与地质储量相乘计算技术可采储量。类比法是开发初期或未开发油藏评价采收率最为常用的方法。

1. 类比条件

类比法应用的关键是所类比油藏的合理选择，所类比油藏应该是开发成熟油藏或已成功进行开发先导试验的油藏；类比法适用的前提是所评估油藏与类比油藏具有可类比性，应满足如下类比条件：

1)所评估油藏与所类比油藏相邻或处于邻近区域。

2)所评估油藏与所类比油藏在沉积环境、岩石物性、原始压力和温度、流体性质、纯产层厚度、驱动机理等因素相似或相近。

3)所评估油藏的地面条件、已采用或设计采用的开采技术、开发方式等与所类比油藏相同，已采用或设计采用的开发井网、井距与所类比油藏相似或相近。

2. 类比指标

影响油藏采收率的因素很多，类比时选择但不限于下列主要指标：油藏类型、埋深、储量丰度、孔隙度、渗透率、原始压力和温度、地层原油黏度、原始气油比、地面条件、开发方式、开发井网井距和单井稳定产量。

使用类比法需要特别注意的是所类比油藏指标参数不能优于所评估油藏，否则评价的采收率结果偏高，不符合国际上现行的保守原则。

(五)递减曲线法

递减曲线法是在油藏开发后产量明显递减时，利用油藏开发历史数据，依照产量与时间的变化规律(Arps 递减规律)，拟合出油藏产量递减曲线，再根据递减曲线预测未来产量，当产量达到技术极限产油量时，其累计产油量即为技术可采储量。

递减曲线法涉及大量数学运算和逻辑判别，过程比较复杂，实际应用中利用专门计算机软件进行计算，操作者利用软件建立完整的油藏数据体，选定合理的回归数据区域和递减类型，即可得到油藏递减参数及技术可采储量。该方法简便快捷，操作性及普及性强，在上市储量评估中广泛应用，是目前国际惯用的石油可采储量计算方法，其理论基础、计算过程详见 SY/T 5367、相关教科书及软件操作手册。

（六）水驱特征曲线法

水驱特征曲线法是在油藏开发中后期，水驱特征曲线出现明显直线段时，根据累计产量与含水率等变量的统计关系，计算达到技术极限含水率时的累计产油量，即为技术可采储量。

水驱特征曲线是水驱油藏累计产油量与累计产水量、累计产液量等之间的关系曲线。油藏开发进入开发中后期以后，曲线末端出现直线段，利用该直线段回归出线性关系式，得到斜率、截距，再带入含水率，求取技术极限含水率时的累计产油量，作为技术可采储量。水驱特征曲线法是天然水驱和注水开发油藏计算技术可采储量的特有实用方法，适用于水驱油藏进入中、高含水率后，水驱规律明显的油藏。常用水驱特征曲线见第三章第四节主要开发指标预测方法部分。应用方法及注意事项详见 SY/T 5367。

水驱特征曲线法计算技术可采储量具有稳定性高、规律性强的特点，同时又存在反应滞后的问题。使用水驱特征曲线进行年度技术可采储量标定时，并非都是选取一年的数据点，标定结果反映的并非近一年的效果，而是近一个阶段内开发调整的效果，所以说，水驱特征曲线法技术可采储量标定更多意义上是阶段技术可采储量标定。

（七）童宪章图版法

童宪章含水率与采出程度关系图版是中国中高渗透油藏开发中后期含水率与采出程度统计形成的规律，广泛应用于水驱采收率预测。

中高渗透砂岩水驱油藏 f_w 与 R 的关系表达式为：

$$\lg \frac{f_w}{1-f_w} = 7.5(R-E_R)+1.69 \qquad (6-15)$$

利用式(6－15)，对不同采收率绘制图版(图 6－8)。

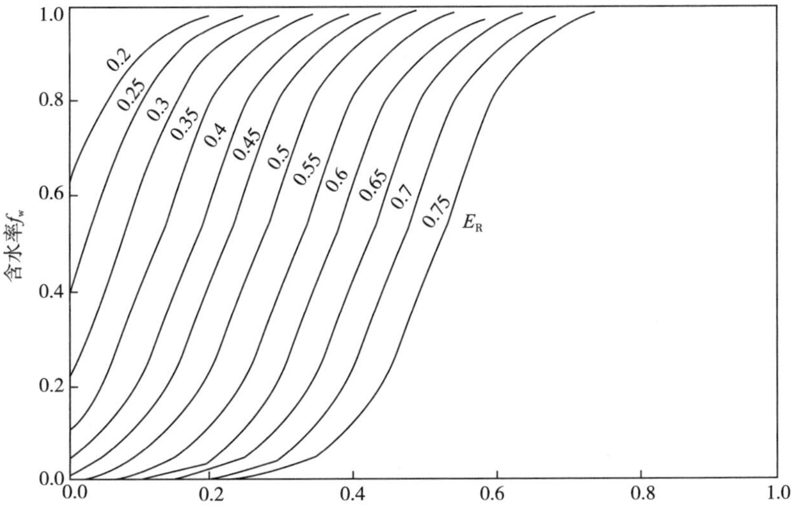

图 6－8 童宪章水驱采收率估算图版

将实际的采出程度及对应含水率数据绘制在图 6－8 中，根据实际曲线变化趋势与图版的拟合情况和指向，判断和确定采收率 E_R。

童宪章图版法主要适用于中高渗砂岩油藏，一般用于开发调整工作较少、含水率随采出程度规律较好、与图版中曲线趋势拟合程度较高的油藏采收率确定；对于开发调整工作比较频繁、含水率变化及波动较大的油藏，可以利用童宪章图版判断开发调整的阶段效果，利用其确定采收率宜谨慎。式(6－15)中常数7.5是个统计结果，开发实践表明该常数不适用于低渗透砂岩油藏、裂缝溶洞型碳酸盐岩油藏及特殊岩性油藏。

(八)技术可采储量标定实例

石油可采储量标定伴随油藏开发全过程，储量从发现到开发再到废弃，其技术可采储量是动态的，一般随着开发进程的深入而持续增长。根据开发工作需要，每年末根据本年度开发形势进行技术可采储量标定，称为年度标定；一个阶段末进行技术可采储量标定，称为阶段标定，阶段标定往往是出于某种需要或由于某种特殊因素(如油价暴跌工作量锐减)导致开发状况显著改变，对油田开发形势进行系统分析并对技术可采储量进行标定。年度标定、阶段标定技术方法一致，只是时间节点、着眼点不同。

1. 年度标定工作步骤

第一步：分析各单元开发形势，对重点治理单元、开发效果变差单元及开发指标不匹配的单元着重剖析，筛选出开发趋势变化较大的单元。

第二步：主要针对第一步筛选出的单元，计算技术可采储量，计算结果与上年末对比，增减变化较大的单元作为年度技术可采储量变化单元。

第三步：分析变化单元的开发现状、产量变化原因及趋势、技术可采储量标定方法及结果的合理性，对变好单元要总结经验，核增技术可采储量；对变差单元要分析原因，核减技术可采储量，并提出下步调整建议。

第四步：编写报告、汇报对接，确定标定结果，数据入库。

2. 老区单元标定实例——Z油田技术可采储量年度标定

单元概况：Z油田探明含油面积9.42km^2，探明石油地质储量619.01×10^4t，油藏埋深为2400～3100m，平均埋深2700m。主要含油层位为沙河街组沙三中、沙四段，平均孔隙度18.6%，平均渗透率66mD。油藏类型属于中孔、中低渗常温常压极复杂断块油藏。

开发简历及开发现状：Z油田于1987年投入开发，先后经历了产能建设阶段、早期注水阶段、局部调整阶段、精细调整阶段，从2010年开始进入二次精细调整阶段(各阶段概述略)。

2022年12月，油井总井74口，开井62口，日产油水平71.2t，综合含水率92.83%，动液面1835m；注水井总井74口，开井49口，日注水水平1368m^3。

存在的主要问题：复杂断块油藏开发后期，剩余油分布零散，储量动用不均。

主要做法及效果：开展油藏精细描述，通过精细结构调整，精细注采管理，挖潜层间和平面剩余油，不断提高开发效果。

通过精细调整治理，Z油田整体开发形势明显变好，日产液量、日产油量、平均动液面、日有效注水量上升；综合含水率有所下降，自然递减、综合递减减缓，水驱控制程度由83.0%提高到87.16%，提升4.16%，水驱动用程度由54.76%提高到56.95%，提升2.2%；日产油量由66t增加到71.2t，增加5.2t；综合含水率由93.07%下降到92.83%，下降 0.24 个百分点。

上次技术可采储量标定情况：Z 油田 1987 年投入开发，已进入高含水率开发阶段，目前综合含水率 92.8%，产量递减规律明显，上次标定技术可采储量主要采用递减曲线法，石油地质储量 619.01×10^4t，标定技术可采储量 150.76×10^4t，标定采收率 24.36%（图 6 - 9）。

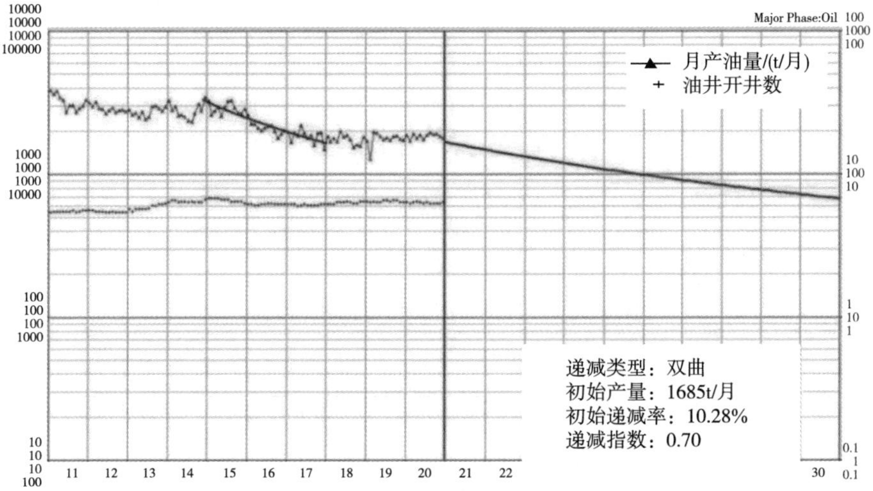

图 6 - 9　Z 油田递减法技术可采储量标定曲线（上次）

本次技术可采储量标定结果及合理性分析：本次标定采用 3 种方法，递减曲线法、水驱特征曲线法（丙型）和图版法。

递减曲线法标定：选取近期开井数相对稳定，递减规律明显，递减段时间长的区块月产油量拟合递减率，选取的拟合段符合双曲递减规律，拟合初始递减率 10.28%，递减规律与上次相同，初始值选取目前相对稳定产量，预测技术可采储量 153.80×10^4t，计算采收率 24.85%（图 6 - 10）。

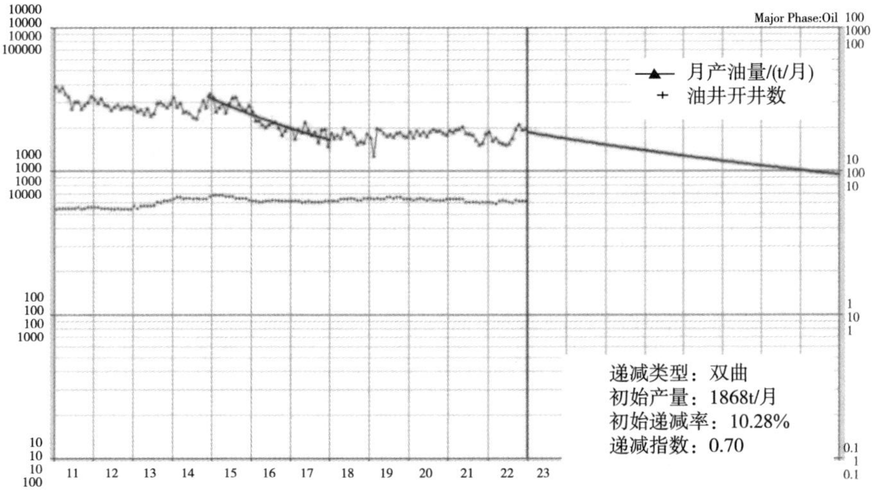

图 6 - 10　Z 油田递减法技术可采储量标定曲线（本次研究）

水驱特征曲线法（丙型）标定：Z 油田目前综合含水率 92.8%，处于稳定水驱开发阶段，因此可以采用水驱特征曲线法(丙型)(图6-11)，选取规律段2019年12月—2022年12月，标定技术可采储量154.62×10^4t，采收率24.98%，比递减曲线法标定技术可采储量略高。

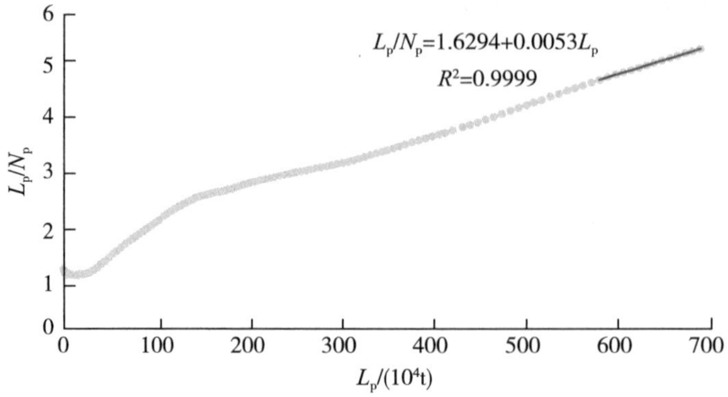

图6-11 Z油田水驱特征曲线(丙型)

从含水率采出程度曲线(童宪章图版法)分析，曲线逐渐往高采收率方向偏移，目前采收率接近28%的理论曲线，高于递减曲线法和水驱特征曲线法标定值，说明递减法和丙型曲线标定结果与油藏实际开发状况相符。

本次技术可采储量标定采用递减曲线法、水驱特征曲线法(丙型)及图版法多种方法验证参考，结合区块目前生产状况，最终选取递减法标定结果，标定技术可采储量153.80×10^4t，计算采收率24.85%，与上次标定相比，新增技术可采储量3.04×10^4t，采收率提高0.49个百分点。标定后油藏剩余可采储量采油速度8.5%，储采比11.8(表6-2)。

表6-2 Z油田2023年度技术可采储量结果

单元名称	面积/km^2	地质储量/10^4t	技术可采储量/10^4t	采收率/%	剩余技术可采储量采油速度/%	标定方法
Z油田	9.42	619.01	153.80	24.85	8.5	递减法

3. 新区单元标定实例

当年探明当年动用的单元，一般沿用申报探明储量的采收率；探明未开发储量及未探明储量当年新增动用的单元，一般沿用开发方案设计的采收率。新投产井产量规律明显的单元，年末用递减法重新计算，综合分析确定技术可采储量。

N断块新增探明技术可采储量计算及年度标定

1)采收率的确定。根据开发方案设计，N断块实施注水开发。原油采收率计算采用经验公式法、类比法和递减曲线法综合评价。

经验公式法：依据《石油可采储量计算方法》(SY/T 5367)，结合中原油田研究成果，选择适合本地区地质特点的经验公式计算。

①SY/T 5367推荐计算采收率经验公式：

$$E_R = 0.05842 + 0.08461\lg\frac{K}{\mu_o} + 0.3464\phi + 0.003871f \qquad (6-16)$$

式中 ϕ——孔隙度，19.9%；

K——渗透率，39. 1mD；

μ_o——地层原油黏度，9. 4mPa · s；

f——井网密度，21. 8 口/km^2。

计算采收率结果 26. 4%。

②中原油田经验公式

统计中原油田中央隆起带南部(黄河南)9 个已开发单元孔隙度、渗透率、地层原油黏度，束缚水饱和度和采收率的关系，建立关系式：

$$E_R = 0.001640 + 0.008527\lg\frac{K}{\mu_o} + 0.008400\phi + 0.000410S_{wi} \qquad (6-17)$$

计算采收率结果 18. 9%。

类比法：N 断块为老油田滚动扩边新发现区块。其构造特征、储层物性、流体性质、开发方式与同层位已开发区块 M 断块相近(表 6 -3)。M 断块于 2003 年投入开发，区块累计生产原油 2. 22 ×10^{4}t，地质采出程度 22. 9%，综合含水率 84. 8%，采油速度 0. 30%，标定采收率 23. 5%。类比法确定申报区 N 断块采收率取值为 23. 5%。

表 6 -3　类比参数对比

类比单元	层位	油藏埋深/m	有效厚度/m	孔隙度/%	原始含油饱和度/%	渗透率/mD	原油密度/(t/m^3)	开发方式	采收率/%
N 断块	Es1	2375	11	19. 9	63. 6	39. 1	0. 863	注水	23. 5
M 断块	Es1	2435	10	21. 0	78. 0	37. 0	0. 843	注水	23. 5

递减曲线法：N 断块油藏类型为受断层控制的断块层状油藏。相邻区块 M 断块同层位油井 M8 井投产一段时间后，月产油量出现一定的规律性(图 6 -12)，N 断块递减曲线法预测技术可采储量时借用 M8 井的递减规律，递减类型为双曲递减，递减指数 0. 5，初期递减率为 19. 6%，初始产量为区块当前产量加上新井配产，预测 N 断块技术可采储量 11. 32 ×10^{4}t，计算采收率为 21. 2%。

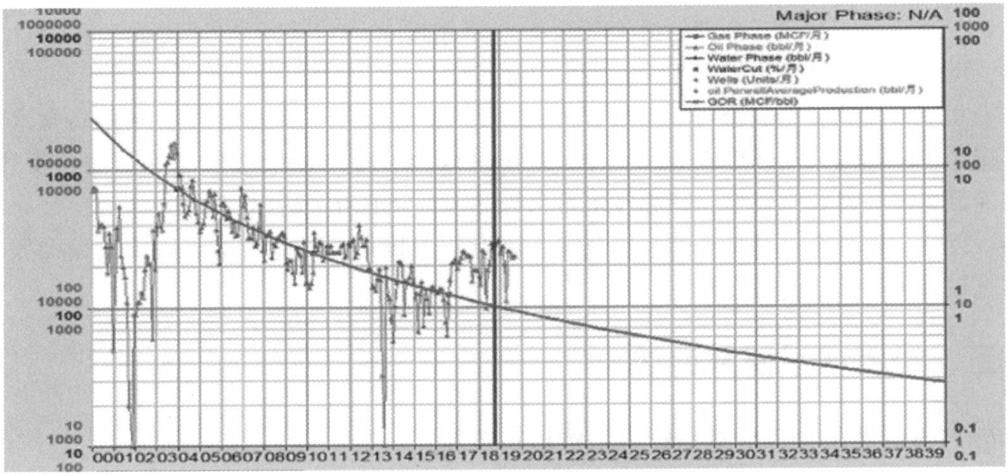

图 6 -12　M8 井产量递减曲线

2）技术可采储量计算结果。N断块申报探明储量石油地质储量为53.41×10^4t，溶解气地质储量为$0.25\times10^8m^3$，采收率经综合分析，遵循保守原则取值21.0%（表6-4），计算原油技术可采储量为11.22×10^4t，溶解气技术可采储量$0.05\times10^8m^3$。

表6-4 N断块采收率选值依据

区块	层位	类比法/%	经验公式法/%		递减曲线法/%	取值/%
			公式1	公式2		
N断块	Es1	23.5	26.4	18.9	21.2	21.0

3）年度标定。该单元当年申报探明储量当年动用，新投产井生产不足12个月，产量也未形成明显的递减规律，年末不对技术可采储量重新进行计算，年度标定沿用申报探明储量的采收率及技术可采储量。

4. 探明未开发储量标定

探明未开发储量分为整体未开发储量和部分未开发储量。一个申报探明储量单元的储量开发状态若全部为未开发，则称为整体未开发储量，若部分为未开发、部分为已开发，则称为部分未开发储量。对于整体未开发储量，年度标定沿用申报探明储量的采收率及技术可采储量。对于部分未开发储量，根据申报探明储量单元已开发部分储量年度标定结果分两种情形：如果已开发部分储量年度标定采收率高于或等于申报探明储量的采收率，未开发储量沿用申报探明储量的采收率；如果已开发部分储量年度标定采收率低于申报探明储量的采收率，未开发储量采用已开发部分储量年度标定采收率。

5. 计算结果合理性的判别

1）根据计算过程判别。计算过程应符合可靠性、一致性、保守性原则，即采用的计算方法适合油藏特征，可靠性高；同一单元采用的计算方法尽量前后一致；同一单元不同方法计算结果具有较高的一致性；计算结果一致性较差时采用保守性的结果。

2）根据最大开采期判别。由于未来递减趋势、水驱规律的不可预见性，利用递减趋势、水驱规律外推计算的技术可采储量，应根据初始产量、合理的递减率推算技术可采储量的最大开采期，从开采时间角度验证所计算技术可采储量的合理性。根据现场开发经验，对于某一具体油藏，合理的最大开采期应不超过50年；对于以油田或油区为计算单元的，可结合长远开发规划适当延长最大开采期。

3）根据开发指标与剩余可采储量匹配关系判别。根据开发实践经验，油藏高含水率以后，剩余可采储量采油速度在8%~12%范围内较为合理。剩余可采储量采油速度过低，说明油藏当前开发状态较差，计算技术可采储量时对近期生产动态考虑不充分，计算结果偏高；反之，剩余可采储量采油速度过高，则意味着技术可采储量计算结果太偏保守，也没有真正体现油藏当前开发状态。

二、经济可采储量计算

（一）石油经济可采储量估算方法的适用范围

经济可采储量评价方法主要包括现金流量法、经济极限法。一般情况下在未开发和开发初期的油田或区块，宜采用现金流法进行经济可采储量估算。投入开发生产一段时间后的油田或区块，以及用动态法估算技术可采储量的，可采用经济极限法进行经济可采储量估算。

（二）现金流量法

现金流量法是根据开发方案或概念设计预测的油气产量及其他开发指标，依据目前经济条件，预测未来发生的投资、成本、收入和税费等，编制现金流量表，估算财务内部收益率、净现值等经济评价指标。在财务内部收益率达到行业基准值，或者财务净现值大于零的条件下，将计算之日至现金流量为零之日确定为储量寿命期，求得的储量寿命期内的累计产量即为经济可采储量的方法。具体计算方法及注意事项详见 SY/T 5367。

（三）经济极限法

经济极限法是研究生产历史数据中产量与时间、含水率等变化趋势，根据极限含水率、极限产量、废弃压力等生产极限指标，推算到经济极限点时求得的累计油气产量即为经济可采储量的方法。具体计算方法及注意事项详见 SY/T 5367。

三、上市储量评估技术

上市储量（指 SEC 准则下的剩余经济可采储量）是油田勘探、开发、经营成果的综合体现。上市储量评估结果一方面应用于油田测算折耗，是降低盈亏平衡点的关键数据，直接反映公司勘探开发、生产经营形势和发展潜力，为企业未来发展投资决策提供参考依据。另一方面服务于上市公司对外披露年度储量及价值，对股民负责。

（一）储量分类及术语

上市储量评估采用的是美国证券交易委员会（SEC）分类标准。SEC 准则将储量按确定性程度分为三级：证实储量、概算储量、可能储量。按开发状态又分为已开发储量和未开发储量，开发状态的分类适用于各个级别，其中已开发储量又按生产状态分为已开发正生产储量和已开发未生产储量。已开发未生产储量又分为关井储量和管外储量。SEC 将剩余经济可采储量分为证实储量、概算储量和可能储量。SEC 规则要求必须披露证实储量，允许披露概算和可能储量，目前中石化只评估披露证实储量。相关储量定义如下：

1）储量（reserves）。在已知油气藏中、通过实施开发项目、在某个给定日期后、预计可以经济采出的剩余油气的数量，也称剩余经济可采储量，简称储量。根据认识的确定性程度由高到低依次分为证实储量、概算储量、可能储量。

2）证实储量（proved reserves，PV）。通过地球科学和工程数据分析，在现行经济条件、操作方法和政府法规下，从某基准日到合同规定的开采末期（除非有证据表明延期是具有合理确定性的），无论采用确定性方法或概率法均被评估为可以从已知油气藏采出的、具有合理确定性的、经济可采的油气数量。根据开发状态分为证实已开发储量和证实未开发储量。如果采用确定法评估，未来的实际采出量超过证实储量的可能性高；如果采用概率法评估，实际采出量大于或等于证实储量的概率至少为 90%。

3）证实已开发储量（proved developed reserves，PVD）。通过现有井、采用现有的设备和操作方法，预期可采出的油气量；或者通过已有基础或井口设施的井完井或投产后预期可采出的油气量。已开发储量包括正生产储量和未生产储量，未生产储量又包括关井和管外储量。

4）证实正生产储量（proved producing reserves，PVPD）。通过现有井、采用现有的设备和操作方法，预计从已射开且正生产的完井井段可采出的油气量。

5)证实关井储量(proved shut - in reserves，PVSI)。预计从现有井的已打开层段可采出的，但由于市场环境或者管线连接等原因处于关井状态，且启动或恢复生产所需成本与钻井成本相比相对较低的油气储量。

6)证实管外储量(proved behind - pipe reserves，PVBP)。预计从现有井的层段可采出的，但在投产前需要进一步的完井工作或重新完井作业，且启动生产所需成本与钻井成本相比相对较低的油气储量。

7)证实未开发储量(proved undeveloped reserves，PVUD)。预期从未钻开发井地区的新井中，或需要支付相对多的费用进行重新完井才能够采出的储量。未钻井地区的储量仅限于那些紧邻已钻井可生产单元中的储量。

8)概算储量(probable reserves，PB)。与证实储量相比采出的可能性较低的那些储量增量，非常有可能与证实储量一起被采出。如果采用确定法评估，未来的实际采出量大于或小于证实加概算储量之和的可能性相等；如果采用概率法评估，实际采出量大于或等于证实加概算储量之和的概率至少为50%。

9)可能储量(possible reserves，PS)。采出的确定程度低于概算储量的储量增量。如果采用确定法评估，未来的实际采出量超过证实、概算和可能储量之和的可能性较小；如果采用概率法评估，实际采出量大于或等于证实、概算和可能储量之和的概率至少为10%。

(二)储量评估方法

储量评估方法分为确定性方法和不确定性方法。确定性方法主要应用于常规油气储量评估和非常规油气的已开发储量评估。根据油气储量开发状态的不同，上市储量评估方法主要有静态法和动态法，静态法主要有容积法和类比法，动态法主要有递减曲线法、数值模拟法、物质平衡法。静态评估主要适用于未开发或开发时间较短或衰竭式开发的油气储量。动态评估主要适用于开发时间较长，已出现明显递减规律的油气储量。不确定性方法主要应用于非常规油气的未开发储量评估，目前主要运用概率统计法确定单井储量大小和分布。计算过程详见储量评估技术规范及评估软件操作手册。

(三)证实已开发储量评估技术

1. 明确评估对象

证实已开发储量包括已开发油田和已开发气田的储量。根据资料情况，按照评估单元划分原则确定评估对象，对评估单元的储量类别进行分级、分类。动态法储量评估可以按单井、开发单元、区块、油田或集合体作为评估单元进行储量评估。

2. 动态法资料准备

主要包括已开发油气田历史生产数据、新钻井情况、上一年度评估为未开发储量区块钻井情况以及开发动态数据表。

3. 估算技术可采量

根据油气藏地质和开发生产动态资料估算技术可采量，形成产量剖面。

1)对没有投入开发生产或生产历史较短的评估单元，采用容积法和类比法相结合估算技术可采量。

2)对已投入开发生产且有较长生产历史的评估单元，主要采用动态法评估，评估方法以递减曲线为主，如月产量与时间法、月产量与累计产量法；其次应用含水率与累计产量法、含油率与累计产量法、水油比与累计产量法、平均单井曲线法等，也可参考国内的水驱曲线法等其他动态评估方法。

4. 评估上市储量

上市储量及其价值评估是在上述产量预测的基础上利用石油技术经济学盈亏平衡原理，采用现金流法测算被评估资产在若干年内每年的预期收益，并采用适宜的折现率折现成现值，然后累加求和得出被评估资产的价值，经济寿命期内的累计产量为剩余经济可采储量，剩余经济可采储量与累计采油量之和，即为该油田的经济可采储量。油公司对油气储量进行储量及价值评估主要是为了估算其拥有油气储量资产的多少以及经济现值，从而为油田公司勘探开发、生产经营提供决策依据。

(四)证实未开发储量评估技术

上市储量规模大小是衡量油公司储量接替水平和发展潜力的重要指标。其中证实未开发储量(PUD储量)主要体现公司未来发展潜力，是上市储量中重要的一部分。PUD储量从来源上看主要分为新区动用规划和老区五年计划。

1. 明确评估对象

证实未开发储量评估包括两个方面内容：即新区扩边与新发现和老区加密调整新增PUD储量评估、剩余PUD的更新评估。

2. 估算技术可采量

首先用容积法评价地质储量，采用类比法确定采收率，在此基础上进行开发方案技术可采储量评价(关键参数PUD井数、单井EUR、投资)，形成产量剖面。

以开发方案为依据，评价方案技术可采储量，一般采用递减法进行产量预测，主要涉及PUD井数、单井初产和递减率3个参数。

(1)PUD井数确定

在SEC确定地质储量的含油面积内，考虑构造位置、油水界面、断层、经济性等因素，在具有商业油流的油井周围，根据合理井距确定井数。评估井数确定方法如下：①水井参与投资计算，产量预测不考虑；②距已生产油井太近或1个半井距之外的井不作为PUD井位，除非有其他资料证实其经济可采性；③构造低部位的井不作为PUD井位；④无井控的封闭断块区部署井不作为PUD井位；⑤不经济的老井周围的规划井位不能作为PUD井位；⑥超过5年未实施的井位，不能作为PUD井位。

(2)单井初产、递减率和*EUR*的确定

第1种方法：类比同区块老井初产、递减率。根据周边老井归一化曲线确定平均单井初产、递减率，计算单井控制技术可采储量。

类比同区块老井筛选标准：相同油藏类型、相同层位、1.5倍井距内、构造高度相近、井型相同、开发方式、开发技术相同。

第2种方法：根据评估单元试采井平均单井累油/生产时间折算递减率得到单井控制技术可采储量。

根据SEC准则确定的PUD井数与上述方法计算的单井控制技术可采储量乘积即可求得评估单元PUD井总技术可采储量。

实际评估中两种方法综合分析取值，重点是确保单井EUR的合理性，符合开发趋势。

3. 证实未开发储量计算

根据上述技术可采储量确定的产量剖面，结合基准日投资、油价、成本水平等经济参数，采用现金流法计算 PUD 储量。

4. PUD 储量评估中应注意的问题

PUD 储量的规模是由现有技术、经济条件下的新区动用潜力和老区加密调整潜力决定的。PUD 储量评估是提前透支未来新老区产能新增技术可采储量的潜力，并不是越多越好。应遵循以下原则。

1）遵循合规性原则。上市储量评估要接受各方审计，合规性是 PUD 储量评估的首要原则。新老区 PUD 储量评价的方案必须经过分公司审查批准，不能随意变更；评估的基础资料要经得起审查检验。

2）遵循保守性原则。在没有勘探或开发技术大突破的情况下，受动用储量品位下降、动用难度加大的影响，未来钻井的效果不确定性较大。因此，参数的取值上要遵循保守性原则，避免 PUD 储量转化率低，储量产生较大的负修正，不利于中长期规划决策。

3）遵循指导性原则。PUD 储量评估的对象要符合公司产能建设的重点发展方向；在新技术突破取得较好的开发效果后要及时跟进 PUD 储量的评估，可以为新老区产能的跟踪评价提供抓手和依据。

（五）上市储量资产减值预测技术

资产减值是指企业所持有的资产的可回收价值低于其账面价值的情况。通常由于市场变化、经济因素或内部管理问题导致资产价值下降。减值需进行会计确认，并相应调整资产账面价值，以反映真实的财务状况，确保财务报表的准确性和公正性。

SPE－PRMS 标准作为石油行业通用标准，是判断上市油气储量项目是否能进行商业开发投资的主要依据，是基于当前技术能力和未来经济预期条件下的储量价值评估，其证实储量价值可用于油气资产减值测试。资产减值测试是在上述 SEC 规则下评估上市储量基础上，采用 SPE 减值测试经济条件，测算储量资产的可回收价值。

1. SEC/SPE 规则下储量价值测算的异同点

2 种规则评估采用的产量预测剖面、人民币成本、人民币投资额保持一致。但评估油气价格、汇率、贴现率不同。油气价格及汇率上市储量评估采用评估基准日前 12 个月平均值；资产减值测试采用未来预测价格，汇率采用时点汇率（中期评估采用 6 月 30 日汇率、年底评估采用 12 月 31 日汇率）。贴现率上市储量评估统一采用税前 10%，资产减值测试采用税后 5.9%（根据国家税率变化适时调整）。

2. 资产减值测试方法

1）减值损失。指资产的账面价值超过可收回价值的差额。

2）账面价值。指在资产负债表中确认的、扣除累计折旧（摊销）和累计减值损失后的资产价值。

3）可收回价值。指预期资产或现金流单元产生的未来现金流量现值。

3. 资产减值迹象判断方法

1）油气价格下跌。如果油气价格出现显著下降，这可能是油气资产减值的信号。

2）生产成本上涨。生产成本的增加可能会侵蚀利润空间，导致资产价值下降。

3）油气储量下降。油气储量的减少意味着未来产量可能下降，进而影响资产的价值。

4)经济、技术或法律环境变化。这些外部因素的变化可能会对油气资产的未来现金流产生不利影响。

5)市场利率或投资报酬率提高。这会增加资产未来现金流的折现率，可能导致可回收金额降低。

6)资产陈旧或损坏。物理状态的恶化也会导致资产价值下降。

在判断油气资产是否存在减值迹象时，需要综合考虑上述因素，并结合具体情况做出判断。

(六)国内储量与上市储量区别

1. 储量评估目的不同

国内储量是制定中长期勘探开发规划、开发方案的依据，强调地质认识程度和油藏整体评价。本质是对过去已发现的油气资源存在量(地质储量)的一种评估，遵循国家标准。国内可采储量更关注技术性，追求采收率的先进性、合理性，为效益开发服务。

上市储量用于上市披露及经营管理，力求投资风险最小化，强调商业性，为资本服务。本质是对油气资源未来经济采出量(剩余经济可采储量)的一种评估，遵循美国证券交易委员会制定的评估规则(SEC 准则)。

2. 储量评估理念差别

国内油气储量概念是从油气聚集→成藏→资源量→地质储量→可采储量的“正向”思维来建立的，立足点在静态的地质储量上，即资源的地质存在。

上市储量是从商业价值→资产经营→市场化可行性→可采储量→地质储量的“逆向”思维来建立的，立足点在剩余的经济可采储量上，即资源的商业价值。

3. 储量分类、概念不同

国内油气储量分类以地质储量为主线，分为探明储量、控制储量及预测储量三级地质储量，分别估算其可采储量；开发状态分已开发、未开发两种。

上市储量分类以经济可采储量分类为主线，分为证实储量、概算储量及可能储量三类；开发状态分已开发、未开发两种。

上市储量的 3 个类别储量与国内储量 3 个级别储量的概念不相同，也不存在简单的对应关系。两者存在交叉重叠关系，会出现 3 个不同级别的上市储量对应一个国内地质储量的情况(表 6－5)。

表 6－5　国内储量与上市储量分类对比关系

<table>
<tr><th colspan="2">国内储量</th><th colspan="2">上市储量</th></tr>
<tr><td rowspan="8">探明储量</td><td rowspan="4">探明
已开发</td><td rowspan="2">证实储量</td><td>证实已开发</td></tr>
<tr><td>证实未开发</td></tr>
<tr><td rowspan="2">概算储量</td><td>概算已开发</td></tr>
<tr><td>概算未开发</td></tr>
<tr><td rowspan="4">探明
未开发</td><td rowspan="2">证实储量</td><td>证实已开发</td></tr>
<tr><td>证实未开发</td></tr>
<tr><td>概算储量</td><td>概算未开发</td></tr>
<tr><td>可能储量</td><td>可能未开发</td></tr>
</table>

续表

国内储量		上市储量	
控制储量		证实储量	证实已开发
			证实未开发
		…	…
预测储量		证实储量	证实已开发
			证实未开发
		…	…

4. 储量评估方法差异

计算地质储量及技术可采储量时上市储量采用的方法相对简单，国内采用的方法比较丰富(表6－6)。

表6－6　国内储量与上市储量评估方法对比

对比内容	储量类别	方法			国内储量	上市储量
勘探阶段 开发初期	地质储量	静态法	容积法	算术平均值法	√	√
				等值线面积权衡	√	√
				单井控制法	√	
				网格积分法	√	
			概率统计法			√
	技术可采储量		经验公式法、类比法		√	√
			数值模拟法		√	
开发 中后期	技术可采储量	动态法	产量递减法	指数、双曲、调和	√	√
			水驱特征曲线法		√	
			注采特征曲线法		√	
			压降法		√	
			物质平衡法		√	

(1)地质储量评价

国内在新增探明地质储量计算时，含油气面积、有效厚度、孔饱等参数的取值，注重规律认识，允许适当外推。

上市储量强调井控、测试资料，以现有资料落实储量参数，不允许外推。

(2)采收率评价

国内在勘探阶段新增储量采收率计算时，主要应用经验公式法和类比法，综合分析确定采收率，一般估算的是井网完善条件下的采收率。

上市储量一般采用类比法或经验法，确定现有井网的采收率，与井网完善条件下的采收率还有上升的空间。

5. 经济参数取值区别

国内经济可采储量评估与上市储量评估在经济参数选取方面有显著差别(表6－7)。

表 6－7　国内储量与上市储量评估经济参数对比表

项目	国内储量	上市储量
价格	油：一定时期或年度平均值；气：合同规定的值	油：评估基准日前 12 个月每月第一天油价的平均值；气：合同规定的值(实际销售价)
投资	勘探投资 10 年前沉没；10 年内的要考虑资产净值	已发生的勘探开发投资全部沉没；PUD 储量评估需考虑投资
成本	确定一定时期或年度的平均值；没有明确规定成本的状态	实际操作成本，分固定、可变成本计算，按照 49%、51% 比例劈分
税率	增值税、资源税、城市维护建设税、教育附加税、所得税	主要为增值税、资源税、城市维护建设税、教育附加税、矿业权收益，不考虑所得税
贴现率	税后 8%	税前 10%

6. 储量替代率评价指标内涵不同

国内储量替代率通常是指年度增加技术可采储量与年产量的比值，以技术可采储量为基础计算，反映勘探开发年度新增储量的开发技术潜力。替代率与上年度的储量和替代率，现有经济条件没有关系。

上市储量替代率是年度剩余经济可采储量变化量与年产量(商品量)的比值，低级别的概算储量和可能储量不能参与替代率计算，它只能表示今后储量增长潜力。上市储量替代率以剩余经济可采储量为基础计算，反映年度新增上市储量的经济能力，替代率与上年度的储量和替代率、现有经济条件密切相关。

参考文献

[1]刘海涛．复杂断块油气藏精细地质评价技术与应用[M]．北京：科学出版社，2023.

[2]王庆魁，张家良，季岭，等．多层复杂断块油藏描述实用技术及应用[M]．北京：中国石化出版社，2017.

[3]甄维胜，吕新华，胡望水．复杂断块油田非均质油藏精细描述[M]．北京：石油工业出版社 2001.

[4]徐中清，周海民．复杂断块油田精细勘探开发技术：冀东油田科技文集[M]．北京：石油工业出版社，2002.

[5]罗仁泽．山地高陡复杂构造地震信息精细解释技术[M]．北京：科学出版社，2018.

[6]楼章华，卢庆梅，蔡希源，等．湖平面升降对浅水三角洲前缘砂体形态的影响[J]．沉积学报，1998，16(4)：27－31.

[7]尹楠鑫，李中超，国殿斌，等．渤海湾盆地歧口 18－1 油田沙二段层序地层及沉积相研究[J]．西北大学学报(自然科学版)，2015，45(2)：266－274.

[8]侯加根．文南油田文 79 断块区沙二下亚段沉积微相与开发效果分析[J]．石油勘探与开发，2000，27(6)：65－67.

[9]吴胜和，翟瑞，李宇鹏，等．地下储层非均质性表征[M]．北京：石油工业出版社，2013.

[10]于兴河．油气储层地质学基础[M]．北京：石油工业出版社，2008.

[11]张昌民，尹太举，朱永进，等．储层非均质性研究方法[J]．石油天然气学报，2010，32(3)：1－6.

[12]楚泽涵，高杰．地球物理测井方法与原理[M]．北京：石油工业出版社，2007.

[13]欧阳健．石油测井解释与储层描述[M]．北京：石油工业出版社，1994.

[14]雍世和，张超谟．测井数据处理与综合解释[M]．北京：石油工业出版社，2006.

[15]王敬农．石油地球物理测井技术进展[M]．北京：石油工业出版社，2006.

[16]陈恭洋．油气田地下地质学[M]．北京：石油工业出版社，2007.

[17]何更生．油层物理[M]．北京：石油工业出版社，2011.

[18]武玺，周宗良，蔡明俊，等．复杂断块油藏高含水期剩余油分布模式[M]．北京：石油工业出版社，2023.

[19]董伟．碎屑岩油气藏相控地质建模技术研究与应用[M]．北京：科学出版社，2016.

[20]MICHAEL J P，CLATTON V D. 地质统计学储层建模[M]．北京：石油工业出版社，2021.

[21]MA Y Z. 定量地球科学－数据分析、地质统计学及储层表征和建模方法[M]．北京：石油工业出版社，2021.

[22]韩如冰，高严，魏晨吉，等．实用油藏地质建模与数值模拟手册[M]．北京：石油工业出版社，2023.

[23]段太忠，王光付，廉培庆，等．油气藏定量地质建模方法与应用[M]．北京：石油工业出版社，2019.

[24]中国石油天然气集团有限公司人事部，中国石油勘探与生产分公司．油水井生产动态分析[M]．青岛：中国石油大学出版社，2022.

[25]金海英．油气井生产动态分析[M]．北京：石油工业出版社，2014.

[26]宋吉水，王岩楼．井间示踪剂技术[M]．北京：石油工业出版社，2003.

[27]陈科贵．油气田生产测井[M]．北京：石油工业出版社，2009.
[28]段学超．流场调整技术在老区开发中的应用[J]．江汉石油职工大学学报，2018，31(2)：24－27.
[29]王兴，周瑾瑶，王家麟，等．周期注水改善水驱开发效果研究[J]．化学工程与装备，2018，12：92－93.
[30]陶丽．一整装多层油藏变流线调整技术研究[J]．中国石油大学胜利学院学报，2017，31(4)：13－15.
[31]柏明星，张志超，李岩，等．砂岩油田高含水后期变流线精细调整研究[J]．特种油气藏，2017，24(2)：86－88.
[32]杨冰，傅强，官敬涛，等．特高含水油藏不同井网流场调整模拟与驱油效率[J]．油气藏评价与开发，2023，13(4)：519－524.
[33]秦婷婷，傅强，李林祥，等．非均质高含水油藏流场调整提高采收率研究：以孤东油田七区西区块馆陶组为例[J]．石油地质与工程，2021，35(3)：67－72.
[34]孙志刚，杨海博，杨勇，等．注采交替提高采收率物理模拟实验[J]．断块油气田，2019，26(1)：88－92.
[35]王端平，杨勇，许坚，等．复杂断块油藏立体开发技术[J]．油气地质与采收率，2011，18(5)：54－57.
[36]姜必武，牛彦良．不稳定注水提高非均质油藏水驱开发效果研究[J]．大庆石油地质与开发，2005，24(4)：45－56.
[37]王建．注采交替技术提高复杂断块油藏水驱采收率：以临盘油田小断块油藏为例[J]．油气地质与采收率，2013，20(3)：89－91.
[38]王文环．低渗透油田合理注采井距的确定[J]．石油钻采技术，2006，3(34)：78－80.
[39]张舒琴．一种泄油半径计算方法及其在冷西低渗油藏井位部署中的应用[J]．石油地质与工程，2015，29(1)：131－136.
[40]张世明．油藏数值模拟实践[M]．北京：石油工业出版社，2021.
[41]何更生．油层物理[M]．北京：石油工业出版社，1994.
[42]《油田开发方案设计方法》编委会．油田开发方案设计方法地质油藏工程开发方案[M]．北京：石油工业出版社，2017.
[43]国家能源局．SY/T 5367 石油可采储量估算方法[S]．北京：中国标准出版社，2024.
[44]国家自然资源部．DZ/T 02170 石油天然气储量估算规范[S]．北京：地质出版社，2020.
[45]中国石油化工集团公司．Q/SH 0502 原油生产能力核定技术要求[S]．北京：中国石化出版社，2013.
[46]贾承造．美国 SEC 油气储量评估方法[M]．北京：石油工业出版社，2004
[47]杨涛，段晓文．非常规油气上市储量评估指引[M]．北京：石油工业出版社，2023.
[48]中国石油化工集团有限公司．Q/SH 0679 SEC 准则石油天然气储量自评估技术要求[S]．北京：中国石化出版社，2023.

致　谢

在本书的创作过程中，得到了中原油田众多单位及个人的宝贵支持与协助。在此对参与编写的李彬、胡明卫、陈彬、王志宝、卢久涛、张俊杰、潘远基、刘秀珍、王怀兵、杨小红、陈宪梅和沈曦等专家表示感谢，对参与审查的姜汉桥、谷建伟、李明川、刘新会和陈林媛等专家表示感谢，对参与组织编写及审查的党委组织部(人力资源部)、油气开发管理部、勘探开发研究院、培训中心、文留采油厂、濮城采油厂、文卫采油厂、濮东采油厂、内蒙采油厂和金桥宾馆等单位表示感谢。

后　　记

在油田教材编制委员会统一领导下，组织编写了《油田企业强“三基”实战型培训系列教材》，本书是其中一本。本书在油田油气开发管理部组织协调下，经勘探开发研究院、文留采油厂等单位数十名专家一年多的艰苦努力，终于成稿付印。

全书共分为6章。第一章介绍了中原油田的地质概况、地质特征和开发历程，由樊继宗编写；第二章着重于地层对比划分、构造、沉积微相、隔夹层、储层物性描述和三维地质建模等油藏描述技术的原理及实例，由吕伯强、熊运斌编写；第三章主要涉及储层渗流室内评价、油藏开发策略、油藏数值模拟和油藏工程方案编制的技术方法与应用，由刘云华编写；第四章介绍了油藏动态监测、开发动态分析的技术方法与应用，由孙全元编写；第五章介绍了开发效果评价、油藏潜力描述和水驱开发油藏调整的技术方法与应用，由刘云华编写；第六章介绍了油田开发规划、可采储量标定和上市储量评价等方面的工作方法，由樊继宗编写。全书由李中超和余传谋统稿审定。

本书创作过程中，得到了油田内外众多单位及个人的宝贵支持与协助。在此，对为本书编写提供资料和宝贵建议的中国石油大学(北京)姜汉桥教授和中国石油大学(华东)谷建伟、李明川教授等专家表示感谢。本书编写也参阅了大量的资料和书籍，其中一部分已在书后的参考文献中列出，在此，谨对这些文献的作者和未被列出文献的作者表示深切的谢意。

本书编写委员会

2025 年 5 月

浙江省文化研究工程指导委员会

荣和丰富当代的先进文化建设活动，规划和指导未来的文化发展蓝图，增强文化软实力，为全面建设小康社会、加快推进社会主义现代化提供思想保证、精神动力、智力支持和舆论力量；另一方面，这也是深入了解中国文化、研究中国文化、发展中国文化、创新中国文化的重要途径之一。如今，区域文化研究日益受到各地重视，成为我国文化研究走向深入的一个重要标志。我们今天实施浙江文化研究工程，其目的和意义也在于此。

千百年来，浙江人民积淀和传承了一个底蕴深厚的文化传统。这种文化传统的独特性，正在于它令人惊叹的富于创造力的智慧和力量。

浙江文化中富于创造力的基因，早早地出现在其历史的源头。在浙江新石器时代最为著名的跨湖桥、河姆渡、马家浜和良渚的考古文化中，浙江先民们都以不同凡响的作为，在中华民族的文明之源留下了创造和进步的印记。

浙江人民在与时俱进的历史轨迹上一路走来，秉承富于创造力的文化传统，这深深地融汇在一代代浙江人民的血液中，体现在浙江人民的行为上，也在浙江历史上众多杰出人物身上得到充分展示。从大禹的因势利导、敬业治水，到勾践的卧薪尝胆、励精图治；从钱氏的保境安民、纳土归宋，到胡则的为官一任、造福一方；从岳飞、于谦的精忠报国、清白一生，到方孝孺、张苍水的刚正不阿、以身殉国；从沈括的博学多识、精研深究，到竺可桢的科学救国、求是一生；无论是陈亮、叶适的经世致用，还是黄宗羲的工商皆本；无论是王充、王阳明的批判、自觉，还是龚自珍、蔡元培的开明、开放，等等，都展示了浙江深厚的文化底蕴，凝聚了浙江人民求真务实的创造精神。

代代相传的文化创造的作为和精神，从观念、态度、行为方式和价值取向上，孕育、形成和发展了渊源有自的浙江地域文化传统和与时俱进的浙江文化精神，她滋育着浙江的生命力、催生着浙江的凝聚力、激发着浙江的创造力、培植着浙江的竞争力，激励着浙江人民永不自满、永不停息，在各个不同的历史时期不断地超越自我、创业奋进。

“浙江文化研究工程成果文库”总序

有人将文化比作一条来自老祖宗而又流向未来的河，这是说文化的传统，通过纵向传承和横向传递，生生不息地影响和引领着人们的生存与发展；有人说文化是人类的思想、智慧、信仰、情感和生活的载体、方式和方法，这是将文化作为人们代代相传的生活方式的整体。我们说，文化为群体生活提供规范、方式与环境，文化通过传承为社会进步发挥基础作用，文化会促进或制约经济乃至整个社会的发展。文化的力量，已经深深熔铸在民族的生命力、创造力和凝聚力之中。

在人类文化演化的进程中，各种文化都在其内部生成众多的元素、层次与类型，由此决定了文化的多样性与复杂性。

中国文化的博大精深，来源于其内部生成的多姿多彩；中国文化的历久弥新，取决于其变迁过程中各种元素、层次、类型在内容和结构上通过碰撞、解构、融合而产生的革故鼎新的强大动力。

中国土地广袤、疆域辽阔，不同区域间因自然环境、经济环境、社会环境等诸多方面的差异，建构了不同的区域文化。区域文化如同百川归海，共同汇聚成中国文化的大传统，这种大传统如同春风化雨，渗透于各种区域文化之中。在这个过程中，区域文化如同清溪山泉潺潺不息，在中国文化的共同价值取向下，以自己的独特个性支撑着、引领着本地经济社会的发展。

从区域文化入手，对一地文化的历史与现状展开全面、系统、扎实、有序的研究，一方面可以借此梳理和弘扬当地的历史传统和文化资源，繁

图书在版编目（CIP）数据

旷古书圣 ：王羲之传 / 徐斌著. -- 杭州 ：浙江人民出版社，2024. 12. -- ISBN 978-7-213-11733-6

Ⅰ. K825. 72

中国国家版本馆CIP数据核字第20245BA161号

旷古书圣：王羲之传

KUANGGU SHUSHENG WANG XIZHI ZHUAN

徐　斌　著

出版发行　浙江人民出版社（杭州市环城北路177号　邮编　310006）
市场部电话：(0571)85061682　85176516

责任编辑　莫莹萍
责任校对　何培玉
责任印务　程　琳
封面设计　王　芸
电脑制版　杭州天一图文制作有限公司
印　　刷　杭州富春印务有限公司
开　　本　710毫米×1000毫米　1/16
印　　张　21.5
字　　数　327千字
插　　页　6
版　　次　2024年12月第1版
印　　次　2024年12月第1次印刷
书　　号　ISBN 978-7-213-11733-6
定　　价　88.00元

浙江文化名人传记精选修订丛书
原 主 编：万 斌
执行主编：卢敦基

旷古书圣

王羲之传

徐斌 著

浙江人民出版社

悠久深厚、意韵丰富的浙江文化传统，是历史赐予我们的宝贵财富，也是我们开拓未来的丰富资源和不竭动力。党的十六大以来推进浙江新发展的实践，使我们越来越深刻地认识到，与国家实施改革开放大政方针相伴随的浙江经济社会持续快速健康发展的深层原因，就在于浙江深厚的文化底蕴和文化传统与当今时代精神的有机结合，就在于发展先进生产力与发展先进文化的有机结合。今后一个时期浙江能否在全面建设小康社会、加快社会主义现代化建设进程中继续走在前列，很大程度上取决于我们对文化力量的深刻认识、对发展先进文化的高度自觉和对加快建设文化大省的工作力度。我们应该看到，文化的力量最终可以转化为物质的力量，文化的软实力最终可以转化为经济的硬实力。文化要素是综合竞争力的核心要素，文化资源是经济社会发展的重要资源，文化素质是领导者和劳动者的首要素质。因此，研究浙江文化的历史与现状，增强文化软实力，为浙江的现代化建设服务，是浙江人民的共同事业，也是浙江各级党委、政府的重要使命和责任。

2005年7月召开的中共浙江省委十一届八次全会，作出《关于加快建设文化大省的决定》，提出要从增强先进文化凝聚力、解放和发展生产力、增强社会公共服务能力入手，大力实施文明素质工程、文化精品工程、文化研究工程、文化保护工程、文化产业促进工程、文化阵地工程、文化传播工程、文化人才工程等“八项工程”，实施科教兴国和人才强国战略，加快建设教育、科技、卫生、体育等“四个强省”。作为文化建设“八项工程”之一的文化研究工程，其任务就是系统研究浙江文化的历史成就和当代发展，深入挖掘浙江文化底蕴、研究浙江现象、总结浙江经验、指导浙江未来的发展。

浙江文化研究工程将重点研究“今、古、人、文”四个方面，即围绕浙江当代发展问题研究、浙江历史文化专题研究、浙江名人研究、浙江历史文献整理四大板块，开展系统研究，出版系列丛书。在研究内容上，深入挖掘浙江文化底蕴，系统梳理和分析浙江历史文化的内部结构、变化规律和地域特色，坚持和发展浙江精神；研究浙江文化与其他地域文化的异同，厘清浙江文化在中国文化中的地位和相互影响的关系；围绕浙江生动的当代实践，深入解读浙江现象，总结浙江经验，指导浙江发展。在研究力量上，通过课题组织、出版资助、重点研究基地建设、加强省内外大院名校合作、整合各地各部门力量等途径，形成上下联动、学界互动的整体合力。在成果运用上，注重研究成果的学术价值和应用价值，充分发挥其认识世界、传承文明、创新理论、咨政育人、服务社会的重要作用。

我们希望通过实施浙江文化研究工程，努力用浙江历史教育浙江人民、用浙江文化熏陶浙江人民、用浙江精神鼓舞浙江人民、用浙江经验引领浙江人民，进一步激发浙江人民的无穷智慧和伟大创造能力，推动浙江实现又快又好发展。

今天，我们踏着来自历史的河流，受着一方百姓的期许，理应负起使命，至诚奉献，让我们的文化绵延不绝，让我们的创造生生不息。

2006年5月30日于杭州

目录

附：王献之传

第一章　生逢乱世

琅邪的名门王家

西晋惠帝太安二年（303）的一天，徐州琅邪国临沂县南（今山东省临沂市北白沙埠镇东孝友村）的王家，沉浸在一派喜庆之中，四房长子王旷的夫人卫氏生了一个眉清目秀的男儿。[①]婴儿呱呱坠地所带来的欢愉，冲淡了在府内盘桓许久的沉闷又略带紧张不安的气氛。

三年前的永康元年（300），赵王司马伦起兵杀贾后，幽闭惠帝，篡位自立。之后，京城洛阳皇家司马氏同姓王之间爆发了争权大战，史称“八王之乱”。骨肉手足兵刃相见，王家以及与王家有着政治联姻关系的琅邪王司马睿，都身不由己地卷入其中，死生难卜。眼见着国事日非，邦基动摇，北方大族均开始盘算如

---

① 关于王羲之的生年，史无明文记载，《晋书·王羲之传》仅说“年五十九”。据此推算，出现了四种观点：（1）清学者钱大昕所撰《疑年录》中，依《太平广记》卷二〇七所载羊欣《笔势图》“羲之三十三书《兰亭序》”的说法，认为王羲之生卒年为321—379年；（2）明学者张溥辑《汉魏六朝百三名家集》云，羲之生卒年为305—363年；（3）清学者鲁一同所撰《王右军年谱》提出，羲之的生卒年为307—365年；（4）南朝梁陶弘景于《真诰·阐幽微注》记：“逸少为会稽太守，永和十一年去郡，告灵不复仕，至升平五年辛酉岁亡，年五十九。”即生卒年为303—361年。陶氏生活的年代距羲之才一百七十年，其先人与王家过从甚密，对王家事知根知底，来源可靠，因而为学界多数人所认可。此外，生卒年303—361年，与羲之一生中的履历可以应节合拍。前三种说法，则存在与王羲之生平史料难以契合的一些硬伤。故本书采用303—361年说。

王羲之像

何应对世道的不太平。王旷为爱子取名羲之，乳名阿菟（后字逸少）。家人们共同祝愿这个降临于多事之秋的婴儿一生平安，长大后在乱世中有所作为，成为家业传承中的福星。羲者，乃是古代神话中为太阳驾车的神，屈原《离骚》云“吾令羲之弥节兮，望崦嵫而勿追”，楚人奉伏羲为族神。菟，少有用于人名。“菟”有两义：一曰菟丝子，是种寄生的蔓草，随处可见，生命力极强，有命贱好养，讨平安、幸福、顺畅之意；二曰於菟，为古楚地区对老虎的别称，寓雄健刚毅、超拔群伦的意思。《左传·宣公四年》记，楚国的令尹子文原名为斗谷於菟，并说：“楚人谓乳谷，谓虎於菟，故命之曰斗谷於菟。”《左传·庄公三十年》又载：“斗谷於菟为令尹，自毁其家以纾楚国之难。”王旷为儿子想到这样一个奶名与正名“羲”字搭配，可谓用心良苦，这体现了他对国事、家事所持有的态度与规划。

琅邪国，原为秦汉时期的琅邪郡，归徐州刺史部统辖。琅邪国位于徐州的东北部，东濒黄海之滨，北靠沂蒙山脉，南部是广袤的平原和丘陵。沂水、沭水宛如两条平行的白练，从北向南穿越全境。地灵而人杰。先秦之际，此间是齐鲁文化与吴楚文化的接合部，北方文化的厚重、儒家思想的涵养，与吴越文化的浪漫、道家风韵的超然，在东海之滨交融交汇，孕育了一段大气又忧伤的楚汉交响曲。两汉徐州一带文物鼎盛，大思想家桓谭便得益于这块土地的滋润。

名门望族王家古老的根系如沂水的源头一样悠远，一直上溯到黄河的上游关陇地区——周朝的国姓姬氏。《新唐书·宰相世系表》载：“王氏出自姬姓。周灵王太子晋以直谏废为庶人，其子宗敬为司徒，时人号曰‘王家’，因以为氏。”①周灵王泄心公元前571年即位，公元前545年去世。继位的景王贵非泄心长子。长子晋以太子的身份对政务提出批评，惹恼了父王泄心，不但被免了太子之位，还被赶出家门，除国姓，改名为王侨，王氏家族的始祖便因此而来。

①〔宋〕欧阳修等：《新唐书》卷七十二中《宰相世系表》，中华书局1975年版，第2601页。

王家的“骨鲠”亦是由来尚尔的遗传。

这一支生活在关中的周朝宗室，传至十五世为秦国名将王翦。王翦与子王贲、孙王离，三代为秦国大将。王离在巨鹿之战中，败于项羽并被俘，其子亡秦避祸，流徙他乡。《新唐书·宰相世系表》又载：“王氏定著三房：一曰琅邪王氏，二曰太原王氏，三曰京兆王氏。”①王离长子王元一支由咸阳迁到琅邪皋虞城（今山东省即墨区东北）。又经过四世的传递，于西汉中叶培养出一位名震朝野的大名士——王吉。王吉成名后，将本支的祠堂迁移到同郡的临沂都乡南仁里，历史上赫赫有名的琅邪王氏于此间落地生根。

《汉书·王吉传》记，“王吉，字子阳，琅邪皋虞人也。少好学明经”，“兼通《五经》，能为驺氏《春秋》，以《诗》《论语》教授，好梁丘贺说《易》”，是位饱学之士。王吉学问好，但又非迂阔的书生，一生宦海沉浮，颇有政声，“以郡吏举孝廉为郎，补若卢右丞，迁云阳令。举贤良为昌邑中尉”。昌邑中尉，就是在昌邑王刘贺处任国吏。刘贺为皇室嫡亲，是典型的纨绔子弟，“王好游猎，驱驰国中，动作亡节”。王吉忠于职守，上书以圣人之教直言相谏：“今者大王幸方与，曾不半日而驰二百里，百姓颇废耕桑，治道牵马，臣愚以为民不可数变。昔召公述职，当民事时，舍于棠下而听断焉。是时，人皆得其所，后世思其仁恩，至乎不伐甘棠，《甘棠》之诗是也。”刘贺玩性难移，倒也有调皮可爱之处，“犹知敬礼吉，乃下令曰：‘寡人造行不能无惰，中尉甚忠，数辅吾过。使谒者千秋赐中尉牛肉五百斤，酒五石，脯五束’”。但“其后复放从自若。吉辄谏争，甚得辅弼之义，虽不治民，国中莫不敬重焉”。遇到这样的主子，王吉也是哭笑不得。②

在汉代帝王世袭表上，汉昭帝刘弗陵的继任者为汉宣帝刘询。其实，昭帝驾崩后，大将军霍光首推的是近支昌邑王刘贺，结果，“即位二十余日以行淫乱废”。尔后，霍光按制追究昌邑国属吏的“不举”以及“失辅”之罪，“昌邑群臣坐在国时不举奏王罪过，令汉朝不闻知，又不能辅道，陷王大恶，皆下狱诛。

---

①〔宋〕欧阳修等：《新唐书》卷七十二中《宰相世系表》，第2655页。

②以上引自〔汉〕班固：《汉书》卷七二《王吉传》，中华书局1962年版，第3058、3061页。

唯吉与郎中令龚遂以忠直数谏正得减死，髡为城旦”。王吉虽逃过杀头和牢狱之灾，但还是受到牵连。“髡”为剃头，不伤及肢体，“城旦”就是罚做四年的筑城劳役。这是汉律中对轻罪的惩治。

“髡为城旦”，这对王吉只是象征性的处罚，头发难免要剃掉，然他并未修那么长时间的城。不久，王吉“起家复为益州刺史，病去官，复征为博士、谏大夫”。在谏大夫任上，他上了《言得失》折，不留情面地历数当局的种种失道，“朝廷不备”，“左右不正”，“上下僭差，人人自制，是以贪财诛利，不畏死亡”。礼制弛坏，教化不行，而舍本求末，乞灵于“期会簿书，断狱听讼”，“此非太平之基也”。他主张按孔子“安上治民，莫善于礼”的精神，“宣德流化”，“述旧礼，明王制，驱一世之民济之仁寿之域，则俗何以不若成、康”。在这份奏疏中，王吉提炼了一句高度概括儒家教化理想的经典之言：“《春秋》所以大一统者，六合同风，九州共贯也。”而宣帝并不欣赏，“上以其言迂阔，不甚宠异也”。言不见用，王吉“遂谢病归琅邪”。

与两汉期间说一套、做一套的假名士不同，王吉力倡道德教化，始终以身作则。《汉书·王吉传》记载：“始吉少时学问，居长安。东家有大枣树垂吉庭中，吉妇取枣以啖吉。吉后知之，乃去妇。东家闻而欲伐其树，邻里共止之，因固请吉令还妇。里中为之语曰：‘东家有树，王阳妇去；东家枣完，去妇复还。’其厉志如此。”①

王吉的儿子王骏、孙子王崇，秉承王吉遗风，既是学者又为官从政，二人皆位至三公，在《汉书》中并跻循吏之列，私德无瑕，堪称世人师表。大史学家班固对祖孙三人的评语很有意思：“自吉至崇，世名清廉，然材器名称稍不能及父，而禄位弥隆。皆好车马衣服，其自奉养极为鲜明，而亡金银锦绣之物。及迁徙去处，所载不过囊衣，不畜积余财。去位家居，亦布衣疏食。天下服其廉而怪其奢，故俗传‘王阳能作黄金’。”②王家之风别有一番个性化的旨趣，不贪不占，也不标榜“君子固穷”，“君子忧道不忧贫”，在不蓄积“金银锦绣”的

① 〔汉〕班固：《汉书》卷七二《王吉传》，第3066页。

② 同上书，第3068页。

前提下，好吃喝玩乐，极尽人事。如此作为，比起那种假模假样的名教礼法，更无可共言了。

班固赞曰："《易》称'君子之道也，或出或处，或默或语'，言其各得道之一节，譬诸草木，区以别矣。故曰山林之士往而不能反，朝廷之士入而不能出，二者各有所短。春秋列国卿大夫及至汉兴将相名臣，怀禄耽宠以失其世者多矣！是故清节之士于是为贵。然大率多能自治而不能治人。王、贡之材，优于龚、鲍。守死善道，胜实蹈焉。贞而不谅，薛方近之。郭钦、蒋诩好遁不污，绝纪、唐矣！"①

这是说，士人行世之道，大抵有两途，出仕为官和归隐山林，各有所长与所短，出仕者多，隐逸者少。隐逸的清节之士品行高贵，却也长于独善其身而短于兼济天下。真正的大名士能够实现两者的完美结合，或出或处，全看时局而定。王吉祖孙就是这样的人。当政局尚属清明，事有可为时，他们廉身勤政，守善道，进谏言，尽己所能做一些利国利民的事情；当主荒政乱，直言无路时，便远离体制，洁身自好。王崇在王莽乱国之际，也与郭钦、蒋诩一样，谢病辞官以"避王莽"，举家归临沂闲居了。

中国古代的文化传承中有个很有意思的现象，名士之家往往形成文化世家，文脉绵延，清风奕载，江山易主而不断，累代百年而不衰，始终以"道德文章"示范天下，引领风气，成为为世人景仰的社会支柱、政治中坚和文化载体。这奇迹般的传承在两汉魏晋间尤为突出，如韩城司马家、扶风班（彪）家、东海萧（望之）家、上党冯（奉世）家、南阳邓（禹）家、沛郡桓（荣）家、涿郡崔（骃）家、华阴杨（震）家等。琅邪王家亦是这诸多文化世家中的一支。王吉祖孙三代入《汉书》名臣列传，其文化厚度、直臣之风，乃至出处两可的风度，已然凝结成为王门的文化基因、安身立命之本。王家后代生于斯、长于斯，汲取营养，树立根本，家门之内便是他们"修齐治平"的人格养成之所。东汉以降，王氏一门文脉沿袭，禀承"内圣外王"的为人行世之道，在朝在野，或拯世救物、厚积薄发，或于出处交替间韬光养晦、修德笃学，终在魏晋之际迸

①〔汉〕班固：《汉书》卷七二《王贡两龚鲍传》，第3097页。

发出光耀千古的辉煌，诞育了王祥、王览、王导、王羲之、王献之等政治家和文化艺术巨匠。他们无一例外地有着家族门风特有的标识，只是各写浓淡轻重而已。

如果说王吉对王家有着奠定家风之功，那么，魏晋之际的王祥和王览便是使王门跨入门阀之列并显赫百世的“圣祖”了。在开国名臣中，《晋书》列传将王祥、王览列在首席，排在司马氏所倚重的宠臣何曾之前。就权势而言，王氏远不及何氏，然从史家的眼光衡量，无论政治才能还是个人道德，王祥均孚众望，堪为《晋书》列传之首。

王祥，性至孝。早丧亲，继母朱氏不慈，数谮之，由是失爱于父。每使扫除牛下，祥愈恭谨。父母有疾，衣不解带，汤药必亲尝。母常欲生鱼，时天寒冰冻，祥解衣将剖冰求之，冰忽自解，双鲤跃出，持之而归。这个“卧冰求鲤”的孝举故事，即是民间“二十四孝”之一，临沂南仁里的那条小河亦被后人改称为孝河。王祥对中国社会的道德伦理产生了深远影响。

王览，也就是王羲之的曾祖父，虽然与王祥同父不同母，但同样具有一颗善良、仁爱之心。“览年数岁，见祥被楚挞，辄涕泣抱持。至于成童，每谏其母，其母少止凶虐。朱屡以非理使祥，览辄与祥俱。又虐使祥妻，览妻亦趋而共之。朱患之，乃止。祥丧父之后，渐有时誉。朱深疾之，密使鸩祥。览知之，径起取酒。祥疑其有毒，争而不与，朱遽夺反之。自后朱赐祥馔，览辄先尝。朱惧览致毙，遂止。”[①]古今中外后娘虐待儿子者或不在少数，然像朱氏竟欲毒死继子的实属罕见。好在有王览的百般维护，否则何来王家日后的荣耀。王览的行为自然为远近所知，博得高行之名，“览孝友恭恪，名亚于祥”[②]。

王祥成年未久，父亲去世，家乡沦为汉末逐鹿之战场。王祥奉继母和怀抱中的弟弟王览到朱氏老家庐江，避乱耕田二十余年。直到魏文帝曹丕黄初年间，已“年垂耳顺”时，方在王览大力劝说，并“为具牛车”的情况下，应“徐州刺史吕虔檄为别驾”。王祥到任后，展其“兼济天下”之长技，拨乱反正，政绩

①〔唐〕房玄龄：《晋书》卷三三《王祥传》，中华书局1974年版，第990页。

② 同上。

斐然。“于时寇盗充斥，祥率励兵士，频讨破之。州界清静，政化大行。时人歌之曰：‘海沂之康，实赖王祥。邦国不空，别驾之功。’”[①]

王祥入世虽晚却平步青云，“举秀才，除温令，累迁大司农，迁太常，封万岁亭侯。天子奉太学，命祥为三老”[②]。曹魏庙堂倚为股肱，士林声望一时无两。王祥更以他在司马氏替魏过程中的表现，赢得了世人的尊重。正如曹氏代汉一样，司马氏“食曹”也是在所难免的，但其间毕竟有个法统交替、你死我活的过程。受利害干系，百官群臣中，投靠新贵者有之，忠于旧主者有之，也有首鼠两端，期于自保的。王祥的表现，于各方分寸合宜，既对旧主有交待，也让新主能容纳，在世人面前维系了时望与清誉。《晋书·王祥传》载，“及高贵乡公之弑也，朝臣举哀，祥号哭曰‘老臣无状’，涕泪交流，众有愧色”。“及武帝（司马炎）为晋王，祥与荀顗往谒，顗谓祥曰：‘相王尊重，何侯既已尽敬，今便当拜也。’祥曰：‘相国诚为尊贵，然是魏之宰相。吾等魏之三公，公王相去，一阶而已，班例大同，安有天子三司而辄拜人者！损魏朝之望，亏晋王之德，君子爱人以礼，吾不为也。’及入，顗遂拜，而祥独长揖。帝曰：‘今日方知君见顾之重矣！’”[③]王祥的做法使曹魏旧朝的颜面得以维护，同时他也获取了司马炎的敬重。

晋室正式代魏后，拜王祥为太保，“进爵为公”，“在三司之右”，位极人臣，以示优崇。当然这中间也有树道德楷模、教化天下的意思。王祥虽没有去当曹魏的“殉臣”，承认了“三马食曹”的现实，成为晋室的勋老。但他一开始便“累乞逊位”，没有为新朝做什么事情，直到以八十五岁高龄病亡。王祥在禅替过程中的表现，与何曾、贾充等司马家的“打手”自不可同日而语，就是与郑冲、荀顗等勋老比，终亦名节无亏。说他家风习染、性格使然也好，爱惜名声、极具政治智慧也罢，总之王家从此声望隆盛。

王祥对自己的临终安排，不但显示了个性，更着迹于训育子孙，自著遗令曰：“夫生之有死，自然之理。吾年八十有五，启手何恨。不有遗言，使尔无

---

①〔唐〕房玄龄：《晋书》卷三三《王祥传》，第987—988页。

② 同上书，第988页。

③ 同上。

述。吾生值季末，登庸历试，无毗佐之勋，没无以报。气绝但洗手足，不须沐浴，勿缠尸，皆浣故衣，随时所服。所赐山玄玉佩、卫氏玉玦、绶笥皆勿以敛。”置简墓，“糒脯各一盘，玄酒一杯，为朝夕奠。家人大小不须送丧……哭泣之哀，日月降杀，饮食之宜，自有制度。夫言行可覆，信之至也；推美引过，德之至也；扬名显亲，孝之至也；兄弟怡怡，宗族欣欣，悌之至也；临财莫过乎让：此五者，立身之本。颜子所以为命，未之思也，夫何远之有！”王祥既为儒家名臣，又深得玄学三昧，其族孙“竹林七贤”之一的王戎为之叹曰：“太保可谓清远矣！”又赞颂道：“祥在正始，不在能言之流。及与之言，理致清远，将非以德掩其言乎！”[①]可知玄学在兴起的过程中，便已渗透了王家。

王览小王祥二十余岁，为“兄弟友悌”的模范。应诏后，一步步做到太中大夫，算是部长级的大臣了。七十余岁告病还家，辞世时年七十三，史评“少笃至行，服仁履义，贞素之操，长而弥固”。王览官没有王祥做得大，但后代兴旺发达。“初，吕虔有佩刀，工相之，以为必登三公，可服此刀。虔谓祥曰：‘苟非其人，刀或为害。卿有公辅之量，故以相与。’祥固辞，强之乃受。祥临薨，以刀授览，曰：‘汝后必兴，足称此刀。’览后奕世多贤才，兴于江左矣。”[②]

王家自东周太子晋经西汉王吉等传至王祥、王览为第二十六世，中间虽有高峰低谷的起落沉浮，然文化传家，代代相袭，终在魏晋之际大放异彩，上演了历史上君臣齐肩并立的一幕——“王与马共天下”。

王旷朦胧的背影

王羲之的父亲王旷，字世宏，系王览之孙。王览共有六个儿子，王裁、王基、王会、王正、王彦、王琛。东晋中兴名臣王导，是王裁的儿子。东晋的另一权臣王敦，为二房王基之子。王旷乃王正的儿子，属四房。在中国古代家族制的社会结构中，血亲之间的关系是相当密切的，王家无论在家乡临沂，还是

①〔唐〕房玄龄：《晋书》卷三三《王祥传》，第989—990页。

② 同上书，第991页。

南迁建邺（今江苏省南京市）后，一直聚而未散。王裁之后，王导为族长。王敦年纪比王导、王旷二人大十余岁，而王旷最敬重的却是只比他大数月的叔伯哥哥王导，史书中称王羲之为“司徒（王）导之从子也”，即是出于羲之对王导的特崇，也与羲之受到王导的关爱相符。

王羲之出生、成长的时期，正值王家于动荡岁月里，在政治上曲折发迹的时期。魏晋选举制度中，九品中正乃是主渠道，此制对高门大族尤为有利，祖上为官，荫及子孙，后代一般都会承爵袭位，进入官僚队伍。王祥、王览的第二代，成年之后均在朝中或地方任职，先后出任过郡太守、治书侍御史、中护军等职务，虽官阶不及父辈，但王家于朝中的实力和影响得以维系。

西晋之际，琅邪王家率先隆起的是同族的另一支，王祥族孙——王戎“拜司徒”，“任总鼎司”。受此福荫，其从弟王衍、王澄、王敦同朝出任太尉、尚书令、荆州刺史和青州刺史，俨然永嘉之际朝廷的内外支柱。虽然王衍之流未能挽狂澜于既倒，受到后人的诟病，但王家在晋朝的地位却更加煊赫。如果说，王祥位重而权虚的话，那么王戎、王衍等，则称得上真正的权臣了，尤其是王衍，为当时的辅政大臣。

王戎一脉显贵于西晋，王览的后代则崛起于江左的东晋。这次历史机遇，既离不开西晋大厦倾覆的动乱背景和东晋国运重建的时代需求，也得便于王家与中兴之主司马睿的密切关系。晋朝建国后大封同姓王，建晋有功的实权人物、司马懿之子司马伷被封为琅邪王。伷死后长子司马觐即位，觐早逝，其子司马睿继为琅邪王。临沂乃琅邪国的属县，距王府所在地开阳城（今山东临沂市）仅几十里路程。琅邪国中有不少名门大姓，如诸葛氏、刘氏、颜氏、符氏、徐氏、陈氏等，蜀汉名相诸葛亮祖籍即在此间，因避汉末之乱去了南阳。诸多大姓中的“首望”非王家莫属。司马睿欲在琅邪站稳脚跟，有所发展，不能不依靠王家，而王家也自然视有姻亲关系的琅邪王为政治靠山。

“八王之乱”中，后来居上的东海王司马越，因东海国与琅邪国邻接，以琅邪王家的王衍为谋主，王正次子王廙（王羲之亲叔叔）为王府参军。故“王与马”的关系盘根错节。司马越率军参与中原争夺时，便把自己的后方基地下邳（今江苏省睢宁县）交由司马睿镇守。后来司马睿又追随司马越赴洛阳效命，成为东海王的忠实党羽。

诸王间的玩命厮杀，险象环生，司马睿于其中躲闪腾挪依然身陷困境。与司马睿“素相亲善”的王导，深察时局，洞悉“争王”后患，多次力劝司马睿离开是非险恶之地——洛阳，“劝令之国”，居琅邪“以静制动”。睿从其谋，“出镇下邳”，任“平东将军监徐州诸军事”，占据了进可经略天下、退可偏安自保的有利地位。司马睿由此更加倚重王导，“请导为安东司马，军谋密策，知无不为”。

而这个时候的王旷处在更为重要的位置上。王旷承父亲王正之荫，早早在政坛上崭露头角，于朝中担任尚书郎，又迁侍中。他与王导一样，是同辈中的佼佼者，更与司马睿关系非同一般。王正妻夏侯氏乃淮南太守夏侯庄之女，与琅邪王司马睿之母夏侯光姬[①]为亲姊妹。故王正之妻夏侯氏是司马睿的姨母。所以，《晋书·王廙传》这样记载王旷的两个弟弟。“王廙字世将，丞相导从弟，而元帝姨弟也。父正，尚书郎。”[②]《王廙传》中特注“元帝姨弟”。但《晋书》介绍王旷时，未提及与司马睿的姨表关系，这除了政治因素外，还因为王旷非夏侯氏所生，而是王正的庶出，是王廙、王彬的异母长兄。史家考订，王廙与王旷系同年所生，旷只稍长数月而为兄长。王廙《中兴赋》称：“扶持老母，携将细弱，越长江归陛下。”他的“老母”夏侯氏，在国危家难之际与次子王廙而非长子王旷厮守在一起，合理解释乃王廙为亲生儿子。

而王旷的庶出也有史影。其母似为卫氏，元代陶宗仪《书史会要》卷三云：王旷“与卫（氏）世为中表”。王旷的母亲系卫家的姑奶奶，王旷又娶了卫家舅舅的女儿，即王羲之的母亲卫氏。据清康熙年间王国栋编《王氏宗谱》记，羲之母亲系河东安邑卫氏。王门卫氏的那位才华盖世的姐姐就是嫁给了李家的卫铄“卫夫人”。王羲之呼卫铄为“姨母”，呼李充子为“李甥”，是为“姨表”关系。

王旷非夏侯氏所生，得到多数学者的认同，这并不等于他不能被王正夫妇

①〔唐〕房玄龄：《晋书》卷三一《后妃上·元夏侯太妃传》，第968页。

②〔唐〕房玄龄：《晋书》卷七六《王廙传》，第2002页。

视为长子，并与司马睿之间存在特殊关系。按世族的习惯，庶出者多有被正房视作己出、抚养长大的例子。《红楼梦》里的贾探春就一直由王夫人养育，还当了一段时间的管家姑奶奶。家族中更为长子留有特殊地位。王旷年纪居长，在兄弟之中一直保有长兄的身份，这一点从后来王羲之与王廙、王彬的关系中，看得很清楚。南朝齐王僧虔《论书》云“王平南（将军）廙是右军叔”[①]，王廙终生对王旷夫人恭执长嫂礼。

王旷出道为官的经历，亦可说明王正对他的栽培与照应。清代严可均所辑《全晋文》卷二七云，王旷“惠帝时侍中，出为丹阳太守”。晋惠帝司马衷在位的时间为公元290—307年，王旷于永宁元年（301）由朝中出任济阳内史。可知他在二十多岁时，便踏上“奉皇帝左右，备切问近对，拾遗补阙”的“侍中”要职。这是他两个弟弟都未曾得到的殊遇。正因为王正夫妇视王旷为长子，司马睿自然也不见外，与廙、彬一样，目为“姨兄弟”。王旷在司马睿面前，关系较之王家其他人更近一层，深得信任。甚至，司马睿对王旷的倚重超过了王廙、王彬。虽然王旷任职不算显赫，但在关键时刻的关键事情上，司马睿总是委派王旷来担当。王旷生前所扮演的角色和发挥的作用，王廙、王彬难望其项背。

王羲之出生后不久，王旷突然离开权力中心的北方，过长江南下。“永兴二年八月，扬州刺史曹武杀丹杨太守朱建。”[②]丹杨是孙吴旧地的核心区域，下属十一县，江东富家多聚族于此。孙吴依江东世家大族立国，顾、陆、张、朱等世家大族势力很大。三国归晋后，新政权在江东的统治尚未牢固，便赶上“八王之乱”，王朝秩序渐次失控，地方势力重新抬头。值此多事之秋，王旷临危受命，以侍中身份补丹杨太守空缺，代表中央政权前去维持江东的稳定，可惜王旷未能完成这一重托。王旷是位干才，初到丹杨，便积极联络诸“江南之望”，初步得到他们的支持与认可。但王旷实在是时运不济，就在他到任不满半年，立足未稳之际，永兴二年（305）十二月，“右将军陈敏举兵反”，攻打秣陵。王

① 〔南朝·齐〕王僧虔：《论书》，载《中国历代书法论著汇编》第一册，天津古籍出版社1999年版，第134—135页。

② 〔唐〕房玄龄：《晋书》卷四《帝纪第四·孝惠帝》，第105页。

旷是个文官，手中缺兵少将，叛军动武，他纵有三头六臂，也无力守住城池。尽管失土弃城为郡守者大忌，但是王旷也无可奈何，从丹杨城退出，于周边集聚力量，伺机平叛。

此时西晋朝廷对江南的稳固格外重视。持续了十多个春秋的“八王之乱”，最终以东海王司马越一统权柄而告终。然经此内耗，北方空虚，危机四伏，司马越将江东局势置于更重要的战略地位来看待。他让属下华谭致信江东大族顾荣等人，称叛将陈敏无才而政乱，不足以托王业。目前，东海王已安定朝廷，将兴兵南下平叛，望尔等改弦易辙，弃陈敏而迎王师。永嘉元年（307）二月，朝廷遣新任扬州刺史刘机等出历阳讨陈敏。王旷给予了积极的配合，致刘机书信片段云：“贼今下屯固横江（今安徽和县长江北岸）。”又云：“复据乌江（今安徽和县东北之乌江），皆堑垒彭排鹿角，步安严峻，以袭历阳诸军。”[①]讨伐陈敏的战事延续了一个多月。永嘉元年三月，平东将军周馥斩送陈敏首。

陈敏之乱平定后，离家数年的王旷返回琅邪省亲。就在回到家乡的这段日子里，他干了件他一生中最重要的，同时也影响了中国历史进程的大事。《晋书》记曰：“元帝之过江也，旷首创其议。”[②]南渡大计最初的动议，出自王旷。“大将军（王敦）丞相（王导）诸人在此时闭户共为谋身之计。王旷世宏来，在户外，诸人不容之。旷乃剔壁窥之曰‘天下大乱，诸君欲何所图谋？将欲告官。’遽而纳之，遂建江左之策。”[③]后人评论此举，“功当不在王导之下”[④]。

从“首创其议”的过程看，王旷既有政治头脑和眼光，又深得司马睿信赖，从私人感情上讲，是深过王导的。王导系大政治家，司马睿与之交往，名分上有高低之别，实力上却很容易生出“一山二虎”之感，也就不免互有提防与保留。王旷与司马睿有亲戚关系，在实力上又构不成威胁，加之又没什么城府，双方之间便不存在任何生分，可以无话不谈。受此知遇之恩，王旷自然效肝脑涂地之劳。所谓“首创其议”，并非率先想到，而是在司马睿和王导两方都已想

---

①〔宋〕李昉等编：《太平御览》卷三三七，上海古籍出版社2008年版，第134页。

②〔唐〕房玄龄：《晋书》卷八〇《王羲之传》，第2093页。

③〔晋〕裴启《语林》：引自《太平御览》卷一八四，第750页。

④ 同上。

到，装在肚里，不便明说，互相试探时，王旷以双方共同信赖的特殊身份，居中斡旋。试探的过程是不可绕过的，传话的人物也是不可或缺的，盖因历史、文化背景使然。

尽管大厦将倾、中原失守之势为司马睿、王导一类政治家所洞明，退守江南自保，以图日后复兴乃可行的明智选择，但时机未到，只可暗自琢磨，有所筹划而不可轻举妄动。因为当时，洛阳的中央政府在，正朔的皇帝在，辅政的东海王司马越也在。洛阳遭受北方胡虏威胁，要求各地兵马随时勤王，拱卫京师，效忠皇上。任何违背这一诏令的行动，皆属二心于朝廷的大逆不道，更何况私议领兵南下，另建有自保意图的根据地。此举大有在洛阳之外另立中央之嫌，传出去就是杀头之罪。有此图谋的双方，在没有完全摸透对方底牌的情况下，贸然提出，若另一方不予认同，告你个谋逆之罪，可就大祸临头了。所以，司马睿和王导关系再好，在这个事关身家性命的问题上，还是少不了一个互相探底和磨合的过程。同时又需要耐心地等待挑明的时机，这个时机便是洛阳不保的形势进一步明朗，当朝执政者亦不得不考虑南退自保之谋。此外，还需要一个两方都信任的人物来传话、沟通，把有些关键性的内容，一层层剥开，以便在开诚布公面议前，各自心里有数，形成默契。如此者，正式谋划南下之大计方算水到渠成。

《太平御览》中所浓缩的文字，实际上就是记载了这个不便展开说破的过程。王导、王敦始议南下时，不仅瞒着“官家”司马睿，也未敢让王旷参加。而王旷其实也是心有此想的，并且也知道司马睿有着同样的心思。所以，他主动地参与进来，以向“官家”告发要挟两位哥哥摊出底牌。王家达成一致后，便派具有“告官”这一特殊身份的王旷与琅邪王逐步沟通，使“建江左之策”成为双方坦诚讨论的话题。而双方首次坐在一起正式商议此事，话头自然由王旷打开。这便是“首创其议”说的由来了。

“王与马”达成南下共识后，便通过王家在洛阳的最高代表王衍，伺机做朝廷实际当家人司马越的工作。也正在这个时候，有利的时机出现了。陈敏之乱平定后，盘踞于江淮、江南一带的各方势力互不服气，一时推不出可以压得住阵脚的首领，江东出现权力真空。王衍看准时机向司马越建言，以目下时局，稳固江左尤为重要，非实权人物不足以担此大任，琅邪王、平东将军司马睿久镇徐州，就近南下镇建邺，以安东将军身份都督扬州诸军事，实为上策。司马越此时亦对北方局势深感忧虑，而下邳又是一个“四战之地”，不易守御。局面恶化时退守江南，不失为一条后路。司马睿本为有功于司马越之人，为公为私计，都比较合宜，司马越听从了其谋主的这一关乎晋王朝历史命运的动议。

安东将军的任命诏书一到，司马睿与王氏兄弟们已是整装待发了。这一年是永嘉元年（307）的九月。由于筹划已久，此番南下，“王与马”既带领着平东将军府的部分兵马，同时也举家迁徙，准备在江东重开基业。琅邪国的其他大姓，也都怀着躲避兵燹与乱世的想法，纷纷要求随司马睿赴江东。

王旷作为“首创其仪”的有功之臣，怀着凌云的壮志携家踏上了千里行程。这时候，王羲之刚刚进入懂事的年龄。他在临沂南仁里生活了近五个寒暑，虽然“少儿不知愁滋味”，但故乡的山山水水还是深深地融入他的生命之中，铭刻为拂之不去的记忆。尤其是门前的那条孝河，不独留下嬉水游乐的欢歌，还承载着家族荣誉的血脉。他晚年每每想起被外族占领的北方，在脑海中浮现的景象总是儿时眼中的一切，成了他心头永远的痛。后来，当他听到家乡又一次被胡虏侵占的消息后，思乡之情难以自抑，写下著名的《丧乱帖》“痛贯心肝，痛当奈何奈何”……然而在幼年离乡之际，他既对家乡留恋不舍，更对迁徙充满了好奇。悠悠沂河由北往南，过临沂后拐往偏西方向，而王家渡河后则径自南下，家乡留给阿菟的最后一瞥，是波光荡漾、灵气飞扬的母亲河。

儿时的南迁，系王羲之生命中的重要经历。一路上跨高山，过大河，领略天下之大、山河之美。那些奇异的峰峦、各色的水流、广袤的原野、奔涌的大江，非亲眼所见，是难以想象的。王家离开鲁南时，时值初秋，大地开始褪去绿色，虽然色彩斑驳，但北方的严寒好像已在压迫原野；向南行进，绿色却伴随他们不愿离去，抵近建邺时，有些树木还枝叶婆娑呢。自然景物的差异，让阿菟一路都惊喜不已。

此次南行不同于太平年间的官员赴任，乱世景象已从中原向南伸延。因战乱背井离乡的北方流民亦加入了“南渡”的行列。他们衣食无着，沿途乞讨。饥寒交迫，毙命于道路者，时有所见。南迁中的王家虽不致缺粮少衣，但也处境艰难，于饥民也是爱莫能助。阿菟看在眼里，对战乱的危害多了几分感受，对民生之艰萌生真切的体会与同情。日后，他出任会稽内史时的开仓赈民之举，多少与童年颠沛流离的经历和感受有关。

王家抵达建邺后，在城南乌衣巷处安顿下来。到江左之初，王旷仍以侍中、丹杨太守身份行事，裴松之注引《晋诸公赞》云：“王旷为侍中，裴郃有器望，元帝为安东将军，郃为长史。王旷与司马越书曰‘裴郃在此，虽不治事，然识量弘远，此下人士大敬附之。’”[①]时隔不久，约于永嘉二年（308），王旷被任命为淮南内史、镇守寿春。

淮南之地本为封国，然“八王之乱”中，同姓王杀得一片凋零，致淮南国近十年无主。此内史实为太守，故而，王旷亦有“淮南太守”的称谓。太守虽然比不上朝中大员的级别高，但从司马睿初到建邺，亟须开创基业的战略需求看，王旷坐镇的淮南正处于南北战局的要冲位置上。扬州十一郡，九郡在江南，只有淮南、庐江两郡在江北。对于保卫江左，屏障建邺，它是阻击北军南犯的战略要塞；对于收复中原而言，它又构成北上出击的桥头堡；在眼前，它还是司马睿布下的制衡自己徐州职位之继任者——平东将军周馥的一颗棋子。如此身兼数任的要职，非亲信不能放心。这也算是对王旷“首创其议”功劳的一个回报吧。

然而，王旷此去不复还，只留给后世种种难解的谜团。永嘉三年（309）七月，他到任后不久便奉命率领部将施融、曹超及淮南兵马北上渡过黄河，赶赴并州的上党郡（今山西长治），解救被匈奴刘聪围困的并州刺史刘琨。“旷济河，欲长驱而前，融曰：‘彼乘险间出，我虽有数万之众，犹是一军，独受敌也。且当阻水为固，以量形势，然后图之。’旷怒曰：‘君欲沮众邪！’融退，曰：‘彼善用兵，旷阇于事势，吾属今必死矣！’旷等于太行与聪遇，战于长平之间，旷

① 〔宋〕王钦若等编：《册府元龟》卷七九一，凤凰出版社2006年版，第9172页。

兵大败，融、超皆死。”[①]此役淮南将士奋死拼杀，战斗惨烈异常，刘聪军亦受到重创。“长平之战，刘聪马中矢，几为晋军所获。景年以身蔽，聪挥戈前战，以功封梁邹侯。”[②]晋兵因遭受包围，寡不敌众而全军覆没，主将王旷下落不明。关于这件事的历史记载极少，而且相当含糊，欲言又止，有意回避，致使后人对其真相有许多臆测。

《晋书》中，王旷的两个弟弟王廙、王彬均单独列传，而王旷这样一位“首创其议”的晋室功勋、王家要员，居然没有单独的传，只在《王羲之传》中附寥寥数语：“父旷，淮南太守。元帝之过江也，旷首创其议。”这很不正常，似有什么难言之隐，不便多说的味道。东晋名士风流，留下的言行、逸事，多有记载，而王旷几乎绝迹，显然是经过清理的。这些信息都表明，王旷为一个不便正面宣传，也不宜指责，必须极力回避的人物，盖因驰援上党的费解和本人下落的扑朔迷离。

淮南内史是文职，按制度，若不加将军衔，便无权越出郡国边境出兵，而郡守兵马仅有数千，大郡亦至多五千。这么点弱旅北上与刘聪交手，无异于以卵击石，谈何“解围”。当时司马越手握几十万大军靠近上党，不去救援，却调几滴“远水”来解“近渴”，岂不是往虎口送食吗？这个既不合制度，更不合常理的命令，肯定另有隐情，且必然来自最高层。可能的解释只能是，司马越虽然加封司马睿为安东将军，统领江东大权，但同时抱以尾大不掉的担忧。为了检验他是否忠心，听候调遣，遂下发一道不合情理，让他割爱、为难的命令。司马睿不是不明了此去凶多吉少，但此时司马越“挟天子以令诸侯”，损失一个王旷和若干将士的成本与取得司马越的信任相比，天平的砝码自然偏向后者，心痛也得遵命执行。

淮南军覆没，施融、曹超战死，史有确论。王旷则奇怪的下落不明。由于没有任何的旁证资料，致使人们产生了各种推测：战死找不到尸首说、潜回江南隐姓埋名说、流落北方说……最让王家受伤的是“投降刘聪说”，这是决然不

---

① 〔宋〕司马光：《资治通鉴》卷八七《晋纪》怀帝永嘉三年七月条，中华书局1956年版，第2791页。

② 〔北魏〕崔鸿：《前赵录》，引自《太平御览》卷三五一，第241页。

能接受的。

笔者认为，最大的可能是，王旷没有战死，一度被俘，后又脱身南逃。然而在那样一个凶险四伏的归程中，敌兵追击，土匪打劫，困入绝境，饥寒交加等等，任何一个不测，都会致他于死命。逃回故里是侥幸，亡于途中属正常。王旷未能成为侥幸者。

正因为王旷是朝廷高层斗法的牺牲品，之后又下落不明，东晋当局颇感忌讳。既不能挑明内幕，又不能批评当事人的过失，还要暗中安抚，不亏待其后人，以将此事的真相隐去，尽量消除痕迹。王旷就这样神秘地蒸发了。

知道内情又不能公开表露的王旷家人，将万分悲痛强压在心底。很长一段时间里，家主王旷成为一个谁也不能提及的敏感话题。荣耀与耻辱、生存与死亡、真实与虚幻、欣慰与悔恨、思念与悲伤等多种气息包围着阿菟，说不清，道不明，大人只有回而避之。而对小孩子来说，越回避，便越敏感，越神秘，便越压向心理深层，成为挥之不去的阴霾。在阿菟的脑海中，父亲定格为一幅远去的朦胧背影。

这对成长中的王羲之有不小的影响，导致他一生的性格中都有一种淡淡的忧伤，这在书写《兰亭序》时无意识地流出笔端："向之所欣，俯仰之间，已为陈迹，犹不能不以之兴怀。况修短随化，终期于尽。古人云：'死生亦大矣。'岂不痛哉！"辞官誓言中展示得更为明晰："羲之不天，夙遭闵凶，不蒙过庭之训。……每仰咏老氏、周任之诫，常恐死亡无日，忧及宗祀，岂在微身而已！是用寤寐永叹，若坠深谷。……自今之后，敢渝此心，贪冒苟进，是有无尊之心而不子也。子而不子，天地所不覆载，名教所不得容。信誓之诫，有如皦日！"[①]"夙遭闵凶"，父亲的早逝，致少年失怙，可谓抱恨终年；"常恐死亡无日"，宦海险恶，不时会死于非命；"贪冒苟进……天地所不覆载"，仕宦生涯，本为士人正途，如此格格不入，又是为了哪般……话说得这样沉痛，用词如此决绝，让人感觉誓词之内涵非事件本身所能包容，而是道出了性格深处的某些东西，乃至触及少年时期的心理创伤。

---

① 〔唐〕房玄龄：《晋书》卷八〇《王羲之传》，第2101页。

王旷的早逝，对王羲之的人生道路还有另一面的影响。东晋时代的门阀政治格局，使得世袭父荫成为入仕为官的主渠道。王旷为晋室效力而亡，朝廷虽心里有数，但与王家长房子弟有王导直接提携比起来，王旷后人还是不能同日而语的。王羲之才华出众，早有王家“三少”之名，然其出仕为官的年岁，远远迟于王家同辈的其他子弟。不过，对王羲之而言，这不失为化弊为利的机遇。在未出仕这段时光中，他潜心问学，打下了深厚的文化和书法根基，为后来成为千古书圣练就了不可或缺的“童子功”。

王氏“佳子弟”

王羲之随家人来到建邺，住进了城南旧东吴校场的几所宅院中。乌衣巷在秦淮河南。晋南渡后，王谢诸名族居此，时谓其子弟为乌衣诸郎。今南京城南长干寺北有小巷曰“乌衣”，去朱雀桥不远。“王导宅在乌衣巷中，南临骠骑航。”①

因为王家人当时多穿皂衣，人们便俗称这里为“乌衣巷”。后来南渡的大族陈郡谢家也客居此间，乌衣巷俨然成为东晋朝廷的又一政治中心。高门显要、达官贵人川流不息地前来拜访、谒见、议事、欢宴，留下许多风流故事，以至于唐代诗人刘禹锡游此地时，感伤于繁华不再，留下一首脍炙人口的《金陵怀古》：“朱雀桥边野草花，乌衣巷口夕阳斜。旧时王谢堂前燕，飞入寻常百姓家。”

王羲之的儿童乃至青少年时代都在这个特别的文化氛围中度过。王门数房聚在一起，是个大家族，到江东后，长辈们王导、王敦、王含、王廙、王彬、王舒等忙着开国兴邦，建功立业。伯伯、叔叔、爹爹，不是被皇上召去议事，便是要出京处理急务或领兵抗敌平乱……宅院内阿菟的同辈孩童聚集了一大拨，王导的儿子王悦、王恬、王洽，王舒的儿子晏之、允之，王廙的儿子颐之、胡之，王彬的儿子彭之、彪之、兴之，王含的儿子王应，他们都是王羲之儿时扎堆嬉闹的同伴，羲之的童年颇不寂寞。

---

①〔宋〕周应合：《景定建康志》卷四二，文渊阁四库本，第382册，第18页。

王羲之较特别的是父亲逝去后的生活。四房院中的气氛，与紧邻诸院落的那种日日车水马龙、夜夜高朋满座的景象相比，要冷清许多。这种鲜明的反差，在阿菟幼小的心灵中留下压抑的印痕。《王羲之传》记："羲之幼讷于言，人未之奇。"[①]"王右军少尝患癫，一二年辄发动。"[②]然而，无论冷清还是压抑，都在母亲的爱抚和兄长的照拂中渐渐化解。晚年王羲之在《誓墓文》中动情地写道："母兄鞠育，得渐庶儿。"

王羲之的母亲卫氏属魏晋大族卫恒、卫展一门。这样一位大家闺秀，在中年丧夫的情况下，独撑家门，将两个儿子抚育成才，其品行高洁、知书达礼可见一斑。王母与卫铄一样有书画之好大有可能，此不仅源于家学，更为晋时贵门女子的风尚，否则，《笔势论》不会作为陪嫁归于王旷之手。母亲的慈爱、善良、从容、坚毅，使阿菟在失去父亲的情况下继续沐浴在家庭的温暖中，心灵有了可以停泊的港湾，更让文化艺术用一种最为温柔、亲和的方式植入阿菟的生命之中。

阿菟丧父之后，兄长担当了亦兄亦父的角色。王籍之在《晋书》中没有传，也未记入王羲之的大系中，但确有其人。《晋书·刘隗传》记，刘隗任礼官时，曾有过如此一幕："世子文学王籍之居叔母丧而婚，隗奏之，帝下令曰：'《诗》称"杀礼多婚，以会男女之无夫家"，正今日之谓也，可一解禁止。自今以后，宜为其防。'"[③]《晋书·王彬传》中有："敦平，有司奏彬及兄子安成太守籍之并是敦亲，皆除名。诏曰：'司徒导以大义灭亲，其后昆虽或有违，犹将百世宥之，况彬等公之近亲。'乃原之。"[④]王敦事败身亡后，追究王门有官职的亲属时，牵连到王彬与王籍之。王彬是王旷同父异母的兄弟，籍之时任安城太守。籍之为王旷长子是没有什么异议的，但有关他的资料的确是寥寥无几。由于王旷的不归，籍之作为长子只得隐匿于政治的暗影之中。

①〔唐〕房玄龄：《晋书》卷八〇《王羲之传》，第2093页。

②〔晋〕裴启：《裴子语林》，引自《古小说钩沉》，载《鲁迅全集》卷八，人民文学出版社1973年版，第156页。

③〔唐〕房玄龄：《晋书》卷六九《刘隗传》，第1835页。

④〔唐〕房玄龄：《晋书》卷七六《王彬传》，第2006页。

上边有个兄长呵护，于阿菟的成长并非无关痛痒的事情。生活上的照应，学习中的提携，还算不上要紧的内容，精神方面的支撑才是阿菟的迫切需求。有关王旷的话题在四房中可以尽量回避，但走出家门，与王门其他堂兄族弟在一起时，童言无忌便不免漏嘴伤人。阿菟年幼，难明其中道理，特别容易受到伤害，致少儿期性格趋于内向与孤僻。形影不离的哥哥，就是为他遮风挡雨的一把大伞。在这把大伞的荫蔽下，阿菟躲过了许许多多只有小孩子才能感受到的“风霜刀剑”，安全地度过了儿童的心理脆弱期。王羲之成熟后的性格中，虽然保留着几丝淡淡的忧伤，但总体而言，不失阳光色调，开朗、正直、热情、奔放。嵇康有诗云：“母兄鞠育。有慈无威。恃爱肆好。不训不师。爰及冠带。凭宠自放。抗心希古。任其所尚。”[①]王羲之的气质风范几如嵇氏的翻版，风神隽朗，有卫氏后人“美而长白”之貌，又禀承魏晋名士文采风流、独立率真、自然有节的人格光辉。《世说新语·赏誉》注引《文章志》曰：“羲之高爽有风气，不类常流也。”这一切皆离不开儿时的“母兄鞠育”。

大约从六七岁开始，阿菟要接受正式教育了。魏晋之际的文化教育与传承，在古代历史上属于颇为特殊的一段。“上品无寒门，下品无势族”，教育上也有等级制。五品以上子弟方得入国学。对身份的看重，使得教育面缩小，官学呈萎缩之势。于是，私学乘势而起，承担了主要的教育职能，而门阀士族家学的发达和门第教育的兴盛，正是魏晋私学教育中的一大特点。士族子弟只要经过门第教育，不再需要通过官方考察程序和资质认可，便“平流进取”，直入仕途。

家学的质量虽没有经过官方程序的检验，但决不会含糊。能够称得上门阀士族者，经济、政治上的实力只是起码条件，文化优势才是最重要的，此乃士族区别于一般大族的重要特征。“爵位”是与“文才”相匹配的，文化对士族不是可有可无的外在装饰，而是其累世公卿的内核。所以，各门阀士族将家学视为生命线，形成了“譬如芝兰玉树，欲使其生于阶庭耳”的传统。更有代代相传、精心打磨、各具特色、秘不外传的独门家学，如贺循家传“庆氏礼”，庾衮“学通《诗》《书》”，以“惠训蒙幼”著名。家传诸派各有侧重和绝招，而整体

①〔唐〕房玄龄：《晋书》卷四九《嵇康传》，第1372页。

教育内容中，无不就当时流行的谱学、儒学、玄学、佛学、道学、书法、文学等，一一涉猎，融会贯通。

琅邪王家是门第教育成功的典范。南朝史学家沈约曾对人说："吾少好百家之言，身为四代之史，自开辟已来，未有爵位蝉联，文才相继，如王氏之盛者也。"[①]王羲之成长于这样的环境中，足可少小不出门，尽知天下事。

幼儿阶段，家庭便是修身养性的蒙室，母亲、兄长兼为识文断字的开蒙老师。年龄稍长，转入正式的学问、知识教育后，授业传道解惑的责任就落在了家中长辈身上。王导、王廙、王彬等对包括王羲之在内的王家子弟无不给予直接的关心与指导。同时，王家延聘朝野间的大儒名流前来教授。王家子弟们还经常走出家门，到时贤府中求学问道。以王羲之来说，卫夫人即为请入家中的书法名师。羲之又常去周府，问学于周顗。当时门第教育的内容主要包括这样几个方面。

儒学教育。魏晋士族虽倾慕玄风，热衷清谈，然在维护社会基本秩序方面，儒家的功能是无可替代的，这是东晋统治高层认真反思后达成的共识。对于累代执政的门阀士族来说，政治运作尤离不开对儒学的掌握。琅邪王家在这方面既世代传承又富于创造，为江左世家所叹服。王廙赠羲之《孔子十弟子图》时郑重其事地告诫道，王家世代以孔子学说为"行己之道"。儒家经典主要包括孔子的《论语》和"五经"，即《诗》《书》《礼》《易》《春秋》，以通晓儒家的治国思想、礼法规矩和道德追求。在熟悉经典的同时，王家又有自己的变通与创造。

南朝刘宋时王家后代王淮之兼明《礼》《传》，他说："自是家世相传，并谙江左旧事，缄之青箱，世谓之'王氏青箱学'。"王家的所谓"青箱学"，其实就是儒家学说所阐明的经世治国之道，但是它剔除了一些迂阔高远、繁文缛节的内容，并添入根据实际情况总结、提炼的为政智慧。这门家学融弘扬大义与操作经验于一炉，学来甚为有益。正如彭城王刘义康所云："何须高论玄虚，正得如王淮之两三人，天下便治矣。"[②]与"半部《论语》治天下"的意思略同。王家历经几朝，先后出将入相者达上百人，多能勤政务实，正直干练，少有空言

①〔唐〕姚察等：《梁书》卷三三《王筠传》，中华书局1973年版，第487页。

②〔南朝·梁〕沈约：《宋书》卷六〇《王淮之传》，中华书局1974年版，第1624页。

怠政者，或与“青箱学”的熏陶不无关系吧。这自然也是王羲之学业中的重中之重。

玄学教育。汉末至魏晋期间，高门士族普遍经历了一个由重儒学到好玄谈的转变过程，其中琅邪王家很有代表性。王门本以儒学立家，王祥、王览皆为一代儒宗。至西晋王戎、王衍时，玄风吹得王门醉，成为士林景仰的“一世龙门”。过江后的王导俨然玄坛盟主：“旧云：王丞相过江左，止道《声无哀乐》《养生》《言尽意》三理而已。然宛转关生，无所不入。”所谓：“正始之音，正当尔耳。”[①]麈尾清谈的风姿倾倒群伦。而实践中，玄学被视为一种反映士族名士阶层需求，平衡各方矛盾，以维持偏安局面的指导思想，亦为主流意识形态——儒家思想的调节和补充。

从思想发展上说，玄学一反儒学经学化、教条、守旧的痼疾，将思想导向思辨、灵动、为学术而学术的境域，迸发出思想的内在魅力。其风靡士林是有道理的，士族子弟不可不学。玄学的代表性著作主要是王弼的《老子指略》《论语释疑》和《周易略例》等，到江左之后，玄谈基本上围绕着“声无哀乐”“养生”和“言尽意”等普及性内容，后生深受浸润。王羲之一生挚爱嵇康、阮籍的作品，多次抄写《太师箴》《劝进笺》，更慕其风姿，效其行世为人之道。他终生抱有“素自无廊庙志”“出处两可”的想法，显然出于玄学的熏染。若只奉儒家不通玄理，他那篇传世名作《兰亭集序》，是写不出来的。

文学教育。传统文化历来看重文学教育，将之与人格塑造、道德教化视作一体。孔子云：“言之无文，行而不远。”文乃六艺中的应有之义。汉末魏晋之际，文学经历了一场由“文以载道”到“为文而文”“以人为本”的嬗变。建安诸子用儒家“文”和“艺”的概念来解释自己的行为，无论在文质之辨还是德艺之辨的品题讨论中，都反复论说：“文”不仅对士人十分重要，对普通人而言，也是不可或缺的，因为它是人进入德化社会的标志。从此之后，为文优美，就成为文化世家的形象品牌。

魏晋时对门第的评价常从玄风和文才两个方面来打分。王戎、王衍皆以玄

①〔南朝·宋〕刘义庆：《世说新语》，上海古籍出版社1982年版，第124页。

谈与文才俱佳而脱颖而出。王导乃文章大师，在为文上深孚众望。王廙“少好文学，志在史籍”。王家的尚文，令后代子弟们耳濡目染于其中，习文的起点，已远在社会平均水平之上，堪称世间可遇不可求的“近水楼台”。王羲之以书法名世，遮蔽了他的文学成就，而他笔下的文字，在东晋那样一个诗文辉煌的时代里，也属一流。

艺术教育。从汉代开始，士大夫养就了琴棋书画的爱好，其素养成为衡量士人身份高雅与否的一杆标尺。至魏晋，名士时尚潇洒风流，艺术气质备受推崇，三曹都是文章高手，也是艺术的知音，“汉世，安平崔瑗、瑗子寔、弘农张芝、芝弟昶，并善草书，而太祖亚焉。桓谭、蔡邕善音乐；冯翊山子道、王九真、郭凯等善围棋；太祖皆与埒能”[①]。门第教育中自是列为要目。书画系王氏的“家传之学”，绵延至王导辈，王门高手云集，辉映书界。王敦“喜颠草”，“初以工书得家传之学，其笔势雄健”。王导“行、草尤工”，“当世尤所贵重”。[②]王廙是这辈人中最具艺术天赋的，六艺无所不通，《晋书·王廙传》载：“工书画、善音乐、射御、博弈、杂伎。”[③]王廙功力最深的还是书法，王羲之成名前，王廙为王家书法的扛鼎之人，无论在当时还是后世，皆为书界推重的大师级书家。

王门以书法传家，对此项艺术有着通常人家不可想象的痴迷。南朝王僧虔《论书》云：“亡高祖丞相（王）导，亦甚有楷法，以师钟、卫，好爱无厌，丧乱狼狈，犹以钟繇《尚书宣示帖》衣带过江。后在右军处。”一幅字帖，在王家人眼中被视为等同生命的珍宝。这种宗教般的虔诚，是持续孕育书法大家的必备氛围。王羲之在家门中所受的书法熏陶，其起点和深度更在文学之上。

五是家世门风教育。魏晋时期的大族无不以门风自榜。王家在这方面更是出了名的清风奕载。王祥在世时，集王家世代门风教育之精华，融入自己的体会与发挥，编了本《王太保家法》，在社会上甚有名气，被誉为魏晋时代家法楷

---

①〔晋〕张华：《博物志》，引自《太平御览》卷九三注引，第28页。

②〔宋〕佚名：《宣和书谱·草书二》，载《中国历代书法论著汇编》第二册，天津古籍出版社1999年版，第292页。

③〔唐〕房玄龄：《晋书》卷七六《王廙传》，第2002—2003页。

模，为传世名篇。主要内容不外王祥临终前交待的五条“立身之本”：信、德、孝、悌、让。之后，王家便以此为养育道德品格的准则、为人处世的仪轨。比起魏晋其他名士来，王家子弟更具儒家风范，为人处世，讲求“任情止礼”“自然有节”的把握。特别出格的行为，很少出现在王家人身上。王羲之具有艺术家之情怀，而能在道德方面做到无可挑剔，足见家风教育的深致。

礼制定规、诗书养心、艺术怡情、家训树德，王家就是这样在农业社会文明的框架内调动一切可用的教化资源，营造出一种封闭而完美的文化“磁场”。生活于其中，既学习、经历着社会人生的方方面面，又关注、思考着宇宙天地的至性至理。“修身、齐家、治国、平天下”的主流文化价值，在此间构成为一种正气与艺术水乳交融的人格之美，其熏染力之强以致达到了这样的程度：任何道德出格的行为皆被视为“异端”，人不责而自惭形秽。如此者，王家就像一条“学而优则仕”的生产线，不断为社会输送具有“立德、立功、立言”人格素养的仕才。

他们知书达理，认同统治秩序，了解官场规则，私德言行有矩，洁身自律，气度荦荦大方而具雍容揖让之风；他们由正途入仕，未染裙带者的猥琐心理，可以建功立业之心堂堂正正做事；他们有高远理想，身在宦海而不失书卷之气；人格完美，实现治世的理想存于心中，成为不竭的激励和提升力量。

王家不独在人格方面为后来者打下了坚实的根基，更为之造就了难能可贵的入仕心态。入仕为官之于他们，也并不意味着生死攸关的选择，学问不是敲门砖，不必靠它“一步龙门”，而是更多地从拯世济民的动机出发，培育“达则兼济天下”之心。同时，这种不为“捞一把”而求官的心态，在跨入宦海之后亦有助于守住“不为五斗米折腰”的信条。有条件实现抱负时便济世利民；若时运不济，受不了官场“厚黑”，大可不必恋栈，或卜居乡野，老于林泉，尽情享受生活之乐，续圆“立言”之梦，实现另一种人生理想：“穷则独善其身”。

门第教育另一为人们忽略的优势，还在于“幼苗”整体水平的超拔。与阿菟同窗的王门子弟，几乎个个天资聪慧，自小受到良好的文化熏陶。学习中他们既是交流的伙伴，又为竞争的对手，王悦、王洽、王应、胡之、兴之、允之、彪之等，这个出类拔萃的少年文化群体，丝毫不逊于太学里的学生。即便在如此优秀的群体中，阿菟仍在天资和素养方面显出过人之处。王门的诸多子弟同在一起学习，阿菟虽不是最活跃的，却在认真和深思上无人能敌。许是丧父阴影尚未消散吧，阿菟幼时，偏于内向，不太喜欢表现自己，在同门兄弟中显得“涩讷”。他在“涩讷”状况中强化了独立思考和专注的素质，于缄默之际所汲取的养分，比其他任何一个兄弟都要多。

随着年龄的增长、知识日丰，阿菟的心理逐步成熟，变得越来越开朗，谈吐大方，能言善辩。王家门第教育的效果在他身上全面地展现出来，并化为他终身修养的人格内涵：儒玄双修，文采风流，书艺精湛，为人骨鲠。对逸少而言，最重要的是认同并履行东晋“外儒内道”的思想格局和“外玄内儒”的人格模式，筑就“出处两可”的思想基础和价值取向。

无论是当时的风气时尚，还是王家的现实情况，无所不在的道教都让阿菟不可能置身事外。《王羲之传》记载，“王家世奉五斗米教”，从王羲之的祖辈开始，一直沿袭到他的后代。

五斗米道的创始者乃东汉张道陵（34—156），于东汉顺帝时入蜀，居鹤鸣山（今成都市大邑县境）学道，并造作符书，倡言天人下降，授以正一盟威之道，“百姓翕然奉事之以为师”。因入道者需缴纳信米五斗，故俗称“五斗米道”。张道陵死后，其子张衡继续传道。衡殁，孙张鲁继之。其教义为诚信不欺诈，有病自首其过，并设“鬼吏”，为病人请祷。五斗米道除以符箓咒术为人治病，以祈禳斋醮为人谢罪除灾外，还行守一、行气、房中等道术。在底层民间开设“义舍”，置义米肉以供行人量腹取食，以及实施宽刑、禁酒等利民措施，史称“民夷便乐之”。汉末天下大乱之际，张鲁统治的巴、汉成为比较安定的地区。张鲁投降曹操后，迁居邺城，曹家与张家的子女互为婚配，结为姻亲。

魏晋之际，五斗米道取得了很大的发展。陈寅恪先生在《天师道与滨海地域的关系》一文中指出：东晋南北朝的许多门阀士族，都是信奉五斗米道的世家。如琅邪王氏、孙氏，陈郡谢氏、殷氏，高平郗氏，会稽孔氏，义兴周氏，丹杨许氏、葛氏、陶氏，东海鲍氏等。琅邪王家接受五斗米道之时，传道的内容已演化为“服食养性”，服五石散即为最重要的实践内容之一。对此，王羲之终身受“累”，不仅损害了身体，也留下心理阴影。

好在王羲之受儒家陶冶至深，又痴迷于书法，对五斗米道具有足够的精神超越，没有像许多人那样陷于其中不能自拔，而是将精力集中于家国大事和书法创造的大方向上，使人生走在积极健康的轨道上，终而成为王门这一人格养成所和公卿生产线上的“理想产品”。长辈对阿菟无不以王家子弟中的佼佼者视之，“深为从伯（王）敦、（王）导所器重”[①]。《世说新语·品藻》记：“王右军少时，丞相云：‘逸少何缘复减万安邪？’”

阿菟少年成名得于一个偶然的机会。“年十三，尝谒周顗，顗察而异之。时重牛心炙，坐客未啖，顗先割啗羲之，于是始知名。”[②]周顗，字伯仁，出身于累世公卿之家，父亲周浚，有大功于晋室。“少有重名，神彩秀彻”，过江后任礼部尚书，是地位略逊于王导的大名士。

王导与周顗同为中兴元勋，互相敬重，过从甚密。按世交的习惯，两家的子弟通常会拜对方的长辈为恩师，上门问学。王导器重羲之，爱侄十多岁之后，便带他出来认老师。去周家，是王导的有意安排，然初次见面的戏剧性效果，却出乎意料。

魏晋之际，名士之间有互相品鉴的风尚，通过对品评对象气质、风姿、才能、德行等方面的审视，预测未来的作为与命运。品鉴流行中会自然造就几位众望所归的“金口”，他们的点评足以让被点评者名气大增，身价倍长。典型者有西晋末年之王衍，经他赏誉的人物，几乎个个跃入龙门。江左初期，周顗便是这样一位人物，素有识才之名，青年士子无不以能得到他的评价而荣幸。周顗生性直拗，善品而决不滥品。

羲之初谒周顗，不过是跟着长辈行礼，但周顗在宾客如云的隙间，马上就察觉到这个小子是个气质不凡的“异禀”之人。一般官吏到了周顗这里，必是不由自主地拘谨小心，阿菟却是生就的不卑不亢，从容有度。大人们的话题走到哪里，无论儒学还是玄谈，他不但心领神会，而且三言两语间珠玑连连，识见清越。周顗“察而异之”，认为此儿品格超群。宴会进入高潮，当最受重视的

①〔唐〕房玄龄：《晋书》卷八〇《王羲之传》，第2093页。
② 同上。

食品——牛心炙出现在餐桌主位的食盘上时，尊贵的主人将之捧在了手中，只见他立起身来，走向客位。让众人没有想到的是，他越过了一位位德望高重的长者，走向了席间年龄最小的王羲之，并将牛心炙亲自拨进了他的盘子中，还看着他吃完了那片人人渴望得到的珍品。当客人们看到周顗把盘子递给侍者，慢慢走回主位，才回过神来——此儿大不寻常。

经周尚书这么一品鉴，王羲之声名鹊起，京城的士林对他刮目相看。又过了一段时间，从武昌回建康议事的王敦，听说了侄儿的故事，便过来探望，果然不凡，当场夸奖："汝是吾家佳子弟，当不减阮主簿。"阮裕字思旷，祖籍陈留尉氏，为阮籍后人。当年"竹林七贤"畅游时，阮籍就格外欣赏王戎，呼之"阿戎"，结为忘年交。阮家与王家的关系源远流长。阮裕时为王敦的主簿，以德业知名，加之博学多才，仗义豪侠，"志匹冥鸿"，是士林中的一位高士。大伯父能以阮裕为期许，当是至高评价了。

阮裕见到阿菟也十分喜欢，"目羲之与王承、王悦为王氏三少"[①]。王悦乃王导长子，"弱冠有高名，事亲色养，导甚爱之"，"少侍讲东宫"，[②]仕至中书侍郎。这里的王承当为王应之误。阮裕云："王家有三年少：右军、安期、长豫。"《世说新语·识鉴》注引孙盛《晋阳秋》曰："（王）应字安期，（王）含子也。敦无子，养为嗣，以为武卫将军，用为副贰，伏诛。"王承、王应俱字安期，然王承为太原族，是王述之父，比羲之、王悦长一辈，不可能类比"年少"，应以《世说》为是。王悦和王应本人才华出众，父亲权势如日中天，前程无可限量。王羲之如果不展露出特别的过人之处，欲与王导、王敦之子并肩而立是不可想象的。

王羲之在人生中迈出的关键第一步，便是走出年少失怙的阴影，成长为王家子弟中的佼佼者。能在王家子弟中脱颖而出，无论从政从艺，已是全国一流。至于能否进一步超越时空，跃上千古之文化巨匠、书界魁首的圣坛，那还要看日后的机遇和造化了。

①〔唐〕房玄龄：《晋书》卷八〇《王羲之传》，第2093页。

②〔唐〕房玄龄：《晋书》卷六五《王导传》，第1754页。

第二章　乌衣巷里

拜师卫夫人

对于乌衣巷王家大院里的芸芸后生来说，羲之的文采风流固然超拔群伦，而最让兄弟们望尘莫及的，还是他的书法造诣。

王家作为东晋书法的首席代表，家族有着浓厚的文化氛围，堪称书法的殿堂。堂联影壁满布宅邸，碑帖拓片信手可及……或雄浑苍劲，或笔走龙蛇，妙趣横生，令人目不暇给。在阿菟眼中，那就是最赏心悦目之所在。他时不时会望着一幅书法入迷发呆，情不自禁地手舞目直，对周围发生的一切均不知会。他的"幼讷于言"，并非仅仅缘于口拙，实在也是沉溺于自己最喜爱的对象世界中，无心理睬其他事物而已。进不了走火入魔的痴境，也就无望成为大艺术家，"讷于言"的记载，亦是他倾心游思的侧影。

有书法天赋的孩子，也离不开名师的点拨，阿菟自有"近水楼台"之利。父王旷善书，唐代韦续《墨薮》为历代书法家排序，"中上"十四人中，王旷列为第六，曰"晋王旷，行、隶"[①]。元代陶宗仪《书史会要》卷三云："（王旷）得蔡邕书法于卫夫人，以授子羲之。"[②]这位卫夫人非卫铄，而是羲之的母亲，

①〔唐〕韦续：《墨薮》，载《中国历代书法论著汇编》第二册，第101页。

②〔元〕陶宗仪：《书史会要》，载《中国历代书法论著汇编》第六册，第38页。

后文还要述及。

王旷在王羲之二三岁时就教他握笔布线，虽属陶然之乐，并未过于严格，然阿菟却因天赋异禀，竟能描画得像模像样，六七岁时已颇具功底。张怀瓘《书断》记载了这样一个故事："晋王羲之，字逸少，旷子也。七岁善书，十二见前代《笔论》于其父枕中，窃而读之。父曰：'尔何来窃吾所秘？'羲之笑而不答。母曰：'尔看《用笔法》'，父见其小，恐不能秘之，语羲之曰：'待尔成人，吾授也。'羲之拜：'请今而用之，使待成人，恐蔽儿之幼令也。'父喜，遂与之。不盈期月，书便大进。"

此故事生动地描述了王羲之幼时研习书法的情形。然这段材料却存在着几个疑点。之一，有人认为，该故事是后人伪托，王旷教子之事不可信。近代叶德辉从宋代吴淑《事类赋》中辑出的《世说新语・佚文》云："王羲之，旷之子，早于其父枕中窃读《笔论》。父恐其幼，不与，乃拜泣而请之。"两则文字有详略，但基本一致，说明羲之开蒙时得父言传身教，乃是确有其事。"七岁善书"，说明习书有年。其间，有着书法传家理念的王旷，没有不教之理。

然另外一个疑点就疑得有道理了。王旷于公元308年，羲之五六岁时离家不返。羲之十二岁时（314年左右），王旷已去家有日，"过庭之训"尚未可得，又何来书育少年。出现这个误差，不外两种可能。其一，晋代名士多逸闻异事，多少有点捕风捉影、小说家言。其中内容、年龄大小的出入，人物的张冠李戴，都不稀罕。这段话可能是依据王羲之学书的传闻，并在未经仔细考究年龄和人物关系的情况下，将之直录其中。其可信程度是不能与《晋书》这样的正史相提并论的。其二，王旷为王廙之误。笔者认为，上述两种情况，都可能发生，而第二种情况更值得关注。王羲之初识《笔论》的故事，应发生在他与王廙之间。

王廙系王旷的二弟，字世将。王旷去家后，按规矩王廙务必接替长子的责任。他是四房同辈中任职最高者，辟太傅掾，历任尚书郎、东海王司马越参军、宁远将军、荆州刺史、征虏将军、左卫将军等。哥哥王旷遭遇不测，留下孤儿寡母，唯有家庭的温暖能抚平伤口。在感情上，他有理由视王羲之如己出。"余兄子羲之"的称呼，即表明了他和王羲之情同父子的关系。而从家学、艺术传承上说，王廙更有一种"得天下英才而育之，人生一乐也"的感受。晋室过江前，他的书法已名声大噪，号为独步，张怀瓘《书断》谓之，“工于草隶飞白，祖述张、卫遗法”，所谓“其飞白志气极古，垂雕鹗之翅羽，类旌旗之卷舒。时人云，王廙飞白，右军之亚”。[①]

王廙好为人师，又善为人师。过江后被司马睿聘为太子的绘画老师。《晋书·王廙传》载：王廙逝世时，“帝犹以亲故，深痛愍之。丧还京都，皇太子亲临拜柩，如家人之礼”[②]。对外家尚且如此，面对灵光四射的阿菟，哪有不教之理。王僧虔《论书》中谈了这段缘分：“自过江东，右军之前，惟廙为最，画为晋明帝师，书为右军法。”王羲之“有杂兽图、临镜自写真图、扇上画小人物，传于前代。王廙画《孔子十弟子图赞》云：‘余兄子羲之，幼而歧嶷，必将隆余堂构。今始年十六，学艺之外，书、画过目便能，就余请书画法，余画《孔子十弟子图》以励之，嗟尔羲之，可不勖哉！画乃吾自画，书乃吾自书。吾余事虽不足法，而书画固可法。欲汝学书，则知积学可以致远，学画可以知师弟子行己之道。又各为汝赞之’”[③]。

王廙一步步将王羲之牵入了书法的殿堂，在书法的入门阶段，他就已经站在当世一流水准上。不过，王廙还是没有想到，小小年纪的阿菟，对书法的悟性，更超出了自己。他给王羲之立下的规矩是“临池学书”，练好手上的基本功后，才可深入书法精髓。王羲之尽力遵循叔叔的教导，在练得“池水尽墨”后，已然产生了对书法的独到体会，他很希望能将这种体会运用到日后的练习中，让自己的识见超越同侪。

之前，王廙对王羲之的书法才能极为看重，但按当时业师不能出自同门的规矩，他只能算作王羲之的指导者，却并不能说是启蒙老师。王廙觉得，自己常年任职在外，不能就近指导，而王羲之的书法学习还在规矩方圆的阶段，必请人专门督管。好在有一位现成的老师在跟前，这就是王羲之的姨母——卫铄。

卫铄，字茂漪，嫁与李氏以后，被称为“卫夫人”，常自署“和南”为号。生于晋武帝泰始八年（272），卒于晋穆帝永和五年（349）。河东安邑（今山西

①〔唐〕张怀瓘：《书断》，载《中国历代书法论著汇编》第一册，第491、492页。
②〔唐〕房玄龄：《晋书》卷七六《王廙传》，第2004页。
③〔唐〕张彦远：《历代名画记》，浙江人民美术出版社2011年版，第84、85页。

省夏县）人，被后世号为女书家第一人。卫铄是书法北派之祖卫瓘的侄女、卫恒的从妹、卫展胞妹。两晋期间，书法世家不在少数，然若论两座高峰，则非卫家和王家莫属，所谓“前卫后王”。两家门派皆祖钟繇，但卫家在创意上更为突出，在书界的地位，于西晋年间在王家之上。卫夫人虽属女流，承家风遗传，悟性极高，早有书名。卫夫人对书法的描述，多用老庄理念，根源于既得于前人之技，更肇老庄之道，“斯造妙也，书道毕矣”，这就是庄子所论，将技入道，“道成于上，艺形而下。……技曷至于此乎？盖所好者道也，进乎技矣。盖好道过于技，技为我用。得道即明万物之性，技不得不善矣。……由技入道，以道领技，孜孜营营，无有殆者”。

羊欣《采古来能书人名》云：“晋中书院（侍郎）李充母卫夫人，善钟法，王逸少之师。”唐代张彦远《法书要录》记，“蔡邕受于神人而传之崔瑗及女文姬。文姬传之钟繇。钟繇传之卫夫人。卫夫人传之王羲之。王羲之传之王献之”。张怀瓘《书断》曰，卫铄“隶书尤善，规矩钟公”。《淳化阁帖》录有她承敕所作楷书八行《急就帖》，另有刻本《名姬帖》《李氏卫帖》（又称荐王逸少手札）等传世。传世作品虽尽为摹本，然多目为王羲之所摹，几近于真。

卫夫人承大书法家钟繇的笔法，其在《李氏卫帖》中自述：“随世所学，规摹钟繇，遂历多载。”卫夫人书风虽不及钟书宽广，字形由钟繇的扁方变为长方形，然清秀平和，娴雅婉丽，去隶已远。到唐代，她的书法地位得到进一步肯定，张怀瓘在《书断》中赞她的书法：“碎玉壶之冰，烂瑶台之月，婉然芳树，穆若清风。”有一种清婉灵动的特色。韦续则曰：“卫夫人书，如插花舞女，低昂芙蓉；又如美女登台，仙娥弄影；又若红莲映水，碧沼浮霞。”[①]女性特有的妩媚跃然纸上。

永嘉之乱后，卫夫人随丈夫李矩南渡。不久，李矩死在江州刺史任上。从此，卫夫人守着儿子李充艰难度日。王家与卫家素有通家之好，卫夫人是王羲之的近亲姨母，所以，对于王廙的邀请，卫夫人欣然应允。这样，王羲之在七八岁时就成了卫夫人的书法门生。他一生中转益多师，但正式拜了师的只有卫夫人。

①〔明〕陶宗仪：《说郛》卷八六，文渊阁四库本，第690册，第110页。

卫夫人仔细考察了阿菟所学，感慨小外甥对书法的悟性与痴迷即所谓的生就异禀，更可贵的是他还肯下临池的功夫，这样的苗子真是可遇不可求啊。她的儿子李充也是幼年丧父，因而对表弟的身世多了一份感同身受的理解，认为阿菟出身名门，身上毫无骄纵之习，年纪幼小已豪气干云，更与自己相契。《晋书·李充传》记：“充少孤，其父墓中柏树尝为盗贼所斫，充手刃之，由是知名。善楷书，妙参钟索，世咸重之。辟丞相王导掾，转记室参军。幼好刑名之学，深抑虚浮之士，尝著《学箴》。”[①]这一对好友，终生相知，在思想文化方面相互启迪。

卫夫人书法卓然，又素以善教闻名，儿子李充书法的天分不算高，但能“妙参钟索”，就是她手把手教学的成果。她注重孩童的基础训练，总结出一套行之有效的教学方法，其用韵文的形式编辑成的《笔阵图》，为古今练习书法的入门指导。对于王羲之的教学，就她的经验来说，实属一次创造性的发挥。

卫夫人是最早提出书法“莫先乎用笔”的人。强调练习书法时须全面感受相关要素，对笔、墨、纸、砚的品种和产地均极为讲究，所谓工欲善其事，必先利其器。这个理念对王羲之影响至深，他习书一生，对笔、墨等工具的研修从未停止。对楷书的钩摹影拓必用临川纸，行书讲究流转活泼就要写在蚕茧纸上，而连绵回绕、纵横飞白的草体，非宣城一带的白麻纸不用。

卫夫人对孩童的开笔，尤为讲求。初学书法，“先须大书，不得从小”，这是她对钟繇“力筋”说的实践之得，要从一开始就去深切地体会书法的布局妙处，而不是索求小关节处的流丽、圆转。她认为：“下笔点墨画芟波屈曲，皆须尽一身之力而送之。”“善笔力者多骨，不善笔力者多肉。多骨微肉者，谓之筋书；多肉微骨者谓之墨猪。多力丰筋者圣，无力无筋者病。”小人力小，一般人都认为用小笔画一画就行了，但打基础如同打铁炼钢，用重锤才锻得出好钢，腕力不足终不会成就。她告诉阿菟，握笔高低都会反映一个人的意念：“有心急而执笔缓者，有心缓而执笔急者。若执笔近而不能紧者，心乎不齐，意后笔先者，败；若执笔远而急，意前笔后者，胜。”“意在笔先”，就不能只盯住一点

①〔唐〕房玄龄：《晋书》卷九二《李充传》，第2389页。

看，要把笔拿开些，看到全字、全篇的结构、布局。

卫夫人的示范，让阿菟如临簪花之会。《笔阵图》之为图，上有卫夫人亲笔画就的标准笔法："横"如千里之阵云、"点"似高山之坠石、"撇"如陆断犀象之角、"竖"如万岁枯藤、"捺"如崩浪奔雷、"努"如百钧弩发、"钩"如劲弩筋节。简简单单的点横撇捺，经过卫夫人的指点，变得生气勃勃。诸书家各有绝妙，篆书是"飘扬洒落"，章草为"凶险可畏"，八分书为"窈窕出入"，飞白书为"耿介特立"，倘能"每为一字，各像其形"，则"斯超妙矣，书道毕矣"。《笔阵图》中之七势，对后世的"永字八法"颇有影响。

转眼数年，阿菟十二岁了，一个偶然的机会，他在枕箱中发现了书法的传世秘籍——蔡邕的《笔论》。

《笔论》是中国书法史上一部传奇性的著作，作者传为蔡邕。蔡邕是大学问家，在书法上很有创造性。这本传授笔诀的著作，包括笔论、九势、篆势、笔赋等章节，被后世公认为研习真书、行书的必读之作。蔡邕死于董卓之乱中，《笔论》传至女儿蔡文姬手中，后为他的学生韦诞保存。大书法家钟繇知韦诞所藏，"苦求邕法，诞不与"。钟繇急得捶胸吐血，幸得曹操以灵丹救命。韦诞也是有狠劲，至死也不愿与《笔论》分离，将之随葬。钟繇更绝，索性掘墓开棺，盗出《笔论》。钟太傅效韦诞之道，死后亦让《笔论》陪伴。《笔论》在钟繇棺椁中躺了55个春秋后（285年），再次重见天日。这次是钟繇的学生，已年逾古稀的宋翼干的好事。他相信自己的心情与作为，与老师无有二致，老师谅必不责。不经年，原本"书恶"的宋翼功力大进。但宋翼毕竟老矣，《笔论》在他手里最大的好处是不再被埋入地下，辗转到了当朝书坛翘楚的卫氏家中。王旷得之于卫氏夫人的陪嫁。过江时书随人走，成为"枕中秘"。

《笔论》的发现，让阿菟如获至宝。这是父亲的遗物、书界的圣典。虽然只读得懂最浅显的"用笔法"，已让他技痒难耐，一发不可收了。叔父说："汝年幼小，看用笔法未能晓解，纵获父教，恐复不能秘惜。"他却说出："使待成人，恐蔽儿之幼令也。"今天您不让我学，往后怎望我能有大出息呢？这番大气而自信的回答，让王廙喜从天降，遂指导阿菟习读《笔论》。羲之如虎添翼，"不盈期月，书便大进"，令卫铄称奇不已："卫夫人见，语太常王策曰：'此儿必见

《用笔决》也，妾近见其书，便有老成之智。流涕曰：‘子必蔽吾书名。’”卫夫人认出了家传的秘籍，又看到弟子为得传之人，故喜极而泣。

王羲之书法日进，卫夫人于授书之余，循序渐进地讲解书法源远流长的沿革故事。从仓颉造字到金石古篆，从李斯定制小篆到汉隶的形成，于今又出现行草真书诸体的兆萌……给阿菟的感觉不但是满眼苍翠，更有天将降任，直待来者的期许。

说到近世，卫夫人更娓娓道来，在讲师祖钟繇之前，却不能不提一位深刻地影响了书法走向的人物——魏武帝。

魏武帝曹操，系大文豪，亦是书法大家。是他，推动了旨在冲破两汉经学、礼教的汉末新思潮，煽起玄风，掀掉了士人的精神枷锁，把文艺引入自由创造的天地。书法演进到汉末，出现了许多新气象，但就差那么一口气，一层纸，难以完全跳出来进入艺术创造的境界。这，已不是书法本身嬗替的问题，也不存在什么技术上的障碍，就是精神创造力受到束缚，脱不尽书法身上的篆形隶意，割不断这条尾巴，因为它和五经、礼法、道德伦理、圣人之言是连为一体的。做人做事、想问题无不要求讲规制、体人伦，难以按照个人的感受和领悟去尽情发挥。说到底，就是“礼”大于“情”，以礼制情，人性受到压抑和束缚。曹操的功劳就在于明倡“治平尚德行，有事尚功能”，以不拘一格选人才的做法，造就了文采风流的建安风骨。书法创新中的那一层纸也就被捅破了。所以，三国魏晋之际，书法界群星璀璨，曹操、梁鹄、邯郸淳、韦诞、索靖、陆机等等。

满天星斗中有两颗星最是耀眼，一颗是卫夫人所师承的钟繇，另一颗乃卫夫人的从兄卫恒。说起他们两位，卫夫人总有讲不完的话。

钟繇，字符常，颍川（今河南省许昌市）长社人。汉末入仕，随魏武帝作战有功，官至相国。建魏后任太尉、太傅，后世人称“钟太傅”。钟繇虽身为高官，但终生的至爱却是书画。“钟繇少时，随刘胜入抱犊山学书三年，还与太祖、邯郸淳、韦诞、孙子荆、关枇杷等议用笔法。”他回忆自己的学书历史：“吾精思学书三十年，坐与人语，以指就座边数步之地书之，卧则书于寝具，具为之穿”，“如厕终日忘归”，整一个书痴。钟繇书法于魏晋之际堪称泰斗，成就超过蔡邕，至有“秦汉以来，一人而已”的声誉。

钟繇对书法的最大贡献，在于书体的突破和创新。正是他，连接了由隶转楷中关键的一环，使真书流行于上层文化圈，所以钟繇被誉为“楷书鼻祖”。他的真书，字形微扁，行间茂密，点画厚重，笔法清劲，醇古简静，富有一种自然质朴的意趣。王导缝入衣带的《宣示表》，笔法质朴浑厚，雍容自然，梁武帝萧衍誉道：“势巧形密，胜于自运”。楷体名帖《贺捷表》，刚柔并济，开楷书之法度，点画富有变化的笔意和微杂隶意的波捺体势，古色古香，如三代钟鼎文字，自有一种渊懿醇厚之气，使人不敢亵视。《曹娥诔辞卷》，结字扁平，用笔多不藏锋，为王羲之循钟繇笔意所书的样板。钟繇于行书虽非开山之人，然也不失为探索先行者。钟繇是书法史转化期最重要的人物，他赋予书法一种成熟、明确的艺术内涵与品格。

说起另一位大家卫恒，卫夫人更为感情澎湃。卫家书法四世不绝，由卫觊开先河。卫觊，字伯儒，三国魏时任侍中、尚书，封侯。工古文、篆、隶、草书。曹丕代汉，立了两块开国碑，一为《魏公卿上尊号奏》，钟繇所书；一为《受禅表》，乃出自卫觊之手，用的是金针八分书。有“钟书若感德君子，卫书则笔力警人”之说。卫觊之子卫瓘，官位超过父亲，当到司空、尚书，书艺更是“青出于蓝”。他曾与索靖共同师法张芝的草书，时称“一台二妙”。自谓“我得伯英（张芝）之筋”，“索得其肉”。卫瓘汲取前辈诸长，融会贯通，还自创一种新体“柳叶篆”，笔势明劲，仿上古蝌蚪书，但头尾都细，像柳叶。卫瓘书艺冠绝一时，名满晋初。卫瓘的三个儿子卫恒、卫岳、卫裔，幼从家学，以卫恒最佳。卫恒学问通达，官至太子庶子、黄门侍郎，于草书、隶书、古文诸体，无不涉及。卫瓘认为其草书在己之上，说恒儿得张芝“其骨”，比自己的“筋”更有精神。卫恒的才华更表现在创造力上。飞白书体滥觞于蔡邕，后人师法中多“东施效颦”，不成规矩，而卫恒写出的飞白大字，于墨迹中“微露其白”，使字形状如飞鸾，媚而有致，锁定飞白格调。卫恒在书法上的最大贡献，确立其特殊地位的，是书法理论上的拓荒之功。他撰写的《四体书势》，堪称中国书学史上第一部系统完整的著作，将书体、书论、书史融为一体。他对古文、篆、隶、草四种书体的起源及笔势进行了分梳归理，就书法界多有异议、含义模糊的一些基本问题，如“意”与“象”，“筋”与“骨”之间的关系，提出了甚有启发的解释。如何把著述中流于形象的书论落实到具体运笔上，都是首次讨论。

卫夫人的书法得自家学，直接指导她的就是从兄卫恒了。而卫恒的遭际，是她内心永远的痛楚。卫家数代有功于晋室，西晋惠帝时，卫瓘为司空、太子少傅，辅佐朝政，清正方直，深孚时望，但就因这清正方直而得罪了邪气十足、玩权弄政的贾南风。“八王之乱”起，贾后借楚王司马玮之刀，一次斩杀了卫瓘三代九人，正当盛年的卫恒亦未能幸免。一代书法天才就这样夭折了。阿菟其时虽不能完全理解成人社会命运多舛的悲哀，但卫夫人谆谆于言的厚望，还是让他感到了政治与艺术有时会冲突到水火之态。要想在书法上有超越前贤的成就，必要专致无二心，方能不因外力而中断。

听了老师关于书法史的讲述，阿菟更渴望能尽饮书法源流之水，也像先贤一样，创派立说。他意会到，书法有源头、有沟渠、有支流、有别派，它们汇到同一条大河中，翻波兴浪，无不显出充盈的生命力。书法发展大的趋势有两点：一曰便易适用，二曰赏心悦目，也就是更与人的本能感觉融为一体。感悟至此，在阿菟眼中，那一个个方块字，跳出了孤立、静止的状态，被注入了生命、灵魂，变成有生命的活体。对于老师介绍的诸多书家，阿菟对钟繇、张芝最为喜爱，以“钟、张信为绝伦”，将之视作毕生追赶、超越的目标。

循道习字与学问渐长让阿菟插上双翅，不断登临书法的新高峰。又过数年，卫夫人感到学生的功力已不在自己之下，足可广采博取、自悟自进了。她郑重地将《笔阵图》赠予阿菟，再次表达了“此子必蔽吾书名”的期望，寄托了为书法传承增光添彩的厚望。此后，便不再视阿菟为孩子，而是将之引为同道了。当然，她一如既往地关心着阿菟的成长，并在需要时助他一臂之力。

晋明帝驾崩后，一位礼官请卫夫人写祭祀时所用的“祝版”。她想到羲之可借这个机会出头，便回信给老师，推荐王羲之。《李氏卫帖云》：“卫稽首，和南近奉敕写《急就章》，遂不得与师书耳。但卫不能拔赏，随世所学，规摹钟繇，遂多历年。廿著诗论草隶通解，不敢上呈。卫有弟子王逸少，甚能学卫真书，咄咄逼人。笔势洞精，字体遒媚。师可诣晋尚书馆书耳。仰凭至鉴，大不可言。

弟子李氏卫和南。”[①]

有趣的是，此帖中出现了“和南”一词，故此帖又称“卫铄与释某书”。然东晋的礼佛远未成俗，如净土宗初祖的释慧远在庐山东林寺建莲社也是晋太元十五年（390）的事情。传抄佛经讲求的是信士的虔敬，是做功德，并不与书法创作相联系。

若把这帖理解成卫铄给她的老师写的信，倒很对路子。当时的礼官蔡谟，为当朝大儒，还是一论道高人。《晋书·蔡谟传》载他上疏谏止征西将军庾亮移镇石城事，开篇即云：“时有否泰，道有屈伸”，依《易》立论，最终说服了庾亮。蔡谟识人高远，《世说新语·排调》载：“王（仲祖）、刘（真长）每不重蔡公。二人尝诣蔡，语良久，乃问蔡曰：‘公自言何如夷甫？’答曰：‘身不如夷甫。’王、刘相目而笑曰：‘公何处不如？’答曰：‘夷甫无君辈客。’”一句妙答，让王濛、刘惔两位大名士没了脾气。卫夫人荐举羲之，意在借蔡谟等贤达助其扬名，以服众人。

古人传言，蔡邕的字乃神人所授，传至蔡文姬，文姬授钟繇，再传卫夫人，但卫铄（272年生）从时间上说不可能得到钟繇（230年死）的亲传。“随世所学，规摹钟繇”也说得很明白，卫夫人的书法业师另有他人，很有可能接承于蔡门一脉，蔡谟与蔡文姬同为陈留蔡家的名儒，卫夫人跟他学过诗书也不是不可能，所以称之为“老师”，特在文中提到，她的论书稿是用韵文写的，但不成样子，不敢给蔡谟看，“不能拔赏”是说她不能领悟更高境界。卫夫人大力推荐羲之，说他的字有己之风却更硬朗，对笔势的研习说得上是“洞察精微”。当时王羲之已做了秘书郎，因母亲已随兄离京，在尚书馆中就食寄宿，故云可到尚书馆令其应命。果然，王羲之写的祝版，以“入木三分”的功力名动书坛。

宫前生死劫

王旷的“化迹”，令王家的四房陷入长久的悲伤之中，但这并没有影响王家

---

①〔宋〕米芾：《书史》，文渊阁四库本，第637册，第109页。

政治发达的脚步。王羲之由少年而青年的成长时光中，琅邪王家在“王氏双雄”王导、王敦的领军下，全力打造着“王与马共天下”的政治格局。司马睿在皇族中位列疏宗，琅邪国亦属小邦，“譬彼诸王，权轻众寡，度长絜大，不可同年”[①]，到江南后缺乏足够的号召力。这时候，王导与新到任的扬州刺史王敦，为了司马睿能在江东立稳脚跟，鞍前马后，竭尽全力。《晋书·王导传》载：“及徙镇建康，吴人不附，居月余，士庶莫有至者，导患之。会敦来朝，导谓之曰：‘琅邪王仁德虽厚，而名论犹轻。兄威风已振，宜有以匡济者。’会三月上巳，帝亲观禊，乘肩舆，具威仪，敦、导及诸名胜皆骑从。吴人纪瞻、顾荣，皆江南之望，窃觇之，见其如此，咸惊惧，乃相率拜于道左。……由是吴会风靡，百姓归心焉。自此之后，渐相崇奉，君臣之礼始定。”[②]

得到诸家大族的认可，还不等于大局已定。当时江南地区普遍处于失控状态，各地方势力拥兵自重。身任扬州刺史、大将军的王敦挥师东征西讨，先后击败了周勰、周馥、华轶、裴宪、杜弢等地方武装势力，将东晋政权的有效统治扩大到长江中上游和岭南一带。经历了如此一场逐鹿江南，收拾旧山河的过程，王敦多少有了点孙策的影子、魏武的感觉。

王导任侍中、司空、录尚书事、领中书监，集大权于一身，居中谋划。王敦领大将军，江、荆二州牧，都督江扬荆湘交广六州诸军事，握强兵坐镇上游。一内一外，亦政亦军，权倾朝野，所谓“敦总征讨，导专机政”。加上王氏家族其他成员各居要职，王家的势力远较渡江的“五马”强盛。《晋书·王敦传》称：“帝初镇江东，威名未著，敦与从弟导等同心翼戴，以隆中兴，时人为之语曰：‘王与马，共天下’。”[③]

与此同时，滞留北方的西晋朝廷在内忧外患中一步步走向坟墓。永嘉四年(310)，因石勒攻洛阳，司马越羽檄征天下兵马保卫京师，莫有至者。司马越居然弃怀帝司马炽于洛阳城中，率部避锋出走许昌，并于次年死于项城。王衍奉司马越灵柩归东海，途中在苦县宁平城（今河南项城境内）遭石勒劫杀。晋军

---

①〔唐〕房玄龄：《晋书》卷五九《列传第二十九·序》，第1590页。

②〔唐〕房玄龄：《晋书》卷六五《王导传》，第1745—1746页。

③〔唐〕房玄龄：《晋书》卷九八《王敦传》，第2554页。

主力被一网打尽。永嘉五年六月，洛阳陷落，怀帝被俘送平阳，受尽屈辱后于永嘉七年毕命。同年四月，皇太子司马邺即位于长安，是为晋愍帝。建邺因避讳更名建康。愍帝多次与镇守建康的司马睿联系，要求东西夹击，收复中原。然司马睿另有所图，不仅无力出兵，更无心勤王。建兴四年（316），长安失守，司马邺亦成囚徒。建兴五年三月，司马睿在建康称晋王，改元建武，宣告东晋建立。翌年，司马邺在平阳遇害，司马睿遂于建康继承大统即皇帝位，称东晋元帝，改元太兴元年（318）。逢此大典，王廙为表兄写了篇《中兴赋》贺之。耐人寻味的是，由于王家势力的鼎盛，司马睿在登基的仪式上，执意要拉王导共登御座。这说明，王家的势力当时与皇家司马氏相比，不仅平分秋色，甚至还要压过一头。

司马睿拉王导同坐，实属迫不得已的姿态，权力被架空，受制于人的窝囊感让他意难平，哪个皇上甘愿“卧榻之侧有他人酣睡”呢？局面初步稳住后，他开始提防王家，并着手笼络亲信，自树势力，任命刘隗为侍中、丹杨尹，刁协为尚书令，分王导权，制衡王家。

司马睿的做法实属当位皇帝的合理思维，但却打破了“王与马”的平衡，招致了一场祸乱。从大的背景上说，门阀政治格局已容不得皇帝的绝对权威；具体运作上，他所依靠的刘隗、刁协乃是喜弄权术的势利小人，一味挑唆王与马的关系，非为制衡而是激化，“刘隗用事，颇疏间王氏”[①]。王导心比较平，能“善处兴废”，王敦则受不了，多次上书指责刘、刁“邪佞谄媚，谮毁忠良，疑惑圣听，遂居权宠，挠乱天机，威福自由，有识杜口。大起事役，劳扰士庶，外托举义，内自封植：奢僭过制……倾尽帑藏，以自资奉；赋役不均，百姓嗟怨”[②]。刘、刁则借此进谗言，说王敦的矛头实指皇上。如此一来二往，王与马之间愈加互不信任，“帝愈忌惮之”，双方的武力冲突一触即发。

王家一方的势力，在中国历史上的权臣中，确属空前绝后，是甘当臣子还是取而代之，王氏双雄的态度并不一致。王导以维系大局计，主张前者，王敦

①〔唐〕房玄龄：《晋书》卷九八《王敦传》，第2556页。

② 同上书，第2558页。

则从机会难得考虑，倾向后者。结果，永昌元年（322）正月，王敦以“清君侧”为名，起兵东下建康。

以往大多数的文章中，均把王敦的逼宫称作“叛逆”而加以挞伐，笔者感到，此乃皇权正统观在作祟，未必公允。以王敦之实力，生出“问鼎之心”是件自然而然的事情。王敦要夺的“宝座”，也是司马家用同样的途径和手段抢夺而来的。司马氏可以夺别人的天下，别人当然也可“以其人之道，还治其人之身”。所谓正统，不过人造的“神灵”，服务于“胜者为王，败者寇”的观念而已。是非得失不在于谁有资格，而是过程与结局是否有利于政权稳固、天下太平、百姓安宁。无论王敦，还是刘隗、刁协之流，都缺乏令人信服的素质，他们贪图权力而疏于责任，顾及眼前而失之长远。唯有王导表现出大政治家的气概、胸怀乃至智慧，在极为困难、尴尬的情形下，化解了这场“王与马”的君臣内讧。

《晋书·王导传》载：王敦兵临建康城下，“刘隗劝帝悉诛王氏，论者为之危心”[①]，王氏家族身陷生死险境。高举着王家旗帜的兵马列阵城郭，围城内手握生杀大权的司马睿自然恼恨王家到了极点。在他看来，王敦所为，王导无论如何脱不了干系。王敦攻城已难以招架，王导若为内应，岂不必败无疑。加上刘、刁在耳边再三鼓动，一念之差，王家便会血流成河，王导授首勿论，就连后来的中国书圣王羲之亦难逃厄运。这险要关头，王导的应对是否合宜，既关乎家族性命又维系国之安危。

历史上惊人的一幕出现了：“导率群从昆弟子侄二十余人，每旦诣台待罪。”[②]王导脱下朝服，自视罪人，率王家所有成年男子，接连几日伫立在皇宫门前听候发落。这一年，王羲之刚满20岁，亲身经历了这场令人魂飞魄散的变故。

族长王导率昆仲子弟离家赴台时，全家上下都做好了一去不返，从今生死两茫茫的准备。家门前的送别，妇女老幼那种祸从天降的惊恐，顿失依靠的迷茫，哭天天不应，哭地地不灵的无助，强烈地撞击着青年王羲之的心房。一人

①〔唐〕房玄龄：《晋书》卷六五《王导传》，第1749页。

② 同上。

卷入政治争斗，势必波及、株连族人的法则，让他体会到政治残酷的同时，亦愈加感受到亲人的温馨、家庭的重要。

一连数日，王门子弟们于晨光熹微时来到宫门外，及暮方归。什么叫度日如年，什么叫紧张得喘不过气来，什么叫命悬一线，这些平日安富尊荣的高门贵人尝了个遍。宫门前，百官群僚进进出出，有人报以同情，有人幸灾乐祸，多数则目不斜视，以防延祸至己……世态炎凉毕显。王家的人不能出声，但他们从进出者的态度中猜测着可能的结果。每见一个与王家有隙的人，都会让他们心跳加速、惊恐莫名。

忽然，王导等人的眼前一亮，大名士、身居尚书仆射要职的周顗来到宫门前。王羲之一行子弟更是在心里欢呼：天不灭王门。周顗与王导共辅元帝，可谓莫逆之交，留下不少风靡士林的佳话。王导“尝枕伯仁膝而指其腹曰：‘此中何所有也？’答曰：‘此中空洞无物，然足容卿辈数百人。’导亦不以为忤。又于导坐然傲啸咏，导云：‘卿欲希嵇、阮邪？’顗曰‘何敢近舍明公，远希嵇、阮’”[①]。

王导知道周顗深得司马睿信赖，建言以公允著称，每每见用。他便不顾身份地呼起救来，“值顗将入，导呼顗谓曰：‘伯仁，以百口累卿！’”[②]这是把王家百余口身家性命都托付于他了。谁知周顗装着没听见，“直入不顾”。王导及家人心里凉了半截，王导更对周氏心存怨怼。过了多时，周顗醉醺醺地出来了，“导犹在门，又呼顗。顗不与言，顾左右曰：“今年杀诸贼奴，取金印如斗大系肘’”[③]。听了这话，王家人觉得周顗是要上阵与王敦血拼了，当然也就绝了望其说情的念想。

王羲之的感觉与王家其他人有所不同。以他对恩师的了解，总觉着周顗此番的表现多少有点异样，与平时为人处世的方式不大一致，无论如何，老师不是那种落井下石的人。然而，凄风苦雨正笼罩着数百口已然绝望的王家老小，连王导都快失去镇定了，只在弱冠的他人微言轻，又能说些什么呢。

---

①〔唐〕房玄龄：《晋书》卷六九《周顗传》，第1851、1852页。

② 同上书，第1853页。

③ 同上。

此番事变对于建康城里的王家人来说，处境尴尬，思想感情更是复杂难言，很难像其他朝臣一样，来个泾渭分明的简单选择。王羲之何尝不是如此。对于举兵逼宫的王敦，王羲之本也是深怀敬意的。

羲之儿时言语“涩讷”，心中却是清楚明白，《世说新语·假谲》曰：“王右军年减十岁时，大将军甚爱之，恒置帐中眠。大将军尝先出，右军犹未起，须臾钱凤入，屏人论事，都忘右军在帐中，便言逆节之谋。右军觉，既闻所论，知无活理，乃剔吐污头面被褥，诈孰眠。敦论事造半，方忆右军未起，相与大惊曰：‘不得不除之！’及开帐，乃见吐唾从横，信其实孰眠，于是得全。于时称其有智。”这条材料因过“奇异”，为许多研究者所弃，但王敦喜好阿菟，《世说新语·轻诋》中还有一条记载：“王右军少时甚涩讷。在大将军许，王、庾二公后来，右军便起欲去，大将军留之，曰：‘尔家司空、元规，复何所难？’”司空是王导，元规是庾亮，阿菟在大将军府里自如出入，见到王导反要躲，也说明他与王敦更为亲近。这位族伯父不仅有干大事的魄力与胆识，而且多才多艺，精于书法，“笔势雄健”，又特别欣赏阿菟，一句“汝是吾家佳子弟，当不减阮主簿”，表达了对他的厚望。

王羲之对王敦怀有亲情，也能理解他受到猜忌后的愤恨，但对提兵向阙之举则不能认同。还是老师周顗对目前事态的看法有道理：“温峤谓顗曰：‘大将军此举似有所在，当无滥邪？’顗曰：‘君少年未更事。人主自非尧舜，何能无失，人臣岂可得举兵以胁主！共相推戴，未能数年，一旦如此，岂云非乱乎！处仲刚愎强忍，狼抗无上，其意宁有限邪！’”[①]想来想去，王羲之感到，王家眼下的正确处理方式，只能是王导的做法，纵有不满、委屈，还是要识大体、护朝纲，先稳住局势，保全性命，然后慢慢解决问题。诸多的思绪中，有两点最为刻骨铭心。其一，如果说，王旷的下落不明，使之萌发了人生“死亡无日”之意识的话，那么，“诣台待罪”则是直接面对、亲身感受了；其二，王导日前还是“一人之下”的首辅，隔夜之间，即为随时可能掉头的罪臣，权位对于真实的人生来说，诚如“过眼烟云”。

①〔唐〕房玄龄：《晋书》卷六九《周顗传》，第1852页。

亲历过生死关头考验的人，往往会思索人生价值的终极所在，感悟真谛，大彻大悟。王羲之正值步入成年之际，生活的意义、生命的价值，本就是他的日常所思。

此前的人生期许中，王氏之门有如官宦生产线，踏进仕途，出将入相，乃是每个王家男儿的人生轨道，差别只在于“上线”的时间有迟有早。王羲之与他那些踌躇满志的兄弟们颇有些不同，他知道自己虽是将相生产线上的一员，但他更痴迷于自然山水、文化艺术，他觉得这两者之间虽不说有无可调和的矛盾，但要弥合得天衣无缝也不是件容易的事情。出处两可是个可行的选择，但如果两者发生冲突时怎么办？人生中还是要确立一个自己认为最有价值的目标。这些想法、念头常在脑海中盘桓，朦朦胧胧，若明若暗，一时还没形成清晰的答案。尚未有过入仕经历的他，正是在宫前待罪的惊魂时刻中，集中反思了社会与人生的许多问题：从王旷卷入高层政治的悲惨遭遇，到生在权贵之家的身不由己；自“王与马”的微妙关系，到觊觎最高权力的可怕后果；位高权重与家庭安全孰轻孰重；自然与名教谁是谁非……

我们的祖先历来关心如何做人，如何活得富有意义。先秦时期，人们的生活空间相当广阔，丰富多彩的个性都有展现的机会：一心向儒的孔子、浪漫潇洒的庄周、悲歌长吟的屈原、机智幽默的晏子……还有孟尝君属下的“鸡鸣狗盗之徒”、赤裸裸的“伸手派”冯驩等等。只要不是故意害人，人们尽可挥洒个性爱好，举止言谈的准则十分宽泛，统一又严格的对错是非标准并不存在，人格的基本特点就是真实，或者叫作本色。入仕从政并不是士人生活的全部，当权者的利害也远非价值判断的标尺。

然而，儒学的得势使先秦的传统发生变异。孔子学说的要旨，在于通过教育人们恪守本分，修炼道德，完善人格这样一条途径，把社会引入仁爱有序的和谐之中。在维系社会秩序和诱导向善之心方面，的确功莫大焉。然事情也有它的另外一面，“修身、齐家、治国、平天下”的人生定式，让士人多样化的生命空间大为压缩，人生之路变得单调而狭窄，紧紧地与仕途捆绑在了一起，而权力罗网的无所不在，使个人自我把握命运成为一件十分困难的事情，连生死存亡都取决于当权者的一念之差，眼下的王羲之正陷于如此的哀伤之中。

与个性压抑相对应的现象，是名教的大行其道。朝廷将儒家伦理范畴作为选官标准，“重道”转化为一条做官之路，成为入仕晋升的敲门金砖。目的不纯的求“名”，不择手段的求“名”，出乎情理之外的“异行”此起彼伏。王吉、王骏、王崇就是看不惯这种“假名士”的做派，坚持本色做人而受到有识之士的推崇。然少数人的坚持究竟挡不住名教的诱导，如“王祥卧冰”，本是一件出自内心的孝行，即在冬天抓鱼给老母亲吃，但在世人的神化中，变成了一种难以企及的“酷孝”。

正是在这样的背景下，汉末士人走出经学的束缚，批判名教之治，重新思考社会、人生，掀起了一股影响深远的批评思潮，开创出思想解放、文采风流的建安时代。

王羲之感到，魏晋之际的士人与两汉时期的士人相比，活得个性鲜明，真实自然，为士人生活开创出三方面的新境界：一则，冲破禁锢，自由思考。从汉末“博通自由”，摆脱经学束缚始，诸子勃兴，诗文鼎盛，建安文化、建安文学在士人的自由思考中脱颖而出。正始间，何晏、王弼畅论“天人之际”，超“圣”越“道”的求索、追问，把自由思考精神推演到创造与超越的极致。二则，藐视权贵，独立自尊。魏晋士人走出秦汉士大夫跪为“罪臣”的猥琐心理，抬头做人，以平视的眼光看待君主，对待圣贤。孔融、祢衡讥讽曹操，阮籍醉拒司马昭求婚，嵇康放言“每非汤武而薄周孔”，直至“王与马，共天下”说法的出现与流行。这一百多年时间，士人在总体上走出了“君阳臣阴”的卑微阴影，站着而不是跪着生存于体制之中。三则，不拘礼法，任情率真。礼法禁锢被破除，魏晋士人发现了自身丰富多彩的感情世界，开始追求着一种富有真情实感的生活方式。从建安始，率真浪漫、贵生适性、重文尚艺和任情止礼的习尚，构成士人性格的基本内容。“三曹”“建安七子”文采风流，阮籍“醉而蔑世”，嵇康“隐而傲世”，他们始终不渝地追求自然本色生活。尽管因时局所迫，其中不乏异行表现，但仅就异行而言，他们也令人敬佩地做到了行为与性情的统一。

王羲之是一个生性自由、钟情艺术的人，他在思考历史与人生的时候，对魏晋思潮的主旨——独立精神、自由创造深为认同。同时他也自觉地意识到，崇尚自由并不等于否定儒学传统，维系社会的基本秩序在任何一个时代都是头等大事，但认同儒学又不能简单地与忠于一家一姓画上等号，更不能将其规矩视为人生的全部内容。人生在世，不过短短的数十年，面对丰富多彩的大千世界，为什么要把一个活生生的生命，框限于从“一”而终的人为桎梏中？众望所归的名士领袖夏侯玄、嵇康、阮籍，哪位不是俯仰宇宙、超越时空，“与论天人之际”，何区区于一朝一姓乎！自己百看不厌的名作《乐毅论》《太师箴》，更把文化人的胸怀与抱负——以“道统”引导“政统”——展示得淋漓尽致。以这样的眼光来审视，自是豁然开朗。值此你方唱罢我登场之乱世，道义并不一定在执政者手中。经历一场非同寻常的政治风雨，王羲之看清了自己生命中真正的彩虹。

官位、权力，对于个人，既是福又是祸，哪怕位极人臣，它们也会消亡于瞬间。唯有文化、艺术，永恒于世间。思虑至此，王羲之在生死存亡关头最感遗憾的，不是未能获得高官厚禄，建功立业，而是其文化理想的夭折、书法追求的中断、遍游山水的未果。这些，才是他难以割舍的挚爱。

超越“孤臣孽子”的传统角色，把个体生命置于更广阔的空间，只有守住任情止礼、自然有节的底线，尽可满足自己的爱好与选择，才能感受多种多样的生命体验。或朝或野，或官或民，宣德教化，云游山水，更可沉溺艺术，陶醉书法之中……这样的人生，才是宽阔的人生，这样的生命，方为有价值的生命。

王羲之在青年时代确定的这种人生态度和性格特征，给自己从容、大气又多彩的人生奠定了基调。他所喜爱、敬慕的历史人物，有陆贾、班嗣、尚子平、杨王孙，还有嵇康、阮籍等。这些人都有一个共同的特征——不畏惧权势，有独立人格，以文化追求为己任。嵇康理想中的“达人”是“外不殊俗，而内不失正，与一世同其波流，而悔吝不生”。这样的人生正是王羲之所要实现的人生，圆融通贯，生命被各种色彩涂抹，绚烂而真实。

王导率“昆弟子侄”宫前待罪这一招，虽致家人提心吊胆，却也实在高明：既表明站在元帝一边，反对王敦，给足了司马睿君王的面子，同时也限制了司马睿的选择，杀无辜，于理不合，众人难服。毕竟，王家的砝码是足够重的。

司马睿在对待王氏家族的问题上，表现出应有的冷静与明智。在此期间，他认真听取了周顗的意见。周顗这位行为旷达的大名士，以不理睬王导的姿态进入宫廷，“既见帝，言导忠诚，申救甚至”。醉出宫门后，“又上表明导，言甚切至”，“帝纳其言”。[①]做好事而不求其名，甚至不愿张扬，这便是名士的率真之性。然而，周顗此举却让他付出了惨痛的代价。“（王）导不知救己，而甚衔之”。[②]

司马睿最终没有听从刘隗等人的蛊惑，而是对局势的走向进行了清醒的分析与判断。王敦兵马远胜王师，破城入阙只是时间问题。族灭王门只能激怒王敦，可以预想，其城破之日的疯狂报复，不仅群臣、百姓将万劫不复，他本人也将死无葬身之地。宽宥王家，实际上是一种保全自身的利益交换。最最要紧的，还是他对王导的了解与信任。王家势力大，君王哪能舒服？但王导与王敦不同，睿智又不失厚道，性“澹如也”，并无僭越、非分之想。安抚住王导，才有可能化解危机。想明白这一切后，“帝以导忠节有素，特还朝服，召见之。导稽首谢曰：‘逆臣贼子，何世无之，岂意今者近出臣族！’帝跣而执之曰：‘茂弘，方托百里之命于卿，是何言邪！’乃诏曰：‘导以大义灭亲，可以吾为安东时节假之’”[③]。王家上下在嗓子眼处吊了几天的心，总算放下来了。

未几，王敦兵入京城，“官省奔散，惟有侍中二人侍帝”[④]。于是，金銮殿上发生了罕见的一幕：“帝脱戎衣，著朝服，顾而言曰：‘欲得我处，但当早道，我自还琅邪，何至困百姓如此！’”[⑤]此刻晋室的大权，乃至司马睿的性命，全掌握在王家手中。司马睿运用皇权所做的最后一道命令是，“及敦得志，加导守尚书令”[⑥]，把自己的一切全权托付王导处理。

这时的王导有三条选择：一，以司马氏当年替曹之道还治司马家，堂而皇之地取而代之；二，遵奉中朝“任其自为”的玄学观念，态度中立，坐视事态演变；三，避免内斗势态扩大，稳定来之不易的东南大局。王导选择的是第三条路：“时王氏强盛，有专天下之心，敦惮帝贤明，欲更议所立，导固争乃止。

①〔唐〕房玄龄：《晋书》卷六九《周顗传》，第1853页。

② 同上。

③〔唐〕房玄龄：《晋书》卷六五《王导传》，第1749页。

④〔唐〕房玄龄：《晋书》卷九八《王敦传》，第2559页。

⑤ 同上书，第2559—2560页。

⑥〔唐〕房玄龄：《晋书》卷六五《王导传》，第1749页。

及此役也，敦谓导曰‘不从吾言，几致覆族’。导犹执正议，敦无以能夺。”王导的态度最终迫使王敦不敢轻举妄动，撤兵还镇。

身为枭雄的王敦，在家人脱离了“每旦诣台待罪”的险境后，亦不免生出后怕，怪罪王导：“不从吾言，几至覆族”，早听我的话，内外联手换了皇上，自坐天下，何至于履此险境。然如此的危情既已发生，他对族人在言语之间多少也还算是有一点歉意吧。但王羲之对王敦进城后的作为，“放肆兵士劫掠内外”[①]，则心生反感。此举虽为古之破城的常见之事，但毕竟这是一次以“清君侧”名义动的武，城里城外皆为同朝臣民，大开杀戒是很失道义的。更有甚者，王敦在杀了刁协、戴若思后，还祸及周顗。

周顗与王家渊源甚深，此次又在危难中倾力相助，有大恩于王家，但他的名士脾气让王导心生误会。王敦入城后，周顗数次代表元帝与王敦谈判，每每伸张大义，言辞甚严。王敦与周顗相识于总角，周顗的才华和正气常常使王敦感到自卑，“每见顗辄面热，虽复冬月，扇面手不得休”。这次更是“惮其辞正，不知所答”。解决难题的办法只能是剥夺周顗的话语权，直接诛杀他。事后，王敦还是不免理亏，与部下有一番含义深长的对话：“伯仁总角于东宫相遇，一面披襟，便许之三事，何图不幸自贻王法。”[②]非得给自己找个“正当”的理由。

最羞愧难当的要数王导了。王敦杀周顗前，曾征询王导的意见。这个人要么杀掉，要么就位列三公，“‘周顗、戴若思南北之望，当登三司，无所疑也。’导不答。又曰：‘若不三司，便应令仆邪？’又不答。敦曰：‘若不尔，正当诛尔。’导又无言”。王敦才杀了周顗，王导便发现杀错了，“导后料检中书故事，见顗表救己，殷勤款至。导执表流涕，悲不自胜，告其诸子曰：‘吾虽不杀伯仁，伯仁由我而死。幽冥之中，负此良友！’”[③]从此，“吾虽不杀伯仁，伯仁由我而死”，成为表达有负恩德之情的传世格言。

恩师惨死，王羲之的伤心悲痛无以言传，在对王敦反感的同时更增添了对王家名誉和王家未来的忧虑。元帝遣侍中王彬劝王敦息兵，王彬却先往哭周顗，

---

①〔唐〕房玄龄：《晋书》卷九八《王敦传》，第2559页。

②〔唐〕房玄龄：《晋书》卷六九《周顗传》，第1852页。

③ 同上书，第1853页。

然后见敦，“谏之甚苦”。敦怒欲杀之，以从兄弟关系，未忍下手。滥杀无辜只能引起士人的反感，进而丧失人心。触及心灵最深者莫过于政治与人情胶着而又微妙的复杂关系。

这年十一月，大权旁落的司马睿含恨而死，其子司马绍即位，号晋明帝。遗诏司徒、尚书令王导辅政，王敦则加监宁、益两州，自置百官，愈加权势熏天了。这时候，王家依然掌握着行废立的主动权，只要导、敦内外联手，取而代之易如反掌。问题是，王导一如既往地维护晋室，令王敦备受“时不我予”的折磨。一心想圆皇帝梦的王敦，于太宁二年（324）六月，以抱病之身又一次挥师东进。这一回，王导的态度愈加鲜明，担任大都督，与建康诸将率王师共守石头城。双方大军激战于秦淮河畔，朱雀桥边。结果，王敦军事不利，在芜湖发病而死。群龙无首的武昌军大败而瓦解。

王导并非看不清“时不再来”的机遇，更不是有什么解不开的忠晋情结，他给晋明帝讲司马氏篡魏之事，即是明证。从大局着眼，他认为，在偏安一隅的情况下，国家根基脆弱，有“王与马”的和睦与平衡，方能稳住阵脚，君臣失和，彼此损伤，必危及天下。一旦开了权臣问鼎，方伯夺宫的先例，王敦之后便会有张敦、刘敦、李敦，则江左内讧不息，永无宁日，远不及维系君臣平衡的门阀政治秩序有利。所以，他以自己居中调和的努力，维系了晋室的朝统，也保住了王家的主脉。王敦的不明智之举，实际上致“王与马”两败俱伤。此后的王家虽然还在几代之间维持着世家重臣的地位，但与东晋之初的显赫不可同日而语了，司马家也一蹶不振，再难振皇家气概，倒是给庾氏、桓氏、谢氏的相继登场铺平了道路。

王羲之的青少年时期，正好经历并见证了“王与马共天下”的形成与消亡。他从王导、王敦两伯父的得与失之间，悟出了不少为政处世的道理。他在后来的仕途中，始终对军事行动持以谨慎态度，一旦兵戎相见，难免头脑发昏，滥杀无辜，殃及百姓。对于君臣猜忌，将相失和，他更是痛心疾首，尽其所能弥缝说和，生怕激化矛盾，动摇江左的根基。而他多次辞让出任朝中重臣的机会，恐也是在回避进入权力争斗中心吧。

王敦夺晋失败，于王家有百害而无一利，但命运的机缘却安排王羲之由此结识了一位挚友——周抚。周抚，字道和，父周访，为晋室中兴名将。《晋书》记载，周访“威风既著，远近悦服，智勇过人”，但“性谦虚，未尝论功伐”。王敦怀有异心，但忌惮周访的威名，直到周访死后（320年）才敢发难。周抚在父亲死后，以其勇武、干练的素质，在开创江左基业的东征西讨中，累建战功，深得王敦赏识，引为两大“爪牙”之一。太宁二年（324）的逼宫之战中，周抚为前将军率部攻打建康，兵败后与冠军将军邓岳出逃。王导非常看重这位干才，在朝廷发出原宥的诏令后，他立即将周抚招到自己身边任“从事中郎”。

周抚“强毅有父风”，为人最讲侠义。王敦案时，他与同僚邓岳一起逃亡，到了弟弟周光处。周光要把邓岳献给朝廷，他大骂兄弟：“你要捉他，就先杀了我！”。由此义名满天下。周抚妻荀灌为中国一奇女子。《晋书·荀灌传》载，早年荆州都督荀崧被杜曾围困在宛城，小女儿荀灌年仅十三，见父亲忧急，便自请突围求援。好不容易冲破敌军的营垒，找到她父亲的老朋友石览，发现他手里也没多少兵。荀灌只好冒用父亲之名写了一封信，连夜转向南中郎将周访求救，许为结义兄弟。周访与荀崧原无交情，但是惊讶于荀灌一介弱女子的勇气，于是同意结盟，派儿子周抚分兵去救宛城。在石览、周抚两路兵马的援救之下，宛城终于转危为安。

周抚的才华和爽气正是王羲之最喜欢的个性，两人习气相投，有达三十多年的倾心交往。从王羲之与周抚的结交亦可看出，王羲之交友，并不看重政治派别、门第，更看重两人意气相投，在乎对方为人正派、光明正大。

东床快婿

王敦事件后，朝局恢复了平静，然“王与马”的平衡不复存在，新即位的晋明帝重用外戚庾氏，皇后的兄弟庾亮、庾冰、庾翼、庾怿迅速崛起，此外，卞壶、温峤、陆晔均手握重权，在平定王敦中立了大功的郗鉴也成为风云人物。每个人的后边都有着强大的家族势力。衮衮诸公中，王导虽仍位首辅，但已权威不再，掣肘多多，难以左右局势了。为了维持住王家昔日的荣耀，王导没少受庾亮的气。《晋书·王导传》记，“时亮虽居外镇，而执朝廷之权，既据上流，拥强兵，趣向者多归之。导内不能平，常遇西风尘起，举扇自蔽，徐曰：‘元规尘污人’”。[①]

这时候，王家过江的“黄金一代”，老的老，亡的亡，王导是仅存硕果，安排子侄们从“公卿生产线”上直入仕途，是相当紧迫的事情了。王导的几个儿子，大都在弱冠，即十八岁之前，未步入官场。王羲之没有父亲的直接提携，他最亲近的叔父王廙于永昌元年（322）去世，而他本人又钟情书法，淡然于仕途，顺其自然。不过，羲之好在还有伯父王导的栽培。王导素来器重羲之，对之寄予厚望，为他作了适得其所的安排，“起家秘书郎”。

东晋六朝之际，秘书郎、著作郎乃贵胄子弟奔赴宦海的起航码头，初仕以此为美官。秘书监初置于东汉末年，秩六百石，掌艺文图书之事。“及晋受命，武帝以秘书并中书省，其秘书著作之局不废。惠帝永平中，复置秘书监，其属官有丞，有郎，并统著作省。”[②]《太平御览·晋令》曰：秘书郎掌中外三阁经书，复省校阅，正定脱误。《太平御览》引《晋太康起居注》曰：秘书丞桓石绥启校定四部书，诏郎中四人，各掌一部。秘书郎管的是典籍图书之事，但归属权力中枢的中书省，有着靠近皇上和揆要的机会，有时还要参与起草奏事，容易进入高层视野。

但王羲之没想那样多。当王导告知，让他先做个能接触文藏典籍的秘书郎时，他很是高兴。东汉时，皇家图书馆东观因所藏秘籍众多又被称为“蓬莱”，“是时学者称东观为老氏藏室，道家蓬莱山”。李贤注：“言东观经籍多也。蓬莱，海中神山，为仙府，幽经秘录并皆在焉。”[③]古来图书文献集中于帝室，所藏图书、墨宝，外界难以窥闻。曹魏政权建立后，即着手搜集图书。西晋统一全国后，荀勖编写《中经新簿》，其中著录的图书多达29945卷。晋室南渡时，只顾逃命，文章典籍被丢弃于道路，内府藏书“靡有孑遗”。后来，东晋著作郎李充以《中经新簿》检校内府藏书，已十去其九，制《晋元帝四部书目》，见存者不过3014卷。此被称为中国历史上的“书厄”之四。而被带到建康的民间藏

①〔唐〕房玄龄：《晋书》卷六五《王导传》，第1753页。

②〔唐〕房玄龄：《晋书》卷二四《职官志》，第735页。

③〔南朝·宋〕范晔：《后汉书》卷二三《窦融传附窦章传》附注，第822页。

书就更少了，只有皇室的收藏略具规模，像魏太傅钟繇的奏章，就只可能在皇藏中见到。

秘书郎是个伸缩性很大的平台，一般被贵胄子弟视为“跳板”，甚至有“其居职例十日便迁”的说法。有心者可借机结交权贵，靠拢皇上，很快转做实职，青云直上。散淡者可视之为闲差，不用费心出力，所谓“上车不落则著作，体中何如则秘书”。你不从车上跌下来就能做著作郎，会说“体中何如”就可当秘书郎，平日里鲜马轻裘，从容出入，百姓望若神仙。而王羲之本就醉心文化，无意仕宦升迁，更加自得其乐。他在皇家图书阁中饱读群书，如醉如痴地品鉴蔡邕、钟繇、张芝、卫恒等大家的法帖，特别是将钟、张二师的作品，每一帖都钩摹临写了下来。这些名帖成为他日后入山潜心习书的楷模。

做秘书郎的另一好处是易于结交当朝的名士名流。王羲之生性高傲，不滥交友，凡气味相投，便引为至交。这时候，大名士刘惔走进了他的生活之中。刘惔，字真长，沛国相人，尚明帝女庐陵公主。刘惔素有气质高迈、风流倜傥的盛名，从不把显贵权要放在眼里。“刘真长始见王丞相，时盛暑之月，丞相以腹熨弹棋局，曰：‘何乃渹！’刘既出，人问见王公云何，刘曰：‘未见他异，唯闻作吴语耳。’”[①]评价刘惔的为人，还有一条有趣的材料：“明帝问周伯仁：‘真长何如人？’答曰：‘故是千斤犗特。’王公笑其言。伯仁曰：‘不如卷角牸，有盘辟之好。’”[②]“犗特”，指被阉割过的公牛，喻其能担重任远；“卷角牸”，指老母牛，讽王导已经老而无为却会盘旋进退。刘惔出道早，与羲之识时已是丹杨尹。他为官以儒为尚，不以清谈为务，干事认真，还十分反对流行于世的“怪、力、乱、神”，包括道家的祷祀等活动。“刘尹在郡，临终绵惙，闻阁下祠神鼓舞，正色曰：‘莫得淫祀！’外请杀车中牛祭神，真长曰：‘丘之祷久矣，勿复为烦！’”王羲之对当政者的期望是“非惟风流，兼有为政之实”。在他心目中，刘惔称得上典范。

王羲之的另一位至交为谢尚。陈郡谢家，继王家之后来到江左，建政之初，

①〔南朝·宋〕刘义庆：《世说新语》，第413页。

② 同上书，第414页。

地位远不及王家显赫，但他们出众的才华和能力很快受到高层青睐。《晋书·谢尚传》载：“谢尚，字仁祖，豫章太守鲲之子也。幼有至性。七岁丧兄，哀恸过礼，亲戚异之。八岁神悟夙成。鲲尝携之送客，或曰：‘此儿一坐之颜回也。’尚应声答曰：‘坐无尼父，焉别颜回！’席宾莫不叹异。十余岁，遭父忧，丹杨尹温峤吊之，尚号咷极哀。既而收涕告诉，举止有异常童，峤甚奇之。及长，开率颖秀，辨悟绝伦，脱略细行，不为流俗之事。好衣刺文袴，诸父责之，而因自改，遂知名。善音乐，博综众艺。司徒王导深器之，比之王戎，常呼为‘小安丰’，辟为掾。袭父爵咸亭侯。始到府通谒，导以其有胜会，谓曰：‘闻君能作鸲鹆舞，一坐倾想，宁有此理不？’尚曰：‘佳。’便著衣帻而舞，导令坐者抚掌击节，尚俯仰在中，傍（旁）若无人，其率诣如此。”谢尚在王门子弟中，与逸少最是气味相投。王羲之与谢尚的交往继而延伸到谢家新一代才俊谢安、谢奕、谢万等人的身上，两家的友情一直保持了数代，后人有“山阴道上桂花初，王谢风流满晋书”之誉。

秘书郎在世族子弟眼中，乃闲职一个，不可久留，但性情旷达的王羲之处之泰然，守职有年。他精研书法，笔底的功夫日渐深厚，为朝野所瞩目。《晋书·王羲之传》云：“及长，辩赡，以骨鲠称，尤善隶书，为古今之冠，论者称其笔势，以为飘若浮云，矫若惊龙。”太宁三年（325）七月，晋明帝司马绍驾崩，王羲之为晋明帝书写祭祀用的祝版。晋成帝即位后，祝版上的词句有些要更换。工匠在削改时，发现王羲之写的这些字的墨迹透入木板竟达三分深。“入木三分”之书坛典故就此传开，王羲之一时声名大噪，还帮他成就了东床快婿这一段佳话。

正值王导深感孤独之际，朝中重臣郗鉴向王家提出了选女婿的请求。郗鉴是高平金乡（今山东省金乡县）人氏，祖上也是汉代名宦，但到郗鉴出世的三国年间已沦为布衣，“少孤贫，博览经籍，躬耕陇亩，吟咏不倦。以儒雅著名，不应州命”。永嘉之乱后，郗鉴与许多百姓留在了山东，“遂共推鉴为主，举千余家俱避难于鲁之峄山”，成为晋王朝坚守在北方的一座堡垒。

晋元帝司马睿镇江左后，以郗鉴为江北据点，任其为“龙骧将军、兖州刺史，镇邹山”，有效地钳制了北敌南下。晋明帝初年，郗鉴退守江左，拜安西将军、兖州刺史、都督扬州、江西诸军事，镇合肥，是晋室制衡王敦的重要棋子。后郗鉴果然在平王敦中出奇制胜，有大功于晋室。明帝去世前，以车骑将军要职与王导等六人同列辅政大臣。

亲身经历了永嘉之乱、江左重建全过程的郗鉴，虽忠于晋室，亦深知王家的树大根深，尤对王家世代文采风流仰慕不已。郗鉴欲与王家建立姻亲关系的心思由来已久，但在太宁三年（325）之前，存在着两方面的顾虑，也可以叫作障碍吧。其一，王家的枭雄王敦久有问鼎之心，“路人皆知”，曾与晋室兵戎相见，使“王与马”的关系蒙上了阴影。其时与王家提亲难免引发皇家疑虑。而当时王家亦可能心存芥蒂，郗鉴于太宁元年应朝廷诏，道经姑孰（今安徽当涂）见王敦时，与王敦争执斗口。后来王敦虽放他回京，也说了：“郗道徽儒雅之士，名位既重，何得害之！”但他还是鲜明地站在晋室一边，“遂与帝谋灭敦”。其二，王导在群臣眼中乃是高高在上的人物，王家的“堂前燕”岂能轻易攀附。东晋世族最重门第，所谓“名辈不同，阶级殊悬”。公认的顶尖大族就那么几户，其他人要挤入高门圈子是很不容易的。郗鉴从北方来江左较晚，地位不及，时机不到，提出来便显唐突。

但是，自王敦败亡后，形势就不一样了。王敦的阴影已散，王家势力衰退，不比当年，渴望扩大政治同盟军，而郗鉴也升至枢臣位置，算得上与王家门当户对了。

无怪郗鉴把选婿当作大事，他的掌上明珠名璇，字子房，自小灵慧好文，不但熟读经书，而且书法超群，有“女中笔仙”之誉。郗璇及笄之年，便自谓女中张良，一般的贵胄子弟根本不入她眼。当父亲的对这才貌双全的闺女真是爱到了极点，也因此考虑周全到了极点。

他向王导提亲，又怕王导随便送他一个女婿，特别让一位得力的门生求请王导务必让郗家自选。与郗家对亲，于哪方面看对王家都是好事。郗鉴本人习儒而从武，书名更动一时。他的那个女儿，早已是名门与淑女的化身，京城人家哪个不知，那些青年学子们，都以一睹芳容为幸甚。王导含笑应允。回府后，喻示子弟，有资格的全得到场，他要让郗家看看什么叫龙驹凤雏。

不料，郗璇的名声实在太响亮了，待郗鉴的门生一到，王家子弟“闻来觅婿，咸自矜持”，没一个放得开的。王导却是不信，选婿本是随口应承的事，这偌大京城，也找不出比我王家出色的人才，但咱们的这些子弟今天是怎么了？正在此时，那使者上前问道：“佳儿们是否均在此间？”王导便让管家带着使者随意进出，并点点人数。使者巡行到东边的一间耳房中，看到一位袒衣露腹的年轻人正在床上大嚼胡饼，并未正眼瞅来人。使者惊异：今日之会，众人衣着光鲜，息声宁气，待考一般，这位是哪路神仙呢？上前一望，此人朗拔飘逸，神情间更有一种淡定超然的意味，风姿竟在众人之上。

这位公子，正是王羲之。他一生奉行“率性”之道，真诚地生活，实实在在地为人处世，讨厌任何装腔作势、刻意雕琢的行为，哪怕是为了达到某种目的。对于婚姻，他有自己的想法：顺其自然，相信缘分。把一个真实的自我展示出来，对方欣赏，那便是情投意合的开始，这样才会天长地久。对郗璇，特别是她书法上的才气，王羲之不是不欣赏，但他知道自己做人的方式难为流俗所尚，要想琴瑟和谐，没有心意相通是不可能实现的。所以，平时什么样就什么样，该干什么就干什么。王羲之爱美食也是有些名气的，晋代有名家为之作《右军斫脍图》，后来又有苏轼题跋，画的就是王羲之观赏斫脍的情景。伯父家有如此多的美食，不吃岂不可惜，还是先吃再说。天热，竹榻风凉，衣冠楚楚如何躺卧，只好把那门面衣服脱在一旁……就在这时，相亲的人来了。

郗鉴的门生回去向他汇报：“王氏诸少并佳，然闻信至，咸自矜持。唯一人在东床坦腹食，独若不闻。”[①]郗鉴大喜：“这正是我的佳婿呀！等我证实一下，就去提亲。”证实的结果，他就是那位门第高贵而不骄矜，生活简朴而志向弥坚，书法悟性天成，功力已至“入木三分”的王逸少。从此，“东床快婿”“坦腹东床”，便成了士林掌故。这样的事情只会发生在玄风炽烈的魏晋。

这桩婚姻对晋朝政局及两家的政治命运均影响巨大。王家与郗家的关系，在王羲之与郗璇喜结连理的当年，就出现了变化。斯时，王导因不满庾亮专权，称疾不朝，但郗鉴出任徐州刺史时，王导却出门相送。尚书令卞壶以称疾不朝而私送郗鉴事奏弹王导“亏法从私，无大臣之节”，晋律以“亏礼废节”为“无

---

①〔唐〕房玄龄：《晋书》卷八〇《王羲之传》，第2093页。

敬”，其罪可至免官。好在皇帝还算明白，没听卞壶的谗言，“事寝不行”[①]。而这个“私”字正说明两家此刻新建立的姻亲关系。王导此举，正在于向君臣们显示王郗两家特别的结盟关系。政治上受到冲击的王家，因与郗家的联姻，重新站稳了脚跟。先前，“陶侃尝欲起兵废导，而郗鉴不从，乃止”[②]。陶侃死后，庾亮又重掌大权，都督江、荆、豫、益、梁、雍六州诸军事，坐镇武昌。他不念昔日与王家的和衷共济，写密信给镇守京口（今江苏省镇江市）的郗鉴，约对方一起兴兵把王导拉下台，但遭郗鉴拒绝。无郗鉴的居中调和，王家的命运不堪设想。

郗家对王羲之本人当然有更为直接的影响。郗家父子数十年间执掌枢要，位高权重。郗鉴与王导不同，从地方官一级级干上来，全赖埋头苦干，处事干练，遇事敢担责任。一个王朝的基业得以维系，离不开如此自强有为之士，诚为朝廷砥柱、社会脊梁。郗鉴务实、练达，又具从容的为政心态。《世说新语·言语》云：“郗太尉拜司空（咸和四年，329年），语同坐曰：‘平生意不在多，值世故纷纭，遂至台鼎，朱博翰音，实愧于怀。’”郗鉴之意，以为自己只不过是像朱博那样的吏才，而得登于台鼎，像鸡飞上天一样，在门阀政治中，这本来是想象不到的事。“郗鉴为太尉，虽在公位冲心愈约，劳谦日厌，诵玩坟索，自少及长，身无择行。家本书生，后因丧乱，解巾从戎，非其本愿，常怀慨然。”[③]郗鉴两拜三公，相隔近十年，而谦退旨趣前后如一。正因为郗鉴不贪权柄，无竞于朝，所以能够久任枢机，善始善终，而无殒坠之虞。王羲之接触到了另一类风格的政治家，这对一度安于当闲差的他很有些震动。此外，郗鉴以辅政大臣要职，安排女婿转入实职也是易如反掌。羲之的仕途不再完全仰赖王导操心了。

有了郗鉴这样一位岳父大人，王羲之的政治生涯出现重要转机。然而，又一场权臣逼宫的闹剧，打破了他平静的生活。

咸和三年（328），新登基的晋成帝司马衍尚在幼冲之际，爆发了一场内乱。

①〔宋〕司马光：《资治通鉴》卷九三《晋纪十五》，第2941页。

②〔唐〕房玄龄：《晋书》卷七三《庾亮传》，第1922页。

③〔南朝·宋〕何法盛：《晋中兴书》，引自《太平御览》卷二〇七，第76页。

苏峻、祖约二人本为北方坞主，南渡后任流民帅，已然是驻屯于东晋北部的不可忽视的军事力量。祖约时任镇西将军、豫州刺史，率部屯寿阳（今安徽省寿县）。苏峻任使持节、冠军将军、历阳内史，有精兵万人。晋明帝死时，苏峻渴望跻身于辅政大臣之列，未能如愿，继而要求提升官职，又受挫于庾亮、王导，因而怀恨在心，在历阳（今安徽省和县）招兵买马，威胁京师。

想着要拔掉这块卡在喉管上的骨头，庾亮于咸和二年（327）不顾王导等人劝阻，执意召苏峻入建康任大司农，使之脱离军队，结果激起兵变。苏峻联合祖约以诛庾亮的名义，于是年十一月起兵。咸和三年二月，击败庾亮、卞壶统领的王师，卞壶战死，庾亮逃往江州。叛军入建康后，“因风纵火，烧台省及诸营寺署，一时荡尽”。峻兵“突入后宫，宫人及太后左右侍人皆见掠夺。峻兵驱役百官，光禄勋王彬等皆被捶挞，令负担登蒋山。裸剥士女，皆以坏席苫草自障，无草者坐地以土自覆。哀号之声，震动内外”①。

苏峻入台城，真是秩序荡然，斯文扫地，人人自危。王羲之再次感受到消弭内乱，稳定政局的重要。同时，也开始萌生要为此出点力的想法。看淡权势是一种境界，但如果有此境界的人，都选择退让甚或“隐逸”的话，那么朝廷中以公心处事的人就会越来越少。所以，有机会从事利于政局安稳、百姓宁集、民生康乐的政务，也是对乱世的防止与避免。

苏、祖之乱，对王羲之的影响，除了思想感情的刺激外，还引发了一桩重要的命运转机。苏、祖所为，不得人心，建康的四周很快形成以陶侃为盟主的勤王力量。咸和三年（328）九月，传来击溃叛军，苏峻枭首的捷报。此番平乱过程，郗鉴统领车骑大将军，都督徐、兖、青三州军事，率众誓死坚守京口，为陶侃军的外线进攻，创造了内线夹击之势。平苏、祖之乱，郗鉴居功至伟，“进位司空”，升至权力核心。

---

①〔宋〕司马光：《资治通鉴》卷九四《晋纪十六》，第2951页。

第三章 宦海初航

从王友到太守

咸和二年（327）年底，得到王、郗两家照应的王羲之转迁到会稽王司马昱处当了“王友”。《世说新语·品藻》注引《中兴书》云：“羲之自会稽王友改授临川太守。”

《晋书》卷二四《职官志》载：“王置师、友、文学各一人……友者因文王、仲尼四友之名号。”[①]为王置师友来自古老的传统，《大戴礼》曰：“古者八岁出就外舍，学小蓺焉，履小节焉。”《礼记·内则》曰，“六岁，教以数目与四方之名；八岁，教以礼让，示以廉耻”。是年司马昱正好八岁。师、友、文学三者间，友的位置最具奥妙，于师尊重有余，亲密不足，文学属于“陪太子读”一类，友则为贴身顾问，常常与王建立感情密切的关系。

东晋立国后，皇子为琅邪王、会稽王和吴王者，地位显要，一旦太子绪统出了问题，他们往往被推举继承皇位，当他们的师、友、文学等于攀上了硬邦邦的政治靠山。大族子弟对仕途有期望者，都期盼有这么一段经历。王导的爱子王悦，出道的第一站即为“吴王友”。郗鉴和王导所看好的会稽王司马昱，系元帝司马睿的少子，属皇族中的血脉近宗，又天资聪颖，“幼而岐嶷，为元帝所

①〔唐〕房玄龄：《晋书》卷二四《职官志》，第743页。

爱。郭璞见而谓人曰：'兴晋祚者，必此人也。'及长，清虚寡欲，尤善玄言"[①]。乃皇室寄予厚望的人物。他日后果然久居枢要，终至位尊九五。给如此人物去当王友，显然有王、郗两家的良苦用心。

《晋书·职官志》记载，西晋封的王国，有"之国"的规定，即被封的王子必须到封国去就任。但永嘉南渡后，因辖土缩小，又侨置了诸多原属北方州府郡县的名目，有的封土在北方失地上，有的属地又因世家大族的兴极一时，变得有名无实。故东晋封王基本属于统绪、地位与名誉的象征，现实中是无国可"之"了。史料中，也没有幼年司马昱到会稽活动的痕迹。会稽王及其属僚，还是呆在建康城中。

王羲之来到会稽王府中，看到司马昱的确聪慧好学，但学习有王师负责，侍读又是文学的事，自己长司马昱十五六岁，已是一位大哥哥，只是陪着玩玩、聊聊，主要是精神交流。对王羲之来说，倒也轻松愉快，优哉游哉。这段时间，王羲之游历了东南一带的名山大川，黄山、霍山、茅山、九华山、天目山和会稽山等等。后来他辞谢护军将军时，渴望宣城太守与会稽内史之职，与迷上了此间的山水大有关系。

王羲之为会稽王友的时间不长，便在伯父和岳父的安排下升任临川太守。此番王友的阅历，虽时光短暂，却对他一生的命运影响深远。"友"的身份使他与司马昱建立了非同一般的亲密关系。他留存后世的书信中有不少是写给司马昱的：或依礼请安问候，或随时报告近况。王羲之后来在上疏陈事时，据实坦言，词锋尖锐，司马昱亦无怪罪。若无这层关系，交浅言深，便为取祸之道了。

《晋书·王羲之传》未载其任临川太守事，不过史家均认为，此传所载只是一个简历，省略了王羲之好些非重点的任职。从王羲之前任"王友"，之后转任吴兴太守、征西将军府参军的履历看，参以那一时期历任临川太守的任职时间，王羲之就任临川太守一职，当为咸和四年至咸和八年（329—333）间。虞龢《论书表》云："羲之所书紫纸，多是少年临川时迹，既不足观，亦无取焉。"既说是"少年"，依当时惯例，一般不超过三十岁。

---

①〔唐〕房玄龄：《晋书》卷九《帝纪第九》，第219页。

《世说新语·品藻》载，“王修龄（王胡之）问王长史（王濛）：‘我家临川，何如卿家宛陵？’长史未答，修龄曰：‘临川誉贵。’长史曰：‘宛陵未为不贵。’”程炎震云：“右军为临川，今晋书本传不载。据此，知与述为宛陵同时也。盖庾亮在江州时，咸康间。”王述与王羲之同岁，三十求仕，应为公元332年左右，而古人称某人官职名并不代表某人一定在任上，只要是当过某职即可。这说明，王羲之在王述当宛陵县令时已任过临川太守了。

临川郡（今江西省抚州市）位于南昌之南，汉时属扬州部，晋代新设江州部（九江）时划归江州。《晋书·地理志下》载其统县十，临汝、西丰、南城、东兴、南丰、永成、宜黄、安浦、西宁、新建。分布在整个抚河流域间，户仅八千五百。是江州辖领下的一个中等郡，比起大江近旁的丹杨、吴郡等大郡来，可谓地僻民稀。

王羲之此时改任临川太守，若换了别人可能不快：离开了繁华之地，也远离了政治中心。但逸少不作此想。他知道，临川是当时重要的转运漕口，对民生的意义很大。出任此职，更能熟悉朝廷政务的运作规矩，历练干才。临川虽地僻人稀，但周边风光无限，也就有机会满足自己好游的愿望。

入主临川郡，是王羲之首次主持一方政务。内内外外一大摊事，头绪真是不少。郡虽夹在州、县之间，但自秦始皇行郡县制后，郡乃历代王朝正式而实在的一级建置。《后汉书·百官五》概括其职责：“凡郡国皆掌治民，进贤劝功，决讼检奸。常以春行所主县，劝民农桑，振救乏绝。秋冬遣无害吏案讯诸囚，平其罪法，论课殿最。岁尽遣吏上计。”历代对此沿用不移。郡太守的职责，从百姓的农业生产、计赋收税，到治安断狱，无不包括，所谓“刑名钱粮”。总之是下顾一方百姓的民生与平安，上纳朝廷的课岁与贡赋，这两项硬任务，便是太守的职责。郡守的接触面也大为拓宽，上至中央、州府各部门，中至邻郡官员，下至诸县、诸曹，王朝体制运行自上而下的全过程，无不经手过目。

二十多年饱读诗书，王羲之素怀“士志于道”的理想。到任后忧民用心，与乡绅士族来往周旋，想一展自己“知机合道，以礼始终”的致宦理想。但不久他就发现，官场真实的运行状况与书本上的圣人之教相去甚远。敬业的“循吏”很少，上下僚员，无论刺史还是郡守县令，以官场酬酢、论虚谈玄为尚，不少人荒疏政事、饮酒遨游，多将庶务交予属下处理，维持着一种不求有功但求无过的状态。

王羲之不禁回想起前御史中丞熊远对时弊的针砭：“每有会同，务在调戏酒食而已”，更为难以转变的是“选官用人，不料实德，惟在白望，不求才干，乡举道废，请托交行。有德而无力者退，修望而有助者进；称职以违俗见讥，虚资以从容见贵。是故公正道亏，私途日开，强弱相陵，冤枉不理。今当官者以理事为俗吏，奉法为苛刻，尽礼为谄谀，从容为高妙，放荡为达士，骄蹇为简雅”[①]。自己虽有“修德庙堂，折冲千里”的宏志，但目前也无法以一己之力来改变官场积弊，只能联络同志，徐图大展。

到临川任所时间不长，王羲之就经历了一桩“震动江左”的政治风波。当时的江州刺史刘胤，系平“苏峻之乱”的有功之臣，颇受温峤信任。然“胤位任转高，矜豪日甚，纵酒耽乐，不恤政事，大殖财货，商贩百万”。赣抚平原其时为朝贡粮食与夏布的重要产地和转运中枢。“是时朝廷空罄，百官无禄，惟资江州运漕”，但刘胤“以私废公”，不把朝廷的困难放在心上。“今大难之后，纲纪弛顿，自江陵至于建康三千余里，流人万计，布在江州。江州，国之南藩，要害之地，而胤以侈达之性，卧而对之，不有外变，必有内患。”[②]

当初提拔刘胤的时候，陶侃、郗鉴都不同意，曾向王悦打听王导的想法，王悦说：“不是我父亲要提拔他，是温峤说，他在江州时夜里老做噩梦，后来梦见一人对他说，可以让刘胤来做这个官。我父亲也就没反对。”郗鉴在王羲之来江州之时，嘱咐他在关注民生的同时，特别要注意养晦，就是怕这个刘胤不好应付，连累了爱婿。

刘胤对王羲之这样的世家子弟只是当作酒肉同侪，并不在意。而王羲之对刘胤为一己之欲横征暴敛，无视社稷安危，极为反感。看到治下的百姓流离失所，还要被官吏欺诈、盘剥，更为痛心。但是，伯父与岳父都曾谆嘱再三，高层政治的事还不到他能参与的时机。所以，王羲之在临川尽力做的，也就是保

①〔唐〕房玄龄：《晋书》卷七一《熊远传》，第1887页。

②〔唐〕房玄龄：《晋书》卷八一《刘胤传》，第2114页。

境安民，不让辖内的百姓受刘胤的过多荼毒而已。

不久，刘胤就成为朝廷众官的靶子，被有司奏免。但朝廷的罢官文件却被刘胤视作无物，“而骄侈更甚，远近怪之”。这时，郭默趁机发难，假称“我被诏有所讨，动者诛及三族”，擅自率兵冲进刺史府，把刘胤斩了首。王导在京师看到刘胤的首级，便顺水推舟，认了郭默的作为。但时任太尉、征西大将军的陶侃却不买账，致书王导曰：“郭默杀方州，即用为方州；害宰相，便为宰相乎？”王导仍曲为解释说：“默居上流之势，加有船舰成资，故苞含隐忍，使其有地。一月潜严，足下军到，是以得风发相赴，岂非遵养时晦以定大事者耶？”陶看回信笑曰：“是乃遵养时贼也。”陶侃遂自起兵斩郭默，兼领荆、江两州刺史。[①]

王羲之对陶侃早有仰慕，知道他是一位勤勉忠公的能臣，不但能打仗，还会治理地方，“百姓勤于农殖，家给人足”。陶侃与郗鉴甚是投合，两人都对王导的“绥靖政策”不满，只是对待方式不同而已。“陶侃尝欲起兵废导，而郗鉴不从，乃止。”在陶侃的威严下，江州千里之地的百姓很快实现了安居乐业。临川郡自然均沾其惠，王羲之第一次体验到“为官一任，造福一方”的责任与欣慰。

陶侃讨平郭默之后，重新部署江州地区官员配备。陶侃与周访是刎颈之交、儿女亲家。当年王敦要杀陶侃，就因顾忌周访被手下人劝阻：“周访与侃亲姻，如左右手，安有断人左手而右手不应者乎！”[②]对于周访之子周抚，陶侃素来看重，江州以豫章地位最重，便安排周抚迁振威将军、豫章太守。

《晋书·周抚传》载：“咸和初，司徒王导以抚为从事中郎，出为宁远将军、江夏相。苏峻作逆，率所领从温峤讨之。峻平，迁监沔北军事、南中郎将，镇襄阳。石勒将郭敬率骑攻抚，抚不能守，率所领奔于武昌，坐免官。寻迁振威将军、豫章太守。”[③]豫章、临川两郡同属江州，且地界相邻，无论政务还是民事皆联系多多，如临川输往朝廷的物资，豫章乃是必经之地。挚友周抚坐镇豫章，于羲之真叫天遂人愿。

---

①〔唐〕房玄龄：《晋书》卷六六《陶侃传》，第1776页。

② 同上书，第1773页。

③〔唐〕房玄龄：《晋书》卷五八《周抚传》，第1582页。

周抚虽是武将，但对王羲之的友谊很为珍惜。两人在安排好政务之余，满足了一番“尽山水之游”，“穷诸名山”的同好。有这样的武人相伴，王羲之也才有可能穿行于虎豹横行的崇山峻岭。

赣北有以奇雅著称的三清山，南边有“巅连直接东冥”的赣南山脉。王羲之游山水，更多的是在体悟“师法自然”的奥妙，入得山，如在画中，艺术创造的激情如热泉喷涌。他喜欢用那种毫长尾尖之笔，每日束发之时，便把一管笔当作发簪，木竹枝干、泉石壁岩都是他习帖布字的所在，到了山里人家，布、麻、草、席，各种能书写的东西，都为他练笔所用。刘有定在《衍极·注疏》中云：羲之“自于山谷中，临学钟氏及张芝草书廿余年。竹叶、树皮、山石之上及板木等，不可知数。至于素纸、笺彀、藤纸或反复书之。尽心精作，得意转深，有言所不能尽者”①。随走随写，人、景、字，你中有我，我中有你，不分彼此，融为一体。人是艺术化的人，景乃人格化的景，字为有生命的字。这正是王羲之习字超越他人之处。常常与之同游的周抚目睹好友如此投入于书法习练，敬重之情又添了三分。王羲之亦终生怀念与周抚的同游之乐。到了晚年，周抚任益州刺史时，他还去信问蜀中山水，要与老友再来一番当年那样的畅游。

王羲之在临川过得有滋有味，与当地出产两种大合其胃口的物产很有些关系。其一为流传至今的李渡毛笔。传说秦代蒙恬发明柳条笔不久，咸阳人郭解和朱兴由中原到江西临川李渡一带，传授制笔技艺。王羲之对李渡毛笔爱不释手，书法珍品中有不少出自其笔。由于王羲之的缘故，李渡毛笔名声大振。《滕王阁序》中的“邺水朱华，光照临川之笔”，写的也就是此笔与王羲之的事迹。其二系临川出产的薄滑纸。王羲之青年之时，以临书为主要的学习方法，篆、隶、真书等字体，用此纸书写皆为上品。另外，其时学书多临书帖。要把借来的帖子纤毫不差地勾摹下来，薄滑纸最为得用。唐以后，宣州宣纸、临川薄滑纸、扬州六合笺、广州竹笺都是延续千年的名纸。对于一个痴迷书法的人来说，还有比这更诱人的享乐吗？

历史上，名士给自己起号是非常讲究的，盖因其为阅历、优长和志向的凝

①〔元〕刘有定：《衍极注疏》，载《中国历代书法论著汇编》第五册，第161页。

结。王羲之平生有两个名号：一曰澹斋，一曰临川。足见他对临川的珍爱。王羲之自号临川，除了他在临川任太守以外，更重要的，是他的书法成熟就在这一阶段。就任之初，王羲之望见郡城内周学岭地势高昂，临近抚河，视野开阔，可以纵览风景，便在这里建筑房宅，名曰新城。新城之中，有一长方形的水池，池水深黑，相传就是王羲之的洗墨处。抚州民间故事记云：王羲之任临川太守时，乡民在城西北处兴建一座飞云阁，聘请王羲之书写横额巨匾。王羲之在纸上写了几幅，总觉得“飞”字左轻右重，不甚满意，决心苦练三个月。家人怕他劳累，便好心劝阻。王羲之严肃地说：“为人切不可恃才自傲。这飞云阁乃全城百姓助资所建，传之后代，百世不凋，吾岂可潦草塞责，贻笑治所！吾当练笔三月。”

随后，王羲之废寝忘食，临池练字，专写“飞云阁”三个字。一天，他练字入了神，忘记吃饭。家人把他爱吃的馒头、蒜泥、甜酱端来放到他身边。王羲之一手揣摩运笔，一手抓起馒头蘸蒜酱吃，却错把砚池当成酱碗，弄得满口是墨，尚不觉得，直到家人前来道破，才恍然大悟。在临川，他不但如张芝一般“临池尽墨”，更把王导送给自己的钟繇《宣示帖》临写得可以乱真，对“草书圣人”张芝的笔法，也有了更多了悟。有意思的是，王羲之对“池水尽墨”的看法不似众人，“张芝临池学书，池水尽黑，使人耽之若是，未必后之也”。王羲之认为他要耽于苦学硬临，也就做到池水尽墨罢了，就未必能成就“后有来者”。

王羲之在临川的习墨行迹，世代传之，七百余年后唐宋八大家之一的曾巩来到临川，深为打动，著《墨池记》云：

临川之城东，有地隐然而高，以临于溪，曰新城。新城之上，有池洼然而方以长，曰王羲之之墨池者，荀伯子《临川记》云也。羲之尝慕张芝，临池学书，池水尽黑，此为其故迹，岂信然邪？

方羲之之不可强以仕，而尝极东方，出沧海，以娱其意于山水之间；岂其徜徉肆恣，而又尝自休于此邪？羲之之书晚乃善，则其所能，盖亦以精力自致者，非天成也。然后世未有能及者，岂其学不如彼邪？则学固岂可以少哉，况欲深造道德者邪？

墨池之上，今为州学舍。教授王君盛恐其不章也，书“晋王右军墨池”之六字于楹间以揭之。又告于巩曰：“愿有记”。推王君之心，岂爱人之善，虽一能不以废，而因以及乎其迹邪？其亦欲推其事以勉其学者邪？夫人之有一能而使后人尚之如此，况仁人庄士之遗风余思被于来世者如何哉！

庆历八年九月十二日，曾巩记。①

王羲之书法成熟的一个标志，便是在汲取前辈精华的基础上，以“得乎其妙”的体会，摸索自己独有的书法风格。他开始突破钟繇楷书的窠臼，融入行书和草书的笔意，写出更为流畅且富于变化的字体。这期间的代表作便是传世名篇《奉橘帖》。南丰蜜橘自古以甘之如饴著称，“花香绿素千朵雪，果甜丹碧万点金”，优异的品质使它被历代皇室列为贡品。做了父母官的王逸少怎会放过把它奉送给朋友的好机会呢？那年尚未秋深，橘子初熟，还未到大量采摘的时候，不可多得，只是表示一份心意而已。于是，王羲之提笔蘸墨，一挥而就：“奉橘三百枚，霜未降，未可多得。”②唯有在橘乡，才能对吃橘子有这样的心得。

《奉橘帖》总体上仍属楷体。特别是“奉橘”二字，深得钟繇之骨，方正坚劲，随之的行楷，刚柔兼备，萧散闲逸，宽雅疏朗。最后，“以真带草”，显出羲之自此而成的“一帖之内，变体多韵”风格。此帖属羲之自创书风的早期尝试，运笔自由，富于变化；墨色自浓而淡，一气呵成，流畅之间更显表现力；字形从扁而长，尤以“可多得”三字见新奇。羲之的这幅帖子，似在向书界宣告，一场大的变革即将来临，尽管这种变化起初被一些固守传统者视为背离法度的“野鹜”。

临川胜任愉快的生活，让王羲之产生了长居此地的念头。《江西通志》载：“王羲之尝为临川内史，置宅于郡城东偏，旁临回溪，特据层阜。”③王羲之有心

①〔宋〕曾巩：《墨池记》，载《唐宋八大家文钞》，中华书局2010年版，第180页。

②〔晋〕王羲之：《奉橘帖》，载《王羲之尺牍》，光明日报出版社2008年版，第6页。

③《江西通志》卷四〇，文渊阁四库本，第402册，第77页。

置宅安家，也有为母亲和兄长作一长久安身的打算。不想此间却做了安厝父灵的所在。

王旷于永嘉三年（309）率兵北上勤王，所部全军覆没，本人下落不明。在那样一个南北对峙、兵荒马乱的岁月中，无论朝廷还是王家，欲从北方找回王旷的遗骨都是希望渺茫的。晋看重孝道，正常情况下父死不葬者永远不得除服，但此际已是“骨肉歼于寇害，死亡漫于中原，而继以遗贼未灭，亡者无收殡之实，存者又阙于奔赴之礼”。要以常礼论之必是“人居无限之丧”，把礼变为一种残酷的条例了，“非有礼无时不得之义也”。权宜之下，就定了个以人心为尺度的规定：“若亡遇贼难，丧灵无处，求索理绝，固应三年而除，不得故从未葬之例也。”[①]人子之情可以完成，婚嫁、入仕等也就可以正常进行了。王籍之入仕很早，但到王敦之乱前方迁为安成太守，这中间还应有为其父守孝三年的耽搁。

王家北寻遗骨的努力一直未有停息，因是除服以后的寻找，只能暗中默默进行。王旷的遗骨是否找回，史书中无确凿下文。王旷是太守，不同于老百姓，生要见人，死要见尸，应为理中之义。投降敌方，必为朝议所不容。王家当然明白其中利害，可就是找不到王旷的下落，所以，只能上报为“战死”。但某些对王家不友好的势力却不肯轻信，时时放出王旷投敌的议论来，好在对方亦无确据，元帝对这位“首议”之臣也还有感情，就不明不白地压下来了。但按晋时法令，“父死不葬”是不得了的罪，一天“不葬”，一天不能“除服”，“依礼文，父丧未葬……不可居殡而除，故期于毕葬”[②]。要葬，老百姓用“衣冠冢”可以对付过去，而王旷这样的大官就难办了，有了衣冠冢也不能安心，所以一直在寻找遗骨。

终于，王旷的遗骨有信了，但同时也证实了非战而死。这就带来很大麻烦，皇帝只得让王籍之自己辞了官，再给王旷夫人一个恩典，不予追究。王廙写给王籍之的一封信中透露了个中消息：“七月十三日告籍之等：近日遣王秋书不

①〔唐〕房玄龄：《晋书》卷二〇《礼中》，第641页。

②同上。

具。月行复半，念汝独思不可堪居。奈何，奈何，雨凉不审。谨案右一帖草书三行三十七字。嫂何如，汝所患遂差未？悬心不可言。阿母？恩，上下悉佳，宜可行。泻疟如复断要取，未断愁人。宜复具日发，与别惘惘，不可言。今遣使未北反，书不具自，复会日消息。廙疏。”[①]皇上看在你母亲的面上给了恩典，如果老少都好，就快走吧。要注意的是，“今遣使未北反，书不具自，复会日消息”，后一句可推断为，遗骨事还没完全办好，再等后面的消息吧。王羲之到临川任上后，终于迎回父亲的遗骨，有了遗骨，却无法归葬于建康，哀痛之余，只能在临川找了一块坟地，将父亲暂厝于此。

临川期间，王羲之的又一大收获是趁便走了趟南岳衡山，得到女道家魏夫人的指点。魏夫人，出家前名魏华存，字贤安，是当朝有名的才女，中国第一位女道士。《魏夫人传》载，她“幼而好道，静默恭谨，读庄老三传，五经百氏，无不该览。志慕神仙，味真耽玄，欲求冲举，常服胡麻散、茯苓丸，吐纳气液，摄生夷静”[②]。从师清虚真人王褒，得《黄庭经》。逃难到江左后，入衡山修持，被道家称为“紫虚元君南岳魏夫人”。十六载春来秋去，她潜心于《黄庭外景经》的解读诠释，最后整理成道教的重要典籍——《上清黄庭内景经》。《内景》重气养精，存观一象，在道教谓之“存神”，而《外景》则重存思外界自然之象，致神以内佑。历代道教炼养家均重视《黄庭经》，后世道教全真派更以其作为讲习功课之一。后世文人学士亦对《黄庭》青睐有加，如唐李白诗中有：“山阴道士如相见，应写黄庭换白鹅”。宋陆游诗云：“白头始悟颐生妙，尽在《黄庭》两卷中”。

王羲之于道教得自家传，所谓“王氏世事五斗米道”，而《黄庭外景经》正是天师教主张道陵传道的主要典籍。《外景经》文字简易，于修持之道语焉不详，而魏夫人创立的上清派，根据“浊明外景，清明内景”的要义，发扬古代医学中有关脏腑、经络、精气的理论，着重阐述存思身神、守固精气的理论和方法。《内景经》明确提出三丹田理论，即脑中泥丸宫为上丹田，心中绛宫为中

①《淳化阁帖》卷二，文渊阁四库本。

②〔明〕陶宗仪：《说郛》卷一一三下，文渊阁四库本，第692册，第17页。

丹田，二肾之间的命门为下丹田。又提出人体五脏六腑皆有神，默思身中之神，可得长生之道。

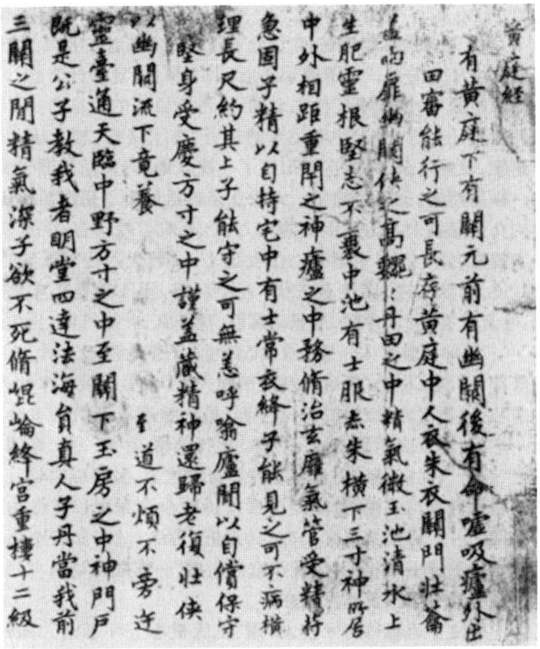
黄庭經
有黄庭下有關元前有幽闕後有命虛吸廬外出
田審能行之可長存黄庭中人衣朱衣關門壯籥
蓋兩扉幽闕俠之高巍巍丹田之中精氣微玉池清水上
生肥靈根堅志不衰中池有士服赤朱橫下三寸神所居
中外相距重閉之神廬之中務脩治玄廱氣管受精符
急固子精以自持宅中有士常衣絳子能見之可不病橫
理長尺約其上子能守之可無恙呼噏廬間以自償保守
堅身受慶方寸之中謹蓋藏精神還歸老復壯俠
以幽闕流下竟養 至道不煩不旁迕
靈臺通天臨中野方寸之中至關下玉房之中神門戶
既是公子教我者明堂四達法海員真人子丹當我前
三關之閒精氣深子欲不死脩崐崘絳宮重樓十二級

王羲之书《黄庭经》局部（唐人临本，北京故宫博物院藏）

这种讲求静心怡养的道术，对一味讲求符水和服食的“五斗米道”有所矫正。待王羲之上山时，魏华存已是八十余岁高龄，仍“貌若婴孺”。魏夫人道学深奥，然魏晋书道不分，习书法也为道教的风习。在书法上，魏夫人也很可能给过王羲之一些启示，所以后人常把她与卫铄相混淆。魏夫人在晚年看到王羲之这样的人才，不禁喜出望外，而王羲之所奉的天师道此际也开始讲求内观存神之术，有魏夫人的亲传，也是求之不得。从此，他终生将抄写《黄庭经》视为修功德。这也是他为数不多的存世手迹中却有多种版本《黄庭经》的原因。

王羲之的南岳之行，在当地留下“以经换鹅”的另一版本，说是道士们看到王羲之下山了，为了获得《黄庭经》，就在途中放了一群白鹅，让王羲之以字换之。后文还要提到王羲之与上清派的传人许迈兄弟的交往事迹，此亦可为佐证。

短短数年的赣南生活，丰富多彩而又令人收获颇丰，不啻为王羲之人生旅途中的重要驿站，在他生命中刻下深深的印痕。到了晚年，王羲之还很怀念临川，有著名的《临川帖》传世：“不得临川问，悬心不可言。子嵩之子来数有使，冀因得问示之。”

王羲之在临川干了四年之后，于咸和八年（333）调任吴兴太守。这是王导和郗鉴安排的一次升转。同是郡太守，品秩相当，吴兴却因为地域的关系，分量会加重许多。吴兴（今浙江湖州市），是三吴之一，为江南大郡。吴兴太守是个令人眼馋的职位，素来由位高望重的大名士担任。南朝梁陶弘景《论书启》云："逸少自吴兴以前，诸书犹为未称。凡厥好迹，皆是向在会稽时永和十许年中者。"这个吴兴，即是为官吴兴的意思。

王羲之的吴兴之任，留下了"升山"掌故。"云晋王羲之常升此山[①]。顾谓宾客曰'百年之后，谁知王逸少与诸卿游此山。'因有'升山'之号。"[②]唐代颜真卿撰《石柱记·山川》提到升山时说，此间有"晋吴兴太守王羲之乌亭"[③]。大历年间湖州刺史裴清始撰《吴兴太守历官记》，刻于《晋太守谢公安碑》之阴，碑文曰：曾任吴兴太守者，自王羲之洎陈代任忠凡四十四人。[④]历代史家和书家皆认为"升山"之名得于王羲之在吴兴的"足迹"，实有依据。

王羲之十分喜欢吴兴这方水土，但一场政治变动使他在吴兴仅待了年把便去担当更重要的历史角色了。

入幕征西将军府

咸和九年（334），雄踞长江中上游的太尉、征西大将军陶侃过世。朝廷很快安排成帝的大舅填补这一重要的权力真空，《晋书·庾亮》载："迁（庾）亮督江、荆、豫、益、梁、雍六州诸军事，领江、荆、豫三州刺史，进号征西将军、开府仪同三司、假节。亮固让开府，乃迁镇武昌。"庾亮组建大将军幕府时，向王羲之发出了出任参军的召唤。羲之还在少年时，庾亮就熟悉和喜欢这位王家的"佳子弟"，曾评价："逸少国举。"[⑤]以羲之之才华担当参军，实在合适不过。时下朝廷中王导、郗鉴和庾亮三足鼎立，像王羲之这样将王门新锐、郗家女婿和庾府要员三重身份集于一身，深得三方信赖者，朝野找不出第二人。必要的时候，逸少将有他人无法替代的作用。

---

① 指乌山，又名欧馀山，今名升山。

②〔晋〕吴均：《入东记》，载《浙江通志》卷一二，文渊阁四库本。

③〔唐〕颜真卿：《颜鲁公集》卷一三，文渊阁四库本，第842册，第25页。

④〔晋〕裴清始：《吴兴太守历官记》，载《浙江通志》卷二百五十六，第1969页。

⑤〔南朝·宋〕刘义庆：《世说新语》，第255页。

对于赴庾亮处任职，王羲之也是反复权衡。王敦死后，明帝、成帝父子信重母家，庾亮脱颖而出，与王导形成双峰并峙之势，庾亮虽在苏、祖之乱中锋头受挫，但很快恢复元气。征西将军的职位，就其职责而言，控制长江中上游地区，对外抵御北方入侵，对内佑卫京师安全。自东晋开国以来，先后由王敦、陶侃担任，无不权倾朝野，不仅掌控了东晋王朝的半壁江山，更有威逼京师之势。这股军政力量，处置得当，乃是维护江左大业的依赖，相处不好，便是内讧乱局的祸水，自武昌顺流东下，乘势直取建康，所谓“风力不得泊也”。王羲之觉得，在这样的军政要害部门做事，有望落实自己巩固江左大业的政治理想。

庾亮与王导失和，由来已久，积怨颇深，矛盾已然公开化。除了“一山难容二虎”的权力分配因素外，还有执政思路上的分歧。“王导辅政，以宽和得众，亮任法裁物，颇以此失人心。”王导代表了主流，然江左诸公整天谈玄唱和，不把公务放在眼里，已造成了吏治的极大涣散。庾亮主张严肃禁令、整饬吏治，不失为针对时弊的良谋。王羲之认为，庾亮虽存“过正”之嫌，但从陶侃手里就开始整顿的吏治不能停止，到武昌任职，也算是志同道合之举吧。更深远的一层想法，则是勉力扮演三国孙、刘联合抗曹时鲁肃那样的角色，居中调和，修补、缓冲王、庾之隙，力阻两家反目动武。

咸和九年（334），王羲之从建康携妻儿乘船沿长江逆流而上，来到武昌征西将军府。参军乃开府将军的主要属官之一，是为出征特任而设的职位，参与军机，为主要幕僚。

王羲之的文才乃当朝一流，他识虑过人，起草的奏章、文告，并世罕有其匹。与“刀笔老吏”更为不同的是，他所书文告一面世，便流传开来，众人效法，就连当时名列第一的大书家庾翼的子侄也都“竞学王书”。据说庾亮也想让逸少给他写一张法帖，羲之回答道：“（庾）翼在彼，岂复假此！”庾翼在荆州听说后，不以为然，说：“小儿辈乃贱家鸡，皆学逸少书，须吾还，当比之。”①还没回到建康，庾翼便在兄长府中见到了王羲之答书数纸，心悦诚服，给王羲

①〔南朝·宋〕王僧虔：《论书》，载《中国历代书法论著汇编》第一册，第134—135页。

之写信道："吾昔有伯英章草十纸，过江颠狈，遂乃亡失，常叹妙迹永绝。忽见足下答家兄书，焕若神明，顿还旧观。"①

经过一段时间的交往，王羲之发现，庾亮虽然主张"依法裁物"，但谈玄的爱好一如过江之初。"亮美姿容，善谈论，性好《庄》《老》，风格峻整，动由礼节，闺门之内，不肃而成，时人或以为夏侯太初、陈长文之伦也。"大有正始玄学三杰之一的夏侯玄之风。王羲之的到来，增添了庾亮谈玄的兴致，府中人士，常在江边望景品谈，成就了东晋谈玄的一段佳话。《世说新语·容止》载："庾太尉（亮）在武昌，秋夜气佳景清，使吏殷浩、王胡之之徒登南楼理咏，音调始遒，闻函道中有屐声甚厉，定是庾公。俄而率左右十许人步来，诸贤欲起避之。公徐云：'诸君少住，老子于此处兴复不浅。'因便据胡床，与诸人咏谑，竟坐，甚得任乐。后王逸少下，与丞相言及此事，丞相曰：'元规（亮字）尔时风范，不得不小颓。'右军答曰：'唯丘壑独存。'"

在王羲之眼里，庾大将军于积极用事中，不忘谈玄，正是最佳的为政心态，所谓"非惟风流，兼有为政之实"（陶侃评价庾亮语）。"丘壑独存"乃是对其明亮心境和超然胸怀的赞赏。逸少既是庾亮的助手，又是道学上的谈友，深得信赖，时隔不久便"累迁长史"，成为征西将军府的幕僚长。大将军府属员中，长史为第一属员，品秩最高，担当佐官领班，参与军机，又推动运转，是为要职，对治事能力是极好的历练。当时的征西将军幕府中，俊彦云集，英才荟萃，王胡之、王应之、孙盛、孙绰、庾翼、殷浩、范汪等，皆一时之选，为东晋政治和文化舞台上的重要人物。王羲之与他们携手共事，结下了深厚的友谊。

任将军府长史期间，常赴建康汇报、办事，又要代表庾亮到战区辖内走访、巡察，这使他有机会见老友、结新朋，人脉关系日益深厚、发达。老友谢尚出为建武将军、历阳太守，转督江夏义阳随三郡军事、江夏相，将军如故。建武将军的治所位于历阳，逸少前往，交言甚欢。谢尚多才多艺，性格真率，出任建武将军时"为政清简"的做派，深得阮籍为东平相"法令清简"的真传。其

①〔唐〕房玄龄：《晋书》卷八〇《王羲之传》，第2100页。

身居高位而举重若轻，拿得起放得下，不失个性潇洒的气质，王羲之颇受感染。

谢家的小字辈谢奕、谢安、谢万等，此时均步入成年，开始游迹于玄谈与朝堂间。王羲之对谢家人感觉特别好。谢安比王羲之小十七岁，时年二十出头，轻狂气盛，正是“指点江山，激扬文字”的年龄。他俩于建康共登冶城（今南京朝天宫后山），展开了一场载入青史的对话：“王右军与谢太傅共登冶城，谢悠然远想，有高世之志。王谓谢曰：‘夏禹勤王，手足胼胝；文王旰食，日不暇给。今四郊多垒，宜人人自效；而虚谈废务，浮文妨要，恐非当今所宜。’谢答曰：‘秦任商鞅，二世而亡，岂清言致患邪？’”①王羲之见谢安只顾“悠然遐想”，就借机发挥，批评谢安他们清谈太多。谢安不以为然，把羲之噎得够呛。但羲之并不在意，一则为政理念，本各有千秋，只认一说，未必明智；二则安之见解不无合理处，一味清谈或专任刑罚均不足取；三则，此乃书生意气而逆反传统，只顾极端口舌，未历政治风霜，实不能深刻体会“审时度势”的道理，假以时日，自会面对现实的。王羲之的看法后果为实践所证明。谢安当政，以“不存小察，弘以大纲”，玄儒并用，刚柔兼济的方针，为东晋赢得一段辉煌岁月。

王羲之一次次返回建康之际无不身肩军国要务，关注朝中动向，这让他逐渐与一位关键人物建立了亲密关系。此人便是日后影响东晋历史走向的枭雄桓温。

桓温为宣城太守桓彝的长子。桓家也是永嘉南渡的北方士族，江左创业时为王导属下。桓彝在苏峻之乱中战死，有功于晋，桓家后人由此得到朝廷眷顾，庾亮和王导都与桓家有良好关系。桓温自小有异才，“少与沛国刘惔善”，又“与庾翼友善，恒相期以宁济之事”②。桓温得王导等人的提携，娶晋明帝女南康公主，成为司马家的驸马爷。而此公主又系庾皇后所生，是庾氏兄弟的外甥女。居建康间，桓温热衷于附庸风雅，经常凑到王导身边听名士谈玄，既结识了本朝权贵，也与王家子弟混了个熟面熟脸。《世说新语・文学》云，“殷中军

①〔南朝・宋〕刘义庆：《世说新语》，第83—84页。

②〔唐〕房玄龄：《晋书》卷九八《桓温传》，第2568页。

为庾公长史，下都，王丞相为之集，桓公、王长史、王蓝田、谢镇西并在。丞相自起解帐带麈尾，语殷曰：‘身今日当与君共谈析理。’既共清言，遂达三更。丞相与殷共相往反，其余诸贤略无所关。既彼我相尽，丞相乃叹曰：‘向来语，乃竟未知理源所归。至于辞喻不相负，正始之音，正当尔耳。’明旦，桓宣武语人曰：‘昨夜听殷、王清言，甚佳，仁祖亦不寂寞，我亦时复造心；顾看两王掾，辄翣如生母狗馨’”。桓温参与谈玄后点评诸人，认为王导、殷浩、谢尚令人钦佩，而王濛、王述两位大名士表现平平，名不符实。

桓温小羲之九岁，过去互相知晓，但无缘交往。桓温于咸康二年（336）出仕琅邪太守（此琅邪是过江后按原北方建置所设任所），常住建康。他与刘惔、王濛打得火热，一日不见，如隔三秋。听说两位恩公王导、庾亮所器重之士，又是刘惔的挚友——王羲之来到建康，自是乐得结交。王羲之与桓温的关系，更因共同的好友庾翼而加深。

桓温“少有雄略”，自幼为武将，却钦慕风流名士。王羲之与桓温甚为投缘，在厌恶清谈，收复中原方面尤有共同言语。王羲之曾说，“今四郊多垒，宜人人自效；而虚谈废务，浮文妨要，恐非当今所宜”。而桓温后来则在北伐渡长江时，触景生情，发出掷地有声的斥“虚”之音：“遂使神州陆沉，百年丘墟，王夷甫诸人不得不任其责。”

个性互赏，理想共同，使他俩不仅私谊深厚，更在事业上相互配合、支持。虽然桓温当权后地位和心态都有很大变化，但他对王羲之始终敬重如一。而从王羲之对桓温“州将”“桓公”的称谓中，则不难感到尊重与亲切的水乳交融。“州将”称呼源于羲之祖籍为琅邪，桓温曾任琅邪太守，有父母官之意，透着一份格外的亲昵。

身份特殊的使者

坐镇武昌的庾亮，此时关注着一内一外两件大事。对内是想打破王家数世把持朝政的局面，终结“愦愦之政”。“时王导辅政，主幼时艰，务存大纲，不拘细目，委任赵胤、贾宁等诸将，并不奉法，大臣患之。”[①]在王羲之看来，王导和庾亮在为政方针上的分歧，各有道理又互存偏颇。王导的方针经开国数十年的检验，虽弊端不少，却也维持了大局，守住了基业，得到不少人的拥护和认可。庾亮发现问题，欲予矫治，出发点不错，但结局是否更佳难以预料，急于出手，未必妥当。总的来说，宽严当依形势而定，即诸葛武侯所谓“不审势即宽严皆误”。

鉴于王导宽恕多年、流弊日显的情况，严肃吏治的政策似乎更合时政所需。问题是，王羲之感到庾亮的做法不合适，伴随着极大危险。庾亮因压抑太久，多少有点负气，已经影响到他的判断力，脑子里老是转着提兵东下，武力倒王的念头。调整执政方针，为什么不能通过协商解决呢？况且，王导已表示过，“吾与元规休戚是同，悠悠之谈，宜绝智者之口。则如君言，元规若来，吾便角巾还第。复何惧哉！”[②]协商不好再等待时机也是一途，有什么必要一定闹到兵刃相见。王羲之亲历过两次逼宫与内乱，最不愿意看到的便是将相反目以致动武的情况。这在他后来调解殷浩与桓温的关系中时有明确表达：“羲之以国家之安在于内外和。”他尽己之力避免王、庾之间矛盾激化，及发生危害百姓、动摇邦基的流血冲突。

一有机会，王羲之便向庾亮剖陈，使庾亮对动武的后患有所顾忌。王羲之知道自己人微言轻，难以让庾亮完全放弃攻王。弭兵之谋是不能没有制衡力量的。岳父郗鉴以太尉之职，与王导、庾亮在朝中鼎足而立。庾亮攻王必顾忌郗鉴，取得他的认可，否则等于向以王、郗为核心的朝廷开战。在某种程度上可以说，郗鉴的态度决定着王、庾争斗的走向与结局。王羲之积极与岳父沟通，请他以太尉的身份出面，阻止这场政治危机。王羲之不仅以书信传达己见，还多次利用公私机会往来于武昌、建康之间，行走在“三驾马车”当中。如前边说到的“南楼坦吟”之后，“王逸少下与丞相言及此事”，显然是在议论庾亮的为人与行事。咸康二年（336），任尚书仆射的叔父王彬在建康辞世，王羲之赴

①〔唐〕房玄龄：《晋书》卷七三《庾亮传》，第1921—1922页。

②〔唐〕房玄龄：《晋书》卷六五《王导传》，第1753页。

建康奔丧，滞留了一段时间。此刻正是郗鉴斡旋王、庾二人矛盾的紧要关头，女婿从前方带来的消息，委实万分重要。

郗鉴作为资深政治家，对王导的过分宽宥也有意见，曾多次当面规箴，但同时更清醒地认识到，这不是能通过武力来解决的矛盾。动武只能自毁长城，使百姓遭殃。女婿的态度与信息，使他更加明了情况而作出决断。这样，庾亮再三来信，“欲率众黜导，又以谘鉴，鉴又不许，故其事得息”[①]，一触即发的火并终得避免。

咸康四年（338），“石季龙掠骑至历阳，导请出讨之。加大司马、假黄钺、中外诸军事，置左右长史、司马，给布万匹。俄而贼退，解大司马，复转中外大都督，进位太傅，又拜丞相，依汉制罢司徒官以并之”[②]。在布阵退敌之际，王导用自己“都督中外诸军事”的权力，调王羲之驻防南州（又名姑孰，今安徽当涂境内）。王导自知时日有限，在京的王氏子弟又多不成器，心情急迫地盼羲之能承担起更重的担子，前来建康协助自己。《世说新语·轻诋》云：“王右军在南，丞相与书，每叹子侄不令，云：‘虎豘、虎犊，还其所如。’”刘孝标注：“虎豘，王彭之小字也。《王氏谱》曰：彭之字安寿，琅琊人。祖正，尚书郎。父彬，卫将军。彭之仕至黄门郎。”“虎犊，彪之小字也。彪之字叔虎，彭之第三弟。年二十而头鬓皓白。时人谓之‘王白鬓’，少有局干之称。累迁至左光禄大夫。”彭之、彪之乃王门第二代于朝中任职的佼佼者，但王导瞧不上，只是看好羲之，有意将之视作自己的接班人。王导对王羲之的赏识，除了有长期观察外，关键还得自于他在化解王、庾之争危机中的表现。

对王导的这次召唤，王羲之没有从命。他后来在《致殷浩笺》中解释：“吾素自无廊庙志，直王丞相时果欲纳吾，誓不许之，手迹犹存。”“素自无廊庙志”，乃是一个笼统的说法，指的是不喜欢在朝堂上做官，他后来要求朝廷让自己去远方“宣德教化”，也表达了同样的思想。而此时婉拒另有不便明讲的隐情。王、庾虽未动武，但心结犹存，险情未消，无论于国家还是于自己，眼下

①〔唐〕房玄龄：《晋书》卷七三《庾亮传》，第1922页。

②〔唐〕房玄龄：《晋书》卷六五《王导传》，第1752页。

最重要的事情，就是将调和者的角色继续扮演下去，使国事不至于滑向内斗的地步。王羲之在政治危机中“和平使者”的角色和作用，过去很少提及，这主要是因为其身份特殊，不可能公开活动，只能隐身幕后，似乎与其父王旷的“首创其议”颇为相类。

庾亮在征西将军任上关注的第二件大事，是北上克定中原。身为府中长史的王羲之自然少不了奔走效命。不过，他对此依然有着与府主不尽相同的意见。《晋书·庾亮传》载，“时石勒新死，亮有开复中原之谋”。这是东晋一代始终企望，不断作为，却终了也没完成的事业。东晋北伐的主要根据地，自王敦始便设在武昌，这里集中着晋朝军队的精锐，实力强于朝廷掌握的王师。建康担忧武昌尾大不掉，武昌顾忌建康不能放心，此乃势所难免的现实存在。从王敦、陶侃、庾亮，到后来的桓温、桓冲、殷仲堪、桓玄，概莫能外，北伐大计一直夹杂着武昌和建康控制与反控制的不和谐之音。此时的庾亮亦是如此。他有收复失土的雄心，亦掺和着成此勋业以在实力及名望上压过王导，身列首席权臣的私念。所以，他总想早点做成这件事。

王羲之对其中内情看得一清二楚。从王羲之后来劝阻殷浩的立场和观点看，他在北伐问题上有着深思熟虑的三杆标尺：一是以江左大业的整体利益来谋划，不能加入个人野心以致内外猜忌，否则，就是有一时之功也未必是好事；二是积极筹备，把握时机，出则必胜，不贸然出兵，否则，丧师辱国，影响士气；三是须有能统兵打仗的帅才主持军事行动。以此衡量庾亮的北伐图谋，显然是不合时宜。江左刚刚经过两次内乱，兵疲民乏，元气尚未恢复，秩序并不稳固。更何况庾亮是在朝中严重不和，与王导大斗其法，难以得到朝中倾力支持的情形下采取行动，加之确有个人私心夹于其间，使此次北伐在道义上蒙有阴影。从庾亮败于苏峻及此次北伐的部署过程看，战场上克敌制胜非其所长。时运未协，即是无胜算的军事行动。

从敌方情况看，后赵依然强大。石勒新死，继位的石虎虽习性残暴，但仍不失为政治强人，牢牢控制着政权。敌强我弱的态势在总体上没有改变。王羲之多次向庾亮陈述，庾亮立功心切，不以为然。王羲之只有效调和王、庾冲突之故伎，把自己的观察与分析告诉王导与郗鉴，希望他们能劝阻头脑发热的征西大将军。但王导只推脱道："既然庾司空能打，那还说什么？打就是了。"也可能是王导看出，庾亮的部署不得要领，胜机渺茫，让他自挫锐气，以后做事就会收敛一些。郗鉴倒也认为妄动干戈必劳民伤财，不可取也。但自己也与王导一般，病至不起，无力阻止庾亮了。咸康五年（339）七月，王导薨；八月，郗鉴薨。

咸康五年（339）四月，庾亮调动五路大军，欲自武昌到四川全面出击。先以衡山郡邾城（今黄州禹王城）为军前重镇，再向前推进直取洛阳，并自率"大众十万，据石城，为诸军声援"。这样的部署，大而无当，其致命之弊在于低估了对手的战斗力，而具体战术上以邾城为前镇，尤为兵家之大忌。陶侃生前曾有洞悉："议者以武昌北岸有邾城，宜分兵镇之。侃每不答，而言者不已，侃乃渡水猎，引将佐语之曰：'我所以设险而御寇，正以长江耳。邾城在江北，内无所倚，外接群夷。夷中利深，晋人贪利，夷不堪命，必引寇虏，乃致祸之由，非御寇也。且吴时此城乃三万兵守，今纵有兵守之，亦无益于江南。若羯虏有可乘之会，此又非所资也。'后庾亮戍之，果大败。"①

庾亮万没想到，石虎虽疲于应付内讧，但听到东晋趁火打劫的消息，却阵脚不乱，应对自若。是年九月，石虎派养子石闵等五员战将，带五万人星夜南下，陷沔南、邾城，寇江夏、义阳，把晋军杀得大败。"征虏将军毛宝、西阳太守樊俊、义阳太守郑进并死之。"后赵将军夔安"进围石城，竟陵太守李阳距战，破之，斩首五千余级。安乃退，遂略汉东，拥七千余家迁于幽冀"②。谋划已久的一次大规模北伐，就这样无悬念地以惨败收场。庾亮闻报，"忧慨发病"，只得上表辞职。

王导的谢世，对王羲之震动甚大。临死前，王导回顾了自己力撑江左大业的艰辛历程，也反思了不少群臣对他的议论，说了句感叹之言："人言我愦愦，后人当思此愦愦。"③是啊，"政务宽恕，事从简易"是存在失控失察的弊端，但在皇权不振的门阀政治格局下，和辑士族，求得彼此利益的均衡，相安无事，

①〔唐〕房玄龄：《晋书》卷六六《陶侃传》，第1778页。

②〔唐〕房玄龄：《晋书》卷七《帝纪第七》，第182页。

③〔南朝·宋〕刘义庆：《世说新语》，第108页。

不就是最紧要的选择吗？王导喜欢引用嵇康的《声无哀乐论》，正在于实践玄学“事简业修”“民物获宁”的理想政治，“崇简易之教，御无为之治”，“荡涤尘垢，群生安逸”。伯父的“简易”和“清静”并非只对他人，更是以身作则，引领时尚。《晋书·王导传》曰：“导简素寡欲，仓无储谷，衣不重帛。”“导善于因事，虽无日用之益，而岁计有余。时帑藏空竭，库中惟有数練千端，鬻之不售，而国用不给。导患之，乃与朝贤俱制練布单衣，于是士人翕然竞服之，練遂踊贵。乃令主者出卖，端至一金。其为时所慕如此。”

这种糅“勠力王室”与“务在清静”为一体的政治追求，实乃以超世之怀，建济世之业。“愦愦之政”虽失之于宽，然从大处看，恰恰在于防止了汉代名教之治“繁文缛礼”、人格僵化的回潮。所以，“愦愦”亦为“非惟风流，兼有为政之实”个中之义。失却了风流，又何谈建安风骨、魏晋风度。这样的反思，使羲之思想上的儒道融合得到又一次深化。正如时人对王导的评语“夷淡以约其心，体仁以流其惠”[①]。

庾亮病重之际也无法回避自己内心对王导的敬意，皇帝加封“司徒、扬州刺史、录尚书事”，他几次固辞，终不担当。临终前，又让弟弟庾冰上表辩言：“臣谨详先事，亦会闻臣亮对臣等之言，悬悬于斯事。……岂直好让而不肃恭……亮实思自效以报天德，何悟身潜圣世，微志长绝，存亡哀恨，痛贯心膂。”[②]庾冰更是感念王导的为政理念：“是时王导新丧，人情恇然。冰兄亮既固辞不入，众望归冰。”[③]王导“虽在庙堂之上，而其心无异于山林之中”的境界，成为后世中国士大夫心中的楷模。

王导去后，支撑王家数十年的大树倒了。王导有才华、被寄予厚望的长子王悦死在王导之前，而王家其他房门的第二代人物远不能与上一代相比，王导在他去世的前几年（咸和八年），就在给从侄王允之的一封信中感叹，“吾群从死亡略尽，子弟零落”。此时，王羲之对斯言体悟尤深。

眼看着江左大厦的三根梁柱相继倒下，王羲之既悲痛又担忧，在给会稽王

①〔唐〕房玄龄：《晋书》卷六五《王导传》，第1753页。
②〔唐〕房玄龄：《晋书》卷七三《庾亮传》，第1923—1924页。
③ 同上书，第1928页。

的信中写道："九月二十八日，羲之顿首顿首……知庾君遂不救疾，摧切心情，痛当奈何。深当宽勉，以不忘先心。临纸但有酸恻，王羲之顿首。"庾亮于王羲之可谓恩主，病重期间，他反思任征西大将军所谋两件大事的功过得失，深感王羲之的立场和见解确乎出于稳固大局，避免自毁长城的公心，自己没能采纳也是有所愧疚。由此进一步认识到王羲之洞明世事又为政公允的才干，实属日后朝廷栋梁。"亮临薨，上疏称羲之清贵有鉴裁。迁宁远将军、江州刺史。"

次年，即咸康六年（340）正月，就在王羲之初到江州任上时，庾亮便追随王导、郗鉴而去了。王羲之闻讯写下一封痛心的书信。"庾虽笃疾，谓必得治力，岂图凶问奄至，痛惋情深，半年之中，祸毒至此，寻念相摧，不能已已，况弟清（情）何可任，遮等荼毒备尽，当何可忍视，言之酸心，泰何奈何。"

羲之离开征西将军府，出任江州刺史，为正史明载，本不应有什么异议，但因为逸少在江州活动罕有记载，而从弟王允之于咸康八年（342）又在江州刺史任上。于是，便出现了江州刺史之职有无时间空档给王羲之来做的讨论。王汝涛、刘秋增认为，王羲之实际上并未到任，或者他任职江州乃在之后的永和年间。[①]之所以出现这样的异议，盖因当时江州的形势相当复杂，王羲之没坐多久便拱手让"贤"了。

王导、庾亮死后，王、庾两家的矛盾一度有所失控，致江州于凶险之中。起因是庾亮的另一个弟弟庾怿。咸康五年（339），庾怿急率所部进驻江州的半洲。《晋书·庾怿传》说，怿"所镇险远，粮运不继，诏怿以将军率所领还屯半洲"。这是一个难以分解的谜。庾怿所镇魏兴在今陕西安康，"所在险远，粮运不继"，自然属实，但庾亮经营北伐，梁、荆正需重兵，而庾怿匆匆撤离魏兴后立即远赴半洲，脱离北伐的序列，必然有其重要的原因。恐怕还是出于防范王家的考虑，江州乃是不可不争之地。庾亮疾笃，术士戴洋为之占候，谓当解荆、江二州，而庾亮竟不能解，"遂至大困"。庾亮死前，思量再三，走了一步缓棋，把王家的弟子王羲之推向前台。

王羲之就这样入了江州刺史府。他第一次担当如此重任，自是认真负责地

① 刘秋增、王汝涛主编：《王羲之志》，山东人民出版社2001年版，第470页。

履行职能，同时因自己的书法爱好，在江州留下点点墨缘。南朝陈虞荔《鼎录》载：“王羲之于九江作书鼎，高五尺，四面周匝书遍，刻之，沉于水中。”据说其鼎文真、隶间杂，逸少此举，应为“鼎帖”，合着诗书鼎继的意思。

王羲之当江州刺史时，留有《鄱茶帖》，说文人之乐，“节日萦牵少睡，鄱茶微炙，善佳”。炙茶待客或自饮，不能无书，也少不了洗砚的池水，“羲之墨沼”留在湖北蕲水（今湖北省黄冈市蕲春县）为人景仰。

王羲之把江州刺史的位置刚刚坐熟，便觉出此地不可久留。那奔着江州刺史职位而来的庾怿，却被任命为豫州刺史，坐镇芜湖。江州之位，维系甚巨，庾亮生前举棋不定，让王羲之接此位，实为缓和王、庾两家矛盾，因为庾亮相信逸少不会对庾家造成威胁。而庾怿本是庾家四兄弟中最为“宽厚容众”，“为政甚有威惠”的一个人，对逸少的就任，勉强接受，但心里总是不甘，言语之间就不免有所流露。

王羲之对庾怿的企望心知肚明，便想成全他这个人情。这并不是怕事，只是希望江左大族们都和睦相处，不愿因自己的原因而引起矛盾。王羲之对政治的企望是宣德教化，既然内心“素自无廊庙之志”，何不做一番急流勇退呢？宦海漂泊十余年，也应该调整心态，给书法、学问、亲近自然，留一些人生空间。王羲之在江州刺史任上未足一年，便决然请辞。这本是个举足轻重的位置，他却没留下什么政治踪迹，缘由即在于此。

王羲之自动辞职，成帝却把江州刺史给了王允之。这里还应有庾冰的作用。庾冰接庾亮班，掌了大权，“既当重任，经纶时务，不舍夙夜，宾礼朝贤，升擢后进，由是朝野注心，咸曰贤相”①。有人说他不尊王导旧制，他解释：王导是贤相可以宽为政，我却只有努力务实。

但庾冰也有自己的担心。“初，成帝有疾，中书令庾冰自以舅氏当朝，权侔人主，恐异世之后，戚属将疏，乃言国有强敌，宜立长君，遂以帝（康帝为成帝母弟）为嗣。”②但有一术士对庾冰说：“郭璞谶云‘立始之际丘山倾’，立者，

①〔唐〕房玄龄：《晋书》卷七三《庾冰传》，第1928页。

②〔唐〕房玄龄：《晋书》卷七《帝纪第七》，第187页。

建也；始者，元也；丘山，讳也。冰瞿然，既而叹曰：'如有吉凶，岂改易所能救乎？'"[①]改变不了庾家的衰运，就要少树敌，保持与旧臣的关系，极力和好王家，让王允之接王羲之，就是他的一个具体行动。

接下来发生的事情，不仅让王羲之心生后怕，亦令朝野瞠目。

王允之本就是王导制衡庾氏的一颗棋子，咸康二年（336），曾与庾怿对扬州所属的建康以上夹江四郡展开争夺，在庾亮的纵容下，处于下风。现看到庾亮新死，庾冰表示出调解两家矛盾的愿望，觉得是件好事，便欣然从王羲之手里接过了江州。权力欲望有时会改变一个人的习性，扭曲良心，庾怿就是个典型。原本"宽厚"的他，看到王允之入主江州，认为庾冰是迫于形势，怕庾家掌握不了朝政才出此下策，故十分有气。他又感到皇帝对庾家的宠信有衰减的迹象，便想仗着国舅的牌子，硬夺江州刺史之位，竟以方镇大员的身份，"以毒酒饷江州刺史王允之。王允之觉其有毒，饮犬，犬毙，乃密奏之。帝曰：大舅已乱天下，小舅复欲尔邪！怿闻，遂饮鸩而卒，时年五十"[②]。受此惊吓，王允之也不想在此伤心地久留，"乃求自解州"，转调"会稽内史。未到，卒，年四十"。

自江州解职，王羲之来到了庐山，"自栗里三里，至承天归宗禅院，晋咸康六年（340），宁远将军、江州刺史王羲之置以舍梵僧那连耶舍尊者，一名达摩多罗故。有右军墨池。至唐宝历初，僧智常居焉，始大兴禅刹"[③]。

庐山之南，金轮峰下，飞泉流韵，石镜照溪，王羲之一住就是数年。归宗寺是庐山第一座寺院，梵僧达摩多罗建舍的时间比后世被尊为禅宗一祖的菩提达摩还早一百多年。佛寺所在，就是王羲之营造别墅之处。别墅对面，有一挂"何必丝与竹，山水有清音"的玉帘泉瀑布。"玉帘铺水半天垂"，瀑布高达数百丈，阔有八九丈，如一幕玉珠水晶串成的垂帘。玉帘泉与庐山瀑布群中的其他瀑布有着明显的不同，它并不像石门涧瀑布那样水势汹涌，声响吓人，亦不似乌龙潭瀑布玲珑妩媚，婉转流淌，而是一道缕缕丝丝，因风作态，烟霏霞蔚，

---

①〔唐〕房玄龄：《晋书》卷七《帝纪第七》，第187页。

②〔唐〕房玄龄：《晋书）卷七三《庾怿传》，第1927页。

③〔宋〕陈舜愈：《庐山记》卷二，文渊阁四库本。

乍浓乍淡，虽精绘事者不能摹貌的瀑布。阳光照射下，玉帘又变成五彩珠帘，霓虹隐现，跌入潭中，如大珠小珠落玉盘，瀑声清脆悦耳。瀑布之下的深潭旁边，有一个天然石洞，可容十余人。洞口有石屋残迹，传说王羲之就在此读书习字。

一上庐山，当地人就会让你去看那硕大的“一笔鹅”。王羲之爱鹅，写过许多的“鹅”字，在庐山博物馆的书法厅里，字大如斗的“鹅”字挂轴，落款为“永和三年辛亥春三月王羲之书”。字幅上有苏东坡、米芾、朱熹、赵孟頫等名人的题跋。玉帘泉下的王羲之洞又名放鹅洞，离洞顺溪东行一公里，溪间一池，池边石上镌刻“羲之鹅池”四字。

第四章　出处之间

追慕尚子平

虽说“出处两可”是东晋人士的风尚，但真正出处坦然，在两种境遇中皆心态平和，生活认真，有所作为的人并不算多，王羲之堪称其中典范，在其位谋其政，干得风生水起，上下无愧。但逸少终究不同于寻常官宦，是个文化人、艺术人，是一个有着鲜明自我意识的人，不可能把自己的生命空间全让社会角色填得满满当当，什么秘书郎、王友、太守、参军、长史、刺史等等，这些人生过程的阅历与责任，不是生命的全部，更不是生命价值的终极体现。经历了十多年的宦海沉浮，王羲之产生了强烈的回归自我、沉浸文化的渴望。诚如他在后来给殷浩的一封信中吐露的心迹：“吾素自无廊庙志……自儿娶女嫁，便怀尚子平之志，数与亲知言之，非一日也。”[①]对于这段话中的“怀尚子平之志”，有学者解释为追怀仰慕向子平的志向。

向子平，名长，东汉时人，《后汉书·向长传》载：“建武中，男女娶嫁既毕，敕断家事勿相关，当如我死也。于是遂肆意与同好北海禽庆俱游五岳名山，竟不知所终。”后人把“儿娶女嫁”称作“向平之愿”。逸少可能想过这“不知所终”的生活，但他退隐的“金庭”远不是杳无人迹的地方。

---

①〔唐〕房玄龄：《晋书》卷八〇《王羲之传》，第2094页。

竹林七贤中的嵇康，最为逸少所崇敬，《与山巨源绝交书》中有这样一句话："吾每读尚子平、台孝威传，慨然慕之，想其为人。"王粲的《英雄记》曰："尚子平有道术，为县功曹。休归，自入山担薪，卖以饮食。"尚子平，即向子平。逸少的隐，更偏向于儒学所谓的"出处两可"。仕时以言语见功，隐时便默想沉思，反省所为，开拓心智，尽情陶醉于自己喜爱的世界中。王羲之追慕尚子平，归隐林下，是他在人到中年之际，一次重要的精神与文化洗礼。

长达七年的退隐期间，王羲之游走于庐山、建康之间，城里住住，山水亲亲，既安享自然之乐，又保持着与名士名流的联系。归隐后最先品尝的人生之美，是家庭的温馨、天伦的快乐。自与郗璇结为秦晋之好，不久生下长子玄之，近二十年间，又有五子一女相继降临人世，凝之、涣之、徽之、肃之、操之及小女爱。大的十六七岁，小的牙牙学语，再加上佣人、仆妇，共有十多二十几口人，一大家子煞是热闹。

许是因为原来的宅院较小吧，王羲之可能就是在这一阶段，择地另建了一处宅院，与乌衣巷告别。王羲之晚年写过一封信，谈到将江宁的宅院借给一位不想出仕的友人居住，并代自己安排购置水田事宜："吾湖孰县须水田，卿都可遣僦之……卿不出停此。"南京江宁区禄口镇山阴村的王羲之后裔，有族谱记为王徽之第七十七代孙。禄口镇与湖孰镇紧邻，北面就是谢安定居建康的"东山"。

王羲之自成家后，长时间身任公职，东奔西忙，顾不上多少私务，家中事宜全靠郗璇操持。郗氏待字闺中时即有"女张良"名谓，自能贤淑理阃，孩儿们个个遂心聪慧，学有所成。羲之觅得暇日，尽享儿女绕膝之乐，有时还带他们出门会客，包括那个宝贝女儿。玄之厚道稳重，凝之虔诚笃行，徽之通脱率性，操之善解人意……王羲之打量着他们，眼神充满爱意之余，也会偶尔闪出点遗憾，从继承自己书法事业而言，这些孩子皆难堪其任。一度，他将希望的目光投向王修。然让他喜出望外的是，建元二年（344），七子献之降生。此儿自幼即显出超人的书法天赋，王羲之有心将之视为传人。从此，教育献之便成了王羲之生活中的重要内容。

一个时代文艺的繁荣，离不开其文化背景所孕育的文化人的群体，也唯有在文化人群星灿烂的时代，有望造就若干大师级的文豪和艺术家，他们成为群星中耀眼的亮点。东晋就是这样一个时代，玄谈炽热，文风隆盛，书法时兴，三者皆为士大夫追求的风流时尚和他们仕途中的必备素养，文采风流成了东晋士林的基本风貌。王羲之生在王家，长在京师，“少有美誉”，青年时代便与本朝上下两代颇有声誉的才子名士多有交游。入仕后，因忙于政务又久居外埠，一度来往减少。赋闲之日，重晤老友，畅谈学问，切磋书法，结伴出游，岂不是人生快事耳。

郗家成为王羲之生活中获益良多的源泉。郗鉴自不待言，他不仅在仕途上对羲之多有提携，且书法上也多有切磋，其书法如张怀瓘《书断》所言，“草书卓绝，古而且劲”。羲之与内弟郗愔、郗昙的关系更是手足情深。前些年聚少离多，常以书信互通心曲。郗氏兄弟一母同胞，性格却两样。哥哥“性至孝”，“少不交竞”，“简默”散淡，袭爵入仕甚早，却“无处世意”，对朝廷所委重任，累累辞让；弟弟酷似父亲，坚毅刚强，敢于任事，出道虽晚，却不断加封要职，颇有能臣之名。两人亦有共同之处：率真，大气，深赋文化涵养。尤其是郗愔，早年书名在羲之以上，又有服食修行的喜好，与羲之的共同语言就更多一些。这段时间，郗氏兄弟正任职朝中，郗愔为中书侍郎、征北将军府长史、黄门侍郎等；郗昙为通直散骑侍郎、中书侍郎、抚军府司马等。此时，大家聚首的机会多了起来，以致他们再度天各一方后，彼此间是那样的牵挂。

赋闲之际，王羲之有了更多的时间探望恩师卫夫人，呈上新作请老师点评。在这一过程中，与大表哥李充多有交往。李充入仕初，“辟丞相王导掾，转记室参军”。在王导死后，他一度赋闲，虽生活贫寒，却专心学问，撰写力作《学箴》。他批评魏晋以来的“虚浮”习尚，但并不主张回到礼教老路上，整体思路还是儒道兼综：“引道家之弘旨，会世教之适当，义之违本，言不流放，庶以祛困蒙之蔽，悟一往之惑乎！”[①]《学箴》问世后，引起士林一场“地震”，李充名声大噪，成为文士集团的一颗明星。

王羲之归隐初期，正赶上李充居家写作的时候，两人在思想见解上经常交

①〔唐〕房玄龄：《晋书》卷九二《李充传》，第2389页。

流、讨论，拿《学箴》的内容比照王羲之，可处处见其影子，这些深入探讨，达成了“为己之学”的共识。李充承母教而“善楷书”，王羲之此时正积累自然造化，寻求书法上的创新与突破，李充正是可与倾谈心得的知音。

永和二年（346），褚裒出任征北将军后想到李充，“征北将军褚裒又引为参军，充以家贫，苦求外出，裒将许之为县，试问之，充曰：‘穷猿投林，岂暇择木！’乃除剡县令”[①]。李充走马上任之所乃是会稽郡的剡县。卫夫人深为这片秀美清丽的山水所陶醉，让李充在金庭瀑布山附近为自己造一茅寮，并叮嘱家人，百年之后的安息地就是这里了。李充为剡县令的日子里，王羲之曾前往浙东看望恩师，他也爱上了会稽的山山水水，为日后乐为会稽内史、归老金庭埋下了伏笔。

交往谢尚，也就认识了少有文名的袁宏。“袁宏，字彦伯，侍中猷之孙也。父勖，临汝令。宏有逸才，文章绝美，曾为咏史诗，是其风情所寄。少孤贫，以运租自业。谢尚时镇牛渚，秋夜乘月，率尔与左右微服泛江。会宏在舫中讽咏，声既清会，辞又藻拔，遂驻听久之，遣问焉。答云：‘是袁临汝郎诵诗。’即其咏史之作也。尚倾率有胜致，即迎升舟，与之谭论，申旦不寐，自此名誉日茂。尚为安西将军，豫州刺史，引宏参其军事。”[②]袁宏小王羲之二十五岁左右，此时不满二十岁，已有“一时文宗”之美誉。在王羲之面前，袁宏算是晚生，对本朝名流王羲之仰慕已久，而王羲之也有与之相见恨晚之感，遂结为忘年交。他们的缘分，一直延续到后辈王献之与袁宏的互敬互慕上。

袁宏不久后写出名篇《三国名臣序赞》，其中对两个人物的概括最是精彩，一为诸葛亮：“堂堂孔明，基宇宏邈。器同生民，独禀先觉。标榜风流，远明管乐。初九龙盘，雅志弥确。”二为夏侯玄：“邈哉太初，宇量高雅，器范自然，标准无假。”[③]王羲之深以为然。尤其对夏侯玄的赞誉，乃是对玄学的真谛——兼综儒道，融而为一的绝妙解读，对进一步理解儒道玄的关系大有启发。玄学

①〔唐〕房玄龄：《晋书》卷九二《李充传》，第2390页。

②〔唐〕房玄龄：《晋书》卷九二《袁宏传》，第2391页。

③ 同上书，第2396页。

不等于“虚无”“空论”，更有别于儒家的礼规礼法，而是凌驾于有与无之上的“外儒内道”之政治思想结构。王羲之吃透了这一层，对他出处两可的人生旅途大有裨益。

庾亮死后，当年麇集于征西将军府的名士们星散四方。除了庾翼承袭其兄的安西将军职位，坐镇武昌外，其他人都回到了京师、扬州一带，故友们常来常往，品评人物，诗文酬唱。

殷浩因母丧释官在家。他因为善谈玄言而成为当朝大名士。“浩识度清远，弱冠有美名，尤善玄言，与叔父融俱好《老》《易》。融与浩口谈则辞屈，著篇则融胜，浩由是为风流谈论者所宗。或问浩曰：‘将莅官而梦棺，将得财而梦粪，何也？’曰：‘官本臭腐，故将得官而梦尸，钱本粪土，故将得钱而梦秽。’时人以为名言。”[①]殷浩服满后，安西将军庾翼“复请为司马。除侍中、安西军司，并称疾不起。遂屏居墓所，几将十年，于时拟之管、葛。王濛、谢尚犹伺其出处，以卜江左兴亡，因相与省之，知浩有确然之志。既反，相谓曰：‘深源不起，当如苍生何！’”[②]时论中，殷浩的进退，关系天下安危，可知其声名如日中天。殷浩“出处两可”的心志和亲身履践，与羲之共鸣。殷浩对羲之亦欣赏有加，《世说新语·赏誉》载：“殷中军道王右军云：‘逸少清贵人，吾于之甚至，一时无所后。’”沐浴玄风，识度清远，思想超逸自由。这段交往经历使他俩成为无话不谈的至交。殷浩出任要职后，力荐王羲之重返政坛，所写劝笺，几乎就是谢尚之文的翻版。而王羲之对殷浩的为政得失总是格外关切，直言相告。心心相印的信赖足以驱散“忠言逆耳”的阴霾。

孙绰离开征西将军府后，先去会稽当了一段时间的地方官。“补章安令，征拜太学博士，迁尚书郎。”他性好自然山水，浙东风光乃是他文思孕育的摇篮。“绰字兴公。博学善属文，少与高阳许询俱有高尚之志。居于会稽，游放山水，十有余年，乃作《遂初赋》以致其意。……尝作《天台山赋》，辞致甚工，初成，以示友人范荣期，云‘：卿试掷地，当作金石声也。’荣期曰：‘恐此金石

①〔唐〕房玄龄：《晋书》卷七七《殷浩传》，第2043页。

②同上书，第2044页。

非中宫商。’然每至佳句，辄云：‘应是我辈语。’”[①]

王羲之还家期间，孙绰已返建康当太学博士、尚书郎，渐露“本朝第一文笔”之相。更令逸少欣赏的，是孙绰能将率真之性展露于工作生活的各个方面，常在群臣莫敢真言时，站出来直抒胸臆。王羲之听到孙绰的高论后觉十分爽气，孙绰亦钦服王羲之的为人与识见，以兄长待之。王羲之出任会稽内史时，执意要拉孙绰同行，“引为右军长史”。

与孙绰来往，少不了结交他那“善属文”又“性好山水”的哥哥孙统。孙统此时虽在会稽一带当县令，但“居职不留心碎务，纵意游肆，名山胜川，靡不穷究”。王羲之赴浙东之际与之结伴，也是其乐陶陶。

范汪在庾亮身边时间最长，“汪为亮佐吏十有余年，甚相钦待”。庾亮亡故后，转赴武陵当了一段内史，又入朝任中书侍郎。范汪少有高名，“博学多通，善谈名理”，兼具治世之才。两人来往频繁，羲之于信中每以“范生”称之。后范汪历任要职，与羲之肝胆相照，很是默契。

征西府幕友中令人痛心地出现了早亡人，而早亡者又是羲之的叔伯兄弟王胡之。胡之，字修龄，系王廙的次子，“弱冠有声誉，历郡守、侍中、丹杨尹”。朝廷正准备委之“西中郎将、司州刺史、假节”，以担“绥辑河洛”的重任。胡之“以疾固辞，未行而卒”。修龄因与羲之血缘靠近又才性相契，自比王家其他兄弟更亲一分。羲之书信中亦多处惦记修龄。王胡之还与谢安意气投合，一起在东山隐居。他到谢安那里做客，高咏“入不言兮出不辞，乘回风兮载云旗”。修龄虽不长寿，但以其鲜明的个性，在士林中留下不少“王司州”的故事，《世说新语》中多有收录。

力撑半壁江山的庾翼，此刻正忙于整肃内务，筹划北伐。其心系大局、处事干练的作风，深得士林好评，被朝野寄予厚望，羲之自不会多去打扰。

王羲之在这一段与当朝风流人物的集中交往中，无论在学术、文学还是书法上，都有了一次提升。他的文化功底主要得自家学家风的陶冶，虽然底蕴深厚，毕竟不能涵盖博大而多彩的士林群体的才识，而人生境界、气质人格必在

①〔唐〕房玄龄：《晋书》卷五六《孙绰传》，第1544页。

精神碰撞中完善。这些一流人才以鲜明的个性穷尽华章，使逸少所感悟的文采风流，越出了书本和理念的框架，展现为活生生的现实存在。谢家兄弟、“孙氏双杰”、庾门显贵、“玄言殷浩”，还有桓温、周抚、范汪等能臣骁将，哪个不是率真浪漫，激情四射？他们都不是完人，甚至相互之间还有恩怨情仇，然而，正是这种思想多元、个性迥异、利害差别的存在，组成了丰富多姿、富于变化与充满活力的社会。从另一方面看，也得益于各具性格的人们遵循了一些为人处世的基本尺度：独立率真、潇洒风流、超然从容、怡情山水、重文尚艺、自然有节，使个性张扬与社会秩序求得平衡。这中间的核心之点，便是摆脱了西晋士人那种对物质的追求和挥霍习气，而重在寻求精神上的超然高逸，这才是魏晋风度的真谛。

大约就在这个时候，王羲之给自己取了名号——澹斋，蕴含“淡泊以明志，宁静以致远”之意。此乃“隐士宰相”诸葛孔明的座右铭。

王羲之境界提升，思想上更加自由，精神上愈发独立，“画乃吾自画，书乃吾自书”，创造激情勃发，即兴写了不少书帖，已处在大突破的前夕，等待着一个触发点，一次灵感的启迪。

处江湖之远，王羲之依然心系天下，关注着江左大业的安危和朝局的走向。王导、郗鉴、庾亮三巨头相继谢世，朝中政治格局为之一变。王、郗两家大树倾倒，在朝中虽有任要职者，却未能承袭父位而退出了权力中心。只有庾家因皇太后关系，兄终弟继，庾翼、庾冰接手庾亮的权柄坐镇武昌，掌控朝纲，颇有“一家独大”之势。好在庾氏兄弟皆能识大体，不那么盛气凌人，朝局得以维持数年安宁。

咸康八年（342），庾翼与桓温共谋北伐。庾翼为东晋时代罕见的干才，比之其兄庾亮，更具做实事的本领。接任安西将军后，以灭胡取蜀为己任。建元元年（343），他移屯襄阳，征发州内车牛驴马和地主的奴仆入伍，命庾冰镇守武昌，以为后援，准备大举进攻后赵和成汉。此时东晋统治集团内部矛盾不甚尖锐，更重要的是北方石虎秉政，国势趋乱。石虎暴虐成性，任意残害百姓，“猎车千乘，养兽万里，夺人妻女，十万盈宫”。而庾翼“每竭志能，劳谦匪懈，戎政严明，经略深远，数年之中，公私充实，人情翕然，称其才干。由是自河以南皆怀归附，石季龙汝南太守戴开率数千人诣翼降”[①]。

然而，庾翼的北伐之举却在朝中遇到重重阻力。《资治通鉴》卷九六记，司徒蔡谟认为：“今王土与胡，水陆异势，便习不同；胡若送死，则敌之有余；若弃江远进，以我所短击彼所长，惧非庙胜之算也。……而顿之坚城之下，以国之爪士击寇之下邑，得之则利薄而不足损敌，失之则害重而足以益寇，惧非策之长者也。”蔡谟的看法代表了不少人的心声，一时附议者众。庾翼在压力下依例写下了《让都督表》。

值此为难之际，庾翼曾致书好友王羲之，吐露心迹。王羲之清醒地看到了北方“人心思晋”的难得时机，对庾翼的作为竭力支持。王羲之得信后心领神会，立马采取了两个动作。其一，写信告诉支持北伐的人士，庾翼北伐的决心没有变化。《安西六日帖》云：“一昨得安西六日书，无他。无所知说，故不复付送。《让都督表》亦复常言耳。”“翼之镇荆州，以石虎衰暴，屡表请北伐，康帝及朝士，皆遣使譬止，孙绰辈亦致书谏之。则逸少所见之表，亦论北伐事也，翼之此举，朝论弗以为然。”[②]其二，写信予皇室的执政代表——会稽王司马昱，说明庾翼北伐制胜有望，理当支持，“伏想朝廷清和，稚恭遂进镇，东西齐举，想克定有期也”。虽然身在林泉，王羲之仍以力所能及的方式，为从未释怀的北伐大业效命。

北伐行动总算艰难启动，王羲之时时心系前方。作为此次北伐的前锋行动，益州刺史周抚率部进攻成汉的李寿，败敌将李恒于江阳。好友的建功立业，令千里之外的王羲之欣喜万分。

然天不助晋，庾冰、庾翼都是短命，于建元二年（344）和永和元年（345）先后谢世，如后人感慨：“有志无年，知音轸悼。”好不容易启动的收复中原半途而废。

庾翼与桓温素善，《晋书·庾翼传》载：“见桓温总角之中，便期之以远略，因言于成帝曰：‘桓温有英雄之才，愿陛下勿以常人遇之，常婿畜之，宜

①〔唐〕房玄龄：《晋书》卷七三《庾翼传》，第1932页。

②《淳化阁帖》卷八，文渊阁本。

委以方郚之任，必有弘济艰难之勋。’”谋划北伐时，庾翼已提升桓温为都督青徐兖三州诸军事、徐州刺史，临终前，又把自己安西将军的重责托付桓温。出人意料，与桓温极好的刘惔第一个跳出来反对。他深知桓温是个不安居人下的枭雄。更有意思的是，朝廷在任命桓温的同时，“又以征虏将军刘惔监沔中军事，领义成太守，代方之”，意在让刘惔代表朝廷制约桓温。书生气十足的刘惔就算是有心，又如何能堪此重任呢？桓温接过安西将军大印，取代了庾氏在上游“望重地远”的地位，羽翼尚未丰满之时，类似王敦的那种霸气便有几分展露。

朝中的小皇帝走马灯一般换了几个：成帝（325—342在位）、康帝（342—344在位）、穆帝（344—361在位）。穆帝司马聃登极后，改元永和。临朝听政的皇太后因帝统更替而变成了褚氏。辅政大臣有两位，司徒蔡谟与会稽王司马昱，而实际上的大权在握者还有褚氏之父、任职征北大将军的褚裒。仍然是“三驾马车”掌中朝的格局。

王、郗、庾旧权力三角的瓦解，使王羲之失去了联姻权力中心的特殊身份，政治地位及影响力一度被削弱。然以他的才华、人品以及人脉关系，很快又受到“新三巨头”的看好。司徒蔡谟乃王导、郗鉴的门生故旧，向来赏识王家的“佳子弟”；会稽王司马昱自然不会忘记给自己当过“王友”的王门翘楚；褚裒过去虽与之交往不深，但这位国丈最为器重的殷浩，此时已擢拔为建武将军、扬州刺史。当权者无不对起用王羲之举双手赞成，朝廷“召为侍中，吏部尚书”。

但此时的王羲之并不急于出山，其山水之游，书法之爱正在兴头上，而目前的朝局态势令人失望，难有作为。朝廷上没有了王导、郗鉴之辈，褚裒和殷浩好论虚言，司马昱“履尚清虚，志道无倦，优游上列，讽议朝肆”[①]。华而不实，难堪重任。蔡谟亦非能臣，在朝中至多也就发挥点平衡作用。他们都不足以承担统和内外，稳固基业，北定中原的使命。

经历过参政、退隐，顺境、逆境，如意、不如意等多方磨炼，王羲之对当朝的态度更有一种大彻大悟的超然。其心意与阮籍、嵇康甚为相通，他对二位

①〔唐〕房玄龄：《晋书》卷九《简文帝纪》，第220页。

前贤的作品，爱不释手，《论书启》曰，“逸少有名之迹，不过数首，《黄庭》《劝进》《像赞》《洛神》”。所书《劝进笺》，是阮籍的名篇。王羲之的书法传世之作还有嵇康政治思想的代表作——《太师箴》。陶弘景曾为梁武帝搜寻此帖，《论书启》记，“奉送兼此诸书是篇章体，臣今不辨复得修习，惟愿细书如《乐毅论》《太师箴》，例依仿以写经传，永存宜题中，精要而已”。唐代张怀瓘《书估》云：“至如乐毅、黄庭、太师箴、画赞、累表、告誓等，但得成篇，即为国宝，不可计以字数或千或万。”

阮籍、嵇康最打动逸少的是那纯洁的济世和守德之心。阮籍“本有济世志，尝登广武叹曰：‘时无英雄，使竖子成名乎！’”他在晚年所作的《咏怀》诗中，回述自己青年时的志向与情怀：“壮士何慷慨，志欲威八荒。驱车远行役，受命念自忘。良弓挟乌号，明甲有精光。临难不顾生，身死魂飞扬。岂为全躯士，效命争战场。忠为百世荣，义使令名彰。垂声谢后世，气节故有常。”此诗体现了他关怀社会的远大目光和宽阔胸襟。论学问道是济世，“处士横议”也不失为济世。救济世道人心，在于倡新风，导世俗，实现玄学的理想社会，并非限于一国之君、一域之民的生存安乐。这就远比社会世俗的所谓千古功业广阔高远。

嵇康的“济世”思想应该说比阮籍还要鲜明，当《太师箴》的文字从王羲之笔底流出时，其思想见解可用“震撼”二字形容：“故居帝王者，无曰我尊，慢尔德音；无曰我强，肆于骄淫；弃彼佞幸，纳此迕颜，谀言顺耳，染德生患。悠悠庶类，我控我告，唯贤是授，何必亲戚，顺乃浩好，民实胥效，治乱之原，岂无昌教？穆穆天子，思问其愆，虚心导人，允求谠言，师臣司训，敢告在前。”

王羲之感到，“出处两可”心态在嵇康的提炼下，显出了何样的明澈与精彩，“济世”有许多途径，或隐或仕，可官可民，不论选择哪一途，都应“直道而行之”。

嵇、阮虽均未把“入仕”看作与自己的人生追求相悖，但又不约而同选择了隐逸的生活方式，为什么？有了丰富人生阅历积累的王羲之，此刻有了由表及里的领悟：两位大贤执着于理想社会，而现实中的世道却载不得、容不下这种理想呵！嵇、阮憧憬的理想社会与何晏、王弼所描绘的“上德”社会一样，是玄学的无为而治状态：“古之王者，承天理物，必崇简易之教，御无为之治，君静于上，臣顺于下……群生安逸，自求多福，默然从道，怀忠抱义，而不觉其所以然也。”①

阮籍《大人先生传》中一段讥讽世风的文字，可以说是王弼“下德”社会的描述：“竭天地万物之至，以奉声色无穷之欲，此非所以养百姓也。于是惧民之知其然，故重赏以喜之，严刑以威之。财匮而赏不供，刑尽而罚不行，乃始有亡国、戮君、溃败之祸。”社会发生了“昔为天下，今为一身”的变化，要回归理想，只能“无为而治”，实现返璞归真。如果赶上了开明、昌平的好世道，宣德布道，化育俗风，便是贤者义不容辞的责任了。

不幸的是，嵇、阮偏遇到名教回潮、权臣夺宫，狡诈与血腥争奇斗艳的丑恶岁月。士人首鼠两端尚“名士少有全者”，哪里还有“发愤陈诚”的空间。所以，隐逸就成为高尚之士的合理选择。一则，保持个人空间自由，避开违心之事；二则，专心致志于文化追求，以文化成就和文化影响继续落实以“道统”引导“政统”之理想。阮籍《答伏义书》言，“若良运未协，神机无准，则腾精抗志，邈世高超，荡精举于玄区之表，摅妙节于九垓之外”。

王羲之觉得，当下的时务，与嵇、阮的理想境界相比，实为不足道也。自己的处境与二位先贤所面对的情况，颇有些联系与类似，心灵也就愈加靠近。

那么，作为隐士的阮籍，为何又写了篇颇受后人非议的《劝进笺》呢？“嗣宗阳（佯）狂玩世，志求苟免，知囊括之无咎，故纵酒以自全。然不免草劝进之文词，为马昭之狎客，智虽足多，行固无取。”②

王羲之于反复抄录中，逐步体味到阮籍不同凡俗的高邈之风：此乃阮公于险境中恪守人格的艺术表达。事情的起因，为司马昭设计的置他于两难之中的一个陷阱，拟之名节受损，不写则有性命之虞。本来，阮籍完全可以像拒绝司马氏求婚一样，“醉六十日”以推之，但这次他写了，意在借题发挥，让司马昭

①〔魏〕嵇康：《声无哀乐论》，载《嵇康集校注》，人民文学出版社1962年版，第221—222页。

②〔南朝·宋〕刘义庆：《世说新语》，第594—595页。

明里受崇而实则获讥。从《劝进笺》的写作过程看，阮籍“高邈”和“蔑世”的风姿扑面而来：“会帝（昭）让九锡，公卿将劝进，使籍为其辞。籍沉醉忘作，临诣府，使取之，见籍方据案酣眠。使者以告，籍便书案，使写之，无所改窜。辞甚清壮，为时所重。”①

阮籍一如既往地以醉态应付此事，首先作了一个草草写成，未当回事的姿态。文章则更有意思。在铺排了一串虚扬暗讥的套话后，笔锋一转，劝司马昭在接受了九锡之后，应该效法自然高蹈之节，以符合功成不居的德行，青史留名：“大魏之德，光于唐、虞，明公盛勋，超于桓、文。然后临沧洲而谢支伯，登箕山以揖许由，岂不盛乎！至公至平，谁与为邻，何必勤勤小让也哉？”这样高绝的讥刺，从一个意想不到的角度让世人认识了历史的复杂性和戏剧性，哪里有“戒惧”的影子。羲之对《劝进笺》一遍遍地抄录，似在触摸阮公那“汤火”般的济世之心。

乐读嵇、阮文章，喜欢嵇、阮风度的人，很难会对晋室产生多少好感。王羲之与谢万有段评议祖约的谈话，似为不敬。《世说新语·赏誉》：王右军“道祖士少（祖约）‘风领（风翎）毛骨，恐没世不复见如此人’”。同篇“王子猷说：‘世目士少为朗，我家亦以为彻朗’”。刘盼遂曰，“我家”似指其父右军也。《太平御览》四四七引《郭子》曰，“祖士少道右军：‘王家阿菟，何缘复减处仲?’”祖约曾随苏峻引兵向阙，被晋室视为叛臣。王羲之虽不赞成其扰民滥杀行为，但时过境迁后，仍对其风姿赞赏有加。名士们品鉴人物时，也不避讳与王敦、祖约辈的密切关系和心灵相通之处，这颇能反映晋室在他们心目中的地位。

自然，在儒家思想居主流的古代社会，士人包括王羲之在内尚不能完全摆脱帝统观念，更何况帝统秩序确与政局稳定密切相关。但从维系大局与保持个性自由兼容并存计，谋求君权与士权的平衡乃是理想选择。在这样的格局中，多几个有头脑的权臣，比之让暴戾的昏君肆无忌惮，并不算是一桩坏事。这便是王羲之及不少东晋名士的道统观。

---

①〔唐〕房玄龄：《晋书》卷四九《阮籍传》，第1360—1361页。

所以，王羲之接到征辟诏书后，既不会生出皇恩浩荡、涕泗滂沱的情感，也就构不成“肝脑涂地”的效忠。是否应命，要看个人对“出”与“处”的选择。当朝是否值得效命，时运是否能有所为，“宣德教化”的理念能否有所落实？经过一番衡量，王羲之感到目前出山的时机尚不成熟。

让王羲之心生疑虑的，还在于这两个职位都是“立于廊庙之上”的大员。《历代职官表》载，尚书一职创于汉代，下属分曹中有吏部曹。至三国魏时始定名“吏部”，逐渐成为重要机构。吏部“操用人之权，常能把握朝局”。侍中属常居皇帝左右的近侍官，“备切问近对，拾遗补阙”①，“由于侍中为皇帝亲信，南北朝以后，实际担任宰相的官员即用侍中的名义”②。侍中与吏部尚书兼领的加封，即是朝堂宰辅，受天子倚重。

面对这样的要职，王羲之不能不掂量再三。自己远不若伯父王导那样的老到周衍，成为众矢之的事小，由性格而误国事，岂不有违初衷，届时后悔莫及。固辞不就，然“朝廷公卿皆爱其才器”，召唤的呼声仍是一浪高过一浪。

文人当了护军将军

王羲之推辞侍中、吏部尚书的奏表上报不久，又下来一道诏令“复授护军将军”。这是一个军职，王羲之觉得在割据时代率兵作战非己所长，“又推迁不拜”。推掩延挨中，大局出现了新的动向。北方自石勒死后，虽未分崩离析，总体上趋于衰落，七八年下来实力大不如前，晋室的征战常小有斩获，大规模北伐的呼声高涨起来。

具有雄才大略的桓温抓住机遇，选择了一个绝佳的战略进攻点，永和二年（346）十一月，在朝廷“以蜀险远，而温兵寡少，深入敌场，甚以为忧”的情况下，“帅征虏将军周抚，辅国将军、谯王无忌，建武将军袁乔伐蜀，拜表辄行”③。此时李寿死，李势立，骄淫杀虐。桓温见晋廷惴惴，知其忧之一是不识

---

①〔唐〕房玄龄：《晋书》卷二四《职官志》，第733页。

②〔清〕黄本骥：《历代职官表》，上海古籍出版社1989年版，第74页。

③〔唐〕房玄龄：《晋书》卷八《帝纪第八》，第193页。

敌势，忧之二是惧己坐大，不由得目笑而心鄙之，擅自提兵进发。大军沿江西溯，兵锋直指割据巴蜀四十六年之久的氐族成汉政权。

王羲之深知桓温有帅才，性格刚猛，治军严整，堪当伐蜀大任。晋军甫出，他便致信家人："十四日诸问如昨。云西有伐蜀意，复是大事，速送袍来。"此处所云之"袍"，乃是战袍之谓，其热心沸腾，恨不能随军西进，竞为前驱。

永和三年（347）三月，晋军攻克成都，生擒李势。此乃永嘉南渡后第一次成功地收复大块失地。桓温厥功至伟，周抚亦战勋赫赫，名动一时。《晋书·周抚传》载："桓温征蜀，进抚督梁州之汉中、巴西、梓潼、阴平四郡军事，镇彭模。抚击破蜀余寇隗文、邓定等，斩伪尚书仆射王誓、平南将军王润，以功迁平西将军。隗文、邓定等复反，立范贤子贲为帝。初，贤为李雄国师，以左道惑百姓，人多事之，贲遂有众一万。抚与龙骧将军朱焘击破斩之，以功进爵建城县公。征西督护萧敬文作乱，杀征虏将军杨谨，据涪城，自号益州牧。桓温使督护邓遐助抚讨之，不能拔，引退。温又令梁州刺史司马勋等会抚伐之。敬文固守，自二月至于八月，乃出降，抚斩之，传首京师。"王羲之对此欢欣鼓舞："旦夕都邑动静清和，想足下使还，具时州将。桓公告慰，情企足下数使命也。"

桓温功成还镇，周抚则留在蜀地执掌军政大权，开始他"在州三十余年"的戍边生涯。蜀地受巴氐族统治多年，王羲之最忧虑的后患便是文化传统的中断。他频繁致信周抚，询问蜀中情形，"省足下别疏，具彼土山川诸奇。扬雄《蜀都》、左太冲《三都》，殊为不备悉。彼故为多奇，益令其游目意足也。可得果，当告卿求迎，少人足耳。至时示意。迟此期，真以日为岁。想足下镇彼土，未有动理耳。要欲及卿在彼，登汶岭、峨眉而旋，实不朽之盛事。但言此，心以驰于彼矣"。王羲之如是说：蜀中山川，气象万千，您信中所述比扬雄、左思更为神奇，我欲到彼一观，却不能成行，真有度日如年之感。要能和您登汶岭、游峨嵋，必是一桩盛事啊。同时他也忘不了提醒老友寻觅文化遗迹，宏德化育人心。"知有汉时讲堂在，是汉何帝时立此。知画三皇、五帝以来备有，画又精妙，甚可观也。彼有能画者不？欲摹取，当可得不？须具告。""严君平、司马相如、扬子云皆有后否？"扬雄曰："蜀严湛冥，不作苟见，不治苟得，久幽而不改其操，虽随、和何以加诸？举兹以旃，不亦宝乎。”[①]《汉书》孟康注云：“蜀郡严君平，湛深元默，无欲也。”[②]这些四川大名士的后代还在否？就是把随侯珠、和氏璧与他们相比，也是不够的啊。应该对他们大加褒扬，将之举为旌帜。

羲之又探问，“云谯周有孙，高尚不出。今为所在，其人有以副此志不？令人依依，足下具示”。谯周是蜀汉大臣，当年魏灭蜀已成定局，他精通命理，认为天命在魏，便劝后主刘禅早日投降，减少杀戮。后世因谯周的不忠于蜀汉，认为他是帝统的大罪人。然理解他的人却认为，谯周所持论，正是“兴实在德”的诠释，“今我与彼，皆传国易世矣，既非秦末鼎沸之时，实有六国并据之势，故可为文王，难为汉祖。时可而后动，数合而后举，故汤、武之师，不再战而克，诚重民劳而度时审也。如遂极武黩征，不幸遇难，虽有智者，不能谋之矣”[③]。可谓古之睿智、通达之论。

谯周的孙子谯秀，字符彦，“知天下将乱，预绝人事，虽内外宗亲，不与相见”[④]。他在李寿初起，“好学爱士，庶几善道”之时，曾出山为宾客，使之“在巴西威惠甚著”。但两年以后（338年），李寿称帝，不能“尽其谠言”，就不再与之合作，“冠皮弁，弊衣，躬耕山薮”。在王羲之的提醒下，桓温马上“上疏荐之，朝廷以秀年在笃老，兼道远，故不征，遣使敕所在四时存问”[⑤]。

桓温进位征西将军，开府仪同三司，封临贺郡公。这是对他丰功伟绩的褒赏，而其背后的形势，则是桓温实力、影响的空前扩张，朝廷颇有尾大不掉之忧。其实，自伐蜀之初，晋室就输了最关键的一着，所谓“疑其所不必疑，则可疑者进矣；疑其所不必疑，则奸雄知我之徒疑而无能制矣。故畜疑者，召祸之门也”[⑥]。

当此欢庆胜利之际，晋室高层的心中却蒙上更深的阴影，加紧部署中央军

①〔汉〕班固：《汉书》卷七二《王贡两龚鲍传》，第3057页。

②〔汉〕班固：《汉书》卷七二《王贡两龚鲍传》引孟康注，第3058页。

③〔晋〕陈寿：《三国志》卷四十二《蜀书·谯周传》，中华书局1959年版，第1029页。

④〔唐〕房玄龄：《晋书》卷九四《隐逸》，第2444页。

⑤同上。

⑥〔清〕王夫之：《读通鉴论》卷十三，中华书局1975年版，第363页。

队的北伐行动，企图取得战果以在威势上制衡桓温。褚裒、殷浩等急于集合人才，壮大军力，又一次想到了颇具影响力的王羲之。《资治通鉴》卷九八载“浩以征北长史荀羡、前江州刺史王羲之夙有令名，擢羡为吴国内史，羲之为护军将军，以为羽翼”。荀门与王家为儿女亲家（王充之娶荀奕女），羡父荀崧又是被王羲之视为义兄的周抚之老泰山。荀羡是荀崧晚年所得之子，与周抚辈年纪相差较大，少年得志，为人有侠气，以此次机缘，与王羲之结下深交。

为“劝使应命”，殷浩提笔写了封“遗羲之书”：“悠悠者以足下出处足观政之隆替，如吾等亦谓为然。至如足下出处，正与隆替对，岂可以一世之存亡，必从足下从容之适？幸徐求众心。卿不时起，复可以求美政不？若豁然开怀，当知万物之情也。”[①]读罢“出处足观政之隆替”，“卿不时起，复可以求美政不?”羲之不禁莞尔，殷浩这不是把谢尚当年用在他身上的“当如苍生何”搬到自己头上来了吗？难为他的真情与诚意，亦颇有些知遇之感：殷浩真是太了解自己了，用这样的理由为说辞，拨动了自己那根不轻易与外人道的心弦：“美政”有望，事有可为，贤者当出。你总不能让别人把事情都给办好才做做样子吧。话说到这种份上，继续推辞也就难以启齿了。

不过，王羲之还是决定回封信，申明诚意，并提出自己构想中的效力方案：“吾素自无廊庙志，直王丞相时果欲内吾，誓不许之，手迹犹存，由来尚矣，不于足下参政而方进退。自儿娶女嫁，便怀尚子平之志，数与亲知言之，非一日也。若蒙驱使，关陇、巴蜀皆所不辞。吾虽无专对之能，直谨守时命，宣国家威德，固当不同于凡使，必令远近咸知朝廷留心于无外，此所益殊不同居护军也。汉末使太傅马日磾慰抚关东，若不以吾轻微，无所为疑，宜及初冬以行，吾惟恭以待命。”[②]

这里传达了三层意思：其一，自己的归隐是发自内心的选择，由来已久，固辞未就并不是与当局为难，属于一种个人行为，请予理解；其二，自己是个文士，在文化、艺术方面有些才华，处理军政事务所要求的“专对之能”，非本

---

①〔唐〕房玄龄：《晋书》卷八〇《王羲之传》，第2094页。

② 同上。

人所长；其三，最适合自己做的事情，乃是像汉末太傅马日磾一样，以亲善大使、和平使者的身份，赴甘陇、巴蜀一带，向久违王道的人民宣威安抚，传播华夏文化，以实现圣人修仁立化，“德被天下”的理想。

最后一点特别值得品味，充分反映了王羲之不同于普通政客的高远理想。武力征战只是实现帝制一统的途径，而不能使天下归心。天下归心在德不在力，仅注重强制手段，会使统治浮于表面。文化上的聚合，价值观、道德理想上的认同，有如拆不开、打不散的黏合剂，永远是一个国家和民族最牢固的基石。这样的境界和理想，在他所抄写的《乐毅论》中，表达得甚为明晰。夏侯玄开篇即曰：“观乐生遗燕惠王书，其殆庶乎知机合道，以礼始终者与！又其喻昭王曰：‘伊尹放太甲而不疑，太甲受放而不怨，是存大业于至公而以天下为心者也。’”乐毅的功绩并不在拔城灭国，而是“恢大纲以纵二城，收民明信以待其弊”，达到了“使夫忠者遂节，勇者义著，昭之东海，属之华裔，我泽如春，民应如草，道光宇宙，贤智讬心，邻国倾慕，四海延颈”的仁政伟业。王羲之手书此文时，联想到东晋的时局，不免有失意之感。故唐代孙过庭评曰：“写《乐毅》则情多怫郁。”①

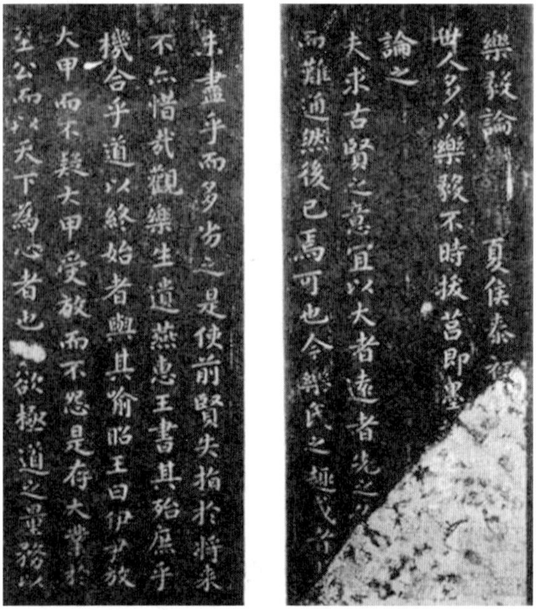

王羲之书《乐毅论》局部（美国安思远藏本）

巴蜀受少数民族统治两代人有余，蜀地中原文化传统与文化滋养有所中断，亟需补救；而关陇一带的河西地区，前凉国主张重华长期坚守汉文化正统，抵御后赵冲击。他多次派使者到建康联络，因碍于敌国阻隔，难以交通。现巴蜀归晋，正可由川入陇，前往宣抚。这对稳固前凉政权，

①〔唐〕孙过庭：《书谱》，载《中国历代书法论著汇编》第一册，第10页。

以扩大文化影响，是多么重要啊！王羲之所思虑者，乃是通过不流血或少流血的方式实现统一，进而以共同的文化理想防止新的流血与分裂。

遗憾的是，整门心思只想着对付桓温的执政者，对王羲之文化统一的想法缺乏理解，只是催促他尽快赴护军将军任。道之不行，求之其下，逸少只能对天浩叹，“既拜护军”。他在致友人的信中表达了此刻的心情：“六日，昨书信未得去，时寻复逼，或谓不可以不恭命，遂不获已，处世之道尽矣。何所复言。”又一书云，“遂当发诏催吾，帝王之命，是何等事？而辱在草泽，忧叹之怀，当复何言？见足下一一”。《资治通鉴》永和四年（348）八月条记，殷浩“擢羲之为护军将军”。这是他奉命到职的日子。

护军将军始置于秦，中间经过多次演变，于晋“明帝太宁二年，复置领、护，各领营兵。江左以来，领军不复别领营，总统二卫、骁骑、材官诸营，护军犹别有营也。资重者为领军、护军，资轻者为中领军、中护军。属官有长史、司马、功曹、主簿、五官，受命出征则置参军”[①]。《历代职官表》曰“为掌握中央军权之要职，亦有守护宫城之意”。可见这是统领朝廷直属兵马的武职，与领军将军同掌中央军队，并负责武官的选用。东晋时期，各州刺史手握军政大权，往往持节都督一方军队，朝廷的中央军兵力有限，护军将军所掌握的卫戍部队，属于硕果仅存的精锐王师。此前不久，权倾朝野的庾亮就曾担任过该要职。

护军将军统有数营兵马。王羲之到任的第一件事，便是视察所属部队的官兵，所见令人寒心。之前，他的任职多在幕府州郡，没有直接统领、接触过军队，只是看到王师无论北伐作战，还是抵御内乱，总是败多胜少，致建康似无防，台城如累卵，煞是费解。此一番巡视，恍然大悟：朝廷的直属部队处于严重的混乱之中，将无斗志，兵无强体，何谈召之能战，战而能胜。

王师如此不堪的根子在于兵役制度的先天不足。晋朝承袭曹魏的兵户制度，即在百姓中构建兵役世家。他们与普通民户不同，世世代代担负服兵役的责任，父老子替，是当兵吃粮的专业户，被称为“兵家子”，社会地位低于普通民户。兵家子身份低贱，常常面对死亡，还要遭受一级级长官克扣，苦不堪言。军人

①〔唐〕房玄龄：《晋书》卷二四《职官志》，第740页。

不仅没有荣誉感、责任心，反而满腹积怨。在这样的境遇中，自然逃亡者众多。

朝廷为了制止逃亡，规定：一人逃亡，一家补兵，一家逃亡，亲戚旁支补兵。用连坐法加以遏制。越是这样，越刹不住逃役之风。兵家子日子难熬是逃兵的动因，而逃有所匿则提供了外部的便利。世家大族、豪门巨室林立，是东晋社会的特殊风貌。他们瞒报户口，自建部曲私兵。亡卒逃入世族之家，犹如鱼归大海，再无消息。朝廷的兵源陷入两种恶性循环：一是出多入少，总缺额；二是壮丁难求，老弱充斥。再让一班未经战阵、由文职转任武官的统领带兵，怎么会有战斗力？

企望如此王师担当北定中原、拱卫京师安全的重任，无异于痴人说梦。新任护军将军寝食不安，急忙将情况向朝中决策人物反映，谋求杜绝逃匿的解决办法。结果令他大失所望——执政当局对此早是心知肚明，熟视无睹了。事关兵役制的改革，动作大，牵扯多，诸人认识不一，也就难有定论。最要命的是，堵住隐匿的漏洞，势必触犯世家大族的切身利益。在改革兵源与稳定政治基础的难得两全中，天平的砝码自然倾向后者。历朝历代的许多改革就是这样，明眼人皆看得到的弊端，说起来也并非做不成的事情，一经要动真格，牵扯到某些方面的利益，受到一些人的异议，往往便陷入多一事不如少一事，维持现状的黑洞了。王羲之亦遭遇如此，其建议只能被束之高阁，无疾而终。

想做的事情做不成，王羲之忧心之下，给主政的会稽王司马昱上书释放胸中郁闷，论乎“经国达治之道”。“羲之死罪，荀、葛各一国佐命宗臣，观其辙迹，实奇士也。然荀获讥于忧卒，意长恨恨，谓其弘济之心，宜被大道。诸葛经国达治，吾无间然，处事而无玷累，获全名于数代。至于建鼎足之势，未能忘已，所谓命世大才，以天下为心者，容得尔乎？前试论意，久欲呈，多疾愦愦，遂忘致。今送，愿因暇日，可垂试省，大期贤达兴废之道，不审谓粗得阡陌不？”希望司马昱效诸葛孔明励精图治，“以天下为心”，勇于任事，革除积弊，推出利国利民的举措，成为青史留名的“命世大才”。值得玩味的是，书中强调，因既往“愦愦”流行，如此建言不合时宜，“遂忘致”。但这封上书所传达的企望，也只是王羲之的一厢情愿而已。

治本的事难有作为，护军将军只好推行些小修小补的改进了。针对克扣粮饷致兵士生计艰难的现象，他下发了一道命令——《临护军教》：“今所任要，在于公役均平。其差太史，忠谨在公者，复行诸营，家至人告，畅吾乃心。其有老落笃癃、不堪从役，或有饥寒之色、不能自存者，区分处别，自当参详其宜。”①寥寥数语，内涵极不寻常。它与那种将军爱兵如子以激励士气的功利性诉求非为等观，另有一番文化人的“人本”境界在其中。王羲之首先申明此举的宗旨为“公役均平”，防止处于弱势地位的兵士吃亏；第二，派正直的官员下基层探访，上门咨询，表示了诚恳亲和；第三，希望兵士毋存疑虑，如实反映情况，倾诉困难；第四，所反映出来的多种生存问题，一律解决，给大家一个交待。

这样的文件只能出自王羲之的心中与笔下。他把兵士当作一个人来对待，折射出的仍是他“宣德教化”的政治理想。

经过一番内部管理与分配制度的改进，护军府的工作渐入正轨，军队状况有所改进，但离补充兵员，建立一支精锐禁军的目标尚远，王羲之只好以“岂能尽如人意，但求无愧我心”自解了。朝廷自是对护军工作甚为满意，而王羲之以身在建康之便与司马昱、殷浩不时谋面，谈公论私，感情更为融洽。

永和五年（349），北方后赵国主石虎去世。作为京师卫戍部队的护军营，压力减缓。王羲之密切关注着时局的走向。

桓温的反应最为敏锐，立即在长江中上游部署北伐，上书朝廷请予批准。居中执政的司马昱、褚裒和殷浩担心桓温功高震主，一边拖延答复，一边抢先出兵，企图拔下头筹，占得首功。加封征北大将军褚裒为征讨大都督，督徐、兖、青、扬、豫五州军事，率军北进至彭城。无奈褚裒因国丈身份登上高位，并无领军作战之才，面对瞬息万变的战局，进退失据，错失战机，大败而归。北伐以一无所获、劳民伤财而收场。朝廷虽没处分败军之将，但褚裒毕竟文人，内疚自谴不已，于年底郁郁而终。殷浩接替了他统兵领军的要职。朝廷权力结构更新，形成又一轮“三驾马车”：司马昱、殷浩、桓温。他们无不对羲之偏爱有加。

---

①〔晋〕王羲之：《临护军教》，载《太平御览》卷二四〇，第311页。

王羲之本也是赞同北伐的，后发现其中掺和了许多权力相争的私利，致原本就存在的内外不协进一步加剧，桓温“时知朝廷杖殷浩等以抗己，温甚忿之，然素知浩，弗之惮也。以国无他衅，遂得相持弥年，虽有君臣之迹，亦相羁縻而已，八州士众资调，殆不为国家用”[①]。王羲之对此痛心疾首，专门写信与殷浩、荀羡，劝以大局为念，莫与桓温搞僵。“王羲之密说浩、羡，令与桓温和同，不宜内构嫌隙，浩不从。”[②]《资治通鉴》卷九八亦记，“羲之以为内外协和，然后国家可安，劝浩及羡不宜与温构隙，浩不从”。与此同时，他亦利用自己对桓温的影响力，多次致信劝导，望其固本荆楚，北望中原。就像当年斡旋于王导、庾亮之间一样，为避免内讧竭尽全力。

北游观碑

殷浩主持北伐之初，虽人为不利，却得天助。后赵大局失控，呈现四分五裂之势，诸将、诸部落互相争斗之际，一些部落先后“归附”东晋，使晋军的势力范围于永和七年（351）一度控制了西晋的旧都洛阳。“时殷浩至洛阳修复园陵。”[③]对于殷浩进入洛阳，各方人士反应、评价不一。为恢复旧都得以谒先帝陵而大声欢呼者有之；批评其“经涉数年，屡战屡败，器械都尽”[④]，得不偿失者亦有之。这一次晋军控制洛阳、许昌一带的时间约在永和七年至永和八年初之际。

永和七年（351）间，“会苻健杀其大臣，健兄子眉自洛阳西奔，浩以为梁安事捷，意苻健已死，请进屯洛阳，修复园陵，使（姚）襄为前驱，冠军将军刘洽镇鹿台，建武将军刘遯据仓垣，又求解扬州，专镇洛阳，诏不许”[⑤]。晋军占领了久违的故都洛阳。《晋书·穆帝纪》载：“八月，冉闵豫州牧张遇以许昌

①〔唐〕房玄龄：《晋书》卷九八《桓温传》，第2569页。
②〔唐〕房玄龄：《晋书》卷七七《殷浩传》，第2045页。
③〔唐〕房玄龄：《晋书》卷九八《桓温传》，第2571页。
④ 同上。
⑤〔唐〕房玄龄：《晋书》卷七七《殷浩传》，第2045页。

来降，拜镇西将军。”查《晋书·谢尚传》可知，受降者是谢尚。永和七年“九月，峻阳、太阳二陵崩。甲辰，帝素服临于太极殿三日，遣兼太常赵拔修复山陵”。永和八年“二月，峻平、崇阳二陵崩。戊辰，帝临三日，遣殿中都尉王惠如洛阳，以卫五陵”。东晋数次欲修先帝之陵。

就在王惠到洛阳的同月，张遇因谢尚“不能绥怀之”，“反于许昌，使其党上官恩据洛阳”。夏四月，“安西将军谢尚帅姚襄与张遇战于许昌之诫桥，王师败绩”。洛阳、许昌一线又进入新一轮的拉锯战之中。就在朝中人士对收复旧都见仁见智之际，王羲之从一种几乎所有人皆未想到的角度，暗自庆幸，并把握住了这个转瞬即逝、对他本人意义重大的机遇。

王羲之自幼身居江南。无论叔父王廙还是老师卫夫人，都谆谆告之，书法的发祥地在北方，兴盛地也在北方，尤其是汉末魏晋间，书法艺术经千百年的蓄积如火山喷发，大师者蔡邕、钟繇、卫觊、索靖、卫瓘、卫恒等，共同创造了一段辉煌岁月。可惜自八王之乱到永嘉南渡，名帖多毁于战火，可观者寥寥。伯父王导传与自己的《宣示帖》，叔父王廙缀入衣中的西晋大书家索靖《七月二十六日帖》，都是劫后孑余。而大师们的名山之藏——碑版，集中于北土，长期为胡虏所据，无以接近。从北方传来的消息说，洛阳虽屡遭兵燹，所幸书碑尚存，“季龙（石虎）虽昏虐无道，而颇慕经学，遣国子博士诣洛阳写石经，校中经于秘书”[①]。羲之心向往之，早已望穿秋水，只想立即飞向北方。

护军将军离职一段时间也不算小事，不能说走就走。好在总揽大局的殷浩能够理解王羲之的想法，可借提调护军将军商讨军务作一公私两便的安排，逸少因此得以踏上北游观碑之路。他回顾此次旅程的收获：“及渡江北游名山，比见李斯、曹喜等书；又之许下，见钟繇、梁鹄书；又之洛下，见蔡邕《石经》三体书；又于从兄洽处，见张昶《华岳碑》。”[②]

王羲之的北方之旅，兼顾军事要务，“知欲东，先期共至谢奕处。云何欲行？想忘耳。过此如命”。“想忘”者，观碑表也；“如命”者，军务。谢奕与谢

①〔唐〕房玄龄：《晋书》卷一〇六《石季龙载记》，第2774页。

②〔明〕陶宗仪：《说郛》卷八六上，文渊阁四库本，第690册，第107页。

安此时都在东山，逸少北游之前与其打照面，以了解谢尚行踪。出发后，更是频频与领兵在前方的殷浩及谢尚、荀羡等联系，其行程经过他们的辖区，不能不依靠军队系统的安排。

谢尚自离开庾翼的安西将军府后，就任西中郎将、豫州刺史，一直统兵镇守在建康江北的重镇历阳，此地守为京师屏障，攻为北伐前沿。《晋书·谢尚传》载："大司马桓温欲有事中原，使尚率众向寿春，进号安西将军。初，苻健将张遇降尚，尚不能绥怀之。遇怒，据许昌叛。尚讨之，为遇所败，收付廷尉。时康献皇后临朝，即尚之甥也，特令降号为建威将军。……时苻健将杨平戍许昌，尚遣兵袭破之，征授给事中，赐轺车、鼓吹，戍石头。"在殷浩和桓温此一轮的北伐中，谢尚均充当前锋，领兵出寿阳，继而北攻许昌、郸下和洛阳等地。经过多次进进退退的拉锯，总算在中原一带扎住营盘。

荀羡与王羲之同为殷浩起用，才能大展，为海内瞩目，军政职务不断提升，已然北伐战略中的东部箭头。"殷浩以羡在事有能名，故居以重任。时年二十八，中兴方伯，未有如羡之少者。羡至镇，发二州兵，使参军郑袭戍淮阴。羡寻北镇淮阴，屯田于东阳之石鳖。寻加监青州诸军事，又领兖州刺史，镇下邳。"[①]近来更是军锋犀利，收复了青州、兖州一带，王羲之的家乡琅邪和泰山亦在控制之中。《晋书·穆帝纪》载：永和七年（351）正月，"鲜卑段龛以青州来降"。"及慕容儁攻段兰于青州，诏使羡救之。儁将王腾、赵盘寇琅邪、鄄城，北境骚动。羡讨之，擒腾，盘迸走。军次琅邪，而兰已没，羡退还下邳，留将军诸葛攸、高平太守刘庄等三千人守琅邪，参军戴逯、萧鎋二千人守泰山。是时，慕容兰以数万众屯汴城，甚为边害。羡自光水引汶通渠，至于东阿以征之。临阵，斩兰。帝将封之，羡固辞不受。"[②]荀羡这一段虽处于进攻态势，然局面并不稳固，与谢尚一样，常处于左支右绌，四处奔命之中。

王羲之一路行来，过大江后就是安西将军谢尚的领地。此时谢尚坐镇中原前线，未得会面。羲之看到徐兖青三州的形势更为明朗，或兼有一层思乡之情

---

①〔唐〕房玄龄：《晋书》卷七五《荀羡传》，第1981页。

② 同上。

吧。径直北上，先赴下邳去见荀羡，怎奈荀羡亦率部在外，未能谋面。王羲之继续北行，过琅邪，直奔泰山极顶的玉女池观秦皇勒石，见到了“书法鼻祖”李斯所书小篆刻碑。观碑之余，羲之还注意考察收复区的民情与民生，写信告与关心北土的朋友们：“远近清和，士人平安，荀侯定住下邳，复遣军取下（下）城。此间民事，愚智长叹，乃亦无所隐，如之何？又须求雨，以复为灾，卿彼何似？”离开徐、兖之际，因未与荀羡谋面，特致信函曰：“荀侯佳不？未果就卿，深企怀耳。安西音信那可遇？得归洛也。计令解有悬，休寻。”问候好友，顺便打问安西将军谢尚的动向。

王羲之往许昌寻谢尚，却未见到随军游移不定的谢尚。于许下观摩了日思夜想的钟繇手迹《荐季直表》和梁鹄碑，折头北赴洛阳。在晋代士人魂牵梦绕的故都中，逸少细细品味了蔡邕《石经》三体书，还拓下了诸多书法家的遗墨，收获甚丰，喜悦之情难以言表。然而，在洛阳他仍然没有机会与殷浩、谢尚同享他乡聚首之乐。好在羲之与殷浩相约在途中见面，同时知会谢尚：“源书已发，吾欲路次见之，亦不欲停甚。”

有关这次北土之会，王羲之函曰：“前从洛至此，未及就彼参承，愿夫子勿悒悒矣，当日缘明府（殷浩）共饮，遂阙问，愿足下莫见责。羲之顿首。”这应是给谢尚的道歉书信。一路错过，王羲之不胜遗憾：“近书及至也，瞻望不远，而未期暂面，如之何？迟得问也。谢侯数不在叹。”沿军需线南归的途中，王羲之还产生了绕道去临川扫墓的想法。为此，曾写信向上司通报。“来月必欲就到家，而得其问，云尚多溪毒，当复小却耳。仆故有至临川意，尚未定，自更有，果南行者，还乃得至寿春耳。”最后因种种不便而作罢。

王羲之的北游观碑，处于南北分割的时代背景中，许、洛一带久为胡虏所据，晋朝掌控时光有限，尤其在永和年间之前。故而有学者认为，王羲之的北游当在后来桓温大举北伐，较长时间控制许、洛，而王羲之又辞去会稽内史，闲居在家之际。笔者认为，时间还是定在永和七八年间比较合宜，除了上述书记、史实相当条理、合辙外，还因为考察其他年头反觉难以入扣。撮其主要理由如下：其一，王羲之到会稽任职后曾有帖云“知郡荒，吾前东，周旋五千里，所在皆尔，可叹”，明言已“周旋”过了，这“五千里”与“乐游浙东山水”，不是一个概念。其二，羲之在会稽期间，书法进入变局，焕然一新，明显受到后期钟繇的影响，这是北游后的收益。其三，北方的收复地控制脆弱，仍为战区，并无行政体制，纯为文人难以成行。东晋罕闻有文官北游故土者，非不想也，实不能也。以护军将军身份行动于军事系统中才得方便。其四，“周旋五千里”离不开强健的体魄。任护军将军时，王羲之正当盛年，而在他会稽辞官后进入多病体衰的老年，盼望入蜀而不可得，何来体力北游名山。其五，北游时信中所提及的殷浩、谢尚、荀羡等人，数年后无不身不由己地离开了中原战场。王羲之有大量的书信跟踪问候、谈论桓温北伐前后的人与事。而王羲之信中所称的“明公”“明府”，唯有殷浩合其身份。王羲之对桓温的称呼从来是“桓公”与“州将”，而此前可称为“明公”的庾亮，南渡后从未再踏北土。

王羲之离开中原未久，许、洛一带便因张遇的反水而丢失。王羲之自桓温处得到消息，即刻回书，表达了对殷浩和谢尚的牵挂：“得征西近书，委悉为慰。不得安西许有问，不知何久？长风书平安。今知殷侯不久留之，甚善甚善。”

第五章　主政会稽

居庙堂之上

北方观碑，让在书法创新路上苦苦探寻的王羲之豁然开朗，找到了变法创新的感觉，并为之投入了更多的感情和精力，这也使他坚定了辞去护军将军的想法。从根本上讲，自己非军事人才，做政务官便于施展专长，尤其是当地方官，有机会为百姓做些实事。内心深处更有一层“不便为外人道也”的考虑。

时下桓、殷争斗日趋白热化。两人都是王羲之的好友，又都有各自的利益和立场，明晰地分出孰是孰非并不是一件容易的事情。从收复中原的大计讲，桓温可谓天赐帅才，殷浩远不能及。郗愔来信也讲到京城士人对殷的评价，“都下书云，殷生议论，殊异处忧之道”。从江左政局平衡看，桓温“尾大”之状日显，殷浩则代表朝廷正统，假“名器”以令诸侯。性格才行方面，王羲之更欣赏桓温。

王羲之感到，桓温虽为强人武将，但并不若伯父王敦那样暴烈，好杀伐。让刘真长形容，桓温是孙仲谋、司马宣王一般的一流人物，长相奇特，“鬓如反猬皮，眉如紫石棱”。他的为人，最是畅快，有豪侠之风，对名士文人也是真情实意地喜欢，还极有风趣。桓温与自己的亲家谢奕最为友善，《晋书·谢奕传》载：“温辟（奕）为安西司马，犹推布衣好。在温坐，岸帻笑咏，无异常日，桓温曰：‘我方外司马。’奕每因酒，无复朝廷礼，尝逼温饮，温走入南康主门避之。主曰：‘君若无狂司马，我何由得相见？’奕遂携酒就听事，引温一兵帅共饮，曰：‘失一老兵，得一老兵，亦何所在？’温不之责。”一次大家在桓温那里喝酒，刘真长醉了，把脚搁在他的头上，他也不过笑骂一声。进兵川蜀之前，“桓大司马乘雪欲猎，先过王（濛）、刘（惔）诸人许。真长见其装束单急，问：‘老贼欲持此何作？’桓曰：‘我若不为此，卿辈亦那得坐谈？’”[①]这样的人物，在流行“口谈虚言，放废庶务”的东晋士林中，是何样难得的国家栋梁！故王羲之始终对桓温牵挂在心，“不得西问，耿耿！”“故未知西审问，使人忧耿，得问，示。”

在内部矛盾尖锐的局势下，王羲之虽不可能完全超越儒家正统观念的影响，但也不完全以是否忠于晋室为标准。《世说新语·赏誉》的一段记载，表达了羲之这样的反思：“王右军目陈玄伯：‘垒块有正骨。’”话语虽短，意味深长。玄伯是曹魏老臣陈泰的字。《三国志·魏志》卷二二注引《魏氏春秋》曰：“帝（曹髦）之崩也，太傅司马孚、尚书右仆射陈泰枕帝尸于股，号哭尽哀。时大将军（司马昭）入于禁中，泰见之悲恸，大将军亦对之泣，谓曰：‘玄伯，其如我何？’泰曰：‘独有斩贾充，少可以谢天下耳。’大将军久之曰：‘卿更思其它。’泰曰：‘岂可使泰复发后言。’遂呕血薨。”曾经对司马氏替魏表示过抗议的陈泰，成为王羲之心目中的英雄。可见司马王朝在他眼中并非道义的化身。

面对政治风云的变幻，王羲之的标尺在于，谁的作为有利于江左稳定，克定中原。从这一点上说，桓温未必值得指责，殷浩和司马家也并非天生在理，最要紧是内部团结，一致对外。朝廷不该过分地猜忌、提防桓温，这反会激变手握重兵的征西将军；桓温也当有所收敛，让朝廷放心，这是目前最需要解决，却恰恰又最乏人操心的问题。想到这些，王敦逼宫时，王导的尴尬，周顗的惨死，历历在目。一旦桓温提兵向阙，羲之将与桓温在阵前兵刃相见。战事的胜负与个人的生死，倒不是顾虑之处，他最不愿意看到，耻于亲为之事——内部动武，手刃同胞必不可免。那真成了使国之卫士流血于自家城门之下，“多杀伤

①〔南朝·宋〕刘义庆：《世说新语》，第416页。

之残以示四海之人，是纵暴易乱以成其私，邻国望之，其犹豺虎”[①]。

离开护军一职，脱身权力中心，到形势危急时，可以王家代表、当朝名士的身份，居中调停，缓解冲突。“国家之安在于内外和”乃羲之矢志不渝的信念，这便是王羲之“不乐在京师”的深层心迹，后来的行动也证明了这一点。

王羲之递上辞呈的同时“苦求宣城郡”，或许是那里的黄山奇景和宣城的纸墨吸引着他吧，他并不在乎“级别”的下降。朝廷没有同意。宣城郡太守的职务，于当过江州刺史、护军将军的王羲之来说，明显偏低，而此时正好出现了另外一个机会。永和七年（351），会稽内史王述“以母丧居郡”，职位空缺，朝廷遂诏命王羲之为右军将军、会稽内史，“述先为会稽，以母丧居郡境，羲之代述”[②]。这是一个相当重要又适合于王羲之的位置，可谓天遂人愿。

《晋书·地理志》载：“会稽郡秦置。统县十（山阴、上虞、余姚、句章、鄞、鄮、始宁、剡、永兴、诸暨）户三万。”会稽地处宁绍平原，乃春秋时期越国基业所在，为当朝豪门世族栖居之地。苏峻之乱后，曾有人建议迁都于此。可知其政治和经济地位非寻常郡县可比。东晋初年，诸葛恢为会稽太守，晋元帝语恢曰：“今之会稽，昔之关中，足食足兵，在于良守。以君有莅任之方，是以相屈。”[③]从宗室封王地位看，会稽王属于三要之一，眼下的会稽王正是“统摄万机”的宰辅司马昱。正因为属于封国名下领域，这里的行政首脑称作内史。

黄本骥《历代职官表》介绍：“魏晋南北朝仍采汉代郡县与封建并行之制，唯改相之名为内史，在王国中既以内史当太守之任。其职位、体制、组织皆与郡守同。”东晋时的宗室封王，多为名誉，实际上没有封土，封国地区还是归属行政建置的郡、县管辖。王羲之接手以前，会稽内史历来由重量级人物担任，如逸少的叔叔王舒，庾氏兄弟中的庾冰，当过江州刺史、卫将军的王允之等等。会稽在东晋，名为一郡，实以一州视之。尤其是王羲之以右军将军号加内史衔，官秩三品，职俸二千石，与州刺史是平起平坐的。

王羲之出任会稽内史时，是否兼任永嘉太守，本传未载。但永嘉方志及一

---

①〔晋〕王羲之：《乐毅论》，载《册府元龟》卷八二九，第9636页。

②〔唐〕房玄龄：《晋书》卷八〇《王羲之传》，第2100页。

③〔唐〕房玄龄：《晋书》卷七七《诸葛恢传》，第2042页。

些史迹中却有诸多记录，如明代嘉靖年间任敬所作的《温州府图志·序》云："尝考自东晋置郡以来，为之守者如王羲之之治尚慈惠，谢灵运之招士讲书，由是人知自爱向学，民风一变。"王羲之亦在温州留下许多逸事遗存，如："五马坊"[①]，唐温州刺史张又新《咏百里坊》诗："时清游骑南徂暑，正值荷花百里开。民喜出行迎五马，全家知是使君来。"宋代杨蟠《咏五马坊》诗："相传有五马，曾此立踟蹰。人爱使君好，换鹅非俗书。"杨蟠是北宋时温州知州，温州城内三十六坊即为其所命名，其中就有"五马坊"，可见"五马坊"为太守王羲之命名在北宋已见之于文字记载。

王羲之"造访乐清高士张荐"一事，更是广为流传。《太平御览》卷九六三引《永嘉郡记》云："乐成县民张荐者，隐居颐志，不应辟命，家有苦竹数十顷，在竹中为屋，恒居其中。王右军闻而造之，荐逃避竹中，不与相见，一郡号为高士。"唐张又新《白鹤山》诗云："欲驱五马寻真隐，谁是当年入竹人。"

当然，最能提供证明的还是王羲之本人留下的书信，"比得其书，云山海间民逃亡，殊异永嘉，乃以五百户去，深可忧！深可忧！此间不乃至此"。此帖内容是用永嘉政务与"山海间"（临海）相比较。此际大概是郗愔才当上临海太守，人民逃亡不止。王羲之以永嘉郡内也曾有此况而喻之。从上述诸多记载分析，王羲之以右军将军身份兼领过一段永嘉太守的可能性很大。因为时间不长又是兼领，故本传未载。

王羲之素爱这片"佳山水"，《王羲之传》记，"初渡浙江，便有终焉之志"。但是，他到任之初还是经历了一阵郁闷，"古之御世者，乃志小天下，今封域区区，一方任耳，而恒忧不治，为时耻之"。眼前的景象，大出他意料之外。

前任王述是那种"口论玄虚，怠于政务"的名士，朝中议评王述治郡："莅政清肃，终日无事。"会稽的地方官们都被清谈之风宠坏了："此郡之弊，不谓顿至于此，诸逋滞非复一条。"律令全属虚置，让新任内史懊丧万分，对王述大大地不满起来。此时，王述奉母灵柩于会稽安厝。依情依礼，王羲之至少要前去吊唁几回，但他从就任以来的所见所闻中，认定王述是个"假名士"，不乐于

①〔明〕彭大翼：《山堂肆考》，文渊阁四库本。

与其交往，竟“止一吊，遂不重诣”。

另一个致烦的因素乃是人情往来。王羲之是官员也是文化人，理政之余总要留些许“独处”的时间。无奈在世人眼中，这个职任是个“肥差”，亲友请托的大有人在，又不能推却，“夏人事请托，亦所未免。小却冀得小差，顷日当何理”。独处的“私愿”就更少人理解了，时光消蚀于无休无止的请托应酬之中。“笃不喜见客，笃不堪烦事，此自死不可化，而人理所重如此。都郡江东所聚，自非复弱干所堪，足下未知之耳。给领与卿同，殊为过差，交人士因开门以勉待之，无所复言。”

履新之初的艰辛，破坏了王羲之乘兴而来的好心情，一度灰心丧气：“独坐不知，何以为治？自非常才所济，吾无故舍逸而就劳，叹恨无所复及耳。”以致让他怀疑自己是否适合担任这份职务，“但令卿重熙（郗昙）之徒，必得申其道，更自行有余力相弘也”。

王羲之从不认为自己是站在廊檐两侧“理烦”的文吏，“儒生”出山为的是宣德教化，如友人所比，关乎“政之隆替”，代表国有德政，逸民俱出。此时国运艰难，谈不上由自己来振兴，只想做些文化上的事，所谓大隐于市者：“今隐者洁行蓬荜之内，以咏先王之道，使民知退让，儒墨不替，此亦尧舜之所许也。”[①]眼下这摊群吏涣散，政令不通，民不安生的泥淖，与在丹杨看到刘惔指挥若定，“为政清整，门无杂宾”，僚属尽职，秩序井然，相去何止天壤。再加上职司的应酬、上峰参以私利的“征调”都以王命下派，使人“对之丧气”。

纵然一度陷入情绪低潮，王羲之究竟深受儒家思想浸染，素怀从政为公，行事利民的理想，他依靠强大的理性调整了心态。既来之则安之，事在人为，不如意的环境正需要通过自己的努力去改变。在这一过程中，他频繁地与谢尚、刘惔等颇有治名的好友通信，取经讨教。这些友人也都不吝回应。“诸暨、始宁（上虞）属事，自可得如教，丹阳意简而理通，属所无复逮录之烦为佳，想君不复须言谢，丹阳亦云此语君。”刘真长不独在精神上鼓励，还教授了些治官的方略，以应对上宪下僚、官司吏簿。王羲之致书与亲近的僚属时，便教他们如法

①〔晋〕葛洪：《抱朴子・外篇・逸民》，中华书局1996年版，第102页。

炮制，学习刘尹的管理法，也不要怕被上官告状而受牵连。

新任会稽内史振作精神，一反常态地诸事劳力，励精图治。头一件做的事情，便是巡视辖区，观察政风民情："足下欲同至上虞一宿，还无所废，吾初至，便与长史俱行，无不可？"

王羲之在巡视诸县中吃惊地发现，普通百姓之苦已到民不聊生的地步，"复被州符，增运千石，征役兼至，皆以军期，对之丧气，罔知所厝。自顷年割剥遗黎，刑徒竟路，殆同秦政，惟未加惨夷之刑耳，恐胜广之忧，无复日矣"。民生状况到了揭竿而起的边缘。王羲之断然采取一系列应急措施，排忧解难，维系民生，以缓和局势，安抚民情，渡过危机。

减免赋税。东晋时，百姓理论上的赋税不算重。户调之式规定：丁男之户（有成丁男子之户），每年上缴绢三匹、绵三斤。女子及次丁为户者半输。丁男占田七十亩，一亩地年收田赋米三升。[①]问题在于，这只是纸上"薄赋"，事实上施行的是"县不给下贫，而给饶有之家，开令治国，别许为盛田不平者，严制如此，事省而虚实可知"。普通百姓，特别是流民，承担了赋税的大半，减税是减不到他们头上的。连年的战事，导致朝廷岁岁皆向地方、百姓下达军粮指标，其数额更不在户调之下，急起来甚至没有标准。面对"朝廷赋役繁重，吴会尤甚"的现实，王羲之发现百姓已处于无粮可纳、性命难保的地步，朝廷却还派粮不止，"复被州符，增运千石，征役兼至，皆以军期"一类征调，随时而至。

王羲之一面在辖属之内，减免当年的赋税，额外征收者予以免除，规定缴纳的酌情减少，一面上书"为民请命"，托朝中诸友向皇帝通融。又给殷、谢等人及桓温书，"增运白米，来者云必行，此无所复云。吾于时地甚疏卑，致言诚不易，然以在大臣之末，要为居时任，岂可坐视危难？今便极言于相，并与殷、谢书，皆封示卿，勿广宣之，诸人皆谓尽当今事宜，直恐不能行耳，足下亦不可思致若言耶？人之至诚，故当有所回，不尔，坐待死亡耳"。苦心终有回应，他很感谢友人，"知数致苦言于相，时弊亦何可不耳，颇得应对不？吾书未被

①〔唐〕房玄龄：《晋书》卷二六《食货志》，第790页。

答，得桓护军书云，□米增运，皆当停，为善”。一番努力总算没白费劲，结果令人欣慰。“今为不赋，得里人遂安黄籍。”保证了百姓不被逼而逃荒。

停止征役。王羲之深感，兵役与各种杂役实为“猛于虎”的苛政。兵员逃匿成风，补额成为地方官永远完不成的负担，目前壮丁已是难得一见了。其他筑宫殿、起楼阁、修路开河的徭役，更是名目繁多。赋税论起来还有个额度、指标，杂役说来就来，没得商量，永无止境。百姓时时处于不得安宁之中，致“民力将竭矣”。王羲之先将会稽郡内现有的各类杂役停掉，接着上书朝廷，提出“除其烦苛，省其赋役”①，要求减免百姓已负担不起的徭役，与民休息。

惩治贪官。前边两项措施是从政策上为民减负，接下来，王羲之又把除弊的注意力转到胥吏的盘剥上。他巡视各县时发现，看管官粮的仓督监几乎都是“蛀虫”，玩忽职守，管理不善，致米粮受蛀、发霉，损耗惨重。更可恶的是“监守自盗”，个个胆大妄为，铤而走险。“仓督监耗盗官米，动以万计，吾谓诛翦一人，其后便断，而时意不同。近检校诸县，无不皆尔。余姚近十万斛，重敛以资奸吏，令国用空乏，良可叹也。”②王羲之果断地处置了这批贪婪成性的“硕鼠”，整饬粮库，把老百姓视为“天”的物品，置于安全状态。多亏王羲之及时察觉并妥善处理了这一隐患，为接踵而来的灾年保存了些许“救命粮”。

禁酒节粮。这是王羲之操心甚多的一件大事。魏晋之际乃酒风颇盛的时代，名士风流离不开酒，世家大族更是视饮酒作乐为生活的一部分。流弊所致，为害民生。王羲之身为名士，也十分好酒，“向遂大醉，乃不忆与足下别时”，兰亭集会，未写诗赋的人“罚酒各三斗”。但此时正逢灾荒频至，他便持另种态度了。遇荒“禁酒”，是历来思想家和政治家提倡和实行过的良策。如当地先贤，东汉的大思想家王充就写过《禁酒》和《备乏》等篇章，希望通过上下崇尚节俭，遏制奢侈的办法，使有限的生产、生活物质得到储蓄，

①〔唐〕房玄龄：《晋书》卷八〇《王羲之传》，第2095页。

② 同上书，第2098页。

以备饥荒，不至于让百姓忍饥挨饿，流亡他乡。此主张在道理上一目了然，不存在费解之处，但要行之于现实生活，却不那么容易。它的实施有不能缺少的一个前提，即各级官吏须率先垂范，收敛花天酒地、纵情享乐的生活，与民同甘苦、共患难。

这恰恰也是王羲之推行“禁酒”的难点所在。朝廷因为禁酒会使市面上不安定，刑律难禁，民易生变，迟迟不下禁酒令。王羲之心急如焚，据理力争，“百姓之命□倒悬，吾夙夜忧此。时既不能开仓庾赈之，因断酒以救民命，有何不可？而刑犹至此，使人叹息。吾复何在，便可放之，其罚谪之制宜严重，可如治，日每知卿同在民之主”。然而，这件事还是因有违于官场之道而难以领到“通行证”。但只要行事的出发点和归宿点是百姓宁集，王羲之便义无反顾，无怨无悔。他自行决定，在本郡断酒，并邀请同僚共同呼吁：“断酒事终不见许，然守之尚坚，弟亦当思同此怀。此郡断酒一年，所省百余万斛米，乃过于租。此救民命，当可胜言。近复重论，相赏有理，卿可复论。”

“开仓赈贷”。就在王羲之一桩桩解决“民生”中的各种问题时，会稽一带灾情加重，百姓生活到了生死存亡的边缘。王羲之忧心如焚，所写“忧荒”书，仅保存下来的就有多封。“遂无雨候，使人叹。得诸孙书，高田皆欲了。”“酷旱，忧重，顷快雨。”“今年此夏，节气至恶，当令人危。幼小疾苦，故尔忧劳不可言。”“此雨过，将为受想。想彼不必同苗稼好也。”“想至向来，快雨。想君佳，方得此雨为佳，深为欢喜。”为旱而焦心，为雨而欣喜，复为雨过旱回而发愁，其情不亚于“心内如汤煮”的农夫。开仓赈贷成为他不能不考虑的解困之术。

民间常把放粮渡荒看作天经地义之事，实则不然。国库所存之粮为上缴朝廷之赋税，岁有定额，数列细账，动用权在有司，地方官并无权插足。开官仓私自放粮，罪罚可至杀头。王羲之悲哀地叹道：“时既不能开仓廪赈之。”不得不在违法与救民中作出选择。府中官吏大多墨守成规，劝内史大人以稳妥起见，谨守朝制。通常的做法是上报朝廷，请求调来赈灾之粮，但王羲之知道此非一郡之荒，“知郡荒，吾前东，周旋五千里，所在皆尔，可叹。江东自有大顿事，不知何方以救其弊？民事自欲叹，复为意卿示，聊及”。他认为，救命如救火，只有马上开仓放粮，才能救民于倒悬。最后打动上司的，可能是他信中指出了不救荒将导致的严重后果："行当是防民流逸，不以为利耶？此于郡为由上守郡更寻详，若不由上命而断中求绝者，此为以利，卿绝之是也。纵民所之，恐有如向者流散之患，可无善详。具闻。"放粮是安定政局的最佳良策。

王羲之以极大的勇气推进着阻力重重的变革。属下不免有人感到为难而生出急流勇退之念，王羲之写信劝导，让其以民生为重，不可放弃："知足下以界内有此事，便欲去县，岂有此理？此县弊久，因足下始有次第耳。必无此理，便当息意，今敕诸处事及县者，省驰书于台中，论必释然，故遣旨信示意。""省告一一，足下此举，由来吾所具，卿所云皆是情言，然权事虑之重，则当废情以从宜。非书所悉，见卿一一。"要情还是要法，应该看现实的必要，你要为情而弃位，于责有亏，所以还是要废情用事，一心为公。

王羲之为当朝大名士，又有王家余威和广泛的人脉，主政的司马昱、殷浩、谢尚等，都与他渊源深厚。他们了解逸少办事公允、耿直的秉性，所以对他的理政做法大多默认，"羲之每上疏争之，事多见从"。二三年下来，会稽郡内的饥民及时得到救助，控制了流民，人口数量增多，生活生产局面逐渐稳定下来。王羲之感到莫大的欣慰，在与谢尚的书信中尽情倾吐："顷所陈论，每蒙允纳，所以令下小得苏息，各安其业。若不耳，此一郡久以蹈东海矣。"[①]会稽百姓有幸，大灾之年赶上王羲之当任，那些"事多见从"的政令，在其他州郡是难以想象的。王羲之离任后，万民感念，其心系民生的声誉在浙东山水间传播千年。

劝阻殷浩北伐

王羲之外任会稽，朝中，桓、殷矛盾进一步加剧。殷浩部署北伐，却让荀羡为侧翼对付桓温。桓温自然心知肚明，马上调兵还以颜色。

《晋书·穆帝纪》载：永和七年（351）"十二月辛未，征西大将军桓温帅众北伐"。名为北伐，却"顺流而下，行达武昌，众四五万。殷浩虑为温所废，将

①〔唐〕房玄龄：《晋书》卷八〇《王羲之传》，第2097页。

谋避之，又欲以驺虞幡住温军，内外噂諮，人情震骇。简文帝时为抚军，与温书明社稷大计，疑惑所由。温即回军还镇”。此次行动中，桓温曾致信他所信赖的王羲之。羲之记曰：“如桓公书旨，阙其不去，恐不能平。”不撤军还镇，事态无法平息。桓温走是走了自不会心平气和，上表把殷浩大骂一通。冲突暂时得以避免，双方的矛盾却愈演愈烈。王羲之痛心疾首，多次两边致书，晓之以理。对一意孤行的殷浩反复劝说，同时请桓温给予谅解：“昨得殷侯答书，今写示君。承无怒意，既而意谓速思顺从，或有怨理。大小宜盘桓，或至嫌也，想复深思。”“与殷侯物示当尔，不可不卿定之，勿疑。”

见殷浩固执不化，王羲之煞费苦心地把廉颇与蔺相如将相和的故事画在屏风上，这就是给桓温信中所言之“与殷侯物”：“殷洪源与桓温不协，王逸少移书苦谏，欲画廉、蔺于屏风。又曲止北伐，皆不见听，果败于姚襄。”王羲之的努力，对殷桓之争起到了一定的缓和作用，然此事终因利害所系，难以消弭。从中可见者，乃是王羲之对政坛有着全局性的影响，并非会稽内史这样一个地方职务可以局限。

在如此内外不协又各怀异志的情况下，殷浩于永和八年（352）在司马昱的支持下以安西将军谢尚和北中郎将荀羡为都统，向北方大动干戈。发动此役的四位主要当事人均为王羲之至交，但他却并未随声附和。收复中原一直是王羲之挥之不去的梦想，但同时更主张不打无把握之仗。殷浩非军事帅才，又在北伐行动中挟以私心，势必凶多吉少。王羲之深知此乃祸国殃民之举，五内俱焚。《晋书·王羲之传》载：

及浩将北伐，羲之以为必败，以书止之，言甚切至。浩遂行，果为姚襄所败。复图再举，又遗浩书曰：

知安西败丧，公私惋怛，不能须臾去怀，以区区江左，所营综如此，天下寒心，固以久矣，而加之败丧，此可熟念。往事岂复可追，愿思弘将来，令天下寄命有所，自隆中兴之业。政以道胜宽和为本，力争武功，作非所当，因循所长，以固大业，想识其由来也。

自寇乱以来，处内外之任者，未有深谋远虑，括囊至计，而疲竭根本，各从所志，竟无一功可论，一事可记，忠言嘉谋弃而莫用，遂令天下将有土崩之势，何能不痛心悲慨也。任其事者，岂得辞四海之责！追咎往事，亦何所复及，宜更虚己求贤，当与有识共之，不可复令忠允之言常屈于当权。今军破于外，资竭于内，保淮之志非复所及，莫过还保长江，都督将各复旧镇，自长江以外，羁縻而已。任国钧者，引咎责躬，深自贬降以谢百姓。更与朝贤思布平政，除其烦苛，省其赋役，与百姓更始。庶可以允塞群望，救倒悬之急。

使君起于布衣，任天下之重，尚德之举，未能事事允称。当董统之任而败丧至此，恐阖朝群贤未有与人分其谤者。今亟修德补阙，广延群贤，与之分任，尚未知获济所期。若犹以前事为未工，故复求之于分外，宇宙虽广，自容何所！知言不必用，或取怨执政，然当情慨所在，正自不能不尽怀极言。若必亲征，未达此旨，果行者，愚智所不解也。愿复与众共之。

复被州符，增运千石，征役兼至，皆以军期，对之丧气，罔知所厝。自顷年割剥遗黎，刑徒竟路，殆同秦政，惟未加参夷之刑耳，恐胜广之忧，无复日矣。

这就是著名的《遗殷浩书》。

失败没有使殷浩的头脑清醒过来，王羲之的信函也未能熄灭他的北伐之心，仍在厉兵秣马，试图再举。王羲之情急之下，也顾不得朋友面子，又给司马昱写了封《与会稽王笺》，陈述殷浩不宜北伐，并论时事：

古人耻其君不为尧舜，北面之道，岂不愿尊其所事，比隆往代，况遇千载一时之运？顾智力屈于当年，何得不权轻重而处之也。今虽有可欣之会，内求诸己，而所忧乃重于所欣。《传》云：“自非圣人，外宁必有内忧。”今外不宁，内忧已深。古之弘大业者，或不谋于众，倾国以济一时功者，亦往往而有之。诚独运之明足以迈众，暂劳之弊终获永逸者可也。求之于今，可得拟议乎！

夫庙算决胜，必宜审量彼我，万全而后动。功就之日，便当因其众而即其实。今功未可期，而遗黎歼尽，万不余一。且千里馈粮，自古为难，况今转运供继，西输许洛，北入黄河。虽秦政之弊，未至于此，而十室之忧，便以交至。今运无还期，征求日重，以区区吴越经纬天下十分之九，不亡何待！而不度德量力，不弊不已，此封内所痛心叹悼而莫敢吐诚。

往者不可谏，来者犹可追，愿殿下更垂三思，解而更张，令殷浩、荀羡还据合肥、广陵，许昌、谯郡、梁、彭城诸军皆还保淮，为不可胜之基，须根立势举，谋之未晚，此实当今策之上者。若不行此，社稷之忧可计日而待。安危之机，易于反掌，考之虚实，著于目前，愿运独断之明，定之于一朝也。

地浅而言深，岂不知其未易。然古人处闾阎行阵之间，尚或干时谋国，评裁者不以为讥，况厕大臣末行，岂可默而不言哉！存亡所系，决在行之，不可复持疑后机，不定之于此，后欲悔之，亦无及也。

殿下德冠宇内，以公室辅朝，最可直道行之，致隆当年，而未允物望，受殊遇者所以寤寐长叹，实为殿下惜之。国家之虑深矣，常恐伍员之忧不独在昔，麋鹿之游将不止林薮而已。愿殿下暂废虚远之怀，以救倒悬之急，可谓以亡为存，转祸为福，则宗庙之庆，四海有赖矣。①

论理明晰，坦率真诚，声情并茂，忧国忧民之心跃动于字里行间，为当时难得的真知灼见。其一，稳固基业这件根本大事，始终未得共识，令人痛心。“自寇乱以来，处内外之任者，未有深谋远虑，括囊至计，而疲竭根本，各从所志，竟无一功可论，一事可记，忠言嘉谋弃而莫用，遂令天下将有土崩之势，何能不痛心悲慨也。任其事者，岂得辞四海之责！”朝廷要头脑清醒，负起责任；其二，当务之急在于修内而非伐外，“思布平政，除其烦苛，省其赋役，与百姓更始，庶可以允塞群望，救倒悬之急”，否则“恐胜广之忧，无复日矣”，更遑论什么北定中原；其三，统一大业的基石在于政治修明，文化认同，“政以道胜，宽和为本”，一味“力争武功，作非所当”，乃是一种短见；其四，北图

①〔唐〕房玄龄：《晋书》卷八〇《王羲之传》，第2096—2097页。

之策，首先要“审量彼我，万全而后动”。权臣争斗，民生疲困，勉强劳师远征，犯了“不度德量力”的兵家之大忌，焉有胜机；其五，目前的战略部署当取守势，“以区区吴越经纬天下十分之九，不亡何待!”原本力不从心，“今军破于外，资竭于内，保淮之志非复所及，莫过还保长江，都督将各复旧镇，自长江以外，羁縻而已”。采取守势，乃是“为不可胜之基”。朝廷要想北伐取胜，“须根立势举，谋之未晚，此实当今策之上者”。

这一条条见解，目光深邃，于时弊鞭辟入里，更情真意切，直言殷浩“宜更虚己求贤，当与有识共之，不可复令忠允之言常屈于当权”，“任国钧者，引咎责躬，深自贬降以谢百姓”。忠告司马昱“愿殿下暂废虚远之怀，以救倒悬之急”。这样的话，实属冒犯，大有风险，王羲之不是不明白，“存亡所系，决在行之，不可复持疑后机，不定之于此，后欲悔之，亦无及也”。国家存亡事大，个人得失事小，情急之下就顾不得许多规矩了。读这样的文字，不能不深深地感受到，王羲之是一位具光明之心的人，真诚地履行着“君子行道，忘其为身”的古训。

麦华三评以上二笺云：“其经国抱负，抗衡谢安。至于披肝沥胆，剀切陈辞，其辞则憨，其意则诚。两笺词情，荡气回肠，与《兰亭》一序，为一生三大杰作。”[①]如此雄辩的言辞，居然未能奏效，殷浩和司马昱仍然继续着动机不纯的北伐梦，以致引来祸国又害己的惨重后果。

殷浩向北用兵的过程中，王羲之密切关注着战局的发展，并利用自己的影响做弭兵和善后的工作，写下了一系列书信。“昨送诸书，令示卿，想见之。恐殷侯必行，义望虽宜尔，然今此集，信为未易。卿若便西者，良不可言。”“卿”可能是指郗昙，《十七帖》中有给周抚的一封信：“十七日先书，郗司马未去。即日得足下书，为慰。先书以具，示复数字。”王羲之想让郗司马带信给桓温，言说殷浩这边的局势，后来该人未能成行，然周抚已了然他的想法，“为慰”。“司马疾笃，不果西。忧之深，公私无所成。”王羲之知北伐势不可当，提醒前方凶险，谨慎为妙。

① 麦华三：《王羲之年谱》，油印本，北京图书馆藏，第41页。

思虑社稷之忧

王羲之治理会稽的效果颇著，百姓满意，舆论一片好评，赢得了一个“善理郡”的名声。王羲之对名声倒不怎么看重，他的心中自有更大的抱负。数年理政的所见所闻，酸甜苦辣，使他对本朝内政弊端有了更深刻的认识。“愦愦之政”行之既久，确导致不少负面后果：政令混乱，豪强横行，贪官丛生，百姓苦役……内政失修，已经到了积重难返的程度。

会稽是一个局部，它曾经存在和已然存在的弊病，乃是天下共同的弊病。会稽为天下先，在去除弊政问题上做了点尝试，但只是局部的头痛医头，脚痛医脚，根治还需要朝廷大政策的调整、整体性的改革。在北伐新败，内忧外患进一步恶化的局势下，当务之急莫过于“修内政，布仁德”。想到这里，他决定痛陈时弊，建议改革。提笔致书时任尚书仆射的谢尚：

今事之大者未布，漕运是也。吾意望朝廷可申下定期，委之所司，勿复催下，但当岁终考其殿最。长吏尤殿，命槛车送诣天台。三县不举，二千石必免，或可左降，令在疆塞极难之地。

又自吾到此，从事常有四五，兼以台司及都水御史行台文符如雨，倒错违背，不复可知。吾又瞑目循常推前，取重者及纲纪，轻者在五曹。主者莅事，未尝得十日，吏民趋走，功费万计。卿方任其重，可徐寻所言。江左平日，扬州一良刺史便足统之，况以群才而更不理，正由为法不一，牵制者众，思简而易从，便足以保守成业。

仓督监耗盗官米，动以万计，吾谓诛翦一人，其后便断，而时意不同。近检校诸县，无不皆尔。余姚近十万斛，重敛以资奸吏，令国用空乏，良可叹也。

自军兴以来，征役及充运死亡叛散不反者众，虚耗至此，而补代循常，所在凋困，莫知所出。上命所差，上道多叛，则吏及叛者席卷同去。又有常制，辄令其家及同伍课捕。课捕不擒，家及同伍寻复亡叛。百姓流亡，户口日减，其源在此。又有百工医寺，死亡绝没，家户空尽，差代无所，上命不绝，事起或十年、十五年，弹举获罪无懈息而无益实事，何以堪之！谓自今诸死罪原轻者及五岁刑，可以充此，其减死者，可长充兵役，五岁者，可充杂工医寺，皆令移其家以实都邑。都邑既实，是政之本，又可绝其亡叛。不移其家，逃亡之患复如初耳。今除罪而充杂役，尽移其家，小人愚迷，或以为重于杀戮，可以绝奸。刑名虽轻，惩肃实重，岂非适时之宜邪！①

在这份改革方案中，王羲之提出了四点建议。

“今事之大者未布，漕运是也。”漕运之事，何以为王羲之视作诸务之首要。此漕运并不等同于字面含义中的水路运粮，而是地方为朝廷征收、缴纳的田赋和军粮、军饷。在战时，朝廷往往还要求把所纳军粮运到战场前线。“咸和五年，成帝始度百姓田，取十分之一，率亩税米三升。六年，以海贼寇抄，运漕不继，发王公以下余丁，各运米六斛。是后频年水灾旱蝗，田收不至。咸康初，算度田税米，空悬五十余万斛，尚书褚裒以下免官。穆帝之世，频有大军，粮运不继，制王公以下十三户共借一人，助度支运。”②

王羲之不可接受的是，朝廷征军粮，没有时间定额，随意催逼，也不管地方有无能力负担，一朝令下便十万火急，整得各级官吏心惊肉跳，百姓鸡犬不宁。还有与之不可分割的运粮差事，不间断地“征役及充运，死亡叛散不反者众”，所谓“运民不可得而要当得，甚虑叛散。顷为此，足劳人意”。漕运成为不可能完成的苦役，地方官民，苦其久矣，一日不除，一日不得安生。而朝廷方面，并没有从漕运中获得什么好处，国库没有因此而充盈，军粮也没有更多的增加，只是肥了那些秉承上命的官吏。催粮催役，使他们的权力无限地扩大，不但老百姓怕他们，地方官也怕他们，“军令如山”“前方事急”，都是无人能抵挡的“命牌”。

①〔唐〕房玄龄：《晋书》卷八〇《王羲之传》，第2098页。

②〔唐〕房玄龄：《晋书》卷二六《食货志》，第792页。

一生渴望富强国力的王羲之绝不是拒绝漕运，而是要求明确一个合理的定数，让地方有生息之隙。民生以粮为本，不给地里长粮食的时间，拿什么上缴朝廷？而改坐地征粮为定时缴粮，让地方官可以调理运筹，这样朝廷少却许多官差，也可消除政出多门的积弊。对于权力扩大了的地方官，朝廷的监督更为完备，执行“岁终考其殿最”的末位淘汰制，追究县主官责任，抓送京城论罪。一郡之内有三县未完成任务，郡守免官或送至边疆地区降职使用。王羲之认为，如此规范的制度化操作，会使朝廷获得实在的粮米，而不是高指标强催迫下的“画饼充饥”。

王羲之吃足了政出多门，“为法不一”的苦头。除了中央诸部各有驱使外，地方行政系统也是“文符如雨”，往还之间，“倒错违背”，你指东来他打西，互相“牵制”，盲目内耗，“吏民趋走，功费万计”，不知做了多少无用功。朝廷官吏众多而政务不理，秩序紊乱，其症结正在于此。所以，有必要以“思简而易从”的宗旨，全面清理政令，简化体制程序，摒弃那些劳而无功的官样文章，以实现法令达通，“保守成业”的目标。

以会稽郡仓廪内“社鼠”多多的情况，王羲之推想其他各地国库系统“无不皆尔”，致使“国用空乏”。他把情况的严重性告诉政要，希望对所有的粮库进行普查，整饬内务，清除贪吏。

最后一项，王羲之谈到了久困各地方长官的难题：长时间无止休的征役，已经让各地“所在凋困，莫知所出”，无役可征，无计可施了。朝廷征派超过百姓负担能力的征役，使百姓不得不以叛散逃匿来对付。朝廷又制定了一人逃亡，由家人或亲友、邻居“补代”“课捕”的连坐法。严厉的制裁，不仅没有刹住逃役之风，反而连“补代”“课捕”者也“席卷同去”，“户口日减”。与漕运的问题相关联，朝廷当考虑征役问题上的适度和规范，否则严刑峻法也“无益实事”。壮丁及家属一起逃亡。“百工医寺”亦濒临绝没，这些手艺人所从事的工商业，为官府和百姓所提供的日用、军需，乃是都邑存在的经济基础。然在征役的牵累下，这些人“家户空尽，差代无所”。朝廷差下来的生产任务，根本没有可能完成，重刑督促也是徒唤奈何。

王羲之提出了两条补救之策。一则，减免死刑。彼等原不是什么歹徒，多为被逼无奈而逃税逃役的百姓。免其死罪，让他们“长充兵役”，既缓解兵源不足的问题又减轻民间征兵的压力。二则，对那些只判五年轻刑的人，统统免其罪刑，“充杂工医寺，皆令移其家以实都邑”。此乃一石三鸟的妙招。“百工医寺”等工商业后继有人，不致断绝。移其家同居，可以稳定人员，避免继续逃亡，为萧条已久的都邑补充了既是生产者又是消费者的人口。最重要者，百工们举家充都邑，虽地位低下，但经时既久，也会因一技之长而感受到安居乐业的幸福，由此成为“都邑既实，是政之本”的稳定力量。

上书之后，王羲之频频催问，望朝廷及早采纳，然上司并不若他所期望的给予回应。羲之心急，犹是上书不已。朋友劝他看开些，用臣子的态度来对待。王羲之本是平和之人，但也不能不辩：“省足下前后书，未尝不忧，欲与事地相与有深情者，何能不恨？然古人云：‘行其道，忘其为身’，真卿今日之谓，政自当豁其胸怀，然得公平政直耳，未能忘己，便自不得行。”吐露了“在其位谋其政”，“直道而行”的心迹。

无奈此时朝廷的心思都吊在北方战事上，缺乏大修内政，改弦更张的决心。不过，王羲之的再三呼吁还是产生了一定的作用。永和九年（353）初，在没有更换皇帝和年号的情况下，推出一次“大赦”。改革四策中，唯有“赦免罪人以充兵役和百工”之举，不牵扯各方的既得利益，便于操作，又可解救朝廷的燃眉之急。而王羲之的好友荀羡时为北府都督，将免罪充役的思路变通用之于屯田，“羡寻北镇淮阴，屯田于东阳（今江苏省盱眙县东）之石鳖（今江苏省宝应县西）”[①]。

听到这个消息后，王羲之高兴十分，致荀羡书：“此三顷田，乐吴旧耳。云卿军府甚多田也。宜须一用心吏，可差次忠良。”我只能搞点果菜园子，你军府田多，让一位用心的人来管，方可显出此行的利国利民啊。到了升平元年（357），此利策已获大效。《晋书·食货志》载：“升平初，荀羡为北府都督，镇下邳，起田于东阳之石鳖，公私利之。”

王羲之看到朝廷不能尽用其策，只能悲叹“谋事在人，成事在天”。王羲之

①〔唐〕房玄龄：《晋书》卷七五《荀羡传》，第1981页。

政改主张中所体现的重民生，布平政，施王道的思想，为士林所称道，在历史的长河中光辉闪耀。取东晋而代之的刘宋，采取了一系列“除其烦苛、省其赋役，与百姓更始”的政策，所行多与王羲之建议同，使天下得到休息，经济繁荣一时。历朝皆有学者因此而盛赞王羲之的政治才华，宋代洪迈《容斋四笔》说：“王逸少在东晋时，盖温太真、蔡谟、谢安石一等人也，直以抗怀物外，不为人役，故功名成就，无一可言，而其操履识见，议论闳卓，当世亦少其比。”李贽《焚书续》也云：“其识虑精深，有经济才，而为书名所盖，后世但以翰墨称之。艺之为累大矣哉！”

第六章　风流内史

东土山水聚文友

王羲之素好“山水之游”，定居会稽适得其所。他的主政首先是竖起了一杆文化旗帜，引得名流纷至沓来。《晋书·王羲之传》载：“会稽有佳山水，名士多居之，谢安未仕时亦居焉。孙绰、李充、许询、支遁等皆以文义冠世，并筑室东土，与羲之同好。”

会稽地处东南，背山依海，郁郁苍苍的会稽山脉，绵延于山阴、上虞、余姚、始宁、剡、永兴和诸暨之间，南连大盘山，北与宁绍平原相接。其间名胜目不暇给，宛委山、石帆山、香炉山、秦望山、刻石山、兰诸山、若耶山、金庭山、天姥峰等等。青山之间碧水长流，曹娥江、浦阳江、澄潭江、剡溪、若耶溪、浣纱溪……晋代大画家顾恺之描绘道：“千岩竞秀，万壑争流；草木蒙笼其上，若云兴霞蔚。”①

最令王羲之心醉的是那鉴湖风光。鉴湖由东汉时会稽太守马臻主持开发，通过改造天然水体，成就了一块面积达172.7平方公里的人工湖泊，万顷碧波如镜，与峰峦叠翠的山脉相互映照，会稽郡由此赢得“山水国”“山水郡”“山水州”之美誉。湖边的山阴古道乃是王羲之的至爱。石板、青苔、古树、茅屋、

---

①〔明〕陶宗仪：《说郛》卷七四下，文渊阁四库本，第690册，第42页。

山鸡、白鹅，小桥流水，鸟语花香，风光自然，民风淳朴，一切都让他心旷神怡，“山阴道上行，如在镜中游”。袁宏道《山阴道上》云：“钱塘艳若花，山阴芊如草。六朝以上人，不闻西湖好。”①

优越的经济条件使会稽郡发展为三吴的腹心所在。会稽永兴（今浙江萧山）的稻田，亩产至三斛之多（750斤）。永嘉之后，会稽以其安全加安适成为中原衣冠退守的最后一站。王、谢、郗、蔡等北方士族争相到此圈田置业，经营山居，卸官后亦遁迹于此，待时而出。其动静出处，搅动着建康朝中的政局。

会稽不独得山水清奇、田肥物美，其文化底蕴之深厚、别致，更让王羲之感觉良好。会稽为古越国旧地，民间文化主体内容大多为舜、禹、勾践、范蠡、伍子胥等英雄身上的种种行迹。这些传说，有的属于史实，有的归于神话，更多的为基于历史基础上的加工与发挥。无论怎样，传播者当真传之，接受者信以为实，故事就这样一代代传承下去。

经历了王敦和苏峻事件后，建康在士林心间留下难以拂去的暗影：权臣觊觎之地，易受兵锋威胁，人身安全无保障，又何谈自由、从容的文化氛围。所以，许多文化人和名士移居属于后方的会稽，“并筑室东土”。会稽逐步成为东晋的一个次文化中心。王羲之的到来，使这里文化中心的色彩更为浓郁，形成了一个以新任内史为核心的名士文化圈，集中了全国思想文化领域最顶尖的人物。他们交往密切，或书信问候，或当面切磋，更聚会畅谈，吟诗论道，共同为东晋文化谱写出辉煌的篇章。“山阴道上桂花初，王谢风流满晋书”，儒、道、释三大思潮在此间交汇，山水诗文初露端倪，人物工笔开辟新局，书法艺术奠基千秋……项项都是中国文化史上的丰功伟业。

所交往的文化名流中，最让王羲之心仪的莫过于谢氏兄弟了。用情之笃，让素来性情平和豁达的郗夫人都心生“妒意”了。“王右军郗夫人谓二弟司空、中郎曰：‘王家见二谢，倾筐倒庋；见汝辈来，平平尔。汝可无烦复往。’”言之所发，出于激励郗氏兄弟努力，不让谢家的用意。《世说新语》把此条归入《贤媛》一章，反映了王羲之欣赏谢家兄弟胜于郗家的事实。

---

①《浙江通志》卷二七二，文渊阁四库本。

谢家选上虞东山为安居地，谢尚、谢奕、谢万等居官在外，唯谢安留守，“放情丘壑”。王羲之于谢家兄弟，最偏爱者就是谢安。头一回见了小谢安，惊叹他的才华、气度，就把谢尚撇在一边，顾自与谢安言语。上虞距会稽不足百里，往来本也方便，谢安如到任所来，王羲之直乐得倾其所有而待之。一次谢安想讨几页笺纸，王羲之竟敞开库门，悉数送与，“王右军为会稽，谢公乞纸，库中唯有九万枚，悉与之。桓宣云：‘逸少不节’”[①]。都让桓温说出了“不节”二字，可见逸少“大方”得很了。有次谢安爽约，王羲之便如坐针毡，“一日不暂展，至恨吒而不已，便怀不果东至，可恨。思叙，思闲暇必顾也”。这一期间，两位忘年交在思想、气质上互有渗透，王羲之为自己看准了一位国之栋梁而欣慰，亦为孩儿辈的徽之、献之等与谢安的渊源播下了种子。

王谢两家联姻，这对谢家来说并非一桩理所当然的事情。谢家在北方陈郡时，虽也属世家，但远够不上琅邪王家这样的高门。南迁江左后，更无法与天下第一的王家比肩。王导拜司空后，诸葛恢是他的下属，王导指着自己的官帽说：“君当复著此。”王导还与恢戏争族姓谁为第一，曰：“人言王葛，不言葛王也。”恢曰：“不言马驴，而言驴马，岂驴胜马邪！”[②]两大高门亲狎无间。就是这个诸葛恢，却看不起门第低于自己的谢家，“谢尚书求其小女婚，恢乃云：‘羊、邓是世婚，江家我顾伊，庾家伊顾我，不能复与谢裒儿婚。’及恢亡，遂婚”[③]。意思是说望族才能论婚，你谢家还够不上这样的品第，免谈，免谈。等到诸葛恢去世后，谢家请出王羲之做大媒，才成就了两家婚事。王羲之《论诸葛婚书》中说，你诸葛家要是备不起嫁妆，就我来赞助好了。“二族旧对，故欲结援，诸葛若以家穷，自当供助昏事。欲速知决。”话虽属玩笑，但也只有王门名流才能对诸葛家开得起。婚后，“王右军往谢家看新妇，犹有恢之遗法：威仪端详，容服光整。王叹曰：‘我在遣女裁得尔耳！’”[④]

王羲之为谢家做大媒，亦让自己的次子王凝之与谢奕之女、当朝著名才女

---

①〔晋〕裴启：《语林》，引自《太平御览》卷六〇五，第557页。

②〔唐〕房玄龄：《晋书》卷七七《诸葛恢传》，第2042页。

③〔南朝·宋〕刘义庆：《世说新语》，第178页。

④ 同上书，第179页。

谢道韫喜结连理。虽然这桩婚姻本身并非美满，但却是王谢两家关系越走越近的温馨一步。

在为谢家与诸葛家成其好事的过程中，王羲之还对诸葛家的一位老才子——诸葛厷给予了关照。诸葛厷年轻时被王衍赏识，后来遭后母族党诬为狂逆，获罪徙边。此时的诸葛厷，年纪一大把，虽有高名，却无衣食供给，流落到会稽。王羲之为他到处写信推荐："诸葛厷者，君识之不？才干好佳，往为钱塘著绩，又入仆府，有以尽悉宰民之至也。甚欲自托于明德。云临安春当缺，尔者君能请不？仆必欲言。得佳长史，亦当是君所须。既得里人共事，异常，故乃尔。须还告之。"信间流露出文化人之间的心灵相通与同舟共济的深厚友谊。王羲之的仗义性格，于此亦可见一斑。

除了谢安，在东山所居的还有一位大贤，与王羲之至好，右军有很多帖子是写给他的，即是王敦评价少年王羲之时曾云"汝是吾家佳子弟，当不减阮主簿"的阮裕。他好"简默"，王敦用他，他就学阮籍喝酒，后王导及朝廷多次征辟，均不予理睬。朝廷要拿他做面子，送两个郡给他"食禄"，他才笑纳，说这叫作"肥遁"。咸康八年（342），晋成帝崩，阮裕拜完陵墓，扭头便逃。众多名士群相追之，他远遁不见。刘惔叹曰："我入东，正当泊安石渚下耳，不敢复近思旷傍。"[①]阮裕虽不营营于官位利禄，但不是难与之人，十分直爽善良，有成语"阮裕焚车"："（阮裕）在剡曾有好车，借无不给。有人葬母，意欲借而不敢言。后裕闻之，乃叹曰：'吾有车而使人不敢借，何以车为！'遂命焚之。"[②]王羲之素慕其为人，时常拜访，获益匪浅。有人问王羲之，阮光禄在东山整天闷坐不语是什么意思，王羲之回答："此公近不惊宠辱，虽古之沈冥，何以过此！"

也是缘分使然吧，王羲之任职会稽之际，内弟郗愔到比邻会稽的临海郡当太守。本来朝廷是要他去吴郡的，"时吴郡守阙，欲以愔为太守。愔自以资望少，不宜超莅大郡，朝议嘉之。转为临海太守"[③]。郗愔的"乐辅边郡"，除了他"深抱冲退"的夙愿外，与更深地陷入"修黄老之术"不无关系。无论什么

①〔唐〕房玄龄：《晋书》卷四九《阮裕传》，第1368页。

② 同上。

③〔唐〕房玄龄：《晋书》卷六七《郗愔传》，第1801—1802页。

原因，王羲之对与内弟相邻为官满心欢喜，“二谢在此近，终日不同。之此叹恨，不得方回。知春后问，令人怛怛”，二谢在我附近住，我们每天玩的花样都不一样，可惜郗愔（方回）不能快来同乐。东土又多了一位重量级的文化人。

临海郡曾属会稽郡的地盘，独立设郡时间不长。两地相距不远，却横亘着会稽山、天台山和括苍山等几条支脉。欲经常见面也不容易，鸿雁传书，见字如面：“此信过，不得熙（重熙，郗昙字）书，想其书一一也。小大佳不？宾转胜，皆谢之，贤妹大都胜前，至不欲食，笃羸，悔令人忧，余粗佳。”“想大小皆佳，知宾犹伏尔，耿耿。想得夏节佳也，念君劳心。贤姊大都转差，然以故有时呕食不已，是老年衰疾，更亦非可仓卒。大都转差为慰，以大近不复服散，当将陟釐也。此药为益，如君告。”“陟釐”即一种地衣，研究“服食”是他们信中的重要内容。王羲之给周抚的信中也谈到与郗愔的讨论，“得足下旃罽、胡桃、药二种，知足下至。戎盐乃要也，是服食所须，知足下谓须服食，方回近之，未许吾此志。知我者希，此有成言，无缘见卿，以当一笑”。报家人近况，表思念之情，还就共同关心的服食交流经验。

如果一段时间未得到郗愔的音讯，王羲之便坐卧不宁，给司马昱的书信中也提到郗愔、郗超父子俩，“未复临海问，悬情。计宾（郗超字嘉宾）命行应至”[①]。联络之中，商谈政事，王羲之还为郗氏的前程操心。“方回遂举为侍中，不知卒行不？云相（司马昱）意未许，尔者为佳。”逸少知道，郗愔是真不愿在朝中为官，他更想成为自己的岁寒之友，所以为郗愔求情于司马昱。有了这一段的热络，方有王羲之辞官后两人相约优游、修术的“黄昏乐”。

到一新衙门走马上任，府中长史的人选最是要紧，王羲之选中了老友孙绰。此时的孙兴公，文名盖世，“于时文士，绰为其冠。温、王、郗、庾诸公之薨，必须绰为碑文，然后刊石焉”[②]。一说王羲之死后的墓志也为孙兴公所撰，时人有不得孙绰碑文不葬的说法。但这位孙兴公的行为常不合时流，“绰性通率，好讥调”[③]，甚至随心所欲到无视其他的地步，让人非议。《世说新语·品藻》注

①《淳化阁帖》卷二。

②〔唐〕房玄龄：《晋书》卷五六《孙绰传》，第1547页。

③ 同上书，第1544页。

引《续晋阳秋》云："绰虽有文才，而诞纵多秽行，时人鄙之。"

王羲之却是看重他的才华与真性情。当然，在孙绰闹得太不像样子时，两人也斗斗嘴。一次，孙绰叫了歌伎来，竟把王羲之收藏的蔡伯喈的"睹眎笛"偷出来给歌伎伴奏，还拿它在桌上打拍子。王羲之不禁大嗔，骂孙绰："三祖寿乐器，虺瓦吊，孙家儿打折。"绍兴笛里地名载："蔡邕避难在吴，告人曰：'吾昔尝经会稽高迁亭，见屋东间第十六竹椽，可为笛，取用，果有异声。'"[①]此笛后传至桓尹，王徽之遇于道，桓尹为之"回车三调"。孙绰是性情中人，天真可爱，右军《二谢》帖中有"二谢叔丧，兴公近便索然"。他看到友人有了不快乐之事，连说话的兴趣都没了，哪里还闹什么怪诞故事呢。

孙绰年轻时，曾"居于会稽，游放山水，十有余年"[②]，通晓此间情形，还在此有很好的人脉关系。孙绰一来，自然引来其兄孙统。王羲之还让孙统当了余姚县令。孙绰在文化上的最大贡献，是帮助王羲之结识了道教与佛门的两大高人。孙绰"博学善属文，少与高阳许询俱有高尚之志。……绰与询一时名流，或爱询高迈，则鄙于绰，或爱绰才藻，而无取于询。沙门支遁试问绰：'君何如许？'答曰：'高情远致，弟子早已伏膺；然一咏一吟，许将北面矣'"[③]。

王羲之素闻支遁名，但因对佛学不熟识，并未将他很当回事。经孙绰牵线搭桥，一晤而刮目相看。《世说新语・文学》载："王逸少作会稽，初至，支道林在焉。孙兴公谓王曰：'支道林拔新领异，胸怀所及乃自佳，卿欲见不？'王本自有一往隽气，殊自轻之。后孙与支共载往王许，王都领域，不与交言。须臾支退。后正值王当行，车已在门，支语王曰：'君未可去，贫道与君小语。'因论庄子《逍遥游》。支作数千言，才藻新奇，花烂映发。王遂披襟解带，留连不能已。"

《逍遥游》向被认为难解，名士们钻研体味，总不能超出向秀、郭象的阐释。这两人以为，万物各任其性，各当其分，无论是芸芸俗物还是圣贤，是有待于外物还是相反，都是逍遥。支道林以佛理来解释，便卓然独立，认为外物

① 《太平御览》卷一八八，注引《续汉书》，第778页。
② 〔唐〕房玄龄：《晋书》卷五六《孙绰传》，第1544页。
③ 同上。

没有自性，即使存在仍然是空，只是人生执著，外物才“有”。那么，只有对外物不起执著之心，顺应外物而又超然物外，“物物而不物于物”，悠然无待，畅游于无穷放浪之境，才能求得至上的满足，才能叫作逍遥。此说标新立异，被称为“支理”。一次，支道林与宣城内史刘系之谈起来，刘以向秀、郭象所注为本，说：“各适性以为逍遥。”支遁说：“不然，夫桀、跖以残害为性，若适性为得者，彼亦逍遥矣。”[①]名学宿儒，无不叹服。

佛学的抬头，引起了玄学家的关注，连京城里的头面人物也强烈地感受到了东土文化交融的新动向。《和氏语林》载：“殷中军于佛经有所不了，遣人迎林公。林虚怀欲往，王右军驻之曰：‘渊源思致渊富，既未，易为敌；且己所不解，上人未必能通；纵复服从，亦名不益高；若佻脱不合，便丧十年所保。可不须往。’林公亦以为然，遂止。”你们俩各有其高，可能谁也说服不了谁，还是不去的好。可能王羲之觉得，学问上的事情还是少与政治背景沾边为宜吧。

再一位好友，就是与支遁相辩难而“焦不离孟，孟不离焦”的许询了。许询为道学高士，与王羲之一见如故，倾心以待，从此相伴终生。许询修道功夫深，得自于他学问的高远。永和元年（345），许询把自己的宅子舍给支遁为寺，让支遁在山阴开讲《维摩诘经》。许询与之往返辩难，探求经中义理。“晚出山阴，讲《维摩诘经》，遁为法师，许询为都讲，遁通一义，众人咸谓询无以厝难，询设一难，亦谓遁不复能通，如此至竟两家不竭，凡在听者，咸谓审得遁旨，回令自说，得两三反便乱。”支遁、许询论辩，应变无穷，妙语连珠，滔滔不绝，令在座的名士心悦诚服，叹为观止。最绝的是，听讲的人想复述他们的驳难，往往两三个来回就蒙了。支遁山阴讲经也就成为众名士孜孜以求的学术活动。

许询还是东晋玄言诗人的代表，晋简文帝称“玄度五言诗，可谓妙绝时人”[②]。王羲之与许询诗文酬唱也要费尽脑筋。有一次，王羲之苦寻不得句，又

①〔宋〕李昉等：《太平广记》卷八七，中华书局1961年版，第571页。

②〔南朝·宋〕刘义庆：《世说新语》，第152页。

正值身体不好，犯了癫病，竟于病中得二十字："取欢仁智乐，寄畅山水阴。清泠涧下濑，历落松竹林。"醒了以后，写给周围的友人看，诸人叹服："癫何预盛德事耶?"[①]这是骨子里的高远啊。会稽的山山水水间，留下两位文化大师结伴而行的身影。在远离尘嚣的空灵世界里，论道、谈书，景入意中，意融景间，"一生得一二知己足矣"。

文化名流汇聚东土，行政首脑王右军的家便是他们集中交流、当面论道的大平台。《世说新语·文学》记载了王家规模空前的雅集兴会。"支道林、许、谢盛德，共集王家，谢顾诸人曰：'今日可谓彦会，时既不可留，此集固亦难常，当共言咏，以写其怀。'许便问主人：'有庄子不?'正得《鱼父》一篇。谢看题，便各使四坐通。支道林先通，作七百许语，叙致精丽，才藻奇拔，众咸称善。于是四坐各言怀毕。谢问：'卿等尽不?'皆曰：'今日之言，少不自竭。'谢后粗难，因自叙其意，作万余语，才峰秀逸。既自难干，加意气拟托，萧然自得，四坐莫不厌心。"名士们聚在一起，有主持、有主讲、有问难、有答辩、有评论，剖微析理，启迪相长。

佛学于汉代流入中土，永嘉之乱后名僧纷纷南迁。由于佛家善辨名理的谈风以及追求精神安宁、人生解脱的旨趣，与东晋玄言的价值取向和功能颇有契合之处，相互启迪，故江左常见名僧名士携手交游的场面。"晋元、明二帝，游心玄虚，托情道味，以宾友礼待法师。王公、庾公倾心侧席，好同臭味也。"[②]会稽一带兴旺的佛事活动，也吸引了雅好玄佛的会稽王司马昱前来参与。支、许讲《维摩诘经》的地点就在会稽王的斋戒静室里。

名士玄谈中引入佛理，为"清虚"理念注入新的活力，而佛学则借玄谈为载体，渐入人心。玄佛互释成为清谈的一大特色，两者互渗互补，相异之处日减，共同之点日增，汤用彤先生因说："于是六家七宗，爰延十二，其所立论枢纽，均不出本末有无之辨，而且亦即真俗二谛之论也。六家者，均在谈无说空。……贵无贱有，返璞归真，则晋代佛学与玄学之根本义，殊无区别。由是

---

①〔南朝·宋〕刘义庆：《世说新语》注引，第914页。

② 同上书，第188页。

而僧人行事之风格，研读之书卷，所用之名辞，所采之理论，无往而不可与清谈家一致。”[①]演化的结果便是，许多一流玄学家的理论兴趣逐渐转向道理更为精妙的佛学，如殷浩、孙绰、郗超等，不知不觉间成了佛法的弘扬者。到东晋玄学集大成者张湛那里，玄学已与佛学难分彼此。王羲之主政会稽之际所聚合而成的第二文化中心，正为打通玄佛提供了一个于善意和友情中碰撞、交流的大熔炉。

当时全国最具文化影响力的名士，几乎都来到会稽，玩得不亦乐乎，以致让朝廷中的某些人倍感冷落，上奏折告阮裕和谢安，说他们“违诏累载，并应有罪，禁锢终身”。好在还是会稽王说了算，没找麻烦。

就在名士们相聚甚欢的日子里，王羲之的身体则日渐滑坡。他素有服食习惯，企望康健、长寿，怎奈那众多“妙方”带来的多是负面结果。中年以前，因身体底子好，尚能扛得住，年近半百之际，大小毛病便接踵而至了。在给亲友的函件中，频言身体不适。“鄙故勿勿，饮日三斗小行四升，至可忧虑。”“吾顷胸中恶，不欲食，积日勿勿，六日来小差。”“秋中感怀雨冷，冀足下各可耳，胛风遂欲成患，甚忧之，力知问，王羲之顿首。”“想散患得差，余当以渐消息耳。”迷信“妙方”酿成王羲之人生中的一大悲哀。

综前代法后世

文友聚会，谐趣为乐，书友相得，更以超凡脱俗者为同侪。王羲之的书法了悟本就在众人之上，早在观碑之前，对“宗钟、张”就有新的体会，常将章草、隶篆之笔意加入行楷之中。前次庾亮求书，自认为书体杂错，可与好者同观，但易招方家诟病，未答应。不想最为傲然的庾翼见到那封答庾亮的书信，却大加褒奖。庾翼态度的改变，王羲之当然是高兴的，习书二十余年，深知难点就在“突破”上，众人说自己好“野鹜”，其实就是所做的一些尝试。北方观碑归来，王羲之潜心回味，琢磨书法真谛，一刻也没停止“突破”的探求。

① 汤用彤：《汉魏两晋南北朝佛教史》，北京大学出版社1997年版，第190—191页。

方出行吴地，王羲之便收集到不少书帖，然“笔至恶”，给谢家兄弟写信时十分怅然，“复与君：此章草所得极不为少，而笔至恶，殊不称意”。不几天，却意外地得到皇象的章草，马上将它送回了建康，“皇象章草，旨信送之，勿三，当付良信”。东吴时期的大书法家皇象，字休明，广陵江都人。他的章草笔力激荡而体势峻密，特别着意于全篇风格的统一与完整，观赏性极强。

登泰岳，观李斯碑，给予王羲之第一次震撼。李斯创制小篆，讲求矩守规度，一丝不苟，润泽平正，却含千钧重力，有铜铭之感，被称作“玉筋”。还有那块曹植作、梁鹄书的《鲁孔子庙碑》，结体严整而不板滞，书风淳古而高远，气势凌厉而磅礴。梁鹄虽比自己的书祖钟繇名气小，但他的“八分”大书，用势尽极，很有气概，无怪深受曹操之爱，被挂于帐中欣赏。同时所见的曹喜碑，更令人慨叹。而对“插花美女”式的流行书体，研习越久越觉得易流于飘摇，骨力不强。曹喜之字，“悬针垂露”，瘦而不硬，自然横纵，“婀娜若浓露之垂”。此“一揚直下”法，豪快有力，字的骨相大为凸显。

蔡邕的书法，王羲之少时未曾见过，而他的《笔势论》却是打小熟读。看到洛阳之《石经》，叹为观止，无怪那些北夷西戎的族类，羡汉家文化，入洛习经都以此碑为正宗。蔡邕的这一手标准隶书，比之秦篆更为整饬。最让人叹服的，是伯喈书内的“骨气洞达”，所谓“力在字中”，“势来不可止，势去不可遏”，浑朴沉劲，却又精彩飞动。除了石刻，还第一次见到了蔡邕的“飞白”大书。那粉墙之上的丈许擘窠大字，往来飞舞，不是“散怀抱”“任怀情”之人，再加“意在笔先”的运筹，哪能有此等“纵横有象”之书。

蔡邕书法隶中有篆，对于王羲之洞悉固本与创新的关系甚有启发。王羲之的书法得之家传，又师从卫夫人，均以钟繇书为根本，杂以张芝笔法，尝试过以隶入草，但现在看来，只从隶还不行，秦篆以至钟鼎文、石鼓文都应加以关注、承接。

力行创新的最终启示，是看到了钟繇的《荐季直表》。这是钟繇七十岁高龄时所作。正书十九行，墨色沉厚如漆。这幅帖带有很深的隶意，然布局空灵，结体疏朗、宽博，天趣盎然，妙不可言。那种为人称道的钟书“插花美女”之妍态被一笔扫尽。自己习练钟繇的书法已近二十年，“将谓大能”，但看了钟繇的这帖作品，才知道对“书祖”了解得肤浅。比较诸家书法，真是“钟、张信为绝伦，其余不足观”呵。钟繇老年，名标书家之冠，执书界之牛耳，他却再行变革，发轫真书之要，不能不让人深受震撼。

看来，钟繇之后的书法界，对他的继承不是很得要领，片面看重对隶意的突破。钟书笔画易方为圆，结构与章法“刚柔备焉”，“巧趣精细”，“点画之间，多有异趣”，所开创的楷体，翻转外拓，有飞鸟骞腾之势，所谓钟家隼尾波，古雅秀美，令人赏心悦目。后辈习钟繇，不逮钟书之古雅，反而越是精熟越流于妍媚。

从《宣示表》《贺捷表》到《荐季直表》，统观下来，钟师书法的真谛可以三字概括之：深、通、变。钟繇为楷体鼻祖，但他的书法之根，不独来自厚重的隶书功底，更深深扎于篆书的土壤之中，有骨有肉，体重架沉，创造开新不失根本。对于钟繇之书法，篆、隶、楷、草等各种书体，既不是各自独立的存在，也并非简单的纵向演化关系，而是相互通融、转化，将各体之妙熔于一炉，于不同情境中擅其所长，得乎其美。钟繇一生探索不息，学无止境，不断推出开创性成果。早年由隶而楷，冲破囹圄，呈现雅趣。晚年又返璞归真，融篆、隶、八分之筋骨进入楷书，使楷体法度湛然。羲之感到，从这些方面继承钟繇，方称得上得其精髓。

王羲之观碑归来后，在王洽处的所见，也有同样的启迪。王洽乃王导之子中最善书者，羊欣《采古来能书人名》谓其“众书通善，尤能隶、行”。这位从弟“书遂不减吾”，与王羲之一样好变古形。王洽领军在外，有机会收集到北方流传的各种字帖。这次见面，又给了王羲之一个大惊喜：张昶的隶书《华岳碑》原帖竟在王洽的手中。张昶是草圣张芝的兄弟，汉末间的草书“亚圣”，他为西岳华山庙所作碑文，大气磅礴，昂扬顿挫，意味尤不可穷极，堪称碑书之精华。碑书强筋健骨，最为后人珍重。

北游观碑的所见所思，让王羲之对书法的了悟焕然一新。有感悟，有想法，有冲动，但要将之转化为目标明确的开创新局之实践，似乎还要寻找一种书法之外的力量补充。这段时光里，王羲之常感到笔力迟滞，意不达境。是公务繁苛，消散了逸兴吗？他不由得回忆起在护军府的日子。那时，自己常于长江两岸巡视，交往的多是带戈的武人。本不为同道，但不知怎的，却常常豪气勃发，笔下如有神至。

永和三年（347），到和县大将军袁耽处巡看，一起至吴楚古战场。时天晴日朗，王羲之坐在矶头岩台之上，看江水东流，浪浪相催，江涛击岸，声声震耳，心旷神怡，不禁高咏左思《咏史》名句："振衣千仞冈，濯足万里流"。袁耽早已有了准备，在怒吴阁中摆下笔墨。几天后，袁耽又拉王羲之去看制成的摩崖石刻。巨岩之上，那"振衣濯足"四个大字面对着滚滚江涛，淋淋漓漓，有啸风励剑之感，很是得意。

一夜在军帐中大饮，客人走后，王羲之还十分兴奋，冒出了一句上联"把酒时看剑"，忙点了一炷香，磨墨展纸写出，却一时寻下联不得。殷浩巡夜至，看有灯光，踱了进来，"好香的味道呀！"下联顿时有了："焚香夜读书"。对子好，那天的字更好，刚直骨鲠，有铁画银钩之感。武人之中，还有如周抚、朱焘辈，不谈书文，见了面就是喝酒论剑，个个豪烈英雄，气概过人。和这些肝胆之人共事，如就无字句中读书，意在心得！在那段时间里，写字也挺有感觉，楷书中往往能"去隶意"而不涉于"圆滑"，骨架凸显，遒劲刚勇。

早在献之捉笔涂鸦时，王羲之就有意识地把对楷书书体的突破当作头等大事，并留书帖于幼儿，望其长成后沿着自己开拓的新路走下去。那时，"真楷"之法度还是一件不予公开的要秘，故于永和四年（348）在《笔势论》后专写了诫儿的话："今书《乐毅论》一本及《笔势论》一篇，贻尔臧之，勿播于外，缄之秘之，不可示诸友。"《乐毅论》与《笔势论》是那一阶段的总结，但远未完成对楷书的探索、定型工作。现在需要在创新方面迈出更大的步伐。

循着跳出宗钟书之形，承其通变之神的思路，王羲之为自己明确了"兼撮众法，备成一家"的目标。沈尹默先生在《二王书法管窥》中对此作了精辟阐述："唐代张怀瓘《书断》论羲之书法云，'然剖析张公之草，而浓纤折衷，乃愧其精熟；损益钟君之隶，虽运用增华，而古雅不逮。至研精体势，则无所不工。'张怀瓘叙述右军学习钟、张，用剖析、增损和精研体势来说，这是多么正确的学习方法。总之，要表明他不曾在前人脚下盘泥，依样画着葫芦，而是要运用自己的心手，使古人为我服务，不泥于古，不背乎今，才算心安理得。他把平生从博览所得的秦汉篆隶的各种不同笔法妙用，悉数融入于真行草体中去，遂形成了他那个时代最佳体势，推陈出新，更为后代开辟了新的天地。”①

真草章行各体中，真书是为基础，点横撇捺，间架结构，仪态体势等等，均为汉字的基本要素。在隶书之后，这些要素都需要确立新的法度，为日后的通用之字定出框架。这个模样，如沈先生所云，“不泥于古，不背乎今”，决非易事，非天才、大家无以胜其任，也不是某一个人能够成其始终的。楷书在钟繇笔底得到公认，开始流行，但钟的楷书还存留着隶书的形态，“左右波挑”，纵向笔画较短，字体横张，结体呈外拓之态。所以，钟书虽有“势巧形密”的风格，但还不便于一般人使用，学习者亦步亦趋，只能守定钟书笔法而少变通。要使楷书成为“通体”，还需要进一步革新，创制“新规范”，使楷书成为既健朗又妍美流便字体的任务，历史性地落到王羲之肩上。

对着卫夫人的《笔阵图》，王羲之心中几番鏖战，提笔疾书：

> 夫纸者阵也，笔者刀矟也，墨者鍪甲也，水砚者城池也，心意者将军也，本领者副将也，结构者谋略也，飏笔者吉凶也，出入者号令也，屈折者杀戮也。夫欲书者，先干研墨，凝神静思，预想字形，大小偃仰，平直振动，令筋脉相连，意在笔前，然后作字。若平直相似，状如算子，上下方整，前后齐平，此不是书，但得其点画耳。昔宋翼常作此书，翼是钟繇弟子，繇乃叱之，翼三年不敢见繇，即潜心改迹。每作一波，常三过折笔；每作一□，常隐锋而为之；每作一横画，如列阵之排云；每作一戈，如百钧之弩发；每作一点，如高峰坠石；□□□□，如屈折钢钩；每作一牵，如万岁枯藤；每作一放纵，如足行之趣骤。翼先来书恶，晋太康中，有人于许下破钟墓，遂得笔势论，翼读之，依此法学书，名遂大振。欲真书及行书，皆依此法。

① 沈尹默：《书法论丛》，上海教育出版社1978年版，第84页。

王羲之觉得，楷书脱其“古形”的思路，恰在于吸纳其“骨法”，易翻为曲，减去分势，用笔内抵，不折而用转。“一搨瓘直下”的用笔在此时发轫，就如操纵“兵法”，出奇方能制胜。

经过王羲之“变古形”而成的楷书，“比起钟繇来，面貌大为改观，笔画趋于规范，结构配置基本确定，其纵向笔画挺直多向下引出，一改钟繇书字体横张为纵展风貌，结体匀衡大方，王羲之对原有楷书笔法作了改造，形成‘内擫’和‘一拓直下’的特征。就横而言，王羲之楷书在提笔处有按笔，收笔处不着重折笔重按，在运笔速度上缓前急后，笔画趋于简化明快，遒整匀紧。笔法上的改变使字的体态也与以前不同。王羲之的楷书‘潇洒纵横，何拘平正？’有‘魏晋飘逸之气’。从字形看，‘身’字纵长舒展，‘地’字横向偏长、‘国’字偏方，笔画多的字如‘变’、‘藏’字偏大，笔画少的字如‘一’、‘二’、‘三’、‘日’、‘口’偏小，并不死板地追求通篇每个字宽高相等，按照字的自然姿态安排点画，能‘各尽字之真态，不以私意参之’”①。

按照这样的思路，王羲之在《乐毅论》的基础上又掺用各种书体元素，写出《黄庭经》《东方朔画赞》等不同风格的作品，成为后世楷书经典，在书法上确立了“钟繇创体，逸少立法”的地位。汉字自滥觞于甲骨文后，沿着美观和宜用两条主线不断演进，体势模样一直处于探索、变化中。王羲之楷书出而法度成，之后历千年不衰，再由后人生发、流变为各家门派，“楷书四大家”颜真卿、柳公权、欧阳询、赵孟頫，都根植于“二王”，不离“右军法”。书圣之尊概源于此。

书之正源确定后，王羲之一方面使之臻于尽善尽美之境，另一方面将碑的“骨法”注入行书与草书的创新之中，最终创作出《兰亭集序》和《丧乱帖》这样的旷世经典。

① 郭廉夫：《王羲之评传》，南京大学出版社1996年版，第129页。

从心所欲传佳话

在中国历史上，凡文化名人任职或居住过的地方，多会留下种种逸闻趣事，为当地百姓世代所津津乐道，构成亚文化中富有生命力的亮点。这些故事无论确有根据，还是加工、演绎而成，无不传神地展现出故事主人的品格风姿，表达了人们的衷心景仰和美好期待。王羲之在会稽的佳话影响甚巨，形成了定向的文化意象，以致《晋书·王羲之传》中特为收载：

（羲之）性爱鹅，会稽有孤居姥养一鹅，善鸣，求市未能得，遂携亲友命驾就观。姥闻羲之将至，烹以待之，羲之叹惜弥日。又山阴有一道士，养好鹅，羲之往观焉，意甚悦，固求市之。道士云："为写《道德经》，当举群相赠耳。"羲之欣然写毕，笼鹅而归，甚以为乐。其任率如此。尝诣门生家，见棐几滑净，因书之，真草相半。后为其父误刮去之，门生惊懊者累日。又尝在蕺山见一老姥，持六角竹扇卖之。羲之书其扇，各为五字。姥初有愠色。因谓姥曰："但言是王右军书，以求百钱邪。"姥如其言，人竞买之。他日，姥又持扇来，羲之笑而不答。其书为世所重，皆此类也。

官修史书采撷的这几则故事，想必是流传中影响最大且事有所本的。立传人的眼光究竟不同凡俗，轻松一乐中不乏用心良苦地欲宣扬的文化内涵和价值取向。王羲之观鹅求鹅，忘乎所以，全然没有成本、功利概念。其时，无人不知王右军，无人不爱羲之书，求之者众，得之者喜，失之者痛。这样的书家，古来几何？右军富有同情心，帮助弱者，又深谙"救急不救穷"的古训，让"市利"者无由得取，会稽城内因此留下"躲婆巷"地名。一位府主正堂，躲着来求字的贫姥，又是一段趣话，更反映了逸少的善良与让世人懂得自悟自救的苦心。

生动可爱形象的背后，更有超越身份等级的人本思想。魏晋世族最讲等级，大族之间都要分出个一二三品来，更遑论世族与平民。《三国志》《晋书》及

《世说新语》，谈论文人风流，记述名士率性，几乎都是发生在士林间的事情，交往限乎世族之间。王导、庾亮聚众谈玄，王述怒食“鸡子”而不得，谢安居东山“游赏必以妓女众”，王徽之“雪夜访戴”，等等，皆不与平民相干。

大名士刘真长治理有方，但他对下级与百姓却很讲上尊下卑那一套。有百姓告小吏，他不断是非，先就以下不能告上的理由，把敢告官的平头百姓赶出官衙，之后才去整治胥吏。有次出游，遇到一仰慕者，已把宴席摆好了，要款待他，刘真长竟拂席而去，说是“小人都不可与作缘”，不能给他讨好我们的机会。可见当时下层社会人想接触上层是多么不易。

王羲之似乎是个例外，他对玄学看重人、解放人的理解，在一定程度上超越了世族的等级观念，在以人为本的思想中注入了平民意识。本传中的几则故事，看不到本朝第一大族居高临下的骄气，更不见仗权压人的霸气，多的是平等交往、善意互助。爱鹅而“求市之”、以书易鹅“甚以为乐”、赴门生家走访闲游、逢“姥有愠色”而不怒、见姥又持扇来“笑而不答”。一位三品大员能与百姓如此交往，在当时是极不寻常的，亦是羲之为民所爱，在民间享有巨大声誉的缘由所在。

其实，这种含有平等思想的人本观念，正是魏晋玄学的光辉之处，只不过得其奥妙之人不多，能践履者更是少之又少，以致让后人几乎忽视掉玄学的这层应有之义。在王羲之以前，做出榜样的是嵇康和阮籍。嵇康为曹家女婿，阮籍乃“建安七子”后人。他俩在隐逸期间，均抛却贵族架子，以平等的身份与百姓打得火热，实践着他们讽喻礼教等级森严、繁文缛礼的玄学理念。

《世说新语·简傲》载，“康性绝巧，能锻铁，家有盛柳树，乃激水以环之，夏天甚清凉，恒居其下傲戏，乃身自锻。家虽贫，有人就锻者，康不受值。唯亲旧以鸡酒往，与共饮啖，清言而已”。阮籍则是另一番表现，“邻家少妇有美色，当垆沽酒。籍尝诣饮，醉，便卧其侧。籍既不自嫌，其夫察之，亦不疑也”。从率性和蔑视礼法上解读，当然没错，再进一步从含有平等内涵的人本观念来看，更显其珍贵。王羲之正是这种稀有精神资源和文化品格的实践者和传承人。这种精神经王羲之等人的接力，到唐宋之际，又有李白、苏东坡等人发扬光大。可以说，这些文化巨匠播于民间的种种佳话，比正史中的一大堆官衔、奏表，更具化育人心的渗透力，以及跨越时空的生命力。

王羲之留在会稽的传说中，其与鹅的关系乃是一个中心话题，当地甚至把羲之与鹅合二为一，有“右军鹅”之说，鹅是右军的代表，右军乃鹅的化身。故事、遗迹俯拾皆是，影响到民风都对鹅有了偏爱。王羲之营造了“东土”一方的鹅文化。

永和九年（353）名士聚会修禊事的兰亭，有一泓占地数亩的水塘，曲桥通幽处立一座碑亭，亭中碑上刻有斗方大字——鹅池。据说此乃羲之、献之父子养鹅、观鹅、习字练书的场所。“鹅池”二字，“鹅”出自羲之手笔，“池”则由献之补题，“二圣”手书，珠联璧合，这里成为后人瞻仰的书法圣地。

《爱鹅帖》记录了一个段子。谢奕养了一群鹅，王羲之因雨下不了山，看着那鹅们戏水，如同见了友人。“数日雨冷，肾气痤腰，复嗽。动静遇风紧，陂湖汛涨，舩不可渡，勿讶。谢光禄鹅在山下，悬情可爱。羲之遣。”在山阴，爱鹅是名士们的同好，南京东山的谢家故园，至今流传“斗鹅”风俗。

相传，支遁与右军同游沃州，见一片平沙，在夕照下细密坚柔，右军兴至，于沙中缓缓书就一巨笔“鹅”字。一路划过，轻沙纷落，竟有一种锥沙印泥之妙。二公相视而笑，归来复书几纸，却不及沙中所著，遂又将之精心拓回。后简文帝“诏为支遁法师建沃州寺”，支遁便将此“鹅”镌刻于寺前影壁之上。新昌沃州湖景区，循石女峰而上，转一小弯，又有一山，形如覆瓢，浮于湖畔，乡民们称之“木勺山”，又酷似雄鹅戏水，也就有了鹅鼻峰这样一个名称。

王羲之所酿就的鹅文化，渗透到百姓的习俗之中。浙江奉化人，说起话来“我”“鹅”不分，别号“奉化鹅”，素来自以为，这是受了王右军好鹅之风的浸染。而奉化大白鹅也是当地一特产，相传为王羲之所养之鹅的后代。奉化人说，王羲之辞官后先是隐居奉化晚香岭，其地处剡溪的第二个转弯，以“水石清妙”著名，王羲之叹曰“罕见此山”，所以这里又叫作“王罕岭”。王羲之每卜居一地，必带着他豢养的白鹅同至，爱鹅如命，养过的鹅一旦老死，他还会专门请人葬埋。村里一老人问他：“先生，养了介许多鹅，为啥自家从来勿吃一只？”王羲之回答：“鹅是百禽之首，一身洁白，头顶殷红，好似一颗丹心，行路一步一个脚印，步步脚踏实地，它一生清白、忠诚，我不忍心吃它。”民间都认为，王羲之以鹅示我，一生清正廉洁，忠诚无私，刚正不阿。王羲之写“鹅”，总爱把字的左右结构改变，喻“鹅”为百禽之首。如今天台山国清寺以及绍兴兰亭的独笔鹅字飘若浮云，矫若惊龙，都是王羲之在奉化晚香岭写的。

剡源一曲称为“六诏”，二曲名“跸驻”。传说是王羲之隐居后，皇帝六次下诏书要他回朝，但他避而不见。皇帝便亲带人马到晚香岭寻找，万人齐呼“王右军”，晚香岭因此又称“万响岭”。六诏村里现在还留存王右军祠、鹅池、砚石等遗迹。

关于“右军鹅”的话题，在两浙大地有说不完的故事，本书不可能概全，谨用一则趣联暂结：“看两队新兵，鸭是左军，鹅是右军，杨柳堤旁春浩荡；提一壶好酒，桃开也笑，李开也乐，乡村路上我逍遥。”右军刚正、善良、天真、潇洒的风姿沁人心脾。

王羲之爱鹅，引起文化界的极大关注。为什么爱鹅？鹅，《尔雅》谓之“舒雁”。吴起创有“鹅鹳之阵”，箕张翼舒，交错屈伸，首尾回护。鹅更有“体”：“古人以为鹅性顽而傲，盖迫之而愈前，抑之而愈卬，似不入于礼，亦其体大难用也。”[①]王羲之“以骨鲠称”，这一点正契合了鹅的本性，逸少宁作狂士不为乡愿，这是他为后人景仰的又一重要方面。孟浩然《晚春远上人南亭》云：“林栖居士竹，池养右军鹅。”杜甫《得房公池鹅》云：“房相西亭鹅一群，眠沙泛浦白于云，凤皇池上应回首，为报笼随王右军。”

鹅与书法的喻象更为书家喜论。“善转旋其项，古之学书者法以动腕，羲之好鹅者以此亦。”[②]“说者谓右军喜鹅，意在喜其转项，如人执笔转腕以结字。故世之人多谓善书者往往善画，盖由其转腕用笔之不滞也。”[③]唐以前，古人多席地而坐，书者以悬腕为主，唐宋之时，改为几凳和高桌，落腕抵案，书风亦改“翻折绞转”为“提按点顿”，失却古意。明代汤临初说：“世传右军好鹅，莫知其说，盖作书用笔，其力全凭手腕。鹅之一身，唯项最为圆活，今以手比鹅头，腕作鹅项，则亦高下俯仰，前后左右，无不如意。鹅鸣则昂首，视则侧

---

①〔宋〕罗愿：《尔雅翼》卷一七《鹅》，安徽古籍出版社1991年版，第175页。

②〔宋〕陆佃：《埤雅》卷六《鹅》，浙江大学出版社2008年版，第54页。

③〔明〕唐顺之：《稗编》卷八四，文渊阁四库本，第749册，第18页。

目，刷羽则随意浅深，眠沙则曲藏怀腋，取此以为腕法而习熟之，虽使右军复生，耳提面命，当不过是。”[①]清代包世臣《题〈执笔图〉》诗：“全身精力到毫端，定气先将两足安。悟入鹅群行水势，方知五指力齐难。”

王羲之留在民间的遗爱多与书法相关，洁白可爱的鹅之外，就要数墨池了。《永嘉县志》记载，“墨池，在墨池坊，王右军临池作书，洗砚于此”。明代叶式《墨池记》云：“右军刺温多惠政，暇辄复临池以适其情，后人因祠于郡城。”温州江北罗浮华严山产石砚，王羲之得之甚喜，简帖中有：“近得华严石砚颇佳”之语。温州华盖山下旧有“王谢祠”，为温州百姓怀念王羲之、谢灵运而建。

剡县是王羲之终老的地方，更是出右军逸事的故事篓子，整理有《王羲之的传说》一本。到了这里，乡人野老都可以给你说上一段王羲之的故事，神乎其神。有紧扣王羲之书画绝技方面的，虽然史书中少见王羲之善画记录，但乡人还是愿意讲他如同神笔马良一般，用一支笔为老百姓除暴安良。更多者以写实为主，突出“笔笔浸汗，字字凝血”，“学无止境，事贵有恒”的事迹。第二类，以书圣在嵊州各地留下的遗迹为线索，写王羲之携友游历的掌故。如赏“百丈岩”风光：“群峰万箭穿天，白雾绕山卧涧，瀑如飞泻素练，茂林遮日蔽天。”还有一些颇具神话意蕴的篇章，如独秀山的一组传说，绘声绘色地描述了王羲之“祭师”的故事。

有天夜里，王羲之办完了公事，已呼呼入睡。忽见天空下起鹅毛大雪，恩师卫夫人突然闯进门来。她满身是雪，脸容憔悴，隐隐约约地说，要逸少为自己写篇碑记。卫夫人是永和三年（347）随儿子李充到剡县来的，因喜欢独秀山的风景，就造了茅屋，欲在此安度晚年。当王羲之攀高落低来到茅棚时，猛然发现房中摆放着灵堂，披麻戴孝的李充正为母亲上香。逸少犹如挨了晴天霹雳，禁不住大声责问：“表兄，恩师千古，为何瞒着我？要不是她老人家前来托梦，我至今还被蒙在鼓里！”话一说完，泪如雨下，差点昏倒。逸少上独秀山的第三

①〔明〕汤临初：《书旨》，载〔清〕倪涛：《六艺之一录》卷二九六，文渊阁四库本，第655册，第84页。

天，便是清明节，他请来技艺高超的老石匠，亲笔为恩师撰文，立在独秀山上。后来的三年间，他如同自己父母去世，不沾酒、不会友，常来独秀山祭扫，可谓尽了至孝。乡民因此在王羲之过世后，奉他为桃源乡乡主。

故事意在传达王羲之品德的高尚，却非凭空演绎，它得自于王羲之亲书的《姨母帖》："十一月十三日羲之顿首顿首，顷遘姨母哀，哀痛摧剥，情不自胜，奈何奈何。因反惨塞不次。王羲之顿首顿首。"哀切之情潸然。

王羲之留下的佳话大多如此，有史影、有发挥、有怀念、有寄托，如同一部无字的教科书，印行在东土会稽的山山水水间，与天地共存，伴自然永生。

第七章　兰亭盛会

一代名士领袖

综理郡务，建言改革，精研书法，畅游山水……王羲之的内史生涯忙碌而充实，不知不觉间，时光流进了永和九年（353）。

上年王羲之劝阻殷浩北伐未果，王师弃甲而归，内外形势变得愈加严峻，王羲之目光中的忧虑更添一分。到了永和九年（353），一度四分五裂的中原，于群雄逐鹿中产生了两个新霸主：前秦与前燕。前秦氐族苻氏占据了以长安为中心的关陇地区，前燕鲜卑族慕容部则把黄河中下游地区收入囊中，与东晋鼎足而立。前秦与前燕攻伐不已，皆有一统中原之志；而秦、燕两家又都把东晋视为“软柿子”，时不时扑过来咬一口；江左的殷浩、桓温亦不甘示弱，各自摆开一副北伐的架势。大局又呈北强南弱之势，东晋政权取守势以俟时局转换方为上策。遗憾的是，这只是王羲之的见解，而非主政者司马昱和殷浩的看法。

晋室内部的政局更不容乐观，桓、殷之争深陷恶性循环的怪圈：殷浩愈挫，桓温愈强；桓温愈强，殷浩愈急。急而盲动，动之又败，败而复争……有时竟如同儿戏一般。对同床异梦的北伐，王羲之是不抱什么胜算指望的。朝里朝外，与右军持同样看法的士人还有不少，无奈最高决策者一意孤行，众人只能忧心忡忡，私下议论。

桓殷斗法，建康成为危险所在，是非之地，士林中弥漫着胸中有言发不得的郁闷，文化人更是缺少了雅聚品谈的兴致。他们不约而同地把目光投向浙东山水。会稽在王羲之的治下，政通人和，文化名流纷至沓来，人气、文气之旺，国内无与伦比。各地文人频频致函逸少，畅言“家事国事天下事”。会稽，因为王羲之的存在，而成为乱世中的文化绿洲。正是在这样的氛围中，举办一次大型文化聚会的想法逐渐被酝酿成熟。

魏晋时的士人雅好聚会，分小型和大型两种。小型者，随时随地，三五同好凑在一起，论文谈玄，乘兴而来，兴尽而散，很少留下痕迹；大型者，在士人有着类似想法与情绪的时代背景下，由大名士号召，确立时间、地点，遍邀名流参与，有主题、有内容，青史留名。西晋末年，曾有一次著名的“金谷会”。《晋书·刘琨传》载，“时征虏将军石崇河南金谷涧中有别庐，冠绝时辈，引致宾客，日以赋诗”，留下传世名作《金谷诗序》。

过江之后，小聚会颇多，大型聚会却是久违。永和九年（353）之初，王羲之感到，士林间的忧国之心和人生感慨，如地火运行，期待着一次痛快淋漓的释放。自己何不效当年“金谷之会”，在会稽为本朝兴一场名垂青史的文化盛事呢。他把想法告诉了好友谢安、孙绰、郗昙等人，无不拍手叫好。于是，时间定在暮春之初的三月，地点选在秦望山下的兰亭，邀请会稽境内及吴越之地的文化名流“躬逢其盛”。

兰亭，南距会稽城30余里，背依虎扑岭，濒临古鉴湖。兰亭的出名源自越王勾践。卧薪尝胆之际，他常独自来此间种兰，其地得名“兰渚山”。明万历《绍兴府志》载：“兰渚山，有草焉，长叶白花，花有国馨，其名曰兰，勾践所树。”相传勾践的随从看到大王种兰辛劳，便修了一座凉亭，以供主人歇息，遂以“兰亭”名世。

兰，在古代是作为品格高尚的香草来歌颂的。传说孔子曾作《猗兰操》：“习习谷风，以阴以雨。之子于归，远送于野。何彼苍天，不得其所。逍遥九州，无所定处。时人暗蔽，不知贤者。年纪逝迈，一身将老。”注曰：“孔子历聘诸侯，诸侯莫能任。自卫反鲁，隐谷之中，见香兰独茂，喟然叹曰：‘兰当为王者香，今乃独茂，与众草为伍。’乃止车援琴鼓之，自伤不逢时，托词于香兰。”[①]嵇康甚爱兰花自然芬芳，遗世独立的品格，作诗曰：“猗猗兰蔼，植彼中原。绿叶幽茂，丽藻浓繁。馥馥蕙芳，顺风而宣。将御椒房，吐熏龙轩。瞻彼秋草，怅矣惟骞。”

王羲之深谙名士们的志趣，名士们亦是主人的知音。与会的徐丰之有诗：“俯挥素波，仰掇芳兰。尚想嘉客，希风永叹。”孙统对主人王羲之选此地更是欢喜，这是仰慕先人的高德啊：“地主观山水，仰寻幽人踪。回沼激中逵，疏竹间修桐。因流转轻觞，冷风飘落松。时禽吟长涧，万籁吹连峰。”

阳春三月，名士们陆陆续续来到会稽。关于参加兰亭集会的人士，王羲之《临河叙》曰：“右将军司马太原孙承公等二十六人，赋诗如左，前余姚令会稽谢胜等十五人，不能赋诗，罚酒各三斗。”宋朝人桑世昌认为前述名单有欠详备，著《兰亭考》，最后确定有名有姓者四十二人，排列如下：

右将军会稽内史王羲之、司徒（一云琅邪王友）谢安、司马左西属谢万、左司马孙绰、行参军徐丰之、前余姚令孙统、前永兴令王彬之、王凝之、王肃之、王徽之、陈郡袁峤之

以上十一人，各成四言、五言一首。

散骑常侍郗昙、前参军王丰之、前上虞令华茂、颍川庾友、镇军司马虞说、郡功曹魏滂、郡五官佐谢怿（一作谢绎）、颍川庾蕴、前中军参军孙嗣、行参军曹茂之、徐州西平曹华（《漫录》云曹华平）、桓伟、王玄之、王蕴之、王涣之。

以上十五人篇成。

侍郎谢瑰、镇国大将军卞迪、行参军邱髦、王献之、参军羊模、参军孔炽、参军刘密、山阴令虞谷、府功曹劳夷、府主簿后绵（一作后泽）、前长岑令华耆、前余杭令谢胜、府主簿任凝（一作汪假）、任城吕系、任城吕本、彭城曹礼。

以上十六人赋诗不成，罚酒三觥。

①〔宋〕郭茂倩编：《乐府诗集》卷五八，中华书局1979年版，第839页。

此名单中漏了两个重要人物支遁、许询。《太平御览》引《吴志》曰：“王羲之初渡江，会稽有佳山水，名士多居之。与孙绰、许询、谢尚、支遁等宴集于山阴之兰亭。”嘉锡案：“《兰亭考》一载‘兰亭诗’及‘云谷杂记’一载‘兰亭石刻’，皆无许询、谢尚、支遁等三人。然考《法书要录·三》所载唐何延之《兰亭记》，仅略举主宾十一人姓名，其中乃有支遁。不审何以不在石刻四十二人之内，又不审当修褉赋诗之时，许询、谢尚果在座中与否也。古事难考，如此类者多矣。”谢尚此时已在北方，许询、支遁二人为高士，神龙见首不见尾，故应为王羲之特为不著碑刻，以示尊重。

这四十二人中，多数为常居会稽郡者。其中引人注目的几拨人有：王家及会稽郡属官有十四人，王羲之领着七个孩儿；郗家有来自京城的内弟郗昙；谢安、谢万本在东山；孙统、孙绰两大文豪是为会稽属员；曾权倾一时的庾家代表庾友、庾蕴；当代枭雄桓温之子桓伟。一场文化盛事，体现了高门间的关系，前后主宰江左政局的王庾桓谢四大家族，均到齐了，也正说明文化对于世族的不可或缺。号召并成功举办如此一场盛会，标志着王羲之在王导、郗鉴、庾亮、蔡谟等老一辈名士去世后，成为众望所归的新领袖。

兰亭之会，名士们留下诸多诗句，王羲之更即兴挥毫《兰亭序》，书文并茂，意气高远，为东晋名士文采风流的典范。兰亭聚会自古至今被看作一场文坛盛事。近年有学者就兰亭会的实质内容发表新见，认为，在严峻的国势下，王羲之等不应该有心思吟风赏月，乃是借文人雅聚之名召开的一次军事会议或曰政治协商会议。此说对于研究兰亭会和《兰亭序》时当注意其时复杂而严峻的时势背景，颇有些启示，但因此将兰亭会定论为一次政治或军事会议，尚缺乏佐证的资料。

兰亭会的参与者中虽不乏任军职者，然他们大都算不上在军事前线握实权的高级指挥官，多是军府里的文职人员，与王羲之在庾亮府中的角色相类。王羲之一类具“达则兼济天下”心态的文人，凑在一起，免不了议论军国大事，各献其计，谋求共识。“曲水流觞”前的会稽相聚中，当有这方面的内容，进而谈及殷浩不听忠告，再败而朝中震荡，如之奈何的话题，亦不为怪。这都属于“天下兴亡，匹夫有责”，“处士横议，裁量执政”的范围，与专门的政治军事会议是隔着一道“鸿沟”的。

这道“鸿沟”，便是东晋士林间达成共识的“务存大纲”。一位地方官，背着朝廷私下召集一次军事会议，属“逾制”。这有悖于王羲之等名士一贯的处世准则。尽管东晋一朝权臣、悍将层出不穷，背后私谋之事多多，然终未有成气候者，恰恰在于他们的做派与做法，不为士林主流所认同。他们难以逾越的对立面，并非“銮舆”中的“孤儿寡母”，而是代表体制基本秩序的名士集团。先前王敦在王导等面前是这样，后来桓温遭遇谢安之流也是如此。这些名士平时生活中潇洒风流，但对体制运作中“私谋犯上”这一条，则视作雷池。特别是素有“骨鲠”清誉的王羲之，当有不同看法或与上司政见不一时，选择的是上书建言和辞职归隐这种“直道而行”的直臣风范。宁可诤谏、辞官，也不会做“逾制”的事情。若是与士林主体的信念不符的举动，很难想象会有这许多人参与。

东晋之际，无论形势如何险峻，名士相聚专习文事，却是当时文化风尚的一种体现。东晋名士最景仰夏侯玄。王羲之的忘年交袁宏《三国名臣颂》赞道，“邈哉太初，宇量高雅。器范自然，标准无假”，“万物波荡，孰任其累”。慕其处变不惊、举重若轻的气质，越是形势紧张，面对压力，愈是态度安逸，谈文艺、论人生，以“远俗”的境界表现出精神的强大与超越性。尽管他们的内心载有天下、苍生，但文化表现上则是旷逸、雅致。

初渡江左时，王导既是朝中栋梁又为清谈领袖，他在务政之余，时常会聚诸臣清谈。从清谈情况看，用意主要不在理论探讨，更像是精神消遣，风流雅趣，足见雅集谈玄在他们生活中的重要位置。亲历兰亭之会的谢安更是深得其味，此后更有“青出于蓝”的表现。所以，王羲之等一行前往兰亭时，虽不失忧国之心，却主要是怀抱着文人特有的雅兴，以放眼寰宇，俯仰人生的胸襟，联手托出一盘古今罕见的文化盛宴。

赋情曲水流觞

在东晋的那个春花三月、兰蕙吐香的时节，一大队名士出会稽城向南迤逦而行。鉴湖之滨，山阴道上，“镜湖澄澈，清流泻注”，“山川自相映发，使人应接不暇”。一路行来，山色渐深，不过山皆不高，远处的秦望山颔首俯视着会稽，虎扑岭有如秦望山胸前的乳峰，精致玲珑，如诗如画。不少文士已然情不自禁，文思涌动了。

名流们雅集放情离不开由头和载体。虎扑岭前一道弯弯绕绕的溪水，便是“修禊”的依托。殷周以来，巫祝的遗风代有流传，禊即其一。《周礼·春官》：“女巫掌岁时，祓除衅俗。”由女巫导演，于三月上巳沐浴除灾祈福。汉代应劭的《风俗通义》把禊列为祀典：“禊，洁也”。春日万物生长蠢动，易生疾病，时于水上洗濯以防病疗病。《后汉书·礼仪志》即有“祓禊”条：“是月上巳，官民皆洁于东流水上，曰洗濯祓除，去宿垢，为大洁。”刘昭作注说：“韩诗曰郑国之俗，三月上巳溱洧两水之上，招魂续魄，秉兰草祓除不祥。”汉以后，“祓禊”还习用香熏花草沐浴，祛病患，除鬼魅，作祈禳。

三月“修禊”，还含有孔子所赞美的一层意思，即王羲之五言诗中的“咏彼舞雩”：“暮春者，春服既成；冠者五六人，童子六七人，浴乎沂，风乎舞雩，咏而归。”孔子没有出口称赞志向于政，有安邦治国才能的弟子，而对曾点大叹一口气：“吾与点也。”反映了他对和谐自然的终极追求。

将曲水流觞与祓禊结合起来是魏晋以后的事。汉章帝时，有一位叫徐肇的人，因三月初生三女，至三月初三俱亡，村人以为怪，在水边洗濯祓除，用羽杯盛酒泛觞。这本是件不祥的事，但这种形式却曾被周公用于盛典，“昔周公成洛邑，因流水以泛酒，故逸诗云‘羽觞随波’”[①]。士人们将两者联系起来：“三月祓禊，曲水流觞”，有哀有兴，死生归一。魏晋时曲水行觞祓禊盛行，定为三月初三举行。魏明帝建第一个流杯亭，晋怀帝于洛阳天泉池南石沟引御沟水，池西积石为禊堂。文人的“修禊”不如一般人所理解的就是洗洗澡，趁着风和日丽玩闹一番，它所负载的还有更深的意义，即“以游观为为政之具”，属文化传承中独具意象的活动，是一种精神的修隐、情操的陶冶。

兰亭之畔，清流之间，与会诸人采就百花香草，洁身澡体，祭神欢宴。孙

①〔唐〕房玄龄：《晋书》卷五一《束皙传》，第1433页。

绰诗纪云："春咏登台，亦有临流。怀彼伐木，宿此良俦。修竹荫沼，旋濑萦丘。穿池激湍，连滥觞舟。""伐木丁丁，求其友声"，一番敬神的礼仪之后，文人雅士在曲折的溪水两旁列次而坐，"立流杯曲水"。溪水把羽觞送到哪个人的面前，哪个人就即席赋诗，做不出诗的罚酒三觞。当时聚会的四十余人，王献之还在髫龄，长者庾蕴已"年甚其耋"。有二十六人作诗三十七首。

王羲之作为雅集的发起者，举觞开篇：

代谢鳞次，忽焉以周。
欣此暮春，和气载柔。
咏彼舞雩，异世同流。
乃携齐契，散怀一丘。

在这样一个风和日丽的良辰美景中，我等与古之先贤异世同流，"咏彼舞雩"。儒者之所望，老氏之所期，韬光怡情，舒散怀抱，在这一刻，离我们都是这样的近，请大家尽情挥洒吧！共享天地和气之快乐。

流动的羽觞引出一篇篇诗章。

与会而能诗者多为"玄言诗"流派。东晋玄学盛行，孕育出一种颇受统治高层青睐的新诗体。庾亮、桓温等皆为推崇者，特别是会稽王司马昱，"简文勃兴，渊乎清峻，微言精理，函满玄席，澹思浓采，时洒文囿"①。玄言诗以玄理渗入辞章，文风明白易晓，不追求辞藻华丽，体裁别致，以体道、得道的心态，借诗歌来抒发高逸之怀，将自然景物摹化到遗世情怀之中。

羽觞第一站漂到谢安面前，他略一沉思，张口吟道："伊昔先子，有怀春游。契兹言执，寄傲林丘。森森连岭，茫茫原畴。迥霄垂露，凝泉散流。"谢万与兄隐于山林，自有同感，不过他更讲究文采："肆眺崇阿，寓目高林。青萝翳岫，修竹冠岑。谷流清响，条鼓鸣音。玄萼吐润，霏雾成阴。"高尚之士的境界就是"齐物达观"，以同庄子的《逍遥游》为最上者。这是兰亭，也是东山的风

①〔南朝·梁宋〕刘勰：《文心雕龙·时序》，中华书局1980年版，第279页。

格，修竹执节，空谷鸣音。士人散怀畅情的同时，是忘羁捐尘，去俗无累，远驰方外的精神境界。

这种“冥然斯会”的韵调，频频呈现于随后的作品中。桓伟高吟：“主人虽无怀，应物寄有尚。宣尼游沂津，萧然心神王。数子各言志，曾生发奇唱。今我叹斯游，愠情亦暂畅。”曹茂之浅唱：“时来谁不怀，寄散山林间。尚想方外宾，超超有余闲。”郗昙抒发幽情：“温风起东谷，和气振柔条。端坐兴远想，薄言游近郊。”庾友神游八表：“驰心域表，寥寥远迈。理感则一，冥然玄会。”王丰之心系自然：“肆盼岩岫，临泉濯趾。感兴鱼鸟，安居幽峙。”

那些纯粹的即景之作，也都以歌咏造化、亲和友侪为主题。袁峤之：“人亦有言，意得则欢。佳宾既臻，相与游盘。微音迭咏，馥焉若兰。苟齐一致，遐想揭竿。”谢万：“司冥卷阴旆，勾芒舒阳旌。灵液被九区，光风扇鲜荣。碧林辉杂英，红葩擢新茎。翔禽无汗远，腾鳞跃清冷。”徐丰之：“清响拟丝竹，班荆对绮疏，零觞飞曲津，欢然朱颜舒。”曹华：“愿与达人游，解结邀濠梁。狂吟任所适，浪游无何乡。”

颍川庾蕴乃此次雅集中的长者，饱经沧桑的阅历让他在达观中又有些叹世的意味：“仰怀虚丹说，俯叹世上宾。朝荣虽云乐，夕毙理自因。”虞说对及时行乐很为欣悦，就让我们像一条鱼儿一样尽情享受吧：“神散宇宙内，形浪濠梁津。寄畅须臾欢，尚想味古人。”孙嗣喝了酒，便飘飘欲仙，随庄子当逸民去也：“望严怀逸许，临流想奇庄。谁云玄风绝，千载挹遗芳。”只是此人仅有诗歌留下，却未能做成一位大有名气的“逸民”。这大概是因为，学庄周的行容易，学逸民的样也不难，但执著于形式，而缺乏对大道人生的了悟，难以得道之真味。谢怿比孙嗣现实，求道那么费劲，何若眼前欢乐，畅怀大饮，一醉而眠，随着那条鱼儿在这水中游弋，也是“得道”啦：“纵畅任所适，回波萦游鳞。千载同一朝，沐浴陶清尘。”

当羽觞靠在孙绰面前时，当朝“文章之冠”的高名让所有人满怀期待。孙绰为“玄言诗”的奠基者，出手果然不凡。他的诗，即景之娱，写山水之乐，加上玄思，还不离儒学的礼、乐之会，正可谓兴观群怨皆合时宜。“流风拂枉渚，停云荫九皋。莺语吟修竹，游鳞戏澜涛。携笔落云藻，微言剖纤毫。时珍岂不甘，忘味在闻韶。”我们是干什么来的，是会道的，用微言而能申大义，方是我辈的理想。

文化人的思想，总是各有千秋的，尤其在触景生情一抒胸臆的时候，更易激发万紫千红的美丽。玄风大畅中，又响起了直述儒家理想的声音。先是魏滂，他一心入世，面对那些高逸的放言，自认不如：“三春陶和气，万物齐一欢，明后欣时康，驾言映清澜。亹亹德音畅，萧萧遗世难，望岩愧脱屣，临川谢揭竿。”孙绰的兄长孙统，是一位喜欢屈原“虽九死而不悔”的名士，时人曰其文章常带“楚风”。他并不赞同阿弟的向往，明白了然地说，我要的就是“直道”，是孔子“王化”的理想，陈平、周勃不是忠诚辅国，齐轨天下吗？其后才有“谨权量，审法度，修废官，举逸民，四方之政行焉”，“商山四皓”也才能出山以应盛朝之望。“茫茫大造，万化齐轨。罔悟玄同，竞异摽旨。平勃运谟，黄绮隐几。凡我仰希，期山期水。”

当羽觞第二次亲近谢安时，诱发了他心绪中的另一层感想：“相与欣佳节，率尔同褰裳。薄云罗物景，微风扇轻航。醇醪陶玄府，兀若游羲唐。万殊混一象，安复觉彭殇。”[①]《毛诗序》：“《褰裳》，思见正也。狂童恣行，国人思大国之正己也。”离俗违义的言行于个人还可以说是个性，于一个国家，就是祸水。我们在这里纵情纵欲，如果只是赏赏景，喝喝酒，不想着“羲唐”之世的正德，那也无趣，只有忘却了个人的得失利害、功名利禄，甚至死与生，才可将万殊合为“天道”，混元而成“一象”。诗间不觉流露仕宦之思，真实的谢安，正是这样一个“出处两可”之人。

支遁也参加了兰亭会，却没作诗。他对庄子的理解前文已述，他用佛家的理念标示出“逍遥”两字，以“心足”“精神自由”号召士林。晋时一些士人喜以任诞名世，行为狂肆，于国于民均无益举。而王导、庾亮、王羲之、谢安等，都是一生实践“非惟风流，兼有为政之实”的“心隐”之士。支遁对“大隐于朝”的真士子，总是青眼有加。他们一起出入于儒玄佛老诸家，将“玄言”的根本解释为新的士人精神，使士人在充满权势、欲念的世界里，哪怕面对最想

①〔清〕倪涛：《六艺之一录》卷一五一，文渊阁四库本，第653册，第76页。

要的成功与最无奈的失败时，也不放弃“道高于势”的理念，保持人格的独立。他因为不喝酒，只在一旁端严静坐，不时会心一哂。

曲水流觞间，除九岁的献之外，还有十多位耽恋闲散，只顾在山水间饮酒作乐，未赋诗者，自行罚酒三杯谢过。几轮之后，已得诗三十六首。王羲之掌觞，自首轮始发后，一直在低首悄吟，成诗五节，看大家都已交卷，便将已作挂了起来：

悠悠大象运，转轮无停际。
陶化非吾匠，去来非吾制。
宗统竟安在？即顺理自泰。
有心未能悟，适足缠利害。
未若任所遇，逍遥良辰会。

三春启群品，寄畅在所因。
仰望碧天际，俯磐绿水滨。
寥朗无厓观，寓目理自陈。
大矣造化工，万殊莫不均。
群籁虽参差，适我无非新。

猗与二三子，莫匪齐所托。
造真探玄根，涉世若过客。
前识非所期，虚室是我宅。
远想千载外，何必谢曩昔。
相与无相与，形骸自脱落。

鉴明去尘垢，止则鄙吝生。
体之固未易，三觞解天刑。
方寸无停主，矜伐将自平。

虽无丝与竹，玄泉有清声。
虽无啸与歌，咏言有余馨。
所乐在一朝，寄之齐千龄。

合散固其常，修短定无始。
造新不暂停，一往不再起。
于今为神奇，信宿同尘滓。
谁能无此慨，散之在推理。
言立同不朽，河清非所俟。①

玄言诗必以玄理为标，逸少一反此情此景多用老庄的思路，开宗既用玄学之“忝”的概念，让生命随着天心流转，忘却自身存在，沉浮天地之间。既然来去非我之为，“宗统”（皇统）世运又何能为我左右？不能通悟此理，就如削足适履，必被“利害”所伤，还是随运沉浮，先来享受这美景良辰吧。

第二节，以道家的潇洒，追寻一种与化流迁的人生境界：望天际之无涯，享视听之娱乐，再回转人事，求畅神之趣，更以创造为功：不能以陈念旧理来束缚自己，天地给予我们的，永远是新的开始。明代的谭元春《古诗归》评之曰：“‘寓目理自陈，适我无非新’二语，真是通识所发，非一意孤高绝俗之流。”

第三节，直对前面的议论，无非各人各志，托言而已。道家的“涉世过客”与佛门的“相与无相”，都让众生虚心宅室，具备周圆，以无驭有，以道致用。不必苦求前人之道，也不必一味地忏悔过往的失落，形骸非关我辈，精神才是永存。

第四节，看透求道之艰难，要想把自己的精神修炼得一尘不染，那是不可能的，你只要稍稍止歇，就会产生出俗世的杂念。要休息，最好莫过于畅饮三杯，心灵游走自由，矜持浮躁才会离你远去。今天的玄泉清音、咏言余馨必能寄之千古。

最后，归结于创造人生。这层意思，是从儒家所云“苟日新，日日新，又日新”中翻来用的，但它不仅指不断地自我完善，更点明“创造”才是生命的

①〔清〕倪涛：《六艺之一录》卷一五五，文渊阁四库本，第653册，第82页。

义务。用现在的话说，王羲之追求的是“我新故我在”。往者如尘，造新不止，只有用精神的创造，才能把俗世的得失真正放弃。“言立同不朽，河清非所俟。”我们的立言，就是不朽的业绩。登台入阁，除弊建功，“以俟河清”算不上人生的最高目标，立下不朽之言，才是我辈的理想啊。

神来之笔《兰亭序》

曲水边的名士们或低吟或浅唱，好酒者更是频频举杯。放飞的诗情收束不住它的翅膀，时辰已晚，众人吟罢却不尽兴，都拿眼望着主人。面对良辰、美景、赏心、乐事“四美具”的难得时刻，王羲之微笑，满饮一觞，来到案前。铺展蚕茧纸，换上那支精制的鼠须笔，沉思片刻，捋髯蘸墨，提神运腕，一字字写去：

永和九年，岁在癸丑，暮春之初，会于会稽山阴之兰亭，修禊事也。群贤毕至，少长咸集。此地有崇山峻岭，茂林修竹；又有清流激湍，映带左右，引以为流觞曲水，列坐其次。虽无丝竹管弦之盛，一觞一咏，亦足以畅叙幽情。

是日也，天朗气清，惠风和畅，仰观宇宙之大，俯察品类之盛，所以游目骋怀，足以极视听之娱，信可乐也。

夫人之相与，俯仰一世，或取诸怀抱，悟言一室之内；或因寄所托，放浪形骸之外。虽取舍万殊，静躁不同，当其欣于所遇，暂得于己，快然自足，不知老之将至。及其所之既倦，情随事迁，感慨系之矣。向之所欣，俯仰之间，已为陈迹，犹不能不以之兴怀。况修短随化，终期于尽。古人云：“死生亦大矣。”岂不痛哉！

每览昔人兴感之由，若合一契，未尝不临文嗟悼，不能喻之于怀。固知一死生为虚诞，齐彭殇为妄作。后之视今，亦犹今之视昔。悲夫！故列叙时人，录其所述，虽世殊事异，所以兴怀，其致一也。后之览者，亦将有感于斯文。

自右军落笔始，诸人就随文感叹，啧啧称奇，待墨定笔停，大家齐呼“双绝”，这才是不朽之文，配不朽之书啊。

王羲之第二天酒醒之后，意兴未尽，想复书一帖更理想的，然数月间“书百数十本无如祓禊所书之者”。有本朝文章第一圣手之名的孙绰，不想右军独美于前，殚精竭虑，补作了一篇《兰亭诗后序》，于辞章极尽华丽工整，虽也堪称佳作，但与王羲之的作品还是差了一筹：

古人以水喻性，有旨哉斯谈，非以停之则清，混之则浊邪，情因所习而迁移，物触所遇而兴感，故振辔于朝市，则充屈之心生，闲步于林野，则辽落之志兴，仰瞻羲唐，邈已远矣，近咏台尚，顾深增怀，为复于暧昧之中，思萦拂之道，屡借山水，以化其郁结，永一日之足，当百年之溢，以暮春之始，禊于南涧之滨，高岭千寻，长湖万顷，隆屈澄汪之势，可为壮矣，乃席芳草，镜清流，览卉木，观鱼鸟，具物同荣，资生咸畅，于是和以醇醪，齐以达观，决然兀矣，焉复觉鹏鷃之二物哉。耀灵纵辔，急景西迈。乐与时去，悲亦系之。往复推移，新故相换。今日之迹，明复陈矣。原诗人之致兴，谅歌咏之有由。

神来之作是无法复制也无法超越的。王羲之亦自念为得意之笔：“或以潘岳《金谷诗序》方其文，羲之比于石崇，闻而甚喜。”

《兰亭序》受到历代文人的推崇，得力于三个方面的极致。

意境。生死问题乃任何学说都必须面对的终极关怀。《兰亭序》以良辰美景联系自然宇宙，感慨人之生命在天地间不可逆转的流逝及存在价值。王羲之的解答契合了儒道玄各家的精髓，且糅以佛门的味道。东晋士人将自己的人格模式称作“体玄悟道”。孙绰作《丞相王导碑》曰：“玄性合乎道旨，冲一体之自然，柔畅协乎春风，温暖侔于冬日。信人伦之水镜，道德之标准也。”及《太尉庾亮碑》又云：“公吸峻极之秀气，诞命世之深量。微言散于秋毫，玄风畅乎德音。窥门者贵其凝峙，入室者议其通玄，摽形者得之廊庙，悟旨者期诸濠川。”将玄风之激荡与儒生之标引结合到一块，再加以道家之自然逍遥，“若合一契”

乃为东晋士人的命中之题。这里感慨人生短暂，表现了当珍惜生命，有所作为，对得起自然化育的情怀。“大矣造化功，适我无非新。”用佛家的思想看，就是一种“终极关怀”。当年释迦牟尼出生于五浊恶世，在个人的修炼之后，发愿度化众生，作无量功德，方为万佛所佑，众生所欣向。而中国传统的儒家，讲求把个人的死生置于世间的功德，所谓“重于泰山”与“轻于鸿毛”，同是终尽，死生的意义就不同了。文人好以死生来感兴，却常常只顾得叹慨“修短随化”，忘记了“死生亦大矣”这个人生的命题，“岂不痛哉”！

文气。前半阕即景而述。感受的是天地造化，将人融于山水之中，以一日之畅体世遁之乐。“所以游目骋怀，足以极视听之娱”中段切“修禊”之题。先而述人生之乐：“夫人之相与，俯仰一世，或取诸怀抱，悟言一室之内；或因寄所托，放浪形骸之外。虽取舍万殊，静躁不同，当其欣于所遇，暂得于己，快然自足，不知老之将至。”再言哲思之苦：“及其所之既倦，情随事迁，感慨系之矣。”对王羲之这样求索一生，无极致之目标的思想者来说，就是达到了求道同侪所希冀的任性而为、一欣而止的生活境界，但还是难以完全做到“玄学”所推崇的“精神自由”。最后点破迷津。如果用积极的态度来看待先贤，体悟古训，真诚地做好每一件事情，也就是践之益人而生命不朽了。而这样的为人，与快乐相伴，“取乐在一朝，寄之齐千龄”，何必陷于苦求不得的境地呢？从头至尾，紧紧扣住天道自然、随运化育的主线，铺展着对自我意识、精神自由、生命价值的感叹与追求。高远的立意，通贯全篇，由外而内，自浅入深，兴感频生，引人沉思，最后豁然开朗，大有痛快淋漓之感。

情思。魏晋文章一扫汉代宏大叙事的文风，而以真实鲜活的人性开启心灵的闸门，陆机所谓“诗缘情而绮靡”。两种不同的感情，波澜起伏地流淌在文辞间。前半阕，暮春气象，兰亭美景，高朋云集，饮酒赋诗，笔调优美、清纯。名士们的“修禊”之事，是何等的高雅而快乐呵！兰亭曲水流觞的活动得以历千年而不衰，与这种情思的动人是分不开的。后半阕笔锋一转，变欢快为感叹、忧伤。看似变调，实为升华。魏晋诗文发轫于“三曹”“七子”，他们生逢乱世，亲历山河重整，深感建功立业之中多少器物灰飞烟灭，无数生命逝而不归。情感震颤之际，既引发同情之心，又鼓动思想风帆，使他们的诗，虽不哀时，但悲风扑面。这种悲凉是人性中“善”的苏醒，更是“真”的感悟。进而凝结为一种贵生适性的通达意识。忧患是士人贵生意识中最深沉的感情，而在表面层次上大量有感而发的是对人生短促的悲叹。他们在行乐的时候也无法挥去沉淀于内心深处的悲情。曹丕《大墙上蒿行》吟道：“排金铺，坐玉堂，风尘不起，天气清凉。……今日乐不可忘，乐未央；为乐常苦迟，岁月逝，忽若飞，何为自苦，使我心悲。”既忧患在心又及时行乐，把看似矛盾的两样内容统一于生活之中，孕就欢宴中的悲凉，浪漫中的沉重，这是一种独特的贵生情结。《兰亭序》的情思正是这样，诚如徐干《室思诗》云：“人生一世间，忽若暮春草。时不可再得，何为自愁恼。”人生就像春草一样忽生易灭，因而令人伤感而弥足珍摄。东晋的时局、永和年间的岁月，与“建安七子”时代又有多少差异呢?《兰亭序》前后文的情感转换，正是王羲之等名士深怀忧国之心的自然流露，其高明处在于，通过艺术的文笔让两种感情转换得自然无痕，在整个篇章中水乳交融罢了。这也正是《兰亭序》能够拨动一代代士子心弦的力量所在。

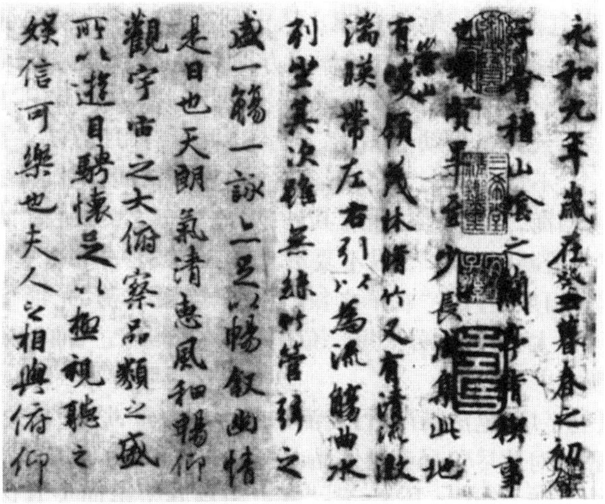

王羲之《兰亭序》局部（神龙本，北京故宫博物院藏）

《兰亭序》的文章固然美妙，而比文章更为神奇、影响更大的还是其书法——天下第一行书。全文共28行，324字，元代书画大家赵孟頫《兰亭十三跋》评，“右军字势，古法一变。其雄秀之气，出于天然。故古今以为师法”。此帖契合老子之道，“人法地，地法天，天法道，道法自然”。

右军在学习书画中“过目便能”，有极强的感悟力，在不断的摸索中，标新立异。他的创新主要有两点，其一是“引草入行”，以求字形更流利，摆脱隶意，为后世称道；其二为“谋篇布局”，让书法更具画意，开创了书法的大格局，使书画熔为一炉。逸少的作品素有清新华美的风格，早为众书家所喜爱。兰亭之会，更激发创作冲动，竟于无意识中达到了一种完美的境界，写出了最为纯正典雅、堪称万世楷模的大作品。

《兰亭序》的布局章法，纵行之间，距离不一；纵行之内，左右摆动，以气韵贯通，笔断意连。从横列来看，左顾右盼，避就迎让，不偏不激，自然和谐。长短扁方即兴写来，或激越或沉着，搭配呼应，无不恰到好处，妙相天成。梁武帝以“龙跳天门，虎卧凤阙”誉之，云其布局动静相生，如宇宙阴阳，日月辉映。再看其字，七个“不”，二十个“之”，形态各异，无一雷同；笔画体态间欹侧中求均衡，变化无穷，曲尽其妙，尽显动态之美，所谓“烟霏露结”，“状若断而还连”，“纵不复端正者，爽爽有一种风气”。明人解缙《春雨杂述》说：“右军之叙《兰亭》，字既尽美，尤善布置，所谓增一分太长，减一分太短。鱼鬣鸟翅，花须蝶芒，油然粲然，各止其所。”①

《兰亭序》笔法精严，行云流水间形神兼备，达到了端华圆融的境界。对此尽善尽美的作品，后世名家虽竭力摹仿，却都未能得其中个味。李煜《书述》云：“虞世南得其美蕴而失其俊迈，欧阳询得其力而失其温秀，褚遂良得其意而失于变化，薛稷得其气而失于伧拘，颜真卿得其筋而失于粗鲁，柳公权得其骨而失于生犷，徐浩得其肉而失于俗，李邕得其气而失于体格，张旭得其法而失于狂独，献之俱得之而失于惊急、无蕴藉态度。”

这幅被誉为神品的书帖，流传的命运也是颇为神奇。唐代刘悚《隋唐嘉话》记曰：“《兰亭叙》，梁乱出于外，陈天嘉中为僧智永所得。至太建中，献之宣帝。隋平陈，或以献晋王，晋炀帝也。帝不之宝。后僧果借拓。及登极，竟未从索。果师死后，弟子辩才得焉。文皇为秦王日，见拓本惊喜，乃贵价市大王书《兰亭》，终不至焉。及知在辩才处，使欧阳询求得之，以武德二年入秦府。贞观十五年，拓十本以赐近臣。帝崩，中书令褚遂良奏：‘《兰亭记》先帝所重，不可留。’遂秘于昭陵。”②

《太平广记》收何延之《兰亭记》记载大同小异。唐太宗得帖后命拓数本赐

①〔清〕倪涛：《六艺之一录》卷二八〇，文渊阁四库本，第655册，第55页。

②〔清〕倪涛：《六艺之一录》卷一五五，文渊阁四库本，第653册，第81页。

太子诸王近臣，临终，语李治："吾欲从汝求一物，汝诚孝也，岂能违吾心也？汝意如何？"于是，《兰亭》真迹葬入昭陵。

待李世民逝去百多年，后梁耀州节度使温韬盗昭陵："韬从埏道下，见宫室制度，宏丽不异人间，中为正寝，东西厢列石床，床上石函中为铁匣，悉藏前世图书、钟王笔迹，纸墨如新，韬悉取之，遂传人间。"①然文中却无《兰亭》真迹的明确归属，是否经"劫陵贼"温韬之手又复见天日？宋代蔡挺在跋文中说，《兰亭》偕葬时，为李世民的姐妹用伪本调换，然此后《兰亭》真迹消息便杳如黄鹤，下落如何，更是谜中之谜了。近有媒体报道，高宗与武则天的合葬墓从未被盗过，用仪器测量，有宝藏无数，《兰亭》及王羲之的其他墨宝是否存于其中？此说又燃起了人们一睹《兰亭》真迹的期望。无论日后结果如何，至少说明人们对《兰亭帖》的向往，是多么的持久而深远呵！

好在李世民见到《兰亭》后，首先是命书法家们拓十数本，《兰亭》有幸以多种勾摹、临刻本传世。摹本以唐太宗朝供奉拓书人直弘文馆冯承素勾摹本为最精，称《神龙本兰亭》。此本墨色最活，被视为珍品。而临本是以《洛阳宫本兰亭序》为最，此本传为褚遂良第十九次临摹本，唐太宗赐给高士廉者。褚遂良所临又传有《神龙半印本兰亭序》《张金界奴本兰亭序》，因前者有"神龙"半印，后者有"张金界奴上进"字。然褚本以纤婉取风致，不同于右军以鼠须笔所写，为峭拔英朗的风范。此外还有"薛稷本""赐潘贵妃本""颍上本""落水本"等等。唐时石刻本，以欧阳询之《定武兰亭》最是著名，传为欧阳询亲自临刻，因北宋时发现于河北定武而得名。

对于这些摹本、临本，历代书家推崇备至，可见其传必有要妙之机。诸学人理会其用意，不仅求于面貌之似，更企得达于右军神情之超远。再简录数条对《兰亭序》的誉评：

唐代孙过庭：暨乎兰亭兴集，思逸神超。②

---

①〔宋〕欧阳修：《新五代史》卷四〇《温韬传》，中华书局1974年版，第441页。

②〔唐〕孙过庭：《书谱》，载《中国历代书法论著汇编》第一册，第10页。

宋代黄庭坚：古人作《兰亭叙》《孔子庙堂碑》，皆作一淡墨本，盖见古人用笔，回腕余势。若深墨本，但得笔中意可耳。今人但见深墨本收尽锋芒，故以旧笔临仿，不知前辈书，初亦有锋锷，此不传之妙也。①

宋代米芾跋《兰亭》：清润有劲，秀气转折，毫铓备至。②

明代董其昌：古人作书，必不作正局。盖以奇为正，此赵吴兴所以不入晋、唐门室也。《兰亭》非不正，其纵宕用笔处，无迹可寻。若形模相似，转去之远。柳公权云"笔正"，须学柳下惠者参之。余学书三十年，见此意耳。③

宋代姜夔酷爱《兰亭序》，据说藏有四本《兰亭序》，为黄庭坚、王晋之、葛次颜、单炳文题本，日日研习，常将所悟所得跋其上。有一跋云："廿余年习《兰亭》皆无人处，今夕灯下观之，颇有所悟。"历时二十多年才稍知入门，可见释读之难：一千六百多年来无数书法家都孜孜不倦地释读过，何尝不想深入王羲之的堂奥，但最终只能得其一体而已。

时光进入现当代，《兰亭序》仍然被公认为古今第一行书，学书法的必临经典。但随着一些出土文物的发现和近现代分析、解读方法的运用，亦有学者对《兰亭序》的来历和价值，提出了有异于以往的看法。仅举其中两位代表者述之。

郭沫若在20世纪60年代专文驳论《兰亭序》，引起了近代最大的争执。

一是根据20世纪五六十年代在南京出土的《王兴之夫妇墓志》《谢琨墓志》的推断。这些墓志与北朝的碑刻一样，基本上还是隶书，而王羲之与王兴之是兄弟辈，与谢尚、谢安均为朋友，《兰亭序》作于王兴之夫妇死五年后，为何其字体却大相径庭，竟成唐代的最流行楷法了。

二是从《兰亭序》文章内容看，当时王羲之与朋友子侄们游春，兴高采烈，

①〔清〕倪涛：《六艺之一录》卷二七三，文渊阁四库本，第655册，第42—43页。

②〔清〕倪涛：《六艺之一录》卷一四八，文渊阁四库本，第653册，第69页。

③〔明〕董其昌：《董其昌论书》，载〔清〕倪涛：《六艺之一录》卷二八〇，文渊阁四库本，第655册，第56页。

毫无悲观气息，王羲之的诗作更是乐观豁达。可是同一时刻写的《兰亭序》，后半段突然悲伤起来，什么“感慨系之”“死生亦大矣，岂不痛哉”“临文嗟悼”“悲夫”等。这与当时气氛不符，也与王羲之性格不符。

三是《兰亭序》号称为传世之作，但距其只有二百年的南朝梁时，萧统所编《昭明文选》却没收入，可证其时没有此文。唐初欧阳询主持纂集的《艺文类聚》，收《兰亭诗序》时仅收了前一半内容，对其后的二百来字则予以摒弃。可见他知道此文为伪作，但又不能用《临河序》来替代，只好采录与《临河序》相近的前半段，以求不致触犯李世民。同朝代的柳公权选录了参加兰亭集会的王羲之等二十六人的诗，并把孙绰的《后序》差不多全文转录，偏偏对王羲之《兰亭序》仅有一句“序行于世，故不录”。《淳化阁帖》为我国首部大型丛帖，但此书却没有收《兰亭序》。《宣和书谱》记宋徽宗“内府”所藏诸帖，列王羲之书迹343篇，也不见《兰亭序》。

四是清代文学家孙星衍认为《兰亭序》中的“暮”“楔”“畅”“皆俗书，晋代所未”，怀疑是唐代刻错了。因此，持否定论者不仅认为《兰亭序》不是东晋人手迹，连文章也是后人伪造的，是由于唐太宗、乾隆皇帝这些大人物的吹捧才形成铁案难翻。

郭沫若因此认为，《兰亭序》为南朝陈代永兴寺僧人智永伪作。此人临书30年，能兼诸体，尤善草书。从字体上看，《兰亭序》与他书的王羲之《告誓文》接近。而且前人也说过他与《兰亭序》有关系。如《兰亭考》卷六引钱塘吴说《兰亭修楔前序》，“世传隋僧智永临写”，同书卷五又说“隋智永亦临写刻石，间以章草”。

郭沫若从不同的角度提出了问题，但仅就郭论所据数点以判《兰亭序》为伪书，恐失之武断。东晋时代，书帖与碑刻乃书法的两大系列，有官家身份的名士一般不写碑书，如王羲之年轻时写过“祝版”，其后决不会为之。碑书通用隶书。名士重帖，帖则行、楷、草通行。六朝、隋唐文集不见《兰亭序》，乃集家眼光各美其美，未收不等于不存在。至于《兰亭序》前欢后悲，乃士人传统情怀，不足为奇。所以，以这样的根据欲推翻《兰亭序》，分量远远不够。

对郭沫若的论点，有两位大家予以反驳。沙孟海先生于1983年“王羲之诞生一千六百三十周年学术研讨会”上提出：“东晋碑禁还未松弛，长江以南未见一块正式的碑表。偶出墓石，写刻亦多粗拙。著名的《爨宝子碑》《广武将军碑》，都是边疆作品。这些遗物，都不足以代表那一时期的书风。有此情况，就引起有些人的疑虑，说传世二王各帖不可信。我们意见，《阁帖》所收各帖或有可以非议，但不致全是伪迹。今天遗存的《万岁通天帖》出于唐摹，不容置疑。《兰亭八柱》中间，唐人临摹本流传有绪，也不能说是向壁虚造。在《兰亭》之前既然发现过接近《兰亭》的字体，在《兰亭》之后更有不少学习《兰亭》风格的作品不断出现，《兰亭》本身应该没有问题。”[①]

启功先生《〈兰亭帖〉考》一文，堪称辨伪讨论的扛鼎之作。鉴于清末学者李文田的观点影响颇巨，“故世无右军书则已，苟或有之，必其与《爨宝子》《爨龙颜》相近而后可。东晋以前书，与汉魏隶书相似。时代为之，不得作梁陈以后体也”。郭沫若又加以推波助澜。启功先生以自己毕生的积累与研究，对历史上有关《兰亭帖》的“旧说加以整理归纳，并对存在的问题进行一些分析，然后从现存的唐代摹本上考察原迹的真面目”。

文章洋洋万言，就南朝至宋代八百余年间各种版本的形成与流传，包括拓本、摹本、临本以及石刻本等，一一考镜源流，梳理脉络。就《兰亭序》与《临河序》文字上的异同，做了独具慧眼的说明，从而从多个方面令人信服地论证了《兰亭帖》出自右军手笔，乃是不争之事实：

> 至于书法，简札和碑版，各有其体。正像同在一个碑上，碑额与碑文体也常有分别，因为它们的作用不同。并且同属晋代碑版，也不全作《二爨》的字体。如果必方整才算银钩铁画，那么周秦金石、汉魏碑版俱不相副，因为它们还有圆转的地方。不得已，只有所谓欧体宋板书和宋体铅字，才合李氏的标准。且今西陲陆续发现汉晋简牍墨迹，其中晋人简牍，行草为多，就是真书，也与碑版异势，并且也不作《二爨》之体，越发可以证明，其用不同，体即有别。且出土简牍中，行书体格，与《兰亭》一路有

① 沙孟海：《沙孟海论书丛稿》，上海书画出版社1987年版，第221页。

极相近的，而笔法结字的美观，却多不如《兰亭》，才知道王羲之所以独出作祖的缘故，正是因为他的真、行、草书变化多方，或刚或柔，各适其宜。简单地说，即是在当时书法中，革新美化，有开创之功而已。后来“崇古”的人，常常以“古”为“美”，认为风格质朴的高于姿态华丽的，这是偏见，已不待言。

此篇力作一出，书坛震撼，众家叹服。之后怀疑《兰亭帖》的声音几乎绝迹，诚如启先生文章最后那句自信的宣称：“则《兰亭帖》的问题或者可以没有余蕴了”。①

另一质疑派代表施蛰存先生，是从文章内容提出问题的。他于1990年写《批〈兰亭序〉》一文谈道：“许梿的《六朝文絜》、王文濡的《南北朝文评注读本》都不选此文，可知这两位六朝文专家，都不考虑这篇文章。曾国藩的《经史百家杂钞》也不收此文。可知这篇文章在近代的盛行，作为古文读物，还是姚惜抱的《古文辞类纂》和吴氏昆仲的《古文观止》给它提拔起来的。”“从‘向之所欣’到‘悲夫’这一段文章，是全文主题思想所在，可是经不起分析。”“‘俯仰之间，已为陈迹。’这是一种兴感之由。‘修短随化，终期于尽。’这是又一种兴感之由。‘死生亦大矣。’这也是一种兴感之由。明明是三种兴感之由，至少包括庄、孔两派的人生观，怎么会‘若合一契’呢？”

问题问得好，作为后学，笔者也只能抒己之见，以求同声。用现代逻辑思维一句句抠《兰亭序》文句，或可找到某些毛病。但古人思维究竟不完全等同如今，形象联想、概念跳跃、兴感重合，终而“若合一契”，不但正常，而且其文短意长，包容量极大，散发着特有的艺术感染力。读《兰亭序》的这种感受，历代文人皆有共鸣，本书在前边说到《兰亭序》的三个极致：意境、文气、情思时，亦是试作解读。

---

① 启功：《〈兰亭帖〉考》，载《启功丛稿·论文卷》，中华书局1999年版，第36—55页。

第八章　梦断山阴

应对朝局新变

兰亭雅会后，名士们风流云散。分手前，他们相约：为维系江左根基的稳固，各在自己力所能及的范围内多做一些事情。当务之急是想方设法劝阻殷浩贪功冒进北伐。王羲之通过各种方式继续说服司马昱和殷浩取“以静制动”之上策。然这些努力终未奏效。永和九年（353）十月，自以为时机成熟的殷浩从寿阳发兵，“后复进军，次山桑（今安徽蒙城县北）”。

对于殷浩此次北伐，王羲之切切关心。“得孔彭祖十七日具问为慰，云襄经还蠡，是反善之诚也。于殷必得速还，无复道路之忧。比者尚悬悒，得其去月书，省之悲慨也。”“得豫章书为慰，想以具问，昨得都十七日书，贼径还蠡台，不攻谯，是其反善之诚也。想殷生必得过此者，犹令人忧，期诸处分犹未定，羊参军旦夕至也，迟一一。”当时降附于殷浩、被用作北伐前锋的姚襄，本是有些真心，但按殷浩的性格对之必不能以诚相待，又不能制约对方，姚襄必然会出尔反尔。一旦姚襄在前线倒戈，晋军危矣。王羲之对可能出现的后果深感悲慨，结果还是被他不幸而言中。

《晋书·殷浩传》云：“而襄反，浩惧，弃辎重退保谯城，器械军储皆为襄所掠，士卒多亡叛。浩遣刘启、王彬之击襄于山桑，并为襄所杀。”姚襄的倒戈导致将士伤亡和被俘者达一万余人。江左北伐中最为惨重的败绩，不是在对敌的战役中铸成，而肇始于本军的倒戈相向。好在姚襄此刻只是与殷浩争锋，放了殷浩一条生路。《晋书》为姚襄也说了几句公道话："浩遣谢万讨襄，襄逆击破之。浩甚怒，会闻关中有变，浩率众北伐，襄乃要击浩于山桑，大败之，斩获万计，收其资仗。使兄益守山桑垒，复如淮南。浩遣刘启、王彬之伐山桑，襄自淮南击灭之，鼓行济淮，屯于盱眙，招掠流人，众至七万，分置守宰，劝课农桑，遣使建邺，罪状殷浩，并自陈谢。"王羲之也关心着老友殷浩的性命安危："足下各可不？都五日书今送，谢（谢尚）即至，想源得免豺狼耳。王羲之。"

此役暴露的问题，不仅仅是将相异志，贪功冒进，还让朝野彻底看清殷浩非统兵帅才：准备草率，仓促出击；不抚降将，还逼其反水；遇变慌惧，自乱阵脚，不辨形势而致全军溃败。这位主帅在各个环节上均进退失据，应对不当。其主持北伐近十年中，屡战屡败，罕有胜绩，也就不足为怪了。

殷浩所主持的北伐被宣判了死刑，也把自己的人望资本输得精光。士林集团怨他不听忠告，一意孤行，连一贯力挺他的会稽王也大失所望。《晋书·殷浩传》记，司马昱对曾经上笺称"陈弱儿等容有诈伪，浩未应轻进"的王彪之说："果如君言。自顷以来，君谋无遗策，张、陈何以过之！"这时候司马昱最难以交待的还在于，当初把王羲之给自己的"陈浩不宜北伐"笺置诸脑后。

殷浩的政治对手——桓温，自然不会放过置敌于死地的机会。"桓温素忌浩，及闻其败，上疏罪浩曰……浩受专征之重，无雪耻之志，坐自封植，妄生风尘，遂使寇仇稽诛，奸逆并起，华夏鼎沸，黎元殄悴……生长乱阶，自浩始也。复不能以时扫灭，纵放小竖，鼓行毒害，身狼狈于山桑，军破碎于梁国，舟车焚烧，辎重复没。三军积实，反以资寇，精甲利器，更为贼用。神怒人怨，众之所弃，倾危之忧，将及社稷……竟坐废为庶人，徙于东阳之信安县。"[①]

桓温抓住的把柄，堪称致命，他给予的解释则颇能弭谤，"谓掾郗超曰：'浩有德有言，向为令仆，足以仪刑百揆，朝廷用违其才耳'"[②]。殷浩不是带

①〔唐〕房玄龄：《晋书》卷七七《殷浩传》，第2046—2047页。

②〔宋〕司马光：《资治通鉴》卷九九《晋纪二十一》，第3138页。

兵打仗的料，也正是士人的共识。

王羲之听到殷浩回师，很是高兴，“今知殷侯不久留之，甚善甚善”。对其遭贬黜的命运，亦无可奈何。想到殷浩对自己的私谊、对自己的举荐之情、对自己许多建言的支持，包括改善会稽政务的上疏，每每见用，言语中有所冒犯也能获“恕理”，这都是为政中难得的环境。他把自己的叹惋之情写在了致孔彭祖的信函中：“殷废责事便行也，令人叹怅无已。”

殷浩被废为庶人后，表面上神态平静，内心深处备受煎熬。“浩虽被黜放，口无怨言，夷神委命，谈咏不辍，虽家人不见其有流放之戚。但终日书空，作‘咄咄怪事’四字而已。浩甥韩伯，浩素赏爱之，随至徙所，经岁还都，浩送至渚侧，咏曹颜远诗云：‘富贵他人合，贫贱亲戚离。’因而泣下。”[①]中国的士人，嘴上说不在乎当官者多，事到临头，内心也还是在意的。当过高官而又失去的时候，心中真是难以割舍啊！说过“官本臭腐”的殷浩也不例外。

东晋名士圈子中，王羲之以“骨鲠”著称，这中间亦包含着他仗义、厚道的意思。对于殷遭桓废，王羲之认为，他们只是立场各异，政见不一，并非你死我活的仇敌，况桓温还说过殷浩适“作令仆”的话，故继续为殷浩说项。桓温北伐，殷浩关心，王羲之及时将这个消息传与司马昱及桓温，“伏想清和，士人皆佳。适桓公十月末书为慰。云所在荒，甚可忧。殷生数问北事，势复云何”。桓温本是大度、爱才之士，亦知道殷浩系有德有言的名士，在构不成竞争的情况下，也不想“踏上一只脚，让他永世不得翻身”，借着王羲之的斡旋，决定重新起用殷浩，倒是殷浩自己因心情过分激动，把事情搞砸了。《晋书·殷浩传》记，“后温将以浩为尚书令，遗书告之，浩欣然许焉。将答书，虑有谬误，开闭者数十，竟达空函，大忤温意，由是遂绝”。

这下殷浩是彻底绝望了。最令人感怀的还是王羲之劝阻北伐中的一句话：“往者不可谏，来者犹可追。”此刻却无“来者”可追了。永和十二年（356），卒于信安（今浙江省衢州市）。王羲之闻讯，悲伤地写道：“殷中军奄忽，哭之。”

殷浩出局，桓温大权独揽，乃东晋中期的一大变局。王羲之敏锐地感受到

①〔唐〕房玄龄：《晋书》卷七七《殷浩传》，第2047页。

此变于国家、于个人的影响。将相斗法不免政局紧张、内耗，但这种权力相互制约的状态，亦能维持着脆弱的平衡格局。权臣独霸虽消弭了内斗，却又带来一边倒的权力失控。对于夹在中间的士林集团来说，权力平衡时，将相两方往往皆以优容的姿态对他们予以拉拢，百官上书建言、议论朝政的环境相对宽松。而权臣擅政，往往颐指气使，士人的日子会变得难过一些。

如今桓温掌控着全国军队之精锐，遥制朝中，已然成为凌驾于百官之上的人物。会稽王司马昱也不能奈桓大将军何了，龙座上小皇帝的废立，亦取决于桓温。而桓温权力欲也水涨船高，其北伐雄心不减，更萌生禅代之意，很难有人可以与他平等地对话了。在与桓温的相处中，王羲之似乎是百官中的一个例外，仍然与之保持着密切的联络。桓温也一如既往地给予王羲之应有的尊重。这除了王羲之乃桓温心目中名士领袖的因素外，更在于他俩多年的相知。王羲之认为，桓温最终还是个顾全大局的人，对内流血，其心不忍。

面对政治新局，王羲之以不变应万变，即处以公心，直道而行，从“弘以大纲”出发，一切为了稳固江左基业。当政者无论殷浩、司马昱，还是桓温，都不能改变这一点。摆在王羲之等朝中股肱面前的要务还是两项：北伐与内和。

摆脱掣肘的桓温接过北伐大旗，迅速率军进发，一路势如破竹，于永和十年（354）四月，进入前秦腹地关中地区。在兰田（今陕西省兰田县），桓温亲自督众力战，大败前秦主力，进而陈兵霸上（今陕西省西安市东郊）。三辅郡县纷纷归降。“居人皆安堵复业，持牛酒迎温于路者十八九，耆老感泣曰：‘不图今日复见官军！’”东晋王朝取得了立国以来最辉煌的北伐战绩。

对于桓温北伐，王羲之持以谨慎的赞同，没有像两年前那样提出不同意见，但始终关注战局的进展与变化。在朝野一片欢庆、北进捷报频传的气氛中，他既为官军胜绩而高兴，更以一贯的洞察力分析着巩固战果的可能性。桓温虎视长安之际，曾致信王羲之，告以战事胜绩，自称“所在荒”。王羲之致友人书中言及此，“适桓公十月末书为慰，云所在荒，甚可忧”。接着便向前线写信，提醒桓温：“二十三日发至长安，云渭南患无他，然云符健众尚七万，苟及最近，虽众由匹夫耳。即今克此一段，不知岁终云何守之？想胜才弘之，自当有方耳。”王羲之也为王师远征，粮运不继，难以久持，而敌军坚壁清野，伺机反扑而担忧。

这是当时难得的清醒之言，被事件的进程所验证。桓温连岁终也未坚持到，王羲之信到之日，其已匆匆鸣金收兵。“初，温恃麦熟，取以为军资。而健芟苗清野，军粮不属，收三千余口而还。”王羲之收复旧地的热望不在任何一位北伐名将之下，但头脑中始终绷着“以区区吴越经纬天下十分之九”这根弦。待桓温被迫撤军，他心急如焚，通过军驿传书，让桓温万万改取守势。

桓温北伐，战果赫赫，此次虽未立足，毕竟威名大振，“帝使侍中黄门劳温于襄阳”[①]。桓温欲行魏武之事的舆论越刮越猛。在这件事情上，王羲之的态度和做法也是经深思熟虑的。帝统并非神圣不可更替，但须顺自然之道，以内和为前提。后起者若德能服众，人心所向，未尝不可来番推陈出新。然德能不足，时机未到，借武力，兴内战，就不足为训了。他虽然与桓温有深交，对其个人赞赏有加，然并不认为其声望、德能足以孚众，且又处于北有强虏的形势下，此际禅替，也就是恃强蛮干，弄出个王敦第二来，于国于己都不是好事。所以，在这件事情上，抱着“劝人以德”的态度。但桓温终究又比那些昏君庸主强出许多，到底如何选择，王羲之夹在中间，也颇觉为难。

从长远考虑，王羲之更着眼于壮大士林集团的影响力，尽可能地实现君权与士权的平衡，让士权对无论龙廷上的皇帝还是觊觎宝座的权臣，均能有所制约，此方为长治久安之计。为此，他与在朝中任吏部尚书的堂弟王彪之、尚书仆射谢尚多有沟通，并逐步影响到名士集团，达成共识。这一态度最直接的成果，体现在与之朝夕相处的谢安身上。王羲之的主张，对谢安确立“弘以大纲”、“大存社稷”的信念有重要影响。这种信念在谢安参政后，对晋室的安危发挥了关键作用。其中就包括了以拖延之计消解了桓温临终前的禅代之谋。

这时候的王羲之，集名士领袖、朝廷政要和王家代表于一身，在政坛上的分量举足轻重。士人眼中，右军的政治生涯前程似锦。然他本人则是对自然、自由的渴望与日俱增。王羲之素以文化人自视，出山的使命不外以道统

①〔唐〕房玄龄：《晋书》卷九八《桓温传》，第2571页。

引导政统，“政以道胜，宽和为本”。当内史不能不面对繁杂的庶务。前一段曾上书朝廷，建议就“漕运”“为法不一”“仓督监耗资官米”“征役”等时弊，进行大刀阔斧的改革，结果“泥牛入海”，如此等等，都让他对朝廷失望，感到时局难有作为。王羲之在思考、应对这些复杂的政治关系时，多少也产生了心累之感。自己是想为江左大业做些事情，然时局演化往往不以个人意志为转移，不能不让人徒唤奈何。他刚到会稽任上的苦痛又在重演：“不知何方以救其弊”，“不知何以为治”。苦心焦虑而成效甚微，洁身而退的去意在他心中悄然复萌。

有这种思想引导，王羲之对“归隐”已有所安排。他热衷于去上虞东山谢安处寻求回归自然的感觉。“安先居会稽，与支道林、王羲之、许询共游处，出则渔弋山水，入则谈说属文，未尝有处世意也。”①兰亭盛会前后，他已与许询、支遁两位高士，共同选定剡中金庭为修隐之所。《丘令帖》云：“丘令送此宅图，云可得卌亩，尔者为佳，可与水丘共行，视佳者决便当取问其贾。”正因为有如此的思想基础和隐居安排，王述找碴之事，无非一根导火索而已。

体制潜规则的报复

尽管王羲之对殷浩下野后的政局变化有清醒估计，于自己的影响也作过考虑，然计划不如变化快，万没料到影响来得如此直接，又如此突然。

前任会稽内史王述的儿子王坦之，此时正在会稽王府中大受青睐，可能这层关系起了作用。王述在服丧期满后填补殷浩去职留下的扬州刺史空缺，成为王羲之的顶头上司。一系列的不愉快接踵而至。

王述字怀祖，号蓝田，也是名重一时的风流人物，与琅邪王家同宗关中的王侨，东迁后分支，称太原王家。祖上王昶为曹魏司空，与王祥、王览齐名。父亲王承，“为元帝镇东府从事中郎，甚见优礼。承少有重誉，而推诚接物，尽弘恕之理，故众咸亲爱焉。渡江名臣王导、卫玠、周顗、庾亮之徒皆出其下，

①〔南朝·宋〕刘义庆：《世说新语》注引，第207页。

为中兴第一。年四十六卒，朝野痛惜之。自昶至承，世有高名，论者以为祖不及孙，孙不及父。子述嗣”[①]。太原王家世代高第，王承若不是早逝，地位可与王导比肩。这一脉王家于东晋之际始终位高势众。

王述“少孤，事母以孝闻。安贫守约，不求闻达。性沉静，每坐客驰辨，异端竞起，而述处之恬如也。少袭父爵。年三十，尚未知名，人或谓之痴”[②]。“王述少有名誉，与羲之齐名。”以王家的显赫背景而言，王述早年的表现不算出众，出道晚，少年的名誉乃是孝名。其行为多少有些怪异，峻急而不甚合群，“尝食鸡子，以箸刺之，不得，便大怒掷地。鸡子圆转不止，便下床以屐齿踏之，又不得。瞋甚，掇内口中，啮破而吐之”。如此者也就在士林中留下直来直去的口碑，得到王导的赏识。《世说新语·赏誉》载：“王蓝田为人晚成，时人乃谓之痴。王丞相以其东海子，辟为掾。常集聚，王公每发言，众人竞赞之。述于末坐曰：‘主非尧舜，何得事事皆是？’导甚相叹赏。”

就是这位名士王述，“每受相叹赏职，不为虚让，其有所辞，必于不受”。对此，他自有一番道理：“述常以为人之处世，当先量己而后动，义无虚让，是以应辞便当固执。其贞正不逾皆此类。”以此独立直率赢得很大名气。庾亮曰：“怀祖清贞简贵，不减祖父，但旷淡微不及耳。”[③]“简文帝每言述才既不长，直以真率便敌人耳。谢安亦叹美之。”[④]谢安曾高度评价王述的人品，所取的主要尺度即“掇皮皆真”。

这种“真”，在他“家贫求官”的作为中表现得很有意思。“初，述家贫。求试宛陵令。颇受赠遗。而修家具，为州司所检，有一千三百条。王导使谓之曰：‘名父之子不患无禄，屈临小县，甚不宜耳。’述答曰：‘足自当止。时人未之达也。’此后屡居州郡，清洁绝伦，禄赐皆散之亲故，宅宇旧物不革于昔，始为当时所叹。”当官亦为“稻粱谋”，历代士人无不心知肚明，但这是件可做不可说的事情，说穿便俗。王述挑开窗户说亮话，不仅说，还赤裸裸地捞。令人

---

①〔唐〕房玄龄：《晋书》卷七五《王述传》，第1961页。

② 同上。

③ 同上书，第1962页。

④ 同上书，第1963页。

叫绝的是，捞饱后即刻罢手，说到做到，还嘲笑指责他的人，说“足自当止，时人未之达也”。比较起来，老百姓还是认可这类官的，管他们叫“能喂饱的鸭子”。王述来会稽当内史时，早已“金盆洗手”，主要的做派就是“不作为”：“莅政清肃，终日无事”。

这也是东晋不少名士的做派，不滋事扰民，亦不励精图治，所谓“无为而治”。王述懒得理庶务，但在大政方针上却见识过人。桓温攻下洛阳，“议欲迁都，朝廷忧惧，将遣侍中止之。述曰：‘温欲以虚声威朝廷，非事实也。但从之，自无所至。’事果不行。又议欲移洛阳钟虡，述曰：‘永嘉不竞，暂都江左。方当荡平区宇，旋轸旧京。若其不耳，宜改迁园陵。不应先事钟虡。’温竟无以夺之”。王述个性鲜明，大事上头脑清楚，小节上率真、通脱，算是一个比较可爱的人物，不能因为他与王羲之的过节而将之视为“小人”，贬个一塌糊涂。

王述虽谈不上什么恶行劣迹，却与王羲之不是一类人物。魏晋名士行为宽松，各人爱好、选择空间较大，做派大致分为三种情况。王羲之代表了偏重儒家的一类，知书达理，守望纲常秩序，忧国忧民，处世正直，仪态高雅，举止得体，所谓“少称雅正”者。其个性的发挥，释放于文化、艺术和怡情山水方面。他们是朝中秩序之所依。王述代表了更受道家熏染的一类，大节上“务存大纲”，维护朝廷，但个性张扬，行为随便，不拘小节以示率真，往往视政务为俗事而荒废之，较多地承袭了西晋名士那种“士当声名俱泰”的遗风。第三类夹在前两者中间，代表人物为谢安。他既不像王羲之那样严谨，也不若王述表现出某种有违常理的怪异。他执政时认真负责，同时又归隐之心不灭，但无论出处，都不离生活的享乐。所以，他既敬重、效法王羲之，“处家常以仪范训子弟”①，又赞赏王述“掇皮皆真”，综合出一个谢氏“风流”来。

王羲之一类士人素来看不惯王述之流，认为他们矫情，做事不认真。“司徒王导以门地辟为中兵属。既见，无他言，惟问以江东米价。述但张目不答。导曰：‘王掾不痴，人何言痴也？’”当官当成这样，在王羲之眼中纯属误国误民

---

①〔唐〕房玄龄：《晋书》卷七九《谢安传》，第2073页。

之相。所以，他自年轻时便对王述“甚轻之，由是情好不协”[①]。听到王述要求当会稽内史的消息时，他对宾友曰：“怀祖正当作尚书耳，投老可得仆射。更求会稽，便自邈然。”以为王述不宜担任身系百姓安危、民生好坏的方伯。这时候的“不协”，乃是不同性格、不同立身准则方面的差异与不和，属于士林间各具风格、互为补充、相安无事的正常范围。然而，当王羲之接手会稽内史后，发现“不作为”所留下的烂摊子，既损害百姓，也给自己的工作造成极大困难。感到前任连为官一任，造福一方的起码道理也不懂，真叫盛名之下，其实难副。先前的“不协”，遂发展为“不满”。这种情绪，导致了他在王述母忧事情上的失礼。

“（王）述先为会稽，以母丧居郡境，羲之代述，止一吊，遂不重诣。述每闻角声，谓羲之当候己，辄洒扫而待之。如此者累年，而羲之竟不顾，述深以为恨。”[②]王述当官不如王羲之有责任心，但这次构隙，首先不按规矩出牌的是王羲之。依官宦世家的习惯，“母忧去职”，系人生中的大事，也是桩伤心事。前任官员因“丁忧”卸职，继任者理应上门吊唁、抚慰，以示尊重和关怀。虽然规矩中没有明确说明需要上门几次，但共同遵循的习俗仍是多次，至于三次还是五次，那就要视亲密程度而定了。王承与王导、王旷为共患难的中兴名臣，世家往来。右军之于逝者，为晚辈的身份，按礼制更应多去几次才对。王述抱有这样的期望合情合理。

但王羲之“骨鲠”性子，善恶是非格外鲜明，不喜欢的人便不愿多打交道，“止一吊，遂不重诣”，《晋书・王羲之传》写这句话，亦含轻责之意。更为糟糕的是，王述依然按习俗期待着右军的再次造访。在一次次的等待落空之后，王述实际上已打消了王羲之以世交、故旧身份上门吊唁的奢望，企盼现任内史按官场规矩来看望，以在众人面前保全体面。王羲之对这样一个退而求其次的期望也没有满足。王述大丢面子，“深以为恨”不难理解。到此为止，过不在王述。王羲之可以不与王述建立私谊，但场面上的礼数应该尽到。从利害关系上

①〔唐〕房玄龄：《晋书》卷八〇《王羲之传》，第2100页。

② 同上。

讲，礼遇前任可减少后顾之忧，更何况，王述的儿子王坦之正在朝中大红大紫呢！然王羲之做事似乎不考虑这些因素。

无论儒家的志远情豪、道家的超拔脱俗，还是玄学的器范自然，欲让现实中一个大活人的七情六欲、喜怒哀乐全然受其支配，只能是纸面上的理想。人性总有弱点，圣者、完人寥若晨星。不能指望王述受了窝囊气后，“宰相肚里能撑船”，一笑了之。王述是那种特别适应官场规矩的人，“既跻重位，每以柔克为用。谢奕性粗，尝忿述，极言骂之。述无所应，面壁而已，居半日，奕去，始复坐”。但他深知王羲之对自己的看不起是骨子里的，本也没想与之齐名并行，不过想借王右军的“清贵”为自己撑撑门面，却遭到了不堪言语的待遇，怎能不忿。人性的弱点会在权力体制的刺激和驱使下放大、膨胀，转化为公报私仇的行动。

王述守制期始满，就接到朝廷官升一级的任命。“及述为扬州刺史，将就征，周行郡界，而不过羲之，临发，一别而去。”报复来得快呀：现在我是你的上司了，“一别而去”也不算大不了的失礼，但与“周行郡界，而不过羲之”相较，就是“让你想受也得受，不想受也得受”的侮慢了。王羲之当然明白，“及述蒙显授，羲之耻为之下”，懊恼之中，又干了一件大不合规矩的事，“遣使诣朝廷，求分会稽为越州。行人失辞，大为时贤所笑”。王羲之一生作为，以公心著称，素得士林佳评，此次受到时论非议，有如当头一记闷棍，致心绪纷乱，思来想去，无以自拔。

他一方面感到所为失当，自己与王述的不和乃个人间恩怨，怎么扯到朝廷更动建置上头去了，真是出了洋相，因而“内怀愧叹”，为自己的清誉受损痛彻心扉。入仕三十余年来，从未获讥，如今白璧上有了瑕疵，怎不令人终生抱憾。另一方面，又意不能平。自己当初本无意仕宦，只为朝廷与民生所累，才在会稽任上改弦更张，用心做了这几年官。初到会稽所面临的治政艰难，就是因为王述的“会做官”，几使境内民成饿殍。自己的怠慢也是对王述这种人的“官气”所发，只顾官场，不管百姓，不是沽名之徒又是什么！但官场就是官场，报复也就是报复。王述深谙门道而得提升，其借机泄泄私愤，王羲之也无从躲避。

王羲之任职会稽时就有治出个模样而后功成身退的想法，如今的处境，打乱了他的理想。心灵的折磨使他情绪紊乱，“谓其诸子曰：‘吾不减怀祖，而位遇悬邈，当由汝等不及坦之故邪’”。失望情绪无以摆脱之际，他将怨气发到孩子们身上。这番话与王羲之素来做派不合，有点判若两人，显然是一种失态。他的自信跌到了一生中的最低点。

综观王羲之此次异常表现和心路历程，于我们理解历史及历史人物的深度和厚度大有裨益。人性是综合的、复杂的。尽管个体的性格底色在某种程度上塑造了其人生的主旋律，却鲜有人如纯净之水，毫无杂质。有杂质不奇怪，并不妨碍其性格特征，但塑造完人是件可笑的事情。人生受挫，乃是价值观念和修养水平经受考验的时刻。人非圣贤，皆有七情六欲，喜怒哀乐，应该理解人生中为情所动的“偶尔失态”。“达则兼济天下，穷则独善其身”，为历史上豁达士人的座右铭。然而，他们内心对“仕”的在乎，是很难斩断剔尽的。超脱者如旷古书圣王羲之，也不能完全免俗。《晋书》剪取了王羲之人生中的这一片段，实在是目光如炬，让后人从一个侧面窥到了历史的真实。

不过，王羲之所提到的王坦之确是他内心的一个疙瘩。“王坦之，字文度。弱冠与郗超俱有重名，时人为之语曰：‘盛德绝伦郗嘉宾，江东独步王文度。’”“坦之有风格，尤非时俗放荡，不敦儒教，颇尚刑名学”是位“言不及私，惟忧国家之事”[①]的名士。而王羲之的几个成年儿子，学道的学道，谈玄的谈玄，居官不用其心。“王氏世事张氏五斗米道，凝之弥笃。”[②]徽之“性卓荦不羁，为大司马桓温参军，蓬首散带，不综府事”。如此等等，欲指望他们像王坦之那样成为家族的依赖，显然不可得也。

更让王羲之难以承受的事情还在后边，惯以做“痴”、发呆、“以柔克刚”称著的王述，突然作风大变，把儿子王坦之拿手的“刑名之学”用了起来，“述后检察会稽郡，辩其刑政，主者疲于简对”[③]，以行公事之名报私人之怨。本来王述为官，“终日无事”，县库粒米无存他都不在乎。此次一反常态，亲自来到

①〔唐〕房玄龄：《晋书》卷七五《王坦之传》，第1964—965页。

②〔唐〕房玄龄：《晋书》卷八〇《王羲之传》，第2103页。

③ 同上书，第2101页。

会稽检查工作。王述运用了体制中的两个潜规则："官大一级压死人"和"公报私仇"。任何一级官员的命运皆操于上司手中。上司既可随时给予利益也能合法地制造伤害，下级全在被动之中。

王导在时，一门官宦弟子大树底下好乘凉，而此刻已今非昔比了。王述和王羲之都明了这一点。所以，王羲之无论心里怎么抵触，都不能不让王述"视察"。视察就是替朝廷办差，督查并帮助地方工作。检察者只要发句话，地方就得按照他的意志运转起来。民谚有云：官断十条路，九条人不知。公报私仇是件很容易操作的事情。

王述也很了解王羲之这类大名士的弱点，就是怕烦。于是哪痛打哪，听汇报，查账目，核刑狱……凡内史所办之事，一一翻检，搞得内史府疲于应付，鸡飞狗跳，最后却来了句："因为我跟你闹过意见，不好管你，这些事你自己看着处理吧。"拍拍屁股去了。按要求来，你就像我手下的小吏，一样样、一件件汇报吧，交待清楚了，回去等着吧。你不按要求办理，便有抗上之过，那就自己走人。王羲之明知是找茬，却无法计较，面对这样的潜规则，除束手待毙之外别无他法。王羲之一生顶天立地，受人尊重，他的处世理想更是实现儒道兼济的无为而治。现在受刑律之啄剥，当然是丧气至极，心境恶劣到极点。到了如此地步，王羲之反而开始冷静下来，垂首反省，思索今后的人生之路。

永别官场

王述是个聪明人，对会稽府的检察动作，并不算大。没给出什么结论，处理意见是象征性的"令自为其宜"，不留下公报私仇的口实。然而，他心里煞是清楚，就这么一点动作，迫使王羲之辞官已然足够。王述对人性有深刻的看法："人非尧舜，何得每事尽善！"你哪里会没有错！王羲之一类偏重儒家人格的名士，特别在乎自己的"清誉"，看得比生命还要重。"宁为玉碎，不为瓦全""士可杀不可辱"的做派，来自于内心的完美。魏晋之际，士人如嵇阮之流多是如此。江左以降，坚守如此信念，因清誉受损而以辞职来捍卫者已经少之又少，王羲之恰恰是这少之又少中的一个。让他成天“洒扫应对”“出入刑名”就够受的，再加上动不动要对簿公堂，足辱之也。人言王述“痴”，却不知“痴”者也是工于心计的一个姿态。早年，王导曾点明过：“王掾不痴，人何言痴也？”可为这番举动的另一注脚。

王述可谓把王羲之揣摩透了。本来，王羲之以王家的势力、自己的盛名和人脉关系，若硬着头皮待在会稽内史的职位上，王述也是无可奈何。但是，王羲之这样做需要在两个问题上说服自己。其一，清誉和官位比，孰轻孰重？其二，继续坐在会稽内史的位置上，是否那么重要？

冷静下来后，王羲之还是回到了“出处两可”的基本心态。初始，自己就是拿个做顺风官的主意，不想久居廊庙之上，也不愿以俗务萦心。在官场上忙忙碌碌三十年，转眼年逾五十，现在，给自己留出点时间，活个自在、充实，不失为更佳的选择。经历了王述找碴的风波后，“归隐”的心思更占上风。唯令人遗憾的是，就是会稽郡的事功没有完成。百姓衣食已可无忧，但以宣德化育，建“文物之邦”的理想看，尚需假以时日。然而，在目前的处境中，也顾不得这许多了，有所为必有所不为，那政令通达、河清海晏的施政理想，还是有待后人吧。经过如此一番思前想后，坚守人格、回归自然、献身艺术的内心需求压倒了外在责任的约束，辞官归隐的决定就这样做出了：“羲之深耻之，遂称病去郡。”

从历史的角度看，后人也不必过责王述，王述压迫王羲之，客观上将右军从官场政务中解放出来。这一转折不可小看。“学而优则仕”，千余年来都是中国仕人的最高价值追求，做官做得时间长了，这种生活就会变成习惯，能挂冠者其实是少之又少的，清贵如殷浩、谢万者都跌倒在这“看不破”三个字上。以王羲之识见之高，此前也出过“昏招”，现被王述一逼，反真的走了出来，心无旁骛地投身山水与艺术之中，为草书书体的创新奠定了方向。这份伟业非寻常人所能担当。中国历史上能为吏者汗牛充栋，书圣却是可遇不可求的唯一。让“唯一”去干“唯一”的事情，王述是不是也有点功劳呢？

又一个暮春到来，永和十一年（355）三月九日，依然是“天朗气清，惠风和畅”，与两年前不同的是，王羲之失去了“信可乐也”的心境。他步履沉重地踩踏着刚刚返青的草芽，朝山边的父母墓走去，身后跟随着长长的一串家人。王旷夫妇合葬于此，也经历了不寻常的过程。王旷蒙有阴影的“遗骨”，悄然暂厝于临川。王羲之离开临川后，对父亲的墓始终牵挂在心：“不得临川问，悬心不可言！”“仆故有至临川意”，都是对父亲坟墓的思念。

卫氏夫人自丈夫一去不返后，独自抚养籍之、羲之长大成人。籍之出仕较早，赴江州做安成（今江西省安福县）太守。但后来因父亲王旷“生死”和王敦之事牵连，挂冠避祸，远走他乡。行到哪里去呢？倒是有一个可栖身的地方——王彬任上。

王彬时为建安（今福建省建瓯市）太守，是位敢担待、喜救人于危难的侠士。他不但留下了王籍之，而且在听说王敦的儿子王应无处避难后，马上“密具船以待之”。要知道，王敦杀周顗时，王彬“先往哭顗”，后“勃然数敦”，几乎被王敦杀掉。王籍之母子能在王彬这里躲过劫难，当然是很好的事。但不幸的是，籍之与母亲都不长寿，先后魂断南国，不得已，便就地安葬了。之后，兄长的儿子在福建安了家，动一动也不是那么容易的事情。但王羲之感到，将母兄坟茔放在荒远之地总是不妥，“得长风书。灵柩幽隔三十年，心想平昔，痛慕崩绝，岂可居处！抽裂不能自胜”[①]。

将三位亲人合葬是王羲之思谋已久的心愿。先是想迁吴中，因王廙当年在无锡洛社送给他一所宅院，“坟墓在临川，行欲改就吴中，终是所归。中军往以还，田一顷乌泽，田二顷吴兴，想弟可还以与吾，故示”。但因后来出任会稽内史，王羲之终于有了落地生根的归宿感，便不愿父母离自己太远，止了迁墓吴中的操作。而此时，嫂与侄来，也不会有衣食之忧了。王羲之亲自安排接灵事宜。“今与王会稽、丘山阴书借人，想故当有所得。又语丘令，临葬必得耳。”母兄的灵柩也如期到了，“四月五日羲之报：建安灵柩至，慈荫幽绝，垂卅年，永惟崩慕，痛彻五内，永酷奈何！”[②]“兄灵柩垂至，永惟崩慕，痛贯心膂，痛当奈何计！慈颜幽翳垂卅年，而吾勿勿，不知堪临始终不?”移灵迁葬之事，操

①《淳化阁帖》卷二。

② 同上。

办者无不诚惶诚恐，王羲之也表达了此种心情：我这样匆匆地把迁墓的事办了，未知能全始全终否？

给王羲之又一次打击的，是长嫂的去世。王羲之想到，小时候，才过门的嫂子对自己爱护有加，不禁肝胆俱裂，在兄嫂墓前焚香“告誓”，以慰亡灵：“顿首顿首，亡嫂居长，情所钟奉，始获奉集，冀遂至诚，展其情愿，何图至此，未盈数旬，奄见背弃，情至乖丧，莫此之甚，追寻酷恨，悲惋深至，痛切心肝，当奈何奈何。兄子荼毒备婴，不可忍见，发言痛心，奈何奈何。王羲之顿首顿首。”将嫂子与兄长合葬后，逸少心才稍安。

如今，王羲之来到父母墓前却是格外哀痛。他把自己近来思前想后的结果，凝结为一篇辞官的誓文，宣读于双亲墓前：

> 维永和十一年三月癸卯朔，九日辛亥，小子羲之敢告二尊之灵。羲之不天，夙遭闵凶，不蒙过庭之训。母兄鞠育，得渐庶几，遂因人乏，蒙国宠荣。进无忠孝之节，退违推贤之义，每仰咏老氏、周任之诫，常恐斯亡无日，忧及宗祀，岂在微身而已！是用寤寐永叹，若坠深谷。止足之分，定之于今。谨以今月吉辰肆筵设席，稽颡归诚，告誓先灵。自今之后，敢渝此心，贪冒苟进，是有无尊之心而不子也。子而不子，天地所不复载，名教所不得容。信誓之诚，有如皦日。[①]

这是王羲之回首一生，反思、总结的泣血之作。欲理解王羲之最根本的气质人格、理想追求，不能不从中体味探究。

幼年失怙，错过了普通孩童都有的严父言传身教的机会，又感受到来自周围的白眼、冷语，品尝了低人一等的滋味，其心灵创伤难以言表。“夙遭闵凶”四字饱含着人生之大痛。在王羲之的文章和书帖中，用得最多的一个字便是“痛”字，时局不利，家人离别，朋友有恙，自身不适……各种各样的由头，都会引发他的伤心之痛。这种多情的痛，在人生的展开中升华为悲天

---

①〔唐〕房玄龄：《晋书》卷八〇《王羲之传》，第2101页。

悯人的情怀。

母亲的养育，兄长的呵护，使自己得以长大成人。这份恩情不仅值得珍惜，更需要报答。但“子欲养而亲不待”，他们都在那样的悲凉中走了。这是王羲之人生中的又一“痛”点：“进无忠孝之节”。他在《灵枢帖》中连用“永惟崩慕，痛贯心膂，痛当奈何！”“永惟崩慕，痛彻五内，永酷奈何！”之语。花很大力气把父母及兄长的坟墓安葬于自己身边，正为抚慰此痛。在孝的性情方面，王羲之亦比一般士人更为真挚。这是他偏重儒家的体现之一。

而对于国家来说，自己也无力尽忠。“进无忠孝之节，退违推贤之义”，列班朝纲，也不能止息“虎兕出于柙，龟玉毁于椟”的艰难时局，更何况自己“素自无廊庙之志”，正是周任所说的那种“陈力就列，不能者止”的人啊。想想自己对殷浩的劝诫，不就是因为看出他不适合负担硬加给他的责任，以至走向悲剧：“斯亡无日，忧及宗祀，岂在微身而已！”如像王述一般，去研习那些波诡云谲的潜规则，升迁保身，只管做官拥权，或者仗着“蒙国宠荣”去“尸位素餐”。这些与自己的性格是多么不合啊。更难以忘怀的是，自己最大的理想是当马日磾那样宣慰布德的文化使者，既然实现不了，也就只能退而独善其身了。“寤寐永叹，若坠深谷”，不如快快停止吧。

至此，继续任职与辞官归隐之间，孰利孰害已然泾渭分明，王羲之希望双亲理解自己的选择，“止足之分，定之于今”。值得注意的是，他将继续仕途贬斥为“贪冒苟进”。逸少的举动及告誓词内容，表明贯穿他人生数十年“出处两可”的平衡结构，已向着“归隐”一方倾斜了。

王羲之终于卸下了背负了几十年的十字架。尽情尽兴地沉浸于自己所喜爱的生活之中。不少朝中好友深为惋惜，劝他重新出山，他回信道：“六日，昨书信未得去，时寻复逼，或谓不可以不恭命，遂不获已，处世之道尽矣。何所复言。”

谢万更是一力劝说。王羲之函却之：“前得君书，即有反，想至也。谓君前书是戏言耳，亦或谓君当是举不失亲，在安石耳。省君今示，颇知如何？老仆之怀，谓君体之，方复致斯言，愧诚心之不着，若仆世怀不尽，前者自当端坐观时，直方其道，或将为世大明耶？政有救其弊箅之熟悉，不因放恕之会，得期于奉身而退，良有已！良有已！此共得之心，不待多言。又余年几何，而逝者相寻，此最所怀之重者。顷劳药食之资，如有万一，方欲思尽颐养，过此以往，未之敢闻，言止于今也。”深思熟虑，毫不动心。“朝廷以其誓苦，亦不复征之。”如此完全彻底地辞官，在东晋名士中极为鲜见。

第九章　寄情山水

遍游东中诸郡

《晋书·王羲之传》传神地记载了王羲之卸任后的生活情景：“羲之既去官，与东土人士尽山水之游，弋钓为娱。又与道士许迈共修服食，采药石不远千里，遍游东中诸郡，穷诸名山，泛沧海，叹曰：‘我卒当以乐死。’”他过上了一生中都在向往的自由自在的日子，至有死而无憾之叹。这种心境，在《与谢万书》中表达得酣畅淋漓：“初，羲之既优游无事，与吏部郎谢万书曰：古之辞世者或被发阳狂，或污身秽迹，可谓艰矣。今仆坐而获逸，遂其宿心，其为庆幸，岂非天赐！违天不祥。”上苍让我如此惬意，不安享真是对不住呵。

因王羲之曾任会稽内史的关系，东土汇聚了全国顶尖的文化名流。他们并没有因为右军的卸任而星散，而是有了更多的时间一起“尽山水之游”。会稽郡东上虞县的东山，乃是“东土人士”最为心仪之处。《世说新语·雅量》注引，“谢安居会稽，与支道林、王羲之、许询游处，‘未尝有处世意’”。谢安未出仕前，居东山韬光养晦，积聚人望，以待时而动。

东山为谢安精心挑选的一处依山傍水之妙境，位于杭州湾南岸宁绍平原的舜江河套之间，相传，舜就诞生于这块充满灵秀的土地上。江流因舜而得名，就是县名也来自舜的掌故：“舜避丹朱于此，故以名县。百官从之，故县北有百官桥。亦云，舜与诸侯会事讫，因相娱乐，故曰上虞。”[1]由百官镇沿舜江南行，便进入长达七八十里的中游河套地带。两岸山丘起伏连绵，郁郁葱葱，东山便是倚卧于河套西侧的一座山包。

东山背枕青峦叠嶂，面向葱绿平原，开合有致，更有声涛巨浪灌于其间。舜江是条通海的感潮河，江水随潮涨落，汹涌壮观，过东山时依然迅猛，冲往上游剡溪。当地人因其水高势猛而将之比附为“胥涛”，意为伍子胥冤死之后，心存怨恨，化为“涛神”“潮神”，驾钱塘江水“因流扬波，依潮往来”。当地人视江涛如海潮，常做泛海戏。“泛沧海”是他们迎涛起舞的节日，一般选在农历初一、十五前后的大潮期。后人咏此景：“海云漠漠水迢迢，霸气千秋恨未消；眼底银山高十丈，奔腾犹作伍胥潮。”在嵇康倡导的“思假物以托心”的审美意境中，伴着这雄伟绮丽的风物，足可为一慷慨雄举。“谢太傅盘桓东山，时与孙兴公诸人泛海戏。风起浪涌，孙、王诸人色并遽，便唱使还。太傅神情方王，吟啸不言。舟人以公貌闲意说，犹去不止。既风转急，浪猛，诸人皆喧动不坐。公徐云：‘如此，将无归！’众人即承响而回。于是审其量，足以镇安朝野。”[2]开胸拓志，处变不惊，正是东山诸君的初衷。

舜水不独有壮阔汹涌，更兼怀碧色连波。每当海潮退尽，清流徐下，东山面前便形成一泓翡冷翠深的玄潭。这个“弋钓为娱”“颐养闲暇”的世外桃源，正是东晋名士心中美的归宿：“随山疏浚潭，傍岩艺枌梓。遗情舍尘物，贞观丘壑美。”[3]

水富变化之妙，山含奇异之貌。东山不大，似会稽山余脉伸到江边的一个隆起的句号，恰好卡在了小舜江入曹娥江的交汇口上。江边一条小路，曲曲折折通往山顶，点撒着与谢安有关的“东山十景”：指石弹琵琶、美女听琴、谢安钓鱼处、蔷薇几度花……寓讽无限，赋天然以神趣，潇洒裕如地把东晋名士以小见大、曲意张扬的手法演绎了一遍。谢安与王羲之诸人在此间弹琴弈棋，赋

①《上虞县志》，浙江人民出版社1990年版，第49页。

②〔南朝·宋〕刘义庆：《世说新语》，第207页。

③〔晋〕谢灵运：《述祖德》，载《谢灵运集校注》，顾绍柏校注，中州古籍出版社1987年版，第104页。

诗作文，游吟垂钓，携伎歌舞，继而登高眺远，目送归鸿……心旷神怡，快然自足，不知老之将至。

名士们乐聚东山，还缘于周围的人文底蕴。上虞县治百官镇是大舜帝集会百官的场所。沿舜江一路行来，经过古越窑，白烟袅袅，配着青天苍林，有若卷地的雾霭。隔着小舜江，有一片小缓坡，便是舜那块“鸟田象耕”的神奇土地。东山南边不远处，长眠着东汉大思想家、《论衡》的作者王充。三国间，吴越学宗虞翻所给予其“洪才渊懿，学究道源，著书垂藻”的评价，是东晋文士十分景仰的人物。

王羲之在谢安处一住就是多日，还常把聚会安排到东山，“得书，知足下且欲顾，何以不进耶？向与谢生书，说欲往，知登停山。停山非所辩，故可共集谢生处，登山可他日耶？王羲之白”。停山者，在会稽城内，“辩”者，为清谈。《晋书·王羲之传》描述东山之会：“比当与安石东游山海，并行田视地利，颐养闲暇。衣食之余，欲与亲知时共欢宴，虽不能兴言高咏，衔杯引满，语田里所行，故以为抚掌之资，其为得意，可胜言邪!”

尽兴东山之后，王羲之又邀许迈、许询、支道林、孙绰、谢安等“遍游东中诸郡，穷诸名山”。此次游历，王羲之有《游四郡记》述之，可惜，其文阙如。此“四郡”，约包括临海郡、永嘉郡、建安郡、东阳郡，大致相当于今天的浙江南部及福建北部。曾经皆属会稽郡辖地。

东晋名士对东土山水尤为喜爱，多人先后在会稽、临海、永嘉一带当过太守、县令，如李充、孙统、郗愔、孙绰等等。孙绰因王羲之辞官转到永嘉郡做了太守。相知相近数十年的莫逆之交，结伴遨游，啸吟酬唱，开南朝山水诗之先河。

王羲之在东山谢安处与众友聚齐，自舜江溯流而上，至剡中（今浙江省嵊州市）、新昌。一说王羲之晚年曾在鼓山（在今新昌县城内）托迹炼丹，建紫芝庵，置山市田，留下一篇《鼓山题辞》。浙江新昌县《天姥王宗谱》记，王羲之在石城附近鼓山一带建有庄园给子孙居住，传至今。

从新昌再登天台。此一行中有几位与天台山颇有渊源。孙绰年轻时常居此间，写出自己的成名作《天台山赋》。许询的近支兄弟许迈、许谧两位高士所信奉的上清教派，与此间古之的王乔之道相互契合。《淮南子·泰族训》云：“王乔、赤松，去尘埃之间，离群慝之纷，汲阴阳之和，食天地之精，呼而出故，吸而入新，跦虚轻举，乘云游雾，可谓养性矣。”王乔栖身的桐柏（即天台山，释家称“天台”，道家称“桐柏”）金庭洞天，被后世称为“道家第二十六洞天”。汉末葛玄（葛洪祖师）传有《王子乔导引法》《王子乔导引图》等。王乔所为与上清派的主张十分相合，其除淫上欲、固精存神、服气咽津、叩齿导引、按摩服饵等修行方法，尤重存思通神，此时即被句容许氏兄弟、葛氏师徒，奉为“上清派”的嫡传。

在临海太守郗愔处畅饮一番后，王羲之一行沿灵江走到海边的松门（今浙江省温岭市东南）。此间岸边和海中岛屿上布满了松林，树根就扎在被白水浪涛冲刷的白岩石上。奇丽的景致给王羲之留下深刻印象：“永宁县界海中有松门，西岸及屿上皆生松，故名松门。”继续南下，就进入了永嘉郡，这里坐落着驰名海内的奇峰北雁荡（今浙江省乐清市境内）。有孙绰尽地主之谊，名士们当然要乘兴啸咏一番了。永嘉郡南有峰峦蟠迴、溪壑交错、岩洞密布、怒瀑飞奔的百里南雁荡。翻过洞宫山脉，就到了建安郡。建安之地引发了王羲之的许多感慨。叔叔王彬当年在此为官，靠他的荫蔽，母亲和兄长才有了一方归所。

出建安郡往北，慢慢进入九曲弯弯、千岩竞秀的武夷山。武夷山是名茶“大红袍”的产地，王羲之不可不尝，啜英咀华间，留下“晚甘侯”三个狂草大字，现刻在瑞泉岩岩壁上，它一语道出了武夷岩茶活、甘、清、香的岩韵。

王羲之一行于此调头北折，沿着闽浙间的一条古道，翻仙霞岭进入东阳郡地界，迎面就是难得一见的丹霞地貌奇观——江郎山（今浙江省江山市境内）。置身东阳郡，王羲之的心飞向两个地方。一个是江郎山东北方向不远的金华山（今浙江省金华市境内），那里有一高人，传说是赤松子下凡。对采药服食越来越感兴趣的王羲之，很想与之切磋切磋。王羲之与赤松子在金华山交往的故事，在这一带盛传。黄初平（即黄大仙，后被赤松子点化）其时还只有十多岁，据说也得过王羲之的教诲与帮助。黄大仙宫前，至今留有王羲之所书“道”字。

另一个地方便是吴宁县（今浙江省东阳市）。孙统在这里当过县令，游历方便倒是其次，王羲之念念不忘的是其特产——蚕茧纸。会稽虽也产纸，但藤纸较薄、脆，不易保存。吴宁纸以蚕茧为主要原料，中有鱼卵样纹路，所以又名“鱼卵纸”。前两年兰亭会所做书文，孙统所贡献的就是此纸。它的特点是虚柔滑净，其在魏晋之际已名传天下，因为工艺繁难，纸价昂贵，才难得一见。金华纸受文化人青睐，以至后来成为馈赠的佳品。王羲之作为书家，好纸又识纸，到了产地，流连忘返，总想多弄它几张来试笔。

出吴宁往北，会稽已遥遥在望了。

王羲之“遍游东中诸郡”之旅，一路与高士许迈同行。《晋书·许迈传》载：“许迈字叔玄，一名映，丹杨句容人也。家世士族，而迈少恬静，不慕仕进。未弱冠，尝造郭璞，璞为之筮，遇《泰》之《大畜》，其上六爻发。璞谓曰：‘君元吉自天，宜学升遐之道。’……父母既终，乃遣妇孙氏还家，遂携其同志遍游名山焉。初采药于桐庐县之桓山，饵术涉三年，时欲断谷……永和二年，移入临安西山，登岩茹芝，眇尔自得，有终焉之志。乃改名玄，字远游。与妇书告别，又着诗十二首，论神仙之事焉。”

承许迈的开导，逸少对服石散有些动摇，回会稽不久，他又赴天目山（今浙江省杭州市临安区）会许迈。《晋书·许迈传》载：“羲之造之，未尝不弥日忘归，相与为世外之交。玄遗羲之书云：‘自山阴南至临安，多有金堂玉室，仙人芝草，左元放之徒，汉末诸得道者皆在焉。’羲之自为之传，述灵异之迹甚多，不可详记。”许迈兄弟牵着王羲之不断进入道家的更高层面，除了明晓服食养生之理外，更多的还有对生命因缘的感悟。王羲之从中悟到与书法的关系，在《用笔赋》中把它们合而为一：

秦、汉、魏至今，隶书其惟钟繇，草有黄绮、张芝，至于用笔神妙，不可得而详悉也。夫赋以布诸怀抱，拟形于翰墨也。辞曰：

何异人之挺发，精博善而含章。驰凤门而兽据，浮碧水而龙骧。滴秋露而垂玉，摇春条而不长。飘飘远逝，浴天池而颉颃；翱翔弄翮，凌轻霄而接行。详其真体正作，高强劲实，方圆穷金石之丽，纤粗尽凝脂之密。

藏骨抱筋，含文包质。没没汩汩，若蒙汜之落银钩；耀耀晞晞，状扶桑之挂朝日。或有飘飖骋巧，其若自然，包罗羽客，总括神仙。季氏韬光，类隐龙而怡情；王乔脱屣，欻飞凫而上征。或改变驻笔，破真成草，养德俨如，威而不猛。游丝断而还续，龙鸾群而不诤。发指冠而皆裂，据纯钩而耿耿。忽瓜割兮互裂，复交结而成族。若长天之阵云，如倒松之卧谷。时滔滔而东注，乍纽山兮暂塞。射雀目以施巧，拔长蛇兮尽力。草草眇眇，或连或绝，如花乱飞，遥空舞雪，时行时止，或卧或蹶，透嵩华兮不高，逾悬壑兮非越。信能经天纬地，毗助王猷。耽之玩之，功积山丘。吁嗟秀逸，万代嘉休。显允哲人，于今鲜俦。共六合而俱永，与两曜而同流。郁高峰兮偃盖，如万岁兮千秋。①

无有此行即无有此境，王羲之在自然造化的感应下，一步步攀上书法超异的巅峰。

与天目山相邻的宣城，是王羲之当年“苦求不许”的名郡。宣城纸虽成名于后世，晋代实已有很大的发展。宣纸属麻皮纸类，厚重，是写大字草书的上好材料。王羲之晚年“行草”已入化境，如不是用表面光滑、书写时又有糙硬之感、极能留墨的白麻纸来写，就难出“飞白”的佳效。陆机流传至今的书法真迹《平复帖》，也是用此类纸写成。当然，逸少最喜欢用的纸是楮树皮所造，不但工艺麻烦，造价也高，后来一直没能像普通白麻纸那样普及于民间。皮纸坚韧厚实，又具备白麻纸所没有的优点，于是它一开始就流传于上层文化圈中，成为宫廷及士人作画、书法的用品。而今，上好的皮纸仍然为书画家所钟情。

王羲之与许询等人离开宣城北上吴中，那里有他们的好朋友刘真长。“时刘惔为丹杨尹”，他治事能力很强，有“清蔚简令”的美誉，同时又不失“床帷新丽，饮食丰甘”的享受，惹得从未想过做官的许玄度夜不安寐。《晋书·王羲之

---

①〔晋〕王羲之：《用笔赋》，载〔宋〕朱长文编：《墨池编》，浙江人民美术出版社2012年版，第57—58页。

传》记，“许询尝就惔宿”，被华美的环境熏得昏头昏脑了，说：“若保全此处，殊胜东山。”刘真长倒很爽快，说：“你要知道，吉凶由人，我哪里会连这小小的享受都保不住！”意思是，你也来做做官吧。王羲之在旁边看他们斗嘴禁不住好笑：“让巢父、许由遇到稷、契，当无此言。”你们各人该干什么干什么，都是由心而至，有什么好比的？

长期在山里钻来钻去，饱尝风餐露宿的许询有点心猿意马，诚属正常的本能反应，刘惔之“恋栈”也不失率真，而王羲之给了一个比附，指出他们在超越名利方面尚欠火候。这不仅符合朋友之间表达不同观点的含蓄、委婉，其用典之妙更是名士交往中特有的况味。许询、刘惔听罢，“二人并有愧色”。

这段对话充分表明了，寄情山水在王羲之生命中的重要位置。许询是位出家的道人，以自然山水为家数十年。然而，如此的“化外之人”，其修炼功夫也比不上此时的王羲之了。逸少生在王家，当过高官，那些“床帷新丽，饮食丰甘”，早已被其视为过眼烟云，在心中掀不起涟漪。他的山水之乐，不仅压倒了名利的诱惑，甚至超越了远离人间烟火的寂寞和孤独。也许，就是在对寂寞孤独的体验中，抑或是摆脱孤独感的冲动里，获得了师法自然的感悟，才迸发了所积蓄的艺术创新的生命动力。

这次相聚，不用说当是意趣无限，抚掌咏谈，挥毫洒墨，加之谈玄道、论养生。偕友东游，给晚年王羲之带来无尽的快乐。

试把金针度与人

不同于仕途上的时进时退，研究书艺一直伴随于王羲之的生命旅程，是他摄心专注的挚爱。政务上有了烦恼时，尤需移情于书法，以把握心灵上的修持，获得精神上的快乐。由此，右军的书法一直精进不已。

书法的传承与发展，有如长江大河，后浪推着前浪。王羲之书法得王廙、卫夫人亲传，自成一家后也留心于堪可造就，有望接班的传人。如此的天才实在是可望不可求，王羲之夫妇生了七个儿子，直到小儿子献之懂事后，方被王羲之看中，悉心栽培，终成大器。献之的成材留待附传中详述。除了献之外，王羲之还认定过另外一位传人，所寄希望和所投感情不在献之之下。

王修，字敬仁，太原王濛的儿子。明秀有美称，善隶行书，号曰“流奕清举”。《晋书·王修传》云：“年十二，作《贤令论》。濛以示刘惔曰：‘敬仁此论，便足以参微言。’起家著作郎、琅邪王文学，转中军司马，未拜而卒，年二十四。”《书断》记，敬仁卒于升平元年（357）。王羲之当年久寻传人未得，见到王修后大喜，把他当儿子一样看待。“王敬仁有异才，时贤皆重之。王右军在郡迎敬仁，敬仁辄同车，常恶其迟；后以马迎敬仁，虽风雨亦不以车也。”[①]一个官职低微的晚辈来拜访，王羲之竟会不顾风雨地到郡界迎接，而他在平时朝廷大员来视察也不至如此。王羲之常将收藏的书帖拿给敬仁观摹，“君学书有意，今相与草书一卷”，甚至把琅邪王氏一门的传家宝《宣示表》借给了他。其爱重之情，可以“不顾一切”喻之。

为了提升王修的书法水平，王羲之破了秘法不外传的老规矩，于永和十二年（356）五月，精心书写《东方朔画赞》，作为法帖授予王修。《画赞》原文为晋夏侯湛所撰，“湛幼有盛才，文章宏富，善构新词，而美容观，与潘岳友善，每行止同舆接茵，京都谓之‘连璧’。湛族为盛门，性颇豪侈，侯服玉食，穷滋极珍。及将没，遗命小棺薄敛，不修封树。论者谓湛虽生不砥砺名节，死则俭约令终，是深达存亡之理”[②]。夏侯湛在经学礼教盛行的岁月里，看破装腔作势的虚伪，率真浪漫，留下许多动人的故事，深得名士喜爱。王羲之选择此文有倡导本色做人之深意。

《画赞》的书写更是用心良苦，代表了王羲之近年楷书探索的新高度。骨力劲健，起落转折如断金切玉，干净明丽，表现出优雅俏静、遒丽天成的丰姿。包世臣《艺舟双楫》评曰：“一望唯见其气充满而势俊逸，逐字逐画，衡以近世体势，几不辨为何字。盖其笔力惊绝，能使点画荡漾空际。回互成趣。”《画赞》与《黄庭经》都在“力”“势”“气”“逸”上达到极致的境界。

王修得王羲之青眼，习书愈勤，王僧虔记：“敬仁书殆穷其妙。王子敬每

---

①〔明〕何良俊：《和氏语林》，文渊阁四库本。

②〔唐〕房玄龄：《晋书》卷五五《夏侯湛》，第1491、1499页。

看，咄咄逼人。”①可惜王修却不长寿，二十四岁就生病早逝。王僧虔《论书》载：“敬仁死。其母见修平生所爱，遂以入棺。”王羲之闻敬仁噩耗，又知道了那绝世之宝——钟繇的《宣示表》也未逃此劫，深为懊恼，一直耿耿于怀，许多年后还说起王修不应该的话，引起了好友孔岩的相劝：“您与王修来往情深，就不该说他的不是，这使您‘无慎终之好’，形象受损啊。”《世说新语·规箴》云：“右军甚愧”，也就不再提了。对于中国书法史来说，这个损失是无法弥补的。所幸王羲之临摹的《宣示表》纸本被保留下来了，它十分忠实于钟繇的原作，结体略呈扁形，完全有别于右军笔意，让后人得以欣赏“楷书之祖”的妍美书风。

想通书道即人道，王羲之不再拘于秘藏的世风，又收了好几位入门不入室的弟子，后人有王羲之晚年不作书，有专人代为表章信函的说法，可见他的门生竟达到了乱真的程度。王羲之不但传书于人，还爱和小辈们交往，“荀舆能书，尝写狸骨方。右军临之，至今谓之狸骨帖”②。“羲之曾自书表与穆帝，专精任意。帝乃令索纸，色类、长短、阔狭与王表相似，使张翼写效，一毫不异，乃题后答之。羲之初不觉，后更详看，乃叹曰：‘小人乱真乃尔！’”③随心所欲地教书授徒，虽成效赫然，却无意中惹出一桩后世公案，留下有“代笔人”的啰嗦。不过，极品终究不可复制，如《丧乱帖》，必为右军晚年所作，代笔人如有此功力，书圣就应另有其人了。王羲之致力书法，讲求的是率性写真，听天由命，化尘也罢，流布也好，只为求真求性。“造新不暂停，一往不再起。于今为神奇，信宿同尘滓。”前代大师墨迹无存者多多，后人法我，是因我成法，不法我，是更有他求。对书法创新，右军有足够的自信，一旦流传，代笔冒书之事当世就有，又哪里能禁止得了。

就在书写《画赞》稍后的时间里，王羲之又写下楷书的登峰之作《黄庭经》。《黄庭经》为道教至宝，逸少青年之时便得魏夫人真传，后又与许氏兄弟切磋研习多年，被道家视为通达之人。

---

①〔明〕陶宗仪：《说郛》卷八七下，文渊阁四库本，第690册，第115页。

②〔宋〕李昉等编：《太平广记》卷二〇七，第1583页。

③ 同上书，第1580页。

《黄庭经》书写的起因有多种说法，主要者即王羲之因道士之请，许之以换鹅的条件。所谓“写经换鹅”的故事，看似为民间传说，却有合情合理的背景。陈寅恪云：“东西晋，南北朝之天师道为家世相传之宗教，其书法亦往往为家世相传之艺术。如东晋之王、郗，是其最着之例……学道者必访寻真迹以供摹写，适与学书者之寻访碑帖无异。是书法之艺术供道教之利用，而写经又为一种功法，如《太平经》记，郗昙之性尚道法，多写道经，是其一例，至王右军为山阴道士写经换鹅故事……实以道经非请能书者写之不可。”王羲之作为道家信徒，写经换鹅大有可能，李白是懂得这个道理的，诗曰：“山阴道士如相见，应写黄庭换白鹅。”

另一说法是，王羲之游天台时，念念不忘天台山白云先生的“永”字笔诀，诚心诚意地写了一部《黄庭经》，勒刻成碑，立在山顶一个突兀峭险的岩洞里，后人就叫它“黄经洞”。欧阳修《集古录》记载，曾亲见镌有“永和十二年”的《黄庭经》石本。

无论《黄庭经》缘起如何，重要的是它在楷书中无与伦比的成就。此帖在南朝梁时，已引起君臣名流的注目。王僧虔《笔意赞》云：“先临《告誓》，次写《黄庭》。骨丰肉润，入妙通灵。努如直槊，勒若横钉。开张凤翼，耸擢芝英。粗不为重，细不为轻。”陶弘景《论书启》称，《黄庭》《劝进》《像赞》《洛神》为“逸少有名之迹”。唐褚遂良《右军书目》“正书都五卷”中，将《乐毅论》《黄庭经》《东方朔画赞》，单独分别列为第一卷、第二卷、第三卷。在《黄庭经》下注明“六十行，与山阴道士”。今传世刻本正是六十行，末行题有“永和十二年五月廿四日五山阴县写”。

《黄庭经》有诸多名家临本传世，如智永、欧阳询、虞世南、褚遂良、赵孟頫等，他们均从中探究王书的路数，得到美的启示。明王世贞题跋：“右军书法琅琅者：行体《兰亭》、小楷《黄庭》。《兰亭》本最多，然肥瘦纵密，种种不能尽合。独《黄庭》如出一手。余所见前后数十本皆然。恐是秘阁续帖本广行人间耳。今观沉问卿、纯甫所藏，独幽深淡宕，其风格姿韵，远出诸本之上！岂秘阁之前别有一佳本耶？抑太清楼翻刻之最初拓耶？”包世臣称《黄庭》“笔力惊绝，能使点画荡漾空际，回互成趣”，认为它“小字如大字”，用法备，取势远，“必也《黄庭》，旷荡处直，任万马奔腾而藩篱完固，有率然之势”。“率然”，是古代传说中的一种蛇，《孙子・九地》云：“故善用兵者，譬如率然。率然者，常山之蛇也。击其首则尾至，击其尾则首至，击其中则首尾俱至。”战阵之势、率然之势，在《黄庭经》中可观可悟，包氏之说尤可深味。

历代书家如此看重《黄庭经》，主要是它代表了王羲之楷书创制最为成熟的水平。清代梁巘《承晋斋积闻录》评，“字圆厚古茂，多似钟繇，而又偏侧取势，以见丰姿，而且极紧”。“结构之稳适，撇捺之敛放，至《黄庭》已登绝境，任后之穷书能事者，皆未能过。然极浑圆苍劲，又极潇洒生动。”《黄庭经》结字上有较明显的左轻右重的现象，形成欹侧之势，左撇、左竖的左半字较细短，右捺右竖的右半字较细长，字形婀娜多姿具有运动感。《黄庭经》用笔舒展，颇有“今意”。每个字不规整划一，字的大小悬殊比《乐毅论》大，这样便构成了字与字之间的形态对比，给人一种节奏感。《黄庭经》纵行清晰，但无横列，字与字之间的联结错落有致，书写比较自由，如行云流水，轻灵飘逸。《黄庭经》骨肉兼备，刚柔相济，质朴秀美，丰腴含蕴，后人常将它作为小楷范本学习，故有“初学黄庭，恰到好处”之说。

《黄庭经》与《乐毅论》《画赞》一道，构成了王羲之楷书的三大经典。麦华三曰：“《乐毅》《画赞》《黄庭》，为羲之小楷三大剧迹。《乐毅》教子，《画赞》教侄，《黄庭》与道士，三者皆抄书。”①并为后人称为“正书第一”，楷书法度，同时又展现了王羲之的探索历程，以及在不同心境下所表现的情趣差异。孙过庭赞曰：“写《乐毅》则情多怫郁，书《画赞》则意涉瑰奇，《黄庭经》则怡怿虚无，《太师箴》又纵横争折。暨乎‘兰亭’兴集，思逸神超；私门诫誓，情拘志惨。”②可见王羲之不仅能随着自己的情感写行草，在楷书中也能表现出多种意态情趣，千变万化。

王羲之传世楷书尚有《告誓文》（刻入《玉烟堂帖》）、《黄庭内景经》（刻入《郁冈斋帖》）等等。

---

① 麦华三：《王羲之年谱》，油印本。

②〔唐〕孙过庭：《书谱》，载《中国历代书法论著汇编》第一册，第10页。

学书法的人都知道，楷书为书体之要。后世入门者以楷开蒙更多，成就者更离不开对楷体的习练，无论书道的变化有多少，楷书之法总是道之根本。可以说，现今汉字的体势、结构、意境，无不自王右军定法。沙孟海先生论道："今天作为正规字体的真书，应用面最广，通行年代也最长。"他引用康有为《广艺舟双楫》的一段话为定论："真书之变，其在汉魏间乎？汉以前无真书体。真书之传于今者，自吴碑之《葛府君》及元常《力命》《戎辂》《宣示》《荐季直》诸帖始，至二王则变化殆尽。"①

王羲之专精楷书的这一段时间里，还对前人书法论述作了一番总结，从笔法、笔势、笔意以及笔、墨、纸、砚各个方面都有钻研。元代郝经在《书论》中写道："斯（李斯）刻薄寡恩人也，故其书如屈铁琢玉，瘦劲无情，其法精尽，后世不可及……繇（钟繇）沉鸷威重人也，故其书劲利方重，如画剑累鼎，斩绝深险……右军将军羲之正直有识鉴，风度高远，观其遗殷浩及道子诸人书，不附桓温，自放于山水间，与物无竞，江左高人胜士鲜能及之，故其书法韵胜遒婉，出奇入神、不失其正，高风绝迹，貌不可及，为古今第一。"②

后人学王书往往不像，便有因笔墨不同而书不达意的说法。王羲之书《兰亭序》所用鼠须笔、蚕茧纸更为现代人所难求。王羲之在书法一道上，求之甚精，然其根本，还是对笔意的明晓，笔法精通了，笔的运用才能自如。如鼠须之笔，强硬，易出"贼毫"，控制得好，意气生动，控制不了，就成了"笔刷"。汉笔形制承秦制，于笔毫开始改进，特别是笔头中含长毫，有蕊有锋，外被短毫，以便蓄墨。

这样的笔，于书写时便利多了。王羲之在教子授徒的过程中，更总结了一套行之有效的"执笔法"，对肘高腕低、双钩执笔等学写字的基本功夫都有详述。右军《书论》为后人法，比之《九势》等更明白晓畅：

> 夫书者，玄妙之伎也，若非通人志士，学无及之。大抵书须存思，余

① 沙孟海：《沙孟海论书丛稿》，第179页。

②〔元〕郝经：《书论》，载〔清〕倪涛：《六艺之一录》卷二一八，第654册，第60页。

览李斯等论笔势，及钟繇书，骨甚是不轻，恐子孙不记，故叙而论之。

夫书，字贵平正安稳。先须用笔，有偃有仰，有欹有斜，或小或大，或长或短。凡作一字，或类篆籀，或似鹄头；或如散隶，或近八分；或如虫食木叶，或如水中科斗；或如壮士佩剑，或似妇女纤丽。欲书先构筋力，然后装束，必注意详雅起发，绵密疏阔相间。每作一点，必须悬手作之，或作一波，抑而后曳。每作一字，须用数种意：或横画似八分，而发如篆籀；或竖牵如深林之乔木，而屈折如钢钩；或上尖如枯杆，或下细如针芒；或转侧之势似飞鸟空坠，或棱侧之形如流水激来。作一字，横竖相向；作一行，明媚相承。第一须存筋藏锋，灭迹隐端。用尖笔须落锋混成，无使毫露浮怯；举新笔爽爽若神，即不求于点画瑕玷也。若作一纸之书，须字字意别，勿使相同。若书虚纸，用强笔；若书强纸，用弱笔：强弱不等，则蹉跌不入。

凡书贵乎沉静，令意在笔前，字居心后，未作之始，结思成矣。仍下笔不用急，故须迟。何也？笔是将军，故须迟重。心欲急不宜迟，何也？心是箭锋，箭不欲迟，迟则中物不入。夫字有缓急，一字之中何者有缓急？至如"烏"字，下手一点，点须急，横直即须迟，欲"乌"之脚急，斯乃取形势也。每书欲十迟五急，十曲五直，十藏五出，十起五伏，方可谓书。若直笔急牵裹，此暂视似书，久味无力。仍须用笔着墨，不过三分，不得深浸，毛弱无力。墨用松节同研，久久不动弥佳矣。①

传为王羲之所作书论还有《笔势论》（十章）、《笔势论十二章》（并序）、《草书势》《用笔赋》等等，但因难以确认为右军所撰，有托言之嫌，故简列不述。尽管如此，这些书法的体会和总结都是对王羲之书法技法、艺术的诠解，具有相当不错的水平。人们宁或相信它们出自右军之笔底，亦是书圣众望所归的一个侧影吧。

①〔晋〕王羲之：《书论》，载〔清〕倪涛：《六艺之一录》卷二七一，第655册，第38页。

处江湖之远

深受儒家气质熏染的王羲之，在位时，“居庙堂之高，则忧其民”，归隐林泉之后，“处江湖之远，则忧其君”，以深邃的目光观察着朝局动态。他与司马昱保持联系，“羲之死罪，复蒙殊遇，求之本心，公私愧叹，无言以喻。去月十一日发都，违远朝廷，亲旧乖离，情悬兼至，良不可言，且转远非徒，无咨觐之由，音问转复难通，情慨深矣。故旨遣承问，还愿具告。羲之死罪”。

这期间，王羲之最萦系于心的是推谢安出山。“初，安家于会稽上虞县，优游山林，六七年间，征召不至，虽弹奏相属，继以禁锢，而晏然不屑也。”[①]逸少与刘惔讨论，“王右军语刘尹：‘故当共推安石。’刘尹曰：‘若安石东山志立，当与天下共推之。’”[②]此乃深谋远虑的一招。

桓温大权独揽后，北伐成为主旋律。永和十年（354），王师进至关中复又还镇，在荆州厉兵秣马，伺机再图。未想永和十二年（356）“三月，姚襄入于许昌”，率先挑起战事。王羲之闻讯，立即致书谢尚：“羌贼故在许下，自当了也。桓公未有行日，阿万定吴兴。”希望桓温能赶快出兵，而谢万应回到吴兴改做地方官。接着，姚襄从许昌北上犯“洛阳，逾日未克”。王羲之心驰前线。“贼势可见，此云方轨，万万如志，但守之，尚足令智者劳心，此回书恒怀汤火，处世不易，岂惟公道。”他为桓温面临强敌，后方又不尽如人意而忧心。桓温就是在这种情况下自江陵北伐，与僚属登平乘楼（大船）望中原，叹曰：“遂使神州陆沉，百年丘墟，王夷甫（衍）诸人不得不任其责！”对于徒尚虚言而疏于军事政务者，桓温耿耿于怀。看到洛阳又丢了，他联想到王衍等人使夷狄入侵，北国陆沉的历史罪责。

八月，桓温军至伊水（今河南省洛阳市南），姚襄撤围拒水而战。羲之闻报，预祝破敌：“虞义兴适送此。桓公摧寇罔不如志。今以当平定（姚襄）。古

---

①〔南朝·宋〕刘义庆：《世说新语》，第256页。

② 同上。

人之美，不足比踪，使人叹慨，无以为喻。”《资治通鉴》记：“襄拒水而战，温结陈而前，亲被甲督战，襄众大败，死者数千人。”“温屯故太极殿前……谒诸陵，有毁坏者修复之，各置陵令。”桓温上表请镇西将军谢尚都司州诸军事，镇洛阳。以谢未至，“使扬武将军毛穆之，督护陈午，辅国将军、河南太守戴施镇洛阳”，“徙晋旧民三千余家于江、汉间”[①]。得知桓温告捷，故都克复时，王羲之大为振奋，极其喜悦。书信云：“得谢、范六日书为慰。桓公威勋，当求之古，令人叹息！比当集（聚歼）姚襄也。”王羲之处于兴奋之中，尽兴挥洒，一封封书信便是一幅幅漂亮的法帖，其中“知虞帅云，桓公以至洛，即摧破羌贼，贼重命，想必禽之。王略始及旧都，使人悲慨深。此公威略实着，自当求之于古，真可以战，使人叹息。知仁祖小差，此慰”，流传后世，是为著名的《破羌帖》。

宋代黄伯思云：“《破羌帖》今在米淮阳（芾）家，崇宁癸未春，米在都下，以泉十五万得之。后有‘开元’印记，及陶谷等题字。……是时，逸少去会稽内史已岁余，方遁迹山水间，宜不复以世务经怀，而此书乃叹宣武之威略，悲旧都之始平，忧国嗟时，志犹不息；盖素心如此。惜其一愤远引，使才猷约结，弗光于世。独区区遗翰，见宝后人，览之深为兴叹。”[②]

这些书信中，王羲之光复中原的情结跃然纸上，“摧破羌贼”让他万分欣慰，感慨良多，“使人叹息”，“使人悲慨深”。王羲之深知桓温是位骁勇善战的统帅，对他的每次行动，收蜀、北伐都抱以期望，给予支持、建议。桓温也始终挂念着已然卸任的老友：“数得桓公问，疾转佳也，每悬胡。云征事未有日佳也，以逼势，不知卒云何尔。”“桓公不得叙情，不可居处。云子诸人，何似耿耿，能数省否?”即便如此，王羲之心中“以区区吴越经纬天下之九”的忧虑依然存在。当桓温攻洛、双方僵持、胜负未分时，他担心地写道：“得都下九日书，见桓公当阳去月九日书，久当至洛，但运迟可忧耳。蔡公遂委笃，又加痈下，日数十行，深可忧虑。得仁祖廿六日问疾，更委笃，深可忧。当今人物眇

①〔唐〕房玄龄：《晋书》卷八《穆帝纪》，第201页。

②〔宋〕黄伯思：《东观余论·跋逸少〈破羌帖〉后》，人民美术出版社2010年，第95页。

然，而艰疾若此，令人短气。”这种担忧决非多余，桓温北伐，战绩显赫，多次占据洛阳，但最终还是未能守住，也未能将中原纳入东晋版图。

对于朝政上的另一件大事，王羲之与桓温的意图又不尽相同。桓温控制洛阳后，修缮先帝诸陵，继而兴宫室、复旧城，频频奏请朝廷，“议欲迁都”。对于东晋来说，偏安是现实，也是一种心态，现实造就心态，心态引导现实，王朝在偏安中建立又在偏安中更替。

一般来说，国破家亡之后，总要激发士人奋发有为、重振大业的精神，这种精神在东晋初叶昙花一现便退居支流。客观上讲，以当时北方少数民族政权尚武强悍，而东晋朝中君权与门阀互相掣肘的形势，偏安不失为明智的选择，但偏安心态如此之重与玄风煽炽也不无关系。王羲之多次劝阻北伐的上书中也可见相关内容：“政以道胜，宽和为本。力争武功，作非所当。因循所长，以固大业。”在中国历史上的偏安时期中，不赞成作统一努力者提出过各种理由，而以“宽和为本”作理论，视收复中土为“力争武功”者，恐怕只存在于东晋士人的头脑中。这显然是当时以玄学为指导思想的结果。

作为枭雄的桓温，当然了解现实利害和群臣的心态。初据洛阳，局势远未稳定，周边敌国环伺，洛阳处于极不安全的环境中。在这样的情况下，悍然提出迁都，无非试探“挟天子以令诸侯”的威势而已。桓温的北伐勋业足以震荡朝纲，其军力亦不难颠覆都城。“时大司马桓温欲经纬中国，以河南粗平，将移都洛阳。朝廷畏温，不敢为异，而北土萧条，人情疑惧，虽并知不可，莫敢先谏。”

王羲之对桓温迁都之议早有风闻，经常与挚友孙绰交流。前不久，孙绰从永嘉太守任上调入建康，“迁散骑常侍”，在百官“莫敢先谏”之际，胸有成竹的孙绰提笔写了封千古名章——《谏桓温迁都洛阳表》。

孙绰着重阐述了两大理由：一是地利上建康安而洛阳险。江左中兴，“实赖万里长江画而守之耳”。而目前洛阳的环境远不成熟：“苍生殄灭，百不遗一，河洛丘虚，函夏萧条，井堙木刊，阡陌夷灭，生理茫茫，永无依归。”二是人和方面，静则安，动则乱。无论世族还是百姓，“播流江表，已经数世，存者长子老孙，亡者丘陇成行。虽北风之思感其素心，目前之哀实为交切”；“一朝拔之，顿驱踧于空荒之地，提挈万里，逾险浮深，离坟墓，弃生业，富者无三年之粮，贫者无一餐之饭，田宅不可复售，舟车无从而得……顿仆道涂，飘溺江川，仅有达者”。①

以上都是摆在台面上的“微言大义”，细品文章还可感到两点隐于其间的忧虑。偏安心志借“百姓”之身流露出来，“舍安乐之国，适习乱之乡，出必安之地，就累卵之危”。士人们在江南的日子过得稳定、安适，应该珍惜与维持，没有必要冒风险去改变它。另一层便是孙绰、王羲之一类名士始终无法摆脱的“区区吴越”之虑。他们认为，东晋的实力一直未达到足以兼并北方的程度，局部的暂时胜利可能会有，全局的长远收复则“时运未协”。因为时值桓温“北平洛阳”，此话讲不出口，只能委婉表达，所谓“时隆则宅中而图大，势屈则遵养以待会。使德不可胜，家有三年之积，然后始可谋太平之事耳”。

王朝政治的游戏规则就这么有趣。孙绰对要害问题只字未提：桓公欲效曹操“迎献帝于洛”，“挟天子以令诸侯”，士林集团没有认可。然这层用意从正面传达：“陛下春秋方富，温克壮其猷，君臣相与，弘养德业，括囊元吉，岂不快乎！”“若陛下垂神，温少留思，岂非屈于一人而允亿兆之顾哉！”此说只有当朝文章第一高手才能掌握好火候。孙表一出，群臣视为佳言，非议迁都的呼声高涨起来。

无论桓温的迁都之议是否真心，权臣的心态都是唯我独尊，期望百官望风景从的，不愿听到任何逆耳的“忠言”。阅罢这份有违己愿的谏表，桓大将军不悦，叫人“致意兴公，何不寻君《遂初赋》，知人家国事邪”！你不去游你的仙，耕你的田，对军国大计起什么哄，靠一边看书去吧。“寻转廷尉卿，领著作郎”。迁都之事就这么不了了之。

在这段时间里，参战的将领多为王羲之的亲朋好友，荀羡、郗昙、谢家兄弟等。王羲之是性情中人，关心国事，也因之与家事难解难分。永和十二年（356）十月，“慕容恪攻段龛于广固，使北中郎将荀羡帅师次于琅邪以救之”②。

---

①〔唐〕房玄龄：《晋书》卷五六《孙绰传》，第1545、1546页。

②〔唐〕房玄龄：《晋书》卷八《穆帝纪》，第201页。

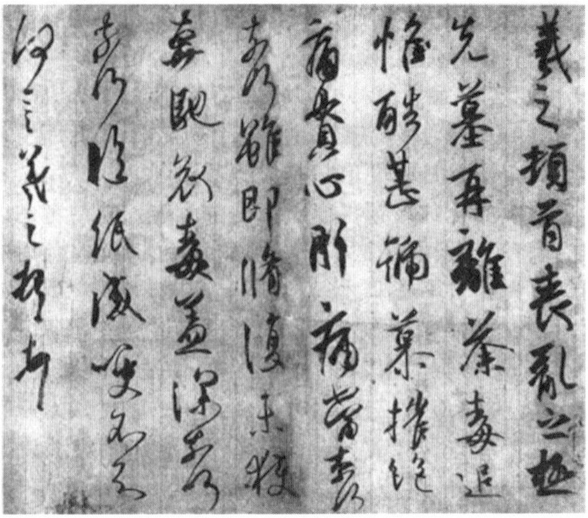

王羲之《丧乱帖》（日本皇室藏）

琅邪乃王羲之的故乡，他自然多了一份牵挂。拉锯之中，故乡几遭战火。噩讯传来，王羲之悲愤交集，随情命笔，写下千古名作《丧乱帖》，“羲之顿首：丧乱之极，先墓再离荼毒，追惟酷甚，号慕摧绝，痛贯心肝，痛当奈何，奈何！虽即修复，未获奔驰，哀毒益深，奈何奈何”。荀羡还在苦战，与他配合呼应的谢家兄弟却于盛年之际先后殉职。

谢尚自永和中拜“尚书仆射，出为都督江西淮南诸军事、前将军、豫州刺史，给事中、仆射如故，镇历阳，加都督豫州扬州之五郡军事，在任有政绩。上表求入朝，因留京师，署仆射事。寻进号镇西将军，镇寿阳”①。从侧翼配合桓温北伐。谢尚的从弟谢奕，素“与桓温善”，在桓温安西将军府中任安西司马。

谢尚、谢奕皆治学治事两通之才，为国家、为朋友，多有倚重。谢尚身体长期有恙，王羲之多次在书信中担心，“得仁祖二十六日问，疾更危笃，深可忧”，“知仁祖小差，此慰可言”。无奈生死有命，谢尚卒于升平二年（358）五月。逸少悲痛难当，赴谢家老宅吊唁，“仁祖日往，言寻悲酸，如何可言”。接着又操劳后事，“彦仁书云：仁祖家欲至芜湖，单弱伶俜，何所成？君书得载停郡迎丧，甚事宜，但异域之乖，素已不可言，何时可得发？”谢尚留下的空缺，由谢奕于六月填补，“以军司谢奕为使持节、都督、安西将军，豫州刺史”②。万没想到，谢奕到任后，什么事都没来得及做，便染了时疫，八月间便追随其

①〔唐〕房玄龄：《晋书》卷七九《谢尚传》，第2071页。

②〔唐〕房玄龄：《晋书》卷八《穆帝纪》，第202页。

兄赴黄泉了。

建康北部战区的统帅人选再度成为朝中大事。起初考虑以桓温之弟、建武将军桓云继任，但王羲之的堂弟、时任左仆射的王彪之对司马昱说：“云不必非才，然温居上流，割天下之半。其弟复处西籓，兵权尽出一门，亦非深根固蒂之宜也。人才非可豫量，但当令不与殿下作异者耳。”[①]司马昱本存提防桓温之心，听了此议，便改变主意，派第三位谢家人任此职，“以吴兴太守谢万为西中郎将、持节、监司豫冀并四州诸军事、豫州刺史。以散骑常侍郗昙为北中郎将、持节、都督徐兖青幽扬五州诸军事、徐兖二州刺史，镇下邳”[②]。

王羲之非常关心这件事情，“云停云子代万。顷桓公至，今令荀临淮权领其府，怀祖都共事，已行”。他太了解谢家兄弟各自的习性和本事了。谢尚、谢奕堪当大任，做事令人放心，而他们的小兄弟谢万则不然。谢万是性情中人，王羲之看着他长大，素以“阿万”呼之。前不久，谢万要做吴兴太守，算是基本合宜，“昨暮得无奕、阿万此月二日书……阿万定吴兴”。现在谢万继谢奕之缺，“再迁豫州刺史、领淮南太守、监司豫冀并四州军事、假节”[③]，这是把一方的军政重担放在谢万的肩上。

王羲之深晓，谢万“矜豪傲物”“啸咏自高”，作为朋友，像片白纸一样清纯可爱，聊起宇宙人生也颇有灵气，但却非理政之才，更不是带兵打仗的料。谢万与谢安直赴军前，王羲之想当面劝劝都没机会，即“遗万书诫之曰：‘以君迈往不屑之韵，而俯同群辟，诚难为意也。然所谓通识，正自当随事行藏，乃为远耳。愿君每与士之下者同，则尽善矣。食不二味，居不重席，此复何有，而古人以为美谈。济否所由。实在积小以致高大，君其存之’”。劝告他当爱兵如子，与各级军官建立良好关系，否则，到战场上，没有人会奋死争先。这也是儒家思想在军队管理中的体现。

信发出后，王羲之仍不放心，又给有权节制谢万的桓温写信，“谢万才流经通，处廊庙，参讽议，故是后来一器。而今屈其迈往之气，以俯顺荒余，近是

①〔唐〕房玄龄：《晋书》卷七六《王彪之传》，第2010页。
②〔唐〕房玄龄：《晋书》卷八《穆帝纪》，第203页。
③〔唐〕房玄龄：《晋书》卷七九《谢万传》，第2086页。

违才易务矣。温不从”。自谢万为吴兴太守，谢安即悄悄地离开会稽，随之佐辅。谢万刺豫州，谢安为谢氏门户计，乃汲汲于扶持，随在谢万身边以求匡正。桓温大约知道谢安一直跟着谢万在军前，便未采纳王羲之的谏言。谢万兵败，桓温怪谢安不施援手，“桓公问桓子野：‘谢安石料万石必败，何以不谏？’子野答曰：‘故当出于难犯耳。’桓作色曰：‘万石挠弱凡才，有何严颜难犯！’”[①]实是江山易改，本性难移，谢安在军前也不能改变谢万自负无人的性格：“自队主将帅已下，安无不慰勉。谓万曰：‘汝为元帅，诸将宜数接对，以悦其心，岂有傲诞若斯而能济事也！’万乃召集诸将，都无所说，直以如意指四坐云：‘诸将皆劲卒。’诸将益恨之。”[②]

谢安不放心，特请好友孔严（彭祖）随军照看。开始的情形还可以，碰到几股小寇，连得胜绩，王羲之稍可安慰：“适万石去月五日书，为慰，寻得彭祖送万九日露版，再破贼，有所获，想足摧寇越逸之势耳，宜适许司农书为慰。无人未能得重，故向余杭间。”

升平三年（359），面对北方慕容儁的南逼，朝廷于十月“遣西中郎将谢万次下蔡，北中郎将郗昙次高平以击之”。对此次出军远征，王羲之权衡敌我力量，预料必无胜理。尤知内弟郗昙亦非将才，书云：“荀侯疾患，想当转佳耳。若熙得勉，此一役当可，言浅见实，不见今时兵任可处理。”[③]

可悲的是，王羲之的担心变成了现实。谢万“自率众入涡颍，以援洛阳。北中郎将郗昙以疾病退还彭城，万以为贼盛致退，便引军还，众遂溃散，狼狈单归”[④]。他看见郗昙的军队在往回走，不知道郗昙是因为生病还军彭城，还以为是贼人太厉害，“便引军还”。这道命令引起军中大乱，阿万自己的玉马镫也找不到了：“谢中郎在寿春败，临奔走，犹求玉帖镫。太傅在军，前后初无损益之言，尔日犹云‘当今岂须烦此？’”[⑤]将士们跟着这样一位主帅，还不气炸

①〔南朝・宋〕刘义庆：《世说新语》，第190—191页。
②〔唐〕房玄龄：《晋书》卷七九《谢万传》，第2087页。
③《淳化阁帖》卷二。
④〔唐〕房玄龄：《晋书》卷七九《谢万传》，第2087页。
⑤〔南朝・宋〕刘义庆：《世说新语》，第309页。

肚皮。

消息传到会稽，王羲之十分忧虑，谢安也无力回天。谢万必不能解释兵散的理由，朝廷给以处分是势所难免了，大家只有尽力地担待担待：“安石定目绝，令人怅然一尔，恐未卒有散理，期诸处分犹未定，忧悬益深。念君驰情，又遣从事发遣，君无复坐理。交疾患，何以堪此，何以堪此。恐属无所复厝怀，即乖大小不可言，且忧君以疾，他曳不易。”

谢万被“废为庶人”，回建康后给王羲之写信：“惭负宿顾。”王羲之致书曰：“此禹、汤之戒。”以文人的弱点去担不胜任的重责，本来就只能是这样的结果。但谢万总是想不开，逸少只好厉言苦讽，冀其明晓：“若治风教可弘，今忠着于上，义行于下，虽古之逸士，亦将眷然，况下此者？观顷举厝，君子之道尽矣。今得护军还君，屈以申时，玄平顷命朝有君子，晓然复谓有容足地，常如前者，虽患九天不可阶，九地无所逃，何论于世路？万石，仆虽不敏，不能期之以道义，岂苟且！岂苟且！若复以此进退，直是利动之徒耳，所不忍为！所不以为！”我们这种文人君子本应该多干文化事，乱世中的强人枭雄岂我辈所能为。处世行事，除了衡以对朝局的利弊外，还有更值得看重的一杆标尺，那就是自己的良心。由此观之，挂冠归隐，从今而后生活在墨踪书影间，不也自得其乐吗？有什么想不通的。

第十章　魂系自然

信步书法之巅

书法，展现了王羲之生命中的潇洒。晋人书尚“韵”，“韵”之极致，就是风度情操上的和谐自然、含蓄温婉。右军书不但卓荦潇洒，蕴藉风流，更为“书中之韶乐”——具所谓“中和”之美。如张怀瓘《书断》云，“逸少可谓韶，尽美矣，又尽善矣”。

汉魏至晋，书道为士人修身养性之艺，属“雕虫之技”，君子可为而不可溺，“虽小道，必有可观者焉，致远恐泥，是以君子不为也”①。王羲之晚年所书，被公认为他书法的最高境界，其作品却无刻意为“法帖”之类，书法之于他更多地回归为修身养性之行，化入自由如意之境。这其中，也多少受到极具书法天赋的小儿子献之的激励。“子敬年十五六时，常白逸少云：‘古之章草，未能宏逸。今穷伪略之理，极草纵之致，不若藁行之间，于往法固殊，大人宜改体。’逸少笑而不答。”②子敬以为父亲以章草为根基写大草，旧味过重，应当“改体”，创造出飘逸、恣纵的“今体”。王羲之“笑而不答”，实为他已在这条道路上探索多年了，子敬的见识，只是让他把步子迈得更大。

---

①〔春秋〕孔子：《论语·子张》，中华书局2006年版，第291页。

②〔唐〕张怀瓘：《书估》，见于《全唐文》卷423，中华书局1983年版，第4403页。

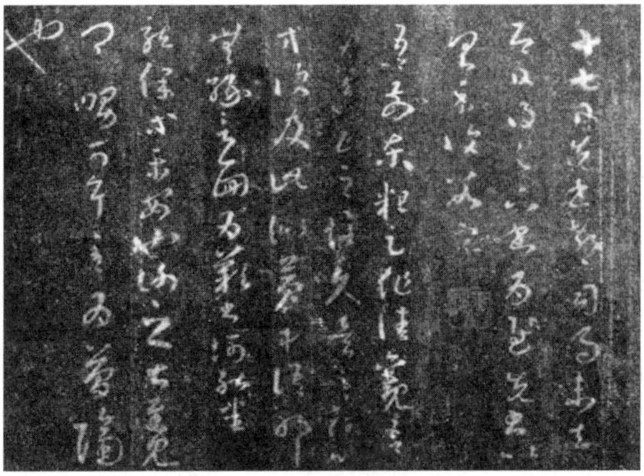

王羲之《十七帖》(上海市图书馆宋拓本)

现在看到的《十七帖》《丧乱帖》《孔侍中帖》等,都是右军与友人的书信、简札,有一种"天真"的美,比起钟、张所书,更多了些意韵变化,"钟繇每点多异,羲之万字不同"。他创造的"今草",字与字间顾盼有情,似断还连,大小斜正,参差错落。通常人写字为事所迫,必心神不宁,难以书写出好的作品,更不要说艺术珍品了。王羲之修炼的功夫使他每临书案,虽常在喜忧情切之间,却能使书随人走,自然而然地进入忘我的创造境界。

今人喜欢以时间来划分,认为王羲之晚年的书法最好。然《乐毅》出于永和四年(348),《兰亭序》为永和九年之作,故上论为笔者所不敢许。《十七帖》乃公认的今草名卷,是王羲之与友人周抚书信集,前后达二十余年。从公元360年往前推,340年周抚参与桓温征西,两人就有了书信往还。这些书信都是随手而制,今草的成分居多,所以才被后人视为学习今草的"法帖"。

草书发轫于秦之末,通行于汉,初期为"章草",乃篆隶体的流便之用,其偏旁法则,概由篆隶省变而成,所谓"章草者,隶之捷也"。到东汉末年,"章草"基本定型。它以浓厚的隶书笔意、字与字之间各自独立、不连贯为特征,有严格的法则。"今草"之创,一般都认为始于张芝,"字之体势,一笔而成,偶有不连,血脉不断,及其连者,气候通而隔行",但因其作品极少,到东晋已绝。王羲之体张芝笔意,重作"一笔书",还与王洽共同研讨,故后世有右军为"今草"创制之人的说法。这种草书新体,书写更为自由随便,笔势连通,一笔可书数字,流畅纵逸,隶意已经很淡了。但"今草"因其"简"而"难",稍不以规制,便成"涂鸦",所以非通家不触。张芝常云:"匆匆不暇草书"。王羲之也是把对"今草"的突破放在了探索的最后阶段。

王羲之于书法境界上，早就以“顺应天物”为第一位的追求，在书信之中更加任性作为，把对世事人生的“思虑”融于“今草”体势之中，应物随形，水到渠成。对于今草，很多论者判为“脱尽隶意”，王羲之《书论》中则有另一番体会：“若欲学草书，又有别法。须缓前急后，字体形势，状如龙蛇，相钩连不断，仍须棱侧起伏，用笔亦不得使齐平大小一等。每作一字须有点处，且作余字总竟，然后安点，其点须空中遥掷笔作之。其草书，亦复须篆势、八分、古隶相杂，亦不得急，令墨不入纸。若急作，意思浅薄，而笔即直过。惟有章草及章程、行狎等，不用此势，但用击石波而已。”今草之性就在于将诸体势的精要融会。为有别于“章草”，还特别点出在前人那种规范严格的书体中，要按体裁而为，不可添加多余的成分，只用钟繇的“击石波”便足。

王羲之今草的随兴所至，是一种尝试。他的新变中又常常含着对旧式的追念。楷书出世后，一改“隶”之沉重，流丽为其主貌，以“真书”为源头，进而“变易”出“今草”之体。然字形的发展是从金石、大篆、小篆、隶这样走下来的，这些都是字体的筋骨，草书之规范不能植于无本之木。针对前人将“由隶入草”的书体称为“章草”而言，王羲之把流转变化出自今人胸臆的改体化入“今草”之范畴。自此区分之后，草书变体无穷，有以汉隶入草、小篆入草，以至大篆之金石钟鼎各文体，至后世，更发掘甲骨、岩刻画各元素，充实于草书各种体势中，变化万千。所以，右军的追念之中，包蕴着其草书的创作企图——温故而知新，从旧的体式中再发掘出有价值的因素，或者将旧式改新，成为诸元素齐备的一种创新手法。

王羲之《自论书》中认为，草书以钟、张为最，“顷寻诸名书，钟张信为绝伦”，这主要是指“章草”的地位。而“今草”创制的历史较短，在战乱的年代里，钟、张等大家的作品又遗失殆尽，只可以说是“有形无体”，规矩未立。数十年来，右军留心于“今草”，但十分慎重。他认为今草的优点与缺陷都很明显，连贯、流畅甚至狂放，但如不循章法，便入歧途，甚至不成为“字”。而今草的拓展，不光需个性与才气，更要根据书法的规律，从隶、篆等元素中发掘体势，规整章范，并将楷书中已大量运用的提按等新笔法，注入“今草”之中，使今草流丽婉转，能极尽体态。

王羲之于书法艺术，终生研磨，晚年的作品，“章草”成分渐少，“今草”意蕴日浓。其草书呈旧中见新或新中带旧，两者兼备，水乳交融。《姨母帖》《寒切帖》《初月帖》等均为晚年所作，对新法的实践已娴熟。体式上以草书为主，以隶书的“波磔”为书写的根骨，仍有“拖”“绞”等用笔特征，行间变化无穷，意境更为连通。这使他的每一帖、每一字都有差异与特点。沙孟海先生说：“王羲之个人作品中，也尽有若干种不同风格。不但各帖之间有不同风格，《姨母帖》前两行与后四行亦截然两样。”①

《寒切帖》内容很简单。“十一月廿七日羲之报：得十四、十八日二书，知问为慰。寒切，比各佳不？念忧劳，久悬情。吾食至少，劣劣！力因谢司马书，不具。羲之报。”②寒切帖，又名“廿七帖”“谢司马帖”。谢司马即谢安。谢安于升平四年（360）出山为桓温征西将军府司马。王羲之于升平五年逝世。因此，此书应是升平四年所书。此帖平和简淡，写时好像毫不费力。许多字，如“得”“保”“谢”等字，似简得不能再简，笔画也没有那么多转折、顿挫。但简化不是简单，而是高度概括，做到了有点画处甚至无点画处都意韵十足。此帖破损较重，许多字（“月”“羲”“劳”等）虽然残破，但气势仍然丰满。就整体来说，妍润娴雅，而第一个“之”字、“寒切”等字，又润中含朴，耐人寻味。唐人孙过庭说：“右军之书，末年多妙，当缘思虑通审，志气平和，不激不励，而风规自远。”所谓“无间心手，忘怀楷则”。

《初月帖》为《唐摹万岁通天帖》之二。王羲之父名“正”，为避父讳，“正月”书为“初月”。此帖是王羲之留存至今最好的“章草”书帖之一。邱振中分析：“《初月帖》点画具有强烈的雕塑感，墨色似乎有从点画边线往外溢出的趋势，沉着而饱满，这种丰富性、立体感都得之于笔毫锥面的频频变动。作品每一点画都像是飘扬在空中的绸带，它的不同侧面交叠着、扭结着，同时呈现在我们眼前；它仿佛不再是一根扁平的物体，它产生了体积。这一段的侧面暗示着另一段侧面占有的空间。——这便是人们津津乐道的‘晋人笔法’。它是绞转

① 沙孟海：《沙孟海论书丛稿》，第220页。

②《淳化阁帖》卷二。

所产生的硕果。”[①]后人学“今草”者多，不愿意学重拙的“章草”，对“绞转”等复杂的手法更疏于练习，“形质”之缺失不是一成两成，应了孙过庭批评唐人毛病，“草乖使转，不能成字”。只用“提”“按”，不会“绞”“转”，笔法的丰富性由此丧失，笔画简单、中怯成为极大的问题，无可再睹“雄厚恣肆”之态。后黄庭坚在线条中间增加折点也只是“提按”法内寻求变化，增加顿挫节律。米芾大用“绞转”，所谓“用锋之八面”。黄、米都取得了很高的书法地位，但愿意尝试并成功者极少。清末“碑学”欲正本清源，而王羲之的“章草”加以金石刻镂，何能不如“碑”者。

“绞转”不传的另一原因是真本无迹。王羲之《豹奴帖》是“章草”意浓的一幅力作，圆笔中锋为主，字距紧密，行间相对疏朗，流丽婉媚，笔不连而意连，给人以阔步高蹈的典雅雍容之美。然右军晚年作品多行、楷、今草，“章草”作品屈指可数，加之“章草”在书法发展史中处于一种“过渡”的地位，很多体势只是从迹而推，混杂各帖中，便无怪乎人们不循“真章”了。王羲之拟张芝笔法，在未悟出张之书体根于隶篆时，也走过弯路。近人看腻了流丽有余的“今草”，回身“掘古”，不亦幸乎。

王羲之《书论》云：“夫书者，玄妙之技也，若非通人志士，学无及之。”通则变，变则通，发之胸，本之源，方为大家。

议论王右军的作品，历来以《十七帖》为草书之宗，唐代蔡希综《法书论》曰：“汉魏以来章法弥盛，晋世右军，特出不群，颖悟斯道，乃除繁就省，创立制度，谓之新草，今传《十七帖》是也。”宋代黄伯思赞：“此帖逸少书中之龙也。”朱熹《晦庵论书》评道：《十七帖》“玩其笔意，从容衍裕，而气象超然，不与法缚，不求法脱。真所谓一一从自己胸襟流出者”[②]。今人修习草书，《十七帖》仍为则法之最，精研细品，亦颇有发明。中央紫光阁画院院士方国兴先生的见解[③]，可谓集大成者，特摘录如下：

---

① 邱振中：《邱振中书法论集：书法的形态与阐释》，中国人民大学出版社2011年，第65—66页。

② 均见倪涛：《六艺之一录》卷一六三，第653册，第95页。

③ 方国兴：《论王羲之〈十七帖〉艺术特色》，《南方文物》2001年第3期。

《十七帖》精妙之处，主要在以下几个方面：

结体稳健。草书结体的规律是“各自为战，互不相干”。乍一看，书草如楷，从容不迫，平心稳健。再仔细看下去，精妙至极，非仅上述。有的结体以正而斜，有的似斜反正，有的化险为夷，也有的若断而连。全帖上下二字相连的共九处，三字相连的只有第三页最后一行的“下问耳”，第七页第二行的“理得尔”和本帖正文最后一页第四行的“以年老甚”及结尾“故远及”四处。它们是上字之终，连锋为下字之始，因势利导，顺手自然，毫不牵强。通篇看虽“各自为战”，但字字笔断而意连。相同的字，结体却千变万化，字虽重复，但写法不一。如“足下”的“足”字，共36个，结体却无一雷同。或正或斜，或大或小，或长或短，或粗或细，或方或圆，因行而宜，为尽其妍。唐太宗评王羲之的草书：“观其点曳之工，裁成之妙，烟凝露结，状若断而还连；以翥龙蟠，势如斜反直，玩之不觉为倦，览之莫识其端。”

章法生动。点画之妙在于用笔。笔法谨严厚重，右盼左顾，极有规矩，点画很少锋芒毕露，大都藏头护尾，骨肉倍匀，线条朴实遒劲，富有立体感，尤其书划转折处如：横折、竖弯勾等笔画，总是轻提重按，顿挫有致，笔笔送到，决不一滑而過。用笔或圆中有方，或方中有圆，意味无穷，全帖无一败笔。王羲之的“十迟五急，十曲五直，十藏五出，十起五伏”，是讲用笔宁缓匆急全力以赴，视形变貌，百态千姿，才能达到理想的艺术境地。此帖可以说是他十六字的具体运用。王羲之用笔右规左矩，结体变化有度。点画之间前笔有终，后笔有始，“终”是为了牵引下文，“始”是为了承接上字，因此行气贯通，笔畅神融。如第十四页后三行，“何帝时立此知画三皇五帝以来备有画又精妙甚可观也彼有能画”二十七个字，无一相连，唯“立此”二字似连似断，但笔笔承上启下，字字前呼后应。从疏密关系看，可谓疏可走马，密不容针，字大小错落，笔画有轻有重，极富节奏感。

变化从心。《十七帖》中重字甚多，都写得各有姿态，如《讲堂帖》中“是汉何帝”的“帝”，点画沉着，稍有映带，末笔垂直而下，端庄凝重。

“三皇五帝以来”的“帝”字，起首一点即血刃挫有势，后数笔连绵而下，末一笔向左引出，有很浓的章草笔意。另外如“知”字、“汉”字、“画”字也都各尽其妙，令人叫绝。这是只有功至性显，写到熟服处，笔底迸出天机来，才能产生的作品。

侧锋取势。有些人以为，右军往内收笔，一定是笔笔中锋，其实不然。帖中“邛竹杖”的“邛”字，以顺入笔的痕迹代替横画，然后侧锋而行，侧锋而出。“计与足下别二十六年”的“计”字，“复得其书”的“复”字，也都有这种短而方的竖笔。竖笔横下，势必笔尖在笔画左侧，在这样短的距离中，是不可能调整到笔画中间的，这些侧势之笔，骨健气清，正如清人姚配中说：“不颇则骨不骏。”

浑圆筋劲。草书是以“使转为情性”，因此，圆是重要的。姜夔《续书谱》说：“草贵圆，圆者应之方，斯为妙矣。”而用笔欲圆，须“用笔盘旋，空中作势”，其力出于臂腕，显得字有长工筋骨。常见一些习作，笔画若飘带，浮薄无力，都是因为臂腕乏力，不解“空中作势”之故。帖中“违离不可居”的“离”字，“故为多奇”的“奇”字，“可得果，当告卿求迎”的“可得果”三字，皆遒劲圆活。清人朱履贞说：“书贵圆活，圆活者，书之态度流丽也。”

收放得宜。帖里的四个“耶”字，其末一字笔均匀不相同。有收有放，出笔处有方有圆，皆因在一行中的地位不同。两个长垂的“耶”字，都处在一行的末尾，故需要舒展的笔势。两个短缩的，都在行间，蓄势以引起下一个字。带“辶”的字，如“进”“遂”“达”等字，其末一笔或收锋，或出锋，或下连，或上挑，皆随势而作，首尾相应。

重按轻转。古人作书：“一画之间变起伏于锋杪。”起伏也就是提按。清人姚配中说：“不按则血不融，不提则筋不劲。”董其昌曾颇具感慨地说：“予学书三十年，悟得书法而不能实证者，在自起自倒，自收自束耳。”帖中“至吴”两字，由圆渐方，由转而折，由轻而重，转处轻提，折处重按。再看“足下问”三字，也是转处圆活，折处险峻，正是用笔精妙之处。

意蕴深长。书法作品的成败，关系人的情态，唐人孙过庭有“五乖五合”之说：“乖合之际，优劣互差，得时不如得器，得器不如得志。”得志就是作者在执笔创作时，豪情满怀，喜怒哀乐跃然纸上，意蕴表现在作品之中。古有“见其字如见其人”之说。《十七帖》的作者豁达随和的云水胸襟，刚正真诚的骨鲠个性，是以简练安详的笔墨形式实现的。在临习和欣赏《十七帖》时，不仅从中领会到作品的内在意境美，同时还感受到右军的人格美，给人以意蕴深长的无限遐想。

最能反映王羲之晚年书法风格的作品当属《丧乱帖》。此帖于唐代东渡日本，国内失传，直到20世纪初才以照相术制成的印刷品重返故土。此帖书写似无定法，完全进入了随情随感而发的境域。《丧乱帖》书写于听到北方祖墓“再遭荼毒”之际，忧愁与激愤倾注笔端，文气奇宕潇洒，无拘无束。全帖前有雄强之美，后则惨淡无极，任由情感变化驱动笔底波澜。此帖由行入草呈现出渐变的过程，随着“痛贯心肝”的悲愤和“未获奔驰”的悔恨，草的成分逐步加大，到了“临纸感哽”处已不见行书踪影，全部是草书了。变化之妙，叹为观止。

在这幅字帖中，很难说王羲之用的是今草还是章草，是行书体、楷书体还是草书体，各种字体、字形被熔于一炉，完全根据情感的变化和需要而生发。说无法又有法，不仅每个字独立可观，美轮美奂，通篇跌宕起伏，又融融一气，到了纵心所欲不逾矩的妙境，神韵竟自天成。

王羲之的书帖，不但注重字的变化，更将通篇布白作为书者的美感追求。看王羲之的字，也不能确定哪一个更妙，但观王羲之的帖，却感觉没有一笔不恰到好处。“一点成一字之规，一字乃通篇之准，违而不犯，和而不同”①。而王羲之的书迹却是一字百种，千帖千面，气摄意统，有通达之韵却无势同之字。

---

①〔唐〕孙过庭：《书谱》，中华书局2012年版，第231页。

金庭之内有吾家

初到浙江，王羲之便有在此地终老的心思，因履行着会稽内史的职责，有公务在身，先把家安在了山阴城北葺山之麓（今戒珠寺）。此后，无论因公到各县巡察，还是为私“尽山水之游”，他一直留意于为自己寻一处颐养天年的“佳山水”。多处比较下来，最难以忘怀的还是剡中的金庭。

剡中是一块王羲之有着特殊感情的土地。早年李充来当剡令，逸少前来探望时，即为这片绿水青山所迷醉。会稽、四明、天台山脉群峦环聚，奇峰林立，谷间涧水潺潺，碧潭珠连，溪声山色，松涛竹音，有如仙境。剡中美景为东晋文化名流所钟爱，多选此间筑室为家。后人更是赞美不绝。唐裴通说：“越中山水奇丽，剡为最。”[①]杜甫诗云：“剡溪蕴秀异，欲罢不能忘。”李白也留下佳句：“此行不为鲈鱼鲙，自爱名山入剡中。”在六朝以至唐代文人的心目中，这里是天下最令人神往的妙处了。

王羲之任会稽内史时，谢安居上虞东山，支遁、许询常隐剡中，而任临海太守的内弟郗愔就在剡溪的上游。王羲之、支遁、许询一道游历考察，切磋商议，最后相中了“金庭”。从剡中县城缘黄泽江东上十数里，四明山麓峡口处，两侧奇峰凸起，环抱着一方宝地。王羲之对于兰亭的描写：“崇山峻岭，茂林修竹”，“清流急湍，映带左右”，反映了晋人对于自然之美中清奇、旷逸的独特爱好。而金庭正是这样的洞天福地：东为千岗万崖的四明山，西有陡峭险峻的西白山，势掩赤城的天姥山坐落南面，北有巍峨的雩山。溪水逶迤其中，溪山相映，景色如画。山涧飞瀑，苍松翠柏都透露出一种清淡、高旷、寥朗的气韵。

按道家风水的说法，此地堪称奇佳。背靠瀑布山，前拥五老峰，左右香炉、卓剑二峰并峙，又有桐柏坑、平溪似玉带环绕。桐柏坑终年流水潺潺，沿坑而上，有毛竹洞天和汤匙潭、狗槽潭、豆腐潭三个龙潭和三叠瀑布。逸少“入剡，

①〔唐〕裴通：《金庭观晋右军书楼墨池记》，载〔宋〕高似孙：《剡录》卷五。

经金庭，见五老，香炉，卓剑，放鹤诸峰，以为奇丽缥缈，隔绝世尘，眷恋不能已！”[①]王乔修行之所桐柏山“金庭观”，是道教南宗之祖地，而上清教派对嵊县金庭亦有小洞天之称，命其名为“金庭崇妙天”。王羲之倾慕天台仙人王乔之道行，自是十分地满意这一处所。

作为书法家，王羲之对金庭的风水还有一层自己的属意。正面的五老峰，奇岩高耸，似五人并立，又如天然笔挂。阴宅风水讲，只要是其祖墓案山为笔架、铁尖、华盖等山形的，主其后代子孙读书聪明，必出文人才子！这真是可遇不可求的天赐宝地啊！此外，金庭虽为山水隐约处，但水陆两利，上下交通十分方便，到本朝次文化中心会稽，也就一天多路程。对于这点，王羲之比之支遁、许询，还是有不同考虑的。他不是“不食人间烟火”的纯粹“高士”，“长安不见使人愁”的情怀未泯。这不等于参政活动，必要的了解、联系还是不能没有的。

王羲之与支遁、许询共同选定瀑布山后，又就各自宅院的位置进行了布局。王羲之居中心位置瀑布山前的“金庭”；支遁在西南山脚，称“银庭”；许询则筑庐香炉峰侧，曰“知己墅”，各相距一里许。王羲之自永和十年（354）开始建筑宅院。据方志载，布局有居室、家祠、书楼、亭阁、墨池等。

永和十一年（355）辞官的时候，金庭的场院尚在修建中，王羲之继续住在会稽蕺山的居所内。《王羲之传》载：“顷东游还，修植桑果，今盛敷荣，率诸子，抱弱孙，游观其间，有一味之甘，割而分之，以娱目前。虽植德无殊邈，犹欲教养子孙以敦厚退让。或以轻薄，庶令举策数马，仿佛万石之风。君谓此何如”。那些初到会稽时种的桑树、果树都已果实累累，王羲之领着绕膝的孙儿们穿游其间，享得天伦之乐。

他还与友人交流种植经验。前文中提到的俞进，字益期，“性气刚直，不下曲俗，容身无所”。与太常韩康伯交好，康伯母，乃殷浩之姊。俞进性好博物，有《与韩康伯笺》记南游时所见山川植物，为中国《农书》中的重要篇章。王羲之一生“笃喜种果”，与俞益期同好，是故有来往，“太常故患胛灸，俞体中

① 嵊县《金庭王氏族谱》，线装本。

可可耳”。给周抚等友人的信中，也多有讨要种子、道种果之乐的帖子，“青李、来禽、樱桃、日给藤子皆囊盛为佳，函封多不生。足下所疏，云此果佳，可为致子，当种之。此种彼胡桃皆生也，吾笃喜种果，今在田里，惟以此为事，故远及足下。致此子者，大惠也”。“仆近修小园子，殊佳。致果杂药，深可致怀也。”

不久，又传来一个好消息，升平二年（358）司马昱为相，以王彪之为镇军将军、会稽内史。得信后，王羲之欣然：“亦得叔虎廿二日书，云新年乃得发。”“叔虎克昨发，月半略必至。未见劳参军。”在叔伯兄弟中，羲之与彪之情意相投，事多默契。彪之来当父母官，对羲之晚年终老会稽是个安慰。同时，他还为生存在这块土地上的百姓庆幸。《晋书·王彪之传》载，彪之“居郡八年，豪右敛迹，亡户归者三万余口”。

王羲之与许迈、许询形影不离，“共修服食”，在归隐的路上越走越远。而此时金庭的居所亦接近落成，是携全家定居金庭，彻底隐居，终老山林，不再迁回城内，还是只把金庭当做一处隐逸乐地，就像谢安的东山一样？对此，王羲之想了很多。他在与谢万书中说：“常依陆贾、班嗣、杨王孙之处世，甚欲希风数子，老夫志愿尽于此也。”先前，王羲之《与殷浩书》中曾言“怀尚子平之志”，而晚年回眸一生时，提到了另外的三个人，即属于全面的人生反思，亦含归宿山林的隐指。

陆贾为西汉初叶政治家、思想家，随汉高祖平定天下后，受刘邦委托总结暴秦二世而亡之教训，为汉王朝确立开国的指导思想。陆贾写一篇，刘邦看一篇，赞不绝口，最后合成《新语》一书，为中国古代政论名著。他主张“行仁义，法先圣”，构筑纲常秩序之“大纲”，在如此体制框架内，推行黄老的“无为而治”，“夫道莫大于无为”，“故无为也，乃无不为也”。其“居马上得之，宁可以马上治之乎”的名言，更为历代统治者挂在嘴边。陆贾的思想与东晋实际上实行的“外儒内道”相契合。王羲之投身仕途，正是以此为范。此外，陆贾全始全终的一生也令逸少赞许，善治事，有军功政绩，又眼光远大，思想缜密，为后世留下不朽的精神遗产。为政一生，有如此作为，愿足矣。

班嗣亦是汉名士，《汉书》作者班固的从伯、大思想家桓谭的学友。《前汉书》记曰："嗣虽修儒学，然贵老、严之术。桓生欲借其书，嗣报曰：若夫严子者，绝圣弃智，修生保真，清虚澹泊，归之自然，独师友造化，而不为世俗所役者也。渔钓于一壑，则万物不奸其志，栖迟于一丘，则天下不易其乐。不絓圣人之罔，不嗅骄君之饵，荡然肆志，谈者不得而名焉，故可贵也。"在班嗣眼中，人世间的"大道"乃老庄自然无为境界，并非儒家经学。这种理念在当时反映了对博通自由的呼唤。摆脱桎梏，追求人性自由，与王羲之晚年的反省情投意合。班嗣"归之自然，独师友造化"的思想，亦深得王羲之认同。书法创作的最高境界，正在于此。一个热爱艺术的人悟到了此点，并生活在"归之自然"的节奏中，复有他求！

至于杨王孙，这是王羲之晚年才会思想的问题。杨王孙，西汉武帝时人，"学黄、老之术，家业千余，厚自奉养生，亡所不致。及病且终，先令其子，曰：'吾欲裸葬，以反吾真，必亡易吾意。死则为布囊盛尸，入地七尺，既下，从足引脱其囊，以身亲土。'"[①]为什么要"裸葬"？他生前不缺吃不缺穿，"厚自养生"，但一生坚决遵守的信条是："不加工于亡用，不捐财于亡谓。"即是"人死不知"，"裸"又何妨？决非要做惊世骇俗之举。

以上是一层意思，更直接的，还有王羲之对晚年的考虑。成语有"陆贾分金"。刘邦死后，吕后掌权，嫉恨旧臣。陆贾就称病归家，把家产卖了千金，分给自己的五个儿子，自己常坐着四匹马拉的车子，出游于亲友之间，直至终老。班嗣把归隐看得很是明白："荡然肆志，谈者不得而名焉，故可贵也。"即是认定个体生命的自由感受最有价值。王羲之考虑百年后事，向往像杨王孙那样，"以反吾真"。他们都超越了世俗名利的羁绊，以精神自由为最高追求，一无所有地从自然中来，也不带任何名利之物回归自然。这就叫"来去无牵挂"。

回顾、总结一生，王羲之感到自己基本上得遂所愿，无论陆贾、班嗣还是杨王孙之行迹，皆有领悟与体验。虽不能尽如人意，却也无愧我心。可以坦然

---

①〔汉〕班固：《汉书》卷六七《杨胡朱梅云传》，第2907页。

地远离俗尘，做一个自由人了。思悟至此，王羲之给自己多年政治上的靠山、当朝首席大臣司马昱写了封信：“羲之死罪，去冬在东郧，因还使白笺，伏想至，自顷公私无信便，故不复承动静，至于咏德之深，无日有隧。省告，可谓眷顾之至。寻玩三四，但有悲慨，民年以西夕，而衰疾日甚，自恐无暂展语平生理也。以此忘情，将无其人。何以复言，惟愿珍重，为国为家。时垂告慰，绝笔情塞。羲之死罪。”[①]这是一封“绝笔”信。王羲之坚心“归隐”，断绝了与朝廷最后的一点联系。他感谢司马昱的“眷顾之至”，从其任“王友”到护军将军、会稽内史，司马昱对之情谊深厚，恩重如山，无以为报——深以不能再见面“语平生理”为叹。信末“为国为家”四字，语意深长，岂止是祝愿会稽王？亦是自己至死家国情怀难消的告白。

就在这时，一个意想不到的变故来了——这年（358年）四月，郗夫人去世。一生中，郗夫人与王羲之是闺房佳偶，两人举案齐眉，风风雨雨数十年相依为命。

王羲之娶郗璇为妻，两人堪称天造地设的一对。旧言“妇德母仪，声流闺阈”，郗璇可当。王羲之感到幸甚，真正遇到一位欣赏自己才华、理解文化追求的终身伴侣。与郗璇的结合，激发了他的艺术激情。相传，王羲之练书，除用笔纸书写外，还不时用手在身上画，竟至把衣服画破。一次与郗夫人坐在一起，又习惯性地把妻子的背当作了练字的工具。郗夫人感到很好笑，这让人看到不笑话吗？正想立起身来时，一阵灵光闪动，对丈夫说道：“人各有体，你在自己身上画好了，为什么还在别人身上画？”一句话点悟了王羲之：是啊，人各有体，我自己的书体是什么呢？从此立志创新。

郗璇还是一位伟大的母亲，一生所育八个子女。长子玄之二十来岁早逝，已有书名为世人道；其他成年者，多为卓尔不群之辈，造就出中国历史上最伟大的书法家族。郗璇无愧为书法家之母。

令人可叹的是，郗家亦有奉道服药的传统，郗璇与王羲之共同生活后，延

---

①〔晋〕王羲之：《杂帖》，载〔清〕严可均辑：《全晋文》卷二三，商务印书馆1999年版，第223页。

续了服药的习惯，对身体伤害很大。王羲之致亲友信中，多次说到夫人状况欠佳。“妹不快，忧劳，余平安”，“为妹下断，以为至庆”。“想小大皆佳，知宾犹尔，耿耿。想得夏节佳也，念君劳心。贤妹大都转差，然故有时呕食不已，是老年衰疾，更亦非可仓卒。大都转差为慰，以大近不复服散，当将陟釐也。此药为益，如君告。”“此信过，不得熙书，想其书一一也。小大佳不？宾转胜，皆谢之，贤妹大都胜前，至不欲食，笃羸，恒令人忧，余粗佳。”到最后已是病重难治了，王羲之给周抚信中云：“老妇顷疾笃，救命，恒忧虑。”

唯让家人欣慰者，郗璇本人识见非凡，对生死很看得开。晚年，王坦之来看望她，问候道：“眼耳未觉恶不？”答曰：“发白齿落，属乎形骸；至于眼耳，关于神明，那可便与人隔！”[①]郗夫人并不在意“发白齿落”一类的“属乎形骸”的问题，只要耳聪目明即是人生最大快事，她所关心的实在是心灵的永恒。幸甚，郗夫人虽然活得不算高寿，然至终都是心地宽广、耳目灵动的。

世界上最疼爱王羲之的人走了，这样的打击他何以承受。“不得执手，此恨何深。足下各自爱，数惠告，临书怅然。”执子之手，与子偕老是夫妻一场的梦想，刚儿孙满堂了，她却舍我而去！王羲之巨痛之下又想借“服散”忘却一时：“追寻伤悼，但有痛心，当奈何奈何。得告慰之，吾昨频哀感，便欲不自胜。举旦复服散，行之益顿乏，推理皆如足下所诲。然吾老矣，余愿未尽，惟在子辈耳，一旦哭之，垂尽之年，将无复理，此当何益，冀小却渐消散耳。省卿书，但有酸塞。念顾言散，所豁多也。王羲之顿首顿首。”但衰老多病的身体无复再有向时的幻觉，随之而来的，只是更加的身心哀痛。

关于郗夫人的寿年和辞世时间，学界有着两种主要观点，一说死于王羲之生前，即升平二年（358）；一说死于王羲之身后，活到九十多岁高龄[②]。近来在绍兴发现的郗夫人墓碑，为第一种观点提供了有力的支持。

郗夫人墓碑长68.5厘米，宽56厘米，厚8.8厘米。经清理后，绝大部分文

①〔南朝·宋〕刘义庆：《世说新语》，第368页。

② 郭廉夫：《王羲之评传》，第21页。

字清晰可辨。墓碑为隶书，共28行，345字。碑首刻“前右将军会稽内史王府君夫人高平金乡都乡高平里郗氏之墓识”，而墓志结尾刻有墓主人“升平二年戊午岁四月甲寅朔七日庚申薨”，升平二年即公元358年。碑文第四行告诉我们，时年王羲之56岁。王羲之享年59岁，比郗璇多活了3年。

此碑当为王羲之研究之实物力证。以此推算，过去一些难解的书帖就明白如话了。上文已采用二帖，还有数帖：“七月五日羲之顿首，昨便断草，葬送期近，痛伤情深，奈何奈何。得去月二十八日告，具问慰怀。力还不次。王羲之顿首。”如按百日出丧的习俗算，此帖可佐证四月之丧是确有的。另一帖为郗夫人死后报司马昱书：“民以顷情事，不可不勤思自补，节勤以食啖为意，乃胜前者，而气力所堪不如，自丧初不哭，不能不有时恻怆，然便非所堪。哀事损人，故最深，益知不可不豁之。”“二月二十日羲之顿首，二旬期等小祥日近，伤悼深至，切割心情，奈何奈何。近得告为慰，力及数字，王羲之。”①

办完郗夫人的后事，王羲之亦不想睹物思人，留在伤心地了。升平三年（359），携全家来到金庭。支遁、许询已先期迁入。支遁居处，有山涧清泉，池塘垂柳，野花遍地，绿草茵茵，王羲之常赶着他的白鹅来游。支遁有好砚，特建屋收藏，甚投逸少所爱。这一带至今俗称宅（砚石）村。许询“知己墅”周围满植桑果，远近飘香，后来他舍家为庙，近旁的小山村也就改名为“济度”。

三位至交朝夕相处，真正过上东晋名士所仰慕的“高迈”生活，引得远近文人频频造访，金庭一时成为东土的文化亮点。他们的活动在民间留下大量动人的故事，传至后世，为历代文人所吟咏，连李白都景仰不已：“此中久延伫，入剡寻王许。”

在金庭安顿好后，最为王羲之惦记的，就是王献之与郗道茂的婚事了。早在未辞官前，夫人久病不起的时候，王羲之就亲笔写了求婚书：

---

① 按：若父亲在世，母亲去世，则要在第十一个月举行小祥仪式，三月七日为小祥日，二月二十日离小祥之祭已是日近一日。

十一月四日右将军会稽内史琅邪王羲之，敢致书司空高平郗公足下：上祖舒，散骑常侍、抚军将军、会稽内史、镇军仪同三司；夫人右将军刘遐女，诞晏之、允之。允之，建威将军、钱塘令、会稽都尉、义兴太守、南中郎将、江州刺史、卫将军；夫人散骑常侍荀文女，诞希之、仲之。及尊叔廙，平南将军、荆州刺史、侍中骠骑将军武陵康侯；夫人雍州刺史济阴郗说女，诞颐之、胡之、耆之、美之。胡之，侍中、丹阳尹、西中郎将、司州刺史，妻常侍谯国夏侯女，诞茂之、承之。羲之妻太宰高平郗鉴女，诞玄之、凝之、肃之、徽之、操之、献之。肃之，授中书郎、骠骑咨议、太子左率，不就。徽之，黄门郎；献之字子敬，少有清誉，善隶书，咄咄逼人，仰与公宿旧通家，光阴相接，承公贤女淑质直亮，确懿纯美，敢欲使子敬为门闾之宾，故具书祖宗职讳，可否之言，进退惟命。羲之再拜。

郗夫人弥留之际，小儿子的婚姻是她最后的关念，好在两家早就过了大定。按礼，“父斩而母齐”，所谓“父在，为母罢职齐周而心丧三年”，父在者孝子为母服期年之丧，献之又为末子，待其除了孝服，新妇就可在不大办婚礼的情况下进王家门了。

多年以前，王羲之就有一心愿，赴四川一游。尽管成行的可能性不大，但他总是耿耿于怀，未肯放弃。他给周抚写信，大赞蜀地：“蜀中山水，如峨眉山，夏含霜雹，碑板之所闻，昆仑之伯仲也。”古代碑板相传，峨眉是与昆仑比肩的神山，道家崇仰之圣地。蜀地儒文化的气息犹存，在羲之眼里就是一片乐园。

周抚随桓温收复蜀地后，留在那里当益州刺史近二十年。二十年间，周抚也曾有几次机会调转内地，如桓温北伐后，朝廷听从桓温的建议，一度想招周抚回京再予他任，王羲之听到信后很是高兴，给周抚报信。“旦夕都邑动静清和，想足下使还具，时州将桓公告慰，情企足下数使命也。谢无奕外任，数书问，无他。仁祖日往言寻，悲酸如何可言？”不知怎的，阴差阳错，这件事未能办出结果，但周抚想着自己也已到了告老之年，启动了辞官回江南定居的想法。“吾前东，粗足作佳观。吾为逸民之怀久矣，足下何以方复及此，似梦中语耶？无缘言面为叹，书何能悉。”“瞻近无缘省告，但有悲叹。足下小大悉平安也？云卿当来居此，喜慰不可言，想必果言告有期耳。亦度卿当不居京，此既僻，又节气佳，是以欣卿来也。此信旨还，具示问。”王羲之积极张罗着为周抚安家，“此乃为汝求宅，谓汝来居止理，军务何可久处，而情事不得从意，可叹可叹，终果来居者，故当为汝求也”。周抚感念王羲之的深情，便安排儿子先陪夫人荀灌到王羲之处暂住。王羲之闻讯大为兴奋，《伏想帖》所指就是这件事。“伏想嫂安和，自下悉佳，松上下至乖隔十八年，复得一集，且悲且慰，何指喻。嫂疾至笃，忧怀甚深，穆松难为情地，自慰犹小差，然故忽忽，冀得凉渐何耳。”

不想，天不从人愿，周嫂荀灌不日而亡。过数日，竟又接到另一噩讯，桓温的弟弟桓云亦成九泉之客。王羲之致信桓温：“七月十六日羲之报，凶祸累仍，周嫂弃背，大贤不救，哀痛兼伤，切割心情，奈何奈何。遣书感塞。羲之报。”“州民王羲之死罪。贤弟逝没，甚痛奈何，白笺不备。羲之顿首。”荀灌虽无将军名号，但是位有名的巾帼英雄，桓温必是欣赏她的。荀灌的小弟弟荀羡虽为殷浩所重用，但与桓温的关系也非同寻常，桓温顺利收复北方，离不开荀羡的人望，《晋书·荀羡传》云：“石季龙死，胡中大乱，羡抚纳降附，甚得众心。”名士圈子的人际关系就是这样，哀荣与共，情意深长。

周嫂的离去，并未断了王羲之畅游蜀地的夙愿，反而更趋急迫。孤独与无奈之间，王羲之与友人通了大量的书信，希冀为自己的生命找到动力。他给周抚写信：“吾有七儿一女，皆同生。婚娶以毕，唯一小者尚未婚耳。过此一婚，便得至彼。今内外孙有十六人，足慰目前，足下情至委曲，故具示。”两位老友，都是孤单相向，有儿有孙，但能真正慰藉自己的内心吗？

可悲的是，这个愿望只能是愿望，他们事实上都到了你去不了、我来不成的境况。“羲之白，乖违积年，每惟乖苦，痛切心肝，惟同此情，当可居处。羲之脚不践地，十五年无由奉展，此欲奉迎，不审能垂降不？豫惟哽□，故先承问。羲之再拜。”我病得脚不能践地，不能到你们四川去了，想要你来，你又不知能来否？相隔十五年漫长的岁月，还是无缘相聚。“人生不如意者十八九”，信矣！

终生之化归尘土

进入晚年的王羲之，身体日衰，当年“飘如游云，矫若惊龙”的风姿已为苍苍老态所替代，到金庭之后，更时而卧床不起。一个生命力、创造力远胜常人的艺术巨匠，未及花甲即病弱至此，这与他“服食”的习惯大有关系。

《晋书·王羲之传》载：“王氏世事张氏五斗米道。”“羲之雅好服食”，去官退隐后，与许迈、许询两位“高士”过从甚密，采药服食“不远千里”。服食成为生活中的一项重要内容。王羲之所写的有关服食的书帖，大多集中于这一时期。

“服食”一事，在魏晋名士间流行已逾百年，主要是相信通过服药和养生方术可以延年益寿。服药对身体的影响并非全然负面，若仅论有百害而无一益，则难以解释何以如此多的聪明人前赴后继地甘愿自杀。至少，在服用得法的情况下，会在个别人身上显出神奇之效果。如魏华存，长寿，面若婴孺，就不能说这与她服食无关。正因为有这样的人物存在，士人对服食趋之若鹜。

晋时道教理念杂芜，出现了各种分支，各有所宗，亦各有所好，服食亦呈“八仙过海”之势，丹鼎道派“服丹”，五斗米一支“服符”等等。“须服食，方回（郗愔）近之，未许吾此志。知我者希，此有成言。”王羲之是“服散”的，方回则“服符”，还有“服丹”的。20世纪60年代，在南京出土的王羲之从姊、叔父王彬长女王丹虎之墓，随葬品有丹丸200余粒。丹丸呈粒状，直径多在0.4—0.6厘米，平均重约0.372克。经取样化验，丹丸的化学成分，硫占13%，汞占60.9%，其他成分占26.1%。硫和汞的化合物，都是对人体有害的剧毒物质，服用非但不能长寿，反会致人死命。妇女如此，男士更可想而知了。

《世说新语·容止》记，同修黄老之术的郗愔，“服食”行状更怪异：“郗愔信道甚精勤，常患腹内恶，诸医不可疗。闻于法开有名，往迎之。既来，便脉云：‘君侯所患，正是精进太过所致耳。’合一剂汤与之。一服，即大下，去数段许纸如拳大；剖看，乃先所服符也。”郗愔竟荒唐到连符纸也整张吃下去，莫说书符用的“朱砂”是含汞的剧毒之物，就是那么多张纸，也易造成肠梗阻。

其对服食迷信的程度，是今人无法想象的。

不过，在东晋初年，士大夫中最为流行的两种“服食”方式乃是“石散”与“药学”。“服石”风由张仲景所启，何晏光大，也就是服“五石散”（寒石散）。据说，张仲景“见侍中王仲宣（王粲）时年二十余。谓曰：‘君有病，四十当眉落，眉落半年而死。’令服‘五石汤’可免。仲宣嫌其言忤，受汤勿服。……后二十年果眉落，后一百八十七日而死，终如其言”[①]。这里“五石汤”是用来治病的。称它“五石散”，因为它是用石钟乳、紫石英、白石英、石硫磺、赤石脂五味石药合成的一种中药散剂；之所以又称之为“寒食散”，乃是因为服用此药后，必须以食冷食来散热。“五石散”的药性猛烈且复杂，仅仅靠“寒食”来散发药性是远远不够的，还要辅以冷浴、散步、穿薄而旧的宽衣等各种方法来散发、适应药性，即所谓的“寒衣、寒饮、寒食、寒卧，极寒益善”，只有一样是要例外的，那就是饮酒要“温”。此类举动被称为“散发”和“行散”等。倘若药性散发不出来，又必须再服其他药来引发，药性如显现则称之为“石发”。

到了正始名士何晏这里，他因体弱，乃自合药剂，自觉良好，因而大力提倡，终成累世之风。由于制药的材料颇贵，所以服用此药竟渐渐成为一种身份的象征，甚至有假装“石发”来表示自己身份富贵者。

服药草的传统由“上清派”魏华存开创。其第一代传人杨羲早年便与许迈、许谧兄弟俩结为神明之交。许谧是许迈的五弟，后被奉为“上清派”的第三代祖师，许迈也被封为上清教的归一真君。《上清大洞真经》及《黄庭经》，就是在杨、许手中完成修订得以流传的。“丹杨许氏”是为中国道教传承中的重要驿站。王羲之早年得魏夫人亲授，这也是他后来和许氏兄弟过从甚密的前因吧。

王羲之一生中的大部分时间里，都是“服散”的。因为何晏玄学领袖影响的关系，晋代名流竞相效法，王羲之亦然。服石散开始时颇见效用，还带有刺激的诱惑。王羲之笔下曾留下这方面的记录，这也是他深陷其中难以自拔的原因所在。“服足下五色石膏散，身轻，行动如飞也。足下更与下七致之不？治多

①〔晋〕皇甫谧：《针灸甲乙经·序）》，文渊阁四库本。

少，寻面言之，委曲之事，实亦□人，寻过江言散。”“羲之死罪……公远具承问，妹极得散力，以为至慰。期等故尔耳，因缘不多白，羲之死罪。”“知德孝故平平，想当转得散力，每耿耿不忘怀。”他不但自己服用，还推荐给朋友：“羲之白，一日殊不叙阔怀，得书，知足下咳剧，甚耿耿。护之，冀以散。力不一一。王羲之白。”

毕竟，“石散”是一种人体难以接受的物质，服之既久，积病日深，各种病痛一个接一个地袭来，身体、精神皆饱受折磨。王羲之现存的书信中，谈病痛的内容占了一大块，中年以后百病缠身：“吾顷无一日佳，衰老之弊日至，夏不得有所啖，而犹有劳务，甚劣劣。”信中提到的病状多达数十种：发冷，“旦极寒”；“发□，比日疾患，欲无赖”；发热，“足下晚，个何似恒灼灼，吾坦之，欲不复堪事，然力不一一”；腹痛涨，“气满无他治”，“吾顷胸中恶，不欲食，积日匆匆。五六日来小差尚甚虚劣，且风大动，举体急痛”；腹泄不止，“吾积羸困，而下积日不断，情虑尚深，殊乏，自力不能悉”，“仆下连连不断，无所一欲，啖辄不化消，诸弊甚，不知何以救之，罔极然及”；呕吐，“吾昨暮复大吐，小啖物便尔”；脚肿，“又风不差，脚更肿”，“仆脚中不堪，沉阴重痛不可言。不知何以治之。忧深力不具”；浑身疼，“吾骯髂拘□，痛俛仰欲不得，此何理耶?”“且风大动，举体急痛，何耶?”；虚弱乏力，“体痹乏气”；等等。

如此多的不适，有时单显，有时并发，“吾涉冬节，便觉风动，日日增甚，至去月十日，便至委笃，事事如去春，但为轻微耳。寻得小差，固尔不能转胜，沉滞进退，体气肌肉便大损，忧怀甚深，今尚得坐起，神意为复可耳。直疾不除，昼夜无复聊赖，不知当□暂有问，还得□其写不?如今忽忽日前耳，手亦恶欲，不得书示，令足下知问”。王羲之备受折磨。石散的毒性积累到一定程度，便破坏了身体调节、平衡能力。常人看王羲之书法神妙，诗文优美，交友如云，行侠仗义，遨游山水，时时处处播撒着美的讯息，又有几人知道，他一生身体方面所受的罪过。

“服散”的严重反应大约始于会稽内史任上，但王羲之还是坚持已见，不接受朋友的劝说。可能是许迈劝他不要再用五斗米教的方式求道，王羲之回信曰：“省示，知足下奉法转到胜理极此，此散荡涤尘垢，研遣滞累，可谓尽矣，无以复加。漆园比之，殊诞谩如下言也。吾所奉设教意政同，但为形迹小异耳。方欲尽心此事，所以重增辞世之笃，今虽形系于俗，诚心终日，常在于此，足下试观其终。”他认为服石散没错，只是自己服食的方式有待改进。他常与同道交流：“热日更甚，得书知足下不堪之，同此无赖，早且乘凉行，欲往迟散也，王羲之。”“得示，知足下犹未佳，耿耿。吾亦劣劣。明日出乃行，不欲触雾故也。迟散。王羲之顿首。”但研究来研究去，身体日羸，王羲之这才认真考虑改弦更张，向许迈、许谧等人学习上清教的养生之法：“服食故不可，乃将冷药，仆即复是中之者，肠胃中一冷，不可如何，是以要春秋辄大起多，腹中不调适，君宜深以为意。省君书，亦比得之。物养之妙，岂复容言，直无其人耳。许君见验，何烦多云矣。”我辈服散，一到春秋换季之时，就要大病一场，看来石散确不可取，还是一起来试用许氏新法吧。

道书载，许氏兄弟，以黄精、灵芝等“物养”①，返老还童，身轻体健。“近不复服散，当将陟釐也。此药为益，如君告。”“民自服橡屑，下断，体气便自差强。此物益人，去陟釐、劫樊远也。以为良方谨及。因青州白牒不备，羲之死罪死罪。”陟釐是“地衣”，橡屑就是“麻栎果”，《唐本草》曰，橡实“主下痢，厚肠胃，肥健人”②。“干蜗青黛，主风搐搦良”，福建青黛最佳。本品性寒清热，咸以入血，主入肝经，凉血解毒功近大青叶，又善清泻肝火，为血热发斑，“鸬鹚粪白，去鼾黯瘢黡，令人色态”。这个美容的方子，至今还在使用。

王羲之向周抚讨要蜀地药草：“鹰嘴爪炙，入麝香煎酥，酒一盏服之，治痔瘘有验。十七日羲之顿首。”鹰嘴爪止血化痔。《神农本草经》载，麝香，性温，味辛，具有开窍、活血通络、散结止痛等功效。四川生产麝香历史极为悠久，以林麝为主。王羲之在《豉酒帖》中说：“又巴焦小服豉酒至佳，数用有验，直以纯酒渍豉，令汁浓便饮，多少任意。”豆豉能清能宣，故除胸中郁热尤佳。“石脾入水即干，出水便湿，独活有风不动，无风自摇，天下物理，岂可以意求，惟上圣乃能穷理。”石脾，外丹用药，即碱的别名，可濡生益气、明目。治

① 如黄精又名仙人余粮，百合科植物，味甘，性微温，具有很好的补肺、强筋骨、降血糖、填精髓、延缓人体衰老的作用。

②〔明〕缪希雍：《神农本草经疏》卷一四，中国中医药出版社1997年版，第216页。

胃中寒爇。独活，止痛、消肿、散瘀，用于风湿痛。王羲之对药草类的医方粗通，却抱着头痛医头脚痛医脚的态度，只是在服散已成病况后才试用它们来解毒，仍是治标不治本，对于多种矿物质引起的中毒，这些只能缓解其表面症状。

一些朋友听了王羲之的劝说也改服药草，病状有所好转，“知足下散势小差，此慰无以为喻，云气力故尔，复以悒怛，想散患得差，余当以渐消息耳”。但可惜的是，家人、朋友都没有真正意识到“散”的坏处，还是不断有人因此死去。“二十九日羲之报。月终哀摧伤切，奈何奈何。得昨示，知弟下不断，昨紫石散未佳，卿先羸甚。羸甚，好消息。吾比日极不快，不得眠食，殊顿，勿令合阳，冀当佳。力不一一。王羲之报。”“云仁祖服石散一齐，不觉佳，酷羸，至可忧，力知问。”“知道长不孤，得散力疾重，而迩进退，甚令人忧念。迟信还知问。”道长应为“仙人”了，也不能避免“服散”的后患。

归隐金庭之后，王羲之身体愈差，“便疾绵笃，了不欲食，转侧须人……得（散）力，烦不得眠，食至少，疾患经月……实望投老得尽田里骨肉之欢……而人理难知此，不知小却得遂本心不？交衰朽羸劣，所忧营如此。君视是颐养之功，当有何理？今都绝思此事也。”无可奈何地看着身体一日不如一日。“仆得大寒疾”，“脚不践地”，“吾其尔无佳，自得此热，憔悴终日，未果如何？”如是字样在帖中比比皆是。本来书法家都是长命的多，智永活了百年，虞世南终年八十一岁，而王羲之就因为断不了“服散”，未活到六十。

病老相催中的王羲之依然关心着国事，惦记着好友亲朋。传来的消息喜忧参半。他寄以厚望的谢安终于升平四年（360）走出了东山，《资治通鉴》记：“安海游东山，常以妓女自随。司徒昱闻之，曰：‘安石既与人同乐，必不得不与人同忧，召之必至。’安妻，刘惔之妹也，见家门贵盛而安独静退，谓曰：‘丈夫不如此也？’安掩鼻曰：‘恐不免耳。’及弟万废黜，安始有仕进之志，时已年四十余。征西大将军桓温请为司马，安乃赴召，温大喜，深礼重之。”“东山再起”的成语即源出于此。谢安出山的第一站可说是深谋远虑，先到桓温处供职，在最近处了解其为人，为今后掌握朝政大局做准备。桓温权倾朝野，能得到他的信任，贡献建设性的意见，便也是为国家计议了。

王羲之深知谢安的为人与才能，有谢安入朝，江左大局可望平安稳定一段时光。这是王羲之深感欣慰的。“安石已南迁，其诸兄弟此改殊命萧索。”谢安出仕后，仍与羲之联系不辍，书信自不待言，还抽空赴金庭探望，“安石停此过半日，犹得一宿。送近道，所以致叹，何物喻之？一十当浦阳，诸怀儿不可言！且不复得卿送，有诸叹，今此贪上道”。

然而，其他亲友的消息则喜少哀多。升平二年（358），王导的三子，王羲之的从弟王洽（敬和）卒，年仅三十五岁。羲之有书云：“群从雕落将尽，余年几何，而祸痛至此，举目摧丧，不能自喻，且和方左右时务，公私所赖，一旦长逝，相为痛惜，岂惟骨肉之情，言及摧惋，永往奈何。”王洽书法名冠一时，为王导诸子中成就最高者，他兼习诸法，《书断》称其“落简挥毫，有郢匠成风之势”。

升平三年（359），与王洽齐名的好友荀羡病死，年仅三十八岁。他们都正值壮年，荀羡则为方镇大员中最为年轻者，近十年中，为江左镇守北大门徐州一带，战功卓著，染时疫而不治。

一哀未平，一哀又至，内弟加亲家郗昙又病重。郗昙病前任北中郎将，徐、兖二州刺史要职，接荀羡镇下邳，肩负着东晋北御强虏的重责。王羲之一方面为战事大为悬心，“适重熙书如此，果尔，乃甚可忧。张平不立，势向河南者，不知诸侯何以当之？熙《表》故未出。不说。说荀侯疾患，想当转佳耳。若熙得勉此一役，当可言。浅见实不见，今时兵任可处理”，另一方面又对郗昙的身体不放心，“昨得熙廿六日书，云患气，悬情”①。时气不好，秋深病发，刚入升平五年（361），郗昙便作古而去，年仅四十二岁。王羲之悲痛难当，连写数信，以致哀悼：“司马虽笃疾久，顷转平除，无他感动，奄忽长逝。痛毒之甚，惊惋摧恸，痛切五内，当奈何奈何。省书感哽。”“又不能不痛熙存亡，政尔，复何于求之？度政当求之内事。余理不绝，求之一条，当有冀不？信罔然前涂愿具。诲之，以悟其心。”郗昙死后葬于丹徒（今江苏镇江市南）。《陈书·世祖九王传》记，征北军人盗墓，“大获晋右将军王羲之书及诸名贤遗迹事”。

①《淳化阁帖》卷三。

郗昙之死，加重了王羲之及郗愔的远俗之心。《晋书 · 郗愔传》记：“会弟昙卒，益无处世意，在郡优游，与姊夫王羲之、高士许询并有迈世之风，俱栖心绝谷，修黄老之术。”

如果说亲友的逝去，使王羲之感情上连遭重创的话，那么许询的仙逝，对羲之的打击更多的属于精神方面。近些年来，王羲之与许询如影随形，共居瀑布山下，一日不见如隔三秋。“此粗佳，玄度来数日为慰。”“知念许君，与足下意政同，但今非致言地。”精于服食的许玄度，亦不能化解其害，病重不救至死。“玄度忽肿，至可忧虑，得其昨书云小差，然疾候自恐难耶?”“玄度先乃可耳，尝谓有理，因祠祀绝多感，其夜便至此，致之生而速之，每寻痛惋，不能已已。省君书增酸，恐大分自不可移，时至不可以智力救如此。”本来就病弱，再玩玩“祠祀”“祷告”一套累人费神的游戏，至病不起，“痛念玄度，立如志而更速祸，可惋可痛者。省君书亦增酸”。原本三人结伴归隐金庭，后来剩下王羲之和支遁。

至此，王羲之的好友走了大半，他们的年龄多小于他，均属英年早逝。这真令人伤感，更令人不解。如此集中地竞赴黄泉，难道是不忍看到羲之走在自己之前，而先归道山迎候逸少?

更没料到，巨大的打击接踵而至，好不容易盼来的小孙女玉润未满周岁便病重不治。玉润为王献之与郗道茂爱情的结晶。王羲之顾不得自己身羸力衰，扶病向天祷祝：“官奴小女玉润病来十余日，了不令民知。昨来忽发痼，至今转笃，又苦头痛，头痛以溃，尚不足忧。痼病少有差者，忧之燋心，良不可言。顷者艰疾，未之有良由。民为家长，不能克己，勤修训化，上下多犯科，诚以至于此。民唯归诚待罪而已，此非复常言常辞。想官奴辞以具，不复多白。上负道德，下愧先生，夫复何言。”①至情至性，却无力回天。尽管王羲之期望自担天罚以解孙女之灾，最终还是未能挽回这幼小的生命。

祸不单行，玉润刚走，延期（操之）的小女也随之病亡。王羲之哀痛无以复加，只有日日书祷，告于苍天，告之亲友，来排解胸中至痛。“羲之顿首，二

①〔晋〕王羲之：《官奴帖》。

孙女夭伤，悼痛切心，岂意一旬之中，二孙至此，伤惋之甚，不能已已，可复如何？羲之顿首。”“延期、官奴小女并得暴疾，遂至不救，愍痛心，奈何。吾以西夕，至情所寄，惟在此等，以禁慰余年，何意旬日之中，二孙夭命，旦夕左右，事在心目，痛之缠心，无复一至于此，可复如何？临纸咽塞。”“延期、官奴小女，病疾不救，痛愍贯心。吾以西夕，情愿所种，惟在此等，岂图十日之中，二孙夭命，惋伤之甚，未能喻心，可复如何？”

升平五年（361）五月，晋穆帝刚进入亲政之龄便驾崩于宫闱之内。因无嗣，皇太后令琅邪王司马丕继统，是为哀帝。王羲之依礼上了一封贺表，从此与朝中永别。“臣羲之言：伏惟陛下天纵圣哲，德齐二仪，应期承运，践登大祚，普天率土，莫不同庆。臣抱疾遐外，不获随例，瞻望宸极，屏营一隅。臣羲之言。”

王羲之终于一病不起。在生命的最后阶段，热爱生命的王羲之还请来一位深通医术的道长前来诊视。《太平御览》卷六六六引《太平经》，“王右军病，请恭，恭谓弟子曰：‘右军病不差，何用吾？’十余日果卒”。

到了这个时候，王羲之彻底转为坦然。他相信自己一生所作所为对得起天地良心，书法上的探索更能不朽。一个人能在历史的长河中溅起如此的浪花，足以死而无憾了。他召集家人交待后事。一如祖上王祥，首要者是把家风代代相传。同时特别叮嘱家人严格执行自己的“墓前自誓”。生前不再为官，死后亦无需加封任何名头，而且要像杨王孙那样一无所有地来，一无所有地去，“以身亲土”，回归自然。

旷古书圣于升平五年（361）末溘然去世，墓葬于金庭瀑布山下。[①]新近发现的郗璇墓志证明，王羲之“右将军”是三品衔，而不是晋代职官志上规定的四品，按《晋书·职官志》“光禄大夫加金章紫绶者，品秩第二”，朝廷按“追

① 自古以来，王羲之的墓葬就有多种说法：其一，唐何延之《兰亭始末记》云，在“山阴县西南三十里兰渚山下”；其二，《绍兴县志》载，在“会稽云门山”；其三，《诸暨县志》曰，在“苎萝山”；其四，《嵊县志》云，在“金庭”。笔者认为，以第四种最为可靠。金庭乃王羲之本人选定的终老之所。之后为王羲之一门世代祭祀先祖之地，《金庭王氏族谱》有详细记载。隋代大业七年，王羲之后裔智永门徒尚杲曾赴金庭扫墓，目睹先祖墓萧条冷落，不胜感慨，重新修葺。

晋一级”的相国品秩“赠金紫光禄大夫”，正合礼制。然“诸子遵父先旨，固让不受”[①]。千年岁月的检验，正与羲之的价值追求相吻合。后世没有多少人在乎这个官封的名号，但每一个中华儿女，提笔写字之际，都不会忘记“书圣”的风泽。

随着时间推移，王羲之的书法艺术越来越受到后世推崇。以至到了清代，墓地整体建筑更趋完备。据《王氏族谱》及同治《嵊县志》记载，地面建筑计有金庭观、雪溪道院、花光水色楼、澼阁、高山流水亭、右军祠、书楼、墨池、鹅池、玩鹅亭、右军墓及墓道坊等十余处，如今多数已成遗迹。唯屋前路旁尚存千年古柏数株，苍劲依然。从墓道石坊穿过，有一条长200米、宽5米的墓道，依山势而筑，每隔八九级石阶，建有拜台一个，直达墓前。宽大的青石平台中央是王羲之墓冢，坐北朝南，处于群山环抱之中。其子王操之墓地位于稍远的毛竹洞天。

后来王氏子孙舍宅为观，王羲之隐居处就成了道家“三十六洞天七十二福地”中的第二十七洞天金庭观，历史上香火颇盛。

舍宅为观后，王氏后裔搬到了离王羲之墓三五里外的华堂村，繁衍生息，子孙绵延万人，至今已达五十九代，已是一个数百户人家的古村落了。

王氏后裔迁出后，在墓前筑了一栋30平方米的泥筑墓庐，派子孙为光照家门的先祖守墓，代代相传，千年不息。1949年后，守墓制度中断了半个多世纪，近年重又恢复。

---

①〔唐〕房玄龄：《晋书》卷八〇《王羲之传》，第2102页。

第十一章　名满千古

翰墨传家远

王羲之驾鹤远行之时，已确立了当朝书法第一人的地位，但与千古书圣的地位还有差距。王右军最终能坐上那只属于他一个人的宝座，是因其遗墨所展现的无人可比的极致，以及他对各种书体创制定法的巨大贡献，经历了千百年书法发展史的检验。除了这些凝固的光辉外，王家一脉活泉的流传，也为“书圣”地位的确立建“护法”之功，为后继者津津乐道。

王羲之不是王家的第一位书法家，也不是最后一位，但却是承上启下的集大成者。自他登上书法之巅，其后代在这个平台上翰墨传家，各领风骚，名满六朝，垂誉隋唐。他们对右军书法的继承与弘扬，使之新体连续数百年得到人们的欣赏与认同，被巩固为书法楷模。在书法领域，特有一种对“传承”的绝对认同，接受新的事物并非一件容易的事情。虽然新人辈出，代有大师，但欲让世人普遍接受，把“新潮”变为“传统”，使“异端”更为“主流”，需要具备多重条件，其中关键即是必有一两位“大家”示范。有了“家范”后，还离不开数代传人的前赴后继，形成群体的研习与崇信之势。

王羲之的书法天赋自不待言，夫人郗璇亦是不让须眉的翰墨高手，他们生下的七儿一女，无不继承了他们的艺术基因。黄伯思《东观馀论》云：“王氏凝、操、徽、涣之四子书，皆真帖，逸少七子，上四人，与子敬书俱传……余皆得家范，而体各不同……凝之得其韵，操之得其体，徽之得其势，涣之得其貌，献之得其源。”

长子玄之。《晋书·王羲之传》云：“玄之早卒”。《泰康王氏谱》记：王玄之为羲之长子，字伯远，工草隶。早卒。配庐江何氏，亦早逝。无子，以弟凝之长子蕴之为嗣。玄之早卒并非早夭，永和九年（353）的兰亭之会，玄之是参与的，并作为著名的玄言诗人，留诗一首：“松竹挺岩崖，幽涧激清流。萧散肆情志，酣畅豁滞忧。”玄之时年二十八九岁的样子，大约隔了不久，便病逝了。羊欣《采古来能书人名》云：“王献之……兄玄之、徽之，兄子淳之，并善草、行。”玄之未见遗墨传世，从这段话看，其生前书法水平也是不输诸弟的。

次子凝之。王凝之禀性忠厚，文学造诣极深，兰亭诗作二首：“烟煴柔风扇，熙怡和气淳。驾言兴时游，逍遥映通津。”“庄浪濠津，巢步颍湄。冥心真寄，千载同归。”草书、隶书也写得很好，笃信道教，行止端方。明末清初大书法家王铎好王帖，不但研习“二王”，还有“临王凝之书”存世。帖后特注有“仿晋法世不学古，而蹈今吾是以崇”。凝之的官也当得不小，履历有似其父，先后任江州刺史、左将军，最后做到会稽内史。凝之娶谢奕之女谢道韫为妻。谢氏有本朝第一才女之称，她“咏絮”的故事传播甚远，诗才天纵，《世说新语》更赞“谢道韫有林下风”。谢道韫的书艺水平亦出类拔萃，《法书要录》称她“亦善书，甚为舅所重”。舅者，公公也，即王羲之。

凝之似乎一切都顺遂如意，世上仿佛即将诞生一个“羲之二世”，偏偏他的判断力出了问题，又赶上一场乱民造反。《晋书·王凝之传》载：“王氏世事张氏五斗米教，凝之弥笃。孙恩之攻会稽，寮佐请为之备，凝之不从。方入靖室请祷，出而语诸将曰：‘吾已请大道，许鬼兵相助，贼自破矣。’既不设备，遂为孙恩所害。”王羲之信五斗米教，重在养生，为人处世方面，还是坚持“子不语怪力乱神”的信念。凝之则走火入魔，将此信仰延伸至政事，酿就了灭门的惨祸。所幸谢道韫以自己的大智大勇死里逃生。“及遭孙恩之难，举厝自若，既闻夫及诸子已为贼所害，方命婢肩舆抽刃出门。乱兵稍至，手杀数人，乃被虏。其外孙刘涛时年数岁，贼又欲害之，道韫曰：‘事在王门，何关他族！必其如此，宁先见杀。’恩虽毒虐，为之改容，乃不害涛。自尔嫠居会稽，家中莫不严肃。”①

三子涣之。《晋书·王羲之传》说：“有七子，知名者五人。”未列名者二人，涣之在内。其实，涣之并非平庸，《晋书》只是以官职的高低为标准来遴选罢了。《世说新语》附《临沂王氏谱》云，“王涣之，羲之子”②，排在凝、肃之间，当是第三子。《泰康王氏谱》记，涣之字子肇，工草、隶。为秘书郎。《谢球墓志》曰：“球妻琅琊王德光，祖羲之，右军将军，会稽内史；父焕之，海盐令。”“涣之得其父貌”，书法上也至少达到了形似的程度，王铎把王涣之归入大家法帖，至59岁还在临习王涣之《不审二嫂帖》。涣之于《兰亭》有诗：“去来悠悠子，披褐良足钦。超迹修独往，真契齐古今。”③可见，官位不高不等于文才不高，他在当世及后世的影响，主要体现在诗文、书法方面。

四子肃之。乃是《晋书》未列的另一位。《世说新语·排调》说：“（苻坚从兄之子）苻朗初过江，王咨议大好事，问中国人物及风土所生，终无极已。朗大患之。”王氏谱曰：“肃之字幼恭，右将军羲之第四子。历中书郎、骠骑咨议。”苻朗为苻秦贵族，曾“著《苻子》数十篇”，“矜高忤物”，瞧不起东晋人物，但与王肃之对话后，马上气短，对之佩服之至。

肃之虽然仅官至骠骑咨议，然他诗书才华、人文关怀，却是许多居高位的衮衮诸公无可比拟的。在与外族人士交流中，其能够“拔城于尊俎之间，折冲于席上者”，乃凭气质才学而非品秩高低。这正是得羲之真传的体现。《兰亭诗》集有肃之的四言、五言各一首：“在昔暇日，味存林岭。今我斯游，神怡心静。”“嘉会欣时游，豁朗畅心神。吟咏曲水濑，渌波转素鳞。”④体现了由玄佛“静观”“虚照”修炼而生成的一种淡泊虚静的人格。肃之著作曾传至隋，《隋书·经籍志四》注引存目《王肃之集》三卷，录一卷，惜后世散佚不见。

五子徽之。徽之许是遗传王羲之艺术细胞中浪漫因素最多的一个。《晋书·

①〔唐〕房玄龄：《晋书》卷九六《列女·王凝之妻谢氏》，第2516页。

②〔清〕倪涛：《六艺之一录》卷三一七，第655册，第124页。

③〔晋〕王涣之：《兰亭诗》，逯钦立辑校：《先秦汉魏晋南北朝诗》，中华书局1983年版，第914页。

④〔晋〕王肃之：《兰亭诗》，逯钦立辑校：《先秦汉魏晋南北朝诗》，第913页。

王徽之传》记述了他多彩多姿的传奇人生。徽之在兰亭诗中直言自身作为："先师有冥藏，安用羁世罗。未若保冲真，齐契箕山阿。"[①]在以记录名士风流为主题的《世说新语》中，子猷乃是出镜率甚高的"明星"，留下不少脍炙人口的文化掌故，"未知生，焉知死""乘兴而行，兴尽而反""回车三调""人琴俱亡""何可一日无此君"等等。这种才性曾让他在外交活动中，出奇制胜，大放异彩，《世说新语·轻诋》曰："苻宏（苻坚太子）叛来归国，谢太傅每加接引，宏自以有才，多好上人，坐上无折之者。适王子猷来，太傅使共语。子猷直孰视良久，回语太傅云：'亦复竟不异人！'宏大惭而退。"真是言不在多，有"气"则灵。

拥有如此自由而高傲的性格，徽之在继承羲之书法衣钵上，自然是"徽之得其势"了。后世可见徽之书帖有《承嫂病不减帖》《新月帖》等。《佩文斋书画谱》卷九一《历代鉴藏书》记徽之行书四帖：《僧伦帖》《至节帖》《仲宗帖》《蔡家帖》。宋内庭《宣和书谱》评徽之书艺"在羲献间"。《隋书·经籍志四》注引存目《王徽之集》八卷。

六子操之。《晋书》仅载寥寥数字："操之字子重，历侍中、尚书、豫章太守。"这无非一系列官职的罗列，看来操之是比较循规蹈矩的一个。字如其人，"善正行书"。《金庭王氏谱》为操之后代编纂，记载详尽。操之生于咸康五年（339）二月七日，卒于太元二十一年（396）。至今嵊县金庭王氏奉羲之为一世祖，操之为二世祖。黄伯思云："操之得其父体"，有《得识婢书帖》传世。

操之留在会稽伴随父母亲，金庭寓所尚未建成时，他就和弟弟献之一起到这里居住，练习书法，那时他只有十六岁。王羲之书法存目中常给一名叫"延期"的儿子写信，一般认为，"延期"是操之的另一名号。王羲之的书信中多次提到"期""延期"等。金庭王氏第四十七世孙王鉴皓主修的《金庭王氏族谱》，现藏嵊州市档案馆。

七子献之。字子敬，小名官奴。书法承羲之衣钵又有创新，并称"二王"。本书附有《王献之传》，此不赘述。

---

①〔晋〕王徽之：《兰亭诗》，逯钦立辑校：《先秦汉魏晋南北朝诗》，第914页。

王羲之有一女，年序在凝之与涣之间，子敬有一书称“姊、三兄”，可知。小名似为“爱”（《二谢帖》有“羲之女爱再拜”），另有书帖中以“刘氏”称之，盖因永和年间嫁到余杭刘畅家。《世说新语·品藻》注引《刘瑾集叙》曰：瑾字仲璋，南阳人。父畅，娶王羲之女，生瑾。刘氏的书法素养得自家学，传与其女。刘氏之女嫁谢玄子谢瑍，生谢灵运。谢瑍早死，谢灵运全得母亲教诲，“谢灵运母刘氏，子敬之甥，故灵运能书而特多王法。”① “王僧虔《论书》云：“子敬上表多在中书杂事中，灵运窃写易其真本，相与不疑。”当时有“王家书法谢家诗”一说，而谢灵运所临书法，连他的舅公王献之都不能分辨真假，可见他亦是王家书法传人无疑。

王羲之提携的后人中，有一位乃王洽的儿子王珣。此子长成后，书法精湛，写出《伯远帖》，与羲之、献之的字帖并称“三希堂法帖”。

王羲之的第二代，个个能文善书，延续到第三代，也是家风不堕，书法成为王家子孙立身行世特有的品牌。王献之以后六朝至隋二百余年间，是为新书体传承，积蓄能量，再掀高潮的重要阶段，这中间离不开四位大师的环环接力。羊欣、王僧虔、萧子云、智永，他们或近或远，均与王家血脉相连。

羊欣书法传自子敬，其来龙去脉留待后文王献之传中详述，这里着重介绍其书法成就及对后世的影响。羊欣于子敬之后独步书坛，传有《暮春帖》《闲旷帖》《移屋帖》及《笔精帖》等帖。《宣和书谱》和《淳化阁帖》收入他的行草《笔精帖》，书风如严霜之林，流风之雪。《论书》云：“羊欣书见重一时，亲受子敬，行书尤善，正乃不称名。”唐代窦泉《述书赋》评：“敬元则亲得法于子敬，虽时移而间出。手稽无方，心敏奥术。虚薄而不忘本分，纵横而粗得师骨。遇其合时，仿佛唐突。犹图骐骥而莫展，塑真仙而非实。尔后王、羊谬同，众靡余风。”

羊欣笔法师从子敬，但又颇具蔡邕、卫恒及右军书论之风，作《采古来能书人名》，堪称我国最早的书法家辞典。简明扼要地介绍了自秦至东晋的六十九位书法大家，点明时代、官职、籍贯、师承及擅长书体，并稍加评价。各项所

①〔唐〕张彦远：《法书要录》卷二，第30页。

注，繁简不一，简者仅记五字、七字，如“秦丞相李斯”，详者如钟繇，用了九十五字，述其生平、学书经历、交流情形、所形成的书法特点等等。后人评该书颇具魏晋人物品藻之风，属于书家品鉴之作。羊书虽不算巨制，终因其遴选精当，评品高妙而跻身书法史要籍，为书史家频频征引。

羊欣传人著名者有萧思话、范晔，裴松之书法亦得羊欣笔意。王僧虔《论书》云：“萧全法羊，风流媚好。殆欲不减，笔力恨弱。”袁昂则曰：“羊真孔草，萧行范篆，各一时之妙也。”孔，孔琳之，也是学小王书者。范晔后来把主要精力转向史学，著《后汉书》，不朽于另一领域间。

王僧虔（426—485），字简穆，为王羲之的四世族孙，王导的五世孙。宋孝武帝时，官武陵太守，后累迁至尚书令。齐梁时，当过侍中，是位简穆雅静之人，以文化传承为己任。王僧虔的父亲王昙，从父王弘、王徽都是擅名一时的书法大家。僧虔得家传，工隶、行、草书。“宋文帝见其书素扇，叹曰：‘非唯迹逾子敬，方当器雅过之。’”齐代宋后，太祖萧道成亦是书法的行家里手，好收集二王书法，据说达一万多件，日日描摹。萧以帝王之尊自视甚高，终有一天，忍不住心痒，想与王僧虔一比高低。《太平广记》记：“太祖谓虔曰：我书何如卿？曰：臣正书第一，章书第三。陛下草书第二，正书第三。臣无第二，陛下无第一。上大笑曰：卿善为词，然天下有道，丘不与易也。”

《南齐书・王僧虔传》记，萧道成曾“示僧虔古迹十一帙，就求能书人名。僧虔得民间所有帙中所无者——吴大皇帝、景帝、归命侯书、桓玄书，及王丞相导、领军洽、中书令珉、张芝、索靖、卫伯儒、张翼十二卷奏之。又上羊欣所撰《能书人名》一卷”。皇上放长线钓大鱼，把王僧虔手上的书法珍品几乎收缴光。

梁朝庾肩吾《书品论》称：“王僧虔雄发齐代。”有《王琰帖》《御史帖》《陈情帖》等书迹传世。梁武帝《古今书人优劣》曰：“僧虔书如王、谢家子弟，纵复不端正，奕奕有一种风流气骨。”虞龢《论书表》评：“僧虔寻得书术，虽不及古，不减郗家所制，然述小王尤尚古，宜有丰厚淳朴，稍乏妍华，若溪涧含冰，冈峦被雪，虽甚清肃，而寡于风味。子曰：‘质胜文则野。’是之谓乎。”

更可贵的是，王僧虔还是一位书法理论家。有《书赋》《论书》《笔意赞》等书论行世，在中国书论史上占有重要地位。《笔意赞》云：“书之妙道，神采为上，形质次之，兼之者方可绍于古人。以斯言之，岂易多得？必使心忘于笔，手忘于书，心手达情，书不忘想，是谓求之不得，考之即彰。”王僧虔最为人所称道的，是他在《论书》之中表现出的识量。

对于传承文化，王僧虔可谓不遗余力。他好文史，解音律，为了能保有前代古乐，一反简默的为人风格，数上表，也不怕逆了龙鳞。他有三个儿子，王慈善行书；王志擅长草隶；王俭以正书闻世。虞龢记曰：“子慈，亦善隶书。谢超宗（谢灵运孙）尝问慈曰：‘卿书何如？当及尊公。’慈曰：‘我之不得仰及，犹鸡之不及凤。’时人以为名答。”

南朝四大书法家中，萧子云是唯一与王家没有血亲关系的，但他师从王僧虔，属于王派书法嫡传，其成就与影响在书法史上不可或缺。萧子云生于南齐，成名于南梁，自幼才华名世，文史俱佳，《梁书·萧子云传》载：“善草隶书，为世楷法。自云善效钟元常、王逸少而微变字体。答敕云：‘臣昔不能拔赏，随世所贵，规摹子敬，多历年所。年二十六，著《晋史》，至《二王列传》，欲作论语草隶法，言不尽意，遂不能成，略指论飞白一势而已。十许年来，始见敕旨《论书》一卷，商略笔势，洞澈字体；又以逸少之不及元常，犹子敬之不及逸少。自此研思，方悟隶式，始变子敬，全范元常。逮尔以来，自觉功进。’其书迹雅为高祖所重，尝论子云书曰：‘笔力劲骏，心手相应，巧逾杜度，美过崔实，当与元常并驱争先。’其见赏如此。”萧衍最推重钟繇。萧子云对书法的主要贡献是“微变字体”和“创造小篆飞白”。他留给后世的名帖有正书《颜回问孝》等。萧子云的儿子萧特亦为大书家，时人比之卫氏父子。

在传播王羲之的书法艺术上，释智永可谓第一功。智永，字法极，人称“永禅师”，身历陈、隋两代，为王羲之七世孙，第五子徽之后裔。书法史上有萧子云传智永师之说。虽得萧子云之传，但却扮演了“书起六代之柔”的角色。萧所传以大令书法为楷模，自身又过于媚柔，唐太宗评萧书曰：“行行若萦春蚓，字字如绾秋蛇”，无复王家朗秀风范。智永成年后，专从王羲之帖中学，把王羲之的气质传了下来。明项穆《书法雅言》曰：“逸少一出，会通古今，书法集成，模楷大定……智永、世南得其宽和之量。”

智永在永兴寺阁，闭门习书三十年，用废的笔头盛满五大竹簏，埋之成冢，谓之“退笔冢”。智永成名后，求墨宝者络绎不绝，竟至踏破门槛，寺里不得不用铁皮裹上。这成就了又一典故“铁门限”。

智永传播王氏书法，彻底打破了“秘传”的旧习，集王羲之《寒切》《丧乱》《十七》诸帖，书写正草《千字文》八百余本，为广大寺僧信众习字抄经的范本。《千字文》于今传世，笔力精到，法度严谨。而其所发“永字八法”之旨趣，为隋唐学者宗匠。后人对书道笔法的完备，是在“八法”基础上完成的。米芾说：“智永临集《千文》，秀润圆劲，八面具备。”[①]清梁巘《评书帖》云：“晋人后，智永圆劲秀拔，蕴藉浑穆，其去右军，如颜之于孔。”何绍基云：“顾唐贤诸家，于使转纵横处皆筋骨露现，若智师《千文》笔笔从空中落，从空中住，虽屋漏痕犹不足以喻之。二王楷书，俱带八分体势，此视之觉渐远于古。永兴得笔于智师，乃于疏密邪正处着意作姿态，虽开后来无数法门，未免在铁门限外矣。”[②]

在后人的评论中，还是苏东坡的一段话说得最到位：“永禅师欲存王氏典刑，以为百家法祖，故举用旧法，非不能出新意求变态也，然其意已逸于绳墨之外矣。”[③]一语中的者，妙传家法也。唐之后直至今日，各代书法家莫不习临永禅师帖，《千字文》无愧为古今学书者的最佳范本。

除了对家祖书法的爱好，弘扬佛法也是智永的人生追求。抄写经典的人可积累功德福报，实为自利利人的善举。智永禅师把抄经与书法艺术融为一体，并借抄经活动使书法艺术广泛流传，进入社会的各个层面，深得世人推崇。

智果、辨才、虞世南均智永书法高足。元代刘有定记：“虞世南亲见永师，

---

①〔宋〕米芾：《海岳名言》，引自〔明〕陶宗仪：《说郛》卷八八下，文渊阁四库本，第690册，第121页。

②〔清〕何绍基：《跋牛雪樵丈藏智永千文宋拓本》，载《何绍基诗文集》，岳麓书社1992年版，第1884页。

③〔清〕孙岳颁：《御定佩文斋书画谱》卷七一〇，文渊阁四库本。

故其法传复与唐焉。欧阳询得于世南，褚遂良亲师欧阳。”[①]明项穆《书法雅言》评：“迨夫世南传之智永，内含刚柔，立意沉粹，及其行草，遒媚不凡，然其筋力稍觉宽骫矣。”虞世南是智永外甥，因做过永兴的县官，世称“虞永兴”。他从小跟着智永，习书颇勤，尝于被中画腹，被传为美谈，妙得“二王”笔法。后来做了唐太宗的书法老师，孔庙落成时承旨书《孔子庙堂碑》亦称《东观帖》。传说以墨本进呈李世民，太宗把王羲之所佩右军将军会稽内史黄银印赐给了虞世南。

从唐代开始，书法进入了新的发展阶段，英才云集，星光灿烂，以王氏家族为书法传承主线的历史现象渐渐淡出，但王家的后代未丢书法传家的门风，在流淌的书法长河中时有浪花飞溅。

武则天尝求王羲之书，逸少九世重孙王方庆将家藏十一代祖至曾祖二十八人书迹十卷进呈，编为《万岁通天帖》，亦名《王氏一门书翰》。宋代苏轼、米芾笔法亦从二王。他们初学晋书多从《集王圣教序》始，清代王澍在跋米芾《蜀素帖》中说：“《圣教》自有院体之日，故有宋一代无称道者，然苏、米诸公往往隐用其笔法，而米老尤多，乃其平生绝未尝一字道及。所谓‘鸳鸯绣了从教看，莫把金针度与人’也，此卷实笔笔从圣教来，余临写之次，悄然有契，特为拈出，不使千百后世为古人所欺，亦是一适。”这段话明白告诉了我们，《蜀素帖》是学习《集王圣教序》的。

这位评点米芾的王澍，算起来应是王羲之第六十世裔孙，明末其高祖从金坛迁无锡居住。清雍正年间，常州知府游览惠山，见赵孟頫所书木匾已腐朽剥蚀，就请王澍另书“天下第二泉”几个擘窠大字，勒置泉上。王澍禀始祖遗风，淡泊功名利禄，著作甚丰，有《贡禹谱》《学庸本义》《学庸困学录》《程朱格物法》《朱子读书法》《白鹿洞规条目》等等。其《淳化秘阁法帖考正》十二卷，是清以后研究王羲之书法的重要资料。王羲之的后裔以及认右军为师的弟子们，就这样一代代地把书圣笔法传至今天。

---

①〔清〕冯武：《书法正传》卷二，上海书画出版社1985年版，第43页。

历史选择的书法一人

中国书法伴随着中华文明的发展而光大，几千年里，涌现了多少划时代的书坛巨匠，各以自己特有的创造在书法史上留下不朽篇章，李斯、张芝、蔡邕、钟繇、卫恒、王献之、褚遂良、颜真卿、柳公权、欧阳询、苏轼、米芾、赵孟頫、董其昌……哪一位不令人仰望。王羲之生活的汉末魏晋之际，书法大家更是群星璀璨。要从这中间选出最顶尖的一个，谈何容易，即便某位大家的成就“空前”，亦难以断言其“绝后”。这需要时间洗汰、历史选择，绝非仅因得到同代人的推崇就坐上书圣的宝座。

王羲之出身书法世家，少年成名，三十岁左右已是“洛阳纸贵”，但还说不上是当朝书法一人，同辈人中的庾翼、郗愔声名都在他之上，“初不胜庾翼、郗愔”。北游观碑归来后，王羲之揣摩钟繇、张芝旧帖，蔡邕书论，“研精体势”，终于脱颖而出。他在《自论书》中云：“吾书比之钟、张当抗行，或谓过之，张草犹当雁行。张精熟过人，临池学书，池水尽墨，若吾耽之若此，未必谢之。后达解者，知其评之不虚。吾尽心精作亦久，寻诸旧书，惟钟、张故为绝伦，其余为是小佳，不足在意。去此二贤，仆书次之。顷得书，意转深，点画之间皆有意，自有言所不尽。得其妙者，事事皆然。”以上之论实右军的自谦，晚年的他，更早已脱壳而行，出于蓝而胜之。

王羲之去世后，其书法凝固为“不变的存在”，其价值经历了与先前“古人”及后世“来者”的重重比照与择取。之前，主要是没有人超过被书界公认为“秦汉以来一人”的钟繇。很长一段时间里，“钟王”并称很是盛行。钟对王的压力，主要在传统与创新上，王羲之的“自成一体”能不能被认可，以及王是否超越于钟。

因为钟繇为楷体之祖，魏晋书法家无不以宗钟自许，祖师爷的地位势难撼动。一直到梁武帝萧衍时，还说：“逸少至学钟书，势巧形密，及其独运，意疏字缓。譬犹楚音习夏，不能无楚。过言不悒，未为笃论。又子敬之不迨逸少，犹逸少之不迨元常。”当朝皇帝褒钟抑王，影响还是很大的。后来他自觉对王不公，又让当时有名的书画家袁昂在《古今书评》中作了新的述评：“张芝经奇，钟繇特绝，逸少鼎能，献之冠世，四贤共类，洪芳不灭。”钟王并称，一时也就高低难见分晓。

比之“古人”的压力来，“后来者”的挑战似乎更为严峻，这主要来自其子王献之。无论王羲之还是王献之，在升平初年之际，世人都感到他们各有千秋，不相上下。《世说新语·赏誉》记，“有问羲之云：‘世论卿书不逮献之。’答曰：‘殊不尔也’”。王献之决非浪得虚名，他“变右军为今体”，流畅、妍美的风格，被众多书家看好，“风流为一时之冠”。王羲之的书名为儿子所掩竟至百年。

沈尹默先生于《二王书管窥》中对此作了精到的说明：“南齐人刘休，他的传中，曾有这样一段记载：‘羊欣重王子敬正隶书，世共宗之，右军之体微古，不复贵之，休好右军法，因此大行。’右军逝世，大约在东晋中叶，穆帝升平年间，离晋亡尚有五十余年，再经过宋的六十年，南齐的二十四年，到了梁初，一百四十余年中，据上述事实看来，这其间，世人已很少学右军书体，是嫌他的书势古质些。古质的点画，就不免要瘦劲些，瘦了就觉得笔仗轻一些，比之子敬媚趣多的书体，妍润圆腴，有所不同，遂不易受到流俗的爱玩，因而就被人遗忘了，而右军之名，便为子敬所掩。”

唐初的书坛，王献之依然为当红明星，李世民也是先慕“王大令”。然而，当书界要在“二王”之中论出个高低时，经过全面的比较，天平逐渐倾向王羲之一边。这当然与李世民兴奋点的转移有一定关系。李世民好书法，懂书法，他利用国家重新统一的时机，收集“二王”手迹藏至皇宫。欣赏、临摹羲之帖的过程中，越来越感到羲之的地位应在献之之上。尤其是在得到《兰亭序》的真迹后，对之爱不释手，目为绝品，成为彻头彻尾的“大王”迷。当时房玄龄正奉命撰修《晋书》，太宗皇帝破天荒提出由自己亲撰《王羲之传》，在该传的最后，他写了段“制曰”：

书契之兴，肇乎中古，绳文鸟迹，不足可观。末代去朴归华，舒笺点翰，争相夸尚，竞其工拙。伯英临池之妙，无复余踪；师宜悬帐之奇，罕有遗迹。逮乎钟王以降，略可言焉。钟虽擅美一时，亦为回绝，论其尽善，或有所疑。至于布纤浓，分疏密，霞舒云卷，无所间然。但其体则古而不今，字则长而逾制，语其大量，以此为瑕。献之虽有父风，殊非新巧。观其字势疏瘦，如隆冬之枯树；览其笔踪拘束，若严家之饿隶。其枯树也，虽槎枿而无屈伸；其饿隶也，则羁羸而不放纵。兼斯二者，固翰墨之病欤！子云近出，擅名江表，然仅得成书，无丈夫之气，行行若萦春蚓，字字如绾秋蛇；卧王濛于纸中，坐徐偃于笔下；虽秃千兔之翰，聚无一毫之筋，穷万谷之皮，敛无半分之骨；以兹播美，非其滥名邪！此数子者，皆誉过其实。所以详察古今，研精篆素，尽善尽美，其惟王逸少乎！观其点曳之工，裁成之妙，烟霏露结，状若断而还连；凤翥龙蟠，势如斜而反直。玩之不觉为倦，览之莫识其端，心慕手追，此人而已。其余区区之类，何足论哉！

纵论书法源流，点评历代书家，最后推定王羲之为古今第一人。

李世民位尊九五，文治武功在中国历史上称得上荦荦大观。他的评价自然成为一统唐人认识的定论。但书法毕竟不同于政治，皇上对书法家的鉴识、判断，并不能完全取代学者、书家内心的看法，尤其是李唐之后，人们完全可以排除权势因素，重新估量。有幸的是，李世民对王羲之的定位，如同《贞观政要》一般，经得起后人的挑剔、岁月的磨砺。估计太宗皇帝在思考的过程中，也贯彻了魏徵那句名言，“兼听则明，偏听则暗”，是与虞世南、褚遂良、冯承素等书法家反复斟酌的。

王献之在笔体妍美、流畅、简洁方面，确有着眼之处，但后世学大令，求奇者多，各出法门，却多有支离疏漏，体变无根。寻踪溯源，是他们对书法的根本体势研习不够。王羲之集古之大成，其笔势平和自然，委婉含蓄，遒美健秀，很合盛世之法；在楷、行、草几种书体的发展演进中，循古意、立新体、定格局，开新之变门。孙过庭《书谱》云：“右军之书，末年多妙。当缘思虑通审，志气和平，不激不厉，而风规自远。”书圣的桂冠非王羲之莫属。这一结论，为唐初书法精英的精心打造，当其时为不二之评，不足为怪。难能可贵的是，王羲之书法古今第一人的地位，从此一锤定音，后人景从，罕有非议者。

这也是文化艺术史上少见的现象。诗词、绘画、音乐、书法等领域，无不“江山代有才人出”，都会产生划时代的代表人物。经过一段历史时期的文化整合，亦会推出“文冠”“画圣”，各擅一代风流。后人胜过前人，亦似为常理，如谢灵运之于孙绰，阎立本之于顾恺之。王羲之现象却是对此常理的超越。逸少定名于唐，之前虽有钟繇、王献之欲夺其美，但唐以后，除了王羲之，再无言“某书第一”者可被世代书家共同认可。如此空前绝后的经典人物，文化史上仅有不多的几例：太史公的《史记》、李杜的诗歌，后人可慕不可及——王羲之的书法亦即此等。

文化艺术的创造属于一种个体性活动。天才人物遭逢时代际遇，创造潜力充分释放，进入了一个只有自己方能感悟的境界。其心血结晶而成的作品，后人难以逾越，只能仰望、惊叹。除个体的天才因素外，后人无法超越的另一原因，则是时过境迁的文化背景——时逢其人。汉初犹存的先秦古风对司马迁的熏染，魏晋玄风对王羲之的启迪，亦如唐代“胡气”对李白的吹拂，都是后人无从体验的。后世所认可的“顶峰”，既是相对的，也是绝对的，每个艺术家，每件好作品，都有自己的独到之处，都是不可替代的。正是因为有了千差万别，各美其美，才组成了万紫千红的艺术世界。

王羲之书圣的地位，自初唐确立后，为历代书家推崇不已。唐代大书法家欧阳询说：“尽妙穷神，作范垂代，腾芳飞誉，冠绝古今，惟右军王逸少一人而已。”[①]唐韦续《墨薮》卷一曰，“王羲之书如龙跳天门，虎卧凤阙，历代宝之，永以为训”。最有意思的是宋代米芾。先，米芾就大王尚无深刻了悟时，对王献之的书法情有独钟，描摹日久，便生出超越创新之心，发出了“一洗二王恶札，照耀皇宋万古”的狂言。经过一段殚精竭虑的实验，终感右军之体乃巍巍高山。从此，对王羲之疯狂追慕，“自任腕有羲之鬼”。还自刻一方“羲之门下走狗”印。米芾学右军，在世时从不与人说，自为不传之秘。

宋以后的历代书学名家无不皈依王羲之。元代赵孟頫云：“右军字势，古法

①〔唐〕欧阳询：《用笔论》，载〔宋〕朱长文编：《墨池编》卷二，第67页。

一变，其雄秀之气出于天然，故古今以为师法。”[1]明代董其昌认为，“右军《兰亭叙》，章法为古今第一，其字皆映带而生，或小或大，随手所如，皆入法则，所以为神品也”[2]。清代虽以“北碑”与“南帖”对峙，右军的书圣地位却未动摇。“书圣”“墨皇”虽有“圣化”之嫌，但世代名家、巨子，无不对右军心悦诚服，顶礼膜拜。这种形势的定格，其根本之点就在于王羲之确立了字形、体势的“法度”，诚如明项穆《书法雅言》曰：“逸少一出，揖让礼乐，森严有法，神彩攸焕，正奇混成也。”

王羲之作为千古书圣，影响力不仅仅限于文化人圈中，其在民间的知名度也是罕有其匹者。他生前身后留下的许多故事，以鹅为友、书扇济贫、入木三分等书法趣闻，于所有能沾得上边儿的场合世代传诵。在他归隐的剡中，山山水水，一草一木，都与书圣化作一体。他曾经生活过的会稽、琅邪、临川、吴兴、庐山、永嘉、无锡、九江等地，无不留有墨池、鹅塘、石刻与逸闻。无论真假，皆成为中国书法文化的组成，活生生地存在于平民百姓的生活之中；发挥着书法普及和文化浸润的功能。在民间，王羲之已经成为书法的符号，化作永恒。他的故事、传闻对于文化传播、推广的意义，比其在艺术上的影响更为深远。

书痕无迹神犹在

王羲之的一生中，或习字或临帖，或写信或上书，留下了大量墨宝，无不为世人珍爱。家人有保存，朋友喜珍藏，就是朝廷宫中亦以收集羲之手迹为幸事，再加上那些六朝间足以乱真的“临摹本”，羲之书迹垂爱后世久矣。遗憾的是，羲之亲笔所书的墨妙，几乎没有一件能够传至今天。

王羲之谢世后不久，他的书帖便成为权贵们猎取的珍宝。桓温的儿子桓玄“爱重二王，不能释手。乃选缣素及纸书正行之尤美者，各为一帙，常置左

①〔清〕倪涛：《六艺之一录》卷一四九，第73页。

②〔明〕董其昌：《画禅室随笔》，载华东师范大学古籍整理研究室选编：《历代书法论文选》，上海书画出版社1979年版，第543页。

右”[①]。至刘宋期间，搜访、宫藏王羲之法帖逐步制度化。宋孝武帝刘骏开始大量宝藏法书图籍。宋明帝泰始六年（470），内府旧藏“二王”书迹有十四帙，一百四十五卷，又新增“二王新入书，各装为六帙六十卷”[②]，诏虞龢、巢尚之、徐希秀、孙奉伯装治并鉴定。“料简二王书，评其品第。”[③]此后，各代皇帝循例搜求法书图籍。“梁武帝尤好图书。搜访天下，大有所获……天监中，敕朱异、徐僧权、唐怀允、姚怀珍、沈炽文等析而装之，更加题检。二王书大凡七十八帙，七百六十七卷，并珊瑚轴织成带金题玉躞。”[④]

书法真迹，求也帝王，毁也帝王。本来书画、藏书珍品集中于皇宫，难逃王朝更迭战乱的兵燹，已经“亡者十八九”了。南朝权贵更有一种“非属吾有，岂予他人”的古怪心理，致使“二王”法帖的保存雪上加霜。桓玄东晋失利，“及南奔，虽甚狼狈，犹以自随，将败，并投于江”，开了毁灭王书的恶劣先例。梁元帝萧绎承圣三年（554），西魏将军于谨率军围攻江陵。萧绎见大势已去，在投降之前，遣后阁舍人高善宝放了一把火，将梁朝积五十年之力搜蓄起来的“二王”及其他法书，连同“古今图书十四万卷”，尽焚于烈焰之中。百官惊呼：“文武之道，今夜穷乎，历代秘宝，并为煨烬矣！”[⑤]这把火，不仅是中华文化史上的劫火，更是书法史上最惨烈的劫火，“二王”真迹，大多焚毁于斯。对此，沈尹默说，“二王墨妙，自桓玄失败，萧梁亡国，这两次损毁于水火中的，已不知凡几，中间还有多次流散，到了唐朝，所存有限”[⑥]。

沈先生所云的“中间还有多次流散”，其中最为惨重者乃是隋炀帝杨广造的孽。“大业末，炀帝幸江都，秘府图书，多将从行，中道船没，大半沦弃。其间得存，所余无几。弑逆之后，并归宇文化及，至辽城，为窦建德所破，并皆亡失。”[⑦]

---

①〔唐〕张彦远：《法书要录》卷四。

②《御定佩文斋书画谱》，四库本。

③〔唐〕张彦远：《法书要录》卷二。

④ 同上书，卷四。

⑤ 同上。

⑥ 沈尹默：《书法论丛》，第89页。

⑦〔唐〕张彦远：《法书要录》卷四。

有限的“所存”，在唐代又经历了另一番命运。唐初数代皇帝酷爱右军书法。他们利用天下统一，政府动员能力强大的机会，在全国征集羲之墨宝入宫。“贞观十三年，敕购求右军书，并贵价酬之，四方妙迹，靡不毕至。”①征到真迹三千六百多件。唯有《乐毅论》是石本。这件事对羲之书迹的保存而言，可谓利弊参半。皇家保存条件好，又有复制能力，本来是有利的，藏之于匣，埋之于地也未不可。然历史上聚之众、毁之众的例子太多了，羲之书迹不幸亦罹此难。《梦溪笔谈》说：“王羲之书，旧传唯《乐毅论》乃羲之亲书于石，其他皆纸素所传。唐太宗裒聚二王墨迹，惟《乐毅论》石本，其后随太宗入昭陵。”

太宗皇帝喜爱书法，武则天也是大好家。现传《王氏一门法书》，就是武氏在万岁通天二年（697），命弘文馆用勾填法摹之的纸本墨迹卷，称《万岁通天帖》。帖成之后，武氏将王家所献真品在威武殿上向群臣展示，然后将原本赐还。不知什么原因，王家后代未能保有此真迹，《万岁通天帖》摹本，便成了后人唯一能见到的最接近王羲之真迹的书法作品了。

武则天后期，王羲之的墨宝逐渐流出宫闱，散入宗楚客、太平公主诸家。他们破败后，又复散向民间。唐末五代之乱，羲之书迹遭劫。《新五代史》载：“（温）韬在镇七年，唐诸陵在其境内者，悉发掘之，取其所藏金宝，而昭陵最固，韬从埏道下，见宫室制度闳丽，不异人间，中为正寝，东西厢列石床，床上石函，中为铁匣，悉藏前世图书，钟、王笔迹，纸墨如新，韬悉取之，遂传人间。”《梦溪笔谈》记，“朱梁时，耀州节度使温韬发昭陵得之，复传人间。或曰‘公主以伪本易之，元不曾入圹’。本朝高绅学士家，皇祐中绅之子高安世为钱塘主簿，《乐毅论》在其家，予尝见之。时石已破缺，末后独有一‘海’字者是也。其后十余年，安世在苏州，石已破为数片，以铁束之，后安世死，石不知所在。或云‘苏州一富家得之。’亦不复见。今传《乐毅论》，皆摹本也。笔画无复昔之清劲。羲之小楷字于此殆绝，《遗教经》之类，皆非其比也”。到宋太宗时重新收集，仅得一百六十余幅，不足唐代一个零头了。此番收集的一大成果，便是编辑、刊刻了《淳化阁帖》。

---

①〔唐〕张彦远：《法书要录》卷四。

宋帝所刻《淳化阁帖》，是我国现存最古老的法帖合集。淳化三年（992），宋太宗命翰林侍画王著，将内府所藏自汉至唐名家书帖，摹刻为《淳化秘阁法帖》十卷，又名《淳化阁帖》，简称《阁帖》。“二王”书法占据半壁江山。所谓法帖，就是古代名书家的墨迹经双勾描摹后，刻在石版或木版上，再拓印装订成帖册。元代赵孟頫评曰：“书法之不丧，此帖之泽也。”最初的《淳化阁帖》刻于枣木版上，宋太宗拓成后赏赐亲王近臣，但不久就停止赏赐，所以《淳化阁帖》在当时就十分珍贵。后原版在宋仁宗时因宫廷火灾而焚毁殆尽，传世的原版祖刻拓本就更少了。其中最精美的一部一直存于历代皇宫之中。流经千年，巨本《阁帖》亦已残断，被后世多次重裱过，能看到祖刻本是书法藏家梦寐以求的事。

与唐朝相比，有宋一代王羲之的笔墨已是稀世之宝，难得一见了，所以才有米芾以死换帖的故事发生。有一次，米芾至真州，在船上拜访宰相蔡京的儿子、画家蔡攸。蔡攸拿出新近才得到的王羲之《王略帖》给米芾看，米芾看后，惊喜万分，赞叹不已，想拿自己的画与蔡攸交换。这可把蔡攸难住了。米芾见蔡攸迟疑不语，便说：“如果不换给我的话，我就跳江去死！”说完便大叫起来，站到船舷上要跳下去。蔡攸无奈，只得把《王略帖》换给了米芾。

米芾尽管冒了生命危险，但就亲见书圣手迹而言，总还算幸运者，在他之后，就几乎没有听到羲之真迹露面的消息了。这是因为，北宋末年书画图籍又遭一劫。“宋靖康元年冬，金兵攻占汴京（今开封），掳徽宗、钦宗，将汴京抢掠一空，掠走二帝以下后妃、亲贵，以及宫娥、内侍、百工、技艺等人，掠去皇宫法物重器以及太清楼秘阁三馆藏书、字画等，后不知所终。”①岳武穆之“靖康耻，犹未雪”，正是谓此。

到了清代，风流皇帝乾隆以九五之尊所收集的至宝“三希帖”，亦为唐摹本，可知羲之真迹难觅了。弘历在海内征集书帖时，得到三件绝世珍品，王羲之《快雪时晴帖》（麻纸墨迹本，为唐摹本）、王献之《中秋帖》（宋米芾临墨迹纸本）、王珣《伯远帖》（墨迹纸本，为王珣亲笔）。这时候，能得到唐摹本的书

---

① 刘秋增、王汝涛主编：《王羲之志》，第199页。

圣笔墨，已属天大稀罕。弘历大喜过望，视为真本收藏，在自己的寝宫——养心殿内专设“三希堂”供奉。《快雪时晴帖》的明刻石在乾隆四十四年（1779），由闽浙总督杨景素辗转花重金购得，献于乾隆。为了完好地保存这套稀世珍品，特在北海北岸浴兰轩后增辟一进院落，建楠木大殿“快雪堂”，将石刻镶嵌于东西两廊内。

这时期，以唐摹本为主，真真假假的羲之法帖存20余幅。现存北京中山公园内的“兰亭八柱亭”，原是乾隆皇帝圆明园四十景之一，八根白石亭柱上分别刻着虞世南、褚遂良、冯承素、柳公权临摹的八册《兰亭帖》。这些碑刻笔法遒劲有力，是我国书法史上的佳作。

右军真迹消亡，除战乱、保存不善等人为因素外，更主要的威胁还来自于岁月的无情侵蚀。晋人所用的“薄纸”“白麻纸”和“蚕茧纸”，因制造工艺的关系，多难以长期保存。数百年后，逐步变质、碎烂，终而化为粉末。唐摹精本采用“硬黄纸”，是为“白麻纸”改进后的书法专用纸，因用黄檗木的汁水浸过，千年不坏。所以，能够留存至今的晋代纸质作品极为罕见，幸存者也多因为遇到某种特殊环境，《丧乱帖》即是一例。

唐代中期，唐王朝与日本国文化交流频繁，曾赠予日本大批文化艺术品，书法墨宝居多，《丧乱帖》位列其中。学界通常认为，《丧乱帖》是鉴真和尚东渡时带去的。纸张的右端钤有三方“延历勅定”朱文印记，延历是日本奈良时代桓武帝年号，相当于唐德宗建中三年（782）至唐顺宗永贞元年（805）。此帖东渡后由日本宫内厅皇室收藏。它在日本，始终藏于深宫之内，从未向公众展示。日本国对唐朝文物的保护意识极强，皇室所有基本上是密藏保存，接近洞穴、墓葬保存的条件，所以才能越千年而幸存。

直至清光绪十八年（1892），时任驻日钦使随员的杨守敬搜集散落字画，首次将此帖计入他的《邻苏园帖》。而《丧乱帖》墨迹印刷品的传入，则在20世纪30年代以后了。当时很多人认为王羲之不可能有草书传世，不相信这是右军的笔墨。后来，诸多书法大家被此帖的气韵所感动，才有越来越多的人重估它的价值。王羲之的书迹，如今仅存世二十多幅，几乎都被证明是后人摹本。相比之下，自唐代流入日本的《丧乱帖》，至少为唐太宗时代的极精巧的双勾填墨法摹王羲之尺牍，最具晋时笔风。而在此轴中，并无勾填之痕迹，意韵贯通，真摹难辨。

《丧乱帖》的现身，燃起了人们企盼右军仍有一帖真迹存世的奢望。因为《丧乱帖》是草书字帖，不像行楷“法帖”那样，书写材料多为藤、茧等所制的薄纸，书写时又规章严谨，很容易描画拓仿，多有勾摹本传世。唐以前，刻石亦多止于篆、隶、楷等，唐时才有行书，到草书刻传，已是于晋数百年后的事了，故草书传播不易，世人多不了然大师书迹。王羲之后期以草书为主，书写要用粗糙的“白麻纸”，特别是今草，只有用这样的纸张才能有完美的“飞白”笔意出现。所以右军特嘱，书写草书时，“不得急，令墨不入纸”。这就产生了问题：无法拓印。草书“飞白”的自然意趣，如同瓷器烧制过程中的“窑变”，每一帖都是不同的，就是作者自己临写也有墨迹变化的异常。

唐太宗令众人临摹王书，双勾拓本的行楷可视同原作，以双勾摹本保存草书，就难保其真趣了，故多以名家临摹本传世，水平因人而异。后人不解右军法，见了书帖也不明其然，还要从后世大家的宗王作品中印证理解。“今草”从严格的意义上说应无唐摹本，只有唐临本。所以，今天很多人认为，如果书圣尚有一幅真迹存世，也许就是这幅用白麻纸书写的《丧乱帖》，至少也是最接近王羲之真迹的一幅。

今天所见冠以右军名号的法帖，唐摹为最精本。这些摹临本，皆由翰墨高手所为，特别是双勾填墨的行楷体书帖，仿真程度高，不但形似，神韵亦存。然遗憾也是存在的，沈尹默认为，摹拓本“虽然是从真迹上摹拓下来的，可说是只下真迹一等，但究竟不是真迹，因为使笔行墨的细微曲折妙用，是无法完全保留下来的”。不过，在羲之真迹不存的情况下，“还只能从下真迹一等的摹拓本里，探取消息”。

启功先生对此有更具体的说明：“世传王羲之的书迹有两类：一是木版或石刻的碑帖，一是唐代蜡纸勾摹的墨迹本。至于他直接手写的原迹，在北宋时只有几件，如米芾曾收的《王略帖》等，后来都亡佚不传，只剩石刻拓本。“木版或石刻的碑帖，从勾摹开始，中间经过上石、刊刻、捶拓、装潢种种工序，原貌自然打了若干折扣，不足十分凭信。于是直接从原迹上勾摹下来的影子，即所谓‘双勾廓填本’或‘摹拓本’，就成为最可相信的依据了。这类摹拓本当然历代都可制作，总以唐代硬黄蜡纸所摹为最精。它们是从原迹直接勾出，称得起是第一手材料。字迹丰神，也与辗转翻摹的不同。只要广泛地比较，有经验的人一见便知。因为唐摹的纸质、勾法，都与后代不同。这种唐摹本在宋代已被重视，米芾诗说‘媪来鹅去已千年，莫怪痴儿收蜡纸’。可见当时已有人把勾摹的蜡纸本当作王羲之的真迹，所以米芾讥他们是‘痴儿’。到了今天，唐摹本更为稀少，被人重视的程度，自然远过宋人，便与真迹同等了。现存的摹本中，可信为唐摹的，至多不过九件。”①

① 启功：《〈唐摹万岁通天帖〉考》，《启功丛稿・论文卷》，中华书局1999年版，第57—58页。

第十二章　书韵永恒

穿越古今的魅力

历史进入现当代，工业文明冲击着农耕文明，科技的日新月异改变了人们生活的方方面面。传统文化中的许多东西渐渐淡出人们的视野，褪为历史的陈迹。书法却属例外，依然是人们生活中不可或缺的精神伴侣，青春焕发，常说常新。王羲之的书法更是书界长盛不衰的热门。

20世纪又是当代人反思传统、重评历史的时期。往昔的成就也好，辉煌也罢，无不在重新审视之列。许多权威为之颠覆，大量旧说受到质疑。王羲之的书法经受了考验，依然信步于书法之巅。随着现代印刷术的发展，影印技术的出现，王羲之的书法走出宫廷及少数人的书斋，广为传播，被誉为“天下第一行书”的《兰亭序》和《集王圣教序》更是大受欢迎，进入千家万户，成为百姓大众习字的范本、可随时欣赏的艺术神品。

王羲之书帖的传播，也给书法家和书法爱好者研究王羲之提供了便利，不啻为百年不衰的学术热点。历史常有惊人的相似之处。自唐代帖学大兴，历一千多年间，也出现了某些弊端：一代代的翻刻翻印，质量良莠不齐，有的甚至翻刻失形，往往得皮肉而失风骨，求妍资而丢神韵，致习字者趋软趋媚，就像当年王羲之认为诸人习钟体走不出“插花美女”的误区一样，其通过北上观碑引入篆、隶之精神，方成就了自己的骨法。清代中叶包世臣、邓石如、何绍基等书法巨擘，亦返祖寻根，由唐帖上溯六朝碑板，以至三代、秦汉、魏晋古意，汲取篆隶源头之水，形成碑学为主的书法潮流，延续了两个多世纪。

这期间，“碑帖之争”以碑派为胜，帖学处于弱势。然无论碑派还是帖派，于“二王”无不推崇，继承传统，师法魏晋亦是双方的共同追求。在立足传统，推进书法发展这一点上，两家并无区别，只是路径各有千秋罢了。说到底，还是那个在书法发展过程中始终伴随着的“壮美”与“柔美”的关系问题。“壮”盛辅以“柔”，“柔”过输以“壮”，总在捕捉那个难得确定的平衡点。对此，书法大家启功先生用了一个比喻，希望大家走出隔障，相互欣赏，他说：“碑与帖，譬如茶与酒。同一人也，既可饮茶，亦可饮酒。偏嗜兼能，无损于人之品格，何劳品者为之轩轾乎？”[①]

就是在这样的背景下，近百年来的书法大师康有为、吴昌硕、林散之、于右任、毛泽东、沈尹默、李叔同、沙孟海、赵朴初、启功等等，无不对王羲之高山仰止，多有在尊碑的同时推崇帖学者，留下了大量临摹二王帖的墨宝。康有为的书法，初临《乐毅论》。他的楷书，尤其是擘窠大字，纵极瑰伟，在曲铺横宕的书势中融合圆直狭长的“二王”行法。行、草参合篆、隶笔法，显得苍古质朴，奇宕纵横。

吴昌硕书从颜体，他的行草书，初学王铎，后学欧阳询与米芾，中年后多参黄庭坚书意。日下部鸣鹤是日本明治初期三大著名书法家之一，他是在拜读了王羲之的《兰亭集序》后，才立志献身于书法艺术。1891年，他回溯本源来到中国，与吴昌硕先生结下深厚的日中翰墨缘。

林散之学从唐碑，草书“以大王为宗，释怀素为体，王觉斯（王铎）为友，董思白（董其昌）、祝希哲（祝允明）为宾”，有称其为“当代王羲之”者。

提倡“二王”最力者当推沈尹默先生，于帖衰碑盛之际，举起了回归“二王”书法的大旗，提出只有继承传统，走由唐入晋的习书之路，才能开创全新的书法风格。在沈先生的努力下，中国书法出现以他为领袖的“二王”书派，

① 启功：《启功论书绝句百首》，荣宝斋出版社1995年版，第22页。

中坚人物有马公愚、邓散木、潘伯鹰、白蕉等人，引领着20世纪60年代中期之前书坛的走向，使“二王”传统在当代中国生根、开花、结果。

沈尹默宗法“二王”又熔铸百家，自成一体。他的书法不是简单的笔墨纸砚技巧的结合与线条的宣泄，而是一种凭借其深厚的文化底蕴的独特文化的再现。他以一个学者的目光审视这一看似简单却意韵无穷的艺术，笔力卓绝，笔法纯真，结体超逸，意境悠远。沈先生既有书法实践又有理论探寻，撰有《书法论》《学书丛话》《二王法书管窥》《历代名家学书经验谈辑要释义》等书学著作，其中对王羲之的评说，堪称书法界的盖棺之论：“他把平生从博览所得的秦汉篆隶的各种不同笔法妙用，悉数融入于真行草体中去，遂形成了他那个时代最佳体势，推陈出新，更为后代开辟了新的天地。这是羲之书法，受人欢迎，被人推崇，说他‘兼撮众法，备成一家’的缘故。”①

沙孟海先生同样认为，书圣笔法无人能及，“王羲之生在东晋时代，真、行、草书突过前人，号为‘新体’”。东晋“过江诸名士，很多讲究书法，成为风气。王氏、谢氏、郗氏、庾氏、桓氏……见于《淳化阁帖》者人数不少，就中算二王造诣最高。所以唐太宗笃爱王羲之，‘心摹手追’，推崇备至。一千年来，书法界奉为圭臬，决不是偶然的”。沙老晚年力倡“碑帖并重”，多次临写《兰亭》三序，在沙氏行草专集中，这三序也被放置头列。他的书法作品中还有送与友人方介堪的临右军《与子敬笔势论》等。在沙孟海一些颇具《圣教序》意趣的作品中，展现了王帖内含的“锋棱”“色泽”和“严正之气”。沙先生对“二王”遗韵的传承者各有赞誉，王铎有“天分”“功力”，姚鼐帖“姿媚之中，带有坚苍的骨气”，梅调鼎则有“二王”书中那种“高逸”“乱头粗服的真趣”。对倡碑有功的包世臣，沙孟海肯定其“写北碑，也很有功夫”，但不无遗憾地说：“我们单读他论书的文章，想象到他的作品方面去，一定以为至高无上的了，其实，哪里见得！”包氏“单讲究区区点画，把大的条件反而忽忘了”。这个“大的条件”，就是王羲之一生所实践的“变更古法”的才气品格。

“文革”结束后的1982年，沙孟海先生以八十高龄，首倡恢复书界盛典

① 沈尹默：《书法论丛》，第84页。

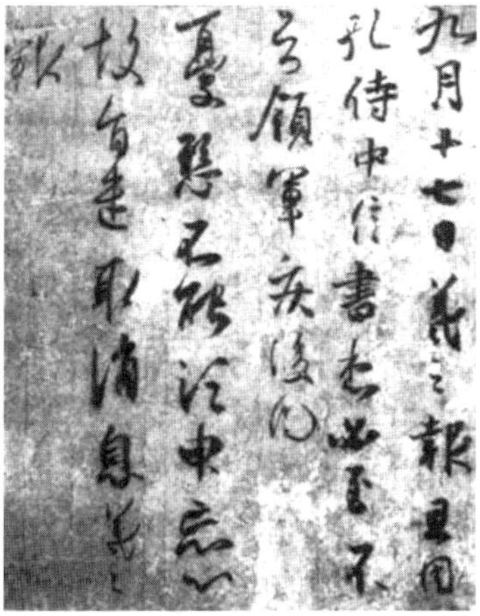

王羲之《孔侍中帖》（日本前田育德会藏）

“兰亭修禊”。亲书“一日千载”隶书条幅，补识：“右军禊序后千六百三十年，癸亥上巳兰亭续集，来自十九省市男女书家凡二百人，永和无此盛况。”到兰亭一游，“曲水流觞”自为欢歌乐事，更是“行远自迩、登高自卑”的励志之旅。其谁好之！

沙孟海之后，执中国书坛之牛耳的启功先生，乃是“二王”书法挚爱之人。他在20世纪中期，亲自到辽宁博物馆参与鉴定了《唐摹万岁通天帖》，认定这个唐摹本是现存最好的王羲之一脉书帖，“字迹丰神”比所有《淳化阁帖》的传本都逼真，在有生之年能看到这样的“真迹”，就如同李世民看到《兰亭序》一般，欣喜莫名。启功一生都在为弘扬右军笔法、寻觅书圣墨宝而努力，做出了举世瞩目的贡献，深得世人敬重。

20世纪后叶书法泰斗们对书圣之风的弘扬，不仅使王羲之的书法成功地从古代走入现代，而且跨出书法界，在更为广大的范围中得到认同与热爱。

王羲之非但在国内成为书圣的化身，且在唐代即随文化交流扬名海外，对日本、朝鲜的影响尤为深远。近代随着中西文化交流的加强，声名更是扩大到世界各地。

中国和日本的文化交流始于汉代。公元3世纪间，汉字传入日本，是为日本书法历史的起点。然书法的兴盛，还是在于奈良时代遣唐使的频繁派遣，日本留学生和学问僧大批来唐学习汉文化、取经。由于唐太宗爱好王羲之的书法，唐朝流行的晋唐书体特别是右军法书便代替了六朝书体在日本流行。随着《丧乱帖》《孔侍中帖》传入日本，王羲之的名字在日本家喻户晓。公元754年，鉴真和尚东渡日本，又带去了王羲之的不少书法名迹，日本国书法界仰慕“二王”之风盛极一时。日本天平宝字二年（758），光明皇后将圣武天皇遗爱的“二王”书法一卷，献于东大寺。圣武天皇和光明皇后都是王羲之的书法信徒，光明皇后所临写的《乐毅论》，几近神似。

承接着奈良繁荣的平安时代（794—1192），日本国迎来了历史上的书法鼎盛时期，涌现出“三笔”“三迹”等划时代的书法大家。他们无不认宗羲之，师法“二王”。“三笔”即空海、嵯峨天皇、橘逸势。空海和尚三十一岁入唐取经习书，归国后更潜心书法。他将王羲之和颜真卿的书法风格、精神巧妙地融为一体，既有圆劲典雅的韵味，又有厚重流动的风采。他善作篆、隶、楷、行、草各种书体，被人称为“五笔和尚”“日本的王羲之”。嵯峨天皇和橘逸势也都自视为右军笔法的传人。

稍晚于“三笔”的“三迹”——小野道风、藤原佐理、藤原行成，在10世纪初走上日本书坛，引领书法进入转折期，形成了日本体。其特点是用笔带有圆润，优雅而轻快，清淡而柔和。日本体的渊源未脱王羲之的法书，崇拜右军风潮仍旧强劲不衰。小野道风精研羲之书体，并把格调清高的右军书风，融入日本特色的抒情趣味，使之日本化。他曾应召为天皇宫中书写屏风，书体端庄温雅，用笔流畅凝重，被人们评为“野风得羲之之骨”“羲之再世”。藤原佐理和藤原行成承王羲之笔法亦各有心得，后人有小野道风刚，藤原行成柔，而藤原佐理居中之论。

日本历史上的最后一位大师，乃是江户后期“幕末三笔”的代表人物贯名海屋。他在学习中接触揣摩最多的，是王右军《圣教序》《十七帖》、孙过庭《书谱》，其作临摹精心，几可乱真。六十岁后杰作屡见，被日本书史家视为后世唯一可以与“三笔”“三迹”相比拟的书坛巨擘。

对于日本书法，王羲之还有另一方面的重要影响。“假名”是日本创制的文字，其源头乃是借用传去的中国汉字草书，即由王羲之一派草书略经变化而成。假名文字与中国草书的这种密切的渊源关系，使日本人在写草书时格外顺手，造就了与汉字唐风的古典书法并驾齐驱的假名书法，涌现了不少著名的书家和优秀的作品，于平安时代达到古典假名书法的高峰。直到今天，草书在日本书法中仍是最发达的书体，艺术水平远远领先于篆、隶、楷、行四体，与假名书法一望而知出于同宗。

进入现代社会以来，日本书法发生了很大变化，在西方思想意识和审美观念熏染下，出现了少字数派、前卫派等现代书法。但古典传统派书法仍占主导地位，晋、唐书法，尤其是王羲之书风依然被认定是书法的正脉。

对王羲之的研究，一直以来也是日本书界所关注的话题，近代热度未减，硕果累累。《王羲之志》对此做了概括介绍，“日本书法界历来推崇书圣王羲之，不仅继承学习王羲之的书法艺术，也对他进行了理论上的研究，研究成果仅次于中国”。

据日本中村史郎编的《王羲之研究文献目录》（截至1992年）载，日本出版研究王羲之的论著共二十一种，发表论文共三百八十篇。著名的研究学者有中田勇次郎、西林昭一、杉村邦彦、福本雅一等。总览日本的研究，其内容集中于四个方面：（一）王氏的生平、家世；（二）王氏的书法艺术；（三）有关《兰亭序》《十七帖》等碑帖的研究、争论及考证；（四）“二王”书法对日本的影响。

朝鲜在历史上深受中国文化辐射，书法是其中的重要组成。每个时代的书家无不学习、摹仿中国的名家之作。王羲之、欧阳询、颜真卿、苏轼、赵孟頫、董其昌等，都曾深刻影响过朝鲜书法。其中领军人物当然非王羲之莫属。

被誉为朝鲜书法第一人的韩石峰，其功底得自临摹“二王”《黄庭经》《乐毅论》《东方朔画赞》《洛神赋》等。其楷书较俗，而行草书却超逸绝尘，如龙蛇飞舞。李廷龟在《月沙集·韩石峰墓碣》中评道：“少长能自课书，梦王右军授以所书者再，由是心独喜自负，临帖若有神助，既天才，又积用功，楷额真草无不各臻其妙，既已笔名擅一时。”

石峰有《徐敬德神道碑》《权元帅幸州大捷碑铭》等十余种碑碣，以及李白诗《古风》等三十八首、王羲之《兰亭序》《草书千字文》《楷书千字文》等众多真行草墨迹流传于世。他是朝鲜书法史上尝试跳出中国书法之藩篱、走自己书风之路的第一人。在他的影响下，书法艺术一直为朝鲜民众所喜爱。

历经文化劫难

20世纪，传统文化劫难重重。先是战乱迭起，国宝命浅身危，险象环生；后来，批评、诋毁、横扫的“革命”冲击，又一浪高过一浪。王羲之的书法均不能置身事外。

劫难的第一波，乃是生存的危机。前面讲到，历代艺术珍品由帝王集中收藏利弊参半。弊即易因朝代更替中的混乱而遭毁损。乾隆大规模征集的书法精品一直保存到清末民初。清室退位后，逊帝溥仪大肆倒卖宫藏，最珍贵的右军墨迹被他盗出故宫，携至伪满洲国首都长春——一处国宝失去最起码安全感的所在。20世纪40年代初，收有羲之手迹的宋版《淳化阁帖》不翼而飞，未知所终。

唐初摹本《万岁通天帖》，也在长春流落到战火笼罩的民间。此帖堪称命大福大，在收藏史上不但曾遭人祸，还遭过两次“火劫”。一次是明代无锡华氏真赏斋大火，一次为清乾隆年间乾清宫大火，故又称“火烧本”。伪满洲国垮台后，流落民间的“火烧本”，幸而被东北军事长官郑洞国发现后收藏。1946年3月，东北民主联军解放长春，方入城，郑就把《万岁通天帖》拿出来上交了。《万岁通天帖》现能保有，真是奇迹。

所幸文物遭难时期，并非没有护宝使者和抢救之举。《中秋帖》和《伯远帖》的回归故宫即是一例。“三希帖”中的二帖——《中秋帖》和《伯远帖》，也被溥仪以赠赐之名交由其弟溥杰携带出逃，藏在天津张园，又转满洲，抵押给一家日本银行，因期满未赎而被拍卖。1937年，二帖被大古董行家郭葆昌购得。张伯驹先生闻讯后，愿以高价收购“二希”，但因卢沟桥事变，资金被冻结，未果。郭葆昌去世后，张伯驹又向郭氏之子郭昭俊重提旧事。双方往返磋商间，郭昭俊曾用“二希”向宋子文行贿，以谋得中央银行北平分行襄理之职。此事被上海媒体曝光，迫于舆论压力，宋氏不得已将“二希”退还。于是，原件存于中南银行，郭氏仍待价而沽。

1949年北平解放前夕，郭昭俊携“二希”从上海逃至香港，因手头拮据将“二希”抵押给英国银行，“二希”面临拍卖。周恩来总理闻讯后亲自过问此事，1951年11月，人民政府以35万港币重金将这两件稀世国宝从香港购回，珍藏于北京故宫博物院。而“三希帖”之首的王右军《快雪时晴帖》纸本，则于抗日战争期间随故宫极品辗转大西南，后在1949年被带至台湾，现存台北故宫博物院。“三希”身分两处，幸而皆存世间。

另一种劫难始于20世纪中下叶，传统文化被视为封建糟粕，被全盘否定，王羲之书法虽相对超脱意识形态，亦难免不受“价值评判”的牵连。其所带来的直接影响，即是书画名迹很容易掌管在不识货者手中。现存于天津市博物馆的唐摹本《寒切帖》就险遭不测。20世纪60年代，文保人员经常到废品收购站去搜寻有价值的文物。一天，国家文物鉴定委员会委员刘光启跟另外几位同行前往天津市河西区太湖路的一个废品收购站，熔炉前的一捆旧纸引起他的注意。那卷纸又黄又脆，好奇心让他将这捆纸轻轻打开，从落款、笔法、纸质等看，断定此物竟是王羲之《寒切帖》的唐摹本，差点在废品收购站的熔炉里化为纸灰，好在有惊无险，死里逃生。和平年代如此祸害艺术珍品，史所罕见。

最有意思的是，20世纪60年代中期，中国大陆学术界弥漫着阶级斗争的氛围。在传统文化遭激烈批判的时候，学术界却就王羲之《兰亭序》的真伪展开了一场以“政治始，学术终”的讨论，成为一道罕见的风景。此次论辩被列为“中国20世纪十件文化大事之一”。

事情由郭沫若于20世纪60年代看到在南京出土的几块东晋墓志而引发。这些墓碑皆为隶体，不见王羲之所擅长的行书，由此联系到历史上一直存在的《兰亭序》非王羲之所作，为他人托名的旧案。于是，郭沫若由墓志隶书推及《兰亭》行书之伪，再由《兰亭》之伪质疑王羲之的真实，直至否定整个魏晋书界已创“行书”，要大胆改写两千年书史。这个“创议”，在1965年的气氛中是合乎“重评历史”之潮流的，郭沫若对王羲之的态度也就如对待孔圣人一般，要彻底翻个身。平心而论，郭沫若本没想在学术界挑起一场政治争论，他是个学者，书法造诣极深，但因他身份地位特殊，“依托说”一提出，立即引起了学术界的震动。

一个当时的“小人物”，现被书界一些人誉为“当代草圣”的高二适[①]站出来了。他看了《光明日报》《文物》上发表的《由王谢墓志的出土论道〈兰亭序〉的真伪》，很觉气闷。这几块墓志是晋朝的没错，但晋代所留下的文字资料远不止几块墓碑呀，否也不是这样的否法。于是，他写下《〈兰亭〉的真伪驳

① 高二适（1903—1977），当代著名学者、书法家，1962年任江苏省文史馆馆员。

议》，寄给报刊。但得悉“背景”的相关报刊无一敢登。高二适于心不甘，又将文章寄给他的老师章士钊。

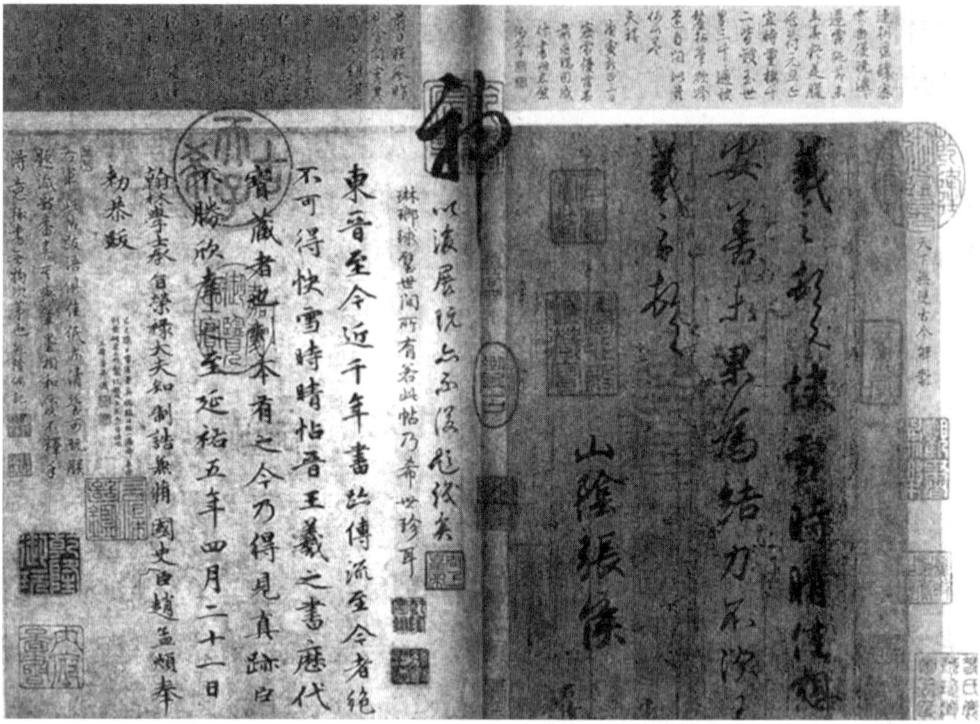

王羲之《快雪时晴帖》（台北故宫博物院藏）

章士钊时任中央文史馆馆长，与毛泽东有特殊关系。他将高二适的文章转呈毛泽东，在信中介绍了高二适的简况后写道：“乃者郭沫若同志主帖学革命，该生翼翼著文驳之，钊两度细核，觉论据都有来历，非同随言涂抹。郭公扛此大旗，想乐得天下劲敌而周旋之。（此论学也，百花齐放，知者皆应有言，郭公雅怀，定会体会国家政策。）文中亦涉及康生同志，惺惺相惜，此于章草内为同道。该生来书，欲得我公评鉴，得以公表。自承报国之具在此，其望虽奢，求却非妄。鄙意此人民政权文治昌明之效，钊乃敢冒严威，遽行推荐。我公弘奖为怀，惟（望）酌量赐予处理，感逾身受。”随信附寄高二适致章士钊信中说：“鄙稿倘邀我主席毛公评鉴，得以公表，亦当今至要之图也（个人报国之忱在此）。”

毛泽东阅后给郭沫若写了一信，并把复章士钊的信也一并寄去。文章是发表了，但毛泽东信中之语让郭震惊："各信及指要（《柳文指要》）下部，都已收到，已经读过一遍，还想读一遍。上部也还想再读一遍。另有友人也想读。大问题是唯物史观问题，即主要是阶级斗争问题。但此事不能求之于世界观已固定之老先生们，故不必改动。嗣后历史学者可能批评你这一点，请你要有精神准备，不怕人家批评。又高先生评郭文已读过，他的论点是地下不可能发掘出真、行、草墓石。草书不会书碑，可以断言。至于真、行是否曾经书碑，尚待地下发掘证实。但争论是应该有的，我当劝说郭老、康生、伯达诸同志赞成高二适一文公诸于世。"[①]章士钊的《柳文指要》一书中，本就有坚持《兰亭序帖》非伪，《兰亭序文》为真，而斥持反对说者为"以一定万，以偶冒常"，"持论诡谲，不中于实"。如此看来，此番《兰亭序》真伪的讨论，就不单是学术问题，而关乎"世界观"乃至"阶级斗争问题"了。虽然毛泽东在信中说，"笔墨官司，有比无好。未知尊意如何？"但这种客气将引发什么样的后果，郭沫若心里没底。

1965年7月23日，《光明日报》发表高二适的文章。毛泽东一直关注着这场讨论。8月17日，他在北京人民大会堂接见出席会议的部队干部时，曾向参加接见的康生问起，"郭老的《兰亭序》官司怎样了，能不能打赢？"康生随即致信于郭，"看来主席对此问题颇有兴趣。我回答说，'可以打赢'。当然这些头脑顽固的人要改变他们的宗教迷信是难的"。郭沫若得知此事，当天就把所写的《〈驳议〉的商讨》和《〈兰亭序〉与老庄思想》两篇文章的清样送给毛泽东。毛泽东很快看完了清样。8月20日，他在退回清样时写信给郭沫若说："8月17日信及大作两篇清样，均已收读。文章极好。特别是找出赵之谦骂皇帝一段有力。看来，过分崇拜帝王将相者在现代还不乏其人，有所批评，即成为'非圣无法'，是要准备对付的。"[②]

之后，热热闹闹的讨论又持续了数月。这次学术讨论倒没引起什么直接的

①《毛泽东文集》（第八卷），人民出版社1999年版，第417页。

② 以上参见《王羲之志》，第177—192页。

政治问题，但仅隔半年，“红色风暴”兴起，一切旧的学术、艺术、文化都被彻底“对付”了。郭沫若公开表态说，自己过去所写的一切文字，皆是主观的跳跃，不合时代要求，应当全部付之一炬。

在爆发于1966年的“文化大革命”中，“革命”行动就不仅仅限于“世界观”的价值评判范围内，而是危及国宝的存亡了。破“四旧”中，故宫中的珍品受到特别保护，其他有关王羲之在各地的碑存遗迹，就没那么幸运了，纷纷被毁弃殆尽。绍兴兰亭康熙皇帝御书“兰亭碑”，古朴丰腴，碑亭建于康熙三十四年（1695），乃“书法圣地”的品牌。然而，“兰亭碑”在“文革”间被砸，断为四截，被抛于亭子背后的小池塘里。1979年，被补接成全，但其中“兰”字缺尾，“亭”字缺头，留下了永久的遗憾。

光耀世纪之交

文化劫难过去之后，人们开始重新审视传统文化的价值，许多优秀的遗产得以继承与弘扬。王羲之所代表的书法艺术成为其中极为耀眼的部分。自20世纪80年代始，王羲之热持续升温，高潮迭起。

王羲之研究的整体情况，近二十年间呈现着细分化、专题化的趋势。学者们从哲学思想、艺术思想、政治思想、文学贡献、美学理论、书法实践、人生观念、道家追求、儒学遗风、逸民情怀、家族源流及书帖考订等多个方面深入挖掘，成果迭出，目不暇接。其中最有价值者乃启功先生晚年的力作《〈兰亭帖〉考》和《〈唐摹万岁通天帖〉考》。先生以常人难以企及的功力和见识，廓清迷雾，辨明真伪，令人信服地论证了书圣两大遗迹的价值，为后人深入研讨右军笔法，铺就了厚重的基石。

在王羲之的祖籍山东临沂，经几代学者努力，营造了一处右军研究基地，推出了几种代表性著作。刘增秋、王汝涛先生，广搜“二王”史料、遗墨，考订厘正，成就了《王羲之志》。刘茂辰先生的《王羲之、王献之全集笺证》，堪称近年在王羲之资料收集、整理方面相当翔实的成果。郭廉夫撰著的《王羲之评传》，对王羲之的生平及各方面情况进行了全方位的论述。

此外，在麦华三《王羲之年谱》的基础上，新出了几种年谱和年表：潘德熙的《王羲之年表》，李长路、王玉池的《王羲之王献之年表与东晋大事记》，刘涛主编的《中国书法全集》第十八、十九卷《王羲之、王献之》中的《王羲之、王献之年表》等等。

沙孟海先生推动举办“兰亭雅集”暨兰亭书法节。二十多个春秋间，岁岁暮春三月，全国书法名流前来聚会献艺，留下墨宝无数。更可贵者，年年集会有新的主题，与时俱进，推动着古老的书法艺术融入现代社会之中。兰亭现已成为全国书法圣地。景区内设有兰亭书法博物馆、兰亭书法研究所和兰亭书法艺术学院。后者系全国唯一一所书法专业学院。

凡王羲之所处之地，皆有墨池鹅塘遗迹。他“临池学书”所展现的勤学苦练精神，是中国人道德修养中十分看重的。1990年，临沂政府投资400余万元修复了王羲之故居，所在街巷即名为洗砚池街。故居内还造了晒书台、鹅池、禊亭等有关右军题材的风景，以仰人望。

世纪之交，数件让国人悬心已久的王羲之墨宝现身于世，不仅在书法界掀起轩然大波，也引发了国人对右军笔法的关注与热爱。先是启功先生对《万岁通天帖》的最终鉴定和郑重推介。

《万岁通天帖》因武则天让人在此本上明确写有“摹本”字样，历经千年，一再被众人所误，没得到应有重视。启功先生于20世纪50年代发现此宝，但未作正式鉴定。时至80年代，他作为国家文物鉴定委员会主任委员，来辽宁进行文物考察，才亲自鉴定了《万岁通天帖》的年代、真伪和价值，并做出评价：“唐摹王羲之帖，不论是现存的或已佚的，能确证为唐代所摹的已然不易得；如可证在唐代谁原藏、谁摹拓、何年何月，一一可考的除了这一卷外，恐怕是绝无的了。”

为了进一步向世人说明《万岁通天帖》的价值，启功先生晚年推出力作《〈唐摹万岁通天帖〉考》。文章以勾摹之精美，“不但没有误摹之笔，即原迹纸边破损处，也都勾出，这在《初月帖》中最为明显，如此忠实，更增加了我们对这个摹本的信赖之心。所以朱彝尊说它‘勾法精妙，锋神毕备，而用墨浓淡，不露纤痕，正如一笔独写’。确是丝毫都不夸张的”；“自晋以下，南朝书风的衔接延续，在王氏门中，更可看出承传的紧密。在这卷中，王荟、王慈、王志的行草，纵横挥洒，《世说新语》中所记王谢名流那些倜傥不群的风度，不啻一一跃然纸上。尤其徽、献、僧虔的真书和那'范武骑'真书三字若用刻碑刀法加工一次，便与北碑无甚分别"等几个方面，论述了《万岁通天帖》的"可贵处"。最后结论："现在所存王羲之帖，已寥寥可数，而其他各家如王献之以下，更几乎一无所存（旧题为王献之的和未必确出唐摹的不论）。近代敦煌、吐鲁番各处出土的古代文书不少，有许多书写的时代可与羲、献相当。如《李柏文书》仅比《兰亭序》早几年，可作比较印证，但究竟不是直接的证物。南朝石刻墓志近年也出土不少，则又不是墨迹，和这卷南朝人书迹真影，还有一段距离。我们今天竟得直接看到这七人十帖，把玩追摹，想到唐太宗得到《兰亭》时的欣喜，大概也不过如此；而原色精印，更远胜过蜡纸勾摹，则鉴赏之福，又足以傲视武则天了！"①《万岁通天帖》由此成为世人认识右军笔法的又一信物。

促成《淳化阁帖》从海外回归祖国，是启功先生晚年的又一大功德。20世纪80年代，消失了四十余年的《淳化阁帖》中之第四、六、七、八卷，现身于国际拍卖行的目录中，除第四卷为其他书法家的作品外，第六、七、八卷均是王羲之的书帖。一位叫安思远的美国人以三十万美元买下。得此消息后，启功先生心潮难平。在当时，他不敢企望中国博物馆能用重金回购国宝，只是念念不忘地想亲眼看一看。1995年3月，他对当时的国家文物局外事处处长王立梅说："我不见到宋刻真本，死不瞑目。"

这位安思远，是美国及整个西方艺术界公认的最具眼光和品位的中国古董商兼收藏家。1996年9月，安思远如约携北宋拓《淳化阁帖》第六、七、八卷及第四卷到北京，在故宫博物院进行展览。启功和国内一批顶级的书法家、研究人员，对这四卷《淳化阁帖》进行鉴定，对每个印章、题跋都一一仔细地进行了辨认。一致认为，此《阁帖》是宋刻宋拓无疑。启功先生称赞其为"彩陶般的魏晋至唐法书的原始留影"。

---

①《启功丛稿·论文卷》，第65—68页。

安思远不仅热爱中华文物，他的内心还有一种深深的中国情结。他不止一次地说过："是中国艺术品给了我一切，我愿为中国做一些事。"日本人早想从他手里购买《淳化阁帖》，但他要了对方无法接受的1100万美元高价。他其实已下定决心，早晚要让这件艺术品回到它自己的祖国。安思远特别指定，《阁帖》回归事宜，要承启功嘱托寻找《阁帖》的王立梅与谈方可。

1996年安思远携《淳化阁帖》来故宫博物院展览时，上海博物馆就十分注意这批珍贵文物。应美国亚洲学会的邀请，王立梅于2003年4月初，赴纽约参加"中、日、韩文物出口政策研讨会"。上海博物馆副馆长汪庆正请她代表上海博物馆和安思远一谈，如果价钱合适，上海博物馆准备买下来。王立梅见了安思远，安很爽快："我知道你是为国家买，给你的开价是450万美元。"上海博物馆在上海市特批专项资金的支持下，同意收购。

4月14日，王立梅携《淳化阁帖》到上海博物馆。多位书画专家当晚进行了查验，汪庆正用他收藏的20世纪20年代珂罗版《淳化阁帖》，与宋拓《淳化阁帖》一卷卷查对，逐一对照每卷的印章、题跋，验明正身，确认这四卷确是北宋祖本。

最值得作压卷一书的，是漂流东瀛千年的墨宝《丧乱帖》，于2006年3月回乡"省亲"。由上海博物馆、东京国立博物馆和朝日新闻社共同举办的"书法至宝——日本与中国"展览，继日本东京展出后，3月13日移师上海。其中的"镇展之宝"便是王羲之的《丧乱帖》和《孔侍中帖》。

原正仓院内收藏的《东大寺献物帐》二十卷书法集中，大部分是右军手迹。清单中录有不少二王墨宝，如《临王羲之诸帐书屏风》《拓王羲之书法》《大小王真迹帐》等。可惜，这些作品亦几覆亡。如今，日本珍藏的王羲之书法，仅有皇室的《丧乱帖》及原属皇室后流入民间、现由前田育德会收藏的《孔侍中帖》。《孔侍中帖》为唐内府摹本，无有他议。此二帖在日本被视为国宝，为中国书法界所知不过百余年。

中国社科院韩玉涛先生近作《王羲之〈丧乱帖〉考评》一文，说此帖为他帖不可及处有四：第一，这本身就是一篇优秀的杂文；第二，此帖字势雄强，是右军真面目，真正的右军风骨；第三，《丧乱帖》兼备雄强和惨淡之美；第四，此帖表现了由行入草的完整的过程。因此，《丧乱帖》是一件难得的珍品，属王羲之最有代表性的晚年之作，远胜《神龙兰亭》。神品终而有机会返回它的故土，书界震动，国人关注，再掀书圣热潮。

21世纪，人类进入高科技时代，然而文字不死，书法犹存。方块字的书体之美使电脑操作融入了人文意象，当炎黄子孙手底流出妍美流利的楷体、宋体时，也就会自然地想到《兰亭序》《黄庭经》《丧乱帖》……在书法史上，王羲之在汉字创定法度、书写流便和艺术品质三方面的贡献无人能及，这些也不会因汉字的发展而改变。这就是书圣永恒的道理所在。

附：王献之传

第一章　潇洒青春

江左首姓的宁馨儿

历史上，父子两代薪火相传，创立辉煌者，不乏其人，但像王羲之、王献之父子这样，双双成为令人高山仰止的“书圣”，并称“二王”，则仅此一家。这举世无两的现象留给后人无尽的感叹与猜想：若非享尽天时、地利、人和，焉能成就如此神奇！

王献之出生在王羲之一生中最为闲适的时刻。

王羲之和郗璇成婚后，一直奔忙于仕途中，颠簸十多年后于咸康七年（341）从江州刺史任上辞官。这期间，先后有六子一女降临人世。

六子佼佼不凡，在世人眼中尽为异禀，但在书法上，却还没有哪个达到可资“托命”的悟性，数番努力后，便也只能随其发展，自然成就了。

王羲之旷世逸才，总不甘就此放弃。尤其是其隐于匡庐之际，身心俱畅，精神旺健，书法精进如斯，一个念头常会不招自来地闪现：此时若得一儿，必将全身心地造就他，不使今生再有遗憾。当郗璇又怀身孕时，那份欣喜与期盼便开始了。

上苍不负，建元二年（344），王羲之的第七个儿子出世了。王羲之给宁馨儿取大名王献之，昵称官奴，宠爱之情溢于言表。

官奴来到人间时，琅邪王家已处在盛极而衰的转折期。王敦败亡已逾十数个寒暑，王导过世也有五度春秋。第二代入仕途者虽不乏其人，但资历尚浅，尚未升至朝中股肱，游离于权力核心之外，“王与马共天下”的风光已是明日黄花。然王氏家族“优者则龙凤，劣者犹虎豹”，仍不失为江左首姓。

王羲之虽然赋闲，却已成为新一代的王门代表。归隐后，“朝廷公卿皆爱其才器，频召为侍中、吏部尚书”，殷浩甚至说，“悠悠者以足下出处足观政之隆替”，把他看作辅佐汉惠帝的“商山四皓”一般人物。逸少所得的时望，是一种极少出现在他人身上的“清望”。即使褪了权贵气，他依然享有极高的尊重与体面，以及充分的宽松与自由。

官奴在父母的照拂下，过着恬适而不奢华的山野生活。稍懂事理，便显露出超拔绝俗的聪慧，善于模仿又有丰富想象，天分显然高过六位兄长。

看着游戏于膝下的麟儿，羲之时时恍惚：这块美玉是上天对我诚心的垂报吗？他不禁想到自己的童年，从出生到懂事，极少见到在外奔波的父亲。家中长者的言行与神情间，总也离不开国难家愁。到建邺后，父亲王旷莫名地逝去，让自己从小尝到世间冷暖，栖身于繁华中的冷角。个性的严整、坚忍，即得于“夙遭闵凶”“不蒙过庭之训”的痛苦底色。

羲之矢志书法，痴迷于更始创新的书坛伟业，近年自觉楷书大成，下一步却难走。追随新潮，必要有一种超脱的心态，羲之感到与众不同的个性成就了自己，也约束了自己，使自己过于静默，“今草”体革故布新，所谓“一笔书”讲求的就是呵气成云，与自身脾性颇有差距。而他认为自己尽研前人体式的心愿远未了了，开宗创派最要承前启后，规则不定，新书体也将如无本之木，必至歧途。羲之认为，官奴的性格与他自己很有些不同，这应该是天道使然。羲之有能力庇佑他不受痛苦，在幸福、自由的氛围中度过童年，同时也造就他隽秀爽朗的风格。

此际，大的环境似乎也顺遂了羲之的心愿。东晋与北方划江对峙的态势已成定局，多数士人养就了偏安心态，忧患意识消退，及时行乐蔚然成风。新生代对人间苦难既缺乏体会，也就淡化了老一辈身上悲天悯人的情怀。官奴的情况亦是如此。他在八个子女中享受到最充分的父爱，洒满阳光的庭院中，享受到的除了阵阵书香便是艺术的甘露。支遁亲见了王家子弟轻松欢快的一幕。《世说新语·轻诋》云："支道林入东，见王子猷兄弟还，人问'见诸王何如?'答曰：'凡一群白项乌，但闻唤哑哑声。'"

官奴的性格很快在一件事情上表现得淋漓尽致。《王献之传》记："献之字子敬。少有盛名，而高迈不羁，虽闲居终日，容止不怠，风流为一时之冠。年数岁，尝观门生摴蒱，曰：'南风不竞。'门生曰：'此郎亦管中窥豹，时见一斑。'献之怒曰：'远惭荀奉倩，近愧刘真长。'遂拂衣而去。"

此时官奴约为五六岁。"摴蒱"是一种广为流行的传统游戏，魏晋之际强化了"博"的斗巧因素，变为纯粹的赌博。官奴这样的小娃娃也就在旁边看个热闹，谁知他来了句"南风不竞"，笑讽输方。"晋人闻有楚师，师旷曰：'不害，吾骤歌北风，又歌南风，南风不竞……多死声，楚必无功。'"小小官奴已看出一方力弱，难免败北。如此"掉书袋"的话语，让不肯服输的毛头小伙们面上无光，禁不住回他一句："小孩子懂得什么?"哪想小孩子更拽了一句："我愧对荀粲、刘真长两位大名士啊。"

门生，当时是指"门下人"，地位低下，甚至执奔走仆隶之役。官奴在他们面前抬出荀粲、刘惔来自比，除了借重荀、刘才高傲世之名外，更有一层常人难以明晓的深意。史载，荀粲孤高，"不能与常人交接"，刘惔傲世，曾云"不可与小人作缘"。他俩终生只与高门、名士往来，从不和下人、底层交游。小小官奴自高身份，贵族气十足，想想"不交非类"的先贤，真后悔与门人搭腔。竟自拂袖而去。

这件事折射出官奴性格的多个侧面。才华不凡，幼小年纪便用典自如；率性浪漫，雅致中不乏诙谐；直抒胸臆，喜怒哀乐遇事便发，痛快淋漓；恃才傲物，大众俗人不入眼中。如此举动，在儿时"涩讷"的王羲之身上是不可想象的。俗语说三岁看老，这段幼儿记事，活脱画出官奴一生的禀性。

王家笔健又少年

官奴的开蒙自然与其父经历相若，除了长辈传授、师长教习外，诸兄长个个学富五车，官奴很快便跻身于风华少年之列。

《晋书·王徽之传》中记述了哥俩夜读嵇康文章的情景：“尝夜与弟献之共读《高士传赞》，献之赏井丹高洁，徽之曰：‘未若长卿慢世也。’其傲达若此。”官奴仰慕井丹。井丹，字大春，东汉郿地人，通五经，善谈论，后因藐视权贵，归隐山林。嵇康对井丹极尽称赞：“井丹高洁，不慕荣贵。抗节五王，不交非类。显讥辇车，左右失气；披褐长揖，义陵群萃。”[①]徽之钦羡长卿，长卿者，司马相如也。《高士传》赞曰：“长卿慢世，越礼自放。犊鼻居市，不耻其状。托疾避官，蔑此卿相。乃赋《大人》，超然莫尚。”[②]官奴以超逸、高洁为向往。与他关系最亲密的五哥则另有所爱，追求自由浪漫的人生。无论作何选择，均以先贤为样本，且说出一番道理来。这样的学习，传达出古之教育的最佳境界：言传身教，当面切磋，增长知识与品行修养融为一体。文化世家得以维系，往往仰赖于此。

在官奴身边，还有一位腻友，即二嫂谢道韫。这位谢女，在中国文化史上甚有地位，人称“咏絮才”，与之可相较的只有“载不动许多愁”的李清照。她才高气傲，对谢玄也不客气，讥其学问不进：“为尘务经心，为天分有限邪？”而对王家小郎，却钟爱不已，处处关心。《晋书·列女传》载：“凝之弟献之尝与宾客谈议，词理将屈，道韫遣婢白献之曰：‘欲为小郎解围。’乃施青绫步鄣自蔽，申献之前议，客不能屈。”官奴与宾客谈玄，大家觉得官奴好玩，说着说着就合起伙儿来刁难他。官奴有点招架不住了，这可让躲在帏帐之后的谢道韫大大不平，又技痒难耐，拉起一道青布帐，坐在里面给官奴帮腔，驳倒众人，也让官奴见识大增。

王家兄弟们还时常拜访名流，问学求教，《晋书·王献之传》记，官奴“尝与兄徽之、操之俱诣谢安，二兄多言俗事，献之寒温而已。既出，客问安王氏兄弟优劣，安曰：‘小者佳。’客问其故，安曰：‘吉人之辞寡，以其少言，故知之’”。谢安认为官奴气质高贵，含而不露，必成大器。

更让官奴受益的是随父亲参加各种文人聚会，领略名士们俯仰宇宙、激扬

---

①〔三国·魏〕嵇康：《嵇康集》，中华书局2016年版，第672页。

②〔三国·魏〕嵇康：《嵇康集》，第666页。

文字的风采。永和九年（353）的兰亭盛会，官奴未满十岁。与会者均为一时俊彦，众人把盏吟咏、落笔华章的场面，深深地感染了他。父亲一气呵成的《兰亭序》，文辞之优美，书法之高妙，直把官奴引向文学和书法的极致境界。

王羲之于官奴最为悉心栽培之处，还是在书法方面。官奴握管临池，便显露出超凡的天赋，被王羲之视为"传人"。王羲之曾选了一幅官奴的习作送给年迈的恩师卫夫人。卫夫人看罢赞赏不已，写了幅《大雅吟》送与官奴。卫夫人逝世于永和五年（349），《大雅吟》书于永和四年（348），此时官奴五岁，书法已是有模有样。

也就是在这个时候，王羲之书写了被后世称为"王书之冠""小楷第一"的《乐毅论》，作为官奴的字帖。梁摹本题款曰："永和四年十二月廿四日书付官奴"。王羲之在《笔势论》中对小郎说："今书《乐毅论》一本及《笔势论》一篇，贻尔臧之，勿播于外，缄之秘之，不可示诸友。"用《乐毅论》作范本，以《笔势论》为理论，从虚与实两方面启发小郎的悟性，导引其进入书学的正轨。从现存拓本可见，此帖笔画工整而又灵动，横有仰抑，竖每多变，撇捺缓急；结构上或大或小，或正或倚侧，或收或缩；分布则重纵行，不拘横行。在静穆中见气韵，显生机。张怀瓘《书断》说，献之"学竟，能极小真书，可谓穷微入圣，筋骨紧密，不减于父"。

官奴本颖慧非凡，又得到这样的传授，真可谓天之骄子，拥有可遇不可求的福分。也正因为有了这份童子功，日后献之无论如何求变维新，怎样争奇斗妍，都矩守有法，不失劲力，"风骨"在其中。沈尹默先生说："内擫是基础，基础立定，外拓方不致流于狂怪，仍是能顾到'纤微向背，毫发死生'的妙巧的。"[①]羲之以自己内擫的用笔风格培养出"外拓圣手"献之，除受其父一生力行"推陈出新"，鼓励弟子超越前人影响外，献之成功的根底亦在于他扎实的基础学习。

令羲之欣慰的是，官奴没有辜负这上苍赐予的福祉。他勤奋习练，书法日进。《晋书·王献之传》记："七八岁时学书，羲之密从后掣其笔不得，叹曰：

① 沈尹默：《书法论丛》，第97页。

‘此儿后当复有大名。’”

王羲之深晓官奴心高气傲，容易自满，有时候也用些特殊的教育手段。官奴习帖数年，先练“铁划”，后练“银钩”，自以为很有些功夫了。于是，写了一叠字拿给父亲过目，希望得到表扬。王羲之一张张看过，没有吭声，只提笔在其中一个“大”字上添了一点，改为“太”。官奴不解，把字送予母亲看，郗璇看后说了句，“你的字，已经有一点像父亲了”。官奴顺着母亲的手指看去，惊愕万分，母亲指的正是父亲添的那个点。

到十多岁时，子敬的书法水平已在诸兄长之上，崭露头角，便显出大家风范。《晋书·王献之传》载，“尝书壁为方丈大字，羲之甚以为能，观者数百人”。虞龢《论书表》记：“子敬出戏，见北馆新泥垩壁白净，子敬取帚沾泥汁书方丈一字，观者如市。羲之见叹美，问所作，答云‘七郎’。羲之作书与亲故云：‘子敬飞白大有意。’是因于此壁也。有一好事年少，故作精白纱裓，着诣子敬；子敬便取书之，草、正诸体悉备，两袖及褾略周。年少觉王左右有凌夺之色，掣裓而走。左右果逐之，及门外，斗争分裂，少年才得一袖耳。”

子敬好习张芝的一笔书，十五六岁时，草书功力已达到超一流水平，用羲之的话来说，“咄咄逼人”。他经常与父亲探讨书法变体之事，“尝白其父云：‘古之章草，未能宏逸。今穷伪略之理，极草纵之致，不若藁行之间，于往法固殊，大人宜改体’。逸少笑而不答”。张怀瓘《书议》中也讲到此事，增加了“且法既不定，事贵变通，然古法亦局而执”等劝说语。

王羲之在钟繇基础上跨出划时代的一步，但在子敬眼中，还是未能脱尽“古意”，显得不够阔舒（宏逸）、不够简括（伪略）、不够恣纵（草纵之致），有点局促而矜持（局而执）。因建言：“大人宜改体。”张怀瓘《书估》认为：“小王书所贵合作者，若藁行之间有兴合者，则逸气盖世，千古独立，家尊才可为其弟子尔。”

对于“藁”，张怀瓘《书断》释：“藁”亦草也，因草呼藁，系指“藁草之间”的书体，即行草书是也。它接续于张芝的“一笔书”，“字之体势，一笔而成，偶有不连，而血脉不断，及其连者，气候通而隔行”。笔走龙蛇，省去了许多字体中的点画，甚至有些点画的形态和位置也发生了改变，已经不可能笔笔符合六书规范了。虽进一步远离古意，却更为自由、流便、妍美。这正是子敬所追求的审美之境："极草纵之致。"他对父亲说，"法既不定，事贵变通"。王羲之没有用言语回应，然"笑而不答"就是一种态度。他打心眼里为子敬与生俱来的创新欲望而高兴。书法师承，自古有"学我者死，变我者活"的说法，子敬从师学到一定程度后，有了另辟蹊径的冲动，乃是自成大家的曙光。

王羲之的"笑而不答"，更源于他清醒的自我定位。他立志"定法"，就行楷真章各体的源脉，参合精研，才有目前的大有所观。对今草之体，因其变易多多，故研习有之，抱了一个"创制不殊，宏者异也"的宗旨，以待来者。之后，王羲之加快了"改体"的步伐，但他的"草书"自有独到的风格，并非"一笔书"的路径，而是书无定势，笔随意走，字为情动，将各种书体按照感情的流动自然布排，水乳交融地合为一体。而创拓流便、妍美的"今草"之路，则留给更具这方面天赋的子敬去实现了。

子敬果然实现了父亲的遗愿。明项穆《书法雅言》论曰："书至子敬尚奇之门开矣"。子敬的贡献是把书法真正地艺术化了，草书自此成为书法的一大门类。

王羲之善绘画，因其书声如日中天，令人炫目，画名为之所掩。但他对书画通达、相得益彰的心得，为子敬从小就打下了绘画的底子。献之的画成就极高，为东晋一大方家。

青年子敬举止端庄，超然大气，又潇洒风流，不拘习俗，留下不少风靡士林的佳话。《晋书·王献之传》云："尝与徽之共在一室，忽然火发，徽之遽走，不遑取履。献之神色恬然，徐呼左右扶出。夜卧斋中，而有偷人入其室，盗物都尽。献之徐曰：'偷儿，青毡我家旧物，可特置之。'群偷惊走。"这里表现出的，正是大名士特有的超然淡定、处变不惊、举重若轻、傲视群伦的品格。子敬在不同场合曾表示仰慕三位前贤——荀粲、刘惔、井丹，可视为他为人处世态度的参照。

无论思想学问，还是做人境界方面，荀粲都是非常了不起的人物，只因为过早离世，史痕不多，声名欠隆。子敬心向往之，可谓眼力非常。荀粲与夏侯玄、傅嘏为三国之际早期谈玄之"三杰"。"尝谓嘏、玄曰：'子等在世涂间，功名必胜我，但识劣我耳！’嘏难曰：‘能盛功名者，识也。天下孰有本不足而末有余者邪？’粲曰：‘功名者，志局之所奖也。然则志局自一物耳，固非识之所独济也。我以能使子等为贵，然未必齐子等所为也。’”

玄学破土而生，离不开冲决经学、创新思维和确定价值。荀粲筚路蓝缕，于五经入乎其内出乎其外，发出“然则六籍虽存，固圣人之糠秕”的骇世之论；“得意忘言”论的发明，开拓出超越圣言、自由创造的思想空间；以思想自由而得的“识”，价值远在礼教“志局”所奖的“功名”之上；张扬个体价值，回归人之本性，重在一个“情”字。荀粲才高又十分性情，终因爱妻去世哀痛而死，年仅二十九岁，以行动书写了言行一致的玄学人格。

刘惔为王羲之的挚友，“论者遂比之荀粲”。最能体现刘惔个性的有两点：一曰“高自标置”。“桓温尝问惔：‘会稽王谈更进邪？’惔曰：‘极进，然故第二流耳。’温曰：‘第一复谁？’惔曰：‘故在我辈。’其高自标置如此”；二曰：以出世心态做入仕之事。一生潇洒，政务、生活两不误。死后“孙绰为之诔云：‘居官无官官之事，处事无事事之心。’时人以为名言”①。

比之前两位，井丹算是化外之人了。井丹满腹经纶，但有着突出的性格，洁身自好，恃才傲物。“建武末，沛王辅等五王居北宫，皆好宾客，更遣请丹，不能致。信阳侯阴就，光烈皇后弟也，以外戚贵盛，乃诡说五王，求钱千万，约能致丹，而别使人要劫之。丹不得已，既至，就故为设麦饭葱叶之食。丹推去之，曰：‘以君侯能供甘旨，故来相过，何其薄乎？’更置盛馔，乃食。及就起，左右进辇。丹笑曰：‘吾闻桀驾人车，岂此邪？’坐中皆失色。就不得已而令去辇。自是隐闭，不关人事，以寿终。”②

以上三人各有千秋，共同点就是有大才，少年成名，傲视群伦，率性而为又“发乎情止于礼”，潇洒浪漫而不逾矩。子敬取三人之长，综合出一个举世瞩目的“风流之冠”来。

①〔唐〕房玄龄：《晋书》卷七五《刘惔传》，第1991页。

②〔南朝·宋〕范晔：《后汉书》卷八十二《井丹传》，第2765页。

聚首心上人

过了少年之龄，渐及弱冠，子敬尽显男士风采。王羲之本是美男子，气质相若嵇康，子敬相较其父，更添几分高雅，身材伟岸，气宇轩昂，“风流为一时之冠”。

东晋初的世家高门中，风流美男子的标准，是以刘惔为参照的，“主婿但如刘真长”。时论认为，子敬与刘真长最相像。“谢车骑（谢玄）问谢公：‘真长性至峭，何足乃重？’答曰：‘是不见耳。阿见子敬，尚使人不能已。’”《世说新语·赏誉》曰：“羊璘因酒醉抚谢左军（玄）谓太傅（安）曰：‘此家讵复后镇西。’太傅曰：‘汝阿见子敬，便沐浴为论兄辈。’推此言意，则安以玄不见真长，故不重耳。见子敬尚重之，况真长乎。”世族选婿又有了得“王子敬便足”的说法。口碑相传，在子敬身后依然如故。《晋书·谢混传》记：“混字叔源。少有美誉，善属文。初，孝武帝为晋陵公主求婿，谓王珣曰：‘主婿但如刘真长、王子敬便足。如王处仲、桓元子诚可，才小富贵，便豫人家事。’珣对曰：‘谢混虽不及真长，不减子敬。’帝曰：‘如此便足。’”子敬声名之隆，可见一斑。

而子敬早早有了心上人。郗璇之弟郗昙，时任北中郎将、持节、都督徐兖青幽扬五州诸军事、徐兖二州刺史。他有一爱女，名道茂，才貌双绝，年岁稍长子敬。他俩青梅竹马，互相倾慕，自然发展为爱恋之情。羲之得知小郎心意后，亦爱怜有加，亲笔写了《与郗家求婚书》：“中郎女颇有所向不？今时婚对，自不可复得。仆往意，君颇冷不？大都此亦当在君耶！”从此帖看，已不止一次与小舅子谈过婚事，待郗家回复后，又写下郑重其事的《婚书》，把谱系家门全报了一遍，足见羲之对王郗两家再续婚姻的看重。

升平四年（360），子敬十七岁，有情人终成眷属。小两口恩恩爱爱，但在他们结婚前后，家人却连遭不幸，给新婚之喜罩上阴霾。先是郗璇于升平二年（358）去世。子敬迎娶道茂虽是在母丧二年之后，但还有“新丧三年”的哀痛。旧痛未平又添新痛，郗昙于升平五年（361）正月病故。这时候，道茂已经有了身孕，未久生下千金。对于这朵爱情之花，夫妻视若掌上明珠，取名润玉。孙女的出生，也给晚年羲之带来莫大喜悦。然而，郗道茂怀着伤痛生产，产后病情加重。羲之痛苦地写道："官奴妇产复委笃，忧之深，余粗可耳。""令外甥欲问，郗新妇更笃，忧虑深。"郗道茂的身体总算挺了过来，羲之心里才稍安："郗新妇大都小差。"

正在大家松了一口气时，谁也没想到的是，这个承载着中国历史上两位最伟大书法家之爱的幼小生命，宛若划过夜空的流星，倏然消失在天边。子敬夫妻遭此打击，留下终身之憾。郗道茂尚在产后恢复期，爱女夭折，致身心重创，从此丧失了生育能力。后来的婚变中，又被人作为借题发挥的口实。

爱女早夭，故为人生之大痛，但子敬夫妻毕竟年轻，尚能扛得住，比他俩更经受不住打击的是王羲之。他用颤颤巍巍的笔尖写下的《延期、官奴小女疾不救帖》《玉润帖》差不多是留给世间的最后笔墨了。同年秋冬，羲之便含悲而去。对子敬夫妻来说，连遭四次丧亲之痛，已然欲哭无泪。

大喜大悲的起落沉浮，接连丧亲的情感挫折，对于王献之这样一个生于高门、从小不知愁滋味的贵公子来说，使他率性浪漫的性格之中，多少掺入了些许悲伤、深沉、持重的因子，使之人格更为完整、成熟。

依晋制，父丧守制三年，不得出仕为官，子敬从十九岁服孝至二十一岁。为求安静，他在郡城南三十里的云门山中置了一所宅第。《嘉泰会稽志》载："淳化寺在县南三十里，中书令王子敬所居也。"僧灵一《招皇甫冉游云门寺》诗中也提到此事："春山子敬宅，古木谢敷家。"云门山，北靠秦望山，南临蜿蜒流淌的若耶溪，翠谷幽静，林泉秀美。子敬深情地写道："从山阴道上行，山川自相映发，使人应接不暇。若秋冬之际。尤难为怀。"①

对于他人，蜗居三个寒暑，必是一段漫长孤独的时光，子敬却用这宝贵的闲暇，把父亲与自己共同的夙愿——创新变体付诸实施，取得突破性成果。当年父亲十分希望自己能走出一条完全不同的路子，值此空余之际，正好"红袖添香夜读书"，还能与行家里手的妻子随时讨论。他俩觉得，这样的守制，才是

①〔南朝·宋〕刘义庆：《世说新语》，第92页。

父亲在天之灵的期望所在。

重返建康后，子敬的书法果然展露出新的风姿，流畅、妍美的书体令人拍案叫绝，保留下来的代表作有书于兴宁三年（365）的《保母砖志》。其文曰："郎耶王献之保母，姓李名意如，广汉人也。在母家志行高秀，归王氏，柔顺恭勤。善属文，能草书，解释老旨趣。年七十，兴宁三年，岁在乙丑二月六日，无疾而终。"写这份墓志铭时，王献之二十二岁。子敬亲撰碑文，湮于地下，奇迹般地在南宋时重见天日。

据宋代姜夔记，会稽一位姓周的农民翻地时，无意中挖得残碑和一方曲水小砚。他把这一方砚台先送给了一位叫王畿的人。王畿问：有碑否？"野人云，一砖上有字，已碎矣。亟使致之。明日持前五行来，时犹未断也。验是大令《保母墓志》，而文未具。又使寻之，旬日乃以后五行来，断为三矣：一以支床，上有'交螭'字者是也；一为小儿垒塔，上有'曲水'字者是也；一弃之他处。碎而复合，似有神助。"姜夔为此碑作跋："世传大令书，除《洛神赋》是小楷，余多行草，《保母砖志》乃正行，备尽楷则，笔法劲正，与《兰亭》《乐毅论》合，求二王法，莫信于此。"姜夔去世于南宋嘉泰三年（1203），此碑的发现在南宋嘉泰二年六月，正是碑中所言的"八百余载"。

《保母志》的内容也很有意思。文中所云保姆李意如，乃是从小带子敬长大的"妈妈"，她年岁偏大，长羲之七岁，不太可能是子敬的奶母。史载："郗司空家有伧奴，知及文章，事事有意。王右军向刘尹称之。"[①]男奴知文，女奴习书，也都在理中。文中有"归王氏"语，却不闻右军有纳妾之举。李氏也可能是随郗璇而来的陪嫁女。羲之有《李母帖》："李母犹小小不和，驰情，伏想行平康。"心心念念，全是家人的语气。保姆本是下人，操家务、干体力活，王家的这位却是"善属文，能草书，解释老旨趣"。保姆能达到如此水平，在主人最初的挑选中便考察其文化基础和聪慧灵秀是否，所谓"志行高秀"。加之先郗家后王门数，十年，其人耳濡目染，主人有意调教，终而达到可与文化人交流、对话的水平。

---

①〔南朝・宋〕刘义庆：《世说新语》，第282页。

王家世代孕育文化大师，对子敬来说，高雅文化的抚育和影响是无所不在的。姜夔在叹幸之余又言道："古人教子，既使之外从师友，退居于内，亦使之妇人之能文艺知道理者与之处，宜乎子敬为晋名臣也。"清代的王昶则指出，李意如在书法方面对王献之颇有熏陶："献之在怀抱中，已习闻保母之教，其以书家名世，非必专本家学矣。"可称之为王献之的启蒙老师之一。

然据晋代的文献，私自刻碑是犯禁的，不要说一般人不能享受，高官巨室刻后也只能藏于土中，不得显露，而且碑文还不能由书家撰写、刊刻，更别说一位世家之子为仆妇刻石传名了。可见献之为人的不一般。正是这个"不一般"，成就了"八百余载"后传之久远的佳话。

第二章　苦乐庙堂

朝廷的宠儿

王献之“少有盛名”，朝廷很早就盯上他了。守制完毕，兴宁二年（364），一纸召为州主簿的任命书便到了王家，《晋书·王献之传》记，“起家州主簿、秘书郎，转丞”。子敬的第一站为州主簿，朝廷有历练一下他的意思。然任于何州，史无记载，应该靠近建康一带，看上去他在主簿位上时间不长便转入朝中当秘书郎了。

州主簿负责处理刺史府的日常杂务，信息的上传下达，协调关系，这对熟悉政治运作，历练政务能力，是很好的平台。这一工作又常在主官身边，易成为其亲信，倚之为靠山。对一般世家子来说，这是条不错的晋升途径。然而，王献之的个性与王羲之有很大不同。羲之从政，处处以国事为念，顾全大局，为人处世中规合矩，在做参军、长史一类的属官时，也如孔子做“委吏”和“乘田”一般，把这些职位当作修养的必需，恪守职司。王献之则放纵个性，虽不若王徽之那样十分另类，“卓荦不羁”，“不综府事”，也同样恃才傲物，对动辄讲规矩，遇事听吩咐、看眼色，侍候人的差事，如同活受罪。时隔不久，他便厌倦了，向朝廷提出了转当清闲官的要求。

等待结果之际，子敬想到母亲辞世已六度春秋，坟茔独留山阴，思念之情日增，心不能平，遂向朝廷上表“乞假”，回家祭扫，并知会郗家表亲同往，另外也顺道看望嫁在余杭的姐姐。

朝廷的当权人物对这位“美才子”的来到无不欢迎，而此时，子敬的堂叔王彪之任职尚书仆射，亦便于协调安排。待子敬扫墓归来，便如愿以偿地坐上了父亲的起家职位——秘书郎，管理皇家的典籍图书。子敬通典籍、精书法、善文章的长才得以施展，工作干得得心应手，本人畅快，上司满意。很快得到提拔，迁为秘书丞。秘书丞和秘书郎虽同为六品官，然秘书监（三品）下面只设一员秘书丞处理日常政务，地位实则进了一步。

秘书丞官职轻微，但位属机要，归在中书省，有机会接触、参与高层政治。子敬与左右东晋政局近二十年的三位枢要往来密切，关系非比寻常。他日后仕途顺遂，官至中书令，离不开这一段经历的铺垫。

自殷浩倒台后，桓温威慑内外，虽未达到让百官唯马首是瞻的程度，但当朝“老大”的地位非其莫属。兴宁二年（364），桓温以征西大将军、大司马、侍中的身份掌管扬州牧，录尚书事，势力从长江中上游延伸到下游，在朝廷中拥有了更大的发言权。

桓温与王门可谓通家之好，王羲之走后，情分沿袭到下一代，先后辟王徽之、郗超为征西将军府参军，王珣为主簿。但他最喜欢的才子还是子敬。《晋书·王献之传》载，“桓温尝使书扇，笔误落，因画作乌驳牸牛，甚妙”。一摊污墨，变成了一头活灵活现的大水牛，确妙。

桓温是个敢作敢为的性情中人，喜欢时溢于言表，反感时也不加以掩饰。他接手扬州牧后，前任王述迁朝中当了尚书令。他不满于这位名士“终日无事”的做派，对王述主持的尚书省大发“微词”，说“此中无人”。王述曾与王羲之不协，而桓温却对羲之、献之父子偏爱有加。桓温对王述的不满，多少受到这种感情的影响。或许亦是在为献之日后接任尚书令造舆论、铺道路。

作为皇室的司马氏，自然不甘为桓温架空，尽其所能力挺皇族的代表人物。然而几任皇帝不是幼小，便是平庸，清一色扶不起的天子，只有会稽王司马昱可资期待。司马昱聪明能干，但性格偏软，雅好玄谈，缺乏执政坛之牛耳的王者之气，难以压住桓温“问鼎”的霸气。但他的优势是久居朝堂，俨然朝廷“名器”的代表，桓温也忌惮三分。兴宁元年（363），就在桓温加侍中、大司马、录尚书事之前，皇帝“诏司徒、会稽王司马昱总内外众事”，后来又委之以丞相之职，丞相是位属皇帝之下的最高执政，这样的安排，显然出于制衡桓温的目的。

司马昱曾是王羲之的学生，对王家甚为亲近，对子敬格外赏识，还是献之书法的热爱者。“献之尝与简文帝十纸，题最后云：‘下官此书甚合作，愿聊存之’。”

第三位政要正处于羽翼日益丰满的上升期，地位尚不及桓温和司马昱两巨头，但士人敬重其人，已然为众望所归的士林领袖。他就是谢安。谢安“东山再起”后，历任征西将军府司马、吴兴太守、侍中，一如既往地以他那份从容的心态，逐步积累着人望。官职不算显赫，但谁也不能忽视他的存在。

谢安与王羲之为肺腑之交。在王羲之的儿女中，谢安最欣赏子敬，看着这位“风流才子”一天天长大成人，喜爱之情日增，更到了偏爱的程度。子敬本就对谢安执父辈礼，更视谢安为仰慕的楷模。日后子敬出任谢公长史实在意料之中。

当秘书丞期间，子敬的另一大收获，便是书法精进。这主要得益于与两位族弟的交流切磋。子敬入建康之际，王导几个有才华的儿子已先后离世，所幸两位特别善书的孙辈王珣、王珉，仍住在王家老宅乌衣巷中。王家各支各房皆有自已的独门心得和技法，于不同方家处取长补短，不失为书法大家辈出的一个秘诀。王珣书法也是当朝一流，“三希帖”中的《伯远帖》，便是他的墨妙。如此水平的补益不失为子敬书法升华的营养和动力。

王献之在这样的人脉环境中任职朝堂，自然是愉快。研书法、读典籍、品人物、访文友，游山玩水，吹弹歌舞……十余年中，没听说做出什么政绩，只是风流佳话层出不穷。

风流为一时之冠

子敬入京城后，士林很快知道来了一个高视阔步、率性自然的王献之，以得到他的品评为荣。

品鉴人物乃魏晋的一大风尚，也是大名士身份的一种标识。评论人物本属汉代察举制度的内容，着眼于对官吏道德规范进行“舆论”监督。汉末士人对名教丧失信心，寻求新的济世之道和精神支柱，又一时未有合适的渠道，于是借“他人”的戏台唱自己的“道白”，将议论道德转为评价精神气质之高低，称作“清议”。无非是认为人的精神气质是人的真实的内在素质，而礼仪道德不过是外在形式。所谓“汉末清议”就这样发展起来，成为玄学清谈的前身。

品评人物催生了玄学的问世，但它原始的形式和内容并未销声匿迹，对具体人物的品鉴一直为士林所热衷。王导等谈玄名流将这种风气带至江东，一时间也是很热闹的。品评中，既要求对人物看法准确，更须高度提炼，抓住特征，具有文采，实在是检验见识水平的一块试金石。王羲之不好于此道，王献之则活跃十分。《世说新语·品藻》载：“王子敬问谢公：‘（郗）嘉宾何如道季？’答曰：‘道季诚复钞撮清悟，嘉宾故自上。’”与谢安一起品评人物，对象皆为高门新贵、政坛明星。作为名士，子敬已跻身一流。

道季乃庾龢之字，庾亮少子。十五岁时因写谏表阻叔父庾翼“进据襄阳”而出名。历任丹杨尹等职，此时正在中领军任上。怀忧患意识，有着正直务实的声誉，颇具其父之遗风。郗超为郗愔之子，字嘉宾，系子敬的表哥。《晋书·郗超传》载：“少卓荦不羁，有旷世之度，交游士林，每存胜拔，善谈论，义理精微。”时任桓温参军，“温英气高迈，罕有所推，与超言，常谓不能测，遂倾意礼待。超亦深自结纳。时王珣为温主簿，亦为温所重。府中语曰：‘髯参军，短主簿，能令公喜，能令公怒。’超髯，珣短故也”。郗超为桓温亲信，朝中无不另眼相待。

比较郗超和庾龢，一个偏道，一个重儒，依照是否风流与超迈的尺度，谢安和子敬还是更看好郗超，这也反映了他俩相似的价值取向。在王羲之批评“虚谈废务”时，谢安曾反驳：“秦任商鞅，二世而亡，岂清言致患耶？”

王献之对前人的品评更能反映这种眼光。《世说新语·言语》记子敬言：“羊叔子自复佳耳，然亦何与人事，故不如铜雀台上妓。”羊祜（221—278），字叔子，泰山南城（今山东省费县西南）人。文武双全，以清德称，人称羊公。魏末任相国从事中郎，曾参与司马昭的机密，晋武帝对之甚为倚重。主持灭吴大计时，于江汉间行诸葛武侯“能攻心则反侧自消，从古知兵非好战”之策，宣德布教，令吴地百姓滋生归晋之心。羊祜临终“举杜预自代”，死后“南州人闻公丧，号哭罢市”。襄阳百姓于岘山建碑立庙，众人见碑落泪，杜预命之为“堕泪碑”。因祜与户同音，荆州人唯恐对羊祜不敬，将户称之为门，将户曹改为辞曹。得人心如此，遂使日后江南归于一统水到渠成。

对这样一个有大功于晋室、口碑甚佳的历史人物，王献之却在品鉴中来了一通不敬之辞。有人认为，个中有其历史奥秘。羊祜对王衍、王戎虚言废政的空谈非常反感，王衍、王戎也对其多有诋毁。子敬受祖上影响，故有放诞之言。此说虽有一定道理，但主要的还应在于思想观点方面的分歧。羊祜思想重儒，与观念偏道的王献之相左。在清谈派眼中，以礼教衡人的“正人君子”，总脱不出“虚伪”二字，做派似在“演戏”，“故不如铜雀台上妓”也。

子敬与谢安常来常往，率性而为，言行尺度宽松，相当随便，留下这样一则故事。《世说新语・忿狷》载：“王令诣谢公，值习凿齿已在坐，当与并榻。王徙倚不坐，公引之与对榻。去后，语胡儿曰：‘子敬实自清立，但人为尔多矜咳，殊足损其自然。’”子敬高迈不羁，意合者情深谊长，不喜者冷眼相对，甚至耻与同席。《世说新语笺疏》注引：“王献之性甚整峻，不交非类。”习凿齿少有志气，博学洽闻，善著文，曾为桓温府从事、主簿。然其与子敬门第悬殊，被视为“非类”。谢安因此批评子敬“损其自然”。

谢安性格宽简，各种人都能交往、沟通，这也是作为一个大政治家所必备的素养。对子敬的恃才傲物，谢安虽不以为然，却也深知其人习性使然，无伤大雅，丝毫不因此影响两人的关系。他俩怀什么情绪如实表露，有何样看法及时说出，肝胆相照，毫无保留。

魏晋名士最为仰慕的风流人物莫过于嵇康，其傲视权贵的佳话久为士林津津乐道。谢安和献之都是嵇康的崇拜者，王僧虔《论书》记，“谢安亦入能流，殊亦自重。乃为子敬书嵇中散诗”。许是受嵇康“旁若无人”傲世之风的影响吧，子敬亦不乏此为。《晋书・王献之传》载：“尝经吴郡，闻顾辟疆有名园。先不相识，乘平肩舆径入。时辟疆方集宾友，而献之游历既毕，傍若无人。辟疆勃然数之曰：‘傲主人，非礼也。以贵骄士，非道也。失是二者，不足齿之伧耳。’便驱出门。献之傲如也，不以屑意。”《世说新语·简傲》补充到，顾氏“驱其左右出门。王独在舆上回转，顾望左右移时不至，然后令送著门外，怡然不屑”。

这件事很能反映子敬高傲而率性的风格。顾家系江南世族，三国孙吴打天下、坐天下，靠的是江东四大家——顾、陆、周、张，顾为首姓。西晋平吴，司马睿南渡，无不以顾家势力为依靠。顾家人一直以高门自居，江南“名园”的拥有，表明享有何等的富贵荣华。王献之所为看似无意，却反映了两种意蕴。一曰，“为情所动”，随性而为，不计其他。既为景所迷，遂即兴遨游。二曰“蔑视权贵”。当时园中“集宾友酣燕”，举座皆富贵人物，子敬以“傍若无人”姿态对之，也是表示自己“不屑权贵”的意思吧。倒霉的是，往昔的首姓碰到当朝的首姓，虽怒火中烧，也不好反应激烈，只好说点保存体面的话，将“不速之客”的随从驱出家门算了。最后，还得按子敬的要求，将他连人带轿送到门外。伧，乃江南人对原是江北人的蔑称。其实子敬素来不讲虚礼，被损一句也不当回事的。自己一个秘书丞也够不上“以贵骄人”，无非率性之游罢了，说那些话语也是多余！所以，此举尽管得罪了顾家，仍在士林中被视为可爱的“简傲”行为。

子敬挥洒自如又名满天下，直令士林羡慕不已，称其“风流为一时之冠”，由此子敬方有一段与谢安互推首席风流的佳话。《世说新语·赏誉》云：“王子敬语谢公：‘公故潇洒。’谢曰：‘身不潇洒，君道身最得，身正自调畅。’”子敬推举谢安潇洒第一。谢安说，哪里赶得上你，我正向阁下学呢。王谢两家前后执掌江左政坛，留下许多逸闻趣事，所谓“山阴道上桂花初，王谢风流满晋书”，主要得自他俩的言论与行迹。

身不由己成驸马

王献之与郗道茂一直抱着白头偕老的美好愿望。然而，一次政局变动破坏了他俩的婚姻，酿就终生遗憾。

太和末年，桓温年事渐高，虽北伐之心不死，却难以再擅捷报频传的胜势，在河南一带与秦、燕形成拉锯格局，克定中原的愿景渐行渐远。北伐的胜机愈是渺茫，桓温代晋的心情愈是急迫，生怕步王敦后尘，当断不断，时不我予。太和六年（371）十一月，“桓温自广陵屯于白石”，请废帝司马奕为东海王。“桓温出次中堂，令兵屯卫。乙卯，温奏废太宰、武陵王晞及子总。诏魏郡太守毛安之帅所领宿卫殿内，改元为咸安。”①这次，他感到时机不成熟，没有直接登位，而是改立丞相会稽王司马昱为简文帝。

也许属于桓温废立之图中的昏招，也许是桓温尚未立下取代的决心，或是桓温其实只想当个曹操，总之，改立司马昱的举措实际上加大了他登基的难度。桓温旋即便感到了自食其果的尴尬，《晋书·简文帝纪》载：“初，帝以冲虚简贵，历宰三世，温素所敬惮。及初即位，温乃撰辞欲自陈述，帝引见，对之悲泣，温惧不能言。至是，有司承其旨，奏诛武陵王晞，帝不许。温固执至于再三，帝手诏报曰：‘若晋祚灵长，公便宜奉行前诏。如其大运去矣，请避贤路。’温览之，流汗变色，不复敢言。乙卯，废晞及其三子，徙于新安。丙辰，放新蔡王晃于衡阳。”桓温虽有实力处置皇族人员，但毕竟受到了掣肘。

桓温与简文帝的私人关系也紧张起来。他俩本是儿女亲家，却在此时断了缘分。司马昱有一爱女名司马道福，系徐氏夫人所生。司马道福诞生之前，会稽王已有十来年没有子息，不用说，这个迟来的女儿，得到非同寻常的疼爱，一降生就被赐予新安郡主的头衔。道福成年后嫁给桓温的儿子桓济。但不想那是个混小子，无德无才，行为不轨，作为丈夫，难生恩爱之情毋论，更令家人缺乏安全感。新安郡主早已萌生离婚之意，趁父亲登上大统，自己由郡主转为公主，有了更大发言权的机会，正式提出分手。与此同时，瞄准了新的夫君——王献之。

子敬不仅为世家大族的选婿楷模，亦让皇室眼馋不已。新安公主早就听说王献之风度翩翩，才华横溢，当年想嫁却没有机会。如今自己从前婚姻里解脱出来，年尚青春，何不续圆旧梦。而郗家女，虽然明媒正娶，但“不孕无子”，犯“七出之条”，可以作为休妻的理由。于是新安公主反复向皇太后央求，又去

①〔唐〕房玄龄：《晋书》卷九《帝纪第九》，第220页。

磨父皇下诏。

这中间称得上为难的，有两个人，即司马昱和王献之。此时简文帝才被桓温拥戴九五，要他提出与桓家离婚，难以启齿，但架不住爱女的纠缠，并觉得此事在政治上亦有收益——自己与王家世代交好，王家加上谢家的力量，更可对桓温有所制衡。而子敬也是桓家难以挑毛病的人选。诸多考虑中，唯一被排除在外的便是献之与道茂的感情。简文帝一改老好人的作风，乾纲独断，硬生生下了一纸诏书，令王献之休妻再娶。《太平御览》卷一五二引《中兴书》曰："'新安县公主道福，简文第三女，徐淑媛所生，适桓济，重适王献之。'献之以选尚公主，必是简文即位之后，此咸宁当作咸安。"

王献之在与郗道茂婚后，对仕途不很热衷，没有子息的缺憾在两人文化艺术的共同追求中得到补偿，并无喜新厌旧之想。更何况，道茂父亲早亡，娘家已散，离开王家，只能去依附大伯郗愔，对那个时代的女子来说，痛苦自不待言。无论从哪方面考虑，子敬都觉得这是件有愧良心的事情。简文帝不当回事的感情因素，恰恰是子敬最看重的东西。此外，子敬也不肯另娶新安公主，免得陷入"高处不胜寒"的是非圈中。他想不出用什么方法抗旨，情急之下，竟选择了自残，"灸足以违诏"①。用艾草烧伤了双脚，自称行动不便，形象欠佳，不宜娶公主。结果，公主声称不在乎，即使子敬瘸了，也照恋不误，并在祖母面前表示，非王献之不嫁。

古代社会，圣意不可稍违，何况是嫁公主的事情。这对郗道茂来说，不啻晴天霹雳。可怜的郗家女，誓不再嫁，打点起自己的小包裹，离开了王家。看到发妻离开，想到她没了父亲，没了女儿，现在又没了丈夫，孤身一人，寄人篱下……子敬深陷痛苦之中，写下泣血之作《别郗氏妻》帖："虽奉对积年，可以为尽日之欢，常苦不尽触类之畅，方欲与姊极当年之足，以之偕老，岂谓乖别至此，诸怀怅塞实深，当复何繇日夕见姊邪？俯仰悲咽，实无已无已，惟当绝气耳。"

王献之成了简文帝的驸马，后人多有谴责："别妻一帖，俯仰悲咽，既笃伉

①〔南朝·梁宋〕沈约：《宋书》卷四一《后妃传》，第1290页。

俪，何不为宋大夫之却湖阳乎？”[①]《后汉书·宋弘传》记，光武帝姐湖阳公主婚后不久，丈夫亡故。刘秀劝其改嫁，公主云：“宋公（弘）威仪德器，群臣莫及。”帝曰：“方且图之”，帝令主坐在屏风后，因谓弘曰：“谚言贵易交，富易妻，人情乎？”弘曰：“臣闻贫贱之交不可忘，糟糠之妻不下堂。”帝顾谓主曰：“事不谐也。”宋弘态度坚决，不肯与发妻离婚，公主只好作罢。子敬与之比起来，是否有曾受到驸马爷身份的诱惑呢？

后人对王献之的诟病，显然带有时代观念的局限。晋时驸马因多受公主欺侮而并非被当作美事，一般贵族子弟极不愿入选。献之从祖王敦，尚晋武帝女襄城公主，拜驸马都尉，如此强人却在妻子面前大气不敢喘。刘惔尚晋明帝女庐陵公主，虽官至丹杨尹，亦非常惧内，以致在家终日装憨装傻。桓温，世之枭雄，尚明帝女南康长公主后，在妻子淫威下，竟唯唯诺诺。荀羡，十五岁将尚寻阳公主，羡不欲连婚帝室，远遁。监司追，乃出尚公主，拜驸马都尉。

指责王献之有攀龙附凤之心是没有道理的。历史上，能像宋弘一样成功抗旨的，是稀罕中的稀罕。子敬“炙足以违诏”，已经是相当不容易的反抗表态了。子敬“炙足”，并非故作姿态，而是真烧，以致留下后遗症。之后，他常常提到这双令他痛苦万分的脚。“仆大都小佳，然疾根聚在右髀。脚重痛，不得转动。左脚又肿，疾候极是不佳……”这样的代价与惩罚，对子敬已经是足够重了。

郗道茂离去后，子敬未能再与之见面，更终生自责。在古代社会“男尊女卑”“夫为妻纲”的文化环境里，能像子敬这样一往情深者，并不多见。从这一点上说，郗道茂聊可宽慰。

但令人扼腕的是，子敬与道茂的婚变，让累世表亲的王郗两家关系蒙上了阴影，乃至出现了裂痕。《晋书·郗超传》载：“王献之兄弟，自超未亡，见愔，常蹑履问讯，甚修舅甥之礼。及超死，见愔慢怠，屐而候之，命席便迁延辞避。愔每慨然曰：‘使嘉宾不死，鼠子敢尔邪！’”

郗愔的不满有他的道理。郗超卒于太元二年（377），王献之此时三十四岁，

①《汉魏六朝百三名家集·晋王献之集题词》，文渊阁四库本。

已与郗道茂分手。子敬自从娶了公主，官就一直升，这会儿担任司徒谢安的长史，前程似锦。而郗家第二代最有才华和声望的郗超却丧命中年，而他又是桓温的“入幕宾”，参与了桓温的谋篡，颇受士林非议。得失喜忧的反差，让郗家对王氏兄弟在丧仪中的表现格外在意，感到往昔的亲家态度轻慢，与以往有别，难免怨恨子敬攀附公主。过去史家常据此说批评王氏兄弟趋炎附势。其实，这中间存在着某种误读。

这场婚变让王献之内疚不已，对新安公主敬而远之，但又的确无法以先前的方式与郗家交往了。子敬知道事由己出，总想着能够维系亲情，以稍补心憾。多年来，他们兄弟一直与郗超交好，有许多趣谈传播坊间，“郗司空拜北府，王黄门（王徽之）诣郗门拜，云：‘应变将略，非其所长。’骤咏之不已。郗仓谓嘉宾曰：‘公今日拜，子猷言语殊不逊，深不可容！’嘉宾曰：‘此是陈寿作诸葛评，人以汝家比武侯，复何所言？’”[①]郗超明知子猷是讥讽，却以一言轻轻带过，成就了士林一段佳话。“范启与郗嘉宾书曰：‘子敬举体无饶，纵掇皮无余润。’郗答曰：‘举体无余润，何如举体非真者？’范性矜假多烦，故嘲之。”[②]表兄弟之间，经常互评互嘲，对外人的批评却是马上驳回，维护有加。

郗愔有三子，“超、融、冲，超最知名”，深得父爱，引为平生的得意之作。郗超对桓温“代晋室”的所为明明白白，更深晓父亲对自己的感情。郗超弥留之时，怕父亲承受不住其死讯的打击，而采取了一招诡异之术，故意安排人把自己参与桓温“不臣之谋”的事告诉郗愔。《晋书·郗超传》载：“初，超虽实党桓氏，以愔忠于王室，不令知之。将亡，出一箱书，付门生曰：‘本欲焚之，恐公年尊，必以伤愍为弊。我亡后，若大损眠食，可呈此箱。不尔，便烧之。’愔后果哀悼成疾，门生依旨呈之，则悉与温往反密计。愔于是大怒曰：‘小子死恨晚矣！’更不复哭。”郗愔止住了哭声，却把悲伤与思念压向心理深层，倍感孤独，特别希望王家外甥们多来走动，像嘉宾生前一样待他，以补失去爱子的感情空白。

---

①〔南朝·宋〕刘义庆：《世说新语》，第422页。

②〔南朝·宋〕刘义庆：《世说新语》，第424页。

然阴差阳错，王氏兄弟的感觉是，过去有郗超在，他们在郗家人面前可随便一些，问候过长辈，就是与嘉宾相处的时间了。如今要单独面对郗愔，难免感到不自在。其一，旧家礼数颇多，“郗家法：子弟不坐”，郗愔让他们坐，反倒更让他们紧张不安。其二，更害怕提及嘉宾的话题，一方面会引发老人伤心，加上郗超死后，参与桓温“不臣之谋”大白于天下，在清议的压力下，他们不得不在郗家避开这一话题。王氏兄弟中间，子敬尤其怕与大舅相处，与郗姐婚姻的破裂，让他在郗家无地自容，多待一分钟都如坐针毡。一刻不离郗家，一刻惶恐之心难消，最好的办法仍是“迁延辞避”。然而，这种回避的做法，在郗愔眼中，便是“怠慢”。至于“屐而候之”，似为徽之的一贯做派，也让处于情绪敏感期的郗愔感觉出具有针对性的意味来。发怒中脱口而出：“使嘉宾不死，鼠子敢尔邪！”

此外，郗愔所言也于理不通，若以权势大小做衡语，郗超只是小小“幕宾”，当了临海太守，亦与位列公侯、累世老臣的父亲有云泥之别。批评王家兄弟散漫荒诞或有几分道理，用趋炎附势来比论，则不相类，献之与徽之，恰恰是政坛中蔑视权贵的代表人物。王家兄弟没有理由因郗超之死而怠慢大舅，行为虽有不周，并无大过。郗愔则是念子心切，过于敏感，发了一通不懂得“代沟”道理的火气，不妨视作一位老年丧子者所特有的感受。总之，此后王献之与郗家的来往更困难也更稀少了。

王献之与新安公主婚后的生活怎样，史无详载，但根据皇家对子敬始终满意这一点来看，他对公主还是过得去的——毕竟子敬是本性善良之人。然而，此种政治色彩鲜明的婚姻，难免存在心理上的隔膜，双方感情并不深厚，故引出一段子敬与侍妾桃叶的风流韵事。“复缠绵妾侍，发其讴吟。”王献之曾为侍妾桃叶作歌词两首，在江南广为流传。《乐府诗集》卷四五《清商曲辞二·桃叶歌》题解引《古今乐录》云：“《桃叶歌》者，晋王子敬之所作也。桃叶，子敬妾名，缘于笃爱，所以歌之。”

桃叶复桃叶，渡江不用楫。
但渡无所苦，我自迎接汝。

桃叶复桃叶，桃叶连桃根。
相怜两乐事，独使我殷勤。

桃叶答王献之《桃叶答团扇歌》三首云：

七宝画团扇，粲烂明月光。
与郎却暄暑，相忆莫相忘。

青青林中竹，可作白团扇。
动摇郎玉手，因风托方便。

团扇复团扇，持许自障面。
憔悴无复礼，羞与郎相见。[①]

歌词浅白，却为子敬后半生感情生活的真实表露。郗姐走了，带走了他的全部所爱。娇贵的新安公主不能填充情感真空，使子敬成为感情上的“可怜人”。这时候，他遇到了另一位“可怜人”，无依无靠的少女桃叶。“相怜两乐事，独使我殷勤”，让子敬品尝到感情的温暖，将之纳为小妾。桃叶的母亲家住秦淮河以南，她时常回家，子敬则赴渡口迎送。故书有“但渡无所苦，我自迎接汝”的恋恋之句。由此，这里被后人名为桃叶渡，流传至今。

桃叶是个纯情聪明的女子，她心中很明白，当朝驸马与她相善，是弥补感情上的空虚，抑或看重她的美貌容颜，当她岁增憔悴时，又怎样呢？会不会像石崇对待其爱婢翾风那样，被退为“房老”呢？所以桃叶的答歌与翾风的《怨诗》有相似之处，含人微命薄、顾影自怜的意味。诚然，王献之对桃叶的感情与石崇有不同之处，但正如《晋王献之集题词》所云：“中书风流，上掩季伦

①〔南朝·陈〕徐陵：《玉台新咏笺注》卷一〇，中华书局2018年版，第437页。

（石崇），但无颜对郗姊耳。”不过，桃叶的陪伴，毕竟还是让子敬维系了感情的平衡，但桃叶亦没有给子敬留下后代。

王献之四十一岁时，才和新安公主有了一个女儿，取名叫神爱。此后新安公主的生活就史无记载了，从她死后谥以“愍”字，可知未获长寿，估计在子敬死后不久也去世了。

第三章　辅佐谢公

直面最后的桓温

咸安二年（372），谢安升任吏部尚书、中护军，身跨军政两界，炙手可热。他在组建幕府时，请王献之担任长史，这一年，王献之二十九岁，谢安春秋五十三。子敬自小与谢安如影随形，此次同府共事，更是度过了朝夕相处的近十年时光。

秘书丞是个闲差，子敬长年优哉游哉，闲云野鹤一般，初为谢公幕僚长，立刻感受到天差地别的政治氛围，而且很快遭遇突如其来的政治危机。与他有着深厚关系的“三驾马车”——简文帝、桓温和谢安，从不同的利害关系角度卷入事关社稷安危的冲突之中。子敬境遇之微妙，颇似其父当年身在庾亮府。

危机的触发点乃是当朝皇上、王献之的新岳丈司马昱意外驾崩。许是长期负重国事，积劳成疾，又加上“桓威”不去，心无宁日的压力，简文帝登基未满两年，便于咸安二年（372）七月死于东堂，时年五十三岁。简文帝的离去，使东晋王朝多年来皇室、权臣和群臣相对平衡的三角关系塌了一角，出现了群臣直面权臣的形势。而群臣的代表人物正是子敬的府主谢安。

司马昱病危之际，废立形势煞是严峻，王献之和不少朝臣一样，首次感受到空气凝固般的紧张。《晋书·桓温传》载：“及帝不豫，诏温曰：‘吾遂委笃，足下便入，冀得相见。便来，便来！’于是一日一夜频有四诏。温上疏曰：‘圣体不和，以经积日，愚心惶恐，无所寄情。……陛下便宜崇授，使群下知所寄，而安等奉命陈力，公私为宜。至如臣温位兼将相，加陛下垂布衣之顾，但朽迈疾病，惧不支久，无所复堪托以后事。’疏未及奏而帝崩，遗诏家国事一禀之于公，如诸葛武侯、王丞相故事。温初望简文临终禅位于己，不尔便为周公居摄。事既不副所望，故甚愤怨，与弟冲书曰：‘遗诏使吾依武侯、王公故事耳。’”

桓温急于取代，表面上又不得不走司马炎由公而王，加九锡，再禅让再三的礼法套路，期待着简文帝临终做出将皇冠戴到自己头上的决定。司马昱到底是曾主政数朝的政治家，做出了一个表面上给足面子，但又使之进退两难，又为晋室留出喘息空间以沿袭哲嗣的决定。桓温掌管朝廷大权，“家国事一禀之于公”，堵住了进一步要权的口实，同时“名器”不予假人，命其向本朝“阿衡三世”，有“共天下”之名，却终为人臣的王导学习。这样的决定，暂时阻止了桓温“逼宫”问鼎的势头，然后就看谢安等人有没有本事化解危局了。

子敬新死了“父皇”，顾不及悲痛便跟着谢安忙于掌控局面，争分夺秒地让内兄司马曜坐了龙廷。孝武帝虽“富于春秋，政不自己”，诏曰：“先帝遗敕云：‘事大司马如事吾。’令答表便可尽敬。”又诏：“‘大司马社稷所寄，先帝托以家国，内外众事便就关公施行。’复遣谢安征温入辅，加前部羽葆鼓吹，武贲六十人，温让不受。及温入朝，赴山陵，诏曰：‘公勋德尊重，师保朕躬，兼有风患，其无敬。’又敕尚书安等于新亭奉迎，百僚皆拜于道侧。当时豫有位望者咸战慑失色，或云因此杀王、谢，内外怀惧。”①

桓温本以为会得到谢安等人的支持，然谢安却反对晋鼎易主。桓温大怒，引兵入朝，点名谢安、王坦之在新亭迎候，王献之随驾前往，目睹了这样一幕：“桓公伏甲设馔，广延朝士，因此欲诛谢安、王坦之。王甚遽，问谢曰：‘当作何计？’谢神意不变，谓文度曰：‘晋阼存亡，在此一行。’相与俱前。王之恐状，转见于色。谢之宽容，愈表于貌。望阶趋席，方作洛生咏，讽‘浩浩洪流’。桓惮其旷远，乃趣解兵。”②

---

①〔唐〕房玄龄：《晋书》卷九八《桓温传》，第2579页。

②〔南朝·宋〕刘义庆：《世说新语》，第207—208页。

其实，桓温惧怕的主要不是谢安“旷远”的气质，而是谢安在事关朝中大局问题上所表现的坚定态度，这即是人心向背的力量。桓温与桓冲的一段对话，也证明了这一点。《晋书·桓温传》载：“初，冲问温以谢安、王坦之所任，温曰：‘伊等不为汝所处分。’温知己存彼不敢异，害之无益于冲，更失时望，所以息谋。”“时望”在这里也就是士林的态度。

在此事关大局的事情上，王献之自然站在谢安的立场上。维护晋室稳定的道理，王家自王导到王羲之都看得透彻，讲得明白，无遑多论。不过，子敬的心情却更复杂一些。桓温、谢安都是王家的世交，也是他敬重的长辈，心目中的英伟栋材。而桓、谢二人也曾共事多年，互存敬意，如今卷入政治旋涡中，竟是刀光剑影，命悬一线。权力这根魔杖，竟把平时潇洒可爱的名士们扭曲到如此程度。令人感触最深的还是谢安处变不惊的气概，烈火中方显真金，相比之下，那位平时能言善辩、自命刚硬无私的王坦之，就令人气短了。

桓温威势稍挫，入朝表示了一番生杀予夺“一禀之于公”后，没有马上行废立之事。“温既至，以卢悚入宫，乃收尚书陆始付廷尉，责替慢罪也。于是拜高平陵，左右觉其有异，既登车，谓从者曰：‘先帝向遂灵见。’既不述帝所言，故众莫之知，但见将拜时频言‘臣不敢’而已……因而遇疾。凡停京师十有四日，归于姑孰，遂寝疾不起。”[①]桓温一生英武，然毕竟迟暮，关键时刻竟精神压力过大，变得疑神疑鬼起来。这也影响了他决策的果断。

病倒之际，桓温是真正晓得禅让之事刻不容缓了，“讽朝廷加己九锡，累相催促”，以完成禅替前的最后一道程序。此时此刻就显出谢安的政治智慧了，“安见，辄改之，由是历旬不就”，吩咐王献之等人慢慢草拟诏书。他深谙人算不如天算的奥妙，亦对桓温待己之情有一善意交待。“闻其病笃，密缓其事。锡文未及成而薨，时年六十二。皇太后与帝临于朝堂三日，诏赐九命衮冕之服。”[②]古之政治运作，人亡政息，权臣更是如此。对桓温生前不予名器，身后让之极尽哀荣，享受最高规格的礼遇。然斯人已去，这么隆重的葬礼也意味着

①〔唐〕房玄龄：《晋书》卷九八《桓温传》，第2579页。

②同上。

他与他的皇帝梦一同归于尘土。

桓温临死，还发生了一桩朝野震动亦与子敬有一定关系的奇案。桓温病危时，其长子桓熙与次子桓济等合谋欲加害叔叔桓冲，以抢夺大司马、大将军权柄。事泄反被桓冲破获，“遣力士拘熙、济，然后临丧”，随后流于远方。桓济乃新安公主前夫，可知新安有先见之明也。

王献之在这一年里对政治的理解，胜过以往阅历的总和。桓温的咄咄逼人，简文帝的以柔克刚，谢安的老练圆熟，都是自己想学也学不会的本领。他也因此而深知自己不是扛大鼎的栋梁之材，能辅佐谢公做一些事，就上无愧朝廷，下不负百姓了。

简文帝和桓温先后离世，留下的权力真空由谢安和桓冲予以填充。桓冲具执政统兵之才，但不若其兄豪气冲天，安然以方伯重臣的身份辅佐司马王朝。宁康三年（375），桓冲将自己兼任的扬州刺史一职让予谢安，专门掌握军力抵御北虏，与执掌朝权的谢安“将相和睦”，维持了十多年的政局平稳。但也就在这平稳中，演绎着谢长桓消的历史故事。

亦父亦师亦友

谢安任子敬为长史，看中的不是他的治世才干，而是其率真与文采，希望有如此一位可爱的名士日日伴在身边，有事做事，闲来谈玄聊天，以排解仕宦生活的积郁，帮助自己在政治高位上保持文化品位和超逸的心态。子敬在近十年的长史生涯中，没留下什么参与政见、执行公务的记录，尽播撒些风流故事。似乎有个例外，但也是没有落实。《世说新语·方正》云，“苻坚游魂近境，谢太傅谓子敬曰：‘可将当轴，了其此处。’”好像是欲使子敬率军去把敌人暗探游骑驱走。一场小规模的军事行动，话说得云遮雾罩，不像布置任务，倒似咬文嚼字的“清谈”。看来，无非说说而已，不准备付诸行动的。

谢安对子敬长短优劣的了解，可谓入木三分。人品可爱，书法独步天下，本朝无人能及。《世说新语·品藻》载：“人有问太傅：‘子敬可是先辈谁比？’谢曰：‘阿敬近撮王、刘之标’。”注引《续晋阳秋》曰：“献之文义并非所长，而能撮其胜会，故擅名一时，为风流之冠也。”就“文义并非所长”这一点，谢安也看得很清楚。然一个“近撮王（濛）、刘（惔）之标”就足够了，毕竟天下“风流之冠”仅属一人，有斯人相伴，岂不三生有幸。

《世说新语・方正》注引：“孝武帝宁康二年，尚书令王彪之等启改作新宫。太元三年二月，内外军六千人始营筑，至七月而成。太极殿高八丈，长二十七丈，广十丈。”“太极殿始成，王子敬时为谢公长史，谢送版，使王题之，王有不平色，语信云：‘可掷着门外。’谢后见王，曰：‘题之上殿何若？昔魏朝韦诞诸人，亦自为也。’王曰：‘魏祚所以不长。’谢以为名言。”

《王献之传》还特别写到，谢安欲子敬书榜时，“以为万代宝”，还不好意思张口，“而难言之，试谓曰：‘魏时陵云殿榜未题，而匠者误钉之，不可下，乃使韦仲将悬橙书之。比讫，须鬓尽白，裁余气息。还语子弟，宜绝此法。’献之揣知其旨，正色曰：‘仲将，魏之大臣，宁有此事！使其若此，有以知魏德之不长。’安遂不之逼”。按说，一位当朝首辅布置下属写个榜书，理所当然，能张这个口就是给了机会和面子。而谢安竟然要小心翼翼地“试谓曰”，可见对子敬的敬重与礼遇。结果碰了一鼻子灰，谢安“知其心，乃不复逼之”，还“以为名言”。

历来对这段掌故的解读，多止于子敬的率性和谢安的雅量，而对有关事情本身的文化讲究则少有提及。文中谢安的“知其心”是什么意思？值得探寻。今天看到的明清宫殿，作为书法家能为之题匾书联，是件荣耀的事情。王献之生活的魏晋之际并非如此。当时名士重帖不重匾，刻碑书匾多匠人所为，士大夫为之就坏了规矩，等于自降身份。王羲之“入木三分”之典也是出自少年未成名时。书法名声达到子敬这样的高度，就更不能轻易为之了。这正是魏晋书法大家遗墨多书帖，几乎不见碑、匾的原因所在，也是子敬理直气壮和谢安“乃不复逼之”的文化背景。

子敬的字乃当朝一品，但谢安对他的字看着就是没有羲之的顺，不满意即当场开销。南齐王僧虔《论书》曰，谢安“得子敬书，有时裂作校纸”，“谢安善书，不重子敬。每作好书，必谓被赏；安辄题后答之”。在原纸背面题字并退回，是“不重”的表示。《晋书・王献之传》载，谢安问献之曰：“君书何如君家尊？”答曰：“故当不同。”安曰：“外论不尔。”答曰：“人那得知！”谢安更看好王羲之的字，在子敬面前毫不掩饰，直告之。子敬不服，旋即反唇相讥。两人既是上下级，又情同父子，如此回应对方，却始终保持着互敬互爱的关系。这是魏晋风流时代所独有的美妙景象。

以上都表明，欲让子敬按世俗尺度成为一个唯命是从的“办公室主任”，是多么不可能。所以，他与谢安相处之率性风流，也就不足为奇了。《世说新语·品藻》载：“王子敬问谢公：‘林公（支遁）何如庾公（亮）？’谢殊不受，答曰：‘先辈初无论，庾公自足没林公。’”这是两人在对前贤作“追想之论”。一问一答，谢安的看法是，在精神的旷达、高迈方面，化外之人支遁更胜一筹。他俩除了议论前贤，更关注当朝的风流才子。袁宏时号“袁开美”，这位写了“三国名臣颂”的才子长期任大司马“桓温府记室”，“性强正亮直，虽被温礼遇，至于辩论，每不阿屈，故荣任不至”[①]。谢安常赏其机对辩速，子敬诗曰，“袁生开美度”，形容其风度开朗秀美。子敬存世的诗句，除了《桃叶歌》外，仅此一句。

袁宏离开桓温府后转到吏部任吏部郎。子敬觉得，担任这个有时会受到杖责的低微职务实在太委屈他了，便站出来发了一通议论。《世说新语·品藻》记，“袁彦伯为吏部郎，子敬与郗嘉宾书曰：‘彦伯已入，殊足顿兴往之气。故知棰挞自难为人，冀小却当复差耳。’”有的学者认为，这是子敬嫉妒人才。其实不是这样。吏部为朝廷要津，主管尚书权重势威，吏部郎却位卑而事繁，是份难为人的差事。以袁宏“强正亮直”的孤傲性格，“棰挞”势所难免，故子敬有感而发，希望他能看清利害，不要恋位。子敬的看法对袁宏的命运发生了有利影响。《晋书·袁宏传》载，不久，谢安“为扬州刺史，宏自吏部郎出为东阳郡”，把袁宏纳入自己羽翼之下。

子敬高迈不羁，对台省官吏亦时有调侃，“车武子为侍中，与王东亭诸人期共游集。车早请急出，过诣王子敬。于时宅在建阳门内道北，车求去。王问：‘卿何以匆匆？’车答云：‘与东亭诸人期共行。’王曰：‘卿何以乃作此不急行！’

---

①〔唐〕房玄龄：《晋书》卷九二《袁宏传》，第2398页。

车遂不敢去，尽急还台”[①]。车胤是个做事认真，胆子却很小的人，王献之轻轻一句，你怎么在不是假日的时间里去玩乐呢？车武子自觉理亏，只好在献之处立了一天，到晚上才敢离开。

谢安选王献之这样一位通体透明的人物给自己当长史，比身边跟着一个老到圆滑、处处看眼色行事的“总管”更有价值。这正是谢安的高明之处，也是王献之的幸运。

护驾临终前后

光阴荏苒，斗转星移，不经意间，王献之在谢安府中任长史已近十年，两人相知日深，感情弥厚，无奈子敬家庭生活上的原因，使他不得不产生离开京城的想法。

子敬与新安公主结婚前，就曾为受制于人而担忧，事先的担忧不幸成为生活的现实。公主出身高贵，自小娇养，颐指气使的习性使她对有才名却犟劲十足的献之时有不满，要脾气、使性子，年长愈甚。子敬是个生性自由的人，哪吃得消这份管束和支唤。欲走出“牢笼”，只有一个办法，离开建康，到地方任职。他陈述外任理由时说：“外出谓公私可安耳。”关于子敬此次的被迫外放，史料亦有旁证。王俭“选尚阳羡公主，拜驸马都尉……及苍梧暴虐，俭告袁粲求外出，引晋新安主婿王献之任吴兴为例，补义兴太守”[②]。可见，献之出任吴兴，当是故。

王献之把自己的想法告诉谢安，谢安虽舍不得子敬离开，却也理解，安排他出任“建威将军、吴兴太守”的职位。郡太守带将军号，官居四品，算是提升。虽然子敬不在他身边，但还是他直接的属下，工作上互为依靠不论，时常见面也都方便。另一层想法则是，子敬在地方独当一面，也是仕途上必不可少的历练，日后或可堪用。

①《太平御览》卷六三四，第740—741页。

②〔唐〕李延寿：《南史》卷二二《王俭传》，中华书局1975年版，第591页。

子敬出任吴兴太守的时间，约为太元六年（381）。《王献之传》载，寻除建威将军、吴兴太守。上一年献之仍为谢安长史，“寻除”说明时隔不久。《宋书·羊欣传》载：“欣随之官，年十二，颇为王献之所知，方时献之为吴兴太守。”张怀瓘《书断》曰：“羊欣字敬元……元嘉十九年卒，年七十三。”以此推算，羊欣十二岁时为太元六年。

《晋书·地理志下》载：“吴兴郡吴置。统县十，户二万四千。乌程、临安、余杭、武康，故防风氏国。东迁於潜有潜水。故鄣、安吉、原乡、长城。”相当于现今浙江省北部湖州市的辖区以及向南延伸的天目山脉一线。吴兴郡北部乌程（今浙江省湖州市）一带环太湖，属于典型的江南鱼米之乡。据《水经注》载，晋时“三吴”富甲江南，“三吴”乃吴兴、吴郡（今浙江省嘉兴市）和会稽。离开太湖水乡往南，即进入起伏连绵，山大沟深的天目山区。此间人烟稀少，草木繁茂，乃是道家修身养性的好处所。

王献之在吴兴太守的任上，也就是当个太平官，维系基本的社会秩序，上下都能交待即可，所余时间正好研习书法。所以，他在吴兴仅存的几点痕迹皆与书法有关。

虞龢《论书表》：“羲之为会稽，献之为吴兴，故三吴之近地偏多遗迹也。”“献之吴兴二笺，足为名法。”可惜的是，不仅“吴兴二笺”在流传中蒸发，其他“遗迹”亦不得而见。但它们确在东晋至唐代真实地存在过。自古至今湖州以产湖笔而闻名，民间书法昌盛，名家辈出，恐离不开逸少和子敬的风泽吧。另有记载，便是发现书法天才羊欣，育出一位承上启下的书坛巨擘。

王献之在吴兴时，江左的局面转入前所未有的危机态势。苻坚于公元357年当上大秦天王后，先用王猛实施汉化新政，“外修兵革，内崇儒学，劝课农桑，教以廉耻”。大秦迅速走向民富国强之路，先后翦灭了前燕等诸多小国、部落，统一了北方。

太元八年（383），苻坚亲率八十多万马步大军，长驱南下，“前后千里，旗鼓相望”，号称百万。苻坚扬言，秦军的马鞭掷入长江，江水便为之断流，踏平江南指日可待。消息传来，江左人心惶惧，主降者大有人在。抗击苻秦的成败，关系江左存亡，亦是谢安政治生命的一大挑战。能否以弱胜强，转危为安，子敬既为之担忧亦为之祈福。

谢安临危不惧、镇定从容的气质，此刻迸发出耀眼的光芒。他以必胜的信念，精心备战，在寿阳（今安徽寿县）城东的淝水边置阵，以八万精兵袭破秦军前锋，导致秦军全线溃败，“闻风声鹤唳，皆谓晋师之至”，创造了以少胜多的经典战例——淝水之战。《晋书·谢安传》载，捷报传到建康，谢安“看书既竟，便摄放床上，了无喜色，棋如故。客问之，徐答云：‘小儿辈遂已破贼。’既罢，还内，过户限，心喜甚，不觉屐齿之折，其矫情镇物如此”。子敬在吴兴得知上述情况后，既为国家高兴，也对谢安的气质才能更加钦佩。

皇权政治总是那么波诡云谲，阴晴难测。淝水大捷的欢庆声尚未平息，坐在龙廷之上的司马家已开始忧惧谢安功高镇主了，急急忙忙加封琅邪王司马道子录尚书六条事，位列朝廷的最高执政，以平衡谢家急剧上涨的势头。谢安从未萌发取代之想，《晋书·谢安传》曰：“安义存辅导，虽会稽王道子亦赖弼谐之益。时强敌寇境，边书续至，梁益不守，樊邓陷没，安每镇以和靖，御以长算。德政既行，文武用命，不存小察，弘以大纲，威怀外着，人皆比之王导，谓文雅过之。”纵如此，“寡人”总是不能放心。

权力较劲的微妙时刻，两方都想到了缓和矛盾的一招棋：调王献之入京出任尚书令。这是个相当于宰相的要职。子敬为谢安挚友，满朝皆知，谢安求之不得，算是对谢安的安抚。同时，子敬又是皇家驸马，自然不会站在与司马氏不一致的立场上，皇家亦不失面子。没想到的是，偏偏子敬一如王羲之当年坚辞“侍中、吏部尚书”，对这次升迁不领情。许是他看清了擢拔背后的复杂，不愿去当什么平衡政局、任人摆布的棋子，更愿做一个自由自在、真实生活的人。再说，他出京的因素依然存在，自投牢笼总不是上策。于是，他写了封《辞尚书令与州将书》：

外出谓公私可安耳，勋赏既凑，亦已息望。但使明公不遗，有会不忘，亦何忧便馁耶。民志不慕高，情不忘荣，恳恳祈诉，惟愿离今任耳，余无所择。伏度朝恩，不过存愍故旧，使蓬茜与兰蕙齐荣耳。明诏爰发，恩已被矣，荣实厚矣，必何须拜而治，顺许而弛！今日君臣之际，差可得适愿乐也。若民有纤芥，少裨圣化，亦当求自策效，而能临殊宠，必欲免耶？思之实熟，万无此理，古来亦未有量力而致深罪者。蔡司徒立帝王于御床，诏驿数反，其不祗顺，正止于免黜耳。此外希不矜体者，违命诚为深愆，曲从实复过此。伏度天海容纳，必当哀许，仰凭仁眷，惟愿垂救，动成尘秽，转难为颜，乃欲觐谒，忽患齿痛，疼惨无赖，语迫罔知所厝，冒复启诉，谨草一呈，罄竭款实，谓为粗尽，一豪虚矫，神明殛之。若民可作尚书令而使四海推鄭者，亦人谁不堪。勋德盖世，尚当有让，况民凡鄙而可寇窃耶？王怀祖先辈名流，作此职可谓佥允。桓宣武窥尚书门，犹言此中无人，固知当之未易也。刘既不便，弥不自宣，故寄之翰墨，益增繁忤，饥渴还旨，愿不作悠悠常诲耳。献之死罪。州民王献之呈。

谢职书写得相当诚恳，于公于私的理由都说到了。自己对目前的状况感到满意，没有入朝任要职的想法，自觉无此才能，身体也欠佳，望朝廷理解，不要怪罪。陈述道理清晰、得体，语言亦有文采，书法更不用说，无疑又会被时人视为珍宝。然与其父辞护军将军时写的《遗殷浩书》相比，无论气局还是思想都相差许多。王羲之陈述辞意，是在人格关怀和社会关怀的高度上展开的，王献之只是就事论事，谈不上有什么思想。从两封谢职信的异同看，“大王”与“小王”的差距，关键还是在文化的厚度和高度上。这也是王羲之最终为书法一人的根本原因所在。

又过了两年，太元十年（385），谢安在六十六岁之龄上一病不起。谢安考虑身后政局平稳过渡的问题时，感到有必要调子敬回来任中书令，以让具有旷远气质的名士，在朝中保持声音与影响。另外，可能也想到百年之后，朝中需要有人为自己说说公道话吧。“人之将死，其言也善”，这次子敬深知谢公的苦心，没有推辞他的临终安排。

《晋书·职官志》记，中书令置始于汉武帝，“典事尚书，从帝游宴后庭”。“魏武帝为魏王，置秘书令，典尚书奏事。文帝黄初初改为中书，置监、令，以秘书左丞刘放为中书监，右丞孙资为中书令；监、令盖自此始也。及晋因之，并置员一人。”《历代职官表》云：“三国魏时初以中书令与中书监同掌机要，以后历代相沿，非君王亲信的人不居此职。如不置中书监，则中书令一人专掌，事实上即为宰相。”以子敬的性格特征，担此重任并不合宜，可能谢安一时也寻不到更适合的人选，让子敬来干，至少在主持公道这一点上无人能比吧。

王献之到任不久，便向朝廷上了封《为中书令、启琅邪王为中书监表》：“中书重职掌诏命，当否是寄。自大晋建国，常令宰相参领，中兴以来，益重其任，故非轻才所可独任也。”要求居宰相之位的司马道子兼领中书监。一可减轻自己的责任与压力；二是向皇室表明，本人无意揽权。这当为应对“高处不胜寒”的一种聪明之举。

半年之后，谢安归了道山。子敬痛贯心肺，为谢公身后之事尽其所能。《世说新语・伤逝》载：“王东亭与谢公交恶。王在东闻谢丧，便出都，诣子敬，道欲哭谢公。子敬始卧，闻其言，便惊起曰：‘所望于法护。’”注引《中兴书》：“珣兄弟皆婿谢氏，以猜嫌离婚。太傅既与珣绝婚，又离妻，由是两族遂成仇衅。”法护，王珣小字。看到与谢安有隙的从兄改变了态度，子敬是何等高兴呵，趁势化去了两家的矛盾，但更麻烦的事还在后边。

果不出谢安所料，“及安薨，赠礼有同异之议，惟献之、徐邈共明安之忠勋。献之乃上疏曰：‘故太傅臣安少振玄风，道誉洋溢。弱冠遐栖，则契齐箕皓；应运释褐，而王猷允塞。及至载宣威灵，强猾消殄。功勋既融，投韨高让。且服事先帝，眷隆布衣。陛下践阼，阳秋尚富，尽心竭智以辅圣明。考其潜跃始终，事情缱绻，实大晋之俊辅，义笃于曩臣矣。伏惟陛下留心宗臣，澄神于省察。’孝武帝遂加安殊礼。”[①]表中的这几句话，“考其潜跃始终，事情缱绻，实大晋之俊辅，义笃于曩臣矣”，确为谢安对待晋室心态与行迹的写照，总算打动了孝武帝。

中国历史上，为逝者争评价、讨荣誉，实在也包含着维护生者利益的用意。谢安当政有功，自然谢家势力满朝廷，谢石、谢玄、谢琰等皆身负军政要职。谢安这棵大树一倒，他们的命运就变得扑朔迷离。对谢安的礼遇越高，也就越

---

①〔唐〕房玄龄：《晋书》卷八〇《王献之传》，第2106页。

有利于他们的生存与发展。谢安深谙此理，子敬亦投桃报李，没有辜负这番厚望。王谢风流，王不离谢，谢不离王，安石无遗，子敬无憾。

第四章　独步书坛

年轻的书法泰斗

王献之书法成功与成名的道路，与父亲的经历颇有些不同。王羲之虽少年成名，但距天下魁首的位置还是关山迢迢。他一生都处在不断超越他人的探索与跋涉之中。子敬上天钟灵，家传独厚，自青少年时期，就立定于书法之巅。父亲辞世后，不到二十岁的王献之已是天下无出其右了。此时，隶意束缚、钟繇为法的坚冰已经打破，创新的航道业已开通，子敬书法事业的前景是如此美妙，要做的事情，可以“锦上添花”四字喻之。当然，锦上添花也意味着划时代的贡献。

对父子二人的承继关系，沈尹默的《书法论丛》说：“前人说，‘献之幼学父书，次习于张（芝），后改制度，别创其法，率尔师心，冥合天矩。’所以《文章志》说他：‘变右军书为今体。’”

子敬步入社会之初，以其创造的富有简易媚趣、妍润圆腴风格的“今体”，为流俗所崇，更有一笔草书，写得逸气纵横，独领风骚。如此的高名甚至让子敬觉得自己的书艺已不在父亲之下了，只有具父执身份的谢安，偶尔泼点冷水，然比之铺天盖地的热捧来，实在是微不足道。子敬书法走红于世，价值一字抵千金。

虞龢《论书表》曰：“子敬门生以子敬书种蚕，后人于蚕纸中寻取，大有所得。”王献之所写的正式书启、奏章等，如《乞假表》《辞尚书令与州将书》，为谢公后事所写的《陈情表》，皆被视为稀世之宝。王僧虔《论书》记，《陈情表》先在中书省，后为谢灵运所得。

王献之的书法艺术，乃是站在父亲的肩膀上发展创新，自有个性的烙印。他探求的方向——破体，创制今草。

所谓“破体”，因献之故又被称为“大令体”，破除了楷书、行书、章草的限制，在前代“行草”的框架上，变通提升，创造出富有艺术个性、多彩多姿、流利畅达的书法形态。张怀瓘《书议》评曰：“子敬才高识远，行草之外，更开一门。夫行书，非草非真，离方遁圆，在乎季孟之间。兼真者，谓之真行；带草者，谓之行草。子敬之法，非草（章草）非行，流便于草，开张于行，草又处其中间。无藉因循，宁拘制则；挺然秀出，务于简易；情驰神纵，超逸优游；临事制宜，从意适便。有若风行雨散，润色开花，笔法体势之中，最为风流者也。逸少秉真行之要，子敬执行草之权，父之灵和，子之神俊，皆古今之独绝也。”子敬用“破体”法创制的“今草”，比之逸少兼行兼楷的“真草”“行草”来，注重字形笔画间的圆转、贯通，讲求谋篇布局的飞扬纵肆，整幅作品更加气韵生动、秀美奔放。献之性格放达豪爽，反映到书法上就更加开阔超逸，创“破体”笔法势在必然，而“破体”法的创制，使整个书法体系在“二王”手中趋向完善。

王献之完善了“今草”的字体形态，从张芝肇始的“一笔书”到“今草”，作为最富个性表现力的书体水到渠成。张怀瓘《书断》曰：“字之体势，一笔而成，偶有不连，而血脉不断，及其连者，气候通其隔行。惟王子敬明其深指，故行首之字，往往继前行之末，世称一笔书者。”要说明的是，子敬之“今草”，非唐以后的“大草”“狂草”，讲究“意连笔断”。宋代姜夔《续书谱》说得透彻：“自唐以前多是独草，不过二字属连。累数十字而不断，号曰连绵、游丝，此虽出于古人，不足为奇，更成大病。古人作草，如今人作真，何尝苟且其相连处。”

书法家是靠作品说话的，其书界地位亦由墨妙来奠定。王献之作书一生，临帖无数，创作不止。信函、奏表、抄录之华章，巨量的作品为世所重。可惜的是，而今传世的仅为凤毛麟角。

《洛神赋》。此帖乃王献之极为稀有的小楷手迹。内容系三国魏曹植所撰名篇，王献之书于麻笺上。到唐代书迹已残缺不全。南宋高宗和贾似道先得九行，后又得四行，刻于水苍色石上，有《洛神赋十三行》之称，又因石美如碧玉，故称“玉版十三行”。另有一硬黄纸本，后有柳公权等人跋语，赵孟頫认为是早期唐摹本，有人以为即是柳公权所临。两种纸本及石刻皆已佚失，传本虽多，质量参差，如今所见，以碧玉版的拓帖为精。

《洛神赋》与《乐毅论》《宣示表》共为“小楷之极则”。《洛神赋》溯钟繇稍重，用笔外拓，妩媚娟秀，横竖撇捺处处放逸流畅，尤其是捺笔，均以重长的形态增其美俏。而在结体上又承父书，虽是小楷，却有大字气概，疏朗而茂实，虚和简静，宽绰灵秀。赵孟頫谓之“字画神逸，墨采飞动”。清人蒋和《画学杂论》言：“《玉版十三行》章法之妙，其行间空白处，俱觉有味。”无尘俗之气，不受一点束缚。

《洛神赋》在楷书发展史上具有划时代意义。现存最早的楷书作品为钟繇的《宣示表》《荐季直表》等，尚存隶意。王羲之的《乐毅论》《黄庭经》等小楷法度完备。王献之糅合二人，出入法典，流变创新。大令书体点画劲健，体势峻奇，风神秀逸潇洒，是写意书风的经典之作。后世楷书对所谓晋人格调的追摹，无不以《洛神赋》为圭臬。张怀瓘《书断》论道，子敬“能极小真书，可谓穷微入圣。筋骨紧密，不减于父”。他还说：“子为神骏，父得灵和，父子真行，固为百代之楷法。”

王献之《鸭头丸帖》（上海博物馆藏）

《鸭头丸帖》。此帖为王献之给友人的便札，共两行十五字：“鸭头丸，故不佳。明当必集，当与君相见。”通篇流水行云，字势字形随情感牵动而富于变化。起首是寻常应答，故运笔稍缓，后半部分笔底渐活，运笔渐快，行笔流畅灵动，更接近草书，欲与朋友晤谈的迫切心情，跃然纸上。除“不佳”和“当与”两字连属外，余皆独立，甚合法度。点画处与非点画处主次分明，互相映照，形断意连。整体布局上疏朗多姿，俯仰顾盼，除“不”“佳”“与”字身正外，其他皆有俯有仰，意态挥洒，纵逸奔放。用墨枯润有致，全帖两句话，蘸墨二次，一次一句，墨色由润而枯，由浓而淡，节奏跌宕起伏，气韵自然变化。张怀瓘《书断》评曰：“兴合如孤峰四绝，迥出天外，其峻峭不可量也。尔其雄武神纵，灵姿秀出，臧武仲之智，卞庄子之勇，或大鹏搏风，长鲸喷浪，悬崖坠石，惊电遗光；察其所由，则意逸乎笔，未见其止，盖欲夺龙蛇之飞动，掩钟、张之神气。”

《中秋帖》（十二月帖）。全文三十二字，曾为米芾所藏，他节临“中秋不复不得相还为即甚省如何然胜人何庆等大军”一段，炮制了现在所见的手书临本《中秋帖》。因大令原作无一存世，米芾临本成为清乾隆所珍爱的“三希帖”之一。《中秋帖》属于王献之“一笔书”的经典之作。由行书起，迅即转为草书，流畅倾泻，一笔连写数字而不断，体势连绵牵绕近于狂草。米芾《书史》云：“大令《十二月帖》，此帖运笔如火箸划灰，连属无端末，如不经意。所谓一笔书，天下子敬第一帖也。”当然，米芾节临的《中秋帖》与王献之的《十二月帖》毕竟有所区别，用宋拓《宝晋斋法帖》摹刻本验之，其结字仿佛，用笔已不同。较之小王书，差之骨鲠，少方笔，横画嫌短，有纵势而无横势，笔画圆滑欠瘦硬，粗细变化较大。饶是如此，仍不失为帖中极品。

天造地合得传人

身为书界魁首的王献之，步入中年之后，事业继承、培养传人的问题，成为他心头挥之不去的一桩大事。

从个人的经验出发，得自父传或家传，自然最是天时地利人和，无奈自己与郗道茂的婚姻没有后代，与新安公主结合后，也是迟迟没有子息，他俩唯一的女儿——神爱，到太元九年（384）才姗姗迟来。《晋书・后妃传》载：“安僖王皇后，讳神爱，琅邪临沂人也。父献之，见别传。母新安愍公主。后以太元二十一年纳为太子妃。及安帝即位，立为皇后。无子。义熙八年崩于徽音殿，时年二十九，葬休平陵。”神爱出生时，子敬四十一岁，任吴兴太守，已经进入了生命的黄昏之旅。神爱三岁时，子敬便撒手而去了。

放大到王氏家族的下一代中，虽然个个皆得自家风熏染，书法有功底、有模样，走到社会上不失为小有名气的高手，但子敬遴选的眼光，是灵气、创造力，是天才、圣手。这件事搁在心里，着急没用，又不能凑合，好在子敬深得玄学真谛，“顺其自然”乃是人世间的最大造化。

也许就是应了这个道理吧，子敬喜得传人，真叫“踏破铁鞋无觅处，得来全不费工夫”，更令人称奇的是，这个传人居然绕七绕八与王家有着血缘关系，算是子敬的远房外甥。太元六年（381），子敬从京城外放到吴兴做太守。吴兴郡的郡治为乌程县，县令姓羊名不疑，和王家有着远亲关系。刘茂辰先生考证：“羊氏原是泰山郡南城人（今山东平邑县）。几代与琅邪王氏有亲戚关系。名将羊祜是王衍的从舅。其族人羊鉴是王敦之舅。羊祜从兄弟羊繇的后人、与献之友善的羊绥之子羊辅，娶王彪之的重孙女（临之子讷之女）僧首。临之和献之是堂兄弟，讷之是献之的从侄，其女僧首是献之的侄孙女，僧首之夫羊辅是王氏之甥。羊欣与羊辅是再从兄弟，所以也是王氏之甥。”①

羊不疑有个聪慧过人又痴迷书法的儿子羊欣，年方十二岁，书法水平在当地已是颇有名气，无人能教了。王献之的到来，堪称中国书法传承中的天赐良机。“（羊）欣字敬元，太山南城人。少怀静默，秉操无竞，美姿容，善笑言，长于草隶。”②子敬一见到这个灵光四射的天才少年，大喜过望，很快认定，这正是他苦寻多年的“意中人”。《王献之传》记载：“欣时年十二，时王献之为吴兴太守，甚知爱之。献之尝夏月入县，欣着新绢裙昼寝，献之书裙数幅而去。欣本工书，因此弥善。”王献之写在羊欣睡衣上的笔墨，也就成了小羊欣的法帖，把这个有可能埋没于民间的天才引上王氏传人、书法大师的道路。子敬在吴兴太守任上有三四年时光，始终对羊欣言传身授，用心颇多，羊欣无论在思想品行还是书法艺术上，均深得子敬大家之风。《宋书·羊欣传》载：“起家辅

① 刘茂辰：《王羲之、王献之全集笺证》，山东文艺出版社1999年版，第274页。

②〔南朝·宋〕刘义庆：《世说新语》注引，第344页。

国参军，府解还家。隆安中，朝廷渐乱，欣优游私门，不复进仕。会稽王世子元显每使欣书，常辞不奉命，元显怒，乃以为其后军府舍人。此职本用寒人，欣意貌恬然，不以高卑见色，论者称焉。”本色行世，淡然仕途。

如此人格底蕴，方得子敬书法真谛。王僧虔《论书》云：“羊欣……亲授于子敬。欣书见重一时，行草尤善，正乃不称。”张怀瓘《书断》说得更是到位：“师资大令，时亦众矣。……若亲承妙旨，入于室者，惟独此公。”《墨池编》载，“沈约云：‘敬元尤善于隶书，子敬之后，可以独步。时人云：买王得羊，不失所望。今大令书中风神怯者，往往是羊也。’”

子敬与羊欣的师生缘，乃是中国书法传承之幸，子敬以自己的才华发现、培养了一代书法大师，而羊欣不负所托，出色地担当了这一承上启下的责任，使刚刚创立起来的新书体得以完善、巩固、发扬光大。

抱憾辞世

子敬于太元十年（385），回京出任中书令，位至宰辅，达到了仕途的顶点。而在书法方面，更是登峰造极，在许多人眼中，水平已在其父之上。如此出神入化的书艺，仅说得自家传，已不能满足一般人寻根溯源的胃口，还渴望窥探更奇妙的法门，甚至连当朝天子也想得其精奥。孝武帝司马曜要求王献之用小楷写出他创制新体“今草”的经过和秘诀。王献之觉得此乃一件无法言传的事情，其秘诀也实不欲人知，不愿从命，但也不可违命。于是，编造了个“妙笔天授”的故事，不但可以交差，而且能够满足人们相信神话、喜欢猎奇的心理。

臣献之顿首言：今月十二日辰时，中使宣陛下睿旨，俯询字学之由，仍赐臣玉玺笺，令臣小楷亲疏以入。臣仰承帝命，密露天机，昧死有言，狂率待罪。

臣年二十四，隐林下，有飞鸟，左手持纸，右手持笔，惠臣五百七十九字。臣未经一周，形势仿佛。其书文章不续，难以究识。后载周以兵寇充斥，道路修阻。乞食扬州市上，一老母姓沈字光姜，惠臣一餐。无以答其意，臣于匙面上作一“夜”字，令便市债。近观者三，远观者二，未经数日，遂获千金。臣念父羲之字法为时第一，尝有白云先生《书诀》进于先帝御府，蒙眷奖过厚，锡予有加。而臣书画不逮臣父，益惭愧。所有书诀，谨别录一本，投进宸扆，伏乞机务燕闲，留神披览，不胜万幸。臣献之顿首。①

果然，不仅司马曜龙颜大悦，日后也迷惑了不少人，连唐代书法家虞世南都信以为真，“羲之于山阴写《黄庭经》，感三台神降；其子献之于会稽山见一异人，披云而下，左手持纸，右手持笔，以遗献之”。也有明白人当它一玩笑耳，如孙过庭在《书谱》中就根本不相信王献之遇到神仙的事，告诫人们“以斯成学，孰愈而墙”。

子敬在中书令职位上的时间并不长，忙完谢安的丧事不久，他的病情亦加重，近于不治了。子敬英年之龄，身体如此糟糕，与他“服食”的习性大有关系。王氏世奉张道陵五斗米道。宋米芾《画史》有云：“海州刘先王收王献之画符及神一卷咒，小字，五斗米道也。”许是他服法更加不当，误入歧途，寿数比同样“服药”的父亲还短了许多。

王献之传至后世的书帖内容不算多，但却与其父相若，有不少是讲自己病痛缠身的，晚年尤甚。“忽动小行多，昼夜十三四起，所去多，又风不差，脚更肿。转欲书疏，自不可已，惟绝叹于人理耳。”“献之白，奉承问，近雪寒，患面疼肿，脚中更急痛，兼少下。”“廿九日献之白。昨遂不奉恨深。体中复何如？弟甚顿。”“日寒凉，得告，承诸恶□复灸极，尝惨痛悲灼，仆病正自不差，疾久自□目深悲企甚积。既惨塞居疾，系以罪黜二三不出职门。近疑所叙，似不□，益企恨，秋牵借请有人，当复叙耳。”

病重期间，子敬留恋人生，深情地回顾自己绚丽多彩的往昔岁月：出身高门，幼承母爱父教，少年成名，结缘郗姐，在谢公身边挥洒性情……最让自己

①〔清〕倪涛：《六艺之一录》卷二七一，第38页。

得意的，一是终生精神自由，活得自然、本色，对得起人生，对得起良心；二是书法爱好与追求得到极大满足，创造才华充分释放，超越前人，品尝到“一览众山小”的独门快乐。这是凡俗者所体味不到的最大享受。

然而，最令他难以释怀、临终仍无法排遣的痛苦，便是与郗道茂的分手，《王献之传》载：“献之遇疾，家人为上章，道家法应首过，问其有何得失。对曰：‘不觉余事，惟忆与郗家离婚。’”《世说新语·德行》中也收入这段忏言。

太元十一年（386），献之自知不起。家人无不忧心忡忡，其中最伤感者是五哥徽之。兄弟姊妹八人中，子敬与子猷感情最深。自小同席读书、论道，一生互相牵挂，知道五哥好酒伤身，子敬曾致信劝告。《世说新语·赏誉》曰：“子敬与子猷书道，兄伯萧索寡，会遇酒则酣畅忘反，乃自可矜。”子猷得知幼弟病入膏肓，竟欲代弟赴死。《晋书·王徽之传》载：“时有术人云：‘人命应终，而有生人乐代者，则死者可生。’徽之谓曰：‘吾才位不如弟，请以余年代之。’术者曰：‘代死者，以己年有余，得以足亡者耳。今君与弟算俱尽，何代也！’”无奈这终究只是善良的愿望，难以挽回子敬的生命，“未几，献之卒”。

子猷此刻也已病骨支离，他含着巨痛来到子敬灵前，“徽之奔丧，不哭，直上灵床坐，取献之琴弹之，久而不调，叹曰：‘呜呼子敬，人琴俱亡！’因顿绝。先有背疾，遂溃裂，月余亦卒”。《临沂王氏宗谱》云：徽之卒年五十七。这样的纯真而深厚的兄弟情谊，确属古今罕见，留下“人琴俱亡”的典故，千百年来打动多少后人。

关于献之死时的年龄，记载上有两种说法。一说来自《世说新语·伤逝》注：“献之以太元十三年卒，年四十五。”但虞世南《北堂书钞》卷五七载：“太元十一年，中书令王献之卒，赠太常。以侍中王珉代之，皆一时之美也。”宋代陈思《书小史》载：“子敬为中书令，太元十一年卒于官，年四十三。族弟王珉代居之，……时谓子敬为‘大令’，王珉为‘小令’。”陶弘景《真诰·阐幽微注》：“羲之卒时，献之年十七八。”羲之卒于升平五年（361），上推十八，为建元二年（344），献之生。由此下延四十三年，正是太元十一年（386），献之卒。

后边三条材料均记载，子敬卒于太元十一年，时年四十三岁。

王献之死后，朝廷按中书令的品秩给予谥封。时隔十一年，女儿神爱被立为安帝司马德宗的皇后，父以女贵，朝廷又追赠王献之为侍中、特进、光禄大夫、太宰，谥曰“宪”。这一切，对王家后裔或是一种荣耀，但子敬不需要这些添彩，他的潇洒风姿辉映晋史，书法神韵更是光华千载。

第五章　并称二王

神州何处觅墨宝

就生前的书法地位而言，王献之较之王羲之更为春风得意，其书法所受的珍视岂是洛阳纸贵可以形容。奏章、书信是墨妙，就连他习字丢弃的废稿，也被当作珍品收藏。南朝的晋宋齐梁之际，王献之遗墨存世可观，数量当不在其父之下。

最早收罗王献之书帖并为之结集的，是东晋末年的桓玄。当年“献之尝与简文帝书十许纸”，后“为桓玄所宝。玄爱重二王，不能释手，乃撰缣素及纸，书正行之尤美者，各为一帙，尝置左右”[①]。从此，王献之的书帖便与王羲之的作品冠以“二王”法帖的名号传世。

然桓玄于败亡之际，却将“所宝”“并投于江”，使献之遗墨遭受巨创。之后，又被梁元帝萧绎烧了一把，隋炀帝杨广毁了一次。逃过数劫的“二王”遗存，经陈、隋两代收集，仍有十卷之多，却又遭遇了最重的一难，几近灭迹。唐武德五年（622），李世民派人运观文殿、妙楷台、宝迹台的藏书去长安，途中船沉。《隋书·经籍志》下注曰“亡”，王大令之全部作品沉于黄河中。唐贞观十三年（639），唐太宗下令收“二王”书，只说得到“大王”书法二百一十

①〔唐〕张彦远：《法书要录》卷四，第120页。

八卷，而未提到献之书法。宋代编的《新唐书·艺文志》也再无著录。

贞观年间，因唐太宗褒羲之、贬献之，朝廷大量购求王羲之书，又得“二千二百九十纸”，内府的王献之书迹则“仅有存焉”。李世民的厚父薄子，让献之遗墨“大伤元气”。当时声名受损倒不重要，无以弥补的是，献之的书法作品保存难度增大，流失惨重。至唐朝晚期，张彦远《法书要录》所收“大令书语”，仅有十六帖。北宋初年，刊刻《淳化阁帖》，标目王献之法帖的有七十三件，经后人考证为伪作或误收他人书者达二十余件。北宋宣和年间，因宋徽宗雅好，内府所收的王献之书迹增至八十余件。

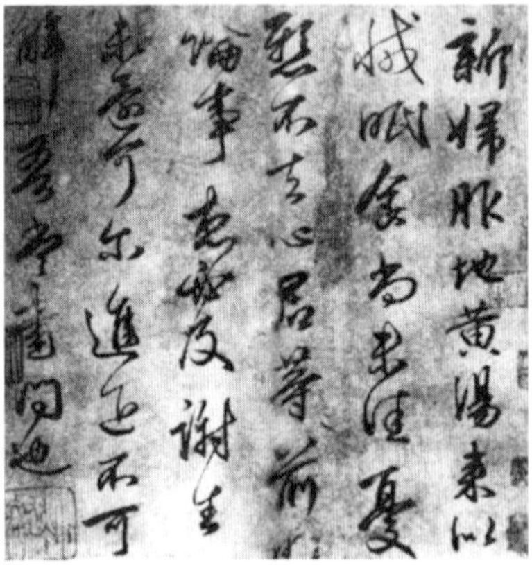

王献之《地黄汤帖》（日本东京书道博物馆藏）

自此之后，王献之遗墨的命运亦陷入羲之作品同样的无奈：流失、破损、碎烂，真迹不断从世间蒸发，致宋时收藏的墨迹绝大多数没有保存下来。王羲之因有部分作品于唐代传至日本，其中《丧乱帖》被专家认为极有可能为书圣亲笔。而王献之则没有这样的幸运，迄今所见者，无一不是后人摹拓本。据《王羲之志》书迹目录统计，如今可见的王献之墨本行草有以下八件：《鸭头丸帖》《廿九日帖》《地黄汤帖》《中秋帖》《鹅群帖》《舍内帖》《送梨帖》《东山帖》等。刻帖有《洛神赋》等四十余幅，多收于《淳化阁帖》中。不过，它们非常接近原作，不失为顶级的书法艺术。

王献之虽然没有写过《兰亭序》那样的传世名篇，但一生中留下的各类文章亦有不少，曾有文集传世，始见于《隋书·经籍志》“集部”中，“晋东阳太守袁宏集十五卷”下有注云：“《金紫光禄大夫王献之集》十卷、录一卷……亡。”《王羲之志》认为，“此文集编成于何时，不可考。称王献之为‘金紫光禄大夫’有误。考本传，献之因其女神爱为晋安帝皇后，被追赠为侍中、特进、光禄大夫、太宰，未加金紫（金章紫绶）之荣。可断定必非其子孙所编。全集既有十卷之多，则除了片段书信等杂帖以外，还应有奏章及与同僚的完整书信等。”

令人扼腕的是，时至今日，王献之的文章、诗作遗存，主要见于残存的书帖之中了。明代张溥的《汉魏六朝百三名家集》内《王献之集题词》说：“法书简帖，间有伪书。翰墨足传，字贵尺璧。大文绝少，独表明安石（谢安），言得其平。”此集共收书二、疏一、表一、墓志一、诗二、杂帖八十七。清代严可均辑《全晋文》，所收王献之文字与《汉魏六朝百三名家集》略同，唯多《进书诀表》，杂帖为八十五条，剔出了王羲之帖误收入王献之集的几条。

交相辉映的双子星

王羲之、王献之父子同列书圣这一书法史中空前绝后的现象，是那样的不可思议，以致比较“二王”异同，评论“二王”高低，千载谈论不休，成为常说常新的话题。

王羲之于王献之亦父亦师，不独赋予子敬生命质量的基因，更把腕调教，栽培有方，从头至尾完成了对书圣二世的塑造。子敬又不若一般的子承父业者。在学习、成长中，以常人难以想象的跨度接近了父亲的水平，并以强烈的创新意识，提出“改体”建议，促进王羲之晚年迸发出最耀眼的光芒。

这对血脉中流淌着艺术创新细胞的父子，在共同的文化背景、变革使命和审美情趣中，相辅相成，相得益彰，联手为中国书法开辟出灿烂绚丽的新天地。

东晋时代宽松自由的文化氛围，让“二王”享受到前代书法家所没有的创新空间，得以冲破陈规旧俗的束缚，不拘于法，将潇洒之美倾注于笔端，实现人格与书风的统一。明代王世贞评价：“大令书神情散朗，姿态超逸，有御风餐霞之气，令人作天际真人想。”[①]潇洒风流是“二王”思想面貌的基调，也是他们书法艺术的表征。

书法至魏晋步入大变革时代，依美观、简易之理，由隶而楷，而行而草。钟繇肇其始，经羲之、献之完成了转折。沈尹默《书法论丛》曰：“右军父子的书法，都渊源于秦汉篆隶，而更用心继承和他们的时代最接近而流行渐广的张、

①〔清〕倪涛：《六艺之一录》卷一三五，第45页。

钟书体，且把客观存在加以发展，遂为后世所取法。”“二王”并称的内涵正在于此。

文字由实用、美观的水平跃入书法艺术境界，“二王”更是厥功至伟。汉末以前，书法讲求浑古、遒劲、刚健、骨势，这审美中属于壮美的一路。魏晋书艺解放，出现了流畅、异趣、妍媚、变化无穷的艺术追求，在审美中开辟出“秀美”的新境界，即所称“姿媚”限者。清代王澍《虚舟题跋》说：“羲之书《兰亭》，破坏秦汉浑古风格，为后世妍媚者开前路。”使书法超越了实用的单向功能，真正具有了艺术品质。从此，书法成为一门艺术，流芳千载，塑造着一代又一代文化人的心理素养和审美眼光。

羲之与献之虽然具有上述诸多“共同”，差异之处也是显而易见。以糅合儒、道学说脱颖而出的玄学，其信奉者中从来就有偏儒和偏道两类，王氏父子恰恰各趋一端。东晋一朝，偏安江左，但初期与中期的国势却是不同，羲之赶上山河破碎，生灵涂炭。本人仕途又多有波折，忧患之情终生无以释怀。献之生逢偏安既成，贵生适性蔚然成风的时代。出豪门入官场，恃才傲物，风流为一时之冠。父子两人笔底各具风姿的波澜，诚为性格底色差异的写照。

“二王”共同承担了书法由隶转楷的使命，但各自所处的阶段，所担负的任务，又不尽相同。沈尹默《书法论丛》说：“内擫近古，外拓趋今，古质今妍，不言而喻。”“古今这个名词，本是相对的，钟繇古于右军，右军又古于大令，因时发挥，自然有别。”在“爱妍薄质”的流程中，前者与后者的妍、质含量，自有浓淡之分。

比较“二王”各领风骚的墨妙，于他俩生前即有议论，六朝间已是书界的一门显学。羊欣《采古来能书人名》云其师子敬：“骨势不及父，而媚趣过之。”王僧虔的看法是，“献之骨势不及父，媚越过之。”虞龢《论书表》评论：“献之始学父书，正体乃不相似。至于笔绝章草，殊相拟类，笔迹流怿，宛转妍媚，乃欲过之。”

唐代之后，书家依然热衷于此谈。孙过庭《书谱》有言：“右军之书，末年多妙，当缘思虑通审，志气和平，不激不厉，而风规自远。子敬已下，莫不鼓努为力，标置成体，岂独工用不侔，亦乃神情悬隔者也。”张怀瓘《书断》这样总结二王书法不同的艺术特色："若逸气纵横，则羲谢于献；若簪裾礼乐，则献不继羲。"黄山谷的看法别具一格："余尝以右军父子草书比之文章，右军似左氏，大令似庄周也。由晋以来难得脱然都无风尘气似二王者。"袁裒《题书学纂要后》云："右军用笔内擫而收敛，故森严而有法度；大令用笔外拓而开廓，故散朗而多姿。"

上述议论，构成书法史评的基调。谈论中用语各有精妙之处，但意思大同小异，如形容"大王"笔法，常说"龙跃天门，虎卧凤阙"，"刚健中正，流美而静""簪裾礼乐，清韵为主，奔放次之"。概括"小王"特色，多云："惊风拔树，大力移山""刚用柔显，华因实增""逸气纵横、奔放为主，清韵次之"等等。总而言之，即为：羲之以骨气为质，献之以媚趣超逸。

近现代以来，比较"二王"仍是书界津津乐道的话题，只是运用现代研究方法，观察、比较的角度趋于具体、细腻，《王羲之志》中所列，堪称这方面的概括性成果。结合笔者所见，摘述如下：

（一）执笔方法不同。羲之从后掣献之笔不脱的故事，虞龢《论书表》、张怀瓘《书断》和《六体书论》都有记载。《六体书论》所记特别值得注意："献之年甫五岁，羲之奇其把笔，乃潜后掣之不脱。幼得其法，此盖生而知之。是故学有成，法则无难，欲探其奥，先识其门。"[①]"奇其把笔"，说明献之龆龄功夫已深，在后来的"变体"中，其执笔方法又随着今草破体的成形有改变，"成则无体"，献之把笔较羲之灵活。

（二）运笔方法不同。宋代米芾提出"右军中含，大令外拓"说。沈尹默在《书法论丛》中讲："要用内擫法，必须凝神、静气，一心一意地注意到纸上的笔毫，在每一点画的中线上，不断地起伏顿挫着往来行动，使毫摄墨，不令溢出画外，务求骨气十足，刚劲不挠。"王玉池解释说，"内擫"侧重于表现一笔画之内的上下运动，有向内收敛勿向外拓展之意；"外拓"则侧重一笔画向笔画之外的上下左右运动，即向外部扩展。内擫法着重于点画之内的丰富变化，写出的笔画浑劲、婉通、劲健；外拓法尤长于点画向外部推进时的形态，写出的

①《书苑菁华》卷一二，北京图书馆出版社2003年版，第453页。

笔画雄强、舒展，气血充沛。以小王《中秋帖》与大王《丧乱帖》对比，以上特征都可以得到印证。

（三）字势、章法上的差别。大王和小王比较，大王还存在若干古意或称隶书笔意，如行书《姨母帖》。而小王纯用今体，彻底去掉了隶书笔意。其今草作品不再有隶书遗意。他的行楷书《廿九日帖》中的许多字和后来魏碑中的写法无异，是一种不再有隶书笔意的成熟楷体。王献之书法的又一特点是笔势连属，注重整体效果。在行笔委曲取势处和回锋转折处，比起王羲之来更加简便。

（四）风格不同。“二王”性格不同，在执笔运笔、章法布局上有差异。献之的风格是超迈骏爽、妍媚流便，其父书风则较含蓄蕴藉、刚健中正。宋代蔡襄称：“大令、右军法虽同，其放肆豪迈，大令差异古人。”①米芾《书史》说：“子敬天真超逸，岂父可比也。”他所创造的沉着痛快、流便妍媚的书风，正符合时人“爱妍薄质”的审美趣味，以及“写心、写意、写志、写情”的艺术要求，直到今天仍受到人们的喜爱、赞赏。

站在父亲身旁

王献之书法地位的确立，与王羲之相似，并非身后盖棺、一锤定音，而是经历了一个反复检验、比较的曲折过程，其起落沉浮的幅度更过其父。

献之少年得志，青年即得大名，时论认为其字与羲之难分伯仲，子敬本人心高气傲，自信十足，丝毫没有李白那种“眼前有景道不得，崔颢题诗在上头”的谦虔和慎重，不仅劝说“大人宜改体”，当有人问及父子孰高孰低时，子敬自己的看法是“故当不同”，也就是各有千秋了。羲之离世后，子敬独占鳌头，因其“爱妍薄质”的破体，符合于书法艺术化的审美潮流，引领风骚百余年。南朝宋、梁之际，进入“二王”并称，各擅其妙的时期。虞龢《论书表》云，“夫自古之善书者，汉魏有钟、张之绝，晋末称二王之妙”。“二王暮年皆胜于少，父子之间又为今古，子敬穷其妍妙，固其宜也。然优劣既微，而会美俱深，故

①〔清〕倪涛：《六艺之一录》卷一六三，第96页。

同为终古之独绝，百代之楷式。”

最终在“二王”中分出“圣人”与“亚圣”之序，得自于唐代书家分门别类，给出定量化的分析结果。张怀瓘乃是如此作为的代表人物。他在《书议》中比较“二王”，“千百年间，得其妙者不越此十数人。各能声飞万里，荣耀百代。惟逸少笔迹遒润，独擅一家之美，天质自然，风神盖代”。“真书：逸少第一，子敬第四；行书：逸少第一，子敬第二；章书：逸少第五，子敬第七；草书：子敬第三，逸少第八。”

子敬在今草上的排名实为第一，“草书，伯英创立规范，得物象之形，均造化之理，然其法太古，质不剖断，以此为少也。有椎轮草意之妙，后学得渔猎其中，宜为第一”。钟繇创制，嵇康承意，到了王大令，才可谓脱颖，“精魄超然，神彩射人”。但每项排名得分综合起来，还是“大王”在前。

张怀瓘又进一步扩大比较范围，就文字问世以来至“二王”时期的历代大师，选出“神品二十五人”，“大篆一人：史籀。籀文一人：史籀。小篆一人：李斯。八分一人：蔡邕。隶书三人：钟繇、王羲之、王献之。行书四人：王羲之、钟繇、王献之、张芝。章草八人：张芝、杜度、崔瑗、索靖、卫瓘、王羲之、王献之、皇象。飞白三人：蔡邕、王羲之、王献之。草书三人：张芝、王羲之、王献之。”在这二十五人中，王羲之和王献之各占五席，远远领先于他人。随其后者，为张芝三席、史籀两席、蔡邕两席、钟繇两席，“二王”执书法之牛耳的地位，得到了有说服力的论证。而两位领先者间，又是羲之以诸项占先而胜出。

“二王”分出高下，张怀瓘的《书断》讲了一番道理，王羲之“尤善书，草、隶、八分、飞白、章草，备精诸体，自成一家法，千变万化，得之神功，自非造化发灵，岂能登峰造极”。“右军开凿通津，神模天巧，故能增损古法，裁成今体，进退宪章，耀文含质，推方履度，动必中庸，英气绝伦，妙节孤峙。”就对书法的全面贡献以及确立法度而言，还是“大王”更胜一筹，其地位是无可替代的。“小王”只能屈居第二，位列亚圣了。

此论出后，历唐宋元明清，成为书家认可的不移之论，进而也经受了现当代书法眼光的检视。《王羲之志》作了如下概括：“献之在羲之之后，创造了书法艺术新的审美典型，对后世影响很大。但从总体来看，小王由于英年早逝，书艺尚未达到羲之那样的化境。羲之被尊崇为‘书圣’，在文化史上的贡献与影响比献之大。羲之可以说家喻户晓，妇孺皆知，而献之的知名度则略逊于乃父。”

书法领域中，每位书法大师均有其独到之处和特殊贡献，在他们之间排出先后高低，虽有依据，但也只能视为相对而言，尤其在顶尖的两位巨人之间。书法乃是工具与艺术的两位一体，既要便于使用又要讲审美，既讲规则又富意趣。王献之之于书法，在艺术表现形式和艺术表现力方面的贡献，是古今无人能及的。“书至子敬，尚奇之门开矣。”在这个意义上说，“二王”是难分彼此的，如沈尹默《书法论丛》所云：“自唐以来，学书的人，无一不首推右军，直把大令包括在内，而不单独提起。”“大王”“小王”，都融汇在代表书法最高水平的“二王”概念之中了。

大事年表

303年（西晋太安二年）　王羲之1岁

王羲之诞生于琅邪郡临沂县。

王家系琅邪望族，祖上为晋太保王祥、太中大夫王览。王羲之的父亲王旷任济阳内史，叔父王廙任东海王府参军，从伯王导任琅邪王府安东司马、王敦任青州刺史。

305年（西晋永兴二年）　王羲之3岁

王旷出任丹杨太守，年底因陈敏反叛而弃城。

307年（西晋永嘉元年）　王羲之5岁

琅邪王司马睿与王旷、王导、王敦合谋“建江左之策”。王羲之随“永嘉南渡”队伍离琅邪，抵建邺。在父亲指导下练习书法。

308年（西晋永嘉二年）　王羲之6岁

王旷出任淮南内史，离家北上。王廙奉母、携弟彬弃官渡江投奔司马睿，任安东司马。王彬任扬州刺史刘机建武长史。王廙教王羲之习书。

309年（西晋永嘉三年）　王羲之7岁

王旷奉命率淮南兵马赴并州拒刘聪，战败于长平，下落不明。王廙为庐江太守。王羲之从卫夫人学书法。

314年（西晋建兴二年）　王羲之12岁

王羲之于父亲遗物中发现蔡邕《笔论》，秘而读之，书法大进。卫夫人见而叹曰："此子必蔽吾名。"

315年（西晋建兴三年）　王羲之13岁

王羲之随王导拜访礼部尚书周顗。周顗"察而异之"，以最贵重的牛心炙敬王羲之。由此声名鹊起，与王悦、王应并称"王氏三少"。

318年（东晋太兴元年）　王羲之16岁

愍帝被杀，司马睿即皇帝位，史称元帝。加王导骠骑大将军，王敦江州牧。王廙辅国将军，散骑常侍，调回建康。兄王籍之迁安成太守。弱冠王羲之深为从伯王导、王敦所器重，王敦赞曰："汝是吾家佳子弟，当不减阮主簿。"

322年（东晋永昌元年）　王羲之20岁

王敦以讨刘隗为名，自武昌举兵东下。王导率包括王羲之在内的昆弟子侄诣台待罪。王敦占建康，元帝忧愤而死。司马绍嗣位，为明帝。王导辅政，王廙病卒。

324年（东晋太宁二年）　王羲之22岁

王敦起兵再攻建康，大败。敦病死。王彬、王籍之几乎受敦牵连，得明帝赦免。王羲之出仕，"起家秘书郎"。

325年（东晋太宁三年）　王羲之23岁

明帝死。王羲之为之写下"入木三分"的祝版。

326年（东晋咸和元年）　王羲之24岁

车骑将军、辅政大臣郗鉴为女儿郗璇在王家选婿，相中本色处世、“在东床袒腹食”的王羲之。

327年（东晋咸和二年）　王羲之25岁

司马昱由琅邪王改封会稽王。王羲之调任会稽王友。

329年（东晋咸和四年）　王羲之27岁

苏峻、祖约之乱平定。王羲之出任临川太守。上司江州刺史刘胤暴虐，为部下所杀。

330年（东晋咸和五年）　王羲之28岁

王羲之常入深山，师法自然，研习书艺。

333年（东晋咸和八年）　王羲之31岁

王羲之转任吴兴太守。

334年（东晋咸和九年）　王羲之32岁

庾亮进号征西将军，都督六州诸军事，领江、豫、荆三州刺史。王羲之入其幕府为参军。不久升任长史。

336年（东晋咸康二年）　王羲之34岁

王彬卒。王羲之赴建康助王彪之等料理丧事。其间与王导、郗鉴多有沟通，使王导与庾亮的矛盾得到缓冲。与青年谢安共登冶城，畅论治国之道。

339年（东晋咸康五年）　王羲之37岁

王导、郗鉴先后辞世。庾亮北伐受挫，忧慨发病。

340年（东晋咸康六年）　王羲之38岁

庾亮卒。临终前上疏荐王羲之，迁宁远将军、江州刺史。

341年（东晋咸康七年）　王羲之39岁

王羲之辞去江州刺史，归隐山林。

344年（东晋建元二年）　王羲之42岁，王献之1岁

王献之出生，乳名官奴。

346年（东晋永和二年）　王羲之44岁，王献之3岁

蔡谟领司徒，与司马昱共同辅政。殷浩为建武将军、扬州刺史。朝廷公卿爱王羲之才器，频召为侍中、吏部尚书，皆不就。复授护军将军，又推迁不拜。安西将军桓温出兵伐蜀。

347年（东晋永和三年）　王羲之45岁，王献之4岁

桓温攻克成都，王羲之好友周抚留任益州刺史。

348年（东晋永和四年）　王羲之46岁，王献之5岁

王羲之教王献之习字，书《乐毅论》以为法帖。卫夫人阅献之习字后，书《大雅吟》赠之。殷浩写“遗羲之书”，劝使应护军将军之命。王羲之就职。

349年（东晋永和五年）　王羲之47岁，王献之6岁

卫夫人卒，年七十八。王羲之整顿护军府，发布《临护军教》。

350年（东晋永和六年）　王羲之48岁，王献之7岁

中原大乱，司马昱、殷浩与桓温不协，欲北伐争功。王羲之与浩书劝和。

351 年（东晋永和七年）　　王羲之 49 岁，王献之 8 岁

王师占据中原，进屯洛阳。王羲之抓住时机，北游观碑，眼界大开，书风为之一变。会稽内史王述丧母，去职守制。王羲之为右军将军、会稽内史。

352 年（东晋永和八年）　　王羲之 50 岁，王献之 9 岁

会稽郡积弊甚深，又遭天灾。王羲之除害兴利，改善民生，帮助百姓度过荒年。继续调解殷、桓之争。进表《遗殷浩书》《与会稽王笺》，劝慎重北伐，修理内政。

353 年（东晋永和九年）　　王羲之 51 岁，王献之 10 岁

王羲之等四十二人在山阴县之兰亭修禊事。书写“天下第一行书”《兰亭序》。王献之与会。殷浩在山桑为叛将姚襄所袭，大败。

354 年（东晋永和十年）　　王羲之 52 岁，王献之 11 岁

王羲之致信尚书仆射谢尚，建议朝廷革除弊政。桓温上疏，废殷浩为庶人。王述代殷浩为扬州刺史，检视会稽政事，为难王羲之。

355 年（东晋永和十一年）　　王羲之 53 岁，王献之 12 岁

王羲之于父母墓前自誓，辞官为民，永不出仕。

356 年（东晋永和十二年）　　王羲之 54 岁，王献之 13 岁

王羲之写就《东方朔画赞》和《黄庭经》两幅名帖。

357 年（东晋升平元年）　　王羲之 55 岁，王献之 14 岁

王羲之与谢安、许迈、许询、支遁等，遍游东中诸郡，尽山水之乐。

358 年（东晋升平二年）　　王羲之 56 岁，王献之 15 岁

王羲之撰《遗谢万书》，劝其与士卒共甘苦。王羲之夫人郗璇去世。

359年（东晋升平三年）　王羲之57岁，王献之16岁

王羲之携全家迁居剡中金庭。谢万北进兵败，被废为庶人。王羲之致书“此禹、汤之戒”，劝其释怀振作。与刘惔商议推谢安出山。王献之向父亲建言“大人宜改体”。

360年（东晋升平四年）　王羲之58岁，王献之17岁

谢安出仕，任桓温征西将军府司马。王献之迎娶表姐、郗昙之女郗道茂。

361年（东晋升平五年）　王羲之59岁，王献之18岁

郗昙卒。王献之小女玉润夭折。王羲之极哀痛，病情加重，不久去世。朝廷欲赠金紫光禄大夫（二品），诸子遵父先旨，固让不受。

364年（东晋兴宁二年）　王献之21岁

王献之服丧期满，首度出仕，任州主簿。不久转秘书郎。

366年（东晋太和元年）　王献之23岁

王献之迁秘书丞。于朝中得“风流为一时之冠”美誉。

372年（东晋咸安二年）　王献之29岁

司马昱诏王献之选尚新安公主司马道福，与原配郗道茂离婚。王献之入谢安府任长史。

简文帝卒，司马曜继位，为孝武帝。

378年（东晋太元三年）　王献之35岁

新宫太极殿成，谢安欲使王献之题榜，辞而未从。

380年（东晋太元五年）　王献之37岁

谢安为卫将军。王献之继续任卫将军府长史。

381年（东晋太元六年）　王献之38岁

王献之出京，任建威将军、吴兴太守。过乌程令羊不疑处，在其子羊欣衣裙上书字。时羊欣十二岁，从此为王献之书法传人。

383年（东晋太元八年）　王献之40岁

前秦苻坚伐东晋。谢安等拒于淝水，大败敌师。召王献之入朝任尚书令，坚辞未就。

384年（东晋太元九年）　王献之41岁

谢安进为太保。王献之女神爱生。

385年（东晋太元十年）　王献之42岁

王献之回京任中书令。谢安卒。司马道子等对谢安丧仪礼薄，王献之上疏争之，孝武帝遂加安殊礼。

386年（东晋太元十一年）　王献之43岁

王献之卒。无子，以王操之之子静之（一作靖之）嗣。

397年（东晋隆安元年）

王献之女神爱396年为太子司马德宗妃。司马德宗即大统为安帝，神爱受封安僖皇后。

王献之以皇后父，追赠侍中、特进、光禄大夫、太宰，谥曰“宪”。

参考文献

著作

《汉书》，班固著，中华书局1962年版。

《后汉书》，范晔著，中华书局1965年版。

《三国志》，陈寿著，中华书局1959年版。

《晋书》，房玄龄等著，中华书局1974年版。

《宋书》，沈约著，中华书局1974年版。

《南史》，李延寿著，中华书局1975年版。

《新唐书》，欧阳修等著，中华书局1975年版。

《册府元龟》，王钦若等编，凤凰出版社2006年版

《太平御览》，李昉等编，上海古籍出版社2008年版。

《太平广记》，李昉等编，中华书局1961年版。

《资治通鉴》，司马光著，中华书局1956年版。

《世说新语》，刘义庆著，上海古籍出版社1982年版。

《王羲之评传》，朱杰勤著，商务印书馆1930年版。

《王羲之年谱》，麦华三著，油印本，北京图书馆藏。

《兰亭论辨》，郭沫若著，文物出版社1977年版。

《书法论丛》，沈尹默著，上海教育出版社1978年版。

《历代书法论文选》，华东师范大学古籍整理研究室选编，上海书画出版社1979年版。

《中国美术全集·书法篆刻编》，中国美术全集编委会编，人民美术出版社1989年版。

《沙孟海论书丛稿》，沙孟海著，上海书画出版社1987年版。

《中国历代法书墨迹大观》（魏晋–隋唐），谢稚柳主编，上海书画出版社1987年版。

《历代职官表》，黄本骥著，上海古籍出版社1989年版。

《王羲之研究》，王汝涛著，山东文艺出版社1990年版。

《王羲之》，王玉池著，紫禁城出版社1991年版。

《王羲之王献之年表与东晋大事记》，李长路、王玉池著，重庆出版社1992年版。

《王羲之与王献之》，潘岳著，上海书画出版社1992年版。

《王羲之研究论文集》，鲍贤伦主编，浙江美术学院出版社1993年版。

《簪缨世家：两晋南朝琅邪王氏传奇》，萧华荣著，三联书店1995年版。

《王羲之评传》，郭廉夫著，南京大学出版社1996年版。

《安思远藏善本碑帖选》，安思远编，文物出版社1996年版。

《中国书画名家精品大典》（第一卷），朱伯雄、曹成章主编，浙江教育出版社1997年版。

《王羲之的书法艺术》，刘锡山著，济南出版社1996年版。

《中国书法风格史》，徐利明著，河南美术出版社1997年版。

《书圣王羲之》，孙鹤著，湖北人民出版社1998年版。

《中国历代书法论著汇编》，于玉安主编，天津古籍出版社1999年版。

《王羲之、王献之全集笺证》，刘茂辰等编撰，山东文艺出版社1999年版。

《王羲之志》，刘秋增、王汝涛主编，山东人民出版社2001年版。

《书法谈丛》，刘涛著，中华书局出版社1999年版。

《王羲之传论》，潘良桢著，上海人民美术出版社2001年版。

《王羲之》，李敬佑著，百花文艺出版社2002年版。

《王氏宗谱》，现藏北京图书馆。

《泰康王氏宗谱》。

《金庭王氏族谱》。

《历代名画记》，张彦远著，浙江人民美术出版社2011年版。

《汉魏六朝百三名家集》，张溥辑，江苏古籍出版社2002年版。

《书史会要》，陶宗仪著，北京师范大学出版社2016年版。

论文

《由王谢墓的出土到兰亭序的真伪》，郭沫若著，《文物》1965年第6期。

《兰亭序的真伪驳议》，高二适著，《光明日报》1965年7月23日。

《“驳议”的商讨》，郭沫若著，《文物》1965年第9期。

《王羲之年表》，潘德熙著，《书法》1982年第3期。

《〈兰亭论辨〉中的误会及其他》，王玉池著，《中国书法》1988年第3期。

《琅邪王氏与六朝文化》，卜宪群著，《安徽史学》1989年第6期。

《唐摹万岁通天帖》，启功著，《中国书法全集》第十八卷，荣宝斋出版社1991年版。

《王羲之“丧乱帖”考评》，韩玉涛著，《中国书法全集》第十八卷，荣宝斋出版社1991年版。

《论东晋的书法风格并及兰亭序》，商承祚著，《中山大学学报》1996年第1期。

《“冠军帖”为唐人摹王羲之书札初考》，刘启林著，《古籍整理研究学刊》1999年第1期。

《王羲之〈兰亭序〉墨迹入宫经过辨析》，卞孝萱著，《南京晓庄学院学报》1999年第1期。

《简论家国同构精神对王羲之思想的影响》，宣海江著，《绍兴文理学院学报》1999年第4期。

《绍兴、无锡与王羲之》，江凌云著，《江南论坛》1999年第10期。

《书圣王羲之族人迁居江宁考》，王宁邦著，《艺术百家》2000年第1期。

《王羲之辞官原因新论》，王永顺著，《山东师范大学学报（人文社会科学版）》2000年第2期。

《王羲之父子书帖中的魏晋习俗语词》，王小莘著，《广西大学学报（哲学社会科学版）》2000年第2期。

《论王羲之〈十七帖〉艺术特色》，方国兴著，《南方文物》2001年第3期。

《魏晋风度与王羲之〈兰亭序〉——兼论王羲之对后世书风的影响》，戴志著，《玉溪师范学院学报》2002年第1期。

《王羲之的成都情结》，陈友山著，《文史杂志》2002年第2期。

《王羲之行书刍议》，薛夫彬著，《北京教育学院学报》2002年第2期。

《王羲之生卒年及任江州刺史年代考证》，罗时叙著，《九江师专学报》2003年第1期。

《论儒道思想对王羲之书法美学思想及书法的影响》，阮忠勇著，《浙江海洋学院学报（人文科学版）》2003年第4期。

《王羲之亲属有关问题的考证》，王汝涛著，《临沂师范学院学报》2003年第5期。

《晋墨留香——访王羲之故居和兰亭》，程竞明著，《炎黄春秋》2003年第12期。

《宋刻王羲之王略帖跋尾为米芾伪添考》，王元军著，《收藏家》2004年第2期。

《论历代帝王与王羲之书法》，喻革良著，《中国书画》2004年第2期。

《论王羲之的生命意识》，阮忠勇著，《浙江海洋学院学报（人文科学版）》2004年第3期。

《关于王羲之一首〈兰亭诗〉不同“版本”刍议》，陈石林著，《中国图书评论》2004年第3期。

《王羲之名盛于唐之别因》，杨德明著，《西昌学院学报（人文社会科学版）》2004年第4期。

《从王羲之、颜真卿书艺风格的形成看书法实践中沉潜心性与张扬个性的重要性》，杜春侠著，《辽宁师专学报（社会科学版）》2004年第5期。

《初唐书法教育与王羲之书圣地位的最终确立》，杨豪良著，《书画艺术》2004年第6期。

《王羲之的“逸民之怀”与经世情结》，胡秋银著，《许昌学院学报》2005年第1期。

《中国历代书法家——王羲之》，许宏泉著，《书屋》2005年第1期。

《王羲之思想与文风考论》，刘涛著，《山东教育学院学报》2005年第3期。

《王羲之后裔家族文化溯源》，王荣法著，《东方博物》2005年第1期。

《王献之、王羲之子不避父名渊源考》，宋洪民著，《滨州学院学报》2005年第4期。

《王羲之的人生观和艺术观比较》，王夕闻著，《商丘师范学院学报》2005年第6期。

《王羲之家族与南京》，刘宗意著，《江苏地方志》2006年第1期。

《族谱中所见王羲之佚文辨伪——兼及族谱在当代文史研究中的作用》，张廷银著，《清华大学学报（哲学社会科学版）》2006年第1期。

《上虞惊现王羲之家族的众多宗谱》，李金海著，《浙江档案》2006年第8期。

《王羲之的道教信仰与书法艺术》，王荣法著，《中国宗教》2006年第4期。

《王羲之书法与汉字书写科学》，杨立言著，《陕西教育学院学报》2006年第2期。

《王羲之的性格与“誓墓辞官”考订》，王晓真著，《临沂师范学院学报》2006年第2期。

后　记

两年之前，我做梦也没想到这辈子会为书圣王羲之写一本传记。虽然我的研究领域在两汉魏晋之间，但毕竟侧重于思潮方面，对书法这门专业性很强的学问，一直抱以隔行隔山的敬畏。

许是撰写《论衡之人——王充传》感觉良好，余韵绕梁吧，头脑发热之下贸然闯进了素来陌生的书法殿堂。生涩的术语、众多的流派、错杂的嬗变，扑面而来。“古之章草，未能宏逸。今穷伪略之理，极草纵之致，不若藁行之间，于往法固殊。”“龙跃天门，虎卧凤阙”，“惊风拔树，大力移山”，“插花美女”，“簪裾礼乐”，“内擫而收敛”，“外拓而开廓”等等，一时云里雾里，不知从何入手。

资料阅读的深入将我带回一千七百年前王羲之的生存状况之中，一位从容、大气又多彩多姿的名士，给人一连串“柳暗花明”的惊喜。王羲之留给后世最有价值的遗产，无疑是他古今书法第一人的成就。然而就右军当时的社会影响以及本人的理想追求而言，书法则算不上最重要的内容。

王羲之生前主要的角色在于集名士领袖、政界显要和王家代表于一身。从这样一个视角探望，他一生中除了主政会稽外，还有许多鲜为人知的精彩华章。在他从政的三十余载间，朝中多次形成过“三人”权力核心：王导、郗鉴、庾亮，蔡谟、司马昱、殷浩，桓温、司马昱、殷浩，等等。遍观朝野，王羲之是唯一一位与上述大员均关系密切，可随时直言的人。他化解王导与庾亮的冲突，劝和桓温与殷浩的嫌隙，上书司马昱慎重北伐，转修内政等，这样的大事、要事，乃是朝堂数十年间的空谷足音。只有名士领袖、王门代表的身份，加上“骨鲠”的性格，方能如此作为。王羲之对当时政坛有着全局性的影响，并非征西将军府长史、会稽内史等地方职务可以局限。

王羲之的人生追求更远远超越辅翼当朝的境界：以“道统”引导“政统”，用文化理想和文化成就滋养社会。他仰慕嵇康、阮籍社会关怀的远大目光和宽阔胸襟。“出处两可”，论学问道是德化一途，“处士横议”亦为济世之方，无论选择哪一种，皆坚守文化人格，保持个人自由空间，纵心所欲而不逾矩：请赴甘陇、巴蜀宣威布德；著《临护军教》《遗殷浩书》；聚文化名流于会稽，造就东晋第二文化中心；与许迈、许询、支遁等密切交流，使东土成为中国历史上儒道释交汇交融的第一块平台……

如此波澜壮阔的一生，经典地诠释了中国士人的理想人格：“达则兼济天下，穷则独善其身。”正是这种眼界、气质、阅历和真情，滋润了王羲之的书法，使其达到他人无以企及的境域。后代书家与右军的差距，主要是在人生的感悟和文化的厚度方面。

这样一个美妙的王羲之深深地吸引了我，打动了我，也就牵引着我一路如醉如痴地写了下去。在我的生命旅程中，有一段时光与右军同行，可谓三生有幸，无论阅读还是写作，除了享受复有他哉！

尽管如此，在定稿付梓前，还是不无遗憾。如今教师的研究、写作，很难离开有时间期限的立项目、做课题。要求一年时间完成《旷古书圣——王羲之传》，本来就是件有违学理的事情，中间再加上其他课题的交叉，不能不面对的各种庶务，天天左支右绌，若被切成几段一般。我向来引以为豪的身体被累得大病一场无需多说，可怕的是，思考、写作失去了应有的超然与从容，许多资料来不及细细消化，不少问题没时间深入追究。愧疚之际，传主常常会像一面镜子似的立在眼前：独立率真的人格，自由美丽的心灵，以及活力四射的创造性，在今天心浮气躁的文化人身上，流失得多么严重呵！麻木于忙考评、报奖项、争名利的日子，真是令人汗颜。眼下能做的事情，也只有自我安慰而已：把遗憾留待日后写本《王羲之大传》吧。

令人欣慰的是，写作过程中，我仍有机会向年逾九旬的业师王俊杰先生诉惑请教，如“漕运”究竟如何，宗室王有否“之国”等等。先生师从名门，民国时为萧一山的弟子兼助手。悬隔千里，电话里传来的声音，还是那样自信而谦和，讲解中糅以人格的感染与投射。我毕业二十来年间，转行多业，当初聆听的内容日渐淡漠，然所感受的气质、人格则经岁月的打磨愈显光泽：儒雅、敦厚、单纯、执着。这种“为己之学”文化传统所成就的学者风范，已是不复再生的遗响。每思于此，竹林晚辈王戎过黄公庐时的慨叹总会浮上心头：“吾昔与嵇叔夜、阮嗣宗酣畅于此，竹林之游亦预其末。自嵇、阮公亡，吾便为时之所羁绁。今日视之虽近，邈若山河！”

书稿杀青后，有关书法专业的内容是否准确、客观，仍让人心里没底。必不可少的补救办法只能是，请一位既通文史又专精书法的大家审稿。中国美术学院书法系主任祝遂之教授，于百忙中欣然接受了这一请托。他十分认真地审读了书稿，整体给予佳评的同时，亦提出了宝贵的修改意见。不仅给我吃了定心丸，更让书稿的品质得到提升。

如果说，我的前两本书《魏晋玄学新论》和《论衡之人——王充传》，夫人夏小梅在誊录、校对方面多有惠助的话，这部书稿则可称之为我俩共同拥有的心血结晶，算是给我们“银婚”之年一份淡雅的纪念。

浙江图书馆“重点读者服务处”的陈天伦老师，一如既往地给了我借阅之便并提供了诸多信息。在此特表谢忱。

徐 斌

草于2007年除夕夜